# 犬猫细胞学彩色图谱

## 第 3 版

**Canine and Feline Cytology**

A Color Atlas and

Interpretation Guide

3rd Edition

[美]Rose E. Raskin　Denny J. Meyer　主编

董　军　张　迪　主译

中国农业大学出版社

· 北京 ·

## 内容简介

本图谱第1版和第2版的目的是让临床医生通过常见的损伤类型了解细胞病理学的临床实践知识，其很快成为临床实践者的一本好的工具书。编者通过编写表格、简洁的描述和长期积累并仔细挑选的细胞学图片，组织了逻辑性的报告和详细的图片，使之成为通俗易懂的书籍。第3版的特殊变化是增加了大量的、更接近原色的、高质量的照片。所有的章节根据当今兽医术语、分类方法和诊断试验的实用性进行了更新。这些改变特别影响到皮肤、血液淋巴系统、体腔液、繁殖和高级诊断技术。

**图书在版编目(CIP)数据**

犬猫细胞学彩色图谱：原书第3版/(美)罗斯·拉斯金(Rose E. Raskin)，丹尼·梅耶(Denny J. Meyer)主编；董军，张迪译. —北京：中国农业大学出版社，2018.7

书名原文：Canine and Feline Cytology：A Color Atlas and Interpretation Guide(3rd Edition)

ISBN 978-7-5655-2018-1

Ⅰ.①犬… Ⅱ.①罗…②丹…③董…④张… Ⅲ.①犬-细胞学-图谱②猫-细胞学猫-图谱 Ⅳ.①Q959.838.02-64

中国版本图书馆CIP数据核字(2018)第079509号

**书　　名**　犬猫细胞学彩色图谱　第3版
Canine and Feline Cytology
A Color Atlas and Interpretation Guide　3rd Edition

**作　　者**　Rose E. Raskin　Denny J. Meyer　主编　董　军　张　迪　主译

**策划编辑**　张秀环　　**责任编辑**　冯雪梅　田树君　郑万萍

**封面设计**　郑　川

**出版发行**　中国农业大学出版社

**社　　址**　北京市海淀区圆明园西路2号　　**邮政编码**　100193

**电　　话**　发行部 010-62818525，8625　　读者服务部 010-62732336
编辑部 010-62732617，2618　　出　版　部 010-62733440

**网　　址**　http://www.cau.edu.cn/caup　　**E-mail** cbsszs@cau.edu.cn

**经　　销**　新华书店

**印　　刷**　河北华商印刷有限公司

**版　　次**　2018年11月第3版　2018年11月第1次印刷

**规　　格**　889×1 194　16开本　36.5印张　1 160千字

**定　　价**　598.00元

# Canine and Feline Cytology

## A Color Atlas and Interpretation Guide

Rose E. Raskin,兽医学博士
普渡大学西拉法叶校区兽医学院比较病理学、临床兽医病理学名誉教授
普渡大学西拉法叶校区兽医学院生理学客座教授
Denny J. Meyer,兽医学博士
内华达查理士河高级临床病理学实验室常务理事

**ELSEVIER**

Elsevier (Singapore) Pte Ltd.
3 Killiney Road, #08-01 Winsland House I, Singapore 239519
Tel: (65) 6349-0200; Fax: (65) 6733-1817


ISBN-13:9781455740833

This translation of *Canine and Feline Cytology*, 3rd edition by Rose E. Raskin, Denny J. Meyer was undertaken by China Agricultural University Press Ltd and is published by arrangement with Elsevier (Singapore) Pte Ltd.

*Canine and Feline Cytology*, 3rd edition by Rose E. Raskin, Denny J. Meyer 由中国农业大学出版社有限公司进行翻译，并根据中国农业大学出版社有限公司与爱思唯尔(新加坡)私人有限公司的协议约定出版。

《犬猫细胞学彩色图谱》(第3版)(董军，张迪 主译)
ISBN: 9787565520181


著作权合同登记图字:01-2016-6359

本书作者 Rose E. Raskin(左)与译者董军(右)的合影

# 编译人员

**主　译**　董　军　张　迪

**副主译**　金艺鹏　林珈好　李　彬　吕艳丽

**翻译校对人员**（排名不分先后）

乔彦超　刘佳丽　乔　颖　阮　丽　吕艳丽　李　彬　吕万胜
王鹿敏　徐若愚　贺胜男　金艺鹏　杨宇琴　林珈好　董　军
张　迪　肖　园　郑思艳　柴鑫妍　王思莹　张　婕　刘锦星
向雅頔　佟天琦　张思淼　郑　婷　张嘉桐　于　荷　周　芸
杜宏超

**审　校**　林德贵

董　军，中国畜牧兽医学会小动物医学分会常务理事，1991 年 7 月毕业于北京农学院，到中国农业大学任教至今，2005 年、2008 年分别完成临床硕士、博士学位，师从林德贵教授，主攻小动物临床肿瘤，现主讲研究生课程“小动物临床肿瘤学”，在国内核心期刊发表多篇论文，出版多本著作。现在主要从事小动物临床，主要研究方向是小动物肿瘤，在肿瘤组织病理学诊断和肿瘤治疗上有较深的研究。

张　迪，博士，就任于中国农业大学动物医学院外科教研组。本科及硕士研究生就读于中国农业大学，师从林德贵教授。2011 年获得日本东京大学博士学位。现任中国畜牧兽医学会小动物医学分会教育部主任。多年从事小动物临床诊疗工作，目前指导多名研究生进行小动物肿瘤方向的研究，在国内外期刊中发表多篇学术论文。

# 编 者


**Claire B. Andreasen, DVM, PhD, DACVP**
Professor and Associate Dean for Academic and Student Affairs
College of Veterinary Medicine
Iowa State University
Ames, Iowa
*Oral Cavity, Gastrointestinal Tract, and Associated Structures*

**Tara P. Arndt, DVM, Cert LAM, Dip LAS (Path), DACVP**
Staff Pathologist
Covance Laboratories, Inc.
Madison, Wisconsin
*Endocrine System*

**Anne C. Avery, VMD, PhD**
Associate Professor
Department of Microbiology, Immunology, and Pathology
College of Veterinary Medicine & Biomedical Sciences
Colorado State University
Fort Collins, Colorado
*Advanced Diagnostic Techniques*

**Paul R. Avery, VMD, PhD, DACVP**
Assistant Professor
Department of Microbiology, Immunology, and Pathology
College of Veterinary Medicine & Biomedical Sciences
Colorado State University
Fort Collins, Colorado
*Advanced Diagnostic Techniques*

**Anne M. Barger, DVM, MS, DACVP**
Clinical Professor, Pathobiology
Clinical Professor, Veterinary Diagnostic Laboratory
College of Veterinary Medicine
University of Illinois at Urbana-Champaign
Urbana, Illinois
*Musculoskeletal System*

**Dori L. Borjesson, DVM, PhD, DACVP**
Professor
Department of Pathology, Microbiology & Immunology
School of Veterinary Medicine
University of California, Davis
Davis, California
*Urinary Tract*

**Mary Jo Burkhard, DVM, PhD, DACVP**
Associate Professor
Department of Veterinary Biosciences
College of Veterinary Medicine
The Ohio State University
Columbus, Ohio
*Respiratory Tract*

**Ul Soo Choi, DVM, PhD**
Associate Professor
Department of Veterinary Clinical Pathology
College of Veterinary Medicine
Chonbuk National University
Jeonjui, Republic of Korea
*Endocrine System*

**Keith DeJong, DVM, DACVP**
Veterinarian, Technical Services
Boehringer Ingelheim Vetmedica, Inc.
St. Joseph, Missouri
*Urinary Tract*

**Shannon J. Hostetter, DVM, PhD, DACVP**
Assistant Professor, Veterinary Pathology
Department of Veterinary Clinical Sciences
College of Veterinary Medicine
Iowa State University
Ames, Iowa
*Oral Cavity, Gastrointestinal Tract, and Associated Structures*

**Albert E. Jergens, DVM, PhD, DACVIM**
Professor and Associate Chair for Research and Graduate Studies
Department of Veterinary Clinical Sciences
College of Veterinary Medicine
Iowa State University
Ames, Iowa
*Oral Cavity, Gastrointestinal Tract, and Associated Structures*

**Davide De Lorenzi, PhD, DECVP, SCMPA**
Specialist, Clinic and Pathology of Companion Animals
Veterinary Hospital "I Portoni Rossi"
Bologna, Italy
*The Central Nervous System*

**Maria Teresa Mandara, DVM**
Neuropathology Laboratory
Department of Biopathological Science and Hygiene of Animal and Food Production
School of Veterinary Medicine
University of Perugia
Perugia, Italy
*The Central Nervous System*

**Carlo Masserdotti, DVM, DECVCP**
Consultant in Clinical Pathology
San Marco Veterinary Laboratory
Padua, Italy
*Reproductive System*

**Denny J. Meyer, DVM, DACVIM, DACVP**
Executive Director, Navigator Services
Senior Clinical Pathologist
Charles River Laboratories
Reno, Nevada
*The Acquisition and Management of Cytology Specimens*
*The Liver*
*Microscopic Examination of the Urinary Sediment*

**José A. Ramos-Vara, DVM, PhD, DECVP**
Professor of Veterinary Pathology
Department of Comparative Pathobiology
Animal Disease Diagnostic Laboratory
College of Veterinary Medicine
Purdue University
West Lafayette, Indiana
*Advanced Diagnostic Techniques*

**Rose E. Raskin, DVM, PhD, DACVP**
Professor Emerita of Veterinary Clinical Pathology
Department of Comparative Pathobiology
College of Veterinary Medicine
Purdue University
West Lafayette, Indiana
*General Categories of Cytologic Interpretation*
*Skin and Subcutaneous Tissues*
*Lymphoid System*
*Appendix*
*Eyes and Adnexa*

**Alan H. Rebar, DVM, PhD, DACVP**
Executive Director of Discovery Park
Senior Associate Vice President for Research
Professor of Veterinary Clinical Pathology
School of Veterinary Medicine
Purdue University
West Lafayette, Indiana
*Body Cavity Fluids*

**Laia Solano-Gallego, DVM, PhD, DECVCP**
Senior Researcher
Department of Animal Medicine and Surgery
College of Veterinary Medicine
Autonomous University of Barcelona
Barcelona, Spain
*Reproductive System*

**Craig A. Thompson, DVM, DACVP**
Clinical Assistant Professor of Clinical Pathology
Department of Comparative Pathobiology
School of Veterinary Medicine
Purdue University
West Lafayette, Indiana
*Body Cavity Fluids*

**Heather L. Wamsley, DVM, PhD, DACVP**
Veterinary Clinical Pathologist
ANTECH Diagnostics
Tampa, Florida
*Dry-Mount Fecal Cytology*

**Amy L. Weeden, DVM**
Clinical Pathology Resident
Department of Physiological Sciences
College of Veterinary Medicine
University of Florida
Gainesville, Florida
*Dry-Mount Fecal Cytology*

# 序　言

动物肿瘤病（不限于肿瘤病）的诊断是临床治疗的基础，在肿瘤的诊断技术中，病理学分析又是目前决定性的定性手段。实事求是地讲，当前我国小动物临床上具有病理学技术专长者不多，临床病理学诊断人才的需求可以用“求贤若渴”来形容。

培养一名临床病理学专门人才，需要临床学和病理学的专项技术长期培训，之后还需要很长时间的临床病理学实践；《犬猫细胞学彩色图谱》是满足临床病理学诊断、技术人才培养和临床诊断实践的一本专业性著作，实用性强，内容先进，值得拥有和珍惜，是临床兽医师的益友。

以董军博士为主的翻译团队为小动物临床做了一件好事。本书的出版正是时机，为我们提供了专业的指导，一定会有助于我们学习和提高临床诊疗水平。

感谢编者和译者！

**林德贵**

2018 年 4 月 8 日

于北京

# 译者的话

对于一个宠物医院来说，宠物疾病的细胞学检查是非常重要的，现在越来越受到国内宠物医生的重视，但由于国内基础水平比较薄弱，还没有很好的参考书为大家提供帮助，所以我与我的朋友们在百忙之中翻译了这本经典的《犬猫细胞学彩色图谱》。

看了本书的目录我们都非常兴奋，细胞学检查可以作为肿瘤的早期诊断，当然也是其他基础检查必不可少的工具，通过细胞学检查我们可以对疾病做出早期的预测和治疗方案的制定，这些都是在自己的实验室可以完成的，大大节约了成本和时间。译者经过多年来的实践证实，任何一个医院都能够很好地开展这项业务，并能够从中获得诊断的结果。

本书经过将近一年的努力终于要跟大家见面了，这里面包含着所有参加翻译的老师、同学和朋友的努力，没有你们认真负责地、加班加点地工作，这本书不可能与广大读者见面，在此也衷心地感谢大家。

中文版的出版也要感谢中国农业大学出版社的张秀环女士，在她的大力支持下才能使此书顺利地引进和出版。同时也感谢所有的编辑校对工作人员，你们的默默付出是真正的无名英雄。

感谢中国农业大学动物医院给予我们所有人的平台，高等教育是人才的平台，只有在好的平台才能给予人才的充分发挥。

这次与张迪老师合作非常愉快，她的认真严谨，忘我的工作精神令人钦佩不已，希望以后还能有更多的合作。

感谢杜宏超在最后阶段对本书做的全面细致的校对工作，他的努力使这本书能更快地与大家见面。

感谢林德贵教授，把我领进师门，带我进入小动物肿瘤学这门令我如痴如醉的学科，还在百忙之中参与本书的审校。

最后还要感谢我的夫人张秀环和我的儿子董翼鹏，正是他们在背后付出更多的辛苦和努力，才使我得以有充足的时间和精力完成本书的翻译工作。

**董　军**

2018 年 1 月 8 日

于北京

我把本书的第3版献给John Van Vleet兽医博士，他既是我的老师，也是我最亲密的朋友，他对我的兽医病理生涯有着巨大影响，他是我永远怀念的人。

我的父母总是支持我的职业目标，给了我一个充满友爱的家庭和很多的家庭宠物，没有他们的帮助我无法成功。

对于我的兄弟Richard和家庭其他成员，以及我一生的朋友，当我需要支持的时候你们总是在我身边，我永远感谢你们给我的爱。

最后是我的女儿Hannah，她有自己的追求，我为你骄傲，你永远是我的挚爱。

**——Rose**

我爸爸，他灌输给我一种在坚定不移的原则和祈祷基础上的职业道德和生活方式。当他的想法浮现在我的记忆中，一个微笑出现在我的脸上……

我的兄弟Michael是我最喜欢的，为他的家人和友谊祝福。

我生活中两个最大的成就是作为父亲和丈夫。在这个幸福的家庭中，我的成功秘诀就是永恒的爱和坚定的支持。

感谢儿子Christopher、儿媳Claudia、孙子Alexander和孙女Lexi，你们的到来丰富了我的生活，让我感到很重要。

感谢我的女儿Jen、女婿Ross，外孙女Bianca，她是我的玩伴，她在我身边使我的身心和大脑都变得年轻。

最后，最好的感谢是我的美丽的、充满活力的、活泼的妻子Jae C，她总是明智地超越了她的时代。虽然我直到最近才意识到这一点！现在我懂了！是公布“遗愿清单”的时候了，继续在一起。谢谢你给我们的爱永恒的承诺。

**——Denny**

感谢所有的兽医学生、住院医生和同事，在我们的生活中，你们使我们感觉自己所付出的一切是值得的。

**——Rose & Denny**

**人们接触我们的生活——零零碎碎**

对你重要的人，对你不重要的人，
穿越我们的生活，用爱和随心触摸它，继续前行。
有人离开你，你松了一口气，
你想知道为什么你会和他们联系。
有人离开，你懊悔地叹息，
不知道为什么他们要离开。
人们进出彼此的生活，
每一个留下一个标记的他。
你发现你是由那些曾经接触过你生活的人的碎片组成的，
没有人的进入，你的生活哪有碎片。
祈祷总是谦卑和惊奇地接受那些零碎，
从不质疑，从不后悔。

**诗人 Lois Cheney.**

# 前　言

"谬误的另一个来源是幻想的恶性循环，一方面是相信我们所看到的，另一方面，看到我们所相信的。"

克利福德爵士，医学博士(1836—1925)。他推广了在医院使用显微镜进行诊断。

第1版和第2版图谱的目的是让临床医生通过常见的损伤类型了解细胞病理学的临床实践，很快成为临床实践者的良好工具书。我们组织了表格、简洁的描述和长期积累仔细挑选的细胞学图片，组织了逻辑性的报告和详细的图片，使之成为可读性强、好理解和易学的书籍。根据我们收集的反馈信息，我们很高兴地看到了我们的成功。

对于不同的细胞学特点，细胞病理学专家给出了大量建设性的意见，包括特殊病例罕见的照片，以及病理组织学和免疫细胞化学相关的染色。我们不断地扩充显微图片的数量，包括比较组织学和详细的文字以及参考文献。这些是通过增加新的作者、国际性的专家扩展他们熟悉的显微领域，还有通过国际知名的细胞学病理专家免费提供他们所积累的病例照片来完成的。

第3版的特殊变化是增加了大量的高质量的照片，提供了更接近真实的表现。所有的章节根据当今兽医术语、分类方法和诊断试验实用性进行了更新。这些改变特别影响到皮肤、血液淋巴系统、体腔液、繁殖和高级诊断技术。一个令人兴奋的新内容——附录，包括显微镜基础和远程细胞学、高级染色方法、干扰和偏振物质、核染色质图表、高级细胞学准备技术、特殊的诊断试剂，为细胞学提供高质量的保障。

需要注意的是，出版过程中经常改变图像大小。因此，图像要通过内部标尺显示结构大小，或指出相对于原始图像捕获期间使用的物镜。符号表示为：LP(低倍镜)4×或10×；IP(中倍镜)20×或40×；HP油镜(高倍镜)50×，60×或者100×。

我们希望通过悉心安排，确保一个明确而简洁的叙述，把更新的信息完好地集成到现有的文本中，明智地选择新的和强化的显微照片，使用列表突出鉴别诊断标准，力争编辑出一本更加实用的显微细胞学图谱，让学生、兽医技术人员、全科医生和兽医专家很容易地找到他们需要的逻辑结构体系。

我们编辑的第3版希望成功地传输给用户诊断细胞学的精华。当未知的细胞学标本成为明确的细胞学诊断时，我们将分享一个细胞学专家的喜悦。此刻通过本图谱的指导，"他们相信他们所看到的"。

**Rose & Denny**

# 致　谢

**团队＝全体成员共同目标成功的保障。**

**成就＝通过努力、技能、实践和毅力达到成功。**

**——美国传统词典第 4 版**

这本图册成功地涵盖了广泛的细胞病理学的范围，没有那些幕后编辑人员的帮助是不能完成的。感谢 Heidi Pohlman 和 Penny Rudolph，一次又一次地信任我们。令人尊重的 Elsevier 和 Brandi Graham 的耐心和鼓励使书籍完满出版。其他工作人员在项目的最后阶段，从技术、责任、细节上做出了不懈的努力。使我们都非常高兴和自豪的是高质量的书籍终于出版了。

我们想对第 3 版的特约作者表达我们的诚挚感谢。他们都是具有丰富经验和最新知识的作者，以及当今细胞学最有前途的供应商。他们把最新的知识和信息明显扩展并嵌入这个新的版本。

与这样一个更有活力和热情的专业团队合作，是我们莫大的荣幸，他们无私地奉献，分享他们细胞学的专业知识。感谢与我们成功的合作。希望与我们分享骄傲和最终产品，简单地说，真是太棒了！

罗斯感谢他的合作编者丹尼，他有着非凡的语言天赋和完美的编辑才能。

最后，丹尼需要借此机会感谢罗斯，她显然是第 3 版的不知疲倦的驱动力。她充满激情的承诺，完整、准确和细致的翻译，是成就这本书最卓越的表现。

**Rose & Denny**

# 目　录

第 1 章　细胞学样本的采集和制备 …… 1
第 2 章　细胞学判读的大体分类 …… 16
第 3 章　皮肤和皮下组织 …… 33
第 4 章　血液淋巴系统 …… 90
第 5 章　呼吸道 …… 138
第 6 章　体腔液 …… 193
第 7 章　口腔、胃肠道及相关结构 …… 224
第 8 章　干粪便细胞学 …… 250
第 9 章　肝　脏 …… 262
第 10 章　尿　路 …… 287
第 11 章　尿沉渣的镜检 …… 298
第 12 章　生殖系统 …… 313
第 13 章　肌肉骨骼系统 …… 354
第 14 章　中枢神经系统 …… 369
第 15 章　眼睛和附属器 …… 410
第 16 章　内分泌/神经内分泌系统 …… 431
第 17 章　先进的诊断技术 …… 455
附录 1　显微镜的基本原理和镜下细胞学 …… 505
附录 2　选择细胞学染色和方法 …… 511
附录 3　干扰和偏振物质 …… 513
附录 4　染色质模型 …… 519
附录 5　高级的收集和制备技术 …… 520
附录 6　免疫细胞化学染色规程 …… 522
附录 7　特殊诊断检测网站列表 …… 526
附录 8　质量保证和诊断试验报告 …… 529
索　引 …… 530

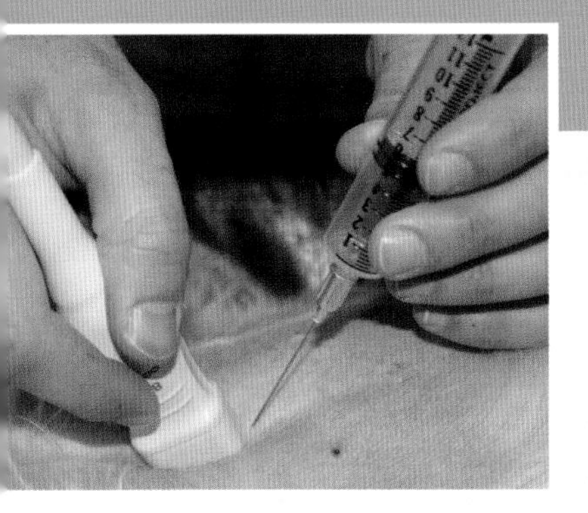

# 第1章

# 细胞学样本的采集和制备

Denny J. Meyer

对事物的分类依赖于观察的精确度，其受制于观察者的描述能力和判读者的解读能力。

——**Michael Podell, M. Sc., D. V. M.**

影响组织的显微镜检查准确性的重要因素是标本的制备。细胞学抽吸术的成功与否取决于几个相互关联的过程：代表性的标本的获取、载玻片的合理使用、充足的染色和高质量的显微镜检查。以上任何一个步骤出现问题，都将影响正确的诊断结果。本章的目的是提供样品制备的一般原则，以确保准确的诊断。

## 常规标本样品的获得

在进行任何细胞学检查操作之前，为达到良好的诊断结果，应该准备一个细胞学检查工具盒。这些都是比较廉价的工具，见列表中的内容（框 1-1）。在细胞学标本制备之前，准备一个外科用的器械盘，内放六张或更多的载玻片，载玻片的表面应用纸巾擦拭干净，或者至少在袖套上擦拭几次，以保证载玻片表面没有不可见的玻璃碎屑，以免干扰操作和结果的物质。

**框 1-1　细胞学工具盒**

推子
清洁和消毒液
注射器：6～12 mL，如果有必要可用 20 mL
针头：1～1.5 in（20～22 G）；2.5～3.5 in 带针芯的腰椎穿刺针
骨髓穿刺针和带组织活检针
手术刀片：#10 和#11
棉签拭子和涂抹工具
准备好的载玻片
离心管：EDTA 管（紫色帽）和血清管（红色帽不需要分离）
载玻片：6～10 张平铺排放
21～23 G 蝴蝶针和静脉输液延长管
铅笔或能够防止溶剂掉色的黑色记号笔
4%无菌 EDTA
吹风机

表 1-1 列出了抽吸的技术，标本样品以及细胞学制片技术。皮肤和皮下组织以及腹腔器官肿块的细胞学样品采集评估常规采用针头长度 1～1.5 in（20～22 G），连接 6～10 mL 注射器。内脏器官比较深，可以采用 2.5～3.5 in 的骨髓穿刺针，例如肝脏组织的抽吸，利用长针可以获得更深部的组织细胞以便提高诊断率。采样时，可将套管针的针芯留在套管针内，以防在“寻找目标组织”时被不相干组织细胞污染。在抽吸血管组织和骨髓组织时，要用 4%无菌乙二胺四乙酸二钠（EDTA）对针头和针管进行处理，这样可以防止在采样时形成血凝块，影响细胞学样本的质量。对各种组织进行抽吸多加练习是积累经验的好办法，其他原因如样本凝集等多是由于操作之前准备不足。

细胞学样品获得步骤参看图 1-1A-E。在对采样部位进行适当的清洁和消毒后，针尖刺入要检查的肿物，回抽注射器活塞 0.5～1 mL 产生负压，在肿物里针头向不同的方向穿刺数次，释放注射器负压，拔出针头，将标本样品推置载玻片或者 EDTA 管（紫色帽）中，以备使用。商品化负压枪可装备各种型号的注射器（图 1-1B）。注射器活塞放置在装置中，可以更容易更稳定地回抽。如果从肿物组织内获得的是液体，抽干净这个位置的液体，拔出针头，液体放置 EDTA 管，换新的注射器在实体组织上再次抽吸制备样品标本。两次所采样本均需在显微镜下进行检查。为了提高操作的灵活性，可以把蝴蝶针和注射器连接。这样对于不安静的动物操作起来比较方便（图 1-1C）。

进行细胞学采样时，不一定要施加负压。是否需要回抽取决于目标组织的毛细血管丰富度，有一种技术称“细针毛细采样”，即将针头直接插入病灶，无所谓连不连接注射器（Mair et al.，1989；Yue and Zheng，1989）。这项技术诊断灵敏度与施加负压的抽吸采样技术相当，可用来尝试各种组织。它的主要优点是

表 1-1 抽吸技术、相关样品和细胞学准备

| 抽吸技术 | 样品 | 细胞学制备 |
| --- | --- | --- |
| A. 固体组织抽吸 | | |
| 1. 负压抽吸 | 未知肿块 | 注射器负压或加压工具 |
| 2. 直接穿刺 | 管腔样组织 | 血涂片法 |
| B. 液体组织抽吸 | | |
| 1. 血样液体 | 渗漏物(心包液) | 血涂片法 |
| 2. 非血液体 | 渗漏物、关节液、脑脊液、尿液 | 离心沉淀法 |
| 3. EDTA 注射器 | 骨髓 | 按压涂片 |
| C. 切开活检 | 软组织、骨髓壳 | 印记、滚压 |
| D. 切除活检 | 肿块、淋巴结、眼、睾丸 | 印记 |
| E. 刮擦法 | 硬的组织、结膜 | 印记、涂抹、按压 |
| F. 棉拭子 | 阴道、粪便、口腔、眼部 | 印记、滚压 |
| G. 冲洗物 | 前列腺、膀胱、呼吸道、腹膜腔 | 离心沉淀法 |

减少血液污染等,特别是血管组织丰富的肝、脾、肾和甲状腺。针头未被完全抽出时,不确定细胞是否会通过毛细血管进入到针头,所以每个肿物可能要做3~6次检查操作。在不确定采样时是否需要施加负压时,作者偏好二者均进行操作。通过无数的尝试和失败,操作者最终可能会对哪一种操作更利于诊断有一个良好的判断。

**关键点** 获取细胞学标本是一门艺术,只能通过不断实践来练习。选择一个适当的抽吸方式,以增加获得具有精确诊断价值样本的可能性。

**关键点** 常规擦干净载玻片的表面,清除表面不可见的玻璃粒子,保障制片效果,永远不要重复使用洗过的载玻片。

## 诊断影像介导采样

细胞学采样可以在X线透射、超声和电脑断层(CT)扫描引导下进行。超音波引导因其应用的广泛性和便捷性成为图像引导下采样技术首选方法。除此之外,超声波引导可以实时观察采样针所在的位置。该技术细节和适应症可参考详细的技术方法(Nyland et al.,2002a)。如果超声检查发现组织器官有结节、肿块或者浸润性增大,可通过超声引导下细针穿刺活检(FNAB)评估是否怀疑淋巴瘤或肥大细胞瘤侵袭。多数肉瘤脱落较少的细胞。如果细针穿刺活检(FNAB)不能得到确切的诊断,则需要外科或超声引导下细针穿刺活检。多数患病动物在进行超声引导下细针穿刺活检时不需要镇静和局部麻醉。如果必须采用镇静和麻醉,应避免使用能引起呼吸急促的药物,因为要减少因喘气引起的位置移动和大量的胃部吞咽的气体(Nyland et al.,2002a)。

### 活组织检查引导

超声引导下细针穿刺活检可以徒手操作,也可以在固定于超声探头的超声穿刺架引导下完成。徒手操作包括一只手把握超声探头,另一只手进行细针穿刺,针头保持在从超声扫查平面略斜于探头长轴的方向与探头形成一定夹角(图1-1D)。这个技术需要更多的技巧,但操作非常灵活。如果操作过程中无法看到细针所在,可以在细针插入的位置轻轻移动探头和摇动细针,或者通过针头注射少量生理盐水通常能够找到穿刺针。细针更好的可视化方法是在探头上安装专用的穿刺架。穿刺架可引导细针沿着固定的超声探头扫描的平面进行操作(图1-1E)。这对于初学者更加容易获得病变的样本,但穿刺引导限制了探头的移动。

### 器材与技术

操作过程中要保持无菌。在皮肤穿刺之前正常的消毒必不可少。探头要用配套的消毒剂和消毒方案(在超声使用手册中会有详细的说明)。使用超声检查扫查到目标结构后,将扫查部位耦合剂擦拭干净,在FNAB过程中改用酒精或无菌水作为超声介质。之所以要拭去耦合剂,是因为它可能会对细胞学检查结果造成人为干扰(参见第4章)。

最常用的是20~23 G注射器针头和脊髓穿刺针,这些是廉价的,但是长度足以在超声导引下到达大多数病灶,能够完成最常见的病变采样操作。想象中大口径的细针能够获得更可靠的样品组织,但其增加了出血的风险。当抽吸黏稠液体时一般会使用大内径采样针。一旦细针穿入病变组织,抽掉通管丝快速上下移动,直到看见针后端出现少量的液体(Fagelman and Chess,1990)。采用该技术可以尽量

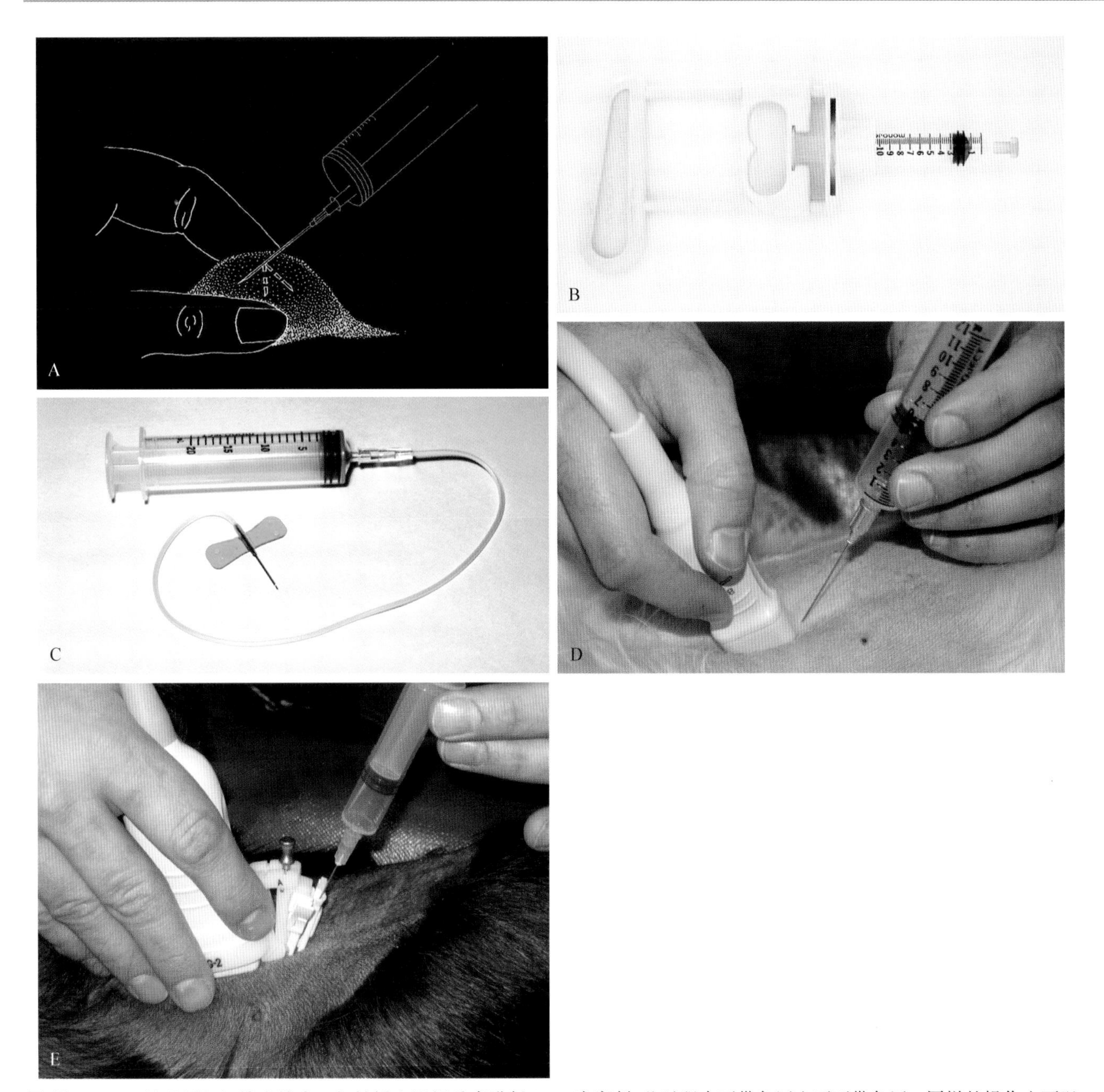

■ 图 1-1　**A. 针吸活组织检查技术。**细针插入组织垂直进行 3～4 次穿刺，此过程中可带负压也可不带负压。同样的操作也可以进行胸腔和腹腔的样品采集。**B. 抽吸枪。**在进行负压穿刺时抽吸枪可以更好地控制和从容地操作。**C. 蝴蝶针。**使用蝴蝶针连接注射器是为了对付当动物不配合时灵活地抽吸大量的液体，当需要抽除大量液体时，可以在注射器和头皮针之间连一个三通阀。**D. 超声引导。**徒手超声引导细针抽吸技术。**E. 超声引导。**穿刺针与超声探头穿刺架固定，在进行超声引导细针抽吸活检时可以牢固固定采样针。（图片来源：Meyer DJ：The management of cytology specimens，Compend Contin Educ Pract Vet 9：10-17，1987. B，Courtesy of Delasco.）

避免血液对样本的污染。另外一种方法是针头连接注射器，针头在带有几毫升空气负压的情况下，上下穿刺移动。从病变部位拔出针头之前要释放负压。如果可能的话，同一病灶最好重复采样 2～3 次，下一个穿刺部位要更换新的针头，大的病变可能存在坏死中心，因此穿刺的时候要选择边缘进行。

### 并发症

超声引导下细针穿刺活检并发症并不常见，与操作者的经验，针头的型号和病变的类型有关（Léveillé et al.，1993）。动物要在 FNAB 之前进行出血性疾病的评估，特别是有丰富血管组织样品的抽吸操作，动物中偶尔有报道肿瘤沿细针通道移植性转移（Nyland et al.，2002b）。人的报道中移植通常与大口径细针有关，很少发生在 22 G 和更小的针头。由于胸壁穿刺后容易发生气胸，所以采样后 12～24 h 内应对其进行密切监护。犬在超声引导下的肾上腺嗜铬细胞瘤穿刺中，可能会出现高血压和低血压（Gilson et al.，1994）。因此在怀疑肾上腺嗜铬细胞瘤穿刺中要谨慎操作。

## 细胞学样本制备

### 按压涂片

按压涂片技术在处理细胞学样本时被广泛采用，例如半固体样本、黏液状样本，或者是离心沉淀物样本。在距离载玻片磨砂端大约 0.5 in(1 cm)的位置放置少量样本(图 1-2A)。第二张干净的载玻片呈直角交叉置于标本之上。标本制备要轻柔，但两张载玻片要紧密接触，第二张载玻片匀速向磨砂远端拉出，均匀按压涂片(图 1-2B)。涂片的目的是为了让标本重新分布，把一个多细胞的团块最大限度地变成单层的细胞分布，以便染色渗透。从而优化准备标本以便显微镜检查细胞形态。好的标本制备特点是单层细胞羽毛状的椭圆区域，尾部最佳检测点被称为“最佳点”(图 1-2C)。按压涂片的替代方法是将上下两张在玻片平行放置(图 1-2D)。最常见的错误是在载玻片上放置过多的样本，导致涂片太厚，不能在显微镜下充分检查。

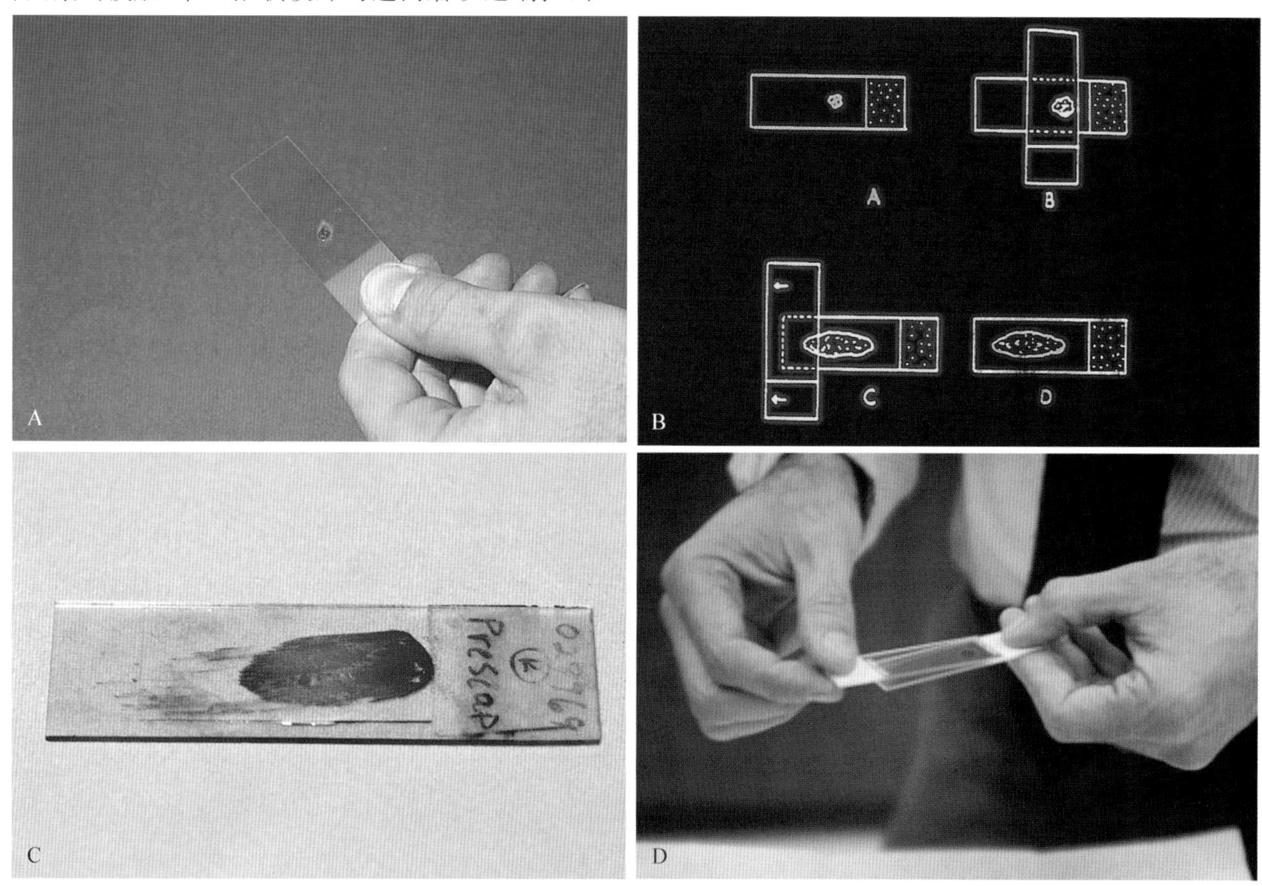


■ 图 1-2　**制片准备。A.** 细胞学制备重要的第一步是只要一小滴或标本的一部分置于毛玻璃末端的载玻片上。放置太多的标本在载玻片上可能导致细胞学制备太厚和(或)太靠近载玻片边缘不利于诊断。**B.** 标本制备要轻柔，两张玻片要紧密接触(B)，第二张载玻片匀速(C)向毛玻璃远端拉出均匀按压涂片，制成单层细胞羽毛状的椭圆区域(D)，尾部最佳检测点被称为“最佳点”。**C.** “最佳点”是淋巴结涂片的最佳染色观察位置。**D.** 制备也可以将两张载玻片平行放置，轻轻滑动玻片，不加任何压力。(B 来源 Meyer DJ，Franks PT：Clinical cytology：Part I：Management of tissue specimens，Mod Vet Pract 67：255－59，1986. C 来源 Meyer DJ：The management of cytology specimens，Compend Contin Educ Pract Vet 9：10－17，1987.)

**关键点**　样品涂片应该是连续的，上边的载玻片滑动过程中不能有短暂的停顿，保持两张玻片表面平行。一个常见的错误是当上面的载玻片滑行到末端时由于逆时针旋转手腕(左手为顺时针)出现轻微的角度，这是细胞破损和涂片不均的主要原因。当这种情况发生时会出现玻璃摩擦的声音，在制备标本之前仔细擦干净载玻片有助于确保一个分布均匀的细胞学标本制备。

**关键点**　“最佳点”的概念最初是指垒球、网球和高尔夫球最佳的击球位点。同样的概念应用到细胞学上是指能够做出最佳诊断的细胞样本区域。靠近载玻片末端和边缘的细胞成分不适合显微检查。当进行自动染色时，靠近载玻片末端和边缘的细胞被玻片架擦掉(图 1-3)。距离标本末端太远的地方也可能出现染色不充分。末端和边缘也不利于检查，因为 40 倍和 50 倍镜以及 100 倍油镜无法聚焦在这些地方。

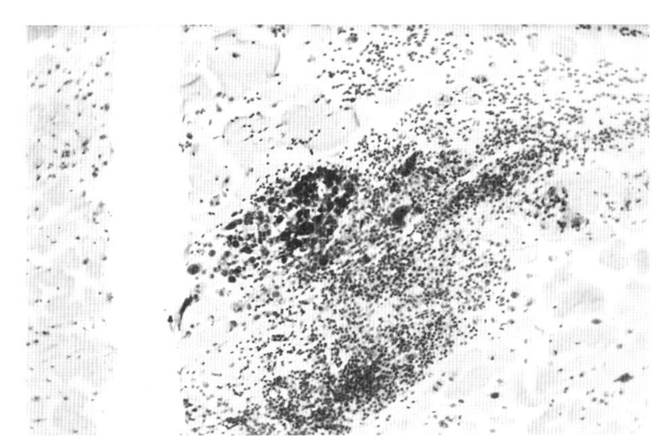

■ 图 1-3　**载玻片准备。**干净区域的左侧是自动染色玻片架的位置，因为太靠近载玻片的边缘，部分细胞学样本被擦掉。（瑞氏染色；低倍镜）

> **关键点**　如果样本制备太厚，这是可能的，没有什么，再做一张。
> 如果样本细胞太靠近载玻片末端和边缘，这是可能的，没有什么，再做一张。
> 如果你怀疑样本制备的质量不好，也要再做一张。

## 液体标本制备

液体标本采集后应立即放置在一个 EDTA 管中以防形成凝块。像血浆一样的液体与血涂片的制备完全一样，一小滴液体置于距离磨砂玻璃 0.5 in (1 cm)处。操作者持第二个玻片以锐角的靠近液体标本，当液体延伸到玻片两端时，开始向毛玻璃反向轻轻滑动(图 1-4A-C)。滑动的速度取决于液体的黏稠度，玻片滑动越快得到的样本越薄越均匀。对于黏稠的液体标本像关节液，玻片的滑动就要平稳缓慢。

在玻片上的所有的液体最终都要留在玻片上(图 1-4D&E)。如果有多余液体，人们习惯于滑动到玻片尾部，这叫作“悬崖边缘综合征”。这样可能潜在丢失诊断机会，像扔到垃圾桶的玻片(图 1-4D)。“悬崖边缘综合征”最有可能丢掉的是胸膜和腹膜液体中包含的肿瘤细胞团块。这些细胞团块经常跟随滑动玻片，最终黏贴在液体表面而消失 (图 1-5A&B)。为了避免多余液体剩余造成细胞学诊断的不足，常常停留在标本玻片末尾的 0.5 in，应用第二张干净的滑动玻片，重复原来的操作。当有少量的多余液体，液体可以缓慢地短距离回流。薄的细胞学染色部分可以评估细胞数量，厚的集中部分(干燥的多余液体)可以评估细胞类型和感染原(图 1-4E)。虽然不是一个最佳的准备方案，在紧急状况下，这种“穷人的离心机”技术是有用的，可进行液体样品的快速分类。

对血性液体、云雾状液体或灌洗液同样可使用沉淀法凝集细胞。当直接涂片完成之后，可以将其进行离心，离心后使用去除大部分上清液体，然后将细胞沉淀物与余下液体重新混匀。之后可以使用该细胞悬浊液进行涂片和(或)压片检查。要注意的是，不能通过浓缩的悬浊液进行细胞计数检查，只能通过直接涂片检查细胞数量。除去这些离心技术之外，可以使用细胞悬浊液制备细胞块，进行组织病理学检查和免疫组织化学检查(详见附录)。

血性液体标本诊断率取决于淡黄层收集技术。要准备一个微量血细胞比容管测量血液比容。在血细胞处(淡黄层之下)折断比容管，轻轻涂片 2～3 张(图 1-6A-C)。直接涂片或者按压方法扩展标本。这种方法对于心包出血，腹腔和胸腔出血的采样非常有价值(图 1-6A&B)。这种检查方法对外周血的肿瘤细胞和细胞相关传染性生物体也是有用的。

漏出液和脑脊液中蛋白和细胞的数量都是低的。为了获得多量细胞推荐使用离心机(细胞离心机)(图 1-7A&B)。脑脊液细胞学标本要在 30～60 min 内完成，防止低密度细胞溶解。然而，当炎症和肿瘤细胞及传染性病原体存在时，在冷藏条件下诊断细胞完整性通常可保存时间长达 12 h。

> **关键点**　液体的样本制备，通常是直接涂片，离心(淡黄层)和细胞离心器(如果有可能)，为提高诊断率需仔细地制备和评估标本。

> **关键点**　在胸腔液和腹腔液的检查中，应用折光仪检查总溶质(蛋白质)浓度，来鉴别漏出液和改良漏出液，这些诊断信息是非常重要的(Meyer and Harvey，2004)。

> **关键点**　像尿沉渣，脑脊液和漏出液等低蛋白液体，在染色冲洗过程中，细胞容易被冲掉。预先用血清黏附剂处理的玻片，可以黏附细胞，使诊断获得更好的结果。制备黏附载玻片时，仅需在载玻片滴几滴不用于生化检查的血清，并使其分布至整个载玻片表面，之后空气干燥即可。一次可以制备 10～20 张黏附载玻片。这些载玻片一旦风干后(摸起来没有黏稠感)，即可堆叠在一个载玻片盒内，然后存于冰箱中，以防细菌生长。使用前，首先将其复温。在使用这种黏附载玻片时非常重要的一点是不要使载玻片表面结霜，因为这会引起严重的细胞溶解。

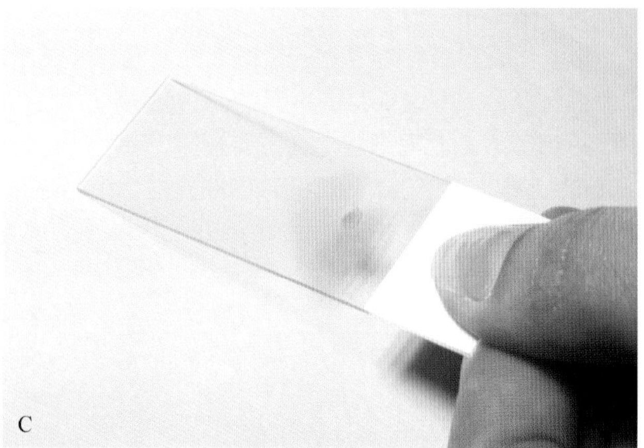


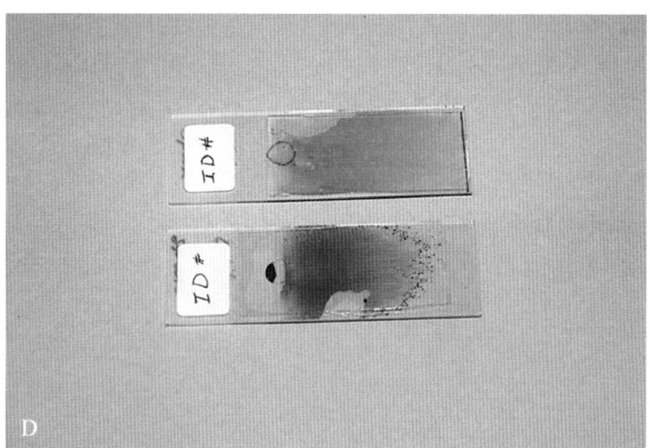

■ 图 1-4 **液体标本制备。A.** 液体标本细胞学制备流程。一小滴液体置于载玻片距离磨砂玻璃大约 0.5 in(1 cm)处。**B.** 滑动玻片缓慢向后接触液体标本。**C.** 当液体延伸到玻片两端时,滑动玻片开始向毛玻璃反向轻轻滑动。**D.** 所有的原始液体都要留在玻片上,必须避免额外的液体滑动到玻片的尽头。下面是完全留在玻片上的羽毛状的液体标本。上面的玻片出现"悬崖边缘综合征",其中多余的液体被滑出玻片的末端。**E.** 过多的液体,仍然允许部分回流和吹风机干燥,小的不透明干液三角区在毛玻璃尾端。另外,在滑动玻片上如果存在过量的液体,可将其转移到另一张干净的载玻片,再次涂片。

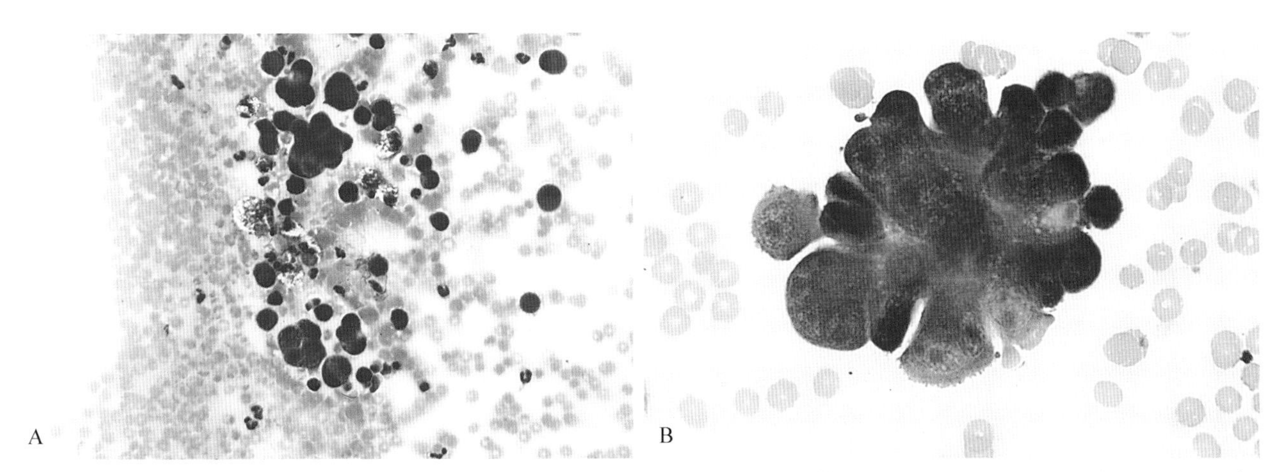


■ 图 1-5　**玻片检查。A.** 在图 1-4D 下面玻片羽毛化边缘的检查，细胞团块位于液体羽毛之外，所以强调在载玻片上留下多余的液体。该区域的细胞团块的右侧只有红细胞（瑞氏染色；中倍镜）。**B.** 通过检查细胞团块，诊断肿瘤性积液（腺癌）（瑞氏染色；高倍油镜）。图 1-4D 上面的玻片为相同的样品，只含有红细胞和少量间皮细胞无细胞团块，细胞学诊断错误。

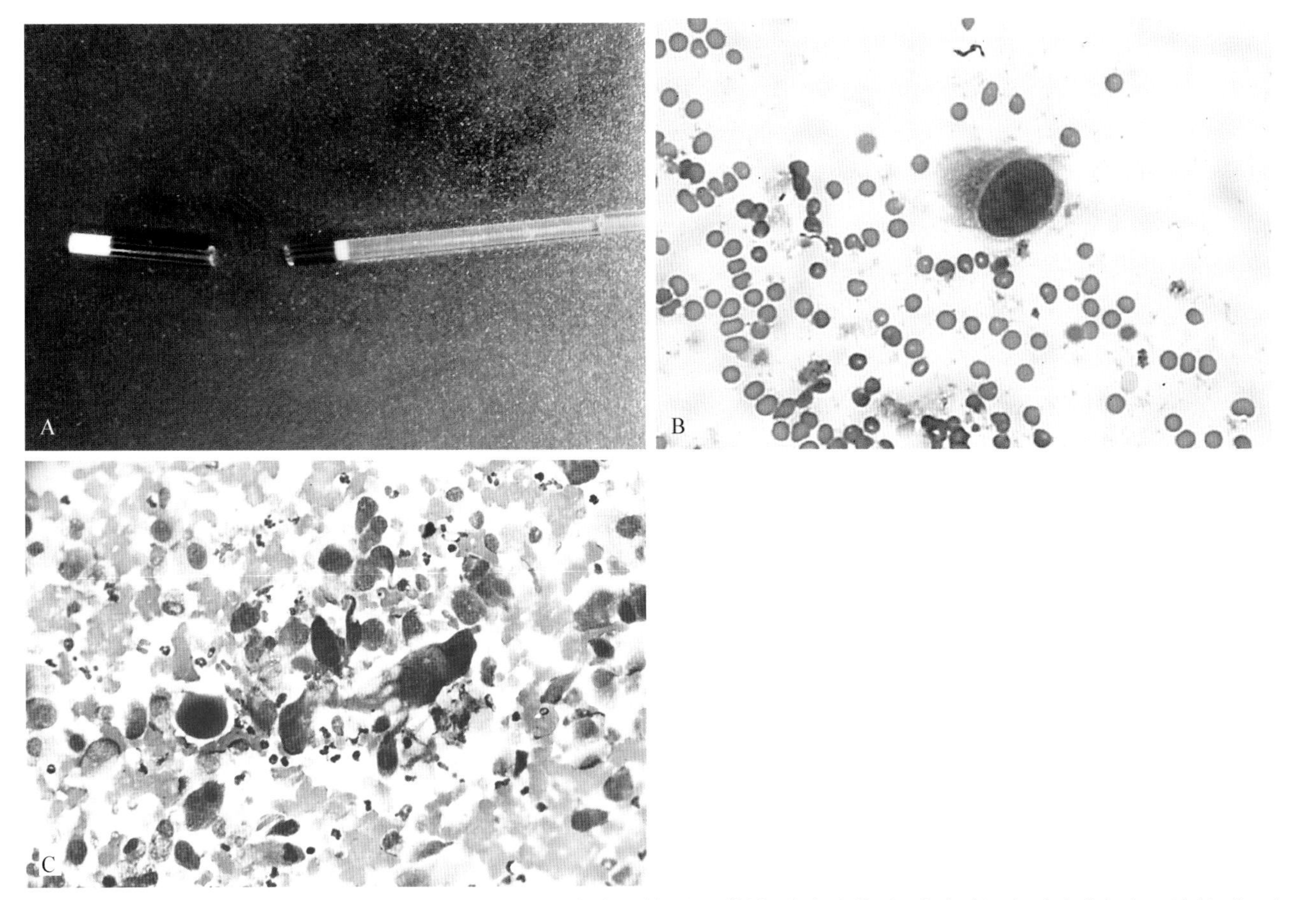


■ 图 1-6　**玻片检查。A.** 一种充满血液的微量血细胞比容离心管，向下旋转，并在淡黄层下部折断。把内容物轻轻地涂抹到一个或者更多的载玻片上。**B.** 经心包穿刺的血液抽吸。在许多红细胞和少量的反应性间皮细胞中观察到一个罕见的非典型的大梭形细胞性肉瘤（瑞氏染色；高倍油镜）。**C.** 从同一血样的淡黄层标本制备涂片中发现大量的梭形细胞，表明存在恶性特征，从而通过肿瘤性积液细胞学诊断为肉瘤（瑞氏染色；高倍油镜）。

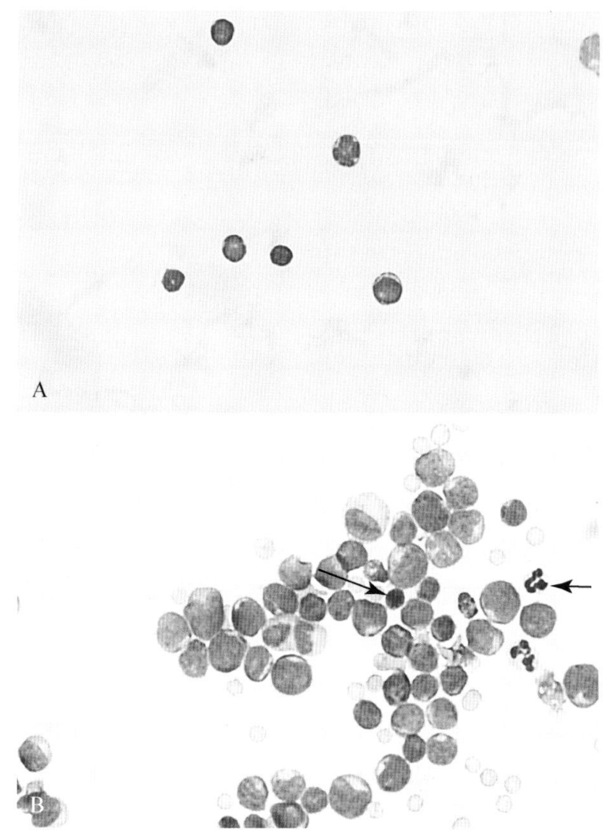

■ 图 1-7　玻片检查。A. 这是一个猫胸腔积液直接涂片的标本。发现少量的小-中-大淋巴细胞(瑞氏染色;高倍油镜)。液体的甘油三酯浓度近似血清值,表明是一个少见的乳糜性积液(瑞氏染色;高倍油镜)。B. 标本的涂片制备很容易看到大部分的细胞是大中型幼淋巴细胞,提示恶性淋巴瘤。一个正常的小淋巴细胞(长箭头)和中性粒细胞(短箭头)可用于比较细胞的大小(瑞氏染色;高倍油镜)。(A 和 B 来自 Meyer DJ,Franks PT,积液:分类和细胞学检查,来源继续教育手册实用兽医 9:123-128,1987.)

帮助提示　一个低热的吹风机或者小型的风扇可以提高液体标本的干燥速度,同时也可以利用它们解决从冰箱中拿出来的涂有血清黏片剂的凝集玻片的表面结霜。

### 印痕

用组织切割面触及载玻片,组织细胞很容易脱落。这种细胞制备可以立即评估,提供活检病理学家第二次评估组织的手段,是一个有价值的方法。临床医生的判读可以与组织病理学检查结果进行比较。在纸巾上蘸去切除组织切割面上的血液和组织液。当观察到纸巾可以粘住组织且足够干,保证脱落细胞没有过多的血液污染。组织表面会有干燥、发黏的现象。坚实地触及载玻片表面,制备几个“最佳点”(图 1-8A&B)。或者操作时,一手固定组织,另一只手拿载玻片在上面一次或多次触及。重要的是要始终注意载玻片表面和组织切割表面的接触。使用组织的间质面或浆膜面制作触片不会得到具有示病意义的触片。制作中需要正确地准备组织,及时触及载玻片表面。如果看到血液或组织液过多,需要重新蘸去血液和组织液,再次制备印痕样本。如果组织接触载玻片之后留下的物质太厚,可以采用涂片技术将其制备成单层细胞样本。组织触片位置的选择应当着重于大体解剖外观异常的部位。

像纤维结构的组织,如纤维瘤、纤维肉瘤、瘢痕的炎症,用这种技术细胞不容易脱落。这些表面较硬常见苍白色,需要将组织表面变粗糙或用手术刀刮,然后触及载玻片表面。此外,在手术刀的边缘组织可以用来做接触印痕和(或)按压的标本制备(图 1-8C&D)。当发现皮肤出现溃疡病灶,怀疑为肿瘤或真菌感染时,该采样技术很实用。如果直接进行触片时,组织切面经常会被碎屑、细菌和其他混合炎性细胞污染,如中性粒细胞、巨噬细胞以及纤维增生结构,这会对结果的判读造成很大干扰。在使用湿纱布擦拭切面或用刀片进行深部刮除时一定要非常小心。刀片上残留的组织细胞一般会用作触片和涂片制作。在一些大疱性皮肤病中,直接用载玻片在刚刚破裂的大疱上进行触片可以用于辨认棘皮细胞和非退化的中性粒细胞(查恩科制片法),用来排查免疫介导性皮肤病(图 3-8)。

小的组织样本,如(图 1-8)内窥镜活检钳或穿刺活检针或骨髓活检针获得的材料,可用 22 G 或 25 G 针头,使材料在载玻片上滚动(图 1-8E)。如果不需要额外的组织学检查,也可以进行一个压片制备。

采集黏膜表面、黏性分泌物或浆液性分泌物样本时,可使用拭子采集。将采集好的拭子通常在玻片表面滚动一次或两次,产生一条或两条线,注意滚动时不要在载玻片边缘滚动(图 1-8F)。例如制备了有两条线的染色玻片(图 1-8G)。

## 标本的染色

罗曼诺夫斯基(Romanowsky stain)和新亚甲基蓝染色主要用于兽医鉴别有核细胞。在染色之前,载玻片不用热固定,因为这可能会损害细胞形态。风干的载玻片是最初制备的首选方法。可快速干燥,防止细胞皱缩。但有一例外,当进行巴氏染色(Papanicolaou stain)时,在玻片干燥之前需要对其进行湿固定(见下文)。

### 巴氏染色

巴氏染色(PAP)是经常使用在人类医学界对于细胞学标本的染色。染色强调细胞核细节,在不典型

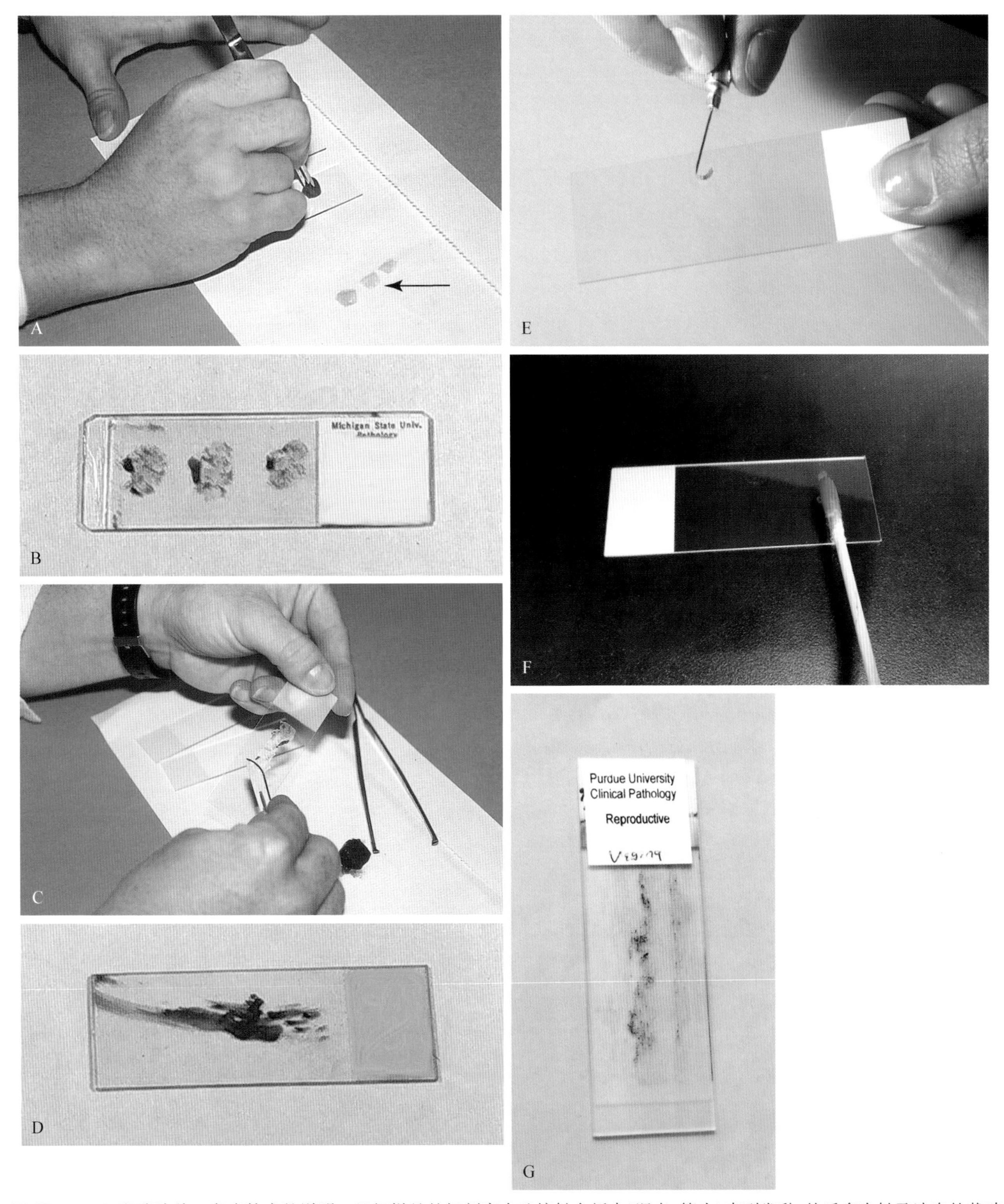


■ 图 1-8　**A. 印痕涂片。**印痕技术的说明。组织样品的切割完全地接触在纸巾(湿点,箭头)直到发黏,然后多次触及洁净的载玻片表面。**B.** 一个精心制备且有良好染色的印痕涂片的制备例子。**C. 组织刮片。**如果组织细胞没有足够的脱落,刀片是用来刮取或使组织表面变粗糙。该组织可以触及载玻片表面和(或)利用刀片边缘上的材料在载玻片上涂抹,风干染色,如果厚也可以做按压涂片制备。**D.** 好的刮涂标本既有厚又有薄的地方。**E. 组织滚动轧制。**不能用镊子抓取的小组织,可以用一个 25 G 针头在载玻片上轻轻地滚动。这将会有一薄层细胞脱落。如果组织不易碎,可以制备多张标本。**F.** 拭子抹片可在载玻片上轻轻滚动一条或两条线。**G.** 一个制备和染色良好的阴道涂片例子。(C 来源 Meyer DJ:The management of cytology specimens,Compend Contin Educ Pract Vet 9:10-17,1987.)

增生和肿瘤早期检测形态畸变很有价值。因为多步染色程序和它在评估炎症反应的局限性,所以在兽医不常用。一个快速的巴氏染色程序已在兽医应用,可能有利于提高肿瘤细胞的核异常的检查率(Jorundsson et al.,1999)。

### 新亚甲蓝染色

新亚甲基蓝(NMB)是一种碱性染料,主要针对细胞核、大多数感染因子、血小板和肥大细胞颗粒的染色。嗜酸性粒细胞和红细胞不染色,显微镜下为半透明的圆形区域。因为染液中没有酒精固定,容易识别脂肪瘤及脂肪组织相关的脂类。相关的囊肿中的胆固醇结晶突出显示出来(图 2-23)。染色液由 0.5 g NMB(Fisher Scientific, Waltham, MA, USA)溶于 100 mL 0.9%生理盐水制成。原液中有福尔马林(1 mL)作为防腐剂。溶液需在冰箱冷藏。临床使用时,可以使用小滴瓶分装,使用前需要使用滤纸对其过滤,以移除染料沉淀(图 1-9A-C)。滤纸过滤的另一替代方法是使用注射器过滤(0.45 μm)(Fisher Scientific, Waltham, MA, USA),如图 1-9B 所示,过滤染色液最大限度地减少浪费。滤出一小滴染液直接加到风干的细胞学标本上。取一个无尘盖玻片(用纸巾擦干净)置于染色液之上,经毛细管现象扩散开。使用大的盖玻片 20 mm×40 mm 或 20 mm×50 mm,以便允许更多的样本进行检查。多余的染料是通过载玻片倾斜且触及一个纸巾去除。试样应立即检查,因为水性染料易蒸发。一个 NMB 染色细胞学标本在检测细胞核、细菌(革兰氏阳性和革兰氏阴性细菌染色深蓝色)、真菌(图 5-11C)和脂肪组织(图 3-44A)时是非常有用的。当用 NMB 染血涂片时,可以评估白细胞和血小板,同时还能辨认富含染色质的细胞(如网织红细胞)。在紧急情况下,该法是对血液和其他液体样本很好的一种分类染色。如果严格过滤染液,可以用来检测血巴尔通体,因为红细胞在 NMB 染色下几乎不可见,所以可以很好地呈现黏附于其表面的深蓝色病原。偶然情况下,如果可以成功移除载玻片上的盖玻片,并在染液干燥之前将其冲掉,使用甲醇固定片子并复染(水性或甲醇性罗曼诺斯克染色),可以很好地保存该玻片。

> **帮助提示** 在兽医临床中,该染色是一种物有所值的染色方法,用来检查细胞学玻片、血涂片和尿沉渣涂片。同时也很值得花时间定期对染液进行过滤。

### 罗曼诺斯克染色(Romanowsky stain)(甲醇性和水性)

罗曼诺斯克染色涉及甲醇固定风干玻片的操作。由于甲醇罗曼诺斯克(MR)染色快速,并且使用方便,而被广泛应用于临床。瑞士染色和吉姆萨染色是 MR 染色的不同类型,它们都含有碱性的天青染料,可以着色酸性核蛋白(DNA/RNA),将其染成蓝色

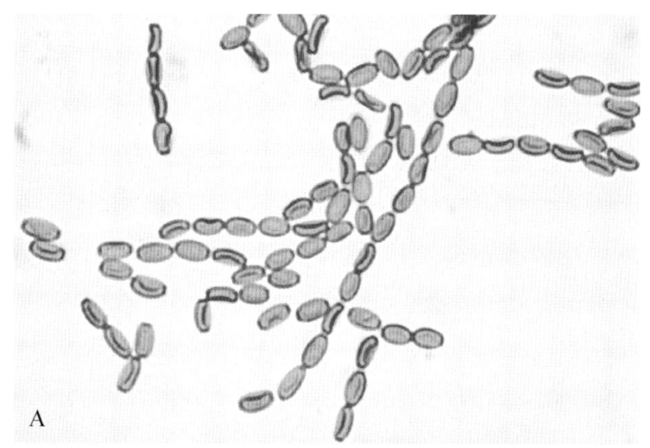


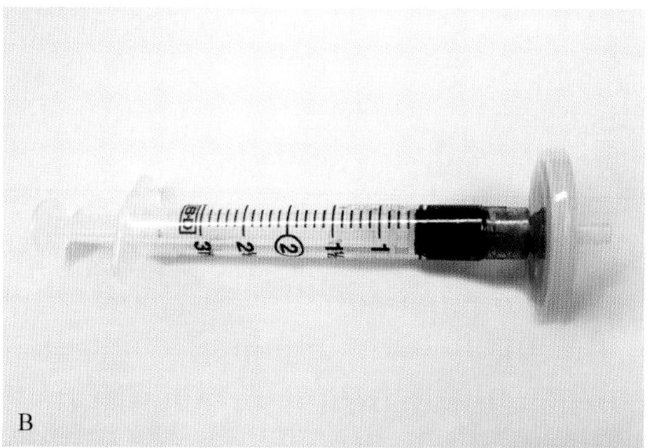

■ 图 1-9 **新亚甲蓝染色。A.** 未过滤染液中可见污染物酵母菌。**B.** 使用 0.45 μm 的过滤器连接注射器可以滤除污染物。仅在染色前过滤,通过过滤器滤出一滴染液直接滴在风干的玻片上。**C.** 将盖玻片盖在染液上,在吸水纸上倾斜玻片,移除多余染液。

或紫色。同时这类染料还有酸性的曙红染料,可以着色细胞质中碱性的成分,如血红蛋白以及大多数碱性蛋白质,将其着染为粉色。这两种染料一起被溶解在甲醇中。这种混合染料可以区分血涂片中嗜碱性和嗜酸性物质。瑞士染色(Wright Stain Solution; Fisher Scientific, Waltham, MA, USA)对血涂片的染色效果很好,所以在人医和兽医临床中被广泛应用。其他单独或配合使用的 MR 染色还包括利什曼染色(Leishman)和梅故吉染色(May-Grunwald-Giemsa)。有些 MR 染色是作为快速染色被使用的。一种快速瑞吉染色的例子就是 Camco Quik Stain Ⅱ® (Fisher

Scientific，Waltham，MA，USA）。

水性罗曼诺斯克染液（AR）包括 Diff-Quik®（Diff-Quik® Differential Stain Set；Fisher Scientific，Waltham，MA，USA）和 Quik-Dip（Mercedes Medical）在内的染液，应用非常广泛。由于这种混合染液染色方便且用时较短，所以常被用于兽医临床。AR 好于 MR 的另一个优点是它可以强化犬瘟病毒包涵体的成像（图 1-10 A&B）。在着染特定样本时，例如骨髓样本，需要在选择染液上进行权衡。肥大细胞颗粒、嗜碱性颗粒和中毒性淋巴细胞颗粒用 AR 染色不稳定（Allison and Velguth，2010）。根据 Wescor 人工比较自动化 AR 和 MR 染色效果，发现 AR 对原始颗粒和中毒性颗粒的着色远比 MR 弱。使用 AR 染色时，这些颗粒成分会在染色过程中被水性染液冲掉（图 3-53 E&F）。在 MR 染色过程中，浓缩的无水天青 B 染料形成沉淀，保护颗粒不被染液冲走。虽然在 AR 和 MR 染色之前都需要进行甲醇固定，但是他们的天青染料类型和浓度以及 pH 和溶剂都不尽相同。检查离散的肿瘤细胞时如果怀疑染色有问题，可以换用 NMB 或 MR 染色，以明确是否存在这些颗粒。

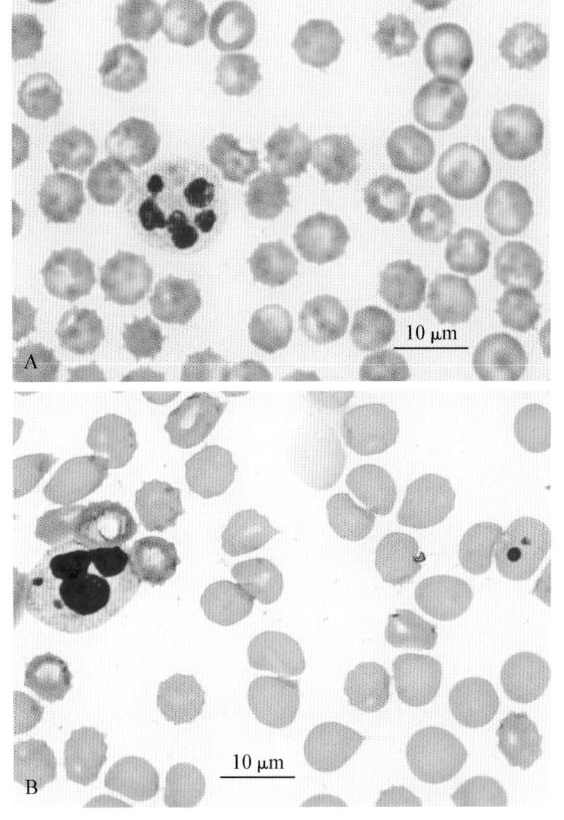


■ 图 1-10　**着色的犬瘟病毒包涵体。A.** 中性粒细胞和红细胞中胞浆病毒包涵体被染呈灰蓝色（甲醇性罗曼诺斯克/瑞氏染色，高倍油镜）。**B.** 犬瘟病毒包涵体被染成深紫色，这大大提高了在中性粒细胞和红细胞中的成像质量。（水性罗氏染色，高倍油镜）

染色效果不好的玻片可能是因为染色时间不合适、染液放置时间太长、细胞学样本处理不当。临床医生应该熟于使用至少一种罗曼诺斯克染色，而且不要频换品牌。不同供货商或者同一供货商不同生产批次的混合染液中，染料成分比例变化也是比较大的。另外，如果在室温下（25℃；77℉）储存时间太长，甲醇会发生氧化反应形成一些物质进而影响染色效果。最好能购买液体染液。框 1-2 中给出了常见罗曼诺斯克染色效果不佳的原因。

根据玻片样本的厚度和染液放置时间的长短，染色时间需要随时做出调整。更换或添加染液的频率与其染色玻片的数量有关。如果细胞核染色呈浅蓝色，缺乏明显的染色质细节，说明染液强度变弱。如果在显微镜下观察到了不应该出现在玻片上的感染原或细胞成分，此时应该更换所有染液。AR 染色时间应随着玻片样本的厚度增加和新鲜度降低而延长。含有很少细胞成分的体腔积液可能在染液中蘸几次就足够了。而诸如淋巴结抽吸样本或骨髓样本可能需要每种染液 60～120 s 的染色时间（图 1-11 A&B）。框 1－3 给出了染色参考时间。

染色结束后，将玻片在流动的凉水中冲洗 20 s，以移除染料杂质，然后让玻片接近于垂直的方向放置干燥（见关键点关于吹风机或扇子的使用）。玻片背侧的染液薄膜可以使用酒精棉擦去。之后使用 10 倍或 20 倍物镜在显微镜下观察，评估染色效果。如果可以接受，使用 40 倍物镜之前在玻片表面放一张盖玻片。可以先在玻片上滴一滴镜油，然后盖上盖玻片，这样可以暂封薄片样本。如果想要永久封存玻片样本，需要使用商品化的封片胶（如 Eukitt®；Sigma-Aldrich）。

**框 1-2　染色异常的原因**

着色过蓝（红细胞呈蓝绿色）
染色时间太长
冲洗不充分
样本太厚
染液或稀释液偏碱性——pH>7；使用 pH 试纸检查
样本接触了福尔马林或其蒸汽（如打开的福尔马林试剂瓶）
固定太迟
冲洗时间太长
染色时间太短
染液或稀释液偏酸——pH<7；红细胞呈橙色或亮红色——甲醇暴露于空气时间太长会被氧化呈甲酸；建议使用新的甲醇
样本未干之前就盖上了盖玻片
有核细胞和红细胞染色不足
与一种或多种染料的接触时间太短
上方载玻片上沾走了下方载玻片的样本[这种情况有时会发生，此时可以将两张载玻片背面相贴然后在科林染色罐（Coplin jars）中同时染色]。
染色样本上有染料杂质
染色末期冲洗不足
染液过滤不足
载玻片不干净

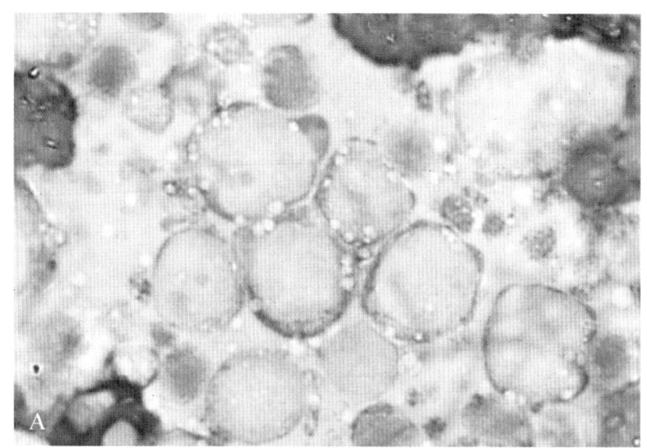


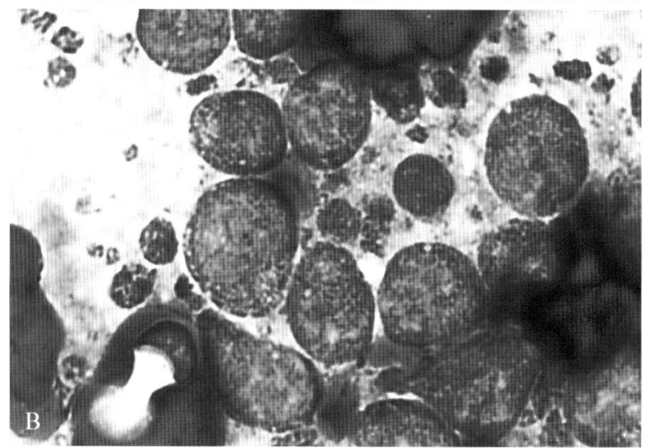


■ 图 1-11 **染色技术。A.** 该样本为一个肿大淋巴结的细针抽吸样本,染色时在固定液和其他液体中分别蘸了几下。可见细胞轮廓,但是细胞形态的细节缺失。(DiffQuik®,高倍油镜)**B.** 同一张玻片,在固定液和每种染液中染色约 60 s,并在液体中轻轻反复提拉。视野中央的小淋巴细胞是很好的大小参考对照。(DiffQuik®,高倍油镜)

> **关键点** 使用 40 倍物镜进行血液学和细胞学检查时,使用盖玻片可以提高清晰度。使用油镜时,可在盖玻片上滴一滴镜油。

> **关键点** 建议设置两套染色设备。一套用于干净样本的染色,如血涂片、积液和淋巴结抽吸样本;另一套用于较脏的样本染色,如皮肤刮片、粪便和肠道细胞学检查以及怀疑为脓肿的样本。

**框 1-3 使用水性罗曼诺斯克染液对细胞学样本进行染色的推荐操作***

固定:60～120 s
A 液:30～60 s
B 液:5～60 s
凉自来水冲洗:15 s
使用低倍镜评估染色效果;可以通过复染来增强红色或蓝色,复染后冲洗风干并镜检

*推荐时间是基于新鲜染液的;染液使用时间越长,染色所需时间也越长。相同的,玻片染色不良时,提示需要进行补充新鲜染液了。
†最短的染色时间用于细胞含量和蛋白含量较少液体制备的玻片样本,如漏出液、脑脊液和尿沉渣
(改良于 Henry MJ, Burton LG, Stanley MW, et al: Application of a modified Diff-Quik® stain to fine needle aspiration smears: rapid staining with improved cytologic detail, Acta Cytol31:954-955,1987.)

## 特殊部位样本的特殊考虑

### 皮下结节和淋巴结

对皮肤结节和肿大的淋巴结进行细胞学采样时较为容易。如果全身淋巴结都发生肿大,至少要采集两个淋巴结的样本。采样时尽量避开重大淋巴结的中心位置,因为此处可能存在坏死组织碎片和一些无示病意义的细胞物质。首先对其进行触诊,判断质地和边缘。触诊柔软提示可能存在积液或坏死,此时应分两次分别采集其内液体和固体组织样本。用手的虎口部位固定组织,之后将采样针插入组织内的目标区域(但是不要扎穿),根据实际情况选择施加负压抽吸和不施加负压抽吸。采样时将采样针在不同的方向采集几次(图 1-1A)。拔出采样针之前,松开注射器活塞,使其恢复到采样前位置,然后将采样针拔出。在组织中移动采样针时,如果一直维持负压,可能会引起注射器中细胞样本的溅开,并可能增加皮下血管中血液对样本污染的可能性。当抽吸物为液体时,应将液体完全抽干,然后对液体样本进行适当处理。之后使用新的采样针和注射器再次对抽干液体后的固体组织进行采样。

> **关键点** 采样针在穿过组织的过程中,会有细胞脱落到采样针内。所以在对非液体组织进行采样时,将采样针在组织内反复推拉,才能获取具有示病意义的病料样本。

> **关键点** 并不是所有的固体组织样本都可以使用脱落细胞学得到足量的样本的。如果通过 FNAB 染色镜检没有获取具有示病意义的细胞,考虑切除或切开活检。

### 肝脏、脾脏和肾脏

使用脱落细胞学采集检查肝脏、脾脏和肾脏的肿大是非常行之有效的方法。由于细胞数量增多或细胞相关原因而增大的组织器官通常很容易脱落细胞。超声检查此类脏器增加了 FNAB 对其局部检查的使用率。但是这种情况下会降低细胞学检查的诊断有效性。极有可能你所采集的细胞并不是由病灶脱落,而是由周围组织脱落的细胞,此时就会造成错误的镜下印象,进而造成误诊。对这些脏器进行 FNAB 时对操作者的经验要求很高,因为在老年动物中,常常会有脾脏和肝脏的结节性增生性病灶,这也是一方面

造成误诊的原因(见第 4 章和第 9 章)。

**关键点**　对诸如肝脏和脾脏等血管丰富的器官进行采样时,可不施加负压进行采样,这样可以减少血液对样本的污染。

**关键点**　要记住,肝脏会随着膈肌的移动而运动,所以对肝脏采样时,采用头背向入针可以减少溃疡发生(图 1-12)。

**关键点**　当从肝脏或脾脏中所采的样本为血性样本时,可以采取两种处理方式。首先,快速将样本转移至 EDTA 抗凝管中。然后做直接涂片(类似于外周血涂片的制备)检查和淡黄层涂片检查,首先排查诸如恶性间质细胞(血管肉瘤)的情况。不要尝试将所采样本全部涂布在玻片上,这样不会得到有效诊断结果。其次,如果超声检查时显示未见液体,则另取新的采样针不施加负压重新进行 FNAB 采样。

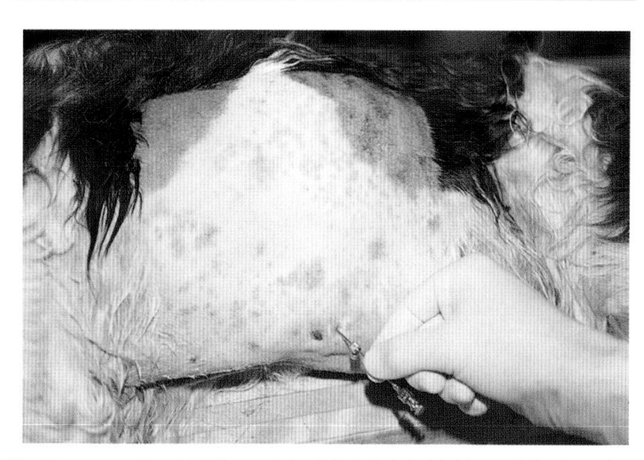

■ **图 1-12　肝脏活检。**对犬进行肝脏细针抽吸活检时可将动物右侧卧保定。图中所示动物的头部在操作者的左侧。采样针从头背方向入针,入针点位于剑状软骨左侧和胸肋骨联合围成的三角形区域内。当采样针接触到肝脏表面时,可以随着膈肌运动相反的方向抽插采样针。

### 鼻部和肺脏

对鼻腔的评估常常由于其内结构的隐蔽性,效果大打折扣。采集鼻腔细胞学或组织学样本之前,都需要对其进行 X 线检查:这样可以定位鼻腔内的病灶,可以更好地选择采集右侧鼻腔还是左侧鼻腔。除此之外,对鼻腔的操作常常会引起出血,之后进行 X 线片拍摄会模糊视野。拍完 X 线片后,对口咽部进行直接视诊,并使用指头进行触诊。使用牙科反光镜视诊和触诊软腭背侧。如果检查未发现可以进行细针抽吸或切割活检的病灶,下一步则可以考虑鼻腔灌洗采样。借助检耳镜检查鼻腔也可以暴露鼻腔内的异常病灶,可以协助采样。

诸如嗜酸性鼻炎或真菌性鼻炎的浅表性病灶,通过鼻腔黏膜检查或鼻腔黏膜刮片检查偶然被确诊。大多数情况下,鼻腔拭子所采样本镜下可能没有示病结构,或者仅能看到一些非特异性的炎症和细菌。通过鼻腔灌洗或鼻腔抽吸技术可以获取较好的鼻腔样本。使用一根软的橡胶双腔导尿管足以进行鼻腔逆灌操作。冲洗时使用生理盐水,收集冲洗液并从中寻找黏液块或组织块制备涂片。剩余冲洗液可以置于尖头离心管中离心,并对沉淀进行适当处理(涂片或直接抹片)。使用硬质大腔的聚氨酯导尿管或改装的 Sovereign®静脉塑料导管也可以成功获取鼻腔样本(图 1-13 A&B)。预估鼻腔深度后,修剪管帽到合适长度。将导管与注射器紧密连接,然后深入鼻腔中,直到感受到中度阻力。在鼻腔中操作导管的同时即可进行抽吸(图 1-13B)。在此操作过程中,由于鼻腔黏膜和鼻甲的病变,使得操作和抽吸空间较大。当抽出导管时,维持负压,尝试抽出较多的组织样本。之后可以采集少量液体和组织制备细胞学玻片。较大的组织碎片或血凝块可以固定于 10%的福尔马林中,准备组织病理学检查,以得出更可靠的诊断。

通过放射学检查,发现肺实质存在浸润性病变,或存在较大病灶时,使用 FNAB 对其进行采样效果往往很好。除非通过影像学检查可以明确存在细胞浸润性病变,否则进行盲目采样结果往往是不理想的。对肺脏采样时,借助超声引导是一种更精确的采样方式。对于那些较小的病灶或者边界不清楚的病灶,在 X 线片上盲目进行采样针定位会引起很多问题。除此之外,在对肺脏进行细胞学采样之前,还需考虑肺腺癌细胞的医源性定植(Vignoli et al.,2007;Warren-Smith et al.,2011)。

能否成功地进行气管灌洗和支气管肺泡灌洗以评估肺部病变,取决于疾病病程对黏膜和(或)肺泡的影响、采样部位的选择和灌洗液的回收量。操作时尽量保持患病动物头低位,以最大限度地回收灌洗液。对于黏膜上的病灶,可以采用黏膜刷或黏膜刮片进行取样检查(Clercx et al.,1996)。

**关键点**　肺脏是不断运动的器官,所以进行细针抽吸时容易造成创伤。轻轻触摸动物鼻头或向动物鼻孔吹起可以暂时使其憋气。

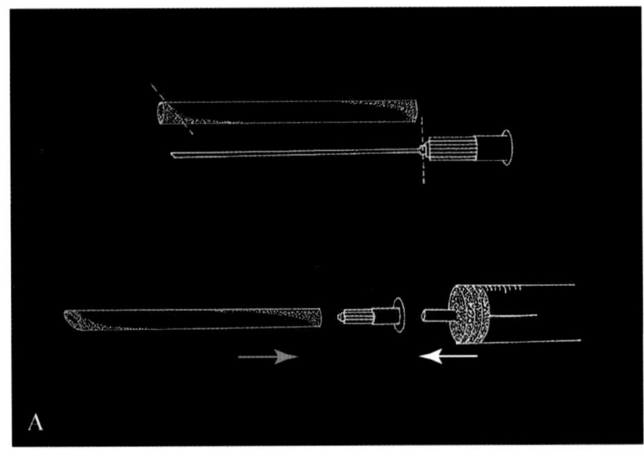


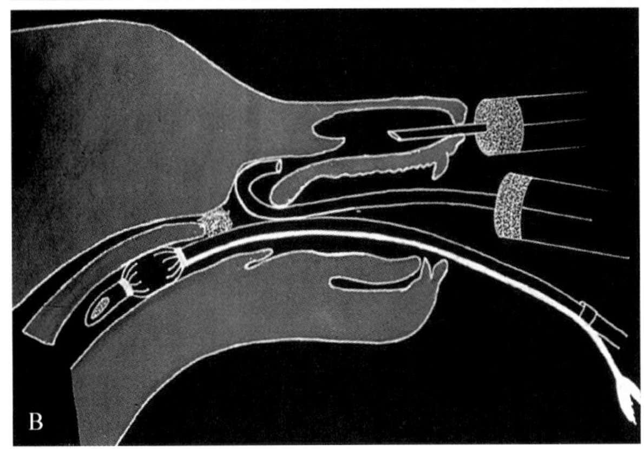


■ 图 1-13 **鼻腔活检。A.** 该示意图显示了如何将常规静脉导管改制成鼻腔细胞学样本抽吸装置。外面的塑料套管一端修成斜面，然后在针头基部将针头剪掉。然后将塑料套管紧紧套在针头基部。**B.** 矢状面示意图为一犬的头部，显示了两种可能获得鼻部细胞学样本的操作。将改装的静脉导管或相对较硬的大腔导尿管通过外鼻孔伸到鼻腔深部，伸入感到阻力是开始抽吸。或者使用弹性橡胶导尿管从后鼻孔伸入软腭上方，然后逆向灌洗鼻腔。灌洗同时收集流出的液体及其内固体组织。(A 和 B 引自 Meyer DJ：The management of cytology specimens，Compend Contin Educ Pract Vet9：10-17，1987.)

### 关节

当动物出现跛行，或者关节肿胀时，此时需要检查滑囊液。采样之前，最好对目标部位的解剖结构加以复习。一般来讲，将患病关节轻轻舒展开之后，使用手指即可进行适当的骨间触诊。采样前，需要对采样部位进行剃毛消毒，以免样本被细菌污染，尤其是当滑囊液需要送去进行细菌培养时，无菌操作所得的结果才是真实可信的。将 22～25 G 的针头与一个 3 mL的注射器连接。正常滑囊液是黏稠的，所以即使其内存在炎症，可能表现得还是一样黏稠。进行抽吸时一定要有耐心，因为滑囊液比较黏稠，其在针头内流动的速度很慢。样本的质量比样本数量更重要。只需一滴滑囊液即可进行涂片检查，2～3 滴用于细菌培养就已经足够了。如果存在多关节疾病，可能同时需要采集 2～3 个关节，包括至少一个腕关节，应将其列入常规检查之内。

### 椎体病变

椎体的病变可能会通过放射影像学发现，或基于神经学检查，发现存在共济失调、无法站立或颈部疼痛，进而怀疑有椎体疾病。在这种情况下要获取细胞学样本是非常具有挑战的，因为这类疾病难以通过触诊定位病变部位，而且与脊髓非常靠近。有经验的放射技师可能在影像引导下可以成功获取示病样本。

## 送检细胞学样本

如果您的医院病例量很大，选择将细胞学样本送检至商业化兽医实验室进行检查是一种很方便的选择。很多这种类似的机构拥有专业的人员，可以用液体样本制备淡黄层和细胞沉淀玻片，并且拥有经验丰富的显微镜专家判读细胞学结果。当然，这些专家判读结果准确的前提条件是送检合适的样本。

液体样本采集后应立即放入 EDTA 抗凝管中，以防凝块形成，如果该样本需要超过 24 h 才能被送检到目标实验室，则在送检之前应做一张直接涂片，并将该涂片一并送检。红头采血管和紫头采血管管腔内不一定是无菌的，如果需要进行细菌培养，使用这两种采血管采集的样本可能会受到细菌污染。所以需要进行细菌和真菌培养检查时，最好选用该实验室定制的采血管(向该实验室咨询)。关于对特殊诊断测试的样本送检细节请查看附录。

像之前所说的一样，触片对福尔马林固定的组织学检查很有帮助。但是福尔马林蒸汽可以导致触片染色特性巨大的改变(图 1-14 A&B)。当需要将触片与福尔马林固定的组织一同送检时，它们必须分开保存，千万不要一并保存，以避免福尔马林对细胞造成影响。当使用玻片盒送检玻片时，经常发生玻片碎裂。建议使用硬质塑料盒或泡沫塑料盒进行玻片送检。如果对送检样本流程不熟悉，最好先联系该实验室寻求建议。

> **关键点** 福尔马林蒸汽渗透性很强，扩散很快。它会改变样本血液学和细胞学的染色特性和形态特征。永远不要将样本靠近敞开的福尔马林瓶子，即使是很短的时间也不要。

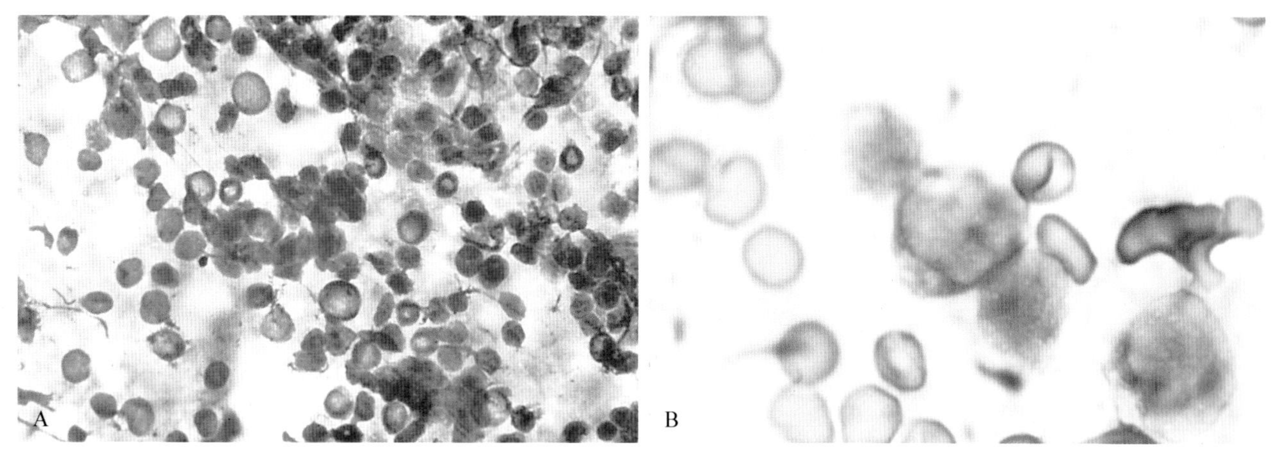


■ 图 1-14　**福尔马林效应。A.** 该图所示淋巴细胞被暴露于福尔马林蒸汽中。镜下大多数物质无法辨认，不能确定是否为淋巴细胞，无法给出细胞学判读结果。福尔马林蒸汽会改变有核细胞的细胞形态和染色特征；这种样本应归为无意义样本。（瑞氏染色；高倍油镜）需进行二次采样进行细胞学诊断（未给出图像）。**B.** 该样本同样暴露于福尔马林。注意红细胞形态缺乏清晰度，且呈绿色着色。（罗氏染色；高倍油镜）

## 参考文献

Allison RW, Velguth KE: Appearance of granulated cells in blood films stained by automated aqueous versus methanolic Romanowsky methods, *Vet Clin* Pathol 39:99－104, 2010.

Clercx C, Wallon J, Gilbert S, et al: Imprint and brush cytology in the diagnosis of canine intranasal tumours, *J Sm Anim Pract* 37:423－437, 1996.

Fagelman D, Chess Q: Nonaspiration fine-needle cytology of the liver: a new technique for obtaining diagnostic samples, *Am J Roentgenol* 155:1217－1219, 1990.

Gilson SD, Withrow SJ, Wheeler SL, et al: Pheochromocytoma in 50 dogs, *J Vet Intern Med* 8:228－232, 1994.

Henry MJ, Burton LG, Stanley MW, et al: Application of a modified Diff-Quik stain to fine needle aspiration smears: rapid staining with improved cytologic detail, *Acta Cytol* 31:954－955, 1987.

Jorundsson E, Lumsden JH, Jacobs RM: Rapid staining techniques in cytopathology: a review and comparison of modified protocols for hematoxylin and eosin, Papanicolaou and Romanowsky stains, *Vet Clin Pathol* 28:100－108, 1999.

Léveillé R, Partington BP, Biller DS, et al: Complications after ultrasound-guided biopsy of abdominal structures in dogs and cats: 246 cases (1984-1991), *J Am Vet Med Assoc* 203(3): 413－415, 1993.

Mair S, Dunbar F, Becker PJ, et al: Fine needle cytology-Is aspiration suction necessary? A study of 100 masses in various sites, *Acta Cytol* 33:809－813, 1989.

Meyer DJ: The management of cytology specimens, *Compend Contin Educ Pract Vet* 9:10－17, 1987

Meyer DJ, Franks PT: Clinical cytology: Part I: Management of tissue specimens, *Mod Vet Pract* 67:255－259, 1986.

Meyer DJ, Harvey JW: Evaluation of fluids: effusions, synovial fluid, cerebrospinal fluid. In Meyer DJ, Harvey JW (eds): *Veterinary laboratory medicine: interpretation and diagnosis*, Philadelphia, 2004, Saunders, pp245－259.

Nyland TG, Mattoon JS, Herrgesell EJ, et al: Ultrasound-guided biopsy. In Nyland TG, Mattoon JS(eds): Small animal diagnostic ultrasound, ed 2, Philadelphia, 2002a, Saunders, pp30－48.

Nyland TG, Wallack ST, Wisner ER: Needle-tract implantation following US-guided fine-needle aspiration biopsy of transitional cell carcinoma of the bladder, urethra and prostate, *Vet Radiol Ultrasound* 43(1):50－53, 2002b.

Podell M: Epilepsy and seizure classification: a lesson from Leonardo, *J Vet Intern Med* 13:3－4, 1999.

Vignoli M, Rossi F, Chierici C, et al: Needle track implantation after fine needle aspiration biopsy (FNAB) of transitional cell carcinoma of the urinary bladder and adenocarcinoma of the lung, *Schweiz Arch Tierheilk* 149(7):314－318, 2007.

Warren-Smith CMR, Roe K, de la Puerta B, et al: Pulmonary adenocarcinoma seeding along a fine needle aspiration tract in a dog, *Vet Rec* 169:181－182, 2011.

Yue X, Zheng S: Cytologic diagnosis by transthoracic fine needle sampling without aspiration, *Acta Cytol* 33: 806－808, 1989.

# 第 2 章

# 细胞学判读的大体分类

*Rose E. Raskin*

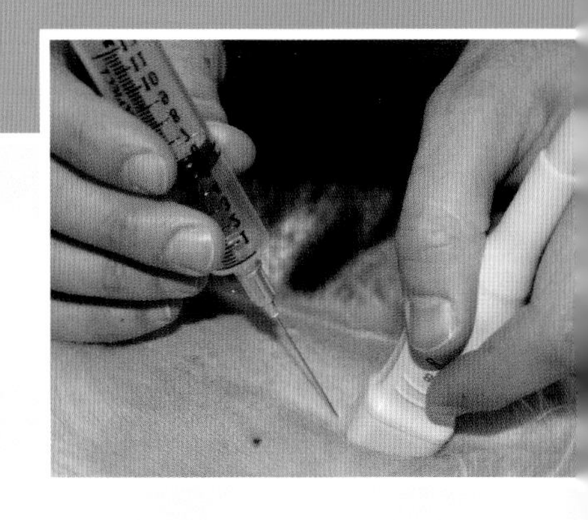

细胞学的用途之一就是对病灶进行分类，以协助诊断疾病、判断疾病预后以及管理病例。细胞学判读的结果总会被归为五种细胞学分类中的一种（框 2-1）。第六种类型属于非诊断性结果或人为干扰结果，不具有诊断意义的样本通常含细胞量较少，或血液污染较为严重。

> **关键点** 细胞学判读的结果往往同时会属于多种类型，如炎症伴有组织损伤或肿瘤伴发炎症。

## 正常组织

尽管诸消化道等器官中含有不成熟的基底细胞，但一般正常组织中由成熟细胞组成。正常细胞学检查结果表现为细胞和细胞核形态及大小均一，核质比较低（图 2-1 和图 2-2）。

| **框 2-1　细胞学判读结果大体分类** |
|---|
| 正常或增生组织 |
| 囊肿 |
| 炎症或细胞浸润 |
| 组织损伤应答 |
| 肿瘤 |
| 非诊断性样本 |

## 增生性组织

增生性病变属于组织非肿瘤性增大，可能是内分泌紊乱或组织损伤的反应性病变。与肿瘤相比，增生的组织通常具有对称性。细胞学上，增生性细胞与正常细胞类似，但是核质比相对较高。典型的结节样增生包括前列腺（图 2-3）、肝脏（图 9-20A）和胰脏（图 2-4）的实质增生。

## 囊肿

囊肿内通常含有液体物质或半固体物质。在低蛋白液体中通常细胞含量较少。这类良性病灶通常是内衬细胞增生或组织损伤的结果。例如血清肿（图 2-5）、唾液黏液囊肿、顶泌汗腺囊肿、表皮/毛囊囊肿（图 3-2），以及一些非皮肤腺体的囊肿，如乳腺或前列腺囊肿（图 2-6）。

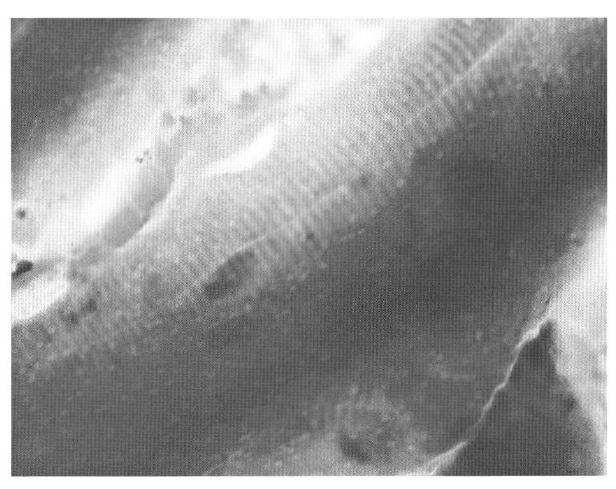

■ 图 2-1　**犬正常骨骼肌组织抽吸。**可见细胞由大量丝状肌纤维组织层，胞核小而致密，呈卵圆形。在深蓝色胞浆背景中可见骨骼肌中典型的横纹。（改良瑞氏染色；高倍油镜）

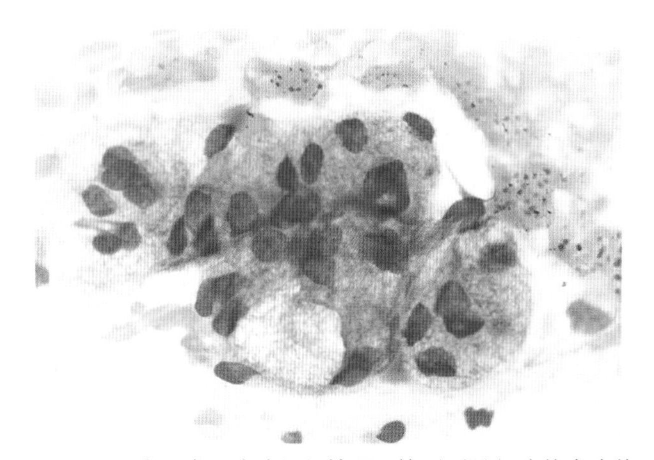

■ 图 2-2　**犬正常唾液腺组织抽吸。**镜下可见细胞核大小均一，核质比以及胞浆内容物。（瑞-吉氏染色；高倍油镜）

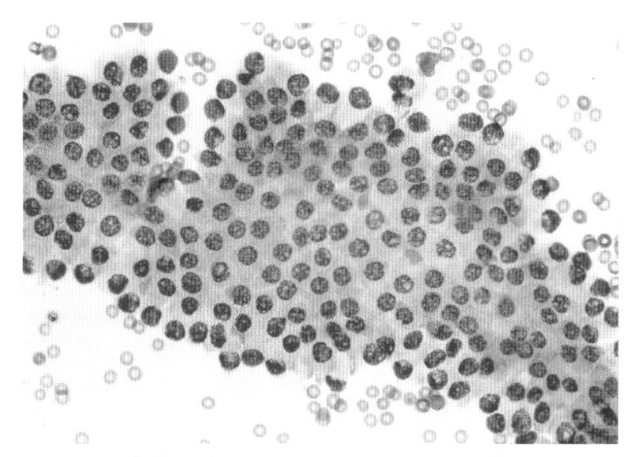

■ 图 2-3 **犬前列腺增生组织抽吸。**该病例临床症状包括包皮处滴血。细胞学检查可见细胞核大小均一，但是细胞核之间的距离减小，提示核质比有所增加。（瑞-吉氏染色；高倍油镜）

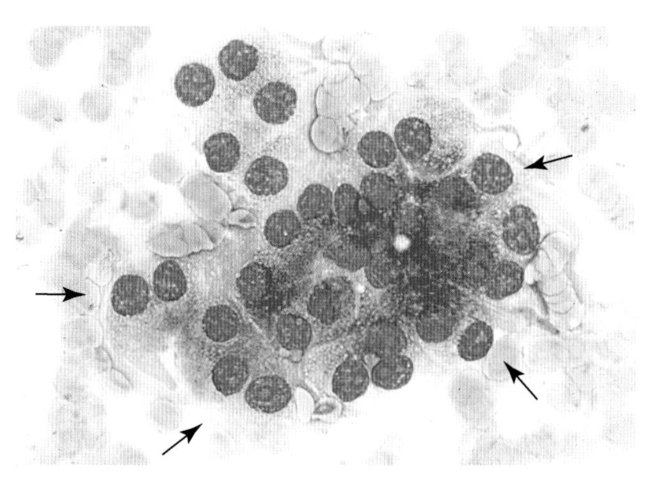

■ 图 2-4 **犬胰脏结节样增生组织抽吸。**超声波检查发现胰区存在低回声阴影。细胞学检查发现典型的双核细胞（箭头所指），提示存在胰脏实质增生。（瑞-吉氏染色；高倍油镜）

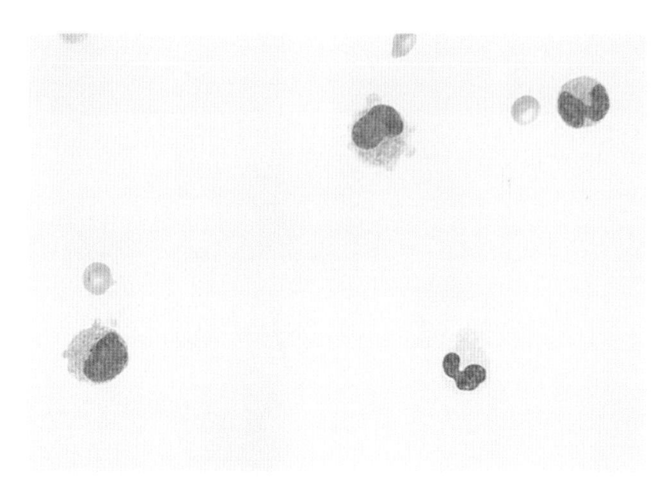

■ 图 2-5 **犬血清肿组织抽吸。**该犬颈部肿胀，抽吸物为血色液体。该液体细胞含量（3 800/μL）和蛋白含量（2.5 g/dL）均低。直接涂片镜下观察可见混合性细胞，以含有细小颗粒胞浆的大单核细胞为主，并可见少量红细胞。（瑞-吉氏染色；高倍油镜）

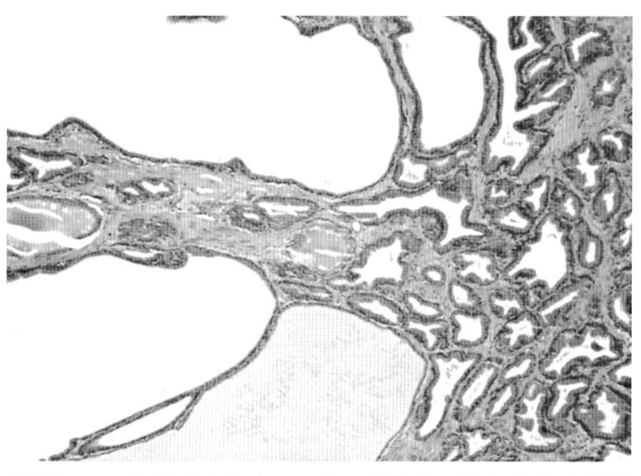

■ 图 2-6 **犬前列腺囊肿组织病理学检查。**较大的囊腔内衬立方上皮细胞，可见扩张的导管。（H&E 染色；低倍镜）

## 炎症或细胞浸润

根据炎症病灶的细胞学检查发现的细胞类型，可以进一步对其进行分类。炎性细胞的类型，对病因具有提示意义。

化脓性病灶中中性粒细胞的比例高于 85%，之后再根据细胞核有无退化进一步分类。非退化的中性粒细胞形态正常，胞核中可见成熟而致密的染色质以及良好的分叶。这类中性粒细胞通常出现在非中毒性环境中，如免疫介导性疾病（图 2-7A）、肿瘤（图 2-7B）和由刺激性因素引起的无菌性病灶，如尿液和胆汁（图 2-7C）。退化的中性粒细胞初期表现为肿胀性坏死，可见明显的细胞肿胀和细胞核肿胀，并可见染色质着色变浅。在细胞学上，这类早期病变称为核溶解（图 2-8）。核溶解的发生是由于细胞线粒体功能下降，ATP 产量降低，导致跨膜离子泵功能不良，引起钠离子、钙离子和水分内流（水肿性退化），导致生物膜破坏，进一步释放内切核酸酶，导致 RNA 和 DNA 的分解。这类征象通常提示细胞在毒性或损伤性环境中出现快速死亡（Perman et al.，1979）。退化的中性粒细胞通常出现在细菌感染的情况中，尤其是产生内毒素的革兰氏阴性菌的感染。细胞学上发现存在中性粒细胞退化时，必须寻找胞内细菌，才能确凿地诊断为化脓性中性粒细胞性炎症（图 2-9）。

核溶解在组织学上被描述为细胞死亡时出现的影细胞核或细胞核残留物，紧接着会出现核缺失。与急性细胞损伤引起的细胞和细胞核肿胀相反，细胞死亡是一个逐渐萎缩的缓慢过程（细胞凋亡）。正常细胞生理性老化的过程中会出现细胞凋亡（图 2-10A），但是在细胞的病理性死亡中也会看到广泛的细胞核破坏和坏死，这属于病理性凋亡。

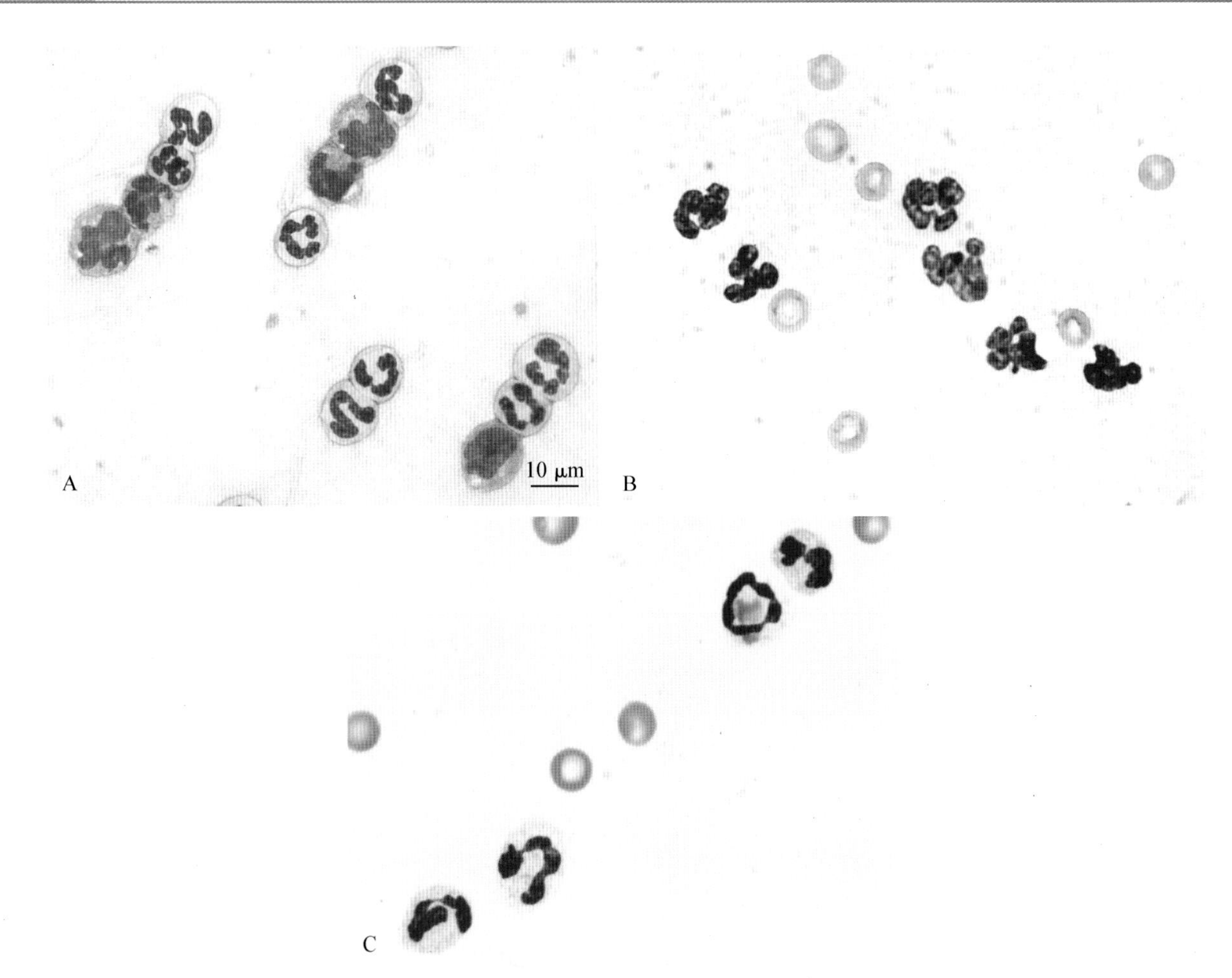


■ 图 2-7 **犬非退化性中性粒细胞。A.** 患有免疫介导性疾病的杜宾犬，对甲氧苄啶-磺胺嘧啶治疗有反应。图中所示为滑液，可见8个中性粒细胞和5个大单核细胞并排。(瑞-吉氏染色；高倍油镜) **B.** 滑液无菌性炎症，可见以分叶良好的中性粒细胞为主，可能继发于周围骨骼的肿瘤性病变。(瑞-吉氏染色；高倍油镜) **C.** 继发于胆管破裂的腹腔积液，可见完整的中性粒细胞，其中一个中性粒细胞吞噬有灰绿色黏液物质。(改良瑞氏染色；高倍油镜)

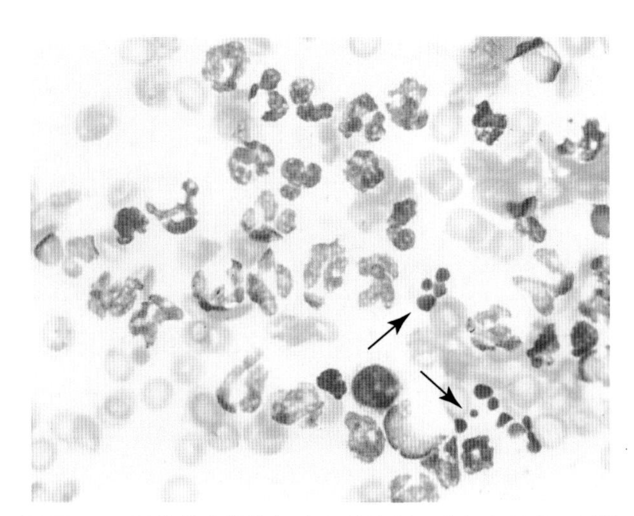

■ 图 2-8 **退化的中性粒细胞和核溶解。犬组织抽吸。** 可见细胞核着色下降，核分叶肿胀，提示存在轻度至中度中性粒细胞核溶解。核固缩表现为细胞内多个深色圆形的细胞核残留物，又称为核破裂(箭头所指)。该病例为细菌性皮炎。(瑞-吉氏染色；高倍油镜)

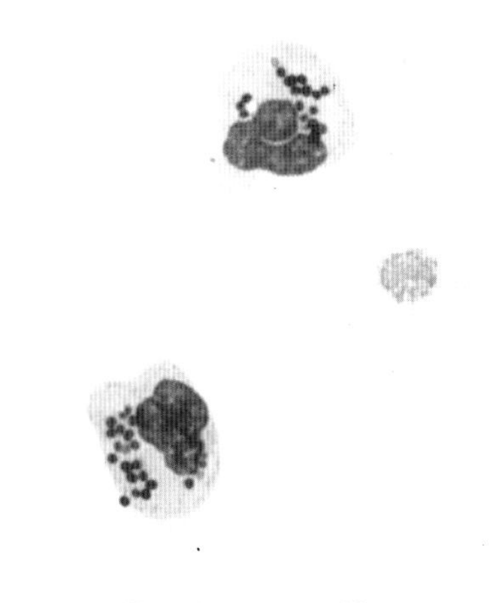

■ 图 2-9 **犬细菌性败血症组织抽吸。** 可见明显的中性粒细胞核溶解，其内可见胞内球菌。由于核溶解较为严重，以至于很难辨认此为中性粒细胞。旁边的红细胞碎片可以协助大家通过肿胀的中性粒细胞大小来进行辨认。(改良瑞氏染色；高倍油镜)

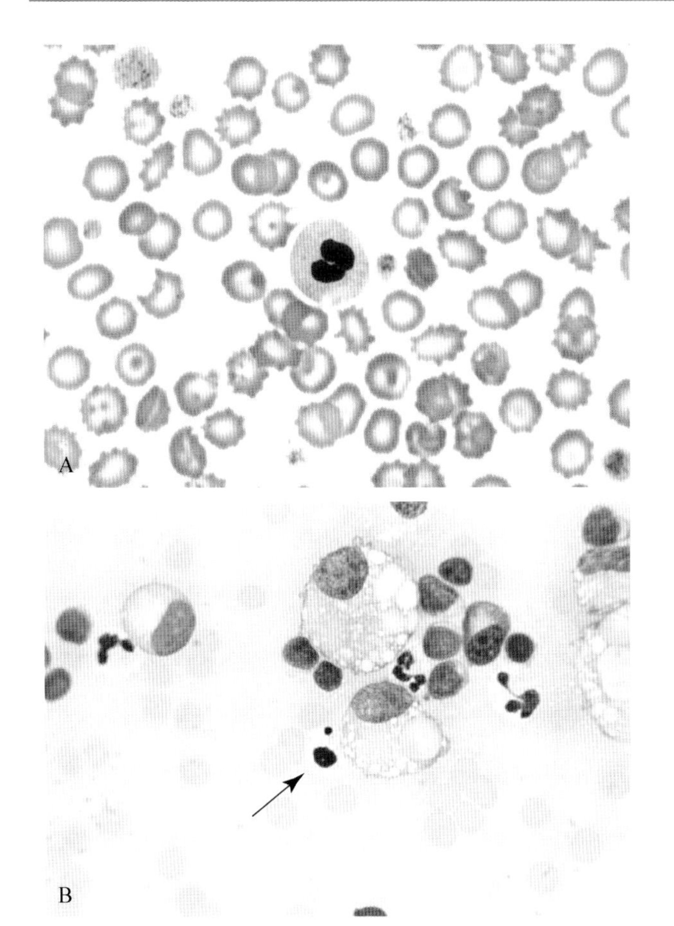


■ 图 2-10　**A. 核固缩。犬血涂片。**放置两天的血液可见细胞老化和早期核固缩。可见细胞核变圆变致密，胞浆嗜酸性增加。胞浆嗜酸性增加是由使细胞质嗜碱的细胞器固缩或核糖体 RNA 减少引起的。（改良瑞氏染色；高倍油镜）**B. 核固缩。犬乳糜液。**慢性炎症产生的乳糜液中，中性粒细胞核通常固缩为较大散在的深色圆形结构（箭头所指），这与非无菌性环境下细胞的慢性改变有关。该病例中出现核固缩的细胞（箭头所指）还有另一个较小的圆形细胞核碎片。（瑞氏染色；高倍油镜）

胞核深染，并聚集缩小为一两个嗜碱性圆形片段，称为核固缩（图 2-10B）。如果核固缩是发生在一个相对毒性较低的环境，且发展较为缓慢时，可能在变小的相对嗜酸的细胞边缘看到完整的细胞膜，这属于正常的细胞衰老。在核固缩的最后阶段，高度分叶的细胞（图 2-8）或个别死亡的细胞（图 2-11）出现胞核固缩破损，称之为核碎裂（Mastrorilli et al.，2013），这种征象在细胞学和组织学上均可观察到。组织细胞性病灶或巨噬细胞性病灶主要以巨噬细胞为主，提示慢性炎症（图 2-12）。当发现巨噬细胞胞浆为泡沫状，甚至为空泡状时，提示存在此种炎症。

相反，肉芽肿性病灶由活化巨噬细胞组成，其形态上与上皮细胞类似，是对异物或持久性胞内感染的反应，分泌活动大于吞噬活动。因此这些细胞被称为上皮样巨噬细胞，可通过其大量嗜碱性胞浆和大而多边的外形辨认（图 2-13A）。上皮样巨噬细胞在细胞因子和其他炎性介质的影响下相互融合，形成多核巨

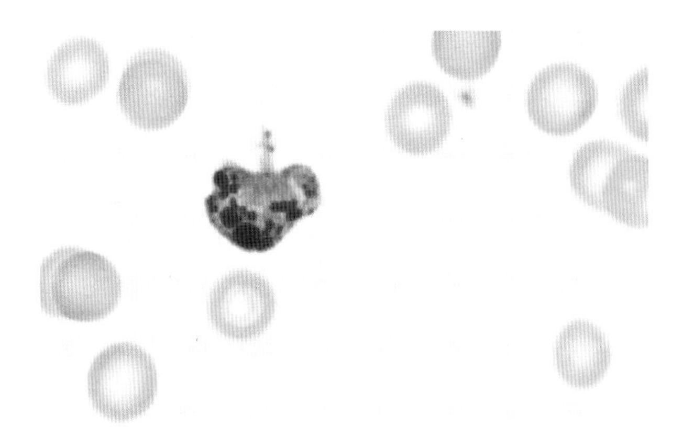

■ 图 2-11　**核破裂。犬骨髓抽吸。**白血病患病动物的细胞核分裂。（改良瑞氏染色；高倍油镜）

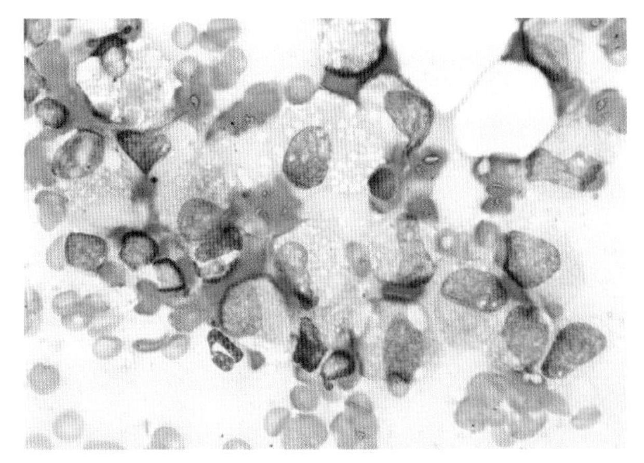

■ 图 2-12　**巨噬细胞性炎症。犬组织触片。**肺结节病中大量大单核细胞，灰色胞浆呈泡沫状，含有多个无色空泡。（瑞-吉氏染色；高倍油镜）

细胞（图 2-13B）。肉芽肿通常由异物或者分枝杆菌感染引起，当细胞学检查镜下发现上皮样巨噬细胞和（或）多核巨细胞时，则提示存在肉芽肿性病变。

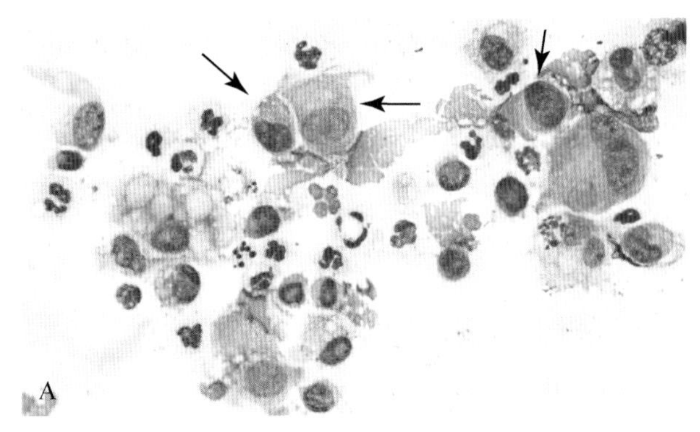


■ 图 2-13　**A. Pyogranulomatous inflammation. Tissue aspirate. Dog.** Long-standing bacterial infection created a mixture of degenerate neutrophils, epithelioid macrophages(arrows), binucleated giantcell, lymphocytes, and a vacuolated phagocytic macrophage. Note the presence of two cells displaying karyorrhexis. A plump fibroblast is seen in the upper left. (Modified Wright; HP oil.)(From Raskin RE: Tail mass in a dog, *NAVC Clinician's Brief* Nov:13-15, 2006.)

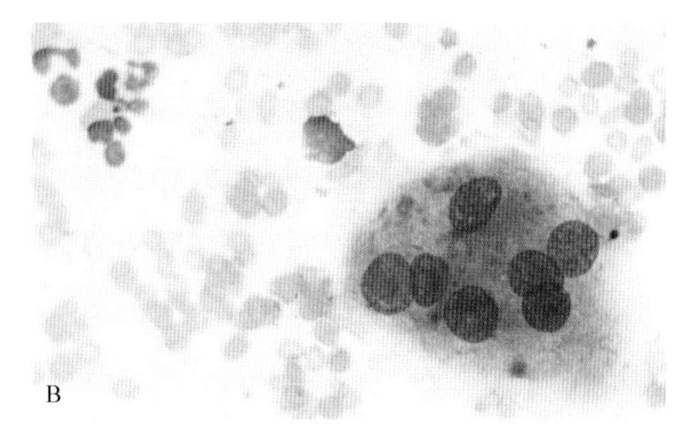


■ 图 2-13 **B. 多核巨细胞。猫组织抽吸。**皮肤脓性肉芽肿性炎症由很多巨细胞组成，并可见真菌菌丝(此处未示出)。图中所示为一个含有7个独立细胞核的细胞，并含有大量灰蓝色颗粒样胞浆。(瑞-吉氏染色；高倍油镜)

混合细胞性炎症病灶包含中性粒细胞和巨噬细胞(图2-14)，同时可能还会出现较多的淋巴细胞或浆细胞。这类炎性病灶通常与异物反应、真菌感染、分枝杆菌感染、脂膜炎、舔舐性肉芽肿和其他慢性组织损伤有关。当镜检发现大量中性粒细胞和上皮样巨噬细胞时(多核巨细胞可有可无)，则称之为脓性肉芽肿(图2-13A)。

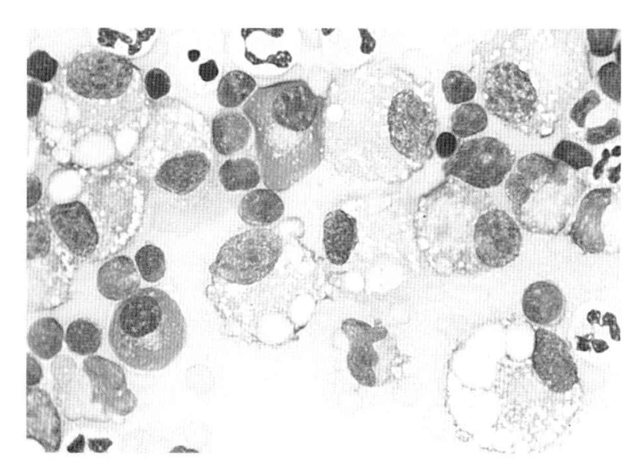

■ 图 2-14 **混合细胞性炎症。犬乳糜液。**慢性乳糜液中含有各种类型的细胞，包括非退化的中性粒细胞、空泡样巨噬细胞、小至中型淋巴细胞和两个成熟的浆细胞。(瑞氏染色；高倍油镜)

嗜酸性病灶中，10%以上的炎性细胞为嗜酸性粒细胞(图2-15)。伴有或不伴有巨噬细胞。在这种情况下，相较于粉红色的细胞，可以见到胞浆中有铁锈色或棕色颗粒的情况。该类炎症变化通常见于嗜酸性肉芽肿、超敏或过敏、寄生虫移行、真菌感染、肥大细胞瘤以及其他引起嗜酸性粒细胞增多的肿瘤性疾病。这种嗜酸性粒细胞炎症被称为"寄生虫、喘息和怪异的疾病"。

淋巴细胞浸润或浆细胞浸润通常与过敏或免疫应答、早期病毒感染和慢性炎症有关。这些淋巴样细胞形态不一，表现为小淋巴细胞到中淋巴细胞不等，并混有浆细胞及其他炎性细胞(图2-14)。相反，如果形态淋巴细胞均一并不伴有其他炎性细胞浸润时，常常提示为淋巴性肿瘤。

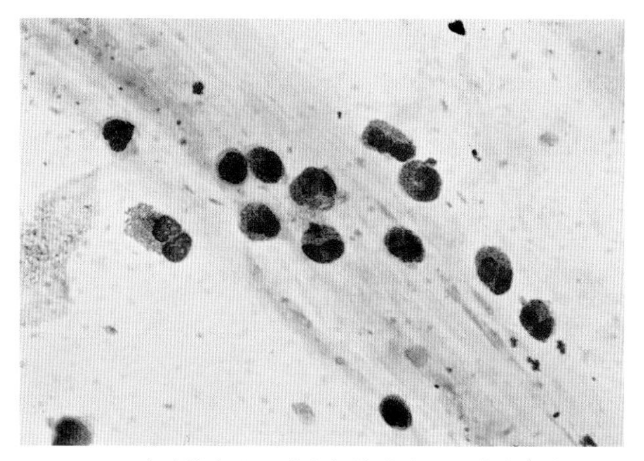

■ 图 2-15 **嗜酸性炎症。猫支气管灌洗。**患猫临床表现为慢性咳嗽，怀疑为肺部过敏。灌洗液中95%的细胞为嗜酸性粒细胞。图中所示为几个嗜酸性粒细胞，含有灰粉色至蓝绿色颗粒，细胞与粉色黏液物质相粘连，导致染色不足。(瑞-吉氏染色；高倍油镜)

## 组织损伤应答

细胞学样本中，除去囊肿、炎症和肿瘤，往往还会看到组织损伤的病变。这些病变包括出血、蛋白样碎屑、胆固醇结晶或钙结晶、坏死以及纤维化。

在细胞学检查中，需要将病理性出血和采样时的血液污染相区分：样本的血液污染仅可见大量的红细胞和血小板，而在急性出血中，会观察到被巨噬细胞吞噬的红细胞，即噬红细胞作用(图2-16A)。在对样本进行适当处理之前，首先需要进行仔细的直接涂片检查。例如在对体液进行简单离心操作，使用细胞沉淀进行涂片时，会激活巨噬细胞的吞噬作用，进而对其周围红细胞进行吞噬，而这种吞噬红细胞现象在直接涂片中是观察不到的(图2-16B)。慢性出血性病灶中，激活的巨噬细胞胞浆内含有退化的血色素——如蓝绿色至黑色的含铁血黄素颗粒(图2-17和图2-18)和黄色零星的类胆红素结晶(图2-18)。含铁血黄素是由铁蛋白分子或微胶粒聚集而成。这类贮铁形式在光镜下即可被观察到，其可被普鲁士蓝着色。类胆红素结晶中不含铁，通常是在组织或体腔中的血红蛋白无氧酵解产生的。在急性血肿病灶中，常会看到吞噬有红细胞的巨噬细胞，而在慢性血肿病灶中，则多见含有大量含铁血黄素的巨噬细胞。

在玻片的背景上可能会观察到蛋白样碎屑。黏液轻度嗜碱，呈无定形状(图2-19)。淋巴小体(图2-20)是破碎细胞的碎片，多为淋巴细胞，呈散在圆形，

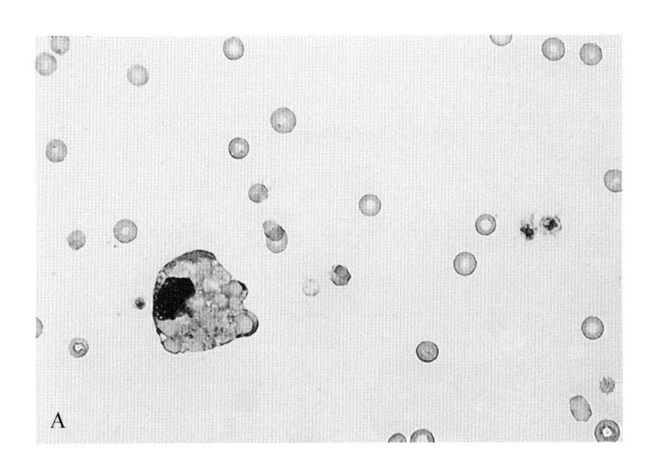


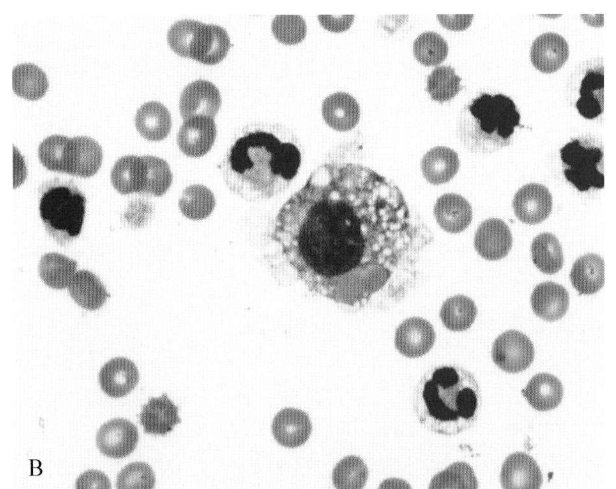


■ 图 2-16　**A. 噬红细胞作用。猫脑脊液。**直接涂片镜检可见背景中存在大量红细胞，有一大的巨噬细胞吞噬了数个完整的红细胞。该猫被确诊(滴度为 1∶1 600)为猫冠状病毒感染(猫传染性腹膜炎)。该病例中吞噬红细胞现象的出现提示存在急性出血。(瑞氏染色；高倍油镜)**B. 离心后人为引起的吞噬红细胞作用。犬胸腔积液。**对体液的离心激活了巨噬细胞的噬红细胞作用。在该病例中可见血液污染，而非急性出血，因为在直接涂片中可见血小板，而未见吞噬红细胞现象。(改良瑞氏染色；高倍油镜)

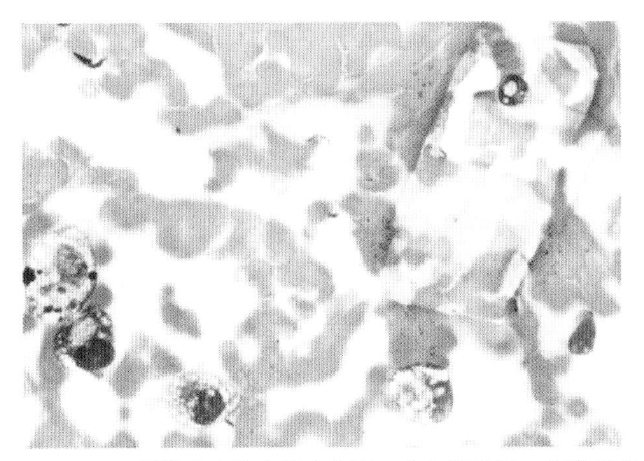

■ 图 2-17　**慢性出血伴含铁血黄素。犬组织抽吸。**在该毛囊囊肿病灶中可见数个泡沫状巨噬细胞。胆固醇结晶下方的巨噬细胞胞浆内含有蓝绿色颗粒，此为含铁血黄素，是红细胞破坏的产物。涂片左侧巨噬细胞含有大而深色的颗粒，此亦为含铁血黄素。(瑞氏染色；高倍油镜)

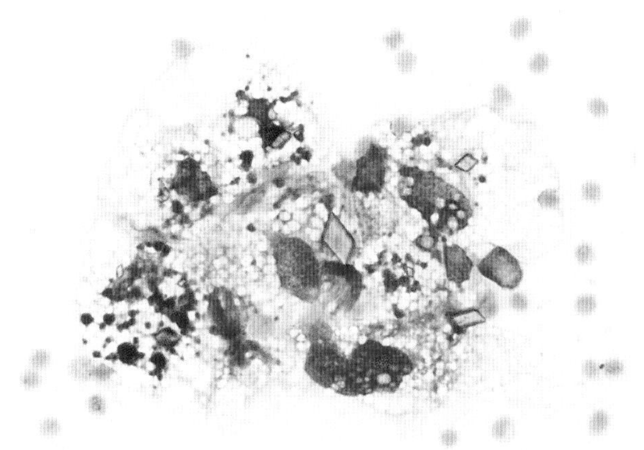

■ 图 2-18　**慢性出血伴类胆红素结晶和含铁血黄素。犬心包积液。**空泡状巨噬细胞内含有不同大小的亮黄色类胆红素结晶，此为积液中血红蛋白无氧酵解产生。另可见数个含有深色颗粒的巨噬细胞，此为含铁血黄素。(瑞-吉氏染色；高倍油镜)

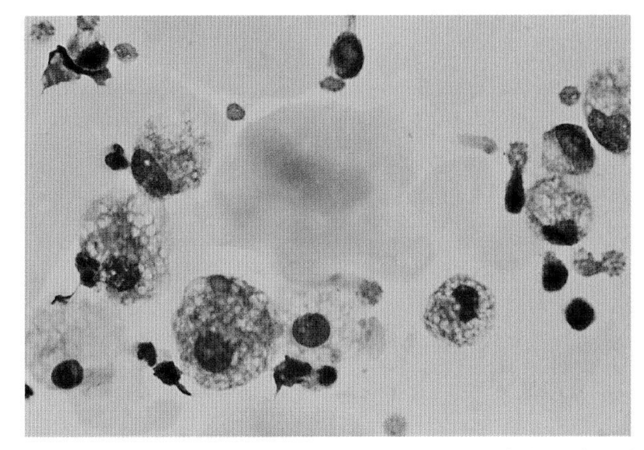

■ 图 2-19　**黏液。犬唾液腺黏液囊肿。**背景中灰粉蓝色无定形物质为黏液，细胞以活化巨噬细胞或噬黏蛋白细胞为主。(瑞氏染色；高倍油镜)

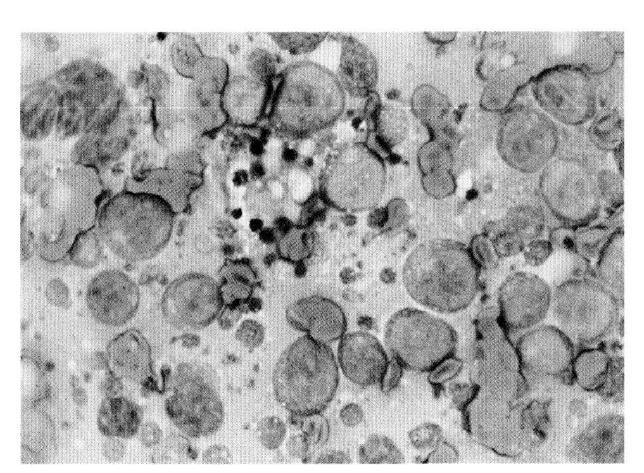

■ 图 2-20　**淋巴小体。犬组织抽吸。**该淋巴结抽吸玻片背景中可见多量小而呈灰蓝色的胞浆碎片，此为淋巴小体，与脆性较高的淋巴肿瘤细胞破碎有关。另可见一个大的巨噬细胞吞噬细胞碎片，形成较大的深蓝色颗粒。(瑞氏染色；高倍油镜)

轻度蓝染结构(Flanders et al.，1993)。核拉丝(nuclear stream)是呈粉色至紫色的线状细胞核残留物(图 2-21)，是对坏死性样本过度处理导致的。无色至浅粉色无定形带状物属于胶原纤维(图 2-22A)，其间可能混有梭形细胞和内皮细胞，并伴有纤维血管基质。当这些胶原纤维受到破坏时（如在肥大细胞参与下的胶原纤维溶解），嗜酸性粒细胞脱颗粒释放胶原纤维酶，进而产生致密而透明的粉色胶原条带（图2-22 B）。淀粉样蛋白是一种不多见的病理性蛋白，在细胞间存在多种类型（Woldenmeskel，2012）。其外观呈无定形样，嗜酸而透明，可能与慢性炎症、浆细胞瘤（图3-54E&F）或家族性淀粉样变性病有关（图2-22C）。

在某些细胞学玻片的背景中可能会观察到胆固醇结晶，这是由于细胞膜受到破坏，脂质退化而形成的。这些方形片状结晶无色透明，除非背景中有着色才能被看到——如使用新亚甲蓝染色（图2-23）。胆固醇结晶多见于表皮囊肿和毛囊囊肿。

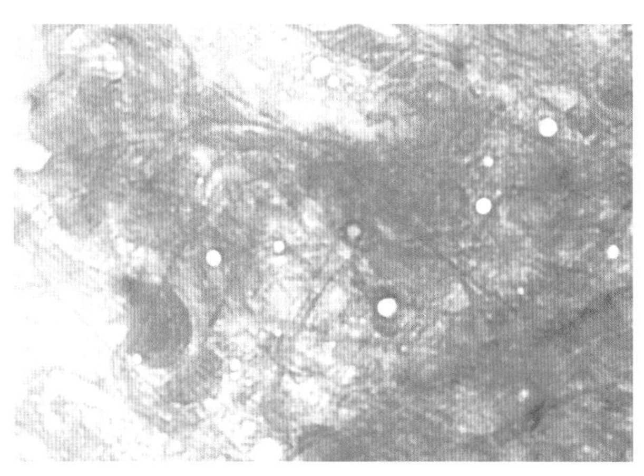

■ 图2-21 **核拉丝。组织抽吸。**可见由于细胞破裂而形成的大量紫色丝状核质，该现象由制片时人为造成，或是在较脆弱的肿瘤细胞中容易发生。（瑞-吉氏染色；高倍油镜）（引自Denny Meyer，University of Florida）

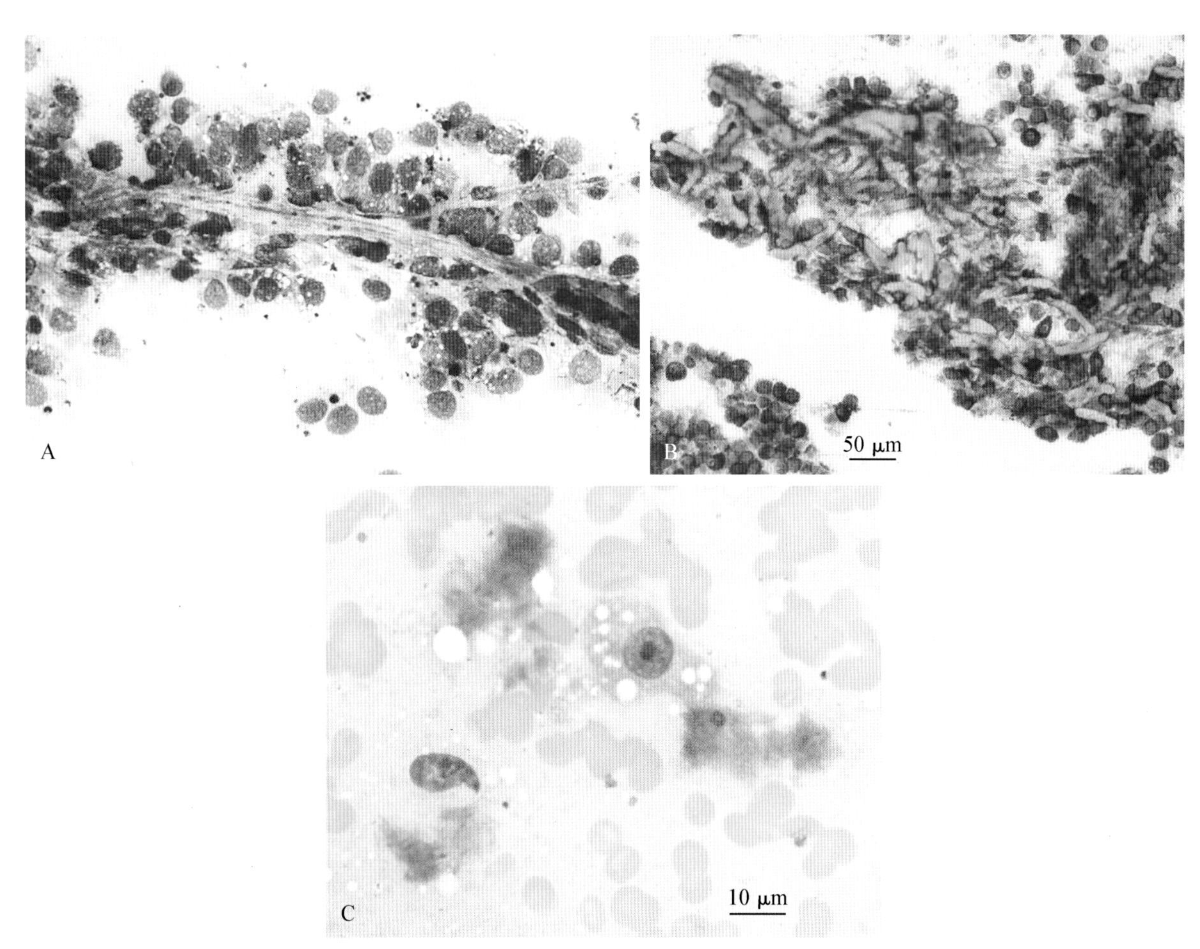


■ 图2-22 **A. 胶原纤维。犬组织抽吸。**无色至浅粉色完整结缔组织纤维可能会与真菌菌丝相混淆。胶原纤维边缘相对较为模糊，直径多变，而菌丝宽度较为一致，且轮廓清晰。（瑞-吉氏染色；高倍油镜）**B. 胶原纤维溶解。犬组织抽吸。**随机分布的胶原呈浅粉色，由于嗜酸性粒细胞释放胶原酶分解纤维而显得透明。这类结缔组织的损伤常见于肥大细胞瘤。肿瘤细胞间散有嗜酸性粒细胞及其所脱颗粒。（瑞氏染色；中倍镜）**C. 淀粉样蛋白。犬组织抽吸。**一只患有家族性淀粉样变性病的沙皮犬组织抽吸，可见一个肝细胞周围存在无定形样物质。（改良瑞氏染色；高倍油镜）

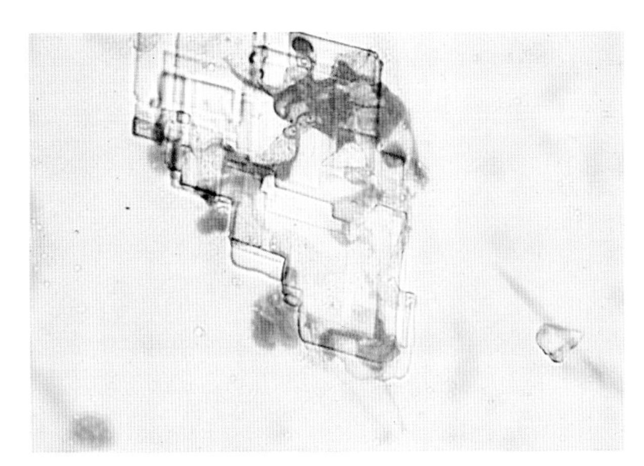

■ 图 2-23　**胆固醇结晶。组织抽吸。**胆固醇结晶镜下表现为无色方形片状物质，边缘锋利。该物质常见于毛囊囊肿中退化的鳞状上皮。结晶可以通过背景的细胞碎片或染色凸显出来。（新亚甲蓝染色，高倍油镜）（引自 Courtesy of Denny Meyer, University of Florida.）

细胞坏死和纤维化可分别单独存在或共存于某些细胞学玻片中。死亡的细胞轮廓不清晰，细胞类型难以辨别（图 2-24 A&B）。在组织受损时，其修复会伴有成纤维细胞活性的增高。所以在严重的炎症中会见到活性非常大的纤维细胞（图 2-25 A&B）。在看到这种征象时千万要小心，不能过度判读为肿瘤性病变，因为镜下常常会看到成纤维细胞的退化性征象，例如与成熟纤维细胞相比，此时成纤维细胞表现为核质松散具有黏性，明显的核仁以及较高的核质比（图 3-10A）。

正常生理性或损伤修复性细胞更替中可能会看到明显的有丝分裂，再者就是在肿瘤性增生中亦能看到（图 2-26A-I）。在增生性淋巴结和再生性骨髓中也能看到正常的有丝分裂相。先前已经讨论过正常有丝分裂相和异常有丝分裂相的区别（Tvedten，2009）。

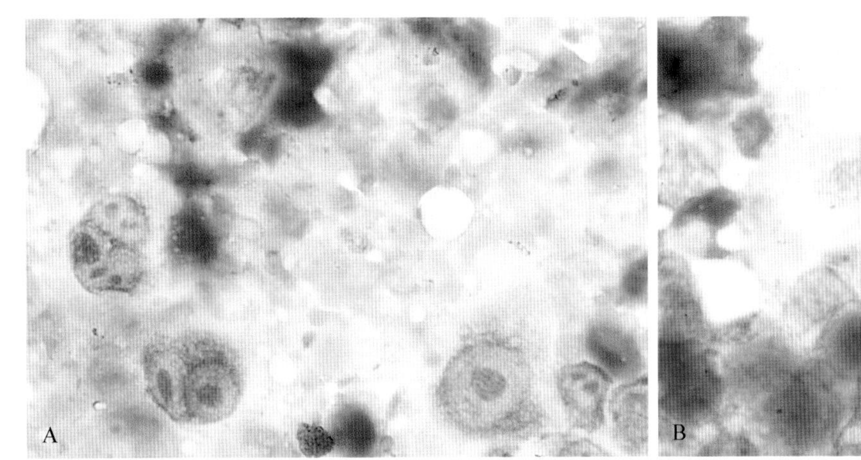

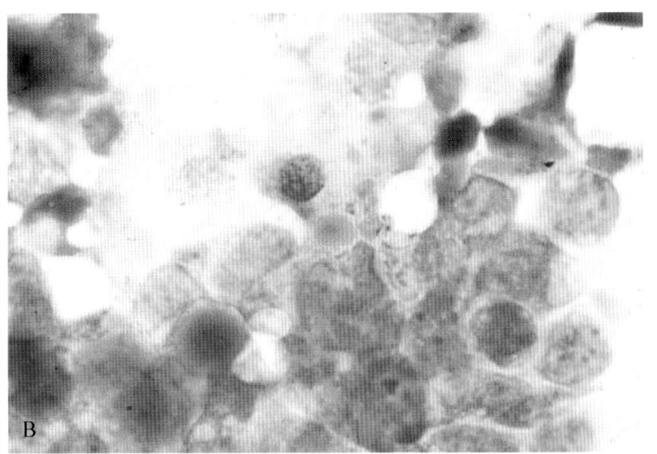

■ 图 2-24　**坏死。犬组织抽吸。**A. 核仁明显可见，但是其他组织已分解退化呈深蓝灰色无定形物质，此为坏死组织的典型表现。该样本采自前列腺癌病例，其内存在坏死灶。（瑞-吉氏染色；高倍油镜）B. 细胞轮廓可见，但是细胞核肿胀，这是细胞急性死亡的表现，与 A 为同一病例。（瑞-吉氏染色；高倍油镜）

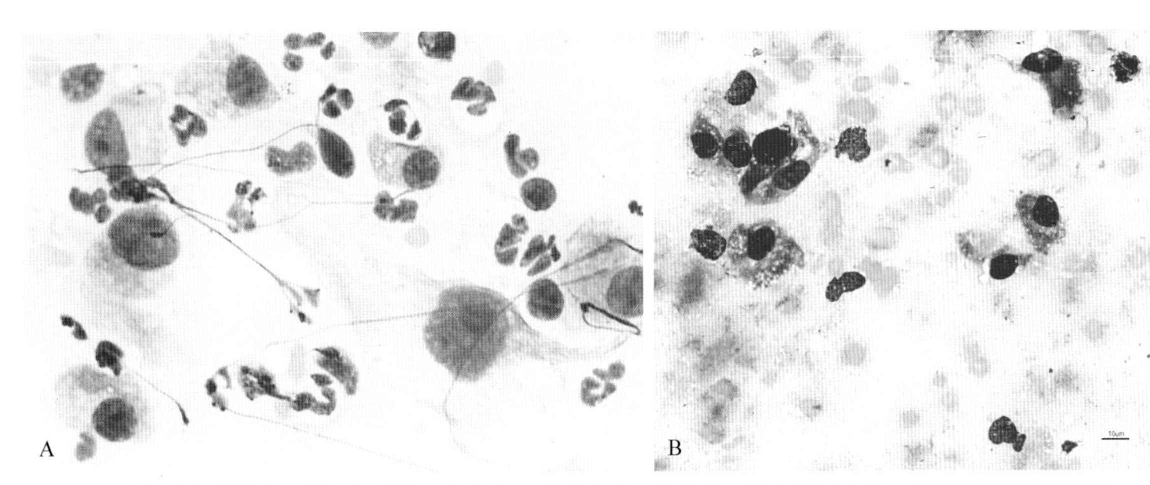

■ 图 2-25　**A. 反应性纤维增生。猫组织刮片。**伴有化脓性炎症的口腔肿物。图中所示为几个星形至梭形间质细胞，可见明显的核仁以及化脓性炎症表现。炎症的严重程度提示可能存在恶性间质性肿物或肉瘤。注意那些紫色丝状物为核拉丝现象。（水性罗氏染色；高倍油镜）**B. 坏死后纤维增生。犬组织抽吸。**由于肌炎导致面部肿胀。背景中含有无定形灰色物质，提示为坏死。数个成纤维细胞提示在组织损伤之后机体的修复活动。（改良瑞氏染色；高倍油镜）

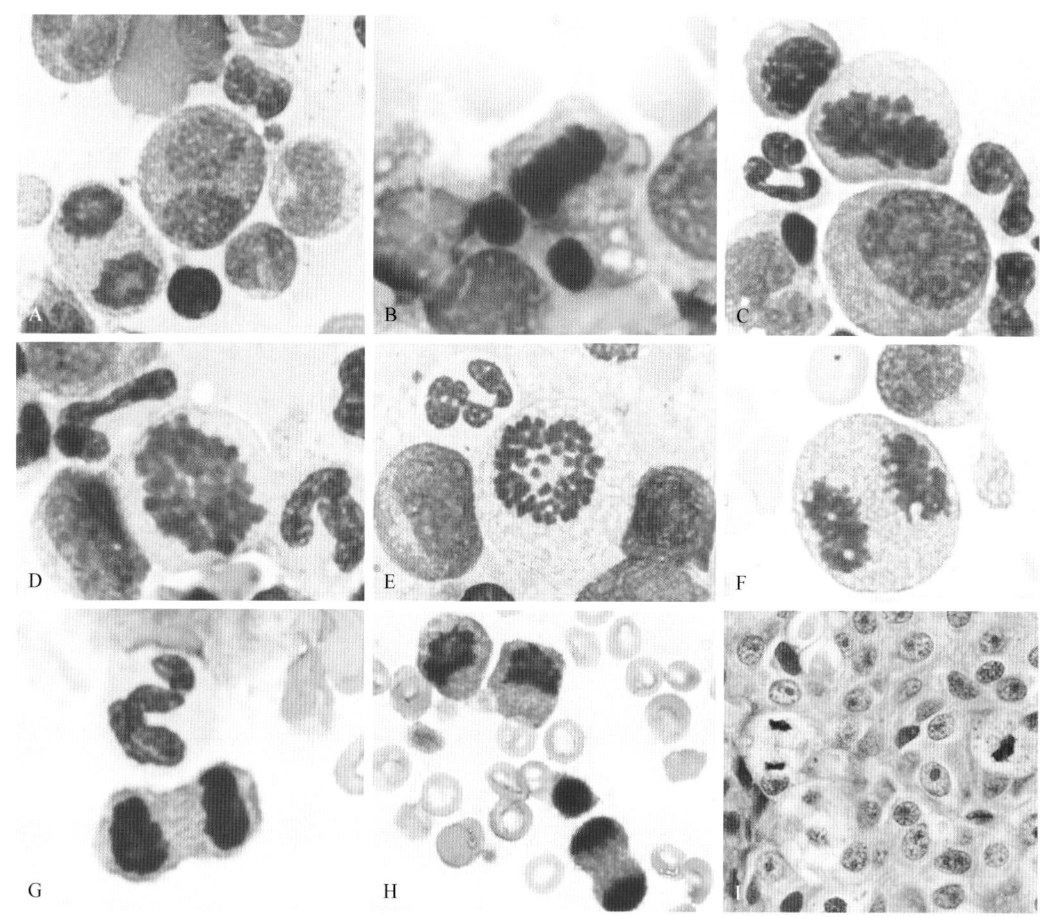


■ 图 2-26 **犬正常有丝分裂相。A. 分裂前期和分裂末期。**涂片中央的双核细胞处于分裂前期,可见其胞核具有核膜,而在7点钟方向的细胞则处于分裂末期,可见处于细胞两极的两套子染色体。**B. 分裂中期。**染色体在细胞赤道部呈线状排列。**C. 分裂中期。**在细胞赤道部可分辨单条染色体。**D. 早期分裂后期。**染色体分裂为两个子细胞的染色单体。**E. 分裂后期。**染色体呈圈状排列。**F. 分裂末期。**两套染色体被纺锤体拉向细胞两极。**G. 末期分裂末期。**随着染色体的浓缩,细胞质开始分裂。**H. 末期分裂末期和胞质分裂。**底部的细胞处于分裂末期,并开始分裂;顶部两个细胞是母细胞刚刚完成有丝分裂产生的两个子细胞。**I. 分裂中期和分裂末期。**注意该犬黑色素瘤组织学切面上3点钟方向处于有丝分裂中期的细胞和9点钟方向处于有丝分裂末期的细胞。(H&E染色;高倍油镜)图A-H为犬骨髓抽吸样本。(水性罗氏染色;高倍油镜)

## 肿瘤

### 大体特征

当镜下发现大量单一形态或单一类型的细胞,并缺乏明显炎症迹象时,则会被初步判断为肿瘤。根据细胞形态学特征,肿瘤进一步被分为良性和恶性。良性细胞表现为细胞核大小、细胞大小、核质比以及其他细胞核特征均一。恶性细胞则表现出三个或三个以上的不成熟细胞特征或异形细胞特征(表2-1和图2-27至图2-33)。为了避免出现诊断不准或严重炎症影响,建议进行组织病理学检查。

## 细胞形态特征

为了便于通过细胞学判读给出鉴别诊断列表,将肿瘤细胞的形态分为四大类(Perman et al.,1979;

**表 2-1 恶性细胞的细胞学指征**

| 指征 | 形态特征 |
|---|---|
| 多形性 | 细胞与细胞核大小、形态,已经成熟程度不等(图2-27) |
| 核质比 | 细胞核质比高,或类似起源的细胞之间核质比变化较大(图2-28) |
| 细胞核大小不等 | 类似起源的细胞之间细胞核大小变化较大(图2-28) |
| 核质粗糙 | 在不成熟细胞中常见核质呈斑块状(图2-29) |
| 核仁改变 | 核仁大小多变(核仁大小不等),核仁增大,多核仁,或核仁形态多变(图2-30) |
| 核嵌合 | 由于在有限空间内细胞分裂太快,而不受正常调控,造成细胞核形态异常(图2-31) |
| 多核 | 同一细胞内含有两个或两个以上的细胞核。双核细胞可能会见于某些组织的增生性病变(图2-32) |
| 异常有丝分裂相 | 异常染色体碎片可能表现为长短不一的染色体条带、孤立或滞后的染色质。异常有丝分裂相数量的增加具有提示意义,但不能确诊恶性疾病(图2-33) |

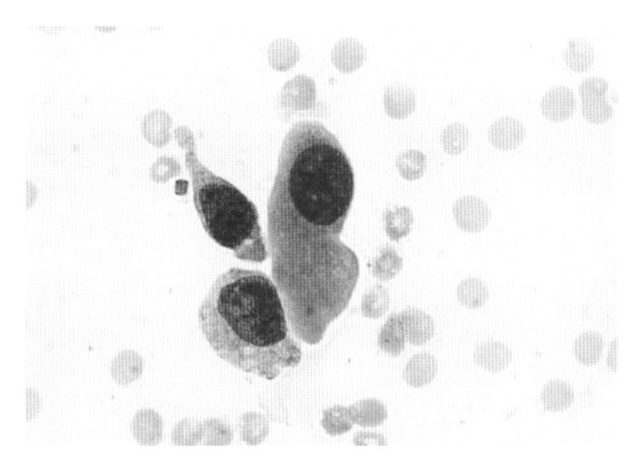

■ 图 2-27　**多形性。犬组织抽吸。**移行细胞癌的细胞表现为大小和形态的多变，提示为恶性征象。（瑞-吉氏染色；高倍油镜）

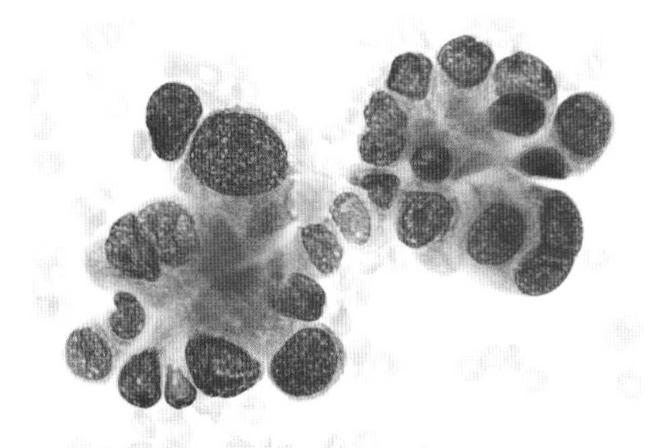

■ 图 2-28　**细胞大小不等。细胞核大小不等。犬组织抽吸。**肺腺癌样本中可见多个恶性指征，包括高核质比、核质比多变、细胞核大小不等、双核细胞，以及核质粗糙。（瑞-吉氏染色；高倍油镜）

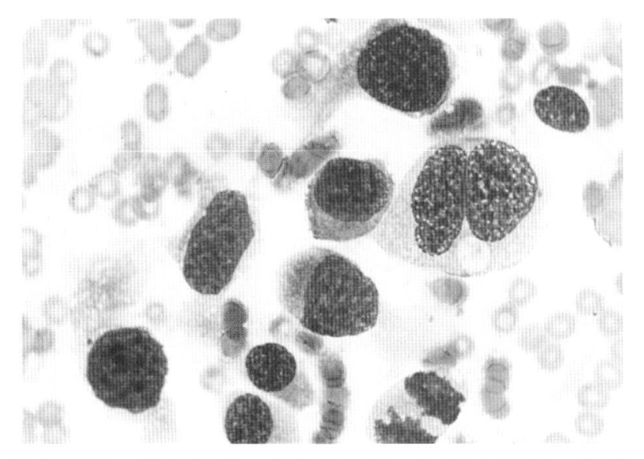

■ 图 2-29　**核质粗糙。犬组织抽吸。**与图 2-26 同一病例。粗糙的染色质表现为黑白相间的结构。这类指征多见于肿瘤性移行上皮中，但是也可见于其他组织。可见一个双核细胞，图片底部可见一个有丝分裂相。（瑞-吉氏染色；高倍油镜）

Alleman and Bain，2000）。分类列于表 2-2，该分类不是基于细胞起源或细胞功能的，而是基于其体细胞形态学以及细胞之间的总体关系进行分类的（表 2-2）。前两类，即上皮性和间质性，是胚胎组织学用词（Noden and de Lahunta，1985）。

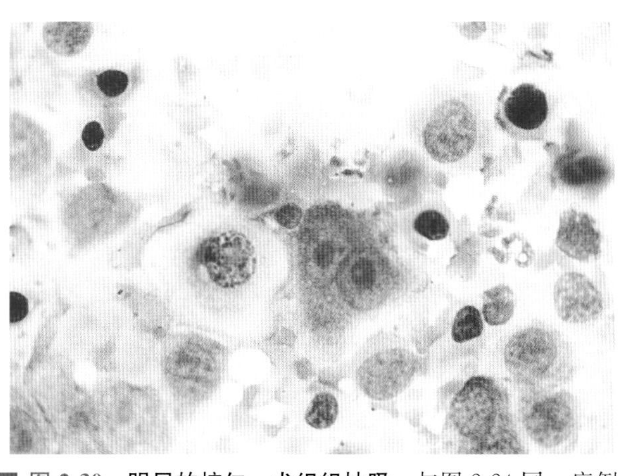

■ 图 2-30　**明显的核仁。犬组织抽吸。**与图 2-24 同一病例。双核细胞中，每个细胞核内含有一个很大的核仁。在其周围细胞中同样可见明显的核仁，同时可见核质粗糙。（瑞-吉氏染色；高倍油镜）

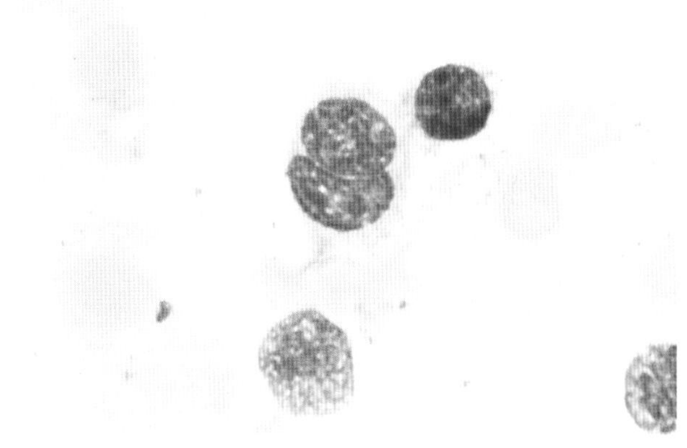

■ 图 2-31　**核嵌合。犬组织抽吸。**图中所示为鼻软骨肉瘤，可见一个双核细胞，其中一个细胞核被另一个细胞核包绕。该表现属于恶性征象，与缺乏正常细胞分裂调控（抑制）有关。（瑞-吉氏染色；高倍油镜）

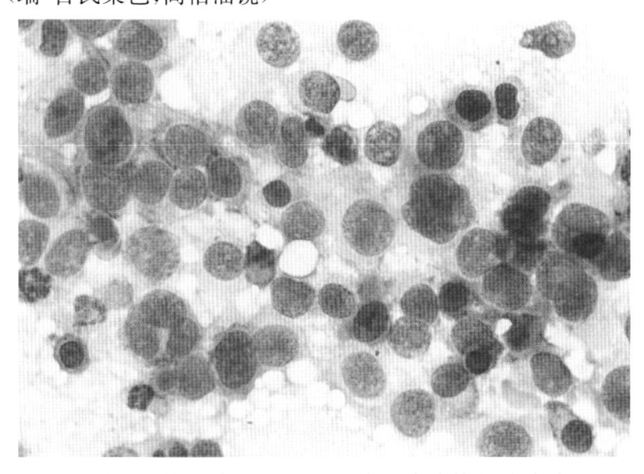

■ 图 2-32　**多核细胞。犬组织触片。**该嗜铬细胞瘤中可见两个多核细胞，一个位于左下方，含有三个细胞核；另一个位于右侧中央，可见细胞核边缘不规则。多核细胞也可见于上皮性、间质性和圆形细胞肿瘤。（瑞-吉氏染色；高倍油镜）

**表 2-2　四类肿瘤细胞**

| 分类 | 大体特征 | 举例 |
| --- | --- | --- |
| 上皮性 | 细胞成簇，排列紧密 | 移行细胞癌、肺肿瘤、皮脂腺瘤 |

续表 2-2

| 分类 | 大体特征 | 举例 |
|---|---|---|
| 间质性 | 细胞散在，呈梭形至卵圆形 | 血管肉瘤、骨肉瘤、纤维瘤 |
| 圆形细胞性 | 细胞散在，呈圆形 | TVT、淋巴瘤、肥大细胞瘤、浆细胞瘤、组织细胞瘤 |
| 裸核细胞性 | 细胞排列松散，仅见圆形裸核 | 甲状腺肿瘤、支持细胞瘤、副神经节瘤、神经细胞 |

## 上皮细胞肿瘤

上皮细胞肿瘤通常起源于腺体、实质组织和内衬表面细胞。这些细胞成簇排列，宏观表现为球状或片状。常见的上皮肿瘤包括肺腺癌(图 2-34)、肛周腺瘤(肝细胞样肿瘤)、基底细胞瘤、皮脂腺腺瘤、移行细胞癌(图 2-35)，以及间皮瘤。上皮细胞肿瘤的特异性细胞形态已在框 2-2 中列出(图 2-36)。

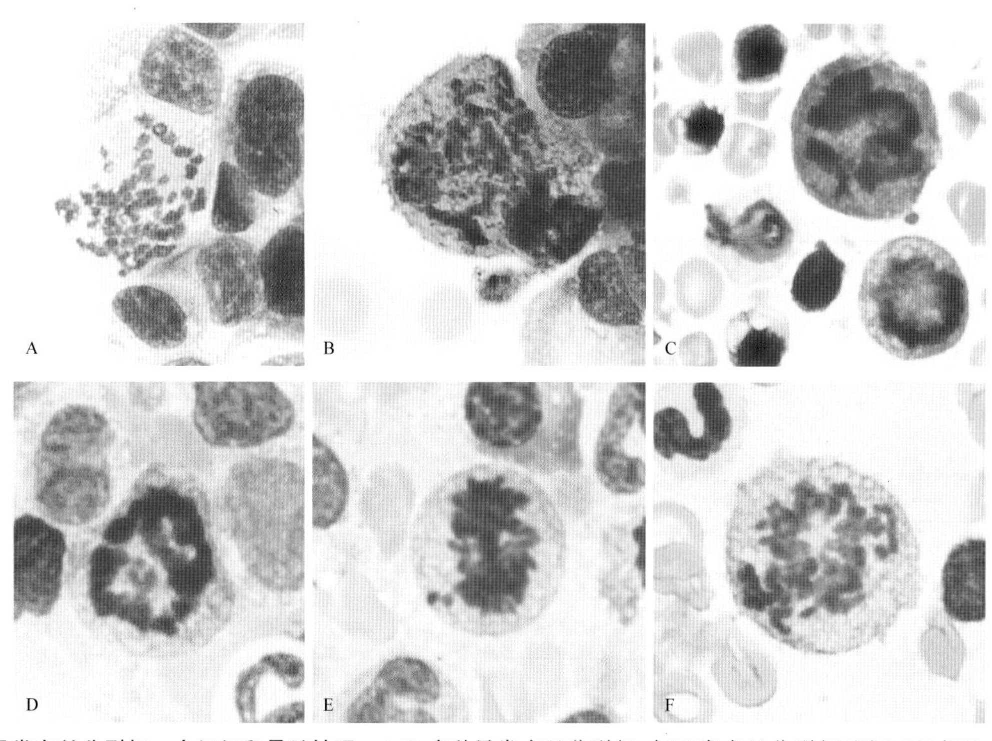

■ 图 2-33 **异常有丝分裂相。犬组织和骨髓抽吸。A-F.** 多种异常有丝分裂相，与正常有丝分裂相(图 2-26)相比，其染色体分裂不均。有些个别的染色体碎片与其他染色体分离，称为核质滞留。有丝分裂相的增加提示恶性，但是异常的有丝分裂相对恶性疾病更有诊断意义。(瑞-吉氏染色；高倍油镜)

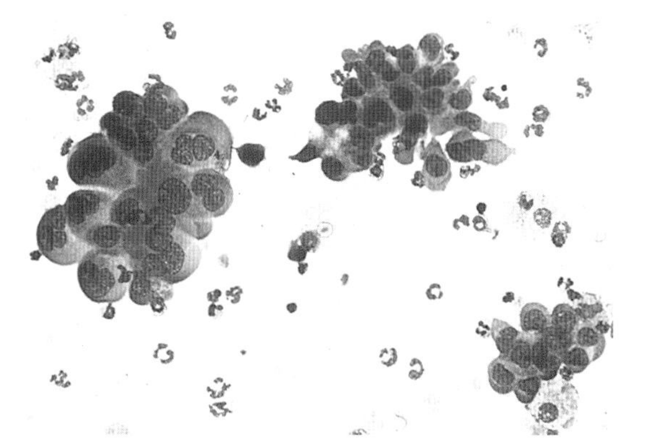

■ 图 2-34 **上皮细胞瘤。犬肺脏灌洗。**可见细胞相互黏结成大簇，细胞轮廓清晰。该病例为肺腺癌。(瑞-吉氏染色；中倍镜)(引自 Robert King，Gainesville，Florida，United States)

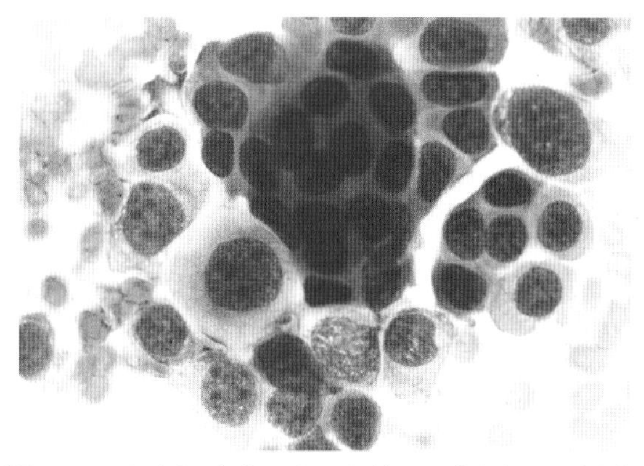

■ 图 2-35 **上皮细胞瘤。犬组织抽吸。**与图 3-36 为同一病例。细胞形成球状或片状。细胞核呈圆形至卵圆形，细胞较大，呈圆形至多边形，胞浆轮廓清晰。(瑞-吉氏染色；高倍油镜)

**框 2-2　上皮细胞肿瘤的细胞学形态特征**

细胞脱落成片或成簇
细胞连接紧密，有时可见紧密连接，及桥粒(图 2-36)
细胞体积较大，呈圆形至多边形，轮廓清晰，胞浆完整
细胞核呈圆形至卵圆形

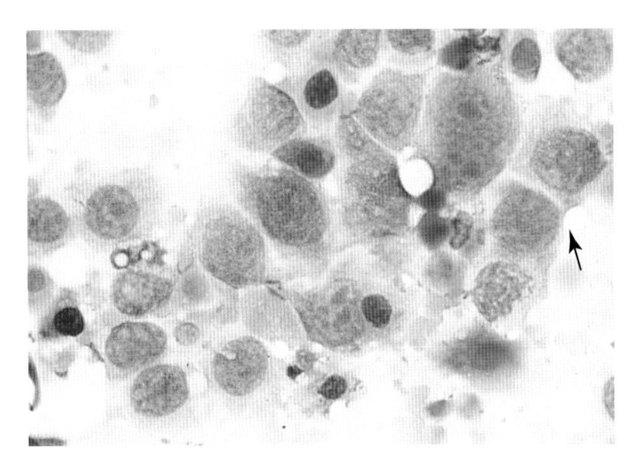

■ 图 2-36　**桥粒。犬组织抽吸。**与图 2-24 同一病例。可见该层癌细胞之间存在明显的桥粒连接。那些细胞间清晰的线状结构(箭头所指)为细胞间的紧密连接，这些都是上皮细胞的形态特征。(瑞-吉氏染色；高倍油镜)

### 间质细胞瘤

具有间质样的肿瘤与胚胎结缔组织，及间充质相似。该类组织排列松散，富含胞外基质(Noden and de Lahunta，1985)，细胞散在，呈梭形、卵圆形或星形(Bacha and Bacha，2000)。良性和恶性间质细胞瘤均起源于结缔组织成分，如成纤维细胞、脂肪细胞、肌细胞和血管内皮细胞。常见间质细胞瘤包括血管肉瘤(图 2-37)、骨肉瘤(图 2-38)、纤维瘤(图 3-39)和无色素性黑色素瘤(图 2-39)。间质细胞瘤的细胞学特征列于框 2-3。

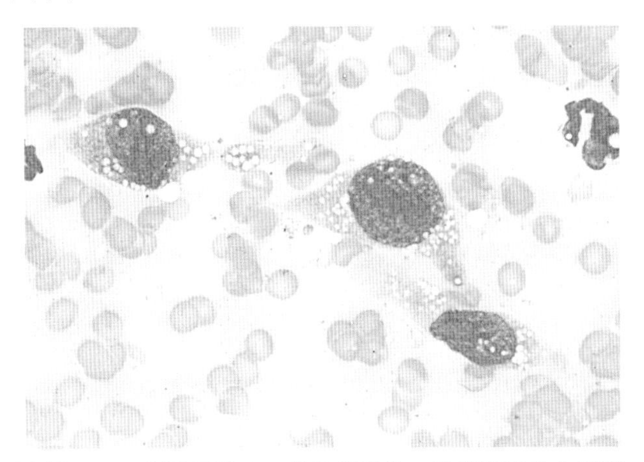

■ 图 2-37　**间质细胞瘤。犬组织触片。**肿瘤细胞散在脱落，外观呈卵圆形、梭形或纺锤形。该骨骼病灶通过组织病理学检查确诊为血管肉瘤。血管肉瘤的细胞学特征包括细胞量少、间质细胞体积大，内含细小而无色的胞浆空泡。(瑞-吉氏染色；高倍油镜)

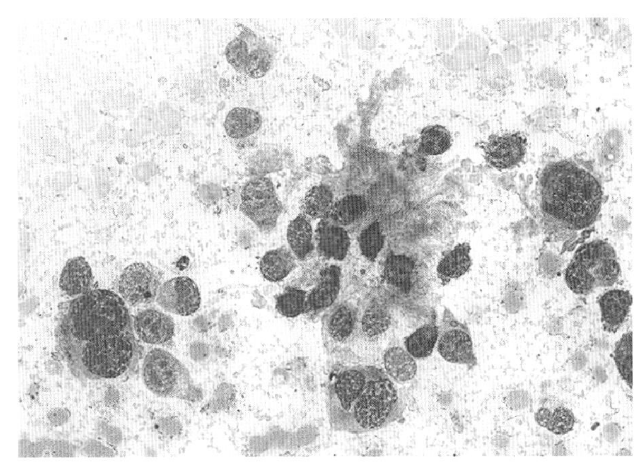

■ 图 2-38　**间质细胞瘤。犬组织抽吸。**所见多形性细胞单独散在，可见大量胞外嗜酸性骨样物质，这与骨肉瘤表现一致。该样本中多见双核细胞和多核细胞。(瑞-吉氏染色；高倍油镜)

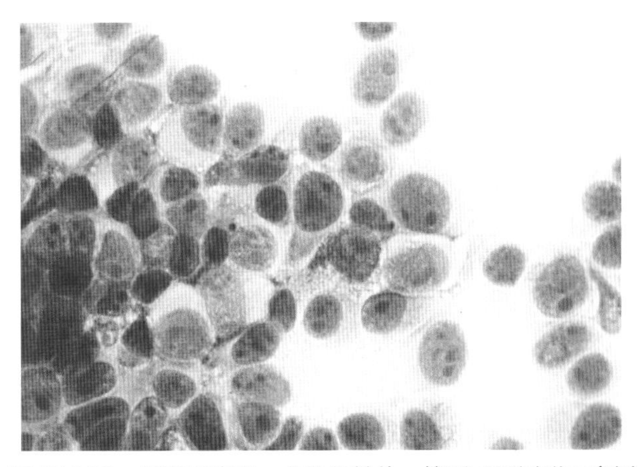

■ 图 2-39　**间质细胞瘤。犬组织触片。**镜下可见圆形至卵圆形细胞核、细胞核大小不等、高核质比、明显而多形的核仁，细胞散在，细胞轮廓清晰，提示为恶性间质细胞瘤。该病灶位于牙龈，组织病理学确诊为无色素性黑色素瘤。图中中央可见少量黑色素颗粒。(水性罗氏染色；高倍油镜)

**框 2-3　间质细胞瘤细胞学特征**

细胞多散在脱落(但亦可见由于胞外基质而聚集成簇的细胞)
细胞呈卵圆形、星形或纺锤形，细胞轮廓通常不清晰
样本细胞含量较少
细胞大小多小于上皮细胞
细胞核呈圆形至椭圆形

## 圆形细胞瘤

圆形细胞瘤细胞离散，呈圆形，一般属于血源性细胞。因此其细胞核大小大概是红细胞直径的 2～4 倍。圆形细胞瘤包含五种类型，包括传染性性病肿瘤(图 2-40)、淋巴瘤(图 2-41)、肥大细胞瘤(图 3-53D)、浆细胞瘤(图 3-54 A&B)以及组织细胞瘤(图 3-49C 和图 3-51A)，可以将这五类圆形细胞瘤的首字母提取出来，以 T-LyMPH 记忆。圆形细胞瘤的细胞学特征列于框 2-4。

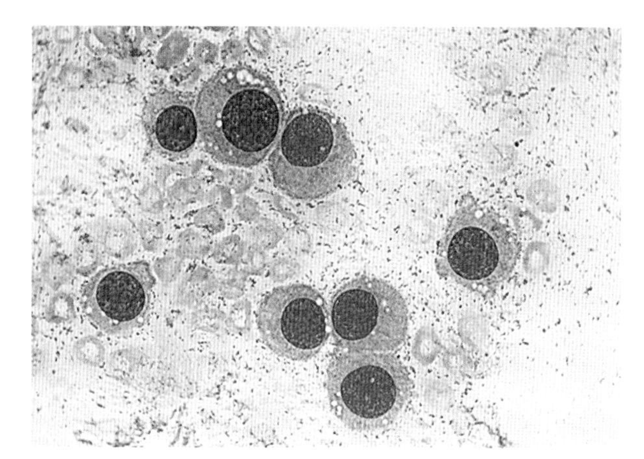

■ 图 2-40 **圆形细胞瘤。犬组织抽吸。**可见细胞散在，呈圆形，胞浆轮廓清晰，核质比很高，属于淋巴样细胞。该样本采自受淋巴瘤细胞影响的淋巴结。(瑞-吉氏染色;高倍油镜)

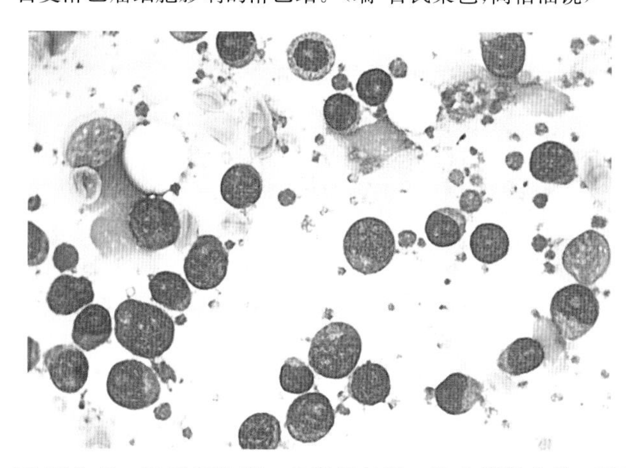

■ 图 2-41 **圆形细胞瘤。犬组织抽吸。**该肉样肿物位于阴门，有圆形细胞组成，可见明显单个核仁，含有中量胞浆，多见细小无色胞浆空泡。细胞学诊断为传染性性病肿瘤。(瑞-吉氏染色;高倍油镜)

| 框 2-4 圆形细胞瘤的细胞学特征 |
|---|
| 细胞散在脱落，胞浆轮廓清晰 |
| 细胞通常为圆形 |
| 样本细胞含量中等 |
| 细胞大小常小于上皮细胞 |
| 细胞核呈圆形至心形 |

**关键点** 将肿瘤的细胞学形态分为四种，通过肿瘤细胞的形态和排列方式可能有助于将其进行分类。但是在某些特定的肿瘤类型中，该种分类方法并不适用，尤其是那些分化不良的肿瘤。因此大多数情况下还是建议进行活检以作组织病理学检查，对这些肿瘤类型做出最终判读。

### 裸核细胞瘤

裸核细胞肿瘤的细胞学形态上呈裸核，排列疏松。该镜下表现是因为这类细胞脆性较大，制片时易造成裸核现象。该类肿瘤常见于内分泌系统、神经内分泌系统和神经系统(Perman et al.,1979)，除此之外还可见于囊腺癌的细针抽吸中。典型裸核细胞瘤包括甲状腺肿瘤(图 2-42)、胰岛细胞瘤、副神经节瘤(图 2-43)以及神经纤维网(图 14-37)。裸核细胞瘤的细胞学特征列于框 2-5。

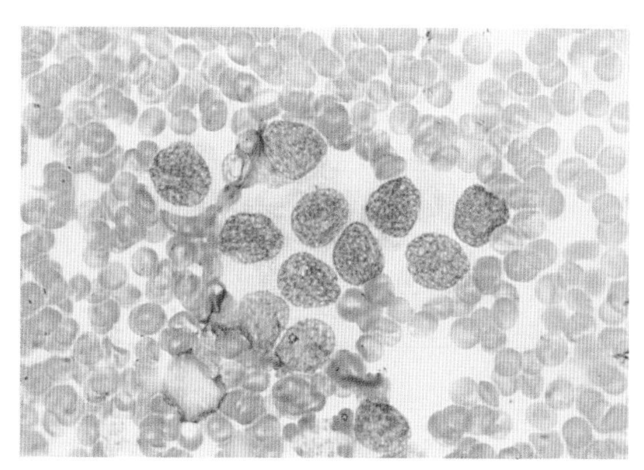

■ 图 2-42 **裸核细胞瘤。犬组织抽吸。**一只表现为雁鸣咳的患犬颈部甲状腺部位肿物。细胞学检查可见细胞核合胞体，形态特征相对均一。该特征属于内分泌肿物。通过细胞学检查，有时甚至通过组织病理学检查也难区分增生、腺瘤和癌。(瑞-吉氏染色;高倍油镜)

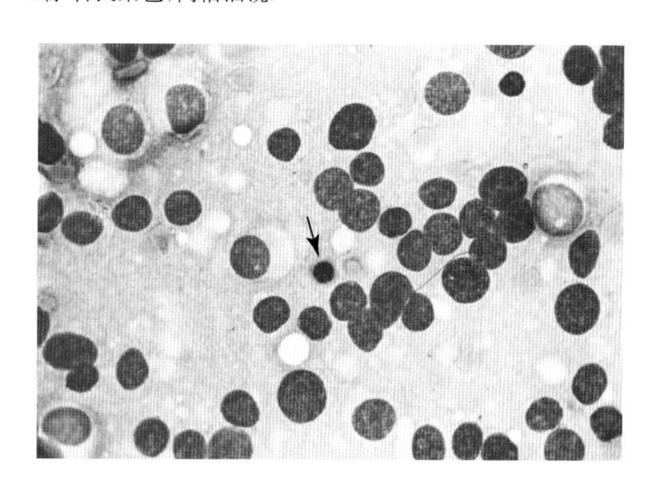

■ 图 2-43 **裸核细胞瘤。犬组织触片。**临床症状包括头部倾斜和颞肌萎缩。核磁共振检查提示鼓泡处肿物。手术治疗发现肿物位于颈总动脉分叉处。细胞学检查可见散在或游离圆形细胞核，同时背景中可见含有细小颗粒的嗜酸性粒细胞。虽然大多数细胞核体积较小，但偶见较大细胞。偶见完整细胞，含有灰色胞浆。图片中央附近可见有核红细胞(箭头所指)，提示存在髓外造血。组织病理学检查诊断为副神经节瘤。在该病例中，由于牵涉到化学感受器的转移，被认为是属于化学感受器瘤。(瑞-吉氏染色;高倍油镜)

| 框 2-5 裸核细胞瘤细胞学特征 |
|---|
| 细胞排列疏松，裸核成片，胞浆轮廓不清 |
| 偶见细胞成簇，细胞轮廓清晰 |
| 细胞多呈圆形至多边形 |
| 样本细胞含量高 |
| 细胞核呈圆形至心形，细胞核大小不等 |

## 人为征象和其他有争议征象

### 样本采集及处理

有时难以将人为异常征象和病理性征象或诊断性征象相区分。以下举例给出了一些细胞学样本中容易混淆的常见物质或结构。在某些病例中，人为异常征象是在处理样本时造成的（图 2-44A-C），其他还包括保存样本不当（图 2-44D）、血液形成过多血红蛋白结晶（图 2-44E-F）、超声检查耦合剂影响（图 2-44G）、甲醇罗曼诺斯克染液形成沉淀（图 2-44H）、手术手套上的滑石粉或淀粉颗粒的影响（图 2-44I）。

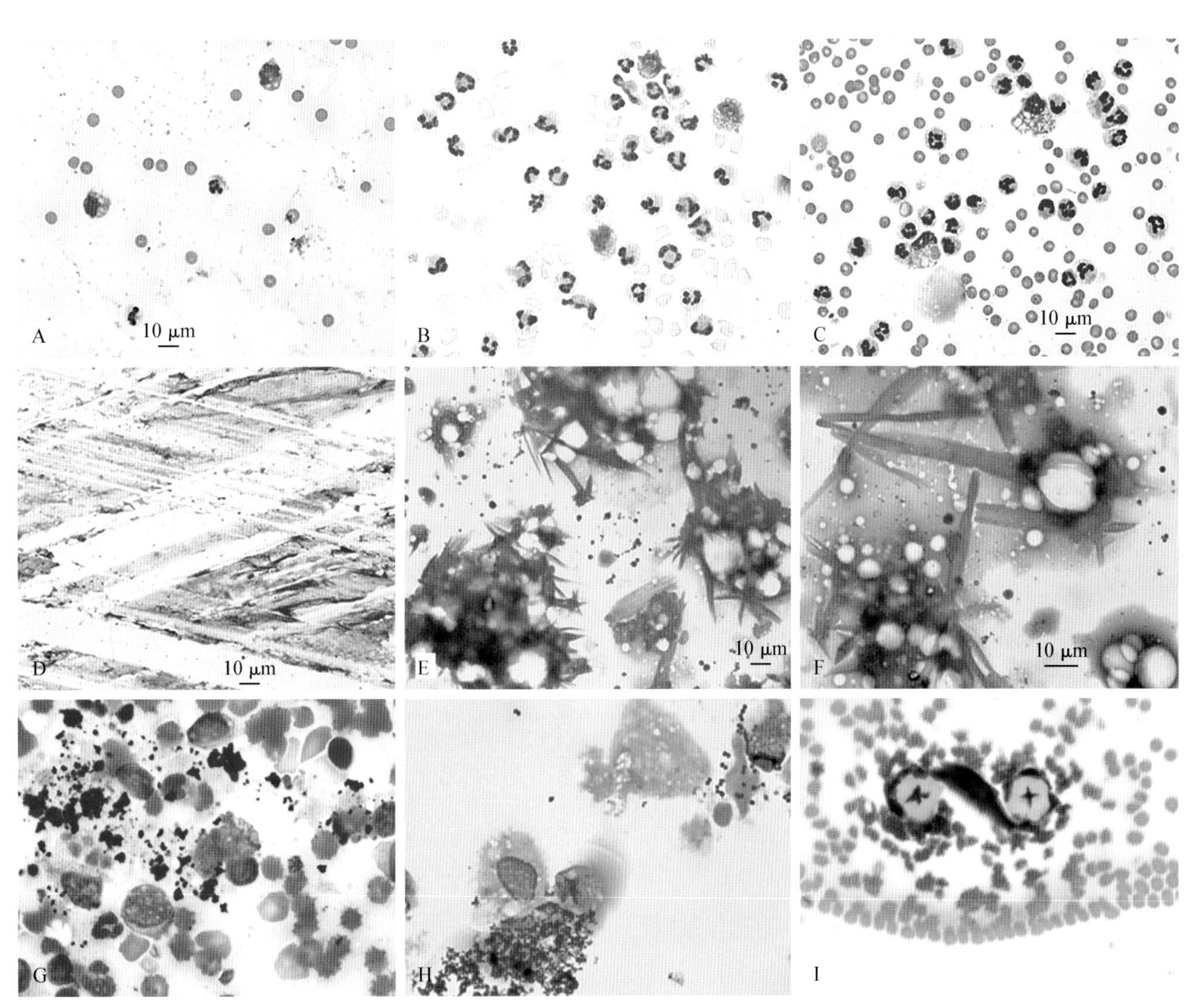


■ 图 2-44　**样本采集和处理时造成的人为异常征象。A-C. 离心变化。犬。A. 直接涂片镜检。B. 细胞离心样本。C. 细胞沉淀样本涂片。**细胞离心会使有核细胞汇集，并有可能导致红细胞溶解。离心达 5 min 时可能人为引起巨噬细胞吞噬红细胞。这类镜下征象需要与样本直接涂片进行比较以判断真假。该图所示巨噬细胞吞噬红细胞为假象，因为在直接涂片中没有找到吞噬红细胞的迹象。（改良瑞氏染色；高倍油镜）。**D. 涂片刮伤。**染色涂片背景中的线状无色区域是由于在染色过程中涂片受到刮擦引起的。**E-F. 血红蛋白结晶。犬。**不同放大倍数的粉色针状结晶，这是由于样本中血液含量较高而风干较慢引起的。（改良瑞氏染色；高倍油镜）**G. 超声波耦合剂。犬。**如果样本采集是经超声引导下进行的，镜检时应该忽略图中所见洋红色沉淀颗粒。如果采样部位之前注射过疫苗，则这种物质更为明显（图 3-4）。（改良瑞氏染色；高倍油镜）**H. 染液杂质和细菌。犬。**图中左下方黑色颗粒是进行甲醇罗曼诺斯克染色时残留的染液杂质。请与右上方类似颜色的球菌相比较。（改良瑞氏染色；高倍油镜）**I. 滑石粉或淀粉颗粒。猫。**该人为异常征象表现为晶体中央可见十字交叉结构。（改良瑞氏染色；高倍油镜）

### 结晶

通过背景的物质通常可以判断是否存在退化现象，例如营养不良性钙化（图 2-45A）、组织尿结晶（图 2-45B）。当背景中蛋白样物质较多时，可能会看到一些诸如针状胆固醇结晶的结构（图 2-45C）。此时切不可将其与诸如分枝杆菌的特定病原菌相混淆，因为这类细菌的细胞壁外层磷脂较厚，染色时不会着色，所以在富含蛋白的背景中会被显示出来（图 2-45D）。

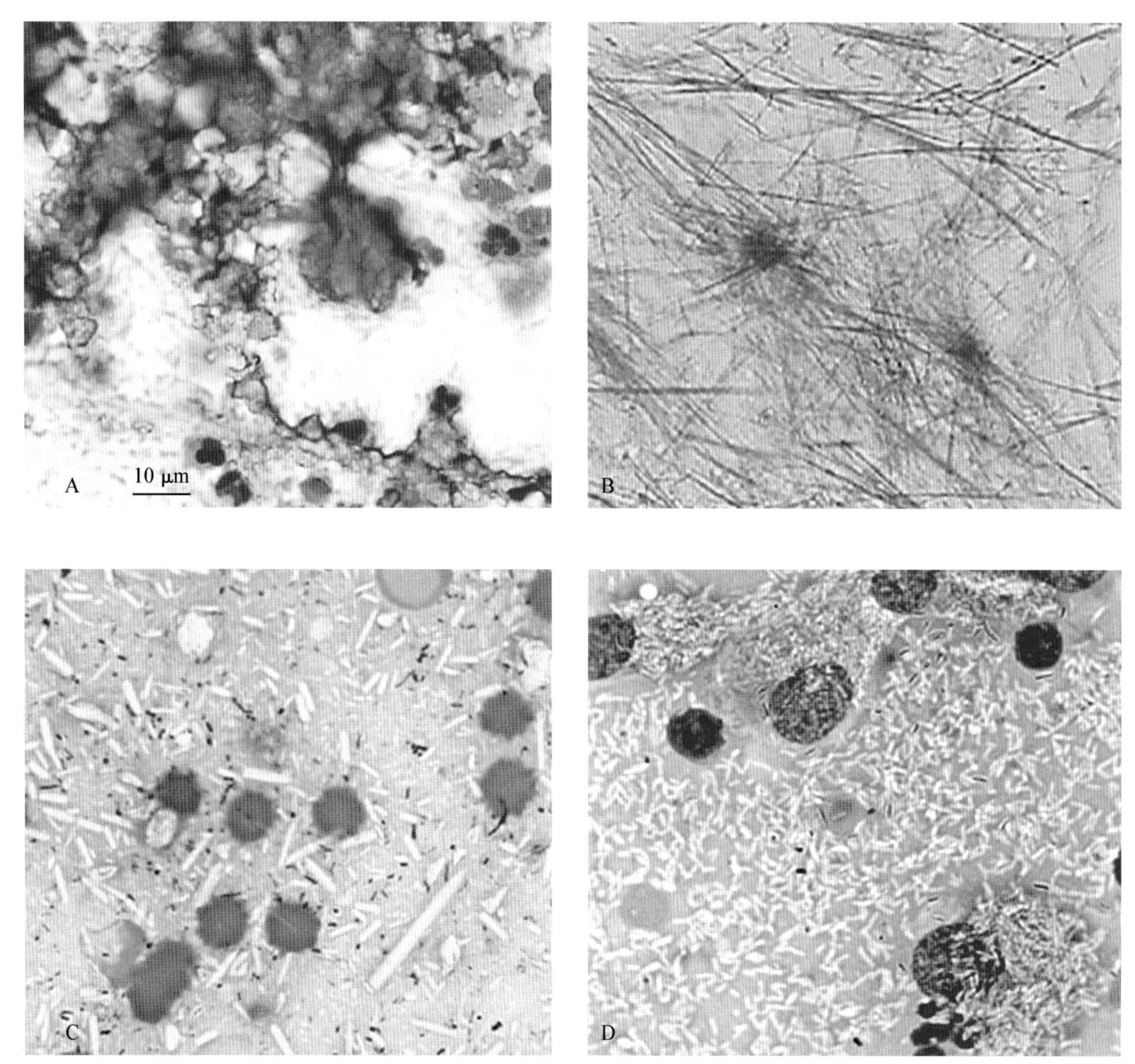


■ 图 2-45 **结晶和结晶样物质。A. 钙化物。猫肺脏抽吸。**在组织坏死区域，折光性较强的结晶物质呈浅蓝色。(改良瑞氏染色；高倍油镜)**B. 尿酸盐结晶。龟关节抽吸。**看到长针样结晶时，确诊为痛风性关节炎。(未染色；高倍油镜)**C. 胆固醇针状结晶。犬肛周肿物抽吸。**背景中可见大量不同长度和宽度边缘锋利的线状结构。这可能是由于组织损伤，释放细胞膜磷脂造成的。(改良瑞氏染色；高倍油镜)。**D. 分枝杆菌感染。**在富含蛋白样物质的背景中，可见由细胞壁中磷脂形成的阴性影像，与结晶相比，其长度和宽度较为一致。(罗氏染色；高倍油镜)(D，引自 Andrew Torrance，Exeter，UK)

### 线状结构

样本中的线状结构也会影响正常判读。这种结构虽然多见于呼吸系统样本，但是在皮肤病灶中偶尔也会于浓稠黏液中发现库尔竹曼螺旋体(图 2-46A)。在一些淋巴器官和富含血管的器官中，常常会看到有内皮细胞组成的毛细血管样线状结构，其内有时还可见红细胞(图 2-46 B&C)。有机纤维或人造纤维有时会与真菌菌丝或毛干相混淆，但是通过其折光度或颜色即可区别(图 2-46D)。相反，真菌菌丝内可能存在色素，也可能不存在色素(图 2-46E)，但是其宽度一致，并在其孢子体上可见清晰的横隔(图 2-46F)。大而深度蓝染的纤维可能是肌肉组织，在其表面常可见细胞核和横纹。图 2-46 H&I 显示了典型的角蛋白碎片，这与指头按压玻片有关。

### 蓝绿色物质

背景可能存在规则或不规则的嗜碱性或绿色物质。图 2-47 A&B 所示为放线菌的硫化物颗粒，这在放线菌菌丝堆叠时常表现为无定形杂质样物质。发现该物质时，一定要在其周围寻找典型的串珠状放线细菌。除此之外，在胆管破裂时采集的腹腔液中还会看到胆黄色物质，可见不同大小和形状的无定形黏液，在细胞内外呈灰蓝色(图 2-47C)。在呼吸道样本以及一些能够接触到外界环境部位采集的样本中，常常会看到绿色的植物花粉或孢子，在这种情况下一定要考虑样本污染的问题(图 2-47D)。

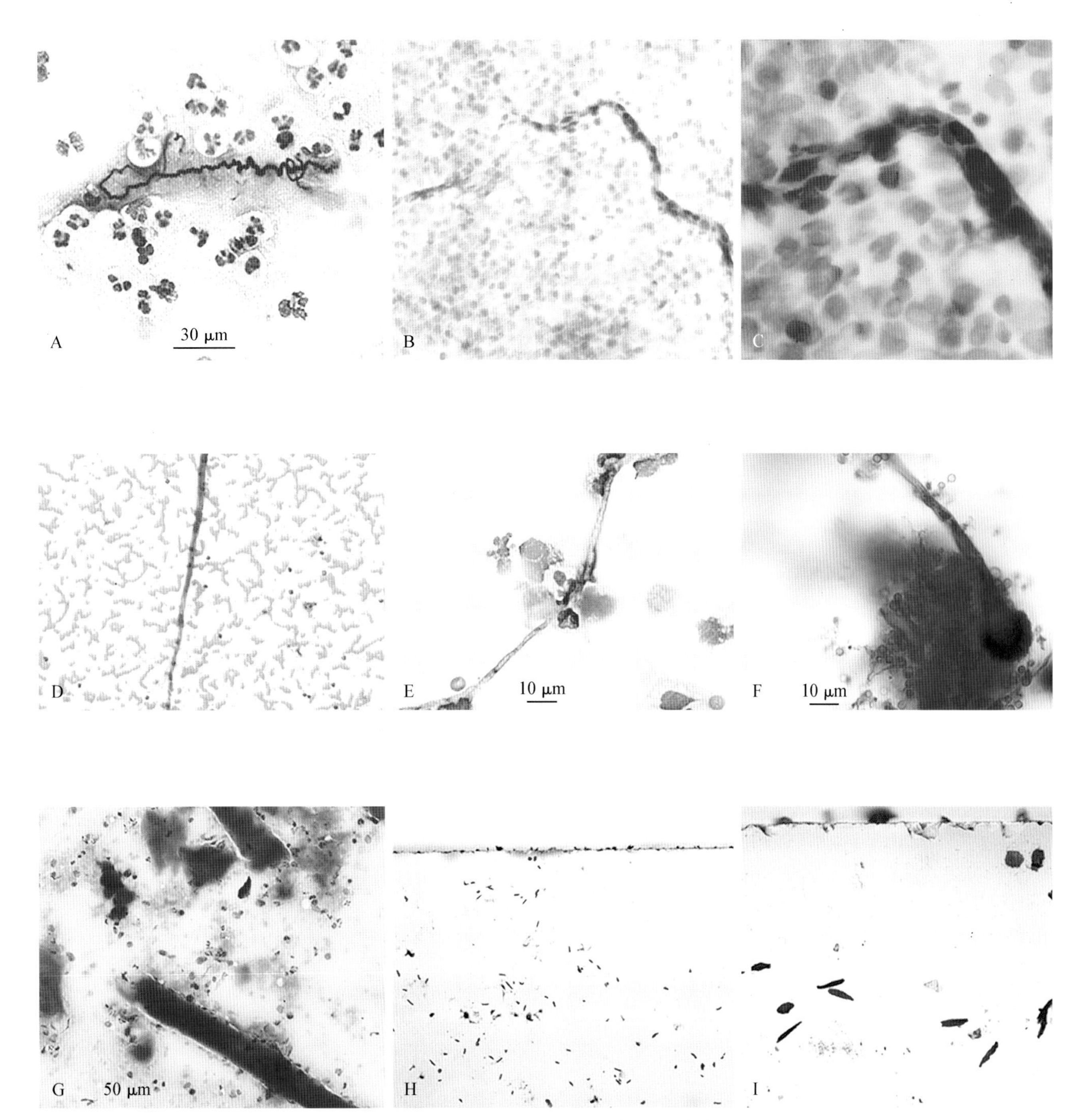


■ 图 2-46　**线状结构。A. 库尔竹曼螺旋体。犬皮肤抽吸。**除去在呼吸道中，在其他部位的浓缩黏液中也可看到长线状螺旋结构。（改良瑞氏染色；高倍油镜）**B-C. 血管。猫鼻腔抽吸。**两个放大倍数的镜下影像，显示血管的弯曲结构和形态结构。注意血管内皮细胞之间的红细胞。（改良瑞氏染色；IP 和高倍油镜）**D. 合成纤维。猫血液样本。**红细胞层之上可见蓝色透明的线状结构，其特征为宽度和颜色不一。（改良瑞氏染色；高倍油镜）**G. 肌肉碎片。犬组织抽吸。**图中深度嗜碱的长方形碎片为骨骼肌。高倍镜下可见横纹（图 2-1）。（改良瑞氏染色；IP）**H-I. 指纹角化蛋白碎片。**在玻片边缘可见大量散在的角化上皮细胞，表现为深色角化碎片。这是由于抓持样本不当造成的，如果这些碎片位于玻片中央和样本之间时，可能会对诊断造成一定影响。（水性罗氏染色；低倍镜和中倍镜）

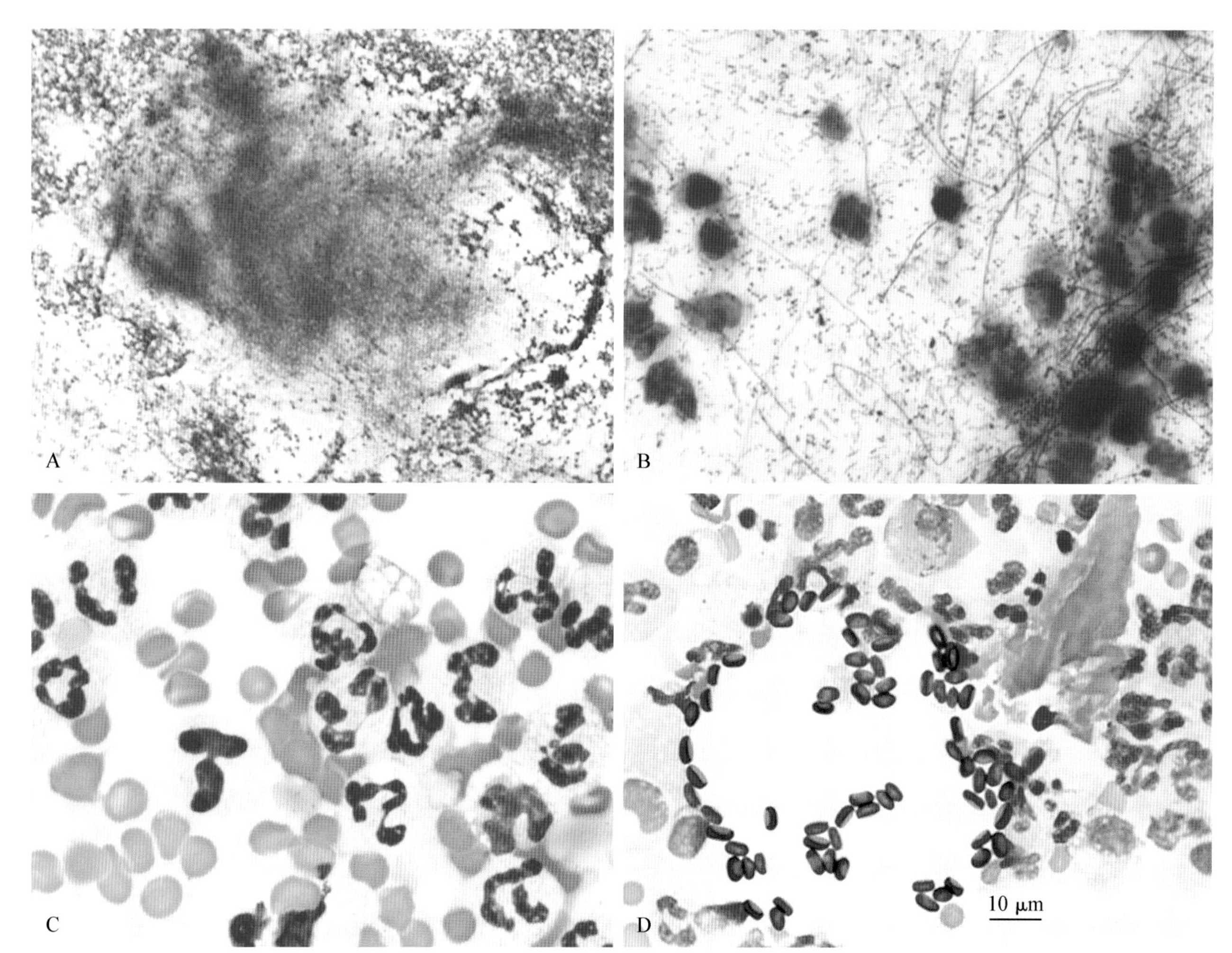


■ 图 2-47 **蓝绿色物质。A-B.(放线杆菌。猫鼻部触片)**。低倍镜和高倍镜下的细菌团块,并可见化脓性炎症。在较大细菌团块之外的区域很少会发现细菌(未显示)。但是在这些嗜碱性团块附近,可以观察到细小的串珠样放线细菌。(改良瑞氏染色,低倍镜和高倍油镜)**C.胆汁性积液。犬腹腔积液直接涂片**。背景可见几个小块和较大块(未显示)灰蓝绿色无定形蛋白。这种黏液来自胆管树。(改良瑞氏染色;高倍油镜)**D.花粉颗粒。犬尿沉渣检查**。在尿沉渣中可见聚集在一起的蓝绿色卵圆形颗粒。虽然可见一些炎性征象,但是这些细胞外的结构应归为样本污染。(改良瑞氏染色;高倍油镜)

## 参考文献


Alleman AR, Bain PJ: Diagnosing neoplasia: the cytologic criteria for malignancy, *Vet Med* 95:204-223, 2000.

Bacha WJ, Bacha LM: Color atlas of *veterinary histology*, ed 2, Philadelphia, 2000, Lippincott Williams & Wilkins, pp 13-15.

Flanders E, Kornstein MJ, Wakely PE, et al: Lymphoglandular bodies in fine-needle aspiration cytology smears, *Am J Clin Pathol* 99:566-569, 1993.

Mastrorilli C, Welles EG, Hux B, et al: Botryoid nuclei in the peripheral blood of a dog with heatstroke, *Vet Clin Pathol* 42: 145-149, 2013.

Noden DM, de Lahunta A: *The embryology of domestic animals*, Baltimore, 1985, Williams & Wilkins, pp10-11.

Perman V, Alsaker RD, Riis RC: Cytology of the dog and cat, South Bend, 1979, American Animal Hospital Association, pp4-7.

Tvedten H: Atypical mitoses: morphology and classification, *Vet Clin Pathol* 38:418-420, 2009.

Woldemeskel M: A concise review of amyloidosis in animals, *Vet Med Internatl* 2012:427296, 2012.

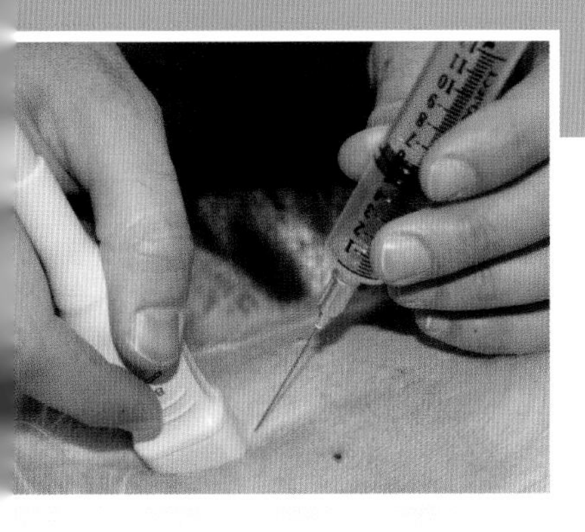

# 第3章

# 皮肤和皮下组织

Rose E. Raskin

## 正常组织和细胞学

从组织学上讲，犬猫表皮和真皮的厚度在一些区域存在差别(图3-1A)。大体上讲，表皮主要由多层鳞状上皮组成，包括角质层、颗粒层、棘细胞层、基底层。表皮的附属器包括毛囊，汗腺和皮下腺(图3-1B)。真皮位于表皮层之下，包括的附属器为平滑肌束、血管、淋巴管、神经、胶原和弹性纤维。在真皮层之下是皮下组织，包括疏松脂肪组织和胶原蛋白束。位于真皮和皮下的细胞主要包括表皮的鳞状细胞和分化良好的腺体以及成熟的脂肪和胶原组织。基底细胞为圆形，有很强的嗜碱性，同时核质比很高。表皮层的其他细胞为角化的细胞因为它们含有很多的角蛋白。颗粒层的多角形细胞由于轻度嗜碱性胞浆中含有粉色到透明的角质颗粒，并且细胞核小而皱缩因此很易鉴别。最外面的角质层细胞为扁平的，边界清晰的，蓝-绿透明而无细胞核的鳞屑。细长的黑-蓝到紫色的鳞屑是角化碎片，它们是卷曲的细胞。起源于神经嵴的黑色素细胞位于基底细胞或毛基质内。它们的棕灰色到墨绿色的小颗粒可能在一些角质细胞中观察到。同时，在血管或毛囊附近可以看到少量的肥大细胞。

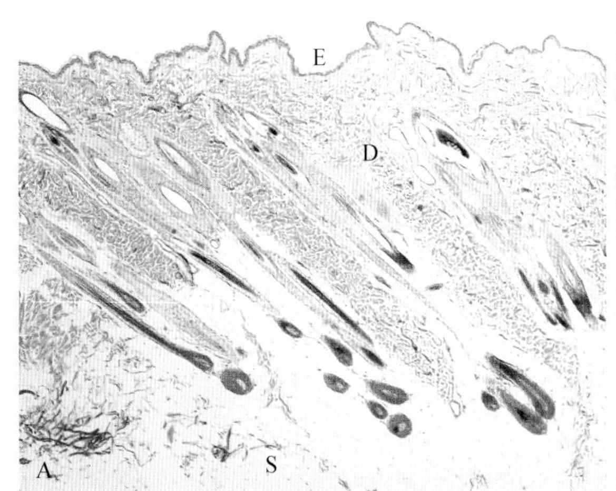


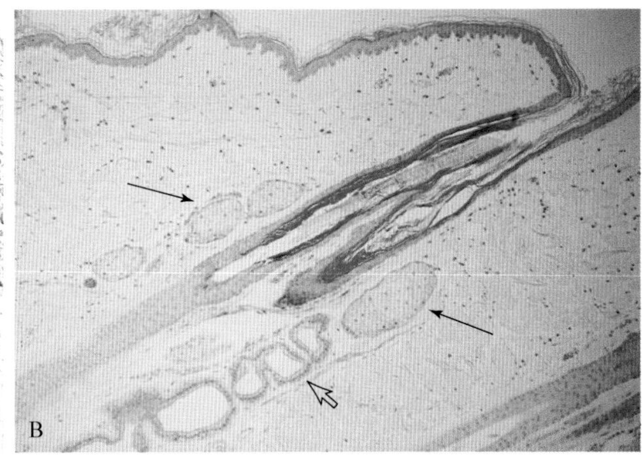


■ 图3-1 **犬正常皮肤组织学。A.** 取自臂部的带有毛发的皮肤，E显示的是表皮，D是真皮，S为皮下组织。犬猫的毛囊会聚集(H&E染色；低倍镜). **B.** 腹部较薄的皮肤，真皮包括毛囊，皮脂腺(实箭头)及汗腺导管(空心箭头)等附属器。此外可以见到真皮内的疏松和致密胶原蛋白束。(H&E染色；低倍镜)

## 表现正常的上皮细胞

> 关键点　在皮肤结构中成熟的上皮多数情况指的是非肿瘤性疾病情况下的形态。

从犬猫移除的皮肤损伤近10%为非肿瘤非炎性肿瘤样损伤(Goldschmidt and Shofer，1992)。它们包括囊肿和腺性增生。

### 表皮囊肿或滤泡囊肿

滤泡囊肿也叫表皮囊肿或表皮样囊肿，在非肿瘤非炎性肿瘤样损伤中犬的发病率为1/3，猫为1/2(Goldschmidt and Shofer，1992)。此病多出现于中年到老年犬(Yager and Wilcock，1994)。囊肿可以是单发或多发，坚硬至有波动感，表观为平滑的，圆的，边界清晰。常发部位是背部和四肢(Goldschmidtand

Shofer,1992)。囊肿内嵌于分化良好的复层鳞状上皮(图 3-2A)。为了区分,组织结构上缺少与皮肤表面相连的附件分化的囊肿,我们称之为表皮样囊肿。较常见的滤泡囊肿特征是膨胀的毛囊漏斗通过毛孔开口于皮肤表面(图 3-2B)。但这一特征在细胞学上不能很好地区分。在细胞学上占主要的为角蛋白,鳞屑,或其他角质细胞。囊肿内的细胞降解会导致形成胆固醇结晶,表现为阴性染色,不规则的锯齿状,矩形平板,背景可以见无定型嗜碱细胞碎片(图 3-2C)。此病被认为是由于摩擦损伤引起的受压部位滤泡口堵塞。假囊肿(图 3-2D)被认为是由于损伤引起外胚层上皮嵌入组织,从而产生上皮囊肿(Gross et al.,2005)。多发性囊肿需要有一个发展的和(或)环境的基础才可以形成(Gross et al.,2005)。这些肿块为良性,但是囊壁破裂后可能会引起局部脓肉芽肿性蜂窝织炎(图 3-2E&F)。当出现这种情况时,会常见中性粒细胞和巨噬细胞。为了防止发生炎性反应,通常建议手术治疗,预后很好。

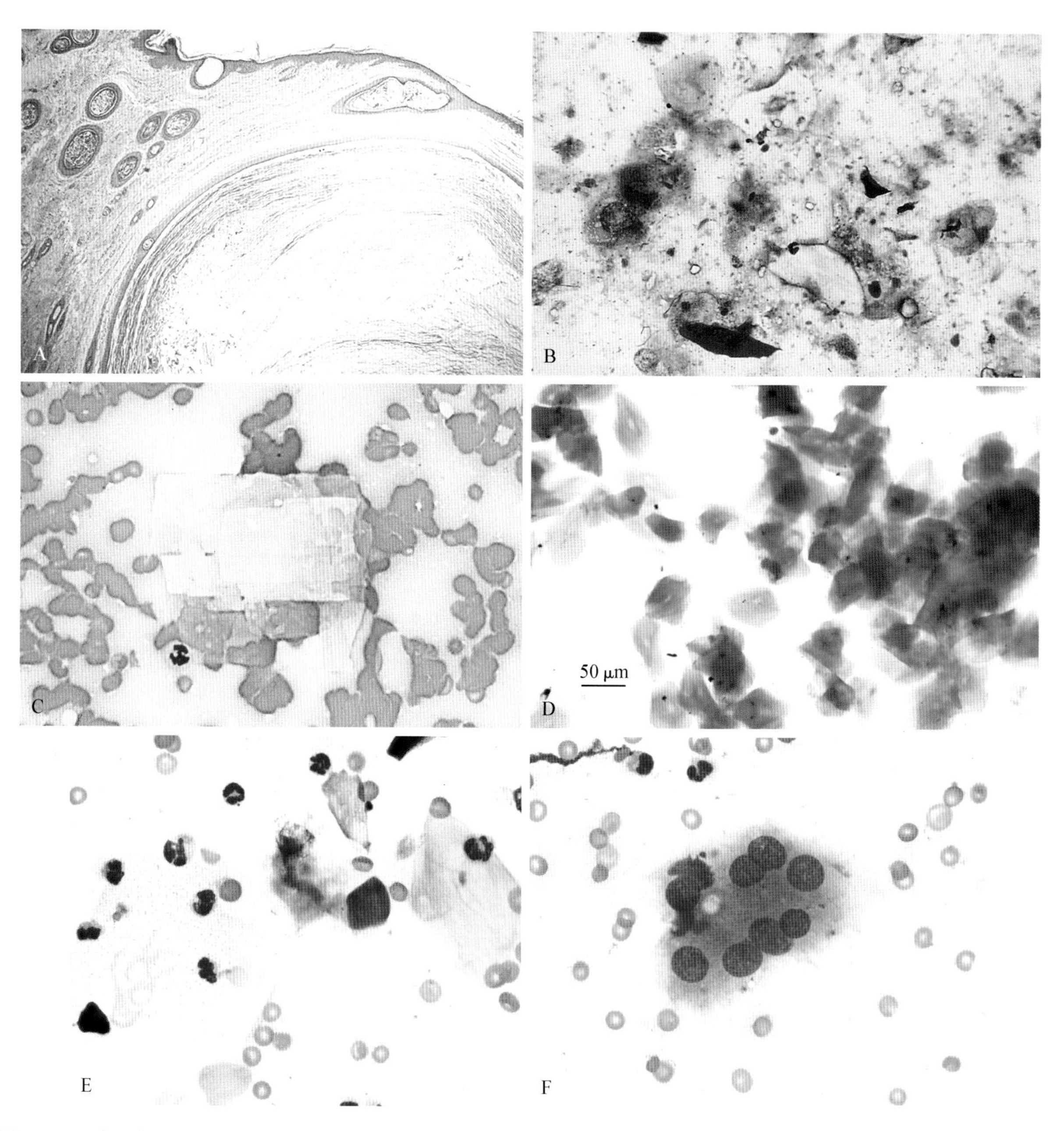


■ 图 3-2 **A. 滤泡囊肿。组织切片。犬。**大的囊状结构是由被一圈复层鳞状上皮包围的层压角蛋白。注意附近的小囊具有开口于皮肤表面的孔道,提示这些起源于滤泡。(H&E;低倍镜)**B-C 滤泡囊肿。组织抽吸。犬。B.** 伴有无核鳞状上皮和角蛋白棒的非结晶细胞碎片(瑞氏染色;高倍油镜)**C.** 在蛋白质背景中可见清楚的矩形胆固醇结晶。(瑞氏染色;高倍油镜)**D. 假囊肿。组织抽吸。犬。**可以通过透明的蓝绿色和棱角状辨认出致密的角质化,有时有色素鳞状上皮细胞。(瑞-吉氏染色;低倍镜)**E-F 为同一病例,由于炎症滤泡囊肿破裂。组织抽吸。犬。E.** 可以见到胆固醇结晶和残留的鳞屑。未降解的对异物的轻度的角化中性粒细胞反应。(改良瑞氏染色;高倍油镜)**F.** 与图 E 背景相同,出现吞噬异物的多核细胞。异物在这个病例为角蛋白和胆固醇。(改良瑞氏染色;高倍油镜)

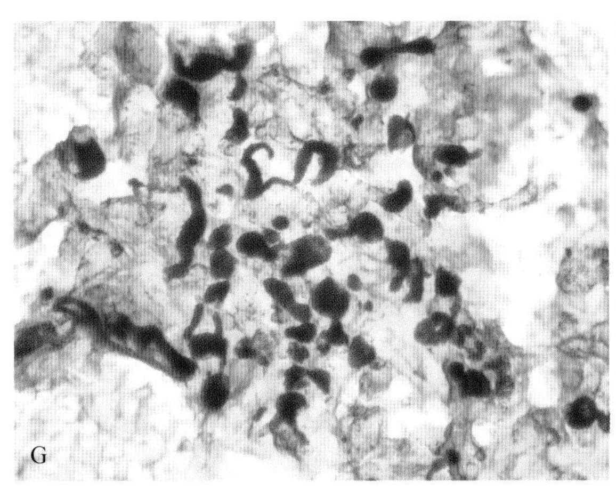


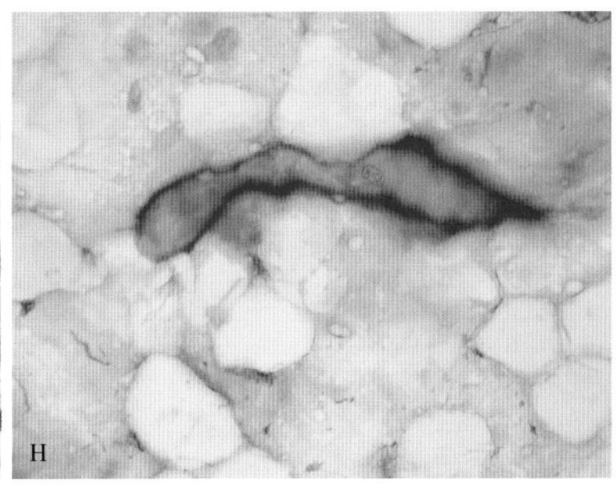


图 3-2 续 **G-H 为同一病例。皮痒囊肿。组织抽吸。犬。G.** 角质化鳞状上皮混合小的色素化毛囊。(改良瑞氏染色;低倍镜。)**H.** 以鳞状上皮为背景的近距离观察小的非色素化毛囊。(改良瑞氏染色;高倍油镜)

**细胞学鉴别诊断:**漏斗状角质化棘皮瘤,皮样囊肿,滤泡肿瘤。

### 皮样囊肿

皮样囊肿很少出现于犬猫,但是在细胞学层面上类似于滤泡囊肿。这些囊肿与发育异常有关,并且可以向深处延伸至椎腔。有报道称罗得西亚脊背犬,拳师犬,凯利蓝梗,发病率较高。囊肿内衬具有向外辐射发散毛囊皮脂腺的鳞状上皮。囊肿内含有大量的角质上皮,(图 3-2G&H)同时伴有色素化的小的毛囊以及其他的附属结构(Gross et al.,2005)。

**细胞学鉴别诊断:**滤泡囊肿,漏斗样囊肿,毛囊瘤。

### 大汗腺性囊肿

大汗腺性囊肿在犬猫很常见,是由于大汗腺或汗腺导管阻塞引起的。通常,表现为内部充满浅棕色液体的具有波动性的肿胀,由于液体的浓缩可能变成棕色胶冻状。细胞学检查,液体通常是非细胞性的液体,背景清晰。治疗包括手术切除,预后很好。

**细胞学鉴别诊断:**大汗腺增生,大汗腺瘤。

### 结节状皮脂腺增生

结节状皮脂腺增生一般是单发或多发,并且很像疣。大多数直径小于 1 cm。它们比较坚硬,凸起,表面无毛呈菜花状或乳头状。皮脂腺增生比皮脂腺肿瘤更常见(Yager and Wilcock,1994)。它们在老年犬很常见但在猫不常见。通过细胞学检查不能区分皮脂腺增生和皮脂腺肿瘤,甚至在组织学上也很难区分。在组织病理学上皮脂腺增生的特点是围绕角质化鳞片导管,成熟的皮脂小叶对称性增殖(Gross et al.,2005)。在细胞学上可以看到成熟的皮脂腺上皮细胞,有时成簇或单个存在,细胞核小而浓缩,位于细胞中心,因此经常被误认为是吞噬了异物的巨噬细胞。这些是良性增殖,通过手术治疗后预后很好。

**细胞学鉴别诊断:**皮脂腺瘤。

## 非感染性炎症

### 肢端舔舐性皮炎/嗜舔性肉芽肿

肢端嗜舔性皮炎是由于持续舔舐或啃咬肢端而引起的慢性炎症,会产生变厚、坚硬、色素化的溃疡性损伤(图 3-3A)。病因包括感染性病原,过敏反应,创伤及心理性疾病。细胞学检查,会出现单核炎性细胞的混合群,包括浆细胞,与棘皮症有关的中间鳞状细胞(图 3-3B),如表皮棘细胞层增生。对于表面破溃的愈合反应,可能会产生纤维细胞,在细胞学检查样本中会出现梭形细胞。也可由于血管增生而出现的大量的红细胞。患病部位可能出现化脓性细菌感染。治疗则主要根据潜在的病因,并且通常要控制浅表性脓皮病。

**细胞学鉴别诊断:**异物反应,节肢动物叮咬反应。

### 异物反应

异物反应一般是由于植物,动物或无机物穿透皮肤,产生红斑性创伤进一步发展为会外排液体的结节性反应。细胞学上会出现混合型炎性反应,通常为巨噬细胞,淋巴细胞,混合少量的中性粒细胞,也可能出现嗜酸性粒细胞(图 3-4A-C)。通常会出现多核巨细胞。常见纤维细胞反应。可能会出现继发细菌感染。治疗包括手术探查或随着组织学活检进行切除，并且有必要时可以进行培养。

**细胞学鉴别诊断**：真菌，细菌，非感染性或节肢动物叮咬性炎性损伤。

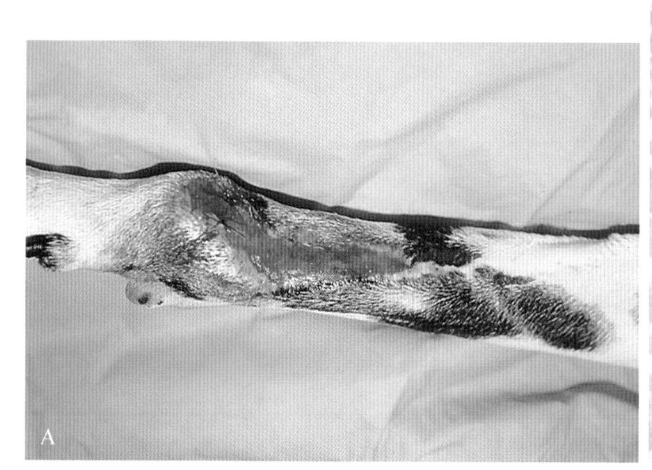

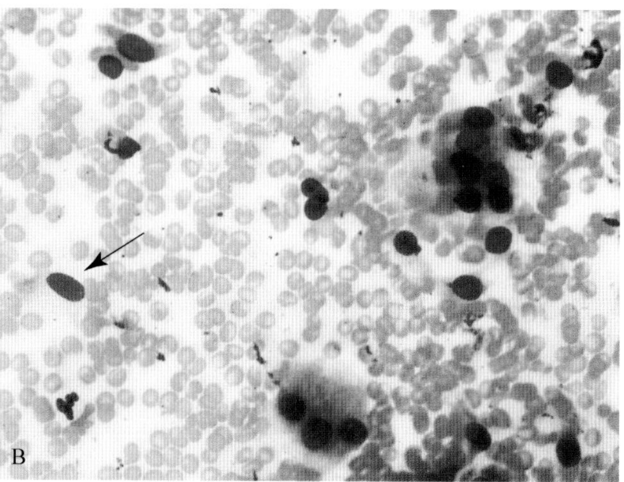

■ 图 3-3 **舔舐性皮炎。犬。A.** 位于前肢的增厚。溃烂的且缺少毛发的损伤。**B.** 组织抽吸。在这些病例中发现以呈片状的中间鳞状上皮为主，与增厚的表皮有关。在左下角临近嗜中性粒细胞是一个成纤维细胞（箭头所指）与基质反应有关。（瑞-吉氏染色；高倍油镜）（A，Courtesy of Rosanna Marsella，Gainesville，Florida，United States）

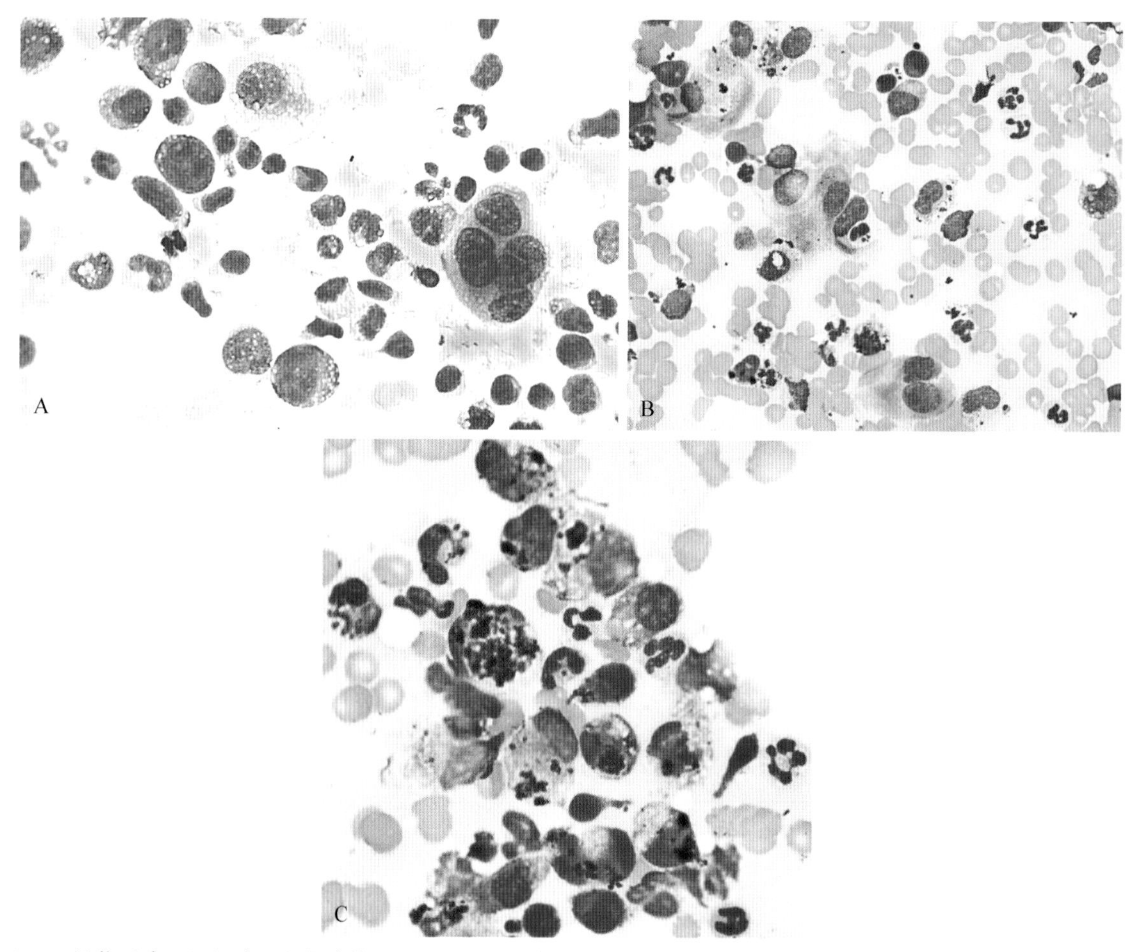

■ 图 3-4 **A. 异物反应。组织液沉积物涂片。犬。**主要为小淋巴细胞和巨噬细胞，偶见中性粒细胞。观察到巨大细胞时，预示着存在肉芽肿性炎症。通过组织病理学诊断，炎性反应继发于局限性钙沉着。（水性罗氏染色；高倍油镜）**B-C 为同一病例。疫苗反应。组织抽吸涂片。犬。B.** 肩胛部皮下坚硬的肿胀。炎性细胞和非退行性中性粒细胞，巨噬细胞，纤维细胞，嗜酸性粒细胞（未显示）相混合，偶见小的或中等大小的淋巴细胞。在一些病例中淋巴细胞可能占主导（未显示）。（改良瑞氏染色，高倍油镜）**C.** 许多包含大量不同大小亮的颗粒的巨噬细胞。有时颗粒物存在于细胞外（未显示），通常是疫苗中黏多糖佐剂。（改良瑞氏染色，高倍油镜）

## 节肢动物叮咬反应

昆虫、蜱、蜘蛛的叮咬，会引起轻度到严重的反应，主要表现为伴发急性坏死的红斑和肿胀，在组织病理学上的表现为嗜酸性疖病或后期变为肉芽肿(Grosset et al.,2005)。细胞学上的表现为混合性炎性细胞浸润，包括中性粒细胞，巨噬细胞，通常与过敏反应有关的嗜酸性粒细胞也会增多(图 3-5A&B)。这些损伤大多会自愈，但是有些病例需要额外的处理。

**细胞学鉴别诊断：**细菌，真菌，非感染性或异物反应。

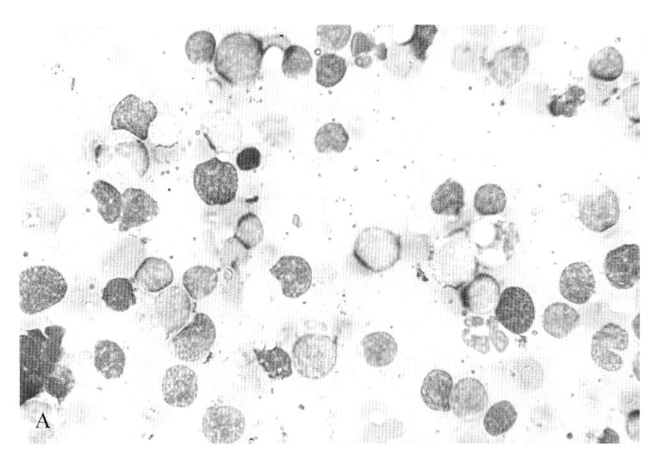
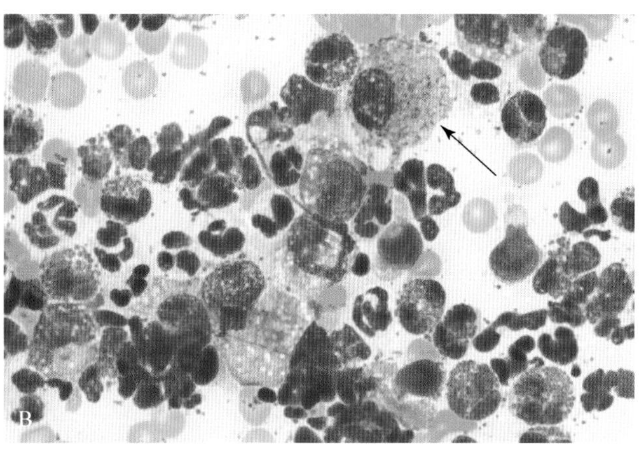

■ 图 3-5　**节肢动物叮咬反应。组织抽吸。犬。A.** 小的及中等大小的淋巴细胞浸润到颈部腹侧的肿物中，同时含有少量的嗜酸性粒细胞和中性粒细胞。(瑞-吉氏染色；高倍油镜)**B.** 嘴角真皮团块，显示炎性细胞核大量嗜酸性粒细胞及一个脱颗粒的肥大细胞(箭头)，此外还有很多退化及非退化的中性粒细胞。(改良瑞氏染色；高倍油镜)

## 结节性脂膜炎/脂肪组织炎

非感染性脂膜炎病因包括创伤，异物，疫苗反应，免疫介导性疾病，药物反应，胰腺异常，营养缺乏及原发病。在犬猫，既可单发也可多发，坚硬或有波动感，凸出，边界清楚。它们可能渗出一种油性黄褐色液体(图 3-6A)。常发部位包括背干，颈部，近肢端。细胞学检查，在有液泡的脂肪组织背景下可以看到大量的非退行性中性粒细胞和巨噬细胞(图 3-6B&C)。特别是由于疫苗引起的免疫性损伤时，可以看到大量的小淋巴细胞和浆细胞。通常情况下巨噬细胞胞浆内含有大量的泡沫或以大的多核的形式存在。当为慢性疾病时，会出现典型的纤维素，明显的特征是存在大量的含未成熟核的梭形细胞。如果纤维化十分广泛可能提示存在间质肿瘤。单发的损伤手术治疗后预后很好。组织学上，无菌性脂膜炎通常预示着皮下(图 3-6D)甚至延伸至真皮都会存在炎性细胞。多发性损伤通常与青年犬全身性疾病有关，通常使用糖皮质激素进行治疗。腊肠和贵宾犬易发此种疾病。推荐对进行培养和组织病理学检查以排除感染性疾病。细胞学检查样本也应该进行真菌染色。

**细胞学鉴别诊断：**感染性脂膜炎。

## 嗜酸性红斑/肉芽肿

猫嗜酸性红斑最初脱毛部位出现严重瘙痒进而发展为渗出性溃疡。这可能与跳蚤叮咬性过敏，食物过敏，异位性有关。累及的部位包括面部，颈部，腹部及腿内侧。损伤部位可能会出现细菌继发感染。细胞学检查，主要为嗜酸性粒细胞和肥大细胞，有少量的淋巴细胞。当出现继发感染时，中性粒细胞占主导。治疗主要是使用糖皮质激素，必要时使用抗生素。

嗜酸性肉芽肿在犬和小猫身上出现主要是因为过敏反应，类似于嗜酸性红斑的形成。通常，病灶可能是沿着后肢跗关节呈黄色的线性突起或红斑，或发病于鼻子、耳朵、脚呈丘疹或结节，也有在口腔发现病灶的报道。细胞学检查，可以发现混合型炎性反应，出现巨噬细胞，淋巴细胞，浆细胞，中性粒细胞及数量增加的嗜酸性粒细胞和肥大细胞(图 3-7A)。罕见多核巨细胞。偶尔可以在非结晶嗜碱性物质背景下的胶原坏死，此为嗜酸性颗粒释放引发的反应(图3-7B)。嗜酸性粒细胞数量比在嗜酸性红斑病例中少。对于单发结节性病灶推荐进行手术切除。

**细胞学鉴别诊断：**节肢动物叮咬反应，异物反应。

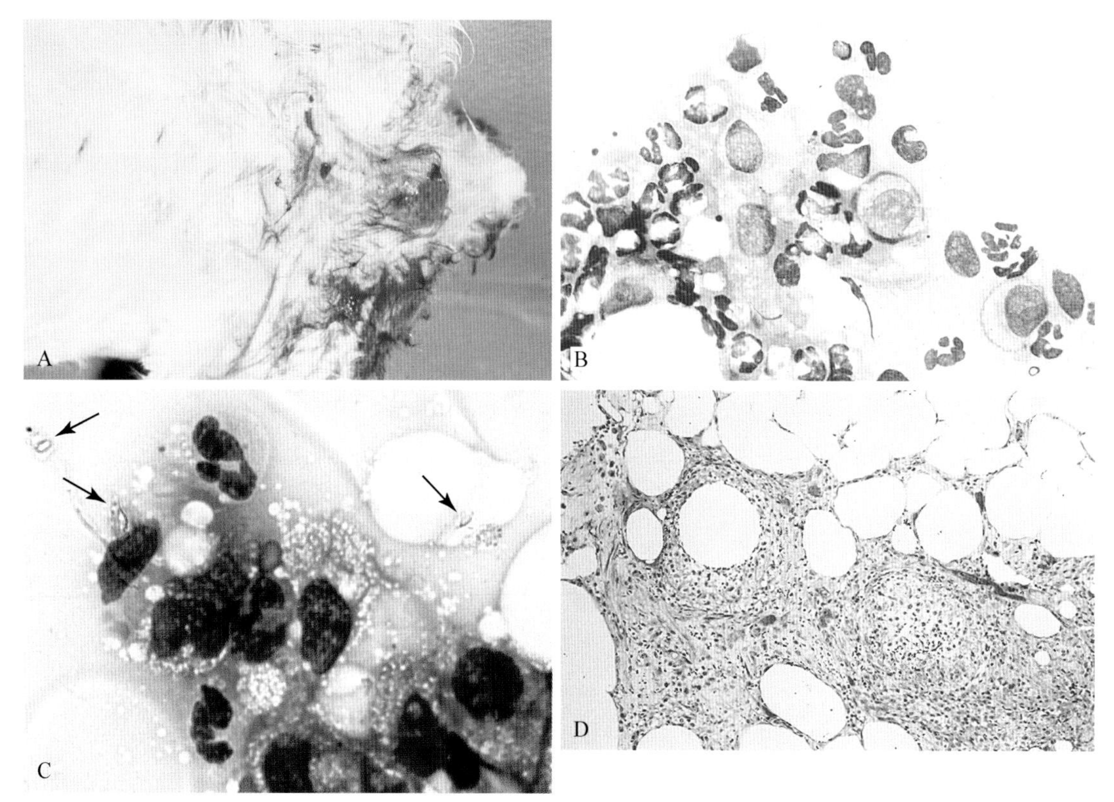

■ 图 3-6 **A-B. 无菌结节性脂膜炎。犬。A.** 腿部湿润的有漏道的结节。**B. 组织分泌物。** 1岁贵宾犬腰部的分泌物。感染源未见。大量退化的中性粒细胞，一些上皮样巨噬细胞，偶见淋巴细胞。(瑞-吉氏染色；高倍油镜)**C. 创伤性脂膜炎。组织抽吸。猫。** 胸腔腹侧的皮下团块，背景为游离的脂肪偶有黄绿色结晶，怀疑为矿物质(箭头)。显示的为吞噬有小的空泡和非退行性中性粒细胞的巨噬细胞。(瑞-吉氏染色；高倍油镜)**D. 无菌结节性脂膜炎。组织切片。犬。** 皮下组织出现中性粒细胞和巨噬细胞，在动物上的表现为多发性皮下结节。没有发现任何感染源。(H&E；低倍镜)(A，Courtesy of Leslie Fox，Gainesville，Florida，United States.)

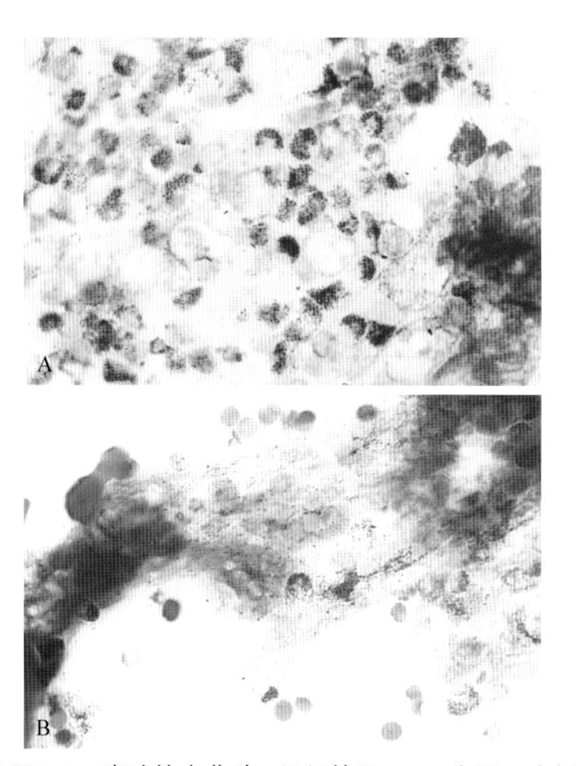

■ 图 3-7 **嗜酸性肉芽肿。组织抽吸。A-B 为同一病例。A.** 注意大量的嗜酸性粒细胞，其中很多已经脱颗粒。(瑞-吉氏染色；高倍油镜)**B.** 由于嗜酸性粒细胞脱颗粒导致胶原溶解产生非结晶的嗜碱性物质。(瑞-吉氏染色；高倍油镜)

### 落叶型天疱疮

在犬猫中，落叶型天疱疮属于最常见的自身免疫皮肤病。病因包括药物，慢性疾病及自身体况。通常，病灶处出现红斑褪色，进一步发展为白色至黄色的脓疱并最终以硬皮覆盖(图 3-8A)。好发部位是头和脚，但在猫耳朵，躯干和颈部也常发。硬皮的直接触片或脓疱抽吸的特征为非退行性中性粒细胞和棘细胞以单个深染椭圆形角化细胞存在(图 3-8B)。也可能存在嗜酸性粒细胞，但很少出现细菌感染。治疗则主要是抗生素和免疫疗法。推荐对初期病灶进行切除活检。组织学检查结合直接免疫荧光抗体检测或直接免疫过氧化物酶染色检测对于区分不同天疱疮亚型很必要。抗核抗体检测也可能有一定价值。

**细胞学鉴别诊断：** 脓皮病。

### 皮肤黄瘤

黄瘤病在犬，猫，鸟和龟是不常见的肉芽肿性炎症，它与原发或继发性糖尿病，高脂饮食及遗传性高

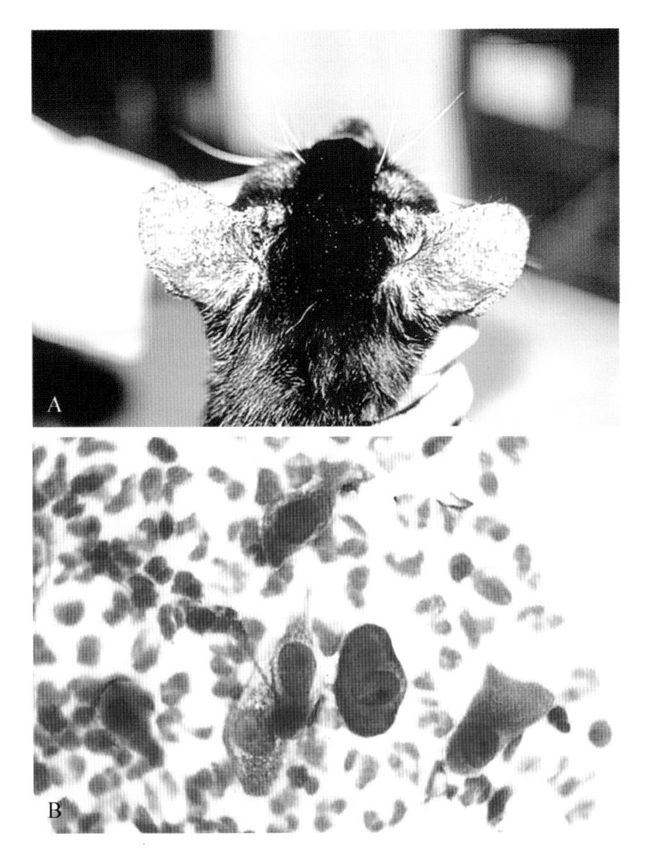

■ 图 3-8　**A. 落叶型天疱疮。猫。**耳廓部的硬皮及红斑性病灶。**B. 棘状细胞。脓疱抽吸物。猫。**从患有落叶型天疱疮动物皮肤脓疱获得的深度染色的单个角质细胞。这些细胞与免疫介导的皮肤疾病有关。大量中性粒细胞，多数目前未退化。(瑞-吉氏染色；高倍油镜)(A，Courtesy of Janet Wojciechowski，Gainesville，Florida，United States.)

乳糜微粒血症有关[(Gross et al.，2005；Banajeeet al.，2011)。]胆固醇和甘油三酯在组织沉积导致出现富含脂质的巨噬细胞。通常，病灶为单个或多发，白色至黄的脓疱或可能破溃或流出干酪样物质的结节。好发部位为面部，躯干，及足垫。细胞学检查，抽吸物中含大量泡沫的巨噬细胞(图 3-9A)，脂肪染色呈阳性(图 3-9B)。同时可以见到淋巴细胞，偶见嗜酸性或嗜中性粒细胞。组织学检查，主要看到的是胆固醇及巨细胞(图 3-9C)。在一些先天性病因引起的病例中，可以看到较大的囊泡。这些囊泡黄瘤细胞表达 CD18，表明它们起源于巨噬细胞。治疗的目标主要是在可能的情况下找到并控制潜在病因。

**细胞学鉴别诊断：**无菌性肉芽肿(如异物反应)。

## 感染性炎症

### 急性细菌性脓肿及脓皮病

脓肿通常是犬猫的皮下损伤，一般与撕咬或其他穿透伤有关。一般仅仅局限于皮肤或者出现全身症状。病灶部质硬到有波动感，肿胀，红斑，温热，有痛感。通常可以吸出乳白色分泌物，细胞学检查见大量退行性中性粒细胞表现为核破裂，核溶解，核固缩(见第 2 章)。细菌可能被发现与肿胀的圆核相结合。病例的管理包括细菌培养和药敏试验，手术切除的同时使用抗生素治疗。

深部脓皮病是指细菌性炎症扩展到真皮及毛囊，随后可能会损伤囊泡(疖病)。破裂的囊壁会释放毛干碎片及囊泡角蛋白到周围组织从而产生异物反应及化脓性肉芽肿性炎症，最后形成真皮结节(Gross et al.，2005；Raskin，2006b)。中间型葡萄球菌是典型的原发病原，但其他细菌和潜在的病原也可以引发炎症。溃疡很常见。混合的炎性细胞包括中性粒细胞和巨噬细胞(图 3-10A&B)。化脓性炎症可能会出现黏液性蛋白的分泌，它们在呼吸道呈库什曼螺旋的特征(图 3-10C)。

### 梭菌性蜂窝织炎

梭菌感染常与穿透伤相关。随着血液血清的渗出，肿胀的皮肤可能会有捻发音。细胞学检查，组织抽吸可能会发现 1～4 μm 大杆菌，一些在末端可能会有清亮的，圆形的分生孢子，单个或呈短链存在(图 3-11A)。梭菌属是厌氧的革兰氏阳性细菌(图 3-11B)，但是在慢性感染病例或使用抗生素治疗后，可能染色不一。样本的背景通常包含细胞碎片和少量脂肪，或炎性细胞。当有中性粒细胞存在时，通常是退行性的。厌氧培养对于诊断很重要。治疗主要是手术治疗及合理的抗生素治疗。

### 马红球菌蜂窝织炎

当存在大量的中性粒细胞核巨噬细胞，巨噬细胞中包含小的杆状或球形细菌时，应该怀疑是红球菌属感染。病例报告中通常描述为溃疡性肿胀经常出现在四肢末端并累及附近淋巴结(Patel，2002)。它们是条件致病菌，对于免疫抑制的动物更易感。

### 放射菌病/诺卡氏菌病

感染表现为皮下肿胀进而发展为溃疡病渗出红棕色液体。病因主要与穿透创有关。此种感染通常会引起全身症状，通常包括胸腔积脓。细胞学检查，主要为退行性中性粒细胞，同时包含巨噬细胞和小淋巴细胞。细菌可以在细胞内也可能在细胞外，如果在细胞外细菌以紧密的簇状存在(图 3-12A-C)。这些细菌细长，丝状，有分枝，轻度嗜碱性的棒状，内含红色斑点或串珠样区域。使用银染会很显著(图 3-12D)。组织学检查,炎性细胞包围着浓密的病原。放线菌属是不抗酸的革兰氏阳性菌,但诺卡氏菌是可能抗酸的革兰氏阳性菌。具体的分型诊断需要进行培养,样本需要在厌氧情况下获得。治疗包括外科引流及合理的抗生素管理。

**关键点** 查看样本密集区细菌的嗜碱性团块。

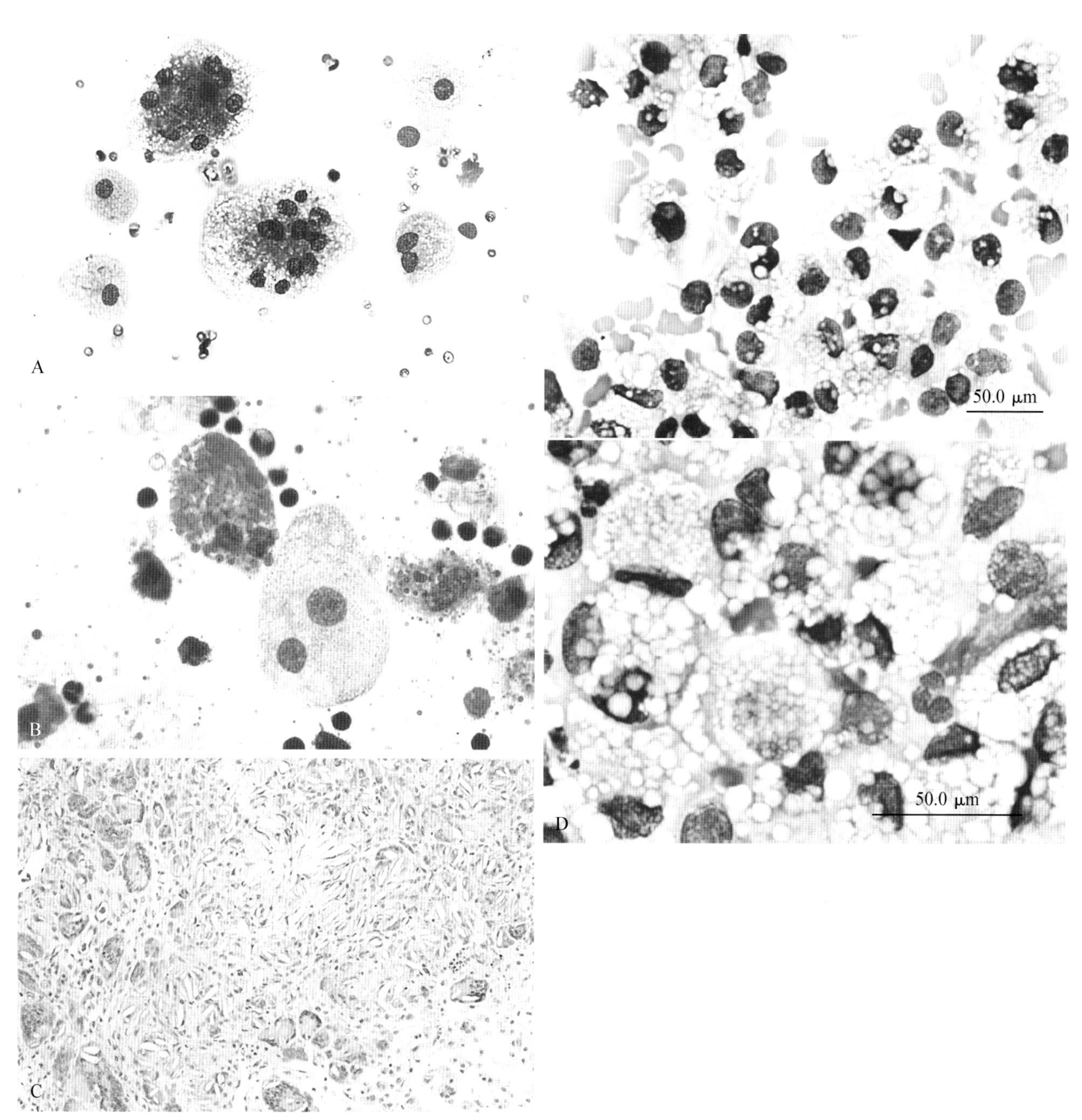


■ 图 3-9 **皮下黄瘤。猫。A-C 为同一病例。A. 组织抽吸。**这个样本中多核巨细胞和单核的含有泡沫的巨噬细胞占主导。这只一岁的暹罗猫患有多发性皮肤肿物。(瑞-吉氏染色;高倍油镜)**B. 组织抽吸。**这个染色表明巨噬细胞胞浆内含有各种大小的脂肪滴(红油 O 染色/新亚甲基蓝染色;高倍油镜.)。**C. 组织切片。**真皮内胆固醇碎片周围聚集巨细胞。(H&E 染色;中倍镜.)**D. 皮下黄瘤。**一只犬胸腔腹侧皮下肿物的细针抽吸检查。有核的大圆细胞胞浆内富含许多清亮的圆的空腔,即为脂肪。细胞核染色体固缩且缺少明显的核仁。轻度的细胞大小不均,细胞核大小不均,偶见双核。(瑞-吉氏染色;高倍油镜)(D from Banajee KH,Orandle MS,Ratterree W,et al:Idiopathic solitary cutaneous xanthoma in adog,*Vet Clin Pathol* 40:95-98,2011。)

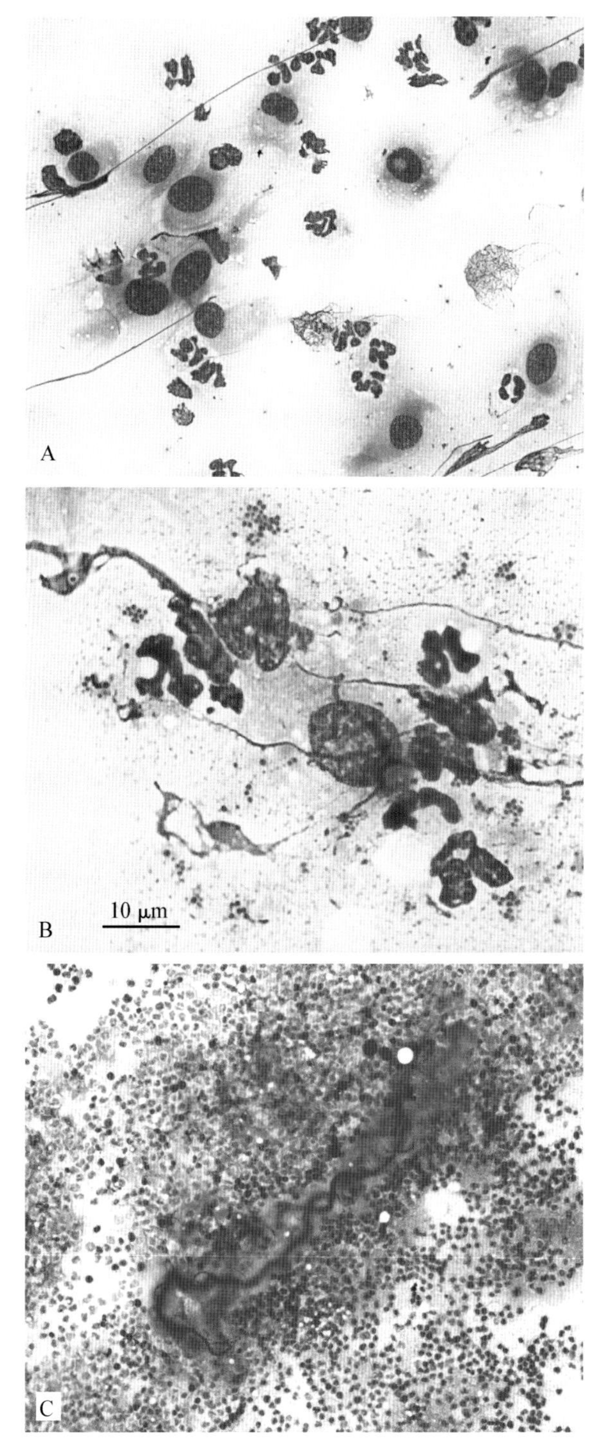


■ 图3-10 **脓皮病。组织抽吸。犬。A-B为同一病例。A.** 尾部顽固的真皮肿物，里面的细胞主要是退行的中性粒细胞和大量的基质细胞。(改良瑞氏染色；高倍油镜)**B.** 注意到背景中成簇的大的球菌是典型的葡萄球菌。(改良瑞氏染色；高倍油镜)**C.** 一只犬撕咬伤的液体分泌物。库什曼螺旋。这是一个明显的化脓性炎症，背景中类黏液代表此样本是典型的呼吸道样本。(改良瑞氏染色；中倍镜)

## 嗜皮菌病

这种感染在犬猫鲜有报道，通常是穿透创被污染的土或水感染引起的。病灶部表现为坚硬，无毛，皮下缺失的肿物。硬皮下大量灰色的渗出物为脓，其中

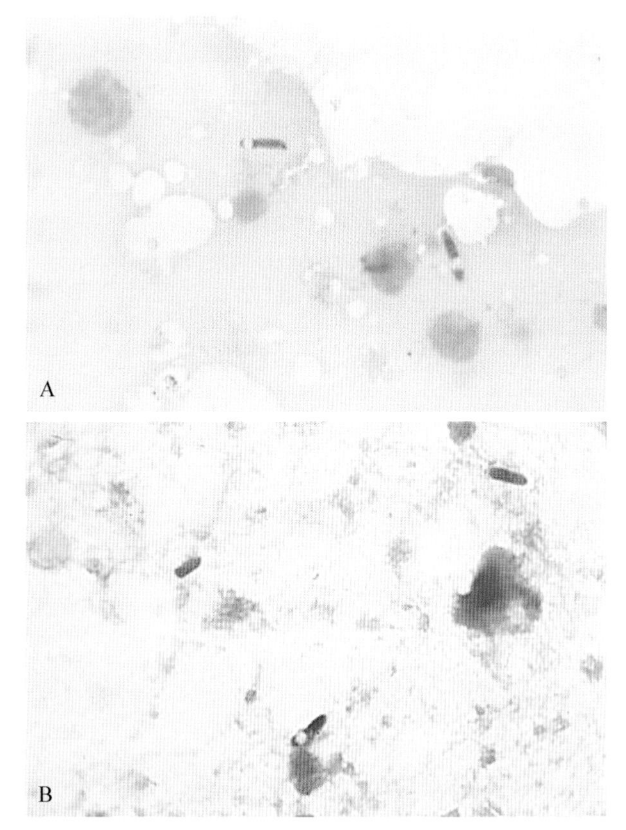


■ 图3-11 **梭菌性蜂窝织炎。组织抽吸。犬。A-B为同一病例。A.** 在皮下气肿和临近骨溶解的动物皮下可见末端孢子形成的杆菌。(瑞-吉氏染色；高倍油镜)**B.** 需氧培养下的革兰氏阳性杆菌，最终确认为梭菌属。(革兰染色；高倍油镜)

混在有大量退行性中性粒细胞和少量的嗜酸性细胞及巨噬细胞。病原菌为革兰氏阳性分枝丝状具有横隔和纵隔的球状菌(图3-13)。诊断主要根据对活检样本的病原形态观察或细菌培养的结果。治疗包括合理的抗生素使用及恰当的伤口处理(Carakostas et al.，1984；Kaya et al.，2000)。

## 分枝杆菌病

在犬猫有三种分枝杆菌的临床表现，包括内部结节，局部皮下结节(麻风结节)，及全身性皮下结节(Greene and Gunn-Moore，2006)。最佳诊断方法是组织培养或组织病理学。精确诊断则要通过对组织样本进行聚合酶链式反应(PCR)。治疗包括手术切除及合理的抗生素使用。

结节型主要与结核分枝杆菌、牛结核分枝杆菌、条件性禽型胞内分枝杆菌有关。与被感染的人，牛，尿或土壤接触可能会引起感染。此病也与动物的免疫抑制状态有关。这种形式会出现全身症状，如体重减轻，发热及淋巴结病。同时内部器官也会受累，犬猫的皮肤结节可能出现在头、颈和四肢(Miller et al.，1995)。病原在培养时缓慢生长，通常需要4～6周。检查最好于2周内完成时，需要使用PCR及其

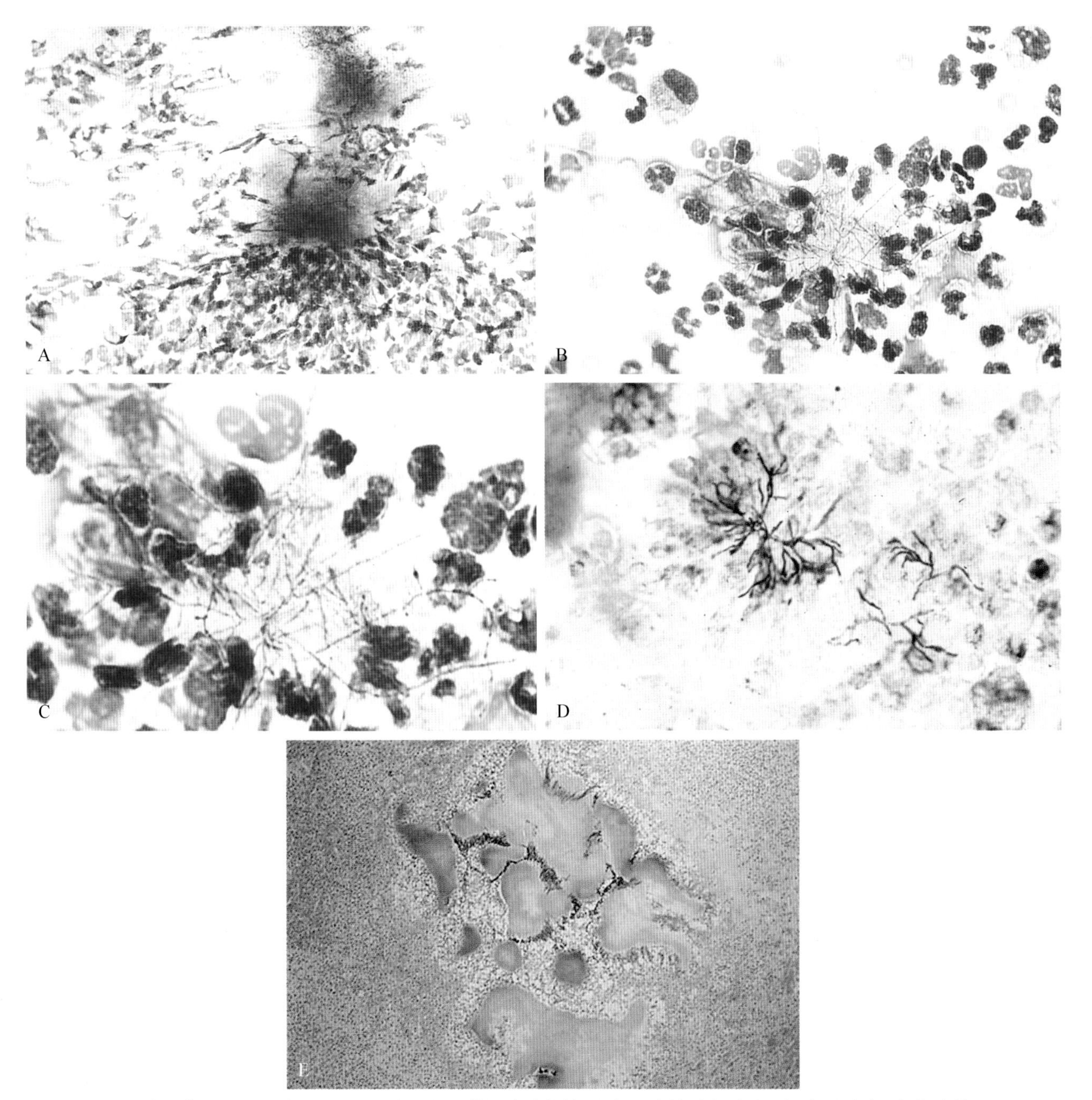


■ 图 3-12 **A. 放线菌病。组织抽吸。犬。**注意丝状细菌的嗜碱性簇,它们是非结晶的碎片(瑞-吉氏染色;高倍油镜)。**B-C 为同一病例。诺卡氏菌病。组织抽吸。犬。B.** 细菌簇被许多退行性中性粒细胞和一些巨噬细胞包围。细菌培养确诊为诺卡氏菌(瑞-吉氏染色;高倍油镜)。**C.** 展示的是一只犬后肢肿物液体囊袋中呈分枝的,串珠状,纤细的菌丝(瑞-吉氏染色;高倍油镜)。**D-E. 放线菌病。犬。D. 组织抽吸。**银染可见分枝的,串珠状,纤细的菌丝(吉氏染色;高倍油镜)。**E. 组织切片。**化脓性肉芽肿型蜂窝织炎出现在不规则的菌丝岛周围,这些细菌革兰氏阳性染色不抗酸。焦点的外围包含大量的嗜酸性透明的物质,可能是抗原-抗体复合物。这种反应被称作 Splendore-Hoeppli 现象(H&E; 低倍镜)。

他分子技术进行诊断。细胞学检查,巨噬细胞内包含少量到大量串珠样杆菌,有些细菌可能在细胞外(图 3-14A)。对于病原的鉴别抗酸染色会有一定帮助(图 3-14B)。与麻风性结节相比,淋巴细胞及中性粒细胞会更多。

猫麻风性结节是由于麻风分枝杆菌引起,此菌常在湿润,凉爽的环境中存在与被感染的鼠中。在澳大利亚,新西兰及最近在美国报道有一种新型的可以感染犬的但尚未命名的分枝杆菌(Foley et al.,2002)。猫的症状为在头和四肢远端出现无痛的结节,无全身症状。这些结节从柔软到坚硬,丰满,有局限性,偶尔会破溃,出现少量渗出物。有报道称猫可以自愈(Roccabiancaet al.,1996)。犬的结节为平滑到破溃,最常出现在头部,特别是耳朵和嘴角。对于病原的培养很困难。细胞学检查,细胞内含有大量病原菌的巨噬细胞占主导(Twomey et al.,2005)(图 3-14C)。其他可见的细胞包括淋巴细胞,浆细胞,中性粒细胞,偶尔可见多核巨细胞。

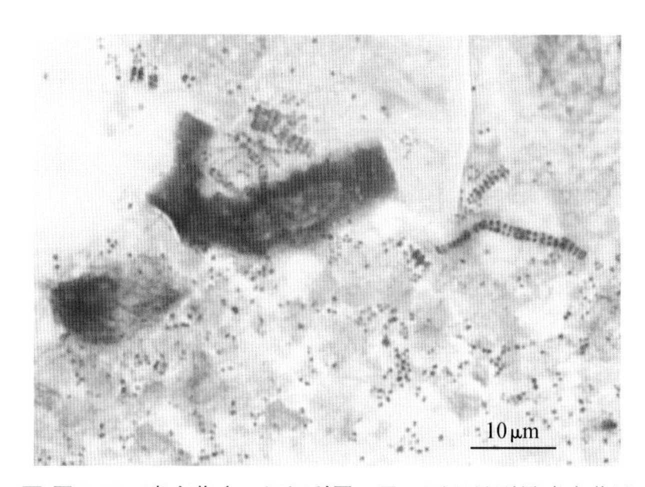


■ 图 3-13　**嗜皮菌病。组织刮屑。马。**可以见刚果嗜皮菌呈双链球菌以丝状排列。(改良瑞氏染色;高倍油镜)

在犬猫常见的皮下分枝杆菌病是那些快速生长的,具有非典型生长模式或培养特征的菌种,比如偶发分枝杆菌,龟分枝杆菌及皮垢分枝杆菌。被污染了的土壤或水感染引起该病。病灶特征是全身性皮下化脓性肉芽肿性炎症,通常具有窦道。这种类型同样不会出现全身症状。需要对深部组织病灶进行细菌培养,3～5 d 即可看到细菌的生长。细胞学检查,中性粒细胞和巨噬细胞占主导,偶尔可见淋巴细胞,浆细胞,多核巨细胞或反应型成纤维细胞。细胞学检查时病原的诊断有时需要抗酸染色的帮助。组织病理学,病灶为浸润性病原,可以在被炎性细胞包围的脂肪囊中被发现。此型预后谨慎,抗生素作用有限。

**关键点**　分枝杆菌为革兰氏阳性菌且抗酸。由于细胞壁包含大量脂肪,细胞学检查的表现为非着色,长,细杆状。

### 局部机会真菌感染

皮肤或皮下出现病灶是由于穿透创被污染的土壤或水感染,通常发生在热带或亚热带气候。常见的类型为皮肤暗丝孢霉菌被暗色(色素)真菌感染,如链格孢属,弯孢属,双极霉属(图 3-15A-C)。罕见的类型是透明丝孢霉病,是由于非色素化真菌引起,如拟青霉属(图 3-15D)(Elliott et al.,1984)。结节发展缓慢,通常位于肢端,随后破溃。细胞学检查,它们会产生化脓性肉芽肿性炎症,主要为退行性中性粒细胞,巨噬细胞,多核巨细胞,淋巴细胞,浆细胞及成熟的成纤维细胞。菌丝的结构是分隔的,周期性收缩可以产生球形膨大。酵母菌很少出现。诊断主要包括活检的组织病理学检查及组织培养等。治疗包括手术切除,但是预后不良。

### 全身真菌感染引起的皮肤损伤

全身真菌感染引起的皮肤损伤主要表现为单个或多个溃疡性结节,并外排血清样渗出物。被感染器官周围的区域淋巴结也通常会受累。对于渗出物的检查很有诊断意义,推荐手术切除活组织进行组织病理学检查。血清滴度,组织培养及 PCR 对于复杂病例诊断有帮助。总体上讲,治疗是全身抗真菌治疗。预后谨慎。

### 芽生菌病

芽生菌病是化脓性肉芽肿性或肉芽肿型炎症常见于犬,罕见于猫。此病的好发地为加拿大密西西比河及俄亥俄河盆地。病灶通常在肢端及鼻部。细胞学检查,可见退行性中性粒细胞,巨噬细胞,多核巨细胞和淋巴细胞。酵母的形式一般直径为 7～15 μm,有折光性,深度嗜碱性的厚厚的细胞壁(图 3-16A&B)。病原有可能被巨噬细胞吞噬,也有可能存在于细胞外。细胞采用出芽的方式增殖,与隐球菌的窄基出芽相比,此为广基出芽。细胞结构通过过碘酸-希夫染色(PAS)(图 3-16C)及乌洛托品银染色阳性。精确诊断包括组织切片的免疫染色及组织培养。血清检测包括基质胶免疫扩散和酶联免疫吸附实验(ELISA),但是敏感性较低。对于尿液的定量抗原检测更加敏感(93.5%敏感性与组织胞浆菌有交叉反应),此法在临床意义更大(见附录)(Spector et al.,2008)。活检样本中发现的病原需要 PCR 进行基因测序后才能确诊(Bulla and Thomas,2009)。

### 球孢子菌病

球孢子菌病是由球孢子菌引起的,在犬偶发,在猫上有类似于芽生菌病的脓性肉芽肿反应。常发于美国西南部。细胞学检查,病原为具有厚壁的球形,直径 20～200 μm。在嗜碱性球体内部是单核的圆形内生孢子直径 2～5 μm。游离的内孢子可能会与组织胞浆菌的酵母形式相混淆。空的小圆球体代表酵母形式。乌洛托品银染色时,它们的细胞壁和内孢子均为阳性染色,然而 PAS 染色时,细胞壁染成紫色,内孢子为红色。完整的球包囊趋中性粒细胞性不如游离的内孢子,后者会募集很多中性粒细胞。所使用的血清学测试包括小管沉淀(IgM),补体结合(IgG),乳胶凝集,基质胶免疫扩散和 ELISA。对于组织活检样本,可以采用荧光抗体法。由于存在公共卫生的风险,不推荐组织培养。当结果可疑时,可疑用化学发光的 DNA 探针进行商业化检测(Beaudin et al.,2005)。

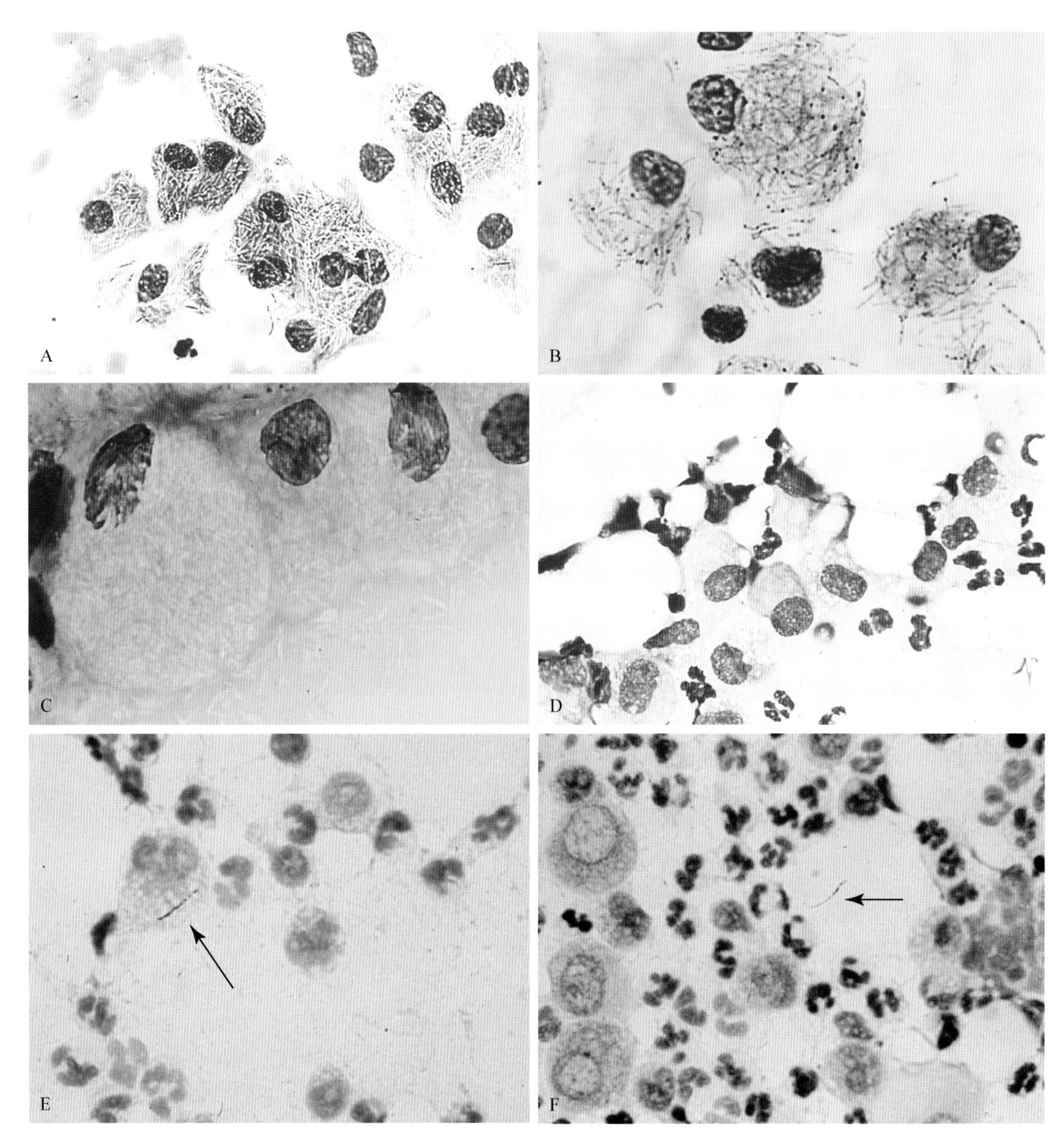


■ 图 3-14 **A-B 为相同病例。分枝杆菌病。组织抽吸。猫。A.** 肿胀部位在鼻部，确诊为禽分枝杆菌阳性。可以见到巨噬细胞胞浆内有大量阴性着色的杆菌(瑞-吉氏染色；高倍油镜)。**B.** 抗酸染色为阳性的线性串珠样细菌(吉氏染色；高倍油镜)。**C. 猫麻风病。组织压片。猫。**蛋白质背景下可见位于胞浆及细胞外阴性染色的线性细菌(吉氏染色；高倍油镜)。**D-F 为相同病例。非典型性分枝杆菌病。组织抽吸。犬。D.** 虽然没有明显的败血症症状，但有中性粒细胞和巨噬细胞。在这个位于背部 2 cm 大小的肿块中，中性粒细胞轻度退行(瑞-吉氏染色；高倍油镜)。**E.** 巨噬细胞内发现单个阳性菌丝。(箭头)(抗酸染色；高倍油镜)。**F.** 组织抽吸，脂肪囊中见单个阳性菌丝(箭头)(抗酸染色；高倍油镜)(C，Glass slide material courtesy of John Kramer，Washington State University；presented at the 1988 ASVCP case review session.)。

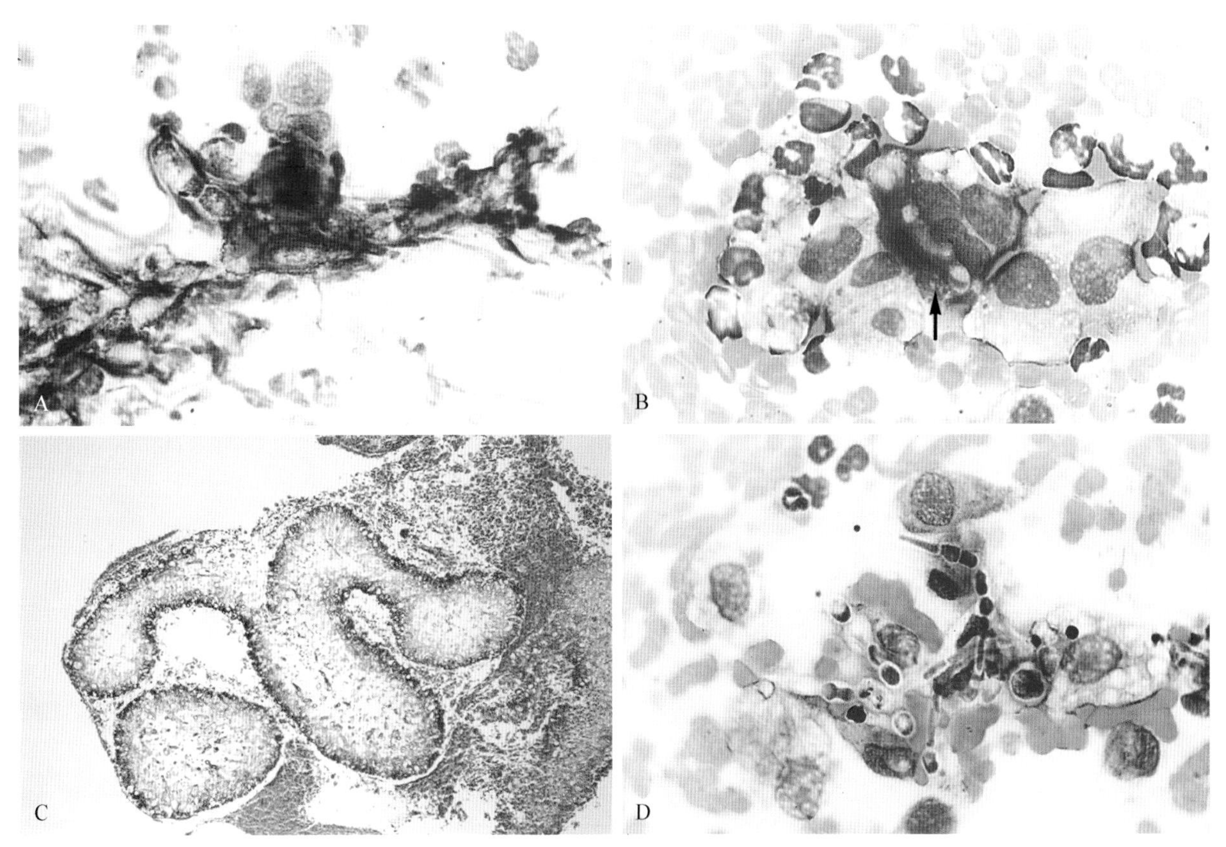

■ 图 3-15 **A-B. 皮肤暗丝孢霉菌病(色素化真菌)。组织抽吸。犬。A.** 足部跖面小的肿物,细胞培养结果为弯孢属。退行性中性粒细胞和巨噬细胞包围着真菌菌丝,出现类酵母样肿胀。(水性罗氏染色;高倍油镜)。**B-C 为同一病例,B.** 菌丝周围出现巨噬细胞,退行中性粒细胞,淋巴细胞的混合炎性反应,出现类酵母样肿胀。(瑞-吉氏染色;高倍油镜)**C. 皮肤暗丝孢霉菌病。组织切片。犬。**棕色真菌大的克隆可以诊断为暗色或色素化真菌。(H&E 染色; 低倍镜)**D. 透明丝孢霉病。组织抽吸。猫。**这个肿胀的手指包含类酵母样肿胀的菌丝结构,怀疑是拟青霉菌属感染,可见大量的巨噬细胞伴随少量中性粒细胞(瑞-吉氏染色;高倍油镜)。

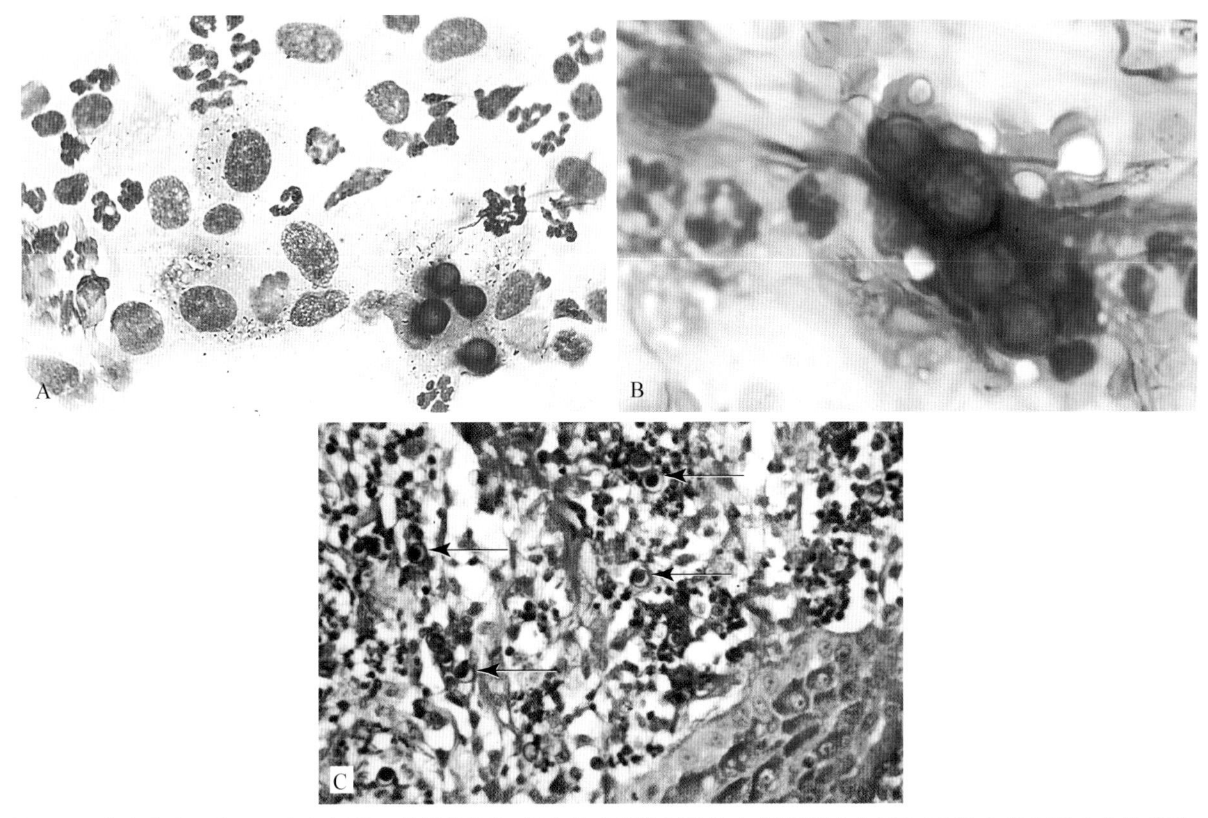

■ 图 3-16 **芽生菌病。犬。A. 组织压片。**指部的肿物,深染的嗜碱性厚壁的出芽酵母同时有巨噬细胞和退行性中性粒细胞。(水性罗氏染色;高倍油镜)。**B. 组织压片。**在视野中四个以酵母形式存在的真菌大小近似于中性粒细胞。可以看到深染的嗜碱性厚壁。(改良瑞氏染色;高倍油镜)**C. 组织切片。**密集的炎性细胞聚集包围着深染的酵母在远离厚细胞壁的地方出现萎陷。(中倍镜)

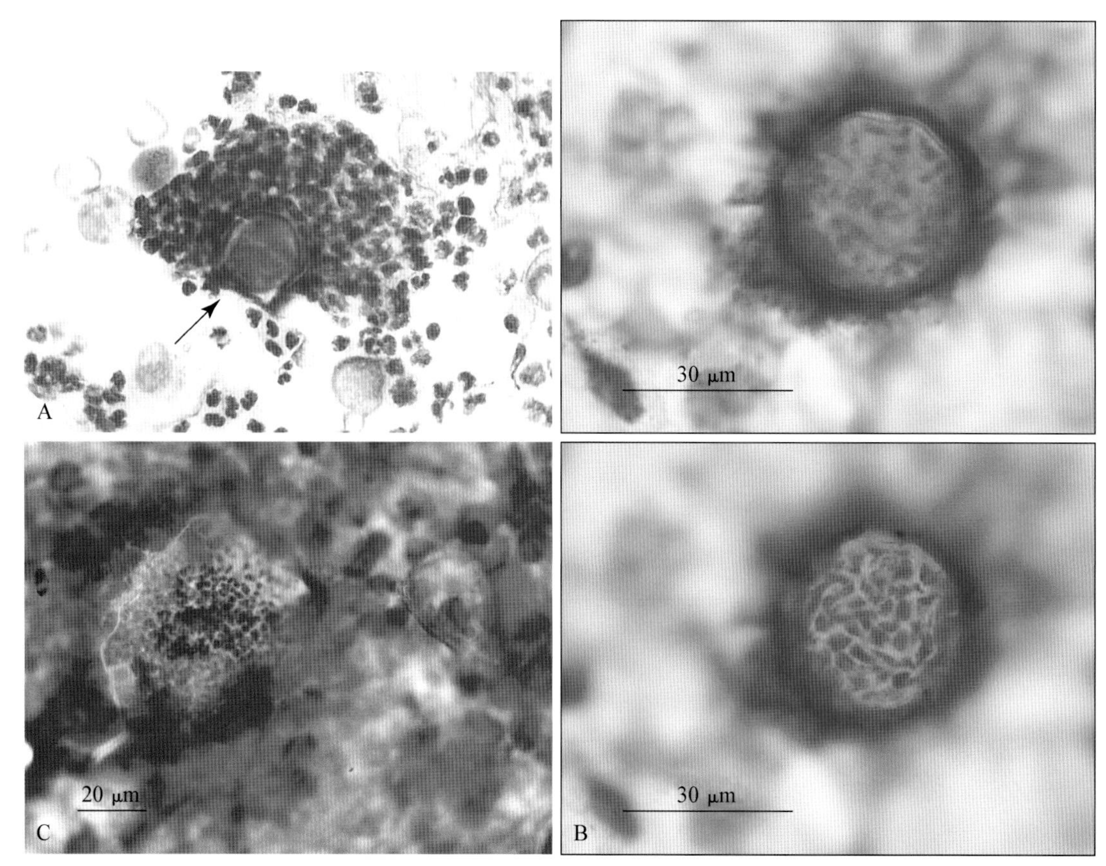


■ 图 3-17 **球孢子菌病。组织抽吸。犬。A.** 此动物皮肤存在许多半坚硬的肿物,无全身症状。紫色厚壁的球体(箭头)约 60 μm 被大量的退行性中性粒细胞包围(改良瑞氏染色;高倍油镜)。**B-C 为同一病例。B.** 肩胛部的肿物是嗜碱性的球体。1)聚焦点为含有颗粒物的厚囊壁。2)再聚焦可以看到发展中的内孢子(改良瑞氏染色;高倍油镜)。**C.** 可以看到一个小囊(右)和一个大囊(左),后者准备释放大量的小(2 μm)圆内孢子,背景为不太清晰的混合型炎性反应。(改良瑞氏染色;高倍油镜)

### 隐球菌病

隐球菌病在很多地理区域都有发生,但是常发与热带或亚热带气候或者是被鸽子粪污染的土壤的地带。除了结节外,在犬猫的病灶通常是在鼻部出现硬皮或腐烂。细胞学反应时以巨噬细胞占主导的肉芽肿反应(图 3-18A&B)。其他可能出现的细胞包括淋巴细胞,多核巨细胞。在免疫抑制的动物及病原保留厚厚的外囊时炎症反应程度最小。细胞学检查中病原为直径 4~10 μm 的圆形到椭圆形的酵母形式的新型隐孢子菌。细胞大小不一,2~20 μm。当病原存在厚的脂质囊时 Romanowsky-type 染色阴性(图 5-11B)。结果,活检的背景为有泡的、通常很致密的圆形细胞。对于未能着色的样本,为了增加可视化需要使用新型亚甲蓝或印度墨水染色(图 5-11C)。位于细胞内的病原用乌洛托品银或 PAS 染色为阳性,但是细胞壁需要用黏蛋白卡红染色。与芽生菌的广基出芽相比,此病原分裂时采用窄基出芽的形式。精确的诊断包括组织活检样本的免疫染色、乳胶凝集试验、ELISA 或真菌培养。疑难病例的确诊可能需要 PCR 及检测 CAP59 基因。

### 组织胞浆菌病

本病是由于荚膜组织胞浆菌引起的化脓性肉芽肿性反应,本病的地理分布类似于芽生菌。鸟类和蝙蝠的排泄物为病原提供了理想的生长培养基。与胃肠及造血器官相比,皮肤病灶并不常见(图 3-19)。细胞学检查,主要为巨噬细胞,但淋巴细胞、浆细胞也可能存在,偶尔会出现多核巨细胞。样本中经常在细胞内或细胞外发现大量 2~4 μm 卵圆形酵母的形式。PAS 及乌洛托品银染色阳性。酵母的结构像原生动物中的利什曼原虫,但组织胞浆菌由于细胞皱缩会具有清晰的光晕,同时细胞缺少动基体。组织胞浆菌的精确诊断需要通过细胞学、组织活检样本的免疫染色或真菌培养。没有可信的血清学检测,存在类似于芽生菌的定量抗原分析,但尚未在兽医上得到认证。在有限的基础上已经开始使用分子检测。其他的全身感染包括曲霉菌、念珠菌、拟青霉菌。这些经常出现于免疫抑制的动物。

### 皮肤真菌病

皮肤真菌是常见的人畜共患病原,通常会感染皮

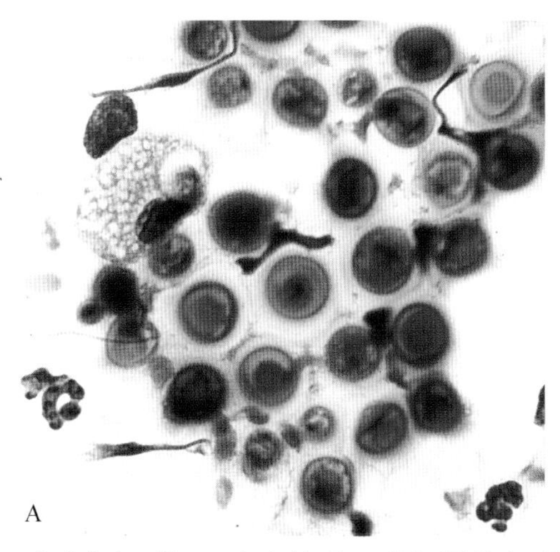


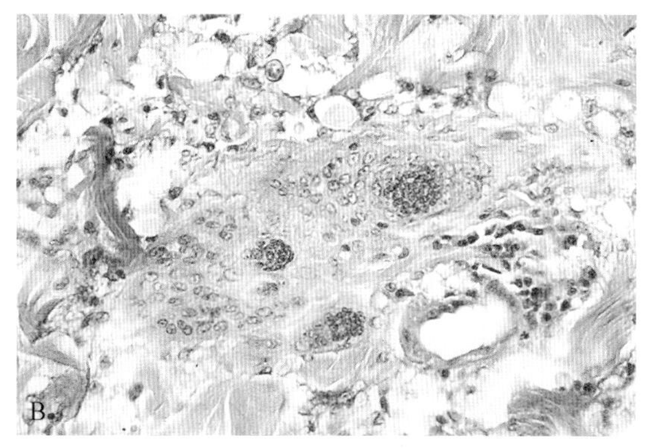


■ **图 3-18　隐球菌病。猫。A. 组织抽吸。**下颌区域的皮下肿物，包含成簇的酵母及中性粒细胞。注意数量不等的清晰的脂质囊包围结构及被含泡沫巨噬细胞吞噬的酵母。残留的囊会带来更多的抗原刺激，促发炎性反应。在巨噬细胞和中性粒细胞之间有一个以出芽形式存在的病原。（水性罗曼氏染色；高倍油镜）。**B. 组织切片。**由于存在许多清晰厚壁酵母而引发的毛囊周围炎性反应。（H&E 染色；中倍镜）

■ **图 3-19　组织胞浆菌病。猫。**这只猫的皮肤和眼周均存在病灶。（Courtesy of Heidi Ward，Gainesville，Florida，United States.）

肤表层，毛发和指甲。小孢子菌和毛癣菌是最常见的犬猫皮肤真菌。在犬猫病灶特点为局部脱毛，毛干折断，硬皮，鳞屑，及头、脚、尾部红斑（Caruso et al.，2002）。很少见到叫作脓癣的突起或真皮结节（Logan et al.，2006）。被感染的毛囊破裂时形成脓癣，真菌和角蛋白进入真皮，诱发强烈的炎性反应。细胞学检查表明会出现化脓性肉芽肿性炎症伴随退行性中性粒细胞和大的上皮样巨噬细胞（图 3-20A）。2～4 μm 的孢子具有薄的清晰的外囊。节孢子与未着色的菌丝及毛干一起，通过清洁剂拔除的毛发（图 3-20B&C）或乌洛托品银或 PAS 染色后很好地观察。鉴别种属时需要进行真菌培养。

不常见的表现为皮肤假足分支菌病，在波斯猫常见，最常见病因为犬小孢子菌引起（Zimmerman et al.，2003）。表现为深部皮下存在瘘管的结节性肉芽肿。细胞学检查，可见胞浆含大量泡沫的巨噬细胞及大量的多核巨细胞（图 3-20F）。分节孢子可能与真菌菌丝共同存在，它的形态不规则且大小不等，通过 Romanowsky 染色后可见（图 3-20G）。PAS 及乌洛托品银染色阳性（图 3-20H）。对于结节的治疗包括手术切除及抗真菌药物的使用。

### 马拉色菌

致病原为侵入皮肤和耳道的机会致病性厚皮马拉色菌。它与广泛流行的犬的脂溢性皮炎和外耳炎有关。可以在皮肤刮屑和病灶渗出物种发现病原。好发部位包括面部，颈部腹侧，爪子背侧，腹部，大腿近尾侧。细胞学检查，皮肤原发感染主要是单核细胞混合淋巴细胞及巨噬细胞炎症，继发脓皮症是可能会出现局灶性中性粒细胞（图 3-21A）。可以被罗氏染色染成紫色，以瓶形或鞋形广基出芽形式存在（图 3-21B&C）。治疗包括表面清洗剂使用合理的抗真菌药。

### 霉菌病（oomycosis）

有两类病原在管毛生物界卵菌亚纲，两种水霉为腐霉和链壶菌（Grooters et al.，2003）。不同于真正的真菌，它们可以运动，具有鞭毛，细胞壁无几丁质，细胞核分裂方式及细胞质器不同。此病主要发生于热带和亚热带如美国东南部的犬，少发于猫。动物被感染是由于沾染或引用了被污染的水。胃肠道症状比皮肤症状更常见。四肢，尾尖和会阴处会出现真皮溃疡性结节，发展为窦道并有血清渗出（图 3-22A）。细胞学检查，样本包含化脓性肉芽肿性炎症，中性粒细胞增加，并且出现大的，少有分隔具有分枝的菌丝。腐霉的菌丝很均一，链壶菌的菌丝直径更大且呈球形。对于病原的鉴定，相对于 PAS 染色，乌洛托品银染色是首选（图 3-22B）。对于筛选试验针对卵菌亚纲抗原的 ELISA 血清学检测是有帮助的。强烈推荐对感染组织进行培养，随后对病原进行形态学和分子学

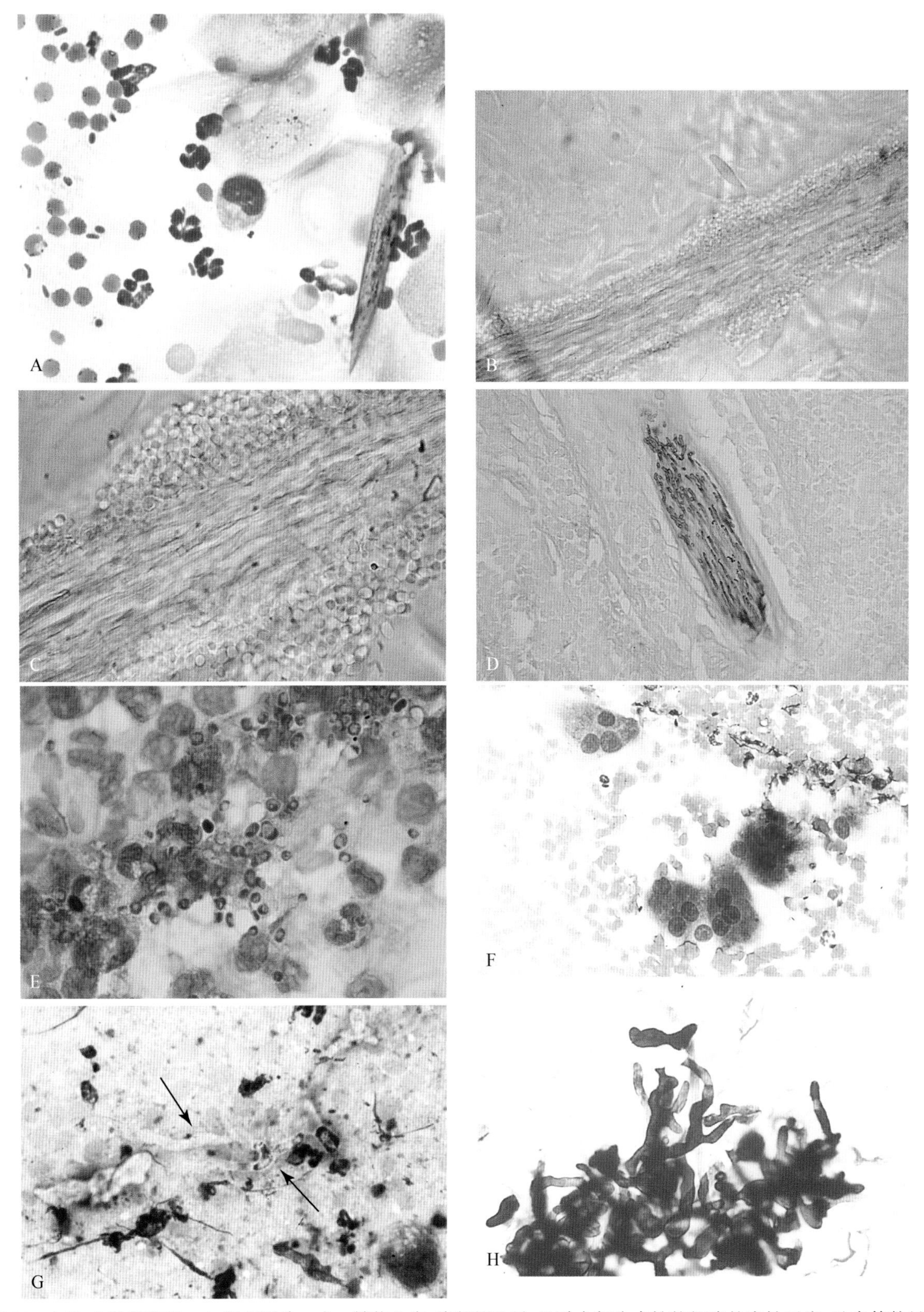


■ 图 3-20 **A-E. 皮肤真菌病。A. 组织压片。犬。**鳞状上皮,残留的毛干,几乎全部为中性粒细胞的炎性反应,及中等数量的分节孢子。它们嗜碱性,椭圆形到长形具有薄、清晰外囊,宽 2=3 μm,长 4～5 μm。(改良瑞氏染色;高倍油镜)**B. 拔除的毛发。**低倍镜观察角蛋白清除的毛干附着有分节孢子。(unstained 未染色; 高倍油镜)。**C. 拔除的毛发,**高倍镜下观察角蛋白清除的毛干,外部存在结节孢子,内部存在菌丝。(unstained 未染色; 高倍油镜),**D. 组织切片。犬。**从这个皮肤组织切片可以注意到毛干内黑染的菌丝。通过培养确诊为犬小孢子菌。(戈莫里六胺银染色;高倍油镜)**E. 组织抽吸。犬。**真皮结节(脓癣),中性粒细胞内或胞外存在多个紫色椭圆形分节孢子。培养结果表明为犬小孢子菌感染。(Periodic acid-Schiff;高倍油镜)。**F-H 为同一病例。皮肤假足分支菌病。组织抽吸。猫。F.** 波斯猫侧腹部 3 cm 浅表肿物,可以看到许多多核巨细胞(瑞-吉氏染色;高倍油镜)。**G.** Tomanowsky 染色可见真菌菌丝(箭头)。培养结果为犬小孢子菌。(瑞-吉氏染色;高倍油镜)。**H.** 银染可以清晰地看到菌丝。(戈莫里六胺银染色;高倍油镜)(B-C,Courtesy of the University of Florida Dermatology Section. E,Courtesy of Michael Logan,Purdue University.)

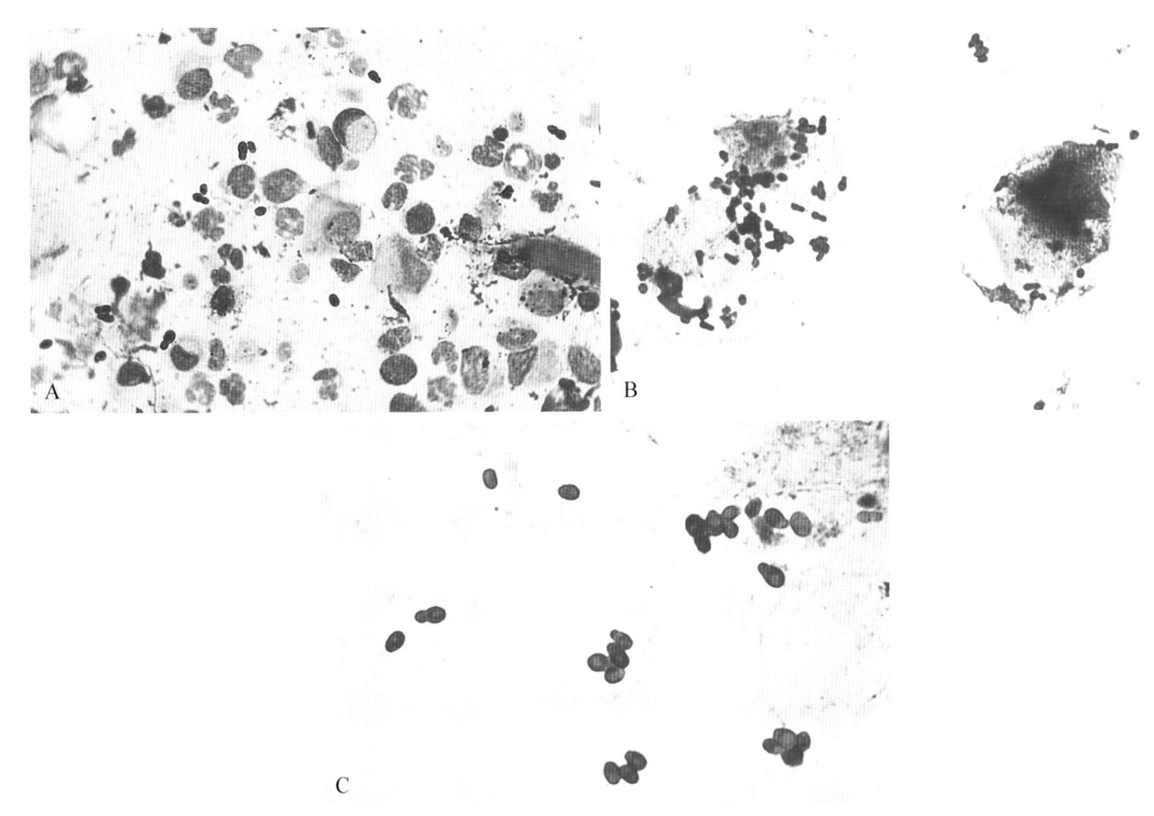


■ 图 3-21 **A. 马拉色菌性皮炎。脓疱印迹。犬。**患脓疱性皮炎的动物，可见大量的出芽酵母伴发混合的炎性反应。轻度退行的中性粒细胞与淋巴细胞和巨噬细胞同时出现(瑞-吉氏染色;高倍油镜)。**B-C 为同一病例。马拉色菌性耳炎。耳拭子。犬。B.** 马拉色菌黏附于角化的鳞状上皮，未见明显的炎性反应(水性罗氏染色;高倍油镜)。**C.** 慢性外耳炎，典型的鞋印状广基出芽酵母形式的病原(水性罗氏染色;高倍油镜)。

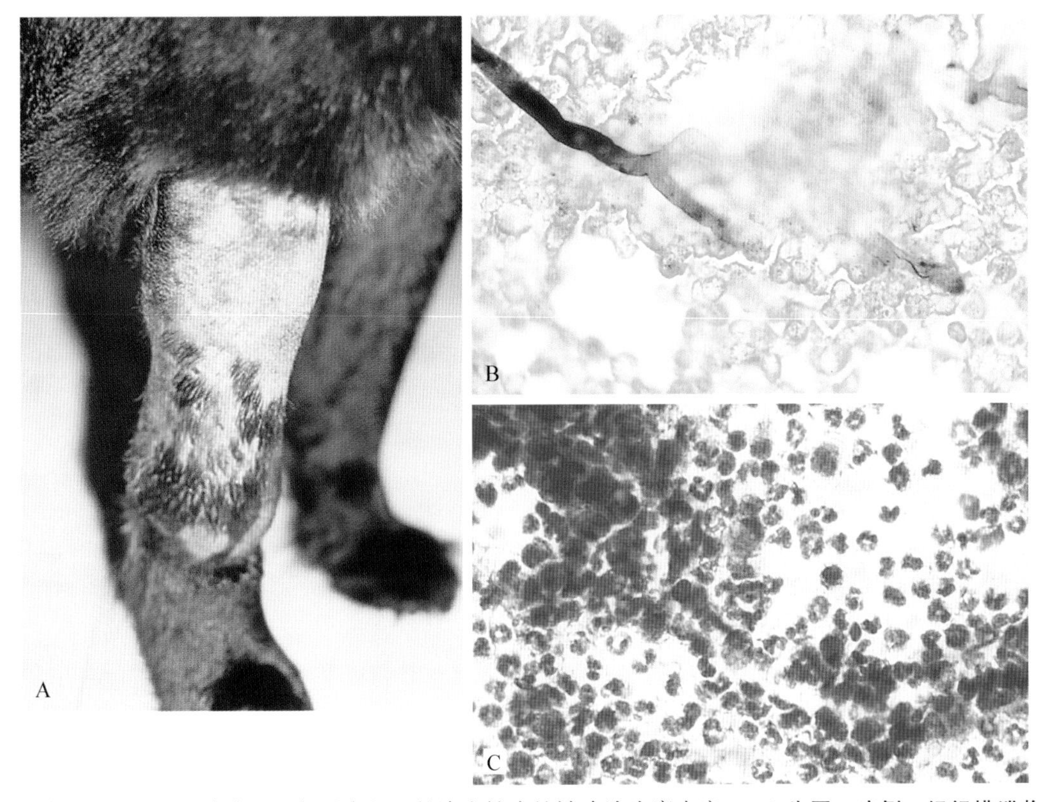


■ 图 3-22 **霉菌病。犬。A.** 这个发生于长毛犬腿上的渗出性病灶被确诊为腐皮病。**B-C 为同一病例。组织排泄物。B.** 被炎性细胞包围的菌丝表现为宽的，分隔不明显的结构(吉氏染色;高倍油镜)。**C.** 在这个位于腿部和肛周的渗出性损伤，清晰着色的线性结构伴有退行性中性粒细胞的紧密黏附。有大量的嗜酸性粒细胞存在，但是在这个视野中却未能显示(水性罗氏染色;高倍油镜)(A，Courtesy of Diane Lewis，Gainesville，Florida，United States.)

鉴定。使用特异性针对腐霉而不是链壶菌的多克隆抗体进行免疫组化。然而对此二类卵菌进行区分最好的方法是 rRNA 测序或特异性 PCR 增殖。可能的治疗方式包括广泛性手术切除或截肢。预后谨慎或不良。

> **关键点** 罗氏染色不良，且在低倍镜下很容易看到炎性细胞的聚集。存在清亮的、大小均一的、线性成串的菌丝，但是要与胶原碎片相区分(图 3-22C)，后者也是未着色的纤维蛋白串。

### 原藻病

原藻病在犬猫不常见，病原为可以在被污染的食物和水中被找到的 achloric 藻、绿藻。它通常与免疫抑制和并发症有关。猫通常表现为皮肤疾病，而犬则可能是皮肤或全身性。全身性的原发病包括胃肠道、眼、神经系统。在犬的皮肤病灶一般为慢性，结节状，有渗出，溃疡性的位于躯干和肢端。在猫的报道为位于腿，脚及尾巴基部大的、坚硬的结节。细胞学检查，肉芽肿性炎症或化脓性肉芽肿性。上皮样巨噬细胞占主导，但也可以看到淋巴细胞，浆细胞偶见多核巨细胞。病原为 5～20 μm，存在于巨噬细胞内或细胞外(图 3-23A)。它们为圆形到卵圆形，细胞壁内部分隔产生 2～20 个内孢子。内孢子嗜碱性内有颗粒，单核，周围有清晰的光晕。细胞壁可以通过 PAS 或乌洛托品银着色(图 3-23B)。精确的诊断需要培养或组织活检样本的免疫荧光或免疫过氧化物酶技术。治疗为手术切除皮肤病灶。对于全身性使用抗微生物药物的作用很小。预后谨慎或不良。

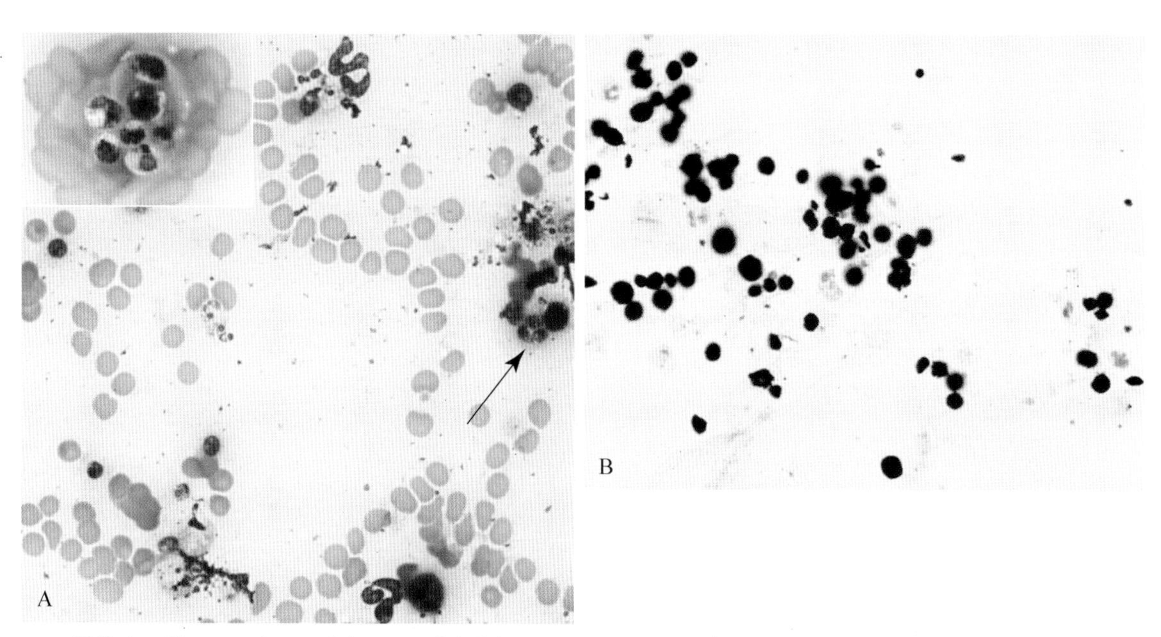


■ **图 3-23 原藻病。猫。A-B 为同一病例，同一放大倍数。A. 组织抽吸。**从鼻部皮肤结节的抽吸物包含许多单个或成簇(箭头)的嗜碱性圆形结构(内孢子)，直径 3～12 μm。原藻病的皮肤型只发生于猫。这种动物的病原扩散到了鼻腔和下颌淋巴结。此细胞最初被认为是无包膜的隐球菌，但培养的结果显示为魏氏原壁菌。**插图**，特写具有许多内孢子的病原。(瑞-吉氏染色；高倍油镜)**B. 组织拭子。**患有皮肤结节的鼻腔拭子，显示大量大小不等的银染阳性的圆形内孢子。(吉氏染色；高倍油镜)

### 孢子丝菌病

孢子丝菌病是由于使用糖皮质激素或存在其他并发疾病而存在免疫抑制引起的。存在很多临床形式，皮肤型，全身型，最常见的为皮肤淋巴型——通常是穿透创引起。通常，真皮到皮下存在结节，进而发展为溃疡性病灶并外排血清样渗出物。在犬，好发部位是躯干和肢端，但在猫，大的坚硬的结节出现在腿、脚、头和尾巴基部。病原为申克氏孢子丝菌是一种腐生真菌，典型的特征是雪茄形酵母形式，直径 3～5 μm在蓝色胞浆周围是薄的清亮的光晕(图 3-24A)。酵母的形态很多样，也观察到圆形及椭圆形的(图 3-24B)。细胞学检查，酵母位于细胞内或细胞外，在猫上数量很大，在犬却不常见(Bernstein et al.，2007)。在犬常见的是含退行性中性粒细胞的化脓性肉芽肿性炎症，但在猫占主导的细胞是巨噬细胞和淋巴细胞。诊断主要根据细胞学上的特征做出。PAS 及乌洛托品银染色皆为阳性。精确的诊断需要对渗出物进行培养或组织活检样本免疫荧光或免疫过氧化物酶法进行检测。对于新感染的病例血清学检查结果不确定。在猫的病例已经开始使用分子检测(Kano et al.，2005)。单个皮肤病灶需要手术切除。全身症状的病例需要使用多种抗微生物药物，但有效性不确实。预后不良或谨慎。使用伊曲康唑治疗反应良好(Bernstein et al.,2007)。

关键点　病原很像组织胞浆菌,呈圆形或椭圆形,但只有孢子丝菌才可能出现雪茄形或细长酵母的形式。

关键点　这种疾病可能会传染给人,通常通过猫传染。

**细胞学鉴别诊断**:组织胞浆菌,弓形虫,隐球菌病。

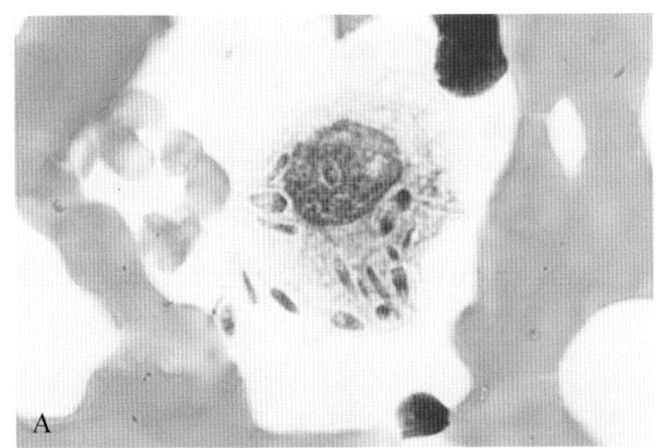

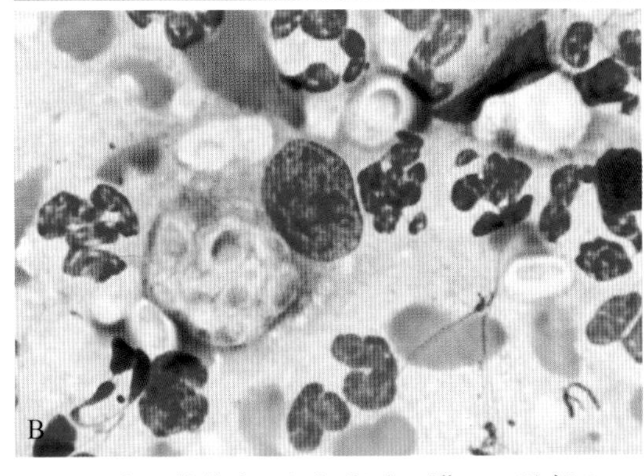

■ 图 3-24　**孢子丝菌病。组织印迹。猫。A.** 趾部 2 cm 肉芽肿,包含大量的巨噬细胞及圆形或雪茄形的酵母形式的病原,它们具有薄的清亮的光晕包围着嗜碱性的中心。大小为 2 μm×5 μm,近似于红细胞的宽度(瑞氏染色;高倍油镜)。**B.** 化脓性肉芽肿性炎症,巨噬细胞吞噬了酵母。它们这种形式表现为圆形到椭圆形,单从形态上很难与组织胞浆菌区分。培养确诊为孢子丝菌。(罗氏染色;高倍油镜)(A,Courtesy of James Klaassen. B,Courtesy of Peter Fernandes.)

### 利什曼原虫病

此为不常见的多系统疾病变现为皮肤型和区域淋巴结病。此病有利什曼原虫引起,通过沙蝇传播。尽管在美国的俄克拉荷马州和俄亥俄州有报道,但是通常与地中海地区旅游有关。犬比猫更易感。最初出现皮肤症状随后病灶向内部深入。眶周脱毛,鳞屑或溃疡及鼻部腐败性损伤很常见,可能发展为界限不清的皮肤及皮肤黏膜结节。Mexicana 利什曼原虫与德州和墨西哥猫的非系统性,皮肤型疾病有关(Trainor et al.,2010)。细胞学检查,巨噬细胞占主要,但同时存在淋巴细胞,浆细胞及偶尔间多核巨细胞。细胞内的病原叫作无鞭毛体,(1.5～2.0)μm×(2.5～5)μm,具有红色的核及棒状的动基体(图 3-25)。除了皮肤外,骨髓及淋巴器官也经常被累及。其他实验室异常包括单抗或多抗丙种球蛋白及非再生性贫血。细胞学检查及培养用来进行精确诊断。免疫过氧化物酶染色可能会用于组织活检样本。间接荧光抗体检测也可检测杜氏利什曼原虫,但是这只能表明曾经接触过病原。治疗包括五价锑化合物,伊曲康唑,或别嘌呤醇(Lesterand Kenyon,1996)用于全身疾病,对于局部皮肤病灶则采用手术切除。预后良好或谨慎,然而此为动物源性疾病,可以考虑安乐死。

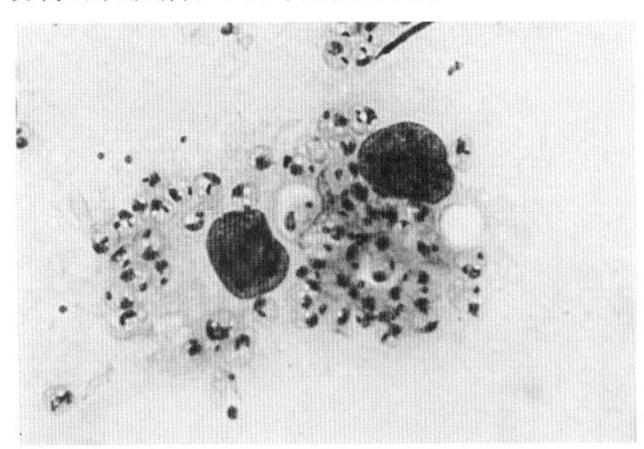

■ 图 3-25　**利什曼原虫。组织抽吸。猫。**耳部结节,包含巨噬细胞,具有典型利什曼原虫特征的病原位于细胞内或细胞外。(水性罗氏染色;高倍油镜)(Glass slide material courtesy of Ruanna Gossett et al.,Texas A 和 M University; presented at the 1991 ASVCP case reviewsession.)

### 弓形虫病

皮肤型弓形虫并不常见,但最近在猫中有报道(Little et al.,2005; Park et al.,2007)。它们的表现为多个或单个结节。单个结节病例(Park et al.,2007)表现为坏死性肉芽肿性脂膜炎和血管炎。病原位于巨噬细胞或其他细胞内。弓形虫及犬新孢子虫抗原阳性,超微结构表明为弓形虫。且 PCR 及 DNA 测序分析与弓形虫感染一致。

## 寄生虫感染

麦地那龙线虫是犬(Giovengo,1993)猫(Lucio-Forster et al.,2014)中不常见的,可以引起瘙痒,疼痛,红斑性皮下肿胀的病原,可以通过组织抽吸液(Panciera and Stockham,1988)或病灶分泌物的印迹进行细胞学诊断。龙线虫属第一阶段幼虫宽 25 μm,长 500 μm 染色时呈暗蓝色(Baker and Lumsden,2000),或有颗粒(图 3-26),且具有长的锥形尾巴。生活史包括摄取了被感染了幼虫的水蚤或青蛙,幼虫离开消化道进行移行,通常移行到四肢。通常通过手术移除成熟的线虫,成熟线虫长 20 cm,但是最长可以达到 120 cm(Beyer et al.,1999)。驱虫药可以有效杀灭成虫。

常见的寄生虫性皮肤病是蠕形螨(图 3-26B)。Neel et al.(2007)等通过刮皮法鉴别出两群蠕形螨。组织学检查,螨虫在毛干内,毛囊周围有强烈的炎性反应(图 3-26C),会出现中性粒细胞和巨噬细胞。

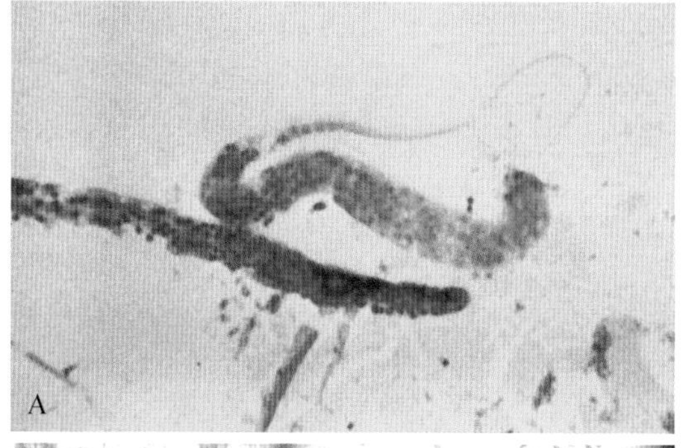


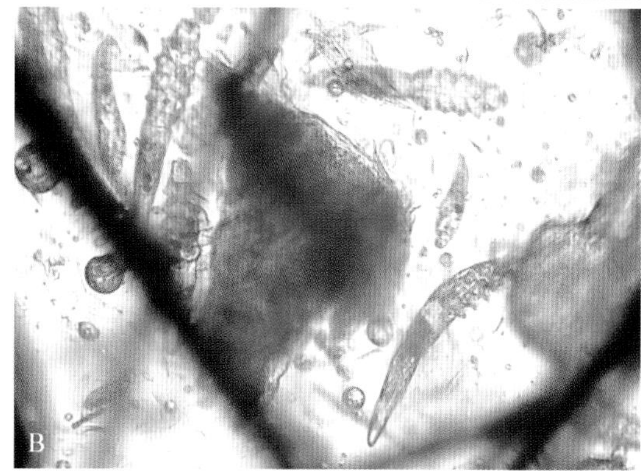


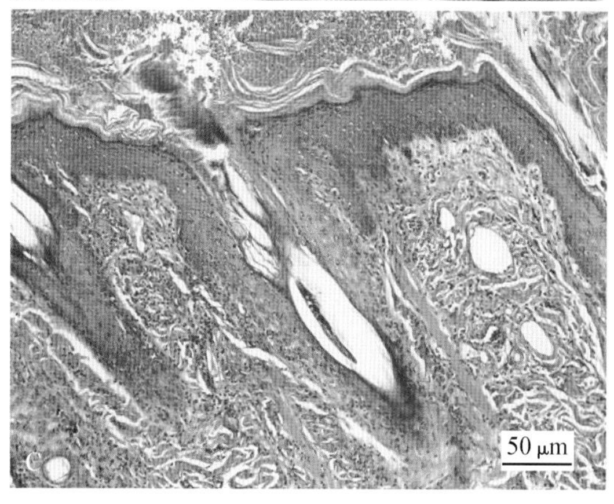


■ 图 3-26 **A-C. 寄生虫病。A. 棘唇线虫。组织抽吸。犬。**一个位于胸部虫样的皮下肿物包含这些大的具有长,锥形尾巴的幼虫。(罗氏染色;中倍镜)**B. 蠕形螨。皮肤刮屑。犬。**头发碎屑周围很多完整的蠕形螨(未染色;中倍镜)。**C. 蠕形螨。组织切片。犬。**包围毛囊的毛干内散在螨虫及混合炎性细胞(A, Image courtesy of Judy Radin et al., The Ohio State University; presented at the 1990 ASVCP case review session. B, Image courtesy of Athema Etzioni. C, Case material courtesy of Susan Ford.)

最新报道的犬猫恶丝虫皮肤病是皮下组织中寄生虫的幼虫和成虫引起的。抽吸可能包含线虫的碎片与中性粒细胞核嗜酸性粒细胞(Giori et al.,2010; Albanese et al.,2013; Sæviket al.,2014)。其中一种心丝虫病是由蚊媒传播的心丝虫引起的,在意大利和南欧和中东常有报道,东欧和北欧少有报道。诊断主要是找到成熟的线虫,微丝幼或分子诊断。病灶在动物身上引发很小的病理反应,主要的顾虑为可能传染给人。其他的寄生虫引起偶然的皮肤损伤包括棘唇线虫,犬心丝虫,(兔)类圆线虫。

## 肿瘤形成

一个最近的研究(Villamil et al.,2011)指出了犬常见的皮肤瘤,前三名是脂肪瘤、腺瘤、肥大细胞瘤。关于年龄和品种分布的更多信息可以参见该报道。

## 上皮肿瘤

### 鳞状上皮乳头状瘤

鳞状上皮乳头状瘤通常是独立的疣状伤口,通常见于老龄犬。在猫中少见。这种肿瘤经常在头、四肢和指部(Sprague and Thrall,2001),呈现为凸起生长、角蛋白包裹的指状凸(图 3-27A)。在细胞学中,鳞状上皮细胞在病程发展的各种时期均可见,但是以带有良性核形特征的成熟形式为主,尤其是那些与角化上皮细胞一样带有空泡状或泡沫状淡染胞浆的细胞,或者如同表皮的棘细胞层中鳞状上皮细胞气球样变性的细胞。在青年犬中,发生在黏膜上皮的乳头状瘤可能由另一种乳头多瘤空泡病毒介导,并且这些肿瘤可以自行消退。如果必要的话,手术切除可以带来良好甚至极佳的预后。

**细胞学鉴别诊断:**鳞状上皮瘤,漏斗状的角质棘皮细胞瘤。

### 鳞状上皮细胞癌

鳞状上皮细胞癌是一种犬猫常见的肿瘤,形成单发或多发的增生性或溃疡性的肿物(图 3-28A)。它占了猫皮肤肿瘤的 15%,但仅占犬的 2%(Yager and Wilcock,1994)。最常见于犬的四肢和猫面部或耳郭被毛稀少的区域。肿瘤通常局灶性入侵并可能转移到局部淋巴结。那些发生在脚趾上的通常被认为是高恶性的且转移概率高很多。细胞学上,化脓性炎症通常伴随未成熟的、发育异常的鳞状上皮细胞(图 3-28B)。细菌性败血症可能发生在被侵蚀的表皮。一个蝌蚪的形状和一个尾状突以及角质化的蓝绿色透明质胞浆可以作为判定细胞起源的实用标准。成瘤上皮细胞可能以独立细胞或一系列相黏附的细胞的形式出现。在分化良好的肿瘤中,鳞屑以及高度角化的带棱角的有异型核的鳞状上皮细胞最常见(图 3-28C)。在组织学中可见,当这些细胞同心排列时,它们

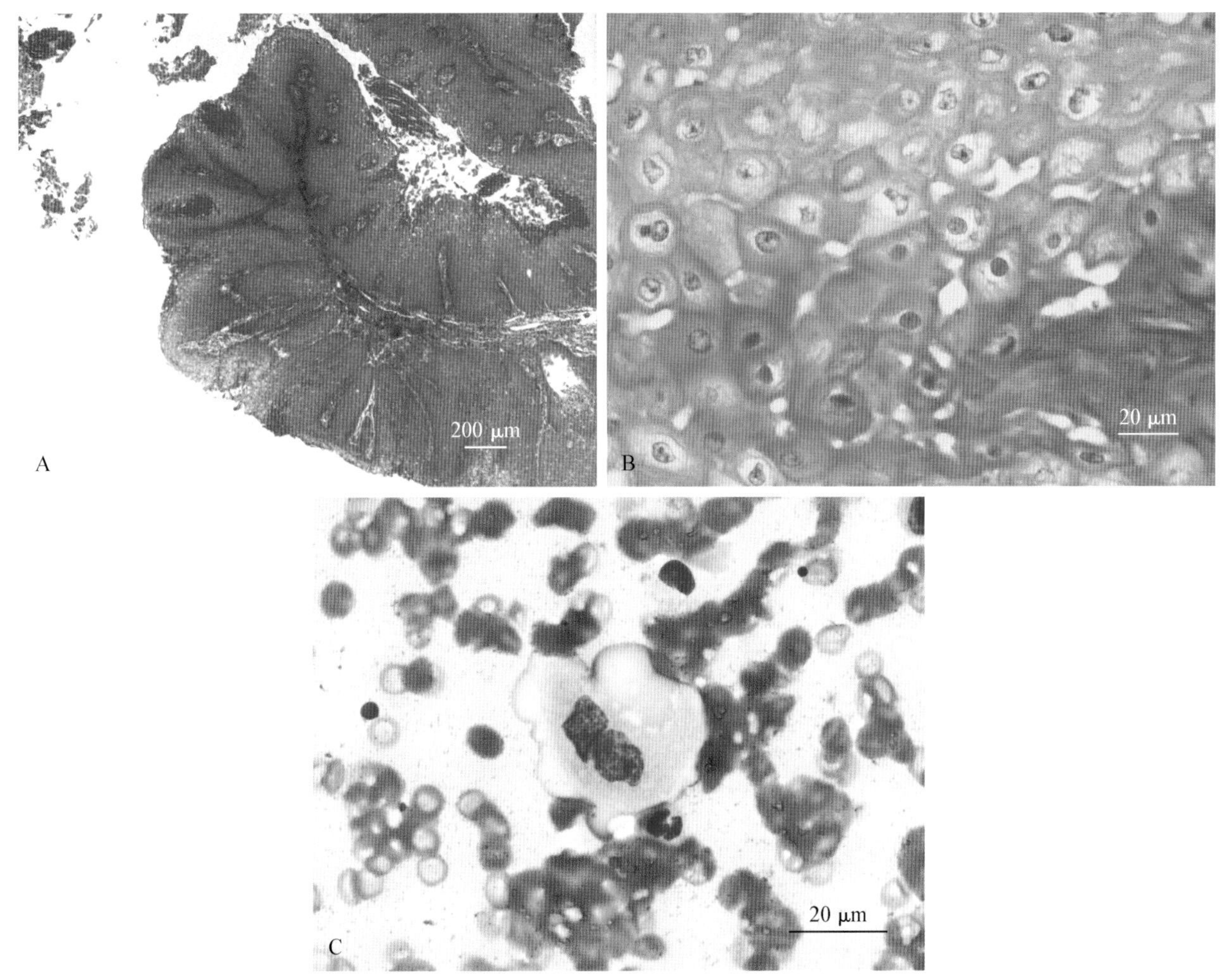


■ 图 3-27　**乳头状瘤。犬。A-C 为同一病例。A.** 组织切片上的乳头形形成了一个杆状、向外生长的结构。(H&E 染色，低倍镜)。**B.** 增厚的上皮紧密相连，展现了胞浆淡染、圆形或不规则核形中染色质松散的角化上皮细胞的空泡状退行变化。(H&E 染色，高倍油镜)**C. 组织穿刺。** 显现带有不规则核形、胞浆丰富而淡染的单个角化鳞状上皮细胞。这是乳头状瘤病毒感染的一种典型的退行性病变；这种独立的细胞学名为凹空细胞。(瑞-吉氏染色；中倍油镜)

与角化珠对应。在一种细胞的胞浆中出现了另一种类型的细胞可能在分化良好的鳞状上皮癌中见到，术语上称为伸入运动(图 3-28E)。轻度分化的肿瘤几乎没有带棱角的细胞，并且有超过 50%发育异常的圆形或卵圆形的细胞(图 3-28F)。圆形、核质比高的独立细胞在分化程度极低的肿瘤中占主导。细胞及核的多形性在分化程度极低的鳞状上皮癌中很显著。核周围的空泡被认为是无色透明角质颗粒，并可能在分化良好或轻度分化的肿瘤类型中最常见(图 3-28G)。治疗方案的考量包括手术切除、冰冻手术切除、化疗、病灶内的化疗以及光动力疗法。由于复发常见所以预后要谨慎，尤其在面部白色的猫中。

**重点**　通常很难判定发育异常变化是慢性炎症反应的结果还是恶性肿瘤的征象。

**细胞学鉴别诊断：** 漏斗形的角质化棘皮瘤，鳞状乳头瘤，基底鳞状细胞癌。

### 皮肤基底上皮细胞瘤

以前被称作基底细胞瘤的肿瘤现在依据组织学中分化为上皮、毛发滤泡上皮、或汗腺和皮脂腺的结构的证据分类。大多数以前确诊的犬猫基底细胞瘤可能由毛发基质起源，因此最该被称为毛母细胞瘤。这些在猫中被诊断为基底细胞瘤的可能与顶浆汗腺肿瘤相关(Gross et al.，2005)。毛母细胞瘤在犬猫中很常见，并且通常以良性、单一、坚固、凸起、分界清晰的圆形皮内肿物的形式出现，但也可能溃疡或由于大量黑色素而色素沉积(图 3-29A)。它们最常生长于头部附近，颈部常发。细胞学上，基底上皮细胞是以高核质比、单一核形、胞浆高度嗜碱、可能色素沉积为特征的小细胞(图 3-29B-E)。它们可能成簇存在或成列存在(图 3-29F)。基底细胞可能在肿瘤中占大量存在，但是破碎的角质细胞视野提示带有腺泡分化的基底细胞瘤的出现(图 3-29H)。这些基底肿瘤很难依据细胞学分类，推荐用组织病理学鉴别不同类型(Bohn et al.，2006)。

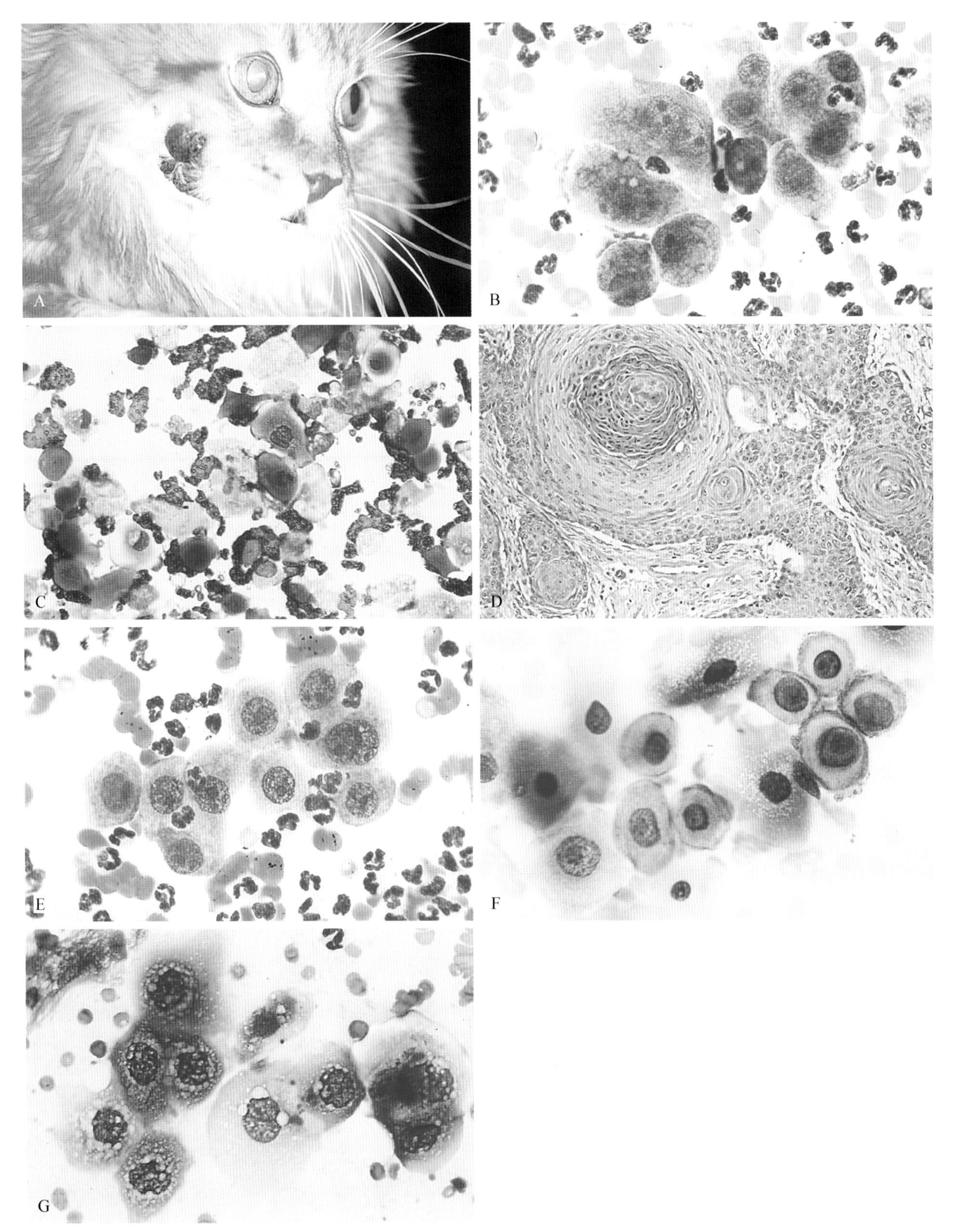


■ 图 3-28 **A-E. 鳞状上皮细胞癌。A. 猫。**（一个面部的化脓创）。**B,E 为同一病例。B. 组织穿刺。犬。**发育异常的上皮细胞和鼻面部肿物导致的化脓性炎症。（瑞-吉氏染色；高倍油镜）。**C. 组织穿刺。猫。**一个发现于面颊部的肿物，注意这种分化良好的肿瘤中中等大小、浅染、无核的鳞屑。很多早期的成熟都有带棱角的细胞边界和角质化的胞浆，提示着发育异常（水性罗氏染色；高倍油镜）**D. 组织切片。犬。**鳞状上皮细胞癌小叶中央的角化珠（H&E 染色；中倍镜）**E. 组织穿刺。犬。**嗜中性粒细胞移行穿过上皮细胞的伸入运动（瑞-吉氏染色；高倍油镜）。**F. 异常鳞状上皮细胞。组织穿刺。犬。**一个足部肿物，圆形细胞以及角化的中等的大小鳞状上皮与鳞状上皮癌中的细胞相似（水性罗氏染色；高倍油镜）**G. 鳞状上皮细胞癌。组织穿刺。猫。**一个大腿肿物中呈现一小片带有明显核大小不均一、红细胞大小不均一的上皮细胞。角化的胞浆凸显了核旁空泡化（水性罗氏染色；高倍油镜）（A，Courtesy of Jamie Bellah，Gainesville，Florida，United States.）

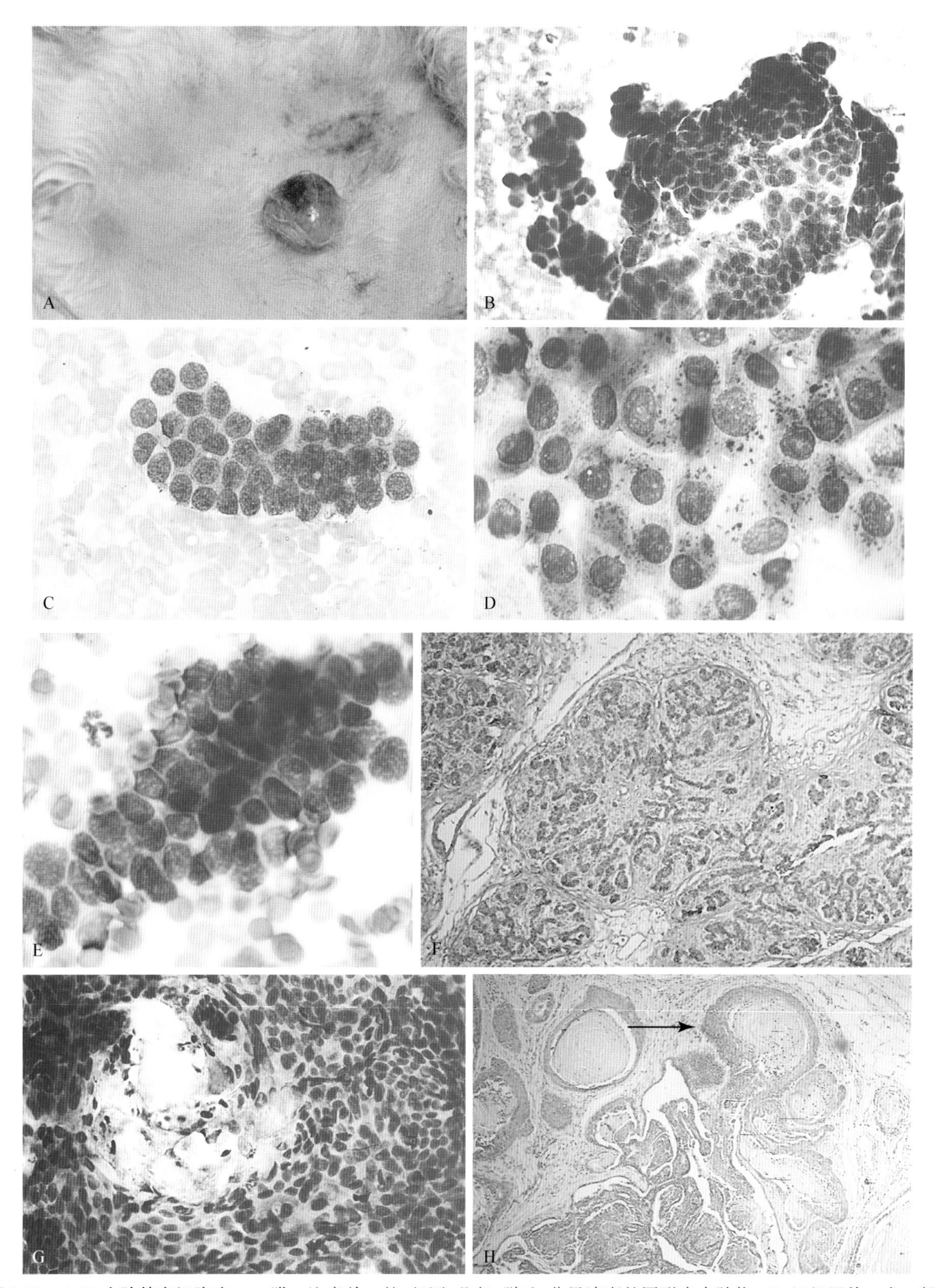


■ 图 3-29　**A-E. 皮肤基底细胞瘤。A. 猫。**注意单一的、坚固、凸起、脱毛、分界清晰的圆形皮内肿物。**B. 组织压片。犬。**紧密相连、形态一致、胞浆深度嗜碱的上皮细胞簇集的大团块在这个肿物中呈现。这种样子的肿块在组织学中最可能被称为毛母细胞瘤。（水性罗氏染色；高倍油镜）。**C. 组织穿刺。犬。**高核质比的均一细胞的紧密簇集。胞浆稀少且嗜碱。这个肿物的这种细胞学形态与组织学中见到的毛母细胞瘤最一致。（瑞-吉氏染色；高倍油镜）。**D. 犬。颈部肿物穿刺。E. 犬。耳部肿物穿刺。**致密的三维乳头状簇集提示在组织病理学中见到的样式。（瑞-吉氏染色；高倍油镜）。**F. 毛母细胞瘤。犬。组织切片。**注意带有从中心放射的基底细胞索或基底细胞线的水母形状。（H&E 染色；低倍镜）。**G-H 为同一病例。G.** 带有腺泡分化的基底细胞上皮肿瘤。一个肩部肿物中簇集的基底上皮细胞，其角质细胞中心是腺泡分化的证据。（水性罗氏染色；高倍油镜）。**H. 毛母细胞瘤。组织切片。犬。与 G 为同一病例。**注意在增厚的基底上皮细胞（箭头）中角质化的渐进过程。在这个毛母细胞瘤中，这个肿瘤显现了一些腺泡分化的区域，与毛上皮细胞瘤中的形态相似。（H&E 染色；低倍镜）。（A，Courtesy of the University of Florida Dermatology Section.）

重点　由于它们的共同起源，细胞学上基底细胞瘤、附件肿瘤和腺泡肿瘤有非常多的重叠。成列的基底细胞带有大量的胞浆颗粒和色素沉积，与透明角质和黑色素一致。

**细胞学鉴别诊断：**腺泡肿瘤，汗腺或顶浆腺肿瘤、皮脂腺肿瘤。

### 毛发腺泡肿瘤

毛发腺泡肿瘤是一种良性肿瘤，通常单发但也可能多发。它们最常见于老龄犬。这些坚固、凸起、无毛、分界良好的肿物可能溃疡。最常被认为是毛上皮细胞瘤(图 3-30A)以及略少见一些的毛母质瘤(Masserdotti and Ubbiali，2002)。细胞学上，可见角质碎屑、角质细胞以及少量与基底细胞相似的胚细胞。组织学上，基底细胞突出的角质化而形成的角化囊肿可以帮助区分这种肿瘤与带有腺泡分化的基底细胞瘤。治疗方案包括手术切除和冰冻切除。预后通常极佳但也可能会有恶性病变的转移(Jackson，2010)。

**细胞学鉴别诊断：**漏斗形角化棘皮瘤、上皮或腺泡囊肿。

### 漏斗形角化棘皮瘤

漏斗形角化棘皮瘤代表着含有通向外界的小孔的附件和腺泡结构的上皮细胞的增殖，通常有大量的角囊肿(图 3-31)。这种肿瘤可能有种属倾向性(挪威猎鹿犬、荷兰狮毛犬)。小孔成分和那些上皮或腺泡囊肿的相同。细胞学上，角化碎屑、角化上皮细胞以及胆固醇结晶是这种肿瘤的特征。少量的基底细胞亦可见。治疗包括手术切除、冰冻切除、服用类维生素 A，尤其是对那些有多发肿瘤的患者。预后良好。

**细胞学鉴别诊断：**上皮或腺泡囊肿、毛腺泡肿瘤。

### 皮脂腺瘤

皮脂腺瘤以单一、光滑、凸起、无毛、菜花样的病灶或直径通常小于 1 cm 皮内多叶肿物的形式出现(图 3-32A)。覆盖的皮肤通常无毛并有时溃疡。这些在犬中常见，在一项研究中占了犬皮肤和皮下肿瘤的 6%(Grosset al.，2005)。多发的肿瘤并不常发生。尽管在猫中不常见，但这些肿瘤常见于头或颈部。囊肿的退行性病变以及皮脂肉芽肿性炎症可能在小叶中心发生。细胞学上，成熟的皮脂腺细胞组成的小叶或细胞团占绝大多数，并且以胞浆泡沫状淡染、位于中心的小而致密的核为特征(图 3-32B&C)。数量不定、含有胞浆嗜碱、核质比稍高的胚上皮细胞可能伴随着分泌细胞。由于囊肿的退化，可能会发现包含不定型嗜碱性细胞、泡沫状细胞残余物的坏死中心(图 3-32D)。治疗包括手术切除和冷冻切除。预后极佳。

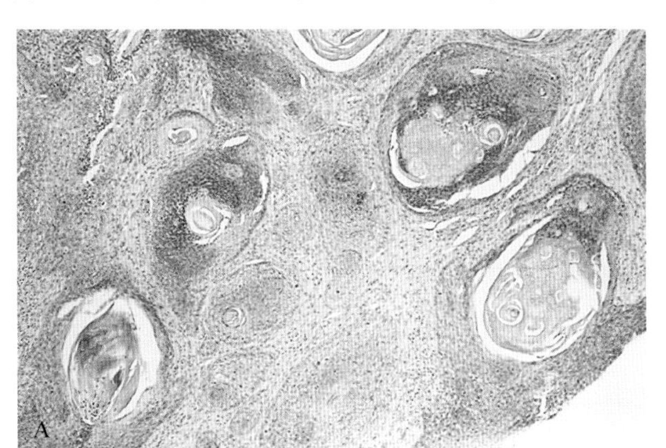


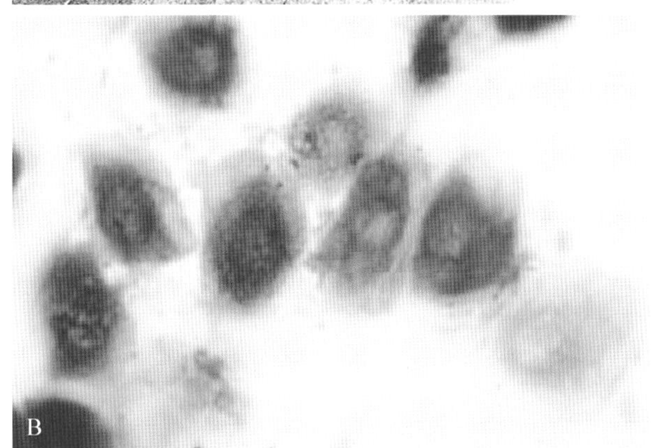


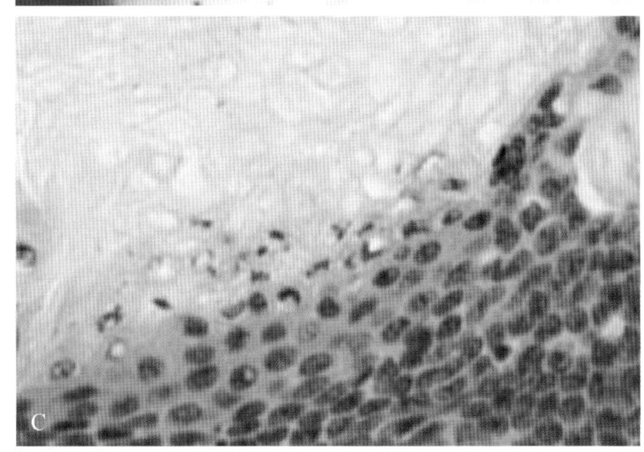


■ 图 3-30　**毛发腺泡肿瘤。A. 毛上皮细胞瘤。组织切片。**注意被增厚的基底上皮细胞包围的角化中心，提示着退化的毛发生成。(H&E 染色，低倍镜)。**B-C 为同一病例。毛母细胞瘤。犬。B. 组织穿刺。**影细胞以中央空区为特征。(迈-格--姬染色，中倍镜)**C. 组织切片。**组织切片显示基底细胞样细胞突然向影细胞的转变，没有颗粒层的印迹。(H&E 染色，高倍油镜)(B & C from Masserdotti C，Ubbiali FA：Fine needle aspiration cytology of pilomatricoma in three dogs，Vet Clin Pathol 31：22-25，2002.)

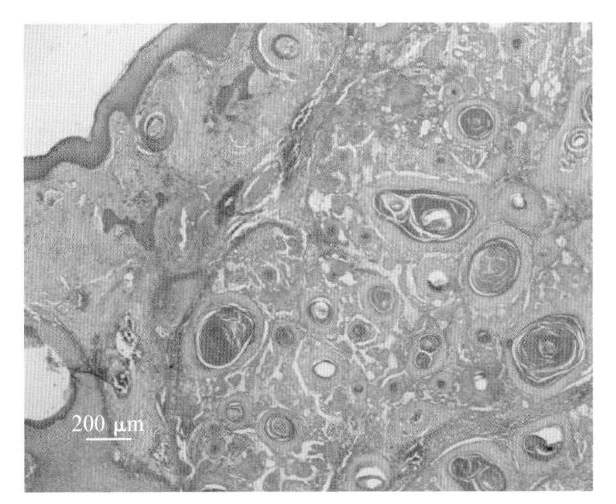


■ 图 3-31 **漏洞形角化棘皮瘤。组织切片。犬。**可见带有腺泡结构的上皮细胞增殖。在这张切片中不可见的是证明上皮倒置的通往外界的小孔。(H&E 染色;低倍镜)

重点 组织学评估以区分皮脂腺增生和皮脂腺瘤是必要的。

**细胞学鉴别诊断:**皮脂腺增生。

### 皮脂腺上皮瘤

皮脂腺上皮瘤总体外形与皮脂腺瘤相似。当出现在眼睑上时,则被称作睑板腺瘤。病理学家可能会将皮脂腺上皮瘤与皮脂腺瘤或基底细胞癌分为一类。组织学上,以胚上皮细胞为主,且与成熟的皮脂腺上皮细胞小叶混合(图 3-33A)。细胞学上,这种肿瘤与基底细胞瘤相似,带有嗜碱性上皮细胞团、破碎的成熟皮脂腺细胞团块(图 3-33B)以及少量的独立、分化良好的鳞状上皮细胞。临床上通常为良性,但是也有罕见的局部复发。手术切除后的预后通常极佳。

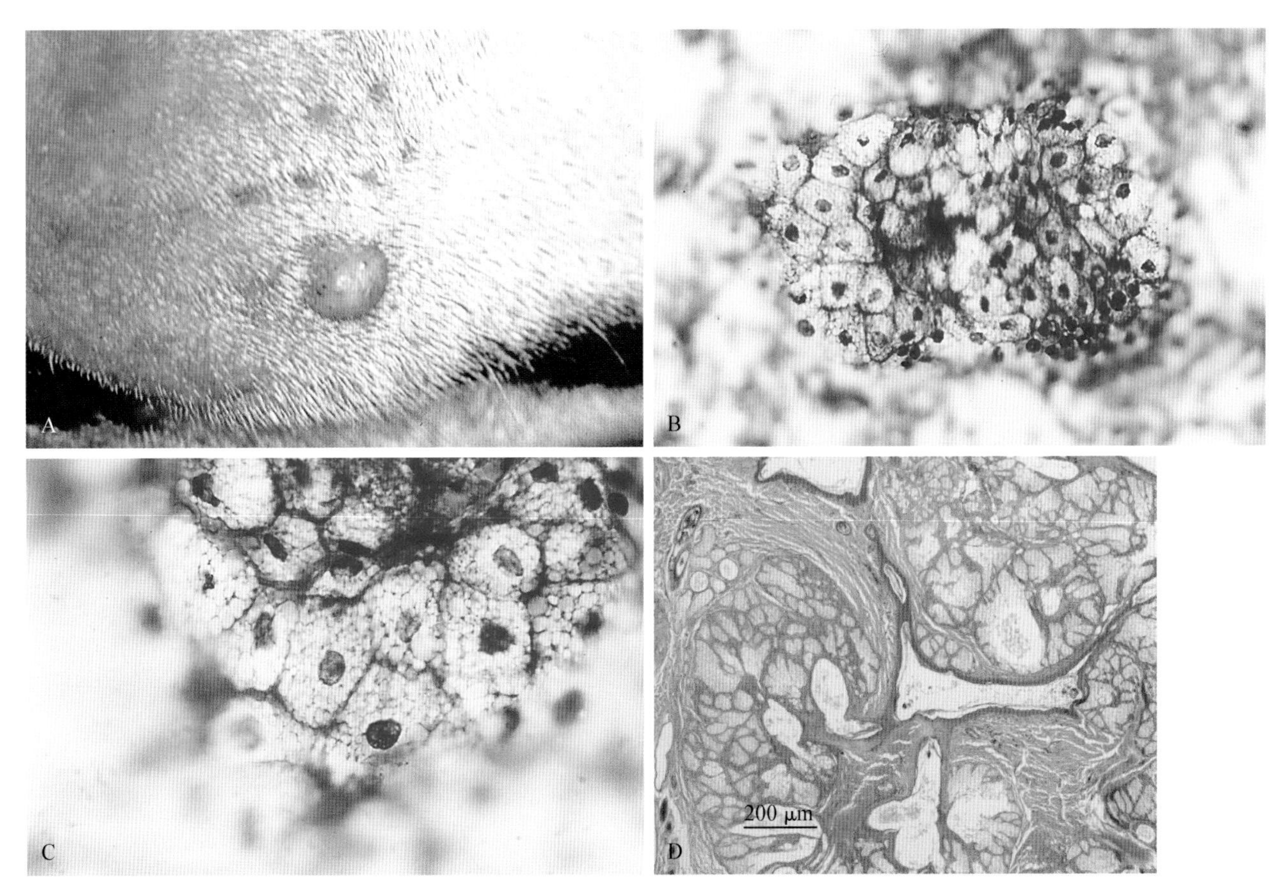


■ 图 3-32 **皮脂腺瘤。A. 犬。**唇上凸起、脱毛、分叶的病灶。**B-C 为同一病例。组织穿刺。犬。B.** 形态单一的空泡化上皮细胞群含有小而位置居中的细胞核,与成熟的皮脂腺细胞一致(水性罗氏染色;高倍油镜)。**C.** 注意低核质比的皮脂腺小叶、扩张的导管、泡沫状且带有细腻条纹的胞浆(水性罗氏染色;高倍油镜)。**D. 组织切片。**息肉样的肿物大体上包含皮脂腺小叶、扩张的导管以及皮脂腺细胞囊肿性退行的区域。导管周围的小叶方向混乱,支持皮脂腺瘤性的生长诊断,而不是增生(H&E 染色;低倍镜)。(A,Courtesy of Jamie Bellah,Gainesville,Florida,United States.)

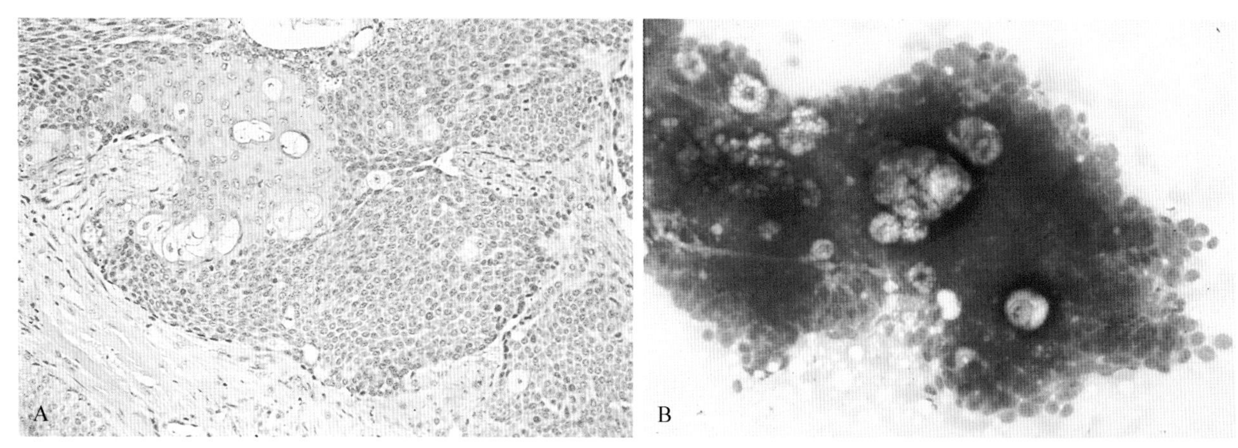


■ 图 3-33 **皮脂腺上皮瘤。犬。A. 组织切片。**由肿瘤性的基底上皮细胞形成的小叶和岛组成的耳部皮肤肿物，视野中偶见皮脂腺细胞和角质细胞(H&E染色；中倍镜)。**B. 组织穿刺。**含有破碎的皮脂腺细胞的基底上皮细胞团在这个肩部肿物中显现。6个月后，由于渐进地渗入皮下组织，这个肿物被诊断为基底细胞癌。(瑞-吉氏染色；中倍镜)

**细胞学鉴别诊断：**皮脂腺瘤，皮肤基底细胞瘤。

## 皮脂腺癌

皮脂腺癌是一种最常见于犬头部的罕见肿瘤。可卡犬显现了种属倾向性。它以巨大、快速生长、溃疡性、分界不清的肿物形式出现。在细胞学上，多形腺上皮细胞展现了恶性核特征，如核大小不均、核仁增大以及通常不典型的有丝分裂相。这些细腻的胞浆空泡提示着皮脂腺的分化(图 3-34A-C)。这种恶性肿瘤通常入侵局部，但也偶尔转移到局部淋巴结。治疗包括大范围的手术切除。预后良好。

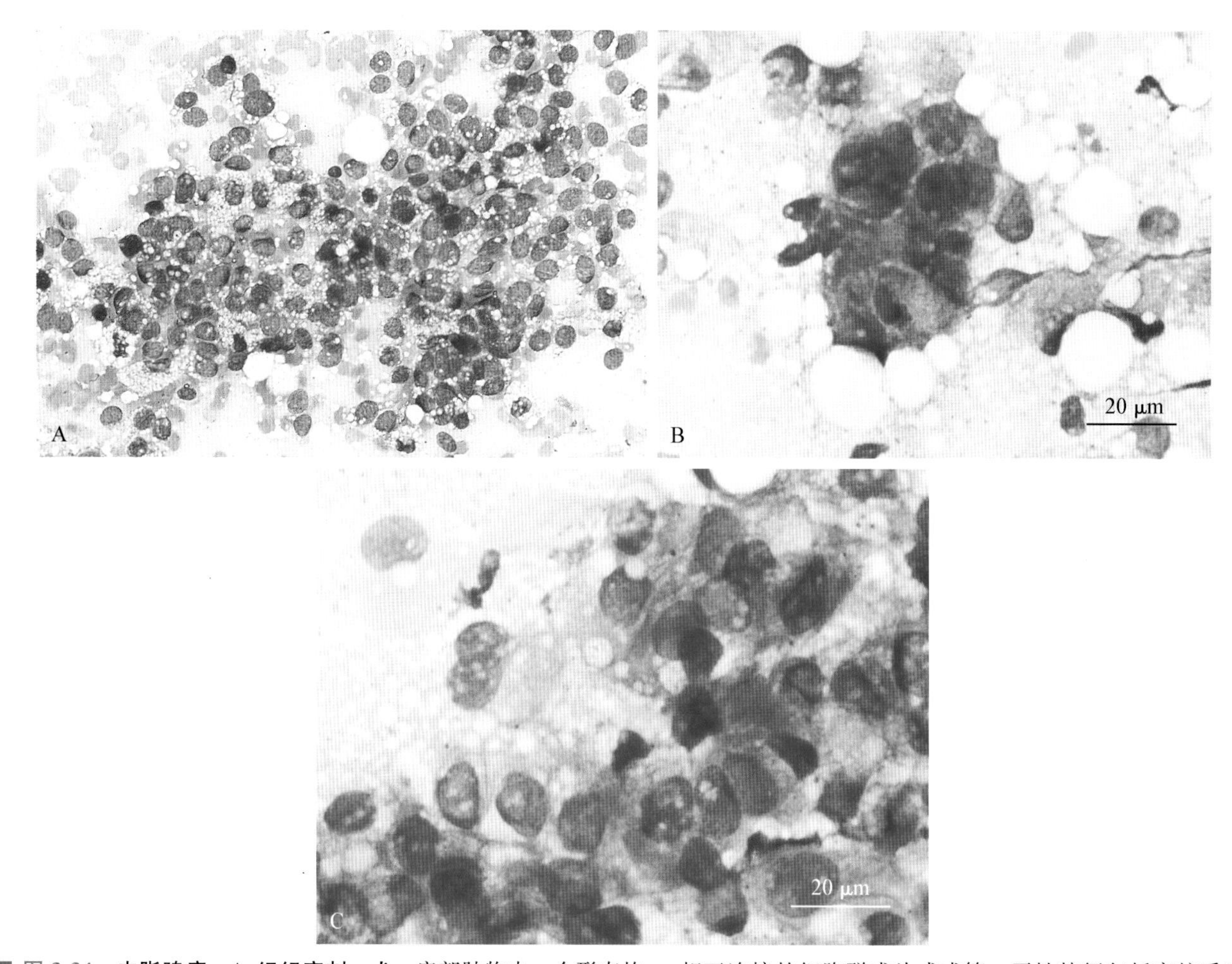


■ 图 3-34 **皮脂腺癌。A. 组织穿刺。犬。**肩部肿物中一个形态均一、相互连接的细胞群成片或成簇。恶性特征包括高核质比、核大小不均、染色质成簇以及显著且多变的核仁。胞浆嗜碱，大多带有清晰的点状空泡，提示着皮脂腺分化。组织学确诊(瑞-吉氏染色，高倍油镜)。**B-C 为同一病例。1 cm 凸起的红色皮肤肿物组织穿刺。犬。B.** 腺泡生成中核大小不均，高核质比，胞浆空泡化。(瑞-吉氏染色；高倍油镜)。**C.** 核仁明显的成排基底上皮细胞以及分化程度极低的分泌细胞。(瑞-吉氏染色；高倍油镜)

**细胞学鉴别诊断**：鳞状上皮癌。

## 肛周腺瘤

肛周腺瘤是一种主要与未绝育公犬相关的常见肿瘤，提示雄激素依赖性。Goldschmidt 和 Shofer，1992 年报道这种肿瘤占了皮肤肿瘤中的 9%。肛周腺瘤在猫中罕见。这种肿瘤可能单发或多发，通常发生在肛门周围(图 3-35A)，但是也可能见于尾部、会阴部、包皮、大腿以及背中线和腹中线上。最初它们总体看来是平滑凸起的圆形病灶，当增大时会发生分叶或溃疡。这种肿瘤由真皮内变异的皮脂腺上皮细胞发育而来，由小的嗜碱性补充细胞围起来。在细胞学上，以成片的成熟、圆形的肝样细胞为主，以胞浆丰富、颗粒细腻、粉蓝色为特征(图 3-35D)。胞核如同那些正常的干细胞，圆形且通常有一个或多个大的核仁。高核质比的少量较小的嗜碱性补充细胞也会出现，但是这些细胞缺少多形性的特征(图 3-35E)。更少见一些的，肝样细胞与胚细胞或大量补充细胞的混合肿瘤也可能出现，并被称为肛周腺上皮瘤。组织学上，这种肿瘤无被膜但是行为相似(图 3-35F 和 G)。肛周腺瘤是良性肿瘤，可由手术或冰冻手术切除，同时需去势。预后良好到极佳。这种肿瘤的恶性类型不常遇到。核多形性通常在这些病例中显著。在犬的肛周腺瘤中，使用紧密连接蛋白-4 进行免疫组化已显现有助于区分正常、增生性的肿瘤肝样细胞的阳性表达和补充细胞丰富的上皮癌的阴性表达(Jakabet al.，2009)。

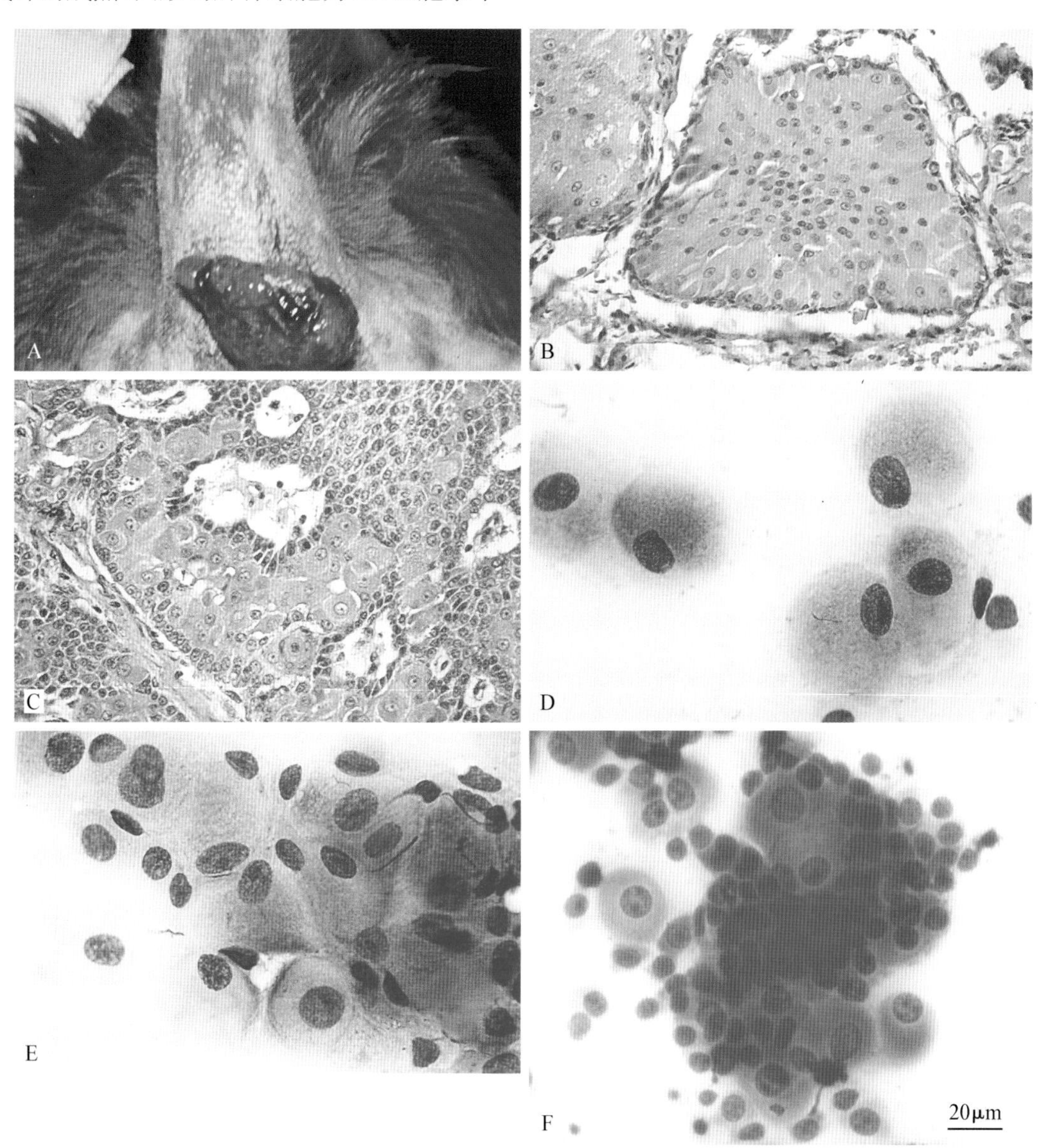


■ 图 3-35 **A. 肛周腺肿瘤。肛门肿物。犬。B. 正常的肛周腺组织。组织切片。犬。**肝样细胞为成组的变异皮脂腺上皮细胞，低核质比，由小的嗜碱性补充细胞围起来。(H&E 染色；中倍镜)**C-H. 肛周腺瘤。C 和 E 为同一病例。C. 组织切片。犬。**这个肛周肿物病灶分界清楚，包含多边形的肝样细胞岛和在上方区域与中高密度的小基底补充细胞增殖。(H&E 染色；中倍镜)**D. 组织穿刺。犬。**独立的肝样细胞展现了小而圆的胞核以及丰富的、蓝粉色、颗粒细腻的胞浆。(水性罗氏染色；高倍油镜)**E. 组织穿刺。犬。**较小的嗜碱性补充细胞中散布着肝样细胞(水性罗氏染色，高倍油镜)**F. 肛周腺瘤。2 cm 坚固的直肠肿物组织穿刺。犬。**肝样细胞与小基底补充细胞的混合群。(水性罗氏染色；高倍油镜)

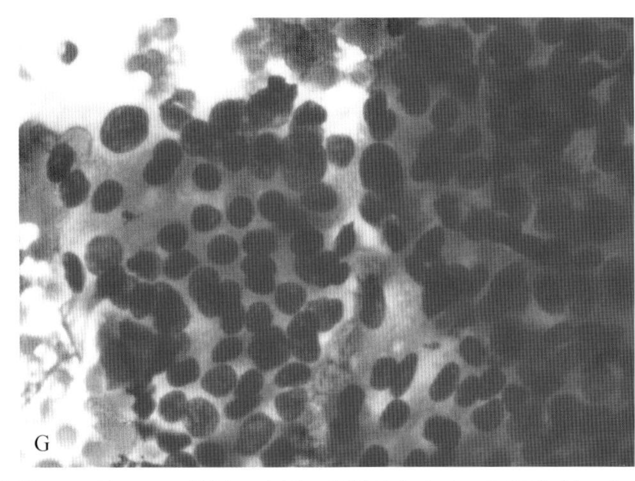


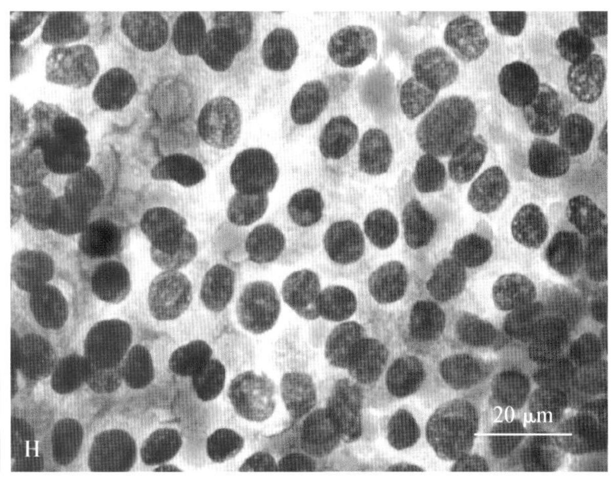


■ 图 3-35 续 **G-H 为同一病例。肛周腺上皮瘤。组织穿刺。犬。G.** 基底补充细胞的大量增殖形成的紧密细胞团。(瑞-吉氏染色;高倍油镜)**H.** 细胞分散良好的区域全部由含小核仁及致密染色质的补充细胞组成。(瑞-吉氏染色;高倍油镜)(A,Courtesy of Colin Burrows,Gainesville,Florida,United States.)

**细胞学鉴别诊断:**肛周腺增生,肛周腺上皮瘤,分化良好的肛周腺癌。

### 肛门囊顶浆腺癌(肛门囊腺癌)

肛门囊腺癌在老龄、绝育的母犬中的发生率增加,但是性别倾向未被确证(Goldschmidt and Shofer,1992)。这些病例中大多数为犬,但偶尔也有报道猫的病例。总体来讲,这是一个皮下肿物,坚固地固定在肛门囊周围,由囊壁腺体发育而来。高血钙副肿瘤综合征与50%～90%的病例相关(Rosset et al.,1991)。细胞学上,乳头状致密的细胞团,实质性癌或退行性癌变形式的分界十分模糊(图 3-36A)。恶性特征在腺上皮细胞中易见,显现了细胞及核的多形性、高核质比以及在一些病例中,众多小的胞浆空泡(图 3-36B)。腺泡状或花丛状的排列可能帮助与肛周癌(肝样)(图 3-36C)鉴别诊断。最近,关注点放在了纺锤形细胞肛门囊腺癌上(图 3-36D),这可能混淆诊断,因为它的外形不常见且提示着肉瘤。但是,纺锤形细胞对波形蛋白和肌间线蛋白不反应,但对上皮细胞标记物、上皮黏蛋白以及肛门囊顶浆腺物质——如细胞角蛋白反应(克隆 CAM5.2)和异刀豆素(P-Con A)染色有反应。治疗包括大范围手术切除以及术后的放疗。这些恶性肿瘤通常最先转移到局部淋巴结。预后差或一般。

**细胞学鉴别诊断:**肛周腺癌。

### 耵聍腺瘤/癌

耵聍腺瘤是由外耳特殊的顶浆汗腺生发出来的。它们通常在猫中比犬中更常见,尤其是在老龄猫中,并且约占所有提交到一个病理诊断实验室中猫肿瘤的1%(Moisan 和 Watson,1996)和所有猫皮肤肿瘤的6%(Goldschmidt 和 Shofer,1992)。腺瘤总体和耵聍腺囊肿性增生相似,与慢性外耳道炎症相关的非肿瘤性的生长在猫中也常见。腺瘤和增生都以光滑结节或有蒂肿物的形式出现,很少破溃。可以从扩增的腺管中收集到棕黑的油性液体。细胞学上,可见无固定形状的碎屑与少量的炎症细胞和腺管上皮细胞。治疗包括保守手术切除。预后良好。猫耵聍腺肿瘤中2/3呈现耵聍腺癌(图 3-37A&B)。它们入侵局部并通常转移到局部淋巴结。在细胞学中可见核多形性,并且在一些病例中,细胞含有细腻或粗糙的褐色颗粒物质,很像黑色素沉积(图 3-37C)。推荐根治性切除,有些专家认为术后放疗可以限制复发。

**细胞学鉴别诊断:**耵聍腺增生(对耵聍腺瘤)。

### 汗腺肿瘤

在犬猫中发现的良性汗腺肿瘤,与更少见的顶浆腺囊腺瘤和顶浆腺分泌腺瘤相比,大多数都是顶浆腺脓肿以及顶浆腺导管腺瘤。在一些顶浆腺囊腺瘤中可见由立方形或条形细胞围成的脓肿腔中包含分泌颗粒产物(图 3-38A&B)。很多顶浆腺导管腺瘤,尤其是那些在猫中的,先前都被分类为脓肿性的基底细胞瘤(Grosset et al.,2005)。这在实质性基底上皮细胞和脓肿性组织中可见(图 3-38C)。坏死性脓肿物质可能经历营养不良性矿化。犬的顶浆腺导管腺瘤可能包含丰富的分泌物和胆固醇晶体(图 3-38D),在组织学中可能会呈裂痕状(图 3-38E)。尽管导管上皮可能会在细胞学中出现轻微的退行性,但这些分界良好的腺瘤只偶尔包含分裂象,并最好由组织病理学确诊(图 3-38F)。

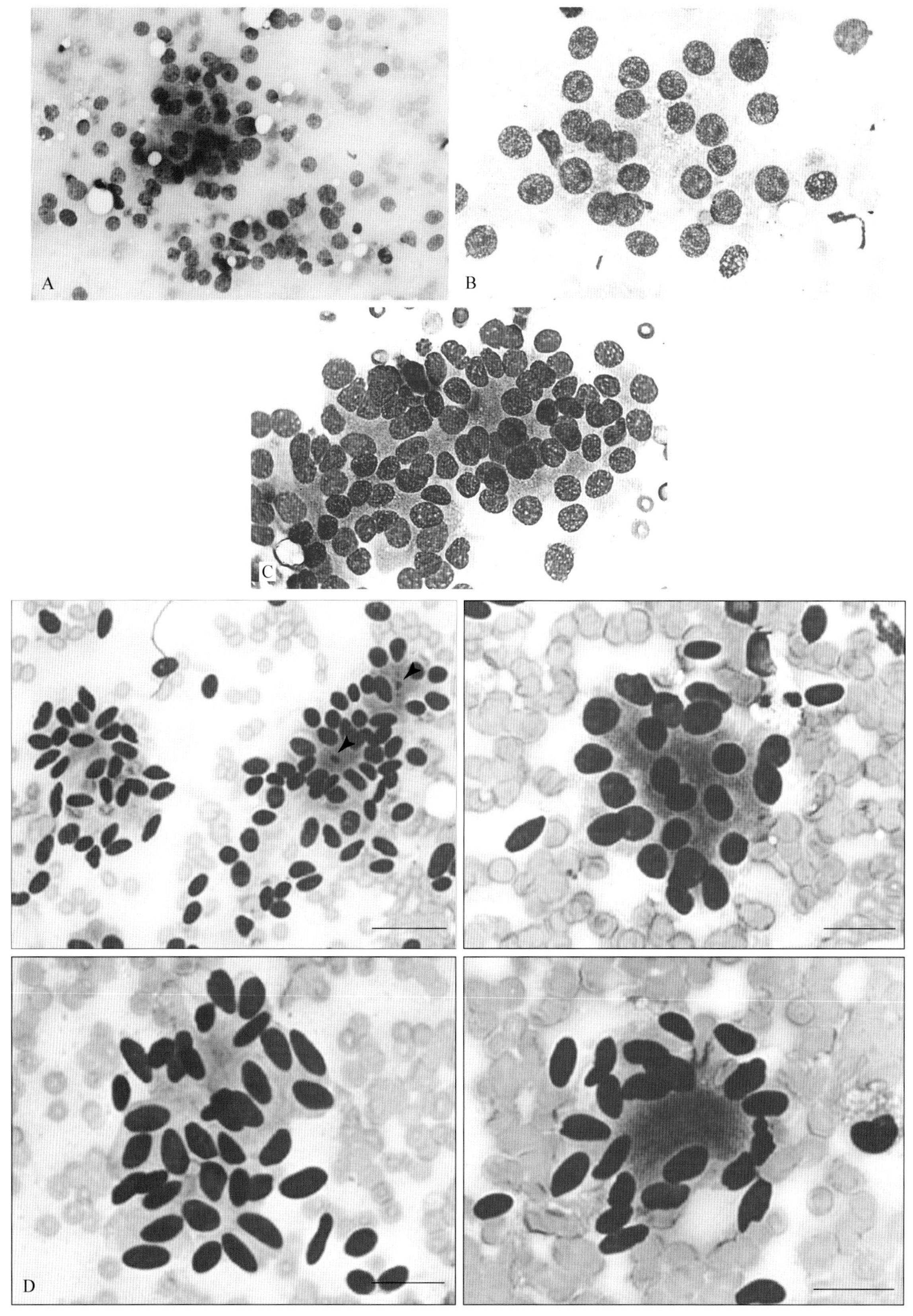


■ 图 3-36 **肛门囊顶浆腺癌。组织穿刺。犬。A-B 为同一病例。A.** 松散连接的细胞群细胞边界不清，与裸核形态相似。(瑞-吉氏染色；高倍油镜)**B.** 恶性特征包括核质比高且多变、核大小不均、染色质粗糙、核仁明显。(瑞-吉氏染色；高倍油镜)**C.** 一个腺泡形排列、外周有胞核的细胞团帮助确诊这个肛门肿物的腺体癌症起源。**D. 1-4。肛门囊顶浆腺癌。纺锤形细胞型。组织压片。犬。**一只未绝育母犬的肛周肿物核心活检样本的印染涂片。血染。**D1.** 细胞及上皮细胞和出现在细胞团中。有些细胞围绕包含嗜酸性物质的小空腔放射状排列。(箭头所指)。比例尺 50 μm。**D2.** 分界不清、含有圆形核的肿瘤细胞以及淡染或碱染的胞浆的细胞团。比例尺 20 μm。**D3.** 胞浆淡染、边界不清、染色质细腻均质、核仁小而不清晰或无核仁的纺锤细胞。可见轻微的核大小不均以及细胞大小不均。比例尺 20 μm。**D4.** 一些纺锤形细胞放射状排列。比例尺 20 μm。(D，Sakai H、Murakami M、Mishima H et al.，Cytologically atypical anal sac adenocarcinoma in a dog，Vet Clin Pathol 41：291－294，2012.)

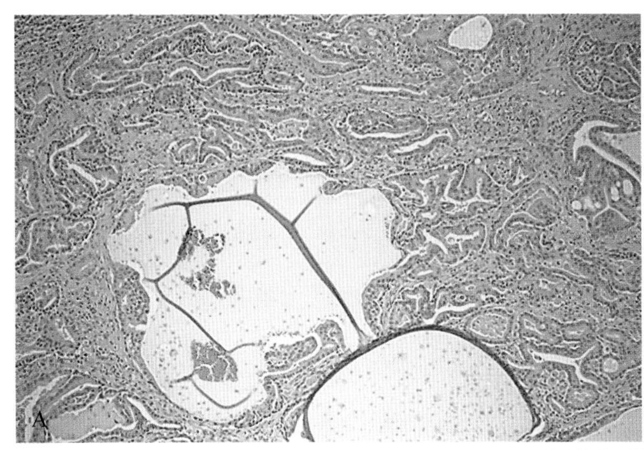


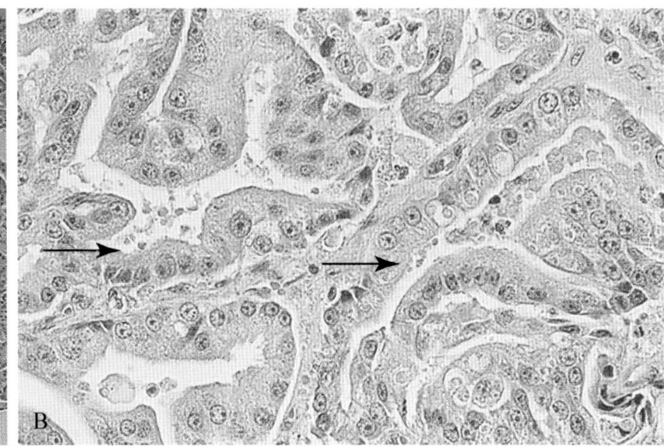


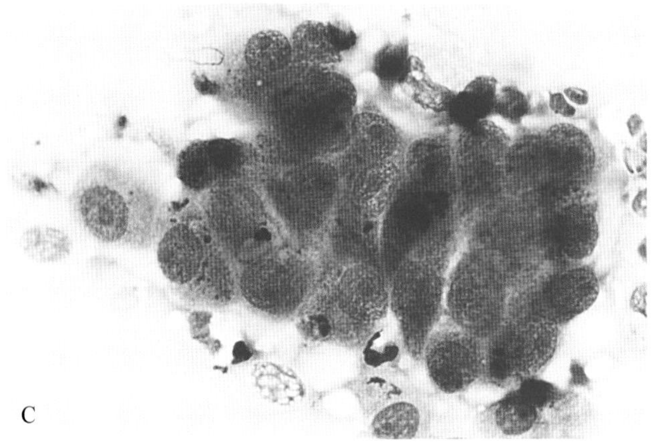


■ 图 3-37 **A-C 为同一病例。耵聍腺癌。猫。A. 耳道肿物组织切片。**腺管上皮细胞的肿瘤性增殖以及大的脓肿形成了包含棕色皮脂的形态。(H&E 染色;低倍镜)**B. 组织切片。**可见的恶性病变包括核不均一、血管细胞核、核仁明显、以及腺管上皮细胞明显的大小不均。注意这些细胞的顶浆腺功能由顶浆腺表面的嗜酸性小滴(箭头)展现。(H&E 染色;高倍油镜)**C. 组织压染。**紧密的上皮细胞团展现了增加的核质比、明显的单核仁、粗糙的染色质、核大小不均、细胞大小不均。注意一些细胞胞浆中出现的黑色球形分泌物,在其他细胞中可能被均匀分散而变得像黑色素沉积。(水性罗氏染色;高倍油镜)。

恶性汗腺肿瘤是一种不常见的顶浆腺分泌腺癌,最高各占犬猫皮肤肿瘤的 2%～3%(Milleret et al.,1991; Grosset et al.,2005)。它们通常位于犬的背部、肋腹部以及足部,并呈现单发、凸起、分界良好、常破溃的实质性肿物。在老龄猫中,大多发生在头和四肢,以实质性的结节肿物呈现。在犬猫中见到的另一种形式是一种溃疡、出血、并通常伤口发炎,与急性皮炎很像的形式。在细胞学中,腺管上皮以一种嗜碱性细胞团的形式呈现,并显现多种恶性相。在一些病例中会发生显著的纤维增生,所以穿刺物可能得到成纤维细胞和上皮细胞。治疗包括大范围手术切除。预后一般到谨慎,因为有局部复发和转移的报道。

**细胞学鉴别诊断:**乳腺癌,肛门囊腺癌,其他腺癌,皮肤基底上皮瘤。

### 皮肤转移癌

可能转移到皮肤的原发性癌症包括十二指肠腺癌(Juopperi et al.,2003),支气管腺癌(Petterino et al.,2005),以及膀胱和前列腺的移行细胞癌(个人观察)。肺部腺癌及一些亚型和趾部癌症之间有一个广泛承认的关联,但仅限于猫。细胞学特征与原发位点相似但可能出现一些退行性变化。

## 间质细胞性

### 纤维瘤

纤维瘤是一种在成年犬猫身上并不常见的肿瘤,在犬的皮肤肿瘤中约占 1%(Yager and Wilcock,1994)。它作为一种单独的损伤出现在四肢,头部,两侧和腹股沟等处。通常,纤维瘤由硬变软,界限清楚,无毛且是圆顶形或带蒂。细胞学上观察有体积小且统一的梭形或纺锤形细胞变量数,密集的椭圆形细胞核有时会单独或偶尔出现在小束中。一般情况下,脱落的少量细胞可作为细胞学观察准备。细胞质是轻嗜碱性的,细胞边界难以被定义,因为他们在细胞核对侧形成了胞质尾(图 3-39A)。不规则的嗜酸性物质表示细胞内的胶原蛋白可能与肿瘤细胞相关联。组织学上看,梭形细胞可能排列松散(图 3-39B)或者形成很少在细胞学中发现的密集胶原束(图 3-39C)。

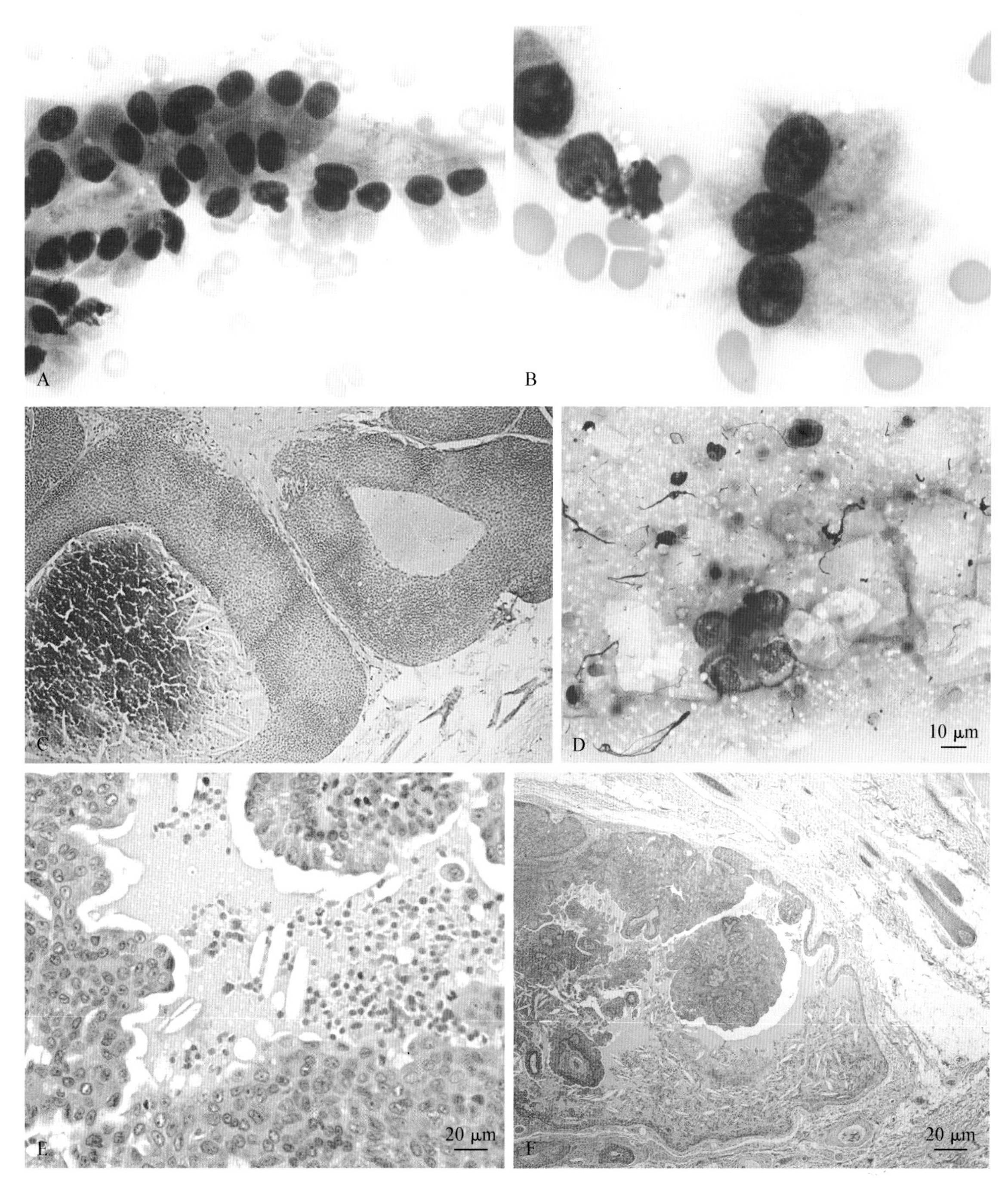


■ 图 3-38 **A-B 为同一病例。顶浆腺囊腺瘤。组织穿刺。犬。A.** 呈现立方形或微成条状的同一上皮细胞族群。注意位于基底部的圆形胞核。(瑞-吉氏染色;高倍油镜)**B.** 上皮细胞包含黑色颗粒分泌物。(瑞-吉氏染色;高倍油镜)**C. 顶浆腺导管腺瘤。组织切片。猫。**头部肿物中基底上皮细胞增殖包围着包含胆固醇、钙质沉积或液性物质的中心。这种性质的肿物之前被称为脓性基底细胞瘤,现在被认为不恰当。(H&E 染色;低倍镜)**D-F 为同一病例。顶浆腺导管腺瘤。犬。D. 组织穿刺。**背景色包含胆固醇晶体、嗜碱性颗粒物以及导管上皮细胞团。(改良瑞氏染色;高倍油镜)**E-F. 组织切片。E.** 被包围的导管物质显现了胆固醇裂痕(白色透明有棱角的结构)血液以及颗粒状分泌物。(H&E 染色,中倍镜)**F.** 弱光源的放大以显现位于左上部增厚且成为腺瘤的单层导管上皮细胞。(H&E 染色;低倍镜)

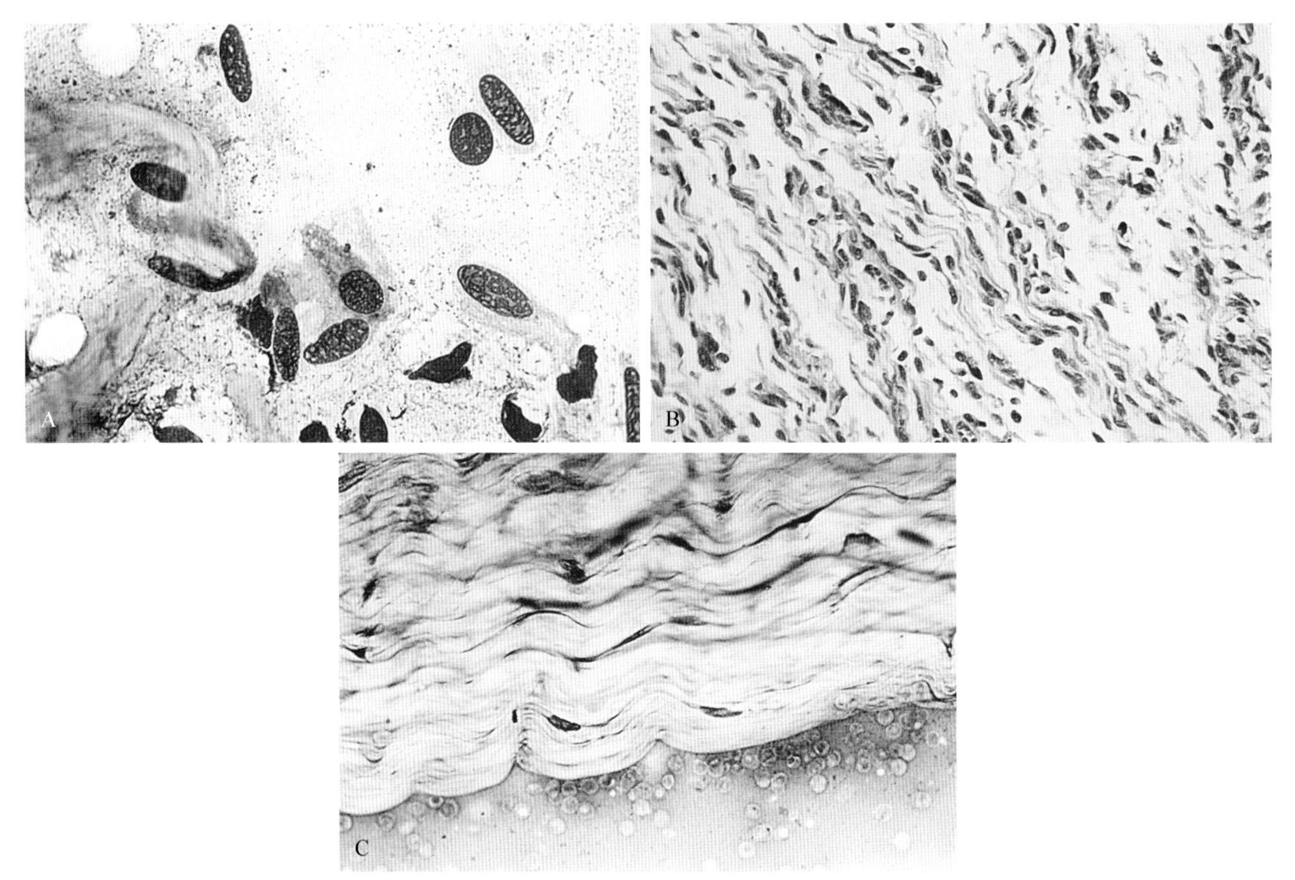

■ 图 3-39 **纤维瘤。犬。相同情况 A-C。A. 组织特征。**存在梭形细胞，其细胞质模糊不清，轻嗜碱性，且从椭圆形细胞核两端延伸。注意不规则的嗜酸性物质穿插于趾骨肿物的细胞之间。(水性罗氏染色;高倍油镜)**B. 组织切片。**良性纤维瘤细胞散漫扩散到胶原蛋白的波浪结构中(H&E 染色；中倍镜)。**C. 组织切片。**密集的胶原蛋白束被染成淡粉色，其嗜碱性的椭圆形细胞核沉浸于结缔组织中(水性氏染色;高倍油镜)。

这些肿瘤是良性的并且可以通过外科手术切除治疗。预后一般良好，除了一些大肿瘤切除术后偶尔会有局部复发。

**细胞学鉴别诊断：**黏液瘤，分化良好的纤维肉瘤，神经鞘瘤。

### 纤维肉瘤

纤维肉瘤是一种在犬猫中常见的恶性肿瘤。它是猫皮肤肿瘤中第四常见的肿瘤(Miller et al.，1991；Goldschmidt and Shofer，1992)，占皮肤肿瘤的15%～17%。对于青年猫，它可能是由于猫肉瘤病毒造成的，也可由多种因素造成。对于老年犬猫，纤维肉瘤更多单独出现在四肢、躯干和头部。它们边界不清，有时还溃烂(图 3-40A)。肿瘤具有转移性，大约25%通过血液途径转移。疫苗导致的纤维肉瘤可能与猫皮下注射灭活苗有关，并且具有局部侵入性和侵略性(Gross et al.，2005)。

从细胞学上看，纤维肉瘤包含了丰富的大型饱满细胞(图 3-40B)，这些细胞可单独出现或者常与相关的粉色胶原物质相聚合。多核巨细胞可能偶尔出现。细胞核的多形性可能被标记出与良性对照物相比较。细胞不均一，一般有较高的核质比率。

一种不常见的变种是瘢痕纤维肉瘤(Little and Goldschmidt，2007)。显著的区别是可在组织学和细胞学上看到丰富的致密透明胶原纤维，主要与最低炎症的饱满成纤维细胞有关联(图 3-40B&C)。这些胶原带与病灶中的降解纤维(组织学上称为火焰图像)非常相似，这些病灶与常见的肥大细胞和嗜酸性粒细胞性炎症病变有关，例如肥大细胞瘤(图 2-22b)。但是在肥大细胞瘤中胶原蛋白火焰比瘢痕纤维肉瘤的透明胶原蛋白表现出更少的嗜酸性和更多纤维化。故而瘢痕纤维肉瘤呈现明亮的品红色，透明化，无明显的纤维状外观。

纤维肉瘤的治疗包括大面积外科手术切除和(或)是截肢。犬的复发率约为30%。另外，选择性地用高热或不高热放射疗法对术后也有一定帮助。免疫增强剂与手术和放射疗法相结合也显示出了有发展前途的结果。单纯的化疗对纤维肉瘤的治疗并不有效，但和其他方式联合后也许会用帮助。预后好坏取决于瘤的位置和间变程度。

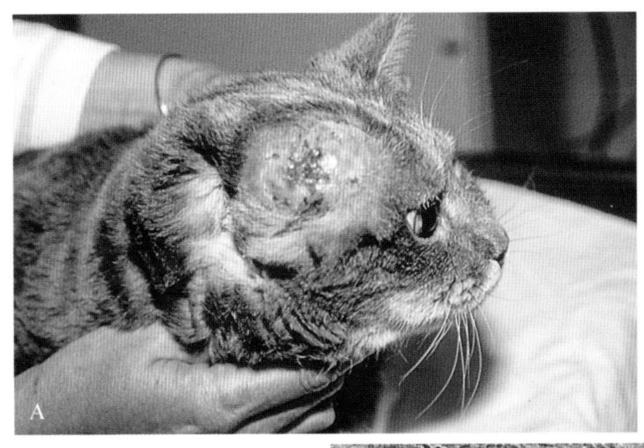


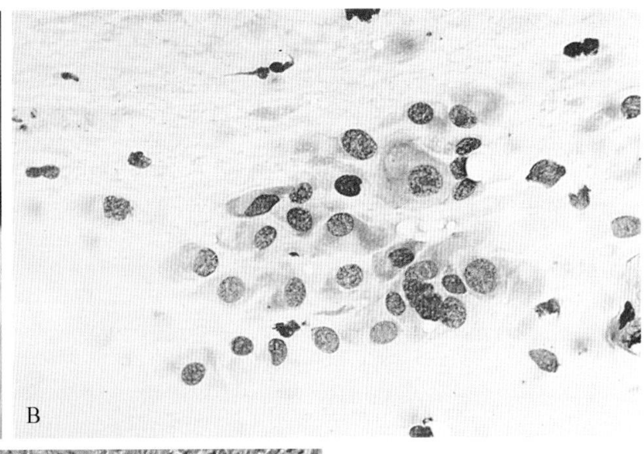


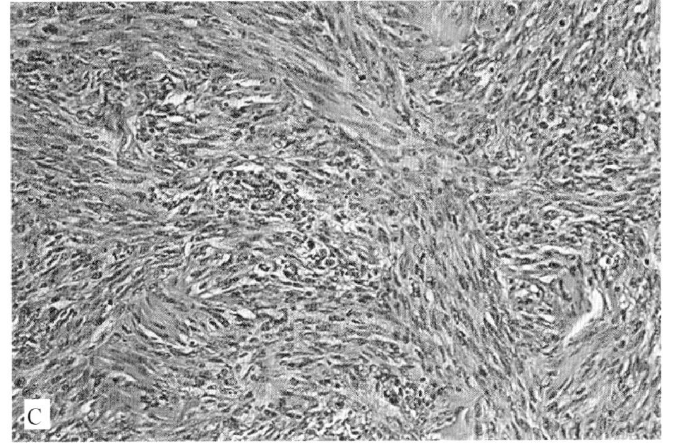


■ 图 3-40 **纤维肉瘤。A. 猫。**在之前手术去除耳朵和周围组织的位置复发的纤维肉瘤。**B. 组织抽出物。猫。**一腿部瘤块的独特的饱满椭圆细胞，并伴有纤细的胞质尾。右图下角为罕见的多核细胞（水性罗氏染色；高倍油镜）。**C. 组织切片。犬。**出现有恶性特征的梭形细胞的广泛交织束（H&E 染色；中倍镜）（A，Courtesy of Jamie Bellah，Gainesville，Florida，United States.）

**关键点** 组织学检查是区别纤维肉瘤和其他梭形细胞间叶恶性肿瘤或肉芽组织的必要方法。免疫组织化学在区别组织起源中也可能有同样作用。

**细胞学鉴别诊断：**肉芽组织，恶性神经鞘瘤（图 14-52），伴巨细胞的未分化肉瘤，血管壁瘤，黏液肉瘤。

### 黏液瘤/黏液肉瘤

黏液瘤在犬猫中是种少见的肿瘤，皮肤肿瘤中约占不到 1%（Goldschmidt and Shofer，1992）。黏液瘤是浸润性生长，并以带有柔软波动感的微小凸起团块出现。细胞学上看，细胞间质通常以颗粒状嗜酸性不规则物质出现于背景中（图 3-41A&B）。分化良好的纺锤形和星状细胞在良性病变中很少发现，它的增加是基于恶性细胞和细胞核的多形性程度（图3-41C）。多核细胞偶尔出现在黏液肉瘤中。基质中的黏蛋白可用阿利新蓝染色进行诊断（图 3-41D）。治疗可用手术切除。预后尚可，复发是常见的但很少发生转移。

**细胞学鉴别诊断：**纤维瘤，纤维肉瘤，神经鞘瘤，血管壁瘤。

### 血管壁瘤（犬血管外皮细胞瘤和犬肌性血管周细胞瘤）

血管壁瘤在犬中是常见的，在皮肤肿瘤中约占 7%（Goldschmidt and Shofer，1992）。肿瘤细胞来自血管周细胞（犬血管外皮细胞瘤）和肌细胞（犬肌性血管周细胞瘤）。两种细胞都位于血管壁上，相邻内皮细胞。肿瘤通常多单独出现在肢体关节，但在胸部和腹部也常有发现。它们由硬变软，分叶且分界清楚。它们属于梭形细胞肿瘤的一个大分类，拥有饱满梭形细胞的经典指纹螺纹外观和较低的有丝分裂指数。（Avallone et al.，2007）（图 3-42A）。而鹿角状血管样式与犬血管外皮细胞瘤最有关，漩涡样和胎盘样细胞与犬肌性血管周细胞瘤最有关。细胞学上，制片中有中度到高度的细胞化（图 3-42B）。饱满的梭形细胞可能是个体化的或者排列成束，有时也会附着在毛细血管的表面上（图 3-42C）。相关细胞可能是中粉色无定型的胶原基质。细胞质是嗜碱性的，通常有许多

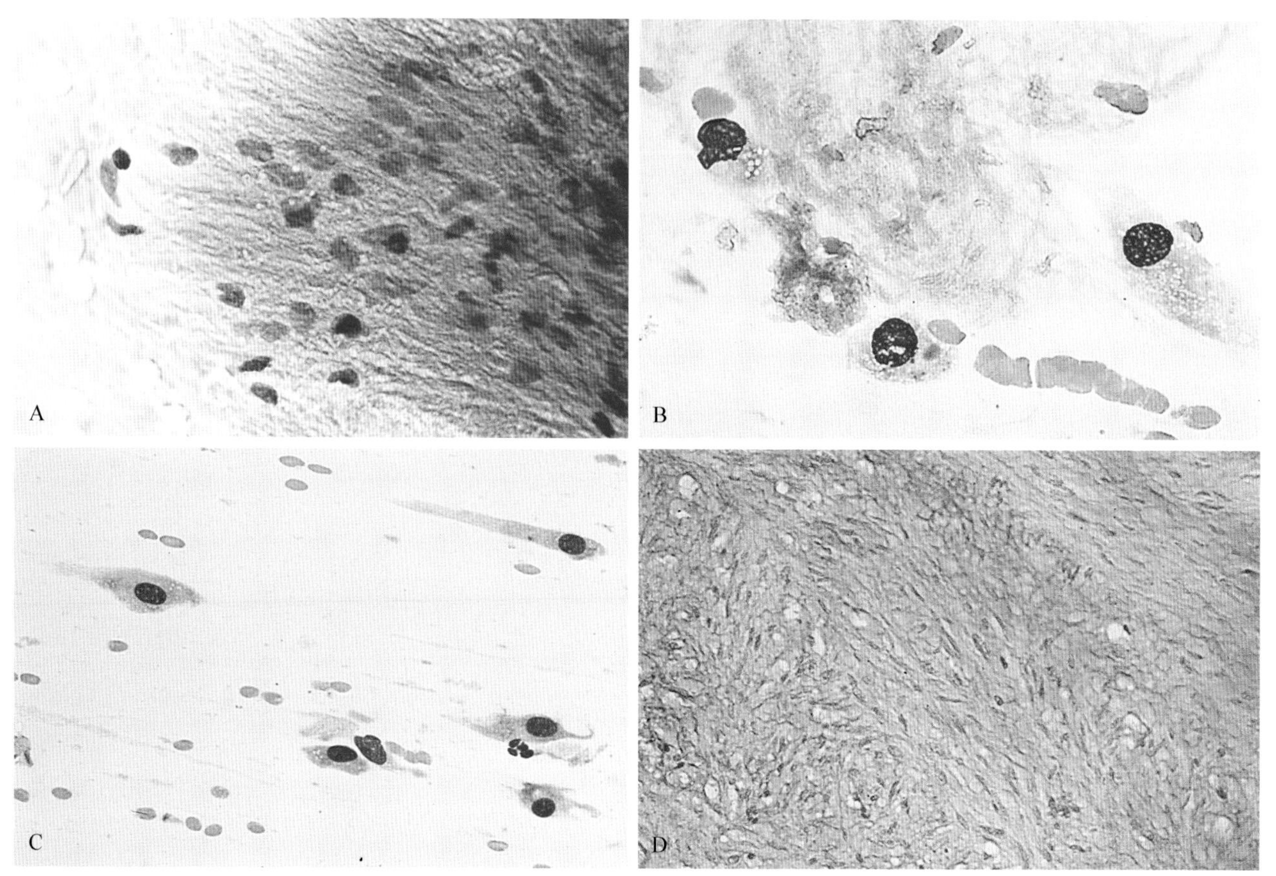


■ 图3-41 **相同病例A,D。A.黏液瘤。组织抽取物。犬。**出现致密,颗粒状嗜酸性细胞间质并带有小的致密细胞核,表示这部分腕部组织的良性增生。(水性罗氏染色;高倍油镜)。**相同病例B,C。黏液肉瘤。组织抽取物。犬。B.**来自掌部肿块中的细胞内和细胞外颗粒状嗜酸性基质,并带有饱满的个体化间质细胞。(水性罗氏染色;高倍油镜)。C.黏液瘤中带有泡状椭圆形细胞核的多形性梭形细胞具有恶性型特征。(水性罗氏染色;高倍油镜)。**D.黏液瘤。组织切片。犬。**在红染的细胞核之间,细胞基质呈现蓝染或是黏蛋白阳性。(阿辛蓝染色;中倍镜)

小的离散的液泡并且偶尔出现嗜酸性小体(图3-42D)。细胞核卵圆形,有一个或多个中央核仁突出。常见被称为"冠细胞"(图3-42E&F)的多核细胞(Caniatti et al.,2001)。在大约10%的病例中发现了淋巴样细胞。治疗应该根据不同的特异性诊断而定,有浸润性和复发性的病例学术称为血管外皮细胞瘤,对它的治疗包括大面积外科切除或是截肢和高热或不高热的放射治疗。预后尚可,因为会有20%~60%的局部复发,特别是保守切除的病例,转移很少见。肌性血管周细胞瘤通过免疫学指标最易被识别,例如结蛋白,泛肌动蛋白或肌钙蛋白(Avallone et al.,2007)。手术切除对肌性血管周细胞瘤效果较好,故预后较好。一项回顾性研究显示在55份犬皮肤血管壁肿瘤病例中有12个病例发生了局部复发和少量转移(Stefanello et al.,2011)。良好的预后与年轻动物和尺寸小于5 cm的肿瘤有关。

**细胞学鉴别诊断:**神经鞘瘤,分化良好的纤维肉瘤,黏液瘤,伴巨细胞的未分化肉瘤。

## 伴有巨细胞的未分化肉瘤(原名:恶性纤维组织细胞瘤)

伴有巨细胞的未分化肉瘤在犬并不常见,约占犬肿瘤的0.34%(Waters et al.,1994),在猫的皮肤肿瘤中约占3%(Miller et al.,1991)。它是一种多形性梭形细胞肿瘤(图3-43A),它的起源可能包含原始真皮干细胞的前体细胞,因为免疫细胞化学并不支持组织细胞的起源(Pace et al.,1994)。它的一种亚型是被称为软组织的巨细胞肿瘤,其中常见到多核细胞。这些肿瘤可能是单独的或是多重的,主要出现在老龄犬猫的四肢,但它们也有可能出现在腹部器官,肺部和淋巴结等。它们坚硬并且分界不清。在一例犬的病例中,肩部的皮下组织和骨骼肌以及局部淋巴结被用以诊断出恶性纤维组织细胞瘤(Desnoyers and St-Germain,1994)。细胞学上可看到多核细胞和饱满梭形细胞的混合群体(图3-43B&C)。治疗包括彻底的外科手术切除和化疗加放疗或纯化疗。预后较为保守,因为这些肿瘤有局部浸润性并常伴有复发,可能很少会转移,特别是在含有较高比例的巨细胞的情况下。

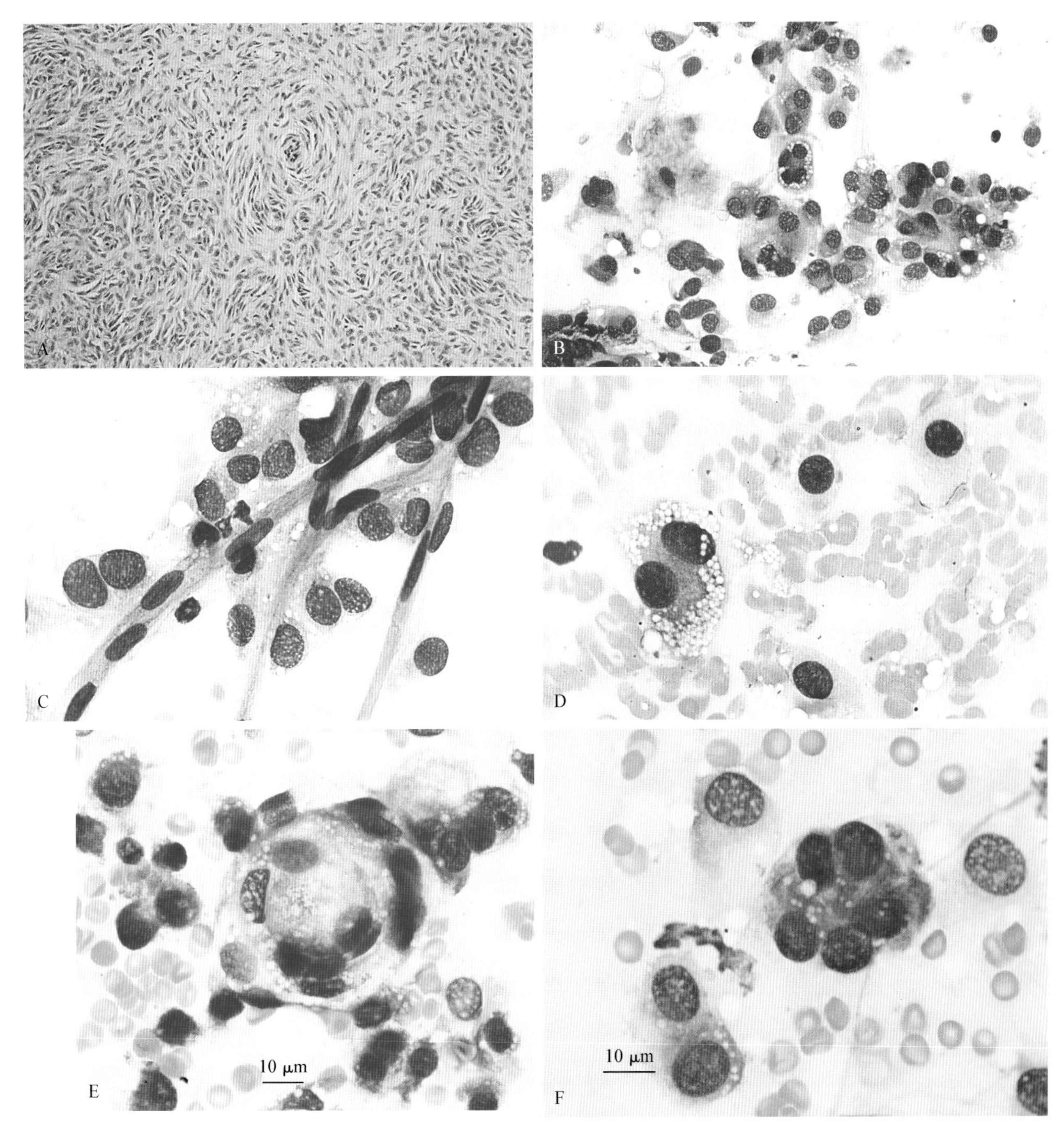


■ 图 3-42　**血管壁瘤。相同病例 A,C,D。A. 肌性血管周细胞瘤。组织切片。犬。**来源于大腿肿物中拥有经典指纹螺纹样的饱满梭形细胞位于血管周围。血管壁瘤的这种组织学模型提示肌性血管周细胞瘤与回旋状相关(H&E 染色;中倍镜)。**B. 血管壁瘤。组织抽取物。犬。**胸骨皮下肿块的制片中有高密度细胞,其中饱满的单核或多核间质细胞相互聚集。(瑞-吉氏染色;高倍油镜)**C-D. 肌性血管周细胞瘤。组织抽取物。犬。C.** 饱满的梭形细胞附着于毛细血管表明。(水性罗氏染色;高倍油镜)**D.** 嗜碱性细胞质中有许多小的离散液泡,每个细胞中包含嗜酸性小体。(水性罗氏染色;高倍油镜)。**相同病例 E-F。血管壁瘤。组织抽取物。犬。E.** 病理组织检查可见到类似指纹螺纹的特征圆形细胞。(改良瑞氏染色;高倍油镜)**F.** 多个细胞组成一个空心圆形呈现为冠细胞。(改良瑞氏染色;高倍油镜)

**细胞学鉴别诊断:**纤维肉瘤,其他来源的肉瘤,肉芽组织,组织细胞肉瘤。

## 脂肪瘤

脂肪瘤是一种犬常见的间质细胞瘤,约占皮肤肿瘤的 8%(Goldschmidt and Shofer,1992)。它是良性的,通常对老龄肥胖母犬有影响。约占猫肿瘤的 6%(Goldschmidt and Shofer,1992)。脂肪瘤可能是单个或是多个,主要长在躯干和邻近的肢体上。这些瘤呈圆顶形,边界清晰,柔软,经常在皮下组织中自由移动,生长缓慢,但可变得非常大。有些可能会渗入到肌纤维中。细胞学方面,未染色的片子带有晶莹液滴较湿润且无法完全干燥。脂质也许在水溶性染液中

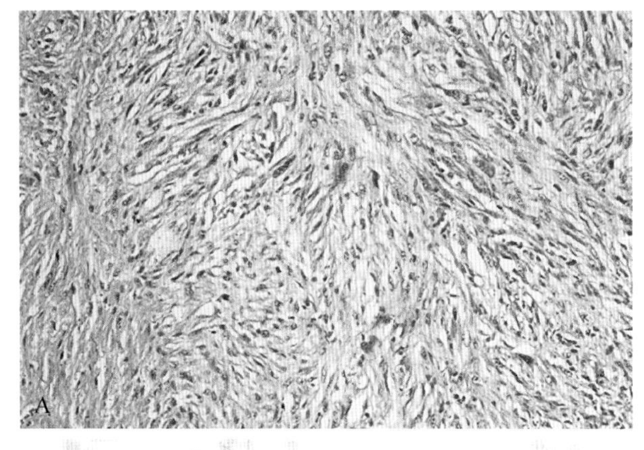

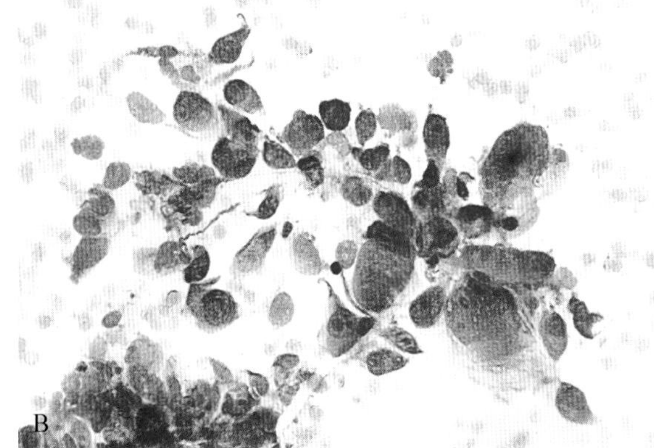

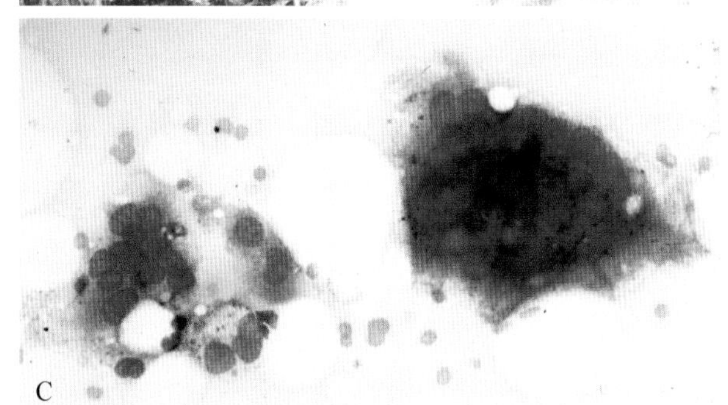

■ 图 3-43 **伴有巨细胞的未分化肉瘤。相同病例 A,C。A. 组织切片。猫。**多形性梭形细胞形成紧密漩涡状或交织(席纹状)束。记录到频繁出现的多核细胞散布于一个胸部皮肤肿块中。这个肿瘤在手术切除3个月后复发。(H&E染色;中倍镜)**B. 组织抽取物。犬。**在一个侧部肿物中发现饱满梭形细胞的混合群体,拥有多种恶性肿瘤的标准,包括增长的和多变的核质比率,突出的核仁,细胞核大小不均和多核化。(瑞-吉氏染色;中倍镜)**C. 组织抽取物。猫。**出现了数个大小不等的巨细胞。细胞质中含有清晰的嗜酸性颗粒。(瑞-吉氏染色;高倍油镜)

能最好地显示出来,比如新亚甲蓝染液(图3-44A)或是脂肪染液油红O。将酒精固定剂用于罗曼诺夫斯基染色,脂质会溶解,剩下的载玻片通常缺乏细胞。镜检下完整的脂肪细胞有丰富清晰的细胞质,且带有一个被压缩到细胞一侧的小细胞核(图3-44B&C)。治疗包括外科手术切除。预后非常的好;但是一些浸润性脂肪瘤则也许很难被完全切除。

**细胞学鉴别诊断:**正常的皮下脂肪。

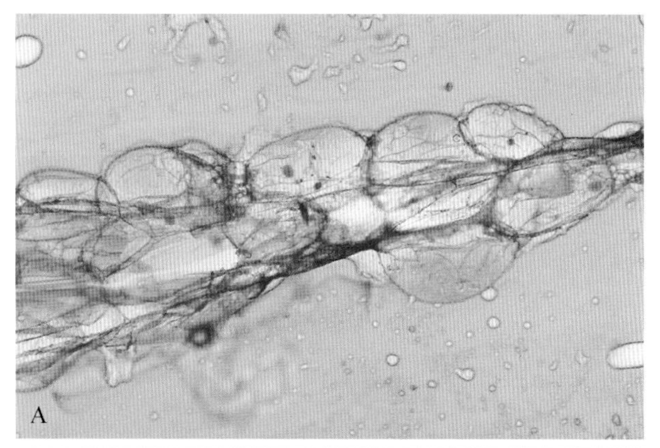

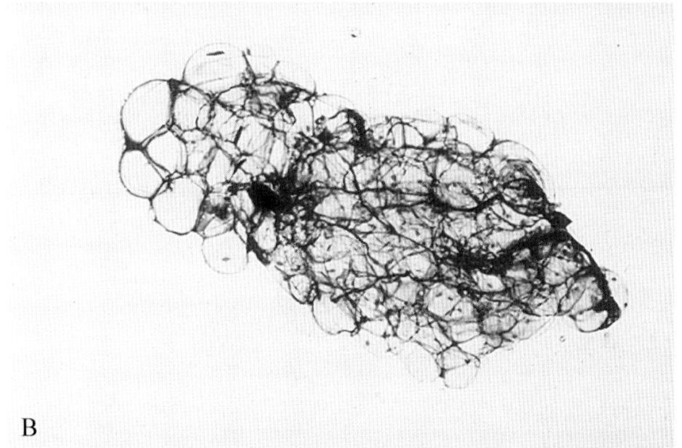

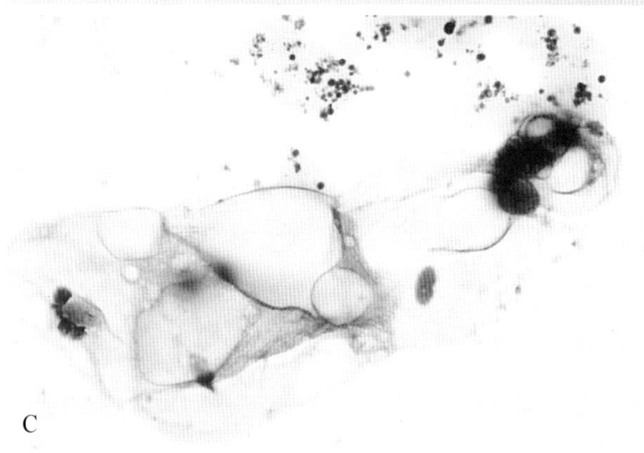

■ 图 3-44 **脂肪瘤。组织块抽取物。A. 犬。**脂肪细胞在水溶性染液中并没溶解反而更清楚可见。注意浓缩的嗜碱性细胞核与大块的细胞质容积间的关系。(新亚甲蓝染色;中倍镜)**B. 犬。**脂肪细胞的大量聚集。(罗氏染色;低倍镜)**C. 猫。**有小而密集细胞核的脂肪细胞。浅蓝色的背景物质可能是由于载玻片上未完全冲洗干净的污渍而导致的人为因素。(瑞-吉氏染色;高倍油镜)

### 脂肪肉瘤

脂肪肉瘤在犬猫中很少见,约占皮肤肿瘤的0.5%(Goldschmidt and Shofer,1992),脂肪肉瘤通常以单独肿块出现在任何地方,最常见的是腹部部位。在一份报告中记载了一个国外相关病例(McCarthy et al.,1996)。

该肿瘤坚硬,分界不清,附着于皮下组织(图3-45A)。上皮可能会出现溃烂。细胞学上可观察到聚集密集的间质细胞中包含了数量不等的脂质空泡(图3-45B)。细胞饱满,纺锤状,有大的泡状核和显著的核仁，也可能含有大小不等的胞浆内脂肪空泡（图 3-45C）。有时会有多核细胞出现。一种黏液样变体可能与充分的阿利新蓝染色相关，但胞浆内空泡仍能在一些成脂细胞中被发现（Boyd et al.，2005）。这些都是恶性肿瘤并中度的转移潜能。治疗包括大面积手术切除，也可能需要结合放疗和高热疗法来控制复发。预后较保守，因为肿瘤可能会复发并转移。

**细胞学鉴别诊断：**纤维肉瘤，未分化肉瘤，未分化癌。

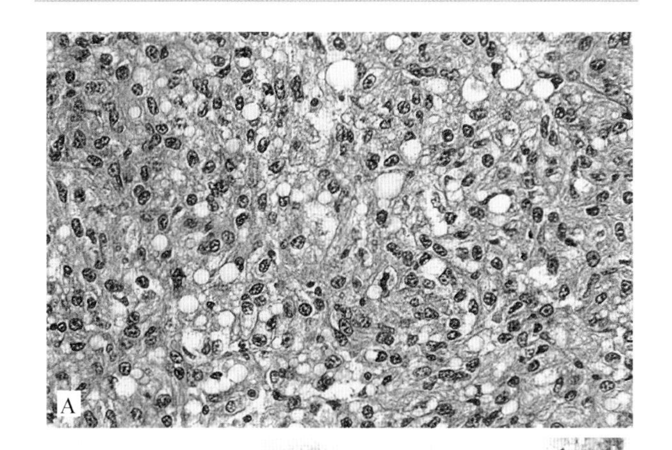

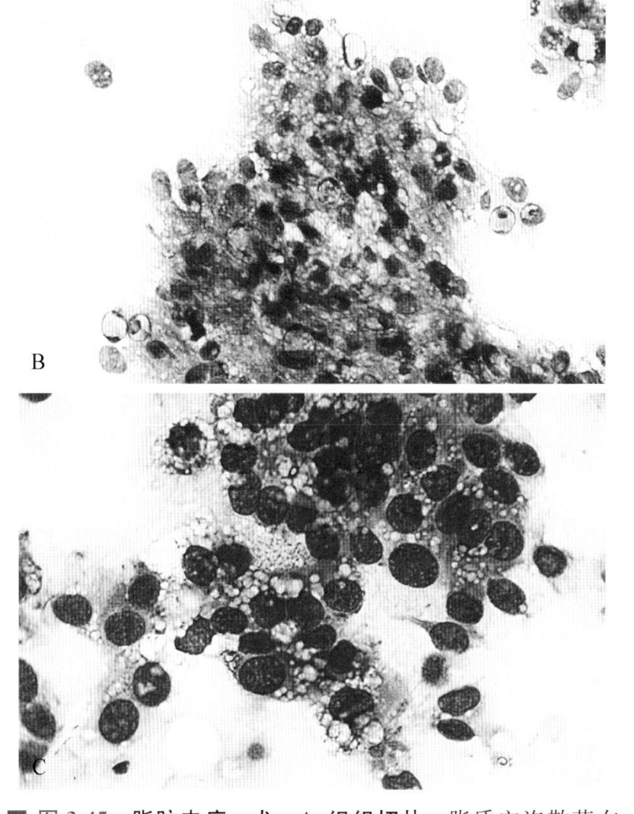

■ 图 3-45　**脂肪肉瘤。犬。A. 组织切片。**脂质空泡散落在密集的带泡状细胞核的间质细胞之间。（H&E 染色；中倍镜）**B. 组织抽取物。**在一腿部肿物样本中发现离散的脂质空泡，它们轮廓分明，萎缩变小，且与间质细胞大量聚集（水性罗氏染色；高倍油镜）。**C. 组织抽取物。**细胞饱满呈现纺锤形，带有大的泡状核以及显著的核仁，核仁周围有大小不等的胞浆内脂肪空泡。（水性罗氏染色；高倍油镜）（C，病例材料由Peter Fernandes 提供）

## 血管瘤

血管瘤是犬的一种常见良性肿瘤，约占皮肤肿瘤的 5%，在猫身上较少见，占猫皮肤肿瘤的 2%（Miller et al.，1991；Goldschmidt and Shofer，1992）。它们可能单独出现或多个一起。肿瘤呈离散的结节出现在头部，躯干或四肢，从深红色到紫色，触之有海绵感（图 3-46）。细胞学上观察抽取物为血染样，类似于血液污染。很少见小的嗜碱性血管内皮细胞。有证据显示急性或慢性出血常导致噬红细胞作用和含铁血黄素过多的巨噬细胞。且血小板并不常见。治疗包括手术切除或冷冻手术，预后非常良好。

**细胞学鉴别诊断：**血肿，血液污染。

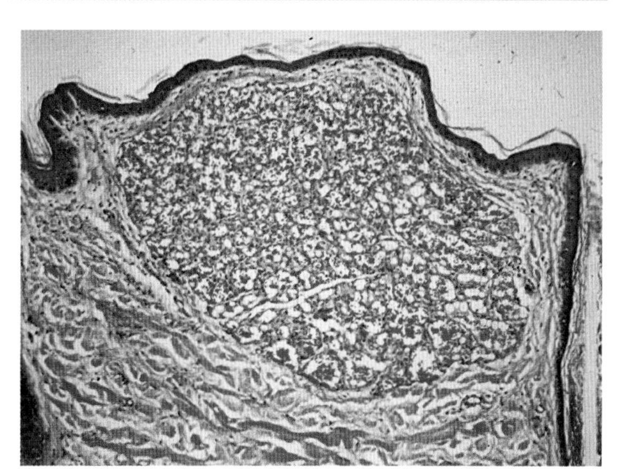

■ 图 3-46　**血管瘤。组织切片。犬。**分界清晰的真皮结节，伴有内皮细胞增殖。海绵状空间内充满了血细胞。（H&E 染色；低倍镜）

## 血管肉瘤

血管肉瘤是真皮或皮下组织的一种恶性浸润性肿瘤。它是老龄犬猫的一种不常见的肿瘤，分别约占皮肤肿瘤发生率的 1% 和 3%（Goldschmidt and Shofer，1992）。研究显示皮肤血管肿瘤与太阳辐射有一定相关性（Hargis et al.，1992）。该肿瘤常长在毛发稀少的部位，例如犬腹部和猫耳郭周围（Hargis et al.，1992；Miller et al.，1992），并可能从初始部位转移到皮肤。肿瘤病灶凸起，分界不清，溃烂和出血。细胞学观察，载玻片背景中有大量血细胞难以看出细胞结构，同时嗜中性粒细胞增多。坚实的间变性血管肉瘤可能含有明显的多形间质细胞大量密集聚集（图 3-47A）。肿瘤细胞是多形性的，包括大纺锤形、星形和上皮样形（Wilkerson et al.，2002）。细胞质嗜碱性，有模糊的细胞边界和多见的点状无色液泡。细胞有较高的核质比率，细胞核椭圆形，有粗糙的染色质和显著的多重核仁(图3-47B)。有证据显示伴高铁血黄素巨噬细胞的慢性出血,急性噬红细胞作用(Bertazollo et al.,2005; Barger et al.,2012)和偶见的骨髓外造血都可能与血管肉瘤有关(图3-47C&D)。von Willebrand因子(VIII因子-相关抗原),CD31和波形蛋白等免疫组织化学方法用于诊断该肿瘤(Miller et al.,1992; Bertazollo et al.,2005)。上皮样血管肉瘤的细胞角蛋白为阴性。治疗包括彻底的手术切除,对可能发生病灶转移的病例要联合化疗。由于局部浸润性和局部复发,预后较为保守。转移并不常见,但长在皮下组织的瘤更有可能会扩散。另一个恶性内皮细胞瘤是淋巴管内皮细胞瘤,学术上称为淋巴管肉瘤。这类肿瘤柔软有波动感,在犬猫身上并不常见,通常长在成年犬的子宫颈,躯干或四肢部位,当然1岁左右的犬也有可能会生长。因为擦伤红斑是常见的,所以它可能会出现渗出性蜂窝织炎。细胞学观察的这些病例中,样本显示出轻微的嗜中性粒细胞炎症,其中成熟的小淋巴细胞比例较高(Curran et al.,2014)。组织结构上看,最初的裂口是空的并缺乏红细胞。PROX-1活性通过淋巴管表达出来,并可作为一种特点的标志物。

**细胞学鉴别诊断:**纤维肉瘤,未分化肉瘤,血管壁瘤,淋巴管肉瘤。

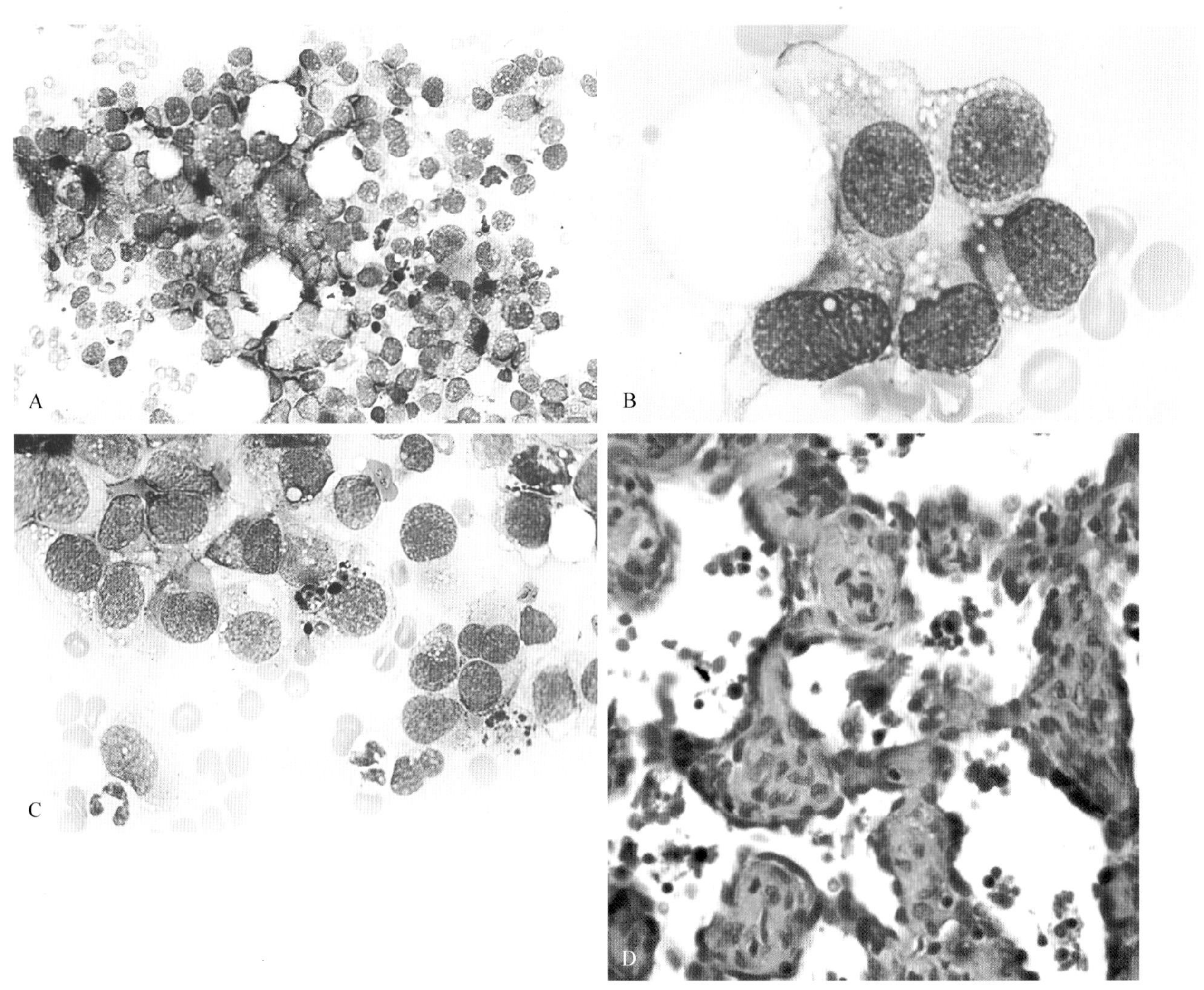


■ 图3-47 **血管肉瘤。组织抽取物。犬。相同病例A-B。A.** 一皮肤肿物中可看到明显的多形性间质细胞大量密集聚集(瑞-吉氏染色;高倍油镜)**B.** 细胞可见有高核质比率,椭圆形细胞核中有粗糙染色质和明显的多个核仁。注意这类细胞常见到细胞质中有点状液泡。(瑞-吉氏染色;高倍油镜)**C.** 蓝黑色颗粒与慢性出血有关,在右上角有一个有丝分裂象。(瑞-吉氏染色;高倍油镜) **D. 血管肉瘤。犬。组织切片。**覆盖在犬左侧上椎骨肌肉上的皮下结节的组织切片。血管通道中有红细胞前体和巨核细胞。诊断为血管肉瘤。(H&E染色)Bar,20 μm。(D来自Dunbar MD,Conway JA:你的诊断是什么?来自犬左侧上椎骨肌肉上的皮下结节的细胞学发现,Vet Clin Pathol 41:295-296,2012。)

### 黑色素瘤

良性和恶性的黑色素瘤是常见的，约占犬皮肤肿瘤的5%和猫皮肤肿瘤的3%(Yager and Wilcock，1994)。那些有深色皮肤色素沉着的老龄动物更容易患黑色素瘤。大约70%的黑色素细胞瘤是良性的，主要表现为深棕色或黑色，有边界，凸起，圆顶形肿块，并被光滑无毛的皮肤所覆盖(图3-48A&B)。恶性的黑色素瘤着色多变，有渗透性，频繁溃疡并伴有炎症。细胞学上看，良性和恶性的黑色素瘤细胞呈多形性，有上皮样(图3-48C)也有纺锤形(图3-48D)，或偶尔呈现离散圆形，类似于皮肤浆细胞瘤中的细胞(图3-48E)。在分化良好的肿瘤中，有很多细小的黑绿色胞质颗粒掩盖住细胞核(图3-48D&F)。良性肿瘤中的细胞核较小且一致，相比之下，恶性肿瘤则有红细胞大小不等，细胞核大小不等，染色质粗糙和核仁显著等特点(图3-48G)。分化较差的肿瘤可能有少量或没有胞质颗粒(图3-48C)。若出现少量细胞呈现灰色，类似灰尘的现象，则可有助于诊断黑色素瘤(图3-48H)。黑色素瘤的一种气球样细胞变体非常罕见，但却很难与皮脂腺瘤，脂肪肉瘤或其他那些没有黑色素瘤特征和黑色素体超微结构表现的透明细胞瘤相区别(Wilkerson et al.，2003)。治疗包括广泛手术切除。预后需根据肿瘤原发位置和组织学特征而看。良性皮肤肿瘤的有丝分裂比例较低，预后也较好。恶性肿瘤常发于犬的指甲处，嘴唇和口腔黏膜与皮肤的交接处。由于恶性肿瘤常复发和转移，所以它的预后较保守或是很差。

**关键点**　肿瘤中的黑色素颗粒会变化，深层区域为梭形细胞，黑色素颗粒较少，而表面区域为上皮样细胞。细胞学检查上，特殊染色如丰塔纳染色有助于发现不可见的黑色素颗粒，特别是对无物黑色素性黑色素瘤效果更好。普鲁士蓝染色有助于鉴定含铁血黄素颗粒，染色后呈深绿色且类似黑色素细胞。另外，免疫组织化学染色剂Melan-A和S-100也有助于无黑色素性黑色素瘤与浆细胞瘤的区分，如同CD18和CD45的阴性表达(Ramos-Vara et al.，2002)(图3-48I)。

**良性肿瘤的细胞学鉴别诊断：**正常皮肤黑色素瘤，正常着色的基底细胞，噬黑色素细胞，含铁血黄素过多的巨噬细胞。

**恶性肿瘤的细胞学鉴别诊断：**浆细胞瘤，纤维肉瘤，未分化的肉瘤，其他皮肤纺锤形细胞肿瘤。

## 圆形或离散细胞

### 犬组织细胞瘤

犬组织细胞瘤是一种很常见的主要在幼犬迅速增长的良性肿瘤，占皮肤肿物的12%～14%(Goldschmidt and Shofer，1992；Yager and Wilcock，1994)。其起源于表皮的朗格汉斯细胞。它表现为一个小的，单独的，边界清楚，圆顶状，红色溃烂，无毛的肿物，即所谓的按钮肿瘤。它通常发生在头部，尤其是耳郭，以及双侧后肢，足部和躯干。组织学上，无包膜的“头重脚轻”的致密真皮层被圆形细胞浸润与上皮增生密切有关(图3-49A)。核分裂象经常被观察到(图3-49B)。细胞学上，细胞具有多变的清晰细胞质边界(图3-49C)。核为圆形、椭圆形或缩进的细胞核含细染色质和模糊的核仁(图3-49D)。细胞表现出最少的红细胞大小不均和细胞核大小不均。胞浆丰富，透明至轻微嗜碱性(图3-49E)。数量不一的分化良好的小淋巴细胞，如细胞毒性T细胞，在病变消退时常见，且有时会表现为主要的细胞类型(图3-49F)。这些肿瘤细胞的细胞化学染色和免疫染色可能呈阳性组织细胞标记(图3-49G)，包括非特异性酯酶，溶菌酶，E-钙黏蛋白，CD1、CD11c、CD18、CD45、和MHC II(Moore et al.，1996)。治疗包括必要时的手术切除。该肿瘤预后良好，因其经常3个月内自发消退，且罕见复发。

**细胞学鉴别诊断：**淋巴瘤，浆细胞瘤，良性皮肤组织细胞增多症，全身组织细胞增生症，朗格汉斯细胞增生症，结节性肉芽肿性皮炎。

### 猫渐进性树突状细胞组织细胞增生症

猫渐进性树突状细胞组织细胞增生症的少数病例已经被鉴定，表现为单一的皮肤结节，通常在头部，颈部或下肢(Affolter and Moore，2006)。这些可能会变成多个皮内肿块，随后溃烂(Pinto da Cunha et al.，2014)。单或多核的组织细胞，像浆细胞，占主导地位(图3-50)。细胞表达CD1a、CD1c，CD11b、CD18、和MHC II。在Pinto da Cunha等的研究中大多数猫表达了E-钙黏蛋白和混杂在组织细胞之间的CD3+活性淋巴细胞。肿瘤树突状细胞浸润局部的

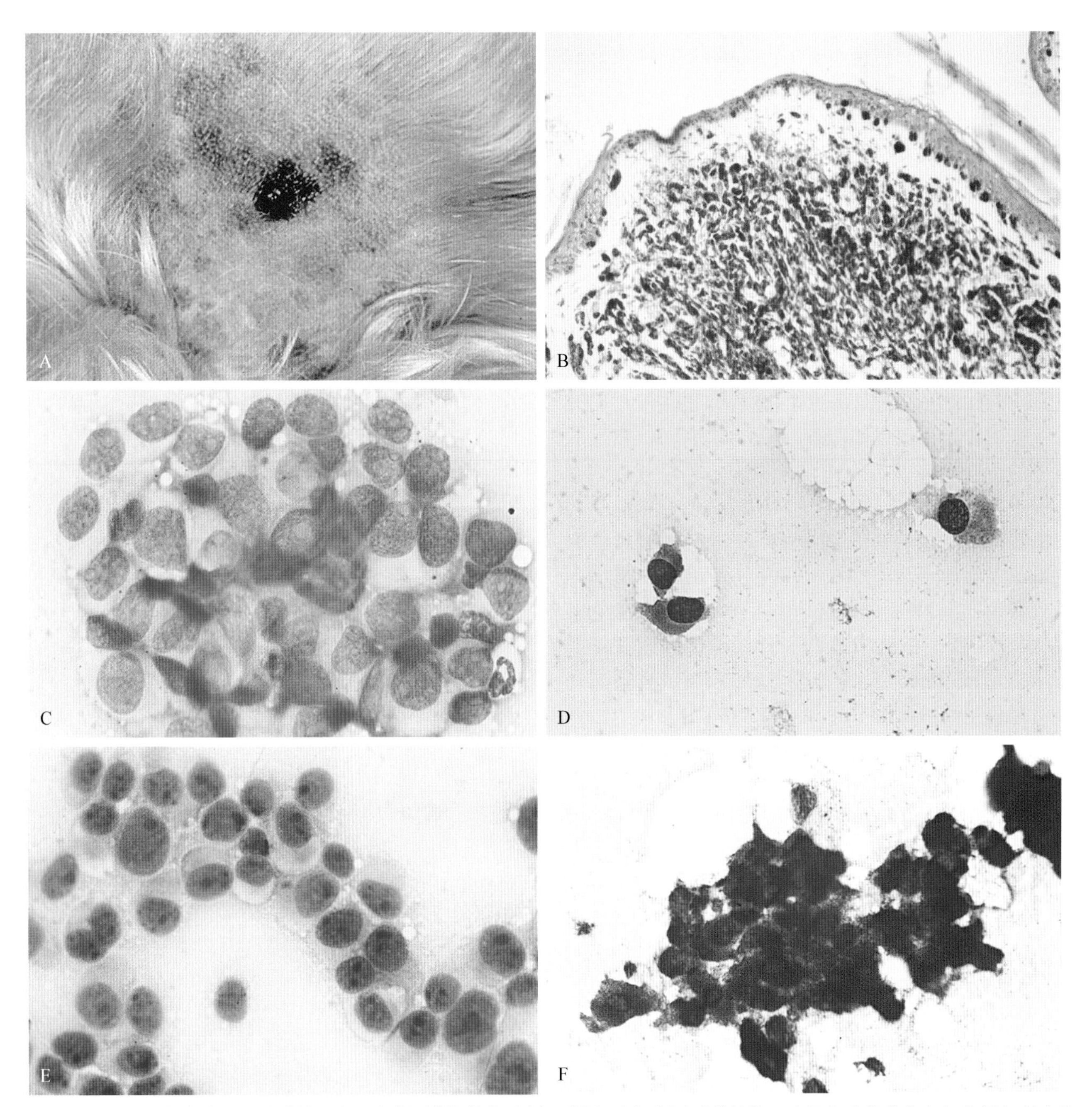

■ 图 3-48 **A. 黑色素瘤。皮肤肿块。犬。**注意图中深棕色,黑色,分界,凸起的圆顶形肿物。这是大多数分化良好的黑色素瘤的典型特征。**相同病例 B,D,F。B. 良性黑色素瘤。组织切片。犬。**黑色素细胞在上皮基底层中出现,并在表面真皮下广泛成簇排列。该肿瘤细胞在背景中着色较重。(H&E 染色,中倍镜)。**相同病例 C,E。C. 无黑色素性黑色素瘤。组织特征。犬。**染色不足的细胞聚集成群,呈现出紧密结合的上皮样外观。大量清晰的细胞质出现在分化较低的黑色素瘤中。这类口腔牙龈肿物与预后不良有关联。(瑞-吉氏染色;高倍油镜)**D. 良性黑色素瘤。组织特征。犬。**个别纺锤形细胞有大量黑色素染色。(水性罗氏染色;高倍油镜)**E. 无黑色素性黑色素瘤。组织特征。犬。**在该片子上的其他地方,有个别细胞出现明显的浆细胞样特征。注意细胞有明显的多个核仁,细胞核大小不等,染色质粗糙且有圆形或椭圆形细胞核,这类细胞出现在分化较差的黑色素瘤中(水性罗氏染色;高倍油镜)**F. 良性黑色素瘤。组织特征。犬。**发现大量聚集的染色较深的细胞,并遮住了细胞核的细节处。(水性罗氏染色;高倍油镜)

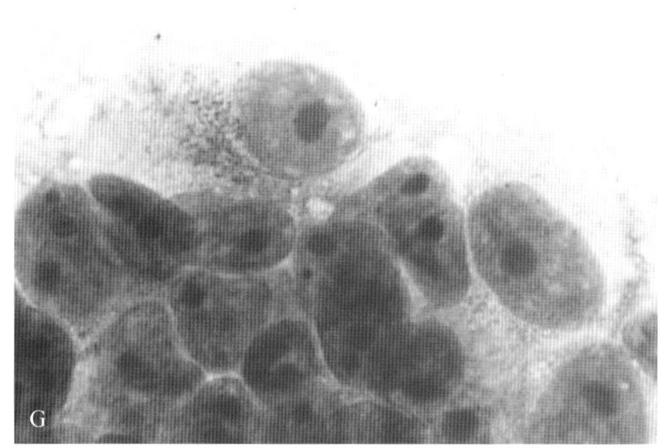


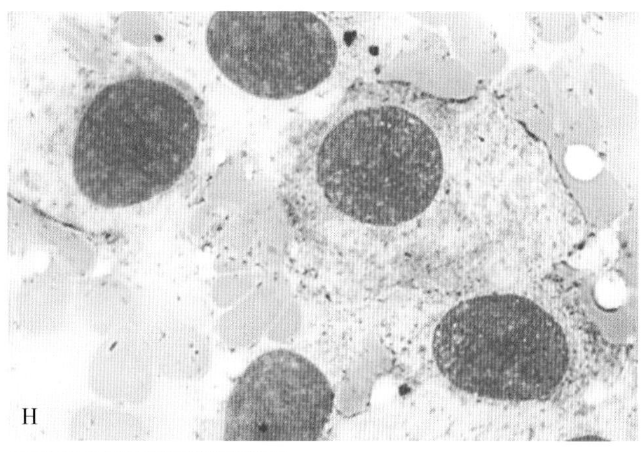


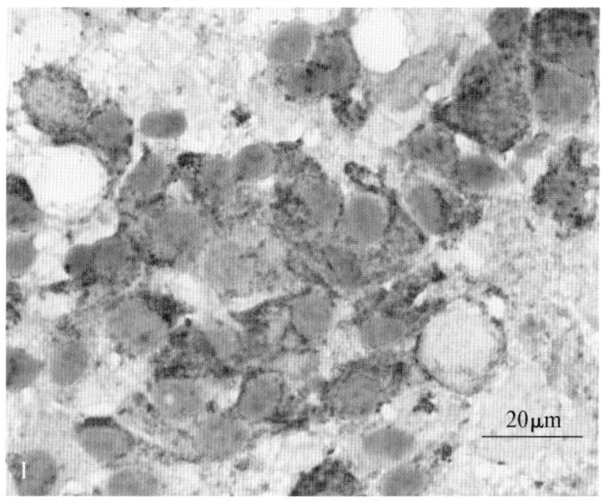


■ 图 3-48 续　**G. 无黑色素性黑色素瘤。口腔损伤特征。犬。**可看到恶性肿瘤的特征,有多个大的核仁,细胞核大小不均,染色质粗糙和多变的核质比率。注意细胞中有少量像灰尘的深色颗粒。(水性罗氏染色;高倍油镜)**H. 黑色素瘤。组织抽取物。犬。**一致的细小,灰黑色黑色素颗粒有助于分化不良的黑色素瘤诊断。(瑞-吉氏染色;高倍油镜)**I. 黑色素瘤。皮肤肿物抽取物。犬。**一个多中心无黑色素性黑色素瘤的细胞质中可见到显著的免疫细胞化学染色。(美蓝-A/AEC;高倍油镜。)(A,由 Leslie Fox, Gainesville,Florida,United States 提供. I,由 Michael Logan,Purdue University 提供。)

淋巴结和内脏使得本病慢慢演变成一个致命的因素。化疗或免疫抑制和免疫调节药物都未成功。动物1个月至3年死亡或安乐死(平均13个月)。病因尚不清楚,但认为与间质树突状细胞有关。细胞学或新鲜冷冻组织标本是必要的 CD1 表达诊断方法,因为福尔马林固定会损害这些细胞表面分子。

**细胞学鉴别诊断:**淋巴瘤,浆细胞,组织细胞肉瘤,肉芽肿性皮炎。

### 组织细胞肉瘤

组织细胞肉瘤,一种树突状细胞肿瘤,在犬猫多以局灶性或播散性发病(Affolterand Moore,2002;Moore,2014)。局灶性组织细胞肉瘤在犬中常见,在猫少见。这些质地硬的皮下肿物多位于四肢和关节周围。

对比组织细胞瘤和朗格汉斯细胞组织细胞增生症,两者都起源于真皮并且都呈 E-钙黏蛋白阳性,起源于皮下组织内真皮树突状细胞的组织细胞肉瘤可以蔓延到真皮。从细胞学上讲,它们可以同时具备圆形细胞和间质细胞或梭形细胞的外观。多核巨细胞可能也会出现与伴巨细胞未分化肉瘤类似的肿瘤。单个的圆形细胞含有丰富的嗜碱性细胞质,从而呈现空泡化。小泡状细胞核,圆形或缩进,具有一个或多个核仁。经常观察到显著的细胞核大小不均和红细胞大小不均(图 3-51A)。在犬猫中 CD45、CD18、CD1、CD11c 和 MHC II 免疫化学表达呈阳性(图 3-51B)。初步研究(Hans et al.,2008)是由 BLA. 36 支持的表达,该标记物经常用于 B 细胞,作为在其他 B 细胞标记物不反应时组织细胞失常的指示。来源于真皮树突细胞的肿瘤细胞缺乏 E-钙黏蛋白的表达,表明其很可能不是郎格汉斯细胞。组织细胞肉瘤局部浸润并转移至引流淋巴结。早期广泛性手术切除或截肢对预后有利。

**细胞学鉴别诊断:**朗格汉斯细胞组织细胞增生症,低颗粒性肥大细胞瘤,无色素性黑色素瘤,伴有巨细胞的未分化肉瘤,其他肉瘤,反应性组织细胞增多症。

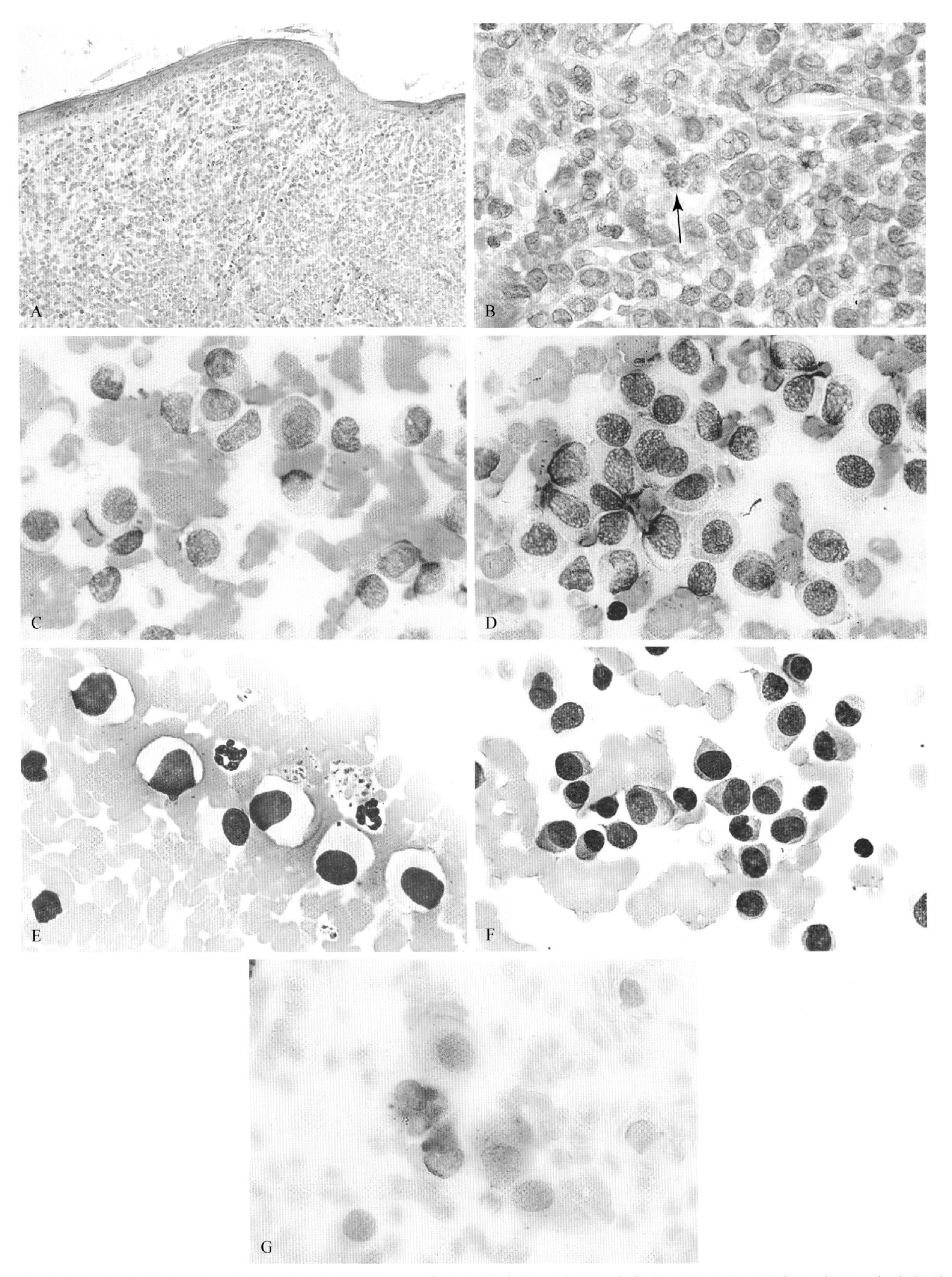


■ 图 3-49 **组织细胞瘤。犬。同例 A-B。组织部分。A.** 真皮上的弥漫性结节和密集的圆形细胞浸润与上皮增生紧密相关。(H&E 染色;中倍镜)。**B.** 核分裂在多形性组织细胞中经常发现。图中中心(箭头)标出一个有丝分裂像。(H&E 染色;高倍油镜)。**同例 C-D。C. 组织抽吸。**在这个背部肿物中细胞有多变的明显细胞质边界。(瑞-吉氏染色;高倍油镜)**D. 组织抽吸。**核为圆形,椭圆形或缩进的细胞核含细染色质和模糊的核仁。轻度红细胞大小不均和细胞核大小不均。底部中心左侧可见一个小的淋巴细胞。(瑞-吉氏染色;高倍油镜)**E. 组织抽吸。**在该唇部肿物中,胞浆丰富,透明至轻微嗜碱性,细胞呈离散型。(瑞-吉氏染色;高倍油镜)。**同例 F-G。F. 组织抽吸。**存在若干淋巴细胞,这表明该肘部肿物病变的消退。(水性罗氏染色;高倍油镜)**G. 组织抽吸。**胞浆红染表明该组织细胞组织化学指示剂阳性反应。(阿尔法-萘丁酯酶;高倍油镜)

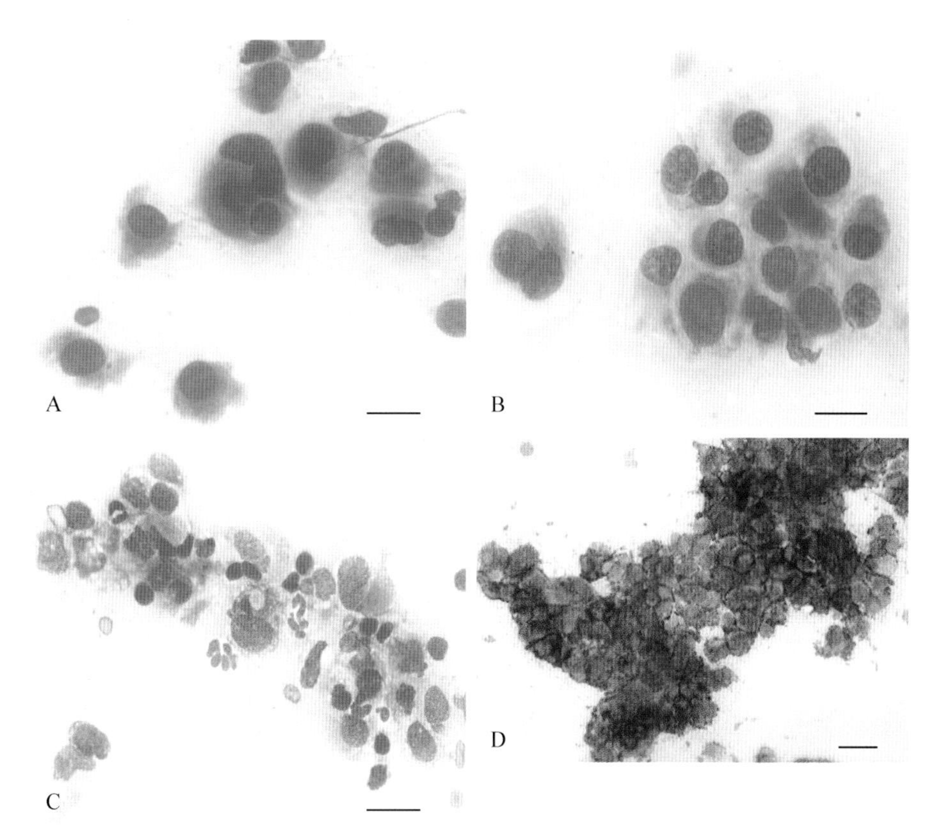

■ 图 3-50 **猫渐进性树突状细胞增多症。A-D 同例。五只猫的渐进性组织细胞增多症的细胞学特征。A.** 细针穿刺抽吸一面部结节，其特征表现为有丰富均匀细胞质和椭圆缩进核的梭形细胞(猫 2)。存在一个双核细胞和一个三核巨细胞。(MGG 染色法)标尺，12 μm。**B.** 细针穿刺抽吸一躯干结节，其特征为离散的圆形到多边形到梭形的肿瘤细胞，中度红细胞大小不均和细胞核大小不均(猫 2)。两个很明显的双核细胞。(MGG 染色法)标尺，15 μm。**C.** 细针穿刺抽吸面部非退化的中性粒细胞和成熟的小淋巴细胞。(MGG 染色法)标尺，24 μm。**D.** 大量聚集的凝聚细胞细胞质对 CD1a 表现出强阳性(猫 2)。(免疫细胞化学。氨基-9-乙基咔唑色原。Mayer 苏木染液)标尺，30 μm。(Pinto da Cunha N，Ghisleni G，Scarampella F，et al. 细胞学和猫渐进性组织细胞增多病免疫细胞化学特性，兽医临床病理学 43：428-436，2014。)

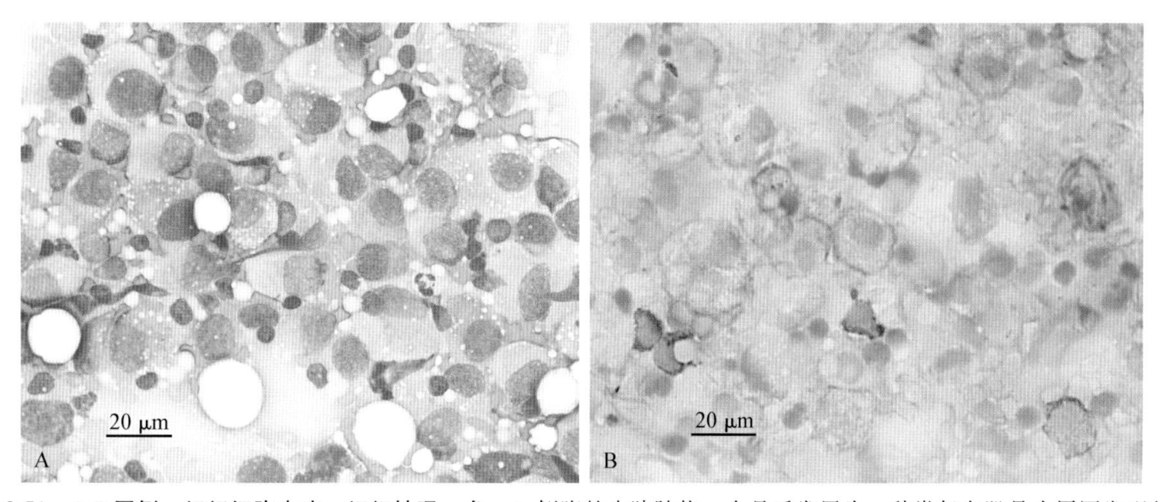


■ 图 3-51 **A-B 同例。组织细胞肉瘤。组织抽吸。犬。A.** 侧腹的皮肤肿物一个月后发展为一种类似在股骨头周围发现的增殖细胞。样本由大量大型(20～30 μm)圆形细胞为主要细胞群组成。这些细胞有缩进的圆形细胞核被多个小核仁细颗粒化。灰色细胞质通常丰富，偶有小点状空泡。背景包含游离脂质和淋巴细胞与浆细胞的混合。红细胞大小不均，细胞核大小不均以及不同的核质比构成了细胞群的特点(改良瑞氏染色；高倍油镜)**B.** 免疫细胞化学反应中抗 CD1a 抗原的不同红粒状细胞膜染色，表明细胞群主要由树突状细胞组成。另一种对组织细胞外观的考虑可能是巨噬细胞的起源，但 CD1 预计不会为阳性。

## 反应性组织细胞增多症(皮肤型/全身性)

与肿瘤组织细胞病相比，犬的一系列炎症情况可能模仿组织细胞肉瘤的细胞学表现。这些反应性的组织疾病，例如全身性的组织细胞增多病和皮肤细胞增多病具有以活性树突状间质细胞和淋巴细胞为主的病灶，其侵入血管壁，在皮肤、淋巴结和内部器官(只在全身性组织细胞增多症)中产生环管浸润(Moore，2014)。皮肤组织细胞增生症的“底部-重”病变表现为多个直径达 4 cm 由淋巴细胞和组织细胞的混合群组成的皮肤和皮下牢固的非瘙痒性的结节(图3-52A-C)。常见的部位包括面部、鼻子、颈部、躯干、四肢、会阴及阴囊。反应性组织细胞表达树突状细胞标记物如CD1a、C11c、CD18、和MHCII类,并且不像在组织细胞肉瘤那样,这些树突状细胞表达出表明细胞活性的CD4和通过正常的真皮间质细胞表达的CD90(Thy-1)(图3-52D)。治疗可尝试通过免疫抑制或免疫调节药物来控制这些树突状细胞的T细胞活化。值得一提的是,不能在福尔马林固定组织切片中评估CD1a、CD4、和CD11c,而CD90、CD18、MHC Ⅱ类,和E-钙黏蛋白可以。因此,细胞学标本对做出明确诊断非常有帮助。

**细胞学鉴别诊断(皮肤)**:淋巴瘤,组织细胞肉瘤,浆细胞瘤,多发性皮肤组织细胞瘤。

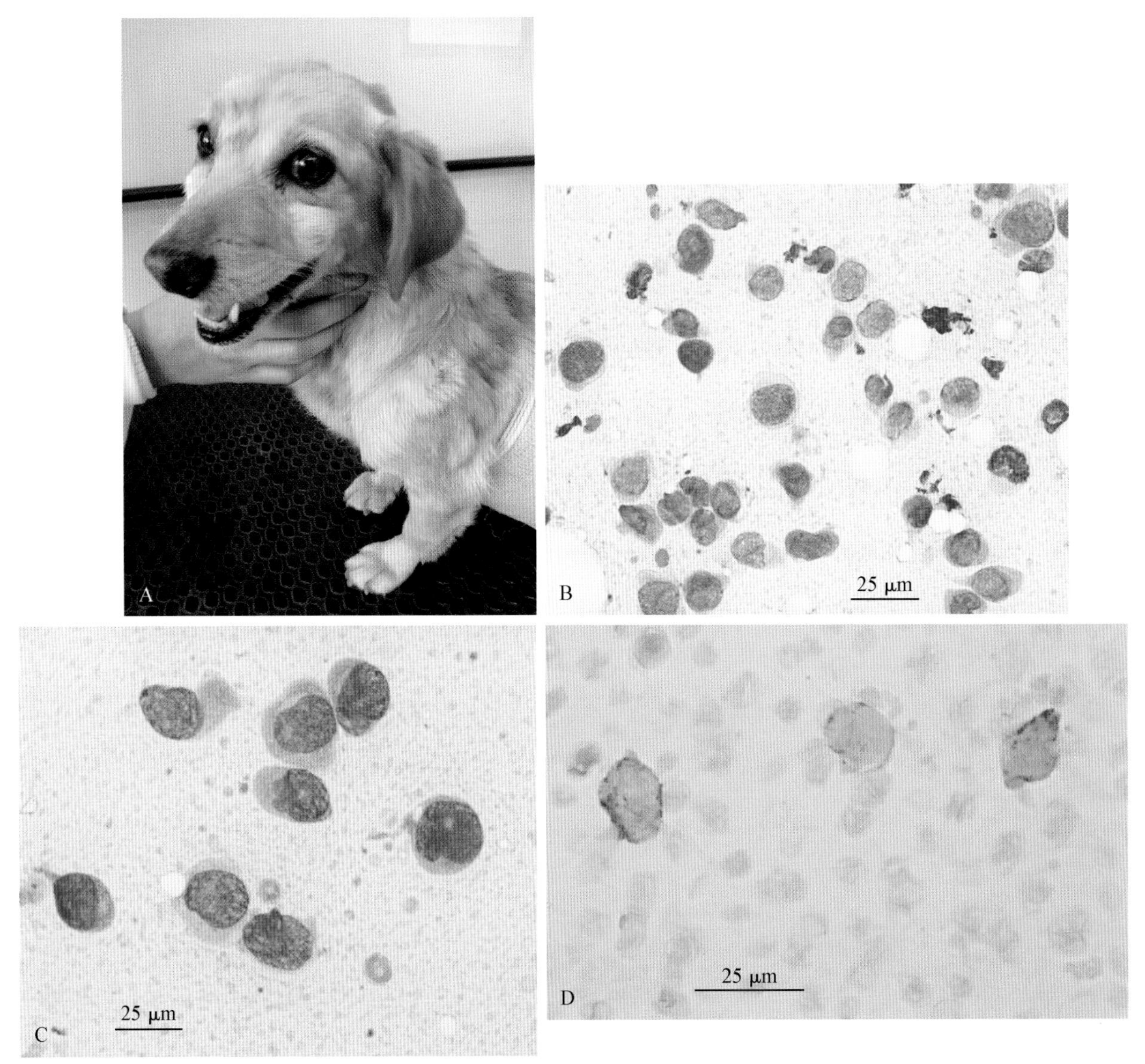


■ 图3-52 **皮肤组织细胞增生症。犬。A-D同例。A.** 多个大小不一的结节在头部、四肢、躯干以及眼睛下方口鼻两侧。**B. 组织抽吸。**个别细胞有数量可变的缺乏中度嗜碱性的细胞质和多形不规则圆形,浓缩的和肾形的细胞核。(改良瑞氏染色;高倍油镜) **C. 组织抽吸。**更高放大倍数显示出小高尔基体区和不规则形核的存在。**D. 组织抽吸。**对抗CD90(Thy1)的强阳性反应表明真皮间质树突状细胞的存在,这种存在支持反应性组织细胞增生症。(抗CD90/ AEC;高倍油镜)(病例材料由巴西的Stella F. Valle, Porto Alegre提供)

### 肥大细胞肿瘤

肥大细胞瘤约占犬皮肤肿瘤的10%,同时在某些品种高发,如拳师犬,巴哥犬,波士顿梗犬(Yager and Wilcock,1994)。对犬来说,肥大细胞瘤在躯干和四肢最为常见并且通常可单独的,无包膜的,高度浸润到皮肤和皮下(图3-53A-C)。其偶尔可能出现在幼犬上。细胞学意义上讲,犬肿瘤细胞粒度和核异型的程度各不相同。犬肥大细胞最常用的细胞学分类含三个等级,类似以前被采纳的帕特奈克组织学方案。具有许多不同的异染颗粒并具有均匀小核的犬肥大细胞被认为是Ⅰ级(高分化)。Ⅱ级(中度分化)

肥大细胞有较少的颗粒，并且细胞核可能表现出不同的大小和形状（图 3-53D-F）。Ⅲ级（低分化）肥大细胞很少或没有细胞质颗粒，且细胞核显示核分裂异型（图 3-53G）。

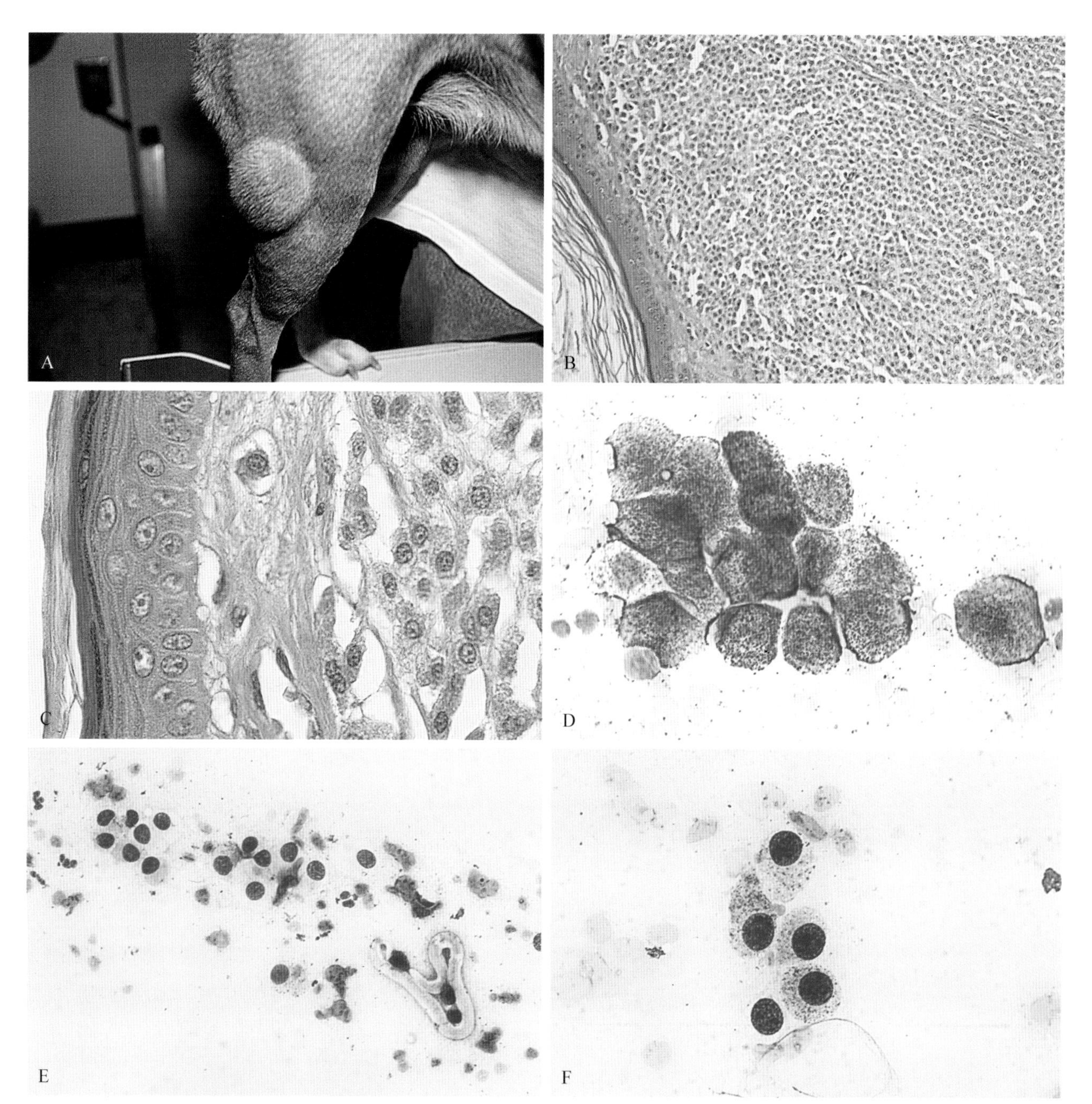

■ 图 3-53　**肥大细胞肿瘤。A. 犬。腿部肿瘤。**注意膝关节外侧区域大的，生长的，有毛的结节，与脂肪瘤非常类似。**B-C 同例。组织切片。猫。B.** 弥散密集的圆形细胞浸润真皮。（H&E 染色；中倍镜）**C.** 圆形细胞内有粒化物。该高度分化的肿瘤中细胞核大小均匀。（H&E 染色；高倍油镜）**D-F 同例。D. 犬。组织抽吸。**不同染色的颗粒和大小不均匀的细胞核表明该乳腺肿物为中度分化的肿瘤。（瑞-吉氏染色；高倍油镜）**E. 犬。组织抽吸。**用水溶性染色剂冲刷颗粒内容以使肿瘤显现出细胞学意义上的轻微区别。注意右下区域在颗粒化不良的肥大细胞间的犬恶丝虫微丝蚴。（水性罗氏染色；高倍油镜）**F. 犬。组织抽吸。**（高倍镜放大）注意细胞中使用水溶性溶剂后的颗粒轻度尘埃化。与图 D 中细胞相比，依旧保持使用甲醇罗氏染色剂的颗粒内容。（水性罗氏染色；高倍油镜）

这包含细胞核大小不均，染色质粗糙，核多样以及核仁明显。Ⅲ级肥大细胞的细胞质边界经常不易区分。巨大的、具有双核的细胞在Ⅲ级类型中更常被找到。嗜酸性粒细胞在犬肿瘤比猫肿瘤上更多。背景中经常充满破裂细胞的颗粒。脱粒现象可能与出血，血管坏死，水肿，以及胶原酶溶解有关（图 2-22B 和 3-53H）。纤维组织增生可能伴随嗜酸性粒细胞的炎症病变以及瘤性肥大细胞（图 3-53I）。细胞化学和免疫化学的鉴定方法包含氯乙酸酯酶，ω-核酸外切酶，类胰蛋白酶和 KIT 的抗体，此外还有吉氏染色为异染颗粒（Fernandez et al.，2005）。治疗方法包含广泛的手术切除，冷冻术，放疗和化疗。

犬的预后根据分期和组织学分级而变化。Ⅲ级肿瘤局部复发和转移至淋巴结的概率高。不到10%的患Ⅲ级肿瘤的犬存活超过一年(Yager and Wilcock,1994)。发生在犬会阴,阴囊,包皮和足趾的肿瘤表现得更具侵略性(Gross et al.,2005)。另一种犬的预后手段包括将嗜银核仁组织区和Ki67的频率作为细胞增殖的指标,当存活率降低时两者都会升高,同样也与KIP蛋白定位有关(Kiupel et al.,2004;Webster et al.,2007)。最近,案例研究随着观察者的多样性和头脑中的预后,研究者提出更改组织学分级系统采用两级方案(Kiupel et al.,2011;Sabattini-et al.,2014)。这包括到高低两级,后者反映较大的细胞和核异型性,频繁的核分裂,多核和巨大核。

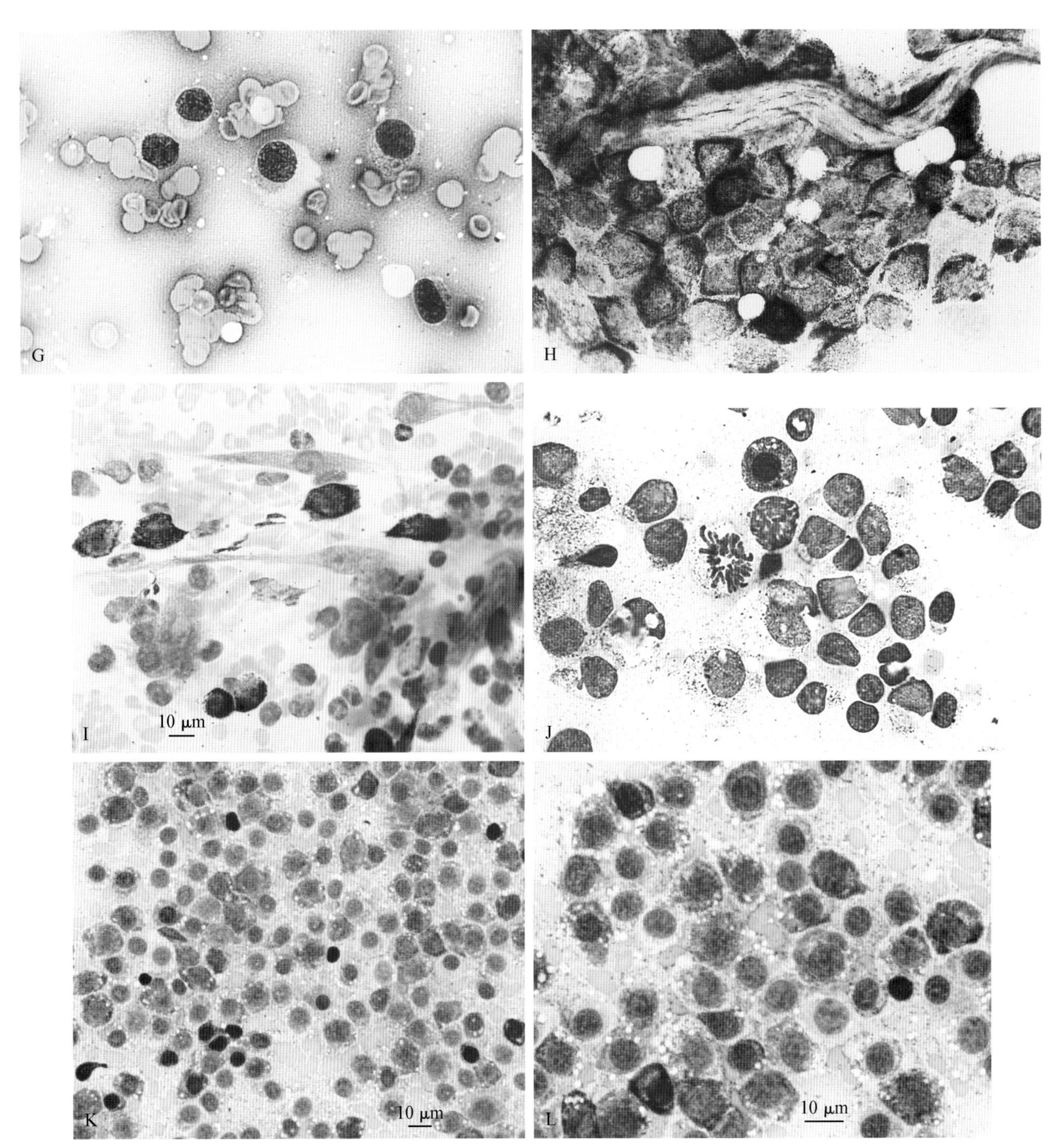


■ 图3-53续 **G.犬。组织压片。**颌下皮肤的低分化肿瘤,细胞中出现一些零散细小异染颗粒。恶性细胞核变化包括染色质粗糙,核大小不均,较高且可变的核质比,以及明显的核仁(瑞-吉氏染色;高倍油镜)。**H.组织抽吸。犬。**来自胸部皮肤肿块的中度分化肿瘤包含胶原酶溶解后的淡粉色胶原束(瑞-吉氏染色;高倍油镜)。**I.组织抽吸。犬。**纤维组织增生在这些肥大细胞肿瘤中经常发生,分散在许多嗜酸性粒细胞和肥大细胞中的成纤维细胞可证明。(改良瑞氏染色;高倍油镜)**J.趾部肿瘤压片。猫。**注意细胞质释放颗粒的粒化背景。细胞呈现出带有"组织细胞"表现的多形性,并且含有不同数量的细胞质颗粒。这只八岁猫双脚趾部有由同种肿瘤引起的多个肿瘤(瑞-吉氏染色;高倍油镜)。**K-M同例。单个颈部真皮肿块。猫。K.组织抽吸。**可变颗粒状的肥大细胞有轻度细胞核大小不均。(瑞-吉氏染色;高倍油镜)**L.细胞抽吸。**高倍镜显示许多细胞有点状空泡和不同粒化。

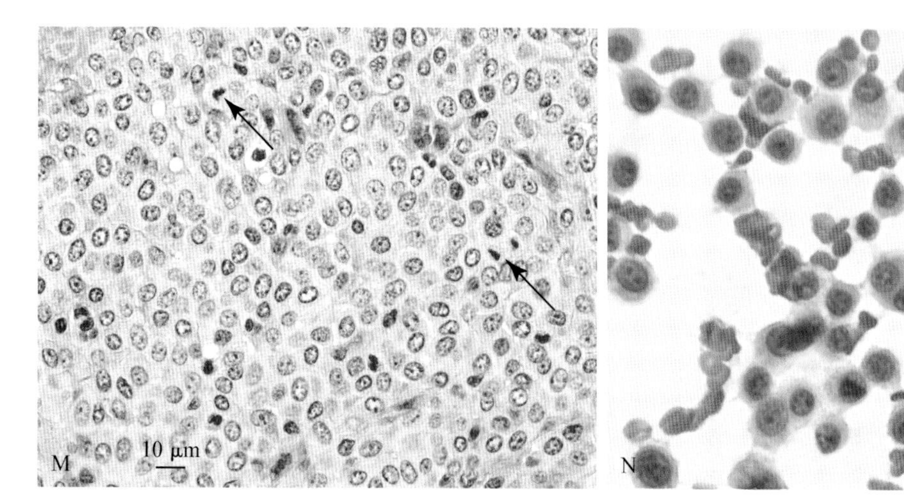


■ 图 3-53 续　**M. 组织切片。**组织切片显示不同程度的丰富胞浆，未成熟的染色质形态和小核仁，偶见核分裂象（箭头）（H&E 染色；高倍油镜）**N.** 肥大细胞瘤，低分化。细针穿刺，无抽吸。犬。肥大细胞表现为高度的多形性，因细胞核显著着色且无细胞质特征而显示核仁明显。注意中心的双核细胞。（巴氏染色；高倍油镜）（N 由 Noeme Sousa Rocha 提供，FMVZ-UNESP Botucatu, Brazil。）

其他研究人员试图利用组织学分级的某些方面进行细胞学标本的分级（Barbosa et al.，2014；Scarpa et al.，2014），但发现分级的标准需要调整以便更好地与细胞较少的细胞学检查保持一致。这可能需要 KIT 蛋白评价配合细胞增殖标记物一起使用，并且对于细胞学样本转移/复发的潜力都是最具有预测性的两级方法（Sailasuta et al.，2014）。

肥大细胞肿瘤是第二常见的猫皮肤肿瘤类型，占皮肤肿瘤的 12%～20%（Miller et al.，1991；Goldschmidt and Shofer，1992）。它通常表现为单独的，界限清晰的真皮肿物，发生在头部，颈部以及躯干。在年幼的暹罗猫上常见多个肿瘤（Gross et al.，2005）。小的、高度分化的淋巴细胞可能与猫肿瘤有关。类似于粒化不良组织细胞的肿瘤细胞与多种形式的肥大细胞瘤有关。

对猫来说，本病的单发形式通常被认为是一些例外情况的良性复发和侵袭（Johnson et al.，2002）。肿瘤的组织学分级包括核多形性，有丝分裂速度和侵入真皮深度，对猫单发肥大细胞瘤无预后意义（Molander-McCrary et al.，1998）。相当数量幼猫的各种肿物在数个月内自行消退。单例猫的细胞学和组织学的相关性显示在图 3-53 K-M。

**关键点**　吉姆萨或甲苯胺蓝染色应用以显示低分化的细胞质颗粒。应当指出的是水溶液 Romanowsky 染色，如 Diff-Quik®，常常显示出缺乏粒化，尤其是较少分化的肥大细胞瘤。这与颗粒内容物的水溶性性质和无法形成稳定的沉淀物有关（图 3-53E&F）。采用湿固定染色如巴氏染色法，有助于评估核和核仁的特征，因为本染色中颗粒不可见（图 3-50N）。

**细胞学鉴别诊断：**正常的肥大细胞，慢性过敏性皮炎，淋巴瘤，气球状细胞黑素瘤，组织细胞瘤，浆细胞瘤。

### 浆细胞瘤

浆细胞瘤占犬皮肤肿瘤大约 2%，在猫罕见（Yager and Wilcock，1994）。多为单独发生，边缘清晰的肿块，通常发生在趾部、耳部和口部。个别细胞有数量不一的嗜碱性胞质，且边界不连续（图 3-54A&B）。红细胞大小不均和细胞核大小不均是突出特点。细胞核圆形到椭圆形，有细到中等粗细的染色质且核仁模糊。核通常偏移并常有双核。多核细胞可能存在（图 3-54C&D）。非晶体嗜酸性物质，典型的淀粉体，在浆细胞瘤中见到小于 10%（图 3-54E&F）。治疗包含广泛的手术切除。预后一般良好，但可能常见局部复发。一项研究发现一例形态呈多形性未成熟型的浆细胞瘤，与复发和转移有关（Platzet al.，1999）。从髓外浆细胞瘤转移到骨髓瘤在犬猫少有记载，近来的报道是在 5 个月后（Radhakrishnan et al.，2004）。浆细胞瘤的鉴别可能涉及细胞化学（RNA 染色为品红甲基绿派洛宁）或免疫组化（CD45、CD79a、λ 链、MUM1）（Majzoub et al.，2003；Ramos-Vara et al.，2007）。猫周神经鞘瘤的细胞学外观显示与浆细胞的形态相似，这表明组织病理学最适合这类病例（Tremblay et al.，2005）。

**细胞学鉴别诊断：**淋巴瘤，组织细胞瘤，无色素性黑色素瘤，神经内分泌（Merkel 细胞）瘤，外周神经鞘瘤。

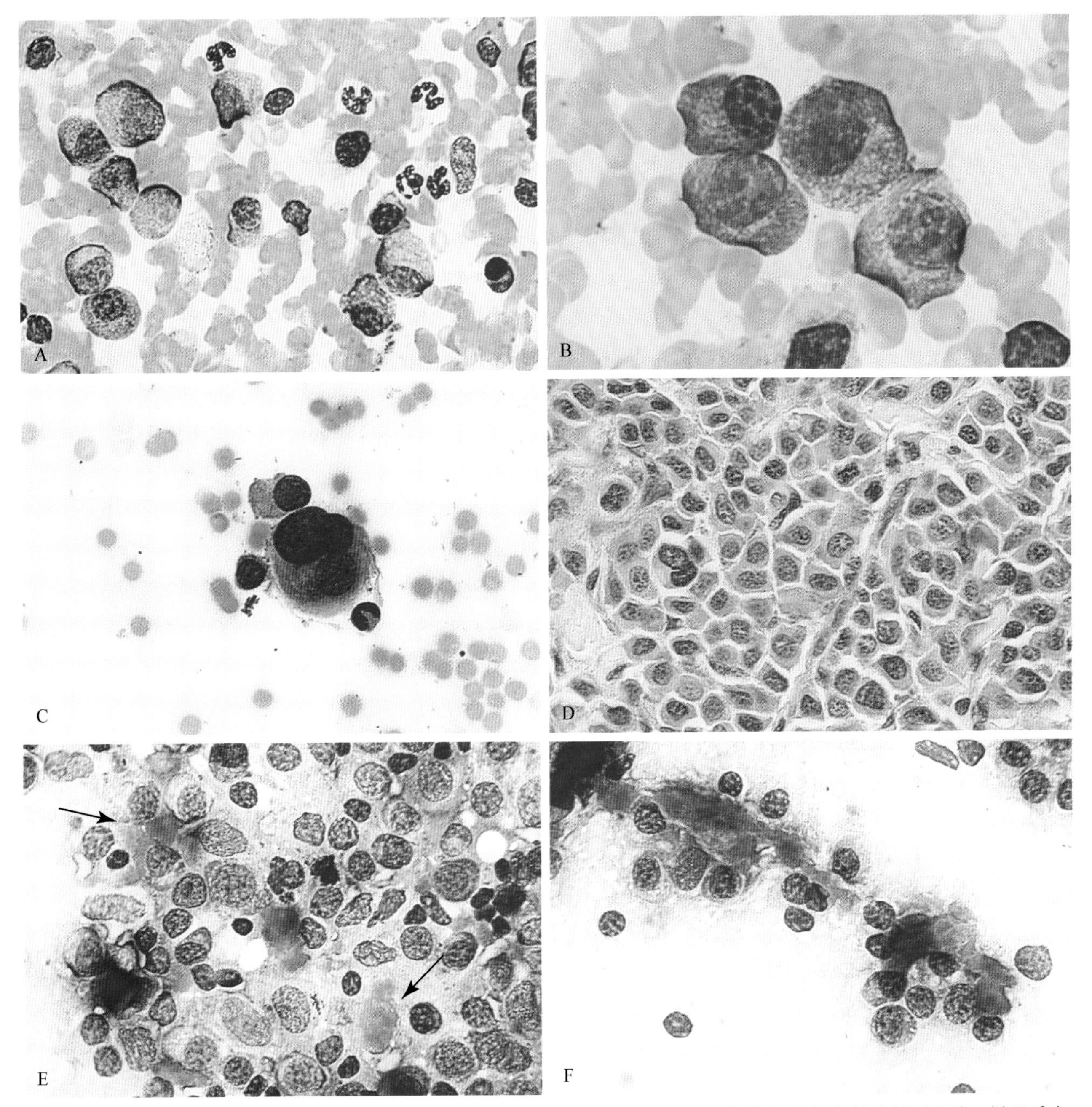


■ 图 3-54 **浆细胞瘤。A-B 同例。A. 组织抽吸。猫。**细胞样品中细胞有数量不一的嗜碱性细胞质,其边界不连续。样品采自一鼻平面肿瘤。(瑞-吉氏染色;高倍油镜)**B. 组织抽吸。猫。**高倍镜下的 A 图。注意浆细胞样外观和核偏移以及不同程度的粗糙染色质。此例中有一个单克隆产生 γ-球蛋白。(瑞-吉氏染色;高倍油镜)。**C-D 同例。C. 组织压片。犬。**一趾部肿瘤中见到多核细胞,此种肿瘤中经常发现。(瑞-吉氏染色;高倍油镜)**D. 组织切片。犬。**密集的多形性圆形细胞浸润真皮。注意左侧中心的多核细胞。(H&E 染色;高倍油镜)。**E-F 同例。含淀粉体的浆细胞。组织压片。猫。E.** 该跗关节肿瘤标本可见密集的明显红细胞大小不均和细胞核大小不均的细胞。一些细胞有浆细胞样的外观,而其他组织细胞有丰富的淡染胞质。少量的淀粉体在细胞之间(箭头)。(瑞氏染色;高倍油镜)**F.** 注意丰富的粉色的非晶体物质与浆细胞样细胞有关。(瑞氏染色;高倍油镜)(E-F,由沃尔特·盖尔等人提供幻灯材料,美国密歇根州立大学;在 1992 年 ASVCP 病例回顾会议上提出)

### 皮肤淋巴瘤

皮肤淋巴瘤可作为皮肤的主要疾病或很少作为全身性淋巴瘤的一种表现出现。它在老年犬和猫更常见,但已有报道其出现在幼年犬(Choi et al.,2004)。组织学上,皮肤淋巴瘤分为非趋上皮性和趋上皮性。趋上皮性淋巴瘤占犬皮肤肿瘤的 1%,这两种类型共占猫皮肤肿瘤的 2.8%。趋上皮性淋巴瘤在猫相比在犬少见(Gross et al.,2005)。病变为单个或多个结节,表现为斑块、溃疡、红皮病或过度缩放的剥脱性皮炎(图 3-55A&B)。瘙痒可能常见。T 淋巴细胞被假定参与到真皮层和皮下组织的渗透,趋上皮性淋巴瘤与非趋上皮性淋巴瘤类似。皮肤 B 细胞淋巴瘤极为罕见(Grosset al.,2005)。趋上皮淋巴瘤,当其特征为表皮和附属器官被肿瘤淋巴细胞浸润,被称为蕈样真菌病(图 3-55C)。有时肿瘤细胞的局灶性集合,称为 Pautrier 微脓肿,在表皮内形成。起源细胞通常是T淋巴细胞,且80%表达CD8,而剩余的20%为CD4和CD8双阴性(Moore et al.,1994;Gross et al.,2005)。

当这些肿瘤的T淋巴细胞存在于表皮和外周血,则称为塞扎莱综合征(Fosteret al.,1997),基于一种相似的人类表现。犬变形性骨炎样网状细胞是在表皮内增殖TCRγδ(T-细胞受体γδ)阳性细胞的CD3+T细胞淋巴瘤的一种形式。细胞学上,淋巴细胞多变,从小到大不等,细胞核圆形,缩进或旋绕(图3-55D&E)。核仁通常模糊,但也可能明显。细胞质很少,中度和轻度嗜碱性。大小一致的淋巴细胞群没有显著炎症或浆细胞浸润则提示皮肤淋巴瘤。一般情况下,治疗包括化疗,放射疗法和未能取得长期缓解效果的免疫疗法。

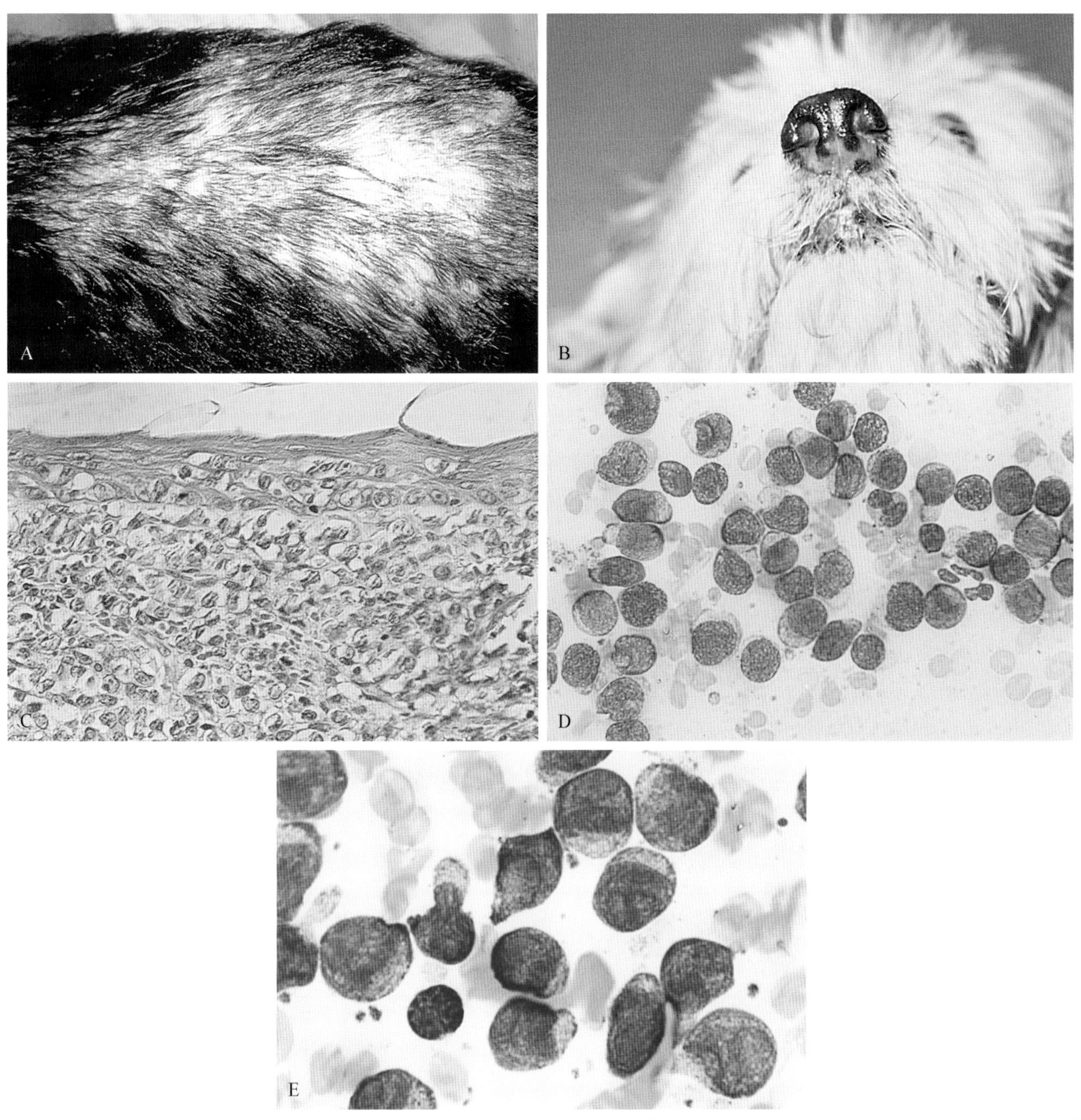


■ 图3-55　**蕈样真菌病。犬。A.** 背部存在斑块及结节。**B.** 注意到鼻子和嘴周围褪色和结痂。**C-E 同例。C. 组织切片。** 肿瘤淋巴细胞浸润胸部皮肤的表皮和真皮。肿瘤细胞小灶集合,称为 Pautrier 微脓肿,在表皮内出现。(H&E染色;高倍油镜)**D. 组织抽吸。** 淋巴细胞多变,从小到大不等,细胞核圆形,缩进或旋绕。细胞质很少,中度和轻度嗜碱性。(瑞-吉氏染色;高倍油镜)**E. 组织抽吸。** D在高倍镜下。核仁通常模糊,但偶尔明显。注意与左下方小淋巴细胞的大小比较。(瑞-吉氏染色;高倍油镜)(A-B,珍妮特·沃伊切霍夫斯基好意提供,盖恩斯维尔,佛罗里达州,美国。)

手术切除可能对于单个病灶有帮助(Choiet et al.,2004)。因病情进展迅速,预后较差,需要安乐死。当存在淋巴结转移时,通常发生在这两种类型的后期。实验室检查异常与皮肤淋巴瘤有关,如单克隆丙种球蛋白病,血清高黏血症和高钙血症。

**细胞学鉴别诊断:**慢性炎症性皮肤炎,组织细胞瘤。

### 犬传染性生殖道肿瘤

犬传染性生殖道肿瘤是一种犬的肿瘤,尤其是生活在温带地区散放交配的动物,与完整细胞的移植有关。免疫化学支持波形蛋白和CD45和CD45RA免疫反应性,指示白细胞源性与阳性溶菌酶和α-1-抗胰蛋白酶的表达,支持组织细胞来源(Gross et al.,2005;Park et al.,2006)。然而,细胞不显示为犬源性,具有59条异常核型的染色体犬与78条正常核型的染色体犬进行比较。

PCR和分子学技术来分析长散布核元件(LINE)的序列可被用于鉴别肿瘤细胞(Park et al.,2006)。肿瘤发生在外生殖器皮肤以及与性接触相关的黏膜。然而,已有报道初情期前的雌性犬皮肤损伤而没有黏膜受损(Marcos et al.,2006a)。眼观,肿瘤粉或红色,边界不清,多结节,外生有蒂,软,易碎,溃疡和出血,频繁坏死和浅表细菌感染。肿瘤通过组织压印很容易剥落,从而引发大的圆形细胞的单形态细胞群,核圆形,染色质粗糙,有一个或两个明显核仁。胞浆丰富,轻嗜碱性,经常包含多个点状空泡。可见到核分裂象。与肿瘤相关的小淋巴细胞和炎症细胞,常作为细菌性脓毒症的证据(图3-56A-C)。治疗包括化疗,特别是用长春新碱放射治疗和手术切除。化疗预后良好。肿瘤可自行消退,大概与淋巴细胞浸润有关。可能发生肿瘤转移(Park et al.,2006),采用手术介入复发率高。

**细胞学鉴别诊断:**其他圆形细胞瘤,无色素性黑色素瘤。

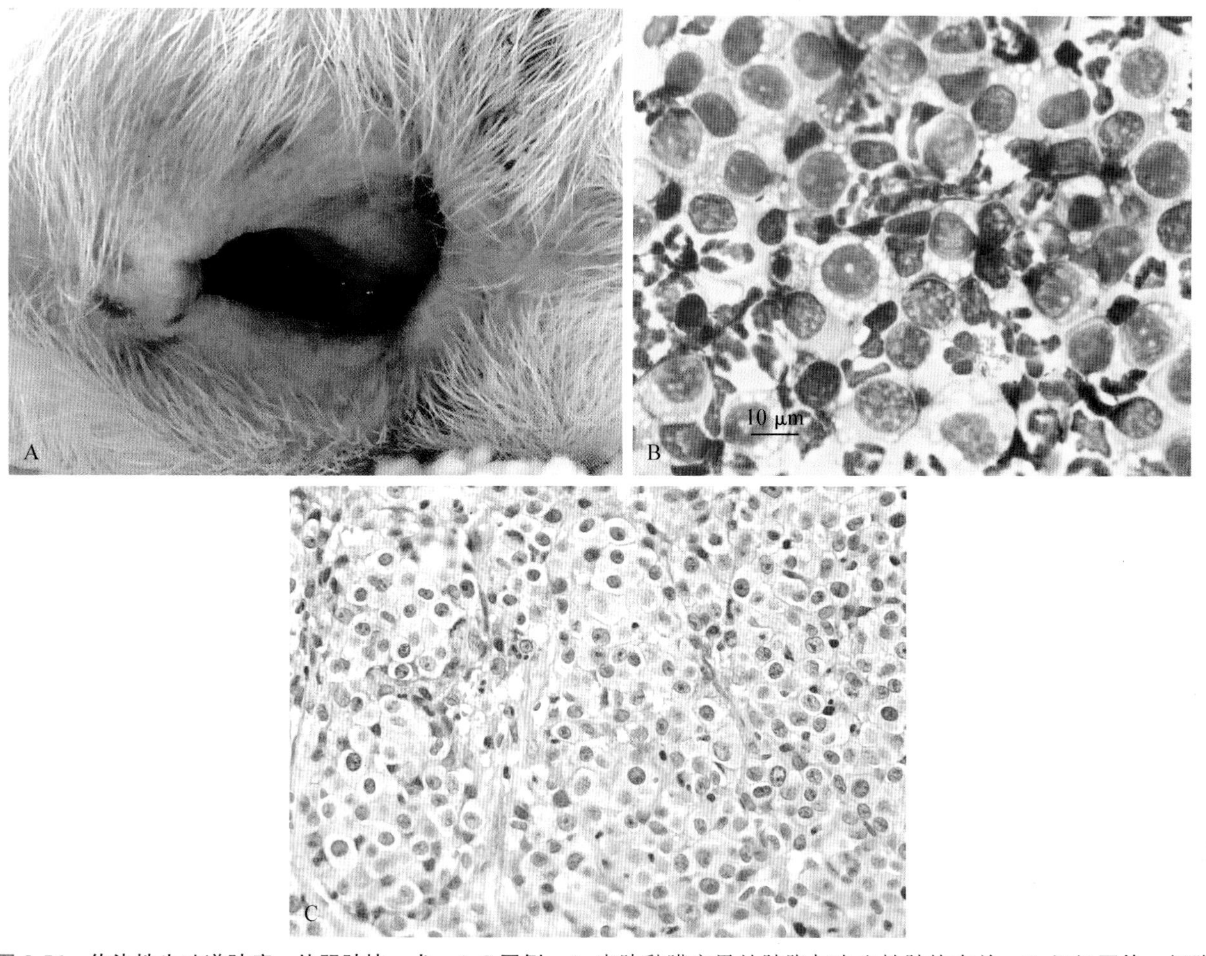


■ 图3-56 **传染性生殖道肿瘤。外阴肿块。犬。A-C同例。A.** 皮肤黏膜交界处肿胀与出血性肿块有关。**B. 组织压片。**细胞组成中大量圆形核的圆形细胞,核仁明显,丰富的嗜碱性胞质常有点状空泡。由退行性嗜中性粒细胞组成的炎性细胞是细菌脓毒症的证据。(改良瑞氏染色;高倍油镜)**C. 组织切片。**皮肤增生的圆形细胞具有明显的核仁。罕见核分裂象。(H&E染色;中倍镜)(A,由Chris Fulkerson提供,普渡大学;B-C,由Kristin Fisher提供,普渡大学)

## 裸核

### 甲状腺

毗邻气管的皮下肿物可通过细针穿刺甲状腺确诊。传统上，它们由紧密或松散地附着细胞的小片组成，其中一些含有黑色粒状的胞浆内物质（图 3-57）。与游离核外观相比，细胞质边界可能或可能不明显。颈部肿瘤偶尔可无临床症状，除了最近一则 C-细胞或甲状腺髓样癌的报告证明颈部皮下气管肿瘤（Bertazolloet al.，2003）。

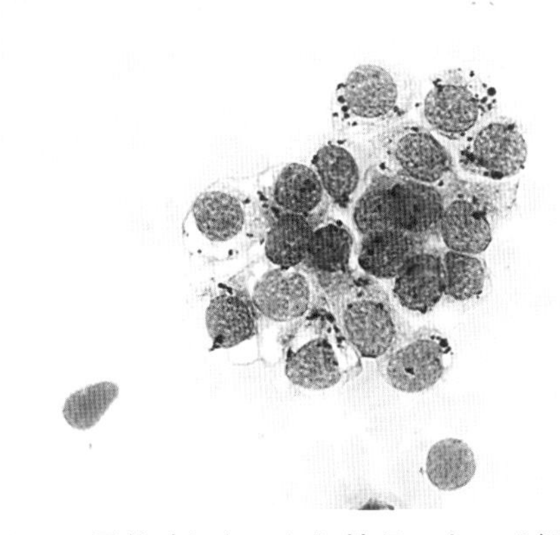

■ 图 3-57　**甲状腺组织。组织抽吸。犬。**毗邻气管皮下的肿物可通过细针穿刺甲状腺确诊。注意细胞的黏性薄片，其中许多含有黑色粒状的胞浆内物质，被认为是酪氨酸。（瑞-吉氏染色；高倍油镜）

有关甲状腺肿瘤的进一步信息请参阅第 16 章。

### 默克尔细胞瘤（神经内分泌癌）

默克尔细胞是广泛分散在整个皮肤和黏膜的神经内分泌细胞。它们是表皮和滤泡上皮的正常部分，位于毛囊峡部的隆起，接近立毛肌附着处。

它们的功能被认为是与感觉机械性感受器（触觉）有关。其在成年犬猫很少发现，肿瘤牢固，位于皮内，肉色或红色结节或达 1.5 cm 直径的斑块。细胞是摄胺脱羧化（APUD）系统各组成部分。镜下，该细胞细胞质内含有致密核心神经分泌颗粒。细胞表达神经元特异性烯醇化酶（NSE），嗜铬粒蛋白 A，突触素和细胞角蛋白。细胞学上，最近的一个病例被描述为肿瘤圆形或多边形细胞的单形态细胞群与许多裂解细胞的裸核混合，背景为厚重的蛋白物质（图 3-58）。适度的红细胞大小不均和细胞核大小不均。细胞圆形或椭圆形，核位于中央或偏移，染色质粗糙，圆形核仁明显，适量的淡嗜碱性胞质，以及可变的清晰细胞质边界。可见中等数量的双核细胞，而罕见核分裂象（Joiner et al.，2010）。犬皮肤神经内分泌肿瘤通常为良性，但可以转移发展为多个肿瘤。

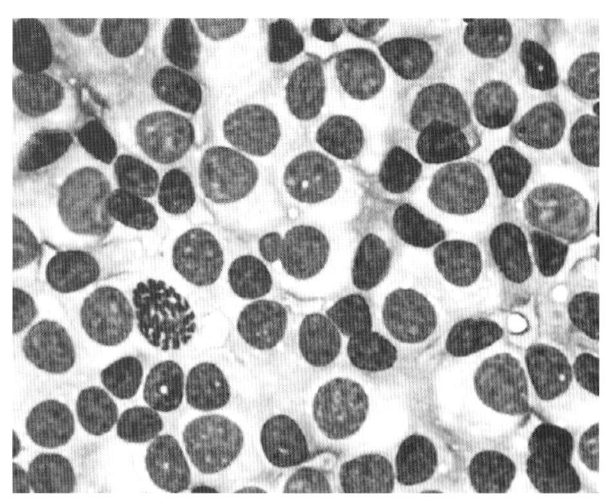

■ 图 3-58　**默克尔细胞瘤（神经内分泌癌）。皮肤肿瘤组织抽吸。犬。**密集聚集的圆形或多边形肿瘤细胞对比蛋白质背景。细胞适量的细颗粒状嗜碱性胞质，核在中心或偏移，染色质粗糙。图中出现一单独的有丝分裂象。（改良瑞氏染色；高倍油镜）（来自 Joiner KS，Smith AN，Henderson RA，et al：犬多中心皮肤神经内分泌（默克尔细胞）癌，兽医病理学 47：1090-1094，2010）

## 组织损伤的应答

### 皮肤钙化与局部钙质沉着

皮肤钙化是真皮、表皮、皮下组织矿质沉积的一种罕见情况。它与犬使用糖皮质激素或肾上腺皮质机能亢进以及医源性给予补钙品治疗甲状旁腺功能低下症有关（Gross et al.，2005）。它包括皮肤胶原蛋白或弹性蛋白的营养不良矿化（图 3-59A）。好发部位包括背颈部，腹股沟区和腋下区。眼观，红斑性丘疹或硬沙砾斑块发展和经常发生溃疡。细胞学上，白色，沙砾物质（Bettini et al.，2005）在背景中显示为密集粒状并发生混合炎症反应，包括巨噬细胞、巨多核细胞、嗜中性粒细胞、淋巴细胞和浆细胞。预后良好，因这些良性病变几个月未治疗后即分解。

局部钙质沉着是皮肤钙化的临床亚型，其在犬不常见，在猫罕见。边界清楚的单个病变在真皮深部及皮下组织由营养不良矿化形成，其病因未知。它主要发生在年轻的德国牧羊犬。病变常常发生在关节区域或压力点，在先前创伤的位点，或舌下（Gross et al.，2005；Marcos et al.，2006b）。肿块质地坚硬且有沙砾感（图 3-59B）。组织学上，病变被大片由致密纤维结缔组织和异物巨细胞包围的矿质沉积物区分开来（图 3-59C）。细胞学上，它类似于皮肤钙化，除了可以更频繁地观察到成纤维细胞。矿质沉积物为形状大小不规则，折光性黄绿色的颗粒，最好下调显微镜聚光器观察(图3-59D)。存在于背景中的紫色细颗粒状物质可能代表坏死组织。钙的增强显示可以通过使用细胞化学染色,如 von Kossa 和 Alizarin red S(Marcos et al.,2006b; Raskin,2006b)。这些良性病变可由手术切除治疗。

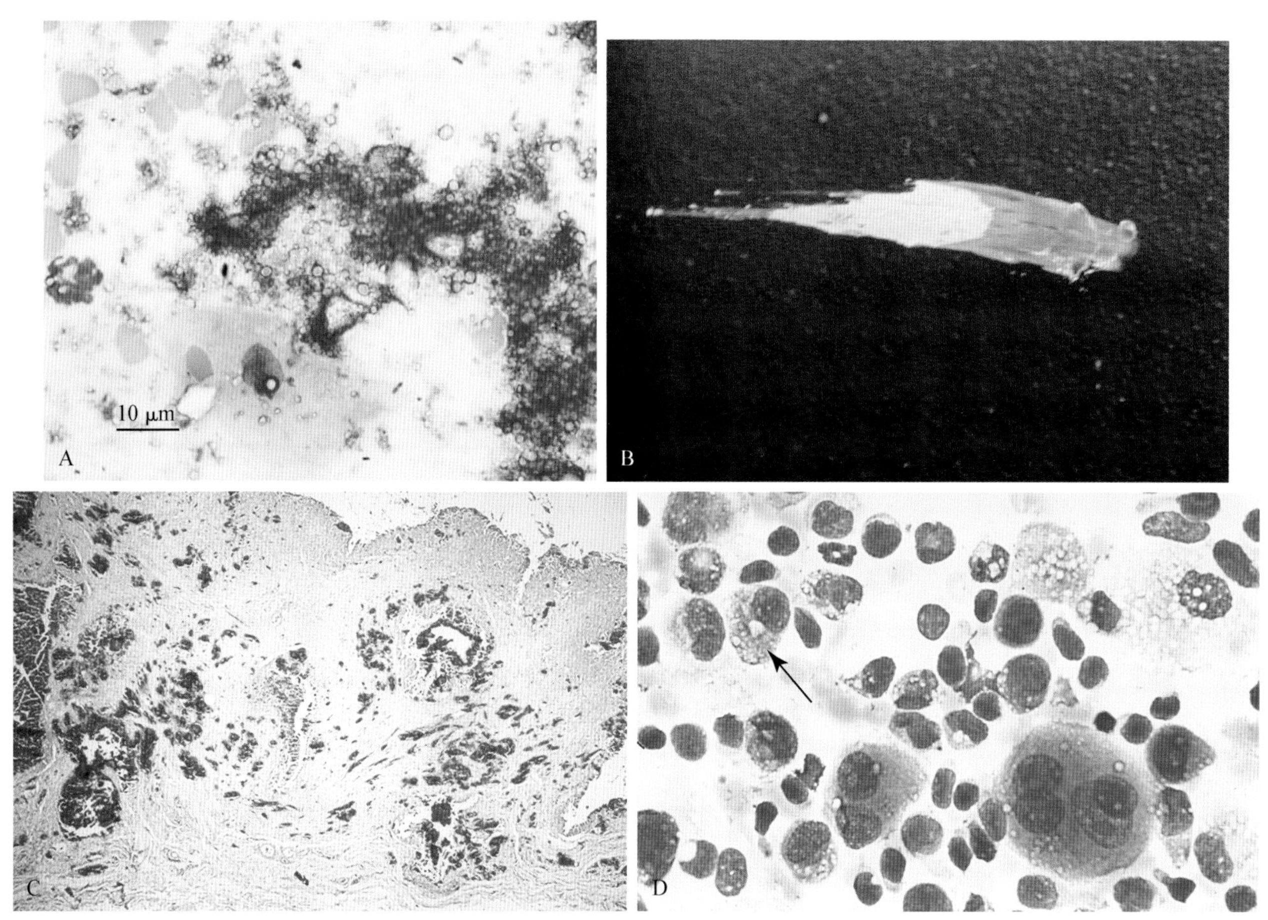


■ 图3-59 **A. 皮肤钙化。组织抽吸。犬。**取自一例肾上腺皮质机能亢进患犬的唇部肿瘤。鳞状上皮和退化的中性粒细胞在大小不等的圆形或不规则折光晶体背景下,与营养不良矿化一致。偶见口腔细菌菌群。(改良瑞氏染色;高倍油镜)**B. 局部钙质沉着。犬。组织抽吸。**粉笔状白沙砾未染色物质由肘部肿瘤抽出,被认为与不断创伤有关。(未染色)**C-D. 局部钙质沉着。犬。C. 组织切片。**这种多结节的皮肤和皮下肿块由着色深红的矿化中心区域构成。这些区域由巨噬细胞,巨核细胞,和致密的纤维结缔组织包围。(H&E 染色;低倍镜)**D. 髋结节肿瘤抽吸。**取自肘部和臀部区域的液体类似,抽吸,沉淀,并涂片。高度细胞样品含有巨噬细胞,巨核细胞和淋巴细胞。在背景下吞噬细胞(箭头)与钙晶体一样有清晰的折射结构。(水性罗氏染色;高倍油镜)

### 肉芽组织

坚硬的皮下肿胀可能由成纤维细胞强烈应答组织损伤引起。组织学上,该肉芽组织肿块是由垂直方向的小血管增殖内皮细胞横断水平排列增殖的成纤维细胞构成(图3-60)。常见有丝分裂和巨噬细胞。细胞学上可见饱满的反应性成纤维母细胞,有一个卵形泡状核,并类似于纤维肉瘤中见到的梭形细胞。组织病理学建议区分两者。

### 血肿

眼观,血肿充满血液的肿块可能类似于肿瘤病症,如血管瘤或血管肉瘤。最初形成时,一个血肿内含的液体与血液相同,但缺少血小板(Hall and MacWilliams,1988)。此后不久,常见巨噬细胞吞噬红细胞(噬红细胞作用)。随着时间的推移,血红蛋白物质分解,显示为巨噬细胞胞质内蓝绿色或黑色的含铁血

■ 图3-60 **肉芽组织。组织切片。犬。**背部肿瘤致密的水平层状纤维结缔组织中毛细血管垂直流经组织。该反应继发于非感染性脂膜炎。(H&E 染色;中倍镜)

黄素颗粒。有时，显示为菱形金色结晶（参见图 2-18）的橙色血晶，可能由贫铁血红蛋白色素形成。随着愈合，可见到饱满的成纤维细胞，其可以模拟肿瘤间质细胞群。

### 水囊瘤

水囊瘤是形成于骨隆凸上的皮下组织内肿胀，通常发生在大型犬的肘部，继发于反复外伤或压迫。一囊样结构由致密结缔组织组成，包含有浆液性或黏液性，透明，黄色或红色的液体，这取决于出血的程度。细胞学上，液体透明或轻度嗜碱性，除了血液污染细胞，包括巨噬细胞（图 3-61）和反应性纤维细胞。病理生理学类似于血清肿形成。

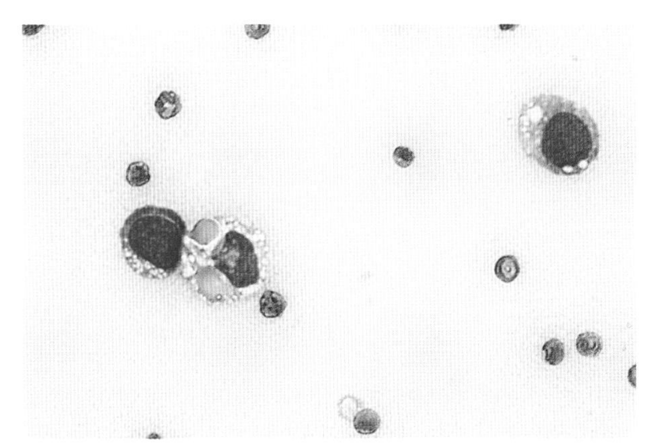

■ 图 3-61　**水囊瘤。抽吸肿胀肘关节。犬。**所得液体呈现橘色/模糊且 WBC 小于 400/$\mu$L，蛋白质 3.3 g/dL。由于蛋白质含量增加，背景轻微颗粒化。细胞是单核吞噬细胞并展现噬红细胞作用（瑞-吉氏染色；高倍油镜）。

### 黏液囊肿或涎腺囊肿

与创伤或感染有关的导管破裂导致皮下组织内唾液积累。波动性肿物含透明到血性液体一连串特征存在时强烈提示唾液腺导管破裂。

细胞学标本经常因蛋白质含量高而染成不规则的紫色。背景中可能包含与唾液一致的分散的、淡嗜碱性，非晶体物质。液体经常为血色说明急性或慢性出血，噬红细胞作用频繁，且胆红素晶体可被看作与慢性出血有关（图 3-62A）。有核细胞主要是高度空泡化的巨噬细胞显示反应性吞噬作用（图 3-62B）区分这些细胞和分泌腺组织可能困难，特别是当这些细胞呈现独立化和非吞噬化的时候。常见非退化的中性粒细胞，但当细菌感染时就会发生退化。

### 血清肿

受伤可能导致血清肿，其由透明或略带血色的液体组成。漏出的血浆来自肉芽组织形成过程中产生的不成熟毛细血管。细胞学意义上讲，这些液体细胞化程度低并且需要在检查之前进行沉淀。具有吞噬作用的巨噬细胞将在炎症细胞混合物中占主导地位（图 3-63）。

### 耳细胞学

耳细胞学是一种在临床实践中掌握耳部情况并确定潜在病因的常用方法。历史上，耳拭子样品的采集采用了热定型，以确保高质量的涂片。这一争论最近已在两篇不同的报告中得到解决，用于耳细胞学检查的耳拭子样品不需要热定型（Toma et al.，2006；Griffin et al.，2007）。

应该评价标本的展示，数量和细胞（白细胞和非造血性）的特征，以及微生物或寄生虫（细菌，酵母，节肢动物）（Angus，2004）。通常，耳部感染是由马拉色菌附着在鳞状上皮轻微感染造成（图 3-21B&C）。

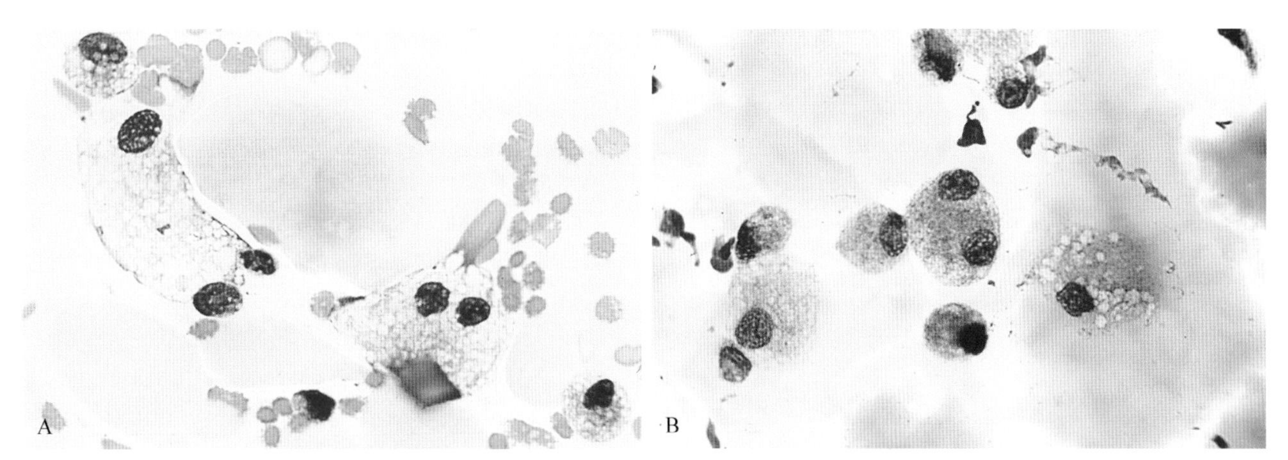


■ 图 3-62　**涎腺囊肿。颈部肿块抽吸。犬。A.** 慢性出血由于大的黄色菱形晶体又称胆红素的出现而被注意。背景中包含淡粉色物质，且有大量的空泡单核细胞（瑞-吉氏染色；高倍油镜）。**B.** 有核细胞主要是高度空泡化的单核细胞，因此容易被识别为唾液腺上皮细胞或吞噬细胞。背景中的菱形物质与黏液一致（水性罗氏染色；高倍油镜）。

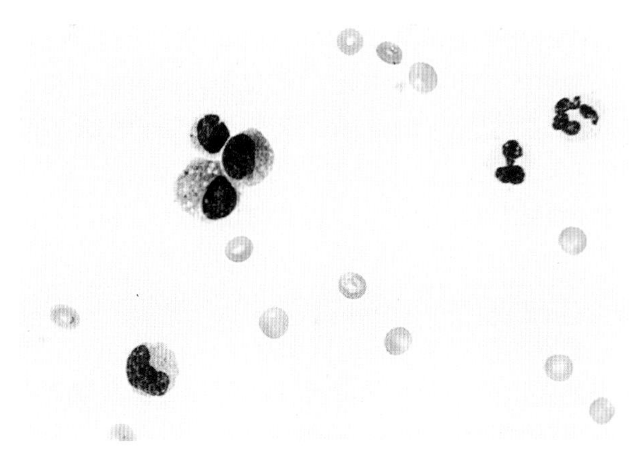

■ 图 3-63 **血清肿。组织抽吸。犬。**来自肿胀颈部的液体带有血色且 WBC 为 3 800/μL,蛋白质 2.5 g/dL。血液成分包括大多数细胞种类型。单核吞噬细胞约占细胞总数的 24%。(瑞-吉氏染色;高倍油镜)

对于外耳肿瘤,建议采取抽吸活检,这在猫身上表现出与组织病理学良好的相关性(De Lorenzi et al.,2005)。这项研究中的所有七例炎性息肉通过细胞学检查被准确诊断,并且容易与肿瘤区分。样本高度细胞化,包括主要由中性粒细胞、吞噬细胞和淋巴细胞组成的混合炎性细胞群,伴有少量浆细胞。不同数量的多核巨细胞存在于反应性纤维组织增生症。上皮细胞与鳞状细胞或分泌细胞相似。另一个细胞学与组织病理学有良好相关性的耳部肿块例子是耵聍腺癌(图 3-37A-C)。

## 参考文献


Afflter VK, Moore PF: Localized and disseminated histiocytic sarcoma of dendritic cell origin in the dog, *Vet Pathol* 39: 74-83, 2002.

Afflter VK, Moore PF: Feline progressive histiocytosis, *Vet Pathol* 43: 646-655, 2006.

Angus JC: Otic cytology in health and disease, *Vet Clin North Am Small Anim Pract* 34: 411-424, 2004.

Albanese F, Abramo F, Braglia C, et al: Nodular lesions due to infestation by *Dirofiaria repens* in dogs from Italy, *Vet Dermatol* 24: 255-256, 2013.

Avallone G, Helmbold P, Caniatti M, et al: Th spectrum of canine cutaneous perivascular wall tumors: morphologic, phenotypic and clinical characterization, *Vet Pathol* 44: 607-620, 2007.

Baker R, Lumsden JH: The skin. In Baker R, Lumsden JH (eds): *Color atlas of cytology of the dog and cat*, St. Louis, 2000, Mosby, pp39-70.

Banajee KH, Orandle MS, Ratterree W, et al: Idiopathic solitary cutaneous xanthoma in a dog, *Vet Clin Pathol* 40: 95-98, 2011.

Barbosa DL, Paraventi MD, Strefezzi RF: Reproducibility of nuclear morphometry parameters from cytologic smears of canine cutaneous mast cell tumorsintra-and interobserver variability, *Vet Clin Pathol* 43: 469-472, 2014.

Barger AM, Skowronski MC, MacNeill AL: Cytologic identifiation of erythrophagocytic neoplasms in dogs, *Vet Clin Pathol* 41: 587-589, 2012.

Beaudin S, Rich LJ, Meinkoth JH, et al: Draining skin lesion from a desert Poodle, *Vet Clin Pathol* 34: 65-68, 2005.

Bernstein JA, Cook HE, Gill AF, et al: Cytologic diagnosis of generalized cutaneous porotrichosis in a hunting hound, *Vet Clin Pathol* 36: 94-96, 2007.

Bertazollo W, Giudice C, Dell'Orco M, et al: Paratracheal cervical mass in a dog, *Vet Clin Pathol* 32: 209-212, 2003.

Bertazollo W, Dell'Orco M, Bonfanti U, et al: Canine angiosarcoma: cytologic, histologic, and immunohistochemical correlations, *Vet Clin Pathol* 34: 28-34, 2005.

Bettini G, Morini M, Campagna F, et al: True grit: the tale of a subcutaneous mass in a dog, *Vet Clin Pathol* 34: 73-75, 2005.

Beyer TA, Pinckney RD, Cooley AC: Massive *Dracunculus insignis* infection in a dog, *J Am Vet Med Assoc* 214: 366-368, 1999.

Bohn AA, Wills T, Caplazi P: Basal cell tumor or cutaneous basilar epithelial neoplasm? Rethinking the cytologic diagnosis of basal cell tumors, *Vet Clin Pathol* 35: 449-453, 2006.

Boyd SP, Taugner FM, Serrano S, et al: Matrix "blues": clue to a cranial thoracic mass in a dog, *Vet Clin Pathol* 34: 271-274, 2005.

Bulla C, Thmas JS: What is your diagnosis? Subcutaneous mass flid from a febrile dog, *Vet Clin Pathol* 38: 403-405, 2009.

Caniatti M, Ghisleni G, Ceruti R, et al: Cytological features of canine haemangiopericytoma in fine needle aspiration biopsy, *Vet Rec* 149: 242-244, 2001.

Carakostas MC, Miller RI, Woodward MG: Subcutaneous dermatophilosis in a cat, *J Am Vet Med Assoc* 185: 675-676, 1984.

Caruso KJ, Cowell RL, Cowell AK, et al: Skin scraping from a cat, *Vet Clin Pathol* 31: 13-15, 2002.

Choi US, Jeong SM, Kang M-S, et al: Cutaneous lymphoma in a juvenile dog, *Vet Clin Pathol* 33: 47-49, 2004.

Curran KM, Halsey CHC, Worley DR: Lymphangiosarcoma in 12 dogs: a case series (1998-2013), *Vet Comp Oncol*, 2014. http://dx.doi.org/10.1111/vco.12087.

De Lorenzi D, Bonfanti U, Masserdotti C, et al: Fine-needle biopsy of external ear canal masses in the cat: cytologic results and histologic correlations in 27 cases, *Vet Clin Pathol* 34:100-105, 2005.

Desnoyers M, St-Germain L: What is your diagnosis? *Vet Clin Pathol* 23:89-97, 1994.

Dunbar MD, Conway JA: What is your diagnosis? Cytologic fidings from a subcutaneous nodule over the left epaxial musculature in a dog, *Vet Clin Pathol* 41:295-296, 2012.

Elliott GS, Whitney MS, Reed WM, et al: Antemortem diagnosis of paccilomycosis in a cat, *J Am Vet Med Assoc* 184: 93-94, 1984.

Fernandez NJ, West KH, Jackson ML, et al: Immunohistochemical and histochemical stains for diffrentiating canine cutaneous round cell tumors, *Vet Pathol* 42:437-445, 2005.

Foley JE, Borjesson D, Gross TL: Clinical, microscopic, and molecular aspects of canine leproid granuloma in the United States, *Vet Pathol* 39:234-239, 2002.

Foster AP, Evans E, Kerlin RL, et al: Cutaneous T-cell lymphoma with Sézary syndrome in a dog, *Vet Clin Pathol* 26: 188-192, 1997.

Garma-Avina A: Th cytology of squamous cell carcinomas in domestic animals, *J Vet Diagn Invest* 6:238-246, 1994.

Giori L, Garbagnoli V, Venco L, et al: What is your diagnosis? Fine-needle aspirate from a subcutaneous mass in a dog, *Vet Clin Pathol* 39:255-256, 2010.

Giovengo SL: Canine dracunculiasis, *Comp Contin Educ Pract Vet* 15:726-729, 1993.

Goldschmidt MH, Shofer FS: *Skin tumors of the dog and cat*, Oxford, UK, 1992, Pergamon Press, pp1-3, 50-65, 103-108, 271-283.

Greene CE, Gunn-Moore DA: Mycobacterial infections. In Greene CE(ed): *Infectious diseases of the dog and cat*, ed 3, Philadelphia, 2006, Saunders/ Elsevier, pp462-488.

Griff JS, Scott DW, Erb HN: *Malassezia* otitis externa in the dog: the effct of heat-fiing otic exudate for cytological analysis, *J Vet Med A* 54:424-427, 2007.

Grooters AM, Hodgin EC, Bauer RW, et al: Clinicopathologic fidings associated with *Lagenidium* sp. infection in 6 dogs: initial description of an emerging oomycosis, *J Vet Intern Med* 17:637-646, 2003.

Gross TL, Ihrke PJ, Walder EJ, et al: *Skin diseases of the dog and cat. Clinical and histopathologic diagnosis*, ed 2, Ames, IA, 2005, Blackwell Science.

Hall RL, MacWilliams PS: Th cytologic examination of cutaneous and subcutaneous masses, *Semin Vet Med Surg* (*Sm Anim*) 3:94-108, 1988.

Hans E, Raskin R, Bisby TM: Statistical evaluation of BLA. 36 antigen antibody for hematopoietic tumors in dogs and cats. (Abstract) Proceedings of the ACVP/ASVCP Conference, p 27, 2008.

Hargis AM, Ihrke PJ, Spangler WL, et al: A retrospective clinicopathologic study of 212 dogs with cutaneous hemangiomas and hemangiosarcomas, *Vet Pathol* 29:316-328, 1992.

Jackson K, Boger L, Goldschmidt M, et al: Malignant pilomatricoma in a soft-coated Wheaten Terrier, *Vet Clin Pathol* 39:236-240, 2010.

Jakab C, Rusvai M, Szabo Z, et al: Expression of the claudin-4 molecule in benign and malignant canine hepatoid gland tumours, *Acta Veterinaria Hungarica* 557:463-475, 2009.

Johnson TO, Schulman FY, Lipscomb TP, et al: Histopathology and biologic behavior of pleomorphic cutaneous mast cell tumors in fifteen cats, *Vet Pathol* 39:452-457, 2002.

Joiner KS, Smith AN, Henderson RA, et al: Multicentric cutaneous neuroendocrine(Merkel cell) carcinoma in a dog, *Vet Pathol* 47:1090-1094, 2010.

Juopperi TA, Cesta M, Tomlinson L, et al: Extensive cutaneous metastases in a dog with duodenal adenocarcinoma, *Vet Clin Pathol* 32:88-91, 2003.

Kano R, Watanabe K, Murakami M, et al: Molecular diagnosis of feline sporotrichosis, *Vet Rec* 156:484-485, 2005.

Kaya O, Kirkan S, Unal B: Isolation of *Dermatophilus congolensis* from a cat, *J Vet Med B Infect Dis Vet Public Health* 47:155-157, 2000.

Kiupel M, Webster JD, Bailey KL, et al: Proposal of a 2-tier histologic grading system for canine cutaneous mast cell tumors to more accurately predict biological behavior, *Vet Pathol* 48:147-155, 2011.

Kiupel M, Webster JD, Kaneene JB, et al: The use of kit and tryptase expression patterns as prognostic tools for canine cutaneous mast cell tumors, *Vet Pathol* 41:371-377, 2004.

Lester SJ, Kenyon JE: Use of allopurinol to treat visceral leishmaniasis in a dog, *J Am Vet Med Assoc* 209: 615-617, 1996.

Little LK, Goldschmidt M: Cytologic appearance of a keloidal firosarcoma in a dog, *Vet Clin Pathol* 36:364-367, 2007.

Little L, Shokek A, Dubey JP, et al: Toxoplasma gondii-like organisms in skin aspirates from a cat with disseminated protozoal infection, *Vet Clin Pathol* 34:156-160, 2005.

Logan MR, Raskin RE, Thmpson S: "Carry-on" dermal baggage: a nodule from a dog, *Vet Clin Pathol* 35: 329-331, 2006.

Lucio-Forster A, Eberhard ML, Cama VA, et al: First report of Dracunculus insignis in two naturally infected cats from the northeastern USA, *J Feline Med Surg* 16:194-197, 2014.

Majzoub M, Breuer W, Platz SJ, et al: Histopathologic and immunophenotypic characterization of extramedullary plasmacytomas in nine cats, *Vet Pathol* 40:249-253, 2003.

Marcos R, Santos M, Marrinhas C, et al: Cutaneous transmissible venereal tumor without genital, *Vet Clin Pathol* 35: 106-109, 2006a.

Marcos R, Santos M, Oliveira J, et al: Cytochemical detection of calcium in a case of calcinosis circumscripta in a dog, *Vet Clin Pathol* 35:239-242,2006b.

Masserdotti C, Ubbiali FA: Fine needle aspiration cytology of pilomatricoma in three dogs, *Vet Clin Pathol* 31:22-25, 2002.

McCarthy PE, Hedlund CS, Veazy RS, et al: Liposarcoma associated with a glass foreign body in a dog, *J Am Vet Med Assoc* 209:612-614,1996.

Miller MA, Greene CE, Brix AE: Disseminated *Mycobacterium avium-intracellulare* complex infection in a miniature schnauzer, *J Am Anim Hosp Assoc* 31:213-216,1995.

Miller MA, Nelson SL, Turk JR, et al: Cutaneous neoplasia in 340 cats, *Vet Pathol* 28:389-395,1991.

Miller MA, Ramos JA, Kreeger JM: Cutaneous vascular neoplasia in 15 cats: clinical, morphologic, and immunohistochemical studies, *Vet Pathol* 29:329-336,1992.

Moisan PG, Watson GL: Ceruminous gland tumors in dogs and cats: a review of 124 cases, *J Am Anim Hosp Assoc* 32: 449-453,1996.

Molander-McCrary H, Henry CJ, Potter K, et al: Cutaneous mast cell tumors in cats: 32 cases(1991-1994), *J Am Anim Hosp Assoc* 34:281-284,1998.

Moore PF: A review of histiocytic diseases of dogs and cats, *Vet Pathol* 51:167-184,2014.

Moore PF, Olivry T, Naydan D: Canine cutaneous epitheliotropic lymphoma(mycosis fungoides) is a proliferative disorder of CD8+ T cells, *Am J Pathol* 144:421-429,1994.

Moore PF, Schrenzel MD, Affleter VK, et al: Canine cutaneous histiocytoma is an epidermotropic Langerhans cell histiocytosis that expresses CD1 and specifi beta-2-integrin molecules, *Am J Pathol* 148:1699-1708,1996.

Neel JA, Tarigo J, Tater KC, et al: Deep and superfiial skin scrapings from a feline immunodefiiency virus-positive cat, *Vet Clin Pathol* 36:101-104,2007.

Pace LW, Kreeger JM, Miller MA, et al: Immunohistochemical staining of feline malignant fibrous histiocytomas, *Vet Pathol* 31:168-172,1994.

Panciera DL, Stockham SL: *Dracunculosis insignis* infection in a dog, *J Am Vet Med Assoc* 192:76-78,1988.

Park C-H, Ikadai H, Yoshida E, et al: Cutaneous toxoplasmosis in a female Japanese cat, *Vet Pathol* 44:683-687,2007.

Park M-S, Kim Y, Kan M-S, et al: Disseminated transmissible venereal tumor in a dog, *J Vet Diagn Invest* 18: 130-133,2006.

Patel A: Pyogranulomatous skin disease and cellulitis in a cat caused by *Rhodococcus equi*, *J Sm Anim Pract* 43: 129-132,2002.

Petterino C, Guazzi P, Ferro S, et al: Bronchogenic adenocarcinoma in a cat: an unusual case of metastasis to the skin, *Vet Clin Pathol* 34:401-404,2005.

Pinto da Cunha N, Ghisleni G, Scarampella F, et al: Cytologic and immunocytochemical characterization of feline progressive histiocytosis, *Vet Clin Pathol* 43:428-436,2014.

Platz SJ, Breuer W, Pflghaar S, et al: Prognostic value of histopathological grading in canine extramedullary plasmacytomas, *Vet Pathol* 36:23-27,1999.

Radhakrishnan A, Risbon RE, Patel RT, et al: Progression of a solitary, malignant cutaneous plasma-cell tumour to multiple myeloma in a cat, *Vet Comp Oncol* 2:36-42,2004.

Ramos-Vara JA, Miller MA, Johnson GC, et al: Melan A and S100 protein immunohistochemistry in feline melanomas: 48 cases, *Vet Pathol* 39:127-132,2002.

Ramos-Vara JA, Miller MA, Valli VEO: Immunohistochemical detection of multiple myeloma 1/interferon regulatory factor 4(MUM1/IRF-4) in canine plasmacytoma: comparison with CD79a and CD20, *Vet Pathol* 44:875-884,2007.

Raskin RE: Applied cytology: canine elbow mass, *NAVC Clinician's Brief* 4:65-67, Feb 2006a.

Raskin RE: Applied cytology: tail mass in a dog, *NAVC Clinician's Brief* 4:13-15, Nov 2006b.

Roccabianca P, Caniatti M, Scanziani E, et al: Feline leprosy: spontaneous remission in a cat, *J Am Anim Hosp Assoc* 32: 189-193,1996.

Ross JT, Scavelli TD, Matthiesen DT, et al: Adenocarcinoma of the apocrine glands of the anal sac in dogs: a review of 32 cases, *J Am Anim Hosp Assoc* 27:349-355,1991.

Sabattini S, Bettini G: Prognostic value of histologic and immunohistochemical features in feline cutaneous mast cell tumors, *Vet Pathol* 47:643-653,2010.

Sabattini S, Scarpa F, Berlato D, et al: Histologic grading of canine mast cell tumor: is 2 better than 3? *Vet Pathol*, 2014. http://dx.doi.org/10.1177/0300985814521638.

Sævik BK, Jörundsson E, Stachurska-Hagen T, et al: Dirofiaria repens infection in a dog imported to Norway, *Acta Veterinaria Scandinavica* 56:6,2014.

Sailasuta A, Ketpun D, Piyaviriyakul P, et al: The relevance of CD117-immunocytochemistry staining patterns to mutational exon-11 in c-kit detected by PCR from fie-needle aspirated canine mast cell tumor cells, *Vet Med Int* 2014: 787498,2014.

Sakai H, Murakami M, Mishima H, et al: Cytologically atypical anal sac adenocarcinoma in a dog, *Vet Clin Pathol* 41: 291-294,2012.

Scarpa F, Sabattini S, Bettini G: Cytological grading of canine cutaneous mast cell tumours, *Vet Comp Oncol*, 2014. http://dx.doi.org/10.1111/vco.12090.

Spector D, Legendre AM, Wheat J, et al: Antigen and Antibody Testing for the Diagnosis of Blastomycosis in Dogs, *J Vet Intern Med* 22:839-843,2008.

Sprague W, Thall MA: Recurrent skin mass from the digit

of a dog, *Vet Clin Pathol* 30:189-192,2001.

Stefanello D, Avallone G, Ferrari R, et al: Canine cutaneous perivascular wall tumors at first presentation: clinical behavior and prognostic factors in 55 cases, *J Vet Intern Med* 25:1398-1405,2011.

Toma S, Cornegliani L, Persico P, et al: Comparison of 4 fiation and staining methods for the cytologic evaluation of ear canals with clinical evidence of ceruminous otitis externa, *Vet Clin Pathol* 35:194-198,2006.

Trainor KE, Porter BF, Logan KS, et al: Eight cases of feline cutaneous leishmaniasis in Texas, *Vet Pathol* 47: 1076,2010.

Tremblay N, Lanevschi A, Doré M, et al: Of all the nerve! A subcutaneous forelimb mass on a cat, *Vet Clin Pathol* 34: 417-420,2005.

Twomey LN, Wuerz JA, Alleman AR: A "down under" lesion on the muzzle of a dog, *Vet Clin Pathol* 34:161-133,2005.

Villamil JA, Henry CJ, Bryan JN, et al: Identifiation of the most common cutaneous neoplasms in dogs and evaluation of breed and age distributions for selected neoplasms, *J Am Vet Med Assoc* 239:960-965,2011.

Waters CB, Morrison WB, DeNicola DB, et al: Giant cell variant of malignant firous histiocytoma in dogs: 10 cases (1986-1993), *J Am Vet Med Assoc* 205:1420-1424,1994.

Webster JD, Yuzbasiyan-Gurkan V, Miller RA, et al: Cellular proliferation in canine cutaneous mast cell tumors: associations with *c-KIT* and its role in prognostication, *Vet Pathol* 44:298-308,2007.

Welsh RD: Sporotrichosis, *J Am Vet Med Assoc* 223: 1123-1126,2003.

Wilkerson MJ, Chard-Bergstrom C, Andrews G, et al: Subcutaneous mass aspirate from a dog [epithelioid hemangiosarcoma], *Vet Clin Pathol* 31:65-68,2002.

Wilkerson MJ, Dolce K, DeBey BM, et al: Metastatic balloon cell melanoma in a dog, *Vet Clin Pathol* 32:31-36,2003.

Yager JA, Wilcock BP: *Color atlas and text of surgical pathology of the dog and cat: dermatopathology and skin tumors*, London, 1994, CV Mosby, pp243-244, 245-248, 257-271,273-286.

Zimmerman K, Feldman B, Robertson J, et al: Dermal mass aspirate from a Persian cat, *Vet Clin Pathol* 32:213-217,2003.

# 第 4 章

# 血液淋巴系统

*Rose E. Raskin*

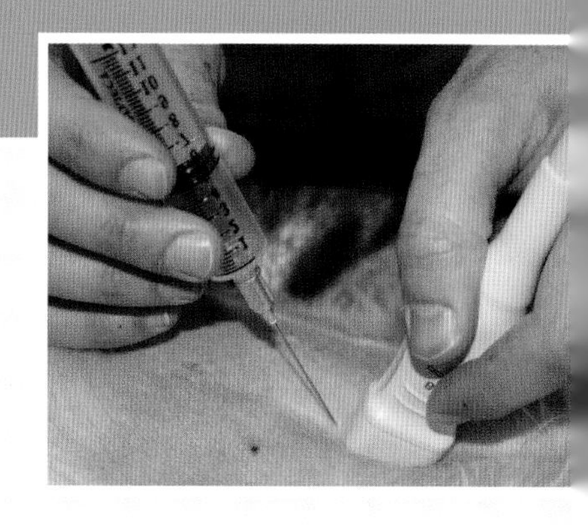

淋巴器官的细胞学检查通常包括外周和体内淋巴结、脾脏，偶尔也包括胸腺。由于细胞组成类似，可使用以下细胞学检查分类。可能在同一样本中会出现一种以上的细胞形态。

## 淋巴器官细胞学的常规细胞学检查分类

- 正常组织
- 反应性/增生组织
- 炎症
- 转移性肿瘤疾病
- 原发性肿瘤
- 髓外造血

## 淋巴结

### 淋巴结活检的适应症

- 淋巴肿大，或单个或多个淋巴结增大，可以通过触诊或 X 线片或超声技术来检测。
- 转移性疾病的评估包括对原发部位淋巴结的引流的检测（表 4-1）。

**表 4-1　犬可取样的外周淋巴结**

| 淋巴结 | 位置 | 引流特性 |
|---|---|---|
| 下颌淋巴结（颌下淋巴结） | 位于下颌骨的腹侧至下颌角处的 2 个或 4 个淋巴结群 | 包括大部分头部及口腔 |
| 颈浅淋巴结（肩前淋巴结） | 位于冈上肌群前方的 2 个或 4 个淋巴结群 | 包括头部后部（咽、耳郭），大部分胸腔分支、部分胸壁 |
| 腋下淋巴结 | 位于肩关节的后侧至内侧位置的 1 个或 2 个淋巴结 | 包括大部分胸壁，胸腔深部分支和颈部，胸部和前腹部乳腺 |
| 腹股沟淋巴结 | 位于腹壁和大腿内侧形成的皮褶处的 2 个淋巴结 | 包括后腹部和腹股沟乳腺，下半腹壁、阴茎、包皮、阴囊皮肤、尾巴、腹侧盆腔、内测大腿和膝关节 |
| 腘淋巴结 | 位于膝关节后的 1 个淋巴结 | 包括腿下半部至膝关节 |

- 淋巴瘤可以通过不同染色法所表现的细胞学特性来区分 B 细胞亚型淋巴瘤和 T 细胞亚型淋巴瘤，包括罗曼诺夫斯基染色法、细胞组化染色法、免疫组化染色法；后两个染色法需要在特别的实验室进行。

### 抽吸和活检印片的注意事项

下颌淋巴结由于持续性地暴露于抗原，致使其经常出现反应性增大，因此不建议将其细胞学检查应用在常规淋巴结疾病诊断中。

> **重点**　尺寸大的淋巴结在穿刺取样时需避开中心位置。

> **重点**　在常规淋巴结疾病细胞学诊断中，推荐对腘淋巴结和肩淋巴结这两个部位进行取样检查。

还需要考虑淋巴结大小。非常大的淋巴结可能造成错误的信息，因为它们通常都含有坏死的组织或血肿。推荐选择轻度增大的淋巴结，且需要从不同部位取样。如果需要从一个大的淋巴结取样，那针头需要避开最中心的位置。

做细针抽吸样本抹片可单独使用22G的针头或与6～12 mL注射器一起使用。针头直接扎入结节中数次。注射器连接在针头或蝴蝶针上，快速多次拉动注射器活塞使注射器内形成负压。在移动注射器之前释放活塞的压力以防止针头上样本飞溅。注射器内充入空气与针头连接，将针头中的样本推到玻片中心。若抽吸物表现出奶白色水样或黏稠样，说明含有许多白细胞。用另一个载玻片轻轻按压样本，水平滑动并分开。用吹风机快速吹干抹片以防抹片出现锯齿状效应。

**重点**　一种改良的吸入活检法不需要抽吸而是利用毛细血管作用将细胞吸入针头。这种技术用于淋巴器官取样能避免过多的血液污染。

**重点**　抽吸的抹片必须轻柔的涂抹，因为未成熟的淋巴细胞是非常脆弱易碎的。

当从切割的组织上制备按压抹片时，需要将多余的组织液拭干，以增加细胞收集量。切除下来的淋巴结的切割面可以用纸巾拭干，然后轻柔地用玻片按压。样本送至转诊实验室时，需将福尔马林制备的细胞学样本和组织病理学样本分开寄送。

一种使用淋巴组织抽吸法的改良抹片制备技术：准备抽吸的材料，再抽吸数次，将样本放入1～2 mL生理盐水稀释至云雾状或稍混浊样。配制液需立即用细胞离心机分离或使用液体沉降法取沉淀。取一滴沉淀物直接滴在玻片上或制作压片，更推荐使用压片。压片技术能使结构物质完整的保留在玻片中心。如果需要寄送样本至实验室，可在沉淀物中加入白蛋白或者患者血清配制成10%的溶液，可使细胞在运送中维持完整性。

**重点**　活检材料需远离福尔马林，防止被福尔马林蒸汽固定而使样本染色不佳。

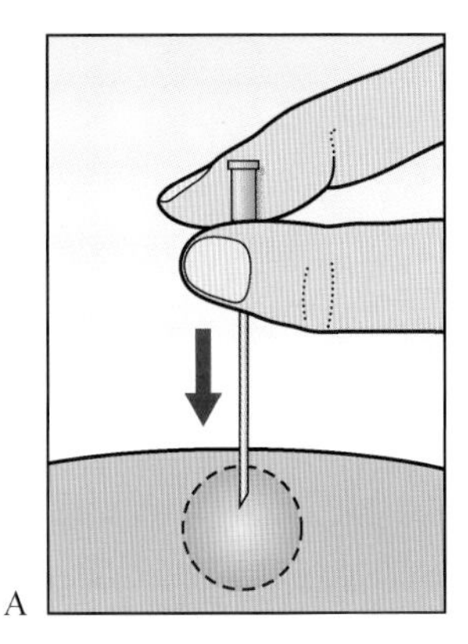

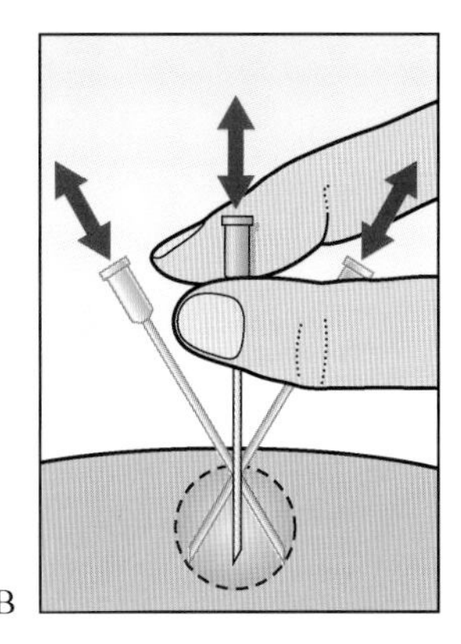

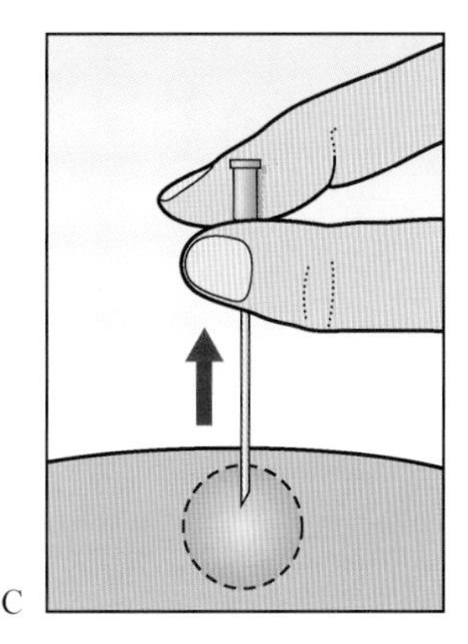

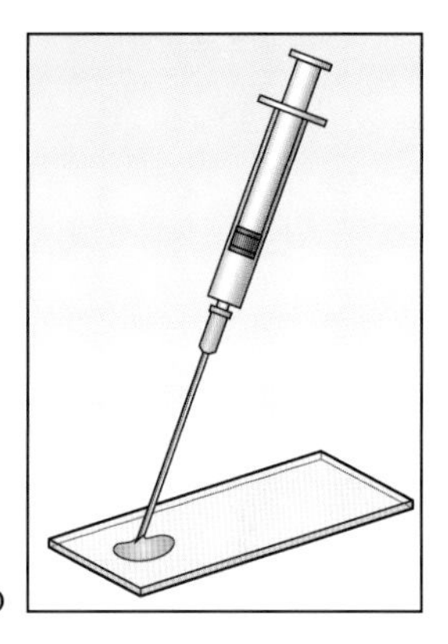


■ 图4-1　**非抽吸式细针活检。活检程序的图解。A. 针头刺入需取样的组织；B. 针头在组织中来回移动数次并变换不同角度；C. 抽出针头；D. 针头与注射器连接，将取的样吹到载玻片上。**（From Orell SR, Sterrett GF, Whitaker D: Fine needle aspiration cytology, ed 4, Edinburgh, 2005, Churchill Livingstone.）

## 正常的组织学和细胞学

犬猫淋巴结由一层薄的结缔组织包囊，其内是淋巴组织的皮质和髓质及深入其内部的小梁。外部的皮质包含由初级B淋巴细胞组成的大小不一的淋巴小结（图4-2A）及包覆在外的由小T淋巴细胞组成的薄圈层。淋巴结之间的弥散性组织是由初级T淋巴细胞组成，并延伸至副皮质区，在此处巨噬细胞和树突网状细胞作为抗原递呈细胞。弥散性淋巴组织延伸至其内形成髓索（图4-2B），其含有B淋巴细胞、浆细胞、巨噬细胞和其他白细胞。在髓索之间的是髓窦，可连接树突网状细胞和网状纤维。淋巴液通过输入淋巴管穿透脾被膜、进入被膜下层和皮质淋巴窦，后进入髓窦，最终从脾门处的输出淋巴管输出。血液从动脉进入脾门并向皮质进行分支灌注淋巴小结。在这个部位，血管扩张形成副皮质区的后毛细血管或高内皮微静脉（图4-2C）。这些静脉对于淋巴细胞由血液进入淋巴结实质是非常重要的；与内皮细胞上的淋巴细胞和受体选择性结合也有关系。这些静脉通过脾门汇入大的静脉。

细胞学上，小的、分化良好的直径1～1.5倍红细胞大小的淋巴细胞约占犬猫淋巴结细胞的90%（图4-2D）。这些细胞的染色质浓密的聚集在一起并不可见核仁，缺乏胞浆，这些细胞是淋巴细胞中最深染的。中淋巴细胞（2～2.5倍红细胞直径）和大淋巴细胞（>3倍红细胞直径）只占少数（<5%～10%）（图4-2E&F）。它们的细胞核具有良好的、弥散的、淡染的染色质，核仁较易见，细胞浆充足且常常为嗜碱性的。

成熟的浆细胞也占有一小部分,它们的染色质是浓密的且细胞核常常偏离中心,胞浆充足且深蓝染。在临近细胞核外有一圈灰白区域叫高尔基体区。偶然可见巨噬细胞表现出大单核细胞特性,具有充足的淡染的细胞浆样,且常常含有细胞碎片。细胞核染色细腻,可能在非活性巨噬细胞内发现核仁。肥大细胞和中性粒细胞较少出现(Bookbinder et al.,1992)。

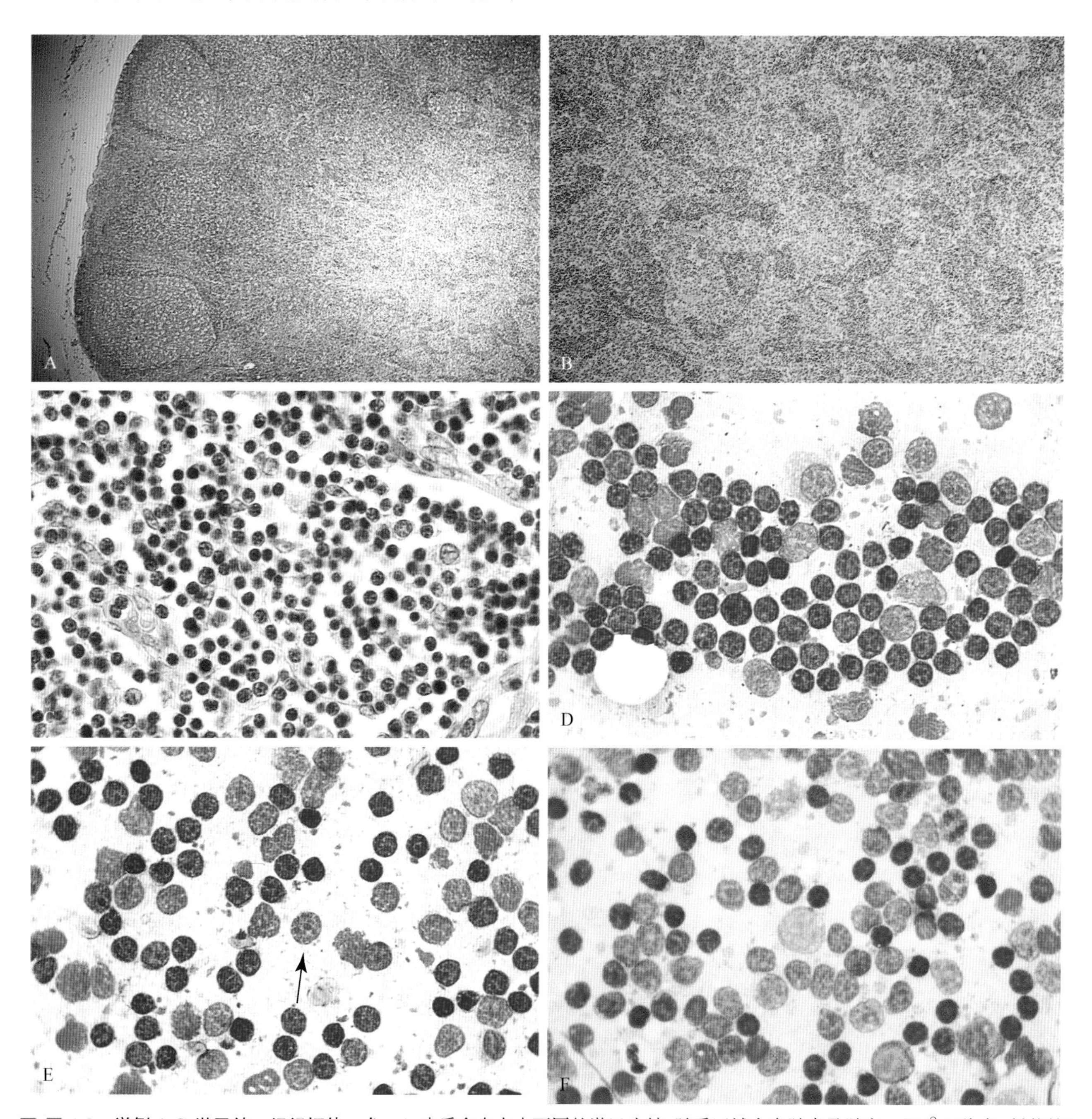

■ 图 4-2　**举例 A-C. 淋巴结。组织切片。犬。A.** 皮质含有大小不同的淋巴小结,髓质区域含有髓索及髓窦。(H&E 染色;低倍镜)**B.** 髓索是由淋巴细胞、浆细胞和巨噬细胞组成的深色带状物,位于淡染的髓窦之间。(H&E 染色;低倍镜)**C.** 深部皮质层中的高内皮微静脉的横截面(左下方)和纵截面(右上方)。淋巴细胞选择性的与内皮上的受体结合并离开循环进入淋巴结。(H&E 染色;低倍镜)**D. 淋巴结。组织抽吸。犬。**肩前淋巴结主要含有小淋巴细胞。也有少量中淋巴细胞及一些粉色淡染的缺乏胞浆边界的溶解的细胞。(瑞-吉氏染色;高倍油镜)**举例 E-F. 正常淋巴。组织抽吸。犬。E.** 腘淋巴结主要含有小淋巴细胞。也可见中淋巴细胞(箭头)。(瑞-吉氏染色;高倍油镜)**F.** 图示多种细胞。可见位于中间位置的大淋巴细胞,偶见粒细胞。(瑞-吉氏染色;高倍油镜)

## 反应性或增生性淋巴结

由于局部或全身性抗原反应造成的淋巴结增大,包括感染、炎症、免疫介导性疾病或肿瘤。组织病理学上,皮质层的淋巴小结由抗原刺激而形成次级生发中心(图 4-3A)。明区和暗区组成了生发中心。除小淋巴细胞外,生发中心明区包含网织滤泡树突状细胞,巨噬细胞和大淋巴细胞(图 4-3B)。在良性肿瘤,由小B淋巴细胞增殖而形成的暗区或套细胞包围着生发中心的苍白区域(图 4-3B)。

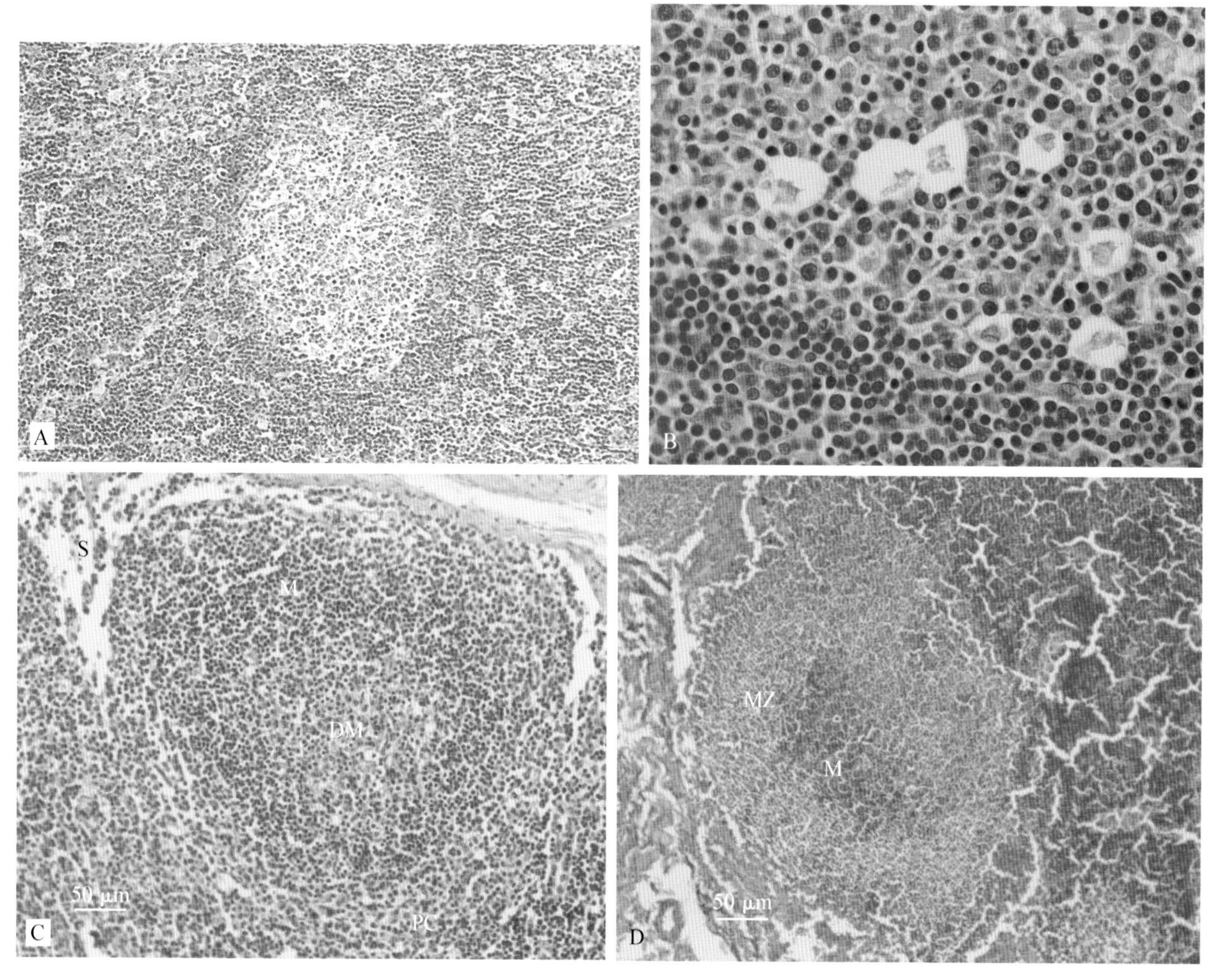


■ 图 4-3　**A-B. 增生性淋巴结。组织切片。犬。A.** 生发中心由两个区域组成,一个是由小的浓密的淋巴细胞(套细胞)组成的暗区和由大淋巴细胞、树状细胞和巨噬细胞组成的亮区。(H&E 染色;中倍镜)**B.** 图中可见生发中心的亮区和左下角的暗的套细胞层。亮区由大淋巴细胞,树状细胞,巨噬细胞组成;套细胞是含有少量细胞浆且深染的小圆形的细胞。(H&E 染色;高倍油镜)**C. 反应性淋巴结。皮质。组织切片。犬。**次级生发区具有极性。囊下窦(S)是由于抗原物质刺激,小被套B淋巴细胞(M),树状细胞和淋巴吞噬巨噬细胞或有型物质(DM),在生发区下方含有浆细胞的区域(PC)。(H&E 染色;中倍镜)**举例 D-E。增生性淋巴结。组织切片。犬。D.** 突出的浅色边缘区域(MZ)围绕着深色的小细胞性的由套细胞(M)组成的生发中心。(H&E 染色;低倍镜)

增生性生发中心常表现出指向抗原的极性(图 4-3C),所以深色的套细胞在一端(皮质),而浅色的大淋巴细胞在另一端(髓质)。滤泡细胞的极性能帮助区分是滤泡增生还是滤泡性淋巴瘤(Valli,2007)。与生发中心相对比,滤泡性淋巴瘤的结节含有形态单一的增生性淋巴细胞。扩大的滤泡可能会挤破包囊,形成一薄的套区,但是不会像淋巴瘤那样会造成被膜下淋巴窦的破坏。随着进一步增生,包绕着套细胞的边缘区细胞进一步增多,产生各种混杂的细胞进入副皮质区,与生长在此处的T淋巴细胞混合(图 4-3D)。进行此处的细胞学取样,可见细胞大小不一且不伴有浆细胞的增多。边缘区细胞具有其独一无二的特征:中等细胞大小(细胞核约 1.5 倍红细胞大小),由于细胞浆充足所以组织病理学染色表现更浅。边缘区细胞可能转化为有边缘的染色质且含有一个位于中心位置的细胞核,但是由于这些细胞未成熟所以有丝分裂活性较低(图 4-3E)。由于可见柱状细胞或圆形细胞核,专业上称呼副皮质区血管为高内皮微静脉。血液循环中的T淋巴细胞通过这些血管进入副皮质区。滤泡之间这些血管的保留,可用于从组织学上区别副皮质增生和淋巴瘤,甚至包括结节性肿瘤或滤泡样肿瘤。由于抗原的刺激,副皮质区的浆细胞在髓索处积累(图 4-3F&G),并在此处产生抗体。

从细胞学上,小淋巴细胞是反应性或增生性淋巴结的主要细胞组成,但是也伴有中淋巴细胞和(或)大淋巴细胞的增多(>15%)(图 4-3H)。浆细胞可能由轻度至显著增加,可能表现出核偏移(图 4-3I&J)。

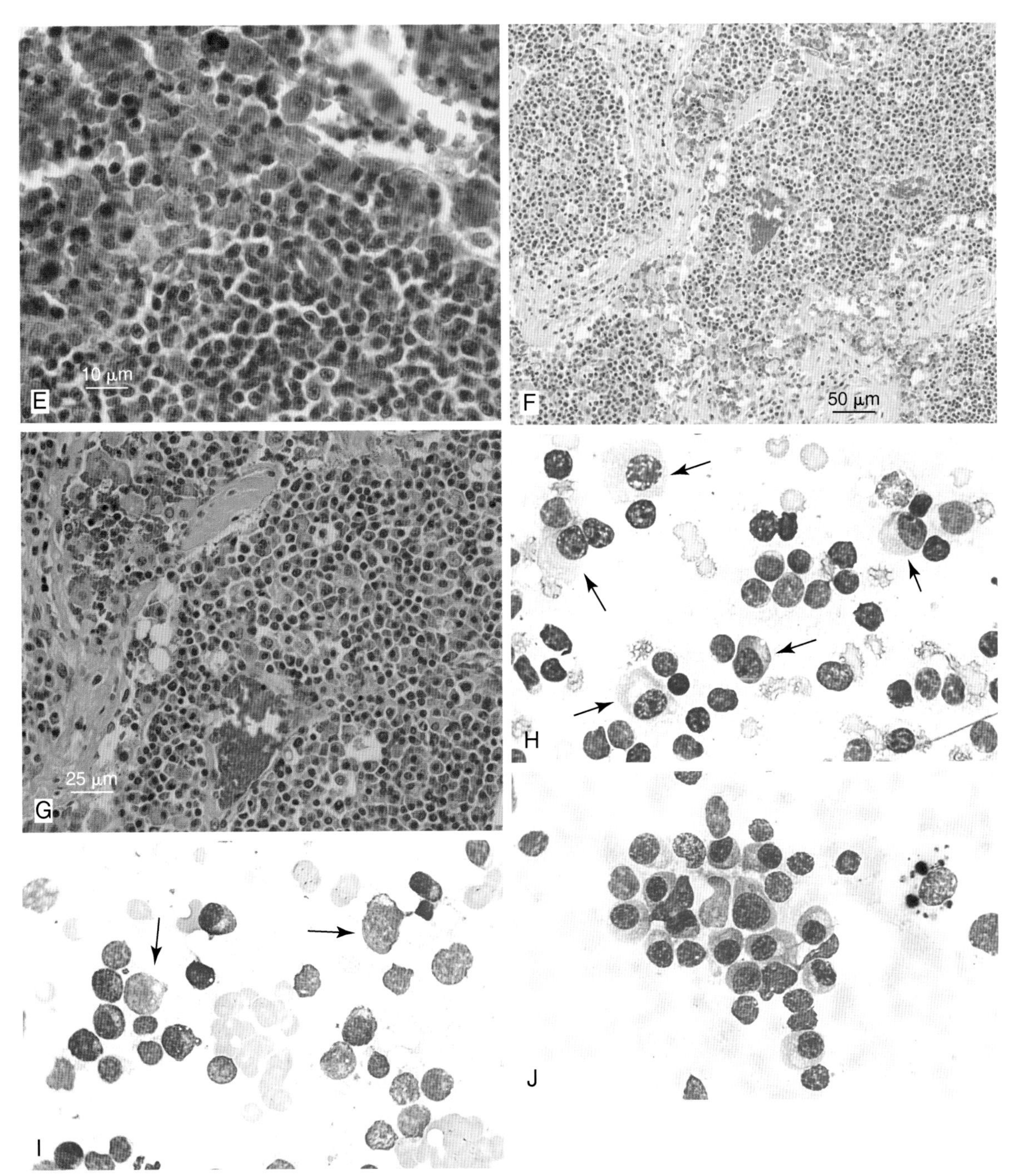


■ 图 4-3 续 **E.** 在底部的边缘区细胞常可见囊泡样染色质和位于中心区域的单个大的细胞核。此区域细胞无有丝分裂活性。位于顶部的髓质区有大量的巨噬细胞,可能是由于铁黄素而使细胞呈深黄色。(H&E 染色;高倍油镜)**F-G. 反应性淋巴结。组织切片。犬。F.** 髓索含有大量浆细胞和富含铁黄素的巨噬细胞,其扩展并挤压位于髓索之间的髓窦。(H&E;中倍镜.)**G.** 高倍放大的图 F,髓索内充满了细胞核偏心的细胞,可识别为浆细胞。**H-I. 反应性淋巴结。组织抽吸。犬。H.** 可见许多小淋巴细胞和数个分化良好的浆细胞(箭头)。在中间位置可见大量超过正常大小的中型淋巴细胞。(瑞氏染色;高倍油镜)**I.** 浆细胞中等幅度增加,其中有两个细胞表现核偏移(箭头)。(瑞-吉氏染色;高倍油镜)**J-K 为同一病例。反应性淋巴结。组织印片。犬。** 可见大量不同分化状态的浆细胞。视野中大量不同分化程度的浆细胞。在视野右侧有一个富含铁黄素的巨噬细胞。(水性罗氏染色;高倍油镜)

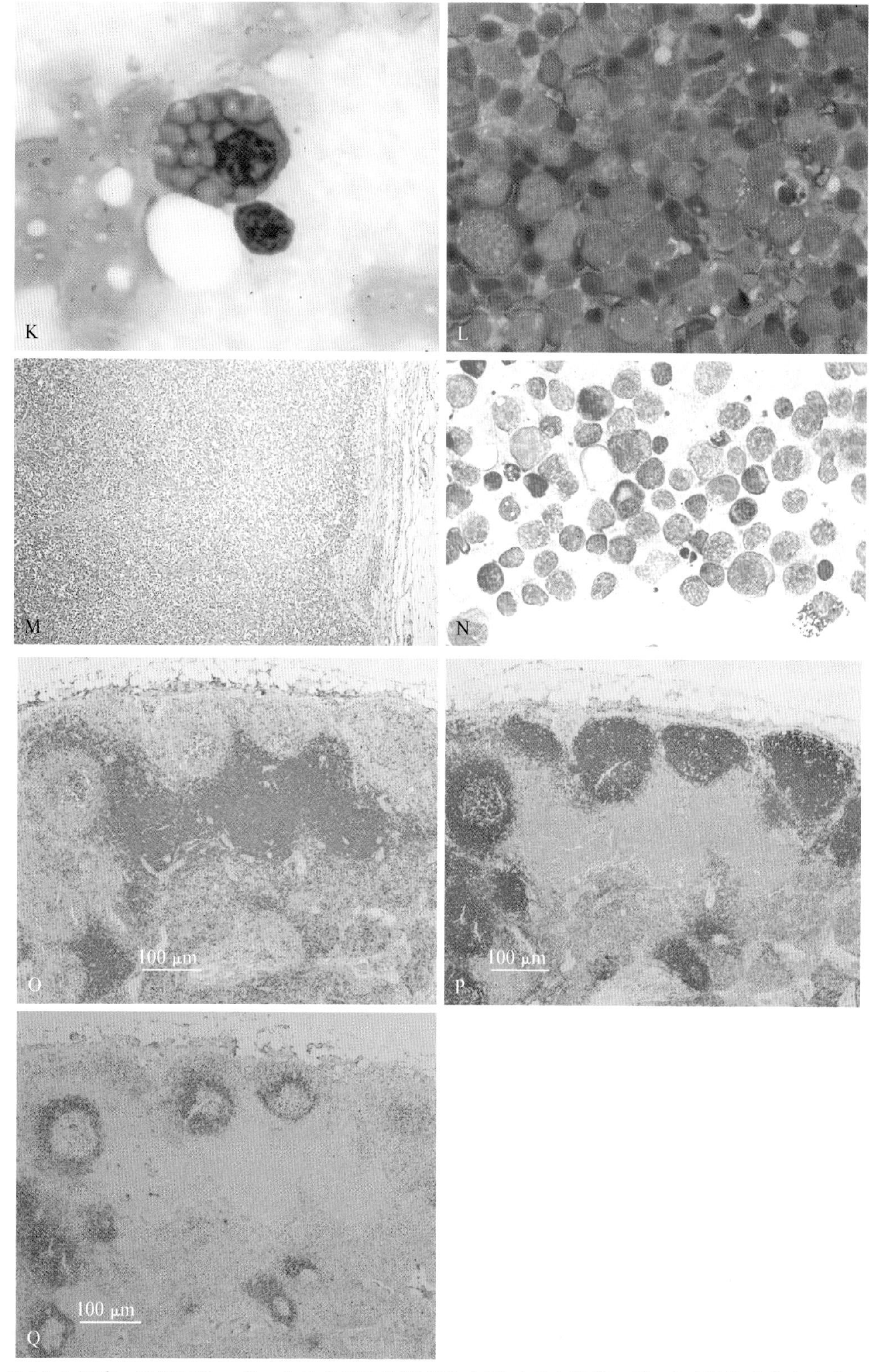


■ 图 4-3 续　**K. Mott 细胞。组织压片。犬。**此具有活性的浆细胞来源于反应性淋巴结，嗜碱性的胞浆内有数个大的偏白的液泡。液泡也称之为鲁塞尔小体，代表免疫球蛋白分泌的数据包。（水性罗氏染色；高倍油镜）**L. 非典型淋巴增生。淋巴结。组织抽吸。猫。**双侧下颌淋巴结抽吸涂片是相似的。这是一只有口腔溃疡的 10 岁的猫，近期因甲亢而进行治疗。它无其他临床症状且猫白血病和猫免疫缺陷病毒检测均为阴性。抽吸样本中含有大量的中淋巴细胞和大淋巴细胞，偶见浆细胞（图中未显示）。推测可能是由于口腔疾病造成的副皮质增生。（瑞氏染色；高倍油镜）**M-N 为同一病例。M. 增生性淋巴结。组织切片。猫。**此为外周结节性淋巴结病，其副皮质区扩张后替代正常的淋巴小结且生成似淋巴瘤类似物。在图片右侧，一串由小的深色的淋巴细胞组成的薄薄的细胞是正常淋巴结的残迹。（H&E 染色；低倍镜）**N. 反应性和增生性淋巴结。组织压片。猫。**样本来源于肩前淋巴结，含有小、中、大淋巴细胞；浆细胞；一个肥大细胞（右下方）。以中淋巴细胞为主，其含较粗糙的染色质和不清晰的核仁为特征。（水性罗氏染色；高倍油镜）**O-Q 为同一病例。反应性淋巴结。组织切片。免疫组化。犬。O.** 注意那些在副皮质区深染的 T 淋巴细胞也散在分布于髓质区（CD3/ DAB；低倍镜）；**P.** 通过抗 CD20 反应可看到分布于生发中心的深染的 B 淋巴细胞及副皮质区不着色的部分（CD20/DAB；低倍镜）**Q.** 可见深染的套细胞淋巴细胞非常显而易见，而皮质和髓索呈淡染。（CD79a/DAB；低倍镜）

Mott细胞是一种高活性的浆细胞,其以细胞质中富含数个大的、圆形、淡染的液泡为特征,此液泡表现免疫球蛋白分泌特性,也叫鲁塞尔小体(图4-3K)。由于抗原的刺激,巨噬细胞、中性粒细胞、嗜酸性粒细胞和肥大细胞也可能会轻度增多;然而,在淋巴结炎中,这些细胞出现的数量会更少。

在抗原刺激的早期,生发中心还未形成之前,副皮质区先表现出扩展且包围皮质区(图4-3L)。副皮质区的增生可能会先于浆细胞的增殖,生发中心的形成可能需要两周。在副皮质区增生期间,抽吸抹片可能含有不同大小的淋巴细胞且几乎不可见浆细胞。

一种在幼年猫身上发生的良性外周淋巴结显著增大的情况(Mooney et al.,1987; Moore et al.,1986),病理结果提示淋巴瘤样变化(图4-3M)。细胞学检查提示以中淋巴细胞和大淋巴细胞为主,并含有少量小淋巴细胞和浆细胞(图4-3N)。高内皮微静脉是副皮质区的主要表现(Valli,2007)。这些病例通常在1~17周内恢复正常(Mooney et al.,1987)。另一个研究,在外周淋巴结增大的患猫中大部分均表现猫白血病病毒阳性,14只猫中有一只发展为淋巴瘤(Moore et al.,1986)。猫全身性淋巴结病常见的是猫免疫缺陷病和巴尔通体病(Kordick et al.,1999)。

反应性淋巴结的免疫染色证实了副皮质区T淋巴细胞的扩展(图4-3O)和生发中心的发展(图4-3 P&Q)。

### 淋巴结炎

以淋巴结主要的炎性细胞进行炎症的分类。

**中性淋巴结炎** 脓性的或化脓性的淋巴结炎包含至少5%以上的中性粒细胞,可能与细菌感染(图4-4B-D),肿瘤或免疫介导性疾病有关。

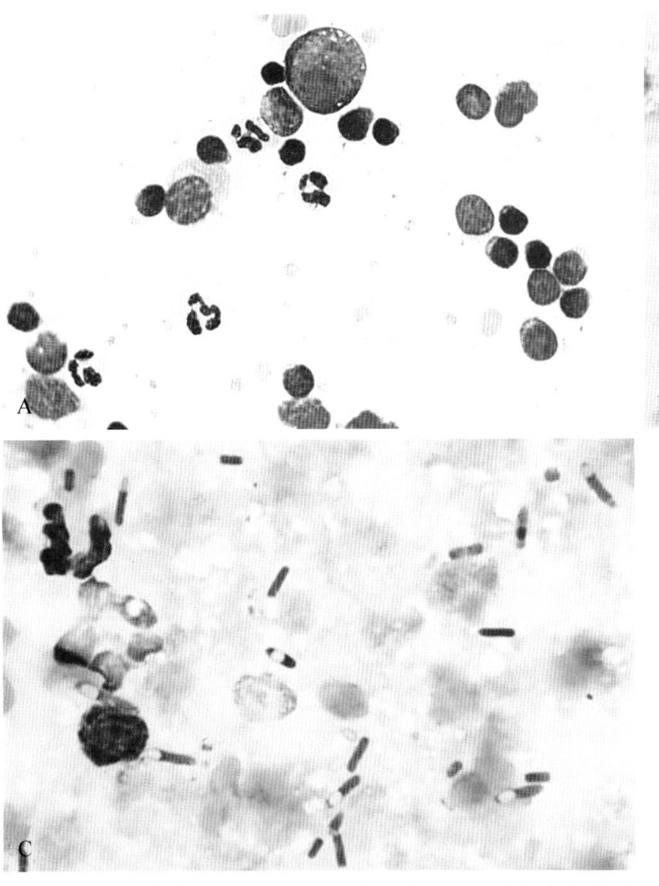

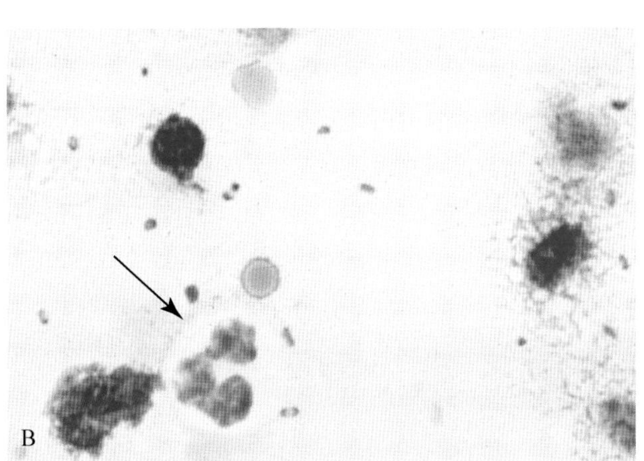

■ 图4-4 **A. 中性淋巴结炎。组织抽吸。猫。**四个非退行性中性粒细胞和一些小淋巴细胞及中淋巴细胞。也可见一个大淋巴细胞。(瑞氏染色;高倍油镜)**B. 败血性化脓性淋巴结炎。组织抽吸。猫。**已确认图中一个退行性中性粒细胞(箭头)旁的双极性的球杆菌为鼠疫杆菌。(瑞-吉氏染色;高倍油镜)**C. 败血性化脓性淋巴结炎。组织压片。犬。**患有淋巴结增大的犬两个月之前有与其他犬只打架的病史。大部分淋巴细胞都表现出嗜碱性无定形的坏死样。图中可见两个完整的退行性中性粒细胞和一个小淋巴细胞。背景中可见许多近端和终端肿胀的大杆菌,经培养确认为梭菌。(瑞氏染色;高倍油镜)(B,Photo courtesy of Kyra Royals et al.,Colorado State University; presented at the 1996 ASVCP case review session.)

嗜酸性淋巴结炎,嗜酸性粒细胞超过3%有核细胞计数,常见于跳蚤叮咬所致的过敏反应、猫嗜酸性皮肤病(图4-5A),高嗜酸性粒细胞综合征、胃肠道嗜酸性粒细胞硬化性纤维增生(图4-5B),肥大细胞瘤引起的副肿瘤综合征(图4-5C),及一些特定的淋巴瘤(Thorn and Aubert,1999)和癌症(图4-5D)。

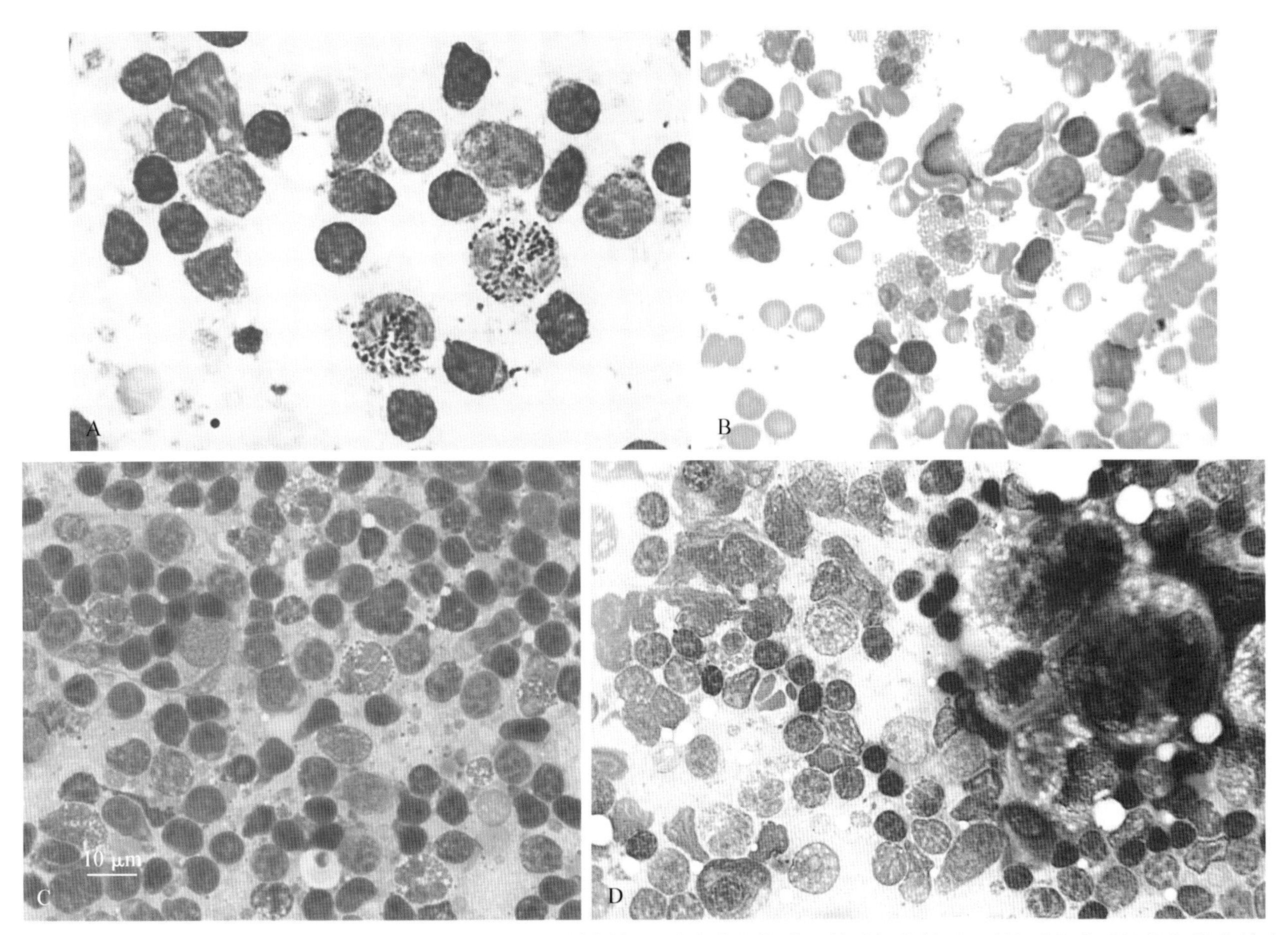


■ 图 4-5　**A-C. 嗜酸性淋巴结炎。A. 组织抽吸。猫。**对腐烂的口腔溃疡灶的淋巴结进行的抽吸，可见两个嗜酸性粒细胞和较多小淋巴细胞。(瑞-吉氏染色；高倍油镜)**B. 组织抽吸。猫。**从一只怀疑患有胃肠道嗜酸性粒细胞硬化性纤维增生病的猫肠系膜淋巴结抽吸取样，结果提示嗜酸性淋巴结炎。(瑞-吉氏染色；高倍油镜)**C. 组织抽吸。犬。**对怀疑鼻腔肥大细胞瘤伴有下颌淋巴结转移的犬进行取样，可见大量小淋巴细胞及少量中间型淋巴细胞。偶见嗜酸性粒细胞，但未见肿瘤转移。(瑞氏染色；高倍油镜)**D. 组织压片。犬。**主要以小淋巴细胞为主，伴有中淋巴细胞和嗜酸性粒细胞增多。右边是一簇具有多形性的上皮细胞，来源于一只患有移行细胞癌伴有下颌淋巴结转移的患犬。(瑞-吉氏染色；高倍油镜)

*组织细胞性淋巴结炎或脓性肉芽肿性淋巴结炎*　以巨噬细胞增多为主的淋巴结炎称为组织细胞性淋巴结炎(图 4-6A)，以中性粒细胞和上皮样巨噬细胞为主的淋巴结炎症称为化脓性肉芽肿性淋巴结炎(图 4-6B)，即使组织切片提示为肉芽肿。与此种炎症反应有关的疾病有全身性真菌感染、其他真菌感染(Walton et al.，1994)(图 4-6C)，分枝杆菌病((Grooters et al.，1995)(图 4-6D)，利士曼原虫病、鲑鱼意外中毒症(图 4-6E&F)，原藻病(图 4-6G&H)，腐皮病，血管炎(图 4-6I-K)，血铁黄素沉积症(图 4-6L&M)(图 4-3E)。全身性真菌感染包括芽生菌病(图 4-6N)，隐球菌病(Lichten-steiger and Hilf，1994)(图 4-6O)，组织胞浆菌病(图 4-6P)和球孢子菌病。

### 淋巴结转移

淋巴结转移是指一种非淋巴结常见细胞出现在淋巴结内，上皮细胞较大且成簇出现，一般是最早发现的转移细胞(图 4-7A&B)。这些异常细胞一般比背景中的淋巴细胞大且形态不同，表现出数个细胞学恶性的特征(图 4-7B)。组织病理学上，淋巴结转移可能通过外周静脉窦或髓窦进行(图 4-7C)。

因各自有其独特的细胞形态，间叶样肿瘤是最难识别的肿瘤。在淋巴结抽吸样本中见到退行性圆形至纺锤形细胞可提示为恶性肿瘤(Desnoyers and St-Germain，1994)。由于均有深蓝黑色的颗粒，黑色素瘤易与含铁黄素的巨噬细胞(Grindem，1994)(图 4-6L)混淆。相较于细小精细的黑色素颗粒(图 4-7D)，铁黄素颗粒大小不一且更大更粗糙。可以用细胞化学染色法来区分这两者，如 Fontana 黑色素染色法和普鲁士蓝染色法(图 4-7E)。免疫化学法可用于标记不含黑色素的不可见颗粒(图 4-7F)的病例，如 S-100，Melan-A(图 4-7G)和其他方法(见第 17 章)。在正常的纤维组织细胞中很难识别肉瘤是否有转移。然而，在血管肉瘤中，能易于见到区别于小淋巴细胞的独特的大的单个的细胞(图 4-7H)。另一种易于识别转移的肉瘤是横纹肌肉瘤。可见数个细胞核排列成串且带状细胞易见(图 4-7I)。鉴别骨肉瘤是否有局部淋巴结转移，可用碱性磷酸酶进行样本染色，使个别细胞

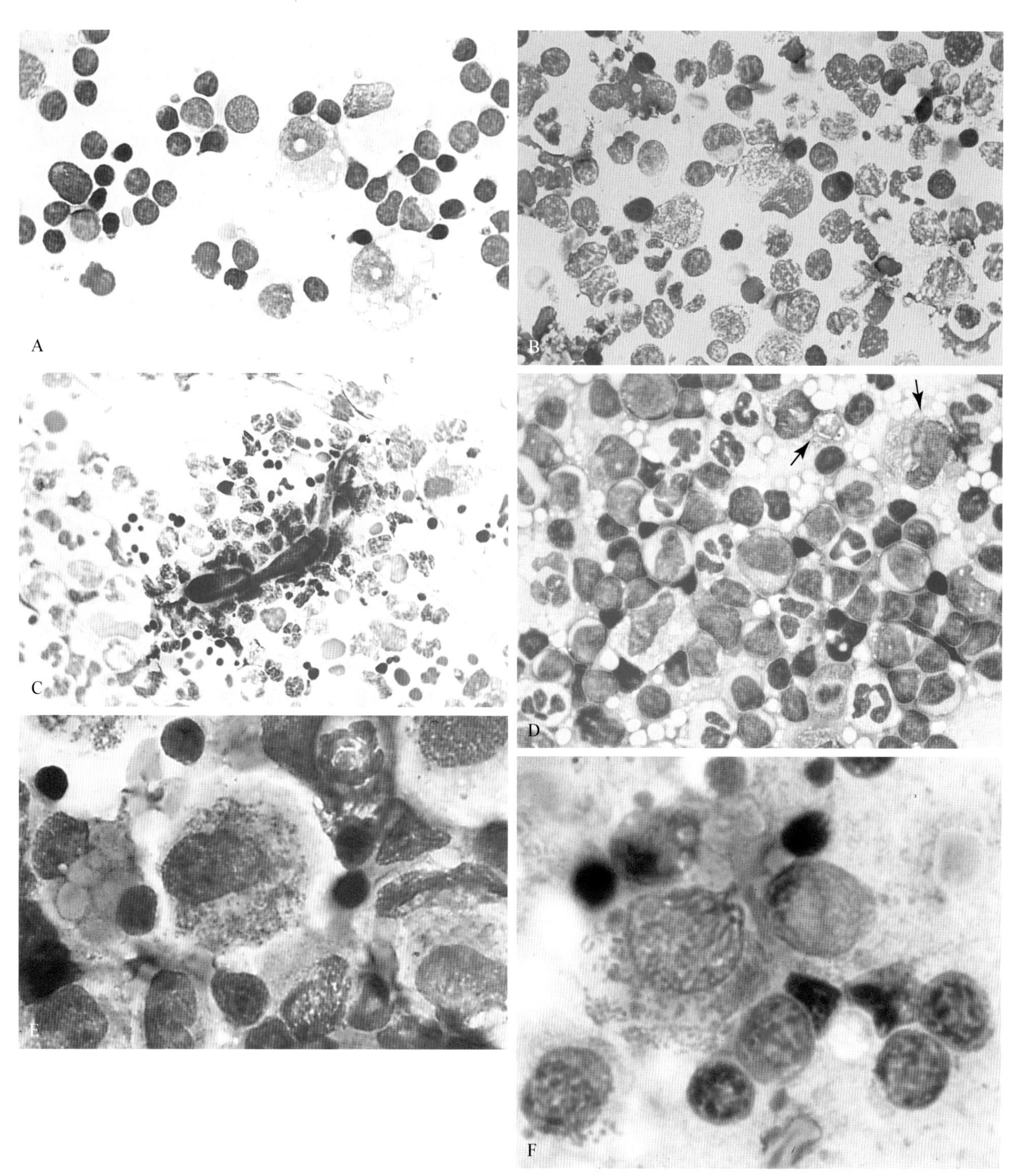


■ 图 4-6 **A. 组织细胞淋巴结炎。组织抽吸。猫。**几个巨噬细胞及一些小淋巴细胞和中淋巴细胞。(瑞氏染色;高倍油镜) **B-C. 脓性肉芽肿性淋巴结炎。组织抽吸。犬。B.** 数个巨噬细胞和中性粒细胞及不同形态的淋巴细胞。(瑞-吉氏染色;高倍油镜)**C.** 一只患有趾部肿物患犬的腹股沟淋巴结细胞学检查,可见退行性中性粒细胞和巨噬细胞。通过培养已证实该有隔膜的具有球根的真菌菌丝是镰刀霉。(瑞-吉氏染色;高倍油镜)**D. 中性-组织细胞性淋巴结炎。组织抽吸。猫。**可见少量负染色的棒状细菌(箭头),来源于分枝杆菌感染患猫。**E-F 为同一病例。鲑鱼意外中毒症。犬。E. 外周淋巴结抽吸。**从一只感染立克次氏体的患犬外周淋巴结取样可见巨噬细胞内大量嗜碱性颗粒。(罗氏染色;高倍油镜)**F. 淋巴结抽吸。**由于炎性反应造成中淋巴细胞和浆细胞数量增加。可见到巨噬细胞内的立克次氏体。(罗氏染色;高倍油镜.)(Case material courtesy of Jocelyn Johnsrude.)

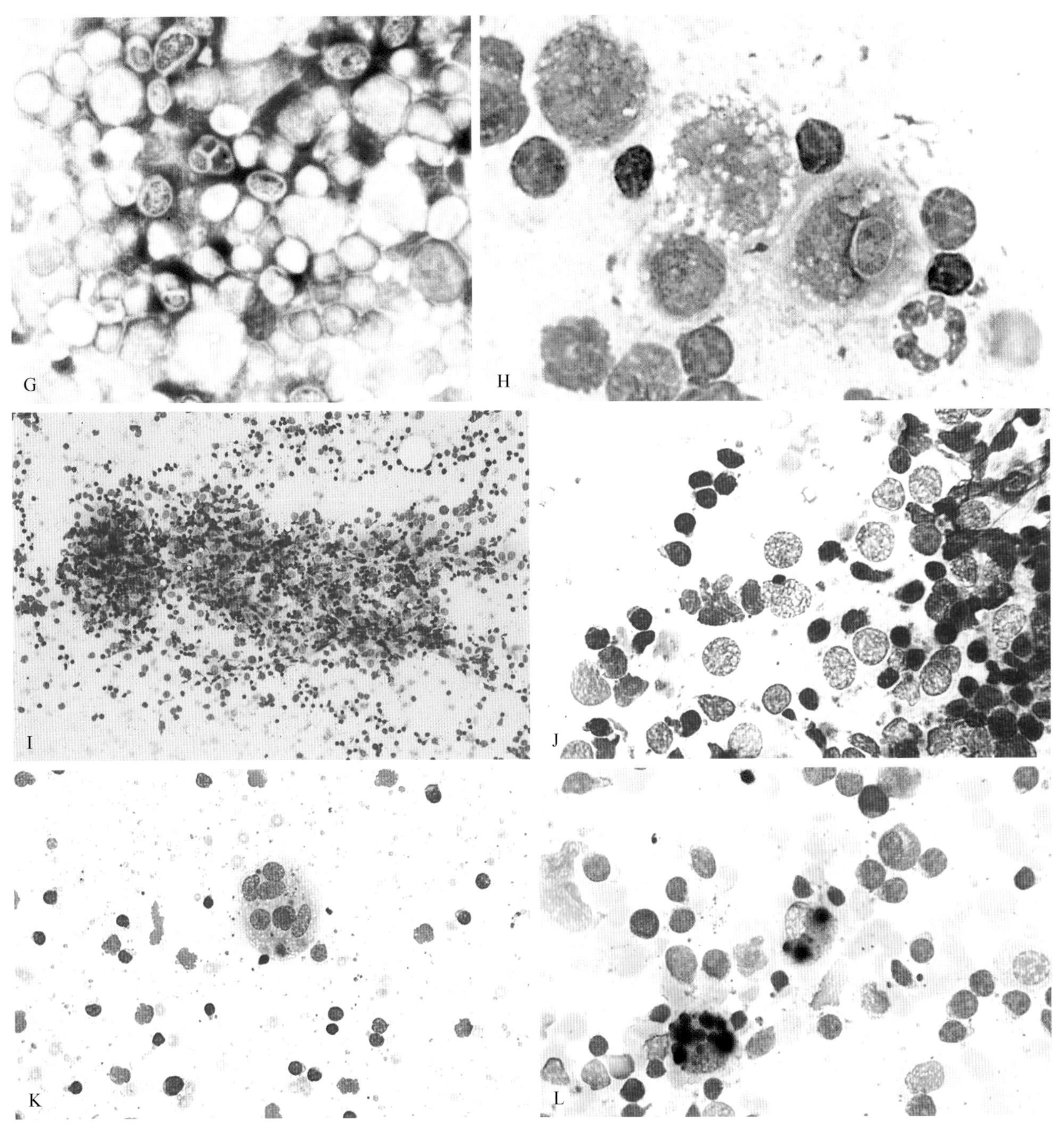


■ 图4-6续 **G-H. 原藻病。犬。G. 结肠淋巴结压片。** 数个长6～10 $\mu$m的圆形至椭圆形结构。这些内芽孢含有嗜碱性的胞浆及薄薄的清晰的细胞壁。可见多个内芽孢的孢子形式。(水性罗氏染色;高倍油镜)**H. 淋巴结压片。** 可见巨噬细胞吞噬内芽孢象。(水性罗氏染色;高倍油镜)**I-K 为同一病例。I. 具有丰富血供的组织细胞性淋巴结炎。下颌下淋巴结抽吸。犬。** 从一红肿的皮肤肿物的引流淋巴结取样,可见数个聚集的纤维细胞基质围绕着血管。组织病理学通过在数个皮下组织中发现淋巴浆细胞性血管炎和化脓性血管炎,支持与临床诊断结果一致的免疫介导性疾病。(瑞-吉氏染色;中倍镜)**J.** 更高放大倍数可见在大单核细胞内含有大量清晰的细胞质。背景中可见小淋巴细胞。(瑞-吉氏染色;高倍油镜)**K.** 在广泛性的组织细胞增殖中可见少量多核巨型细胞。背景中可见不同形态的淋巴细胞。(瑞-吉氏染色;高倍油镜)**L-M 为同一病例。L. 含铁黄素沉着的组织细胞性淋巴结炎。淋巴结抽吸。犬。** 可见大量含铁黄素的巨噬细胞,细胞较大,染色质粗糙,含有黑色颗粒。背景中有数个与铁黄素一样的小的黑色颗粒。有各种形态的淋巴细胞,与免疫刺激符合。患犬之前通过引流的下颌淋巴结被诊断出患有恶性肿瘤。(瑞-吉氏染色;高倍油镜)

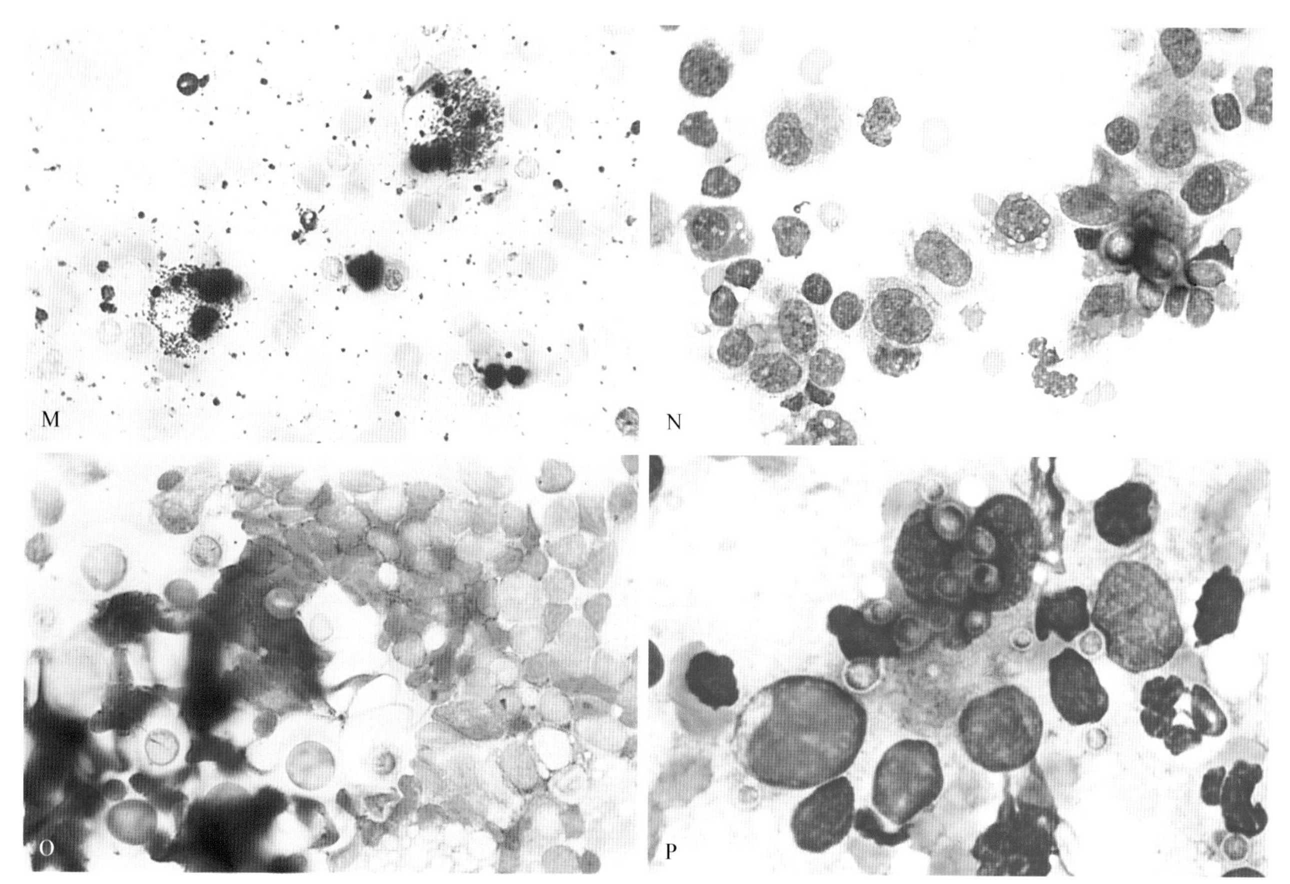


■ 图 4-6 续 **M. 铁黄素沉着症。淋巴结抽吸。细胞化学。犬。**铁染色处理后可见到在细胞内外均有大量的粗糙蓝黑色颗粒。注意背景中着色的小颗粒。(普鲁氏蓝;高倍油镜)**N. 芽生菌病伴发脓性肉芽肿性淋巴结炎。组织抽吸。犬。**两个圆形嗜碱性酵母菌由于炎性反应而被细胞包围,包括上皮样巨噬细胞、退行性中性粒细胞、小淋巴细胞和中淋巴细胞,及浆细胞。(瑞氏染色;高倍油镜)**O. 隐球菌病伴发组织细胞性淋巴结炎。淋巴结抽吸。猫。**患猫耳后有一皮下肿物。外周淋巴结可见大量与隐球菌结构一致的具有包囊的酵母菌。注意背景中的淋巴细胞和几个炎性细胞。(瑞-吉氏染色;高倍油镜)**P. 组织胞浆菌病伴发脓性肉芽肿性淋巴结炎。淋巴结抽吸。猫。**在巨噬细胞内出现数个小的椭圆形酵母菌。细胞外也发现有淋巴细胞和退行性中性粒细胞。(罗氏染色;高倍油镜)(E-F,Case material courtesy of Jocelyn Johnsrude; G,Case material courtesy of Karyn Bird et al.,Texas A&M University; presented at the 1988 ASVCP case review session; H,Photo courtesy of Peter Fernandes.)

更易于看见(见附录)。

转移性造血细胞肿瘤如粒细胞性白血病可见到淋巴结轻度至中度增大。细胞类型一般是多样的(图4-7J),可能有发育不良的细胞或粒细胞前体细胞。在某些情况下,成髓细胞容易与淋巴前体细胞混淆(图4-7K),组织切片可见到不同发育程度的粒细胞前体细胞(图 4-7L)。细胞化学染色法可用于粒细胞源性低分化的病例(图 4-7M)。在临床健康的犬,每张玻片上看到少量至多 6 个富含颗粒的肥大细胞是正常的(Bookbinder et al.,1992),但如果数量增加或是肥大细胞呈少颗粒状,则提示有肥大细胞转移(图4-7 N&O)。如果出现嗜酸性粒细胞,尤其是犬,则提示肥大细胞脱颗粒和组胺释放。

炎症反应可能伴发淋巴组织转移,犬肥大细胞瘤(图 4-7P)或其他肉瘤(图 4-5C)的副肿瘤综合征常见嗜酸性粒细胞。中性粒细胞常见于鳞状细胞癌,且常与细菌性败血症有关。剩下的淋巴细胞常表现出免疫刺激样外观,根据细胞的特征可描述为反应性淋巴结或增生性淋巴结。组织细胞也可以是炎性反应的一部分,特别是出现吞噬细胞碎片和铁元素时,但是大量的组织细胞且已形成了肿物,并侵占了皮质组织,需考虑为肿瘤性(图 4-7Q&R)。

来源于骨髓的或固体组织如脾脏和胃肠道的淋巴恶性肿瘤,可通过淋巴结内的有颗粒的细胞易于识别。(图 4-7S)(Goldman and Grindem,1997)。猫的大颗粒状淋巴细胞(LGL)免疫表型特征与小肠上皮内淋巴细胞相似,因此,猫的淋巴瘤可能来源于小肠。而犬的淋巴瘤,可能原发与脾脏(Roccabianca et al.,2006)。猫的 LGL 淋巴瘤预后很差,经治疗的动物中位生存期约 57 d(Krick et al.,2008)。

在疾病进程的早期,转移性病变通常会涉及整个细胞群的一小部分,通常少于 50%。在某些疾病的晚期,转移性肿瘤可能侵占整个淋巴结的实质,所以会影响细胞学判读(图 4-7T-W)。

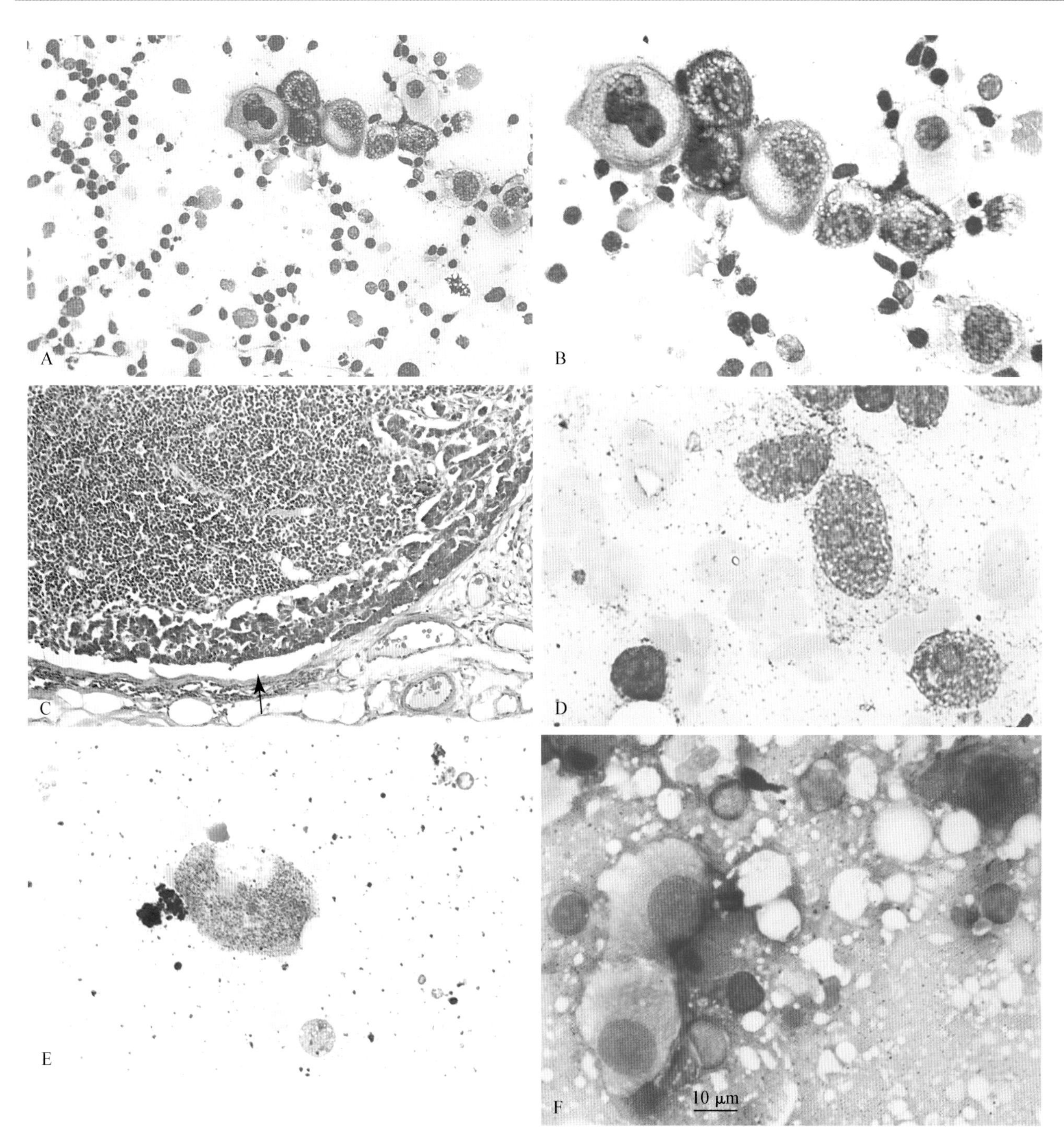


■ 图 4-7 **A-B 为同一病例。转移性鳞状细胞肉瘤。淋巴结抽吸。犬。A.** 一片增生的鳞状上皮被许多小淋巴细胞包围。（瑞-吉氏染色；高倍油镜）**B.** 更高倍镜下可见细胞核明显的多形性，染色质粗糙，有数个不同大小的明显的核仁。（瑞-吉氏染色；高倍油镜）**C. 转移性肉瘤。淋巴结。组织切片。犬。** 增生的细胞从囊下窦开始逐渐浸润皮质区（箭头）（H&E 染色；中倍镜）**D-E. 转移性黑色素瘤。淋巴结抽吸。犬。D.** 精细黑色的颗粒可明确细胞的来源。图中也可见数个明显的核仁。背景中可见小淋巴细胞。（水性罗氏染色；高倍油镜）**E. 细胞化学。** 铁染色法可用于区分背景中的着染的铁黄素和无染色的黑色素颗粒。转移处常可见出血。（普鲁氏蓝；高倍油镜）**F-G 为同一病例。转移性无黑色素性黑色素瘤。淋巴结抽吸。猫。F.** 腿部及背部长有数个肿物并伴有局部淋巴结转移。可见 3 个大的低分化的有明显核仁的黑色素细胞及背景中的小淋巴细胞和大淋巴细胞。（瑞-吉氏染色；高倍油镜）

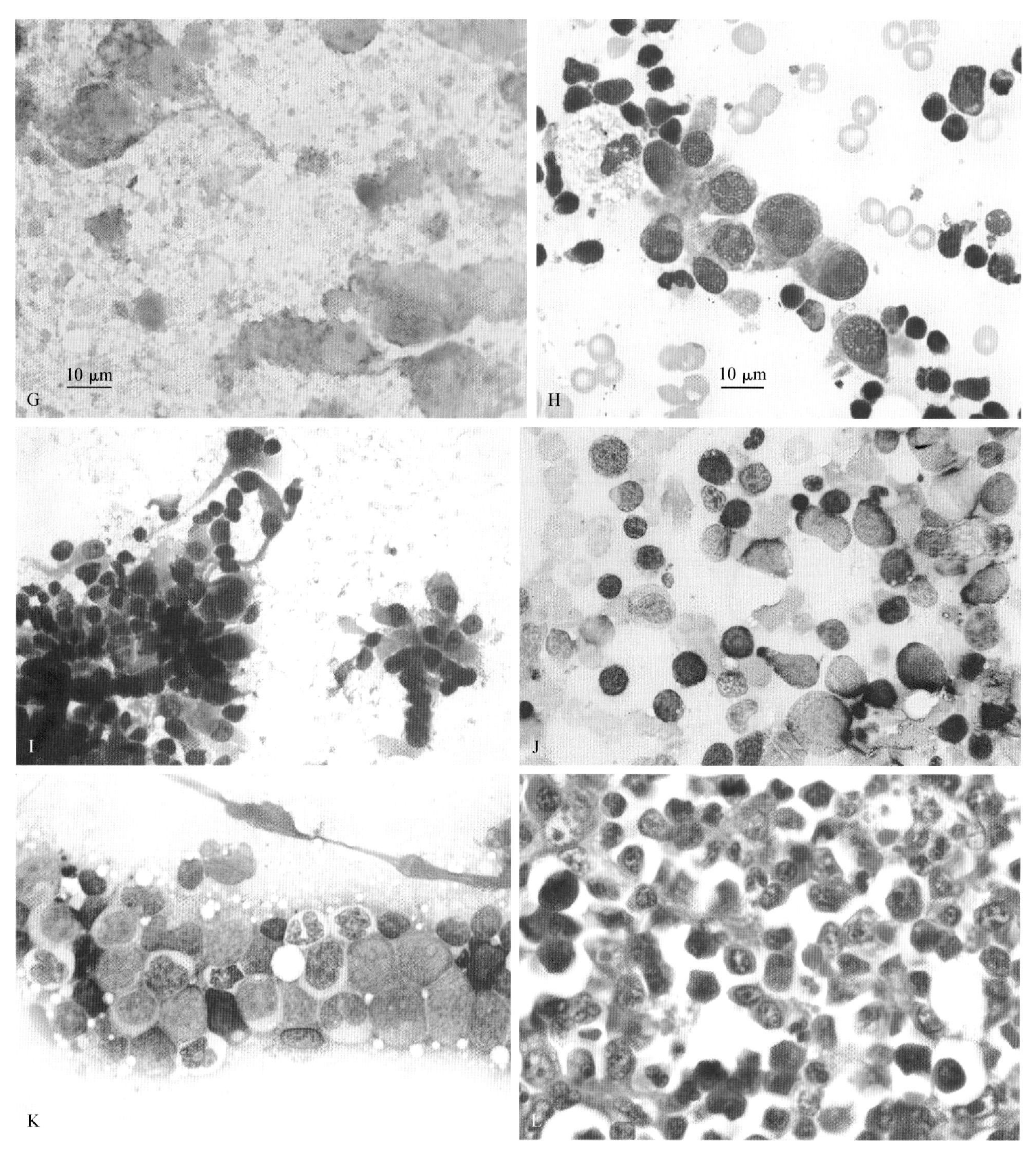


■ 图 4-7 续 **G. 免疫细胞化学。**数个大的肿瘤细胞的细胞浆内可见经 Melan-A 染色法(对黑色素敏感)而显色的核仁。一些小淋巴细胞未着染。(瑞氏染色;高倍油镜)**H. 转移性血管肉瘤。腘淋巴结抽吸。犬。**几个大的独特的多形性细胞被正常的淋巴细胞包围,其中大部分是小淋巴细胞。9 个月前患犬已摘除了肘关节肿物,现在腿部也出现肿胀,且提示是肿瘤通过淋巴结进行了转移。(瑞氏染色;高倍油镜) **I. 转移性横纹肌肉瘤。淋巴结抽吸。犬。**单核和多核的退行性间叶细胞。注意图中右下角呈线状排列特征的团簇细胞。(水性罗氏染色;高倍油镜)**J. 粒细胞性白血病。淋巴结抽吸。犬。**可见各种混合的细胞及许多大型不规则的骨髓前体细胞。(瑞-吉氏染色;高倍油镜)**K. 粒细胞性白血病。淋巴结抽吸。犬。**大量大的未成熟的粒细胞前体细胞。(瑞-吉氏染色;高倍油镜)**L. 粒细胞性白血病。淋巴结。组织切片。犬。**可偶见不规则母细胞,开放的染色质和大的明显的核仁提示其来源于粒细胞髓系。(H&E 染色;高倍油镜)

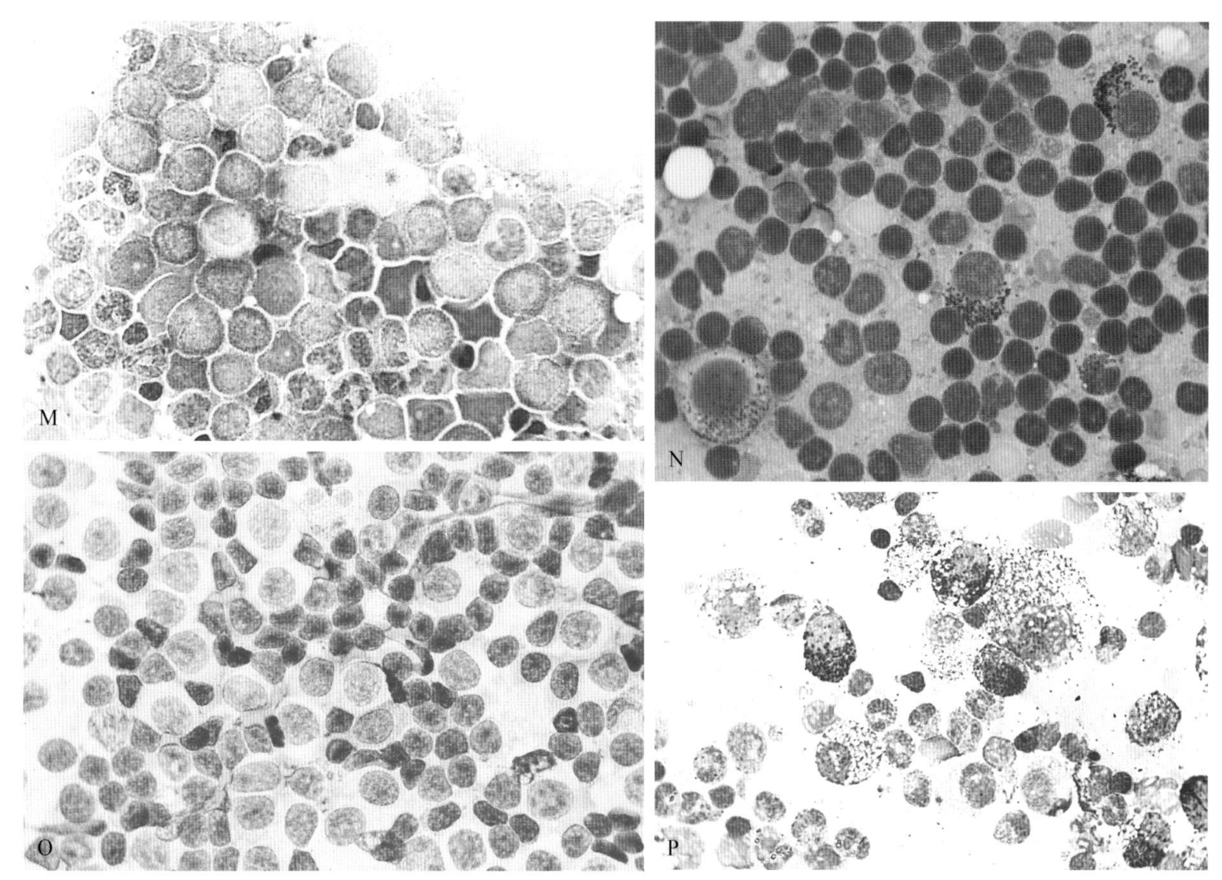


■ 图 4-7 续 **M. 粒细胞性白血病。淋巴抽吸。细胞化学。犬。**细胞化学染色法可使粒细胞显色而进行标记。(特异性粒细胞酯酶活性氯醋酸染色;高倍油镜)**N-O. 转移性肥大细胞瘤。淋巴抽吸。N. 犬。**口鼻处已形成溃疡灶的肥大细胞瘤,对引流的下颌淋巴结进行抽吸,可见三个肥大细胞和一个嗜酸性粒细胞。这三个中等程度分化的肥大细胞有一个明显的核仁和少量的颗粒。周围的淋巴细胞以小淋巴细胞为主。(瑞氏染色;高倍油镜)**O. 猫。**在小淋巴细胞中由一些含极少颗粒的圆形细胞,提示为低分化的肥大细胞瘤。(水性罗氏染色;高倍油镜)**P. 嗜酸性淋巴结炎。组织抽吸。犬。**患有肥大细胞瘤患犬的抽吸结果可见许多嗜酸性粒细胞和一些不同分化程度和多形性的肥大细胞。(水性罗氏染色;高倍油镜)**Q-R 为同一病例。**

### 淋巴瘤以外的原发性肿瘤

这些肿瘤来源于淋巴结且常涉及整个淋巴细胞群;起源于淋巴结的血管肿瘤很少见。Hogen Esch and Hahn(1998)报道了8例血管瘤和1例淋巴管瘤,均为对死后动物剖检的无意发现,且大部分发生于老年犬的腘淋巴结。还需要考虑基质细胞瘤,尽管并不常发生。

### 淋巴瘤

犬猫淋巴瘤是一种非常常见的自发性肿瘤。一个研究表明,在英国确诊患有肿瘤疾病的130 684只患犬中患有淋巴瘤的有103只(Edwards et al.,2003)。在这些犬中,拳师犬相较于其他品种有更高的患病风险。其他高风险品种包括巴森吉犬、斗牛犬、拉布拉多巡回猎犬、弗兰德牧羊犬及罗威纳(Edwards et al.,2003)。其他风险有所增加的品种包括金毛和斗牛獒犬。

原发性肿瘤最常累及淋巴的结淋巴细胞的称为淋巴瘤(也被称为淋巴肉瘤)。通常被认为是淋巴结病(图4-8A)。犬猫肿瘤细胞主要是以中等或大的未成熟的淋巴细胞为主;然而,猫可能会出现胃肠道小淋巴细胞淋巴瘤(Twomey and Alleman,2005)。在淋巴瘤中,中淋巴细胞和大淋巴细胞数量常常会超过50%的细胞总数(图4-8B)。有一种情况例外,即B细胞淋巴瘤的两种亚型,分别为以巨噬细胞为主的富组织细胞性B细胞淋巴瘤和以T细胞为主的富T细胞性B细胞淋巴瘤。Steele等(1997)的一篇研究证实,通过免疫组化法对一只猫的腮腺肿物样本进行染色,可见少量大的非典型B细胞及许多反应性小T淋巴细胞。

以红细胞的大小来评估淋巴细胞的大小(图4-8C)。犬的小、中、大淋巴细胞的核分别是1～1.5倍、2～2.5倍及大于3倍的红细胞的直径(框4-1)。

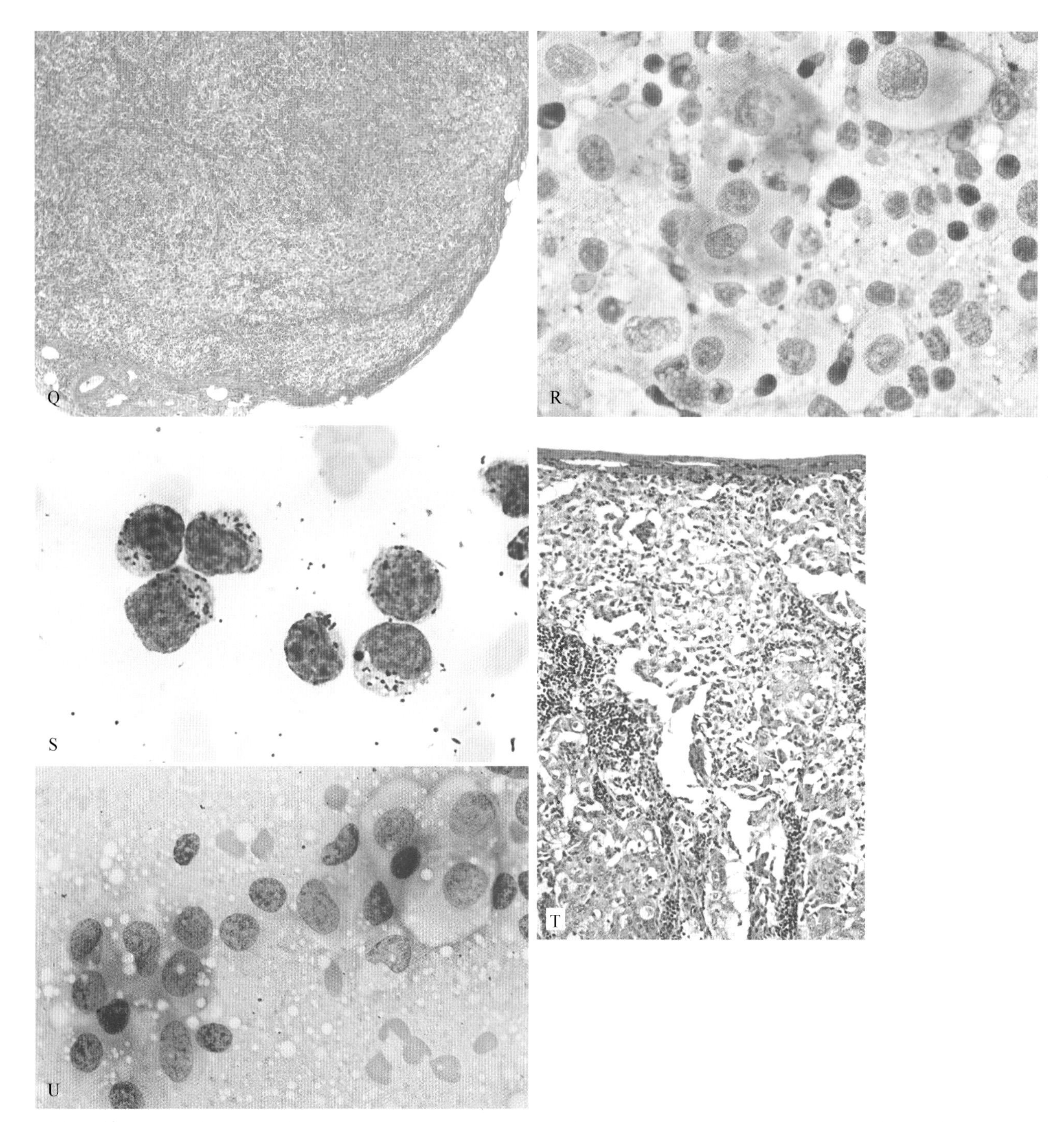


■ 图 4-7 续 **Q. 结肠转移性组织细胞肉瘤。肠系膜淋巴结。犬。Q. 组织切片。**皮质边缘区残存少量淋巴结。更亮的大面积区域是恶性组织细胞。(H&E染色;中倍镜)**R. 组织抽吸。**许多核大小不均的非吞噬细胞性组织细胞替代了大部分的淋巴细胞。(瑞-吉氏染色;高倍油镜)**S. 转移性大颗粒状淋巴瘤。肠淋巴结抽吸。猫。**几乎所有的细胞都是中淋巴细胞,其胞浆度嗜碱性且含有明显的紫色颗粒。(瑞-吉氏染色;高倍油镜)**T-U 为同一病例,转移性胰岛细胞瘤。胃淋巴结。组织切片。犬。**扩大的肿瘤细胞几乎完全消除了淋巴结。注意图中位于中心位置左侧的残存的深染的小淋巴细胞。(H&E染色;中倍镜)**U. 转移性胰岛细胞瘤。胃淋巴结印片。**偶见成簇的完整细胞,大多数细胞呈现类似左侧的细胞,细胞核裸露,细胞边界模糊,为典型的内分泌组织。(瑞-吉氏染色;高倍油镜)

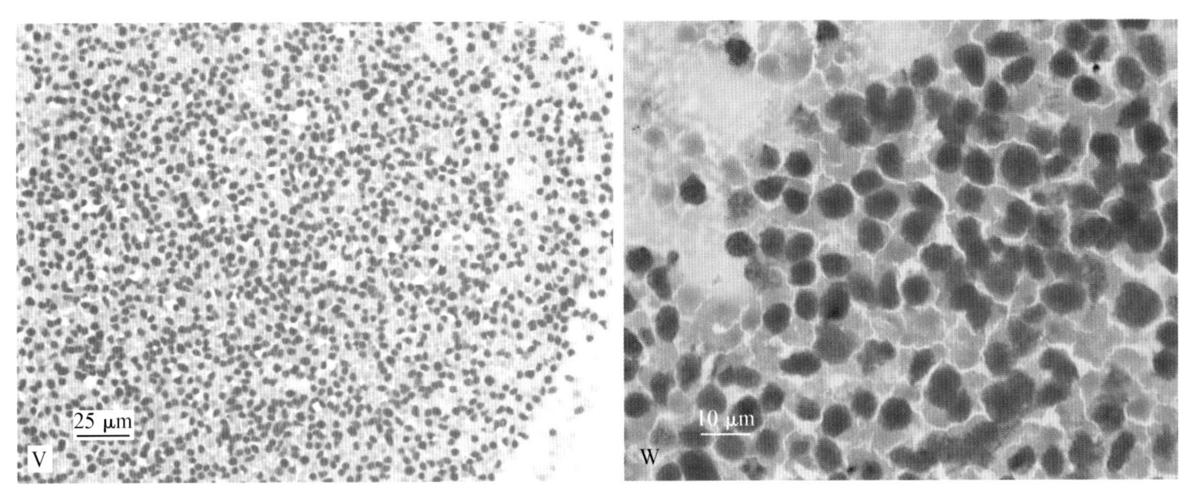


■ 图 4-7 续　**V-W. 转移性成神经细胞瘤。髂骨淋巴结抽吸。犬。V.** 在低倍镜下，细胞制片显示出大量的细胞且部分细胞特征提示为淋巴细胞(瑞氏染色；中倍镜)**W.** 同一细胞制片 V，在高倍镜下可见这些细胞比淋巴细胞有更多的粉色的细胞质且中度核大小不一。清晰的核特性的丧失与淋巴结内发生坏死有关。在转移性肿瘤可见失去细胞质边界的裸核。在开腹探查时发现腰椎下有一个大的原发肿瘤，肿物已波及至下腔静脉、肾脏及部分胰腺。此 1.5 岁的拳师犬被诊断为成神经细胞瘤。(瑞氏染色；高倍油镜)(T-U，Case material courtesy of Robin Allison et al.，Colorado State University；presented at the 1998 ASVCP case review session.)

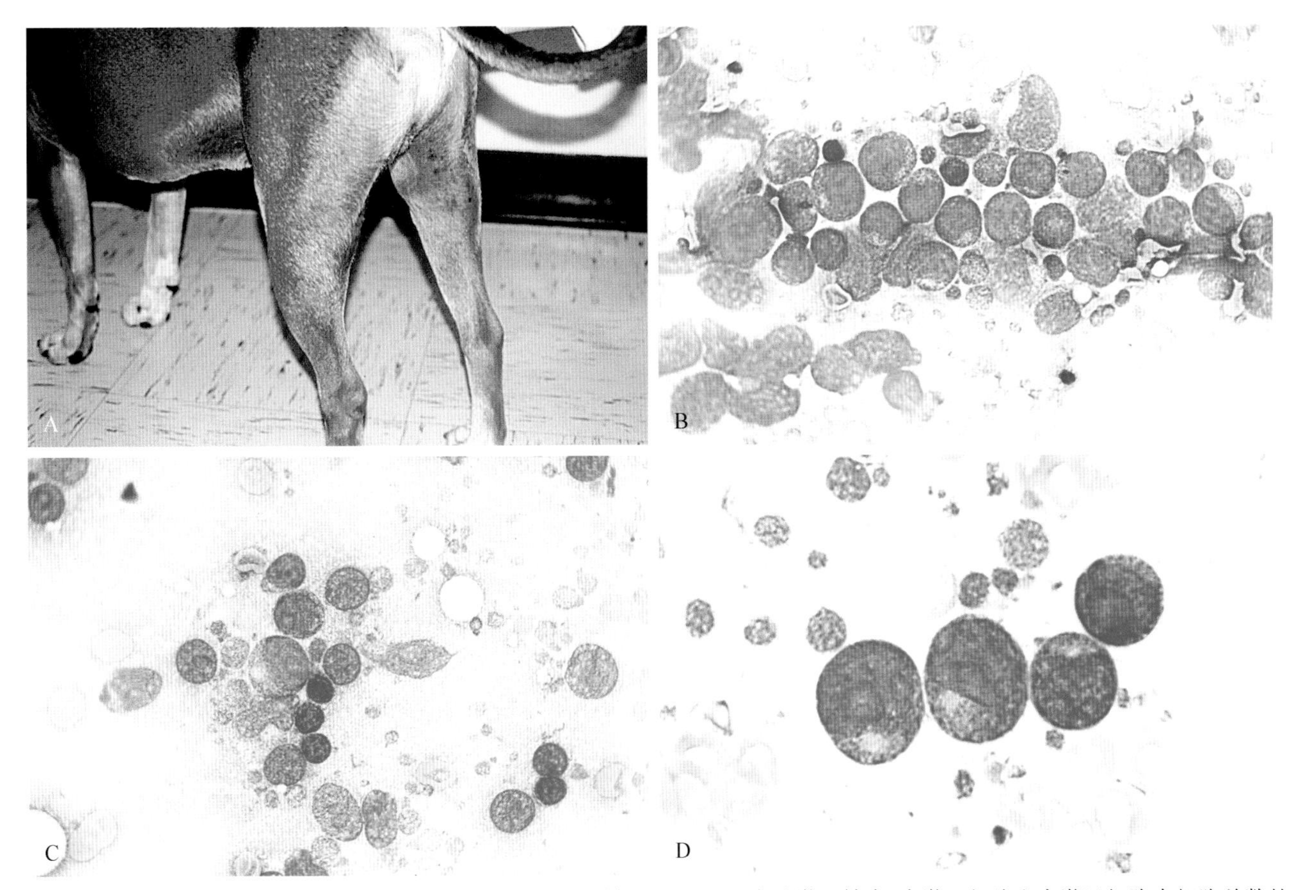


■ 图 4-8　**A-C. 淋巴瘤。犬。A.** 腘淋巴结增大。**B. 淋巴结抽吸。**B-cell。在此淋巴结中，中淋巴细胞和大淋巴细胞占细胞总数的 60%～90%。(瑞-吉氏染色；高倍油镜)**C. 淋巴结抽吸。**可以用位于视野上部的红细胞作为标尺来评估淋巴细胞的大小。注意视野中间的三个深染的小淋巴细胞及两个完整的中淋巴细胞和一个完整的大淋巴细胞。图片中嗜碱性的胞浆碎片称为淋巴腺小体，另有一些围绕着完整细胞的粉色的核溶解残余物。(瑞-吉氏染色；高倍油镜)**D. 淋巴腺小体。淋巴结抽吸。犬。**可见许多大小不一的嗜碱性圆形物，为细胞质碎片。这种情况通常见于淋巴瘤，但在其他疾病也能见到此易碎细胞。(瑞-吉氏染色；高倍油镜)

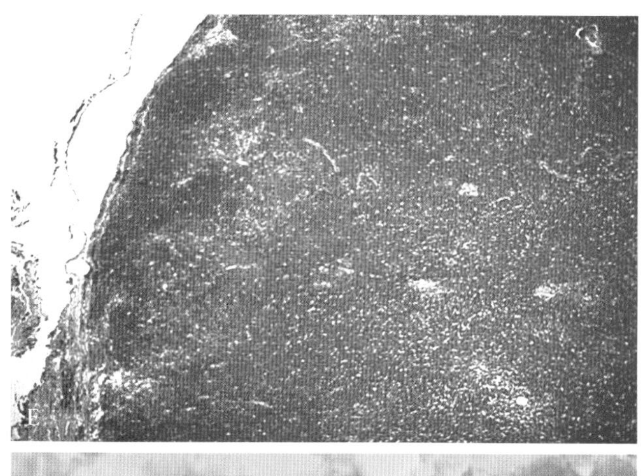

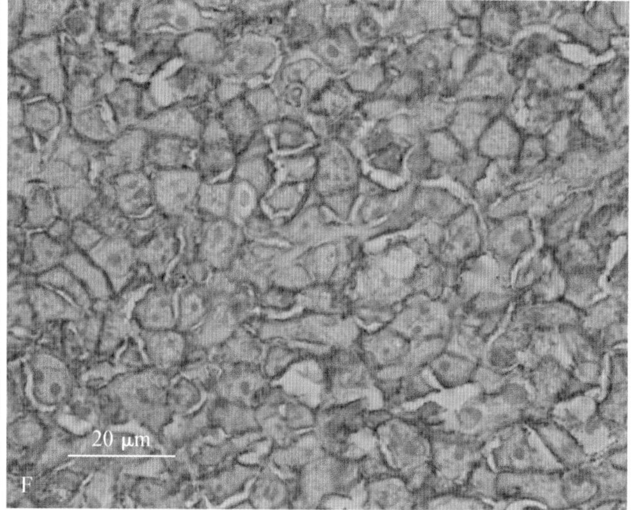


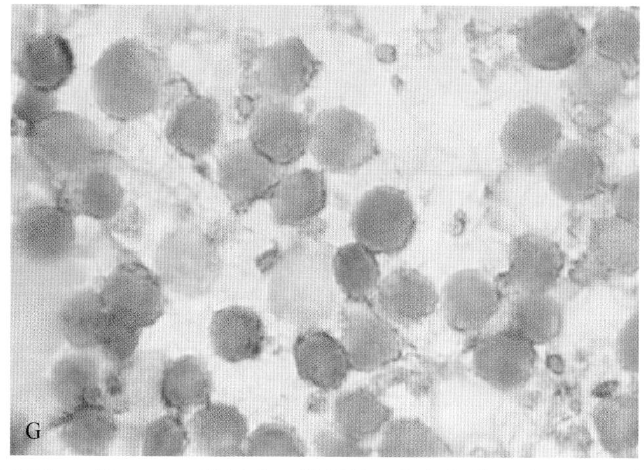


■ 图 4-8 续 **E-F. 淋巴瘤。淋巴结。组织切片。犬。E.** 一片致密的增生的淋巴细胞浸润区已失去正常的结构，皮质区和髓质区已不可识别。(H&E 染色；低倍镜)**F. 免疫组化。**使用免疫酶法可看到这些一样的细胞表面 CD20 的表达，提示此为 B 细胞来源的肿瘤。(CD20/DAB；高倍油镜)**G. 淋巴瘤。淋巴结抽吸细胞离心涂片。免疫细胞化学。犬。**使用 AEC 进行染色，可看到细胞表面 CD21 的表达，提示此为 B 细胞源性。(CD21/AEC；高倍油镜)(A，Courtesy of Leslie Fox，University of Florida.)

*术语问题* 成淋巴细胞是指具有分裂活性的增大的(中间型或大)淋巴细胞。具有未成熟的细胞核，染色质呈细小的颗粒状，常见一个或数个核仁。

淋巴母细胞性白血病/淋巴瘤是一种特殊的独立存在的淋巴肿瘤，WHO 根据骨髓内肿瘤细胞起源的前体淋巴细胞进行分类(表 4-2). 当累及的淋巴组织内含有少于 25%的骨髓成淋巴细胞，称之为淋巴母细胞性淋巴瘤(Bain 等，2010)，而多于 25%的骨髓成淋巴细胞，称之为急性淋巴母细胞性白血病。可通过标记干细胞表面 CD34 来确认。

成熟的 B 细胞和 T 细胞淋巴瘤起源于干细胞后淋巴细胞。慢性淋巴细胞白血病起源于骨髓中成熟的淋巴细胞的增殖或循环中淋巴细胞。一种淋巴细胞性白血病的亚型起源于粒性淋巴细胞的增殖，它生于脾红髓区并在血液中循环，而不是来源于骨髓。

*一般形态学和诊断注意事项* 制片的背景中有因淋巴细胞破裂而形成淋巴腺小体(图 4-8C&D)，其为小的血小板大小、嗜碱性的细胞浆碎片。这些小体在良性的淋巴结疾病也会出现，但由于这些细胞是不成熟和脆弱易碎的，在淋巴瘤中更容易见到。溶解的核可能会表现出花边样或无定形，且嗜酸性(图 4-8B&C)。

淋巴瘤的细胞组成常常是同一种类型的(图 4-8D&E)，尽管在疾病发展早期，可能没有完全侵袭整个淋巴结。当细胞表现出混合型，包括不同大小的小淋巴细胞和大淋巴细胞，对于淋巴瘤的诊断需要进一步检查，包括组织学检查、免疫酶染色法、聚合酶链反应(PCR)抗原受体重排、或 PARR(见第 17 章)。对于模棱两可的病例建议在手术切除后做病理检查，来帮助我们进行确诊和进行淋巴瘤亚型(表 4-2)的分类，及了解治疗和预后。临床的分级，特别是第五级淋巴瘤，已累及血管、骨髓或多个其他部位，在完全缓解后的复发时间和生存时间由非常重要的预后意义(Teske 等，1994)。

**框 4-1 用于评估淋巴瘤病例的细胞学程序和定义**

- 根据细胞核与红细胞的对比来确定淋巴细胞大小。
  小淋巴细胞:1～1.5× RBC
  中淋巴细胞:2～2.5× RBC
  大淋巴细胞:≥3 × RBC
- 根据细胞质来确定和的性状及位置。
  圆形:圆环状无缺口
  不规则圆形:几个缺口或卷曲
  扭曲的:数个深的缺口
  劈开的:单个深的缺口
  中心 vs:偏心位置
- 确定肿瘤淋巴细胞的数量、大小、清晰度和细胞核的位置
  单个 vs 数个
  大 vs 小
  模糊的:不可见或微弱可见的
  中心的 vs 边缘的或外周的
  可用数量和颜色来描述细胞质。注意高尔基带或颗粒的出现。
  不足:围绕细胞核的小轮圈征
  中等大小:介于不足和充足之间
  充足的:约为细胞核两倍大小
  苍白:淡嗜碱性或颜色淡
  中度嗜碱性:颜色介于苍白和深蓝染之间
  深嗜碱性:皇家蓝或更蓝。
- 观察五个 40×或 50×物镜视野下的细胞来评估有丝分裂指数。
  低:每 5 个视野有 0～1 个有丝分裂相
  中:每 5 个视野有 2～3 个有丝分裂相
  高:每 5 个视野有超过 3 个有丝分裂相
- 肿瘤分化级别是基于细胞大小和有丝分裂指数来评估的。
  低分化:低有丝分裂指数且细胞偏小
  高分化:中等或高有丝分裂指数且为中等大小的细胞或大细胞

**表 4-2 使用目前的世界卫生组织的分类方法来识别犬猫恶性淋巴瘤的亚型**

| | B 细胞性 | T 细胞性/NK 细胞性 |
|---|---|---|
| **前体细胞** | 淋巴母细胞性白血病/淋巴瘤 | 淋巴母细胞性白血病/淋巴瘤 |
| **成熟细胞(外周)** | 淋巴细胞性淋巴瘤/CLL(慢性淋巴细胞白血病)<br>幼淋巴细胞性白血病<br>套细胞淋巴瘤<br>边缘区淋巴瘤的类型(结节型、脾型、MALT 黏膜相关淋巴样组织)<br>滤泡样淋巴瘤<br>淋巴浆细胞性淋巴瘤<br>包括瓦尔登斯特伦病<br>巨球蛋白血症<br>浆细胞肿瘤:<br>骨髓瘤,浆细胞瘤<br>弥散性大 B 淋巴细胞瘤(包括 TCRBCL)<br>纵隔(胸腺)淋巴瘤<br>原发性渗出性淋巴瘤 | 大粒性淋巴细胞白血病/淋巴瘤<br>幼淋巴细胞白血病<br>成人 T 细胞白血病/淋巴瘤<br>肝脾 γδ 细胞淋巴瘤<br>皮下脂膜炎样淋巴瘤<br>蕈样霉菌病/Sezary 综合征<br>外周 T 细胞淋巴<br>肠病型 T 细胞淋巴瘤<br>血管免疫母细胞性 T 细胞淋巴瘤<br>血管中心性 T 细胞淋巴瘤<br>间变性大细胞淋巴瘤 |

对犬猫淋巴瘤进行 B 细胞和 T 细胞的免疫分型有助于了解疾病的预后(Ruslander et al.,1997;Teske.,1994)。抗原(如 CD20,CD21,CD79a,BLA.36)与抗体反应可用于确定 B 细胞淋巴瘤的来源(图 4-8F&G)(Jubala et al.,2005),而抗原 CD3、CD4 和 CD8 适用于确立 T 细胞肿瘤的来源。第 17 章论述了白细胞的免疫分型的方法和应用。一篇研究表明,犬淋巴瘤约 76%为 B 细胞型,22%为 T 细胞型,2%为裸细胞型(Ruslander et al.,1997)。在这篇研究中指出,患有 T 细胞淋巴瘤的犬相比于 B 细胞淋巴瘤的犬,在治疗后复发的风险明显更高(52 d vs 160 d),且更早死亡(153 d vs 330 d)。然而,另一些研究表明(Chiulli et al.,2003; Ponce et al.,2004)虽然 T 细胞表型的淋巴瘤整体预后更差,但是犬淋巴瘤 B 细胞亚型和 T 细胞亚型无显著的预后差异。因此,B 细胞型也不是都是最好的,T 细胞型也不都是十分糟糕的。这些研究支持使用临床形态学来描述犬的淋巴瘤,这和人的造血组织肿瘤的分类比较相似,都是基于临床特征、免疫分型、解剖位置、形态特征、细胞遗传特性及临床侵袭性而进行分类的(Swerdlow et al.,2008)。表 4-2 所示的 WHO 淋巴瘤亚型的描述可在兽医学的教科书和文章中找到(Cienava et al.,2004;Fry et al.,2003; Valli et al.,2006; Valli,2007)。

在最初对淋巴瘤的类型进行描述时免疫分型是非常重要的部分,可通过多种技术来实现。犬猫淋巴细胞肿瘤的免疫分型可使用以下方法,包括对细针抽吸的样本进行流式细胞计数(Culmsee et al.,2001; Dean et al.,1995; Gibson et al.,2004; Grindem et al.,1998; Ruslander et al.,1997);组织切片免疫染色(Fournel-Fleury et al., 1997a; Fournel-Fleury et al., 2002; Kiupel et al.,1999; Teske et al.,1994; Vail et al.,1998);对细针抽吸的样本制备细胞学制片并进行免疫染色(Caniatti.,1996; Fisher et al.,1995)。Fisher 等(1995)证实了犬免疫染色的细胞学样本和组织学样本在免疫分型上有良好的关联性。数个研究的证据表明(Fournel-Fleury et al., 1997a; Ponce et al., 2004; Raskin,2004; Teske and van Heerde,1996),B 细胞型淋巴瘤约占淋巴瘤病例总数的 60%,而 T 细胞型淋巴瘤约占 40%。在兽医学上,偶见自然杀伤细胞源性的肿瘤,且常被排除在 T 标记物和 B 标记物之外。

PARR 在支持一个淋巴细胞群的克隆性是很有帮助的(高特异性),但是阴性的结果也不能排除克隆性的可能(低敏感性)。读者可以在第 17 章找到更多关于犬猫分子学测试的方法和应用。

淋巴瘤分类 可根据肿瘤细胞的态学特征和免疫

分型进行分类并了解预后(Ponce et al.,2004)。在过去,更新的Kiel分类方法曾非常有用,其通过细胞的大小和分裂活性来定义淋巴瘤的高分化和低分化。而现在,定义疾病预后意义和种类的WHO分类方法已几乎替代了此方法(表4-2)(Valli et al,2011)。细胞的大小,如小、中或中间型及大型,能用于描述细胞群(框4-1)。

通过对组织学或细胞学样本上的细胞增殖标记物来评估细胞活性是另一个预后指标。最常用的增殖标记物是有丝分裂指数,Ki-67抗原阳性率,增殖细胞核抗原阳性率(PCNA),银染核仁组织区(AgNOR)定量(Bauer et al.,2007;Dank et al.,2002;Fournel-Fleury et al.,1997b;Hipple et al.,2003;Kiupel et al.,1998;Kiupel et al.,1999;Vail et al.,1996;Vail et al.,1997;Vajdovich et al.,2004;Whitten and Raskin,2004)。Ki-67可识别除静止期(G0)以外的所有细胞周期的抗原表达。PCNA在G1期增加,在DNA合成期(S)达到最高水平,在G2期、分裂期(M)和G0期减少。有丝分裂指数仅反应M期。最全面的标记是AgNOR,它能表明参与核糖体RNA转录的DNA螺旋的相关蛋白。AgNOR的数量并不只是反映了细胞周期的百分数,其在细胞周期加快的时候也会增加。AgNOR数量与肿瘤的分级也有关系(Kiupel et al.,1998)。有关AgNOR频率和面积的参数的文章表明,经治疗的淋巴瘤患犬和未治疗患犬的缓解和存活期有显著的相关性(Kiupel et al.,1998;Kiupel et al.,1999;Vail 等.,1996)。一个最近的研究发现,在某些特定形式的淋巴细胞性肿瘤,使用核仁AgNOR计数比平均AgNOR或增殖期AgNOR分数更具有可靠的预后性(Whitten 和 Raskin,2004)。

B细胞性肿瘤。起源于骨髓前体细胞的肿瘤性B淋巴细胞可以快速进入淋巴结,在组织中以淋巴母细胞性淋巴瘤出现(图4-9A&B)。B型淋巴母细胞性白血病/淋巴瘤的病程非常具有侵袭性,尽管进行治疗,中位存活期也只有48 d(Raskin 和 Fox,2003)。

B细胞源性的淋巴瘤常常起源于皮质的滤泡区。滤泡细胞的细胞核呈圆形,染色质正常,核仁明显(图4-9C)。细胞质不足呈中度至深度嗜碱性且含有一个苍白的核旁区(Golgi zone)。细胞可能是大小一致的或大小不等(图4-9D-L)。可能有一个大的位于中心的核仁(图4-9G&I),免疫分型证实为B细胞源性(图4-9F&H)。Callanan 等(1996)对八例自然发生和实验感染的FIV相关的淋巴瘤患猫进行研究,发现似滤泡样B细胞性淋巴瘤发病率很高。

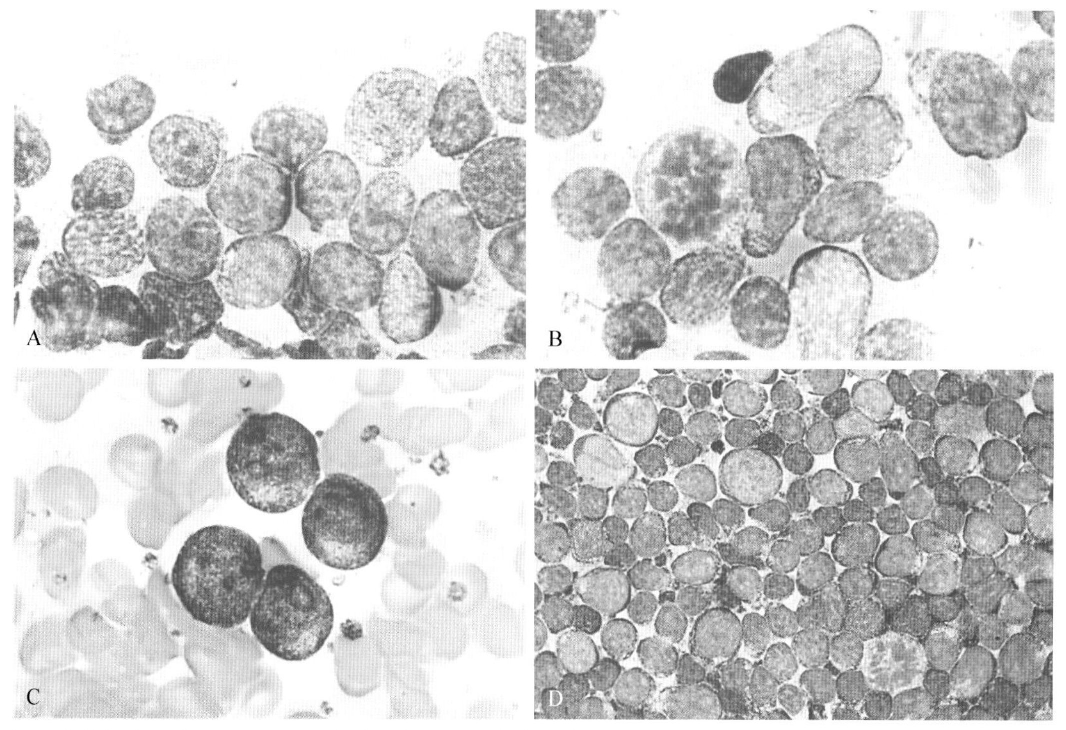


■ 图4-9 **细胞前体细胞肿瘤。A-B为同一病例。淋巴母细胞淋巴瘤。淋巴结抽吸。犬。A.** 中型细胞,细胞核圆形,2~2.5倍红细胞大小。核仁常常不明显。细胞浆不足呈中度嗜碱性。CD21和CD79免疫染色呈阳性。这些细胞在一只7岁可卡犬的骨髓和脾脏里出现,在确诊后患犬只存活了29 d。(瑞-吉氏染色;高倍油镜)B,淋巴母细胞类的细胞有丝分裂活性高。注意图中那个小的深染的淋巴细胞的大小对比。大部分细胞是中型,核仁不清晰,胞质不足。(瑞-吉氏染色;高倍油镜)成熟B细胞肿瘤。**C-L. 弥散性大B细胞淋巴瘤。犬。C-E. 淋巴结抽吸。高度分化。C. 单一形态的。**这些是中型至大型淋巴细胞。细胞核呈圆形,染色质正常,位于边缘区有2-4个小的明显的核仁。细胞浆不足且高度嗜碱性。CD21/CD79a和IgG免疫染色呈阳性。(瑞-吉氏染色;高倍油镜)**D-E. 多种形态的。D.** 此细胞群含有增多的大的母细胞。注意视野下方的有丝分裂。此样本细胞呈高有丝分裂活性。CD79a和IgG免疫染色呈阳性。(瑞-吉氏染色;高倍油镜)

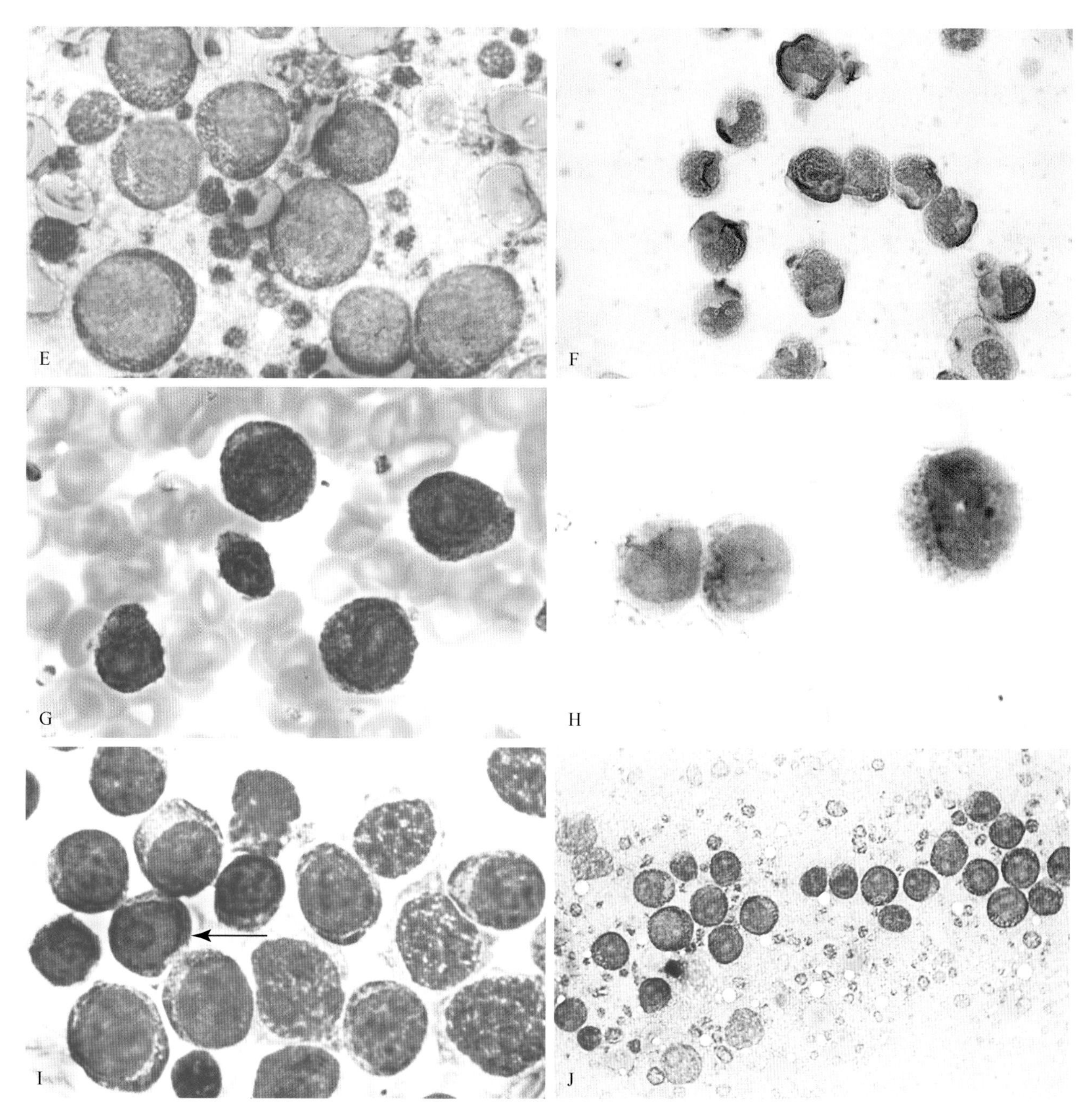


■ 图4-9续　**E-F为同一病例。E.** 在数个细胞中可见单个明显的核仁。在背景中可见许多淋巴腺小体。CD21、CD79a和IgG免疫染色阳性。（瑞-吉氏染色；高倍油镜）**F. 淋巴结抽吸细胞离心制片。免疫细胞化学。** 细胞质中有一些经免疫染色呈阳性的深棕色颗粒。（IgG/DAB；高倍油镜）**G-H为同一病例。G. 淋巴结抽吸。** 可见数个中型至大型的淋巴细胞，每个细胞中心位置有一个大的核仁。CD79a免疫染色呈阳性。（瑞-吉氏染色；高倍油镜）**H. 淋巴结抽吸细胞离心制片。免疫细胞化学。** 胞质染色后可见免疫染色阳性的弥散性棕色颗粒。注意标记物可能表现非特异性核反应（未出现），此样本为阴性。（CD79a/DAB；高倍油镜）**I. 淋巴结抽吸。** 可见几个中等大小的含一个或数个核仁的细胞。箭头所示为一个含有单个中心位置的核仁的中型细胞，其左侧可见一小淋巴细胞。这说明有时候被称为巨核中型细胞的细胞可能会出现在生发滤泡的边缘区。CD21，CD79a和IgG免疫染色阳性。（瑞-吉氏染色；高倍油镜）**J. 淋巴结抽吸。** 中淋巴细胞超过30%的细胞总数。CD21和CD79免疫染色为阳性。（瑞-吉氏染色；高倍油镜）

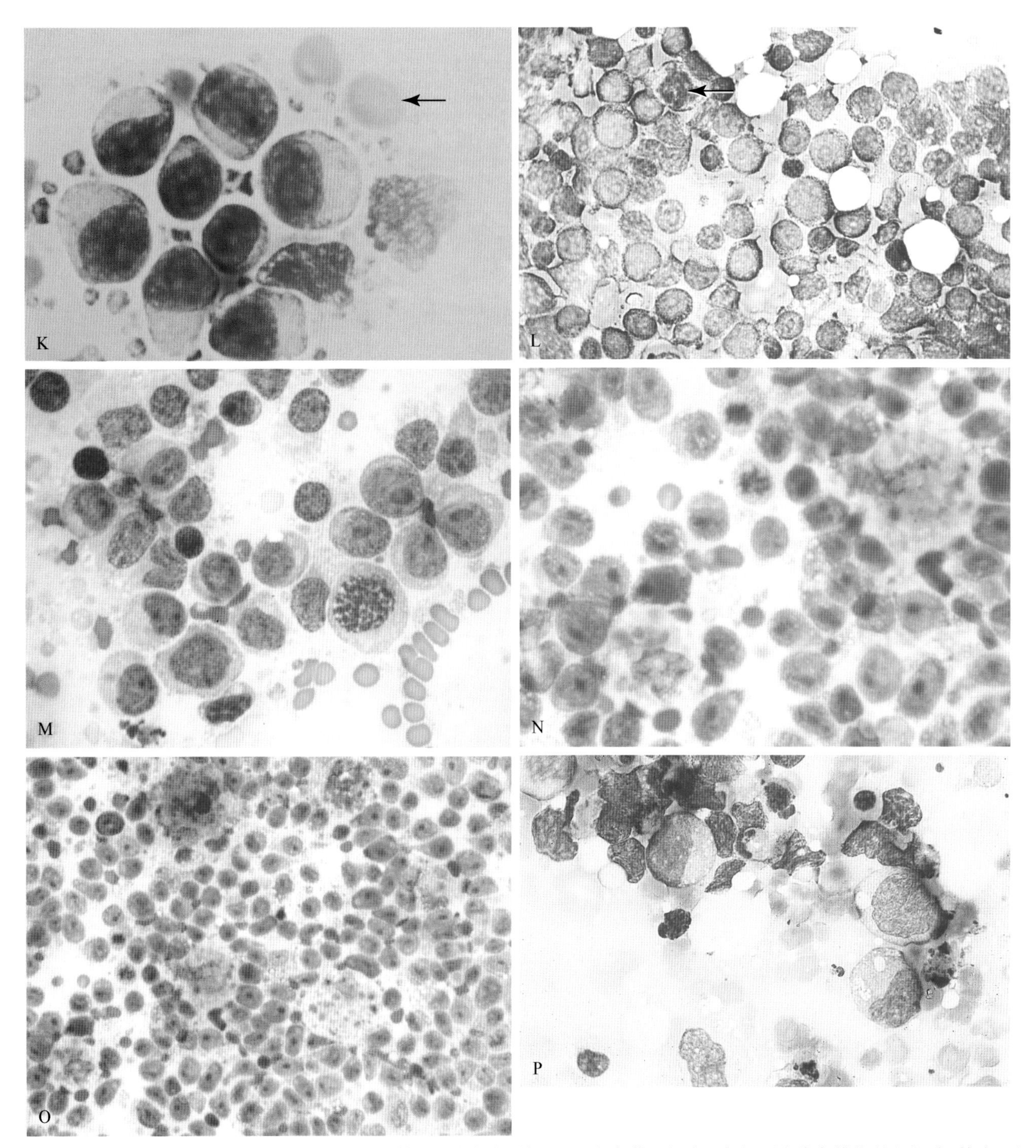


■ 图 4-9 续 **K. 淋巴结抽吸。**细胞核为1.5～2倍红细胞大小，说明这些为中淋巴细胞。与视野中染色模糊的红细胞(箭头)对比大小。数个细胞的细胞质丰富，表现出浆细胞样外观，这可能会使人误认为免疫母细胞，注意许多细胞含有单个明显的中心位置的细胞核。(瑞-吉氏染色；高倍油镜)**L. 淋巴结抽吸。**此细胞群主要以含单个大的中心位置的核仁的大淋巴细胞为主。在视野上部可见到有丝分裂相(箭头)。把浓密深染的小的细胞当作1单位，相当于一个红细胞的大小。(瑞-吉氏染色；高倍油镜)**M-O 为同一病例。富组织细胞性 B 细胞淋巴瘤。下颌淋巴结抽吸。猫。M.** 可用视野中的小淋巴细胞与含明显核仁的中淋巴细胞和大淋巴细胞进行对比。注意视野中的有丝分裂相。(改良瑞氏染色；高倍油镜)**N.** 两个大的巨噬细胞内含有细胞碎片。(改良瑞氏染色；高倍油镜)**O.** 样本中偶见巨噬细胞。(改良瑞氏染色；高倍油镜)**P-Q 为同一病例。B 细胞。纵隔淋巴瘤。组织抽吸。犬。P.** 在坏死的细胞碎片中可见几个完整的有组织细胞特征的大细胞，其有空泡特性。这只三岁的巴森吉猎犬，有纵隔肿物及胸膜腔积液，肺淋巴结及外周淋巴结受累。IgG 免疫染色阳性。(瑞-吉氏染色；高倍油镜)

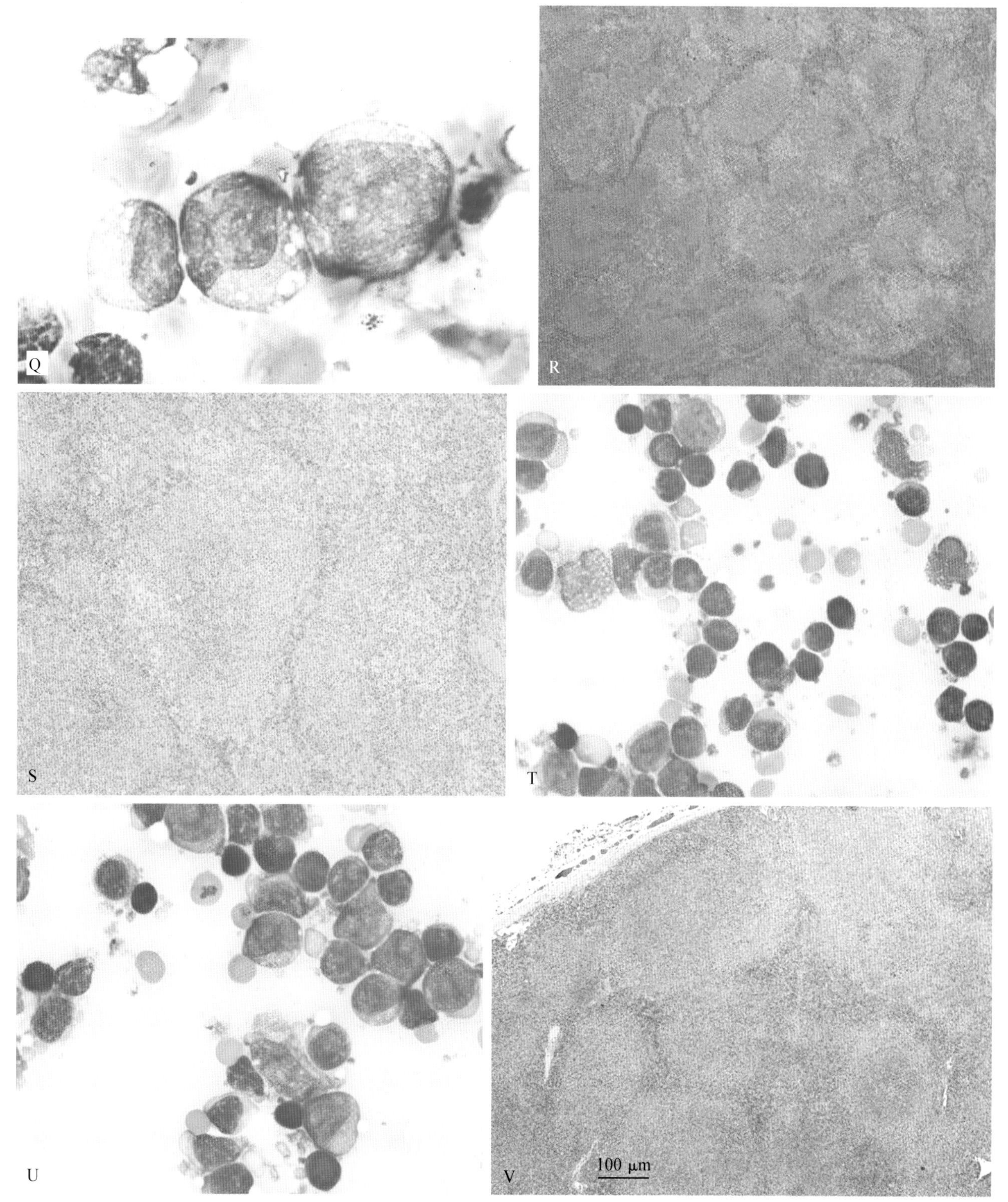


■ 图 4-9 续 **Q.** 注意这些大型的大小不一的间变性细胞表现出胞浆内空泡的特性。有丝分裂指数高(未显示)。(瑞-吉氏染色;高倍油镜)**R-S 为同一病例,B 细胞。边缘区淋巴瘤。犬。肠系膜淋巴结组织切片。R.** 数个扩张的滤泡使组织失去正常结构。(H&E 染色;低倍镜)**S.** 可见一个更高的明显的滤泡及残余的细小致密染色的套细胞,中心苍白区域的增殖的大淋巴细胞。注意伴有恶性细胞的侵袭的分界不明的滤泡边缘与图 4-3D 中 边缘区清晰可辨的滤泡细胞进行对比(H&E 染色;低倍镜)**T-U 为同一病例。B 细胞边缘区淋巴瘤。肠系膜淋巴结印片。T.** 此为混合的淋巴细胞群,视野中大部分为小淋巴细胞。小部分为中淋巴细胞、含有污渍的细胞、背景中的细胞残余及少量红细胞。(瑞-吉氏染色;高倍油镜)**U.** 相同印片的另一视野,可见数量增多的淋巴细胞,其含单个大的明显的核仁及中等量的嗜碱性胞浆。这与边缘区细胞一致。这些残余的有核细胞是胞浆不足的小淋巴和中淋巴细胞。(瑞-吉氏染色;高倍油镜)**V-X. B 细胞。淋巴母细胞性淋巴瘤。犬。V-W 为同一病例,腹股沟淋巴结组织切片。**滤泡区扩张使淋巴结失去正常的结构表现出苍白的染色特性。患病动物处于临床Ⅳa 期,尽管经 PARR 证实其具有恶性增殖特性,但其病程不活跃,至少有两年的存活期。(H&E 染色;低倍镜)

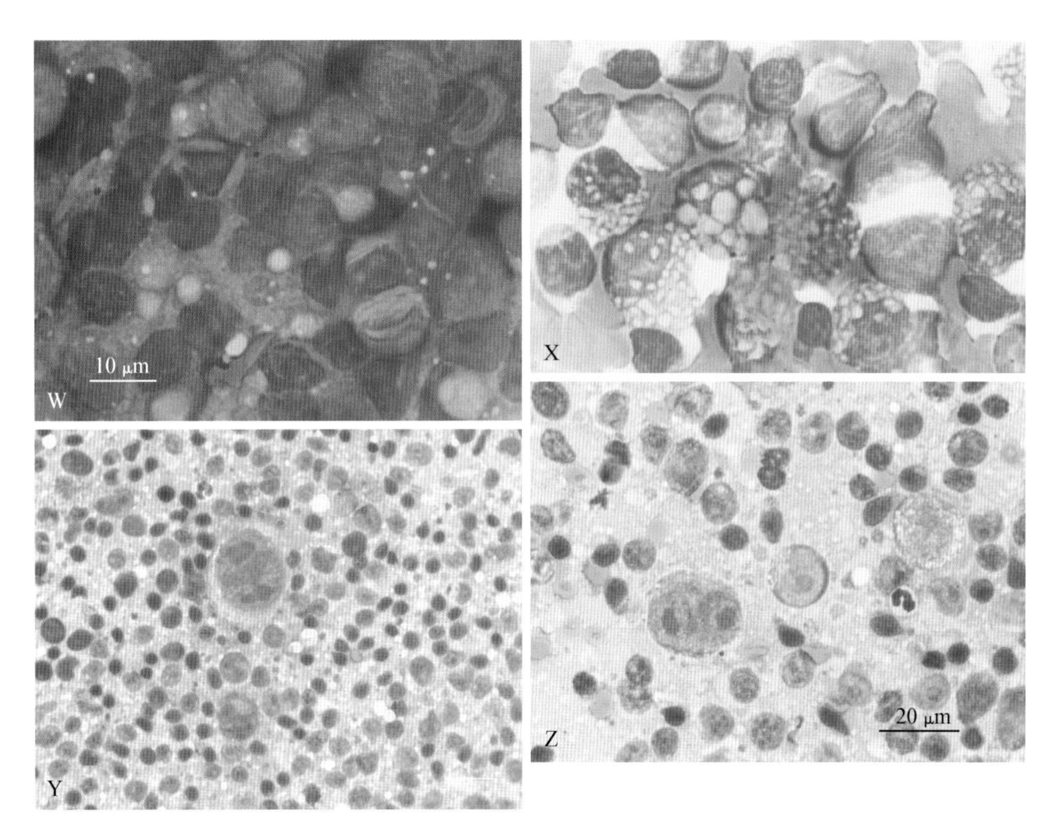


■ 图 4-9 续　**W.** 腹股沟淋巴结印片。可见小淋巴细胞和中淋巴细胞。经常可以观察到细胞质中含有细长的针样和碎的晶体，与非典型鲁塞尔小体一致。CD21、CD45RA 和 CD79a 免疫染色阳性。(瑞-吉氏染色；高倍油镜)**X. 肩前淋巴结抽吸。**可见小淋巴和中淋巴细胞，有些表现出浆细胞样。经常可以观察到在细胞质中有大小不一的、卵石样的内容物，与非典型鲁塞尔小体一致。患病动物处于临床 Vb 期，其病程具有侵袭性，存活期约 49 d。这些细胞也出现在了其他部位，如肾脏和结肠，提示为弥散性淋巴瘤。(瑞氏染色；高倍油镜)**Y-Z 为同一病例。霍奇金氏淋巴瘤。纵隔淋巴结抽吸。猫。Y.** 为混合的细胞群伴有中淋巴和大淋巴细胞的增多。注意在中心位置有一个极大的双核里-施细胞，及其下方的多核细胞。(改良瑞氏染色；高倍油镜)**Z.** 另一视野中可见混合细胞群里有一猫头鹰眼样外观的里-施细胞。患猫有一局部增大的下颌淋巴结和纵隔淋巴结。(改良瑞氏染色；高倍油镜)

犬上发现一种独特的只含有一个大的核仁的细胞(图 4-9I-K)，Fournel-Fleury 等(1997a)称之为巨核中间型细胞，并提出此细胞来源于边缘滤泡区。基于其低分裂活性及低 Ki-67 表达水平(Fournel-Fleury et al.，1997b)，MMC 被认为恶性程度较低。Valli 等(2006)确定边缘细胞淋巴瘤病程不活跃且存活期较长。在犬猫滤泡性淋巴瘤或弥散性大 B 细胞淋巴瘤可见含有单个明显核仁的大淋巴细胞(图 4-9L)。一篇犬的研究表明(Raskin and Fox，2003)，在 62 只患有淋巴瘤的犬中，有 30 只的形态学是符合 WHO 分类标准中弥散性大 B 细胞淋巴瘤(DLBCL)的标准的。在这篇文章中也提到，DLBCL 的生存期的预后根据临床分级而有所不同。没有临床症状(a 亚期)且病程不活跃的患犬，中位生存期约 314 d。而表现出临床症状(b 亚期)且病程具有侵袭性的患犬中位生存期只有 24 d。富 T 细胞或富组织细胞型是 DLBCL 的亚型(图 4-9M-O)。

有一种少见的起源于骨髓或胸腺的胸腺 B 细胞的淋巴瘤，叫纵隔 B 细胞淋巴瘤。肿物是由大的间变型细胞组成(图 4-9P&Q)，具有组织细胞特征，有丝分裂活性高，但经化疗的动物仍可以存活较长时间。

有一种常见的但不易识别的 B 细胞淋巴瘤，起源于围绕生发中心的边缘区细胞。这种边缘区淋巴瘤的病程不活跃(Valli et al.，2006)，最好用组织病理学方法进行诊断(图 4-9R&S)。一篇 9 例随访病例的研究表明其中位存活期约 9 个月。患病动物大部分只累及淋巴结，但也有几个病例也累及脾脏。细胞学检查，可见小淋巴细胞和中间型淋巴细胞的混合细胞群，伴有未成熟的中间型淋巴细胞比例上升，一些细胞含有单个明显的核仁，其他更偏向于单核细胞样(图 4-9T&U)。

淋巴浆细胞性淋巴瘤是一种病程缓慢的成熟 B 细胞淋巴瘤(图 4-9V-X)。细胞学特性显示其类似与边缘区淋巴瘤，由表现出浆细胞样的小淋巴细胞和中间型淋巴细胞组成。在少数这些细胞内可见针样物质的堆积、免疫球蛋白的厚碎片(图 4-9W)、或圆形(图 4-9X)的胞浆内容物。

霍奇金氏淋巴瘤在猫不常见(Walton and Hendrick，2001)，在犬更少见。此病常累及单个位于头部、颈部或纵隔的淋巴结。其显著特征是细胞具有多形性，特别是会出现大的单个细胞(霍奇金氏细胞)或多核的(里-施)陷窝细胞(图 4-9Y&Z)。

T细胞淋巴瘤　与B细胞淋巴瘤相似，肿瘤可能是累及T细胞前体细胞而造成急性淋巴母细胞性白血病或淋巴母细胞性淋巴瘤（图4-10A-E）。在13个淋巴母细胞性淋巴瘤病例中，有8个同时伴有纵隔肿物，4个出现副肿瘤综合征引起的高血钙（Ponce等，2003）。淋巴母细胞的形态学特征包括：中型至大型的细胞、细胞核2～3倍红细胞大小。其细胞核呈圆形或扭曲的，核仁小且不清晰，最好使用新亚甲蓝湿片检查法（图4-10C）。细胞浆常常较少。有丝分裂活性高（框4-1）。另一个诊断方法是细胞化学染色，用α-醋酸萘酯、α-萘二丁酸酯酶、酸性磷酸染色可见局部的点状物出现（Raskin and Nipper，1992）。由于高血钙或骨髓的弥散性或扩张性浸润，伴发肾衰，此病的预后一般很差（图4-10E）。

诊断测试需通过CD3免疫染色阳性来确认T细胞源性（图4-10F）。此外也可以使用局部酸性磷酸染色（图4-10G）。更多完整的免疫化学方法和应用可见第17章。

统计学上，拳师比罗威纳或金毛有更高的概率患有T细胞淋巴瘤（Lurie et al.，2004）。

在一篇文献中阐明，在外周T细胞淋巴瘤的分类中，多形态中细胞性和多形态大细胞性是最常见的细胞形态，约占T淋巴瘤的40%（Fournel-Fleury et al.，2002）。上述文献中，30个外周T细胞淋巴瘤的病患有12个出现高钙血症，此现象是T细胞源性淋巴瘤常见的副肿瘤综合征。此肿瘤由中型细胞、大型细胞或中、大型细胞混合细胞群组成，有相当大的细胞核多形性（图4-10H-L）。通常细胞核是凸出且光滑的，位于细胞一侧，细胞另一侧是凹陷的，伴有许多不规则的小缺口或锯齿状，类似于脑型。核仁很大，性状不同，数量不定。细胞质中等充足的且中度嗜碱性。在人可见少量嗜酸性粒细胞。可能在T淋巴细胞观察到手镜样或单个细胞质的扩展，被称为腹足（图4-10I-K）。在人的WHO分类中，大部分结节型T细胞淋巴瘤被归于外周T细胞淋巴瘤，未做具体归类。这也包括那些低分化的小细胞型和免疫母细胞样小细胞型（图4-10M-Q）。结节性淋巴瘤的CD45RA同型免疫细胞化学呈阳性（图4-10R），而那些长在皮肤或黏膜上的T细胞淋巴瘤常常呈阴性。

> **重点**　淋巴细胞具有不同的大小、性状、染色质浓密度、核仁特征及细胞质特质。为了最好的进行临床行为学的定义和预后，除形态学外，还应关注免疫分型、克隆性、累及部位及组织学，特别是细胞群是混杂的。

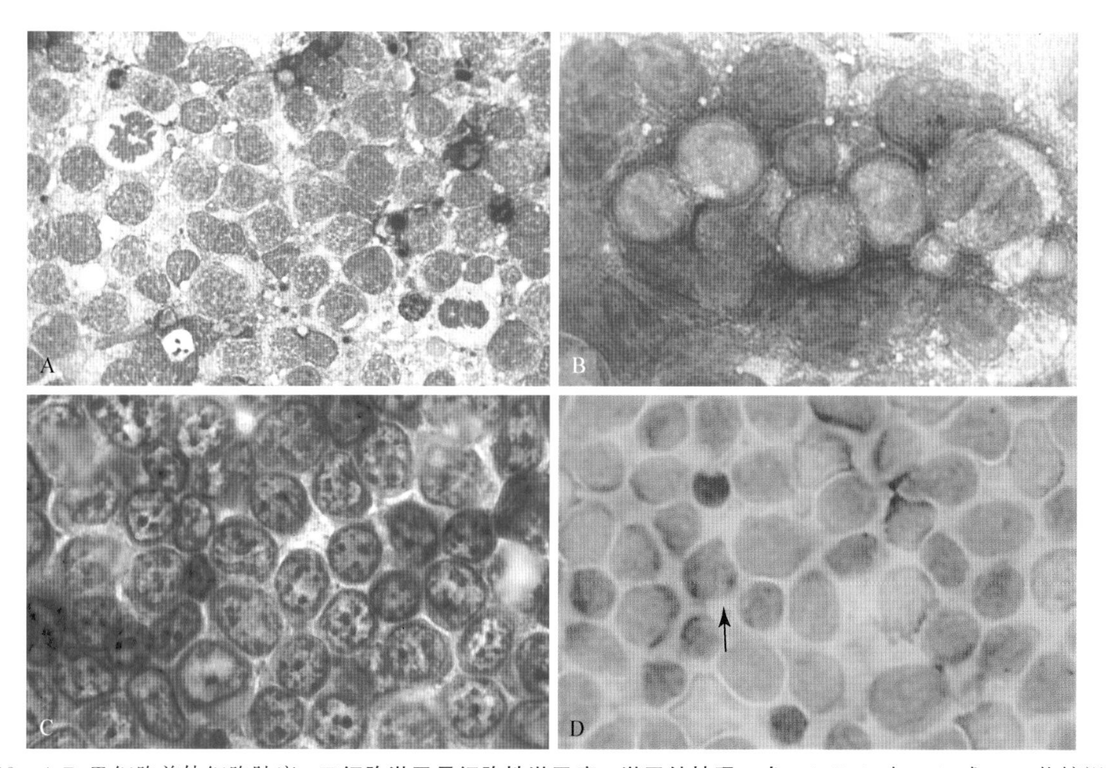


■ 图4-10　**A-D.** T细胞前体细胞肿瘤。**T细胞淋巴母细胞性淋巴瘤。淋巴结抽吸。犬。A-C. A.** 在40×或50×物镜视野下，每观察5个视野，可看到超过3个有丝分裂相。细胞的胞浆不足且核仁不清晰。（瑞-吉氏染色；高倍油镜）**B.** 图中以中淋巴细胞为主，其含有数个扭曲的细胞核。核仁不明显。CD3和CD8免疫染色为阳性（瑞-吉氏染色；高倍油镜）**C.** 使用湿片检查法可以轻易得看到圆形及不规则圆形细胞核及小的多个核仁。（新亚甲蓝染色；高倍油镜）**D. 细胞化学。** 注意箭头指向的淋巴细胞明显着色的部分。其他淋巴细胞的局部着色并不明显（酸甘磷酸酶染色；高倍油镜）

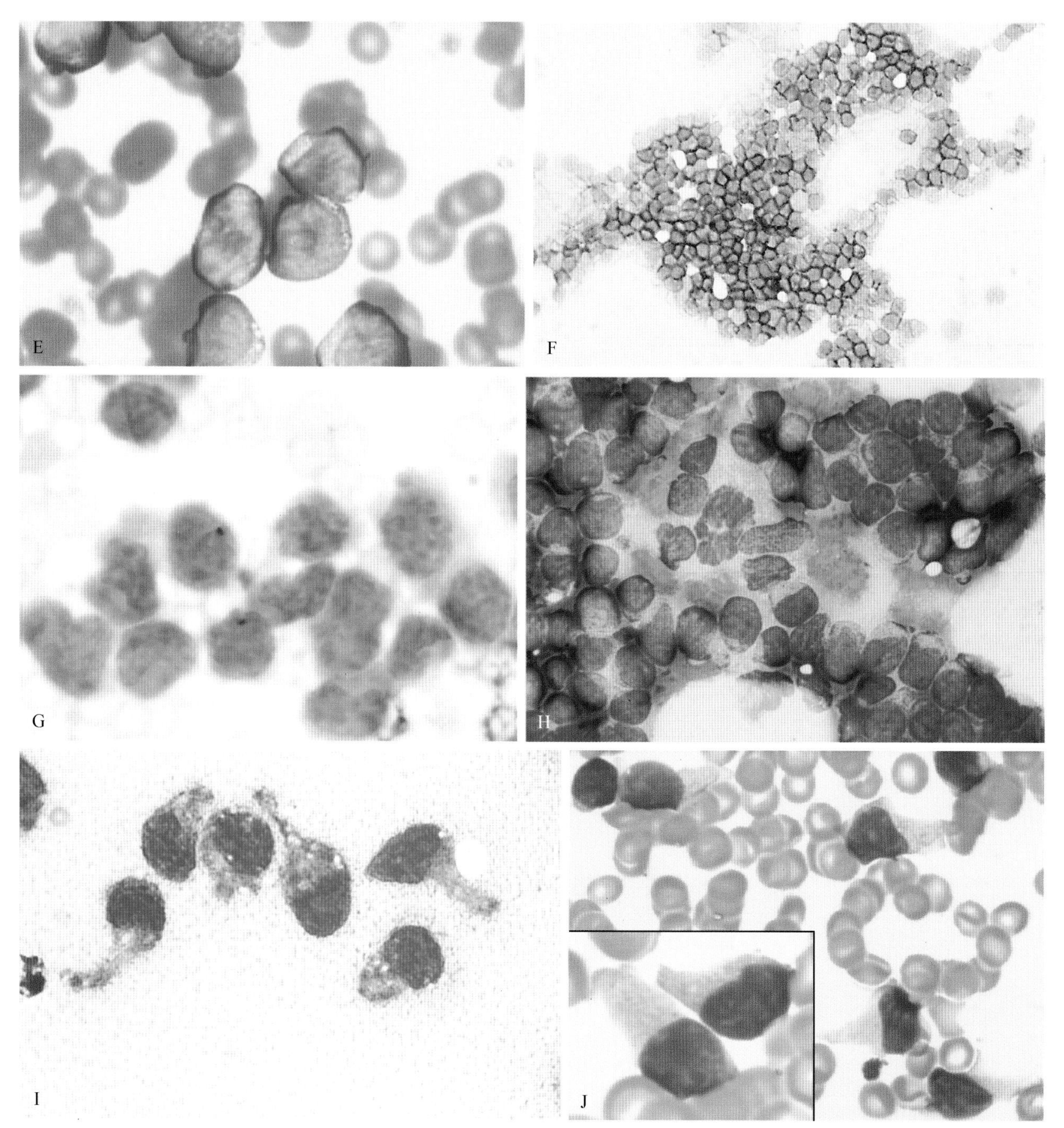


■ 图 4-10 续 **E. T 细胞淋巴母细胞白血病。外周血涂片。犬。**6 月龄英国斗牛犬表现贫血、血小板减少，显著的白细胞增多症(298 000/μL)，其中大部分为含有不规则圆形细胞核的未成熟淋巴细胞。可见小的明显的核仁和正常染色的细胞核。除了血液，骨髓及数个淋巴结也被累及。其为临床 Vb 级，病程极具侵袭性，在确诊后患犬只存活了 17 d。(瑞-吉氏染色；高倍油镜) **T 细胞外周肿瘤。F. 外周 T 细胞淋巴瘤。淋巴结抽吸细胞离心涂片。免疫细胞化学。犬。**细胞浆被染成棕色标示强阳性反应。(CD3/DAB；高倍油镜)**G. T 细胞淋巴瘤。细胞学制片。细胞化学。犬。**T 细胞中被染成红色的部分标识强阳性反应。(酸甘磷酸酶染色；高倍油镜)**H-K. 外周 T 细胞淋巴瘤。犬。H-J. 淋巴结抽吸. H.** 图中以中淋巴细胞为主，表现出核多形性。注意在细胞一侧的不规则的细胞核，常含有数个缺口或锯齿状。大淋巴细胞的染色质呈精细的颗粒状且核仁明显。细胞质中等充足且轻度嗜碱性。CD3 免疫染色阳性。(瑞-吉氏染色；高倍油镜)**I.** 此动物还有皮下结节，细胞学特性与上述相似。组织病理学检查可见淋巴细胞浸润上皮层。细胞呈手镜样，细胞质形成的伪足向不同方向扩展。(瑞-吉氏染色；高倍油镜)**J.** 此样本中常见各个细胞中不同方向的腹足。腹足被认为是帮助 T 细胞结合其他细胞使胞浆释放出来。插图：此病例中苍白的细胞浆表明细胞中含有较少细小的颗粒。(罗氏染色；高倍油镜)

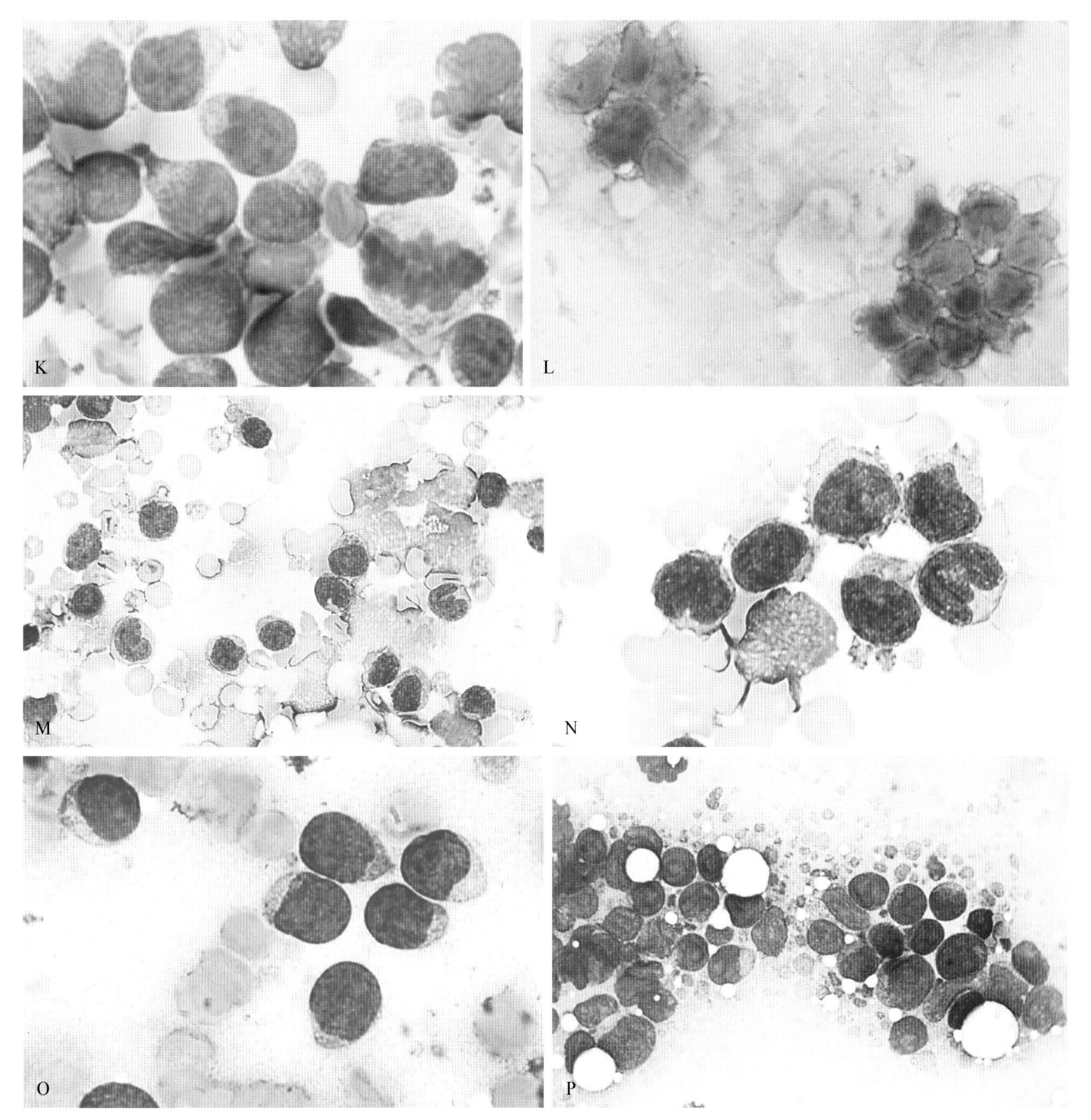


■ 图4-10续　**外周T细胞淋巴瘤。犬。K-L为同一病例。K. 淋巴结细胞学制片。**注意频繁出现的细胞核锯齿样边缘。一些T细胞可见扭转的细胞核这种独特的形态。核仁明显。(瑞-吉氏染色;高倍油镜)**L. 淋巴结细胞离心制片。免疫细胞化学。**细胞表面的CD3经氨基乙基咔唑反应进行表达。这些细胞也能表达CD45RA,一种CD45的同型物,可在B细胞和结节型T细胞淋巴瘤上发现。(CD3/AEC;高倍油镜)**M-R. 外周T细胞淋巴瘤。M-N为同一病例。淋巴结抽吸。犬。M.** 一个相对形态单一的小的细胞群,胞浆不足呈灰色。CD3免疫染色阳性。(瑞-吉氏染色;高倍油镜)**N.** 细胞核一边平滑一边呈锯齿状特征。(瑞-吉氏染色;高倍油镜)**O.** 肿瘤细胞为小的形态单一含有小的核仁的细胞。细胞核表面是圆形或不含有凹陷的不规则圆形。CD3免疫染色阳性。(瑞-吉氏染色;高倍油镜)**P-Q为同一病例。P.** 可见数个大的细胞,含有单个大的,置于中心位置的细胞核。CD3免疫染色阳性。(瑞-吉氏染色;高倍油镜)

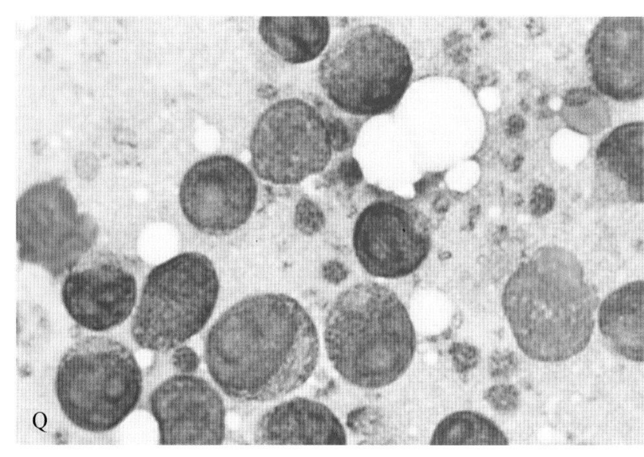


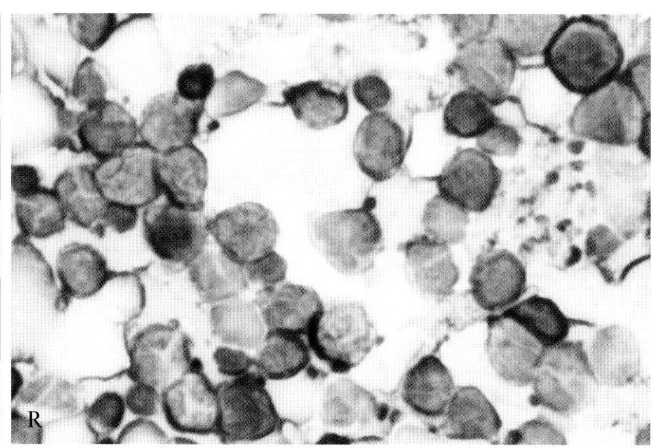


■ 图 4-10 续 **Q.** 高倍镜下确认不规则圆形的细胞核和明显的核仁。细胞质中等充足且嗜碱性。(瑞-吉氏染色;高倍油镜)**R. 淋巴结细胞学制片。免疫细胞化学。犬。** 细胞质中被染成棕色的部分为CD45RA的强阳性反应的表达。一只8岁的喜乐蒂牧羊犬,处于临床Vb期,其病程极具侵袭性,患犬只存活了56 d。此病累及脾脏、骨髓和淋巴结。(CD45RA/DAB;高倍油镜)(病例材料来源于Harold Tvedten.)

## 髓外造血

虽然不常见,但也有证据表明淋巴结有髓外造血功能(图4-11)。这更可能发生于有严重骨髓疾病的动物,所以其他脏器,比如脾脏、肺脏、或淋巴结出现髓外造血也并不意外。

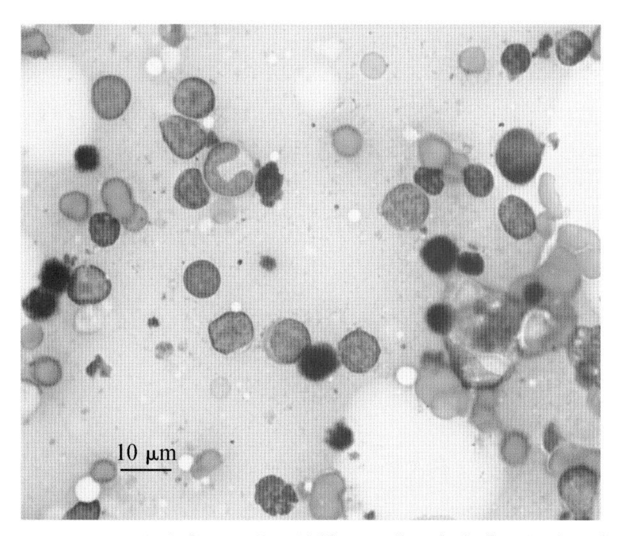


■ 图 4-11 **髓外造血。淋巴结抽吸。猫。** 在小淋巴细胞和中淋巴细胞之间有一些大小不一、染色致密的红细胞前体细胞,其中有一些红细胞与巨噬细胞黏附在一起表现出嗜红细胞作用。CBC提示患猫有泛细胞减少症和20%的PCV,经血涂片确认缺少红细胞再生相。(瑞氏染色;高倍油镜)

## 关于唾液腺的考虑

为了进行下颌淋巴结取样,常常取到唾液腺的组织(图4-12A&B)。下颌淋巴结位于腹侧颧弓突出的部分,即眼睛的后下方,眼睛和耳朵的中间。下颌唾液腺位于外颈静脉的分支,比下颌淋巴结更靠近后背侧(图4-12C)。

## 脾脏

### 脾脏活检的适应症

- 脾肿大—可能在触诊、X线检查、或超声检查是发现。
- 异常的影像学特征—提示增生性变化或浸润性过程。
- 评估造血功能—当患有骨髓疾病时。

### 穿刺活检的注意事项

可用于血小板减少症的动物,操作时需采用人工保定或镇定的方式限制动物活动。可在抽吸前将注射器预先涂布EDTA二钠以降低样本发生凝集的可能性。可单独使用1~1.5 inch、21号或22号的针头或配合12 mL注射器或活检枪。某些情况下可能使用2.5~3.5 inch的骨髓穿刺针更合适。动物可采用右侧躺或仰躺的姿势,对采样部位更大范围进行手术备皮。可用触诊或超声引导进行定位。

> **重点** 非穿刺活检技术更适合用于血管丰富的部位,如脾脏,以降低血细胞的干扰和增加细胞性(LeBlanc et al., 2008)。

### 正常的组织学和细胞学

脾脏外有一层厚实光滑的肌肉包膜,此包膜向脾脏内延伸形成脾小梁。脾脏实质分为红髓和白髓。白髓是由致密的动脉周围淋巴鞘和淋巴小结组成,

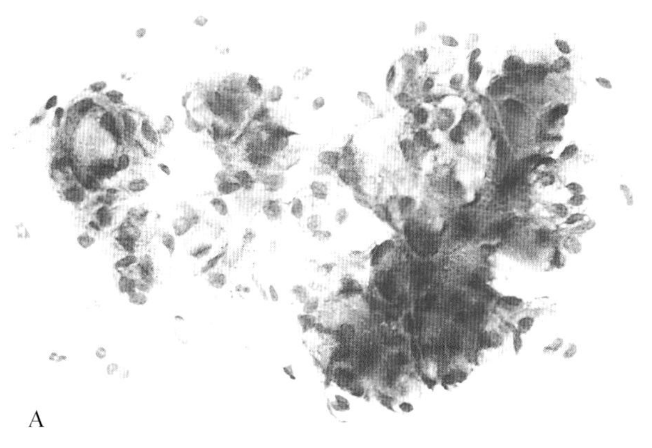


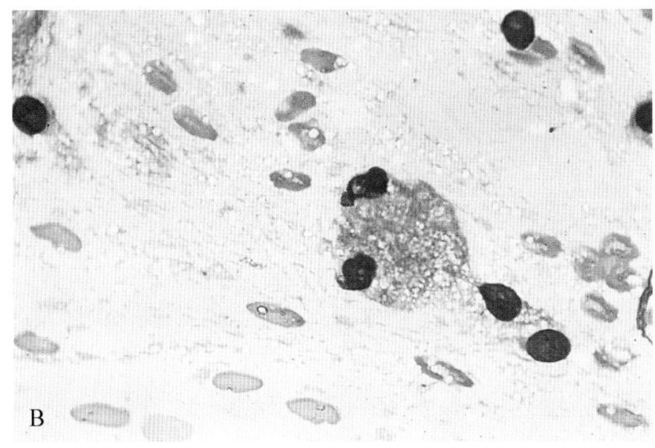


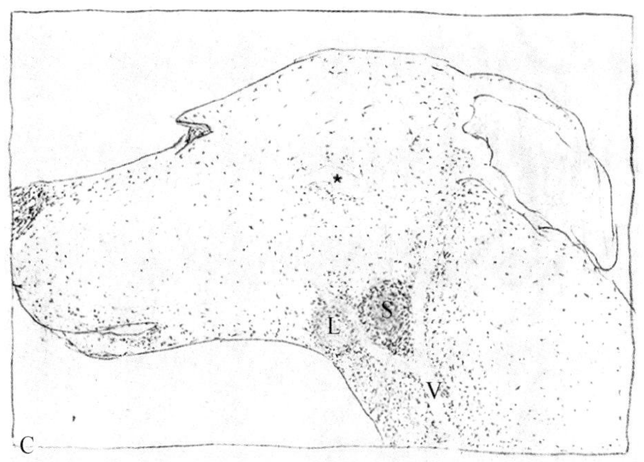


S 唾液腺，下颌的
L 淋巴结，下颌下的
V静脉，外颈静脉
*颧弓

■ 图 4-12 **A-B. 唾液腺。组织抽吸。犬。A.** 为进行下颌下淋巴结抽吸而采集到的上皮细胞簇。(瑞-吉氏染色;高倍油镜)**B.** 单个唾液腺细胞,含有充足的泡沫样嗜碱性胞浆。散落的细胞核很容易与小淋巴细胞混淆。注意背景中的嗜碱性颗粒与黏蛋白形态一致,红细胞以类似于串样的方式被捕获。(瑞-吉氏染色;高倍油镜)**C. 图示下颌唾液腺的下颌下淋巴结的位置。犬。**星标的位置是颧弓的骨质突出处。下颌下淋巴结(L)直接位于颧弓的腹侧或垂直位置。注意下颌唾液腺(S)位于外颈静脉(V)的更后背侧。

而红髓是由含红细胞的网状结构、内皮都或血管组成(图 4-13A)。脾动脉通过脾门进入脾脏并分成数个动脉分支,形成淋巴鞘的中央动脉血管。这些血管进入位于网状网内被同心层巨噬细胞包围的髓质毛细血管。毛细血管周巨噬鞘也称椭圆体,大量的分布在围绕临近红髓的动脉周围淋巴鞘的边缘区(图 4-13B)。

在细胞学抽吸制片时易被大量血细胞污染,因为可见许多完整的红细胞和血小板。淋巴细胞表现和正常的淋巴结相似(图 4-2E)。以小淋巴细胞为主,并偶见中淋巴细胞和大淋巴细胞。少量的巨噬细胞和浆细胞可能会伴有少量的中性粒细胞和肥大细胞出现。巨噬细胞可能含有少量蓝绿色至黑色的颗粒样碎片,与铁黄素相容。偶见巨噬细胞群与网状基质形成椭圆样外观(图 4-13C)。在老年动物脾脏穿刺检查中,偶见一种含铁的钙化斑块,也叫铁质斑块,纤维铁质小结,或 Gamma-Gandy 小体,其位于脾脏边缘的纤维囊内(Ryseff et al. ,2014)。这些坚实的、有时伴有钙化的、在肿物中常含有血色染色样的物质称为铁黄素(蓝-黑色)或橙色血质(金黄色),其可能会出现在巨噬细胞内或髓外结缔组织纤维内(图 4-13D)。一般见于先前的脾脏出血或犬正常的老年性变化。普鲁士蓝染色可用来确认铁黄素的出现,而橙色血质不含有铁质,所以染色后呈阴性。茜素红 S 和普鲁士蓝染液均可用于先前已经染色的制片。

### 反应性和增生性脾脏

大致上,反应性和增生性脾脏可能会出现结节性或弥散性增大的变化。淋巴增生可能是由于感染性抗原或血源性寄生虫引起的抗体反应。以小淋巴细胞为主,同时伴有中淋巴细胞和大淋巴细胞增多。一般可见巨噬细胞和浆细胞(图 4-14A)。在低倍镜下可观察到大块聚集的网状基质和增多的肥大细胞(图 4-14B)。在血铁质沉积症可见大量的粗糙的深色颗粒(图 4-14C)。在内皮成分增多的脾脏内常可见毛细血管(图 4-14D)。

另一种犬的脾脏结节样变化和淋巴增生,称为纤维组织细胞性结节。在那些坚实、突起的结节内是纺锤细胞、巨噬细胞、淋巴细胞和浆细胞的局部增殖(图 4-14E-H),这可能是另一种疾病的反应式表现。现在认为此术语可用于从反应性增生到恶性肿瘤的各种疾病,包括组织细胞肉瘤,边缘细胞淋巴瘤,和基质细胞肉瘤。不同的疾病预后不同,需进行免疫化学来鉴别它们(Moore et al. ,2012)。

### 脾炎

除了与脾脏增生有关的巨噬细胞反应,其他非感染性或感染性疾病也会造成炎性细胞增加。非感染性因素包括恶性肿瘤、或能刺激中性粒细胞或嗜酸性

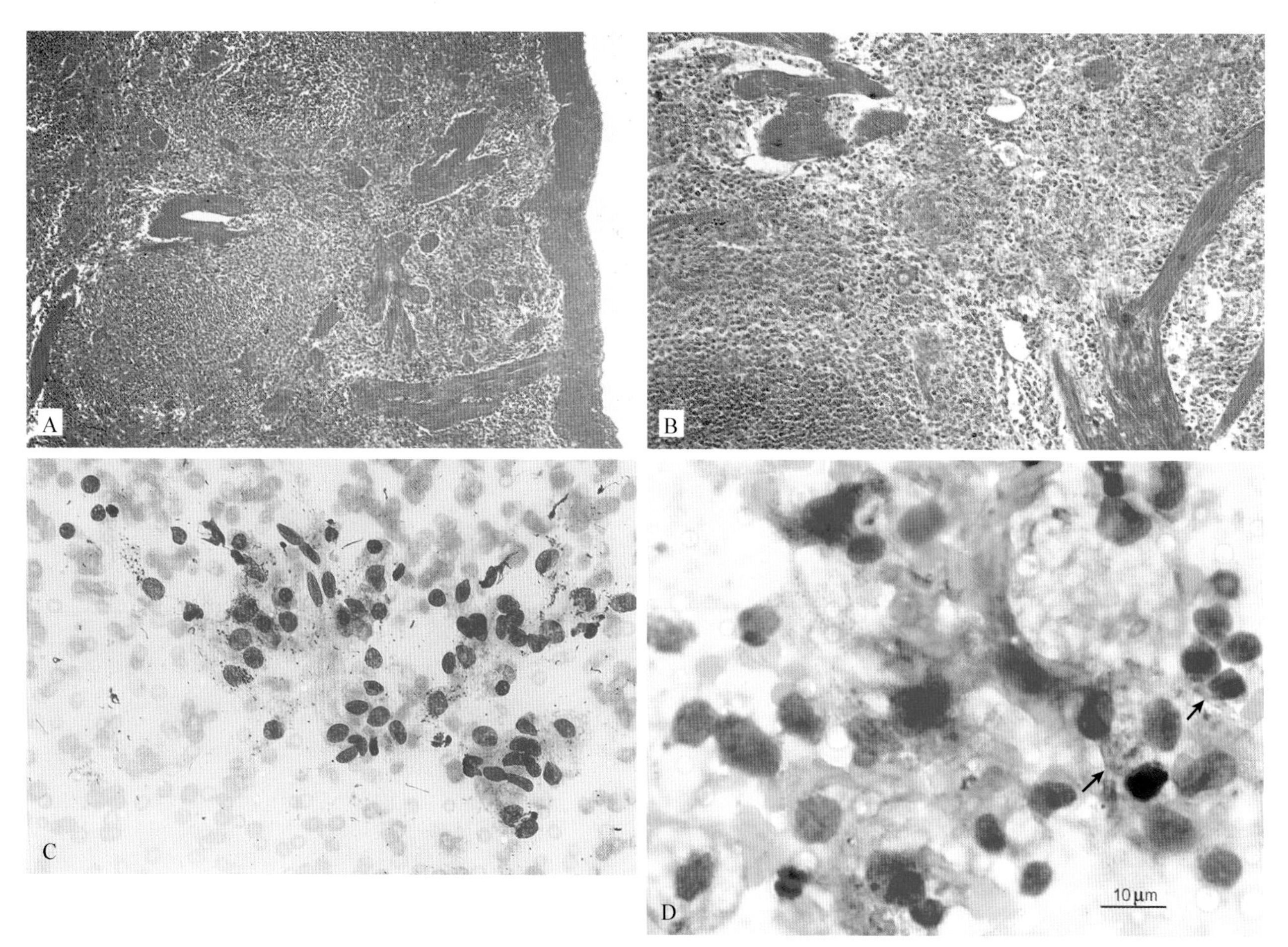


■ 图 4-13 **A-B 为同一病例。正常脾脏。组织切片。猫。A.** 一个厚实的平滑的肌肉包囊深入脾脏内形成脾小梁。注意视野上方中间位置的致密的动脉周围淋巴鞘。(H&E 染色;低倍镜)**B.** 可见一椭圆的位于中心位置的毛细血管,被网状网内的同心层巨噬细胞围绕。(H&E 染色;低倍镜)**C. 脾脏。毛细血管周巨噬鞘(椭圆体)。组织抽吸。犬。** 巨噬细胞群混合网状基质呈现出一个椭圆形外观。(瑞-吉氏染色;高倍油镜)**D.** 由于内皮细胞增生可见毛细血管。(瑞-吉氏染色;高倍油镜)经组织学确认,箭头指向的线状晶体物质伴随巨噬细胞内和纤维细胞内的铁黄素一起出现,组成了含铁钙化斑块(Gamma-Gandy 小体)。(瑞-吉氏染色;高倍油镜)(D,病例材料来源于 Dori Borjesson et al. ,University of California; presented at the 1999 ASVCP case review session.)

粒细胞浸润的免疫反应(Thorn and Aubert,1999)(图 4-15A&B)。若循环中中性粒细胞或嗜酸性粒细胞增加,对于脾炎的诊断需格外谨慎。巨噬细胞性或组织细胞性炎症常见于系统性真菌病,如组织胞浆菌病(图 4-15C&D),或原虫感染,如胞裂虫病(图 4-15E)和利士曼原虫病(图 4-15F)。轻度至中度的组织细胞增生可能与免疫介导性溶血性贫血及免疫介导性血小板减少症有关,也与其他病因导致的溶血性贫血有关(Christopher,2003)。

### 淋巴肿瘤

原发性肿瘤和转移性肿瘤并不总是能区别开来的,特别是多个器官被累及。为了区分增生和肿瘤,经 PARR 证实(Williams et al. ,2006),一种母细胞计数超过 40%提示为脾脏淋巴瘤。淋巴瘤可能表现出与淋巴结相似的形态学特征(图 4-16A)。

脾脏的边缘区淋巴瘤可能表现出混合的细胞群,其中包括单核细胞样特征的细胞(图 4-16B)。PAS 呈阳性的含有圆形细胞质内容物的细胞(图 4-16C)可见于少数边缘区淋巴瘤和其他类型的 B 细胞淋巴瘤。更常见的特征是,以含有单个大的中心位置的细胞核的中淋巴细胞为主要细胞组成(图 4-16D&E)。

粒性淋巴细胞白血病被认为起源于脾脏(McDonough and Moore,2000; Workman and Vernau,2003)。病患常表现出外周血液和脾脏中显著的粒性淋巴细胞增多症(图 4-16F)。骨髓一般没有被肿瘤细胞浸润(Lau et al. ,1999)。临床症状多变,病程可能比较缓慢。使用 aqueous Romanowsky 染色法可能不易观察到细胞内细小的颗粒(图 4-16G&H)。免疫分型可见这些肿瘤粒性淋巴细胞可与 CD3,CD8α 和 CD11d 抗原反应(图 4-16I&J)。非肿瘤性疾病也能

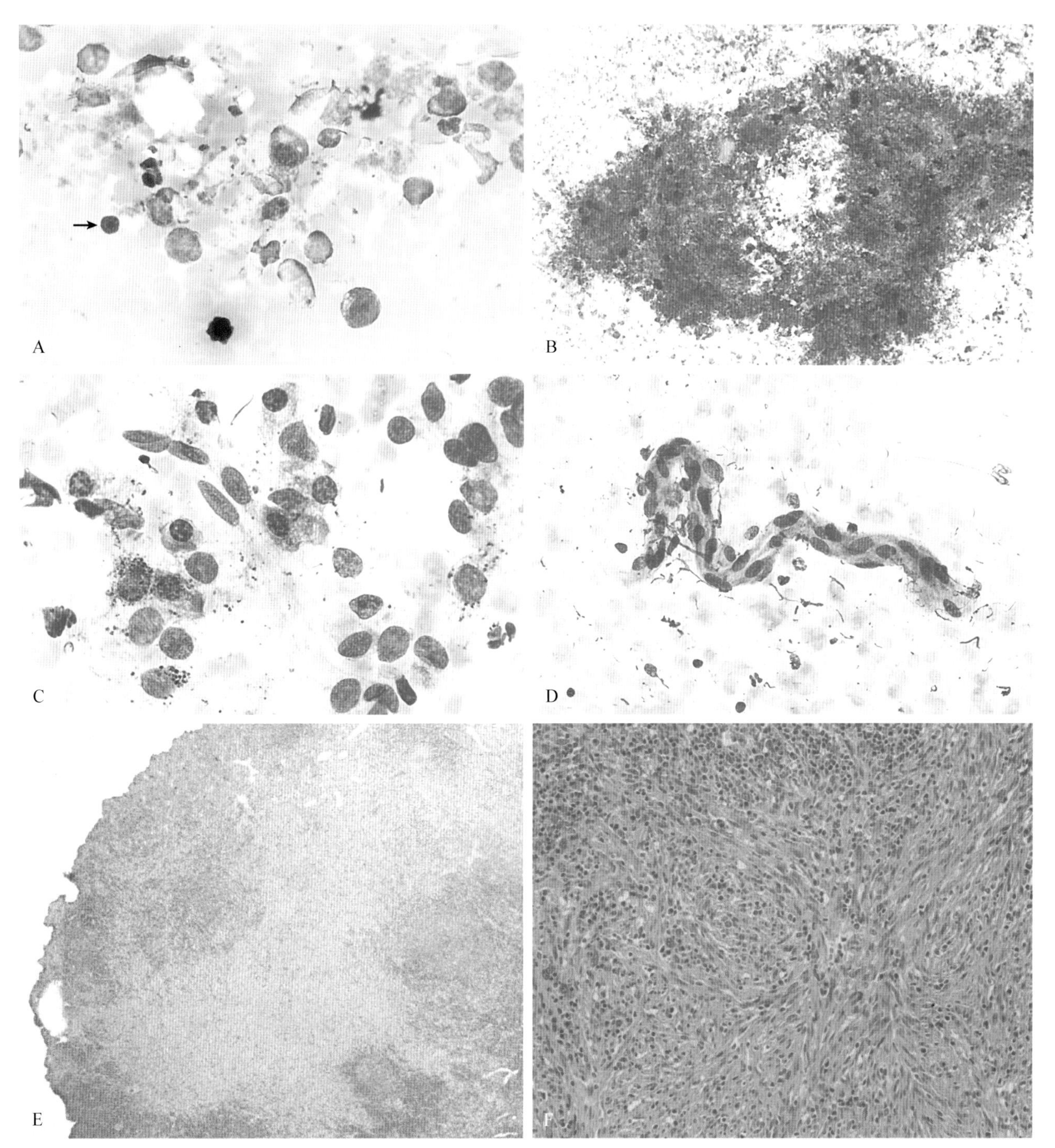


■ 图 4-14 **A. 反应性脾脏。组织抽吸。犬。**与小淋巴细胞对比(箭头),可见中淋巴细胞增加。此外,可见几个浆细胞和一个巨噬细胞(瑞-吉氏染色;高倍油镜)**B-D. 增生性脾脏。组织抽吸。犬。B.** 此动物因淋巴瘤而接受化疗。可见一个非常大的网状基质的聚集并伴有大量深紫色的肥大细胞(瑞-吉氏染色;中倍镜)**C-D 为同一病例。C.** 铁质沉积症,可见在富含铁黄素的巨噬细胞内有大量粗糙的深色颗粒(瑞-吉氏染色;高倍油镜)**D.** 由于内皮增生可见毛细血管。(瑞-吉氏染色;高倍油镜)**E-H. 脾脏。反应性结节。犬。E-G 为同一病例。组织切片。E.** 可见嗜酸性结缔组织位于嗜碱性淋巴滤泡间,表现出局部增殖。正常的结构已被增殖的纺锤细胞破坏(H&E 染色;低倍镜)**F.** 可见互相交错的浓密的棒状纺锤细胞含少量嗜碱性淋巴细胞的结缔组织。(H&E 染色;低倍镜)

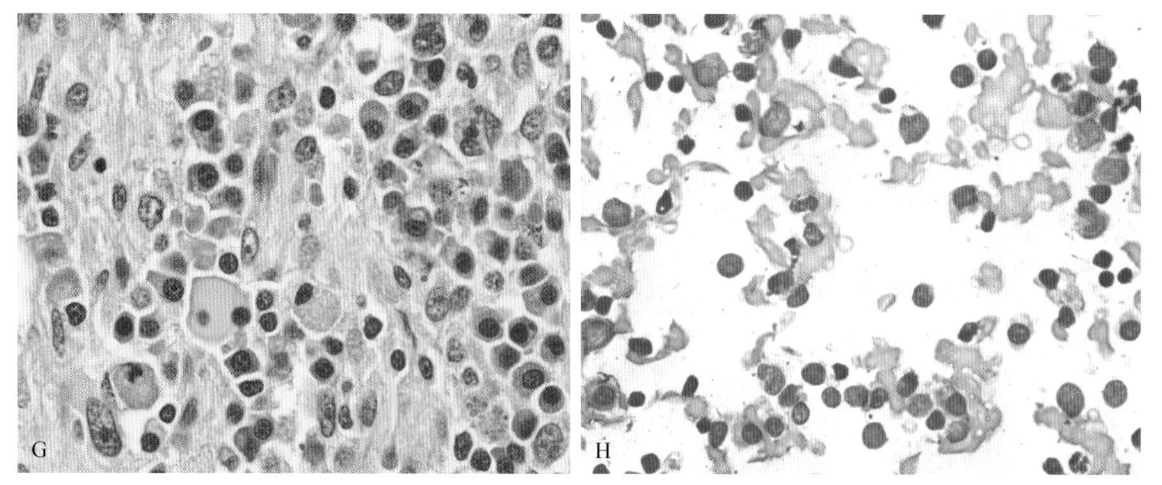


■ 图 4-14 续 **G.** 这是一个嗜碱性细胞区域，以浆细胞为主，还有小淋巴细胞和少量含铁黄素巨噬细胞。背景中可见嗜酸性基质。(H&E 染色;高倍油镜)**H. 组织印片。**样本富含细胞，以小淋巴细胞和中淋巴细胞为主，伴有浆细胞增多及稀释的血液的背景。可见分散的数量不多的单核细胞，其中几个含有清晰的胞浆边缘，类似组织切片中的纺锤细胞。(H&E 染色;高倍油镜)

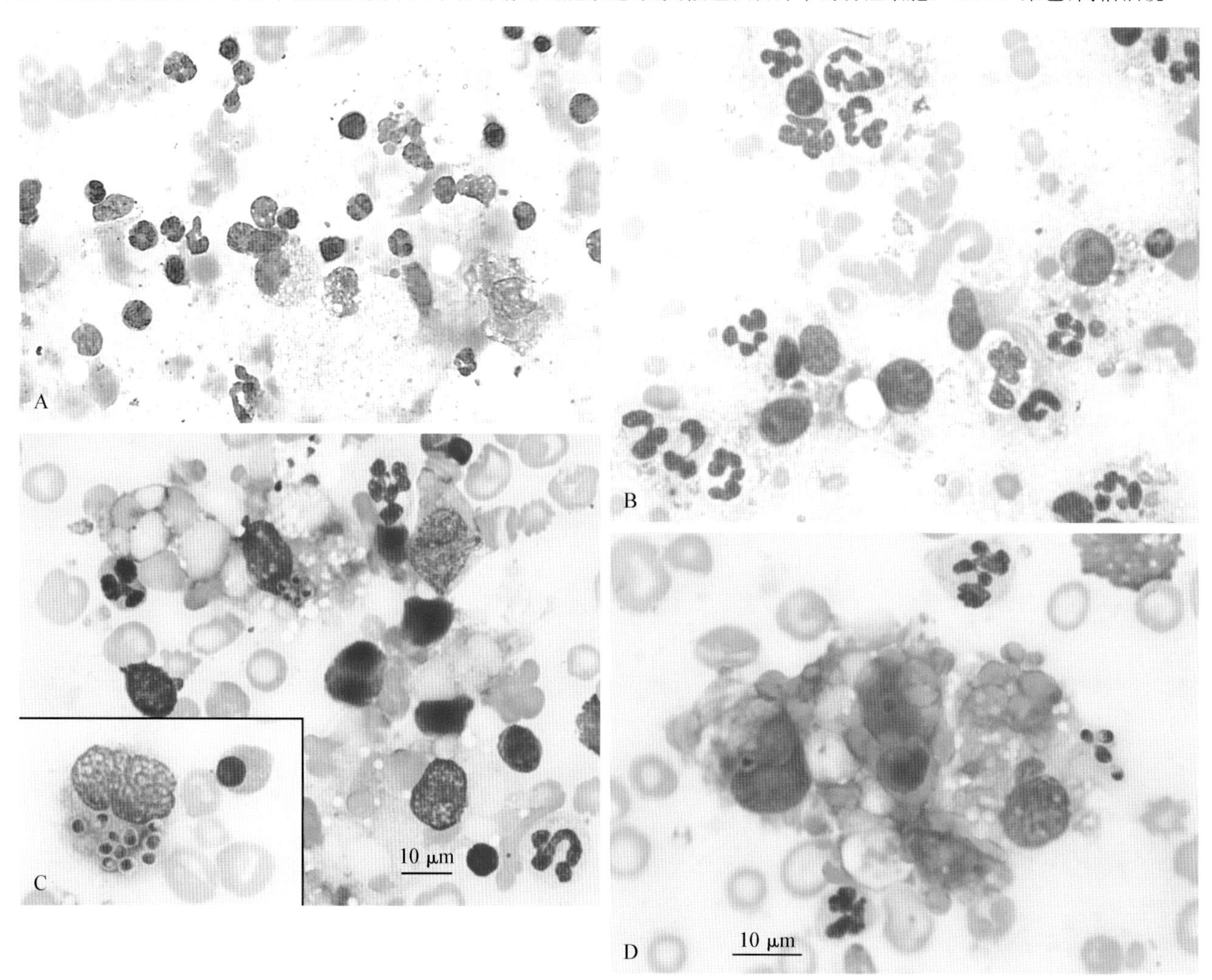


■ 图 4-15 **A. 脾炎。组织抽吸。犬。**此动物患有坏死性脾炎，可见由中性粒细胞、嗜酸性粒细胞和激活的肥大细胞构成的严重炎症反应。(瑞-吉氏染色;高倍油镜)**B. 嗜中性粒细胞性脾炎。组织抽吸。猫。**与外周血对比可以排除血液污染。(瑞-吉氏染色;高倍油镜)**C-D 为同一病例。巨噬细胞性脾炎。组织胞浆菌病。组织抽吸。犬。C.** 视野上部的巨噬细胞含有酵母菌，同时可见髓外造血。注意视野中有许多具有多染性的中幼红细胞和晚幼红细胞。(瑞氏染色;高倍油镜)**C.** 插图:巨噬细胞内有数个 3 μm× 2 μm 大小的酵母菌样椭圆物质，其旁边是一个晚幼红细胞。(瑞氏染色;高倍油镜)**D.** 频繁的红细胞吞噬作用证实由于红细胞吞噬症而造成显著的红细胞被破坏。可能如此病例一样常见于感染。在感染期间，PCV 降至 12.5% 。(瑞氏染色;高倍油镜)

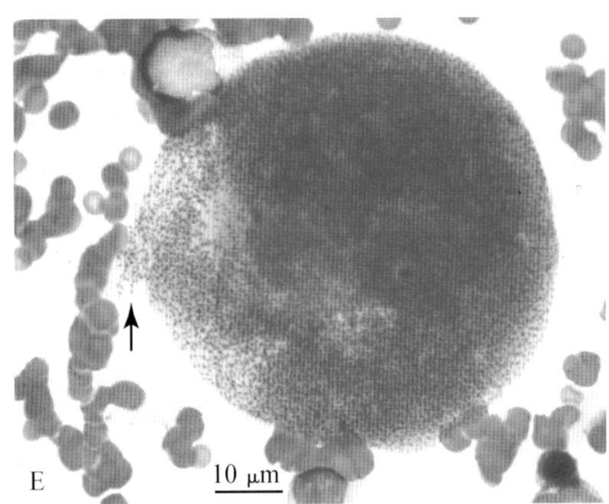


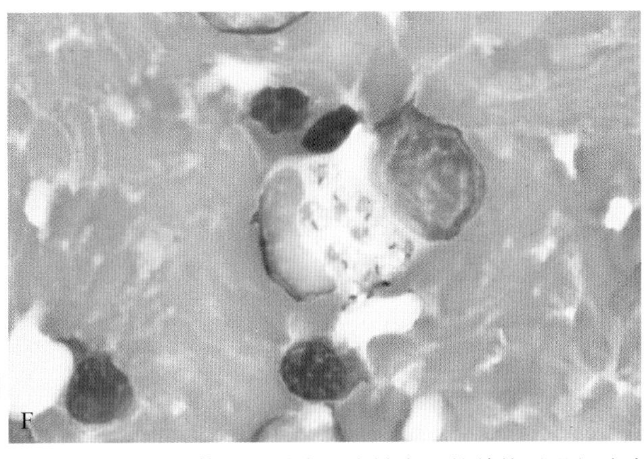


■ 图 4-15 续　**E. 胞裂虫病。成熟裂殖体。细胞学制片。猫。**此成熟的裂殖体从骨髓中一个被寄生的单核吞噬细胞内被发现，此细胞类似于血管内皮细胞的衬里。取感染的组织进行印片检查，可能发现裂殖体堵塞了血管，组织呈现感染期。沿着裂殖体的边缘可见细小的约 1 μm 长的裂殖子(箭头)，它可以从破裂的裂殖体中释放出来感染红细胞。(瑞-吉氏染色；高倍油镜)**F. 巨噬细胞性脾炎。利士曼原虫病。组织印片。犬。**巨噬细胞和一被吞噬的原虫病原微生物，已经确认为利士曼原虫。注意此病原微生物有一个小的圆形细胞核和一个短的棒状动基体。不同时期的红细胞前提细胞支持其髓外造血的诊断(瑞-吉氏染色；高倍油镜)(照片由 Cheryl Swenson 和 Gary Kociba 提供，The Ohio State University；presented at the 1987 ASVCP case review session.)

产生反应性粒性淋巴细胞增多症，此种情况应该首先进行排除。

起源于 B 细胞的慢性淋巴细胞性淋巴瘤/白血病并不常见，其病程不活跃。细胞形态单一，细胞较小且细胞质不足。细胞核呈圆形，染色质中等致密(图 4-16I&J)。单克隆丙种球蛋白病可能与这种白血病有关(图 4-16L)。在人医中认为，CD5 反应阳性的细胞来源于滤泡套细胞或循环 naïve 细胞(Swerdlow et al.，2008)。

间变性弥散性大 B 细胞淋巴瘤是一种非常少见的脾脏淋巴肿瘤。此细胞具有高度的多形性且细胞核形态不一，容易与组织细胞肿瘤混淆(图 4-16M&N)。CD79a 的表达支持其为 B 细胞源性的诊断(图 4-16O)。

脾脏浆细胞瘤可能作为髓外骨髓瘤(图 4-16P)单独发生，也可继发浆细胞骨髓瘤 。一篇研究 16 只患猫的文献表明，病变蛋白血症是脾脏浆细胞骨髓瘤常见症状(Patel et al.，2005)。举例说明，一只患有脾脏浆细胞瘤的患猫和另一单克隆病球蛋白病患均表现出典型的双核和巨核型浆细胞(图 4-16Q&R)。

### 非淋巴性肿瘤

Day 等(1995)对 87 只患有脾脏非淋巴性肿瘤的患犬进行活检，发现其中有 6 只出现血肿，16 只出现一些非特异性变化，如髓外造血、充血、铁黄素沉积症等。其中有 17 只的脾脏剖检诊断为血管肉瘤(Day et al.，1995)，这是最常见的一种脾脏非淋巴性肿瘤。血管肉瘤的细胞与其他部位的细胞相似。在低倍镜下可见散落的大的间叶细胞样的细胞(图 4-17A)。髓外造血、慢性出血、淋巴结反应，可能与肿瘤同时发生。肿瘤细胞有充足的细胞质且边界纤细不明显，胞浆中常可见数个点状滤泡(图 4-17B-D)。细胞核呈圆形，染色质粗糙，有数个明显的核仁。用抗 CD31 和血管性血友病因子(图 4-17E&F)进行免疫染色可帮助区分间叶细胞起源的肿瘤细胞。

犬的其他脾脏间叶细胞样肿瘤包括：原发性纤维肉瘤、未分化的肉瘤(图 4-17G&H)、平滑肌肉瘤、骨肉瘤、脂肪肉瘤、黏液肉瘤及含有巨细胞的间变性肉瘤，之前称为恶性纤维组织细胞瘤的肿瘤(Hendrick et al.，1992；Spangler et al.，1994)。

猫最常见的造成脾脏肿大的病因是肥大细胞瘤，约占总的已诊断的各类病理疾病的 15%(Spangler and Culbertson，1992)。脾脏的广泛性增大可通过触诊或影像学检查被诊断出来(图 4-17I)。常常可见同一的高度颗粒化的肥大细胞群，其中可能表现出红细胞吞噬作用(图 4-17J)。其他脾脏离散型细胞肿瘤包括骨髓系白血病和组织细胞肉瘤(图 4-17K&L)。组织细胞肉瘤可能存在于脾脏或广泛存在于其他部位(Affolter and Moore，2002)。此肿瘤细胞来源于树突细胞，包括 CD1＋，CD4－，CD11c＋，CD11d－，MHC II＋，和 ICAM-1＋，而嗜血性组织细胞肉瘤来源于在健康机体中能快速消退的巨噬细胞(Moore et al.，2006)。猫也会有相似特性的组织细胞肿瘤(Friedrichs and Young，2008)。显著的 CD11d＋巨噬细胞吞噬红细胞作用常常发生在脾脏和肿瘤(图 4-17M&N)。研究表明 BLA. 36(图 4-17O)是一种非常有用的肿瘤性组织细胞的免疫化学标记物，此外，其与 CD3 和 CD79a 细胞表面抗原反应呈阴性(Unpublished data，Bisby et al.，2009)。

偶尔也会在脾脏中发现广泛性弥散性上皮细胞恶性肿瘤。图 4-17P&Q 为一具有间变性特征的分泌型上皮细胞肿瘤。

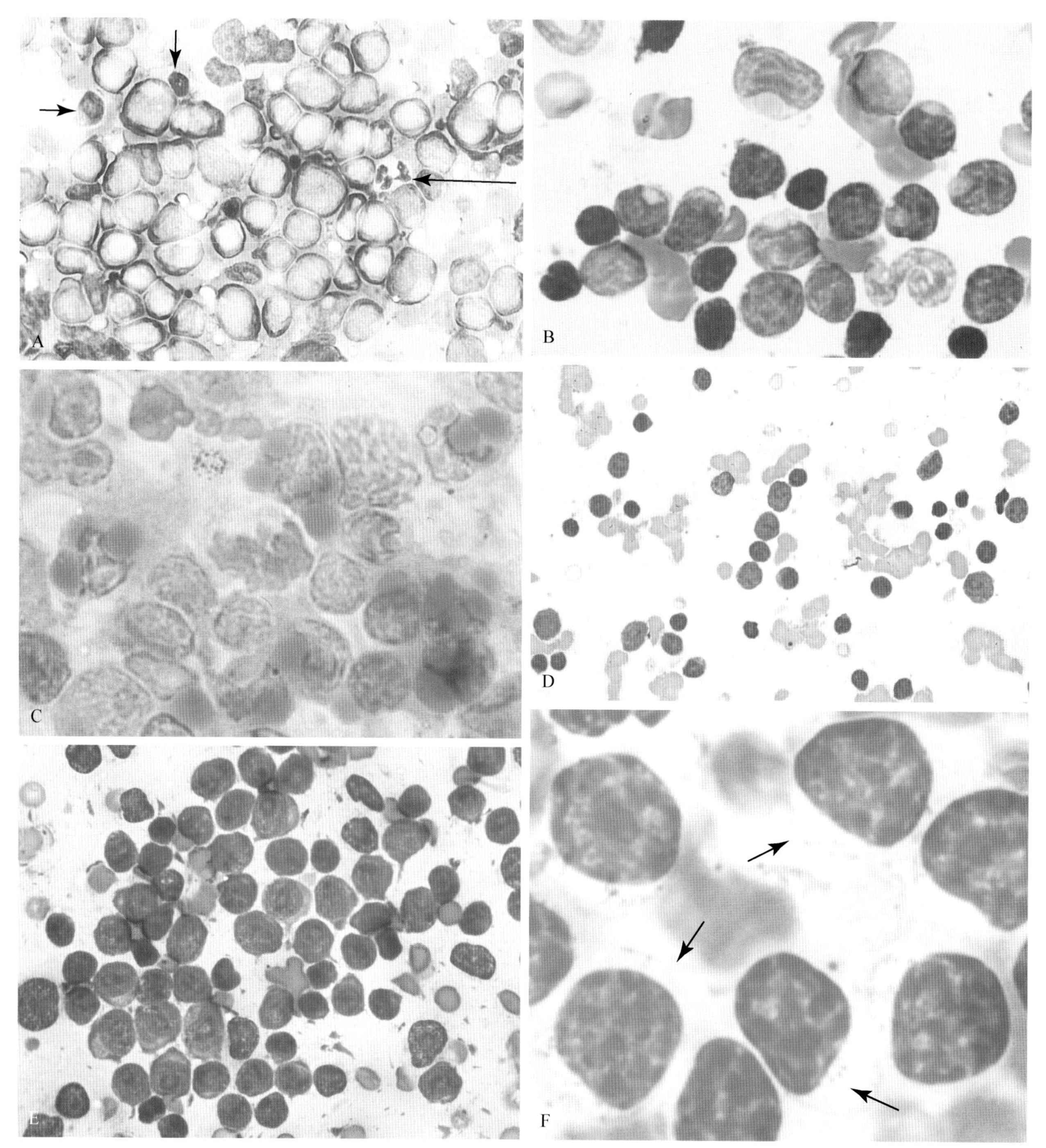


■ 图 4-16 **A. 淋巴瘤。脾脏抽吸。犬。**与图 9-26 是同一病例。此为从一增大的脾脏中被抽吸出的肿瘤淋巴细胞。中性粒细胞(长箭头)和小淋巴细胞(短箭头)可作为细胞标尺(瑞氏染色;高倍油镜)。**B-C 为同一病例。边缘区淋巴瘤。骨髓抽吸。犬。B.** 5 岁比特犬患有晚期边缘区淋巴瘤,伴有脾脏、肝脏、淋巴结、血液和骨髓的转移。可见大小不一淋巴细胞,其中有些表现出的单核细胞特征。几个中淋巴细胞含有淡蓝灰色细胞内容物并表现出核缩进。患犬处于临床 Vb 期,但是病程缓慢,存活了 162 d。(瑞-吉氏染色;高倍油镜)**C. 细胞化学。**细胞质染色阳性,说明有抗原存在,与免疫球蛋白沉积一致。(PAS;高倍油镜)**D-E 为同一病例。边缘区淋巴瘤。脾脏抽吸。犬。D.** 为脾脏中的小淋巴细胞和中淋巴细胞组成的细胞群。与图 4-9T-U 为同一病例(瑞氏染色;高倍油镜)。**E.** 可见许多含有的单个明显的置于中心的细胞核的中淋巴细胞(瑞氏染色;高倍油镜)。**F-J 为同一病例。F. 粒性淋巴细胞性淋巴瘤。脾脏抽吸。犬。**几个中淋巴细胞,有聚集的染色质及大量清晰的细胞质。有一些细胞(箭头)含有数个明显的细小的嗜天青颗粒。脾脏被认为是原发部位,使用 CD3—一种 T 细胞标记物进行染色。(瑞-吉氏染色;高倍油镜)

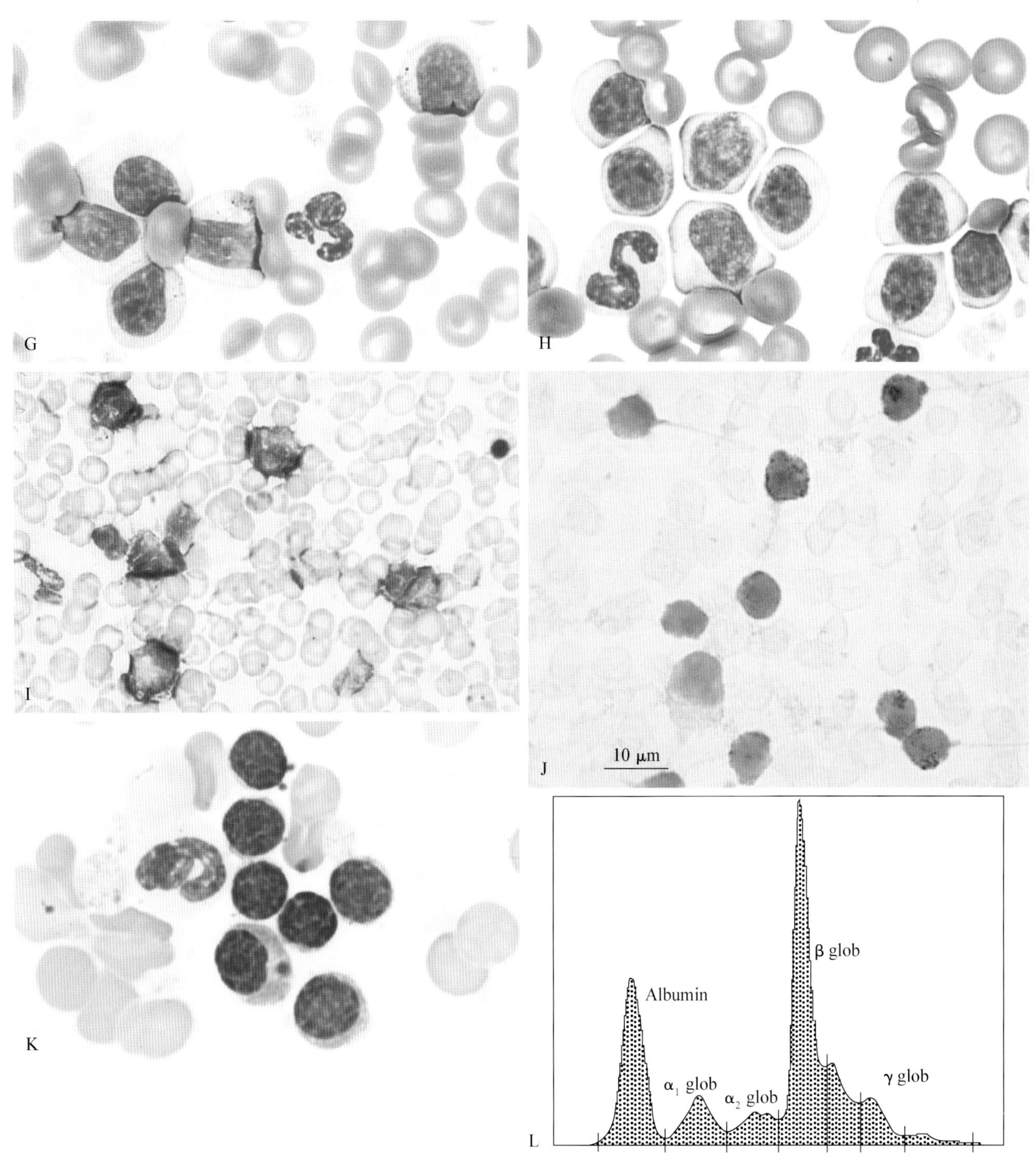


■ 图 4-16 续　**粒性淋巴细胞白血病。血涂片。犬。G.** 患犬有两个月持续的淋巴细胞增多症，淋巴细胞计数超过 20 000/μL。抗体滴度检查排除了立克次氏体感染。注意这种典型的细胞排列方式：在充足清晰的细胞浆旁有数个小的红色颗粒在核旁围绕。骨髓没有被这种细胞浸润。（瑞-吉氏染色；高倍油镜）**H.** 使用 Aqueous Romanowsky 染色法没有显示出这些细胞质的颗粒。推荐使用 Methanolic Romanowsky 染色（水性罗氏染色；高倍油镜）。**I-J. 免疫细胞化学。I.** 数个淋巴细胞表面抗原染色呈广泛性阳性。（CD8α/DAB；高倍油镜）**J.** 几个淋巴细胞以局部或散在的方式与白细胞整联蛋白 CD11d（也叫 alpha D）反应呈阳性。（CD11d/AEC；高倍油镜）**K-L 为同一病例。K. B 细胞慢性淋巴细胞白血病/淋巴瘤。骨髓穿刺。犬。**此 13 岁的混种犬处于临床 Va 期，肿瘤已侵犯骨髓和脾脏。肿瘤细胞形态一致，呈圆形，胞浆不足，有丝分裂指数低。细胞表达 CD79a、CD21 和 sIg。其病程缓慢，患犬存活了 160 d。（瑞-吉氏染色；高倍油镜）**L. B 细胞慢性淋巴细胞白血病/淋巴瘤并发病变蛋白血症。血清电泳扫描。犬。**密度仪扫描显示在 β 区的单克隆峰象征 IgA 或 IgM。免疫电泳证实在 M 成产生的 IgA。

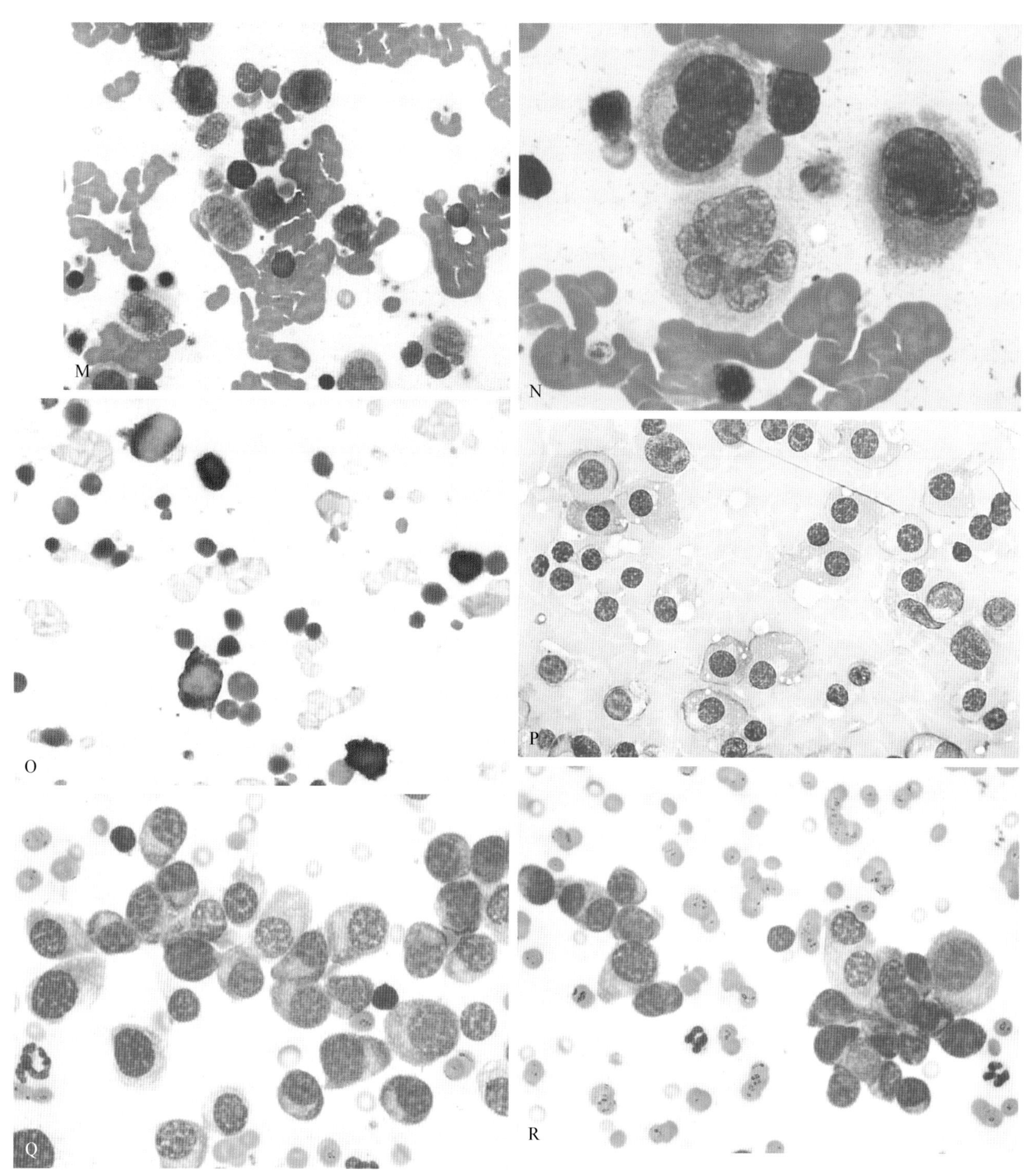


■ 图 4-16 续 **M-O 为同一病例。弥散性大 B 细胞淋巴瘤，非典型变形。细胞学制片。猫。M.** 患病动物的脾脏、肝脏、骨髓和腹腔液中含义非典型多形性肿瘤细胞。可见数个大的细胞，直径 20～25 μm。胞核高度分叶且细胞类似组织细胞。(瑞-吉氏染色；高倍油镜)**N.** 可见到不规则的分叶(瑞-吉氏染色；高倍油镜)**O. 免疫细胞化学。**血中多大的多形性的肿瘤细胞染成弥散性的红色，即细胞 CD79 抗原的表达，此为一种 B 细胞受体标记物。(CD79a/AEC；高倍油镜)**P. 浆细胞瘤。脾脏印片。犬。**浆细胞为主要细胞群的组成成分。注意这种含嗜酸性胞浆的细胞是典型的"火焰细胞"。血清蛋白电泳法揭示其为单克隆丙种球蛋白病。经免疫电泳法确认其是一种异常的 IgA.(罗氏染色；高倍油镜)(病例材料来源于 Christine Swardson and Joanne Messick，The Ohio State University；发表在 1989 ASVCP case review session.)**Q-R 为同一病例。浆细胞瘤。脾脏抽吸。猫。**患猫表现股骨骨折并患有单克隆丙种球蛋白病。被怀疑是由骨髓瘤引起。**Q.** 可见许多成熟的浆细胞。(瑞-吉氏染色；高倍油镜)**R.** 证实为双核多形性浆细胞前体。(瑞-吉氏染色；高倍油镜)

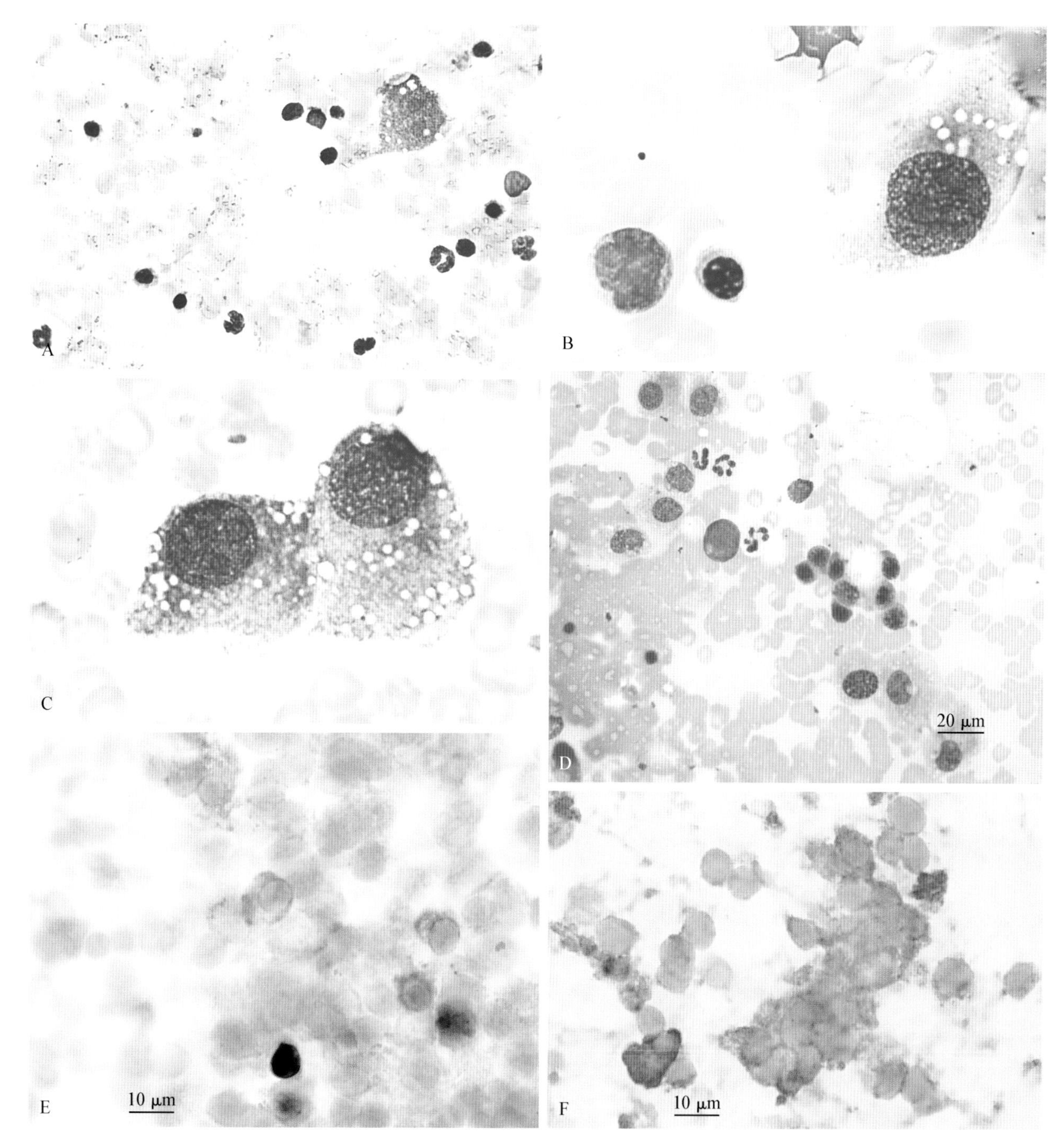


■ 图 4-17 **A-C 为同一病例。血管肉瘤。脾脏抽吸。犬。A.** 在低倍镜下可能发现分散的大的间叶细胞样的细胞，如图所示。（瑞-吉氏染色；高倍油镜）**B.** 中淋巴细胞，中幼红细胞，和大的恶性细胞。注意此细胞含有染色质粗糙的圆核，数个大的核仁，胞浆内有空泡且细胞边界清晰。此种情况多见髓外造血和淋巴反应。（瑞-吉氏染色；高倍油镜）**C.** 可见星样细胞内有许多点状空泡。（瑞-吉氏染色；高倍油镜）**D-F 为同一病例。血管肉瘤。脾脏穿刺。犬。D.** 可见许多聚集的肿瘤细胞。图片中央为一群红细胞前体细胞。（髓外造血）（改良瑞氏染色；高倍油镜）**E-F. 免疫细胞化学。E.** 细胞表面反应性表现内皮细胞抗原。（CD31/AEC；高倍油镜）**F.** 与抗血友病因子强阳性反应。（vWF/AEC；高倍油镜）

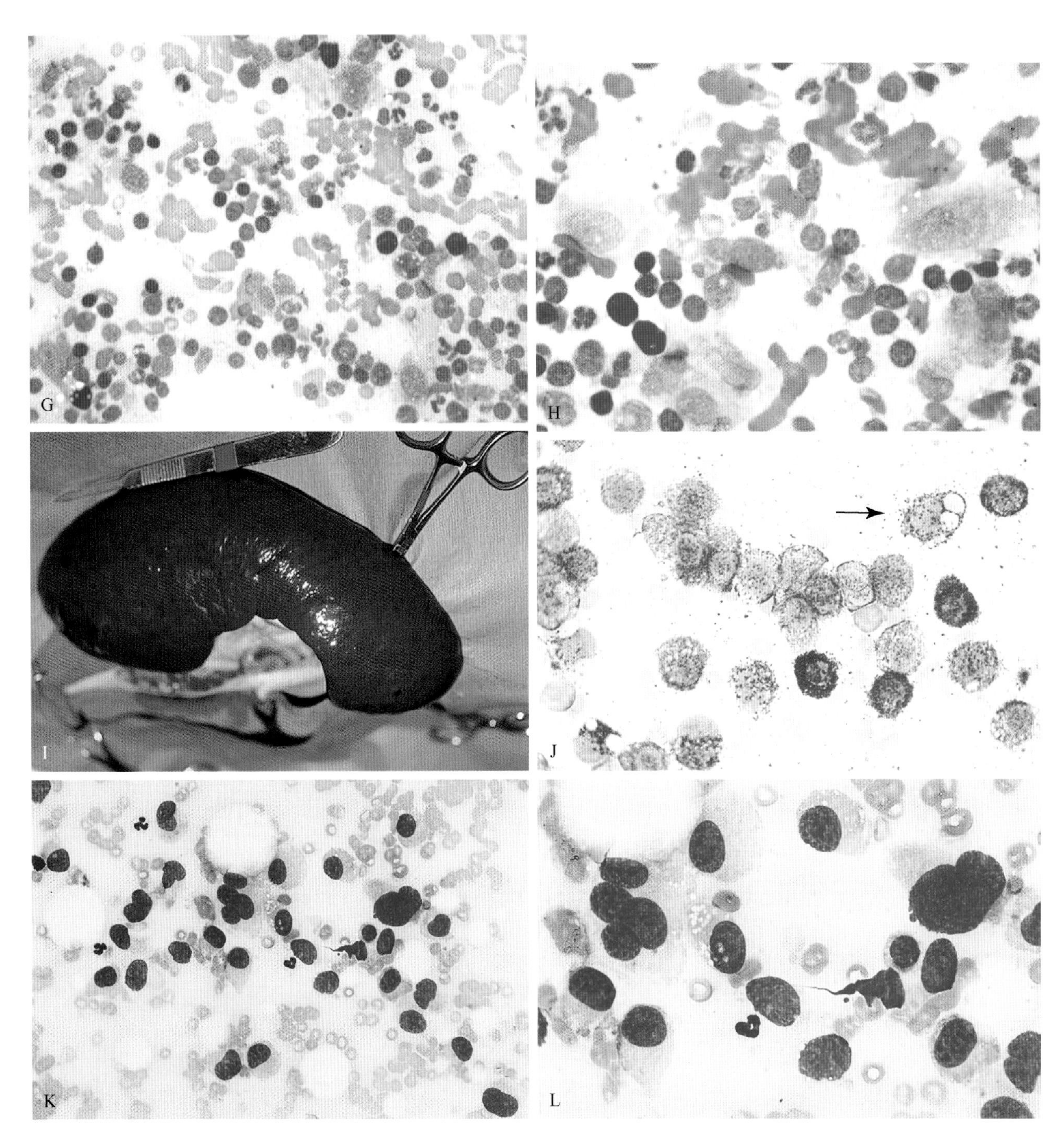


■ 图 4-17 续 **G-H 为同一病例。低分化肉瘤。脾脏印片。犬。G.** 可见四个边缘稀疏的间叶细胞，细胞核圆形至椭圆形，染色质粗糙，核大小不一，有明显的核仁。其中有一双核细胞。(瑞-吉氏染色；高倍油镜)**H.** 其中有些细胞具有小的点状的空泡，与腿上发现的原发性脂肪瘤细胞相似。(瑞-吉氏染色；高倍油镜)**I-J. 肥大细胞瘤。脾脏。猫。I.** 广泛性肿大的脾脏一般常见此种肿瘤。**J. 细胞学制片。** 可见形态单一的中度至高度颗粒样的肥大细胞。注意此细胞(箭头)表明红细胞吞噬相，为脾脏肥大细胞瘤常见特征。(瑞-吉氏染色；高倍油镜)**K-L 为同一病例。组织细胞肉瘤。脾脏抽吸。犬。K.** 可见富含细胞的样本中有一些形态单一的单独排列的细胞。这些细胞呈圆形或椭圆形，含中度嗜碱性胞浆，其中有几个细胞具有集合点状的空泡。(瑞-吉氏染色；高倍油镜)**L.** 高倍镜下可见一分叶的细胞(右侧)和多核细胞(左侧)。(瑞-吉氏染色；高倍油镜)

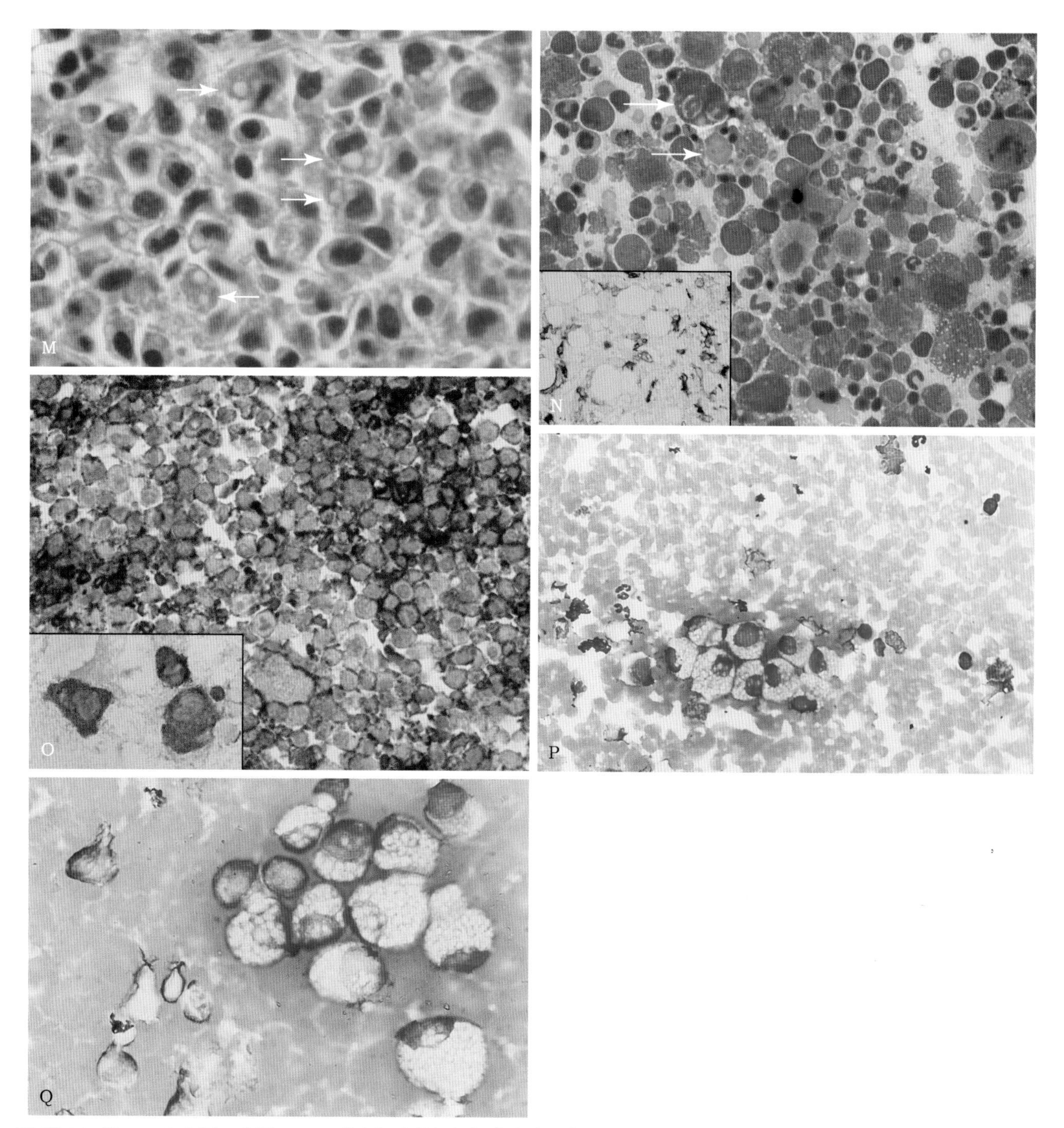


■ 图 4-17 续　**M-O 为同一病例。M-N. 噬血细胞性组织细胞肉瘤。犬。M. 脾脏组织切片。**脾脏被组织细胞肿瘤替代，其中有些细胞表现红细胞吞噬相（箭头）。此为一 10 岁罗威纳，表现显著的贫血和血小板减少症，且有沉郁和食欲废绝的临床症状。（H&E 染色；高倍油镜）（照片来自 Tricia Bisby，Purdue University.）N. 骨髓。含有大量细胞的骨髓穿刺样本，其中可见大量大组织细胞伴随白细胞吞噬相和红细胞吞噬相（箭头）。（瑞氏染色；高倍油镜）。插图：骨髓切片可见频繁的 CD11d 表达，其为脾脏和骨髓巨噬细胞标记物（CD11d/DAB； IP.）**O. 噬血细胞性组织细胞肉瘤。脾脏组织切片。免疫化学。犬。**在这张切片中几乎所有的脾脏细胞都能表达其细胞表面的 BLA. 36.（BLA. 36/DAB； IP.）插图：骨髓穿刺。此穿刺样本中可见 3 个大的骨髓细胞，强阳表达 BLA. 36.（BLA. 36/AEC；高倍油镜）**P-Q 为同一病例。转移性前列腺肉瘤。脾脏抽吸。犬。P.** 成簇的上皮细胞表现出显著的细胞核大小不一。（瑞-吉氏染色；高倍油镜）**Q.** 高倍镜下可见肿瘤细胞胞浆中有大量空泡，证明其具有分泌特性。在患犬前列腺中发现一个肉瘤，具有相似特征的细胞，被认为可能是脾脏肿物的原发部位。（瑞-吉氏染色；高倍油镜）（N，照片来自 Tricia Bisby，Purdue University. O，脾脏照片来自 Tricia Bisby，Purdue University.）

### 髓外造血

据研究表明,髓外造血是最常见的脾脏细胞学异常表现,约占总病历数量的24%(O'Keefe and Couto,1987)。虽然从三个细胞分支出来的前体细胞均可能被观察到,但红细胞是最常见的,包括晚幼红细胞、中幼红细胞和早幼红细胞(图4-18A&B)。需特别注意区分红细胞前体细胞和淋巴前体细胞,因两者外观相似,偶尔在正常的脾脏也能见到晚期红细胞前体细胞。在红细胞造血岛(图4-18C)中可见发展中的中幼红细胞和临近的巨噬细胞进行铁离子的交换,此为髓外造血的有力证明。由于成熟的巨核细胞很大,所以在读片时能轻易发现。与髓外造血有关的疾病包括急性或慢性溶血性贫血、骨髓增殖性疾病及淋巴增殖性疾病(图4-18D)。

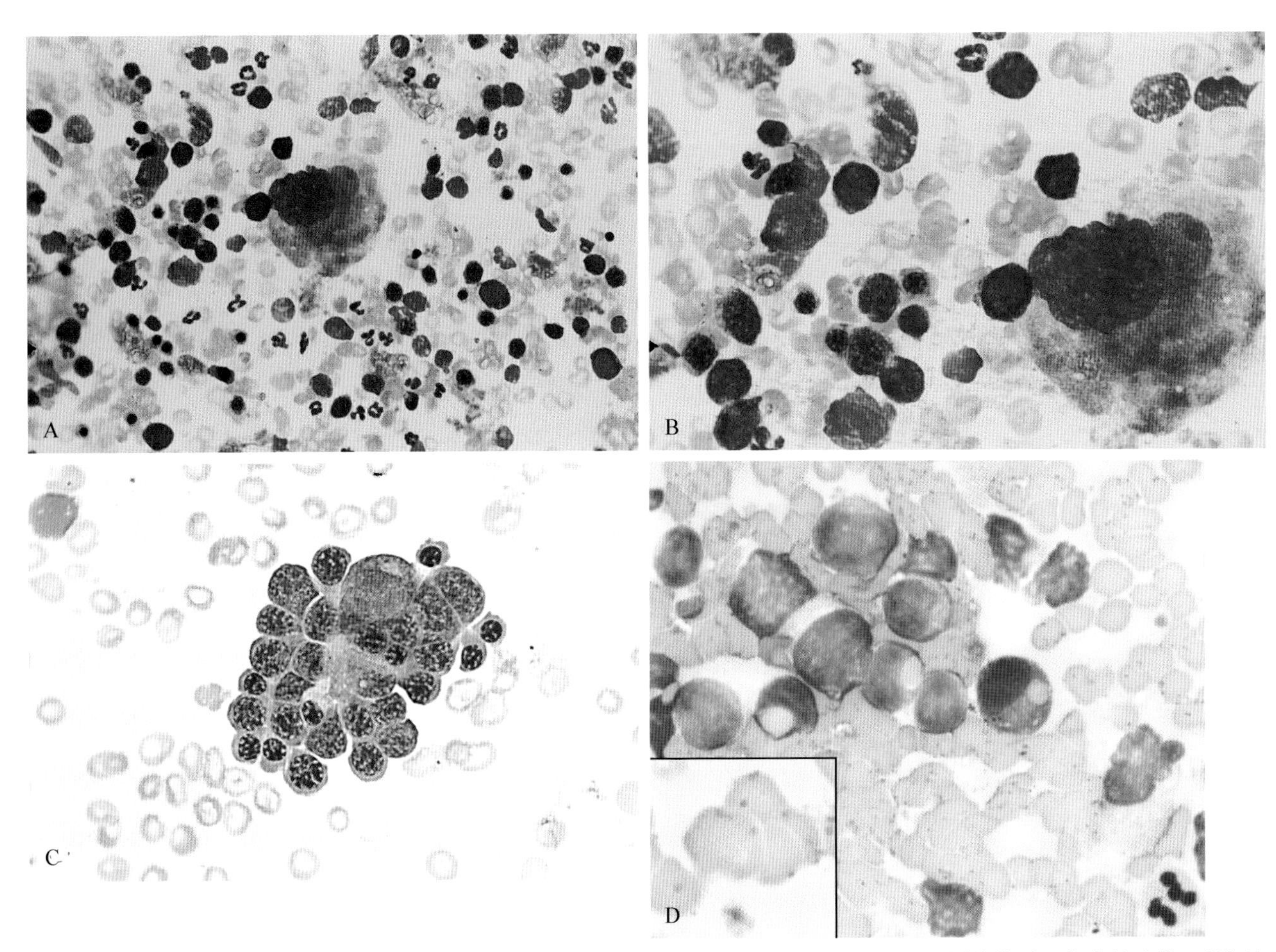


■ 图4-18 **A-C为同一病例。髓外造血。脾脏抽吸。犬。A.** 此样本来源于一因淋巴瘤而在两周前接受过化疗的动物,可见到一个巨核细胞和血多红细胞前体细胞(瑞-吉氏染色;高倍油镜)。**B.** 高倍镜下可见少量中淋巴细胞和许多中幼红细胞及一个成熟的巨核细胞。(瑞-吉氏染色;高倍油镜)**C.** 在红细胞生成作用增加的区域,可见到一个滋养细胞或巨噬细胞被许多不同发育阶段的红细胞包围(瑞-吉氏染色;高倍油镜)。**D. 嗜红细胞作用。支原体感染。脾脏抽吸。猫。** 几个红细胞被脾脏巨噬细胞吞噬。插图:可见背景中指环状或圆圈状的亲血性支原体黏附在红细胞上。(改良瑞氏染色;高倍油镜)(照片来自Joanne Messick,Purdue University.)

与髓外造血表现相似的是髓性脂肪瘤,这是一种特别不常见的肿瘤,发生于犬猫的肝脏和脾脏。若看见造血前体细胞伴随背景中大量的脂肪空泡出现,则强烈怀疑为此良性肿瘤(图4-19A-C)。此病一般不伴有血液学异常。超声检查可能发现脾脏上高回声的局部小肿物。

### 细胞学伪影

常能观察到经超声引导采集的样本背景中有品红碎片。这些颗粒物(图4-20)来源于超声凝胶,当与红细胞混合会误导为坏死的组织。这些物质也会造成细胞溶解或肿胀,因此在细胞学检查中常会造成错误的判读结果。有关影像学的更多信息可参考第1章。

进行脾脏的切除活检和压片检查时应特别小心,当误将脾脏的包囊面当成脾脏实质面进行压片,可见到成片的形态一致的松散连接的间皮细胞(图4-21A&B)。

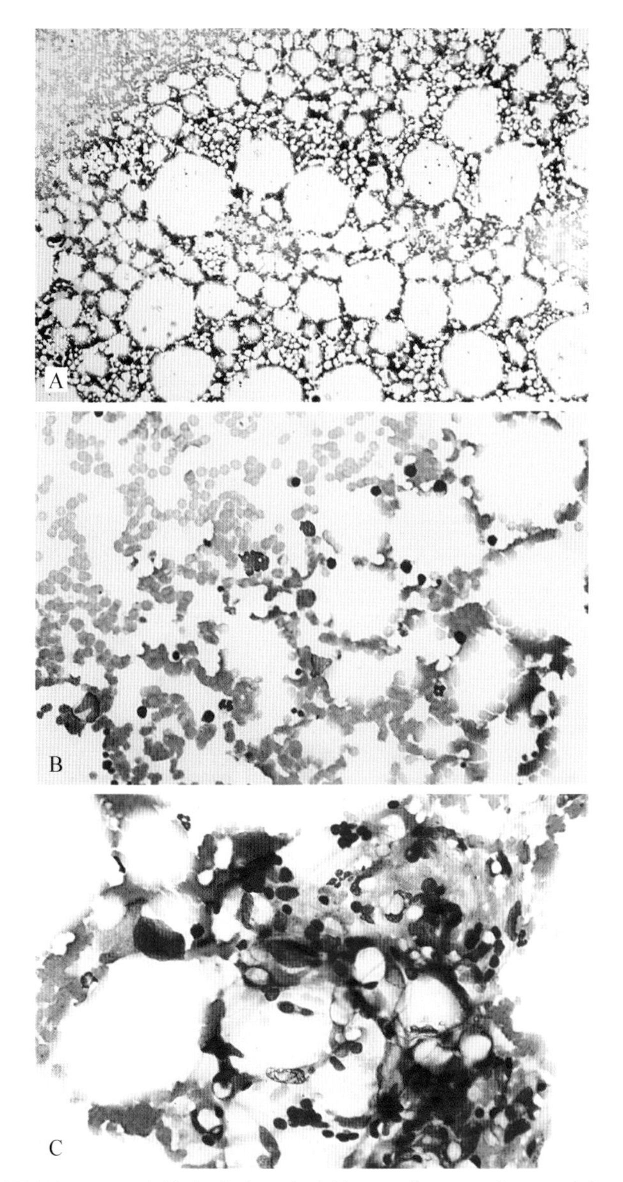


■ 图4-19 **髓性脂肪瘤。脾脏抽吸。猫。A-C为同一病例。** **A.** 低倍镜下可见大量的大小不一的清晰的空泡和油脂。(瑞-吉氏染色;低倍镜)**B.** 深染的红细胞前体细胞和脂质。(瑞-吉氏染色;高倍油镜)**C.** 来源于脾尾的一分离性小结节内,可见一个巨核细胞和大量纤维组织细胞基质的聚集。(瑞-吉氏染色;高倍油镜)

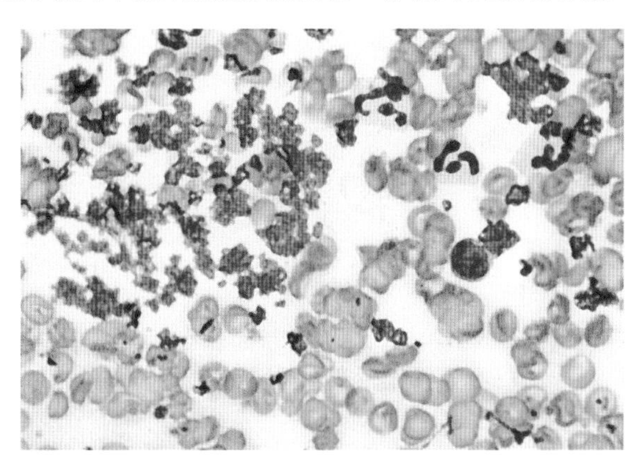

■ 图4-20 **超声凝胶。经腹腔细针抽吸。犬。** 试图进行脾脏取样而造成的细胞学伪影。注意背景中这些粉色至洋红色的粗糙的颗粒物质。(瑞氏染色;高倍油镜)(病例资料来自 Kurt Henkel et al., Michigan State University; 出版于1996 ASVCP case review session.)

## 胸腺

### 胸腺活检的适应证

- 肿大—可通过X线检查或超声检查发现,常表现出呼吸困难、胸腔积液及吞咽困难。
- 异常的影像学特征—提示有增生或浸润性变化。

### 正常的组织学和细胞学

在性成熟期之前,胸腺有明显的实质并被分成皮质和髓质(图4-22A)。皮质的最外层由小的致密染色的淋巴细胞组成,不含有淋巴小结。分叶间的延续构成了中心髓质,其由薄的结缔组织包囊向内延伸形成。胸腺是由赫氏小体滋养,其为小血管周围的网状网的星状上皮形成松散的套口。这些同心环绕的扁平的网状细胞可能会角质化或者钙化(图4-22A&B)。形成髓质内的导管系统的网状内皮细胞可能会形成囊状并成为纤毛上皮的内里。在性成熟之后,胸腺实质开始萎缩,并被脂肪组织替代。

细胞学上,胸腺皮质细胞组成和淋巴结相似,都以小的深染的淋巴细胞为主(图4-22C&D)。偶见肥大细胞。在淋巴细胞内可发现散在的大星状细胞,其含圆形囊泡样细胞核,是胸腺的上皮细胞(图4-22E&F),之后形成赫氏小体。这些致密的上皮细胞与上皮样巨噬细胞相似,有大量淡蓝色的细胞质,彼此紧密连接。

### 原发肿瘤

淋巴细胞和网状内皮细胞是胸腺肿瘤的两种起源细胞,淋巴细胞源性的肿瘤称为胸腺淋巴瘤,其与其他淋巴器官的淋巴瘤表现相似(图4-8~图4-10)。最常见的是淋巴母细胞性的,此种类型的肿瘤常引起高血钙。免疫分型是一种非常有用的诊断方法(图4-23)。

胸腺上皮细胞肿瘤被称为胸腺瘤,基于淋巴细胞和上皮细胞组织学上的相对数量,犬猫有三种表现形式:上皮性胸腺瘤、混合性淋巴上皮细胞胸腺瘤及淋巴细胞为主的胸腺瘤。上皮性胸腺瘤以网状内皮细胞为主,同时伴有少量以小淋巴细胞为主的细胞。上皮细胞为大的、有黏附性的、淡染的单核的细胞,类似于上皮巨噬细胞。混合细胞性的胸腺瘤是由大小不一的肿瘤性上皮细胞簇、许多小淋巴细胞及少量中淋巴细胞或大淋巴细胞组成(图4-24和图4-25)。淋巴细胞为主的胸腺瘤包含许多小淋巴细胞、少量的胸腺上皮细胞,并伴有正常结构的缺失(图4-26A-E)。

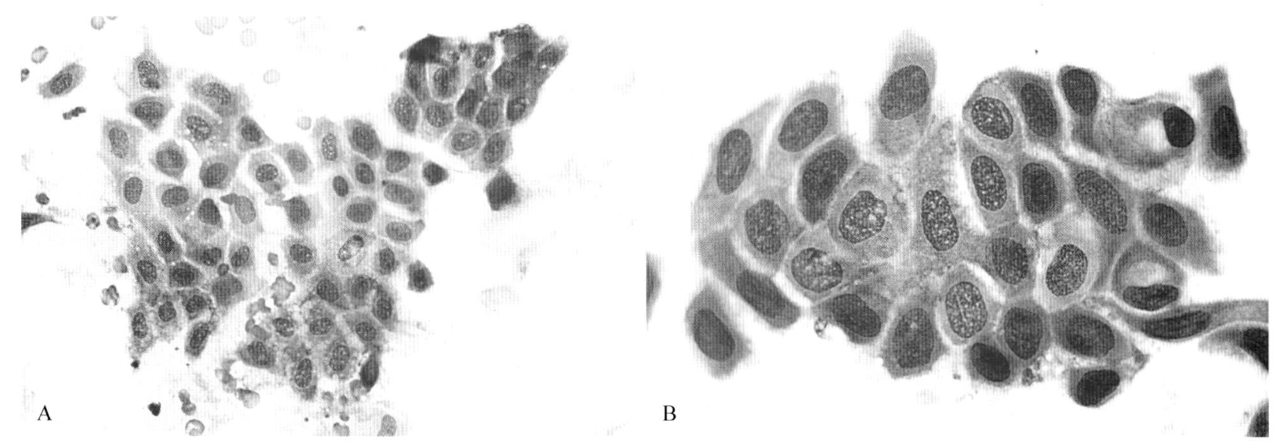

■ 图 4-21 **间皮细胞。脾脏印片。犬。A-B。A.** 怀疑因脾机能亢进而造成的脾肿大需进行脾脏切除。由于疏忽而用脾脏表面进行压片。注意大片相连的细胞。(水性罗氏染色;高倍油镜)**B.** 高倍镜下可见一群相同的具有大量嗜碱性胞浆的细胞黏附在一起。细胞之间的空隙是细胞连接。这种良性的细胞片是典型的间皮内衬。脾脏上的包膜在组织学上表现出显著增厚。(水性罗氏染色;高倍油镜)

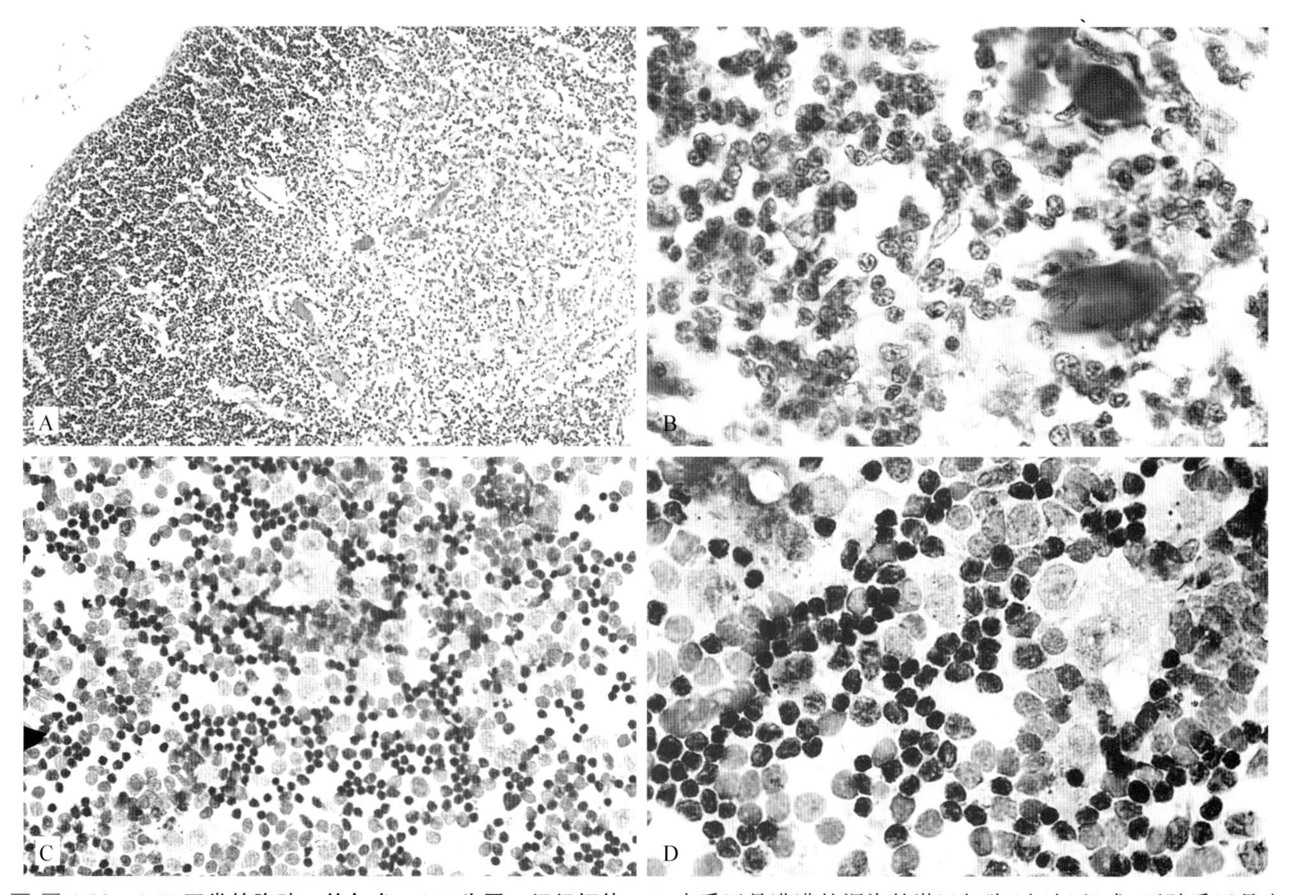

■ 图 4-22 **A-F. 正常的胸腺。幼年犬。A-B 为同一组织切片。A.** 皮质区是满满的深染的淋巴细胞(左边)组成,而髓质区是由淡染的细胞组成(右边)。注意那些在髓质区深染的结构,被称为赫氏小体。(H&E 染色;中倍镜)**B.** 髓质含有嗜酸性的赫氏小体,其为扁平网状基质形成的血管周围套口,会变角质化或钙化。髓质淋巴细胞较大并有囊泡样的细胞核。(H&E 染色;高倍油镜)**C-F, C-D 为同一组织抽吸。C.** 以深染的小淋巴细胞为主,并有少量的中淋巴细胞。注意视野上部中间位置的两个大的上皮细胞。(瑞-吉氏染色;高倍油镜)**D.** 高倍镜下可见大的星状网状内皮细胞,其由囊泡样细胞核。(瑞-吉氏染色;高倍油镜)

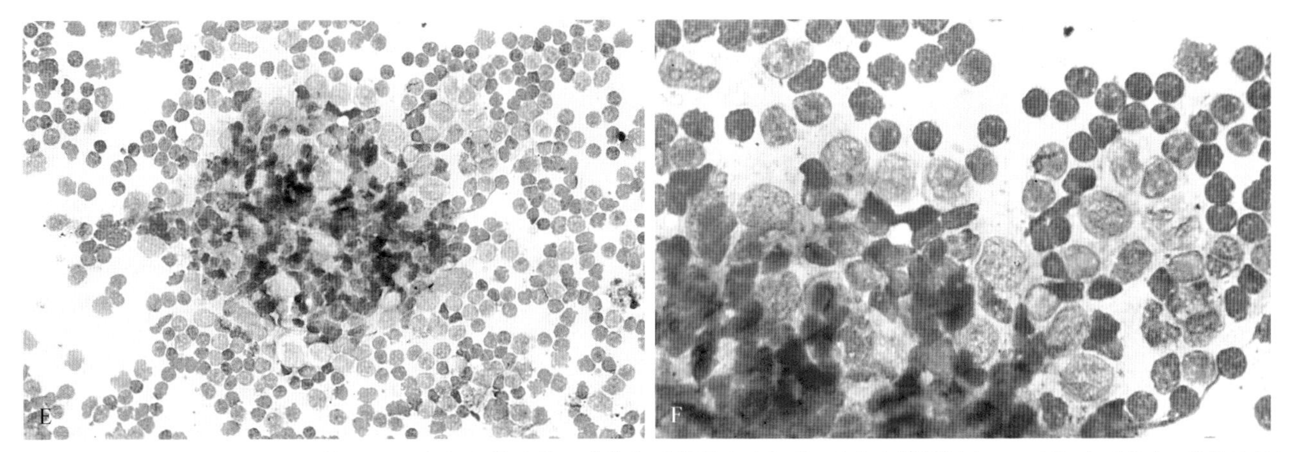


■ 图 4-22 续 **E-F 为同一组织抽吸。E.** 在紧密的球状区或能发现胸腺上皮细胞，或为血管周围套口。（瑞-吉氏染色；高倍油镜）F. 高倍镜下可见小淋巴细胞和胸腺上皮细胞。（瑞-吉氏染色；高倍油镜）

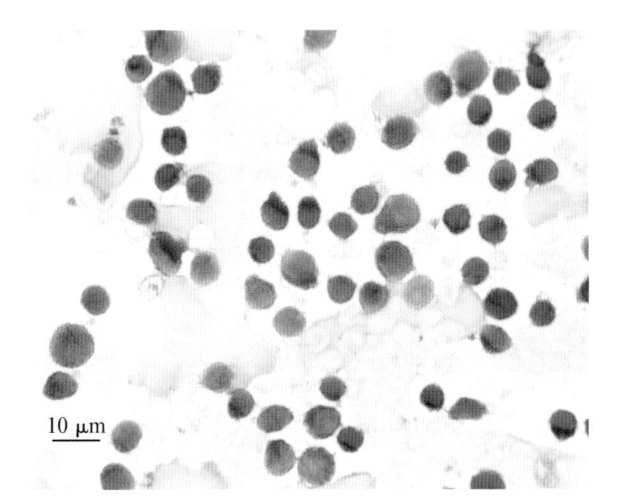


■ 图 4-23 **胸腺 T 细胞淋巴瘤。组织抽吸。免疫细胞化学。猫。**细胞表面和细胞质内与抗 CD3 epsilon 反应呈强阳性说明其为 T 细胞源性。（CD3ε/AEC；高倍油镜）

在胸腺瘤中常能发现大量高分化的肥大细胞，而误判为肥大细胞瘤或转移性肥大细胞（图 4-27A&B）。在胸腺瘤中，也可见类似于胶质的含嗜酸性物质的细胞紧密排列（Andreasen et al.，1991），而造成诊断困难。胸腺上皮细胞比较难以识别，其细胞边界可能模糊不清（图 4-24B，4-25C，4-28A）或易于辨别（图 4-28B）。可使用 T 淋巴细胞抗 CD3（图 4-26E）或细胞角蛋白标记的免疫组化法来识别胸腺上皮细胞。

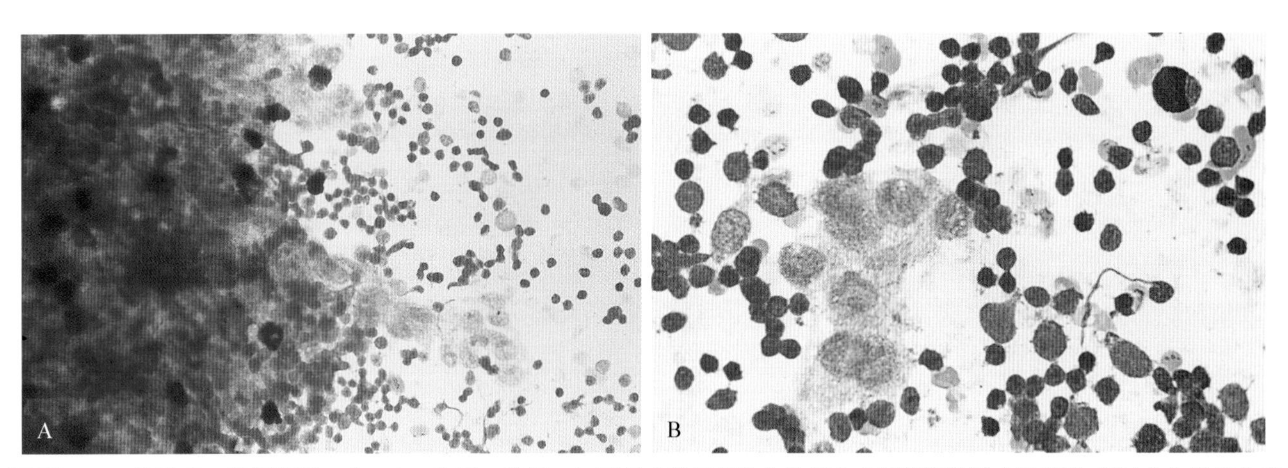


■ 图 4-24 **胸腺瘤。组织抽吸。犬。A-B 为同一病例。A.** 可见小淋巴细胞和胸腺上皮细胞簇的混合细胞群，提示此为淋巴上皮细胞组织类型。注意图中左侧在基质中散在的深色的肥大细胞（瑞-吉氏染色；高倍油镜）。**B.** 此动物无临床症状，在做非选择性手术前进行 X 线检查发现一前纵隔肿物。注意那些成簇的网状内皮细胞类似纺锤细胞。右上角有一高度分化的肥大细胞。（瑞-吉氏染色；高倍油镜）

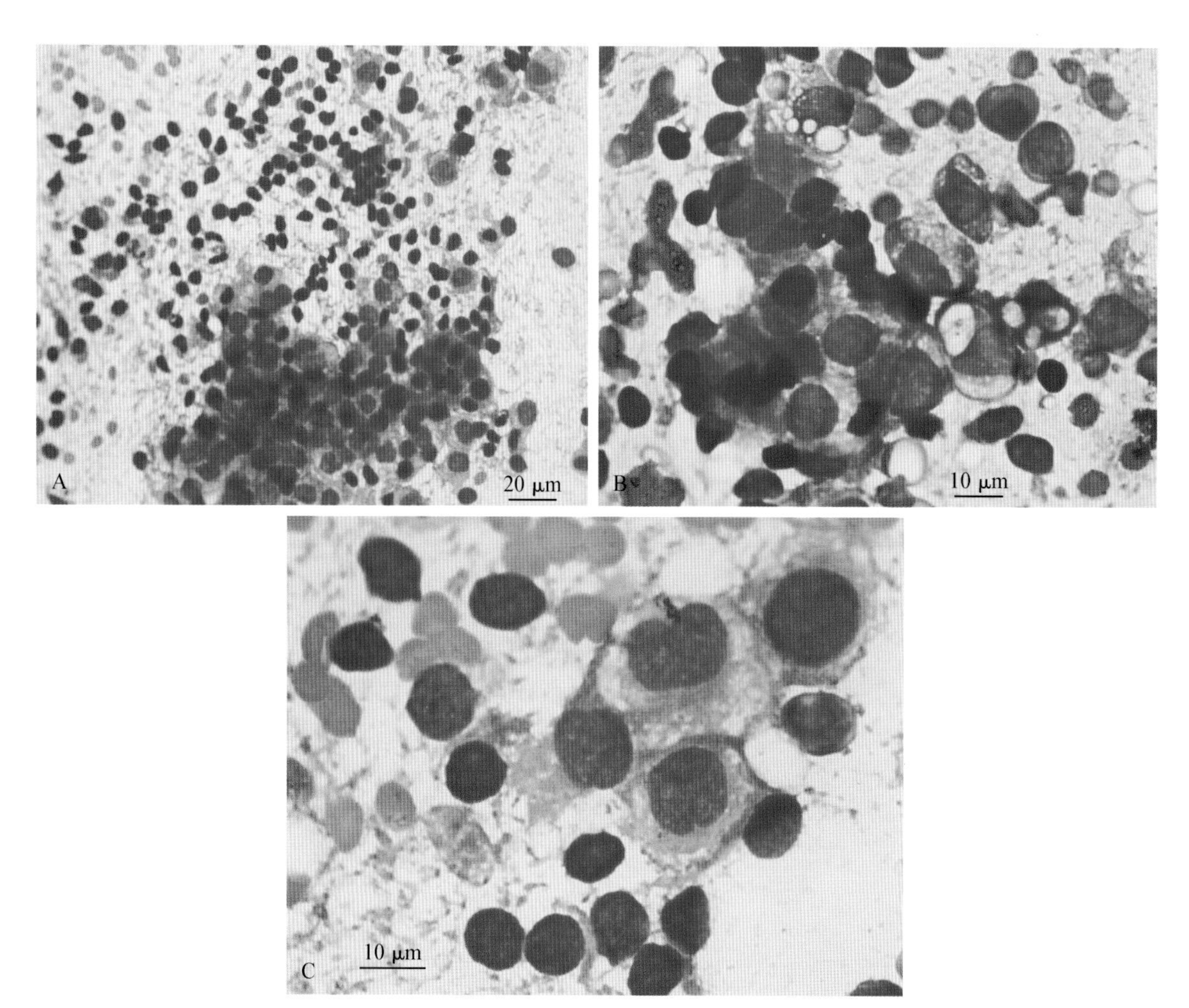


■ 图 4-25 **胸腺瘤,混合性上皮淋巴细胞型。组织印片。犬。A-C 为同一病例。A.** 图中可见小淋巴细胞和胸腺上皮细胞,样本来自一 9 岁德国短毛指示犬的前纵隔肿物。注意视野下方大团的胸腺细胞。这些细胞能表达细胞角蛋白(图中未示),说明其来源于上皮细胞。(瑞氏染色;中倍镜)**B.** 细胞具有多形性,且其核质比大小不等。可见小而明显的核仁。(瑞氏染色;高倍油镜)**C.** 恶性肿瘤细胞的特质包括:细胞核大小不等,多个明显的核仁,核质比大小不等,双核。增加的有丝分裂活性和组织坏死提示其具有快速的细胞周期,这也支持其为恶性细胞的判读。(瑞氏染色;高倍油镜)

临床上,年龄大于 8 岁、或患淋巴细胞为主的亚型、或不伴有巨食道的患犬,生存期会有所增加(Atwater et al.,1994)。重症肌无力、纯红细胞性贫血及高血钙是胸腺瘤最常见的副肿瘤综合征。一只患有巨食道症的患犬血清抗胆碱受体抗体高于参考值(Lainesse et al.,1996)。由于巨食道症和重症肌无力之间关系密切,所以建议所有患巨食道和胸腺瘤的患犬都进行重症肌无力的检查(Scott-Moncrieff et al.,1990)。胸腺瘤的肺部和肝脏转移并不常见,但是有一篇研究报道在 8 例恶性犬胸腺瘤中有 3 例伴有肺部和肝脏的转移(Bellah et al.,1983)。曾有报道患有淋巴瘤的猫伴有剥脱性角质分离层皮肤病(Day,1997; Scott et al.,1995)。有研究提到猫膀胱胸腺瘤特别不常见,其中有一些是由于肿瘤转移而造成(Patnaik et al.,2003)。

一例近期的猫的异位性肿瘤的病例,使用了两种诊断方式,包括:免疫组化的组织病理学和淋巴细胞群的流式细胞检测。淋巴细胞对 CD4 和 CD8 表现双重阳性,支持其胸腺瘤的诊断(Lara-Garcia et al.,2008)。胸腺瘤的肿块常常比较大(图 4-29),但是由于其所处的位置及常具有包囊,所以推荐手术切除。由于肿瘤的淋巴管浸润,乳糜性渗出常与胸腺瘤有关。

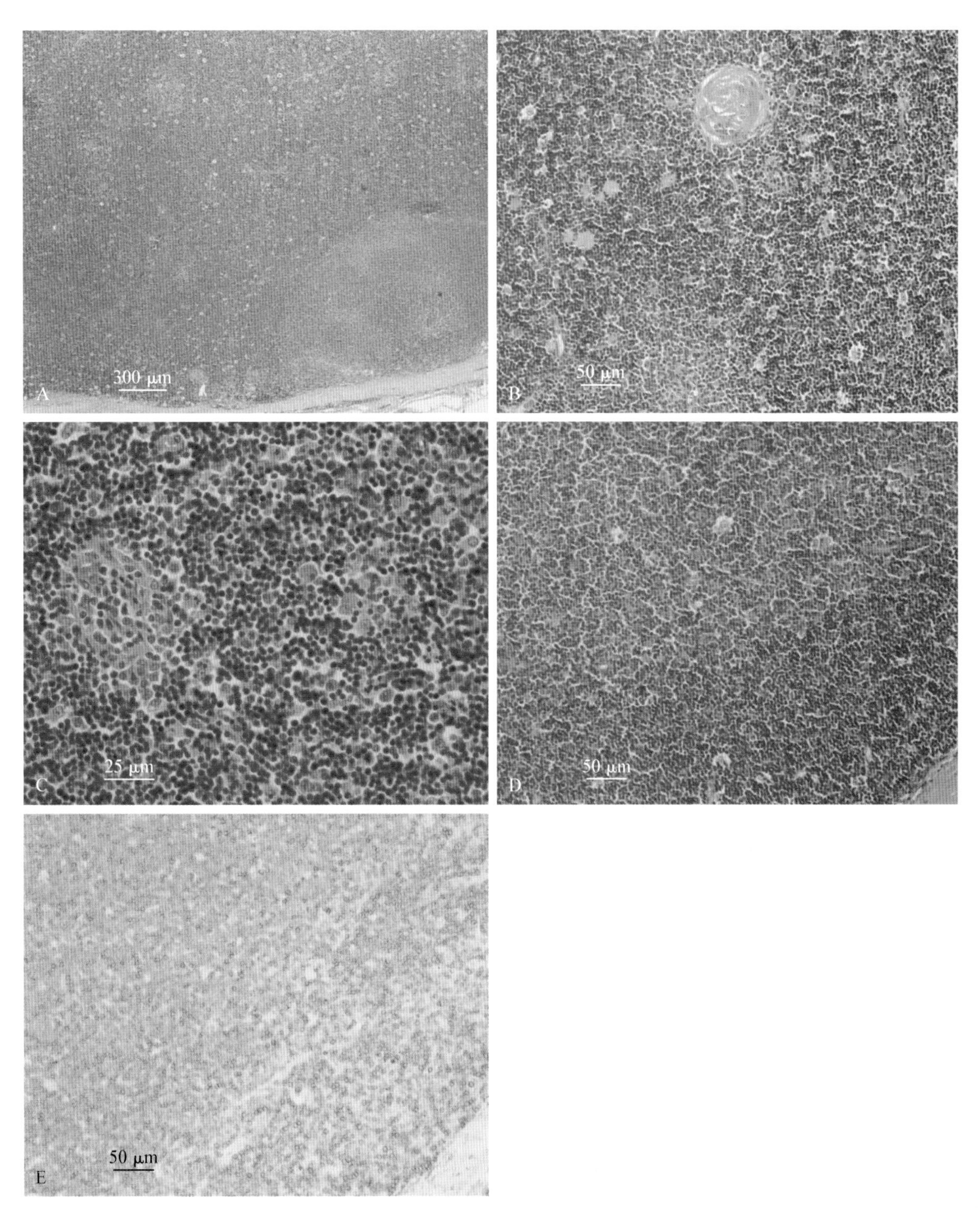


■ 图 4-26 **胸腺瘤,淋巴细胞为主型。组织切片。犬 A-D 为同一病例。A.** 一三岁混种犬的纵隔肿物已失去正常的胸腺结构。可见位于厚实的纤维包囊下的正常皮质区被局部增生的淡粉色的细胞所破坏。主要的细胞表现出嗜碱性和弥散性。(H&E 染色;低倍镜)**B. 赫氏小体。** A 在高倍镜下观察到的嗜碱性充满细胞的区域。注意此环形的被称为赫氏小体的粉色区域,由角化的基质细胞围绕血管而形成。(H&E 染色;中倍镜)**C.** 可见一些大的淡染的细胞形成的小的集落,其中有些细胞集落围绕着血管,此种细胞与那些小的形态一致的具有淋巴细胞外观的细胞相比,数量较少。(H&E 染色;高倍油镜)**D.** 浓密的富含淋巴细胞的皮质区与包囊(右下)相邻。皮质深部是高分化的淋巴细胞和上皮细胞区,此处染色相比皮质区更浅。图 4-25E 是这张切片的免疫染色补充图。(H&E 染色;中倍镜)**E. 免疫组化。** 这张和 D 是同一放大倍数。强阳表达抗体的 T 细胞源性的淋巴细胞位于皮质区。相较于更加淡染的区域,大量的胸腺上皮形态更好。(CD3/DAB;中倍镜)

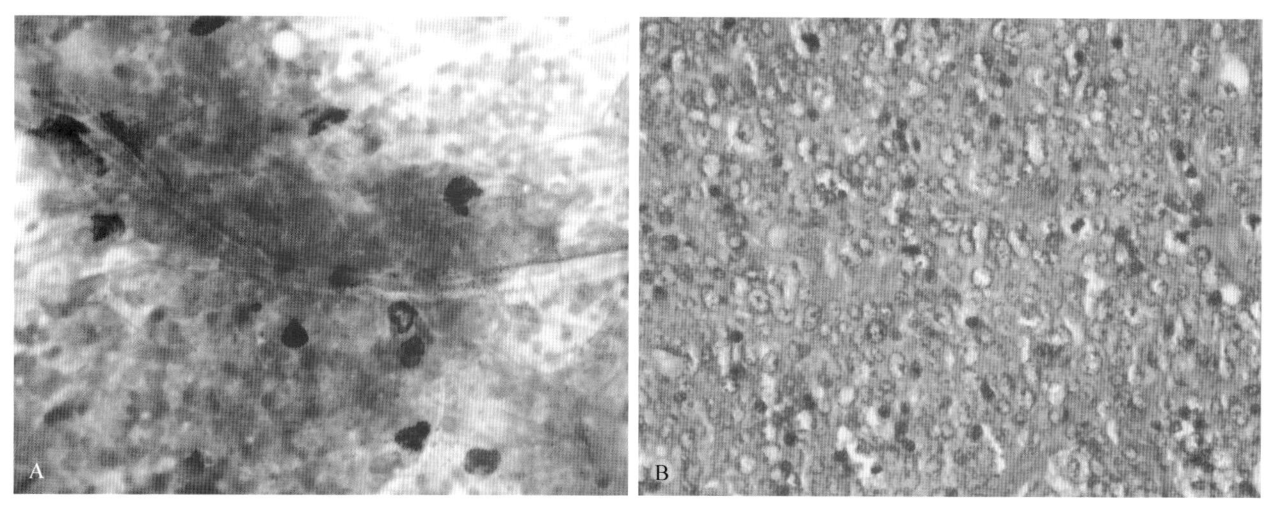

■ 图4-27 **胸腺瘤。犬A-B为同一病例。A. 组织抽吸。**低倍镜下可见上皮细胞簇和许多散在的肥大细胞。(瑞-吉氏染色;低倍镜)**B. 组织切片。**许多含淡染的细胞质和明显的单个或多个核仁的细胞。非Giemsa染色未见肥大细胞。(H&E染色;高倍油镜)

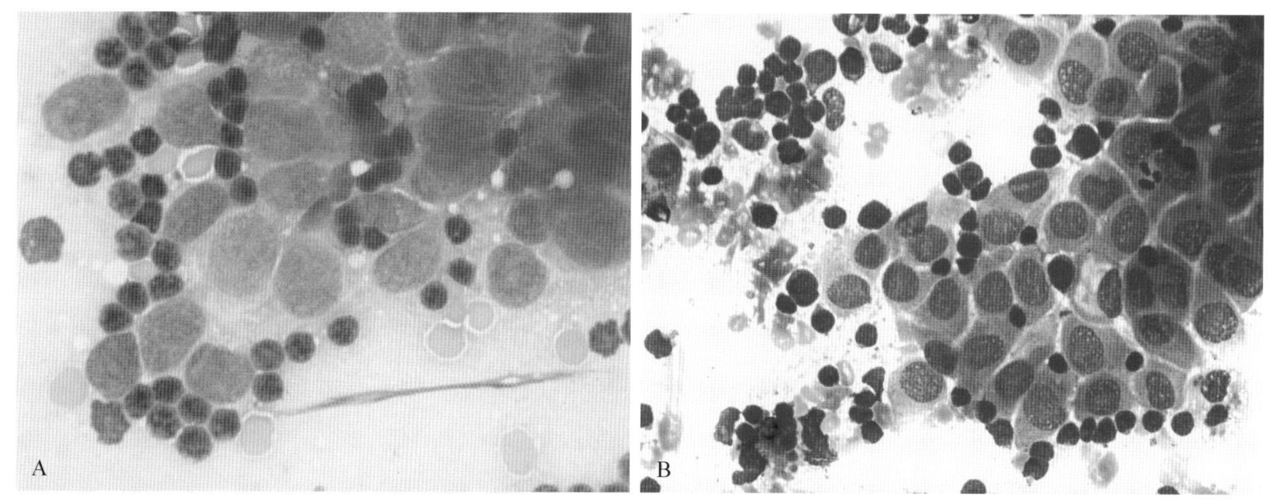

■ 图4-28 **胸腺瘤。混合型上皮-淋巴细胞性。犬。A.** 上皮胸腺细胞有明显的细胞边界,其含有正染的点状染色质及明显的细胞核边界,核质比高。(改良瑞氏染色;高倍油镜)(病例来自TDDS,Exeter,UK.)**B.** 来自另一病例的上皮胸腺细胞,有明显的胞浆边界,中度粗糙的染色质,中等程度的核质比。(瑞-吉氏染色;高倍油镜)(Photo courtesy of Francesco Cian,Animal Health Trust,UK.)

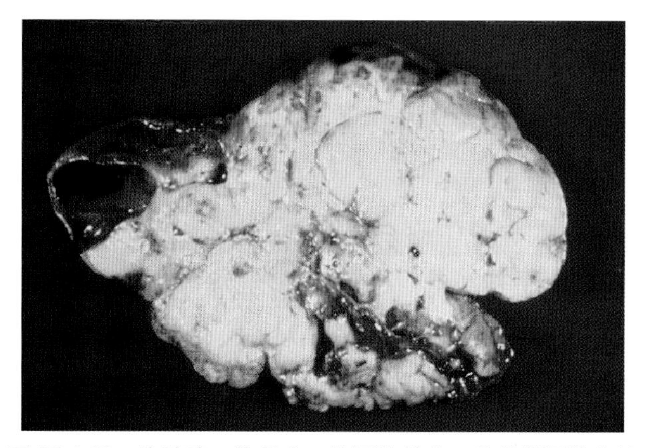

■ 图4-29 **胸腺瘤。体样本。德国牧羊犬。**此前纵隔肿物尺寸为12 cm×10 cm×8 cm。部分有包囊,稍坚硬,咖啡色偶见含黏液的囊泡。(照片来自Lois Roth,Angell Memorial Hospital; presented at the 1997 ASVCP case review session.)

胸腺囊肿(鳃裂) 胸腺鳃状囊肿或开裂是最常见的胚胎起源的囊肿,其为前纵隔退化的结构。猫不常见。主要临床症状是呼吸困难并伴随不同量的胸腔积液;然而,也可能无临床症状而偶然发现。囊肿穿刺一般提示与呼吸器官相关的纤毛上皮细胞(图4-30A&B)。最近发现胸腺囊肿可转变成肉瘤(Levien et al.,2010)。预后与临床症状的严重程度相关。

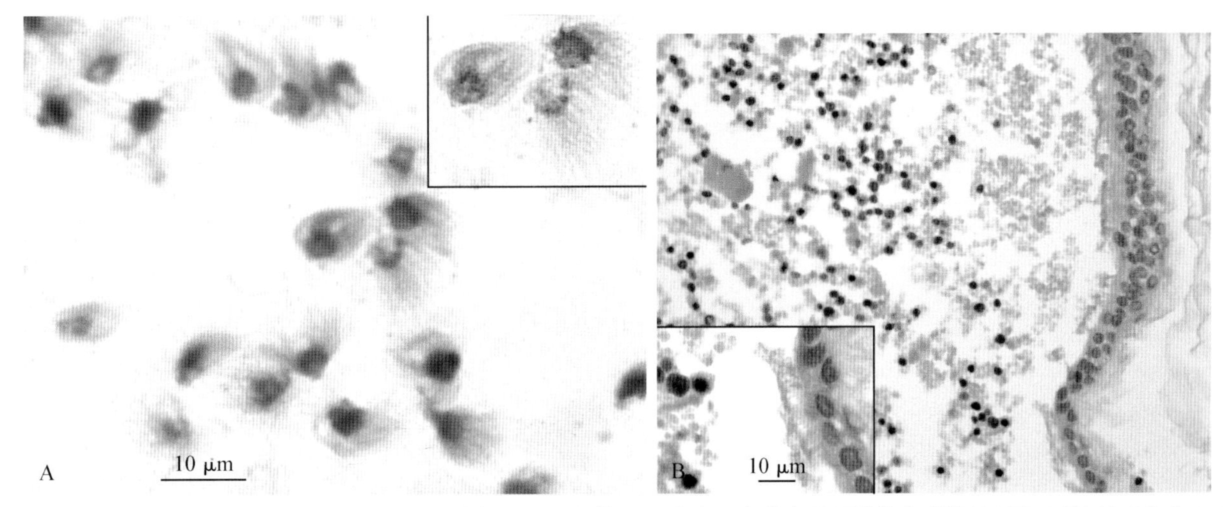


■ 图 4-30 胸腺囊肿(鳃裂)。犬。A-B 为同一病例。A. 组织抽吸。此为一食道旁颈部肿物的囊肿抽吸液，可见纤毛柱状上皮细胞。插图：高倍镜下可见纤毛末端，证实其来源于呼吸系统。(改良瑞氏染色；高倍油镜) B. 组织切片。细胞排列成一囊泡，内含细胞碎片和蛋白液。(H&E 染色；中倍镜)插图：细胞特写可见其具有纤毛的表面。(H&E 染色；高倍油镜)

## 参考文献


Affolter VK, Moore PF: Localized and disseminated histiocytic sarcoma of dendritic cell origin in dogs, *Vet Pathol* 39: 74–83, 2002.

Andreasen CB, Mahaffey EA, Latimer KS: What is your diagnosis? *Vet Clin Pathol* 20: 15–16, 1991.

Atwater SW, Powers BE, Park RD, et al: Thymoma in dogs: 23 cases(1980–1991), *J Am Vet Med Assoc* 205: 1007–1013, 1994.

Bain BJ, Clark DM, Wilkins BS: Lymphoproliferative disorders. In*Bone marrow pathology*, ed 4, West Sussex, UK, 2010, Wiley-Blackwell, pp. 205.

Bauer NB, Zervos D, Moritz A: Argyrophilic nucleolar organizing regions and Ki67 equally reflect proliferation in fine needle aspirates of normal, hyperplastic, inflamed, and neoplastic canine lymph nodes(n=101), *J Vet Intern Med* 21: 928–935, 2007.

Bellah JR, Stiff ME, Russell RG: Thymoma in the dog: two case reports and review of 20 additional cases, *J Am Vet Med Assoc* 183: 306–311, 1983.

Bookbinder PF, Butt MT, Harvey HJ: Determination of the number of mast cells in lymph node, bone marrow, and buffy coat cytologic specimens from dogs, *J Am Vet Med Assoc* 11: 1648–1650, 1992.

Callanan JJ, Jones BA, Irvine J, et al: Histologic classification and immuno-phenotype of lymphosarcomas in cats with naturally and experimentally acquired feline immunodeficiency virus infections, *Vet Pathol* 33: 264–272, 1996.

Caniatti M, Roccabianca P, Scanziani E, et al: Canine lymphoma: immunocy-tochemical analysis of fine-needle aspiration biopsy, *Vet Pathol* 33: 204–212, 1996.

Chiulli FM, Raskin RE, Fox LE, et al: The clinical and pathological characteristics influencing the prognosis of 50 canine patients with lymphoid malignancies, *Vet Pathol* 40: 619, 2003(abstract).

Christopher MM: Cytology of the spleen, *Vet Clin Small Anim* 33: 135–152, 2003.

Cienava EA, Barnhart KF, Brown R, et al: Morphologic, immunohistochemical, and molecular characterization of hepatosplenic T-cell lymphoma in a dog, *Vet Clin Pathol* 33: 105–110, 2004.

Culmsee K, Simon D, Mischke R: Possibilities of flow cytometric analysis for immunophenotypic characterization of canine lymphoma, *J Vet Med Ass* 47: 199–206, 2001.

Dank G, Lucroy MD, Griffey SM, et al: bcl-2 and MIB-1 labeling indexes in cats with lymphoma, *J Vet Intern Med* 16: 720–725, 2002.

Day MJ: Review of thymic pathology in 30 cats and 36 dogs, *J Sm Anim Pract* 38: 393–403, 1997.

Day MJ, Lucke VM, Pearson H: A review of pathological diagnoses made from 87 canine splenic biopsies, *J Sm Anim Pract* 36: 426–433, 1995.

Dean GA, Groshek PM, Jain NC, et al: Immunophenotypic analysis of feline haemolymphatic neoplasia using flow cytometry, *Comp Haematol Int* 5: 84–92, 1995.

Desnoyers M, St-Germain L: What is your diagnosis?, *Vet Clin Pathol* 23: 89, 1994.

Edwards DS, Henley WE, Harding EF, et al: Breed incidence of lymphoma in a UK population of insured dogs, *Vet Comp Oncology* 1: 200–206, 2003.

Fisher DJ, Naydan D, Werner LL, et al: Immunophenotyping lymphomas in dogs: a comparison of results from fine needle aspirate and needle biopsy samples, *Vet Clin Pathol* 24:

118－123,1995.

Fournel-Fleury C, Magnol JP, Bricaire P, et al: Cytohistological and immunological classification of canine malignant lymphomas: comparison with human non-Hodgkin's lymphomas, *J Comp Pathol* 117:35－59,1997a.

Fournel-Fleury C, Magnol JP, Chabanne L, et al: Growth fractions in canine non-Hodgkin's lymphomas as determined *in situ* by the expression of the Ki-67 antigen, *J Comp Pathol* 117:61－72,1997b.

Fournel-Fleury C, Ponce F, Felman P, et al: Canine T-cell lymphomas: a mor-phological, immunological, and clinical study of 46 new cases, *Vet Pathol* 39:92－109,2002.

Friedrichs KR, Young KM: Histiocytic sarcoma of macrophage origin in a cat: case report with a literature review of feline histiocytic malignancies and comparison with canine hemophagocytic histiocytic sarcoma, *Vet Clin Pathol* 37: 121－128,2008.

Fry MM, Vernau W, Pesavento PA, et al: Hepatosplenic lymphoma in a dog, *Vet Pathol* 40:556－562,2003.

Gibson D, Aubert I, Woods JP, et al: Flow cytometric immunophenotype of canine lymph node aspirates, *J Vet Intern Med* 18:710－717,2004.

Goldman EE, Grindem CB: What is your diagnosis? Seven-year-old dog with progressive lethargy and inappetence, *Vet Clin Pathol* 26:187,195－197,1997.

Grindem CB: What is your diagnosis?, *Vet Clin Pathol* 23:72,77,1994. Grindem CB, Page RL, Ammerman BE, et al: Immunophenotypic comparison of blood and lymph node from dogs with lymphoma, *Vet Clin Pathol* 27:16－20,1998.

Grooters AM, Couto CG, Andrews JM, et al: Systemic*Mycobacterium smegmatis* infection in a dog, *J Am Vet Med Assoc* 206:200－202,1995.

Hendrick MJ, Brooks JJ, Bruce EH: Six cases of malignant fibrous histiocytoma of the canine spleen, *Vet Pathol* 29:351－354,1992.

Hipple AK, Colitz CMH, Mauldin GH, et al: Telomerase activity and related properties of normal canine lymph node and canine lymphoma, *Vet Comp Oncol* 1:140－151,2003.

HogenEsch H, Hahn FF: Primary vascular neoplasms of lymph nodes in the dog, *Vet Pathol* 35:74－76,1998.

Jubala CM, Wojcieszyn JW, Valli VEO, et al: CD 20 expression in normal canine B cells and in canine non-Hodgkin lymphoma, *Vet Pathol* 42:468－476,2005.

Kiupel M, Bostock D, Bergmann V: The prognostic significance of AgNOR counts and PCNA-positive cell counts in canine malignant lymphomas, *J Comp Pathol* 119:407－418,1998.

Kiupel M, Teske E, Bostock D: Prognostic factors for treated canine malignant lymphoma, *Vet Pathol* 36: 292－300,1999.

Kordick DL, Brown TT, Shin K, et al: Clinical and pathologic evaluation of chronic *Bartonella henselae* or *Bartonella clarridgeiae* infection in cats, *J Clin Microbiol* 37: 1536－1547,1999.

Krick EL, Little L, Patel R, et al: Description of clinical and pathological findings, treatment and outcome of feline large granular lymphocyte lym-phoma(1996－2004), *Vet Comp Oncol* 6:102－110,2008.

Lainesse MFC, Taylor SM, Myers SL, et al: Focal myasthenia gravis as a paraneoplastic syndrome of canine thymoma: improvement following thymectomy, *J Am Anim Hosp Assoc* 32:111－117,1996.

Lara-Garcia A, Wellman M, Burkhard MJ, et al: Cervical thymoma originating in ectopic thymic tissue in a cat, *Vet Clin Pathol* 37:397－402,2008.

Lau KWM, Kruth SA, Thorn CE, et al: Large granular lymphocytic leukemia in a mixed breed dog, *Can Vet J* 40: 725－728,1999.

LeBlanc CJ, Head L, Fry MM: Comparison of aspiration and non-aspiration techniques for obtaining cytology samples from the canine spleen, *Vet Pathol* 45:735,2008(abstract).

Levien AS, Summers BA, Szladovits B, et al: Transformation of a thymic branchial cyst to a carcinoma with pulmonary metastasis in a dog, *J Small Anim Pract* 51:604－608,2010.

Lichtensteiger CA, Hilf LE: Atypical cryptococcal lymphadenitis in a dog, *Vet Pathol* 31:493－496,1994.

Lurie DM, Lucroy MD, Griffey SM, et al: T-cell-derived malignant lymphoma in the boxer breed, *Vet Comp Oncol* 2: 171－175,2004.

McDonough SP, Moore PF: Clinical, hematologic, and immunophenotypic characterization of canine large granular lymphocytosis, *Vet Pathol* 37:637－646,2000.

Mooney SC, Patnaik AK, Hayes AA, et al: Generalized lymphadenopathy resembling lymphoma in cats: six cases(1972－1976), *J Am Vet Med Assoc* 190:897－899,1987.

Moore AS, Frimberger AE, Sullivan N, et al: Histologic and immunohisto-chemical review of splenic fibrohistiocytic nodules in dogs, *J Vet Intern Med* 26:1164－1168,2012.

Moore FM, Emerson WE, Cotter SM, et al: Distinctive peripheral lymph node hyperplasia of young cats, *Vet Pathol* 23: 386－391,1986.

Moore PF, Affolter VK, Vernau W: Canine hemophagocytic histiocytic sarcoma: a proliferative disorder of CD11d＋ macrophages, *Vet Pathol* 43:632－645,2006.

O'Keefe DA, Couto CG: Fine-needle aspiration of the spleen as an aid in the diagnosis of splenomegaly, *J Vet Int Med* 1:102－109,1987.

Patel RT, Caceres A, French AF, et al: Multiple myeloma in 16 cats: a retrospective study, *Vet Clin Pathol* 34:341－352, 2005.

Patnaik AK, Lieberman PH, Erlandson RA, et al: Feline

cystic thymoma: a clinicopathologic, immunohistologic, and electron microscopic study of 14 cases, *J Feline Med Surg* 5:27-35, 2003.

Ponce F, Magnol JP, Blavier A, et al: Clinical, morphological and immunological study of 13 cases of canine lymphoblastic lymphoma: comparison with the human entity, *Comp Clin Path* 12:75-83, 2003.

Ponce F, Magnol J P, Ledieu D, et al: Prognostic significance of morphological subtypes in canine malignant lymphomas during chemotherapy, *Vet J* 167:158-166, 2004.

Raskin RE, Nipper MN: Cytochemical staining characteristics of lymph nodes from normal and lymphoma-affected dogs, *Vet Clin Pathol* 21:62-67, 1992.

Raskin RE: Canine lymphoid malignancies & the new clinically relevant WHO classification, *Proceedings of the 22nd annual meeting of American College of Veterinary Internal Medicine*, Minneapolis, June 2004, Minnesota, pp632-633.

Raskin RE, Fox LE: Clinical relevance of the World Health Organization classification of lymphoid neoplasms in dogs, *Vet Clin Pathol* 32:151, 2003(abstract).

Roccabianca P, Vernau W, Caniatti M, et al: Feline large granular lymphocyte(LGL)lymphoma with secondary leukemia: primary intestinal origin with predominance of a CD3/CD8aa phenotype, *Vet Pathol* 43:15-28, 2006.

Ruslander DA, Gebhard DH, Tompkins MB, et al: Immunophenotypic charac-terization of canine lymphoproliferative disorders, *In Vivo* 11:169-172, 1997.

Ryseff JK, Duncan C, Sfiligoi G, et al: Gamna-Gandy bodies: a case of mistaken identity in the spleen of a cat, *Vet Clin Pathol* 43:94-100, 2014.

Scott DW, Yager JA, Johnston KM: Exfoliative dermatitis in association with thymoma in three cats, *Feline Pract* 23:8-13, 1995.

Scott-Moncrieff JC, Cook JR, Lantz GC: Acquired myasthenia gravis in a cat with thymoma, *J Am Vet Med Assoc* 196: 1291-1293, 1990.

Spangler WL, Culbertson MR: Prevalence and type of splenic diseases in cats: 455 cases(1985-1991), *J Am Vet Med Assoc* 201:773-776, 1992.

Spangler WL, Culbertson MR, Kass PH: Primary mesenchymal(nonangioma-tous/nonlymphomatous) neoplasms occurring in the canine spleen: anatomic classification, immunohistochemistry, and mitotic activity correlated with patient survival, *Vet Pathol* 31:37-47, 1994.

Steele KE, Saunders GK, Coleman GD: T-cell-rich B-cell lymphoma in a cat, *Vet Pathol* 34:47-49, 1997.

Swerdlow SH, Campo E, Harris NL, et al: *WHO classification of tumours of haematopoietic and lymphoid tissues*, ed 4, Lyon, France, 2008, IARC Press.

Teske E, van Heerde P: Diagnostic value and reproducibility of fine-needle aspiration cytology in canine malignant lymphoma, *Vet Quart* 18:112-115, 1996.

Teske E, van Heerde P, Rutteman GR, et al: Prognostic factors for treatment of malignant lymphoma in dogs, *J Am Vet Med Assoc* 205:1722-1728, 1994.

Thorn CE, Aubert I: Abdominal mass aspirate from a cat with eosinophilia and basophilia, *Vet Clin Pathol* 28:139-141, 1999.

Twomey LN, Alleman AR: Cytodiagnosis of feline lymphoma, *Compend Con-tin Educ Pract Vet* 27:17-31, 2005.

Vail DM, Kisseberth WC, Obradovich JE, et al: Assessment of potential doubling time(Tpot), argyrophilic nucleolar organizing regions(AgNOR) and proliferating cell nuclear antigen(PCNA) as predictors of therapy response in canine non-Hodgkin's lymphoma, *Exp Hematol* 24:807-815, 1996.

Vail DM, Kravis LD, Kisseberth WC, et al: Application of rapid CD3 immuno-phenotype analysis and argyrophilic nucleolar organizer region(AgNOR) frequency to fine needle aspirate specimens from dogs with lymphoma, *Vet Clin Pathol* 26:66-69, 1997.

Vail DM, Moore AS, Ogilvie GK, et al: Feline lymphoma (145 cases): proliferation indices, cluster of differentiation 3 immunoreactivity, and their association with prognosis in 90 cats, *J Vet Intern Med* 12:349-354, 1998.

Vajdovich P, Psader R, Toth ZA, Perge E: Use of the argyrophilic nucleolar re-gion method for cytologic and histologic examination of the lymph nodes in dogs, *Vet Pathol* 41:338-345, 2004.

Valli VEO: *Veterinary comparative hematopathology*, Ames, IA, 2007, Blackwell Publishing, pp. 9-117, 109-235.

Valli VE, San Myint M, Barthel A, et al: Classification of canine malignant lym-phomas according to the World Health Organization criteria, *Vet Pathol* 48:198-211, 2011.

Valli VE, Vernau W, DeLorimier LP, et al: Canine indolent nodular lympho-ma, *Vet Pathol* 43:241-256, 2006.

Walton RM, Hendrick MJ: Feline Hodgin's-like lymphomas: 20 cases(1992-1999), *Vet Pathol* 38:504-511, 2001.

Walton R, Thrall MA, Wheeler S: What is your diagnosis? *Vet Clin Pathol* 23:117, 128, 1994.

Whitten BA, Raskin RE: Evaluation of argyrophilic nucleolar organizer regions(AGNORS) as a prognostic indicator for canine lymphoproliferative diseases, *Vet Pathol* 41: 552, 2004 (abstract).

Williams M, Avery A, Olver CS: Diagnosing lymphoid hyperplasia vs lympho-ma in canine splenic aspirates, *Vet Pathol* 43:809, 2006.

Workman HC, Vernau W: Chronic lymphocytic leukemia in dogs and cats: the veterinary perspective, *Vet Clin North Am Small Anim Pract* 33:1379-1399, 2003.

# 第 5 章

# 呼吸道

*Mary Jo Burkhard*

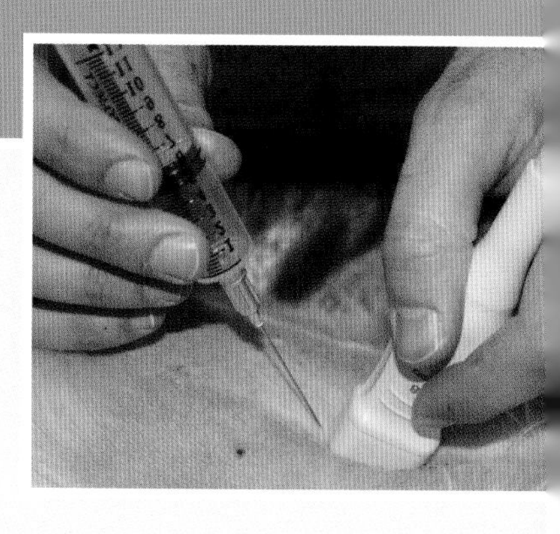

当与病史、临床数据和影像学结果相结合时，呼吸道的细胞学评价可以提供宝贵的诊断信息，并且直接影响到患病动物的治疗。呼吸道损伤、疾病以及原发性或转移性肿瘤的细胞学特征很大程度上取决于细胞组分的正常基础结构和功能。彻底检查高质量的细胞学样本是获得有意义的细胞学结果的关键。本章对正确采样技术和呼吸道样本的细胞学解读进行了描述，包括鼻腔、喉、气管和肺实质。

## 鼻腔

### 常规解剖学及组织学特征

从鼻孔开始，鼻腔被鼻中隔分开，在尾端以骨质筛孔板为终止。贯穿骨和软骨窦的通道由黏膜覆盖。鼻腔或前庭的入口包括鼻孔和前鼻腔的狭窄部分。后部鼻腔，或者说是严格意义上的鼻腔由大量精细的黏膜覆盖着鼻甲骨。鼻泪管开口于前庭的腹侧壁，使结膜囊的浆液分泌物能进入鼻腔头侧。至少在犬，鼻泪管的结构和功能都与人类相似（Hirt 等，2012）。与鼻腔连通的是几个成对的、充气的且被黏膜覆盖的鼻旁窦。

前庭与外部皮肤相连，并且在鼻孔处由角化鳞状上皮覆盖，其在鼻腔前部转变为非角化鳞状上皮。在犬中，这种过渡的无纤毛的鼻腔上皮由圆形至立方形细胞组成，它们彼此层叠并且被认为在代谢吸入和循环异物中起作用，这与其中含有的细胞色素 P450 单加氧酶有关。真正意义上的鼻腔、鼻中隔和鼻旁窦由假复层柱状纤毛上皮所覆盖。浆液性、黏液性和混合性的管泡状腺存在于鼻腔头侧，而嗅腺在食肉动物中数量较少，发现于鼻腔近尾侧。在具有敏锐嗅觉的动物例如犬和猫中，嗅觉受体神经元贯穿分布于鼻腔后部附近的嗅觉隐窝中。至少在犬中，这种神经元分布的模式与气味沉积的模式具有很好的相关性（Lawson 等，2012）。

鼻相关淋巴组织（NALT）和淋巴结存在于近尾部鼻腔的黏膜下层，且在鼻咽部尤其多。

犁鼻器官是两侧对称的并且位于鼻腔头端部分的鼻中隔基部。该器官由各种组分组成，包括上皮、导管、腺体和结缔组织（Salazar 等，1996），并且至少在犬中也富含神经元组织（Dennis 等，2003）。除了神经元细胞体和轴突束，感觉上皮也传递神经元标志物。

### 采集技术和样本的制备

当病史和临床症状提示鼻腔疾病时，第一个诊断步骤是彻底对外部和内部鼻腔、咽、硬腭、软腭以及口腔进行视诊，包括检查牙龈和上颌牙弓，适用于口鼻瘘和牙周病。此外，如果存在弥散性或转移性癌，对肿大的局部淋巴结的触诊和随后的抽吸和/或活组织检查可以为诊断提供有价值的间接手段。总体而言，持续性鼻病的诊断可能是个挑战，尽管运用彻底周密和系统的诊断方法，高达三分之一的患病犬无法做出确切的诊断（Meler 等，2008）。磁共振成像（MRI）和计算机断层扫描（CT）技术提供额外的关于病灶侵袭程度、气道牵连程度和三维定位（例如，异物）的数据。然而，在大多数病例中，射线照相技术仍然是用于定位占位性病变的诊断性取样的可靠方法（Jones 和 Ober，2007；Petite 和 Dennis，2006），尽管该方法对于区分弥散性和肿瘤性鼻炎不太敏感（Kuehn，2006）。通过鼻腔内窥镜检查对鼻腔进行充分的目视检查以及放射照相技术或其他成像技术对病灶进行定位，有助于运用恰当的采样技术。然而，应当注意，鼻腔镜检查评估不能一致地预测炎性疾病的存在或不存在，因此获得用于显微镜下检查的样品是关键（Johnson 等，2004；Windsor 等，2004）。可折叠内窥镜检查是优选，因为 50%～80%的鼻腔不能通过硬性内窥镜或耳镜的检查而可视化（Elie 和 Sabo，2006）。除了鼻腔的视诊之外，可折叠内窥镜检查允许对可疑的发现进行诊断性取样,并且可移除偶然发现的异物。如果难以获得内窥镜,耳镜也可以用于检查鼻腔头部,并且借助于牙科镜和光,鼻咽的一部分亦可以可视化。在采样之前应该进行射线照相和鼻镜检查,因为出血可能会阻碍射线照片的解读以及使内镜检查时的可视化变得模糊。

在取样前应进行全血细胞计数(CBC)和凝血检查,因为鼻黏膜下丰富的静脉丛的缘故,大多数采样技术会导致出血。适当的麻醉保定有助于成功采集组织样本。为了达到足够的保定需要全身麻醉,放置适当充气的气管内导管,用纱布包裹口咽部,并且向下倾斜患者的鼻子以防止样品采集时的倒吸。

### 鼻腔分泌物

出现急性或慢性鼻分泌物指示上呼吸道疾病,与炎症性、感染性或肿瘤性病变相关,属于非特异性症状。鼻分泌物可为单侧或双侧,性状可为浆液性、脓性、黏液性或血清血液。表面和深部的鼻腔拭子很容易获得并且相对创伤性小,但鼻腔拭子除了鉴别浅表炎症、继发性细菌感染、出血、坏死和黏液之外,不能提供更多信息。而深层的病变进程仍然是模糊不清的。一般来说,侵入性技术能采集到鼻黏膜深部的组织,从而提高诊断的可能性。例如,曲霉菌病通过直接涂片或盲拭子检查的阳性检测率为13%~20%,通过刷片细胞学或切片活检获得的样品阳性检测率升高至93%~100%(De Lorenzi 等,2006a)。然而,偶尔最简单的技术也会有所收获,例如使用鼻拭子进行细胞学检查来诊断猫隐球菌病感染。

> **关键点** 任何鼻腔疾病的诊断都可以在最初进行鼻腔分泌物的细胞学检查。

### 鼻腔冲洗

其他地方已经详细描述了鼻腔冲洗方法(Smallwood 和 Zenoble,1993)。一般来说,侵入性和侵略性技术更可能获得诊断材料。非创伤性鼻腔冲洗仅在大约50%的病例中可获得用于决定性诊断的样本。将6~10号聚丙烯或红色橡胶导尿软管插入外鼻孔中,使用无菌、非抑菌的生理盐水或乳酸林格氏液冲洗鼻腔(图5-1A)。创伤性鼻腔冲洗可以通过倾斜或在导管或导尿管上刻痕,创造一个粗糙的表面用以辅助移除组织。与放置到鼻腔中的任何器械一样,通过测量从外鼻孔到眼睛内眦的距离,并且将导管/导尿管切割成合适的长度或者用胶对器械进行标记,可以避免刺穿筛状板到达头颅。

通过具有交替正压和负压的20~35 mL注射器将小剂量等份(5~10 mL)的流体引入鼻腔中。当液体进入鼻腔时,导管或导尿管相对于鼻甲骨前后地来回具有侵略性地移动,以试图游离出组织碎片并将其收集于放置在外鼻孔下方的纱布海绵上,或者吸入到采样用注射器中。另一种方法涉及将Foley导尿管导入口腔中,并且在软腭周围翻转进入鼻咽,充气使套囊膨胀,然后灌注盐水,使得液体通过鼻腔从外鼻孔排出,供于收集(图5-1B)。

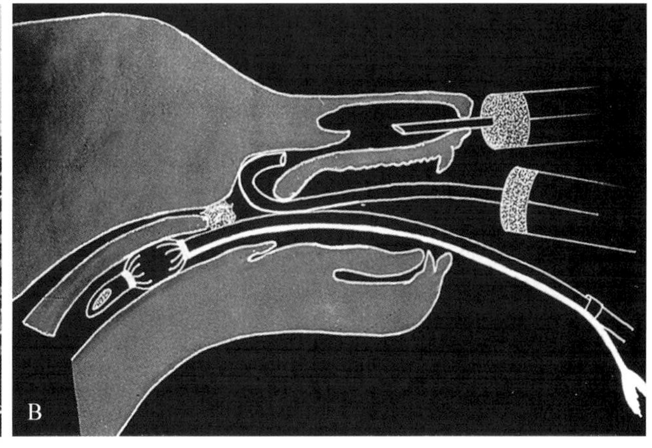


**图5-1 鼻腔冲洗步骤。** 图A为在麻醉的犬的鼻腔内放置折叠导管并使用氯化钠溶液灌注。图B为另一种替代技术的示意图,展示了在软腭下方及周围翻转的可折叠导管的放置,从外鼻孔收集液体。(图A来自Courtesy of Robert King,佛罗里达大学。图B来自Meyer DJ,《细胞学采样方法》《兽医师继续教育纲要》,1987年9月刊,10-16页)

回收的液体和颗粒物质应置于EDTA抗凝管中。如果液体是浑浊的,可以直接涂片用于细胞学检查,方法是将一滴液体滴在干净载玻片上,并将第二个载玻片放置在其顶部。当液体已经在载玻片之间扩散开之后,将两个载玻片以水平方式拉开,如果存在小的组织碎片则施加微量的垂直压力。如果液体相对清澈,可以通过离心浓缩样品,取沉淀加少量上清重悬后制备涂片,与尿沉渣的制备相似。如果可行的话,样品的进一步浓缩可以通过细胞离心获得。

如果回收到大的组织块,组织印片法可用于其细胞学评价。可将少量等份的液体置于不添加任何培养微生物用的和敏感性的添加剂的管中,或者这些液体也能被用作微生物培养。

### 细针穿刺

当存在占位性病变时,细针抽吸/穿刺(FNA)活检是最有价值。如果存在可见的外部鼻腔肿物,可以直接进行抽吸。对鼻腔内的肿物进行采样时,在抽吸之前最好借助影像技术来确定位置。对于 FNA 来说,将 1～1.5 in、22～23 号细针连接至 3～12 mL 注射器。细针刺入肿物后,多次施加并释放强负压。改变细针方向,重复操作;在将针从肿块中抽出之前要释放负压。通常,仅有少量的材料被收集到针头接口中。收集的材料要排放到载玻片上进行细胞学制片和评估。

### 压片和毛刷细胞学

用鳄口活检钳拧取活组织进行活检,可用于印迹细胞学和组织病理学检查,而内窥镜刷收集组织后在玻片上滚动,可用于细胞学检查。两种采样技术通常需要用内窥镜引导进行。使用 Tru-Cut 的一次性细胞学抽针(卡地纳健康集团,迪尔菲尔德,伊利诺伊州,美国)获得的核心细胞学样本也可以进行印记细胞学检查。类似地,去除针头的聚丙烯成分的留置导管或末端以 45°角切割过的聚丙烯导尿管也可用于获取组织标本。导管推入肿块后,在施加负压的同时旋转。然后将所获取的组织在载玻片上滚动或用作制备用于细胞学评价的接触印片,然后置于 10%中性淀粉制剂中。刷片细胞学常常混合了深层的炎性细胞,并且可能与组织学结果不相符(Michiels 等,2003)。因此,更深入更具侵入性的样品是更优的选择。在一项对 54 只犬的鼻腔肿瘤的研究中,刷片和印片细胞学分别在 88%和 90%的病例中正确鉴定了上皮源性肿瘤(Clercx 等,1996)。然而,在同一研究中,诊断间质肿瘤的能力显著降低,因为组织学诊断仅与 50%的印迹细胞学印片和 20%的细胞学刷片检查相关。使用组织学诊断和/或临床随访作为金标准,在患有慢性鼻腔疾病的犬中评估抹片细胞学诊断的准确性的研究中(Caniatti 等,2012),刷片技术具有 71%的敏感性和 99%的特异性,结论是刷片细胞学技术在慢性病变中具有良好的诊断准确性。

如果上述操作不能产生诊断性样品或者由于病灶的性质或病灶体积太小而不能进行检查,则可能需要进行探查性鼻切开术来获得切除的活检组织,获得的组织可用于制备细胞学印迹涂片,之后剩余的组织部分可被保存用作组织病理学检查。

## 常规细胞学和常见的细胞学变化

### 正常的鼻腔细胞学

健康动物的鼻拭子和鼻腔冲洗液包含少量细胞,少量黏液和少量混合繁殖于上皮细胞表面的细胞外细菌(正常菌群)。来自后部鼻腔的纤毛柱状呼吸上皮细胞通常占主导地位;然而,也可能存在少量源自前部鼻腔的鳞状上皮细胞。呼吸上皮细胞可以单独或在小集落中看到,为柱状,并且包含圆形的位于基部的细胞核。如果存在纤毛的话,位于细胞核对面,可以看作是一个嗜酸性的刷状缘(图 5-2A)。杯状细胞也为柱状,且同样具有圆形的位于基部的细胞核,但没有纤毛,丰满且含有中等量的细胞质,细胞质中含有许多突出的圆形、紫色染色的细胞质黏蛋白颗粒(图 5-2B)。偶尔可以看到基底上皮细胞。这些细胞为圆形至立方形,缺乏深嗜碱性的细胞质和圆形、位于中心的细胞核。在细胞学样本中,黏液表现为一种嗜酸性的无固定结构的细胞外物质,常常截留住细胞。犬和猫鼻腔中含有鼻相关淋巴组织(NALT)和淋巴滤泡,尤其是在鼻咽部(图 5-3)。这些淋巴细胞岛可以与其他有组织的淋巴组织,例如淋巴结一样发挥类似的反应作用。采样收集过程中的出血程度视情况而定。与血液一致的数量和比例的红细胞、血小板凝集簇和白细胞(每 500～1 000 个红细胞大约有一个白细胞)表示存在样品的医源性污染或急性出血。正常犬和猫的鼻腔中含有混合细菌群,包括链球菌属、葡萄球菌属、大肠杆菌、假单胞菌属、变形杆菌属、巴斯德氏菌属、支原体属、棒状杆菌属和支气管炎博德特氏菌。因此,鼻腔渗出物的常规细菌培养不具有诊断价值或者说在成本上并不划算。

### 口咽部污染

口咽污染最常见于使用鼻腔冲洗技术收集的样品中。西蒙斯氏菌属的存在是口咽污染的标志。西蒙斯氏菌属是大的革兰氏阴性杆状细菌,分裂后排列成一行,产生一种类似于堆叠硬币的独特模式(图 5-4A&B)。口咽污染的特征还包括发现在角质化鳞状上皮细胞表面增殖的细胞外混合细菌群。如果口咽部存在炎症(例如,牙周病),则可能看到与口咽污染相关的炎性细胞(图 5-4C)。

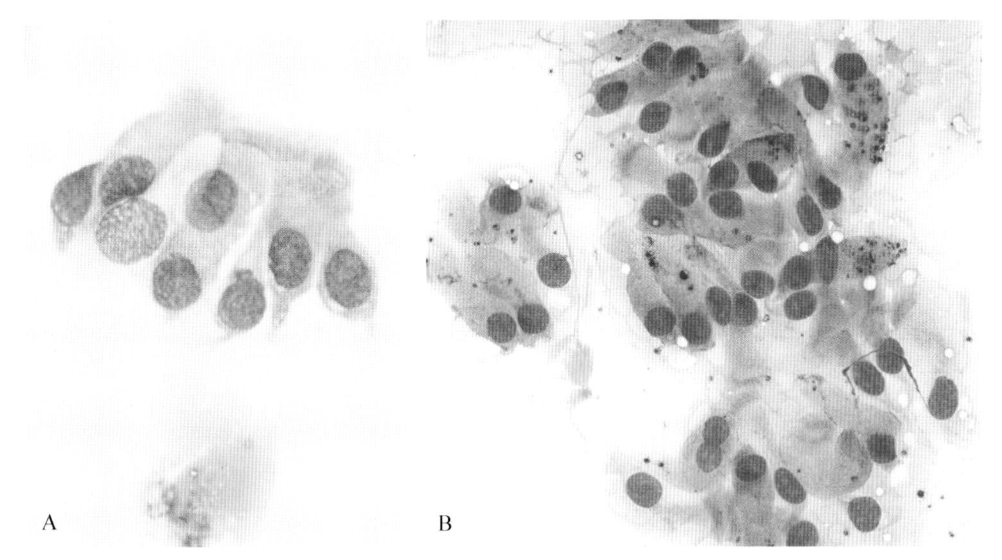


■ 图 5-2　**正常鼻腔上皮。组织抽吸。A.** 通常在上呼吸道中发现细胞核定位于基部的纤毛状柱状上皮。（瑞-吉氏染色；高倍油镜）**B.** 杯状细胞含有较大球状红色颗粒，与纤毛状柱状上皮细胞混合存在。（瑞-吉氏染色；高倍油镜）

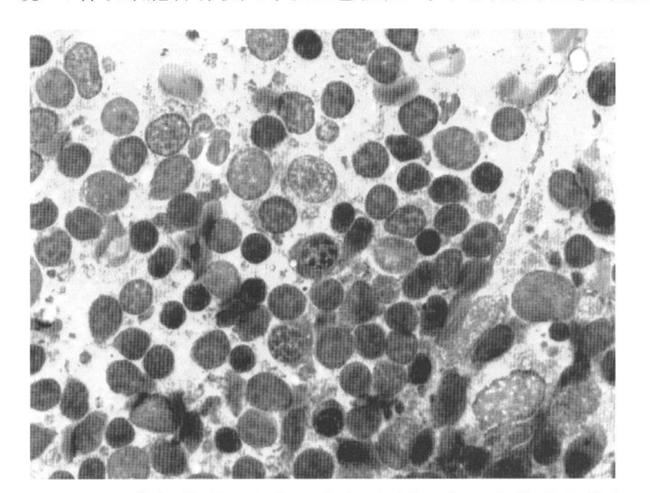

■ 图 5-3　**鼻相关淋巴组织。组织穿刺。犬。** 这种吸出物包含小、中、大淋巴细胞的异质混合物和数目增加的浆细胞，表明轻度反应性淋巴样增生。（瑞-吉氏染色；高倍油镜）。

## 增生/发育不良

继发于各种感染性和非感染性病因（例如创伤、慢性刺激或肿瘤）的慢性炎症在鼻腔中很常见，并且可对正常细胞成分的完整性和功能产生影响。细胞在炎症刺激中存活往往采用几种适应性机制。增加的细胞数目或增生是其中一种机制，并且常伴随有发育异常（图 5-5A）。发育不良在组织学上很容易鉴定，即为结构组织的缺失，但是在细胞学制备中更加难以鉴定，细胞学制备通常都缺乏结构特征。来自发炎鼻腔的存在上皮增生和发育不良的样本，可能含有许多核质比增加的上皮细胞簇和片层，轻度至中度的红细胞大小不均和增强的细胞质嗜碱性（图 5-5B）。有丝分裂图像中，虽然外观正常，也可以同样呈现出同样的增加。上皮增生和发育不良是可逆的，但可以代表早期肿瘤变化，并且可能难以与分化良好的癌在细胞学上进行区分。杯状细胞增生可能是过敏性鼻炎的一个特征，特别是在慢性过敏性鼻炎中。除了上皮的增生之外，有报道称鼻腔的骨或软骨也会部分的增生，尽管后者不常见（Rutherford 等，2011）。

## 化生

另一个对慢性刺激/炎症的适应性反应是化生。化生涉及细胞分化的改变，以至于易感性的正常分化细胞类型被转化为更能够耐受环境压力的细胞类型，同时丧失特化的功能。在呼吸系统中，化生的特征常常在于柱状呼吸道上皮细胞转化为更扁平的表型，导致产生和分泌保护性黏液的能力的丧失。在细胞学上，鳞状化生的诊断指征为：鳞状上皮细胞作为主要的细胞类型存在或者与更正常的呼吸上皮细胞混合存在（French，1987）。细胞可以呈片状或单独地存在，这取决于角质化的程度。基底细胞倾向于保留在细胞簇中，而更多的角化鳞状细胞常常单独出现，且具有楞角状边界，大量地透明化，嗜碱性细胞质和小的、偶尔固缩或核裂的细胞核。如同增生一样，也可发生鳞状细胞的肿瘤转化。

鼻窦黑色素沉着也被认为是鼻腔呼吸道黏膜的化生转化，并且在具有牙病性鼻炎（牙齿/牙槽相关的感染）的犬中有少量的报道（De Lorenzi 等，2006b）。

## 非感染性炎症疾病

### 外来异物

鼻内异物最常见于犬中，但有报道的猫的病因常常源于植物，例如植物芒、狐尾草或细枝（Henderson 等，2004）。异物可能是直接吸入鼻腔中，或者它们可能通过鼻孔、鼻平面或经由口腔穿透上腭而创伤性地（例如，铅弹）进入腔体。细胞学上，标本的特征在于

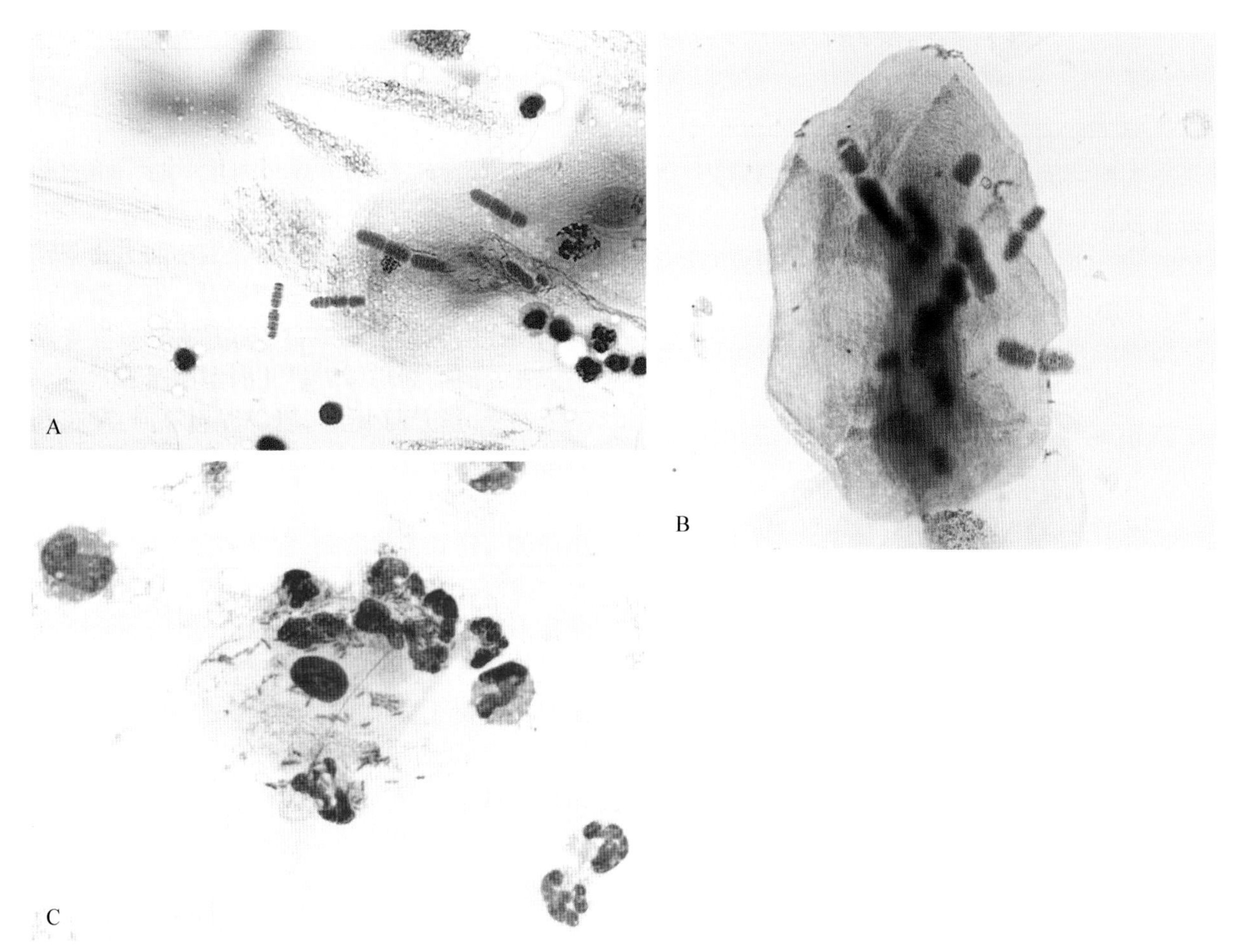


■ 图 5-4 **A. 口咽污染。**TTW:与西蒙斯氏菌属紧密相关的鳞状上皮细胞的存在提示被正常微生物群落或口鼻瘘所污染。(瑞-吉氏染色;高倍油镜)**B. 口咽污染。**TTW:退化鳞状上皮细胞与黏附的西蒙斯氏菌和球菌链。(瑞-吉氏染色;高倍油镜)**C. 口咽污染的化脓性炎症。**BAL:在这种情况下,炎症的来源可能难以确定。有明显的化脓性炎症,一些嗜中性粒细胞正在吞噬几个杆菌。然而,黏附杆菌的鳞状上皮细胞的存在表明存在口咽污染,这暗示该炎症和感染可能来源于口腔。(瑞-吉氏染色;高倍油镜)

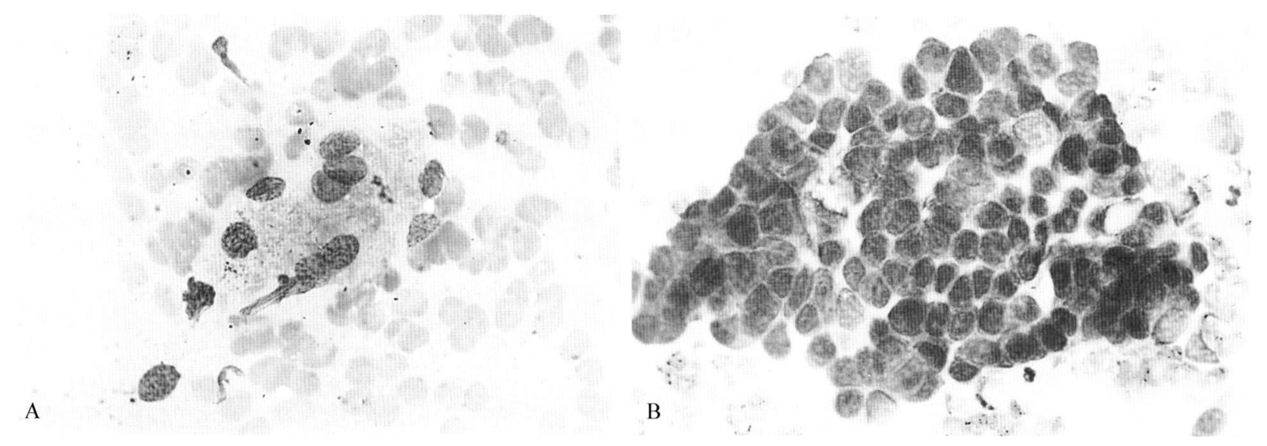


■ 图 5-5 **A. 额窦的浆液黏液腺。组织印迹。犬。**增生的腺上皮细胞群具有丰富的淡蓝色至灰色、空泡状细胞质。(瑞-吉氏染色;高倍油镜)**B. 上皮细胞发育不良/畸形生长。组织穿刺。**这种细胞簇以细胞质嗜碱性增强和中度的细胞大小不均和核大小不均为表征。(瑞-吉氏染色;高倍油镜)(A,由 Rose Raskin 提供,佛罗里达大学)

明显的炎性反应，炎性反应范围从化脓性至脓性肉芽肿病不等，且有显著出血和异物，例如植物材料或纤维。常见继发性细菌感染。

### 过敏性鼻炎

超敏反应可能在鼻腔中单独发生或与下呼吸道并发。与过敏性鼻炎相关的炎性浸润的特征是嗜酸性粒细胞占主导地位，以及数量减少的中性粒细胞，偶见的肥大细胞和浆细胞(图 5-6)。也可以看到数量增加的杯状细胞和丰富的黏液，伴随着大量的增生性呼吸上皮细胞。嗜酸性粒细胞性炎症还可能是寄生虫和真菌感染。当肥大细胞是主要细胞类型时，也应考虑肥大细胞瘤。在过敏性鼻炎的炎性细胞浸润中，肥大细胞通常只占很小一部分且分散。

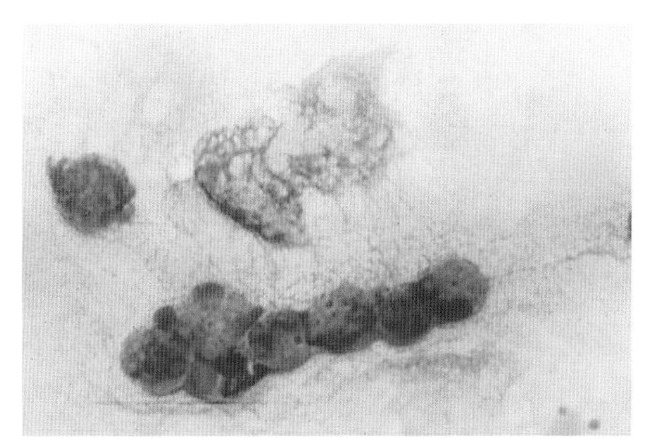

■ 图 5-6　**过敏性鼻炎。鼻腔冲洗。犬。**几个嗜酸性粒细胞被包裹在嗜碱性的黏液中，这影响了细胞的染色质量。(瑞-吉氏染色；高倍油镜)

### 淋巴浆细胞性鼻炎

目前为止仅有偶见的犬特发性淋巴浆细胞性鼻炎病例被报道(Burgener 等，1987；Tasker 等，1999b)，并且被认为是免疫介导的而不是来源于过敏原。然而，最近的一项研究表明，它可能比以往所猜想的更常见(Windsor 等，2004)，且可能与犬的慢性鼻病相关和(或)由其导致了慢性鼻病，造成了鼻甲骨的重塑甚至骨破坏。尽管大多数患犬的组织学证据显示鼻腔双侧疾病，在一些病例中只能看到单侧分泌物排出，表明即使在看似局部发病的病例中，也有检查双侧鼻腔的必要性。缺乏对糖皮质激素治疗的反应(Windsor 等，2004)提示为免疫介导的疾病之外的机制。其他被提出的发病机理包括免疫功能障碍、过敏、正常微生物群落的破坏和隐性曲霉病。后者与淋巴浆细胞性淋巴瘤鼻炎有关(图 5-3)。然而，对来自患这两种疾病的犬的鼻腔活组织进行检查，对细胞因子谱、Toll 样受体和核苷酸低聚域样受体(分别为 TLR 和 NOD)的表达进行分析，表明这两种疾病的免疫模式是相当不同的。曲霉菌病与 TLRs 1，4，6-10 和 NOD2 表达的增加相关；并诱导 T 辅助 1 型(Th1)主导的反应，而在特发性淋巴浆细胞性淋巴瘤鼻炎的病例中检测到局部的 Th2 反应(Mercier 等，2012；Peeters 等，2007)。在报道的患鼻腔慢性炎症的猫中的 2 型反应与 1 型反应的细胞因子谱是截然不同的(Johnson 等，2005 年)，这表明这些疾病有不同的致病机理。

### 鼻息肉

鼻息肉在犬中偶尔被报道，但在猫中常见；它们的特征是黏膜增生或结缔组织的旺盛增殖。息肉起源于咽鼓管、中耳或鼻咽部。大多数受影响的猫是小猫，通常不到 1 岁龄(Moore 和 Ogilvie，2001)，而犬中更多的是中年到老年犬(Holt 和 Goldschmidt，2011)。鼻息肉的原因在大多数病例中仍不清楚。在炎性息肉中具有相同的上皮和(或)结缔组织增生，但也包含显著的炎性细胞浸润。息肉总体来说表现为从鼻腔的黏膜表面产生小的、平滑、边界清楚且有蒂的肿块。然而，息肉可能延伸到周围的软组织和骨组织，造成鼻甲破坏和骨溶解。当息肉扩大到足以阻塞鼻咽时，临床症状通常很明显。细胞学上，成熟淋巴细胞和浆细胞常和大量的上皮细胞混合存在(图 5-7A)。也可存在少量的嗜中性粒细胞和巨噬细胞。常常可观察到鳞状化生和(或)发育异常，并且当存在时，可以与疑似上皮细胞肿瘤相区分。

### 慢性鼻窦炎

打喷嚏和鼻充血的复发性临床症状可能与致病源、寄生虫、过敏、异物或肿瘤有关。在其中一些病例中，细胞学或组织学可能无法阐明其病因。在细胞学上，呼吸上皮呈现反应性，如增生、畸形或化生。浸润的炎性细胞常常混合的单核细胞，包含小至中等大小的淋巴细胞，浆细胞和巨噬细胞(图 5-7B)。

### 传染性原因

#### 细菌

除了支气管炎博德特氏菌和多杀巴斯德氏菌(可能在犬中引起急性鼻炎)之外，原发性细菌性鼻炎是很罕见的。然而，继发性细菌感染很常见，并且可能伴随鼻肿瘤、病毒感染、真菌感染、寄生虫感染，外伤、异物、牙科疾病或口鼻造瘘术(图 5-8)。猫感染支原体和衣原体可能导致轻微的上呼吸道症状同时伴发结膜炎。

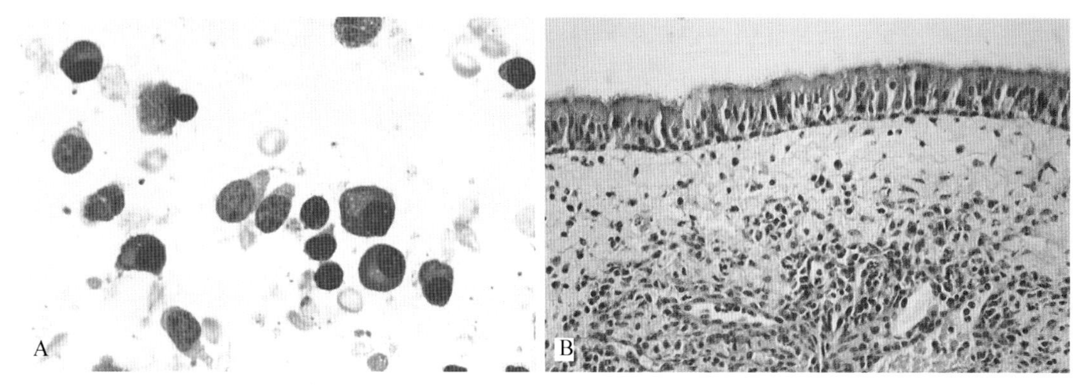

■ 图 5-7 **A. 慢性炎症。组织穿刺。**该单核细胞群由中小型淋巴细胞和高分化浆细胞组成。(瑞-吉氏染色;高倍油镜)**B. 慢性鼻炎 鼻黏膜 猫。**组织切片显示完整的呼吸道上皮,轻度到中度的单核细胞浸润进入黏膜上皮层下面的薄层固有层。(H&E 染色;中倍镜。)(B,由 Rose Raskin 提供,佛罗里达大学)

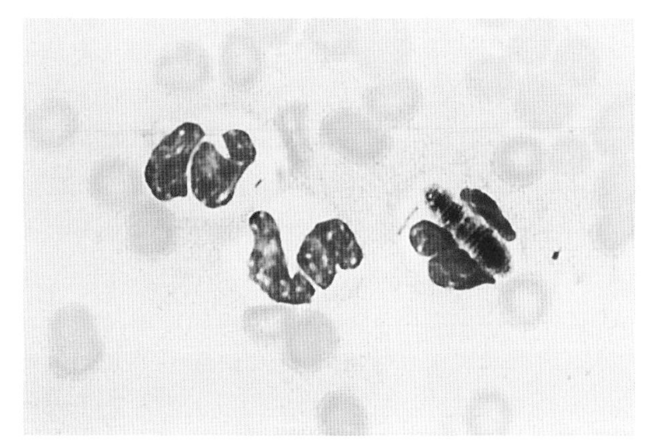

■ 图 5-8 **感染性化脓性鼻炎。鼻拭子。猫。**存在三种核型的嗜中性粒细胞,其中一个已经吞噬了西蒙斯氏菌属细菌。在该动物中存在活跃的细菌感染,伴有慢性打喷嚏和鼻分泌物。(瑞-吉氏染色;高倍油镜)(由 Florida Raskin 提供,佛罗里达大学)

近年来,在犬和猫中,马链球菌兽疫亚种已经成为出血性肺炎的原因(Blum 等,2010; Byun 等,2009; Priestnall 和 Erles,2011)。它也被认为是犬(Piva 等,2010)和猫(Britton 和 Davies,2010)鼻炎的原因。在猫中,鼻炎与脑膜炎有关(Britton 和 Davies,2010)。作为犬和猫的高致病力病原体的兽疫亚种,其根本的机制仍不清楚。此外,虽然一些病例有证据表明其暴露于马用蓄水池,但其他病例的感染源仍然未知(Priestnall 和 Erles,2011)。鼻腔的细菌感染在细胞学上可以被鉴定,特征是存在大量的主要为单型的细菌,伴随明显的化脓性炎症,与大量的细菌的反应并吞噬它们(图 5-9A)。黏液丰富,并且在一些情况下可能掩盖细菌的鉴别(图 5-9B&C)。鼻腔渗出物的培养显示某一种类型的微生物大量生长,但是一致的微生物群也可以在继发感染或条件致病菌感染中检测到。因为原发性细菌性鼻炎很罕见,应该尽力有效地鉴别诊断任何可能的根本原因。聚合酶链式反应(PCR)用于检测某些特定微生物时也很有效,例如支原体属。鉴别出细菌是杆菌或球菌有助于抗微生物治疗的最初建立,因为球菌

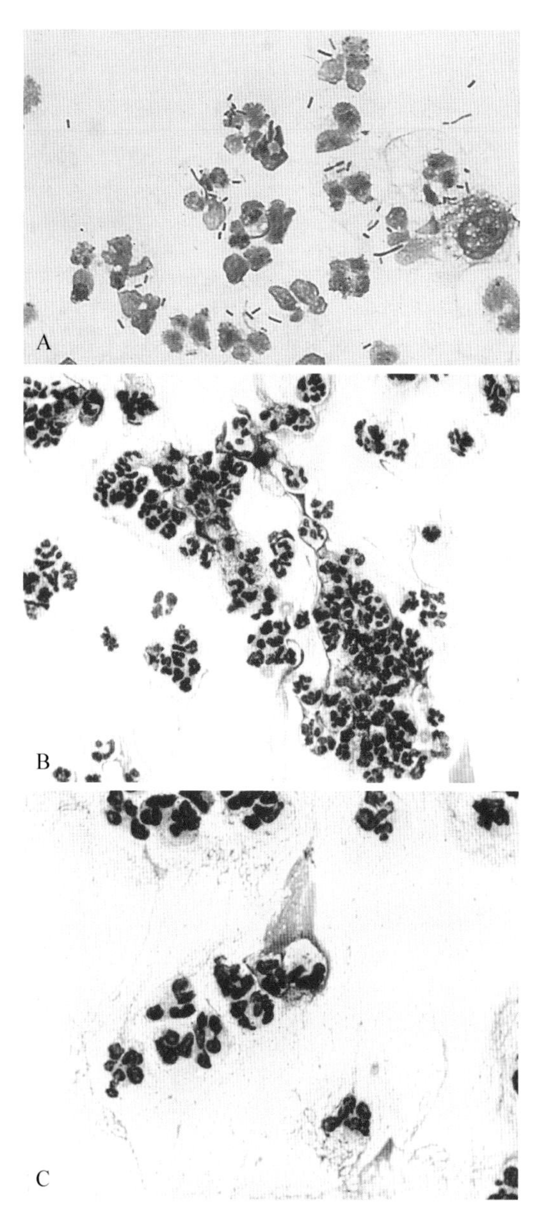

■ 图 5-9 **A. 细菌性鼻炎。鼻腔冲洗。**大量的退化嗜中性粒细胞和单型的细胞内和细胞外杆菌,符合感染性化脓。(瑞-吉氏染色;高倍油镜)**B. 黏脓性炎症。鼻腔冲洗。**退化和非退化中性粒细胞与黏液和一连串核碎片混合存在。(瑞-吉氏染色;高倍油镜)**C. 感染性黏脓性炎症。鼻腔冲洗。**B的更近距离的视图显示细胞内存在短杆状与球菌细菌,细菌可能难以与细胞外黏液和细胞碎片相区分。(瑞-吉氏染色;高倍油镜)。

通常是革兰氏阳性菌,杆菌通常是革兰氏阴性菌。缠绕在一起的丝状细菌菌落的存在表明是放线菌属或诺卡氏菌属。无论如何,细菌培养和药敏试验对于适当的微生物鉴定和抗菌药物敏感性是必需的。

### 病毒

上呼吸道的病毒感染常表现为急性和短暂的炎症过程,除非发展成继发性的细菌性感染。如果病毒感染导致鼻甲骨损伤和/或上皮和腺体增生,可能会发展成慢性鼻炎。犬瘟热病毒、1 型和 2 型腺病毒和副流感病毒是犬病毒性鼻炎的最常见病因。极少数的疾病可能是由疱疹病毒和呼肠孤病毒感染引起的。在猫中,猫鼻气管炎病毒(猫疱疹病毒Ⅰ型)和猫杯状病毒倾向于诱导中度至重度的上呼吸道症状,而呼肠孤病毒则与更轻微的症状相关。严重和复发性鼻炎在用猫白血病病毒(FeLV)和猫免疫缺陷病毒(FIV)感染的猫中常见。病毒性鼻炎的诊断基于患者的详细描述、病史(缺乏适当的免疫接种、与其他动物接触)、临床症状(黏脓性鼻腔分泌物、口腔溃疡、结膜炎、发热),对结膜试子获得的细胞进行直接荧光抗体检测结膜刮擦、病毒分离和(或)血清学检查。与病毒性鼻炎相关的细胞学检查通常是非特异性的,具有数量和类型多变的炎症细胞。此外,病毒性鼻炎的细胞学常受继发性细菌感染的干扰。病毒包涵体在上皮细胞中很少能被观察到。

### 真菌

真菌性鼻炎的诊断可能比较复杂,因为真菌感染可以是原发性或继发性、条件致病性疾病。此外,真菌如曲霉属,青霉属和隐球菌属,偶尔可以从临床正常的犬和猫的鼻腔中培养获得(Duncan 等,2005)。曲霉属和青霉属是犬真菌性鼻炎中最常见的真菌致病源,而隐球菌属在猫中最为频繁。也有报道称与上呼吸道有关荚膜组织胞浆菌属和霉菌皮炎芽生菌,但很少见(表 5-1)。

**表 5-1　常见于犬和猫呼吸道的真菌和原生生物**

| 微生物 | 常见位置 | 可见形式 | 大小 | 典型细胞定位 | 典型炎症 | 细胞学特征 |
|---|---|---|---|---|---|---|
| 真菌 | | | | | | |
| 曲霉菌属 | 鼻腔<br>肺 | 菌丝 | 5～7 μm | 胞外 | 肉芽肿<br>脓性肉芽肿 | 有隔膜,分支菌丝 |
| 皮炎芽生菌 | 气道<br>肺 | 酵母 | 5～20 μm | 胞外 | 肉芽肿<br>脓性肉芽肿 | 无限出芽生殖 |
| 粗球孢子菌 | 肺 | 子实体<br>内生孢子 | 10～100 μm<br>2～5 μm | 胞外 | 肉芽肿<br>脓性肉芽肿 | 常见子实体 |
| 新型隐球菌-格特隐球菌复合体 | 鼻腔 | 有荚膜酵母 | 8～40 μm | 胞外 | 多变 | 有限出芽生殖 |
| | 肺 | 无荚膜酵母 | 4～8 μm | 胞内(少见) | 多变 | 黏液型荚膜 |
| 荚膜组织胞浆菌 | 鼻腔<br>气道<br>肺 | 酵母 | 1～4 μm | 胞内/胞外 | 肉芽肿<br>脓性肉芽肿 | 薄而清晰的荚膜 |
| 青霉菌属 | 鼻腔 | 菌丝 | 5～7 μm | 胞外 | 肉芽肿<br>脓性肉芽肿 | 与曲霉菌属类似 |
| 肺孢子虫属 | 肺 | 包囊<br>滋养体 | 5～10 μm<br>1～2 μm | 胞内/胞外 | 肉芽肿<br>脓性肉芽肿 | 不受约束的滋养体<br>难以鉴别 |
| 申克孢子丝菌 | 气道<br>肺 | 酵母 | 2～7 μm | 胞内/胞外 | 肉芽肿<br>脓性肉芽肿 | 雪茄烟形的微生物 |
| 鼻孢子菌 | 鼻腔 | 内生孢子<br>孢子囊 | 5～15 μm<br>30～300 μm | 胞外 | 混合 | 少见孢子囊 |
| 寄生虫 | | | | | | |
| 犬新孢子虫 | 肺 | 速殖子 | 1～7 μm | 胞内/胞外 | 混合 | 与弓形虫类似 |
| 刚地弓形虫 | 气道<br>肺 | 速殖子 | 1～4 μm | 胞内/胞外 | 混合 | 香蕉形,单个或聚集成群的化脓性 |

曲霉病和青霉病在犬和猫中可以作为局部或弥散性呼吸道感染而发生。两种真菌在形态上相似,需

要培养繁殖以进一步鉴定。因为这两种真菌是呼吸道的常见污染物,所以诊断应该结合微生物培养、细胞学或组织学鉴定已经存在的炎症反应。德国牧羊犬经常受全身性曲霉病困扰。

曲霉菌属感染与化脓、肉芽肿或化脓性肉芽肿相关。感染和炎症可能存在于鼻腔、额窦或两者都有(Johnson 等,2006)。在细胞学上,菌丝分枝,有隔膜,宽 5～7 μm,具有直的、平行的菌壁和球形末端。菌丝染色可染色呈强嗜碱性,薄且清晰的外细胞壁,或者相对细胞背景呈现为阴性染色图像(图 5-10A&B)。当数量较少或在与黏液、动物细胞和细胞碎片混合形成致密垫时,菌丝可能难以被识别。有时也可以观察到圆形到卵形蓝绿色真菌孢子(图 5-10C&D)。过碘酸雪夫染色(PAS)或镀银染色(GMS)可帮助检测,而真菌培养对于诊断是必需的,因为血清学具有良好的灵敏性和特异性,用于检测患有鼻曲霉病的犬体内的曲霉属特异性抗体;然而,血清半乳甘露聚糖(曲霉属某种的细胞壁的组分)的检测似乎不太有用(Billen 等,2009)。与细菌性鼻炎类似,真菌的存在不能排除潜在的肿瘤。

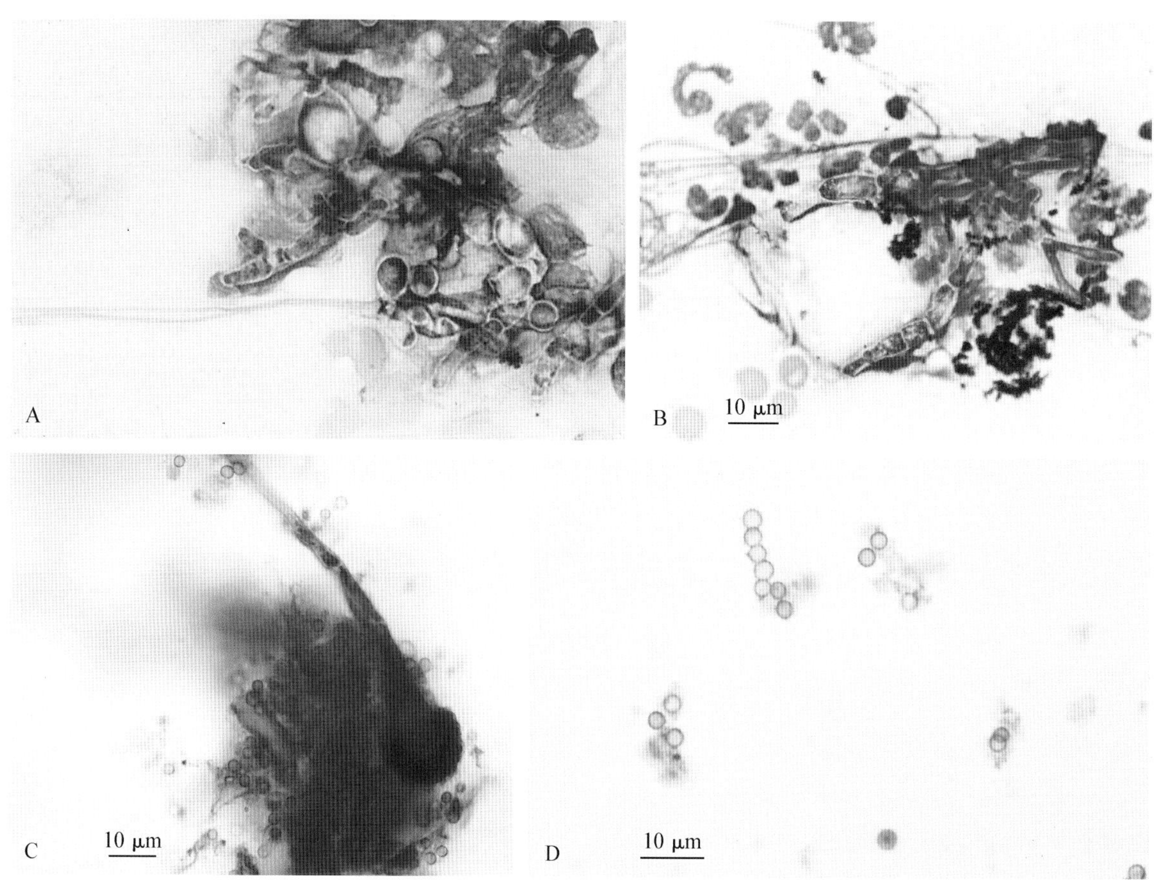


■ 图 5-10 **A. 真菌性鼻炎。组织穿刺。**分枝的真菌菌丝染色呈强嗜碱性,分隔明显,有球形末端(瑞-吉氏染色;高倍油镜)**B. 真菌性鼻炎。鼻腔冲洗。犬。**可见隐球菌病治疗后继发感染而增殖的烟曲霉菌丝、退化的嗜中性粒细胞。(瑞氏染色;高倍油镜)**相同病例见 C-D。真菌性鼻炎。鼻拭子。犬。C.** 病例的单侧血性分泌物进行增殖培养后鉴定的烟曲霉菌。一个罕见的演示显示一个麦克风形状的分生孢子以及从分生孢子扩展出的附加帽或瓶梗。(新亚甲基蓝染色;高倍油镜)**D.** 更近距离地放大直径为 3 μm 的分生孢子。(新亚甲基蓝染色;高倍油镜)(B-D,由 Rose Raskin 提供,普渡大学)

隐球菌属是猫慢性上呼吸道疾病的常见病因,通常在犬的鼻腔中检测到(Trivedi 等,2011)。格特隐球菌在猫中更常见,而新型隐球菌在犬更常见;然而,两种都可以在犬或猫中检测到(Trivedi 等,2011)。在没有局部或全身感染的情况下,在犬和猫的鼻道中已经报道了新型隐球菌和格特隐球菌(Duncan 等,2005; Malik 等,1997),表明在健康动物中血清检测到此两种微生物时,需要考虑到亚临床感染或无症状携带的可能性。此外,其他隐球菌属也与犬和猫的感染相关(Kano 等,2012; Poth 等,2010)。可能是通过吸入感染。在隐球菌性鼻炎的动物中也同时伴发眼睛、角膜或神经系统疾病。感染的发展以及在全身感染的传播中免疫系统不全是主要原因。感染期间皮质类固醇治疗会加重症状以及疾病进展(Greene,1998; Medleau 和 Barsanti,1990)。然而,潜在的疾病,特别是免疫抑制性的(例如 FeLV,FIV)尚未被证明是感染的诱因(Flatland 等,1996; Medleau 和 Barsanti,1990)。微生物容易在鼻腔分泌物的鼻拭子或鼻腔肿物的印迹/抽吸物中被鉴定出(图 5-11A&B)。通过细胞学对微生物进行正确的鉴定是具有诊断性的；然而,血清学和真菌培养是有用的辅助方法。新亚甲蓝(图 5-11C)和印度墨水可用于显示阴性染色地荚膜；但是,必须注意不要将气泡和脂肪滴误认为是微生物。隐球菌是直径为 8～40 μm(包括荚膜)的圆形至卵形酵母(图 5-11D&E)。微生物具有颗粒状内部结构,用嗜酸性染料染色后呈紫色,并由厚的、不着色的黏蛋白荚膜包围。荚膜的成分使得样品呈现黏液性质地。偶见看到有限出芽生殖。无荚膜或粗糙形式为 4～8 μm 宽,并且难以与荚膜组织浆胞菌相区别。真菌培养和血清学在这种情况下能发挥作用。炎症的存在以及类型范围从观察到几个或没有炎性细胞到强健的脓性肉芽肿性炎症不等。炎症反应的类型和程度与荚膜的特性相关。通过细胞学鉴定隐球菌种是不可能的(Lester 等,2011)。

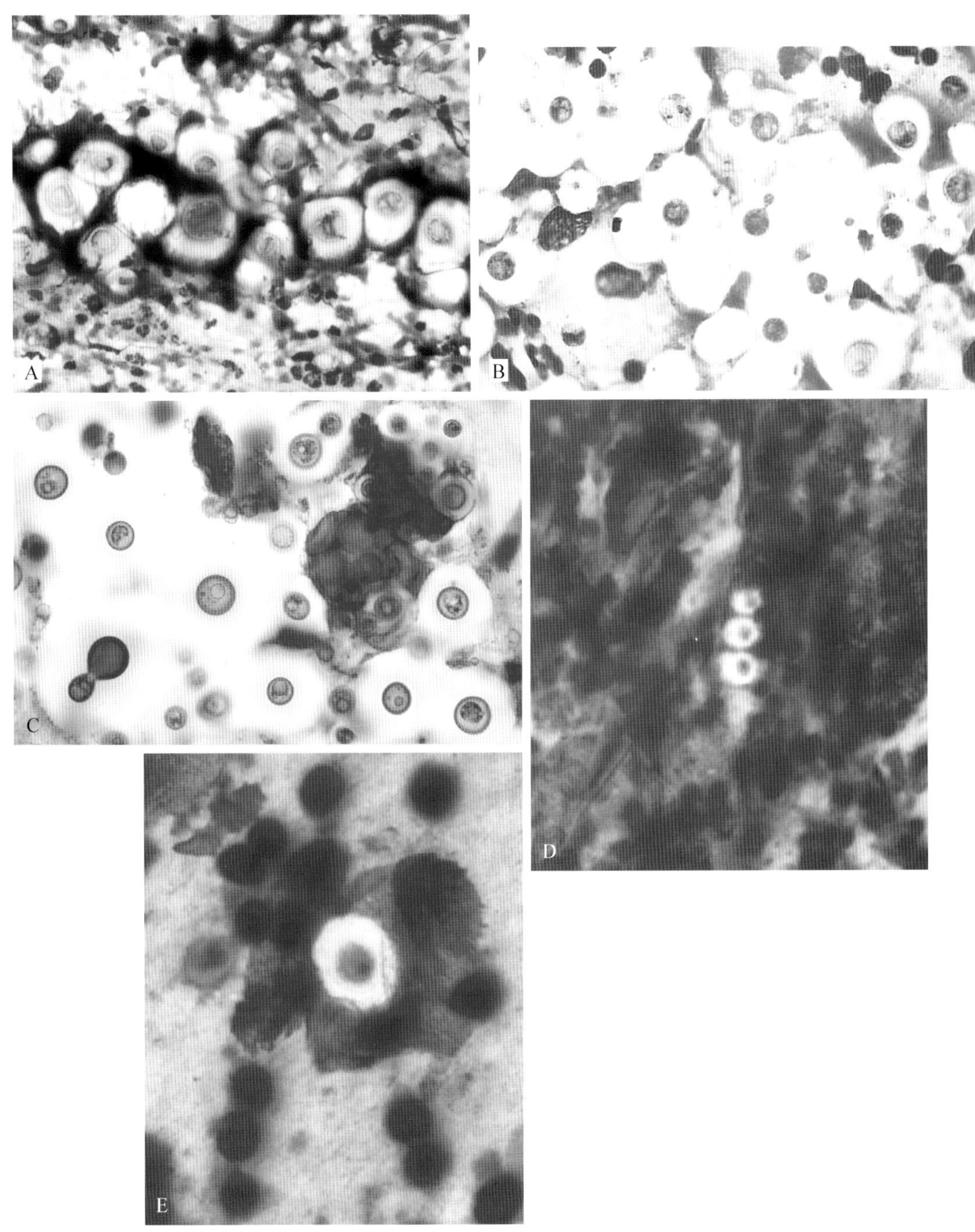


■ 图 5-11 **隐球菌性鼻炎。A. 鼻拭子。**大量的酵母形式,特殊的未着色,厚度不一定,类黏蛋白荚膜包围着粒状内部结构。炎症细胞的存在是多变的。(瑞-吉氏染色;高倍油镜)**B. 鼻拭子。**有限的出芽生殖是隐球菌的特征。(瑞-吉氏染色;高倍油镜)**C. 鼻分泌物。猫。**突出的芽和内部结构,荚膜被水溶性染液染成明显的颜色。(新亚甲基蓝染色;高倍油镜)**D-E. 鼻穿刺所获得细胞中的隐球菌。**在细胞背景中微生物被检测到为清晰的空泡状。**D**(瑞-吉氏染色;低倍镜)**E**(瑞-吉氏染色;高倍油镜)(C,由 Rose Raskin 提供,佛罗里达大学)

西伯鼻孢子菌偶尔感染犬的鼻腔，猫的感染则更不常见，可导致单个到多个息肉，在其表面观察到许多小的粟粒状的孢子囊。与流动或静止的水接触以及鼻黏膜的创伤是可能的致病因素。最近的分子学分析表明，可能存在具有宿主特异性的鼻孢菌属(Silva等，2005)。在细胞学上，制备含有可变数目的品红染色孢子，其直径范围为5～15 μm。它们具有轻微折射的荚膜并且包含许多圆形的嗜酸性结构(子实体)。在一些情况下，孢子呈强嗜酸性染色，阻止了内部结构的可视化。孢子囊具有不同的大小。它们通常很大(30～300 μm)(图5-12A)，界限清晰，呈球形结构，其经历孢子化以后包含许多小的圆形内生孢子(图5-12B&C)。孢子囊在染色涂片中通常不能被观察到，因为孢子囊的壁是轻微折射的并且不着色。孢子囊可以在未染色的直接制片中观察到(Caniatti等，1998)。孢子囊中的内生孢子在染色之前在显微镜下观察呈棕色，并且罗曼诺夫斯基染色后呈现三种不同的嗜碱性形式或成熟阶段(Meier等，2006)。不成熟的内生孢子直径为2～4 μm，具有轻度嗜碱细胞质和粉-紫色细胞核，细胞核包含有占内生孢子的1/3～1/2的1～2个较小的圆形品红色结构。中间型内生孢子很少被描述，但看起来是球形、颗粒状的嗜碱性结构，直径5～8 μm，具有嗜酸性球状的内部结构和大小多变的透明晕圈。成熟的内生孢子倾向于在细胞学制片中占主导地位。它们的结构直径为8～15 μm，具有厚的透明化细胞壁和浅品红色至不着色的晕圈。内部结构可能难以在厚涂的区域呈现可视化，但当内生孢子展开时，可以看到许多小球形嗜酸性内部结构。PAS染色增强了细胞学和组织学标本中发现孢子的机会(图5-12D)。鼻孢子虫病刺激了由中性粒细胞、浆细胞和淋巴细胞组成的混合炎性反应。巨噬细胞、肥大细胞和嗜酸性粒细胞较少见。炎性细胞呈玫瑰花结状，尤其能观察到嗜中性粒细胞分布在孢子周围，并且被认为是在低放大倍数的细胞学检查时寻找孢子的有用的特征(Gori和Scasso，1994)。

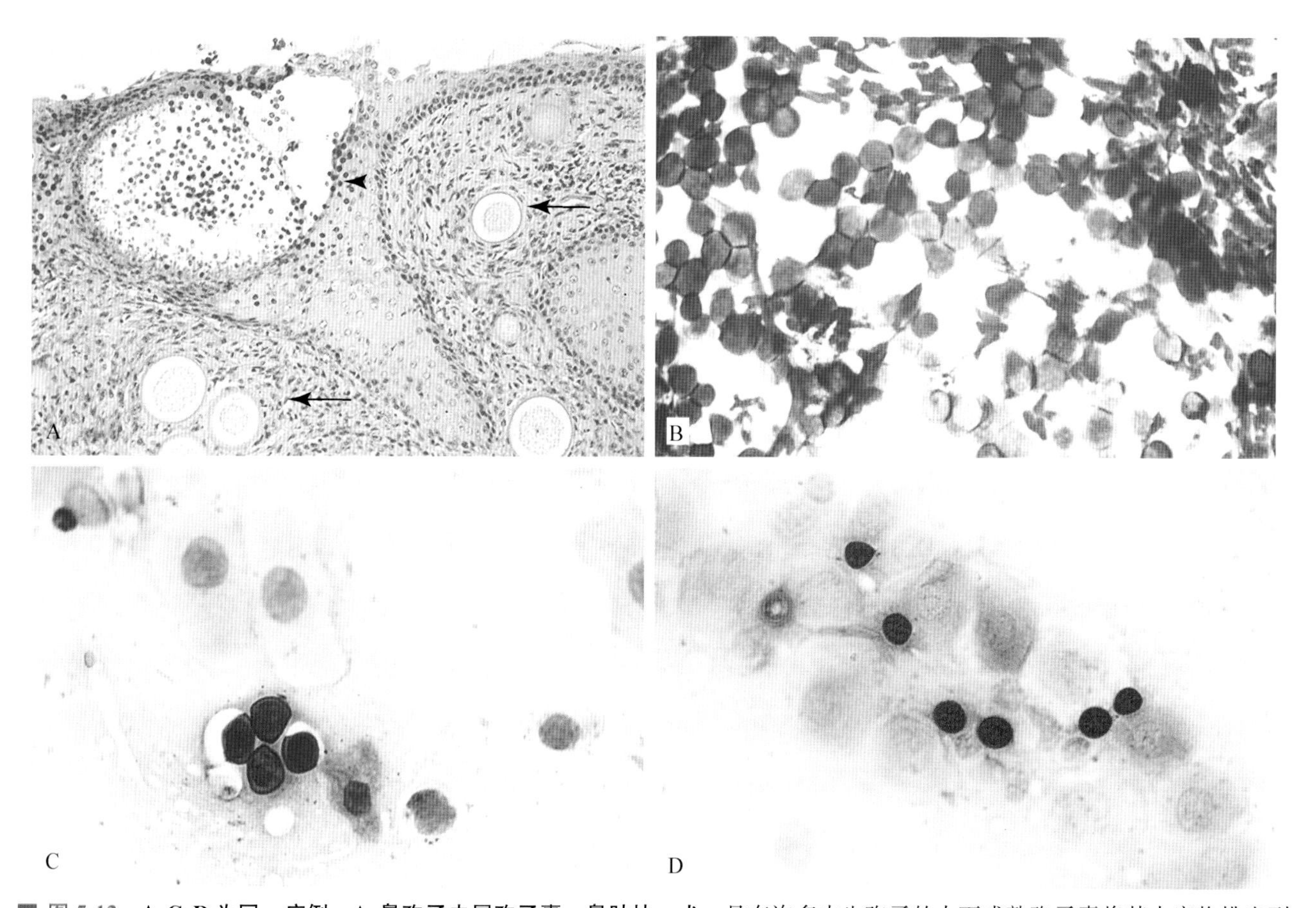


■ 图5-12 A、C、D为同一病例。**A. 鼻孢子虫属孢子囊。鼻肿块。犬。**具有许多内生孢子的大而成熟孢子囊将其内容物排出到表面(箭头所指)。较小的可尺寸多变的孢子囊(箭头所指)存在于固有层中。(H&E染色；中倍镜)**B. 鼻孢子虫属内生孢子。**鼻腔冲洗。犬。大量的圆形嗜酸性染色的西伯鼻孢子菌内生孢子。在细胞学上很少看到能孢子囊。(瑞-吉氏染色；高倍油镜)**C. 鼻孢子虫属内生孢子。组织印迹。**可见四个内生孢子的荚膜轮廓与相关的鳞状上皮。(瑞氏染色；高倍油镜)**D. 鼻孢子虫属内生孢子。**七个品红染色的内生孢子是突出的[(过碘酸-希夫(氏)染色；高倍油镜)](A，玻璃载玻片材料由John Bentinck-Smith等提供，密西西比州立大学；在1984 ASVCP案例审查会议上发表)

孢子丝菌病在来自犬鼻腔的样品中很少被鉴别出(Cafarchia 等,2007；Whittemore 和 Webb,2007)。微生物的缺乏和细胞学表现类似于其他报道中的患申克孢子丝菌病犬的样品。申克孢子丝菌病也在患有孢子丝菌病的猫的鼻腔中分离得到,并且在侵入性的损伤中更常被检测到(Leme 等,2007)。一份涉及各种哺乳动物的报道发现,在培养阳性的病例中,大约有三分之一的病例只有少数或几乎没有真菌微生物(Crothers 等,2009)。在进行了细胞学和真菌培养的猫科动物病例中,在79%的培养阳性的病例中出现孢子丝菌,使细胞学检查成为相对灵敏的、低成本的初始诊断方法(Pereira 等,2011)。

最近有报道(McKay 等,2001;Tennant 等,2004)发现来自英国的三只猫由于链格孢属感染猫而引起的鼻腔霉菌病,一种暗色真菌,会导致皮肤暗丝孢霉菌病。细胞学检查会发现包括嗜中性粒细胞、巨噬细胞、淋巴细胞和浆细胞。真菌微生物是淡染的、椭圆形至圆形,具有7～14 μm的有隔菌丝,具有窄的外周清晰区域和细微的点状嗜酸性胞内物质。

### 寄生虫

寄生虫性鼻炎在犬和猫中不常见,并且可能与或不与临床症状相关(King 等,1990)。嗜气毛样线虫是通过寻找鼻分泌物中的成年线虫或特征性虫卵来进行诊断的。虫卵很大(60 μm×35 μm)、卵形,有两个不对称的端子插头。混合存在的炎性细胞常包含嗜酸性粒细胞。犬的鼻腔和额窦可能居住的几种形式的节肢动物——锯齿状舌形虫。因为其虫卵在鼻腔分泌物中很少见到,所以这种寄生虫更容易通过可视化的直接鼻镜检查进行诊断。虫卵的尺寸为90 μm×70 μm;幼虫大至500 μm;若虫为4～6 mm。这种寄生虫的感染最常引起轻微症状,如打喷嚏和鼻分泌物,但偶尔会出现严重的临床症状。犬鼻肺刺螨能引起轻度地短暂性鼻炎,最好的诊断方式是通过直接鼻镜检查观察米白色的1～2 mm的成年螨,寄生在犬的鼻腔和鼻旁窦。

### 原虫

利什曼原虫可能诱发犬的鼻腔肿块。在患利什曼原虫病的犬的气管抽吸物或活组织检查中能鉴别出无鞭毛体(Llanos-Cuentas 等,1999)。

### 藻类

藻属可能通过创伤性皮肤的感染而在猫的鼻孔附近产生鼻腔肿物。细胞学上,抽吸或拭子制备揭示了在炎性细胞的混合存在,主要是退化的嗜中性粒细胞和巨噬细胞以及大量的孢子化和非孢子化的内生孢子。内生孢子呈现为大小不等的球体,具有薄的边缘清晰和颗粒状致密中心(参见图3-23A&B)。

## 鼻腔和鼻旁窦肿瘤

虽然鼻腔和鼻旁窦的肿瘤在犬和猫中不常见,但是上呼吸道肿瘤的确诊预示着预后不良,因为鼻腔肿瘤大部分为恶性。癌在犬和猫中占主导地位。肿瘤更常在老年动物中被诊断出(淋巴瘤和可转移的性病肿瘤是值得注意的例外)。虽然在犬中没有发现性别倾向,但是雄性猫比雌性更易患病。

肿瘤可以由在鼻腔和鼻旁窦中的任何一种组织类型产生(表5-2)。对原始的病变位点的鉴定可能会有困难,因为大多数恶性肿瘤是具有局部侵入性的和破坏性,并且在诊断时已延伸到周围组织中。大多数肿瘤涉及靠近或邻近筛状板的鼻腔的后部的三分之二。较不常见的是,肿瘤可能位于鼻旁窦中。恶性肿瘤常牵涉到鼻甲骨和鼻中隔,并且可以通过上颌骨延伸进入口腔。通过侵蚀筛孔板而延伸进入眼眶和颅顶的情况不太常见,但确实发生过。转移至区域淋巴结的倾向在疾病晚期会发生,并且最常见的是与上皮肿瘤相关。

**表5-2 鼻腔肿瘤**

| 细胞形态学 | 良性肿瘤 | 恶性肿瘤 |
|---|---|---|
| 上皮 | 腺瘤<br>乳头瘤 | 腺癌*<br>鳞状细胞癌*<br>移行上皮癌*<br>腺鳞癌 |
| 间叶细胞 | 纤维瘤<br>软骨瘤<br>骨瘤<br>平滑肌瘤 | 纤维肉瘤*<br>软骨肉瘤*<br>骨肉瘤<br>平滑肌肉瘤<br>未分化肉瘤*<br>纤维性组织细胞瘤<br>血管肉瘤<br>脂肪肉瘤<br>黑色素瘤 |
| 圆形细胞 | | 淋巴瘤*<br>可转移性病肿瘤*<br>浆细胞瘤 |
| 裸核 | | 类癌<br>嗅神经母细胞瘤 |

* 指最常见的肿瘤类型。

恶性肿瘤的细胞学和组织病理学诊断取决于是否获得高质量的诊断性样品。重点应放在对从深部组织获得的样品的评估上,因为继发性坏死、炎症和出血是上呼吸道肿瘤的突出特征,这可能会混淆诊断。

### 上皮细胞肿瘤

鼻腔的恶性上皮肿瘤比良性上皮肿瘤更常见。鼻腔最常见的上皮肿瘤包括腺癌、鳞状细胞癌(SCC)、移行上皮癌和退行发育性癌或未分化癌。

腺癌在犬和猫中常见，而鳞状细胞癌在猫中更常见(Carswell and Williams,2007)。癌变的细胞学样本往往适度地角化。肿瘤上皮细胞呈现为小聚合物到大片状(图 5-13A&B)。最直观地识别腺癌可通过在低倍视野下观察戒指或玫瑰结状的腺泡排列。(例如,10 倍物镜)(图 5-14)。恶性上皮细胞呈圆形至多边形，而且通常大量指标显示为恶性肿瘤。这些特征包括大红细胞，红细胞呈中度至明显的大小不均，核大小不均，核质比增大，并且强嗜碱性的细胞质中可能包含大量离散而清晰的的胞浆空泡或一个大而清晰的液泡(印章戒指形式)，提示其分泌物。应该建立恶性肿瘤的核仁指标，评估核仁的数目、每个核仁的大小和形状的变化。未分化的细胞可能个性化为类似于淋巴细胞的外观，但细胞大小之大以及定期形成片状有助于区分这两种类型的肿瘤(图 5-15A&B)。形如黏液的细胞外分泌物被认为是嗜酸性、无定形至纤维状的物质。鼻腔和鼻窦癌的一些组织学分类与神经内分泌标记相关。

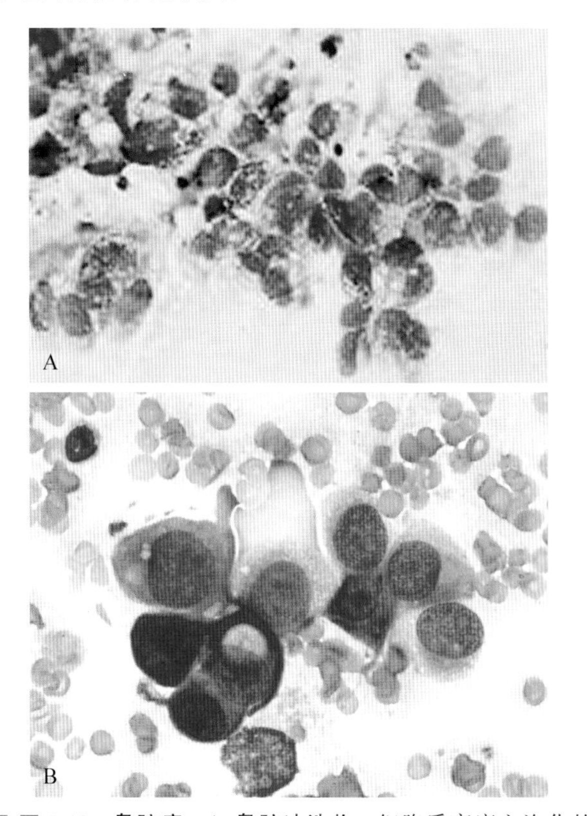

■ 图 5-13 **鼻腔癌。A. 鼻腔冲洗物。**细胞质高度空泡化的多形性细胞呈片状紧密结合。(瑞-吉氏染色;高倍油镜)。**B. 鼻腔抽出物。猫。**凝聚性差的多形性上皮细胞。注意细胞和细胞核大小的变化。(瑞-吉氏染色;高倍油镜)。

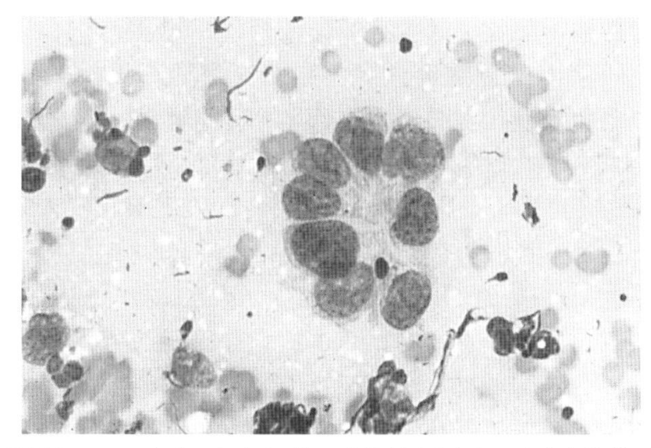

■ 图 5-14 **腺癌。组织压片。**腺体的起源可通过腺泡的排列状态来识别。(瑞-吉氏染色;高倍油镜)。

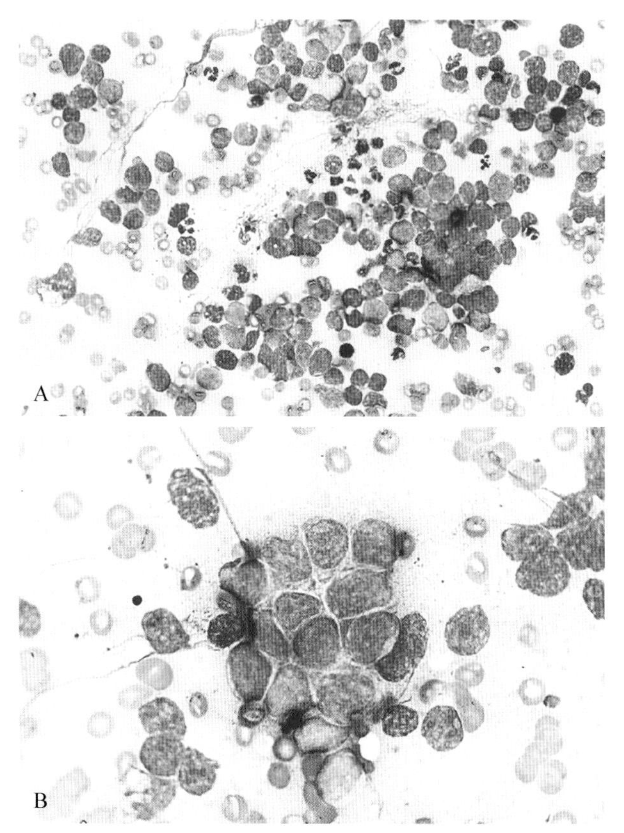

■ 图 5-15 **未分化鼻腔癌。A-B 为同一病例。A,肿物压片。犬。**许多具有微小凝聚性的个体细胞在这个具有高度侵袭性的鼻腔肿瘤中呈现出"圆形细胞"样外观。(瑞-吉氏染色;高倍油镜)。**B.** 图片区域展示了一个具有凝聚性的、片状上皮样的外观。(瑞-吉氏染色;高倍油镜)。(A 和 B 由佛罗里达大学的 Rose Raskin 提供)。

鳞状细胞癌起源于鼻腔或额窦(de Vos et al.,2012)。鳞状细胞癌的细胞具有棱角分明的边界、丰富且均质的玻璃状细胞质、居中的细胞核。癌细胞在成熟度上有较大的分化:从不成熟的、小的、立方形的、有核的、强嗜碱性上皮细胞，到更加成熟的、细胞质丰富、颜色暗淡呈嗜碱性的、无核的、边界棱角分明的、完全角化的细胞。同一细胞可能存在不同时期的生长表现，例如仍保留大细胞核的完全角化细胞(图 5-16A)。另外，可见明显的核大小不均及从光滑的

(不成熟)到结块的(成熟)染色质形态变化。某些肿瘤化的鳞状上皮细胞也可见核周空白(核周"光晕"),或者少而小的、清晰的、点状的核周空泡。丰富的角质碎片往往呈无定形的、嗜碱性细胞外物质散落在涂片周围。鳞状细胞癌的一个普遍特征就是伴随中度到显著的中性粒细胞性炎症反应。

在细胞学上与鳞状细胞癌相似的另一个肿瘤就是移行细胞癌。这种恶性肿瘤源于鼻腔的无纤毛呼吸道上皮(Carswell and Williams,2007)。在细胞学上,它可能出现有点状空泡的中等丰富的细胞质。其恶性肿瘤特征包括核大小不均、多核、染色质结块、核仁明显以及核质比变化(图 5-16B&C)。

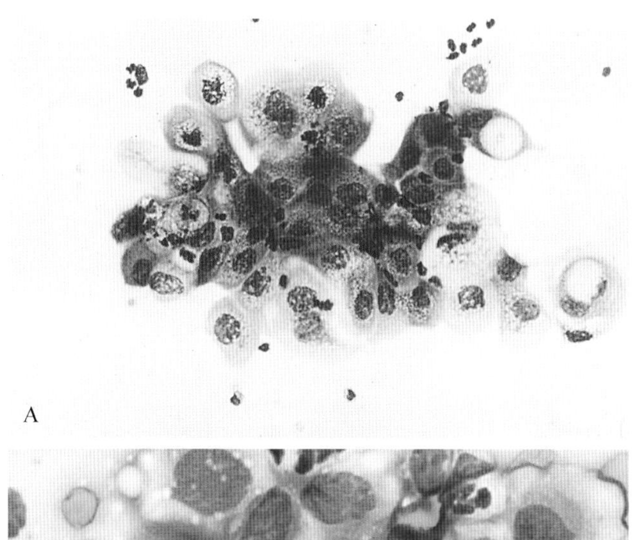


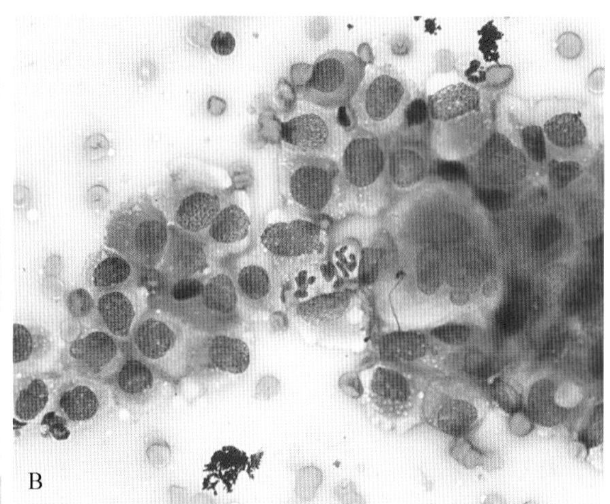


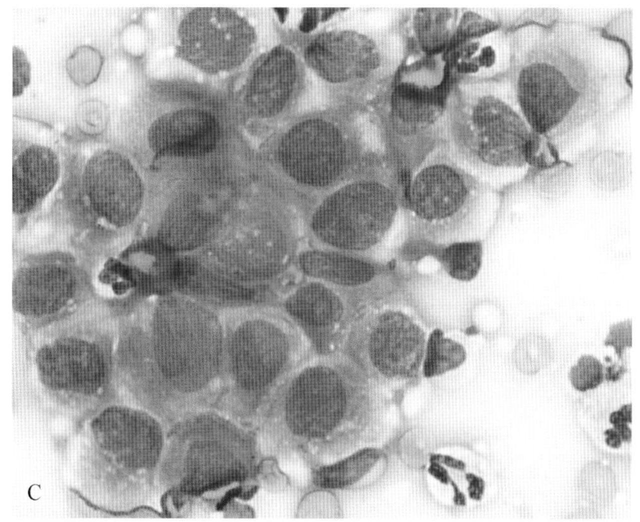


■ 图 5-16 **A. 鳞状细胞癌。鼻腔冲洗物。**不同程度的角质化和多形性、核周空泡是鳞状细胞癌的典型特征。相关的化脓性炎症常见于此类型的肿瘤。(瑞-吉氏染色;高倍油镜)。**B 和 C 为同一病例。移行细胞癌。鼻腔肿瘤压片。犬。B.** 其外观类似于鳞状细胞癌。图中显示了一个中度中性粒细胞浸润的多核细胞。注意移行或无纤毛呼吸道上皮细胞的多形性。(瑞-吉氏染色;高倍油镜)。**C.** 注意中等丰富的细胞质中含有大量的点状空泡。核大小不均、染色质粗糙结块、核仁明显、核质比变化皆为其恶性的特征。(瑞-吉氏染色;高倍油镜)。(B 和 C 由普渡大学的 Rose Raskin 提供)。

出现以上大量的恶性肿瘤指标是鼻腔肿瘤的诊断关键。如果恶性指标不是那么显而易见,医生在诊断时应谨慎,因为良性上皮细胞瘤、良性上皮细胞增生、鳞状上皮细胞化生与高分化的恶性上皮肿瘤在细胞学上差异不大,尤其是存在炎症的情况下。

### 神经内分泌肿瘤和神经上皮肿瘤

犬的鼻腔神经内分泌癌或类癌已经很少被提及(Patnaik et al.,2002; Sakoet al.,2005),仅有一个与转移相关的报告(Koehler et al.,2011)。它们的组织学特征与身体其他部位的肿瘤相似。细胞学特征未见报道。在几例鼻腔或鼻窦癌的组织化学染色(嗜银染色)和免疫组织化学实验(突触小泡蛋白和嗜铬粒蛋白 A)中,报道了神经内分泌标志物的检测(Ninomiya et al.,2008)。

嗅觉神经母细胞瘤是一种罕见的从嗅觉神经上皮产生的肿瘤,在犬和猫有报道(Brosinski et al.,2012)。它难以与低分化的鼻窦和神经内分泌癌相区分。它在细胞学上难以被描述,但在组织学上,它是由被纤维小管组织基质分隔成巢状或小叶状的均匀的小细胞群组成的。这些细胞始终由神经免疫组织化学染色标记,例如神经元特异性烯醇化酶(NSE)和微管相关蛋白-2(MAP-2)(Brosinski et al.,2012)。

### 间质细胞瘤

鼻腔间质肿瘤非常罕见。一般常见骨肉瘤，纤维肉瘤，软骨肉瘤(图 5-17)。软骨肉瘤更有可能发生在年轻犬只，在中型到大型犬上发生的风险较大(Lana and Withrow，2001)。细胞学标本显示为典型的细胞数量少，呈现为散在的细胞或偶尔小的、呈椭圆形或饱满或纺锤形细胞构成的聚集物(图 5-18A&B)。细胞质通常边界不清，并且肿瘤细胞可能含有少到中量的微嗜酸性颜色到紫色的细胞质颗粒。图中基质部分被视为流动且明亮的是酸性、纤维状物质，通常紧密包绕在肿瘤细胞周围。然而，它很容易与黏液混淆，在细胞学涂片上流动性嗜酸性物质的存在与否不应该被用来表征肿瘤的类型。

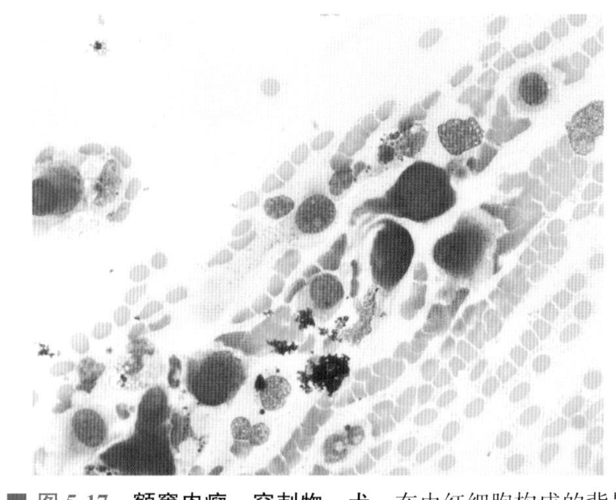

■ 图 5-17 **额窦肉瘤。穿刺物。犬。**在由红细胞构成的背景上，可见一些从椭圆到纺锤形的多形性细胞。在一些间质肿瘤出现了一些细胞，内含淡染粉尘状的嗜苯胺蓝颗粒。(瑞-吉氏染色；高倍油镜)。

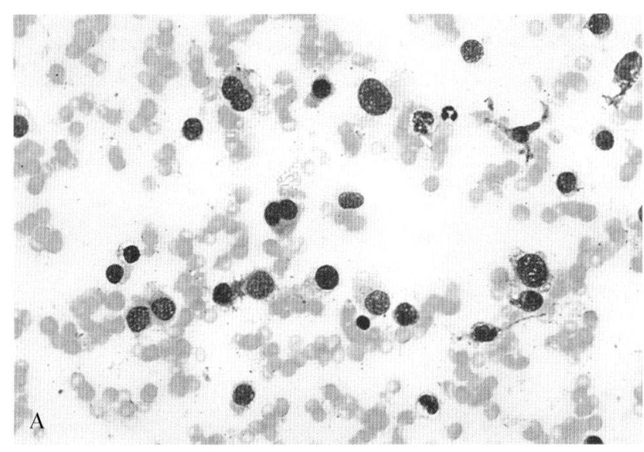

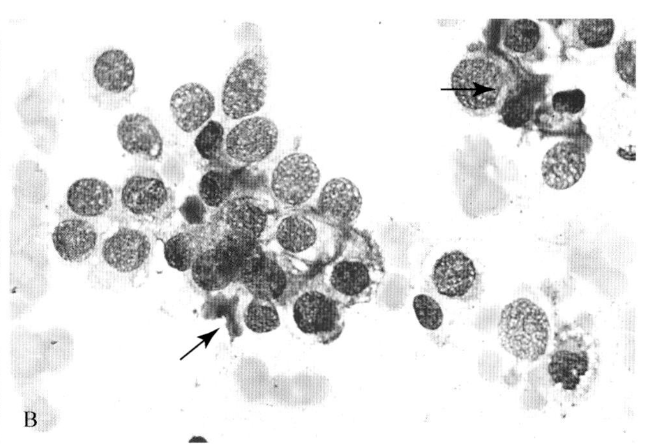

■ 图 5-18 **鼻软骨肉瘤。组织压片。犬。A 和 B 为同一病例。A.** 过去 3 个月患犬持续流出浆液性鼻腔分泌物，鼻息声音如潺潺流水。目前出现了具有高核质比的多形性个体细胞，有些细胞出现双核。(瑞-吉氏染色；高倍油镜)。**B.** 在流动的品红下观察，纤维状物质与凝集的肿瘤细胞紧密结合(箭头)。(瑞-吉氏染色；高倍油镜)。(A 由佛罗里达大学的 Rose Raskin 提供)。

间质细胞瘤的细胞学诊断受多方面因素影响。间质细胞瘤通常剥落不佳，导致稀释样品中仅含有少量的多形性纺锤形细胞可供评估。此外，显著的炎症反应可诱发反应性纤维组织增生，故难以与纤维肉瘤区分。这种情况下，细胞学检查需要配合临床体格检查、病史调查、放射学检查等来提高对间质细胞瘤的怀疑，最终确诊还要依靠组织病理学活检。通常，组织病理学检查对间质细胞瘤的分类是必要的，因为许多常见的间质肿瘤缺乏细胞学诊断特征。

包括上呼吸道(表 5-2)在内的其他类型的间质肿瘤是很罕见的，但在其他常发部位的细胞学特征类似于软组织肉瘤。已有报道，犬(Hicks and Fidel，2006)和猫(Mukaratirwa et al.，2001)上都发现了鼻腔和鼻窦和色素瘤。鼻腔中的良性增生，如血管纤维瘤已有组织学描述(Burgess et al.，2011)。

### 离散性细胞瘤

离散性细胞(圆形细胞)肿瘤，例如淋巴瘤，浆细胞瘤，肥大细胞瘤，传染性性病瘤和组织细胞瘤都可发生在鼻腔。这些肿瘤细胞学片由大量独立的、肿瘤性的、离散性的、具有明确细胞质边界的细胞组成。其形态与常见形态一致。

*淋巴瘤* 据报道，淋巴瘤是最常见的犬猫鼻腔离散性细胞瘤。在猫，多数鼻腔淋巴瘤是 B 细胞来源的，虽然鼻腔 T 细胞淋巴瘤也有报道(Day et al.，2004；Mukaratirwa et al.，2001)。鼻腔淋巴瘤的特征倾向于单一形态的细胞群，即中等或大的，不成熟的淋巴母细胞内含稀少且深嗜碱性的细胞质、大而圆的核、细颗粒状染色质、一个至多个核仁(图 5-19)。未分化鼻腔癌(图 5-15A)可以个别化或类似于淋巴瘤，但大细胞的存在和偶有的片状结构可以协助做出正确的诊断。应注意区分淋巴瘤的来源，是淋巴组织增生还是炎性息肉(图 5-7A)。在淋巴组织增生中，

存在淋巴细胞和浆细胞的异质群体，多数为体积小且成熟淋巴细胞和少量的中间大小的淋巴细胞和淋巴母细胞。在某些情况下，淋巴瘤的特征在于，多数为中等大小的淋巴细胞，其含有大量细胞质、染色质光滑、缺乏核仁。甚至有时，肿瘤由小的、高分化淋巴细胞构成。在这种可疑的情况下，确诊需要淋巴瘤的组织病理学诊断。

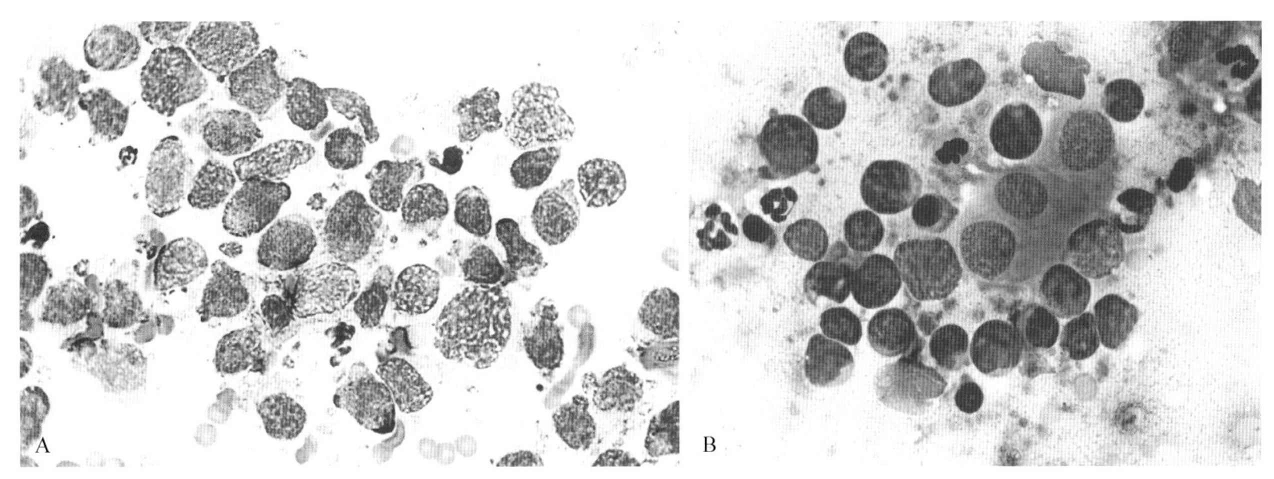

■ 图 5-19　**鼻腔淋巴瘤。A. 肿物压片。猫。**大的圆形细胞组成的单一形态细胞群，有着不规则的圆形细胞核和一个明显的核仁。患猫有一年鼻腔充血病史(瑞-吉氏染色;高倍油镜)。**B. 鼻腔淋巴瘤。**三个反应性呼吸道上皮细胞在视野中央，周围被具有不规则细胞核的大淋巴母细胞包围(右侧的嗜中性粒细胞用作比较大小)。(瑞-吉氏染色;高倍油镜)(A 由佛罗里达大学的 Rose Raskin 提供)。

*犬传染性性病肿瘤*　犬传染性性病肿瘤(TVT)是一种累及雌雄两性外生殖器的传染性肿瘤，有低概率发生转移。蔓延至鼻腔的肿瘤被认为主要继发于生殖器肿瘤，但是，也有原发性鼻内 TVT 的若干报告(Ginel et al.，1995；Papazoglou et al.，2001；Perez et al.，1994)。细胞学上呈现为大量单一形态的细胞群，大的圆形细胞内含有丰富的、轻到中度嗜碱性细胞质以及大而明显的小空泡。细胞核呈圆形，一到两倍大的粗糙黏稠染色质，核仁明显。经常观察到有丝分裂(图 5-20)。基于细胞学外观提出的细胞学分类包括浆细胞样，淋巴细胞样或 TVT 的混合亚型(Flórez et al.，2012)。一个浆细胞形态学也与 DNA 断裂的数量有关(Flórez et al.，2012)，并提高了渗透性糖蛋白的表达(P-gp)，这可能有助于鉴别亚型发病机制及应对疗法(Gaspar et al.，2010)。

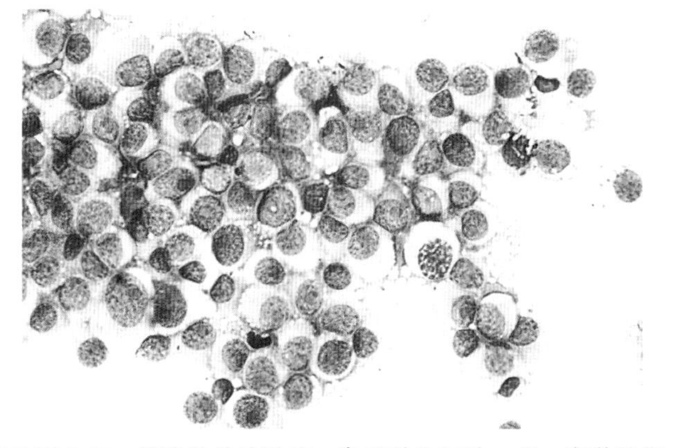

■ 图 5-20　**传染性性病肿瘤。鼻腔肿物压片。犬。**离散性细胞组成的高度细胞化、多形态细胞群，具有丰富的淡染的细胞质，细胞质黏稠，有明显的核仁。(瑞-吉氏染色;高倍油镜)

*组织细胞肉瘤*　犬组织细胞瘤可发生局部或弥散性传播。局部的组织细胞肉瘤倾向于从皮下组织至出现，但也有偶尔起源于其他部位的情况，包括鼻腔(Affolter and Moore，2002)。在此报道中的细胞形态多变，而且在相同肿瘤的不同结节也有体现，这与先前所描述的表型和变化相似。

### 其他肿瘤

嗜酸细胞瘤鼻腔在犬猫报道很少(Doughty et al.，2006)(详见细胞学特征喉部嗜酸细胞瘤讨论部分)。鼻腔鼻窦腔骨巨细胞瘤(图 5-21A&B)是罕见的，但在猫已有确诊的报道(Jelínek et al.，2008)，且不应该与肉芽肿性炎症混淆。

## 喉

### 解剖学和组织学特征

喉是包含声带、杓状软骨和声门的上呼吸道肌肉和软骨的部分。弹性软骨内衬复层鳞状上皮，固有层散布在淋巴组织。

### 样本采集

呼吸喘鸣、呼吸困难以及声音丧失或改变皆提示喉部疾病。喉的细胞学检查对于肿物、浸润过程以及炎性疾病定性具有极大的作用，其准确性取决于获取充足的、有代表性的样本。喉部肿物虽不常见，但可

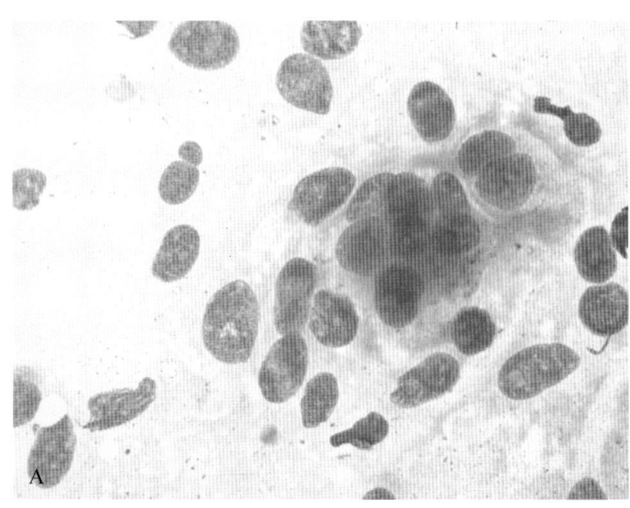


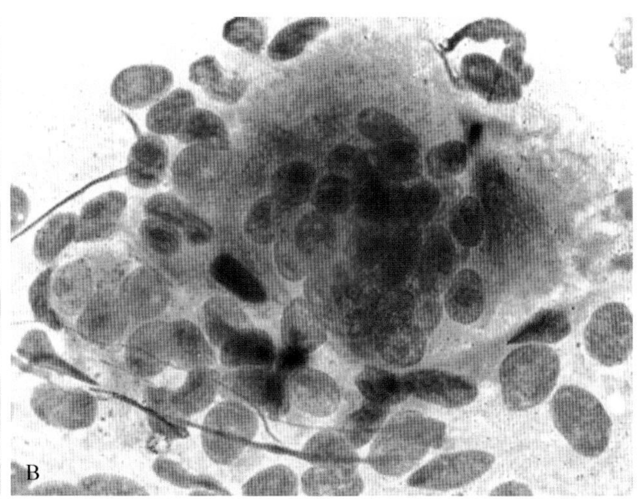


■ 图 5-21 **鼻骨巨细胞瘤。鼻腔内肿物抹片。猫。A 和 B 为同一病例。A.** 纺锤形单形态细胞群和有着饱满的不成熟细胞核的多核细胞。这个 13 岁患猫的临床症状包括双边鼻衄和患侧浆液性眼分泌物。(水性罗氏染色;高倍油镜。)**B.** 约有 20 个细胞核的大多核细胞模拟了肉芽肿性炎症。细胞学检查中发现了许多多核细胞。病理组织学诊断中,证实了骨组织受到牵连。(水性罗氏染色;高倍油镜。)(A 和 B 由捷克共和国,布拉格的 Dita Novakova 提供)。

以通过触诊固定采样和检测。X 光片可以帮助检测和定位肿物病变,但由于生长变化和软组织的叠加可能难以解释病变。超声检查能提供喉部肿物良好可视化材料,并且能够指导细针穿刺。甚至在猫,超声引导下的喉软骨腹侧穿刺不会引起显著并发症(Rudorf and Brown,1998)。

喉镜检查可以直接可视化喉部肿物并采样,但需要麻醉。为避免喉痉挛,利多卡因喷雾在全面检查和采样时是必要的,尤其是在猫。喉镜检查肿块时可以直接通过细针穿刺或细胞刷检进行采样,或者通过鳄口式活检钳夹取组织来制备细胞学压片。腔内采样会引起显著出血和水肿,特别是在猫,可能会导致喉阻塞。

## 正常和炎症情况下的细胞学特征

### 正常情况

正常喉部采样通常观察到只有稀疏的细胞伴有零星的鳞状上皮。除了上皮细胞以外,偶尔吸出物或刷出的样本可见分化良好的小淋巴细胞的聚集体。

### 炎症情况

喉炎在犬和猫中最常见的原因是感染(例如,传染性气管支气管炎,气管炎)或者是吸入异物、插管或慢性咳嗽造成的局部刺激所引起。喉黏膜及声带出现变红、增厚及通常不含肿物的水肿。化脓性炎症经常发生,但很少观察到病原体。噬红细胞性巨噬细胞的存在通常标志着出血,而水肿的标志通常是背景中存在流动的嗜碱性蛋白质颗粒。在喉部发生慢性炎症、纤维化或骨化是,抽出物细胞稀少且含有极少的纺锤形细胞。

### 肉芽肿性喉炎

肉芽肿性喉炎是独特的但在犬猫中不常见综合征,其细胞学外观与肿瘤很相似(Oakes and McCarthy,1994; Tasker et al.,1999a)。肿块可能很大,并且可能阻塞喉内腔。细胞学外观相似于其他肉芽肿性损伤,其特征是存在大量的上皮样巨噬细胞。也可以发现淋巴细胞。在慢性病灶,纤维组织增生突出和穿刺显示了饱满的中度多形性纺锤形细胞的数量增加,易与间叶瘤混淆。至今未观察到其病原体,肉芽肿性喉炎的根本原因仍然未知。

### 反应性增生

反应性增生可能继发于喉部感染、炎症或肿瘤性疾病。反应性增生与淋巴瘤是通过淋巴细胞群的异质性、淋巴母细胞到小淋巴细胞的有序过程,以及浆细胞和(或)其他炎性细胞如嗜中性粒细胞、巨噬细胞和嗜酸性粒细胞的存在来区分。

### 喉部肿瘤

喉部肿瘤在小动物少见;然而,原发性喉肿瘤在犬和猫皆有确诊。这些肿瘤可以起源于喉部的上皮或肌质软骨部分,又或是淋巴小结。淋巴瘤是在猫中最常见的喉癌肿瘤,其次为鳞状细胞癌。在犬,以鳞状细胞癌为主。

### 淋巴瘤和浆细胞瘤

喉部淋巴瘤与其他部位的淋巴瘤一样具有外观多样性。通常情况下,可见均匀整齐的淋巴母细胞群(图 5-22)。由于这种均匀整齐且分化良好的淋巴细胞外观,中间或小细胞淋巴瘤的细胞学诊断很困难。在这种情况下,活检和病理组织学诊断是必要的。喉部髓外浆细胞瘤也已有报道(Witham et al.,2012)。

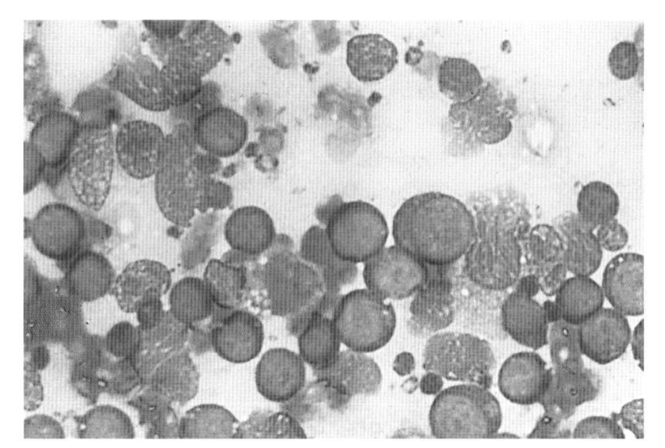

■ 图 5-22 **喉部淋巴瘤。组织抽出物。A.** 一个大的淋巴母细胞,有着少而深嗜碱性的细胞质,染色质光滑,并且核仁明显。(瑞-吉氏染色;高倍油镜)

## 鳞状细胞癌

由于喉由鳞状上皮细胞作内衬,用拭子、刮出,或浅穿刺将导致的剥离鳞状表层衬里得到深层样品尤为必要。从鳞状上皮细胞癌穿刺出的样品倾向于中等细胞。单个细胞的形态包括从基底到充分角化的鳞状上皮细胞(图 5-23A&B)。基底细胞不成熟,从立方形到圆形,细胞质呈深嗜碱性的上皮细胞,大的中央核,染色质粗糙且核仁明显。成熟的鳞状上皮细胞的边界棱角分明,含有丰富均匀的细胞质,细胞核固缩或分裂。在样品中存在单独的成熟鳞状上皮细胞不应该被认为是鳞状上皮细胞癌。在鳞状上皮细胞癌的细胞学诊断上,上皮细胞发育的阶段性、细胞多形性,以及异步细胞质和核成熟的存在是必需的。化脓性炎症通常与鳞状上皮细胞癌相关,并且可以与炎症诱发的鳞状上皮非典型增生的诊断混淆。

## 喉癌

喉癌在犬比猫上更常见。抽出物呈适度细胞化,含有小型聚集或聚集成片状的上皮细胞,这些细胞呈圆形、细胞核位于中心、粗质结块、细胞质嗜碱性。良好分化癌的特征在于相对整齐均匀的上皮细胞、轻度至中度红细胞大小不均、核大小不均、单个或不明显的核仁。低分化的癌细胞团块以及同一集群内的细胞显示中度到明显的多形性。喉腺癌是极其罕见的;因此,腺泡形成或导管结构应该不会是喉癌的细胞学特征。

除了从喉部产生的肿瘤,喉周甲状腺癌(参见第16章)可侵入喉部,应被为视其中一种。

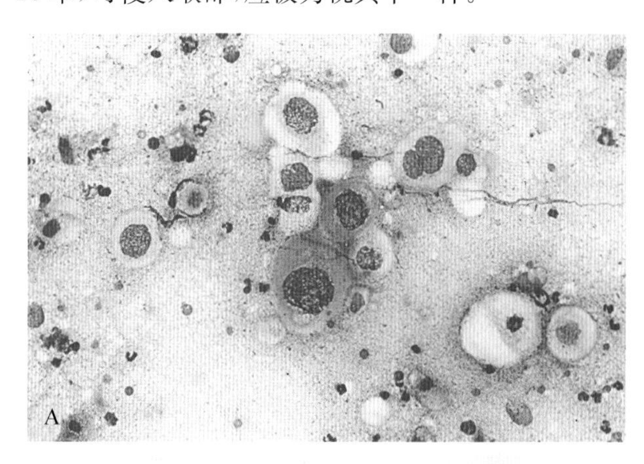

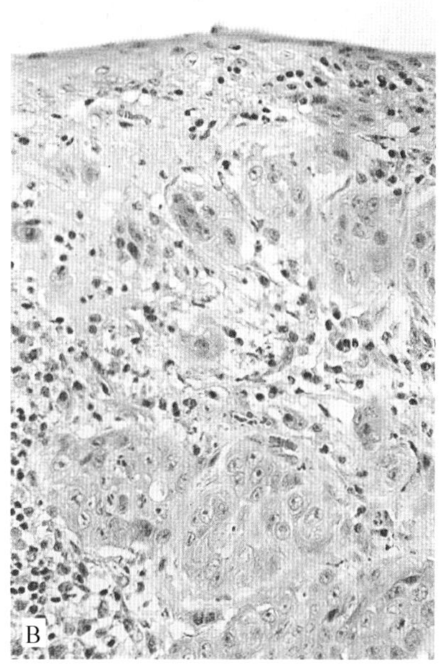

■ 图 5-23 **鳞状细胞癌。A. 组织抽出物。**分多个阶段的多形性鳞状上皮明显证明与化脓性炎症相关。(瑞-吉氏染色;50 倍物镜)**B. 喉部肿物。猫。**临床症状包括持续时间短暂的呼吸困难。组织切片证实了肿瘤鳞状上皮细胞岛延伸到了更深层的组织。出现了淋巴细胞、浆细胞和嗜中性粒细胞,说明存在慢性活动性炎症。(H&E 染色;低倍镜)(B 由佛罗里达大学的 Rose Raskin 提供)。

## 喉嗜酸细胞瘤

在小动物上,嗜酸细胞瘤是喉部的一种比较常见的肿瘤,尤其是年轻的犬。喉嗜酸细胞瘤典型表现为从喉室突出的包膜型肿物。早期报道喉嗜酸细胞瘤的犬(Bright et al.,1994; Pass et al.,1980)在后来回顾中(Meuten et al.,1985)发现起源于肌肉组织。嗜酸细胞瘤是起源于瘤细胞(嗜酸性细胞)的良性肿瘤,虽然这些细胞的确切成因尚不清楚,但是其起源于神经内分泌。其他人提出,这些细胞起源于胆管或浆黏液腺上皮细胞的转化(Doughty et al.,2006)。在细胞学上,此肿瘤是由中度多形性、大而淡染的、松散的黏性上皮细胞组成的,细胞质含有丰富的泡沫及空泡。细胞核大,呈圆形到椭圆形,位于细胞中央,染色质细微结块并且通常包含一个单一的、模糊的核仁。红细胞大小不均和细胞核大小不均是常见的。肿瘤经常包含大片出血区域,可能会导致样本被稀释到仅含有少量的肿瘤细胞。横纹肌瘤和颗粒细胞瘤也可以从喉部发生,其确诊可能需要通过电子显微镜检查(Tang et al.,1994)。嗜酸细胞瘤具有很丰富的线粒体于细胞质中,并且表达细胞角蛋白(Doughty et al.,2006),而粒状细胞瘤的波形蛋白、S-100 和 NSE 染色呈阳性(Patnaik,1993)。几个相似的喉肿瘤的显著特征请参见表 5-3。

**表 5-3 相似喉肿瘤细胞学特征的比较诊断**

| 特征 | 横纹肌瘤 | 嗜酸细胞瘤 | 颗粒细胞瘤 |
|---|---|---|---|
| 细胞的起源 | 肌肉瘤细胞 | 推测起源于导管或腺上皮的转变。 | 未知。推测起源于神经组织,可能为雪旺氏细胞或脑膜细胞。 |
| 表现 | 良性 | 良性 | 不清 |
| 特征描述 | 较年轻的,中年的 | 较年轻的,中年的 | 犬>猫 |
| 临床表现 | 单独的、肉质的、边界清晰的肿物。起源于黏膜下层,伸入喉部管腔中生长。 | 单独的、肉质的、边界清晰的肿物。起源于黏膜下层,伸入喉部管腔中生长。 | 口腔是主要发病部位,但在皮肤和中枢神经系统也有报道。 |
| 细胞学 | 细胞大,细胞质含有丰富的颗粒或泡沫,大细胞核在中央或偏心,染色质细微结块核仁单个且模糊。可见多核细胞。 | 大而淡染的上皮细胞,含有丰富的泡沫状细胞质,细胞核大且位于中央,呈圆形,染色质,核仁单个且模糊。 | 大小不一的圆形到多形细胞,小的偏心核和丰富的颗粒状嗜酸性细胞质。 |
| 多形性 | 中度 | 中度 | 轻度到中度 |
| 组织学 | 大的多形细胞具有丰富的嗜酸性颗粒细胞质排列成片状、线状和腺泡结构,且有细微血痂。有时可见条纹。 | 大的多形细胞具有丰富的嗜酸性颗粒细胞质排列成片状、条索状和腺泡结构,且有细微血痂。细胞核可能导向基部。 | 大小不一的椭圆形至多形细胞,具有丰富淡染的嗜酸性细胞质,显著的细胞质内颗粒,独特的细胞边界和小细胞核。 |
| 电子显微镜 | 丰富的线粒体,肌原纤维,Z 带 | 丰富的线粒体 | 大量的与细胞膜结合的溶酶体空泡 |
| 诊断标志物 | 结蛋白*<br>肌红蛋白<br>肌动蛋白<br>苏木素(PTAH) | 细胞角蛋白*<br>苏木素(PTAH) | 根据不同报道,没有一致的标志物。*<br>PAS(淀粉酶抵抗)<br>S-100<br>NSE<br>波形蛋白 |

* 最可靠

## 间质瘤

从基质软骨部分所产生的肿瘤是罕见的,包括平滑肌瘤、平滑肌肉瘤、纤维肉瘤(图 5-24A&B)、软骨肉瘤、骨肉瘤、横纹肌肉瘤和横纹肌瘤(图 5-25A-C)。犬的恶性黑色素瘤和颗粒细胞瘤也可以起源于喉部。在一般情况下,这些肿瘤类似于更常发部位的相应肿瘤,虽然嗜酸细胞瘤和横纹肌瘤在不使用额外诊断手段的情况下可能难以区分,如电子显微镜或结块免疫组化染色结蛋白、肌红蛋白、肌动蛋白(表 5-3)。喉横纹肌瘤(图 5-25A-C)有丰满的、大的细胞,细胞质含有丰富的粒状或泡沫状空泡。细胞核大,呈圆形至椭圆形,位于中央,染色质细微结块且通常包含一个单一的、模糊的核仁。红细胞大小不均和细胞核大小不均是常见的。肿瘤经常包含大面积出血,这可能会导致样本被稀释数,仅含有少量的肿瘤细胞。横纹肌瘤在细胞学上相似于其他部位的嗜酸细胞瘤。镜下,嗜酸细胞瘤和横纹肌瘤或横纹肌肉瘤含有大量线粒体,可通过找到肌原纤维和证明是肌肉组织起源的 Z 带来区分(Tang et al.,1994)。确诊肌肉来源的肿瘤的最好用结蛋白、肌红蛋白、肌动蛋白的免疫组化染色来完成(Barnhart and Lewis,2000; Meuten et al.,1985)。

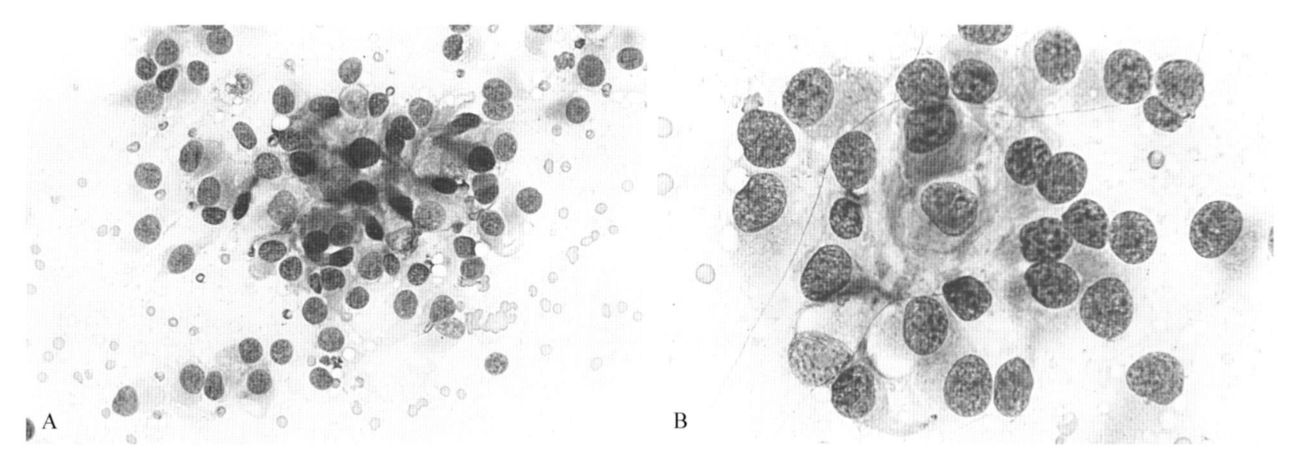

■ 图 5-24　**喉纤维肉瘤。图 A-B 来自同一病例。A. 肿物压片。猫。**在一个有长达一个月的发声困难且最近呼吸困难的动物上，出现了间质外观的细胞聚集物。（水性罗氏染色；高倍油镜）**B.** 一种与肿瘤细胞相关的嗜酸性细胞间基质。核椭圆形、圆颗粒状染色质、核仁小。细胞质边界是稀疏的和模糊的。免疫组化法负肌肉标记。（水性罗氏染色；高倍油镜）（A 和 B 由佛罗里达大学的 Rose Raskin 提供）。

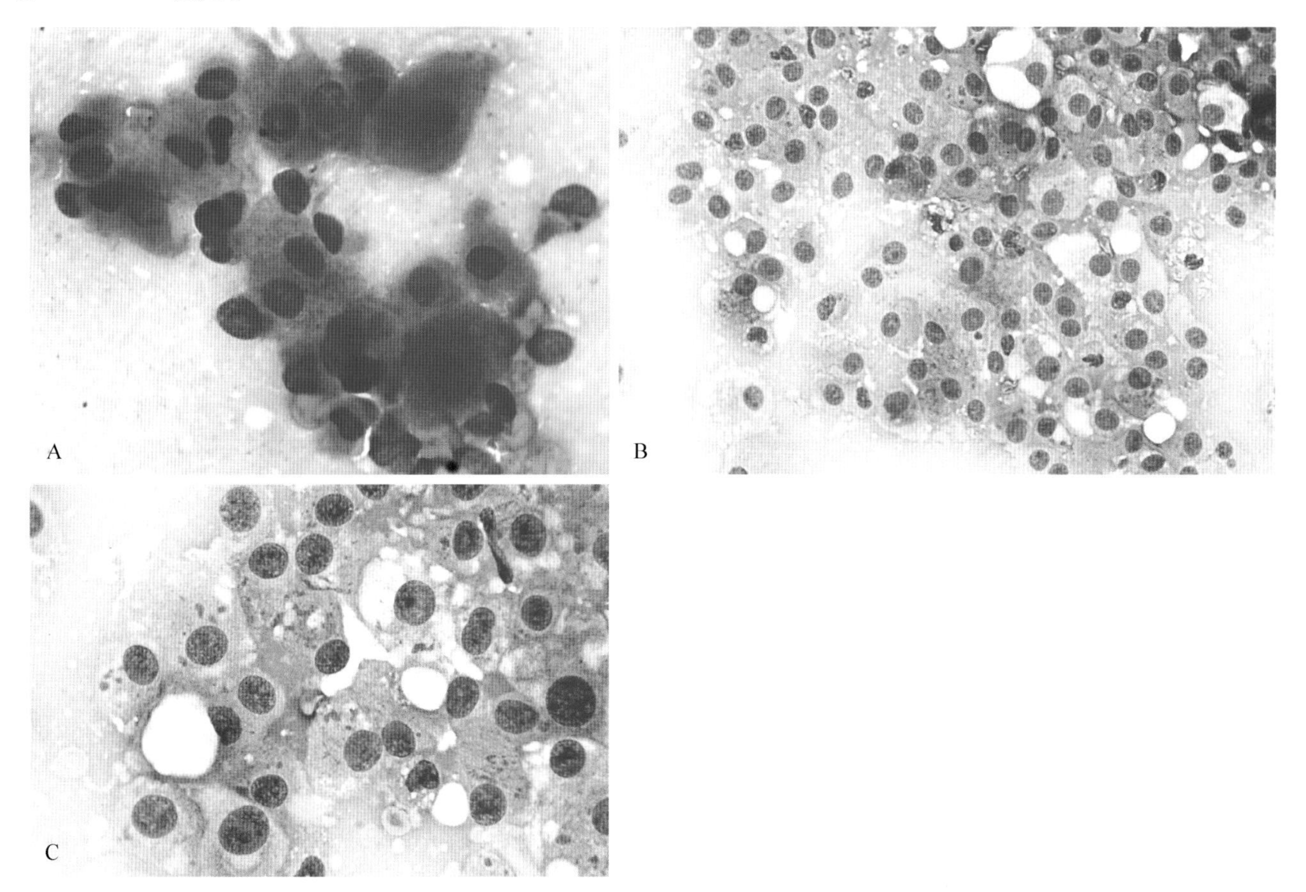

■ 图 5-25　**A. 喉横纹肌瘤。肿物压片。犬。**可变大小，立方形到多边形细胞，细胞质中度双染，呈泡沫状到颗粒状。嗜酸细胞瘤和横纹肌瘤在细胞学外观上有差异，区分这两种肿瘤额外的诊断测试是必要的。电子显微镜和免疫组化表明，该肿物起源于肌肉组织。（甲醇色；罗氏染色；高倍油镜）。（载玻片材料经由 Shawn P. Clark 提供，普渡大学；在 2002 年 ASVCP 案件审查会议上提供。）**B 和 C 来自同一病例。B.** 高度细胞化的单一形态细胞群具有丰富的嗜酸性细胞质。几个细胞的细胞质内存在大的、层次分明、清晰的空泡。（水性罗氏染色；高倍油镜）**C.** 细胞核周围有粗糙细胞质，并且有小的、突出的、单个或多个核仁。细胞质中可能含有取代细胞核的大液泡或者大的粉红色颗粒。液泡是呈阴性的脂质或糖原。瘤细胞表达肌动蛋白，确认其起源于肌肉组织。（水性罗氏染色；高倍油镜）（B 和 C 由佛罗里达大学的 Rose Raskin 提供）。

## 喉部囊肿及黏液囊肿

喉囊肿和唾液腺黏液囊肿是罕见的。从囊肿穿刺的液体通常呈现低细胞结构，从清晰到乳白色。黏液囊肿含有巨噬细胞、非退化的嗜中性粒细胞，也许还有空泡唾液腺上皮细胞。在一个喉黏液囊肿的病例报告中，出现了大小不一定嗜碱性、无定形、无核结构，并认为是浓缩的唾液（Wiedmeyer et al.，2003）。从咽喉壁起源的黏液囊肿仍然罕见，可诱发显著的上呼吸道阻塞，但不彻底检查咽喉难以诊断（Benjamino et al.，2012）。

## 气管,支气管和肺

### 气管和肺的正常解剖学和组织学

气道的解剖学组成包括气管、支气管、细支气管和肺泡。气管从喉部基部延伸到气管隆嵴,并且由结缔组织所支撑的不完全软骨环和平滑肌构成,具有纤毛和假复层上皮。从假复层上皮的转变处开始,喉与气管合并延伸到支气管。杯状细胞在气管上皮内很常见。支气管是在结构上与气管相似;然而,支气管软骨环完整,而不是呈C形。更小的气道,或细支气管,没有软骨支撑,是由平滑肌组成,并衬有纤毛和无纤毛立方上皮。从终末细支气管分支到呼吸性细支气管,再进一步分成肺泡管、肺泡囊和肺泡。肺泡由压扁的上皮细胞排列组成(Ⅰ型肺泡),还有数量更多的立方形上皮细胞(Ⅱ型肺泡)。Ⅰ型肺细胞通常覆盖超过90%的肺泡表面。Ⅱ型肺细胞负责合成肺表面活性物质。这是一个位于上皮细胞下层的由结缔组织组成的支撑网,包括细小网状的,胶原的,以及偶有成纤维细胞的弹性纤维。肺泡之间交织着大量的毛细血管。肺具有常驻巨噬细胞群,主要存在于肺泡。当其被激活时,肺泡巨噬细胞变大,高度空泡化,具有很强的吞噬能力。气道包含支气管相关淋巴组织(BALT)灶,以及位于黏膜下层和固有层的浆液性和黏液性的黏膜下腺。如果覆盖的上皮发生损坏,在评估呼吸道时可能会被采集到。

## 采样技术

气管冲洗(TTW)和支气管肺泡灌洗(BAL)是具有高诊断潜力的,相对简单、廉价的方法。样本可以用于气道疾病的细胞学检查以及用于培养和敏感性检查。在动物的呼吸系统疾病上,以一种能够保有大量的完好的细胞的方式采集到的细胞学样本是很重要的。气道采样的指征是呼吸系统疾病的临床和(或)影像学证据。气管冲洗有助于检验较大的呼吸道,而支气管肺泡灌洗专注于较小的气道和肺泡。要注意,研究表明,相较于支气管肺泡灌洗(BAL),有68%的气管冲洗(TTW)案例出现不同的细胞学特征(Hawkins et al.,1995)。此外,即使使用单一的技术如BAL,相比于通过细胞沉淀制备的涂片,通过细胞离心制备的涂片会有较大比例的嗜中性粒细胞(Dehard et al.,2008)。因此,有必要根据所使用的技术来解释结果。在避免肺部活检风险的情况下,这些技术可以识别肺部的炎症过程。虽然并发症是最小的,但适当的样品处理、运输和准备对于准确且完整的诊断是至关重要的。从气管支气管道中采样有多种技术,其中一些有待考察。

## 气管冲洗

气管冲洗的目的是从气管以无菌的方式来收集液体和(或)细胞。气道采样可以经口通过直接渗透穿过气管壁或通过气管内插管来实现。前者技术通常给较大的犬,在较小的犬和猫一般使用后者。

直接穿刺气管内腔可以通过环甲韧带或气管环之间进入(框5-1;图5-26)。检查一个适当的样品时全身麻醉损害以及咳嗽反射是必然的,并且通常不用于TTW,且应保持无菌。因此,环甲韧带的区域应被剃毛并进行手术准备,过程中应穿无菌手套。通常体重超过50磅的犬,推荐使用一个16号的导管,同比体重应在20～50磅,推荐使用18或19号导尿管,19号的导管建议用于体重不到20磅的犬猫。这个方法的优点是不需要全身麻醉。另外,虽然如果导管进入头侧并通过喉部的声带还是可能发生的,但是口咽污染的可能性很低。这种技术的并发症并不常见,可能的并发症有皮下气肿,气管裂伤,出血,咯血,纵隔气肿,和(或)气胸(Rakich and Latimer,1989)。

另一种方法是通过一个气管内导管的方式来进行TTW。此过程必须放置气管导管,故需要全身麻醉。必须小心在口咽部不要污染气管内导管的尖端。插管后,气囊充气,动物侧卧。颈静脉导管或无菌聚丙烯导尿管被插入气管内,并延伸到隆突。过程中不应使用红色橡胶管,因为在吸出黏性物质如黏液时容易被压扁(Smallwood and Zenoble,1993)。一旦导管放置完毕,应用盐水灌输并收集,如框5-1所述。

### 支气管肺泡灌洗(BAL)

BAL用于较小的气道和肺泡采样,因此进行下呼吸道采样比TTW更有效。至于气管冲洗,存在用于BAL的多种技术,每一个都具有不同的优点。所有技术都能获得较多的诊断样品。以下要描述的两种操作是通过气管插管进行支气管镜检和BAL。

支气管镜检是用于获得BAL样品的好方法。利用这种方法必须有特定设备,动物必须有足够的尺寸,以允许支气管镜的放置超过主支气管。利用外径小于5 mm的柔性内窥镜为猫进行支气管镜检已有报道,得到BAL高度诊断样品以及最小的并发症(Johnson and Drazenovich,2007)。动物必须在全身麻醉下进行监护。气管内导管放置后,将纤维支气管

## 框 5-1 通过直接穿过气管进行气管冲洗的过程

- 两种操作都需要动物胸骨斜卧位。
- 根据患病动物的神态在必要时提供镇静。
- 环甲韧带区进行剃毛和手术准备。
- 甲状腺和喉部环状软骨之间的缺口处触诊环甲韧带。
- 注入利多卡因到皮肤和下层的皮下组织。
- 使用适当大小的颈静脉导管(16～19号)冲洗用。
- 在注射利多卡因的皮肤区域,斜面向下插入导管的针头。
- 将针以一个向下的角度穿过韧带,避免喉裂伤并降低口咽污染的风险。
- 在针上方送入导管,大约到水平隆突处(第4肋间位置)。
- 取出针,在相应位置留下导管。
- 准备0.1～0.2 mL/kg的温暖、无菌、抑菌性生理盐水用于冲洗,注射一半迅速诱发咳嗽(图5-26)。
- 断开注射器,替换为空的注射器进行抽吸。
- 重复穿刺抽吸直到收集不到更多的液体。
- 用剩余的生理盐水重复此过程。

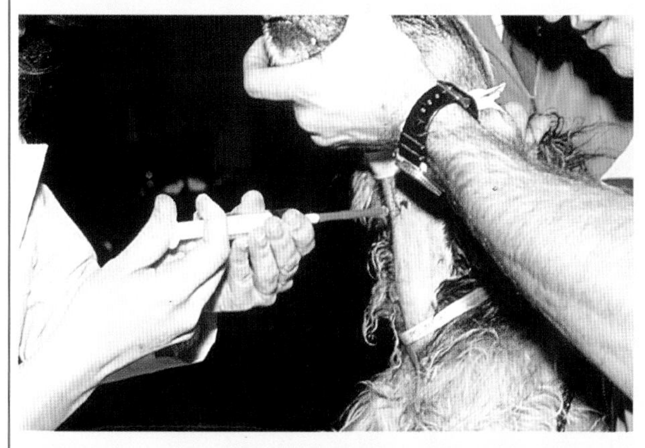

■ 图 5-26 **气管冲洗过程。**导管的正确位置注射生理盐水,液体通过了犬的环状韧带。(由佛罗里达大学的Rose Raskin提供)。

镜通过气管内管,使得气管和主支气管可视(图5-27)。如果支气管镜检之前拍摄X线片,可基于病灶的定位或严重性来选择肺的特定瓣。在活组织检查通道注射体积为5 mL/kg的温热无菌盐水,并用同一注射器通过施加轻柔穿刺再吸入(Hawkins et al.,1995)。盐水作为一个大剂团可以等分呈两到三次注射(Rakich and Latimer,1989)。应灌洗多个肺叶来增加识别病原体或细胞恶性特征的机会。最好在手术后保持对动物补充氧气,以降低缺氧的危险。这种技术的优点包括能够可视化气道,有选择地对肺叶进行灌洗,如果观察到可进行组织活检(McCauley et al.,1998)。

从肺的多个区域样品常常合并,并且能提高检测肿瘤细胞或弥漫性疾病传染源的敏感性。然而,对于患有局灶性或节段性疾病动物,不同发病部位的细胞学外观往往差别很大,包括细胞总数和细胞分类。因此,它可能与处理过程更加相关,并从不同的肺段或部位对样品进行分别评估以最大化辨别其发病机制(Ybarra et al.,2012)。

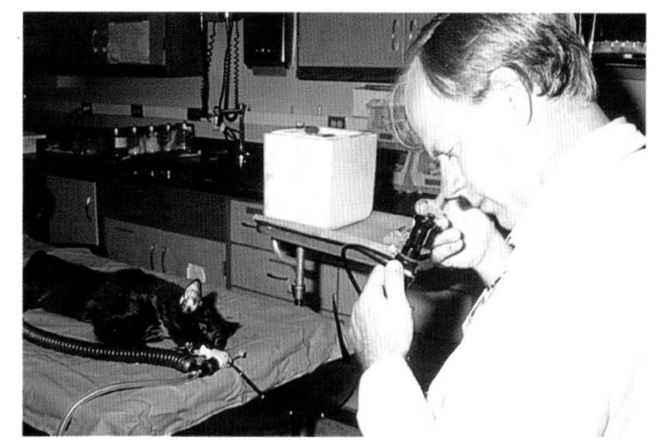

■ 图 5-27 **支气管肺泡灌洗(BAL)过程。**在光导纤维的范围内通过气管插管随后用生理盐水注射。(由佛罗里达大学的Rose Raskin提供)。

如果不能用支气管镜或患病动物体积过小不能通过气管或主支气管,可以经由气管进行BAL(Hawkins et al.,1994)。该操作不仅可以用于猫,也可以在小型犬上进行。同样的,需要全身麻醉。气管插管后,将动物侧卧,影响严重的动物则侧倒。随着气管气囊充气,注射器适配器附连到该管的端部。液体(热的无菌生理盐水)的分成三等份,应使用共计5 mL/kg。第一等份试样应快速注入并使用同一注射器立即穿刺,直到没有更多的液体被抽出的,此过程重复第二和第三等份试样。可以抬高动物的背部,以帮助液体回收。

BAL可导致局部水肿,肺泡扩张,轻度至中度充血,肺泡萎陷。BAL操作的主要并发症是与顺应性降低和通风/灌注不良相关的短暂缺氧(Hawkins et al.,1995)。动物在进行BAL后应补充5～20 min氧气,并在条件允许的前提下用脉冲血氧计进行监护。

样品应立即置于冰上,进行细胞离心30～60 min以获得最佳效果的样品(Hawkins et al.,1990;Latimer,1993)。明智的做法是将BAL样品分为两个部分:一个部分放入一个EDTA管以保持细胞形态,而另一部分放在无抗凝剂的无菌容器中用作可能进行的微生物培养。嗜中性粒细胞和巨噬细胞可以吞噬红细胞、细胞外细菌和其他杂质,如果样品不是在推荐的时间周期内制备的,可能会导致样品发生描述错误。

可使用标准血细胞计数器或通过自动细胞计数器来进行细胞计数。这些计数的精确度可能由于黏液增多和缺乏技术标准而存在问题;然而,细胞计数是否准确与BAL样品是否充足息息相关(Hawkins and DeNicola,1989)。如果观察到的细胞数量低于250个/μL,应重复操作取样。最近的研究表明使用尿素稀释来规范BAL液体样品中的细胞和非细胞成分,能够更充分地分析以上皮细胞为基底液的有核细胞计数(Mills and Litster,2006)。采样标准化程序需要在医院进行,以确保所有BAL样本的准确解释。每个细胞类型的重复性计数都会使得大细胞计数增;尤其是淋巴细胞和支气管上皮细胞。因此,已推荐建立包括500个细胞差分的标准程序(De Lorenzi et al.,2009)。

样品应当严格检查并且如果观察到大的黏液栓塞,应当进行压片制备,因为细胞和生物体经常嵌入黏液内。液体的细胞成分应浓缩,条件允许的话,首选细胞离心技术。样品可以在1 000 RPM条件下离心10 min,并除去上清液,保留50～100 μL来重悬细胞沉淀。得到的样品可进行集中直接涂片。

### 支气管刷检

支气管刷检是使用支气管镜完成的。细胞学结果类似于那些BAL得到的样品;然而,对于犬慢性咳嗽,用支气管刷检测嗜中性粒细胞和化脓性炎症更敏感(Hawkins et al.,2006)。

因此,在某些情况下获得灌洗和涂刷两种样品是有帮助的。

### 经胸廓的细针穿刺活检

经胸廓的细针穿刺活检是用于对肺实质获取样品,进行细胞学评价的优异的诊断方法。这种技术对于通过成像技术鉴定的弥漫性肺实质疾病或离散性肿物是最有用的,相比于那些累及的弥漫性间质,可获得离散病变产生的更高质量的样品。特定的诊断可能不会在所有情况下都成立,FNA有助于用归类病灶的炎性或肿瘤性(Wood et al.,1998)。而且,在配合超声引导进行组织取样的情况下,FNA是胸椎病变诊断的重要且宝贵的工具(Reichle and Wisner,2000)。

虽然肺实质穿刺不是没有引起并发症的可能,但是对于垂死或存在严重呼吸窘迫的病例,其并发症比开胸或经胸活检更少,并且如果一个肿块紧邻胸壁,其并发症发生的可能性通常最小(Teske et al.,1991)。经胸廓FNA之前应进行凝血功能检查,包括血小板计数、凝血酶原时间(PT)和活化部分凝血激酶时间(APTT)。凝血功能的异常患者进行肺FNA时严重出血的风险会显著增加。

动物可以采取胸骨斜卧位或平躺;但是,适当的保定是至关重要的。如果患病动物痛苦或挣扎,必须进行镇静,尽量减少风险。可在肋间隙的前缘注射局部麻醉剂,肋间血管和神经正好位于每个肋后侧。理想情况下应在超声引导下进行可视化肿物或部位的穿刺,因为成像引导可以使针直接进入病灶位置,增加得到诊断样品的可能性。超声内窥镜是一种有用的技术,当存在骨性介入或被扫描的区域超出正常穿透深度时,不能使用传统的超声技术。超声内窥技术的独特之处在于:它具有在传统的内窥镜尾部安装了一个超声波换能器。可以使用这种技术来获取肺部肿物的FNA样品(Gaschen et al.,2003)。如果超声不可用,需使用至少两个放射线视图对病灶进行仔细定位。肺右尾叶通常是弥漫性病变采样的标准部位;标准的采样点是第7至第9肋间,从脊柱的肋软骨结节三分之一的距离。最常见的错误是向尾侧进入胸腔太远,穿刺了肝脏组织。

如果要被采样的病变靠近体壁,可以使用连接一个22～25号、2 in针头的3 mL注射器。如果病变较深,一个22号的人脊髓穿刺针可以达到所需部位。在这两种情况下将针与胸壁呈90°角,在一个可控的推力作用下将其推入皮肤和肋间肌。一旦进入胸腔,负压就会通过轻微回拉推杆施加到注射器上。可以通过X线检查或可视超声评估针尖是否前进到适当的深度。针应该先向前推进,略微撤回,再向前推入到病变组织,与此同时保持负压。以稍微不同的角度前进可以增强获得代表性诊断样品的可能性;然而,这也增加了并发症的可能性。采样病变之后,注射器抽出,在针离开胸腔之前释放注射器的负压。穿刺应以可控的方式,快速进行。因为并发症的风险会随着针在胸腔的时间增加,故多点穿刺相比于在同一点连续穿刺更加安全。

通常,只有少量物质被吸入且在针管中仅有少量样品或没有样品。将针拔出注射器从,填充空气后重新连接到注射器上。用空气将针管内的样品吹到载玻片上用于制备和染色。如果有液体被吸出,应当转移到EDTA抗凝管用于液体分析,包括蛋白质浓度和细胞计数,以及细胞学评价。如果血液或失血性液体被抽出,应在停止操作并在另一个部位重试。在显著小呼吸道疾病时,可能会发生仅抽出空气的情况。在这种情况下,吸出应谨慎重复,因为此时会增加气胸的风险。动物应在穿刺的前几个小时评估呼吸和心脏功能。

胸部X线检查后应在肺部穿刺的一个小时以后进行,如果在穿刺后动物的呼吸加重则应随时检查,以评估是否出现气胸,尤其是张力性气胸。

## 正常细胞学特征

### 气管和支气管树的细胞学正常

气管和支气管被覆假复层纤毛上皮细胞,一般可见于气管液体中而不是支气管样本(框 5-2)。这些细胞呈长形,具有圆而突出的髓核,胞质嗜碱性,顶面有纤毛(图 5-28)。如果样品的制备延误了,纤毛常常从这些细胞中分离出来,背景中呈现游离状态。正是因为此,不混淆这些纤毛与杆菌是很重要的(Andreasen,2003)。细支气管被覆立方上皮;因此,这些细胞在 TTW 和 BAL 样本中都可以看到。支气管上皮呈单独或片状,这些细胞呈圆形到立方形,有适量的嗜碱性细胞质,并包含一个圆的位于中央的细胞核。

**框 5-2 比较常规和炎症的气管细胞学**

**常规气管细胞学**
纤毛柱状上皮细胞
立方形上皮细胞
巨噬细胞,常常激活
黏液
罕见的杯状细胞
**炎症常见变化**
深嗜碱性,增生的,大量成片的上皮细胞
杯状细胞增生
炎症细胞(如中性粒细胞、巨噬细胞)
增加的黏液和库施曼螺旋物

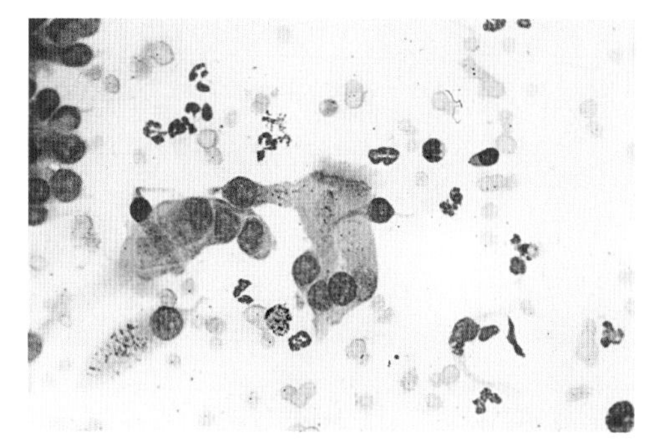

■ 图 5-28 **正常上皮。TTW 样本。**一些细长的柱状上皮细胞与顶端的嗜酸性纤毛。(瑞-吉氏染色;高倍油镜)

从正常的犬猫获得的 BAL 和 TTW 样本都呈现了低细胞性。相比 BAL 样品,TTW 样本往往细胞更少(Hawkins et al.,1995)。在正常 TTW 和 BAL 样品中(表 5-4)肺泡巨噬细胞是观察到的主要细胞类型。这些细胞经常出现"激活态",细胞质中含有大量的分散小空泡并且充满吞噬碎片(图 5-29A&B)。其他的白细胞较少见到。嗜中性粒细胞含量通常不到有核细胞数量的 5%~10%(Hawkins and DeNicola, 1990; Rebar et al.,1980; Vail et al.,1995)。然而,已有报道中性粒细胞数量大于有核细胞数量的 20%(Lecuyer et al.,1995;Padrid et al.,1991)。

**表 5-4 临床健康犬和猫支气管肺泡灌洗样品中预计总细胞数及不同类型细胞的百分比范围 ***

| | 总细胞数/μL | 巨噬细胞 | 淋巴细胞 | 嗜酸性细胞 | 中性粒细胞 | 肥大细胞 |
|---|---|---|---|---|---|---|
| 犬 | <500 | 70%~80% | 6%~14% | <5% | <5% | 1%~2% |
| 猫 | <400 | 70%~80% | <5% | ≤25% | <6% | <2% |

* 不同操作的实际值可能有所不同。这些计数是几个参考资料的平均值编译而成,用作一般指导。

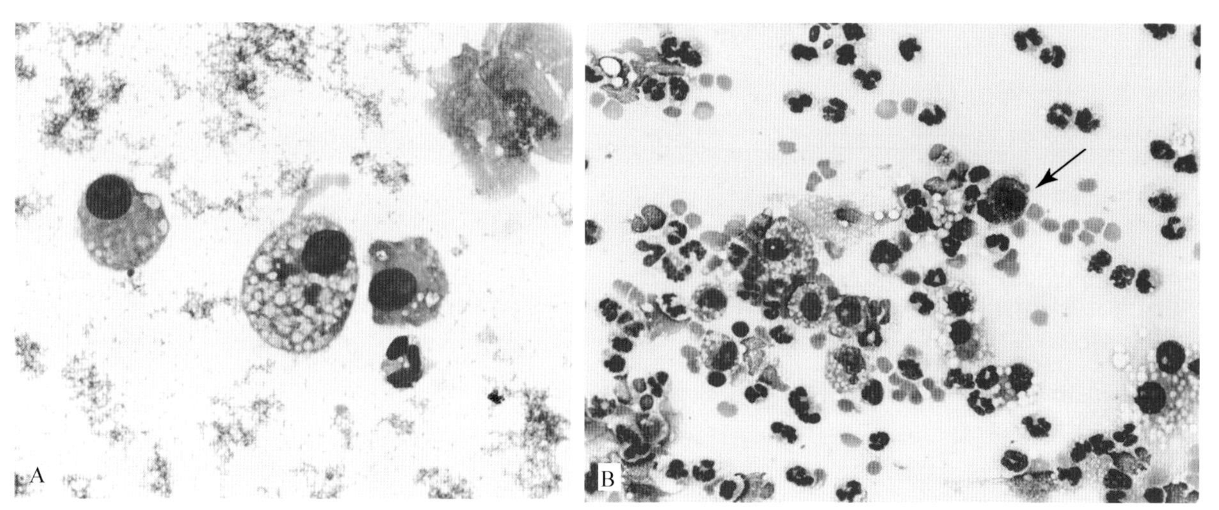

■ 图 5-29 **巨噬细胞。TTW 样本。A.** 吞噬细胞具有丰富细胞质内涵众多分散小空泡。气管支气管冲洗样品中单核细胞占大多数。(瑞-吉氏染色;高倍油镜。)**B.** 在此示例中存在大量的巨噬细胞,其中包括一个吞噬了含铁血黄素(箭头处)的巨噬细胞。中性粒细胞和红细胞也可见于样品中。(瑞-吉氏染色;高倍油镜)

观察到的其他类型细胞数量更少,包括淋巴细胞(5%~14%),除了猫以外的其他物种中嗜酸性粒细胞(小于 5%),以及肥大细胞(少于 2%)(Dye et al., 1996; Hawkins et al.,1994; Lecuyer et al.,1995; Padrid et al.,1991)。在表现看健康的猫的呼吸道中嗜酸性粒细胞的百分比是差异较大,因此,应该通过临床症状和其他相关诊断结果进行仔细解读。嗜酸性粒细胞在样品中常常被忽视,因为它们与在血液中观察到的典型嗜酸性粒细胞外观不同。嗜酸性粒细胞经常包裹在聚集的黏液中,不能完全被压平,导致呈现为暗红色至棕色的颗粒,而不是预想的鲜艳粉红色到红色的颗粒(Rakich and Latimer,1989)(图5-31A&B)。

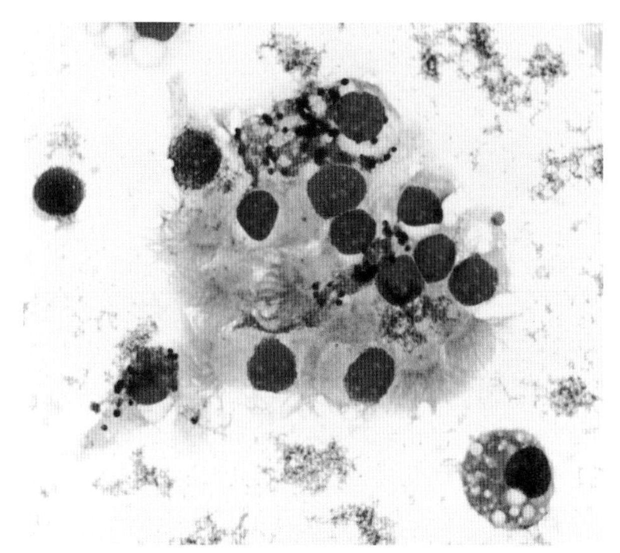

■ 图 5-30 **杯状细胞。BAL。**这种成颗粒的细胞可与其他呼吸道上皮细胞一同被发现。注意杯状细胞的胞浆内存在明显的大的紫色颗粒。(瑞-吉氏染色;高倍油镜)

在缓慢变干的样本(通常是覆盖了一层较厚黏液的样本)中,紫色颗粒会相应变暗。且嗜酸性粒细胞细胞核不分叶的现象也不难被发现(Baldwin and Becker,1993)。少数情况下可以见到特殊的球状白细胞,这种白细胞内含有明显的颜色介于粉色到紫色的颗粒(图5-31C)。关于其起源有所争议,有人认为是起源于T淋巴细胞(未公开数据,Raskin,2009)(图5-31D&E)。

### 肺的正常细胞学

健康的肺组织样本中细胞量较少,主要包含呼吸道上皮细胞。呼吸道上皮细胞轻度嗜碱,呈立方形或柱状,含有椭圆形核,颗粒状染色质位于基部(图5-32)。在细胞的上表面容易看到纤毛。杯状细胞可能含有粉色至紫色的颗粒。另外,少量的肺泡巨噬细胞、红细胞和白细胞也可能被观察到。黏液在呼吸道样本中可大量存在,呈丝状的嗜酸性物质,但是肺部穿刺样中的黏液量一般较少。如果穿刺得到细胞学形态正常的样本,并不能排除动物患有肺部疾病,因为病变部位可能未被采集,这时应该考虑重新穿刺取样。

### 口咽部污染

口咽部污染的情况可能在呼吸道采样时出现。这在细胞学上表现为观察到成熟的角质化鳞状上皮上"涂"有不同种类的细菌,包括口咽中常见的正常菌群——西蒙斯菌(图5-4A&B)。中性粒细胞也是一种在口腔中较为常见的细胞,尤其是与牙科疾病相关。如果发现呼吸道样本出现口咽污染,则此样本不具有诊断意义,因为其炎症来源不可确定。在极少的情况下,被口咽污染的样本可以提示某些生物性过程,例如穿刺到口咽部或者支气管食管瘘(Burton et al.,1992)。为了区分这些不同的过程,应当进行重复操作以尽量减少口咽污染。

### 气管支气管及肺部炎症

炎症可划分为急性中性粒细胞性、慢性混合性、慢性、嗜酸性、出血性和肿瘤性等(Hawkins and DeNicola,1990)。炎症细胞的种类取决于诱发炎症的原因。中性粒细胞和嗜酸性粒细胞多见于急性炎症,如同时伴有巨噬细胞和淋巴细胞增多,则提示慢性炎症。肺实质炎症主要可观察到中性粒细胞、嗜酸性粒细胞、肺泡巨噬细胞、上皮样巨噬细胞或混合细胞群。炎症的类型可能提示一个特定疾病过程(例如大量的嗜酸性粒细胞常见于过敏性疾病)或病因(例如真菌感染造成的肉芽肿性炎症)。黏液增多并不是一个特异性的征象,这可能和传染性或非传染性病因有关。

### 慢性炎症

很多原因可引起犬猫的慢性支气管炎,包括先天性呼吸道结构异常、纤毛功能异常、寄生虫感染、病毒或细菌感染、吸入有毒物质(例如烟)等(Padrid and Amis,1992)。在慢性炎症中,巨噬细胞被激活,呈现双核或多核,胞质高度液泡化。炎症表现和诱发因素相关,但最常见的还是化脓性炎症。另外,在慢性炎症中还可观察到上皮细胞和杯状细胞增生以及黏液增多。

炎症过程中,上皮细胞增生是一种非特异性的变化,上皮细胞呈现大小不等和深嗜碱性特性。杯状细胞增生也可见于呼吸道炎症。增多的黏液在细胞学上可浓缩形成紧密的螺旋线圈状,这种形状也成为库什曼螺旋,外观类似于瓶刷(图5-33A&B)。这是小气道疾病的特点。(框5-2)(Rebar et al.,1992)。

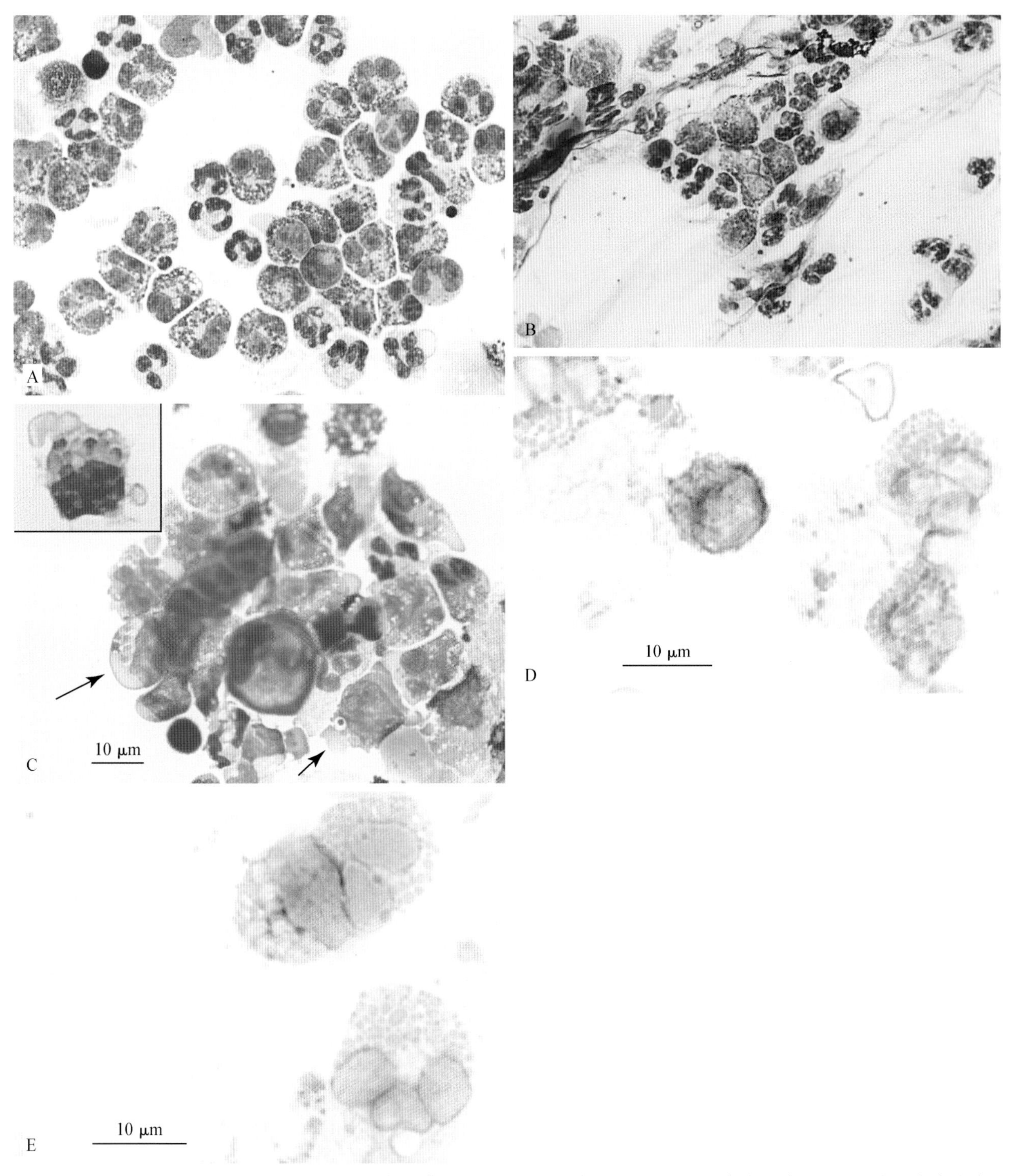


■ 图 5-31 **嗜酸性粒细胞。TTW。A.** 一次犬的气管灌洗所得到的大量嗜酸性粒细胞。注意有些嗜酸性粒细胞的核分叶减少，导致细胞核呈豆状或圆形。(瑞-吉氏染色；高倍油镜)**B.** 当嗜酸性粒细胞淹没于大量黏液中时，染色不充分。注意将嗜酸性粒细胞中较暗的颗粒与图 A 进行比较。(瑞-吉氏染色；高倍油镜.)**C. 细胞混合性炎症 有球形白细胞。C-E 为同一病犬的气管冲洗液经离心制成的细胞学片。C.** 大量嗜酸性粒细胞以及少量嗜中性粒细胞、淋巴细胞和球状白细胞(小图和箭号)。病犬表现为持续打喷嚏和咳嗽。(改良瑞氏染色；高倍油镜)**D. 球形白细胞 免疫细胞化学。**可以观察到球形白细胞与抗 CD-3 抗体呈阳性结合反应，而嗜酸性粒细胞则呈阴性结合反应。(AEC/苏木精染色；高倍油镜)**E. 球形白细胞。免疫细胞化学。**与抗 CD-8α 抗体结合反应，视野中有两个呈阳性结合反应的嗜酸性粒细胞和一个呈阴性反应的球形嗜中性粒细胞。(AEC/苏木精染色；高倍油镜)。(C 由普渡大学的 Sara Conolly 提供。D 和 E 由普渡大学的 Rose Raskin 提供)

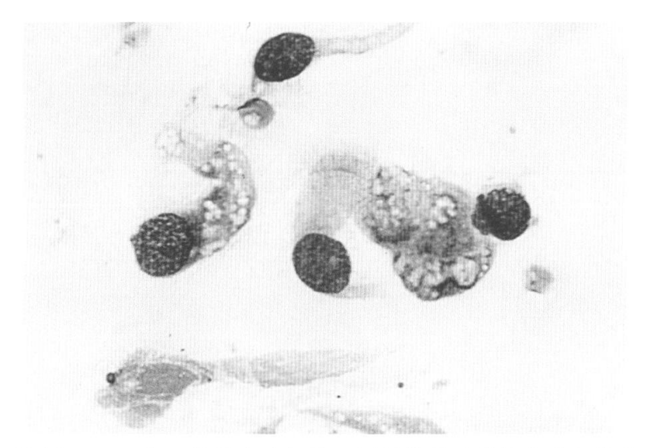

■ 图 5-32 **上呼吸道上皮细胞。**图示的纤毛柱状上皮细胞和杯状细胞是在气管、支气管或大细支气管中常见的细胞。上皮细胞在小细支气管中变成了立方形。图中显示了两个灰蓝色，胞质中含泡沫的正在分泌黏液的细胞。(瑞-吉氏染色；高倍油镜)

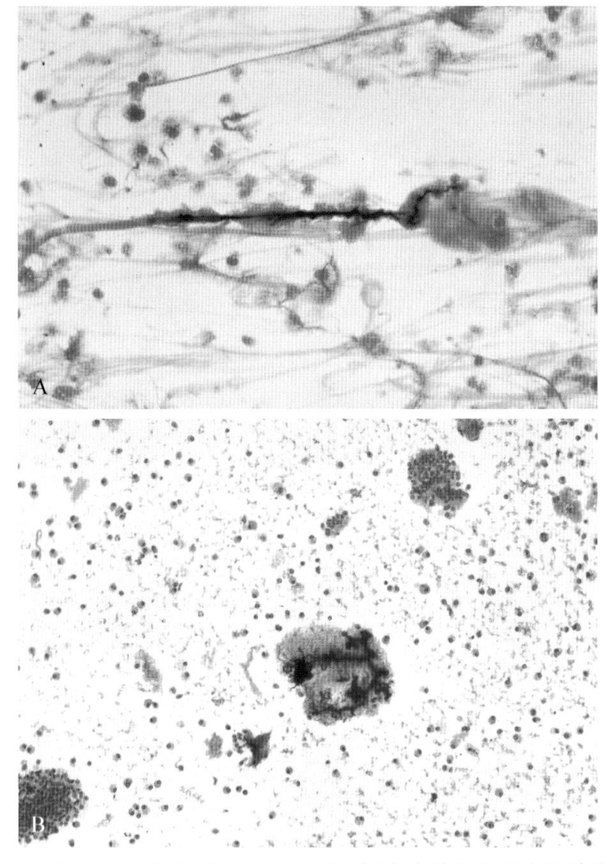

■ 图 5-33 **库什曼螺旋。A. TTW。**轻度嗜碱性的黏液和单核细胞出现在背景中。浓缩的黏液形成明显的丝状，外观类似于瓶刷。这些螺旋常见于慢性炎症如慢性支气管炎。(瑞-吉氏染色；高倍油镜)**B. BAL。**在嗜酸性黏液和细胞的背景中，出现了深嗜碱性的黏液。

## 化脓性炎症

中性粒细胞是化脓性炎症过程的主要炎性细胞。中性粒细胞在急慢性炎症中均可出现。当中性粒细胞是主要炎性细胞时，应该进一步仔细检查样本中的病原体，尤其是中性粒细胞出现退化像时(图 5-34A&B)。退化的或者核溶解的中性粒细胞，其核肿大、染色浅，并没有正常成熟中性粒细胞的分叶特征。核溶解是毒性物质的作用或者由胞内酶释放造成。如果采集到的样品未及时处理，则胞内酶就会释放并造成中性粒细胞的退化。尤其是缺乏细菌与之共存的中心粒细胞更容易发生核溶解。但是，我们仍然推荐对所有发生核溶解的样品进行培养以确定病原体。

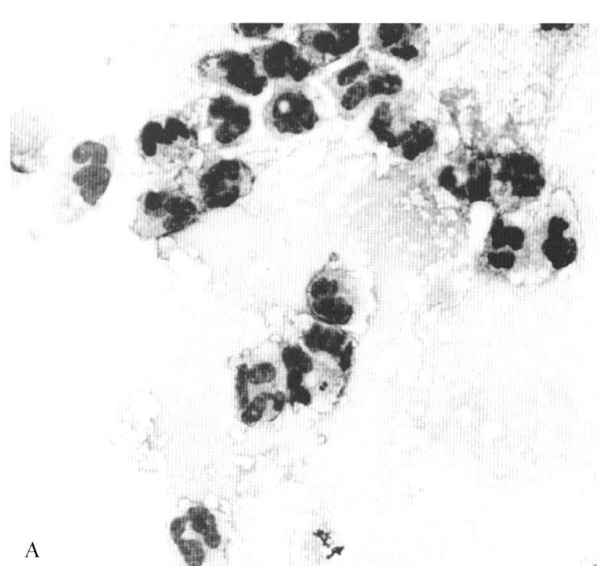

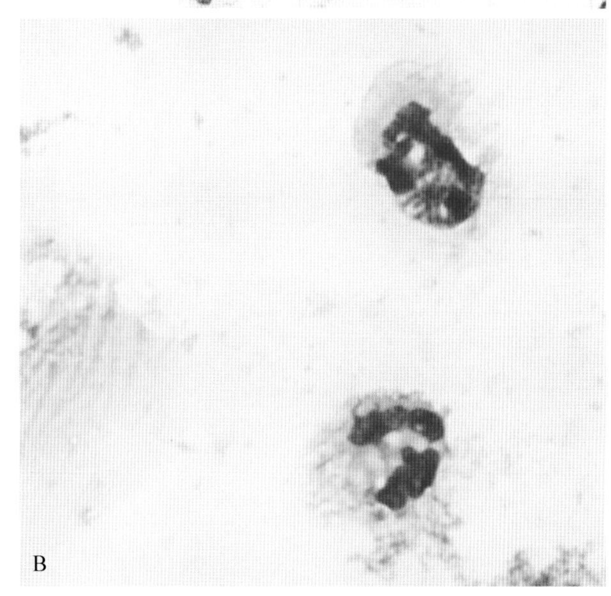

■ 图 5-34 **化脓性炎症。BAL。A.** 样品来自一只患有气管支气管炎的病犬。大量形态完整的嗜中性粒细胞，其中少数含有胞内球菌(箭号)。背景中大量流动的嗜酸性黏液。(瑞-吉氏染色；低倍镜)**B.** 样品来自一只患有气管支气管炎的病犬。样本中细胞含量低，但是可观察到退化的中性粒细胞中的胞内菌。(瑞-吉氏染色；低倍镜)

中性粒细胞增多也可由非感染性因素引起。例如肿瘤以及吸入钡或硫糖铝(图 5-35A-C)造成的异物性肺炎(Colledge et al.，2013)。中性粒细胞的增多在首次 BAL 中就能观察到，这与中性粒细胞和呼吸道上皮细胞的黏合度有关(Hawkins et al.，1994)，并且其绝对和相对数量会随着 BAL 和 TTW 的进行而上升。

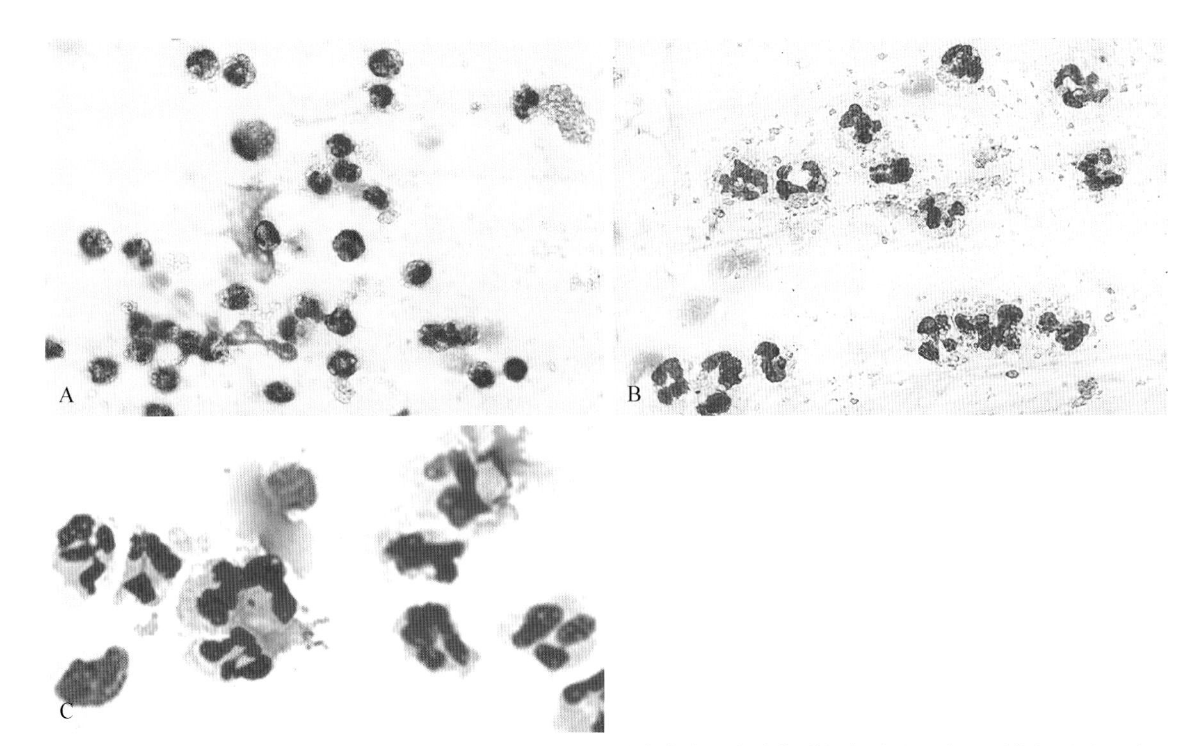

■ 图 5-35　**异物反应与化脓性炎症。A 和 B 为同一病例。A. 犬的痰涂片。**在消化道钡餐造影后发生异物性肺炎。大量细胞内包含黄绿色折光的水晶物质，且相似的物质在背景中也可发现。（瑞-吉氏染色；高倍油镜）。**B. 钡吸入肺。**在退化的中性粒细胞中可观察到明显的黄绿色折光的水晶物质。（瑞-吉氏染色；高倍油镜）（A 和 B 由佛罗里达大学的 Rose Raskin 提供）**C. 犬。硫糖铝吸入肺。气管冲洗液。**在吸入硫糖铝悬浮片剂后，中性粒细胞内出现无定形或有棱角、折光、灰蓝色的物质。（改良瑞氏染色；高倍油镜）。（C 由普渡大学的 Sarah Johnson 提供）

## 巨噬细胞性和混合性炎症

肺泡巨噬细胞通常出现在急性或慢性炎症中，并且可能是主要的细胞类型（图 5-36）。这些细胞体积大，胞质中除了含有丰富的蓝灰色泡沫，还经常包含液泡和被吞噬的物质。识别肺泡巨噬细胞的一个关键特性是细胞核的位置偏离中心，通常呈圆形、椭圆形。而在慢性疾病中，还可发现双核和多核肺泡巨噬细胞。中性粒细胞和巨噬细胞经常混合出现在非感染性肺疾病中，如吸入性肺炎、肺叶扭转或继发于肿瘤病变的肺坏死。

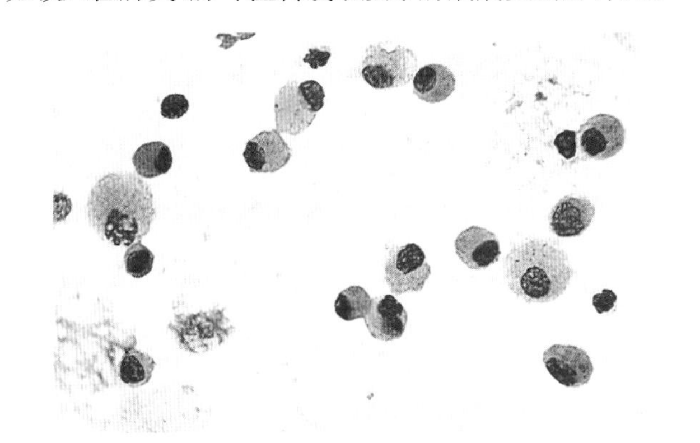

■ 图 5-36　**猫。巨噬细胞性炎症。BAL。**这个诊断性的操作是用于排除在肺部的活跃性炎症。细胞类型以巨噬细胞为主，细胞特性为其偏离中心的细胞核。胞质灰蓝色，一些细胞内还含有明显颗粒。这些后来被证实为被普鲁士蓝染色的铁，并据此提示慢性出血的发生（图 5-50B&C）。（瑞-吉氏染色；高倍油镜）。（由佛罗里达大学的 Rose Raskin 提供）。

类脂性肺炎在犬猫中罕见。这种疾病分为外源类脂性肺炎和内源类脂性肺炎。外源类脂性肺炎由吸入的脂肪或油引起，而内源类脂性肺炎与吸入体外物质无关（Dungworth，1993；Lopez，2000）。内源类脂性肺炎虽然很少发生，但在犬（Raya et al.，2006）和猫（Jerram et al.，1998；Jones et al.，2000）中均有过报道。临床上，内源类脂性肺炎的症状包括呼吸困难、咳嗽和黏痰，但患病动物也可能无症状（Raya et al.，2006）。此病的诊断可依赖 X 线检查、痰液检查、肺部穿刺、CT 和 BAL。苏丹 IV 染色可使得巨噬细胞内富含脂质的液泡呈现明亮的颜色。组织学检查可见多病灶间质性肺炎，其特点是间质纤维化，巨噬细胞大量堆积，淋巴细胞和少量中性粒细胞存在于肺泡内。同时可能观察到多核巨细胞和大量增殖的Ⅱ型肺泡壁细胞（Raya et al.，2006）。该病的病因尚不明确，但是怀疑和气道阻塞的病因有关。慢性支气管炎、支气管癌、犬心丝虫病均可能与犬猫的内源类脂性肺炎并发（Jerram et al.，1998；Jones et al.，2000；Raya et al.，2006）。

## 肉芽肿性炎症

肉芽肿性炎症在细胞学上的特点是可观察到上皮样巨噬细胞和多核巨细胞。上皮样巨噬细胞为灰蓝色至粉红色，具有丰满、圆形、清晰的胞质界限（图

5-37A)。细胞通常聚集到一起,故称之为“上皮样”巨噬细胞。除了少量的浆细胞、淋巴细胞和嗜酸性粒细胞,中性粒细胞也可能出现(化脓性肉芽肿性炎症)。肉芽肿性炎症和化脓性肉芽肿性炎症常见于真菌感染,例如芽生菌病(图 5-37B),球孢子菌病和曲霉菌病。另外,硫酸钡出现在肺实质可能引发相同的反应。硫酸钡(图 5-35A&B)在巨噬细胞内呈现为折光的绿色物质(Nunez Ochoa et al. ,1993)。

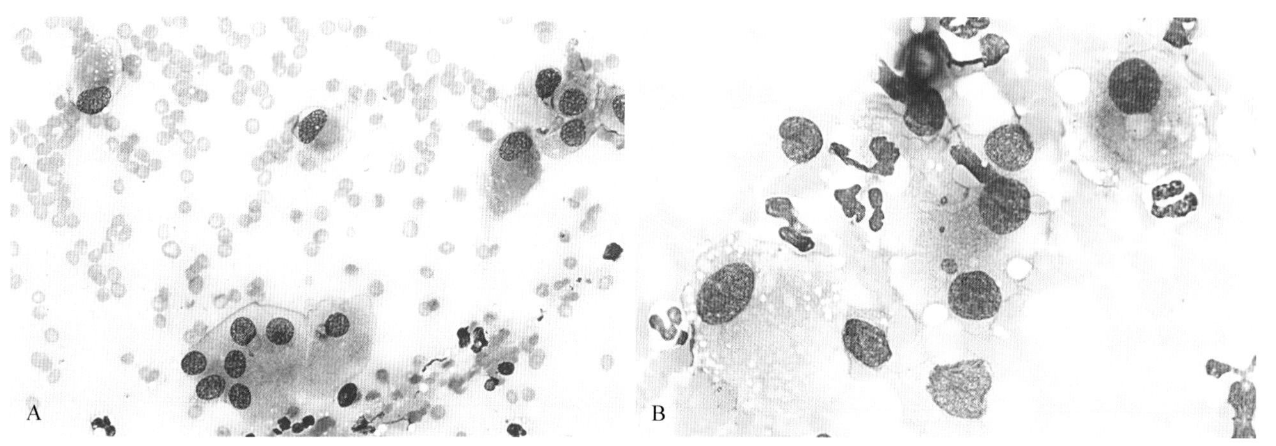


■ 图 5-37 **犬。肉芽肿性炎症。肺部穿刺。A-B 为同一病例。A.** 图中有一个多核巨细胞以及数个含有大量灰蓝色胞质且胞质界限清晰的上皮样巨噬细胞。(瑞-吉氏染色;高倍油镜)。**B.** 穿刺样中包含上皮样巨噬细胞和芽生菌的胞外酵母形式。(瑞-吉氏染色;高倍油镜)。(A 和 B 由佛罗里达大学的 Rose Raskin 提供)

### 嗜酸性粒细胞性炎症

过敏性支气管炎或哮喘的临床症状包括咳嗽、气管敏感性增加以及听诊时听到的喀拉音和喘气音。在细胞学上,此病的特点是 TTW 或 BAL 液体中的黏液增多,出现库什曼螺旋和嗜酸性粒细胞的增多以及出现数量不定的巨噬细胞、中性粒细胞和肥大细胞(图 5-38A)。TTW/BAL 液体中嗜酸性粒细胞的增多可见于嗜酸性肉芽肿、曲霉菌病、肿瘤以及细菌性肺炎(极少见到)(Johnson and Vernau,2011)。

正常情况下,嗜酸性粒细胞在肺样本中的数量是很少的(<5%)。当嗜酸性粒细胞数量占所有有核细胞的百分数超过 10%时,则应该考虑过敏、寄生虫病或浸润过程的发生(图 5-38B)。肺内的嗜酸性粒细胞增多不一定伴随着血液中嗜酸性粒细胞的增多。其他类型的炎症细胞,包括少量的肥大细胞、淋巴细胞和浆细胞也可在嗜酸性炎症中见到。偶尔可见犬猫肿瘤相关组织的嗜酸性粒细胞增多,其中大多数和恶性肿瘤相关。犬的肺嗜酸性肉芽肿是一种以肺实质受到嗜酸性粒细胞浸润为特征的综合征(Calvert et al. ,1988)。其病因尚不明确,但可以确定和犬心丝虫感染无关。犬可发生肺的弥漫性间质浸润或团块的分离,这两种情况下的细胞学征象都是相似的,有大量的嗜酸性粒细胞,其他数量不等的细胞包括巨噬细胞、嗜中性粒细胞、浆细胞和嗜碱性粒细胞(图 5-38C)。此类表现容易与淋巴性肉芽肿相混淆,作为一种淋巴癌,它和肺的嗜酸性肉芽肿在细胞学上有高度相似性,因此要在组织学上加以区别。

### 气管支气管和肺部疾病的感染性因素

中性粒细胞大量增多可见于细菌、原生动物、病毒和许多真菌的感染。此外,巨噬细胞,淋巴细胞和浆细胞也可能存在。

### 细菌性肺炎

退化性中性粒细胞在细菌性肺炎中是最为常见的(图 5-39 A)。黏液和巨噬细胞也经常会大量出现。在没有口咽污染的情况下,发现胞内菌对细菌性肺炎具有诊断意义。发生肺炎时,可能观察到胞外菌,但不能排除污染所致。因此,胞内菌对确诊此病是必要的。通常观察到的细菌种类比较单一。但是,通过肺部穿刺可能得到多种不同的细菌(Rakich and Latimer,1989)。

如果怀疑是分枝杆菌性肺炎,应在巨噬细胞内仔细检查细长、丝状、负染的细菌(图 5-39B)。虽然大多数细菌性炎症都与化脓性炎症有关,但是分枝杆菌病通常是与肉芽肿性或化脓性肉芽肿性炎症相关。发生该病时,除了中性粒细胞,朗罕氏巨细胞和大型的、胞质边界不清晰的上皮样巨噬细胞也可观察到。常规的细胞学染色不能将分枝杆菌着色,因此难以将其显现出来。然而,仔细查看细胞和背景,便可发现独特的负染细棒状细菌分布于细胞内外。分枝杆菌可在抗酸染色法下显示出来。暹罗猫似乎更容易感染该菌(Jordan et al. ,1994)。在一份犬感染牛结核分

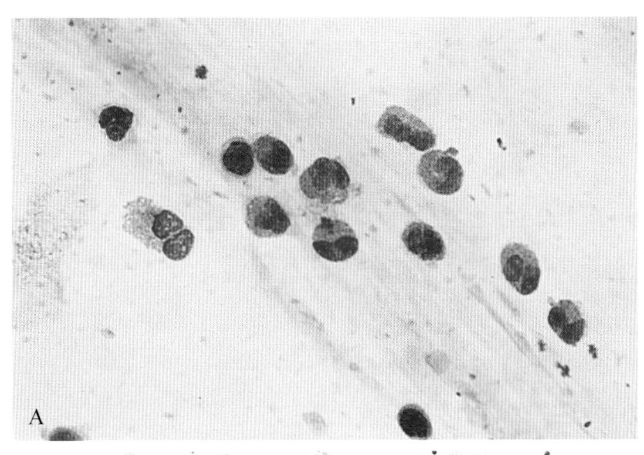


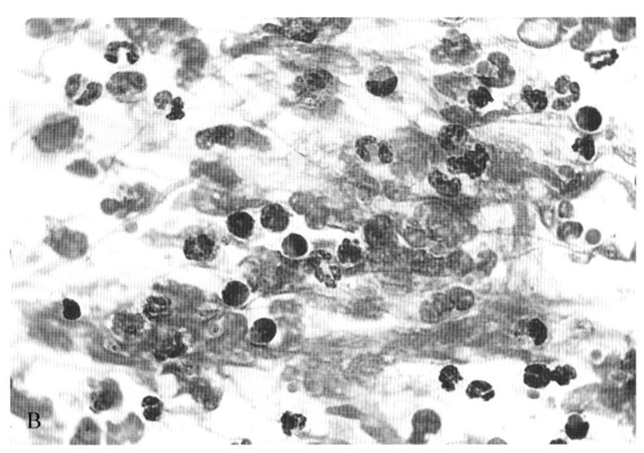


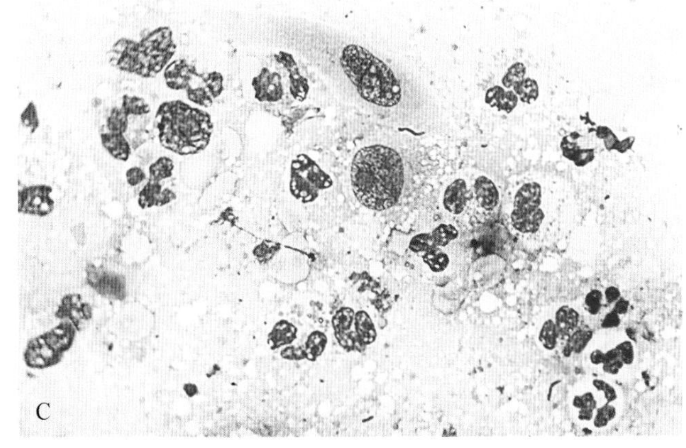


■ 图 5-38 **A. 猫。嗜酸性粒细胞性炎症。BAL。**样本中含大量嗜酸性粒细胞(约占所有细胞数量的 95%),这只猫患有慢性咳嗽,怀疑是由过敏引起的(瑞-吉氏染色;高倍油镜)。**B。犬。嗜酸性粒细胞性炎症。痰涂片。**大量嗜酸性粒细胞被黏液“缠”住,该犬患有心丝虫病,频繁咳嗽。(瑞-吉氏染色;高倍油镜)。**C. 犬。嗜酸性肉芽肿。支气管分泌液涂片。**不同种类的炎性细胞,大量的嗜酸性粒细胞和少量的嗜中性粒细胞、单核细胞以及一个纤维母细胞(上部中央)。对肺组织的病理学检查验证了此诊断。(水罗氏染色;高倍油镜)。(A 和 B 由佛罗里达大学的 Rose Raskin 提供,C 的玻片材料由德州农工大学的 Ruanna Gossett 和 Jennifer Thomas 提供,曾发表在 1992 年的 ASVCP 论文集中)

枝杆菌的报告中,发现了类似于钙化小体的物质以及干酪样气管分泌物(Bauer et al. ,2004)。这与在人类中的发现类似,病人的肺结核被描述为球状、类脂、层层圆形包裹的结构,并且和含蛋白质的黏液混杂在一起,用硝酸银可对钙进行染色。肺的细菌感染可能是原发性的,但较常继发于病毒感染、黏膜刺激以及黏膜纤毛的清除功能降低时(Anderton et al. ,2004),例如炎博德特菌的感染(图 5-39C)、真菌感染和肿瘤。在需要辅助正压通气的犬猫的肺中曾发现过肠源性革兰氏阴性细菌,这些细菌对常用抗生素耐药(Epstein et al. ,2010)。一般来说,如果发现细菌,则应该进行细菌培养和药敏试验,因为基于形态学的细胞学分类是不可靠的。近来数篇文献报道了在犬舍内革兰氏阳性链球菌兽型亚种的暴发,这种细菌可引起致命的出血性肺炎(Byun et al. ,2009; Priestnall et al. ,2010)。细棒状细菌的存在可提示感染诺卡氏菌属、放线菌属或较为少见的梭菌属。因为这些微生物需要特殊的培养技术,所以这对实验室的要求也相对较高。

从一只 4 月龄幼犬的 TTW 样本中曾发现支原体。样本直接涂片,瑞-吉氏染色后发现少量到中等数量的,黏附于上皮细胞的小嗜碱性球菌状结构(直径 0.3～0.9 μm)(Williams et al. ,2006)。传染性的肺炎在猫上少见(图 5-39D)。猫在患有传染性肺炎时可能不表现临床症状,并且其病原体呈现多样化。其中细菌感染占到 50%,病毒感染占到 25%,剩下的包括真菌、原生动物、寄生虫感染或混合感染。在发生系统性的感染后,CBC 和胸腔 X 线可能仍表现正常。因此,当检测到其他器官或系统的感染后,临床医生应当用诸如 BAL 等技术评估呼吸道的健康状况(Macdonald et al. ,2003)。

尽管鼠疫杆菌很少见于呼吸道,但是肺鼠疫在猫和人具有很高的共患可能性。因此对此病原体的确定是很重要的。鼠疫杆菌为革兰氏阴性杆菌,细胞学上可见两极浓染,在胞内外均可出现,同时伴有大量退行性中性粒细胞。肺鼠疫约占所有猫病例的 10%,且不一定伴有腹股沟淋巴结炎症(Eidson et al. ,1991)。

犬在感染钩端螺旋体后也可能发展为类似于人的出血性肺炎。虽然尚无其细胞学的报道,但在组织病理学上,这些病例表现为肺出血,最小的血管外的纤维蛋白以及无炎症细胞浸润。

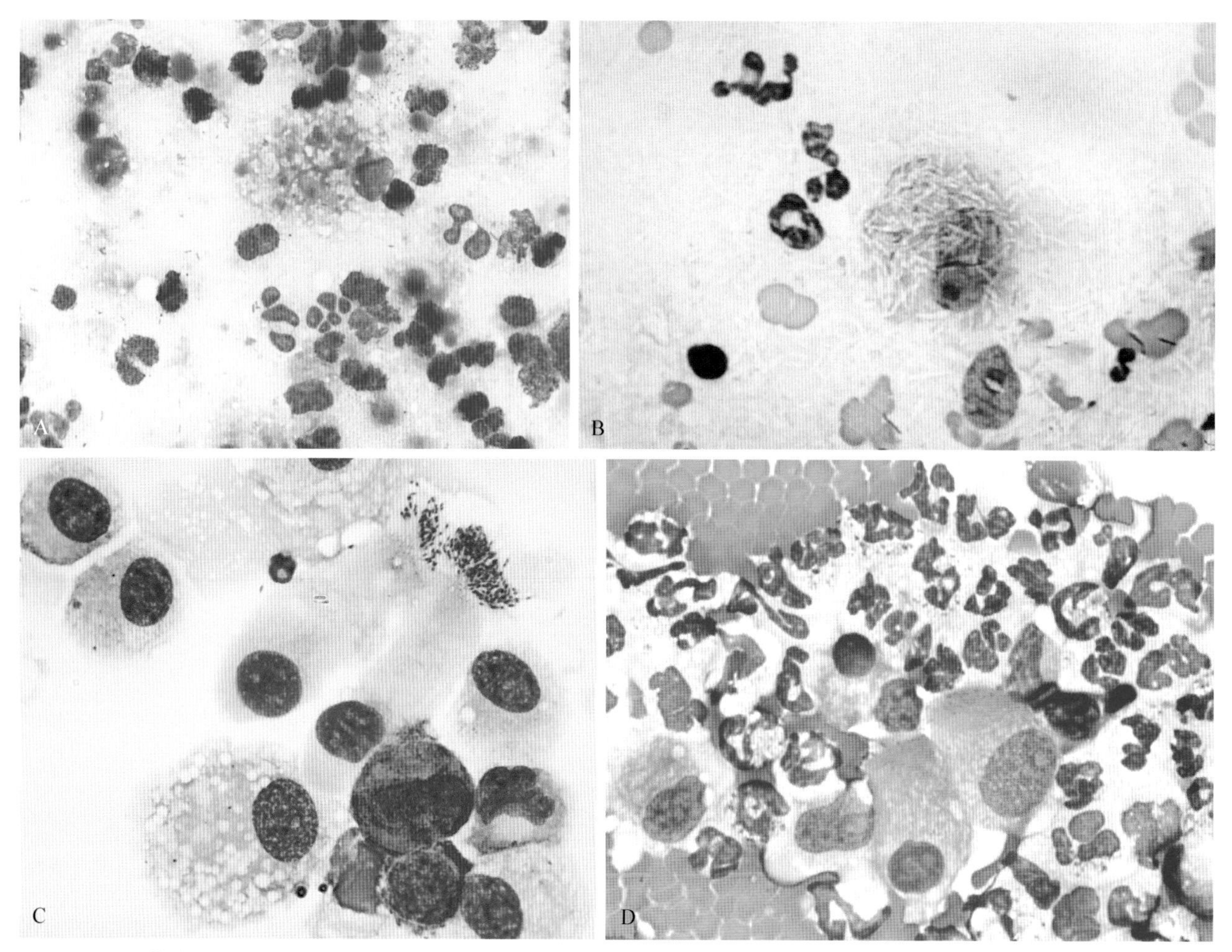


■ 图 5-39 **细菌性败血症。A. 感染性肺炎。肺部穿刺。**大量的退化性中性粒细胞，且胞内外均可发现短杆状细菌。坏死型背景。视野中央上方有一个大的巨噬细胞。**B. 结核分枝杆菌感染。**负染法，胞内外的杆状细菌即为结核分枝杆菌。(瑞-吉氏染色；高倍油镜)。**C. 博德氏杆菌感染。BAL。**暗染的短棒状支气管炎博德特菌紧紧黏附在柱状上皮细胞的纤毛上。(瑞氏染色；高倍油镜)。**D. 猫。支原体感染。BAL。**存在于中性粒细胞内的细菌被PCR方法确认为支原体。视野中央有两个具有纤毛的呼吸道上皮细胞。(瑞氏染色；高倍油镜)。(D由TDDS的Andrew Torrance提供)。

### 病毒性肺炎

病毒感染也伴有嗜中性粒细胞性炎症。尽管这通常是由继发的细菌感染造成的，但是单纯的病毒也可以引起嗜中性粒细胞的绝对或相对数量上升。猫在感染FIV后，其总细胞数会明显上升，并且在BAL液中的相对嗜中性粒细胞数也上升(Hawkins et al.，1996)。犬瘟热和犬腺病毒是犬最常感染的病毒，对怀疑病例应该仔细检查病毒包涵体。病毒包涵体通常出现在呼吸道上皮细胞内，且和临床表现一致。犬瘟热病毒包涵体在甲醇罗曼诺夫斯基染色后呈嗜酸性，大小不一，可能在核内或胞质内(图5-40)。该种包涵体可在其他多种细胞内观察到，包括巨噬细胞、淋巴细胞、红细胞和上皮细胞。并且它们可在肺组织中持续存在超过6周。感染犬腺病毒2型时，最常在细支气管的上皮细胞内发现体积大、双嗜性或嗜碱性的包涵体。在肺组织内的嗜酸性核内病毒包涵体可能在犬急性感染疱疹病毒时观察到，但是这些包涵体更多是出现在鼻呼吸道上皮细胞。

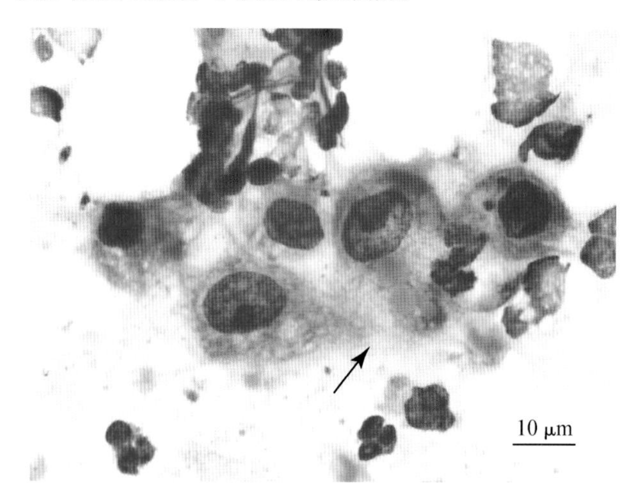


■ 图 5-40 **犬。犬瘟热包涵体。肺脏压片。**在巨噬细胞(箭头)内有犬瘟热包涵体。在背景中还有几个体型大的、较暗的椭圆形弓形虫速殖子。(甲醇罗曼诺夫斯基染色；高倍油镜)。(由俄克拉荷马州立大学的Ron Tyler和Rick Cowell提供，曾发表于1982年的ASVCP病例讨论大会)。

实验室感染和自然感染流感病毒在犬猫上都有

过报道(Crawford et al.,2005; Kuiken et al.,2004);但是实际上其发病机理是有差异性的,造成差异的原因包括毒株、病毒储存部位和宿主因素(Harder and Vahlenkamp,2010)。

### 原生动物性肺炎

刚地弓形虫是一种能引起犬猫间质性肺炎的原生动物。在TTW和BAL样本中可以发现增多的未退化的嗜中性粒细胞。刚地弓形虫的速殖子长1~4 μm,呈月牙形,胞质轻度嗜碱性,核异染(图5-41A&B)(框5-1),可在胞内(尤其是巨噬细胞内)和胞外发现,在TTW和BAL样本中也偶尔可能收集到(Bernsteen et al.,1999; Hawkins et al.,1997)。不过,因为弓形虫造成的是间质性肺炎,而上述操作是针对于气道的,所以通常难以收集到弓形虫,除非病情严重。这样一来,就不能在患病动物体内未曾发现弓形虫时否定其感染可能。例如,曾有一例感染弓形虫的猫,在肺部穿刺后用免疫组化法染色,得到的是阴性结果(Poitout et al.,1998)。

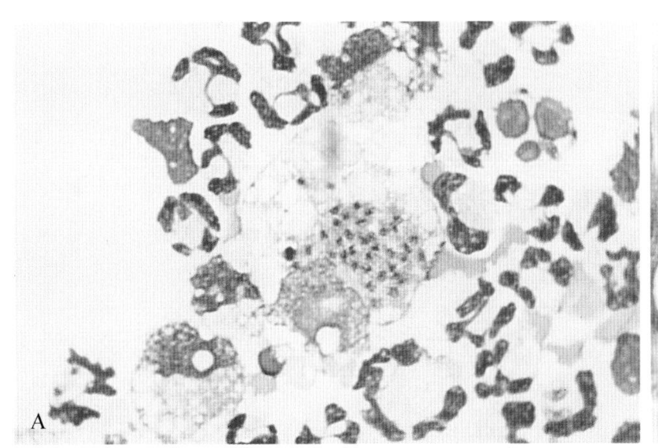


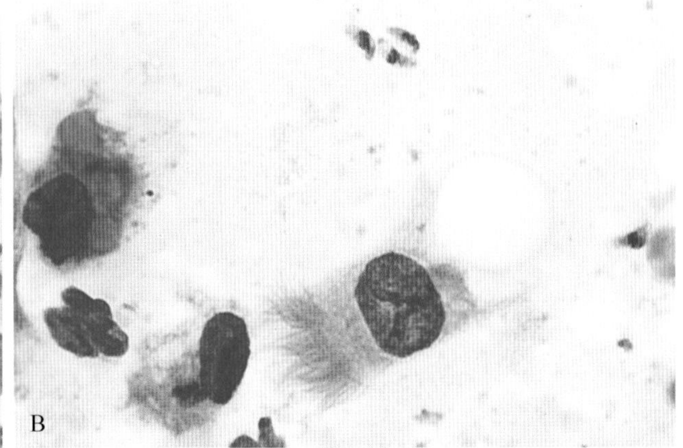


■ 图5-41 **弓形虫病。A. 组织穿刺。**刚地弓形虫感染后出现的混合性炎症。在巨噬细胞内存在大量速殖子。嗜中性粒细胞轻度退化。(瑞-吉氏染色;高倍油镜)**B. 犬。肺脏压片。**与图5-40属于同一病例。香蕉形状且中心含有异染核的即典型的刚地弓形虫速殖子。这与新孢子虫的速殖子相似,可用免疫组化的方法加以区别。(甲醇罗曼诺夫斯基染色;高倍油镜)

年龄不到1岁的犬更容易感染犬新孢子虫,并且表现为渐进性、严重的全身症状,甚至导致瘫痪。年龄更大的犬感染则一般表现为系统性的损伤,包括肺炎和肺部的严重浸润(Greig et al.,1995; Ruehlmann et al.,1995)。肺部穿刺检查可观察到炎症反应,包括嗜中性粒细胞、巨噬细胞、淋巴细胞、浆细胞以及存在于嗜酸性粒细胞胞内或胞外的速殖子。这种速殖子难以和刚地弓形虫的速殖子相区别,因为两种速殖子都是长1~5 μm,宽5~7 μm,椭圆形、月牙形、中央有异染的核以及轻度嗜碱性的胞浆(图5-42A&B)(框5-1)。

首次确诊肉孢子虫感染是在一只患有嗜酸性肉芽肿性肺炎的犬上,其免疫组织化学染色呈现强烈的反应,并且和DNA测序结果一致(图5-43A&B)。如果摄食了寄生于浣熊和臭鼬等中间宿主肌肉中的肉孢子,或者被肉孢子污染的水源、土壤、草,那么负鼠等终末宿主就会被感染(Dubey et al.,2006)。肉孢子裂殖子(长2~5 μm)的花瓣状径向排列(图5-43A)在弓形虫和新孢子虫裂殖子中并未出现,并且裂殖体(图5-43B)的直径接近20 μm。

### 真菌性肺炎

系统性的真菌感染传播到肺部时更多集中在肺间质而不是在气道或者肺泡。因此,虽然气道冲洗可能检测到感染真菌(图5-44A&B)(Hawkins and DeNicola,1990),但是肺实质的穿刺可提高检出的敏感性(框5-1)。

皮炎芽生菌是一种双形态的真菌,可感染多种组织。但肺是首次感染最容易侵害的器官。肺损伤包括在肺部分散形成多个大小不等的结节。通常年轻的大型犬易感。在猫,除暹罗猫外其他品种的猫皆不易感。如果病例经X线检查确诊感染,那么通过TTW/BAL便可收集到该病原体(表5-1)。通常,该真菌的酵母形式容易观察到,但罕见的菌丝的阶段也可能会看到。细胞外的酵母形态呈深蓝色、圆形、直径5~20 μm,壁厚且两面凹,颗粒性内部结构(图5-45A)。大面积的出芽也可能被观察到(图5-45B&C)。该芽生菌常聚合在黏液和坏死碎片中,因此可能要进行压片后才能识别该病原。其引发的常见炎症包括嗜酸性肉芽肿性炎症和肉芽肿性炎症。

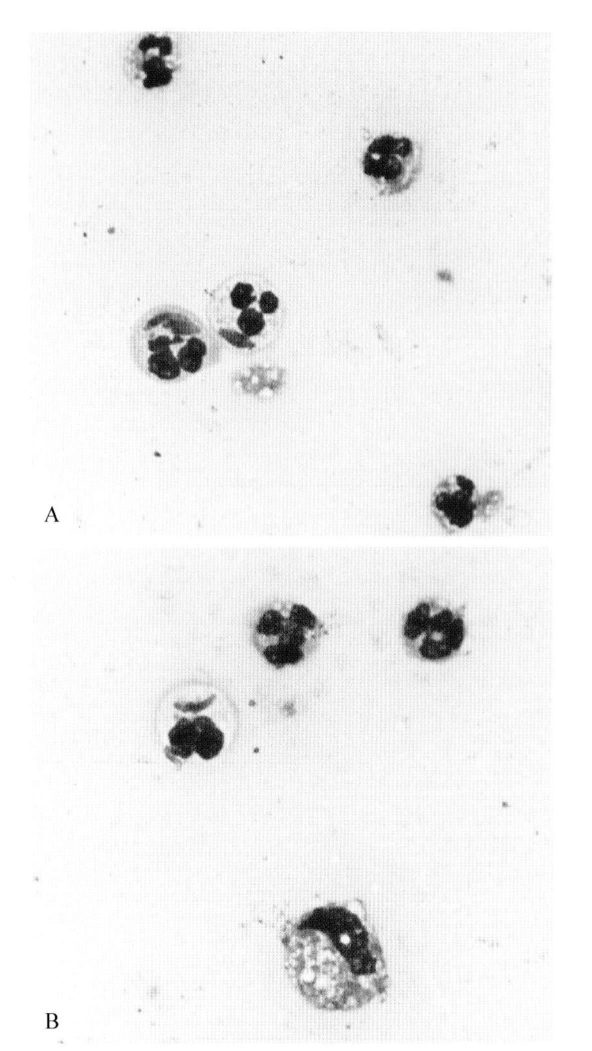


■ 图 5-42 **新孢子虫病。A 和 B 为同一病例。A. 犬。腹水。** 将同为香蕉形状的新孢子虫速殖子和在图 5-41 A 中的刚地弓形虫速殖子进行比较(瑞-吉氏染色;高倍油镜)。**B. 犬。腹水。** 新孢子虫和中性粒细胞,与图 5-41B 中的弓形虫进行比较。(瑞-吉氏染色;高倍油镜)。(A 和 B 由加利福尼亚大学的 Tara Holmberg 等提供,曾在 2004 年的 ASVCP 的病例讨论大会上发表)。

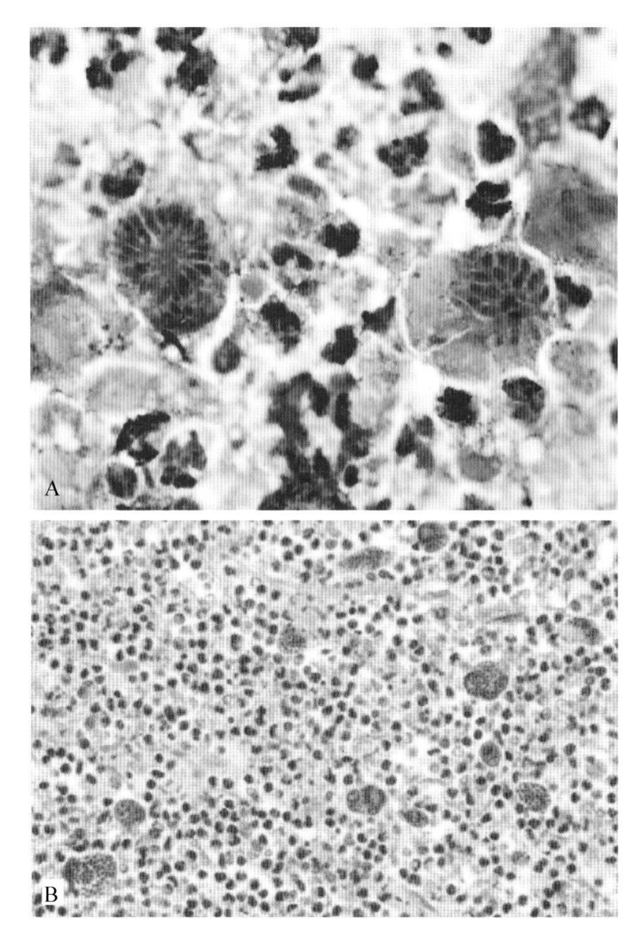


■ 图 5-43 **A 和 B 为同一病例。A. 犬。肉孢子虫裂殖子。肺脏压片。** 注意图中的两个裂殖体,其内部的裂殖子呈放射状、随机的排列。(改良瑞氏染色;高倍油镜)。**B. 犬。肉孢子虫裂殖体。肺脏结节。** 背景中大量嗜中性粒细胞,可明显看到其中的数个裂殖体。其内部的裂殖子呈花瓣状、随机的排列。(H&E 染色;低倍镜)。(图片由密歇根州的 Charlotte Hollinger 提供,曾在 2010 年的 ASCVP 病例讨论大会上发表)

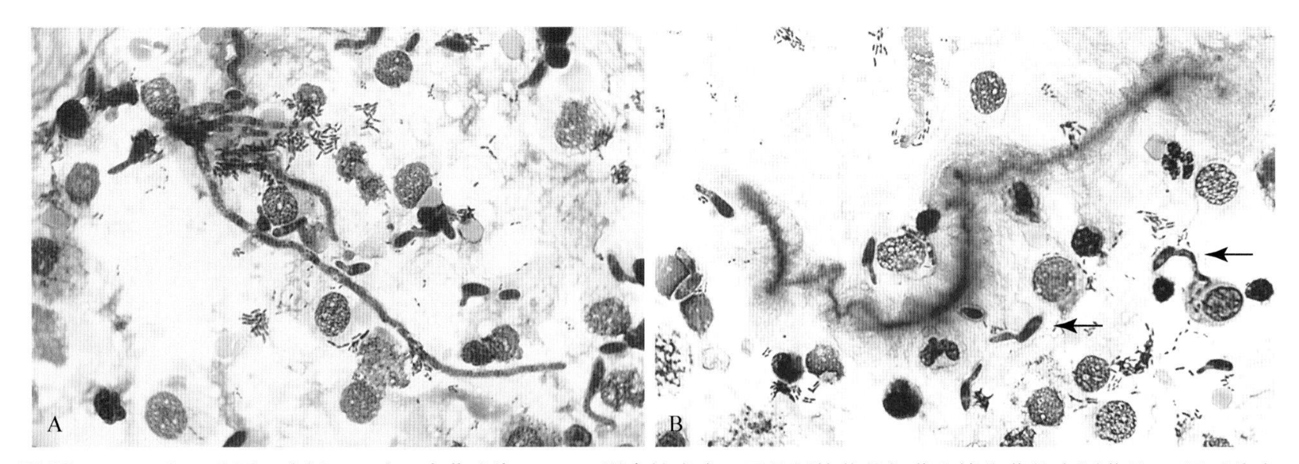


■ 图 5-44 **A 和 B 为同一病例。A. 犬。真菌感染。BAL。** 混合性炎症。可见短棒状的细菌和镰孢菌的有隔菌丝。(罗氏染色;高倍油镜)。**B. 真菌感染和库什曼螺旋。** 在这例慢性真菌感染中,浓缩的黏液呈弯曲的丝状。箭头所指为短菌丝结构。(甲醇罗氏染色;高倍油镜)。(A 和 B 的细胞学片材料由俄亥俄州立大学的 Janice Andrews 等提供,曾在 1991 年的 ASCVP 病例讨论大会上发表)

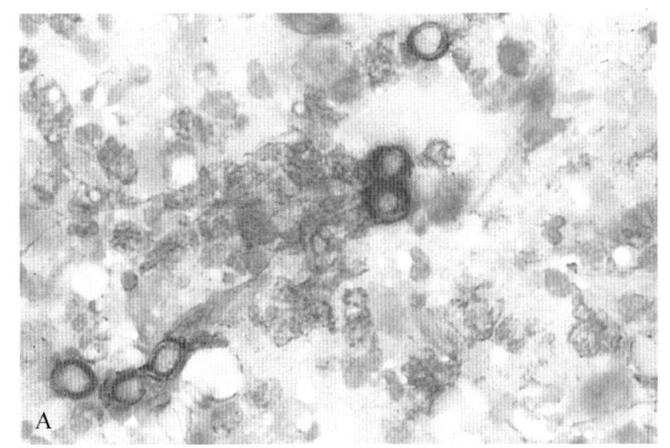


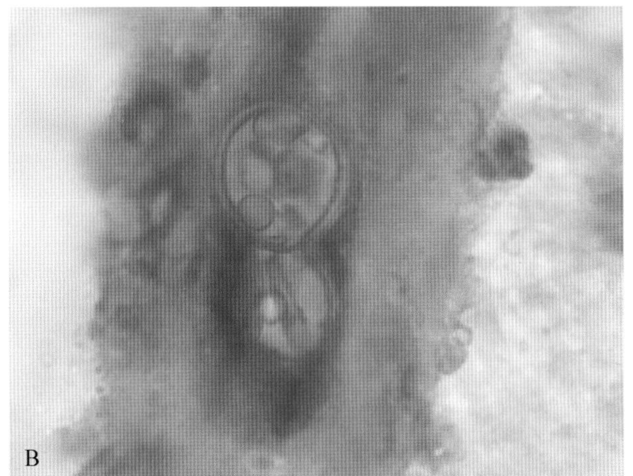


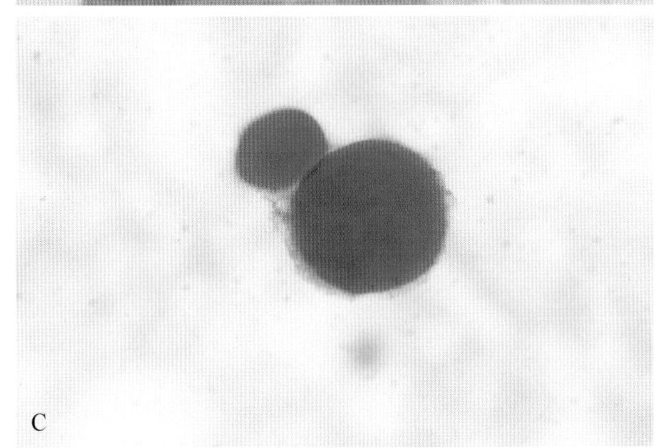


■ 图 5-45　**芽生菌病。A. 组织穿刺。**在坏死细胞的背景中，存在数个大而厚壁，深嗜碱性的酵母形态的皮炎芽生菌。（瑞-吉氏染色；高倍油镜）。**B 和 C 为同一病例。B. 犬　肺脏穿刺。**良好的出芽环境中存在着一个拥有双层厚的荚膜的菌体。（锌亚甲蓝染色；高倍油镜）。**C. 犬　肺脏穿刺。**大面积出芽时可见的雪人形状。（过碘酸雪夫氏染色；高倍油镜）

荚膜组织胞浆菌也是一种感染犬猫的双形态真菌。肺部感染常见于猫。系统性的组织胞浆菌病在犬猫均可发病，但是肺部的自限性组织胞浆菌病则主要发生于犬。该真菌为小的、似酵母的生物，圆形到椭圆形，直径 1～4 μm，紫色的细胞核和轻嗜碱性的原生质被一薄而清晰的光圈包围（图 5-46）。除了在胞外，该真菌还可见于巨噬细胞和嗜中性粒细胞内。组织胞浆菌的感染也会导致嗜酸性肉芽肿性炎症。

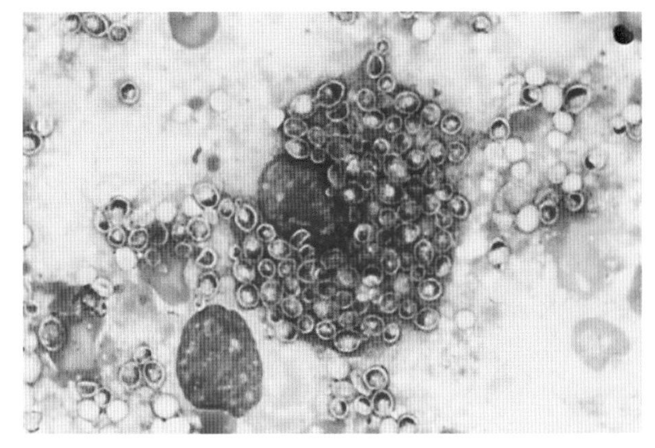

■ 图 5-46　**荚膜组织胞浆病。组织穿刺。**一个巨噬细胞被大量的荚膜组织胞浆菌填满，此外仍有许多菌体散落在背景中。注意小的、荚膜薄的是酵母形态。（瑞-吉氏染色；高倍油镜）

粗球孢子菌最先是在干旱地区发现的一种呼吸道病原体。流行地域内的动物容易感染，但是其临床症状的发展不同于其他一般病原体。一旦感染肺部，则易发生广泛性的传播，尤其是犬，其中拳师犬和杜宾犬更有被传染的倾向。直到最近，猫仍被认为是对球孢子菌感染有较强抵抗力的物种。但是近来更多流行地域的病例表明，猫也有感染并表现临床症状的倾向，其中表现出呼吸道症状的猫接近所有感染猫数量的 25％（Greene and Troy，1995）。球孢子菌病也可能表现嗜酸性肉芽肿性炎症和肉芽肿性炎症。粗球孢子菌小球（孢子囊）是在细胞外见到的大型微生物（图 5-47）。该孢子囊的在罗曼诺夫斯基染色后，大小为 10～100 μm，细胞壁厚、波浪状，胞质呈蓝绿色细颗粒状。少数情况下，也可在胞内观察到小的内孢子，其大小为 2～5 μm。观察粗球孢子菌在湿涂片下更为方便，因为固定和染色的过程会使其收缩和变形。由于粗球孢子菌在体内的数量较少，所以一般需要制备多个细胞学片以检查其是否存在。而常用的 TTW 或者 BAL 几乎不能发现它们。基于该病原体的大体型，用物镜（例如 10×）进行观察是一种很好的方法。另外，该菌的菌丝在组织中罕见。

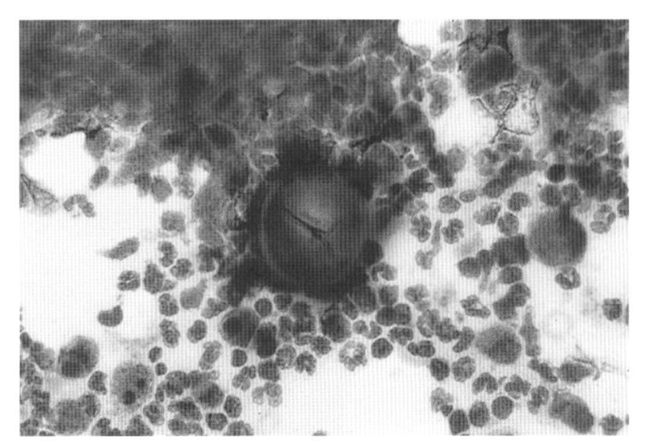

■ 图 5-47　**粗球孢子菌病。组织穿刺。**粗球孢子菌孢子囊拥有厚的、双层波浪状细胞壁。（瑞-吉氏染色；高倍油镜）

隐球菌病常发于鼻腔。但是大约30%的受感染猫也有肺部病变。隐球菌的荚膜为黏蛋白结构。其引起的炎症反应的变化似乎和荚膜的厚度有关。相关内容参见图5-11以及鼻腔隐球菌病部分。

卡氏肺孢子虫病(最好称为肺孢子虫以反应该虫体的犬型变异)最常发于年轻犬,品种主要集中于迷你腊肠犬(Lobetti,2001),在骑士查理王猎犬(English et al.,2001; Sukura et al.,1996; Watson et al.,2006)和一只约克夏梗(Cabanes et al.,2000)中也有发病报道。一些免疫缺陷已经被证明很可能使一些品种的犬更容易感染肺孢子虫,包括低γ-球蛋白血症造成的IgG减少,淋巴细胞增殖减少,B淋巴细胞数目减少等(Lobetti,2000; Watson et al.,2006)。感染该病原体会导致间质性肺炎,在肺泡内可流动着有含丰富泡沫的液体,其中就有营养体和包囊形态。包囊存在于细胞外,直径接近5 μm,包含4~8个圆形、大小1~2 μm的嗜碱性小体(图5-48A-C)。滋养体的形态不定,长度2~7 μm不等(图5-48 B&C)。其诊断可通过形态学方法,格罗克特乌洛托品银染色呈阳性(图5-48D),加上PCR检测阳性即可确诊(Hagiwaraet al.,2001)。

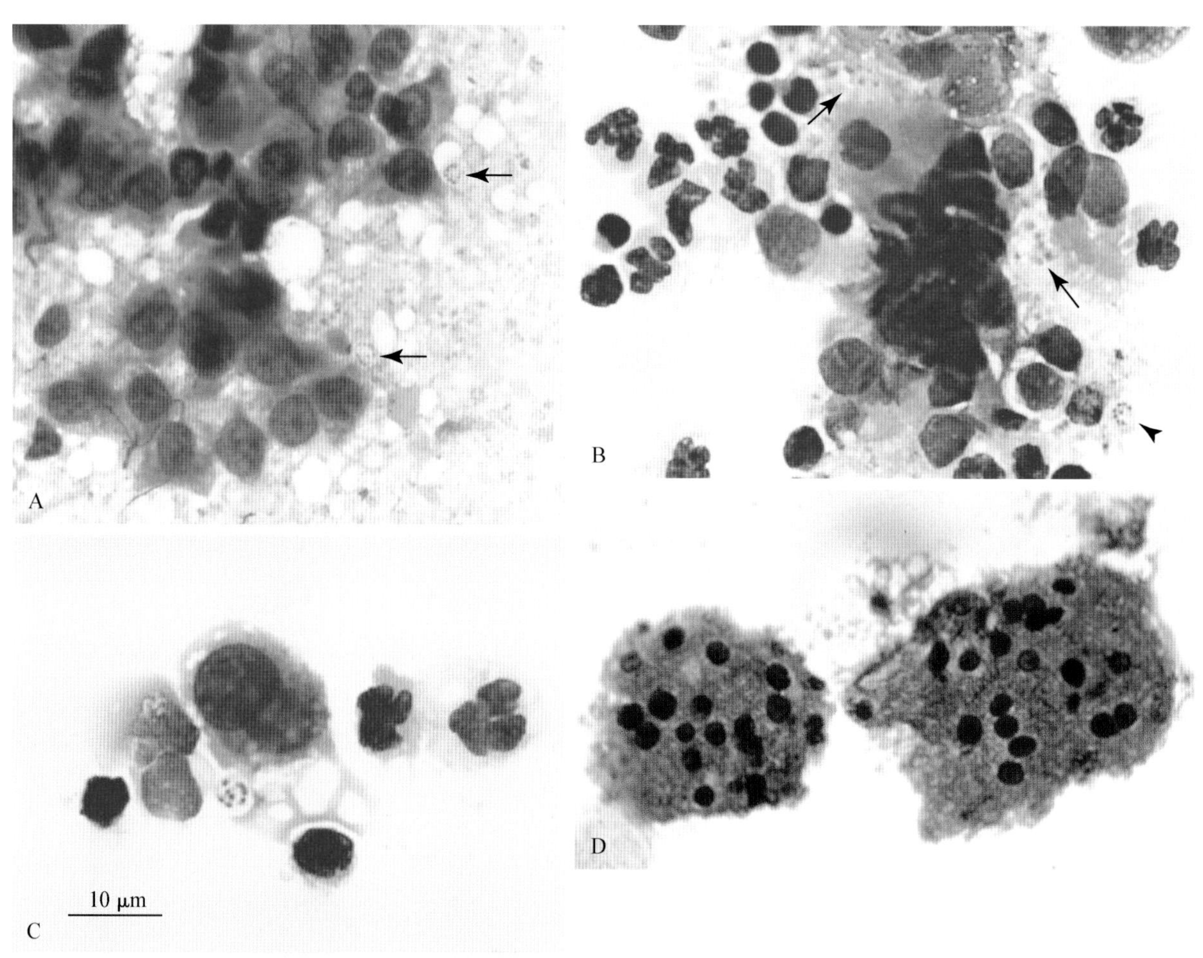


■ 图5-48 **肺孢子虫病。A.犬。肺脏压片。**大群深度嗜碱性的呼吸道上皮细胞与坏死的组织碎片和小(1~2 μm)孢子混合在一起。在细胞群旁边的是数个肺孢子虫的细胞外包囊。包囊(箭号)直径约5 μm,内部含有4~8个围绕成圆形的嗜碱性小体。(瑞-吉氏染色;高倍油镜)。**B和C为同一病例。卡氏肺孢子虫。BAL。**骑士查理士王猎犬。**B.营养体和包囊。**几个单独的和成群的滋养体(箭号)与一个染色浅,含有8个嗜碱性小孢子的包囊(箭头)。(瑞-吉氏染色;高倍油镜)。**C.近拍包囊。**注意直径5 μm的包囊和内部紧密排列的小孢子。(瑞-吉氏染色;高倍油镜)。**D.马。卡氏肺孢子虫包囊。BAL。**在蛋白质细胞碎片内的包囊壁呈染色阳性。(格罗克特乌洛托品银染;高倍油镜)。(A的细胞学片由加利福尼亚大学,戴维斯和爱德士实验室的Tara Holmgberg等提供,曾在2005年的ASVCP病例讨论大会上发表。B和C的细胞学片由英国皇家兽医学院的Kate English等提供,曾在2010年的ASVCP病例讨论大会上发表。D的图片由佛罗里达大学的Amy MacNeil等提供,曾在2001年的ASVCP病例讨论大会上发表)

申克孢子丝菌是一种在犬猫肺实质中罕见的真菌。一旦感染,在猫通常可观察到大量病原体,而在其他物种则相对少见(Crothers et al.,2009)。该真菌呈圆形至雪茄烟形,2 μm×7 μm,外有一薄而清晰的光环,有稍微偏离中心的紫色核和轻度嗜碱性的细胞质。在细胞内外均可观察到。申克孢子丝菌的雪茄形状和组织胞浆菌的形状不同。

马勃菌病或者马勃菇中毒是吸入成熟马勃菇的

孢子所致，此病在北美和欧洲的夏季到晚秋较为常见。这些棕色的蘑菇(图 5-49A)会导致严重的嗜酸性肉芽肿性、化脓性或者高嗜酸性的混合性炎症(图 5-49B&C)，这些炎症可见于气管冲洗液、肺泡冲洗液或者肺部穿刺。马勃菌孢子可在肺的巨噬细胞内或引流淋巴结内被发现，为 3～5 μm 浅绿着色的圆形结构(图 5-49D)，中央部分清晰，细胞壁较薄而暗(Alenghat et al.，2010)。少数严重的病例在停用抗真菌药物后出现糖皮质激素分泌减少，这种情况目前可认为是一种过敏反应(Buckeridge et al.，2011)。

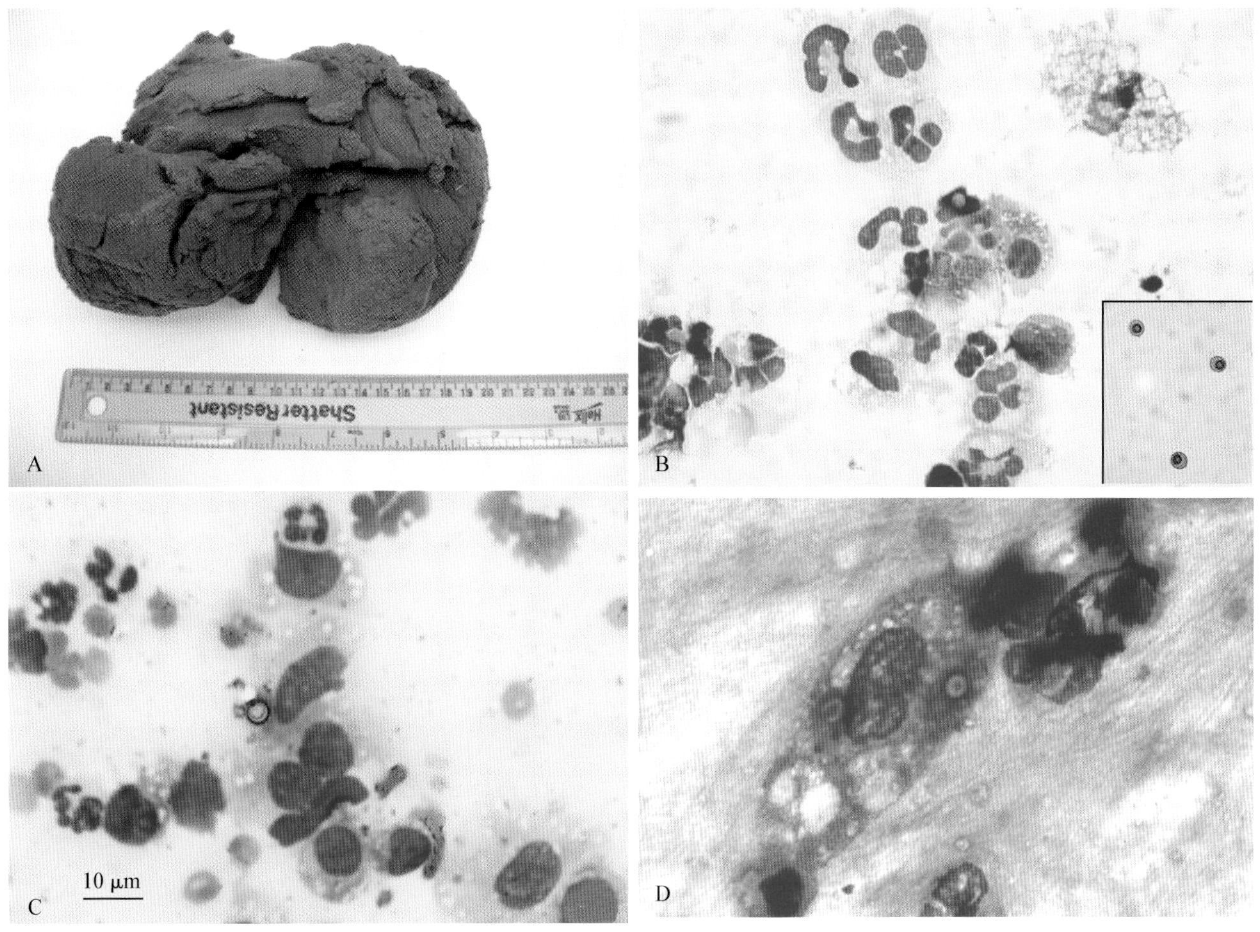


■ 图 5-49　**马勃菇中毒(马勃菌病)。A 和 B 为同一病例。A. 马勃菇。**富含孢子，退化的，橄榄绿色的马勃科大秃马勃标本，它引起了一只腊肠犬的呼吸窘迫。**B. 马勃菌病。BAL。**混合性炎症反应，包括大量的嗜中性粒细胞和相当数量的嗜酸性粒细胞。(瑞氏染色；高倍油镜)插图：近拍从马勃菇上直接采下的黄绿色孢子。(未染色；高倍油镜)**C. 犬。疑似马勃菇中毒。肺脏穿刺。**这只 6 月龄犬已有 4 d 呼吸困难。在 X 线片上可见肺脏内分散的，粟粒状到结节状物质，肺呈间质型。在细胞学上表现为明显的混合性炎症，其中嗜中性粒细胞大多数没有退化。一个巨噬细胞内含有一个圆形绿色孢子。仔细观察并测量这个孢子，发现其直径约为 5 μm，该孢子中心明亮且外有圆环状的壁。(甲醇罗曼诺夫斯基染色；高倍油镜)**D. 犬。马勃菌病。气管冲洗液。**该肺炎病原体的 DNA 序列和梨形马勃高度相似。注意巨噬细胞内两个浅绿色的孢子。(A 和 B 图像由英国埃克塞特，TDDS 的 David Buckeridge 和 Andy Torrance 提供。C 图像由科罗拉多州立大学的 Christine Olver 提供。D 图像由宾夕法尼亚大学的 Karen Jackson 提供)

## 寄生虫的侵害

很多的寄生虫都能够侵害犬猫的呼吸道。TTW 或 BAL 可以确认寄生虫的幼虫和卵，但是病原并不总能出现在样本中。当发现气道的嗜酸性粒细胞增多时，应该进行心丝虫和粪便的检测。

猫圆线虫(图 5-50A-F)是一种侵害猫肺的类圆线虫，一般认为除了咳嗽，不引起其他临床症状。成虫寄生于呼吸性细支气管和肺泡，并在肺泡内产卵、孵化并释放幼虫。引起炎症反应的并不是成虫，而是卵和幼虫(Rakich and Latimer，1989)。与类丝虫属感染相似，寄生虫性结节主要出现在外部肺野。在 TTW 或 BAL 样本中发现嗜酸性粒细胞和嗜中性粒细胞即可提示早期感染并且存在结节(图 5-50B)。然后，随着感染时间的延长，肌纤维的增生会变成成纤维细胞化。此病在检查时，最常见到的是幼虫阶段，偶尔可见到卵(表 5-5)。白色或未染色的幼虫往往盘绕成圈(图 5-50C&D)，尾部弯折且背侧有脊柱。其尾部形状是该幼虫的一个主要特征(图 5-50F)。

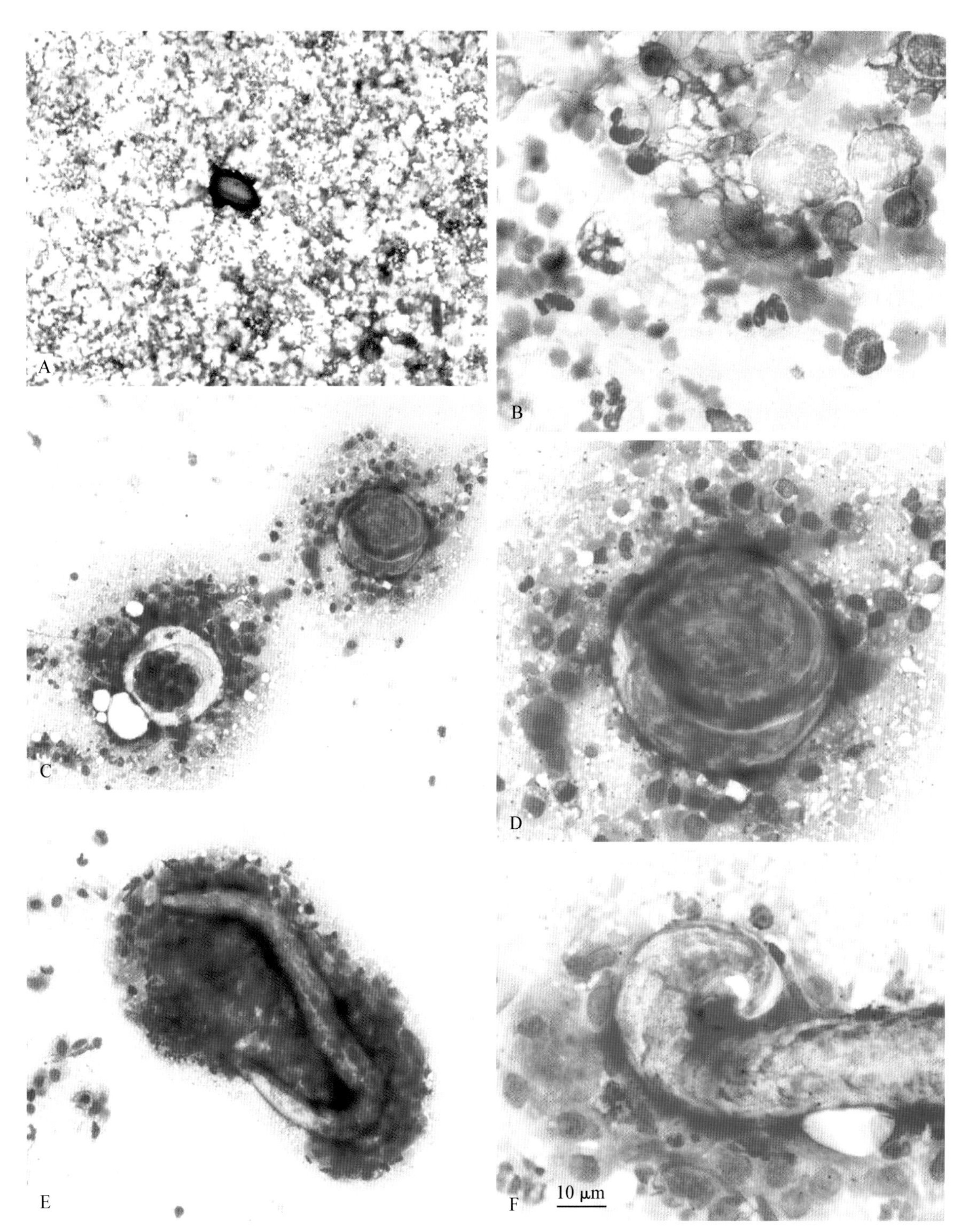


■ 图 5-50 **A,猫。猫圆线虫病。**在视野中央有一猫圆线虫卵,背景中大量红细胞、淋巴细胞和坏死碎片。(瑞-吉氏染色;低倍镜)**B. 猫。猫圆线虫所导致的嗜酸性粒细胞增多症。**混合性炎症反应,包括嗜中性粒细胞、嗜酸性粒细胞和巨噬细胞。炎症针对卵和幼虫,而不是成虫。(瑞-吉氏染色;高倍油镜)**C. 猫。肺脏压片。**猫圆线虫含胚的卵和盘绕的幼虫。**D. 放大的盘绕的幼虫。E. 展开的幼虫。F. 猫圆线虫幼虫。**注意弯折的尾巴,该特征有助于识别。(瑞-吉氏染色;高倍油镜)。(C-F的细胞学片由弗吉尼亚-马里兰地区兽医学院的 Katie Boes 和 Phillip Sponenberg 提供,曾在 2012 年的 ASVCP 病例讨论大会上发表)

表 5-5　犬猫呼吸道中的寄生虫

| 寄生虫及分类 | 寄生动物 | 寄生位置 | 成虫 | 幼虫 | 卵 |
|---|---|---|---|---|---|
| 线虫纲线虫目后圆线虫总科管圆线虫属莫名猫圆线虫 | 猫 | 终末细支气管；深部肺泡 | 4～7 mm(M)；9-10 mm(F) | 360-400 μm 短卷尾 | 80×70 μm |
| 管圆线虫属脉管圆线虫 | 犬 | 幼虫寄生于肺实质；成虫和卵寄生于动脉和毛细血管 | 14～21 mm；雌虫呈现螺旋条纹 | 310～400 μm；背部长尾 | — |
| 狐体环线虫 | 犬 | 支气管和细支气管 | 3.5～8 mm(M)；12～16 mm(F) | 200 μm 尖滑尾，尾巴短于脉管圆线虫 | — |
| 类丝虫科褐氏类丝虫 | 犬 | 肺泡；细支气管 | 2～3 mm(M)；6～13 mm(F) | 240～290 μm | 80 μm×50 μm，粪便通过前孵化 |
| 类丝虫科欧氏类丝虫 | 犬 | 气管；支气管 | 5 mm(M)；9～15 mm(F) | 232 μm～266 μm，扭结的尾部 | 80 μm×50 μm，与褐氏类似虫一致 |
| 线虫纲，嘴刺目，毛细科，鞘属，肺毛细线虫 | 犬、猫 | 气管、支气管 | 15～25 mm(M)；20～40 mm(F) | — | (50～80)μm×(30～40)μm，褐色，盖两 |
| 线虫纲旋尾目，丝虫科犬恶丝虫 | 犬、猫 | 肺实质异位 | 12～16 cm(M)；25～30 cm(F) | 290～330 μm，无头钩 | — |
| 并殖吸虫属克氏并殖吸虫 | 猫 | 肺实质 | (7～16)μm×(4～8)μm，棕红色 | NA | (75～118)μm×(42～67)μm，单盖 |

猫肺并殖吸虫是一种生活在北美，常见于猫而不常见于犬的吸虫。而在东方，肺吸虫则更为常见。(表 5-5)(Palic et al.,2011)。该虫常侵害肺尾叶，尤其是右肺尾叶。基于病灶的局限性，通过 TTW 或 BAL 检测其虫卵的方法将显得很困难(图 5-51)；但是，用贝尔曼法(漏斗幼虫分离法)或漂浮法进行粪检，便可发现其虫卵。炎症部位的细胞学检查可发现大量嗜酸性粒细胞，以及并发的嗜中性粒细胞性和巨噬细胞性炎症。

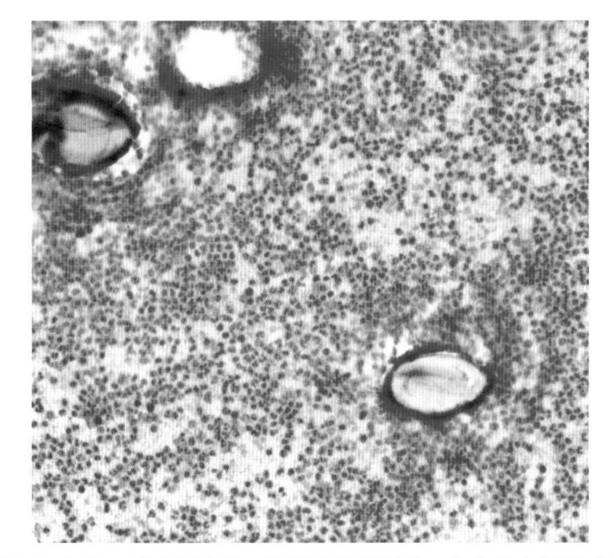

■ 图 5-51　**并殖吸虫属。猫肺肿块穿刺物。**在包含白细胞，红细胞以及坏死细胞的明显的细胞结构背景下可见两个浅棕色半透明 50×100 μm 卵，这种生物体通常诱导严重的嗜酸性粒细胞和混合细胞炎症。粪检瑞-吉氏染色可鉴定克氏并殖吸虫。(瑞-吉氏染色；低倍镜)(玻片材料由伊利诺伊大学 Lina Berent 提供，曾在 2001 ASVCP 病例回顾大会大会上呈现)

鞘属(原名毛细线虫)是一种寄生于犬、狐狸和猫气管，支气管以及鼻道的寄生虫，支气管灌洗时可见寄生虫卵(表 5-5)。

类丝虫属的犬肺线虫寄生于肺泡和细支气管(Rebar et al.,1992)。受孕卵和幼虫(图 5-52A)都可通过 TTW/BAL 收集(表 5-5)(Rakich and Latimer,1989)。类丝虫属 *hirthi* and *milksi* 可见于犬肺实质内胸膜下结节，而类丝虫属 *Oslerus* 则见于气管结节。类丝虫属成虫寄生于肺泡和呼吸性细支气管。虽然存活的蠕虫往往不会引起显著的免疫应答，但死亡或者失去活性的蠕虫与嗜酸性肉芽肿一起产生以嗜酸性粒细胞，巨噬细胞和成纤维细胞数量变化为特征的反应。丝状虫属的幼虫比嗜酸性粒细胞更容易引起化脓性反应。通过细针穿刺获得的样本很难进行成虫和幼虫的细胞学鉴定(Andreaden and Carmichael,1992)。受孕卵和幼虫更常见于呼吸道中(表 5-5)。*O. osleri* 的卵细胞与 F. hirthi 完全相同。呼吸道前寄生虫是不常见的，并能引起气管分叉处硬结节的形成(表 5-5)。*O. osleri* 幼虫尾部有一个扭结的远端部分的特征，可与 F. hirthi 尾部区别(图 5-42B)。

狐环体线虫是寄生于红狐狸的肺线虫，也可感染犬。狐环体线虫感染可用肺泡灌洗术进行鉴别(Unterer 等,2002)。嗜酸性粒细胞主导的炎症反应是最常见的，但是嗜酸性粒细胞和中性粒细胞以及嗜中性炎症很罕见。狐环体线虫幼虫阶段可通过肺泡灌洗术流体进行鉴别，贝尔曼粪检是最敏感的诊断方法(McGarry 和 Morgan,2009；Unterer et al.,2002)。脉

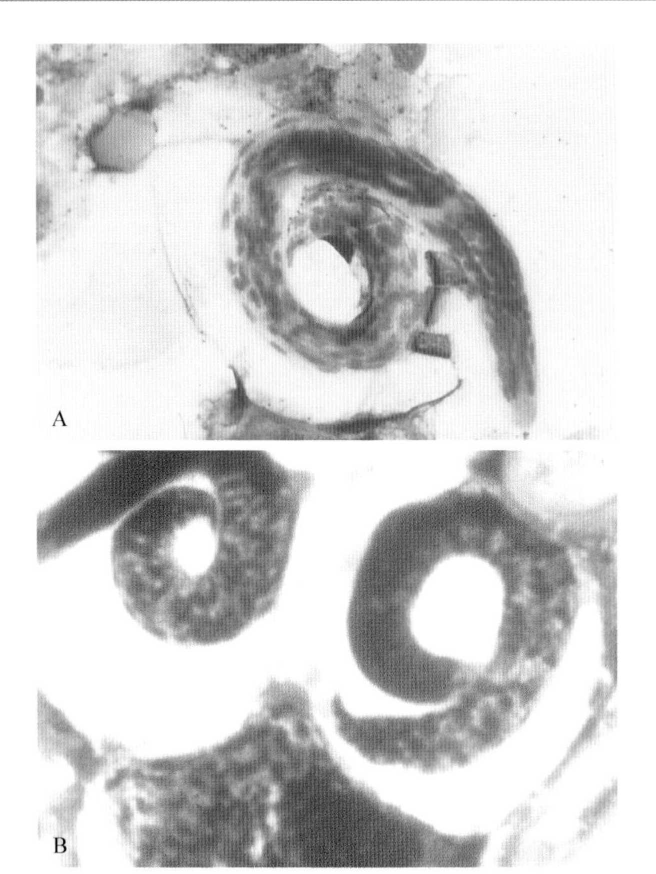


■ 图 5-52 **肺线虫幼虫。A. 犬肺泡灌洗术。**存在于患蠕虫肺炎动物的类丝虫属 hirthi 幼虫。(瑞-吉氏染色;高倍油镜) **B. 犬气管清洗。**10 月龄幼犬具有 3 个月的呼吸困难病史,胸部 X 线片显示气管腹壁有结节,后经支气管镜检查确诊结节。幼虫表现出的扭结远端尾以及长度较短的特征可支持诊断 *Oslerus osleri*。(B 由俄亥俄州立大学的 Bruce LeRoy 和 Gary Kociba 提供,曾在 1995 ASVCP 病例回顾大会上发表)

管圆线虫为管圆线虫,在欧洲和北美部分地区,主要是加拿大大西洋可见。也被称为狐狸肺线虫和法国心丝虫,成虫寄生于犬的右心和肺动脉。虫卵很快孵化成第一阶段的幼虫,通过毛细血管床移行进入细支气管、支气管和气管(图 5-53A&B)。最常见的呼吸道症状包括呕吐、咳嗽和呼吸困难,在严重的情况下出血。通过 X 线片在周围肺野中可见肺泡,间质,或混合模式,该疾病的症状表现和外周嗜酸性粒细胞的出现是易变的(Morgan 和 Shaw,2010;Schnyder et al.,2010)。

通过 BAL 或 TTW 方法对呼吸道液体进行第一阶段幼虫的鉴别可进行诊断(Barcante et al.,2008;Morgan 和 Shaw,2010)。贝尔曼试验是粪检发现幼虫的经典试验,但是直接涂片也可发现幼虫(Conboy,2004;Morgan et al.,2010;Morgan 和 Shaw,2010)。脉管圆线虫的第一期幼虫可与 C. vu 幼虫可在低倍镜下根据它们的尾部形态进行区分。脉管圆线虫幼虫的尾部比其他物种长,背部和腹部表面有一个压痕以及背棘,而 C. vu 低倍镜下幼虫尾部是尖的并缺少缺口(McGarry 和 Morgan,2009)。

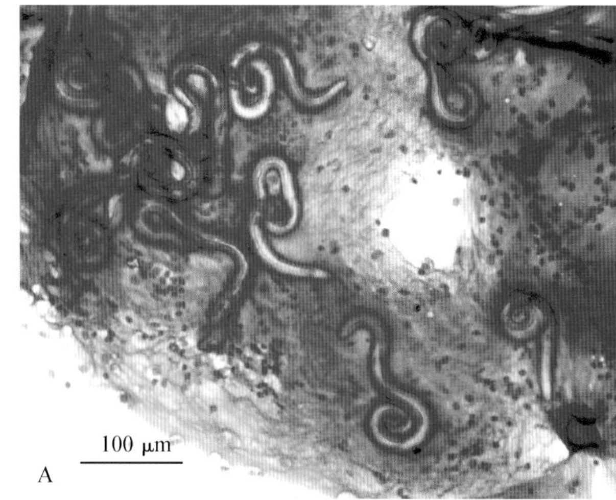


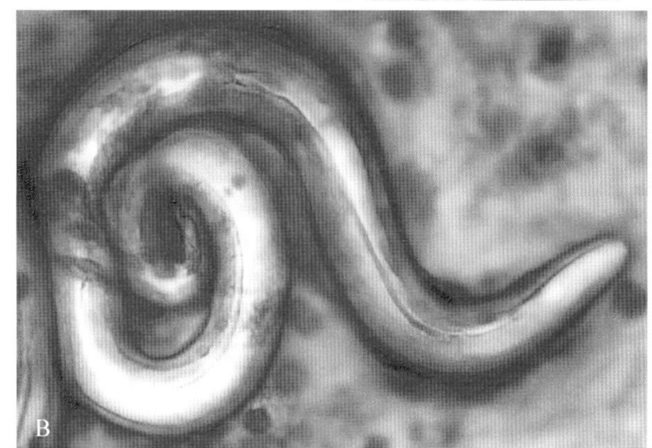


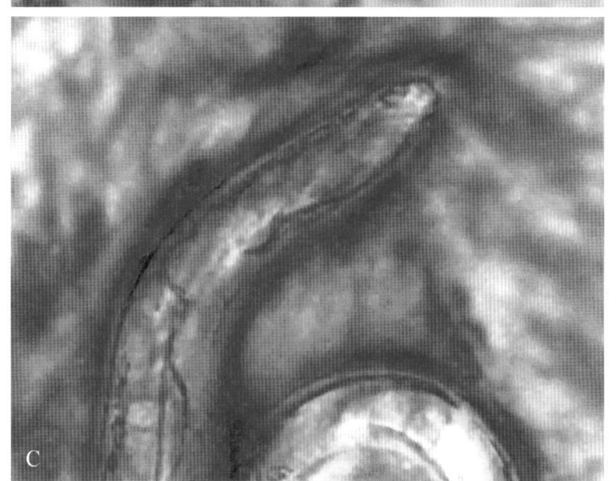


■ 图 5-53 **A-C 为同一病例。A. 管圆线虫。肺泡灌洗术。犬。**肺冲洗的大量含卷尾的幼虫(甲醇罗曼诺夫斯基染色;低倍镜)**B. 管圆线虫。肺泡灌洗术。犬。**幼虫有凹口卷尾特征(甲醇罗曼诺夫斯基染色;高倍油镜)**C. 管圆线虫。肺泡灌洗术。犬。**带有纽扣投影的幼虫头(甲醇罗曼诺夫斯基染色;高倍油镜)(A-C 由法国图卢兹的 Pierre Deshuillers 提供)

## 变形虫病

棘阿米巴原虫是独立生存的阿米巴原虫,通常在美国东南部的新鲜水、盐水、土壤、灰尘和污水中发现,是动物感染阿米巴原虫的代表。这种阿米巴原虫为机会致病性寄生虫,可以通过空气或游泳时吸入受污染的水中的包囊从而感染免疫功能低下的人和动

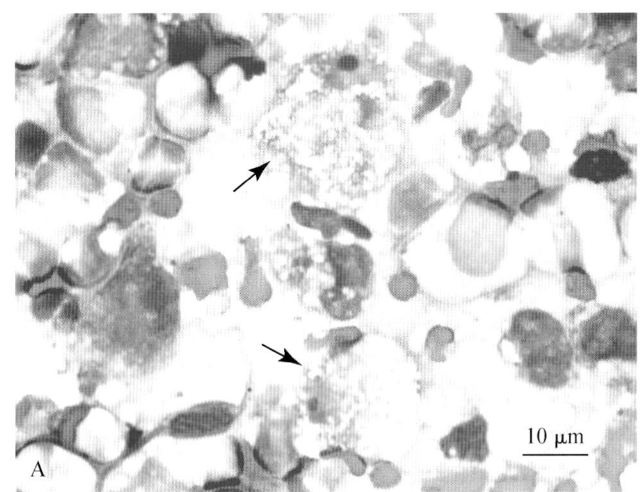


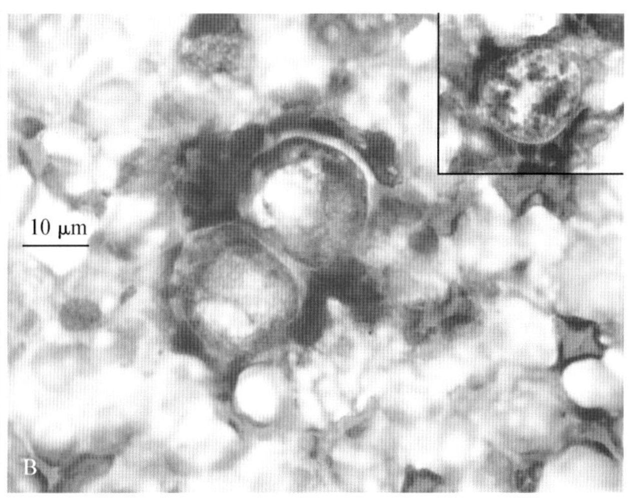


■ 图 5-54 **A-B 为同一病例。A. 棘阿米巴属。滋养子。肺脏压片。犬。**与滋养子一起有大量巨噬细胞和淋巴细胞(箭头),此幼犬同时伴有犬瘟热和腺病毒感染。(改良瑞氏染色;高倍油镜)**B. 棘阿米巴属。囊肿。肺脏压片。犬。**两个圆形囊肿各包含一个可辨别的具有单核仁的核。插图:一个具有明显的大量嗜碱性细胞质颗粒和厚无色的外接壁的囊肿。(改良罗曼诺夫斯基染色;高倍油镜)(A 和 B 的载玻片材料由普渡大学的 Katie Boes 等提供,曾在 2010 ASVCP 案例回顾大会上发表)

物的肺。在得克萨斯州(Reed et al.,2010),初生犬可通过免疫荧光,实时荧光定量 PCR 和包囊超微结构进行诊断。阿米巴原虫卵囊的超微结构可见两层囊(外囊和内囊在壁孔处聚集),这些特征是棘阿米巴原虫特有的,可用于与其他阿米巴原虫进行区分。阿米巴原虫病的细胞学特征是组织坏死和典型的炎症,包括滋养子(直径 15～50 μm)的识别以及包囊(直径 10～25 μm)的形成。滋养子包含大量空泡颗粒状的细胞质,一个小圆形核,单个的大而突出的核仁。包囊壁厚 1～3 μm,包括颗粒状物质,偶尔可见核仁。

## 组织损伤

### 出血

出血以一个或一个以上的细胞学标准为特征,包括噬红细胞作用,含铁血黄素巨噬细胞以及胆红素(图 5-55A-C)。出血是许多呼吸树样本取样的并发症,因此,噬红细胞作用的出现,特别是含铁血黄素,是很重要的区分医源性出血或血液污染的病理学方法。出血是肺实质细针穿刺常见的后遗症。观察充血性心力衰竭,肿瘤形成,心丝虫栓塞,凝血功能障碍,可见在 TTW/BAL 红血细胞增加。较大比例的患呼吸道炎症疾病如鼻炎、哮喘的猫其 TTW 流体中有少到中等量的血噬铁细胞(DeHE 染色 er 和 McManus,2005)。普鲁士蓝染色可以用来区分血噬铁细胞。

### 肺泡蛋白沉着症

肺泡蛋白沉着症是肺穿刺或灌洗时一种罕见而突出的细胞学结果(Silverstelin et al.,2000)。犬表现出长期运动不耐受和咳嗽的病史,细胞学检查显示丰富的嗜碱性的同源结构或小球状,暗示有浓缩的黏液或退化的细胞。这可能伴有支气管上皮细胞、胆固醇结晶及炎症细胞数低,肺灌洗可能是一种以减少过剩的表面活性蛋白积累的治疗方法。

### 肺不张或肺塌陷

出现大量的呼吸道上皮细胞是非正常的,提示肺不张,塌陷,或增生。呼吸道上皮细胞会发生异常变化(如增生/发育不良),但通常缺乏足够的标准来确认诊断恶性肿瘤。大量的巨噬细胞可能同时出现。

### 气管支气管软化症

气管支气管软化症由气管和支气管壁的软骨环的分解和退化造成。犬发病机制是由于后天的慢性炎症和先天软骨异常导致的。在细胞学方面,气管支气管软化疾病与化脓性、混合性或淋巴细胞炎症案例没有独特的相关性(Singh et al.,2012)。

### 细胞坏死

吸入肺的坏死物质受到炎症或肿瘤的改变。在细胞学上,坏死细胞以大量嗜碱性颗粒出现在无晶体背景上为特征。通常,炎症和肿瘤细胞混合在坏死碎片中,但是,偶尔可见非细胞性抽出物或残存细胞膜或影细胞。在这些情况下,再次穿刺时应特别注意索取的样品应从病灶边缘而避免坏死中心。

### 肺部增生和发育不良

在非肿瘤性肺部疾病中,呼吸道上皮细胞可能发生增生或发育异常。细支气管和肺泡Ⅱ型细胞增生

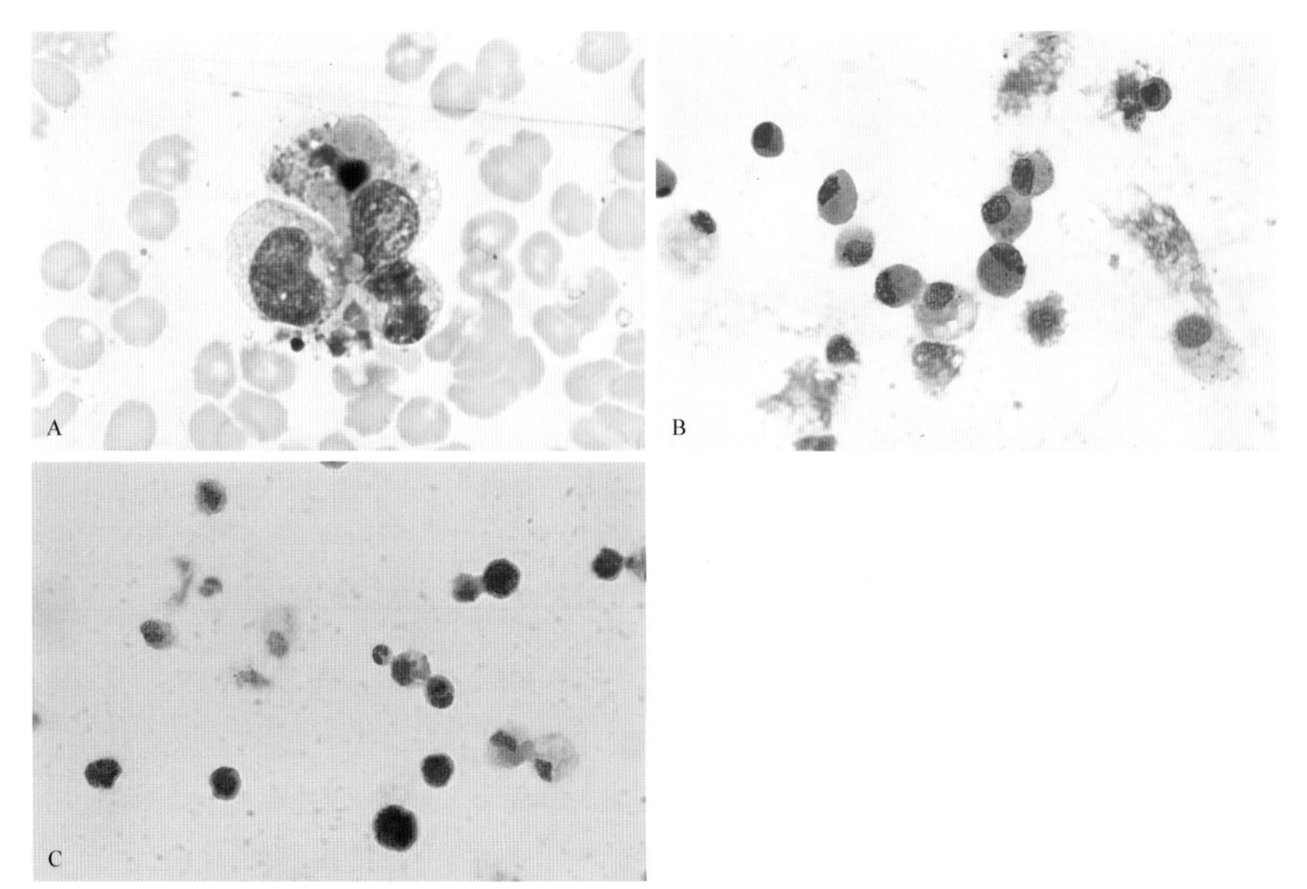


■ 图 5-55 **A. 出血。**可见胞质中含有红细胞和血铁黄素的巨噬细胞。噬红细胞现象和含铁血黄素巨噬细胞的出现分别指示急性和慢性出血(瑞-吉氏染色;高倍油镜)。**B 和 C 为同一病例。慢性出血。灌洗。B. 与图 5-36 为同一病例,**肺泡巨噬细胞革兰氏染色,细颗粒为血铁黄素,通过图 C 可证实(瑞-吉氏染色;高倍油镜)。**C.** 肺泡巨噬细胞的细胞质中积聚深蓝色的铁,细胞核复染成红色。(普鲁士蓝染色;高倍油镜)(B 和 C 由佛罗里达大学的 Rose Raskin 提供)

常与慢性炎症有关。上皮细胞的出现不正常与恶性细胞有一定的共同特征,但缺乏足够的恶性肿瘤诊断标准。正常的柱状上皮细胞呈现立方形,个别可能出现环形。细胞核为中心而不是基底形式、较大,且含有成群的核染色质和核仁。细胞质染色可见嗜碱性颗粒增加,也可见点状液泡。

慢性炎症或组织细胞坏死可继发细胞增殖增加(增生)或者细胞质和细胞核不同步的成熟(发育异常)。这些情况很难与肿瘤细胞学进行区分,更麻烦的是,这些细胞变化也可见于肿瘤形成前的细胞变化。至少在一个位点进行再次穿刺以保证发现和确定根本原因。如果细胞学不足以确定恶性肿瘤的存在,可进行肺部活检。

### 肺化生

化生是指大量正常细胞被次要但非肿瘤细胞所替代。化生发生于激素或者生长因子变化的反应或者慢性刺激的适应性反应。从鳞状上皮化生区域的适当的穿刺可获得成片或者单独的大圆形至多角形鳞状上皮细胞(图 5-56)。细胞核相对于细胞的尺寸较小(核-质比低),在角化过程中偶尔可见含有细胞核固缩,在细胞角化过程中,轻度嗜碱性胞浆丰富可能成为折叠或形成一定角度状。无核表层细胞和角蛋白片也可决定角化的程度。鳞状上皮细胞很难与鳞状肿瘤细胞区分。此外,肺部的鳞状上皮癌典型的源于鳞状上皮化生。

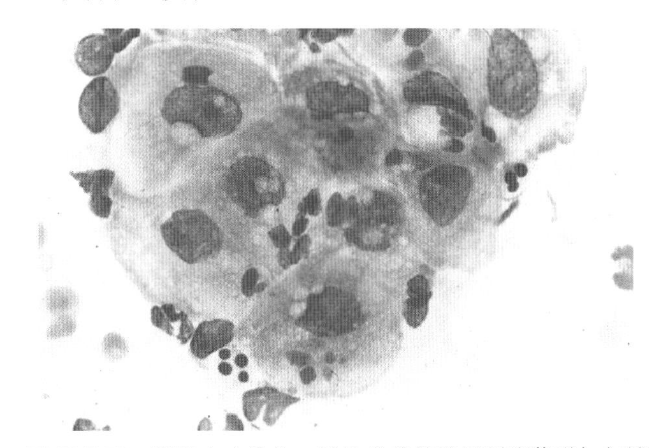

■ 图 5-56 **鳞状上皮化生。**慢性炎症继发透明胞浆增加与鳞状上皮化生。(瑞-吉氏染色,高倍油镜)

### 肿瘤

原发性以及肺和呼吸树转移瘤可通过支气管灌洗和肺穿刺诊断。对于犬和猫,尤其是幼龄动物,肺的转移性瘤比原发性肺肿瘤更常见。癌和肉瘤都会通过血流和淋巴管传播到肺脏。转移性肿瘤更可能在所有肺叶呈现为多个结节，尤其是外周，而独立性病变为更典型的原发性肺肿瘤。通过细胞学鉴定可发现传染性病肿瘤能转移到犬的肺部(Park et al, 2006)。猫的原发性肺肿瘤的研究中，在 45 只猫中，38 只从细胞学得到鉴定(Hahn 和 McEntee, 1997)。同理，细针穿刺的细胞学检测对于犬原发性肺肿瘤的诊断是有帮助的(Ogilvie et al, 1989)。最常用肺灌洗或 TTW 进行原发性或转移性肿瘤的诊断(Rebar et al, 1992)在这些样本中可见上皮细胞轻易脱落，这是检查恶性细胞的重要标准，特别是细胞和细胞核大小，核仁明显，多核和/或单核仁，核成型的变化(图 5-57A-D)。炎症继发的上皮细胞增生或化生很难诊断，所以应详细检查炎症原因。

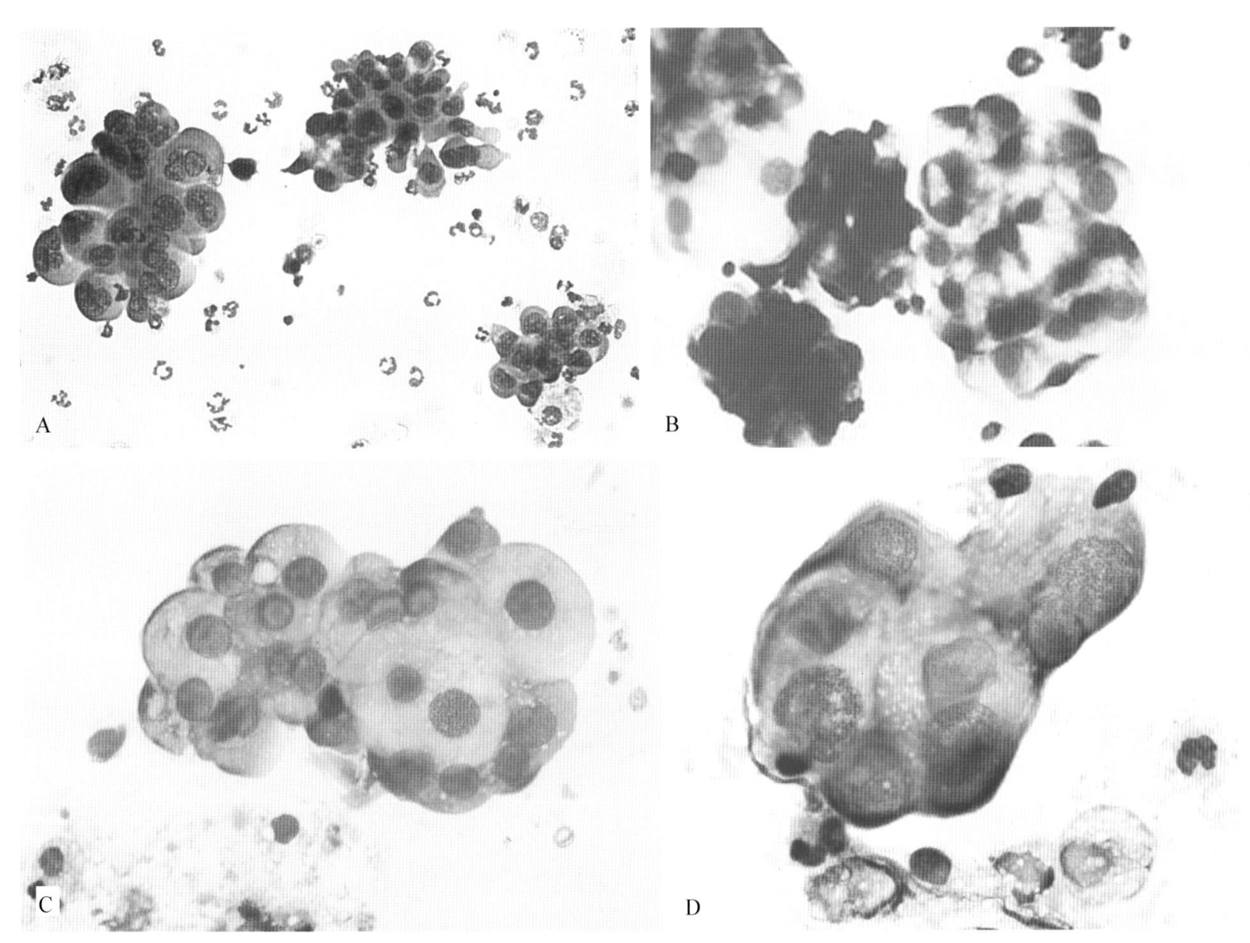


■ 图 5-57　**A. 肺癌。肺灌洗。犬。**大簇的多形性上皮细胞和非脓毒血症化脓性炎症细胞同时存在，多核的形式显著。(瑞-吉氏染色；高倍油镜)。**B. 癌。TTW。犬。**成簇的上皮细胞苍白，大量细胞质暗示其分泌功能。(瑞-吉氏染色；高倍油镜)。**C. 癌。TTW。犬。**大量轻度嗜碱性上皮细胞与细点状染色质以及模糊的核仁。左下角可见细胞与巨噬细胞大小的比较。(瑞-吉氏染色；高倍油镜)。**D. 癌。TTW。犬。**相对于 B 和 C 的癌细胞，这些细胞具有更深染的嗜碱性细胞质和显著的多形性。在细胞中心可见点状空泡，右下角可见一个嗜中性粒细胞和巨噬细胞大小的比较。(瑞-吉氏染色；高倍油镜)(A 由佛罗里达大学的 Rober King 提供)

## 癌

犬猫肺癌有多种类型，支气管原或细支气管肺泡原腺癌是最普遍的，但是，癌可以由任何级别的呼吸道上皮细胞引起(图 5-58A-F)。细胞学区分是不合理的，肺癌最典型的表现为在肺叶周围可见的多灶性结节，但是，也可能涉及整个肺叶或只存在于肺门区。嗜酸性粒细胞浸润可能与犬的细支气管肺泡癌的发生有关(图 5-58G)。

许多的癌能转移到肺实质，如乳腺癌和膀胱癌、前列腺癌和内分泌腺癌。原发性和转移性癌的细胞学标本是相似，单独的细胞学评价不能明确区分(图 5-59 和图 5-60A&B)。

穿刺可获得中等数量成片聚集的上皮细胞，和成簇的较少数量的细胞。单个细胞可能会出现圆形，可以与离散肿瘤细胞混合，但它们通常是大于那些离散肿瘤细胞，可通过细胞与细胞之间的连接进行区分。腺泡形成表明腺体起源，提示有腺癌。肺癌时，常见

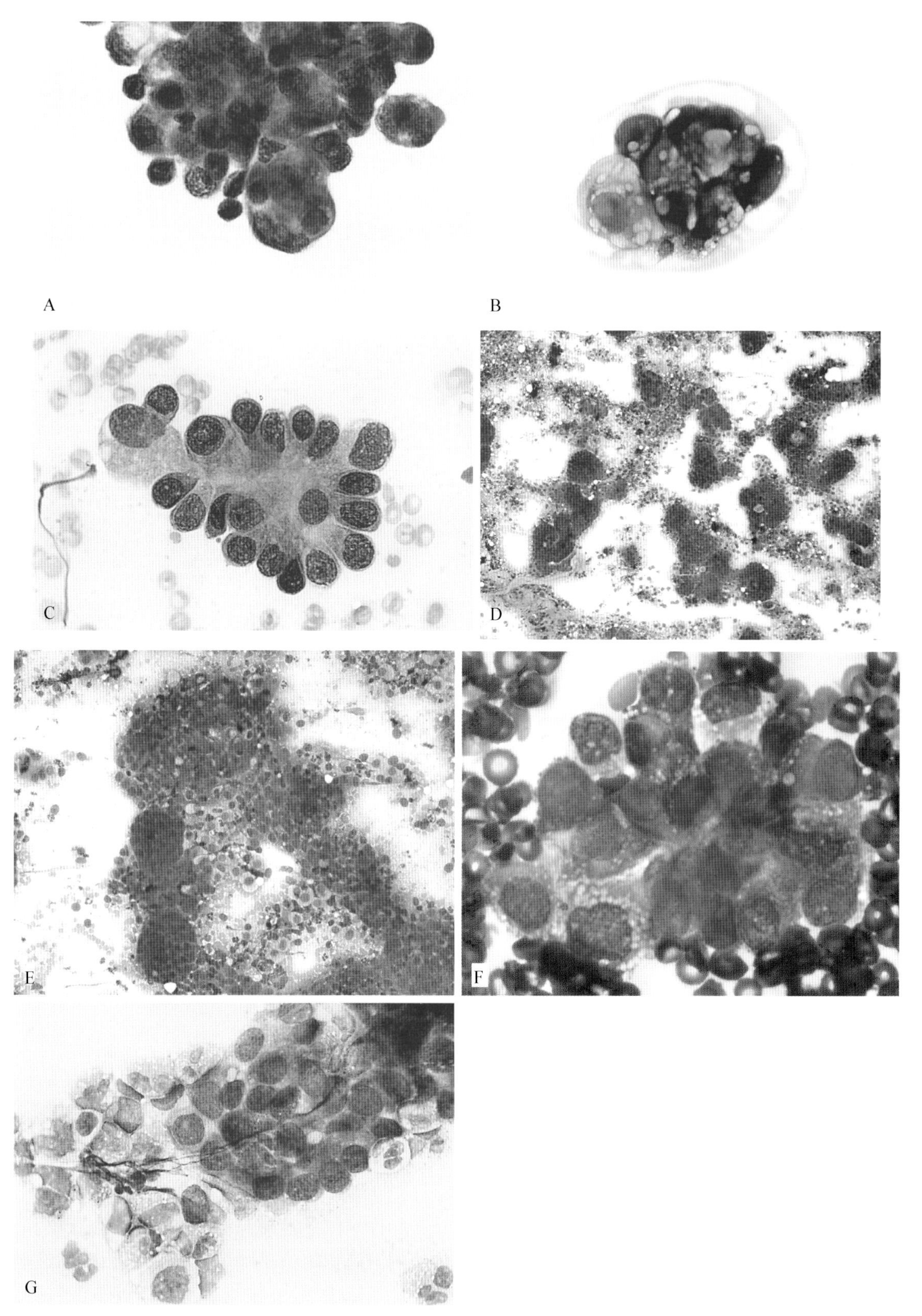


■ 图 5-58 **A. 支气管癌。**可见高核质比的多形性上皮细胞的高度凝集(瑞-吉氏染色;低倍镜)。**B. 支气管癌。犬。**从支气管癌细胞脱落进入胸液,由于流体环境形成空泡状态。(瑞-吉氏染色;高倍油镜)。**C. 腺癌。肺。犬。**腺泡形成提示腺起源。(瑞-吉氏染色;高倍油镜)。**D-F 为同一病例。肺癌。犬。**低倍镜下可见密集的板和/或管状结构。(瑞-吉氏染色;低倍镜)**对比图 E.** 高倍镜下可见成片紧密连接的嗜碱性细胞球。(瑞-吉氏染色;低倍镜)。**F.** 含有许多点状的细胞质空泡的细胞紧密结合,腺泡状排列。(瑞-吉氏染色;高倍油镜)。**G. 嗜酸性细胞浸润的支气管肺泡癌。肺肿块压片。犬。**恶性肿瘤特征是上皮细胞簇和大量嗜酸性粒细胞浸润肿瘤。怀疑肿瘤和嗜酸性粒细胞浸润有关,此图中外周的嗜酸性粒细胞增多不显著。(瑞-吉氏染色;高倍油镜)(C 由佛罗里达大学的 Rose Raskin 提供。玻片材料由威斯康星大学的 Karen Young 和 Richard Meadows 提供;曾在 1992 ASVCP 案例回顾大会上发表)

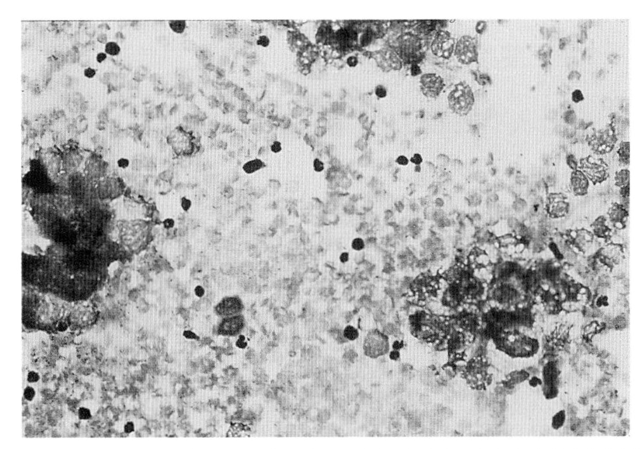

■ 图 5-59 **远端转移。肺。犬。**怀疑来源于尿道癌的转移性病灶。(瑞-吉氏染色;高倍油镜)(由佛罗里达大学的 Rose Raskin 提供。)

细胞团块之间以及在同一集群的细胞内出现适度明显的多形现象。细胞核圆形,常偏离中心,含有粗而突出的染色质,单一到多个核仁。常见细胞核大小不均。胞浆深嗜碱性,有点状空泡化,尤其在细胞核周围更加明显。恶性肿瘤的其他标准包括核成型、压戒样细胞形成、细胞或核巨大、双核和多核细胞。

鳞状细胞癌具有显著特征,细胞学评估可鉴定(图 5-61A&B)。鳞状细胞癌的细胞学穿刺可获得适度的细胞样品进行细胞学评估。单个、成片、成簇的细胞其细胞大小、核大小,核质比,胞浆量、角化程度的出现显著变化。个别细胞形态范围从鳞状细胞基部没有或很少有角化到完全角化。基底细胞是立方形和圆形深嗜碱性细胞质,大型中央核,染色质粗,核仁突出。成熟的鳞状细胞含大量的细胞质和固缩核或破裂核。在鳞状细胞癌中常见不同步成熟的细胞质和细胞核。

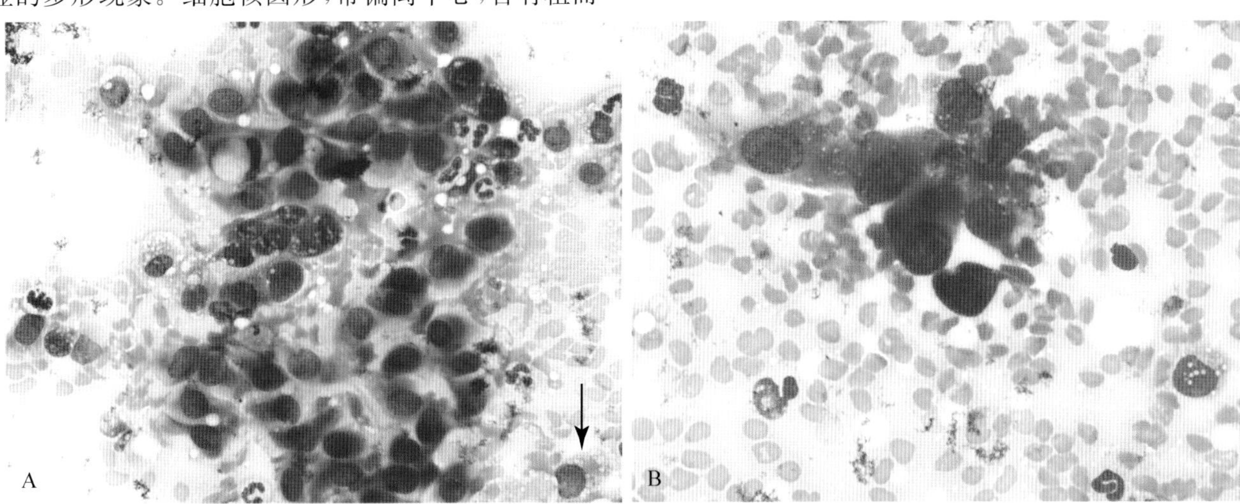

■ 图 5-60 **未分化癌。犬。A 和 B 为同一病例。A.** 成簇的上皮细胞表现出适度显著的多形性,黏性细胞,束状细胞,纺锤形的边界和其他圆形细胞,肿瘤起源未确定。在细胞群的上部可见大的分泌液泡。在个别细胞的细胞核周围中可见点状空泡。鉴别个别肿瘤细胞和巨噬细胞是很困难的,尤其在嗜中性粒细胞数量增加,提示有炎症反应的情况下。箭头所示噬红细胞现象。(瑞-吉氏染色;高倍油镜)**B.** 可见梭形细胞。(瑞-吉氏染色;高倍油镜)

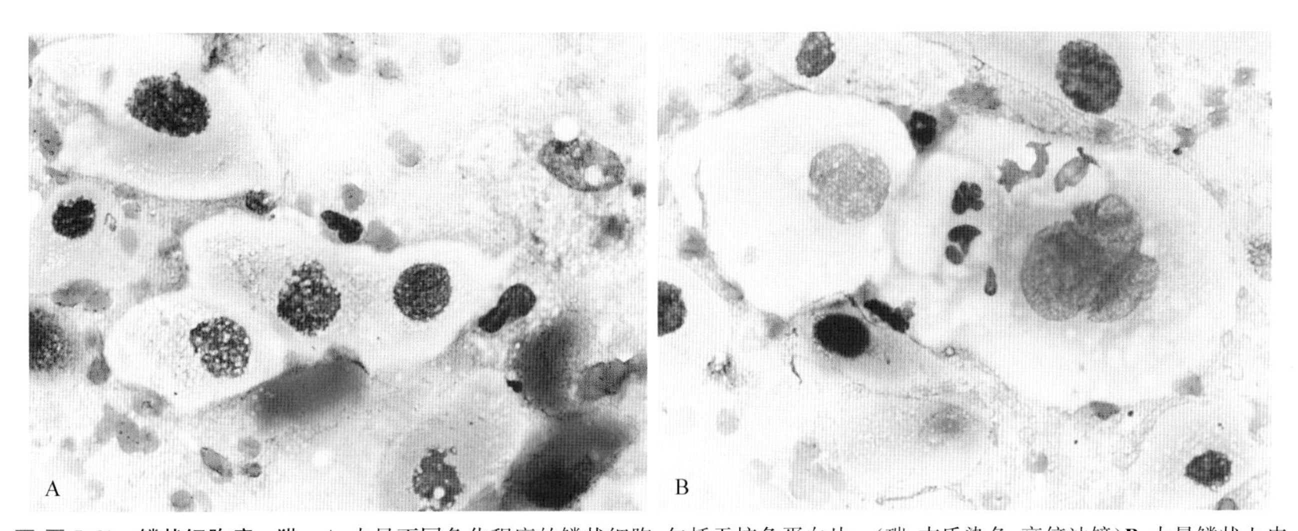

■ 图 5-61 **鳞状细胞癌。猫。A.** 大量不同角化程度的鳞状细胞,包括无核角蛋白片。(瑞-吉氏染色;高倍油镜)**B.** 大量鳞状上皮细胞,右边细胞可见多个核仁,中性粒细胞运动伸入其中。(瑞-吉氏染色;高倍油镜)

鳞状上皮化生可与慢性炎症一起发生，应特别注意区分鳞状上皮化生和肿瘤(图 5-56)。但是，肺鳞状细胞癌通常来源于支气管上皮鳞状化生区域，这表明，化生可能很容易导致下呼吸道肿瘤的形成。支气管肿瘤经常含有腺和鳞状成分。

## 淋巴肿瘤

淋巴肿瘤可通过软组织进行转移，导致弥漫性浸润性疾病或离散的结节。图示包括淋巴瘤和组织细胞肉瘤的鉴定。犬淋巴肿瘤比猫更常见(图 5-62A&B)。

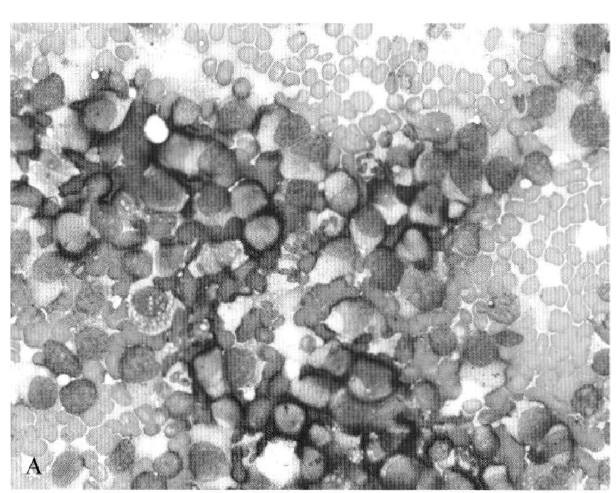


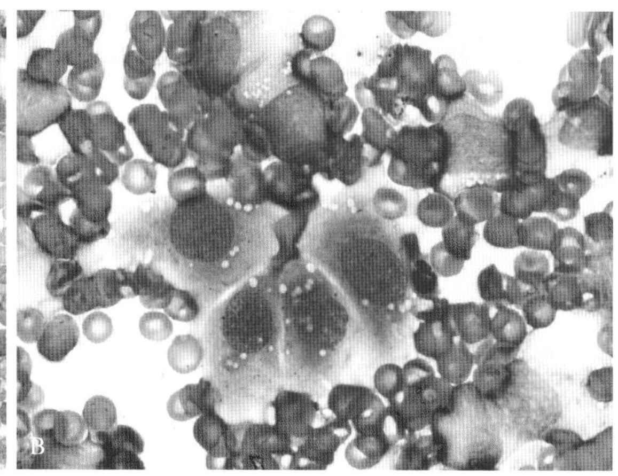


■ **图 5-62 肺部淋巴瘤。部抽出物。犬。A 和 B 为同一病例。A.** 大量淋巴样细胞偶见明显的核仁，缺乏适量的嗜碱性细胞质液泡化。(瑞-吉氏染色；低倍镜)**B.** 四个反应性增生的呼吸道上皮细胞成片位于底部，四个大淋巴样肿瘤细胞出现在上部。(瑞-吉氏染色；高倍油镜)

对于恶性多发性淋巴瘤的诊断，灌洗样本比 X 片更敏感(图 5-63 A&B)。(Hawkins et al，1993；Hawkins et al.，1995；Yohn et al.，1994)。无论如何，灌洗可能是进行肿瘤分期的唯一方法，因为动物原发性肺淋巴瘤还没有报道，而在人已有报道。单个淋巴细胞数量的参与的程度对于区分淋巴球的反应总数是有帮助的，尤其是恶性肿瘤的特征不明显时(图 5-64A&B)。组织病理学和免疫表型对于确立淋巴的恶性性质是有帮助的(图 5-64C-E)。

肺是犬、猫组织细胞肉瘤浸润的主要部位之一。早期报道发表易发品种有伯恩山犬、罗威纳犬、金毛巡回猎犬以及平毛寻回犬；但是，众多品种均有该疾病的报道，这受到饲养犬的品种的影响。最新研究表明，犬组织细胞肿瘤可通过一系列朗格汉斯树突状细胞，间质树突状细胞或巨噬细胞的增殖为特征进行定义。(Affolter 和 Moore，2000；Affolter 和 Moore，2002；Mastrorilli et al.，2012；Moore et al.，2006；Moore et al.，2014)。猫的组织细胞肉瘤得到证实，主要影响肝、脾，骨髓比肺的影响更常见。(Busch 等人，2008；Kraje et al.，2001；Walton et al.，1997)。报道提示至少在某些情况下猫源细胞会出现变化，猫组织细胞肉瘤可能类似于朗格汉斯细胞起源于皮肤，而另一个报告以巨噬细胞起源个案为特征。(Busch 等人，2008；Affolter 和 Moore，2006；Friedrichs 和 Young，2008)。恶性组织细胞较大，明显的多形性离散细胞含有丰富的，有液泡的，深嗜碱性细胞质，核

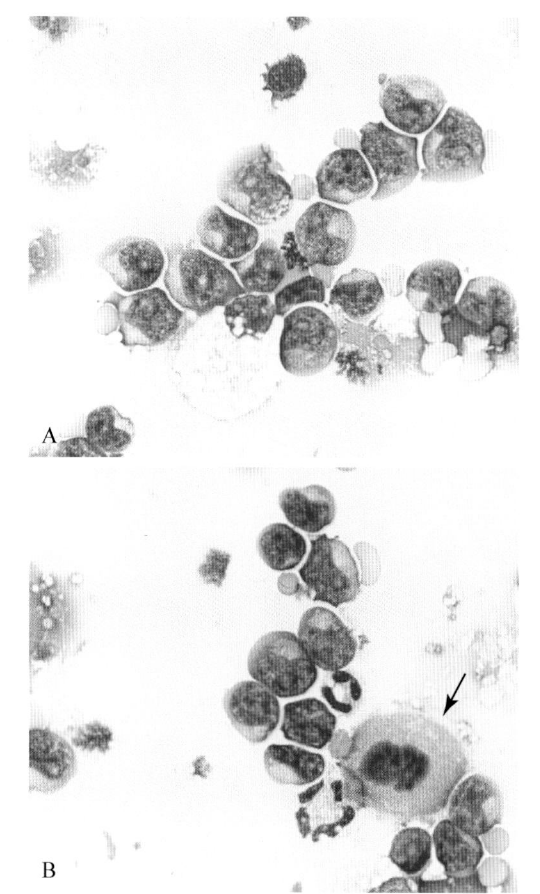


■ **图 5-63 淋巴瘤。灌洗。犬。A 和 B 为同一病例。A.** 中等体积和大体积淋巴细胞的数量增加，核通常劈开或含有明显核仁的三叶草状，许多细胞的细胞核周围区域可见大量天青色颗粒。(瑞-吉氏染色；高倍油镜)。**B.** 箭头所示为有丝分裂象。(瑞-吉氏染色；高倍油镜)(A 和 B 载玻片由蒙特利尔大学的 MicHE 染色 l Desnoyers 等人提供；在 2001 的 ASVCP 案例回顾大会中发表)

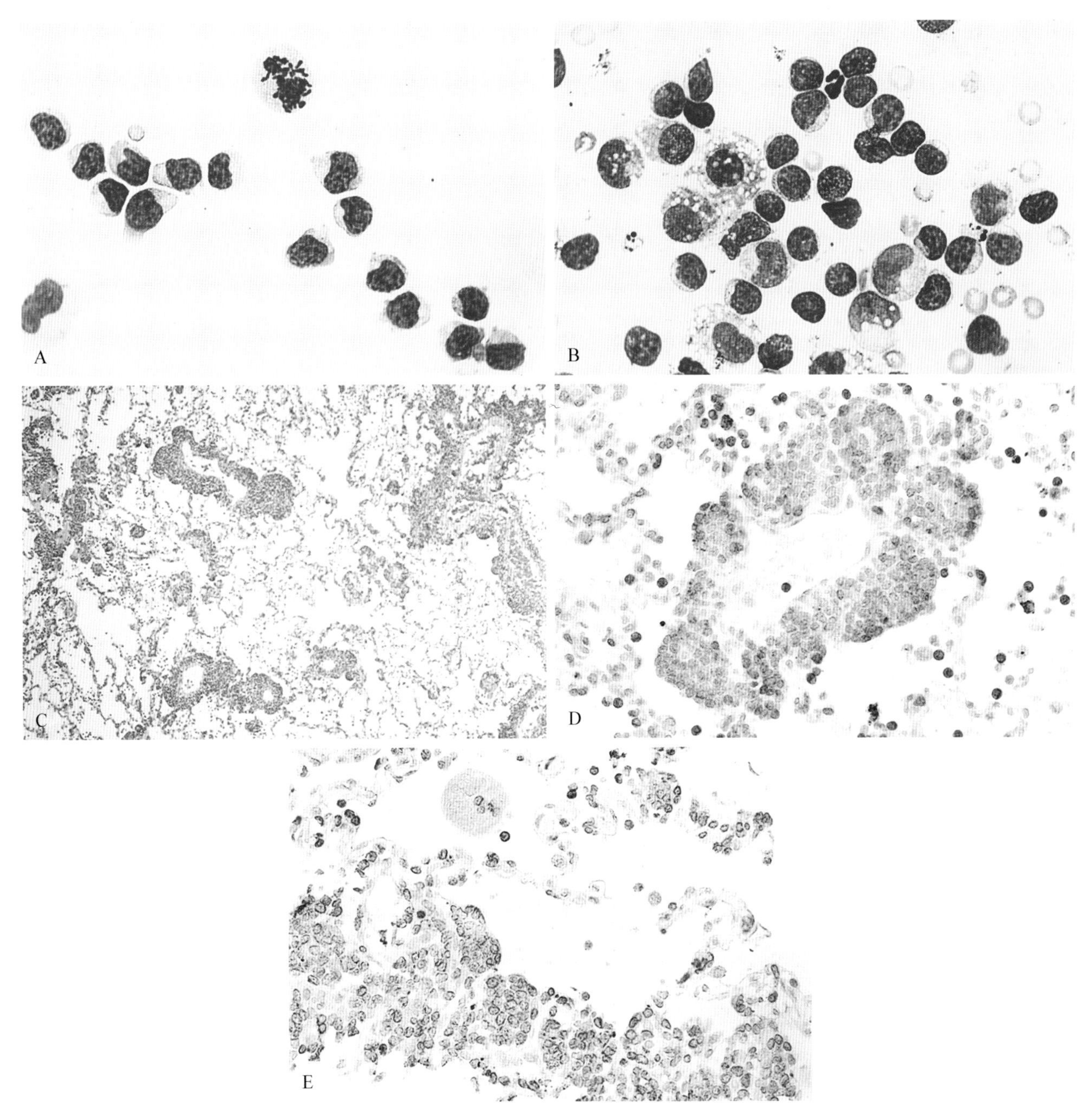


■ 图 5-64 **A-E 为同一病例。肺部淋巴瘤。犬。A. 灌洗。** 增加的流体细胞计数(945 细胞/μL),79%具有均匀外观的中等大小的淋巴细胞。中心顶部可见不规则有丝分裂象。(瑞-吉氏染色;高倍油镜)。**B. 肺部压片。** 混合细胞群包含有液泡的巨噬细胞和大量均匀表现的细胞,以及具有模糊核的中型大小的淋巴细胞。(瑞-吉氏染色;高倍油镜)。**C. 肺切片。** 肿瘤细胞主要出现血管和支气管周围形成的袖口处,血管浸润和破坏的证据不足,这只犬最初只出现呼吸系统症状,提示有可能原发性肺淋巴瘤。(H&E 染色;低倍镜)。**D. 肺切片。** 免疫阳性反应可证实血管周围有 T 淋巴细胞的存在和偶尔分散到肺泡间隔(CD3 抗体/二氨基联苯胺显色;高倍油镜)。**E. 肺淋巴瘤。肺切片。** 与 T 细胞标记的淋巴样细胞密集反应。注意细胞中心左侧的负反应性巨细胞,T 淋巴细胞。(CD3 抗体/二氨基联苯胺显色;高倍油镜)(A-E 由佛罗里达大学的 Rose Raskin 提供)

椭圆形、肾形,含有花边的核染色质以及突出的核仁(图 5-65 A-C)。可见组织细胞和梭形细胞之间的连接,此表象在同一动物的不同肿块中表现不同,也可能同一肿块的不同位置表现也不同,常见多核细胞,但核数量是变化的。细胞也可能表现出红细胞和白细胞的吞噬功能,这有助于提示巨噬细胞的起源;然而,吞噬作用不是始终如一的。组织细胞肉瘤通过细胞学很难与肉芽肿性炎症,大细胞未分化癌,大细胞 T 细胞淋巴瘤,浆细胞瘤或髓外骨髓瘤区分。溶菌酶的阳性免疫标记和免疫表型标记可用于辅助性鉴别诊断(Brown et al.,1994;Mastrorilli et al.,2012)。透射电子显微镜能够证明胞浆内的细胞器与猫肺组织细胞朗格汉斯细胞伯贝克颗粒一致(Busch et al.,2008)。

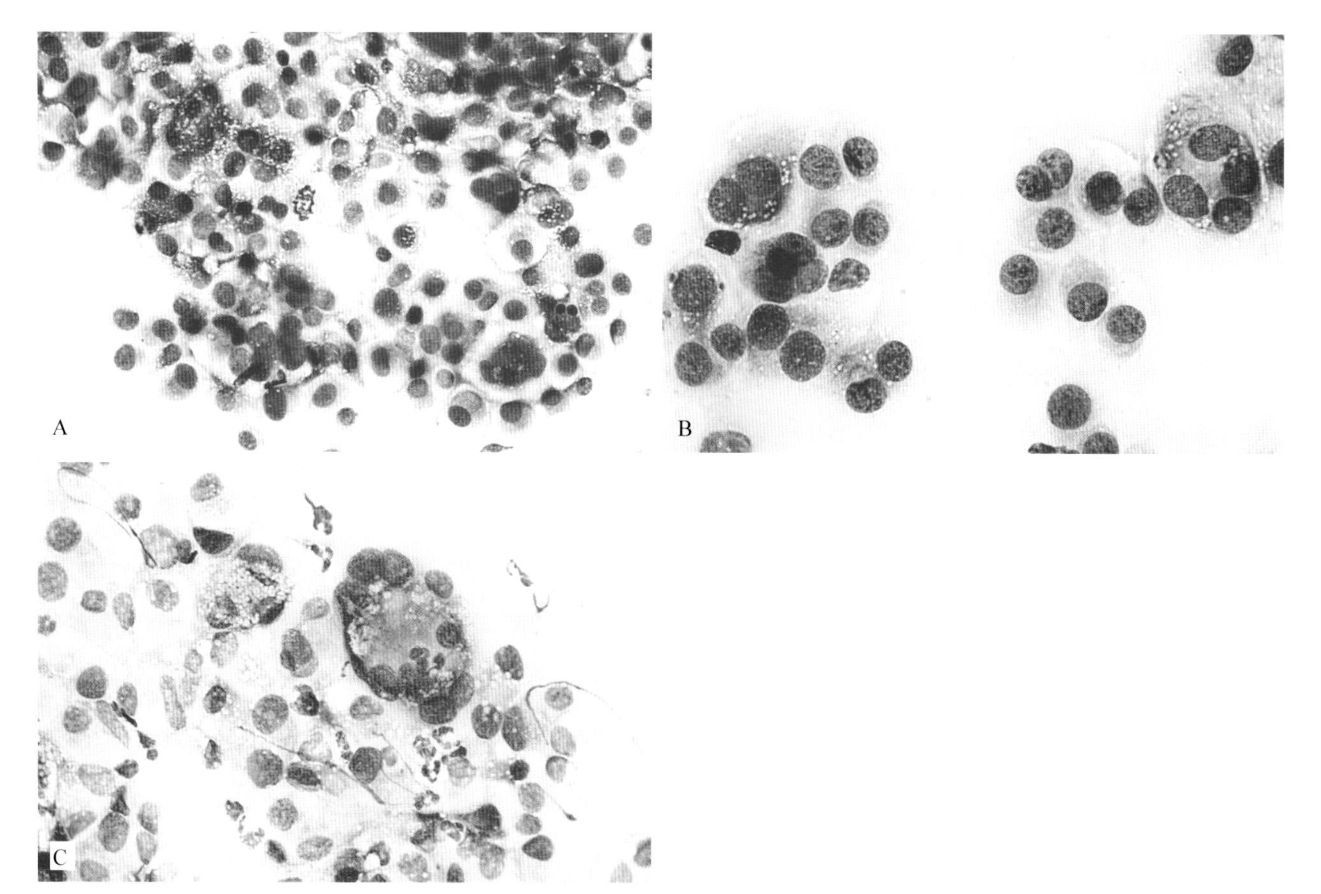


■ 图 5-65 **组织细胞肉瘤。A-B 为同一病例。A. 肺压片 犬。**高度聚集的不规则的圆形细胞,其中许多细胞含大量的点状空泡。图中央可见有丝分裂象。(改良瑞氏染色;高倍油镜)。**B.** 常见双核和多核,胞质边界范围从清楚到模糊。对组织细胞的标志物(抗 CD 18 抗原)免疫反应性(未显示)是阳性。(改良瑞氏染色;高倍油镜)。**C. 组织压片。**许多空泡的多形性组织细胞,包括双、三和多细胞核,与组织细胞肉瘤一致。(改良瑞氏染色;高倍油镜)(A 和 B 的玻片材料由弗吉尼亚-马里兰大学兽医学院的 Elizabeth Besteman 等提供,曾在 1999 ASVCP 案例回顾大会上发表)

肺淋巴瘤样肉芽肿病是一种少见的多色淋巴肿瘤,主要发生在幼年和中年犬。(Bain et al.,1997;Fitzgerald et al.,1991;Postorino et al.,1989)。通常,一个或多个肺叶的广泛浸润是血管中心性和血管破坏性的特点。形态学以变量数大的多形性的单核细胞为特征,单核细胞从淋巴样到浆细胞样再到组织细胞的外观变化,常见双核细胞以及有丝分裂(图 5-66 A-D)。肿瘤细胞可能实际上包含少数的当前细胞再混合大量小淋巴细胞、嗜酸性粒细胞、浆细胞。外周嗜碱性细胞和犬恶丝虫病与淋巴瘤样肉芽肿不一致。细胞学检查肺淋巴瘤样肉芽肿病可能与嗜酸性肉芽肿混淆,都由大量的上皮样细胞,巨噬细胞、嗜酸性粒细胞和淋巴细胞构成。组织学可区分淋巴肉芽肿病的血管和气管的入侵和破坏,其特点是缺乏嗜酸性肉芽肿。免疫分型可确认的大单核细胞群的淋巴起源。一项研究发现,三只犬通过不规则细胞其 CD3 表达变量不同(Smith et al.,1996)。这种情况的诊断是利用组织病理学,而不应该是细胞学。

### 间质瘤

犬猫的肺部结缔组织引起的肿瘤是比较少见的。包括骨肉瘤,软骨肉瘤,血管肉瘤,纤维肉瘤,横纹肌瘤,横纹肌肉瘤和神经鞘瘤。据报道,肿瘤细胞群与常见的部位所见细胞相似(图 5-67)。转移性肿瘤如黑色素瘤可能在肺部见到(图 5-68A&B)。

### 良性肿瘤

肺部有裸核肿块或神经内分泌的细胞形态学的进一步讨论详见第 16 章(图 16-26A-F)。

### 非呼吸系统穿刺

肺穿刺时,偶尔得到的是非肺实质的样品,最常见的两种非呼吸系统细胞是间皮细胞和肝细胞。认识这些细胞很重要,因此不要把它们误认为是肿瘤性的细胞群。穿刺过程中,若刮到了肺表面,则能见到成片的间皮细胞。间皮细胞片由有带角的似鱼鳞的黏性边界,暗淡的细胞质和小圆形中央核的单一形态细胞组成(图 5-69)。当成片的细胞开始脱落时,它们聚拢成为更碱性,并开始形成多糖-蛋白质复合物光晕(嗜酸性粒细胞边缘),与胸腔和腹腔液中的间皮细胞有关。肝穿刺时进入胸部太深也可见到间皮细胞(图 5-70)。

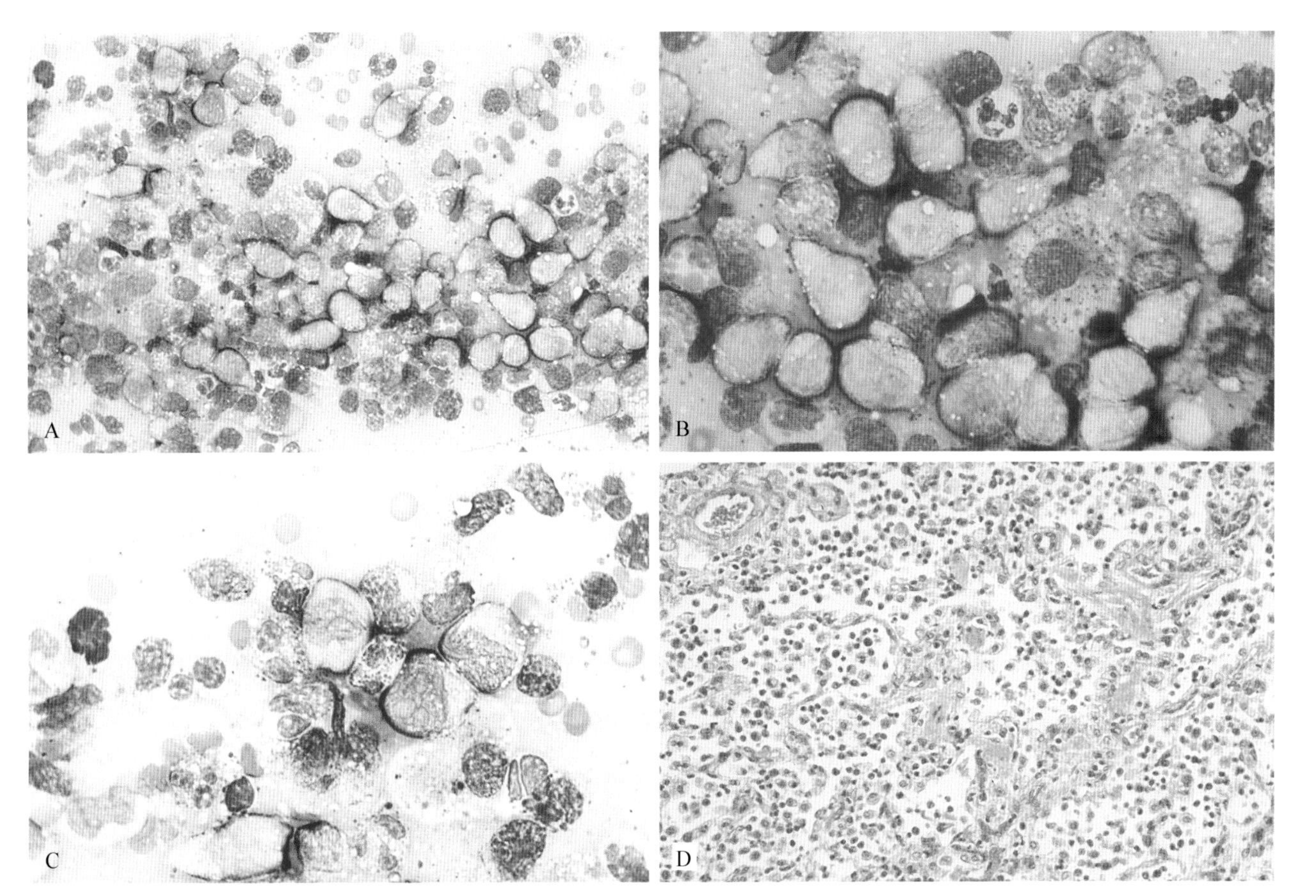


■ 图 5-66　**淋巴瘤肉芽肿。犬。A-D 为同一病例。A. 肺压片。**细胞样本具有许多大的、低分化的单核细胞。(瑞-吉氏染色;高倍油镜)。**B. 肺压片。**大单核细胞与嗜酸性粒细胞、嗜中性粒细胞以及小淋巴细胞混合(瑞-吉氏染色;高倍油镜)。**C. 肺压片。**在某些区域,可见嗜酸性粒细胞是主要的细胞类型,且是正常的组织细胞。抗体标记时,反应性 T 淋巴细胞群可能出现。(瑞-吉氏染色;高倍油镜)。**D. 组织切片。肺。**血管和支气管的伤害与多形性单核细胞的存在有关。剖检证实肺脏受到影响。(H&E 染色;低倍镜)(A-D 由佛罗里达大学的 Rose Raskin 提供)

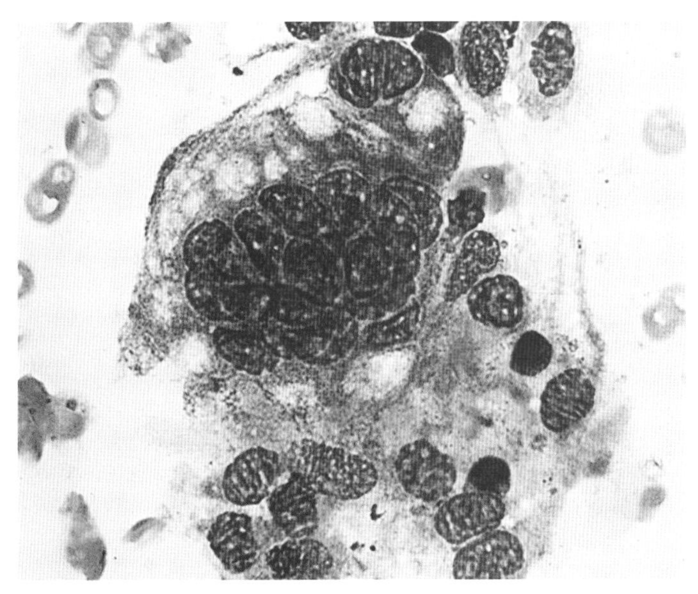

■ 图 5-67　**巨细胞肉瘤。肺部肿块。犬。**多核巨细胞和多形性间质细胞可能来自肉瘤的转移。(瑞-吉氏染色;高倍油镜)(图片由佛罗里达大学的 Rick Alleman 提供)

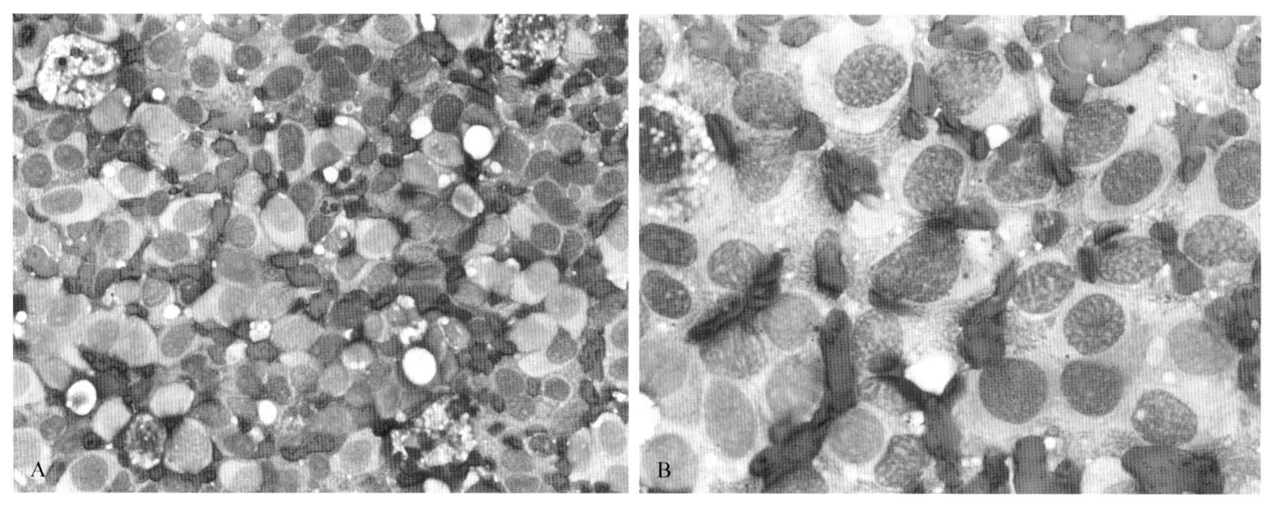

■ 图 5-68　**转移性黑色素瘤。肺穿刺。犬。A 和 B 为同一病例。A.** 恶性分散细胞和偶见的噬黑素细胞(细胞质中有黑色物质的大细胞)。(瑞-吉氏染色;低倍镜)**B.** 较高的放大倍率,以罕见黑色素颗粒。(瑞-吉氏染色;高倍油镜)

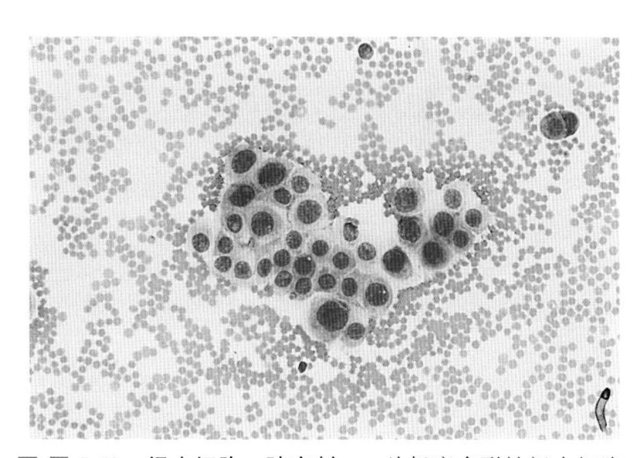

■ 图 5-69　**间皮细胞。肺穿刺。**一片轻度多形性间皮细胞。肺部活检有间皮细胞的存在表明取样为表明内层。(瑞-吉氏染色;低倍镜)

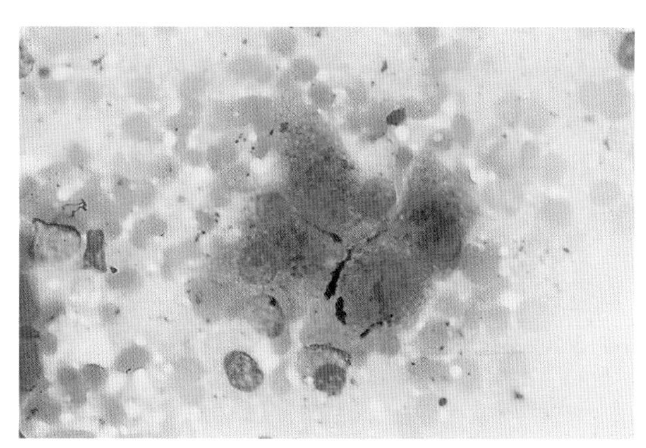

■ 图 5-70　意外的肝穿刺。可见具有突出的含胆汁小管的肝细胞存在,与胆汁淤积一致。在试图穿刺取肺样本时,如果针放置太深,肝脏可能被穿刺到。(瑞-吉氏染色;高倍油镜)

## 参考文献


Aff olter VK, Moore PF: Canine cutaneous and systemic histiocytosis: reactive histiocytosis of dermal dendritic cells, *Am J Dermatopathol* 22:40-48, 2000.

A olter VK, Moore PF: Localized and disseminated histiocytic sarcoma of dendritic cell origin in dogs, *Vet Pathol* 39: 74-83, 2002.

A olter VK, Moore PF: Feline progressive histiocytosis, *Vet Pathol* 43:646-655, 2006.

Alenghat T, Pillitteri CA, Bemis DA, et al: Lycoperdonosis in two dogs, *J Vet Diagn Invest* 22:1002-1005, 2010.

Anderton TL, Makell DJ, Preston A: Ciliostasis is a key early event during colonization of canine tracheal tissue by Bordetella bronchiseptica, *Microbiol* 150:2843-2855, 2004.

Andreasen CB: Bronchoalveolar lavage, *Vet Clin North Am Small Anim Pract* 33:69-88, 2003.

Andreasen CB, Carmichael P: What is your diagnosis? Lung aspirate and transtracheal wash from a 1-year-old dog with dyspnea, *Vet Clin Pathol* 21:77-78, 1992.

Bain PJ, Alleman AR, Sheppard BJ, et al: What is your diagnosis? Lung mass from an 18-month-old Boxer, *Vet Clin Pathol* 26(55):91-92, 1997.

Baldwin F, Becker AB: Bronchoalveolar eosinophilic cells in a canine model of asthma: two distinctive populations, *Vet Pathol* 30:97-103, 1993.

Barnhart K, Lewis B: Laryngopharyngeal mass in a dog with upper airway obstruction, *Vet Clin Pathol* 29: 47-50, 2000.

Bauer NB, O'Neill E, Sheahan BJ, et al: Calcospherite-like bodies and caseous necrosis in tracheal mucus from a dog with tuberculosis, *Vet Clin Pathol* 33:168-172, 2004.

Benjamino KP, Birchard SJ, Niles JD, et al: Pharyngeal mucoceles in dogs: 14 cases, *J Am Anim Hosp Assoc* 48:31-35, 2012.

Bernsteen L, Gregory CR, Aronson LR, et al: Acute toxoplasmosis follow-ing renal transplantation in three cats and a dog, *J Am Vet Med Assoc* 215:1123-1126, 1999.

Billen F, Peeters D, Peters IR, et al: Comparison of the value of measurement of serum galactomanna and Aspergillus-specific antibodies in the diagnosis of canine sino-nasal aspergillosis, *Vet Microbiol* 133:358-365, 2009.

Blum S, Elad D, Zukin N, et al: Outbreak of Streptococcus equi subsp. Zooepidemicus infections in cats, *Vet Microbiol* 144:236-239, 2010.

Bright RM, Gorman NT, Goring RL, et al: Laryngeal oncocytoma in two dogs, *J Am Vet Med Assoc* 184: 738-740, 1994.

Britton AP, Davies JL: Rhinitis and meningitis in two shelter cats caused by Streptococcus equi subspecies zooepidemicus, *J Comp Pathol* 143:70-74, 2010.

Brown DE, rall MA, Getzy DM, et al: Cytology of canine malignant histio-cytosis, *Vet Clin Pathol* 23:118-123, 1994.

Brosinski K, Janik D, Polkinghorne A, et al: Olfactory neuroblastoma in dogs and cats-a histological and immunohistochemical analysis, *J Comp Pathol* 146:152-159, 2012.

Buckeridge D, Torrance A, Daly M: Pu all mushroom toxicosis (lycoperdonosis) in a two-year-old dachshund, *Vet Rec* 168:304, 2011.

Burgener DC, Slocombe RF, Zerbe CA: Lymphoplasmacytic rhinitis in ve dogs, *J Am Anim Hosp Assoc* 23: 565-568, 1987.

Burgess KE, Greem EM, Wood RD, et al: Angio broma of the nasal cavity in 13 dogs, *Vet Comp Oncol* 9:304-309, 2011.

Burton SA, Honor DJ, Horney BS, et al: What is your diagnosis? Transtracheal aspirate from a dog, *Vet Clin Pathol* 21:112-113, 1992.

Busch MDM, Reilly CM, Lu JA, et al: Feline pulmonary Langerhans cell histiocytosis with multiorgan involvement, *Vet Pathol* 45:816-824, 2008.

Byun JW, Yoon SS, Woo GH, et al: An outbreak of fatal hemorrhagic pneumonia caused by Streptococcus equi subsp, zooepidemicus in shelter dogs, *J Vet Sci* 10:269-271, 2009.

Cabanes FJ, Roura X, Majo N, et al: Pneumocystis carinii pneumonia in a Yorkshire terrier dog, *Med Mycol* 38: 451-453, 2000.

Cafarchia C, Sasanelli M, Lia RP, et al: Lymphocutaneous and nasal spo-rotrichosis in a dog from southern Italy: case report, *Mycopathologia* 163:75-79, 2007.

Calvert CA, Maha ey MB, Lappin MR, et al: Pulmonary and disseminated eosinophilic granulomatosis in dogs, *J Am Anim Hosp Assoc* 24:311-320, 1988.

Caniatti M, Roccabianca P, Scanziani E, et al: Nasal rhinosporidiosis in dogs: four cases from Europe and a review of the literature, *Vet Rec* 142:334-338, 1998.

Caniatti M, da Cunha NP, Avallone G, et al: Diagnostic accuracy of brush cytology in canine chronic intranasal disease, *Vet Clin Pathol* 41:133-140, 2012.

Carswell JL, Williams KJ: Respiratory system. In Maxie MG (ed): *Jubb, Kennedy, and Palmer's pathology of domestic animals*, Philadelphia, 2007, Saunders, pp. 523-653.

Clercx C, Wallon J, Gilbert S, et al: Imprint and brush cytology in the diagnosis of canine intranasal tumours, *J Small Anim Pract* 37:423-427, 1996.

Colledge SL, Messick JB, Huang A: What is your diagnosis? Transtracheal wash uid in a dog, *Vet Clin Pathol* 42:238-239, 2013.

Conboy G: Natural infections of Crenosma vulpis and Angiostrongylus vasorum in dogs in Atlantic Canada and their treatment with milbemycin oxime, *Vet Rec* 155:16-18, 2004.

Crawford PC, Dubovi EJ, Castleman WL, et al: Transmission of equine in u-enza virus to dogs, *Science* 310: 482-485, 2005.

Crothers SL, White SD, Ihrke PJ, et al: Sporotrichosis: a retrospective evaluation of 23 cases seen in northern California (1987-2007), *Vet Dermatol* 20:249-259, 2009.

Day MJ, Henderson SM, Belshaw Z, et al: An immunohistochemical investigation of 18 cases of feline nasal lymphoma, *J Comp Pathol* 130:152-161, 2004.

De Lorenzi D, Bonfanti U, Masserdotti C, et al: Diagnosis of canine nasal aspergillosis by cytological examination: a comparison of four di erent collection techniques, *J Small Anim Pract* 47:316-319, 2006a.

De Lorenzi D, Bonfanti U, Masserdotti C, et al: Nasal melanosis in three dogs, *J Small Anim Pract* 47: 682-685, 2006b.

De Lorenzi D, Masserdotti C, Bertoncello D, et al: Di erential cell counts in canine cytocentrifuged bronchoalveolar lavage uid: a study on reliable enumeration of each cell type, *Vet Clin Pathol* 38:532-536, 2009.

de Vos J, Ramos Vega S, Noorman E, et al: Primary frontal sinus squamous cell carcinoma in three dogs treated with piroxicam combined with carboplatin or toceranib, *Vet Comp Oncol* 10:206-213, 2012.

Dehard S, Bernaerts F, Peeters D, et al: Comparison of bronchoalveolar lavage cytospins and smears in dogs and cats, *J Am Anim Hosp Assoc* 44:285-294, 2008.

DeHeer HL, McManus P: Frequency and severity of tracheal wash hemosiderosis and association with underlying disease in 96 cats: 2002-2003, *Vet Clin Pathol* 34:17-22, 2005.

Dennis JC, Allgier JG, Desouza LS, et al: Immunohistochemistry of the canine vomeronasal organ, *J Anat* 203:329-338, 2003.

Dirscherl P, Beisker W, Kremmer E, et al: Immunophenotyping of canine bronchoalveolar and peripheral blood lymphocytes, *Vet Immunol Immuno-pathol* 48:1-10, 1995.

Doughty RW, Brockman D, Neiger R, et al: Nasal oncocytoma in a domestic shorthair cat, *Vet Pathol* 43: 751-754, 2006.

Dubey JP, Chapman JL, Rosenthal BM, et al: Clinical Sarcocystis neurona, Sarcocystis canis, Toxoplasma gondii, and Neospora caninum infection in dogs, *Vet Parasitol* 137:36-49, 2006.

Duncan C, Stephen C, Lester S, et al: Sub-clinical infection and asymptom-atic carriage of *Cryptococcus gattii* in dogs and cats during an outbreak of cryptococcosis, *Med Mycol* 43:511-516, 2005.

Dungworth DL: The respiratory system. In Jubb KVF, Kennedy PC, Palmer N(eds): *Pathology of domestic animals*, San Diego, 1993, Academic Press, pp610-613.

Dye JA, McKiernan BC, Rozanski EA, et al: Bronchopulmonary disease in the cat: historical, physical, radiographic, clinicopathologic, and pulmonary functional evaluation of 24 a ffected and 15 healthy cats, *J Vet Intern Med* 10:385-400, 1996.

Eidson M, ilsted JP, Rollag OJ: Clinical, clinicopathologic, and pathologic features of plague in cats: 119 cases (1977-1988), *J Am Vet Med Assoc* 199:1191-1197, 1991.

Elie M, Sabo M: Basics in canine and feline rhinoscopy, *Clin Tech Small Anim Pract* 21:60-63, 2006.

English K, Peters SE, Maskell DJ, et al: DNA analysis of Pneumocystis infecting a Cavalier King Charles spaniel, *J Eukaryot Microbiol* (Suppl 106S), 2001.

Epstein SE, Mellema MS, Hopper K: Airway microbial culture and susceptiblitiy patterns in dogs and cats with respiratory disease of varying severity, *J Vet Emerg Crit Care* 20: 587-594, 2010.

Fitzgerald SD, Wolf DC, Carlton WW: Eight cases of canine lymphomatoid granulomatosis, *Vet Pathol* 28: 241-245, 1991.

Flatland B, Greene RT, Lappin MR: Clinical and serologic evaluation of cats with cryptococcosis, *J Am Vet Med Assoc* 209:1110-1113, 1996.

Flórez MM, Pedraza F, Grandi F, et al: Letter to the editor-Cytologic subtypes of canine transmissible venereal tumor, *Vet Clin Pathol* 41:3-5, 2012.

French TW: The use of cytology in the diagnosis of chronic nasal disorders, *Compend Contin Educ Pract Vet* 9: 115-121, 1987.

Friedrichs KR, Young KM: Histiocytic sarcoma of macrophage origin in a cat: case report with a literature review of feline histiocytic malignancies and comparison with canine hemophagocytic histiocytic sarcoma, *Vet Clin Pathol* 37: 121-128, 2008.

Gaschen L, Kircher P, Lang J: Endoscopic ultrasound instrumentation, applications in humans, and potential veterinary applications, *Vet Radiol Ultrasound* 44:665-680, 2003.

Gaspar LF, Ferreira I, Colodel MM, et al: Spontaneous canine transmissible venereal tumor: cell morphology and influence on p-glycoprotein expres-sion, *Turk J Vet Anim Sci* 34:447-454, 2010.

Ginel PJ, Molleda JM, Novales M, et al: Primary transmissible venereal tumour in the nasal cavity of a dog, *Vet Rec* 136: 222-223, 1995.

Gori S, Scasso A: Cytologic and differential diagnosis of rhinosporidiosis, *Acta Cytol* 38:361-366, 1994.

Greene RT: Cryptococcosis. In Greene CE(ed): *Infectious diseases of the dog and cat*, Philadelphia, 1998, WB Saunders, pp383-390.

Greene RT, Troy GC: Coccidioidomycosis in 48 cats: a retrospective study (1984-1993), *J Vet Intern Med* 9: 86-91, 1995.

Greig B, Rossow KD, Collins JE, et al: Neospora caninum pneumonia in an adult dog, *J Am Vet Med Assoc* 206: 1000-1001, 1995.

Hagiwara Y, Fujiwara S, Takai H, et al: Pneumocystis carinii pneumonia in a Cavalier King Charles Spaniel, *J Vet Med Sci* 63:349-351, 2001.

Hahn KA, McEntee MF: Primary lung tumors in cats: 86 cases(1979-1994), *J Am Vet Med Assoc* 211:1257-1260, 1997.

Harder TC, Vahlenkamp TW: In uenza virus infection in dogs and cats, *Vet Immuno Immunol* 134:54-60, 2010.

Hawkins EC, Davidson MG, Meuten DJ, et al: Cytologic identi cation of Toxoplasma gondii in bronchoalveolar lavage fluid of experimentally infected cats, *J Am Vet Med Assoc* 210: 648-650, 1997.

Hawkins EC, DeNicola DB: Collection of bronchoalveolar lavage fluid in cats, using an endotracheal tube, *Am J Vet Res* 50:855-859, 1989.

Hawkins EC, DeNicola DB: Cytologic analysis of tracheal wash specimens and bronchoalveolar lavage fluid in the diagnosis of mycotic infections in dogs, *J Am Vet Med Assoc* 197:79-83, 1990.

Hawkins EC, DeNicola DB, Kuehn NF: Bronchoalveolar lavage in the evalua-tion of pulmonary disease in the dog and cat. State of the art, *J Vet Intern Med* 4:267-274, 1990.

Hawkins EC, DeNicola DB, Plier ML: Cytological analysis of bronchoalveolar lavage fluid in the diagnosis of spontaneous respiratory tract disease in dogs: a retrospective study, *J Vet Intern Med* 9:386-392, 1995.

Hawkins EC, Kennedy-Stoskopf S, Levy J, et al: Cytologic characterization of bronchoalveolar lavage fluid collected through an endotracheal tube in cats, *Am J Vet Res* 55:795-802, 1994.

Hawkins EC, Kennedy-Stoskopf S, Levy JK, et al: E ect of FIV infection on lung inflammatory cell populations recovered by bronchoalveolar lavage, *Vet Immunol Immunopathol* 51:

21-28,1996.

Hawkins EC,Morrison WB,DeNicola DB,et al:Cytologic analysis of bronchoalveolar lavage fluid from 47 dogs with multicentric malignant lymphoma,*J Am Vet Med Assoc* 203:1418-1425,1993.

Hawkins EC,Rogala AR,Large EE,et al:Cellular composition of bronchial brushings obtained from healthy dogs and dogs with chronic cough and cytologic composition of bronchoalveolar lavage fluid obtained from dogs with chronic cough,*Am J Vet Res* 67:160-167,2006.

Henderson SM,Bradley K,Day MJ,et al:Investigation of nasal diseases in the cat-a retrospective study of 77 cases,*J Fel Med* 6:245-257,2004.

Hicks DG,Fidel JL:Intranasal malignant melanoma in a dog,*J Am Anim Hosp Assoc* 42:472-476,2006.

Hirt R,Tektas OY,Carrington SD,et al:Comparative anatomy of the human and canine efferent tear duct system-impact of mucin MUC5AC on lacrimal drainage,*Curr Eye Res* 37:961-970,2012.

Holt DE,Goldschmidt MH:Nasal polyps in dogs:five cases(2005-2011),*J Small Anim Pract* 52:660-663,2011.

Jelínek F,Vozková D,Kosáková D,et al:Giant cell tumor of bone located in the concha of a cat,*Veterinární Lékar* 6:5-9,2008.

Jerram RM,Guyer CL,Braniecki A,et al:Endogenous lipid(cholesterol)pneu-monia associated with bronchogenic carcinoma in a cat,*J Am Anim Hosp Assoc* 34:275-280,1998.

Johnson LR,Clarke HE,Bannasch MJ,et al:Correlation of rhinoscopic signs of in ammation with histologic ndings in nasal biopsy specimens of cats with or without upper respiratory tract disease,*J Am Vet Med Assoc* 225:395-400,2004.

Johnson LR,De Cock HE,Sykes JE,et al:Cytokine gene transcription in feline nasal tissue with histologic evidence of in ammation,*Am J Vet Res* 66:996-1001,2005.

Johnson LR,Drazenovich TL:Flexible bronchoscopy and bronchoalveolar lavage in 68 cats(2001-2006),*J Vet Intern Med* 21:219-225,2007.

Johnson LR,Drazenovich TL,Herrera MA,et al:Results of rhinoscopy alone or in conjunction with sinuscopy in dogs with aspergillosis:46 cases(2001-2004),*J Am Vet Med Assoc* 228:738-742,2006.

Johnson LR,Vernau W:Bronchoscopic findings in 48 cats with spontaneous lower respiratory tract disease(2002-2009),*J Vet Intern Med* 25:236-243,2011.

Jones DJ,Norris CR,Samii VF,et al:Endogenous lipid pneumonia in cats:24 cases(1985-1998),*J Am Vet Med Assoc* 216:1437-1440,2000.

Jones JC,Ober CP:Computed tomographic diagnosis of nongastrointestinal foreign bodies in dogs,*J Am Anim Hosp Assoc* 43:99-111,2007.

Jordan HL,Cohn LA,Armstrong PJ:Disseminated Mycobacterium avium complex infection in three Siamese cats,*J Am Vet Med Assoc* 204:90-93,1994.

Kano R,Ishida R,Nakae S,et al:The first reported case of canine subcutaneous Cryptococcus avescens infection,*Mycopathologia* 173:179-182,2012.

King RR,Greiner EC,Ackerman N,et al:Nasal capillariasis in a dog,*J Am Anim Hosp Assoc* 26:381-385,1990.

Klop fleisch R,Kohn B,Plog S,et al:An emerging pulmonary haemorrhagic syndrome in dogs:similar to the human leptospiral pulmonary haemorrhagic syndrome?,*Vet Med Int*,2010. http://dx. doi. org/10. 4061/2010/928541.

Koehler JW,Weiss RC,Aubry OA,et al:Nasal tumor with widespread cutaneous metastases in a Golden Retriever,*Vet Pathol* 49:870-875,2012.

Kraje AC,Patton CS,Edwards DF:Malignant histiocytosis in 3 cats,*J Vet Intern Med* 15:252-256,2001.

Kuehn NF:Nasal computed tomography,*Clin Tech Small Anim Pract* 21:55-59,2006.

Kuiken T,Rimmelzwaan G,van Riel D,et al:Avian H5N1 in fluenza in cats,*Science* 306:241,2004.

Lana SE,Withrow SJ:Tumors of the respiratory system—nasal tumors. In Withrow SJ,MacEwen EG(eds):*Small animal clinical oncology*,Philadelphia,2001,Saunders,pp 370-377.

Latimer KS:*Cytology examination of the respiratory tract—part* 2,Washington,DC,1993,The 11th Annual ACVIM Forum.

Lawson MJ,Craven BA,Peterson EG,et al:A computational study of odorant transport and deposition in the canine nasal cavity:implications for olfac-tion,*Chem Senses* 37:553-566,2012.

Lecuyer M,Dube PG,DiFruscia R,et al:Bronchoalveolar lavage in normal cats,*Can Vet J* 36:771-773,1995.

Leme LR,Schubach TM,Santos IB,et al:Mycological evaluation of broncho-alveolar lavage in cats with respiratory signs from Rio de Janeiro,Brazil,*Mycoses* 50:210-214,2007.

Lester SJ,Malik R,Bartlett KH,et al:Cryptococcosis:update and emergence of Cryptococcus gattii,*Vet Clin Path* 40:4-17,2011.

Llanos-Cuentas EA,Roncal N,Villaseca P,et al:Natural infections of Leishmania peruviana in animals in the Peruvian Andes,*Trans R Soc Trop Med Hyg* 93:15-20,1999.

Lobetti R:Common variable immunode ficiency in miniature dachshunds affected with Pneumocystis carinii pneumonia,*J Vet Diagn Invest* 12:39-45,2000.

Lobetti RG:Pneumocystis carinii infection in miniature dachshunds,*Compend Contin Educ Pract Vet* 23:320-324,2001.

Lopez A:Respiratory system,thoracic cavity,and pleura. In omson RG,McGavin MD,Carlton WW,et al(eds):*omson's special veterinary pathology*,Philadelphia,2000,Mosby, pp125－195.

Macdonald ES, Norris CR, Berghaus RB, et al: Clinicopathologic and radiographic features and etiologic agents in cats with histologically con-rmed infectious pneumonia: 39 cases(1991-2000), *J Am Vet Med Assoc* 223:1142－1150,2003.

Malik R, Martin P, Wigney DI, et al: Nasopharyngeal cryptococcosis, *Aust Vet J* 75:483－488,1997.

Mastrorilli C, Spangler EA, Chrisopherson PW, et al: Multifocal cutaneous histiocytic sarcoma in a young dog and review of histiocytic cell immunophenotyping, *Vet Clin Pathol* 41: 412－418,2012.

McCauley M, Atwell RB, Sutton RH, et al: Unguided bronchoalveolar lavage techniques and residual e ects in dogs, *Aust Vet J* 76:161－165,1998.

McGarry JW, Morgan ER: Identification of rst-stage larvae of metastrongyles from dogs, *Vet Rec* 165:258－261,2009.

McKay JS, Cox CL, Foster AP: Cutaneous alternariosis in a cat, *J Small Anim Pract* 42:75－78,2001.

Medleau L, Barsanti JB: Cryptococcosis. In Greene CE (ed): *Infectious diseases of the dog and cat*, Philadelphia, 1990, WB Saunders, pp687－695.

Meier WA, Meinkoth JH, Brunker J, et al: Cytologic identifi-cation of immature endospores in a dog with rhinosporidiosis, *Vet Clin Pathol* 35:348－352,2006.

Mercier E, Peters IR, Day MJ, et al: Toll-and NOD-like receptor mRNA expression in canine sino-nasal aspergillosis and idiopathic lymphoplasmacytic rhinitis, *Vet Immunol Immunopathol* 145:618－624,2012.

Meler E, Dunn M, Lecuyer M: A retrospective study of canine persistent nasal disease: 80 cases(1998-2003), *Can Vet J* 49:71－76,2008.

Meuten DJ, Calderwood-Mays MB, Dillman RC, et al: Canine laryngeal rhabdomyoma, *Vet Pathol* 22:533－539,1985.

Michiels L, Day MJ, Snaps F, et al: A retrospective study of non-speci c rhinitis in 22 cats and the value of nasal cytology and histopathology, *J Feline Med Surg* 5:279－285,2003.

Mills PC, Litster A: Using urea dilution to standardise cellular and non-cellular components of pleural and bronchoalveolar lavage(BAL) fluids in the cat, *J Feline Med Surg* 8: 105－110,2006.

Moore AS, Ogilvie GK: Tumors of the respiratory tract. In Moore AS, Ogilvie GK(eds): *Feline oncology: a comprehensive guide to compassionate care*, Trenton, NJ, 2001, Veterinary Learning Systems, pp. 368－384.

Moore PF: A review of histiocytic diseases of dogs and cats, *Vet Pathol* 51:167－184,2014.

Moore PF, A olter VK, Vernau W: Canine hemophagocytic histiocytic sarcoma: a proliferative disorder of CD11d+ macrophages, *Vet Pathol* 43:632－645,2006.

Morgan ER, Je ries R, van Otterdijk L, et al: Angiostrongylus vasorum infection in dogs: presentation and risk factors, *Vet Parasitol* 173:255－261,2010.

Morgan E, Shaw S: Angiostrongylus vasorum infection in dogs: continuing spread and developments in diagnosis and treatment, *J Sm Anim Pract* 51:616－621,2010.

Mukaratirwa S, van der Linde-Sipman JS, Gruys E: Feline nasal and paranasal sinus tumours: clinicopathological study, histomorphological description and diagnostic immunohistochemistry of 123 cases, *J Feline Med Surg* 3:235－245,2001.

Ninomiya F, Suzuki S, Tanaka H, et al: Nasal and paranasal adenocarcinomas with neuroendocrine differentiation in dogs, *Vet Pathol* 45:181－187,2008. Nunez-Ochoa L, Desnoyers M, Lecuyer M: What is your diagnosis? Transtra-cheal wash from a 2-year-old dog, *Vet Clin Pathol* 22:122,1993.

Oakes MG, McCarthy RJ: What is your diagnosis? So-tissue mass within the lumen of the larynx, caudal to the epiglottis, *J Am Vet Med Assoc* 204:1891－1892,1994.

Ogilvie GK, Haschek WM, Withrow SJ, et al: Classi cation of primary lung tumors in dogs: 210 cases(1975－1985), *J Am Vet Med Assoc* 195:106－108,1989.

Padrid P, Amis TC: Chronic tracheobronchial disease in the dog, *Vet Clin North Am Small Anim Pract* 22: 1203－1229,1992.

Padrid PA, Feldman BF, Funk K, et al: Cytologic, microbiologic, and biochemical analysis of bronchoalveolar lavage uid obtained from 24 healthy cats, *Am J Vet Res* 52: 1300－1307,1991.

Palic J, Hostetter S, Riedesel E, et al: What is your diagnosis? Aspirate of a lung nodule in a dog, *Vet Clin Pathol* 40: 99－100,2011.

Papazoglou LG, Koutinas AF, Plevraki AG, et al: Primary intranasal transmissible venereal tumour in the dog: a retrospective study of six spontaneous cases, *J Vet Med A Physiol Pathol Clin Med* 48:391－400,2001.

Park M-S, et al: Disseminated transmissible venereal tumor in a dog, *J Vet Diagn Invest* 18:130－133,2006.

Pass DA, Huxtable CR, Cooper BJ, et al: Canine laryngeal oncocytomas, *Vet Pathol* 17:672－677,1980.

Patnaik AK: Histologic and immunohistochemical studies of granular cell tumors in seven dogs, three cats, one horse, and one bird, *Vet Pathol* 30:176－185,1993.

Patnaik AK, Ludwig LL, Erlandson RA: Neuroendocrine carcinoma of the nasopharynx in a dog, *Vet Pathol* 39:496－500,2002.

Peeters D, Peters IR, Helps CR, et al: Distinct tissue cytokine and chemokine mRNA expression in canine sino-nasal aspergillosis and idiopathic lymph-oplasmacytic rhinitis, *Vet Immunol Immunopathol* 117:95－105,2007.

Pereira SA, Menezes RC, Gremio ID, et al: Sensitivity of cytopathological examination in the diagnosis of feline sporotrichosis, *J Feline Med Surg* 13:220-223, 2011.

Perez J, Bautista MJ, Carrasco L, et al: Primary extragenital occurrence of transmissible venereal tumors: three case reports, *Can Pract* 19:7-10, 1994.

Petite AF, Dennis R: Comparison of radiography and magnetic resonance imaging for evaluating the extent of nasal neoplasia in dogs, *J Small Anim Pract* 47:529-536, 2006.

Piva S, Zanoni RG, Specchi S, et al: Chronic rhinitis due to Streptococcus equi subspecies zooepidemicus in a dog, *Vet Rec* 167:177-178, 2010.

Poitout F, Weiss DJ, Dubey JP: Lung aspirate from a cat with respiratory dis-tress, *Vet Clin Pathol* 27:10, 1998.

Postorino NC, Wheeler SL, Park RD, et al: A syndrome resembling lymphomatoid granulomatosis in the dog, *J Vet Intern Med* 3:15-19, 1989.

Poth T, Seibold M, Werckenthin C, Hermanns W: First report of Cryptococcus magnus infection in a cat, *Med Mycol* 48:1000-1004, 2010.

Priestnall S, Erles K: *Streptococcus zooepidemicus*: an emerging canine pathogen, *Vet J* 188:142-148, 2011.

Priestnall SL, Erles K, Brooks HW, et al: Characterization of pneumonia due to *Streptococcus zooepidemicus* subsp. zooepidemicus in dogs, *Clin Vaccine Immunol* 17:1790-1796, 2010.

Rakich PM, Latimer KS: Cytology of the respiratory tract, *Vet Clin North Am Small Anim Pract* 19:823-850, 1989.

Raya AI, Fernandez-de Marco M, Nunez A, et al: Endogenous lipid pneumonia in a dog, *J Comp Pathol* 135:153-155, 2006.

Rebar AH, DeNicola DB, Muggenburg BA: Bronchopulmonary lavage cytolo-gy in the dog: normal ndings, *Vet Pathol* 17:294-304, 1980.

Rebar AH, Hawkins EC, DeNicola DB: Cytologic evaluation of the respiratory tract, *Vet Clin North Am Small Anim Pract* 22:1065-1085, 1992.

Reed LT, Miller MA, Visvesvara GS, et al: Diagnostic exercise: cerebral mass in a puppy with respiratory distress and progressive neurologic signs, *Vet Pathol* 47:1116-1119, 2010.

Reichle JK, Wisner ER: Non-cardiac thoracic ultrasound in 75 feline and canine patients, *Vet Radiol Ultrasound* 41:154-162, 2000.

Rudorf H, Brown P: Ultrasonography of laryngeal masses in six cats and one dog, *Vet Radiol Ultrasound* 39:430-434, 1998.

Ruehlmann D, Podell M, Oglesbee M, et al: Canine neosporosis: a case report and literature review, *J Am Anim Hosp Assoc* 31:174-183, 1995.

Rutherford S, Whitbread T, Ness M: Idiopathic osseous hyperplasia of the nasal turbinates in a Welsh terrier, *J Small Anim Pract* 52:492-496, 2011.

Sako T, Shimoyama Y, Akihara Y, et al: Neuroendocrine carcinoma in the nasal cavity of ten dogs, *J Comp Pathol* 133:155-163, 2005.

Salazar I, Sanchez Quinteiro P, Cifuentes JM, et al: e vomeronasal organ of the cat, *J Anat* 188(Pt 2):445-454, 1996.

Schnyder M, Fahrion A, Riond B, et al: Clinical, laboratory, and pathological ndings in dogs experimentally infected with Angiostrongylus vasorum, *Parasitol Res* 107:1471-1480, 2010.

Silva V, Pereira CN, Ajello L, et al: Molecular evidence for multiple host-speci c strains in the genus Rhinosporidium, *J Clin Microbiol* 43:1865-1868, 2005.

Silverstein D, Greene C, Gregory E, et al: Pulmonary alveolar proteinosis in a dog, *J Vet Intern Med* 14:546-551, 2000.

Singh MK, Johnson LR, Kittleson MD, et al: Bronchomalacia in dogs with myxomatous mitral valve degeneration, *J Vet Intern Med* 26:312-319, 2012.

Smallwood LJ, Zenoble RD: Biopsy and cytological sampling of the respiratory tract, *Semin Vet Med Surg (Small Anim)* 8(4):250-257, 1993.

Smith KC, Day MJ, Shaw SC, et al: Canine lymphomatoid granulomatosis: an immunophenotypic analysis of three cases, *J Comp Pathol* 115:129-138, 1996. Sukura A, Saari S, Jrvinen AK, et al: Pneumocystis carinii pneumonia in dogs-a diagnostic challenge, *J Vet Diagn Invest* 8:124-130, 1996.

Tang KN, Mansell JL, Herron AJ, et al: The histologic, ultrastructural, and immunohistochemical characteristics of a thyroid oncocytoma in a dog, *Vet Pathol* 31:269-271, 1994.

Tasker S, Foster DJ, Corcoran BM, et al: Obstructive in am-matory laryngeal disease in three cats, *J Feline Med Surg* 1:53-59, 1999.

Tasker S, Knottenbelt CM, Munro EA, et al: Aetiology and diagnosis of persistent nasal disease in the dog: a retrospective study of 42 cases, *J Small Anim Pract* 40:473-478, 1999.

Tennant K, Patterson-Kane J, Boag AK, et al: Nasal mycosis in two cats caused by Alternaria species, *Vet Rec* 155:368-370, 2004.

Teske E, Stokhof AA, van den Ingh TSGAM, et al: Transthoracic needle aspiration biopsy of the lung in dogs with pulmonic diseases, *J Am Anim Hosp Assoc* 27:289-294, 1991.

Trivedi SR, Sykes JE, Cannon MS, et al: Clinical features and epidemiology of Cryptococcus in cats and dogs in California: 93 cases(1988-2010), *J Am Vet Med Assoc* 239:357-369, 2011.

Unterer S, Deplazes P, Arnold P, et al: Spontaneous Crenosoma vulpis infec-tion in 10 dogs: laboratory, radiographic and endoscopic ndings, *Schweiz Arch Tierheilkd* 144:174-179, 2002.

Vail DM, Mahler PA, Soergel SA: Di erential cell analysis and phenotypic subtyping of lymphocytes in bronchoalveolar lavage fluid from clinically normal dogs, *Am J Vet Res* 56:282-285, 1995.

Walton RM, Brown DE, Burkhard MJ, et al: Malignant

histiocytosis in a domestic cat: cytomorphologic and immunohistochemical features, *Vet Clin Pathol* 26:56-60,1997.

Watson PJ, Wotton P, Eastwood J, et al: Immunoglobulin deficiency in Cava-lier King Charles Spaniels with Pneumocystis pneumonia, *J Vet Intern Med* 20:523-527,2006.

Whittemore JC, Webb CB: Successful treatment of nasal sporotrichosis in a dog, *Can Vet J* 48:411-414,2007.

Wiedmeyer CE, Whitney MS, Dvorak LD, et al: Mass in the laryngeal region of a dog, *Vet Clin Pathol* 32(1): 37-39,2003.

Williams M, Olver C, rall MA: Transtracheal wash from a puppy with respi-ratory disease, *Vet Clin Pathol* 35:471-473, 2006.

Windsor RC, Johnson LR, Herrgesell EJ, et al: Idiopathic lymphoplasmacytic rhinitis in dogs: 37 cases (1997-2002), *J Am Vet Med Assoc* 224:1952-1957,2004.

Witham AI, French AF, Hill KE: Extramedullary laryngeal plasmacytoma in a dog, *N Z Vet J* 61:61-64,2012.

Wood EF, O'Brien RT, Young KM: Ultrasound-guided neneedle aspiration of focal parenchymal lesions of the lung in dogs and cats, *J Vet Intern Med* 12:338-342,1998.

Ybarra WL, Johnson LR, Drazenovich TL, et al: Interpretation of multisegment bronchoalveolar lavage in cats (1/2001-1/2011), *J Vet Intern Med* 12:1281-1287,2012.

Yohn SE, Hawkins EC, Morrison WB, et al: Confirmation of a pulmonary component of multicentric lymphosarcoma with bronchoalveolar lavage in two dogs, *J Am Vet Med Assoc* 204: 97-101,1994.

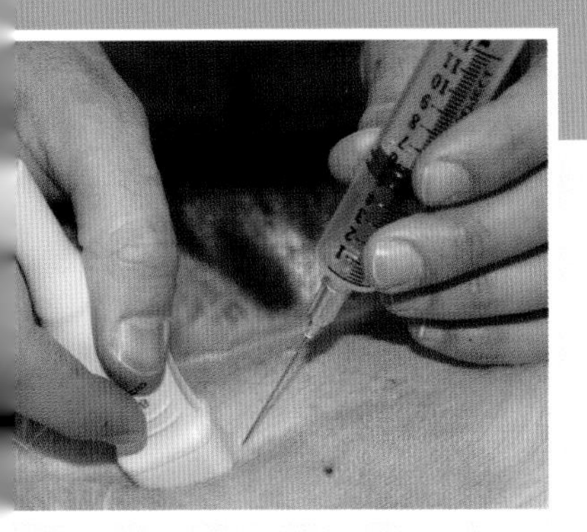

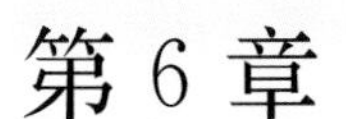

# 第 6 章

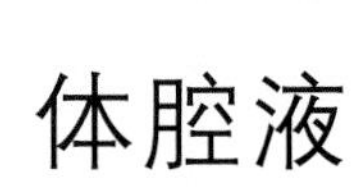

# 体腔液

*Craig A. Thompson, Alan H. Rebar*

通常在腹腔、胸腔和心包腔存在少量液体，因此这些都是潜在的间隙。详细的浆液性体腔内平衡的生理描述是有价值的（Bouvy and Bjorling，1991；Dempsey and Ewing，2011；Forrester，1988）。这些浆液性体腔是由被称为间皮细胞的细胞排列而成的。这些潜在间隙中液体的积聚是由液体的产出和去除不平衡所导致的。出现大量液体增加的临床症状包括：腹胀、腹痛、呼吸受阻式呼吸困难、心音低沉和心律失常。收集和评价这些位置的液体可以诊断炎症、出血、肿瘤或者淋巴结情况的存在并且进行治疗。进一步的诊断测试可以通过细胞学特征表现出来。移除和检查这些液体是相对较低风险的操作，特别是可以提高诊断的概率。

## 采样技术

### 腹腔液

将患病动物左侧位放倒并且保定。在脐中心区域（例如，10 in×10 in 的正方形）备毛并且做术前准备。膀胱在执行穿刺前应排空。如果有需要的话，可以使用小范围的局部浸润麻醉。使用 20～22 号的针头或者针外导管来穿透腹腔。尝试在各个方向来获取液体，液体可以在重力或者毛细作用下自由流动。如果需要的话，可以采用 3 mL 或 6 mL 注射器温和的负压吸力。有关操作技术的完整说明，读者可以参考其他文献（Walters，2003）。当液体被移除后，让动物静静地休息。移动或者使患病动物运动并且针体留在腹腔可能导致撕裂伤或穿刺到脏器。一些化验员宁愿让患病动物采用站立姿势来移除液体，但是使用这个体位会使大网膜有更大的堵塞针头的可能性。

如果使用传统的四向腹腔穿刺术不能得到足够的样本，那么可以使用诊断性腹腔灌洗（DPL）。这种技术跟上面所述的是相同的；然而针体在使用时多了一根导管。移除探针后，通过四向阀注入 10～20 mL/kg 的等渗液。然后让动物从一边轻轻地滚到另一边、简单的行走与按摩来使液体分散到全腹腔。最后使用四向的方法来取得样本。这种技术的详细说明可以在其他文献中找到（Walters，2003）。使用 DPL 技术可以使直针腹腔穿刺的准确性翻 1 倍（Crowe，1984）。使用这种技术的一个明显的缺点是总有核细胞数和总蛋白的稀释度是不可测定的。

### 胸腔积液

去除胸腔积液时，患病动物应采取站立位或者腹/胸骨卧位。备毛和术区准备应该从第五肋间开始至第十一肋间的胸壁为止。在第七、第八肋间的肋软骨交界处进行小面积的浸润局麻。移除胸腔积液最好将针体或针上导管和三通阀的枢纽附加到延长管上。将针或导管插入胸壁术区，注意避开刚好位于每根肋骨近尾端的肋间血管。读者可以在其他地方参考这项技术的完整描述（Tseng and Waddell，2000）。

### 心包液

如有必要的话，从心包囊抽取液体的时候要镇静患病动物。术区准备包括第五至第七肋间双侧中下部。患病动物采取左侧位侧躺或者背腹卧位。操作过程中附加 ECG 监测心律失常。局部浸润麻醉在肋骨交界的区域或者胸中部和底部交界的地方。使用 16～18 号的针外导管搭配三通阀并连接 30 mL 或 60 mL的注射器。当刺破胸壁后，注射器要始终保持负压。仔细通过一个切口从第四肋间向心脏方向进针。进针直到针头出现阻力（来自心包膜）。当针进入心包囊时，会感觉到针头上的压力被释放，并且经常能看到血液出现。这样导管就安全地处于心包囊内了。读者可以在其他地方参考这项技术的完整描述（Gidlewski and Petrie，2005；Shaw and Rush，2007）。

## 样品处理

在去除液体时，要注意液体最初的颜色和特征

(图 6-1)。如果液体最初是清亮的,接下来变成红色,那么很有可能是医源性的血液污染。相反,如果样品在整个收集过程中都是红色的,那么应该怀疑为出血性液体。液体应被收集到两个紫头管里(EDTA 抗凝剂)来评估有核细胞和红细胞。部分样本也应被收集到红头管里(或任何无添加剂的无菌管里)来进行生化评估,如钾、肌酐、乳酸和葡萄糖。最后一部分液体应放置在无菌管中用于需氧菌、厌氧菌、支原体和真菌的培养。用于培养的样品不能冷藏,并且应在获得后的 24 h 内处理。含 EDTA 的管不能用于细菌培养,因为 EDTA 是抑菌的(Songer and Post,2005)。对于细胞学检查来说,使用通过富集细胞或者血涂片技术直接分布的涂片,通过上述血涂片技术或者富集细胞技术使用离心样本的沉渣制作涂片。可以通过 450 *g* 离心(1 500~2 000 r/min)3~5 min 来获取沉渣。使用折射仪来测定得到的上清液的总蛋白。剩余的沉渣与等量剩余上清液通过手指轻弹或使用搅拌棒重新混匀。如果有需要的话,少量的非离心体液可以另外放置在细胞离心管里,并且准备一台细胞离心涂片器来制片以提高细胞质特征的可见性。甲醇溶罗曼诺夫斯基染色如瑞氏染色,或者水合罗曼诺夫斯基染色可以适用于几张涂片的即时内部评价。剩余未染色涂片和充满液体的 EDTA 和血清管则可以提交实验室进行鉴别诊断。Maher et al.(2010)表明在存储 24 h 和 48 h 后总有核细胞计数会显著下降,中性粒细胞和肿瘤细胞数目减少,无法识别的细胞数目会增加。此外,鉴于新鲜样本的细菌不会在24~48 h 后的样本中被发现(Maher et al.,2010)。只要有可能,样本管以及刚准备好的涂片应该在冰上冷藏并连夜发送,以防止在体外环境中发生变化。允许临床病理学家在收集样本的同时评估那些提交的管内样本,用以比较样本细胞的细胞结构和外观。

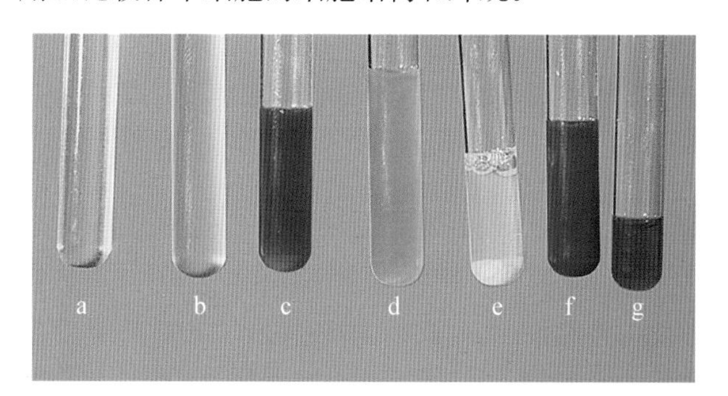


■ **图 6-1 积液的颜色和性质。**各种积液的大体外观,从左到右依次是:(a)无色透明——漏出液;(b)黄色并稍显浑浊——改性漏出液;(c)红色并稍显浑浊(类似红细胞溶解)——出血;(d)橙色并浑浊——可能是伴血的炎性液体;(e)混悬液——注意管底部粗颗粒的细胞成分;(f)红色并浑浊——任何原因导致的出血或医源性的血液污染;(g)棕色并稍显浑浊——可能是胆汁或者红细胞破裂。

## 实验室评价

### 蛋白定量

蛋白定量通常是通过折射的方法,也有一些机构通过分光光度法或自动分析法来测定蛋白质。上述两种方法都可以在宽泛的蛋白质浓度范围内提供准确的读数(Braun et al.,2001; George,2001; George and O'Neill,2001)。犬的腹水已被证明当蛋白质的浓度小于 2.0 g/dL 的时候折射法会低估蛋白质的含量,并且当高蛋白含量时使用双缩脲法分光光度法是更准确的(Braun et al.,2001)。折射法被发现可以精确到 1.0 g/dL(George and O'Neill,2001)。折射法在处理猫的积液上也被发现存在类似低估蛋白质含量的现象(Papasouliotis et al.,2002)。同一研究上,当参考比对湿式分析仪时,使用相同的双缩脲和溴甲酚绿方法,干式分析仪测出的球蛋白浓度增高并且导致白球比例(A∶G)降低。这一发现特别重要,因为 A∶G 比率减小支持诊断猫传染性腹膜炎(Hartmann et al.,2003;Shelly et al.,1988)。最新的研究(Hetzel et al.,2012)表明使用 Vet-Scan 台式分析仪测出的总蛋白是可接受的结果,而 VetTest 和 SpotChem 分析仪被确定不能用来评价犬积液中的总蛋白。

云雾状或者浑浊样本和血性样本应该先进行离心,之后用上清液测定蛋白质。不论是使用折射法还是分光光度法,浑浊都可能会干扰蛋白质的评估。蛋白质含量和有核细胞计数用于积液的分类并且能帮助制定一个可能存在的病因的列表(图 6-2)。

> **关键点** 测量比重使用的标准折光仪只针对尿液,还没有被验证可以用于体腔液。因此,应用于低蛋白液的比重值应该谨慎看待(George,2001)。

> **关键点** 请不要使用含有分离血浆凝胶的管来收集样本流体提交给参考实验室。细胞可能会被固定到管内的凝胶上,从而导致细胞计数结果降低。

### 红细胞和总有核细胞计数

虽然通过视觉通常可以对样本的细胞量和血液量有初步的印象,但是红细胞和总有核细胞的实际计数对样本类型的进一步分析是非常重要的。你可以通过这份信息开始缩小可能出现异常积液原因的范围。对于将样本提交到参考实验室诊断的人来说,建议将一部分样本放置在紫头管(EDTA),一部分样本

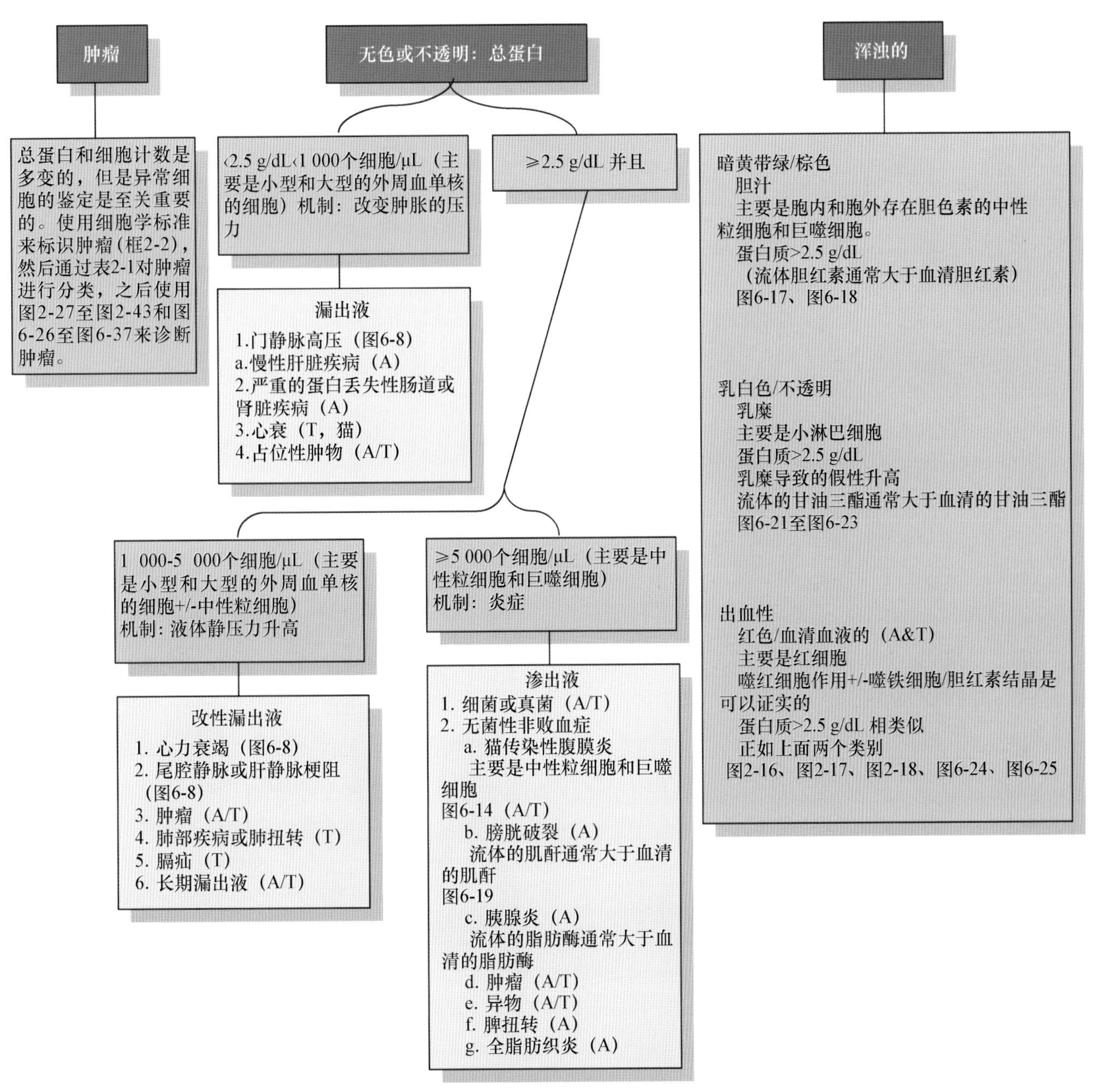


■ 图 6-2　**积液分类的方法。**腹腔和胸腔的积液通过颜色和内容很容易分类。近无色积液的病理生理学取决于病因。往往起因于慢性漏出液或者跨膜通道的细胞和(或)相关蛋白质的轻微增加会提高液体静压力(改良性漏出液)。起因于感染性或非感染性病因的渗出液含有大量的来源于受伤的淋巴管和血管的中心粒细胞和(或)巨噬细胞。有颜色的积液是特殊形式的渗出液。(改自 Meyer DJ，Harvey JW：兽医实验室医学——解释和诊断，第 3 版，Elsevier，St Louis，2004)

放置在红头管。紫头管中含有抗凝剂，防止样本中蛋白质含量过高而引起凝集。红细胞总量可以通过微量管离心样本和测量红细胞压积(PCV)来粗略估计。这主要适用于那些红色并且半透明至不透明的样本。

有核细胞计数可以使用血球计数器或者自动细胞计数仪测定。虽然经典，但是使用血球计数器测定总有核细胞计数(TNCC)的方法缓慢、费力并且本来就不准确。同样的，我们可以通过良好的涂片直接对白细胞计数进行总体评估。每台显微镜的放大倍数都有所不同，但是常用的估算可以通过计算单细胞层的一个平均视野的有核细胞数乘以目镜镜头视野的数量。例如，使用 40× 目镜，平均存在 6 个细胞/视野×1 600($40^2$)＝9 600/μL。Sysmex XT-2 000iV 型血细胞分析仪可以提供快速、严谨、准确的 TNCC(Pinta da Cunha，2009)。如果纤维蛋白原在流体样本里含量过高，那么红头管内的样本用以凝集，以致产生错误的结果。

### 有核细胞鉴别

在实验室执行有核细胞鉴别的标准操作是有出入的。一些实验室是不做鉴别的，一些实验室执行百个细胞三分类(大单核细胞、小单核细胞和嗜中性粒细胞),并没有其他可以提供在百个细胞观察中所有细胞类型的鉴别。自动化鉴别已经被评估,并显示只在一定程度上符合人眼观察的结果,最好用作一种筛查工具(Pinta da Cunha,2009;Bauer,2012)。其提供细胞种类和数量的相应图片,并帮助建立一个流体累积的潜在原因的列表。鉴别并不是细胞学评价的代替品,因为其包括了涂片中的非细胞成分。细胞学评价是在试图确定一个具体的诊断。

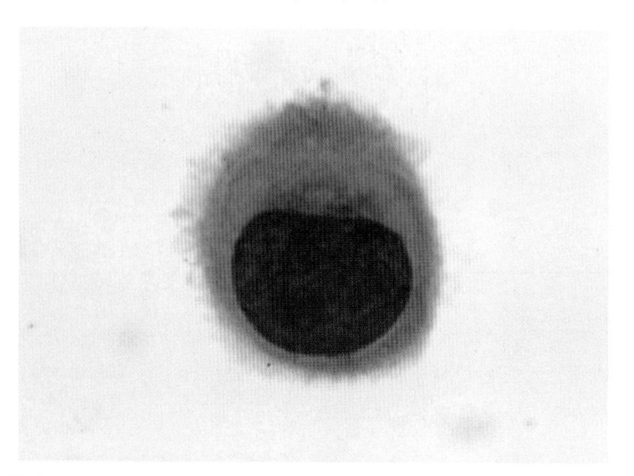

■ 图 6-3 **正常的间皮细胞。**积液中的脱落细胞,其特征是细胞质边界沿线存在粉红色的条纹。(瑞-吉氏染色;高倍油镜)(来自 Meyer DJ,Franks PT:Classification and cytologic examination,*Compend Contin Educ Pract Vet* 9:123-29,1987.)

## 正常细胞学和增生

通常在腹腔、胸腔和心包间(即潜在空间)只能发现很少量的液体,因此除非液体累积增加到一定的量,否则通常是不执行细胞学评价的。积液的生理学和病理生理学是很好描述的(Dempsey and Ewing,2011;O'Brien and Lumsden,1988;Shaw and Rush,2007)。正常的体液是无色透明的(图 6-1A)。体腔积液中可发现若干类型的细胞,它们的相对比例的改变取决于积液的成因。正常的体液中可预见的细胞包括间皮细胞、单核巨噬细胞、淋巴细胞、少量中性粒细胞。间皮细胞在体腔液增加或者存在炎症时,很容易变成增生性或者反应性的。

### 间皮细胞

细胞学者在大多数情况下都可以在体腔液中找到反应性间皮细胞。这被认为是三分类中的大型单核细胞。间皮细胞可能被视为个性化细胞或者不定大小的细胞簇。它们有适量均匀的中度蓝染的细胞质和偶见的细胞质空泡(图 6-4A&B)。增生性间皮细胞很大(12~30 μm),并具有深蓝色的均匀细胞质,可能在细胞质边界会出现一条粉色至红色的"加穗边饰"(图 6-4A&B)。这特点帮助我们确定这些细胞是间皮细胞而不是巨噬细胞或者其他大个单核细胞。这些细胞可能包含一个或多个大小均匀的细胞核(图 6-4B)。核仁可能是可见的,偶尔会出现明显的有丝分裂相。

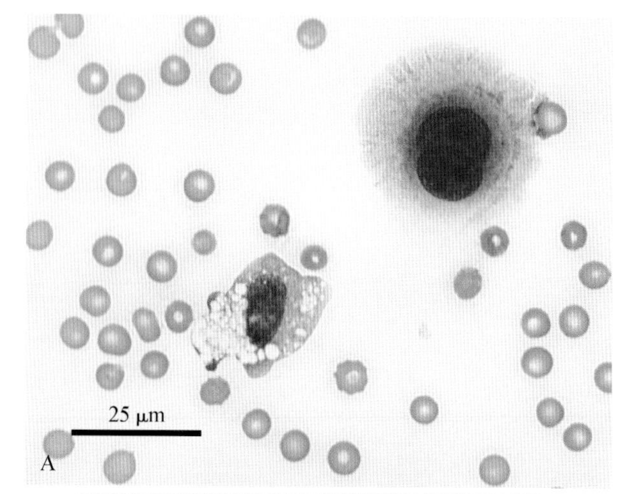


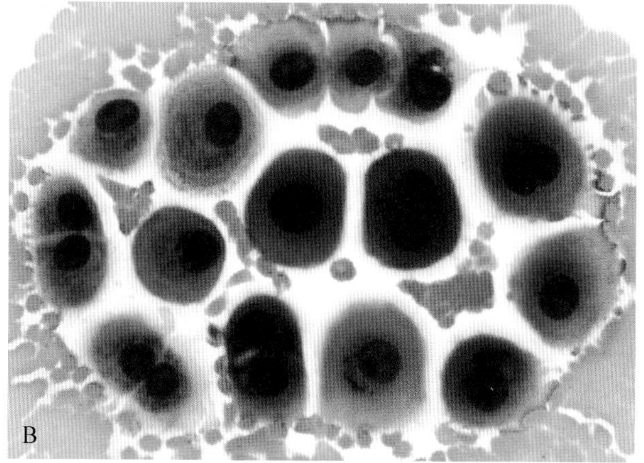


■ 图 6-4 **反应性间皮细胞。A.** 积液中脱落的双核间皮细胞(右上角)以及轻度空泡化和轻微嗜碱性的巨噬细胞。间皮细胞的细胞质边界有特征性的粉红色条纹。(改良瑞氏染色;高倍油镜)**B.** 积液涂片中一组松散的边缘羽化的多形性反应性间皮细胞。这些细胞可能包含一个或多个细胞核。注意间皮细胞的"边缘"(多糖-蛋白质复合物)的存在以及外周的一些细胞突出的细胞质空泡。几个细胞包含核旁暗颗粒,其意义是未知的。(改良瑞氏染色;高倍油镜)

### 巨噬细胞

巨噬细胞是含有丰富的淡灰色至淡蓝色细胞质和一个圆形至芸豆形核(图 6-4A 和图 6-5)的大个单核细胞。染色质可能是均匀的,可能见到小而圆的核仁。如果存在炎症或者积液存在了很长时间的话,巨噬细胞通常含有空泡或之前吞噬的细胞和(或)碎片(图 6-6)。巨噬细胞被认为是三分类鉴别中的大型单核细胞。

### 淋巴样细胞

在积液中找到的小型和中型的淋巴细胞类似于

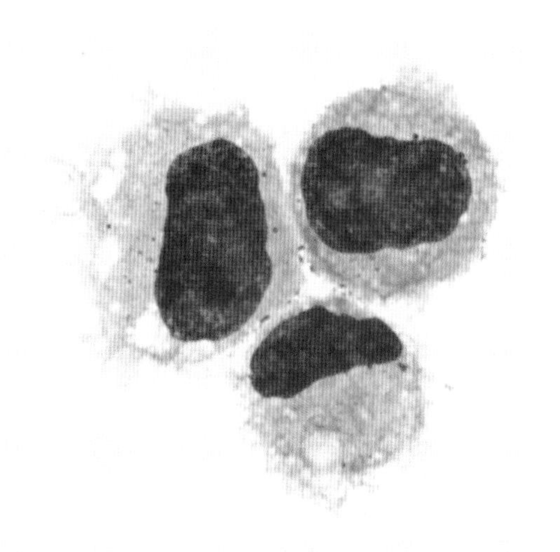

■ 图 6-5　**巨噬细胞。**来自积液中的三个并不起眼的轻度嗜碱性及空泡状的巨噬细胞。(改良瑞氏染色;高倍油镜)

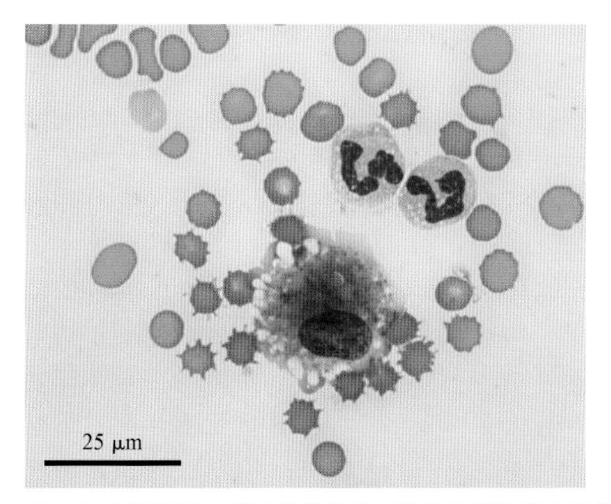


■ 图 6-6　**巨噬细胞。嗜中性粒细胞。**图片显示适度空泡化和嗜碱性的巨噬细胞和两个非退行性嗜中性粒细胞。(改良瑞氏染色;高倍油镜)

那些在外周血和固体组织中找到的。这些有核细胞常常有薄薄的、轻微嗜碱的细胞质边缘和圆的细胞核。淋巴细胞在三分类鉴别中被算作小有核细胞。它们在猫的正常体液中存在的比例要高于犬。细胞核几乎撑满整个细胞,产生均匀的高核质比(N∶C)。染色质呈细斑点状的均匀聚集;核仁通常是见不到的(图 6-7A&B)。

### 嗜中性粒细胞

嗜中性粒细胞的出现类似于我们在外周血中找到的。它们是含有苍白至无色的细胞质和分叶的细胞核的中型细胞。在正常的体液中,嗜中性粒细胞应不存在或者存在数目非常少;但在慢性积液或者炎症时,它们的数量就会上升(图 6-6 和图 6-7B)。

## 积液的常规分类

积液通常分为漏出液、改性漏出液和渗出液,其分类与蛋白质浓度、有核细胞计数和出现的细胞类型

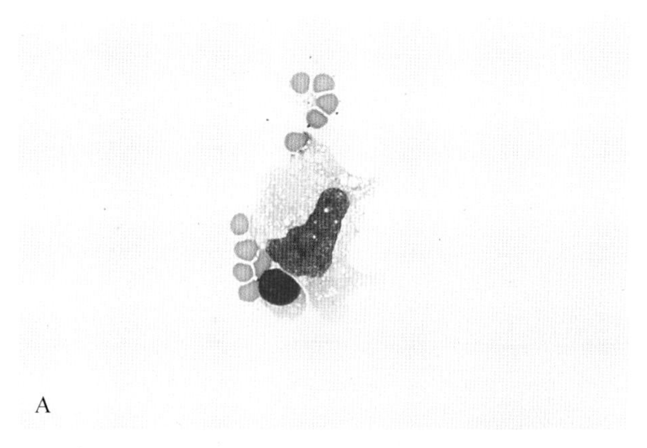


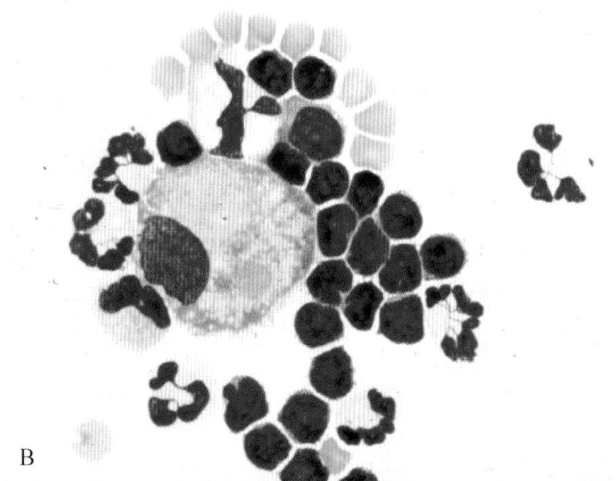


■ 图 6-7　**A. 正常体液/漏出液。**注意巨噬细胞、小淋巴细胞和一些红细胞。正常体液和漏出液含有很少的有核细胞计数(低于 1 000/μL)和低的蛋白含量(小于 2.5 g/dL)。(改良瑞氏染色;高倍油镜)**B. 改性漏出液。胸腔。猫。**这只患心肌病的动物的,积液细胞是密集的,并且显示轻度炎症。注意一个巨大的巨噬细胞、许多小淋巴细胞和非退行性嗜中性粒细胞。这类液体的蛋白质含量达到 2.5 g/dL 并且有核细胞计数上升至 4 000 个细胞/μL。图中的巨噬细胞吞噬了一个红细胞。(改良瑞氏染色;高倍油镜)

相关(图 6-2)。

### 漏出液

当积液的蛋白含量和有核细胞计数都很低的时候(蛋白小于 2.5 g/dL 并且有核细胞计数低于1 000/μL),它就被归于漏出液。这些积液的增加是对生理机制的响应,如血管静水压力升高或胶体渗透压降低,这可以导致液体的产生和吸收的内环境稳态系统紊乱,正如 Starling 原理描述的一样(Dempsey and Ewing,2011;O'Brien and Lumsden,1988;Stewart,2000)。漏出液累积的一些原因包括严重的低蛋白血症、窦前性门脉高压(Buob,2011;James et al.,2008)、肝功能不全、门体分流术、门静脉血栓形成、急性腹积水和早期心肌功能不全(图 6-8)。漏出液中常见的细胞是类似于正常的体液的,多是巨噬细胞、小淋巴细胞和无反应性间皮细胞这些单核细胞(图6-7A)。可能会包含少量的非退行性嗜中性粒细胞。

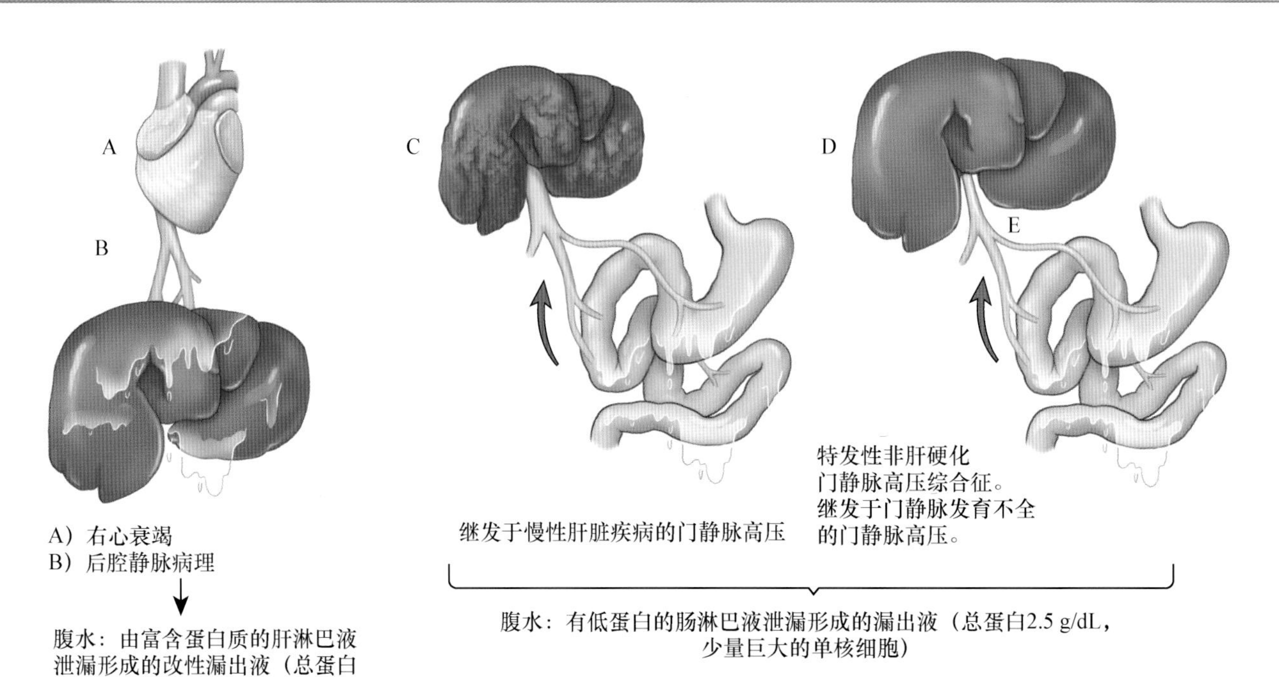


■ 图 6-8　**腹水形成的病理生理学。**(改自 Meyer DJ，Harvey JW：兽医检验医学——解释与诊断，第 3 版，埃尔塞维尔科学出版社，圣路易斯，2004.)

## 改性漏出液

当漏出液的物理特征改变时，就被列为改性漏出液了。漏出液的累积导致体腔内的压力增加，刺激到内衬排列的间皮细胞。于是它们响应出现增生并且脱落进入积液中。随着时间的推移，脱落的间皮细胞死亡且在这种情况下释放趋化因子，以致吸引少量的吞噬细胞进入积液中来去除细胞碎片。于是导致了总蛋白(大于 2.5 g/dL)和有核细胞计数(小于 5 000/μL)缓慢地增长。因此，改性漏出液往往是漏出液出现了足够长的时间而引起轻度的炎症反应(图 6-7B)。它们通常与心血管疾病(图 6-8)或者肿瘤环境相关；然而，肝后性的，窦状小管后的和窦状隙的门静脉高压通常会出现改性漏出液性的腹腔积液(Buob，2011)。

在持续时间延长的情况下，改性漏出液可以出现浑浊或者乳白色的外观。这种液体非常类似乳糜，并且事实上在过去这种液体被称为"假乳糜积液"(不再使用的词汇)。这些液体的大体外观是由高血脂含量造成的(由于胆固醇的含量要高于血清)，但是它没办法和真正的乳糜积液关联起来，因为它并不存在甘油三酯和乳糜颗粒(Fossum et al.，1986b；Hillerdal，1997；Meadows and MacWilliams，1994)。被引来去除漏出液中细胞碎片的吞噬细胞富含消化蛋白质的酶，但是几乎不含分解复合磷脂的酶。因此，吞噬细胞虽然通过吞噬消除了死亡细胞的大半成分，但细胞的脂质成分仍然积累在积液中。这种方式形成的积液很容易通过细胞学诊断同真正的乳糜积液相区分(Fossum et al.，1986b)。

改性漏出液的基本细胞成分是反应性间皮细胞(图 6-4B)。因为间皮细胞的能力就是通过增殖来回应刺激，呈反应性时，越来越多的间皮细胞成簇和大量出现是常见的现象(图 6-4B)。可以看到有丝分裂增加，偶尔也能看到多核的反应性间皮细胞。成簇的反应性间皮细胞有从积液中吸收脂肪的能力，当它们这么做了之后，会呈现出分泌细胞的特性。这种形态下的间皮细胞需要同转移性腺癌或者间皮瘤区分开。这需要通过对细胞簇的恶性肿瘤标准进行严谨的评价。但是肿瘤和间皮增生之间的差异偶尔对于经验不足的人来说是具有挑战性的，所以建议多次评估。

随着改性漏出液的成熟，它们包含的炎性细胞的比例会增加。在大多数情况下主要的炎性细胞是非退行性嗜中性粒细胞，但是中性粒细胞很少占到细胞总数的 30%以上。随着时间的推移，改性漏出液逐渐变成细胞学上不易区分的非特异性的渗出。有一种来区分渗出是漏出液和改性漏出液的方法是测量犬积液中 C-反应蛋白(CRP)的浓度(Parra et al.，2006)。4 μg/mL 的 CRP 水平鉴定为漏出液是可靠的，而 11 μg/mL 的 CRP 水平可用来区分改性漏出液。Zoia et al.(2009)提倡通过使用一套人医的标准结合变量(包括猫的胸腔积液和血清中的乳酸脱氢酶和蛋白比率)来区分漏出液。这种鉴别方法并未得到广泛的接受。

### 渗出液

渗出液是由继发于炎症的血管通透性增加或血管损伤/泄漏(出血性积液,乳糜积液)导致的。渗出液的蛋白质和有核细胞计数通常都会增加。总蛋白浓度通常大于 3.0 g/dL,加之细胞计数大于 5 000/μL。渗出液的传染性原因包括:细菌(图 6-9 和图 6-10)、真菌、病毒、原虫如弓形虫(Toomey et al.,1995)(图 6-11)、犬新孢子虫(Holmberg,2006)(图 6-12)、或者是蠕虫如中殖孔属(Caruso et al.,2003)。非感染性原因涉及器官炎症如胰腺炎、脂织炎、炎性肿瘤以及胆汁或尿液的刺激。细胞学检查在确定渗出性积液的根本原因时很有用。

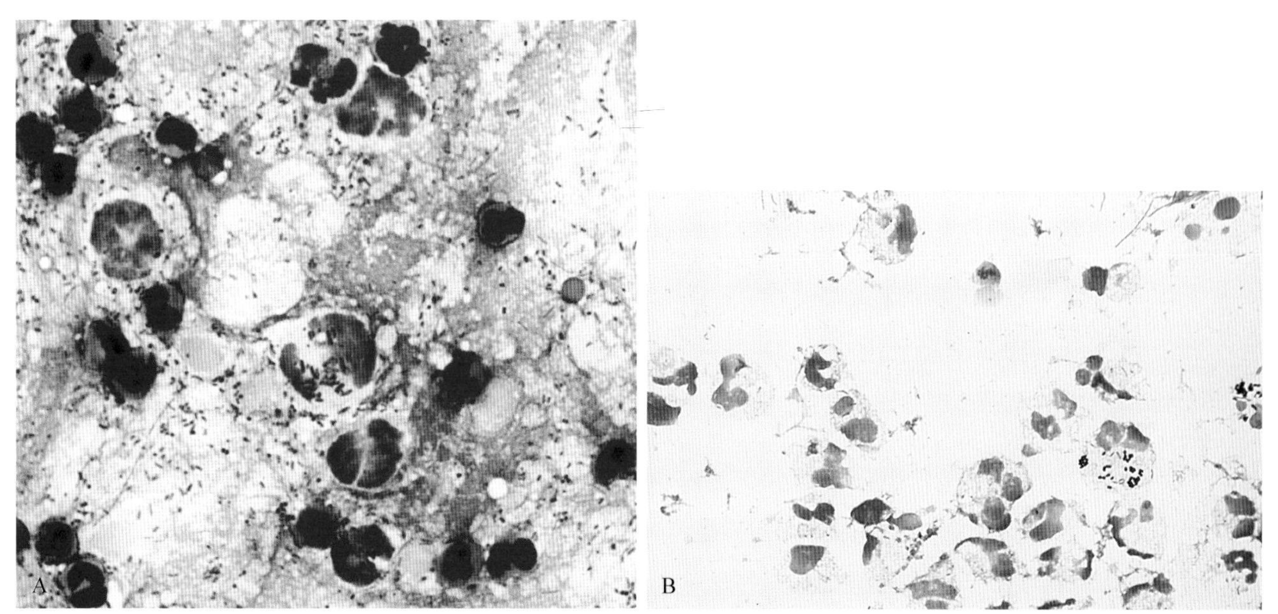


■ 图 6-9　**A. 渗出液。化脓性腹膜炎。犬。**看到许多退行性嗜中性粒细胞以及大量存在于背景和嗜中性粒细胞内的多形性细菌。这张富集细胞抹片来源于一只胰腺脓肿破裂的犬。(改良瑞氏染色;高倍油镜)**B. 化脓性渗出。胸腔的。猫。**退行性嗜中性粒细胞是肿胀的,伴有泡沫或空泡样的胞浆以及肿胀裂解的细胞核。注意小的革兰氏阳性菌、多形性杆菌的存在。在脓胸的情况下推荐同时进行需氧和厌氧的培养。此样本含有许多有核细胞(大于 100 000 个细胞/μL)和大于 3.0 g/dL 的蛋白质。(革兰氏染色;高倍油镜)

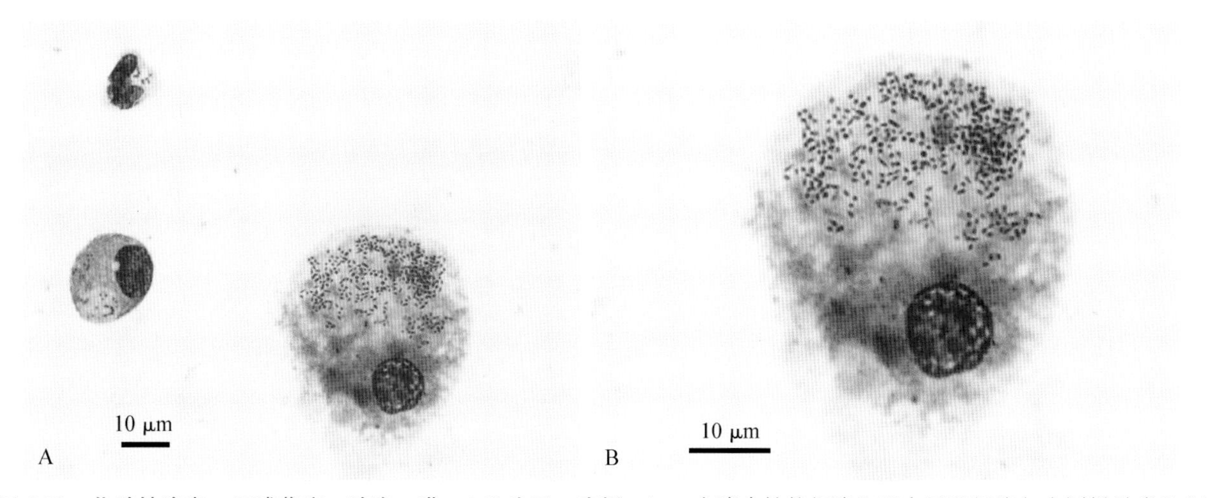


■ 图 6-10　**化脓性渗出。红球菌病。脓胸。猫。A-B 为同一病例。A.** 一个嗜中性粒细胞和两个巨噬细胞包含同样种类的细菌。(瑞-吉氏染色;高倍油镜)**B.** 高倍放大 A 图中最大的巨噬细胞。注意细菌为多形性的球杆菌。(瑞-吉氏染色;高倍油镜)通过培养证明是马红球菌。(Material courtesy of Eric Morissette et al.,University of Florida; Case 7 of 2007 ASVCP case review session.)

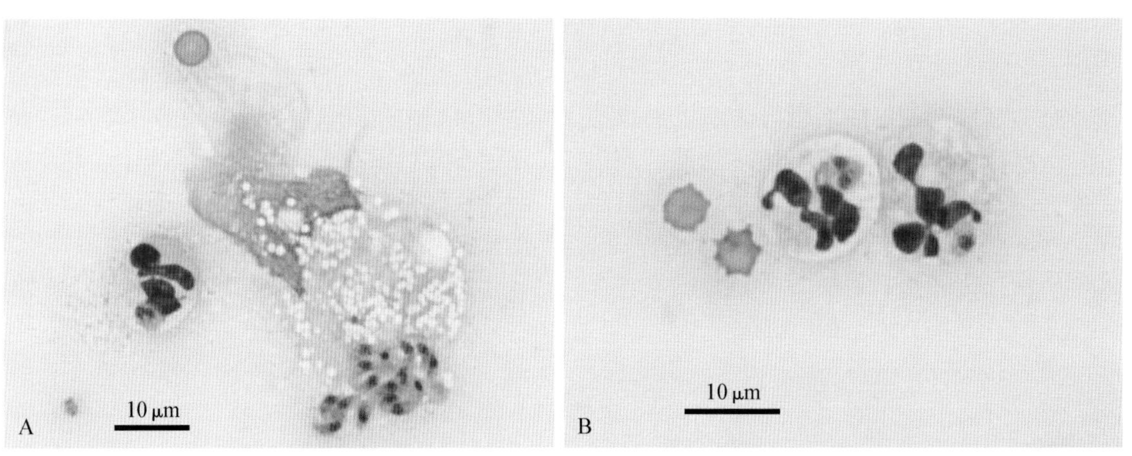


■ 图 6-11 **化脓性渗出。弓形虫病。胸腔的。猫。A-B 为同一病例。A.** 注意细胞外的一群香蕉状的速殖子。(瑞-吉氏染色;高倍油镜)**B.** 细胞内含有速殖子的嗜中性粒细胞。(瑞-吉氏染色;高倍油镜)。通过肺脏组织病理学来支持诊断。(Material courtesy of Deborah Davis et al. ,IDEXX Laboratories; Case 1 of 2005 ASVCP case review session. )

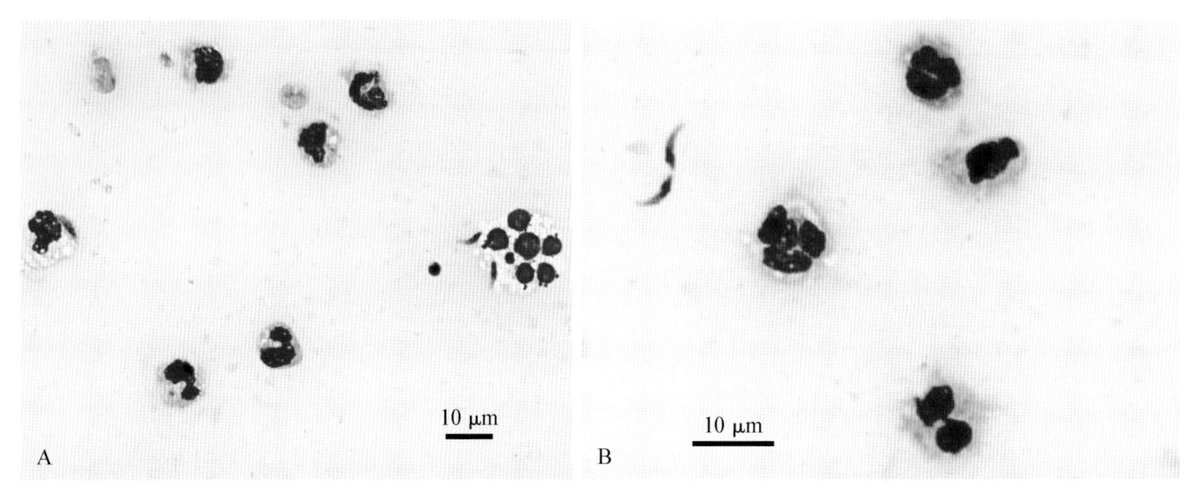


■ 图 6-12 **化脓性渗出。新孢子虫病。腹部的。犬。A-B 为同一病例。A.** 两个胞外新月形速殖子长度约为 7 μm 和许多退行性嗜中性粒细胞。(瑞-吉氏染色;高倍油镜)**B.** 拉近镜头放大一个包含明显聚焦的细胞核的退行性白细胞和两个拉长的胞外速殖子。(瑞-吉氏染色;高倍油镜)通过血清效价和 PCR 分析诊断证实。(Material courtesy of Tara Holmberg et al. ,University of California; Case 1 of 2005 ASVCP case review session. )

炎性积液根据炎症由于嗜中性粒细胞、混合细胞或者巨噬细胞所引起的标准规则进行分类。肉芽肿性以及脓性肉芽肿这两个术语一般不应用于积液,因为肉芽肿是一个坚实的结构,不适用于流体的环境。嗜中性粒细胞反应时,嗜中性粒细胞(非退行性和退行性)占到炎性细胞的 70%以上。混合细胞反应时的特点是看到嗜中性粒细胞和巨噬细胞的混合物。组织发炎时,普遍看到的细胞则是巨噬细胞。

多数炎性积液在病因诊断方面是没有细胞学特异性的。然而,对于其他地方的炎性反应细胞形态学会提供关于潜在病因的重要线索。中性粒细胞性炎性积液表明严重的活跃的刺激(图 6-13)。如果嗜中性粒细胞是退行性的,应努力鉴别吞噬细胞(主要是嗜中性粒细胞)内的细菌微生物。这通常最容易出现在涂片的羽化边缘。如果没有看到微生物,那么应该进行液体培养。混合细胞和巨噬细胞炎性积液反映不太严重的刺激,见于分解急性积液或者与比细菌刺激性小的病原因子(例如,真菌微生物或者异物)相关。积液的化学评估也可以有效的识别败血症。

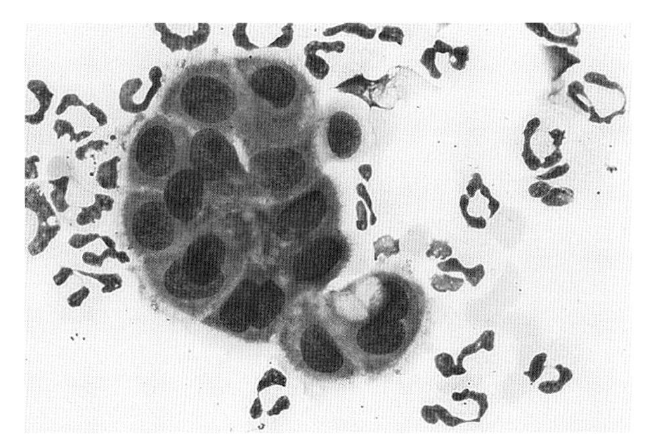

■ 图 6-13 **非化脓性渗出。腹膜。犬。**一只患胰腺炎的动物的富集积液细胞,可看到一簇反应性间皮细胞和嗜中性粒细胞。该样本的蛋白含量是 3.0 g/dL,有核细胞计数是8 000/μL。大部分细胞是嗜中性粒细胞,这表明一个潜在的炎症情况。进一步的检测(例如,液体和血清的脂肪酶或者超声)需要确定积液的具体原因。(罗曼诺夫斯基染色;高倍油镜)

一项涉及犬、猫腹腔液的研究去评估血液和积液中葡萄糖浓度之间的差异。这项研究发现，差异大于20 mg/dL是用来区分化脓性和非化脓性积液的快速、可靠的手段(Bonczynski et al.，2003)。犬的血液和积液中的乳酸也在同一研究中被测量了。小于2.0 mmol/L的区别在诊断化脓性腹膜炎的应用中具有100%的敏感性和100%的特异性。之后的研究(Levin，2004)发现犬腹腔积液的乳酸大于2.5 mmol/L可以诊断为化脓性进程，但猫不可以。

## 特殊类型的积液

虽然多数炎性积液的细胞学都是非特异性的，但是某些病因会引起具有诊断特征的反应。下面我们就来讨论下面这些积液。

### 猫传染性腹膜炎

猫传染性腹膜炎(FIP)作为独特的炎性积液的原因之一是其积液通常是高蛋白但却存在相对较低的细胞(Fischer et al.，2012；McReynolds and Macy，1997；Norris et al.，2005)。已注意到FIP可以导致18%的胸腔积液(Davies and Forrester，1996)，9.8%的心包积液(Davidson et al.，2008)和5%的腹腔积液(Wright，1999)。炎性积液的分类主要基于高总蛋白的存在(通常大于4.5 g/dL)，这反映了血清蛋白也在类似的高度，同时伴发了血管炎和血管通透性增加。细胞学上这些液体通常存在相对较低的细胞数量(1 000～30 000/μL)和并不一致的细胞类型。在大多数情况下主要存在的细胞是非退行性嗜中性粒细胞(图6-14A)。然而，活化巨噬细胞通常也会出现(图6-14B)(Norris et al.，2005；Paltrinieri et al.，1999)。在罕见的情况下，可以存在淋巴细胞并且积液甚至可以出现乳糜样(Savary et al.，2001)。无论何种细胞类型是主要的，在所有情况下视野背景都会出现高蛋白含量导致的蓝灰色至紫色的颗粒(图6-14 A&B)和可能出现的成簇和成股出现的纤维蛋白。

积液和血清的电泳结果都显示多细胞系丙种球蛋白病。积液中的总蛋白、白球比和球蛋白的百分比都已经作为评估积液诊断FIP的工具。Paltrinieri et al(1999)发现总蛋白大于3.5仅有87.1%的敏感性和60%的特异性。Shelly et al(1988)发现球蛋白值大于或等于32%拥有100%的阳性预测值(PPV)。同样的研究发现，白球比大于0.81拥有100%的阴性预测值(NPV)。Sparkes et al(1994)发现当积液的总蛋白大于3.5 mg/L且球蛋白大于蛋白质组成的50%时，拥有94%的PPV和100%的NPV。

李凡他试验是额外可以帮助你排除FIP的检验。这个试验相对简单，将一滴98%的乙酸溶液放入加有5 mL蒸馏水的干净试管中并混匀。慢慢滴一滴积液在醋酸溶液的表面。阳性的测试结果是积液的液滴保留在溶液的表面上，或者以液滴或水母样的形状慢慢沉到底部(图6-14C)。该试验表明了一个高蛋白含量以及纤维蛋白和炎性介质的含量。最近一项研究报道称使用醋酸、蒸馏白醋和酒醋进行试验并无明显的差异(Fischer et al.，2013)。这项研究同样表明冷藏存储长达21 d并没有影响到结果。该测试最近报道有58.4%～88.4%的PPV和66.7%～93.4%的NPV(Fischer et al.，2012)；对比早期研究PPV为86%，NPV为97%(Hartmann et al.，2003)。报道称李凡他试验的敏感性和特异性分别为91.3%和65.5%(Fischer et al.，2012)。

免疫荧光染色积液巨噬细胞胞内的猫冠状病毒(FCoV)是对于FIP更为明确的细胞学诊断试验。阳性的结果(图6-14D)可以诊断为FIP。不幸的是，阴性的结果并不能在诊断上消除FIP的可能性，因为57%的NPV是相当低的(Hartmann et al.，2003；Parodi et al.，1993)。使用直接免疫荧光法检测积液巨噬细胞内的FCoV抗原拥有100%的敏感性和71.4%的特异性(Litster et al.，2013)——与之前报道的结果相似(Paltrinieri et al.，1999)。

### 诺卡式菌/放线菌积液

复杂的细菌如星形诺卡式菌和放线菌是犬、猫胸腹腔积液的重要原因。这类积液大体上是浑浊的黄色至微带血性的“番茄汤”。即使将其收集到EDTA管里，也通常包含可见的微粒和颗粒(所谓的“硫磺样颗粒”)(图6-15A；Songer and Post，2005)。

基于物理参数，这些高蛋白并且明显高细胞数的积液全都是典型的渗出液。由于高的细胞数，直接抹片一般就适用于细胞学检查。如果在液体中观察到有颗粒存在，那么除了单独制作液体涂片之外，准备这些颗粒的压片也是同样重要的。

显微镜下，诺卡氏菌和放线菌的感染特点是嗜中性粒细胞至混合细胞感染，这可能取决于疾病持续时间的长短。在更多的慢性反应中，通常是反应性间皮细胞代表的应答最显著。炎性应答的一个显著特点在于嗜中性粒细胞的形态。鉴于多数情况下化脓性胸膜炎和腹膜炎的标志是主要存在退行性嗜中性粒细胞，诺卡氏菌和放线菌感染的积液中的绝大多数离开机体的嗜中性粒细胞是非退行性的或者显示出衰老(核分叶增多)或凋亡(核碎裂和(或)核固缩)的迹

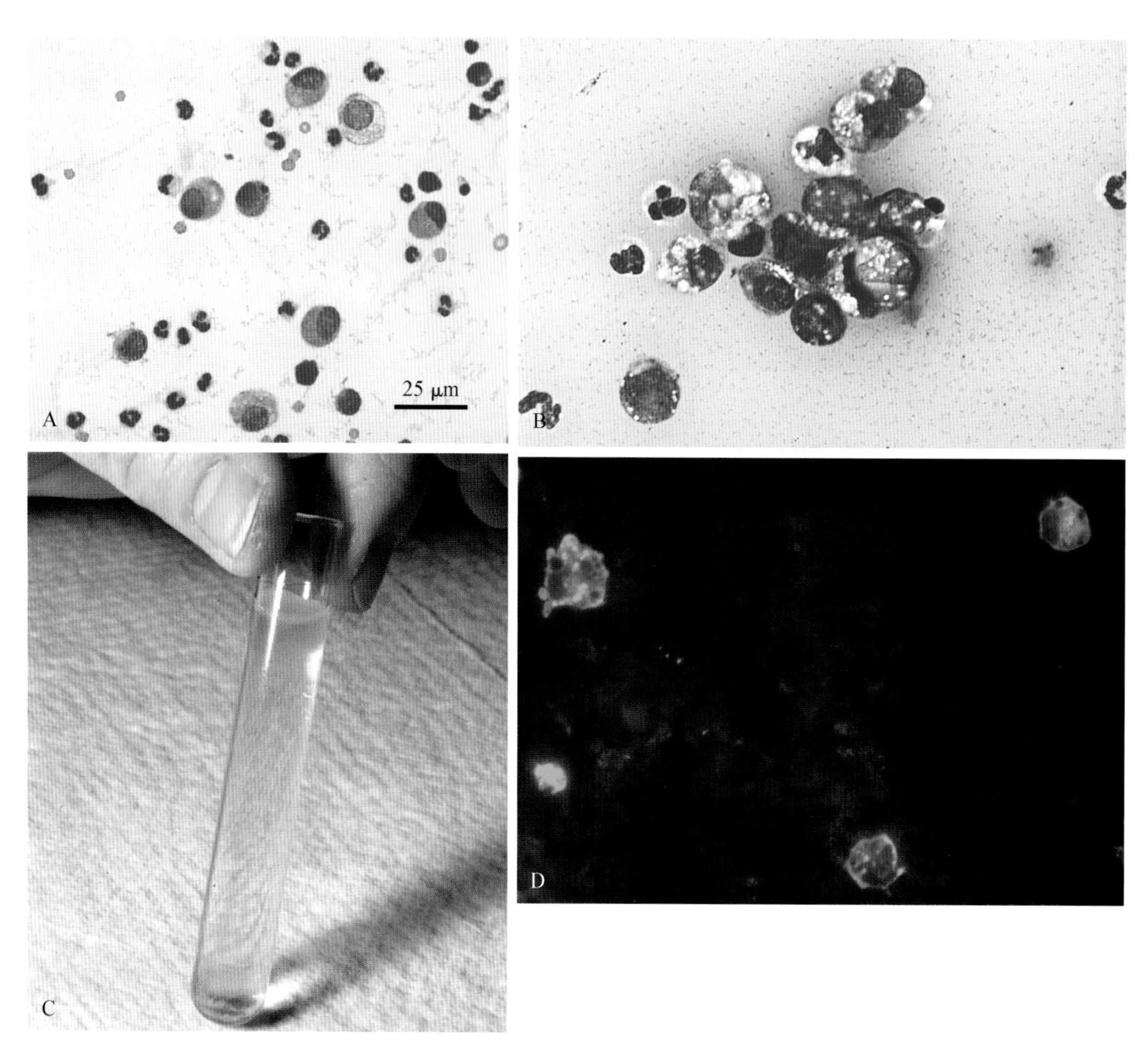


■ 图 6-14 **腹腔积液。猫传染性腹膜炎(FIP)。猫。A.** 该富集渗出液涂片中包含有适度嗜碱性的巨噬细胞和非退行性嗜中性粒细胞。背景里含有嗜碱性粗颗粒蛋白以及嗜碱性的蛋白新月体和线状的纤维蛋白。(改良瑞氏染色;高倍油镜)**B.** 渗出液主要包含泡沫化、空泡化的巨噬细胞以及少量的轻度退行性的嗜中性粒细胞和中到大的淋巴细胞。淋巴细胞的大小可能介于两者之间并且只在一些 FIP 的病例中活跃出现。此外注意整个背景中颗粒状沉淀的蛋白质。(醇溶罗曼诺夫斯基染色;高倍油镜)**C. 李凡他试验。**阳性的结果是在醋酸溶液表面出现一层凝胶。液体来源于一只 PCR 检测确诊为 FIP 的猫。该猫中度黄染。注意管中部来源于漂浮物质的黄色凝胶条纹。**D. 猫冠状病毒(FCoV)免疫荧光试验。**针对 FIP 特殊的细胞学试验涉及积液细胞内的 FCoV 的免疫荧光染色。图片显示三个受感染的并且完整的巨噬细胞(绿色)。(FCoV 免疫荧光染色;高倍油镜)(C, Photo by Sam Royer, Purdue University. D, Courtesy of Jacqueline Norris, University of Sydney, Australia.)

象。由于这些因子与大多数其他细菌可以产生微弱的毒素,所以只有在细菌的附近能很快看到退行性嗜中性粒细胞。这种现象的实际结果是涂片在这种情况下容易被误解为非传染性的,特别是当这些微生物没有大规模存在的时候。因为观察到明显的颗粒通常是由细菌菌落组成的,这些颗粒的压片制备检查以确保没有漏诊是十分重要的(图 6-15B&C)。另外,由于小的菌落可能被拖到血涂片的羽化边缘,所以这块区域也要仔细检查。

微生物的微观形态是颇具特色的。菌落是由细腻、丝状、常出现串珠样的微生物组成的,并且经常出现在涂片的羽化边缘(图 6-15D&E)。这些微生物最重要的诊断特征是这些丝状物的分枝。使用标准的血液学染色是无法区分诺卡氏菌和放线菌的。然而诺卡氏菌是革兰阳性菌并且不确定抗酸,而放线菌是革兰氏阳性菌且不抗酸(Songer and Post,2005)。相比较诺卡氏菌,放线菌感染更常见微生物密集和硫黄样颗粒形成(微观或宏观)(Sykes,2012)。

通过积液和(或)硫黄样颗粒的细菌培养来证实细胞学的诊断。因为这些物种有特殊的培养要求,所以细菌学实验室意识到在样本提交时的临时诊断是很重要的。

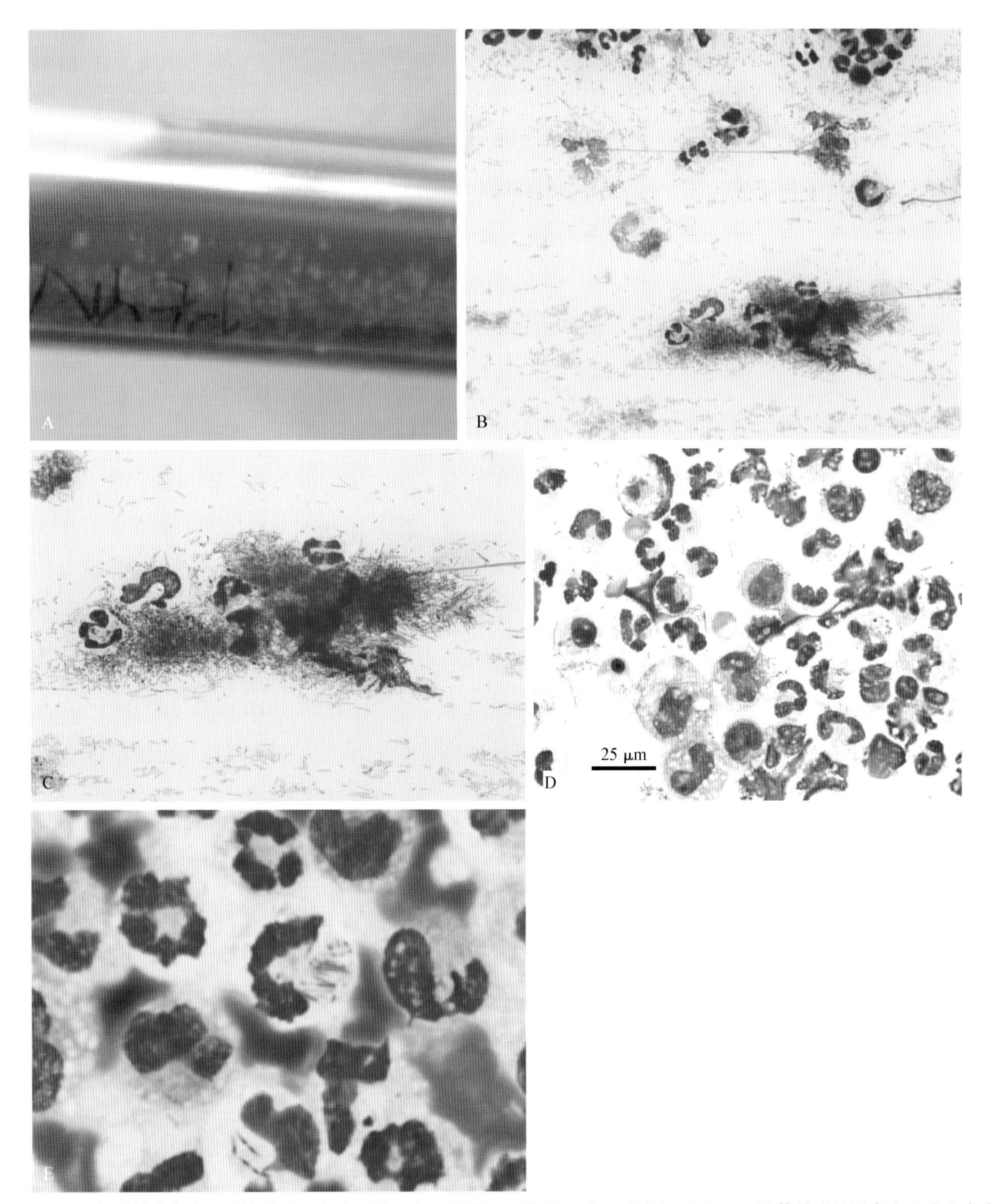


■ 图 6-15 **化脓性渗出液。放线菌病。胸腔。图 A 和 E 是同一只猫,图 B 和 D 是同一只犬。** **A.** 液体外观显示存在血液和众多淡黄色的颗粒(即硫黄样颗粒)。**B.** 胸腔积液的直接涂片显示微粒样细胞学外观以及许多裂解的细胞和核痕迹。这些颗粒常如这张涂片的情况一样被拖到羽化的边缘。(改良瑞氏染色;中倍镜)**C.** 高倍放大 A 图中相同的颗粒。(改良瑞氏染色;高倍油镜)**D.** 液体中含有许多退行性嗜中性粒细胞和几个泡沫状巨噬细胞,是显著的化脓性炎症。整个背景中可见短的和长的病菌以及裂解的细胞。涂片中缺乏细菌(未显示)的区域嗜中性粒细胞仅轻度退化。(改良瑞氏染色;高倍油镜)**E.** 两个退行性嗜中性粒细胞中存在细长串珠丝状的细菌。(水合罗曼诺夫斯基溶液染色,高倍油镜)(A and E, Images courtesy of Janina Łukaszewska, Wrocław, Poland.)

### 全身性组织胞浆菌病

全身组织胞浆菌病是由组织胞浆菌引起的,是一种在流行地区的犬、猫腹腔积液的非常见的病因,也是胸腔积液的罕见病因。因为这种真菌在该地区无处不在,血清学不是值得信赖的诊断。在许多情况下,这种微生物细胞学的鉴别是必不可少的。

积液因为组织胞浆菌病以各种方式存在。基于物理特性,有报道称积液呈现纯粹的漏出液(Stickle and Hribernik,1978)、改性漏出液(Dillon et al.,1982;VanSteenhouse and DeNovo,1986)和渗出液(Kowalewich et al.,1993)。细胞学上,积液表现有混合嗜中性粒细胞和巨噬细胞的炎性特征。当在积液中观察到组织胞浆菌,并且可以在肺脏、肝脏、脾脏、骨髓、直肠壁和外周血中发现,则被认为该菌是广泛存在的。

病菌的展示最好是出现在涂片或者沉积物的羽化边缘的巨噬细胞(图 6-16)内。组织胞浆菌体测量直径为 2～4 μm,圆形至微卵圆形,拥有单一嗜碱性的核以及周围厚厚的无色胞壁(假包膜)。在液体中,这是背景里常见的独有的游离病菌。其他两种微生物拥有相似的细胞形态。其中一种是孢子丝菌。然而,它的大小(直径 3～5 μm)和形状(拉长为雪茄形)与组织胞浆菌有差异,且通常仅限于皮肤感染(图 3-24);在犬、猫中被描述为传染病。另一种是利士曼原虫。然而它的不同之处在于存在内部动基体,使其在外观上表现出两个核(图 3-25)。

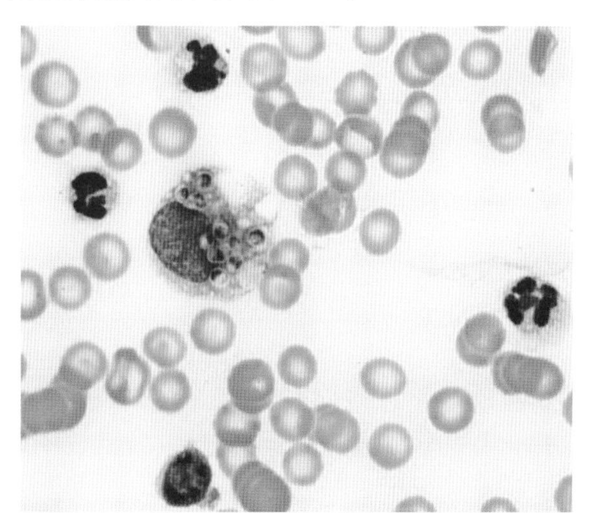

■ **图 6-16 组织胞浆菌病。犬。**在左侧中心位置见到一个巨噬细胞中包含许多椭圆形 2～3 μm 组织胞浆菌。图片背景中有很多红细胞。(改良瑞氏染色,高倍油镜)

如果细胞学诊断存在不确定性,可以尝试尿抗原测试。该测试检测一种由活组织胞浆菌释放并排入尿液的糖蛋白抗原(Kauffman,2007;Wheat,2003)。相似的试验用于检测犬的芽生菌属感染(Spector et al.,2008)。组织胞浆菌的抗原交叉反应可能证明这是一个检测疾病以及监测疾病变化/复发的有用工具。

### 胆汁性积液

胆囊和总胆管的破裂可能出现在任何种类的继发于直接外伤或胆道系统的疾病。病因如胃扩张或扭转、胆石症、枪伤以及医源性的继发于细针穿刺或手术都有被报道过。此外,它还是犬、猫各种原因引起的膈疝的一个罕见的并发症。当直接创伤的结果主要是胆道系统时,胆汁的泄漏几乎总是限于腹膜腔,由此产生腹膜炎。当其与膈疝相关时,当肝脏被困在膈裂缝并且存在胆囊或胆总管的破裂或坏死,则会出现胆瘘。在这种情况下会导致腹膜炎和胸膜炎。胆汁是一种很让人讨厌的物质,它的存在会很快地引起炎症反应。大体上积液可能最初是棕色(图 6-1G),再到黄色,再到绿色;然而随着细胞越来越多的应答,变色也可能成为隐藏的。通常会获得大量的积液。基于物理特性,这些积液通常是渗出液(Ludwig et al.,1997;Owens et al.,2003)。

胆汁积液在细胞学上的突出特点是涂片中存在胆汁。通常胆汁在镜下被视为黄色至绿色至深蓝色的颗粒物质散布在涂片背景中(图 6-17A-C),以及嗜中性粒细胞、反应性间皮细胞和巨噬细胞的细胞质中。当存在更大的反应持续时间时,胆汁颗粒可能转化为斜方形至无定形金色晶体状的胆色素。当这种晶体出现在没有事前出血(例如,噬红细胞作用)证据的积液中的吞噬细胞的细胞质中时,强烈考虑胆汁积液的可能性。此外对于胆汁积液的典型外观,非细胞的、无定形、纤维状蓝灰色物质(图 6-18A-D)与胆道系统特别是犬的总胆管的破裂相关(Owens et al.,2003)。这种胞外物质的累积是与更典型的绿色或黄色的胆汁颗粒形成对比的主要细胞学发现。这种无胆汁的成分被怀疑为胆道和胆囊上皮产生的作为肝外胆道梗阻伴发正常的胆汁返流进入肝淋巴和静脉血的后果。这种物质被称为"白胆汁"(Owens et al.,2003)。

胆汁的炎性反应一般由非退行性嗜中性粒细胞(占到总有核细胞计数的 84%～98%)组成(Ludwig et al.,1997)(图 6-18B-D)。不同数量的巨噬细胞和反应性间皮细胞可根据与胆汁刺激性接触的持续时间被混合在一起。积液的胆红素浓度要比血清中高出数倍,这个发现是 100%的诊断依据(Ludwig et al.,1997;Owens et al.,2003)。当胆汁质积液并发脓毒症时存活率极低(Ludwig et al.,1997)。

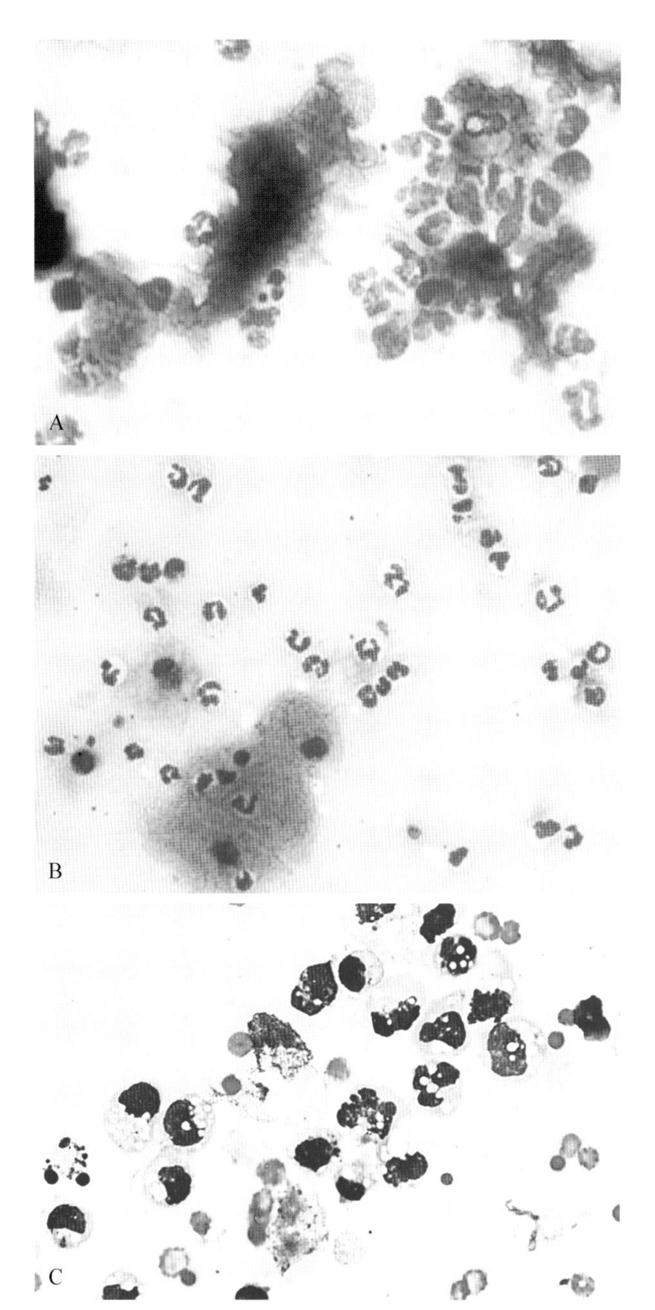

■ 图 6-17 **胆汁积液。腹膜。犬。A-B 为同一病例。A.** 退行性嗜中性粒细胞被随意分布在背景中的暗黄色至黑色的无定型胆汁质周围。(瑞-吉氏染色;高倍油镜)**B.** 大量的多为非退行性嗜中性粒细胞伴随着无定型物质存在。嗜碱性的胆汁质覆以染色沉淀产生粉红色、颗粒状的外观。这绿色的絮状液体的蛋白水平为 3.0 g/dL,且估计有核细胞计数会大于 60 000/μL。(瑞-吉氏染色;高倍油镜)**C.** 注意细胞外金棕色的晶体物质、空泡化的嗜中性粒细胞和巨噬细胞。一些嗜中性粒细胞包含固缩的细胞核,其他的则包含溶解的细胞核。(罗曼诺夫斯基染色;高倍油镜)(A and B, Courtesy of Rose Raskin, University of Florida.)

### 嗜酸性积液

不论蛋白质含量或核细胞计数,当积液中含有超过 10%的嗜酸性粒细胞时,我们都称其为嗜酸性积液。这种情况在兽医案例中是不常见的。当存在大量嗜酸性粒细胞时,积液极可能是淡淡的绿色。嗜酸性粒细胞的存在并不能提供一个明确的诊断,并且在这种情况下的病因往往是未知的。在一项研究中,肿瘤样变如淋巴瘤或肥大细胞疾病(例如,内脏肥大细胞瘤、全身性肥大细胞增多症)涉及一半这类的病例(Fossum et al.,1993)。几个病例报告存在由于嗜酸性积液的病因学而注意这些特定的肿瘤疾病(Barrs et al.,2002;Bounous et al.,2000;Cowgill and Neel,2003;Harris et al.,2013;Peaston and Griffey,1994;Tomiyasu et al.,2010)。心丝虫病、间质性肺炎、弥散性嗜酸性肉芽肿、腹膜绦虫病(Patten et al.,2013)和肉孢子虫病(Allison et al.,2006)是犬发病的其他原因。已经有 1 例猫的肺蠕虫伴发嗜酸性积液的报道(Miller et al.,1984)。涤纶植入物也会同嗜酸性积液的医源性病因有牵连(Macintire et al.,1995)。

### 尿腹膜炎

虽然所有的泌尿系统都位于腹膜腔内并且可以产生尿腹膜炎,但是犬、猫的尿腹膜炎常继发于膀胱破裂。膀胱破裂最常见的原因是创伤(Aumann et al.,1998;Burrows and Bovee,1974)。创伤的来源包括腹部闭合性损伤(例如,车辆)、侵入性导管或者侵略性的触诊/挤压。在腹膜空间里的尿液会导致化学性刺激。蛋白质含量和总有核细胞计数可能由于尿液的稀释而成为变量。早期,当单核细胞的数量占主导地位时,可能指示为改性漏出液。后来随着积液变成渗出液,嗜中性粒细胞通常变为主要的细胞类型(图 6-2)。细菌是可能存在的。嗜中性粒细胞暴露于刺激性物质中可能出现核碎裂、核固缩或者核的边界不规则的溶解(图 6-19A-C)。在某些情况下,支持尿腹膜炎诊断的尿结晶会在细胞学的诊断中发现。我们发现猫的积液中肌酐和钾的浓度要高于血清中的浓度(一般为 2∶1 的比率)(Aumann et al.,1998)。积液肌酐浓度比血清的肌酐浓度高的差值,积存时间往往长于积液尿素氮浓度比血清尿素氮高的差值,因为肌酐平衡比尿素氮要慢得多。一项研究发现,85%患尿腹膜炎的犬的腹腔液∶血清的肌酐比值大于 2∶1(这些犬的积液肌酐浓度都是血清肌酐浓度的 4 倍),并且 100%存在腹腔液∶血清的钾比值大于 1.4∶1(Schmiedt et al.,2001)。此外,在尿腹膜炎的情况下血清钠钾比例也倾向于减少(Aumann et al.,1998;Burrows and Bovee,1974)。犬、猫尿胸的病例各有一例被报道过(Klainbart et al.,2011;Störk et al.,2003)。

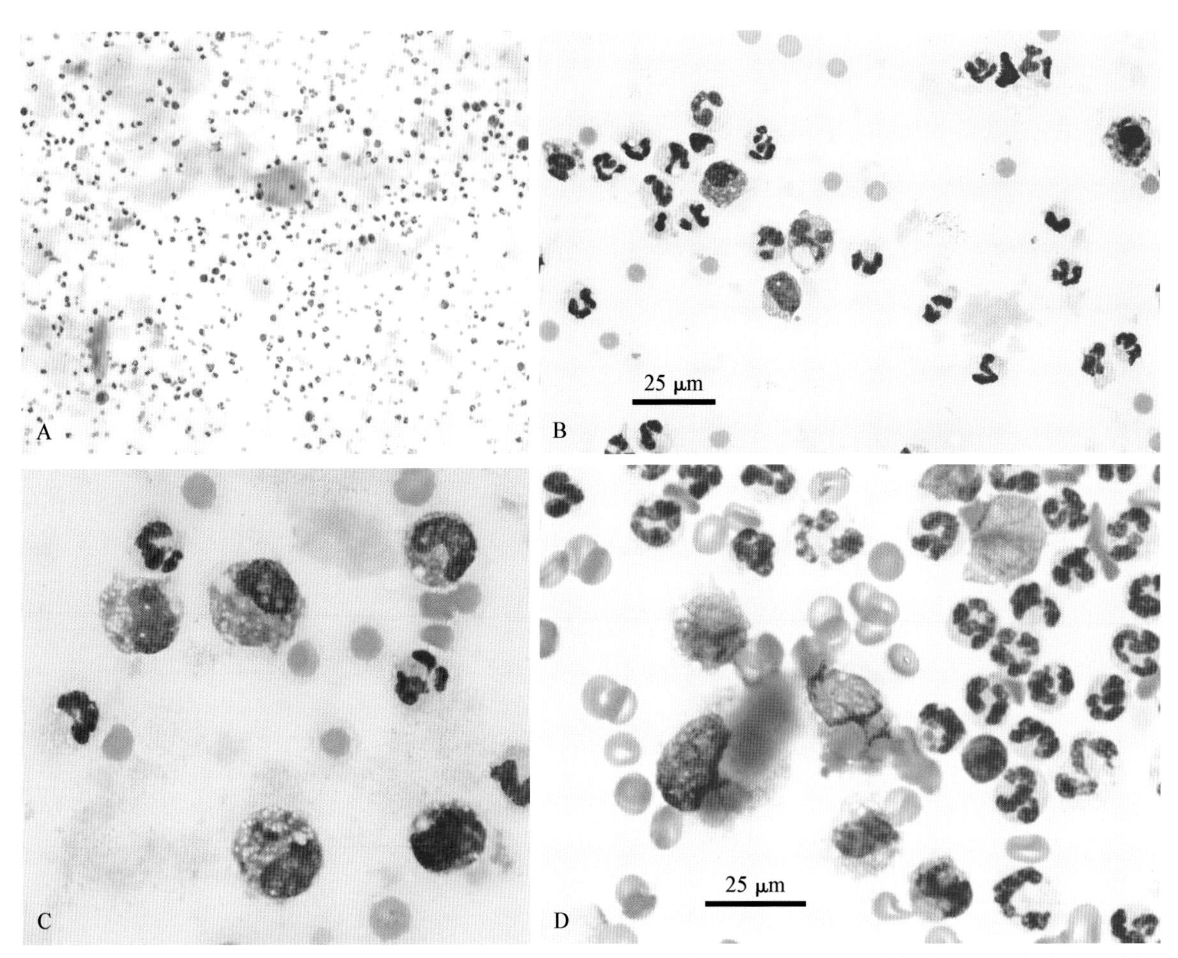


■ 图 6-18 **胆汁性腹膜炎。犬。A-C 是同一病例。A.** 这是来源于一只胆囊破裂的犬的积液富集涂片。注意许多嗜中性粒细胞和成片蓝灰色无定形的黏液物质出现在整个背景中。(改良瑞氏染色;中倍镜)**B.** 注意化脓性炎症出现的多变的退行性嗜中性粒细胞和嗜碱性空泡化的巨噬细胞。在背景中看到的无定形蓝灰色物质可能是黏蛋白。(改良瑞氏染色;高倍油镜)**C.** 注意化脓性炎症和包含有蓝灰色至深蓝色的颗粒状物质的空泡化的巨噬细胞。背景包含有黏液和细粒状的蛋白质。(改良瑞氏染色;高倍油镜)**D.** 另一种情况的腹腔液中出现的多数为非退行性嗜中性粒细胞。胞内是致密、透明变的中蓝色黏液物质。(改良瑞氏染色;高倍油镜)(D,Courtesy of Rose Raskin,Purdue University.)

### 寄生虫性腹水(腹部绦虫病)

一小部分常是来自北美西部的犬,患腹水的原因是中殖孔属绦虫感染(Caruso et al.,2003;Crosbie et al.,1998;Patten et al.,2013;Stern,1987)。这种疾病被称为犬腹腔幼虫绦虫病或 CPLC(Patten et al.,2013)。涉及胸腔的也有被报道过(Toplu et al.,2004)。涉及猫感染的报告是比较罕见的(Eleni et al.,2007;Jabbar et al.,2012;Venco et al.,2005)。抽吸厌食的犬的腹水会发现木薯布丁或麦乳样的外观(图 6-20A)。肉眼就可以看到积液中活动的绦虫。显微镜下,积液通常呈现为一种化脓渗出液(Caruso et al.,2003);然而也存在嗜酸性粒细胞炎症的描述(Patten et al.,2013)。镜检可能也会显示绦虫蚴或者带有石灰小体的无体腔组织(图 6-20B),这被看成是非特异性的绦虫感染。显微镜下很少会见到的是发育为四盘蚴的绦虫蚴,这是一种独特的表示无性繁殖形式的中殖孔属的带有四个吸盘的幼虫形式的感染(图 6-20C)。绦虫卵不常见于粪便中(Crosbie et al.,1998)。分子检测对于鉴定不同的中殖孔属的种类来说是必要的(Crosbie et al.,2000)。这种寄生虫的病例在意大利、德国和日本都有报道(Bonfanti et al.,2004;Kashiide et al.,2014;Wirtherle et al.,2007)。更多图片请参阅附录。

### 乳糜积液

乳糜液是淋巴液和乳糜微粒的混合物。富含甘油三酯的乳糜微粒源于肠道中处理的和淋巴管中运输的脂类。历史上乳糜积液被认为是原发的胸导管破裂所导致的。现在来看,多种原因可导致乳糜积液,并且胸导管的破裂是比较少见的。胸腔乳糜积液的病因包括心血管疾病、肿瘤(如,淋巴瘤、胸腺瘤和淋巴管肉瘤)、心丝虫病、膈疝(Kerpsack et al.,1994)、肺扭转、纵隔真菌性肉芽肿、慢性咳嗽、呕吐、原发性淋巴水肿、医源性或特发性(Forrester et al.,1991;Fossum et al.,1986a;Fossum et al.,1991;Fossum,

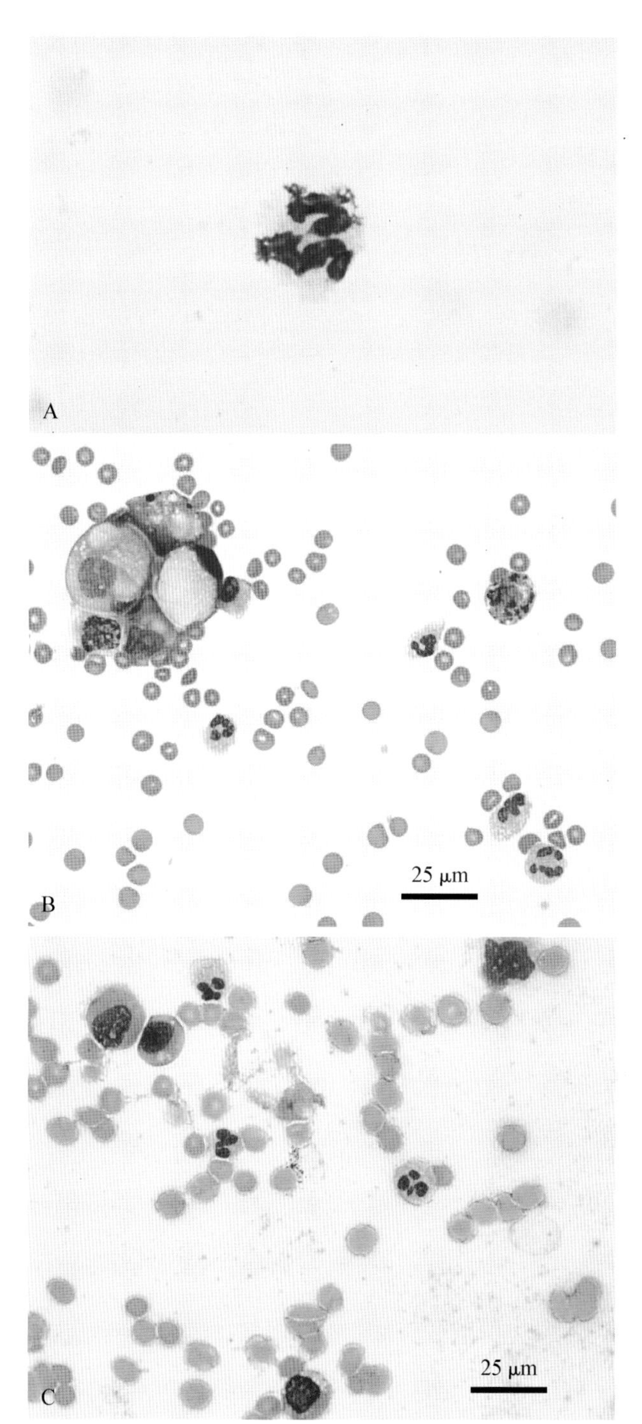


■ 图 6-19 **尿腹膜炎。犬。A.** 液体中含有大量的嗜中性粒细胞,之中很多都是类似这种"不规则"的细胞。尿液作为化学刺激物,会造成细胞出现核溶解的变化。(瑞-吉氏染色;高倍油镜)**B.** 腹腔液细胞离心涂片制备出一簇反应性间皮细胞以及一个核破裂的和几个核溶解的嗜中性粒细胞。(改良瑞氏染色,高倍油镜)**C.** 来自 B 图相同病例的离心后积液。几个空泡状的巨噬细胞和轻度核溶解的嗜中性粒细胞,背景为红细胞。积液肌酐的升高证实了尿腹膜炎的怀疑。(Courtesy of Rose Raskin, A, University of Florida; B-C, Purdue University.)

1993;Mclane and Buote,2011;Meakin et al.,2013;Neath et al.,2000;Schuller et al.,2011;Singh and Brisson,2010;Small et al.,2008;Waddle and Giger,1990)。在一项研究中(Fossum et al.,1986a)发现阿富汗猎犬似乎比其他品种的犬有更高的乳糜胸的发病率。这可能是由于阿富汗猎犬出现肺叶扭转的比例较高(Neath et al.,2000)。Fossum et al 在 1991 年的回顾性研究中发现纯种猫有超出比例的发病率。猫(30.5%)比犬(18.9%)出现乳糜胸水的情况更普遍(Davies and Forrester,1996;Mellanby et al.,2002);然而在 Mellanby 的研究中,可能低估乳糜胸的患病率,因为纵隔积液也被列入了这项研究。纵隔乳糜症在动物中没有报道。

相比乳糜胸,乳糜腹是不太常见的,在一项回顾性研究中只有 6.7%的患病率(Wright et al.,1999)。乳糜腹的原因包括心血管疾病、FIP、肿瘤、脂织炎、胆汁性肝硬化、淋巴管破裂或泄漏、结扎胸导管术后累积、先天性淋巴管畸形以及其他原因(Fossum et al.,1992;Gores et al.,1994;Nelson,2001;Savary et al.,2001)。

大体上,乳糜积液有乳状、白色至粉色的外观,取决于大量的膳食脂肪含量和是否存在出血(图 6-21A&B)。基于饮食的乳糜积液可以是清澈或者类似血清的。乳糜积液中甘油三酯的浓度要大于血清中的甘油三酯浓度,通常积液:血清的比值要大于 3:1(Fossum et al.,1986b;Meadows and MacWilliams,1994)。此外,胆固醇-甘油三酯的比率(C:T)小于 1 也是乳糜积液的一个特点(Fossum et al.,1986b)。然而另一项研究却发现其不太可靠(Waddle and Giger,1990)。基于脂蛋白电泳研究,胸膜乳糜积液可以更好地通过甘油三酯浓度鉴定,大于 100 mg/dL为乳糜积液,小于 100 mg/dL 的为非乳糜积液(Waddle and Giger,1990)。

细胞计数和蛋白浓度与纯粹的漏出液参数相比较通常是有所增加的(图 6-2)。所以,乳糜积液通常符合改性漏出液,或者基于慢性化的程度,往往属于渗出液(Fossum et al.,1986a;Fossum et al.,1986b;Fossum et al.,1991)。值得注意的是,使用折射仪测定高血脂液体的总蛋白会造成非常高的干扰(George,2001)。

最初,乳糜积液中占主导地位的主要是小淋巴细胞(图 6-22 和图 6-23A)(Fossum et al.,1991)。乳糜是一种刺激物,尽管小淋巴细胞和少量的反应性淋巴细胞如同反应性间皮细胞一样很容易观察到,但随着时间的推移,嗜中性粒细胞和巨噬细胞变得显著。来源于破裂淋巴细胞的"污点"细胞核物质也可能混在一起(Fossum et al.,1986a;Fossum et al.,1986b;Schuller et al.,2011;Small et al.,2008)。此外,炎性细胞可能含有被吞噬的脂质,导致细胞质内出现多个离散的、无色液泡(图 6-23B)。

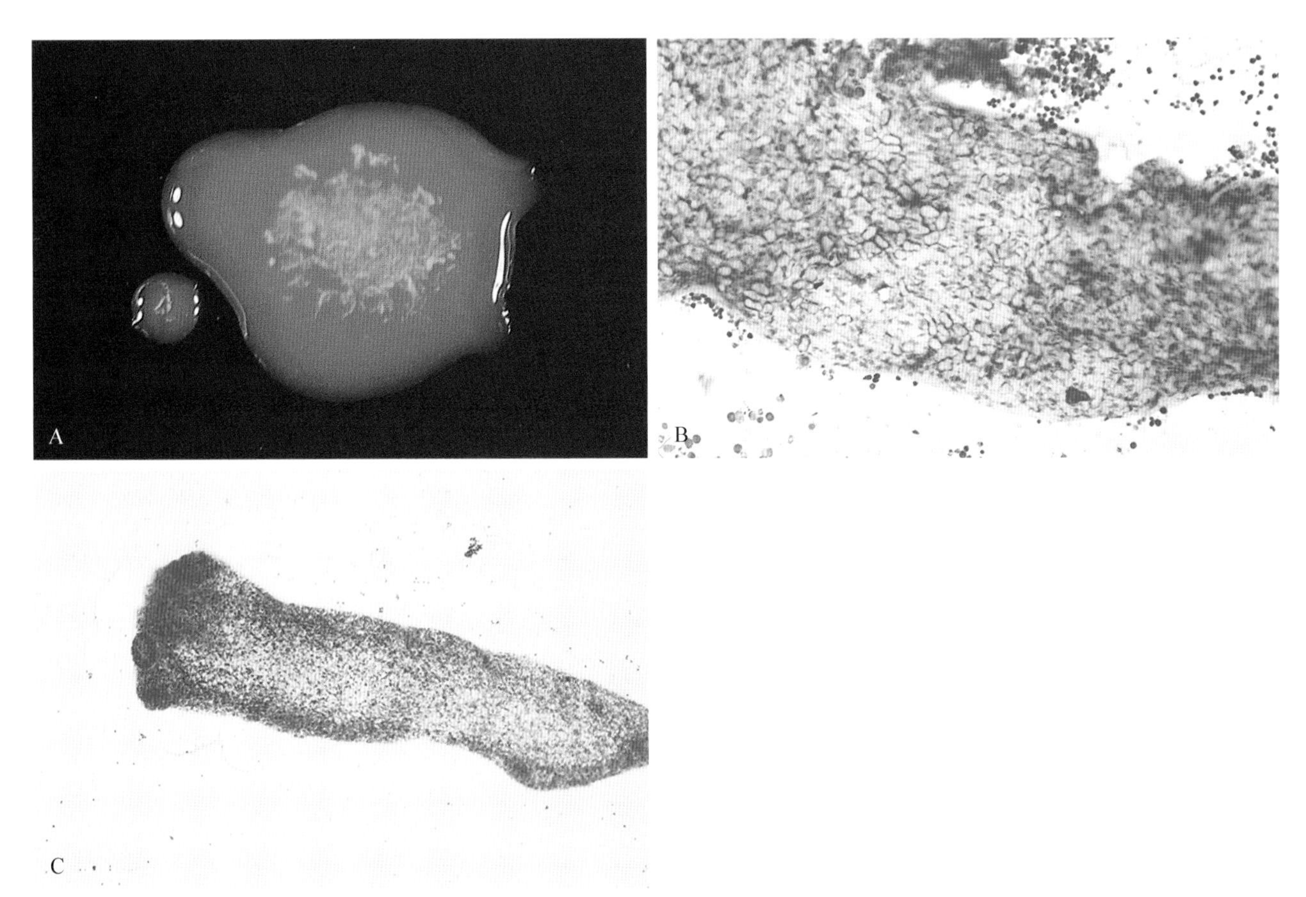


■ 图 6-20　**绦虫病。腹膜。犬。A 和 C 是同一病例。A.** 腹水的整体外观显示木薯布丁的外观。可以用肉眼观察到这些颗粒的运动。**B.** 带有无定形退化残骸和石灰小体的无体腔绦虫组织。炎性细胞也存在周围的组织里。(改良罗曼诺夫斯基染色;低倍镜)**C. Tetrathyridia 幼虫阶段。** 注意左侧尾部的椭圆结构,代表吸盘和作为中殖孔属的标志。(改良罗氏染色;低倍镜)(A and C, Courtesy of Jocelyn Johnsrude, IDEXX, West Sacramento, CA.)

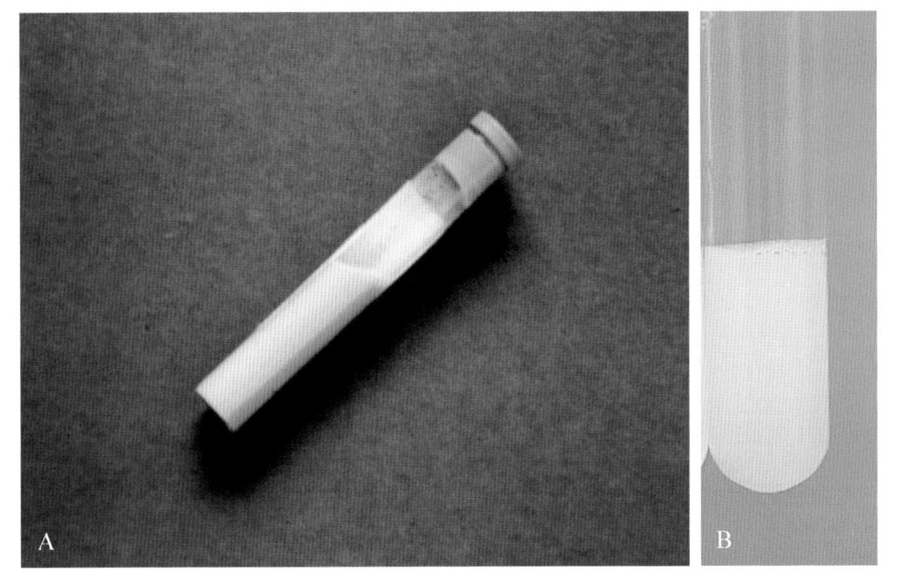


■ 图 6-21　**乳糜积液。胸腔。猫。A.** 该乳糜积液的色调为粉红色,表示存在某种程度的出血。该积液存在 13 000/μL 的有核细胞计数、267 mg/dL 的甘油三酯以及 169 mg/dL 的胆固醇。**B.** 浑浊"乳白色"液体在多数情况下是因为存在着乳糜。液体测量的高甘油三酯水平可以证实诊断。此样本的细胞计数少于 10 000/μL,蛋白含量为 4.0 g/dL。(A, Courtesy of Rose Raskin, University of Florida.)

■ 图 6-22　**乳糜积液。胸膜。犬。**这张图片是整个涂片里最典型的视野。基本上都是由小淋巴细胞组成的。大量的裂解细胞存在，由于脂质在溶液中作为清洁剂，使得细胞特别的脆弱。(改良瑞氏染色；高倍油镜)

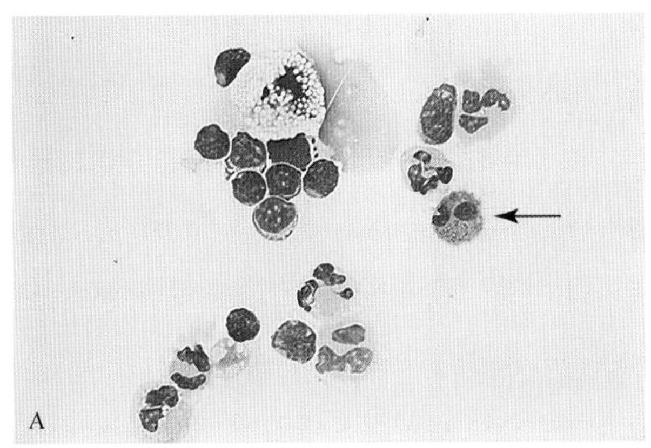

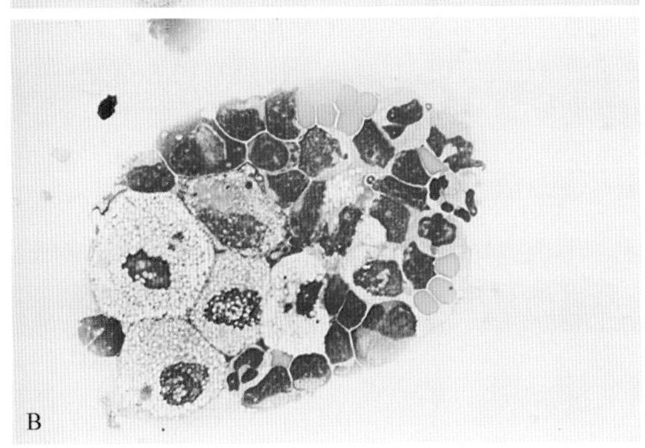

■ 图 6-23　**乳糜积液。胸腔。猫。图 A 和 B 来源于同图 6-21B 的同一病例积液。A.** 注意小淋巴细胞、嗜中性粒细胞、一个嗜酸性粒细胞(箭头)和一个大巨噬细胞。最初的乳糜积液主要含有小淋巴细胞和巨噬细胞。随着积液持续时间的增长，嗜中性粒细胞和嗜酸性粒细胞的数量将会增加。(罗氏染色；高倍油镜)**B.** 富集制备。注意巨噬细胞内的点状脂质空泡，以及小淋巴细胞、嗜中性粒细胞和少量的红细胞。(罗氏染色；高倍油镜)

## 出血性积液

出血性积液可能发生在任何主要的体腔内，包括围心囊。这些积液基于渗出的持续时间和出血的程度呈现血清色至红色。体格检查显示其略低于外周血的蛋白质浓度。积液的 PCV 通常是同外周血相一致或略低(Culp et al.，2010；Mandell and Drobatz，1995；Mongil et al.，1995)。

腹腔积血一般分为创伤性和非创伤性(自发性)，前者分为钝性外伤(例如，机动车辆事故)和穿透性(例如，枪伤)。犬的恶性肿瘤病例的 68.3%～80% 在最后都诊断有急性非创伤性腹腔积血(Aronsohn et al.，2009；Pintar et al.，2003)。其中 63.3%～88%被确诊为血管肉瘤。犬腹腔积血的其他原因包括血肿、扭转(肝、脾)和凝血病(如，灭鼠药中毒)(Aronsohn et al.，2009；Beal et al.，2008；Pintar et al.，2003)。涉及猫恶性肿瘤案例的相似研究中，作为猫腹腔积血的病因的案例占 44%～46%(Culp et al.，2010；Mandell and Drobatz，1995)。血管肉瘤在这些肿瘤中占 28%～60%。其他病因包括：凝血病、肝坏死、膀胱破裂、肝扭转、继发于淀粉样变性的肝破裂和肝、肾相关的 FIP 的病变(Culp et al.，2010；Mandell and Drobatz，1995；Swann and Brown，2001)。

血胸的病因是多种多样的(Mellanby et al.，2002)。对于犬来说，病因包括灭鼠药中毒(DuVall et al.，1989)、肿瘤(Slensky et al.，2003)、继发于寄生虫感染(Chikweto et al.，2012；Sasanelli et al.，2008)和医源性的(Cohn et al.，2003)。猫的血胸则与灭鼠药中毒(DuVall et al.，1989)和脂肪栓塞(Sierra et al.，2007)相关。

细胞学检查可以区分真正的出血性积液和采集时的样品污染。出血性积液中主要含有红细胞和相较于外周血数量较少的白细胞。值得注意的是，显微镜下观察到巨噬细胞中含有被吞噬的红细胞(噬红细胞作用)和(或)含铁血黄素，证实积液为出血性的(图 6-24 和图 6-25A)。观察这些细胞的最佳区域是富集细胞涂片的羽化边缘。出血性积液不含血小板；如果观察到血小板，那就是采集过程中积液被外周血污染的征兆。普鲁士蓝染色阳性可证实富铁色素为含铁血黄素(图 6-25B)。

## 肿瘤性积液

肿瘤是犬、猫腹部和胸腔积液的一种常见原因(图 6-2)。整体外观、细胞计数和总蛋白浓度这些参数一般对于划分肿瘤性积液没有帮助。在显微镜下观察肿瘤细胞采样是显著的细胞学特征。

犬、猫肿瘤性积液的常见原因包括淋巴瘤(胸腔)以及腺癌或者癌(胸膜和腹膜)，不常见的病因包括肉瘤和间皮瘤。

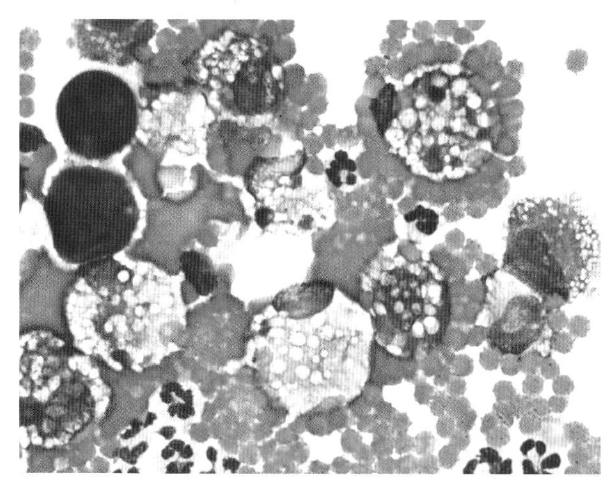

■ 图6-24 **出血性积液。胸膜。犬。**这张直接涂片上显示了许多增大的空泡状的巨噬细胞、几个非退行性嗜中性粒细胞和两个深嗜碱性的反应性间皮细胞(左)。许多巨噬细胞内有不同含量的含铁血黄素,几个细胞中还含有红细胞。(改良瑞氏染色;高倍油镜)

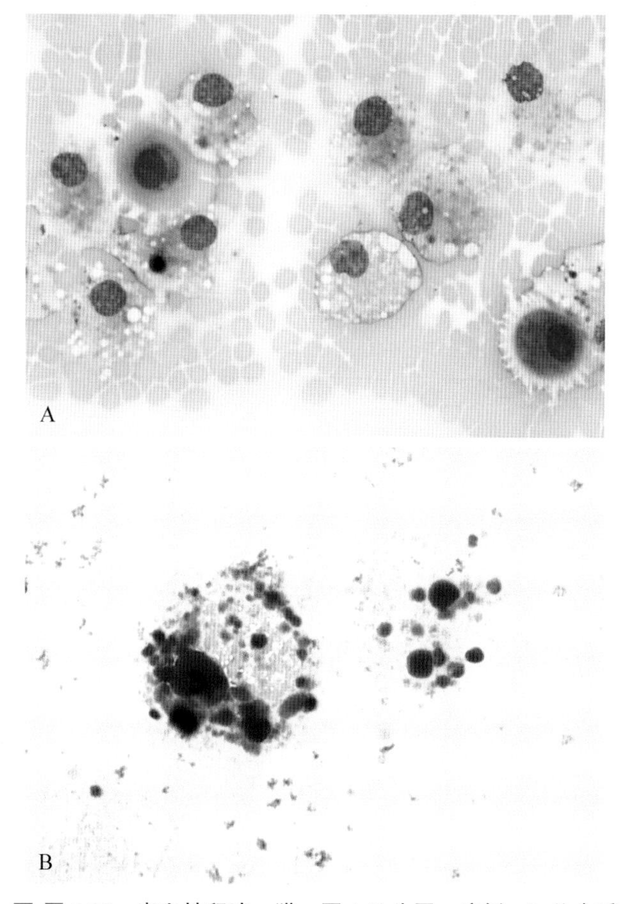

■ 图6-25 **出血性积液。猫。图A-B为同一病例。A.** 几个适度空泡化的巨噬细胞含有不定量的蓝灰色的细小的色素颗粒,推测为含铁血黄素沉淀。此外注意有两个轻度嗜碱性的颗粒间皮细胞,像是反应性间皮细胞。(改良瑞氏染色;高倍油镜)**B.** 两块噬血铁质沉着被标记出充满了普鲁士蓝染色阳性的物质,确认其为含铁血黄素沉着。(普鲁士蓝染色;高倍油镜)

积液中的诊断性细胞可能并不明显,所以如果存在肿物,积液分析以及肿物的细针穿刺细胞学检查只能增加识别肿瘤的可能性。在一项研究中,腹水和胸水中的恶性肿瘤检测的敏感性只有64%(犬)和61%(猫);然而特异性却高达99%(犬)和100%(猫)(Hirschberger et al.,1999)。一项研究发现,端粒酶的活性只有50%的敏感性和83%的特异性;所以该测试不建议作为一种独立诊断工具(Spangler et al.,2000)。两位不同的细胞病理学家确定细胞学的诊断准确率达到94%,并且卵巢癌积液的准确率达99%(Bertazzolo et al.,2012)。

## 淋巴瘤

积液伴发淋巴瘤通常是能观察到大量细胞并且包含一群未成熟的、与淋巴细胞形态一致的离散的圆细胞(图6-26A-C)。肿瘤细胞拥有高核质比,少量至中等数量的细胞质;和常为分散的、小的、无色的细胞质空泡。偶尔,颗粒淋巴细胞是主要的肿瘤细胞(图6-27)。可观察到适量的有丝分裂象。可能混有红细胞、反应性间皮细胞和炎性细胞。

虽然乳糜积液可以与淋巴瘤相关(Fossum et al.,1986b;Fossum et al.,1991;Gores et al.,1994),但是观察到显著的恶性肿瘤细胞是很容易的(图6-26 A&B)。罕见的淋巴瘤病例中,细胞有类似正常小淋巴细胞的形态。这些病例是有疑议的,细胞学检查只能提出淋巴瘤的可能性。在这些情况下,额外的诊断测试是必需的(Ridge and Swinney,2004)。

通过免疫细胞化学或者流式细胞术来评价积液里面的淋巴细胞的类型可能提供有用的信息。中淋巴细胞和(或)大淋巴细胞的单形细胞簇比一个反应过程更有可能与肿瘤相关(图6-26C,图6-28和图6-29)。在这种情况下,免疫细胞化学使用抗体对比CD3(T细胞)分子和CD79a或CD21(B细胞)对于最低限度的分型是有帮助的。更多信息请参阅第17章。

## 癌和腺癌

积液伴发癌和腺癌可能是由原发或者继发的肿瘤导致的。胸腔中主要的肿瘤是肺腺癌。为了使来源于肿瘤的细胞出现在胸腔积液里,肿瘤必须侵入到肺血管和淋巴管中,或者直接通过肺表面的胸膜进入胸膜腔内。

胸腔积液与癌相关的通常是继发于转移性疾病。雌性的转移性乳腺癌以及雄性的前列腺癌和移行细胞癌是比较常见的肿瘤病变。

腹膜腔内与癌相关的积液的主要原因是由于植入物传播到腹膜表面引起的。这些肿瘤包括胆管癌,胰腺癌,雌性动物的卵巢癌和乳腺癌,雄性动物的前

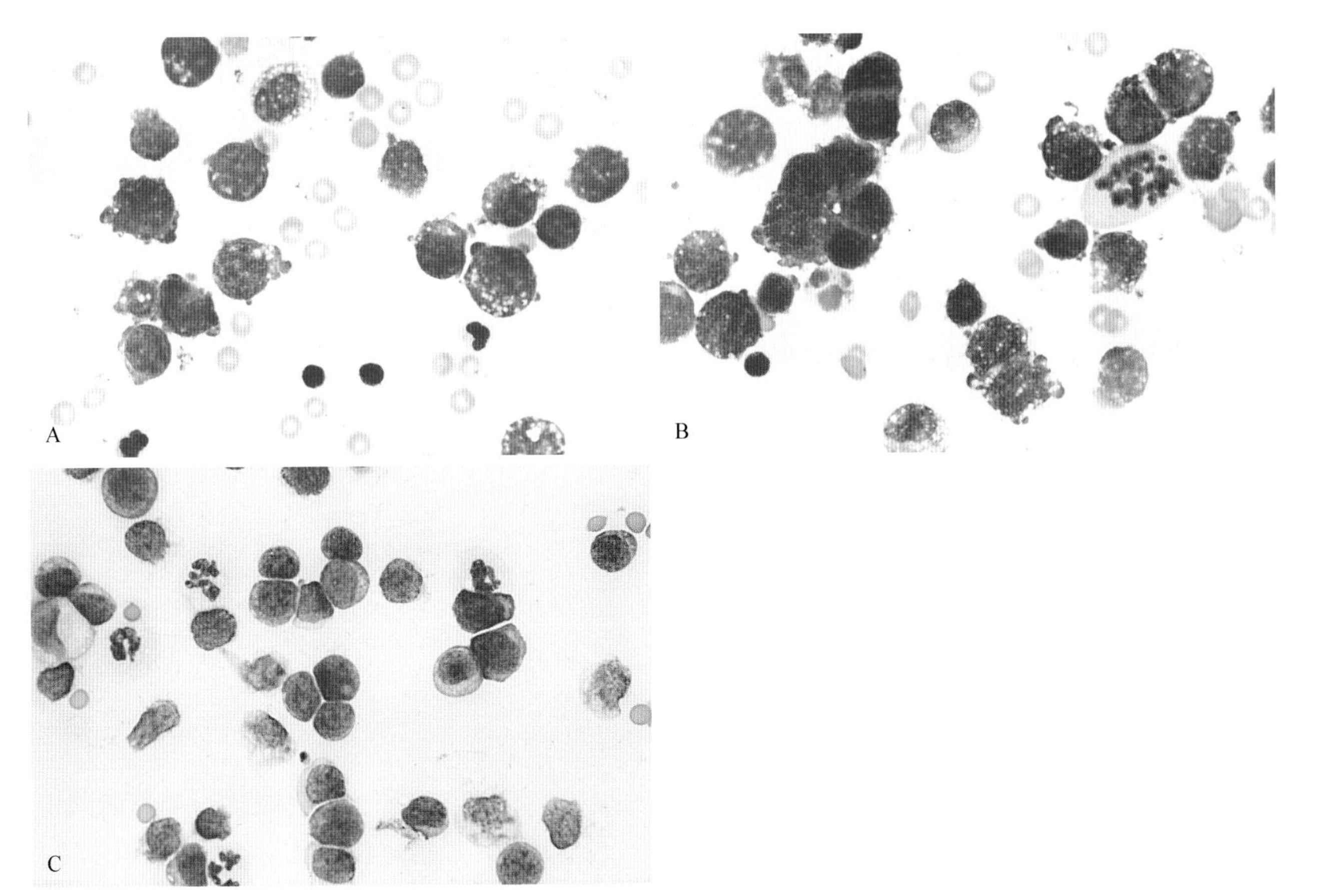


■ 图 6-26　**肿瘤性积液。淋巴瘤。胸腔。A. 犬。**注意散在的具有高核质比和轻度空泡状胞质的大的圆形细胞。两个小淋巴细胞和一个嗜中性粒细胞也比较明显。淡紫色、圆形结构是裂解细胞的游离核，这些是不能评估的。该样本的细胞计数为 15 000/μL，蛋白含量为 3.4 g/dL。（罗曼诺夫斯基染色）**B. 犬。**注意散在的淋巴细胞：一个有丝分裂象、两个中等大小的淋巴细胞和一个小淋巴细胞。还存在一些裂解的细胞和红细胞。（罗曼诺夫斯基染色）**C. 猫。**注意大淋巴母细胞的单行群落，少量的嗜中性粒细胞和裂解的细胞。淋巴母细胞要比嗜中性粒细胞大，并且在大而圆的细胞核周围包裹着一小圈细胞质。细胞核染色适度，可以在许多细胞中看到核仁。该积液的有核细胞计数为 14 000/μL，蛋白含量也有增加（4.0 g/dL）。（罗曼诺夫斯基染色；200 倍）

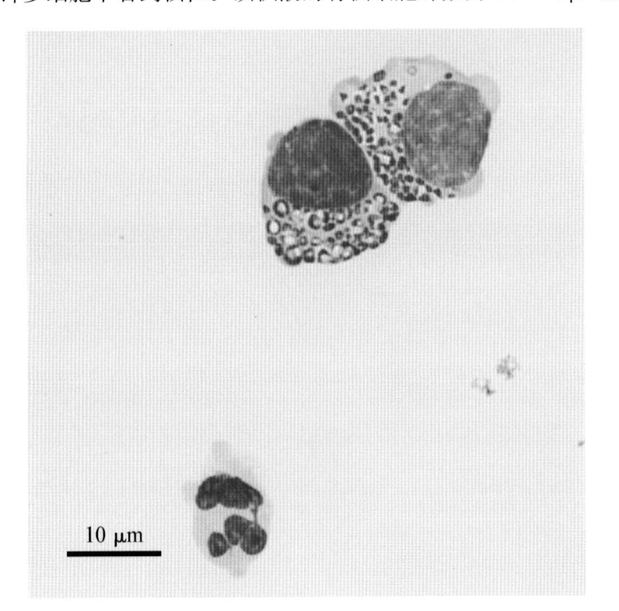


■ 图 6-27　**肿瘤性积液。颗粒细胞淋巴瘤。胸腔。猫。**积液为淡黄色，微浊，蛋白含量 4.2 g/dL，白细胞 5 600/μL。此外，63%的有核细胞为颗粒细胞；正如图中显示的两个。从细到粗的颗粒变化（如图所示）并且细胞核偏心至细胞的一侧。非退行性嗜中性粒细胞（图中有 1 个）、小淋巴细胞和吞噬细胞（偶尔）也会出现。（瑞-吉氏染色；高倍油镜）（图片源于 Rose Raskin，佛罗里达大学）

列腺癌。

细胞学上，这些肿瘤的形态相似，来源的器官也不能确定（Clinkenbeard，1992）。与癌相关的积液的典型特点是存在圆形至多边形的不定量的成簇细胞，细胞内有腺泡（腺癌）和往往极为嗜碱的细胞质。细胞质可能强烈嗜碱以至于掩盖了细胞核的细节。可能不存在炎症，但是往往会存在反应性间皮细胞（图 6-30A&B 和图 6-31A&B）。

癌细胞可能与反应性间皮细胞类似，如何区分是个挑战。一般来说，如果细胞簇满足有 5 个强烈怀疑的细胞核的标准，那么就可以诊断为肿瘤。所以必须找到可以观察到核细节的视野（图 6-30B 和图 6-31B）。如果细胞学仍然存在矛盾时，建议尝试其他的意见。

腺癌由分泌组织生成，通常包含细胞质空泡，这使得腺癌有别于其他种类的癌。一些这样的细胞分泌物的产量足以包围取代细胞核，形成气球状细胞或者印戒细胞（图 6-32A&B）。

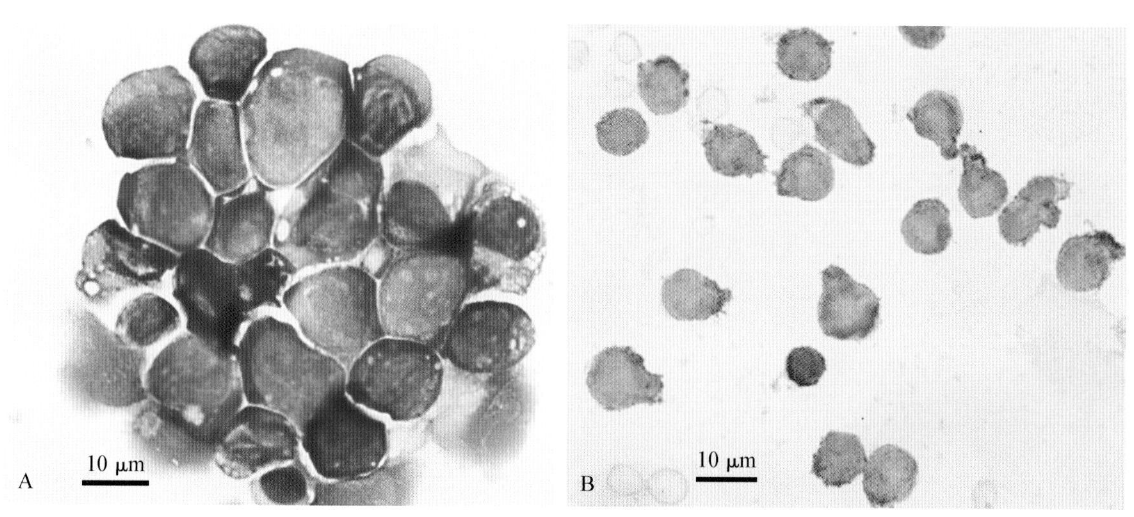


■ 图 6-28 **肿瘤性积液。胸腔。T 细胞淋巴瘤。犬。图 A 和 B 为同一病例。A.** 富集样本细胞显示大小不一的圆形细胞簇，拥有不足至中等的嗜碱性细胞质，细腻至中等粗糙的染色质伴随着明显的核仁与可变的核质比。(改良瑞氏染色；高倍油镜)**B.** 富集细胞涂片显示所有淋巴细胞的细胞表面染色标记 CD3 抗原为阳性，支持 T 淋巴细胞的克隆群。注意中心靠下的可能是正常的小淋巴细胞。在标尺的下方勉强可见红细胞。罕见的正常的小淋巴细胞与 CD79a 抗体反应(未显示)。(CD3 抗体；高倍油镜)(A and B, Courtesy of Rose Raskin, Purdue University)

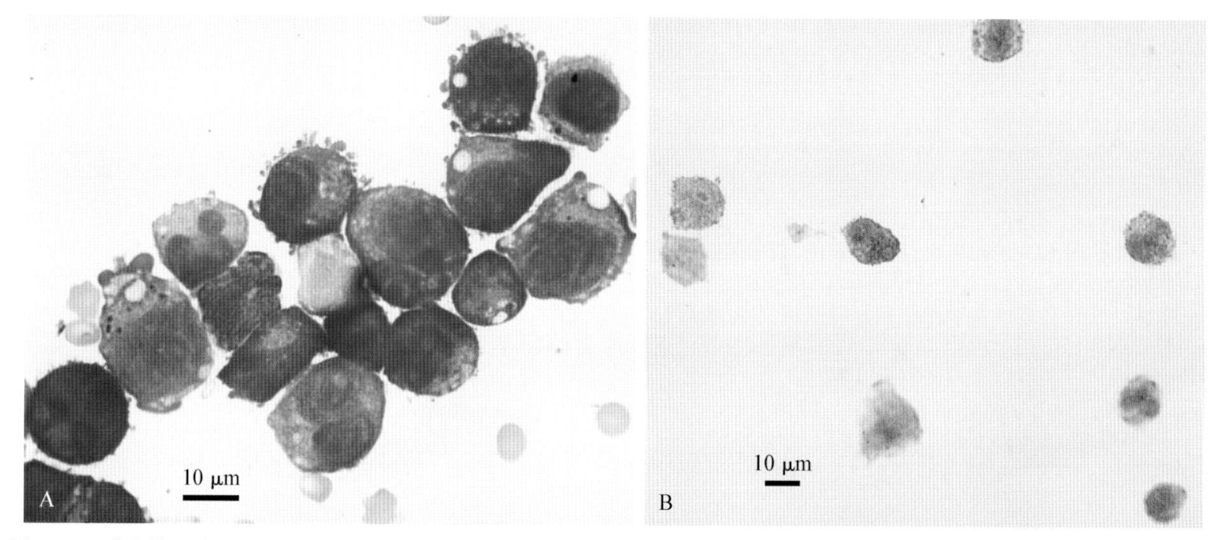


■ 图 6-29 **肿瘤性积液。胸腔。B 细胞淋巴瘤。猫。图 A 和 B 为同一病例。A.** 富集样本细胞显示为明显的多形性圆形细胞。某些细胞含有多个细胞核以及形状不规则的细胞核。核仁通常是巨大并且多个的。有几个细胞的表面有空泡，可能是上皮细胞来源的。(改良瑞氏染色；高倍油镜)**B.** 该胸水的富集细胞涂片中所有巨大的圆形细胞对于 CD79a 抗原染色阳性支持 B 细胞肿瘤的诊断。所有细胞的 CD3 抗原缺失(图片上未显示)。(CD79a 抗体；高倍油镜)。(A and B, Courtesy of Rose Raskin, Purdue University)

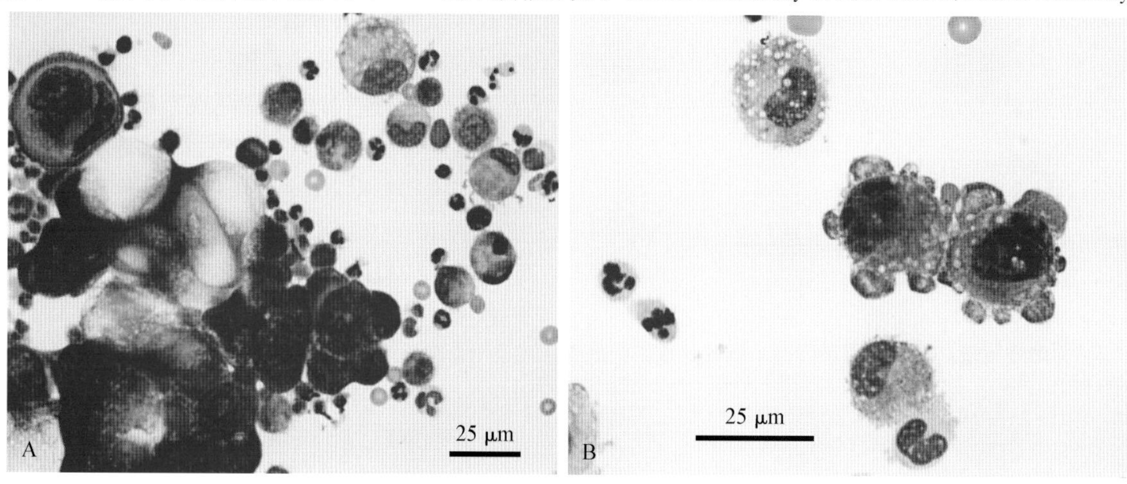


■ 图 6-30 **肿瘤性积液。腺癌。胸腔。犬。图 A 和 B 为同一病例。A.** 注意成簇结合的肿瘤上皮细胞。大的变形的空泡提示了具有分泌性质的组织来源。图片的左上方可以看到显著的核塑形。背景里面包含炎性细胞的混合物。(改良瑞氏染色；高倍油镜)**B.** 注意两个肿瘤细胞的核仁表现出明显的多形性。将肿瘤细胞和附近的巨噬细胞进行比较。(改良瑞氏染色；高倍油镜)

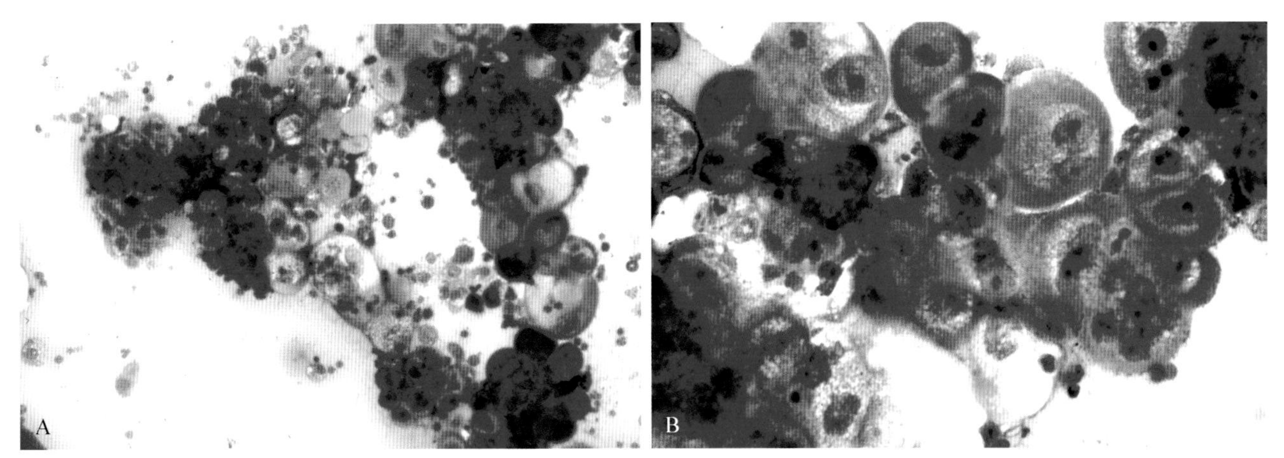


■ 图6-31 **肿瘤性积液。腺癌。猫。图A和B为同一病例。A.** 注意成簇和成片的巨大细胞。该积液拥有高有核细胞计数(23 000/μL)和上升的蛋白含量(3.6 g/dL)。炎性细胞常见于与肿瘤相关联的积液中。(罗曼诺夫斯基染色;中倍镜)**B.** 注意巨大细胞的强嗜碱性、轻微空泡化的细胞质。细胞核是圆形的伴有粗颗粒的染色质和显著的大核仁。在肿瘤细胞的细胞质内可以看到一些嗜中性粒细胞。(罗曼诺夫斯基染色;高倍油镜)

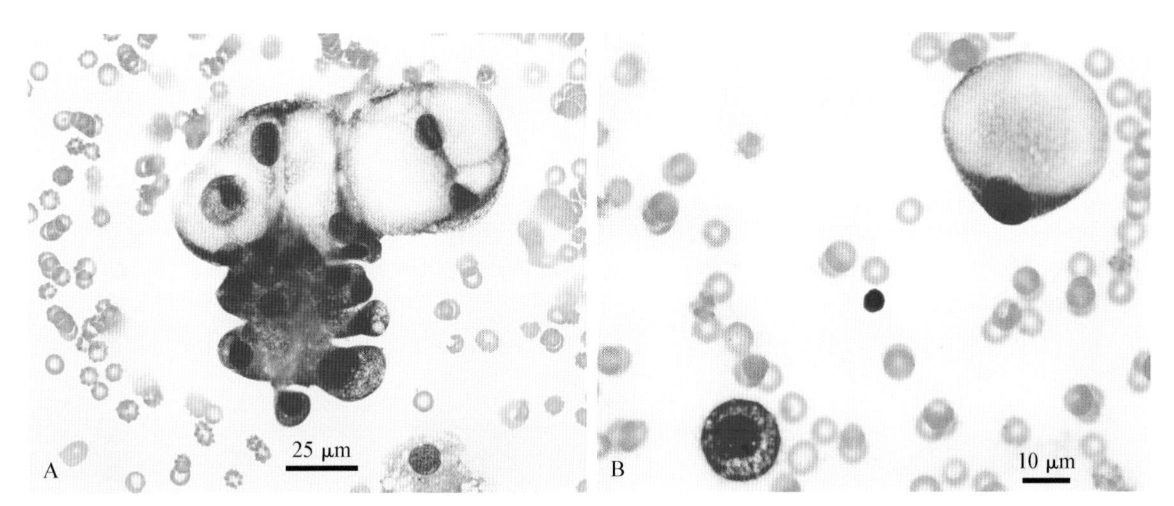


■ 图6-32 **肿瘤性积液。形成印戒细胞。A. 胸腔。腺癌。犬。**在同一细胞簇中出现显著的细胞大小不均和细胞核大小不均。丰富的分泌产物作为膨胀细胞质的明显的物质出现。(改良瑞氏染色;高倍油镜)**B. 胸腔。纵隔神经癌。犬。**随着清晰丰富的细胞质出现,印戒细胞形成,将细胞核推到了细胞的一侧。在图片中央的小淋巴细胞作为细胞大小比较的标尺。细胞角蛋白和嗜铬粒蛋白A的共同表达支持诊断结果。(瑞-吉氏染色;高倍油镜)(A,Cour-tesy of Rose Raskin,Purdue University. B,Material courtesy of Mary Leissinger,Louisiana State University; Case 9 of 2013 ASVCP case review session.)

## 间皮瘤

间皮瘤是一种起源于浆液性体腔的间皮衬里的一种罕见的肿瘤。一份涉及5只犬的报告暗示间皮瘤可以继发于犬的慢性特发性心包出血(Machida et al.,2004)。间皮瘤是细胞学上极富挑战性的诊断,需要将其与癌或者显著的反应性间皮增生区别开来。间皮瘤细胞一般为圆形至略有多边形的形状,主要成簇排列;然而也能观察到纺锤形的细胞。这种细胞形态上的变化可能来源于多个组织学亚型,包括颗粒细胞形态、蜕膜样(Morini et al.,2006)、上皮样(Leisewitz and Nesbit,1992)、囊性、硬化性(Geninet et al.,2003),甚至富含脂质的形式(Avakian et al.,2008)。细胞核深染并位于中央。通常一簇细胞中相邻的细胞的细胞核会出现互相挤压,导致变形核的形成(核塑性)。由于鉴别间皮瘤和反应性间皮增生的困难,在使用恶性肿瘤的标准评估可疑细胞簇的时候一定要谨慎。当积液与癌相关时,需要满足至少5个强烈的恶性肿瘤的细胞核的标准才能做出初步的诊断。当细胞学检查仍存有矛盾时,特别是关于间皮瘤细胞学形态的变化时,建议尝试其他的意见(图6-33,图6-34和图6-35)。

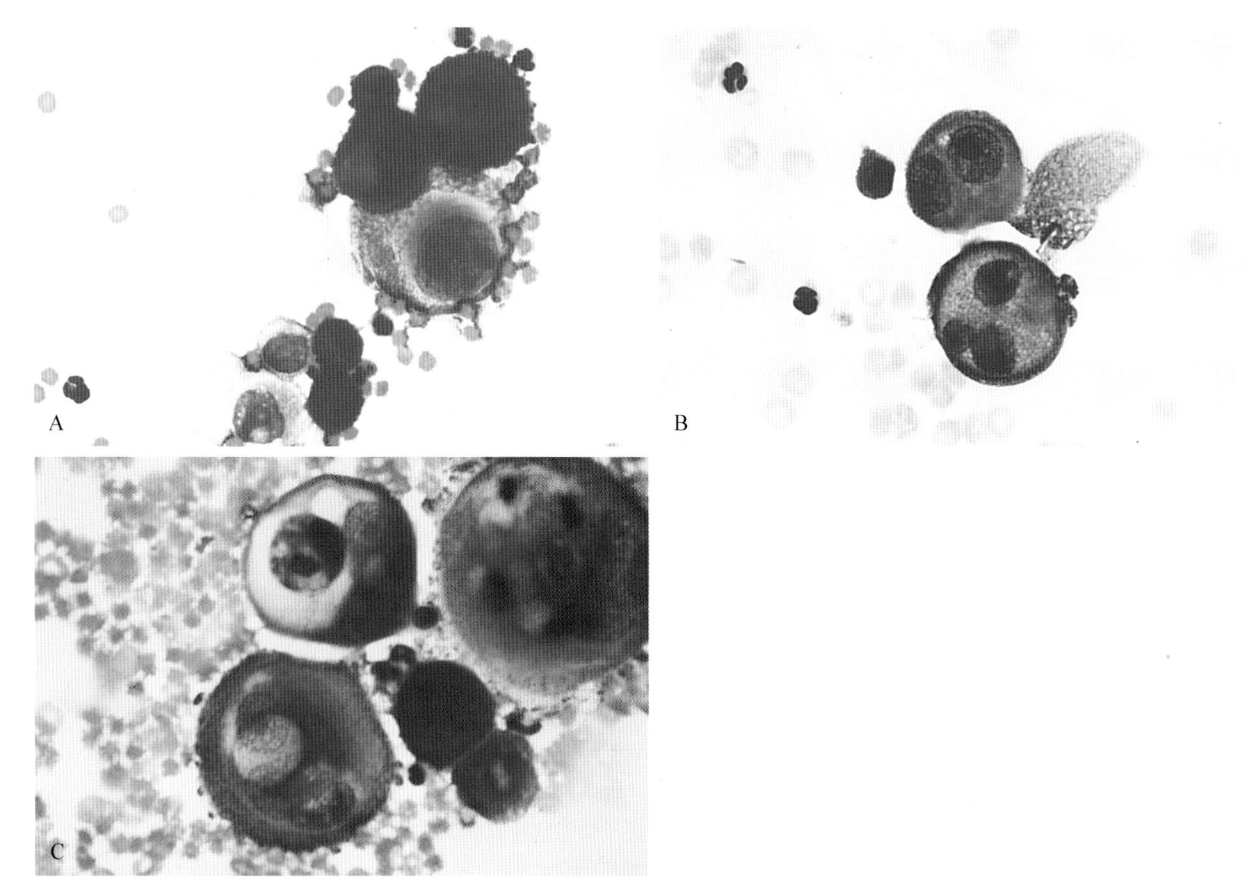


■ 图 6-33 **肿瘤性积液。间皮瘤。图 A-C 为同一病例。A. 胸腔 犬。**肿瘤细胞以单个细胞和小细胞簇的形式存在。核仁是多形性的而且非常明显。(罗曼诺夫斯基染色;高倍油镜)**B.** 这些细胞包含不定量的细胞质和一到多个的细胞核。细胞核可能是奇数并且大小不一。(罗曼诺夫斯基染色;高倍油镜)**C.** 细胞核染色质是粗颗粒状的,且与明显的大核仁呈现不规则的聚集。许多细胞具有带边饰状多糖蛋白质的边界。一同出现的还有少量的小淋巴细胞、嗜中性粒细胞和红细胞。(罗曼诺夫斯基染色;高倍油镜)

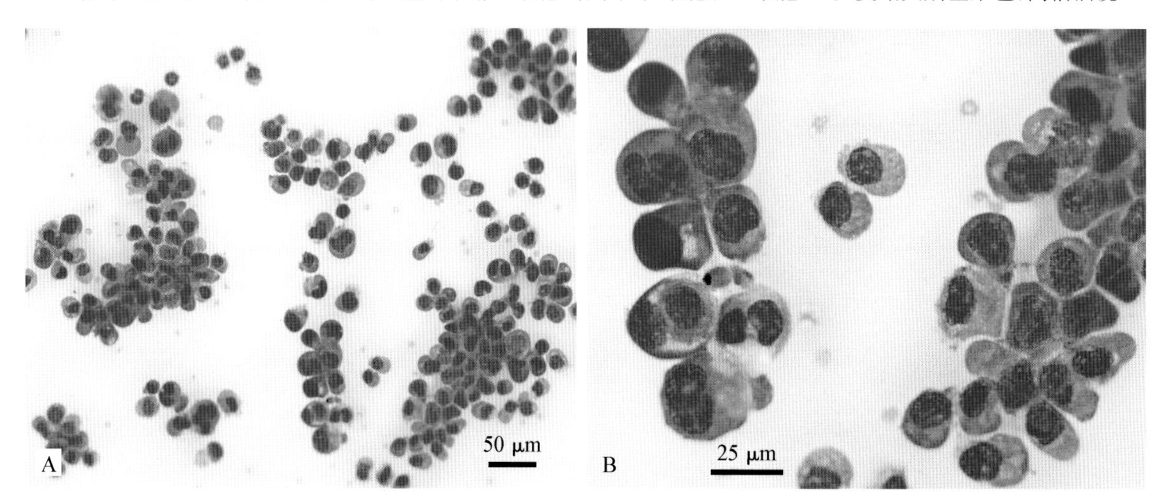


■ 图 6-34 **肿瘤性积液。间皮瘤。胸腔。猫。图 A 和 B 为同一病例。A.** 呈乳突状结构的大细胞簇占有核细胞的绝大多数。(改良瑞氏染色;中倍镜)**B.** 恶性特征包括细胞核大小不一、多核、核质比高且多变、粗糙的染色质和明显的核仁。(改良瑞氏染色;高倍油镜)细胞角蛋白、波形蛋白和钙结合蛋白的免疫表达证实了该诊断。(Material courtesy of Cheryl Swenson et al., Michigan State University; Case 3 of 2005 ASVCP case review session.)

一旦确立了恶性肿瘤的诊断,细胞学检查不能进一步区分间皮瘤和癌。初步诊断为癌是基于它们出现的相对频率。一种尝试诊断间皮瘤的工具是对细胞角蛋白和波形蛋白双重表达的免疫标记物(Avakian et al., 2008; Bacci et al., 2006; Geninet et al., 2003; Gumber et al., 2011; Morini et al., 2006)(图 6-36A&B)。一例马的间皮瘤的病例中使用免疫组化标记钙网膜蛋白已经被验证(Stoica et al., 2004)。虽然钙网膜蛋白已经被用于诊断人和马的间皮瘤,但是该免疫标记物对于犬和猫一直表现为阴性(Bacci et al., 2006; Geninet et al., 2003; Morini et al., 2006)。

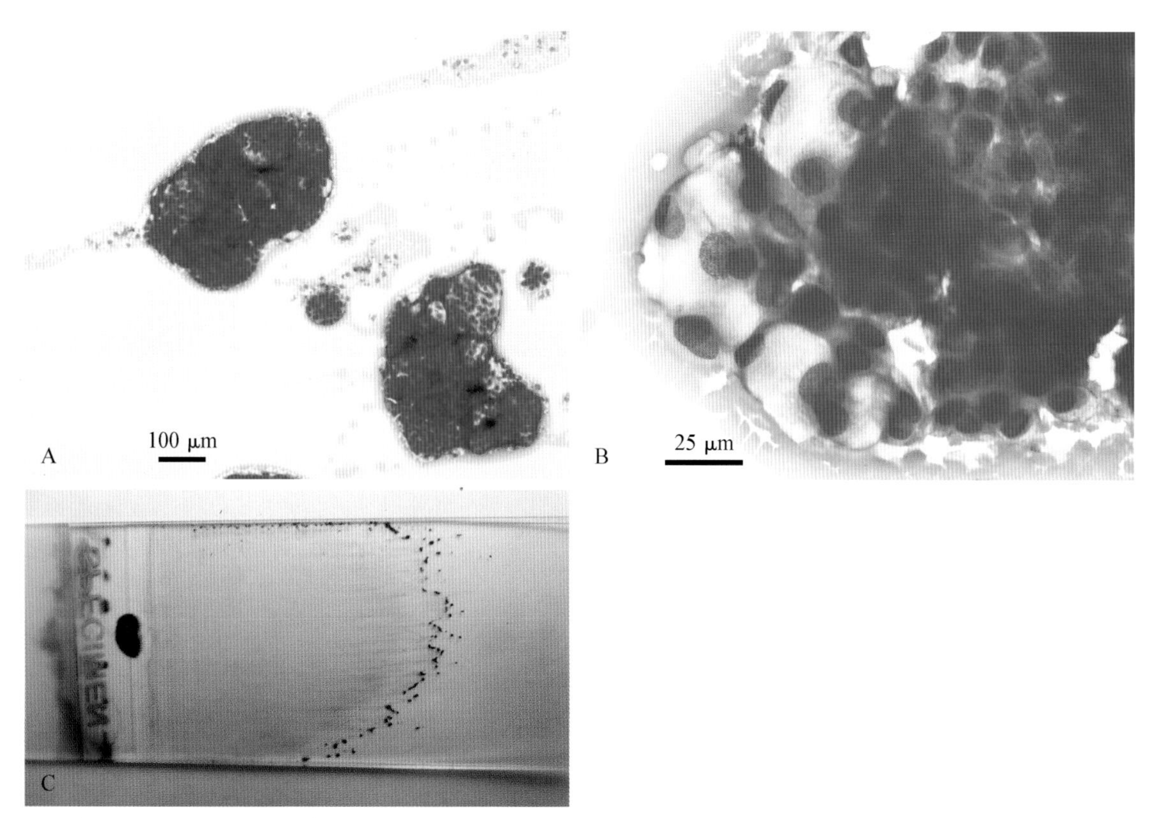


■ 图 6-35　**肿瘤性积液。间皮瘤。腹部。犬。图 A-C 为同一病例。A.** 一小簇反应性间皮细胞同两大簇肿瘤细胞相比较。（瑞-吉氏染色；低倍镜）**B.** 细胞簇的大小是可变的，细胞质出现空泡化。其与分泌型腺癌可以从形态学上区分。（瑞-吉氏染色；高倍油镜）**C.** 大细胞簇常见于腹腔液直接涂片的羽化边缘处。（Material courtesy of Sarah Hammond et al.，Virginia Tech University；Case 6 of 2012 ASVCP case review session.）

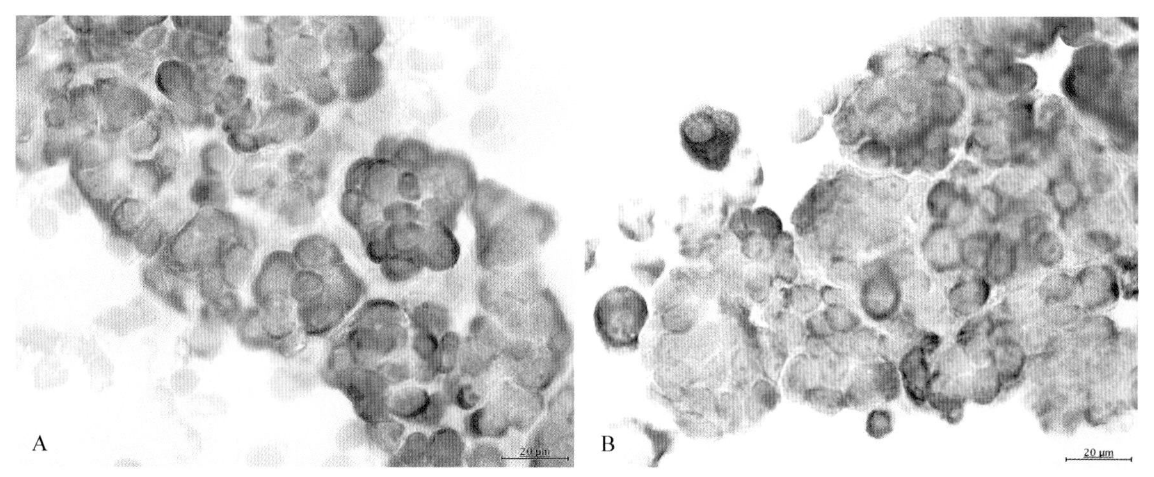


■ 图 6-36　**肿瘤性积液。间皮瘤。犬。图 A 和 B 为同一病例。A.** 免疫细胞化学，来源于组织学确诊的间皮瘤的病例。许多细胞簇呈现阳性反应。（Pan-细胞角蛋白抗体；高倍油镜）**B.** 免疫细胞化学展示了几个多核巨细胞的细胞质内强烈的反应。（波形蛋白抗体；高倍油镜）波形蛋白和细胞角蛋白的并发反应支持间皮瘤的诊断。（Material courtesy of Kansas State University.）

### 其他肿瘤

与积液相关的其他几种肿瘤也被报道过。包括犬内脏肥大细胞瘤伴发腹腔积液、猫恶性黑色素瘤伴发胸腔积液、还有肉瘤伴发胸腔积液（de Souza et al.，2001；Morges and Zaks，2011；Riegel et al.，2008；Sommerey et al.，2012）。肉瘤拥有丰富、致密、黏质的基质背景，常会导致样本内部的细胞呈条状分布。纵隔区域产生的肿瘤可以累及胸腺、甲状腺和神经内分泌器官（图 6-32B 和图 6-37）。

## 心包积液

心包积液也可以分为漏出液、改性漏出液和渗出液，并且可以进一步细分为犬和猫的积液。

### 犬

在许多情况下心包积液是由出血引起的(图 6-38A-C)。

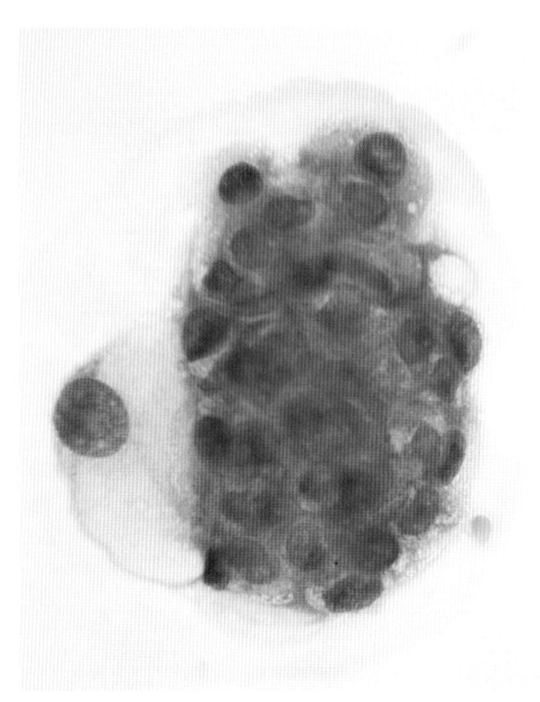

■ 图 6-37 **肿瘤性积液。胸腔。纵隔神经癌。犬。与图 6-32B 为同一病例。**成簇的结合细胞拥有不定量空泡的细胞质以及细胞边界不清。细胞角蛋白和嗜铬粒蛋白 A 的共表达支持诊断。(瑞-吉氏染色;高倍油镜)(Material courtesy of Mary Leissinger,Louisi-ana State University; Case 9 of 2013 ASVCP case review session.)

犬的心包积液伴发肿瘤的概率为 38%~71%(Berg and Wingfield,1984;Kerstetter et al.,1997;MacDonald et al.,2009;Sisson et al.,1984)。无法识别原因的心包炎(特发性)的发病率为 19%~67%(Berg and Wingfield,1984;Sisson et al.,1984;Kerstetter et al.,1997;Atencia et al.,2013)。被报道的其他罕见的原因有细菌和真菌的感染、心功能不全、尿毒症、外伤、异物、凝血功能障碍、疝和左心房破裂(Aronson and Gregory,1995;Berg and Wingfield,1984;Bouvy and Bjorling,1991;Peterson et al.,2003;Petrus and Henik,1999;Shubitz et al.,2001)。

心包积液的细胞学检查对于诊断感染和炎症是最有价值的(图 6-39A&B)。心包积液常伴发中度至显著的类似癌细胞的间皮增生。间皮细胞非常大,拥有深嗜碱性的细胞质,经常出现双核和显著的核仁(图 6-4B)。有丝分裂的数量也偶而会类似癌一样怪异。所以,细胞学通常不能可靠地分辨间皮细胞增生和肿瘤。不同于可导致心包出血的血管肉瘤,出现特异性大片角质化的肿瘤血管内皮细胞;其他间充质来源的肿瘤通常不会将细胞脱落在积液中。在强调诊断困难性的研究中,19 例肿瘤性积液中有 74%通过细胞学未检测出,31 例非肿瘤积液中有 13%被误报为肿瘤。在另一项评价了 47 例心包积液的研究中,通过细胞学确证病因的只有 6 例(12.8%),5 例为感染,1 例为淋巴瘤(MacDonald et al.,2009)。有趣的是,当积液的 PCV 小于 10%,细胞学诊断率为 20.3%;而当 PCV 大于 10%,诊断率只有 7.7%(Cagle et al.,2014)。

评估了 37 只患有心包积液的犬的血清心肌肌钙蛋白 I(cTnI)和心肌肌钙蛋白 T(cTnT)。高浓度的 cTnI(平均值为 2.77 ng/dL;范围为 0.09~47.18 ng/dL),相比特发性的心包积液(平均值为 0.05 ng/dL;范围为 0.03~0.09 ng/dL),更频繁地与血管肉瘤性的心包积液相关联。血清 cTnT 并无诊断意义(Shaw et al.,2004)。在另一项研究中,血清 cTnI 的浓度大于 0.25 ng/mL 时,对于确定心脏血管肉瘤伴发心包积液拥有 81%的敏感性和 100%的特异性(Chun et al.,2010)。

往往需要进一步的检测(如,超声、凝血试验、心包切除术)来确定心包积液的根本原因。使用精密的检测仪器测定心包液的 pH 能够为诊断提供帮助(Edwards,1996)。pH 大于 7.3 更有可能与非炎症性疾病(通常是肿瘤)相关。使用尿试纸测量心包液的 pH,当 pH 大于或等于 7.0 时,93%的病例与肿瘤相关;然而当 pH 小于 7.0 时则常与非肿瘤疾病相关。其他使用尿试纸测量心包积液的 pH 的研究发现,多次重复操作才能获得可靠的诊断(Fine et al.,2003;de Laforcade et al.,2005)。

### 猫

虽然猫的心包疾病比较少见(2.3%),但是 88%的猫传染性腹膜炎(FIP)和充血性心力衰竭会与心包积液相关联(Rush et al.,1990)。一项涉及 146 例样本的广泛的研究(Hall et al.,2007)发现 75.4%的心包积液病例的主要原因是充血性心力衰竭。肿瘤占到 5.4%,其中大部分是淋巴瘤。有一例(0.7%)的病因假定为 FIP。Rush et al(1990)发现 18%的病例与肿瘤相关,而 Hall et al(2007)发现只有 5.5%。在这两项研究中,淋巴瘤大约占 1/2。Amati et al(2014)发现 7 例心包淋巴瘤中有 6 例是 T 细胞淋巴瘤。

## 混合积液研究

MacGregor et al(2004)报道了细长至菱形的胆固醇结晶出现在一只犬的心包积液中。这与从一例犬腹腔液中发现的更为典型的板状外观形成对比(图 6-40A&B)。另一项罕见的发现是来源于输卵管错构瘤的纤毛柱状上皮细胞出现在犬的腹水中(Fry et al.,2003)。钡结晶可能在组织损伤后的积液快速放射光线成像时被发现(图 6-41)。

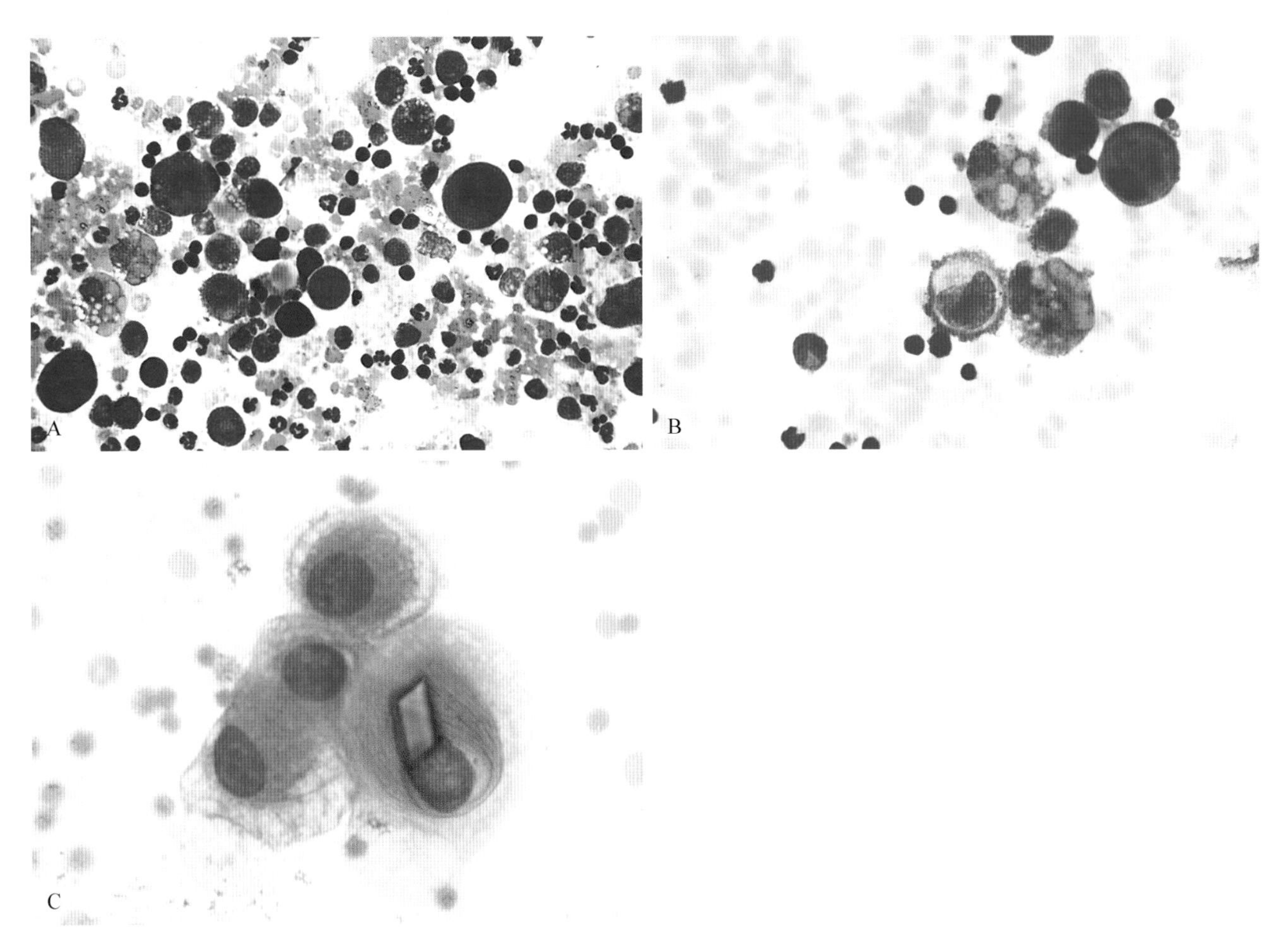


■ 图 6-38 **A. 出血性积液。心包。犬。蛋黄层制备。**注意各种细胞，包括嗜中性粒细胞、淋巴细胞、红细胞和反应性间皮细胞。该积液为红色，含有 5 000 000/μL 的红细胞和 7 000/μL 的有核细胞，蛋白定量为 4.0 g/dL。（罗曼诺夫斯基染色；高倍油镜）**B. 出血性积液。心包。犬。**观察噬红细胞现象、反应性间皮细胞、巨噬细胞、小淋巴细胞和许多红细胞。此外注意到一个巨噬细胞包含棕色的含铁血黄素。一个间皮细胞包含两个细胞核。心包液的细胞学评价对于排除感染和某些类型的肿瘤是很重要的。但经常需要额外的检测来确定出血性心包积液的原因。（罗曼诺夫斯基染色；高倍油镜）**C.** 存在四个间皮细胞，其中一个的细胞质里包含金色菱形的胆红素结晶。（瑞-吉氏染色；高倍油镜）(C，Courtesy of Rose Raskin，University of Florida.)

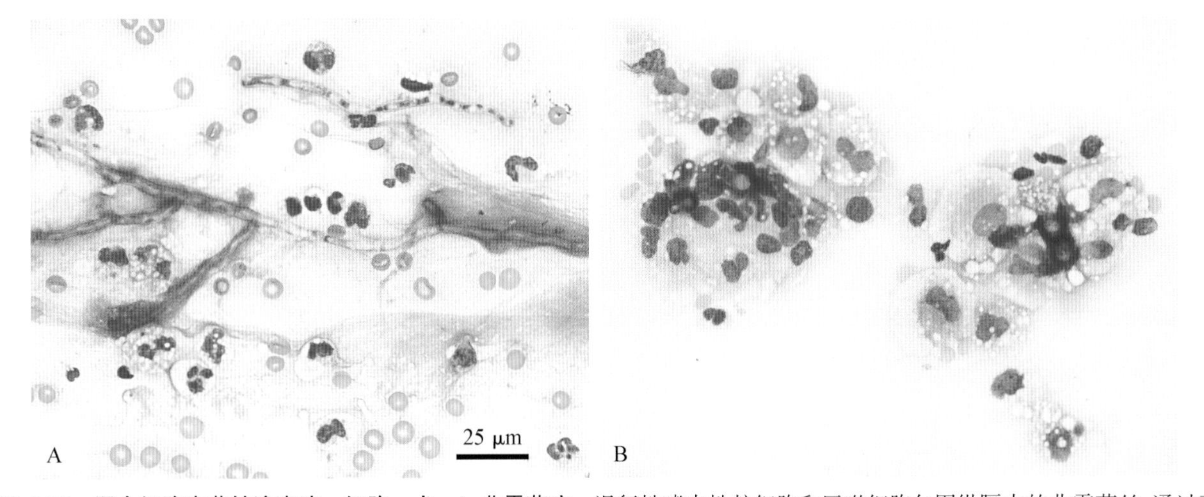


■ 图 6-39 **混合细胞真菌性渗出液。细胞。犬。A. 曲霉菌病。**退行性嗜中性粒细胞和巨噬细胞包围纵隔中的曲霉菌丝，通过真菌培养证实。（改良瑞氏染色；高倍油镜）**B. 芽生菌病。**在直接涂片的羽化边缘，许多空泡化的巨噬细胞和小数量的退行性嗜中性粒细胞包围着几个暗蓝色菌壁增厚的芽生菌。（瑞-吉氏染色；中倍镜）。(A and B，Courtesy of Rose Raskin，Purdue University.)

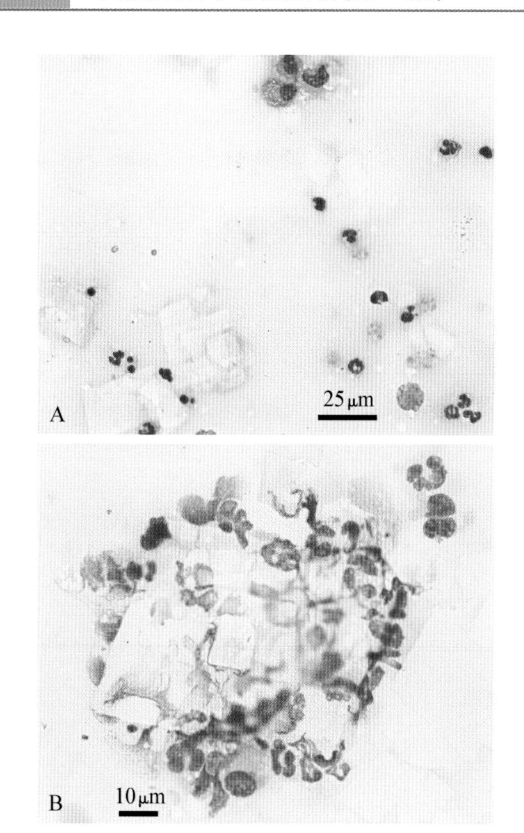


■ 图 6-40 **胆固醇结晶。腹部。犬。图A和B为同一病例。** **A.** 矩形的晶体对比轻微嗜酸性的背景以及单核吞噬细胞和退行性嗜中性粒细胞。(罗曼诺夫斯基染色;高倍油镜)**B.** 许多退行性嗜中性粒细胞包围着无色的矩形晶体。(罗曼诺夫斯基染色;高倍油镜)剖检揭示为硬化包裹性腹膜炎。(Material courtesy of Tara Arndt, University of California/Ontario Veterinary College; Case 1 of 2010 ASVCP case review session.)

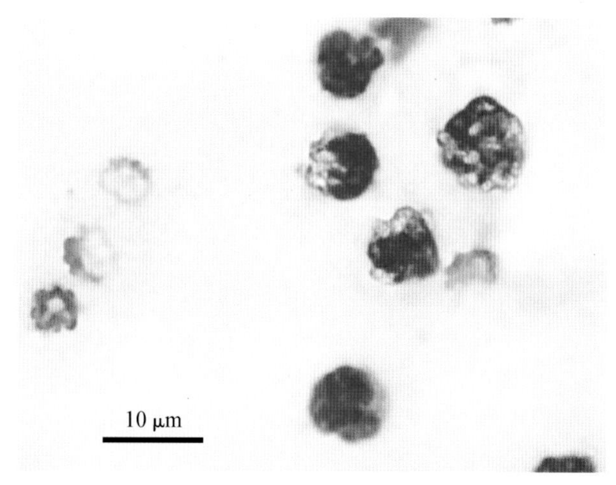


■ 图 6-41 **钡结晶。腹部。犬。** 退行性嗜中性粒细胞包含浅黄色至无色晶体。这可能是由钡餐造影后肠破裂引起的。(罗曼诺夫斯基染色;高倍油镜)(Material courtesy of Colorado State University; Case 5 of 2000 ASVCP case review session.)

## 辅助检测

在某些情况下,积液的其他实验室检测可能对于鉴别诊断提供有用的信息。表 6-1 中显示了之前所描述的测试摘要。

**表 6-1 用于评估积液的生化和电泳测试**

| 测试 | 方法/预期结果 | 积液 |
|---|---|---|
| 肌酐/钾 | 积液肌酐和(或)钾的值均高于血清的 | 尿腹膜炎 |
| 甘油三酯 | 积液通常包含超过 100 mg/dL 的甘油三酯 | 乳糜胸 |
| 胆固醇 | 积液的胆固醇水平高于血清的 | 非乳糜 |
| 胆红素 | 积液的胆红素水平高于血清的 | 胆汁性腹膜炎/胸膜炎 |
| 脂肪酶/淀粉酶 | 积液脂肪酶和(或)淀粉酶的值均高于血清的 | 胰腺炎 |
| 蛋白电泳 | 白球比小于 0.8 强烈提示 FIP | FIP 感染 |
| 脂蛋白电泳 | 当甘油三酯的水平不明确时,积液存在乳糜 | 乳糜 |
| pH | pH 小于 7.0 提示良性或者非肿瘤的情况 | 心包 |
| pH,$pCO_2$,血糖,乳酸 | 积液的 pH 小于 7.2、$pCO_2$ 大于 55 mm Hg、葡萄糖小于 50 mg/dL 或者乳酸大于 5.5 mmol/L 时,有可能存在细菌感染 | 败血症 |
| 血清-积液葡萄糖 | 血清-积液葡萄糖的差异大于 20 mg/dL 时,表明存在细菌感染 | 化脓性腹膜炎 |
| 血清-积液乳酸 | 血清-积液乳酸的差异小于-2.0 mmol/L(犬)时,表明存在细菌感染 | 化脓性腹膜炎 |

## 参考文献


Allison R, Williams P, Lansdowne J, et al: Fatal hepatic sarcocystosis in a puppy with eosinophilia and eosinophilic peritoneal effusion, *Vet Clin Pathol* 35(3):353-357, 2006.

Amati M, Venco L, Roccabianca P, et al: Pericardial lymphoma in seven cats, *J Feline Med Surg* 16:507-512, 2014.

Aronsohn MG, Dubiel B, Roberts B, et al: Prognosis for acute nontraumatic hemoperitoneum in the dog: a retrospective analysis of 60 cases(2003-2006), *J Am Anim Hosp Assoc* 45(2):72-77, 2009.

Aronson LR, Gregory CR: Infectious pericardial effusion in five dogs, *Vet Surg* 24(5):402-407, 1995.

Atencia S, Doyle RS, Whitley NT: Thoracoscopic pericardial window for management of pericardial effusion in 15 dogs, *J Small Anim Pract* 54(11):564-569,2013.

Aumann M, Worth LT, Drobatz KJ: Uroperitoneum in cats:26 cases(1986-1995), *J Am Anim Hosp Assoc* 34:315-324,1998.

Avakian A, Alroy J, Rozanski E, et al: Lipid-rich pleural mesothelioma in a dog, *J Vet Diagn Invest* 20(5): 665-667,2008.

Bacci B, Morandi F, De Meo M, et al: Ten cases of feline mesothelioma: an immunohistochemical and ultrastructural study, *J Comp Pathol* 134(4):347-354,2006.

Barrs VR, Beatty JA, McCandlish IA: Hypereosinophilic paraneoplastic syndrome in a cat with intestinal T cell lymphosarcoma, *J Small Anim Pract* 43:401-405,2002.

Bauer N: Flow cytometric analysis of effusions in dogs and cats with the automated haematology analyser ADVIA 120, *Vet Record* 156(21):674-678,2012.

Beal MW, Doherty AM, Curcio K: Peliosis hepatis and hemoperitoneum in a dog with diphacinone intoxication, *J Vet Emerg Crit Care* 18:388-392,2008.

Berg RJ, Wing eld W: Pericardial effusion in the dog: a review of 42 cases, *J Am Anim Hosp Assoc* 30(5): 721-730,1984.

Bertazzolo W, Bonfanti U, Mazzotti S, et al: Cytologic features and diagnostic accuracy of analysis of effusions for detections of ovarian carcinoma in dogs, *Vet Clin Pathol* 41(1): 127-132,2012.

Bonczynski JJ, Ludwig LL, Barton LJ, et al: Comparison of peritoneal fluid and peripheral blood pH, bicarbonate, glucose, and lactate concentrations as a diagnostic tool for septic peritonitis in dogs and cats, *Vet Surg* 32:161,2003.

Bonfanti U, Bertazzolo W, Pagliaro L, et al: Clinical, cytological and molecular evidence of *Mesocestoides* sp. infection in a dog from Italy, *J Vet Med A* 51:435-438,2004.

Bounous DI, Bienzle D, Miller-Liebl D: Pleural effusion in a dog, *Vet Clin Pathol* 29:55-58,2000.

Bouvy BM, Bjorling DE: Pericardial effusion in dogs and cats. Part I. Normal pericardium and causes and pathophysiology of pericardial effusion, *Compend Contin Educ Pract Vet* 13: 417-424,1991.

Braun JP, Guel JF, Pagès JP, et al: Comparison of four methods for determination of total protein concentrations in pleural and peritoneal fluid from dogs, *Am J Vet Res* 62: 294,2001.

Buob S: Portal hypertension: pathophysiology, diagnosis and treatment, *J Vet Intern Med* 25(2):169-186,2011.

Burrows CF, Bovee KC: Metabolic changes due to experimentally induced rupture of the canine urinary bladder, *Am J Vet Res* 35(8):1083-1088,1974.

Cagle LA, Epstein SE, Owens SD, et al: Diagnostic yield of cytologic analysis of

pericardial e usion in dogs, *J Vet Intern Med* 28(1):66-71,2014.

Caruso KJ, James MP, Fisher D, et al: Cytologic diagnosis of peritoneal cestodiasis in dogs caused by *Mesocestoides* sp., *Vet Clin Pathol* 32(1):50-60,2003.

Chikweto A, Bhaiyat MI, Tiwari KP, et al: Spirocercosis in owned and stray dogs in Grenada, *Vet Parasitol* 190(3-4): 613-616,2012.

Chun R, Kellihan HB, Henik RA, et al: Comparison of plasma cardiac troponin I concentrations among dogs with cardiac hemangiosarcoma, noncardiac hemangiosarcoma, other neoplasms, and pericardial effusion of non-hemangiosarcoma origin, *J Am Vet Med Assoc* 237(7):806-811,2010.

Clinkenbeard KD: Diagnostic cytology: carcinomas in pleural effusions, *Compend Contin Educ Pract Vet* 14(2):187-194,1992.

Cohn LA, Stoll MR, Branson KR, et al: Fatal hemothorax following management of an esophageal foreign body, *J Am Anim Hosp Assoc* 39(3):251-256,2003.

Cowgill E, Neel J: Pleural fluid from a dog with marked eosinophilia, *Vet Clin Pathol* 32(3):147-149,2003.

Crosbie PR, Boyce WM, Platzer EG, et al: Diagnostic procedures and treatment of eleven dogs with peritoneal infections caused by *Mesocestoides* spp, *J Am Vet Med Assoc* 213:1578-1583,1998.

Edwards NJ: The diagnostic value of pericardial fluid pH determination, *J Am Anim Hosp Assoc* 32:63-67,1996.

Crosbie PR, Platzer EG, Nadler SA, et al: Molecular systematics of *Mesoces-toides* spp(Cestoda: Mesocestoididae) from domestic dogs(*Canis familiaris*)and coyotes (*Canis latrans*), *J Parasitol* 82:350-357,2000.

Crowe DT: Diagnostic abdominal paracentesis techniques: clinical evaluation in 129 dogs and cats, *J Am Anim Hosp Assoc* 20(2):223-230,1984.

Culp WT, Weisse C, Kellogg ME, et al: Spontaneous hemoperitoneum in cats: 65 cases(1994-2006), *J Am Vet Med Assoc* 236(9):978-982,2010.

Davidson BJ, Paling AC, Lahmers SL, et al: Disease association and clinical assessment of feline pericardial effusion, *J Am Anim Hosp Assoc* 44(1):5-9,2008.

Davies C, Forrester SD: Pleural effusion in cats: 82 cases (1987-1995), *J Small Anim Pract* 37(5):217-224,1996.

de Laforcade AM, Freeman LM, RozanskiEA, et al: Biochemical analysis of pericardial fluid and whole blood in dogs with pericardial effusion, *J Vet Intern Med* 19(6): 833-836,2005.

de Souza ML, Torres LF, Rocha NS, et al: Peritoneal effusion in a dog secondary to visceral mast cell tumor. A case report, *Acta cytologica* 45(1):89-92,2001.

Dempsey SM, Ewing PJ: A review of the pathophysiology, classi cation, and analysis of canine and feline cavitary e usions, *J Am Anim Hosp Assoc* 47(1):1-11,2011.

Dillon AR, Teer PA, Powers RD, et al: Canine abdominal histoplasmosis: a report of four cases, *J Am Anim Hosp Assoc* 18(3):498-502,1982.

DuVall MD, Murphy MJ, Ray AC, et al: Case studies on second-generation anticoagulant rodenticide toxicities in non-target species, *J Vet Diagn Invest* 1(1):66-68,1989.

Eleni C, Scaramozzino P, Busi M, et al: Proliferative peritoneal and pleural cestodiasis in a cat caused by metacestodes of Mesocestoides sp. Anatomohistopathological findings and genetic identi fication, *Parasite* 14(1):71-76,2007.

Fine DM, Tobias AH, Jacob KA: Use of pericardial fluid pH to distinguish between idiopathic and neoplastic effusions, *J Vet Intern Med* 17(4):525-529,2003.

Fischer Y, Sauter-Louis C, Hartmann K: Diagnostic accuracy of the Rivalta test for feline infectious peritonitis, *Vet Clin Pathol* 41(4):558-567,2012.

Fischer Y, Weber K, Sauter-Louis C, et al: e Rivalta's test as a diagnostic variable in feline effusions-evaluation of optimum reaction and storage conditions, *Tierarztliche Praxis Kleintiere* 41(5):297-303,2013.

Forrester SD, Fossum TW, Rogers KS: Diagnosis and treatment of chylothorax associated with lymphoblastic lymphosarcoma in four cats, *J Am Vet Med Assoc* 198: 291-294,1991.

Forrester SD, Troy GC, Fossum TW: Pleural effusions: pathophysiology and diagnostic considerations, *Compend Contin Educ Pract Vet* 10:121-136,1988.

Fossum TW: Feline chylothorax, *Compend Contin Educ Pract Vet* 15:549-567,1993.

Fossum TW, Birchard SJ, Jacobs RM: Chylothorax in 34 dogs, *J Am Vet Med Assoc* 188:1315-1318,1986a.

Fossum TW, Forrester SD, Swenson CL, et al: Chylothorax in cats: 37 cases(1969-1989), *J Am Vet Med Assoc* 198(4):672-678,1991.

Fossum TW, Hay WH, Boothe HW, et al: Chylous ascites in three dogs, *J Am Vet Med Assoc* 200:70-76,1992.

Fossum TW, Jacobs RM, Birchard SJ: Evaluationof cholesterol and triglyceride concentrations in di erentiating chylous and nonchylous pleural effusions in dogs and cats, *J Am Vet Med Assoc* 188:49-51,1986b.

Fry MM, DeCock HEV, Greeley MA, et al: Abdominal fluid from a dog, *Vet Clin Pathol* 32:77-80,2003.

Fossum TW, Wellman M, Relford RL, et al: Eosinophilic pleural or peritoneal effusions in dogs and cats: 14 cases(1986-1992), *J Am Vet Med Assoc* 202:1873-1876,1993.

Geninet C, Bernex F, Rakotovao F, et al: Sclerosing peritoneal mesothelioma in a dog-a case report, *J Vet Med A Physiol Pathol Clin Med* 50(8):402-405,2003.

George JW: The usefulness and limitations of hand-held refractometers in veterinary laboratory medicine: an historical and technical review, *Vet Clin Pathol* 30(4):201-210,2001.

George JW, O'Neill SL: Comparison of refractometer and biuret methods for total protein measurement in body cavity fluids, *Vet Clin Pathol* 30(1):16-18,2001.

Gidlewski J, Petrie J P: Therapeutic pericardiocentesis in the dog and cat, *Clin Tech Small Anim Pract* 20(3): 151-155,2005.

Gores BR, Berg J, Carpenter JL, et al: Chylous ascites in cats: Nine cases(1978-1993), *J Am Vet Med Assoc* 205:1161-1164,1994.

Gumber S, Fowlkes N, Cho DY: Disseminated sclerosing peritoneal mesothelioma in a dog, *J Vet Diagn Invest* 23:1046-1050, 2011.

Hall DJ, Shofer F, Meier CK, et al: Pericardial effusion in cats: a retrospective study of clinical findings and outcome in 146 cats, *J Vet Intern Med* 21(5):1002-1007,2007.

Harris BJ, Constantino-Casas F, Archer J, et al: Loeff er's endocarditis and bicavity eosinophilic effusions in a dog with visceral mast cell tumour and hypereosinophilia, *J Comp Pathol* 149(4):429-433,2013.

Hartmann K, Binder C, Hirschberger J, et al: Comparison of di fferent tests to diagnose feline infectious peritonitis, *J Vet Intern Med* 17:781-790,2003.

Hetzel N, Papasouliotis K, Dodkin S, et al: Biochemical assessment of canine body cavity effusions using three bench-top analysers, *J Small Anim Pract* 53459-53464,2012.

Hillerdal G: Chylothorax and pseudochylothorax, *Euro Resp J* 10(5):1157-1162,1997.

Hirschberger J, DeNicola DB, Hermanns W, et al: Sensitivity and specifi city of cytologic evaluation in the diagnosis of neoplasia in body fluids from dogs and cats, *Vet Clin Pathol* 28:142-146,1999.

Holmberg TA, Vernau W, Melli AC, et al: Neospora caninum associated with septic peritonitis in an adult dog, *Vet Clin Pathol* 35(2):235-238,2006.

Jabbar A, Papini R, Ferrini N, et al: Use of a molecular approach for the definitive diagnosis of proliferative larval mesocestoidiasis in a cat, *Infect Genet Evol* 12(7): 1377-1380,2012.

James FE, Knowles GW, Mansfield CS, et al: Ascites due to pre-sinusoidal portal hypertension in dogs: a retrospective analysis of 17 cases, *Aust Vet J* 86(2):180-186,2008.

Kashiide T, Matsumoto J, Yamaya Y, et al: Case report: rst confirmed case of canine peritoneal larval cestodiasis caused by *Mesocestoides vogae* (syn. *M. corti*) in Japan, *Vet Parasitol* 201:154-157,2014.

Kau man CA: Histoplasmosis: a clinical and laboratory update, *Clin Microbiol Rev* 20(1):115-132,2007.

Kerpsack SJ, McLouglin MA, Graves TK, et al: Chylothorax associated with lung lobe torsion and a peritoneopericardial diaphragmatic hernia in a cat, *J Am Anim Hosp Assoc* 30(4): 351-354, 1994.

Kerstetter KK, Krahwinkel DJ, Millis DL, et al: Pericardiectomy in dogs: 22 cases (1978-1994), *J Am Vet Med Assoc* 211: 736-740, 1997.

Klainbart S, Merchav R, Ohad DG: Traumatic urothorax in a dog: a case report, *J Small Anim Pract* 52(10): 544-546, 2011.

Kowalewich N, Hawkins EC, Skowronek AJ, et al: Identification of Histoplasma capsulatum organisms in the pleural and peritoneal effusions of a dog, *J Am Vet Med Assoc* 202 (3): 423-426, 1993.

Leisewitz AL, Nesbit JW: Malignant mesothelioma in a seven-week-old puppy, *J S Afr Vet Assoc* 63(2): 70-73, 1992.

Levin GM, Bonczynski JC, Ludwig LL, et al: Lactate as a diagnostic test for septic peritoneal effusions in dogs and cats, *J Am Anim Hosp Assoc* 40(5): 364-371, 2004.

Litster AL, Pogranichniy R, Lin TL: Diagnostic utility of a direct immunouorescence test to detect feline coronavirus antigen in macrophages in effusive feline infectious peritonitis, *Vet J* 198(2): 362-366, 2013.

Ludwig LL, McLoughlin MA, Graves TK: Surgical treatment of bile peritonitis in 24 dogs and 2 cats: A retrospective study(1987-1994), *Vet Surg* 26(2): 90-98, 1997.

MacDonald KA, Cagney O, Magne ML: Echocardiographic and clinicopathologic characterization of pericardial effusion in dogs: 107 cases(1985-2006), *J Am Vet Med Assoc* 235(12): 1456-1461, 2009.

MacGregor JM, Rozanski EA, McCarthy RJ, et al: Cholesterol-based pericardial effusion and aortic thromboembolism in a 9-year-old mixed-breed dog with hypothyroidism, *J Vet Intern Med* 18: 354-358, 2004.

Machida N, Tanaka R, Takemura N, et al: Development of pericardial mesothelioma in golden retrievers with a long-term history of idiopathic haemorrhagic pericardial e usion, *J Comp Pathol* 131(2-3): 166-175, 2004.

Macintire DK, Henderson RH, Banfi eld C, et al: Budd-Chiari syndrome in a kitten caused by membranous obstruction of the caudal vena cava, *J Am Anim Hosp Assoc* 31(6): 484-491, 1995.

Maher I, Tennant KV, Papasouliotis K: Efect of storage time on automated cell count and cytological interpretation of body cavity effusions, *Vet Rec* 167(14): 519-522, 2010.

Mandell DC, Drobatz K: Feline hemoperitoneum 16 cases (1986-1993), *J Vet Emerg Crit Care* 5(2): 93-97, 1995.

Mclane MJ, Buote NJ: Lung lobe torsion associated with chylothorax in a cat, *J Feline Med Surg* 13(2): 135-138, 2011.

McReynolds C, Macy D: Feline infectious peritonitis. Part I: etiology and diagnosis, *Compend Contin Educ Pract Vet* 19 (9): 1007-1016, 1997.

Meadows RL, MacWilliams PS: Chylous effusions revisited, *Vet Clin Pathol* 23: 54-62, 1994.

Meakin LB, Salonen LK, Baines SJ, et al: Prevalence, outcome and risk factors for postoperative pyothorax in 232 dogs undergoing thoracic surgery, *J Small Anim Pract* 54(6): 313-317, 2013.

Mellanby RJ, Villiers E, Herrtage ME: Canine pleural and mediastinal effusions: a retrospective study of 81 cases, *J Small Anim Pract* 43: 447-451, 2002.

Meyer DJ, Franks PT: Effusion: classification and cytologic examination, *Compend Contin Educ Pract Vet* 9: 123-129, 1987.

Miller BH, Roudebush P, Ward HG: Pleural effusion as a sequel to aelurostrongylosis in a cat, *J Am Vet Med Assoc* 185 (5): 556-557, 1984.

Mongil CM, Drobatz K, Dendricks JC: Traumatic hemoperitoneum in 28 cases: A retrospective review, *J Am Anim Hosp Assoc* 31(3): 217-222, 1995.

Morges MA, Zaks K: Malignant melanoma in pleural effusion in a 14-year-old cat, *J Feline Med Surg* 13(7): 532-535, 2011.

Morini M, Bettini G, Morandi F, et al: Deciduoid peritoneal mesothelioma in a dog, *Vet Pathol* 43(2): 198-201, 2006.

Neath PJ, Brockman DJ, King LG: Lung lobe torsion in dogs: 22 cases (1981-1999), *J Am Vet Med Assoc* 217(7): 1041-1044, 2000.

Nelson KL: Chyloabdomen in a mature cat, *Can Vet J* 42 (5): 381-383, 2001.

O'Brien PJ, Lumsden JH: e cytologic examination of body cavity uids, *Semin Vet Med Surg (Small Anim)* 3(2): 140-156, 1988.

Norris JM, Bosward KL, White JD, et al: Clinicopathological findings associated with feline infectious peritonitis in Sydney, Australia: 42 cases(1990-2002), *Aust Vet J* 83(11): 668-673, 2005.

Owens SD, Gossett R, McElhaney MR, et al: Tree cases of canine bile peritonitis with mucinous material in abdominal fluid as the prominent cytologic finding, *Vet Clin Pathol* 32: 114-120, 2003.

Paltrinieri S, Parodi MC, Cammarata G: In vivo diagnosis of feline infectious peritonitis by comparison of protein content, cytology, and direct immunofluorescence test on peritoneal and pleural effusions, *J Vet Diagn Invest* 11(4): 358-361, 1999.

Papasouliotis K, Murphy K, Dodkin S, et al: Use of the Vettest 8008 and refractometry for determination of total protein, albumin, and globulin concentrations in feline effusions, *Vet Clin Pathol* 31: 162-166, 2002.

Parodi MC, Cammarata G, Paltrinieri S, et al: Using direct immunofluorescence to detect coronaviruses in peritoneal and pleural effusions, *J Small Anim Pract* 34(12): 609-613, 1993.

Parra MD, Papasouliotis K, Ceron JJ: Concentrations of C-reactive protein in effusions in dogs, *Vet Rec* 158: 753-757, 2006.

Patten PK, Rich LJ, Zaks K, et al: Cestode infection in 2 dogs: cytologic findings in liver and mesenteric lymph node, *Vet Clin Pathol* 42(1): 103-105, 2013.

Peaston AE, Griffey SM: Visceral mast cell tumour with eosinophilia and eosinophilic peritoneal and pleural effusions in a cat, *Aust Vet J* 71(7): 215-217, 1994.

Peterson PB, Miller MW, Hansen EK, et al: Septic pericarditis, aortic endarteritis, and osteomyelitis in a dog, *J Am Anim Hosp Assoc* 39(6): 528-532, 2003.

Petrus DJ, Henik RA: Pericardial effusion and cardiac tamponade secondary to brodifacoum toxicosis in a dog, *J Am Vet Med Assoc* 215: 647-648, 1999.

Pinta da Cunha N, Giordano A, Caniatti M, et al: Analytical validation of the Sysmex XT-2000iV for cell counts in canine and feline effusions and concordance with cytologic diagnosis, *Vet Clin Pathol* 38(2): 230-241, 2009.

Pintar J, Breitschwerdt EB, Hardie EM, et al: Acute nontraumatic hemoabdomen in the dog: a retrospective analysis of 39cases(1987-2001), *J Am Anim Hosp Assoc* 39(6): 518-522, 2003.

Ridge L, Swinney G: Angiotrophic intravascular lymphosarcoma presenting as bi-cavity effusion in a dog, *Aust Vet J* 82(10): 616-618, 2004.

Riegel CM, Stockham SL, Patton KM, et al: What is your diagnosis? Muculent pleural effusion from a dog, *Vet Clin Pathol* 37(3): 353-356, 2008.

Rush JE, Keene BW, Fox PR: Pericardial disease in the cat: a retrospective evaluation of 66 cases, *J Am Anim Hosp Assoc* 26(1): 39-46, 1990.

Sasanelli M, Paradies P, Otranto D, et al: Haemothorax associated with Angiostrongylus vasorum infection in a dog, *J Small Anim Pract* 49(8): 417-420, 2008.

Savary KCM, Sellon RK, Law JH: Chylous abdominal effusion in a cat with feline infectious peritonitis, *J Am Anim Hosp Assoc* 37(1): 35-40, 2001.

Schmiedt C, Tobias KM, Otto CM: Evaluation of abdominal fluid: peripheral blood creatinine and potassium ratios for diagnosis of uroperitoneum in dogs, *J Vet Emerg Crit Care* 11(4): 275-280, 2001.

Schuller S, Garreres AL, Remy I, et al: Idiopathic chylothorax and lymphedema in 2 whippet littermates, *Can Vet J* 52(11): 1243-1245, 2011.

Shaw SP, Rozanski EA, Rush JE: Cardiac troponins I and T in dogs with pericardial effusion, *J Vet Intern Med* 18(3): 322-324, 2004.

Shaw SP, Rush JE: Canine pericardial effusion: diagnosis, treatment, and prognosis, *Compend Contin Educ Pract Vet* 29(7): 405-411, 2007.

Shelly SM, Scarlett-Kranz J, Blue JT: Protein electrophoresis on effusions from cats as a diagnostic test for feline infectious peritonitis, *J Am Anim Hosp Assoc* 24: 495-500, 1988.

Shubitz LF, Matz ME, Noon TH, et al: Constrictive pericarditis secondary to *Coccidioides immitis* infection in a dog, *J Am Vet Med Assoc* 218(4): 537-540, 2001.

Sierra E, Rodríguez F, Herráez P, et al: Post-traumatic fat embolism causing haemothorax in a cat, *Vet Rec* 161(5): 170-172, 2007.

Singh A, Brisson BA: Chylothorax associated with thrombosis of the cranial vena cava, *Can Vet J* 51(8): 847-852, 2010.

Sisson D, omas WP, Ruehl WW, et al: Diagnostic value of pericardial fluid analysis in the dog, *J Am Vet Med Assoc* 184: 51-55, 1984.

Slensky KA, Volk SW, Schwarz T, et al: Acute severe hemorrhage secondary to arterial invasion in a dog with thyroid carcinoma, *J Am Vet Med Assoc* 223(5): 649-653, 2003.

Small MT, Atkins CE, Gordon SG, et al: Use of a nitinol gooseneck snare catheter for removal of adult Diro laria immitis in two cats, *J Am Vet Med Assoc* 233(9): 1441-1445, 2008.

Sommerey CC1, Borgeat KA, Hetzel U, et al: Intrathoracic myxosarcoma in a dog, *J Comp Pathol* 147(2-3): 199-203, 2012.

Songer JG, Post KW: *Veterinary microbiology: bacterial and fungal agents of animal disease*, St. Louis, 2005, Saunders, pp. 10-12, 55-59, 83-86.

Spangler EA, Rogers KS, Thomas JS, et al: Telomerase enzyme activity as a diagnostic tool to distinguish effusions of malignant and benign origin, *J Vet Intern Med* 14(2): 146-150, 2000.

Sparkes AH, Gru ydd-Jones TJ, Harbour DA: An appraisal of the value of laboratory tests in the diagnosis of feline infectious peritonitis, *J Am Anim Hosp Assoc* 30(4): 345-350, 1994.

Spector D, Legendre AM, Wheat J, et al: Antigen and antibody testing for the diagnosis of blastomycosis in dogs, *J Vet Intern Med* 22(4): 839-843, 2008.

Stern A, Walder EJ, Zontine WJ, et al: Canine *Mesocestoides* infections, *Compend Contin Educ Pract Vet* 9: 223-231, 1987.

Stewart RH: Editorial: the case for measuring plasma colloid osmotic pressure, *J Vet Intern Med* 14(5): 473-474, 2000.

Stickle JE, Hribernik TN: Clinicopathologic observations

in disseminated histoplasmosis in dogs, *J Am Anim Hosp Assoc* 14(1):105-110,1978.

Stoica G, Cohen N, Mendes O, et al: Use of immunohistochemical marker calretinin in the diagnosis of a diffuse malignant metastatic mesotheliomain an equine, *J Vet Diagn Invest* 16(3):240-243,2004.

Strk CK, Hamaide AJ, Schwedes C, et al: Hemiurothorax following diaphragmatic hernia and kidney prolapse in a cat, *J Feline Med Surg* 5(2):91-96,2003.

Swann HM, Brown DC: Hepatic lobe torsion in 3 dogs and a cat, *Vet Surg* 30(5):482-486,2001.

Sykes JE: Actinomycosis and nocardiosis. In Greene CE (ed), *Infectious diseases of the dog and cat*, ed 4, St. Louis, 2012, Elsevier Saunders, pp. 484-520.

Tomiyasu H, Fujino Y, Ugai J, et al: Eosinophilia and eosinophilic in ltrafition into splenic B-cell high-grade lymphoma in a dog, *J Vet Med Sci* 72(10):1367-1370,2010.

Toomey JM, Carlisle-Nowak MM, Barr SC, et al: Concurrent toxoplasmosisand feline infectious peritonitis in a cat, *J Am Anim Hosp Assoc* 31:425-428,1995.

Toplu N, Yildiz K, Tunay R: Massive cystic tetrathyridiosis in a dog, *J Small Anim Pract* 45(8):410-412,2004.

Tseng LW, Waddell LS: Approach to the patient in respiratory distress, *Clin Tech Small Anim Pract* 15 (2): 53-62,2000.

VanSteenhouse JL, DeNovo RC: Atypical Histoplasma capsulatum infection in a dog, *J Am Vet Med Assoc* 188(5): 527-528,1986.

Venco L, Kramer L, Pagliaro L, et al: Ultrasonographic features of peritoneal cestodiasis caused by Mesocestoides sp. in a dog and in a cat, *Vet Radiol Ultrasound* 46(5): 417-422,2005.

Waddle JR, Giger U: Lipoprotein electrophoresis differentiation of chylous and nonchylous pleural effusions in dogs and cats and its correlation with pleural e usion triglyceride concentration, *Vet Clin Pathol* 19:80-85,1990.

Walters JM: Abdominal paracentesis and diagnostic peritoneal lavage, *Clin Tech Small Anim Pract* 18 (1): 32-38,2003.

Wheat LJ: Current diagnosis of histoplasmosis, *Trends Microbiol* 11(10):488-494,2003.

Wirtherle N, Wiemann A, Ottenjann M, et al: First case of canine peritoneal larval cestodosis caused by *Mesocestoides lineatus* in Germany, *Parasitol International* 56:317-320,2007.

Wright KN, Gompf RE, DeNovo RC Jr: Peritoneal effusion in cats: 65 cases(1981-1997), *J Am Vet Med Assoc* 214 (3):375-381,1999.

Zoia A, Slater LA, Heller J, et al: A new approach to pleural e usion in cats: markers for distinguishing from exudates, *J Feline Med Surg* 11(10):847-855,2009.

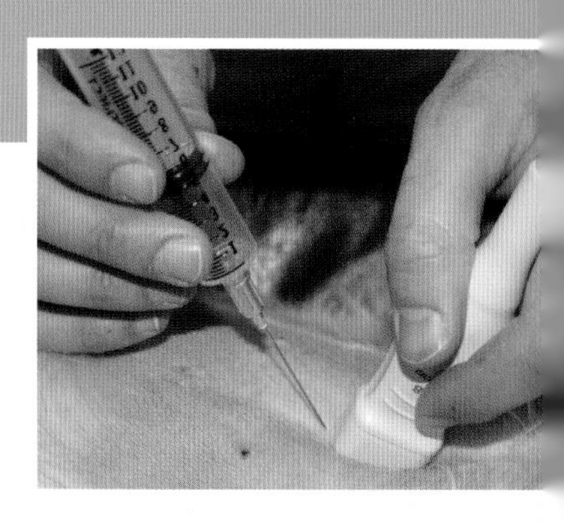

# 第7章

# 口腔、胃肠道及相关结构

*Albert E. Jergens, Shannon Jones Hostetter, Claire B. Andreasen*

内窥镜为胃肠道黏膜表面的检查提供更大的便利，并且增强了细胞学检查对其评估的应用。当结合组织的组织学检查对胃肠道的完整评估时，细胞学检查是一个特别有用的辅助手段。当出现下面的情况时，细胞学和组织学的结果是完全不同的：(1)样品来自不同的位置时，(2)病变深入到黏膜固有层或者黏膜下层，排除表面黏膜脱落，(3)在组织学样品的制备过程中，表面相关的样品丢失，(4)在细胞学和组织学样品中，都会出现细胞或者组织变形(人工制备)。

在我们的经验中，当和组织学样本同时检查时，触抹印记和细胞学拭子都能提供有用的信息(Jergens et al.,1998)。但是细胞学拭子更倾向于表皮角质化更多的上皮细胞，有可能引起出血和发现大量白细胞，这可能会被误认为是炎症。和表面黏膜反应的触抹印记对比，细胞学拭子常用来代表更深层次的黏膜固有层的病理学。当检查食管和胃肠道的细胞学样本时，区分良性和恶性肿瘤的标准必须仔细评估，这是因为与上皮细胞增生和炎症引起的再生的非典型细胞可能会被认为是上皮瘤样病变。

## 口腔

口腔细胞学检查最常见的原因是评估肿物或者溃疡性病变。影像学能表现出是否发生骨侵袭。

### 正常细胞学检查

包括黏膜的浅表和中间的鳞状上皮细胞是口腔、舌表面、扁桃体和牙龈表面常见的脱落细胞类型(图7-1A)。这些可能在硬腭、舌头和牙龈中是正常角质化细胞。在口腔样品中可见各种各样的口咽部细菌。值得注意的是西蒙斯菌属(图7-1B&C)。通过黏膜进入口腔的嗜中性粒细胞通常会被分解，因此只能看到少数中性粒细胞。

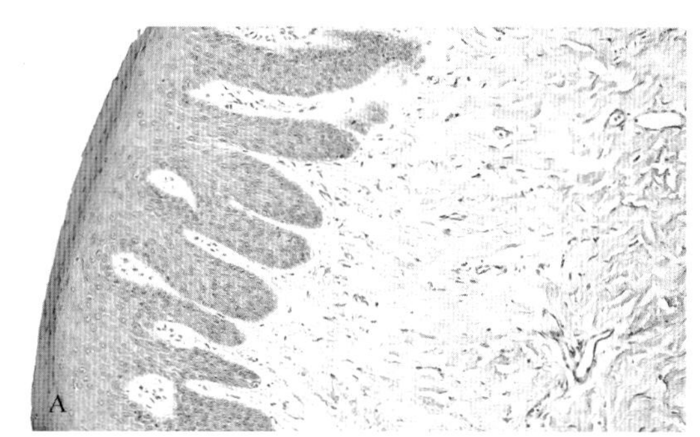

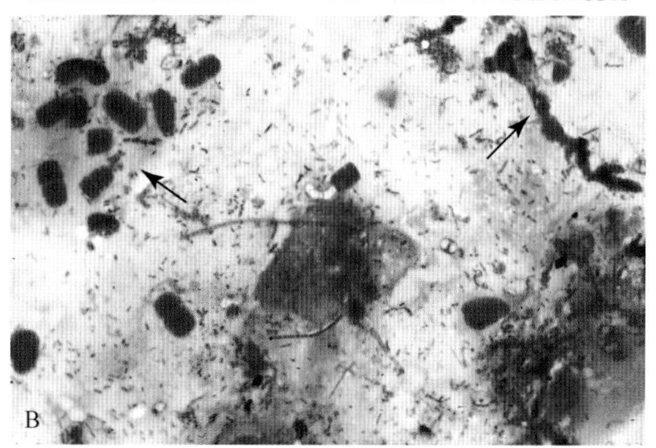

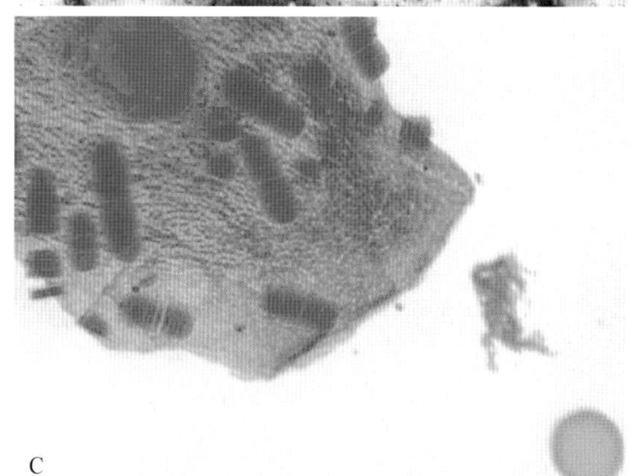

■ 图7-1 **A. 口腔。正常的牙龈上皮。犬。**角化的复层扁平上皮在黏膜固有层(结缔组织)形成乳头状突起(H&E染色；低倍镜)**B. 口腔。正常的细胞学征象。**一个角化的鳞状上皮细胞被西蒙斯菌(长箭头)覆盖；一个有棱角的不完全角化的鳞状上皮细胞位于中心，背景是由无数大小和形状都不一的细菌以及轻度嗜碱性的蛋白质背景组成。核蛋白从一个破碎的细胞中流出(短箭头)。(瑞氏染色；高倍油镜)**C. 口腔。正常的上皮与植物群。犬。**一个中级的鳞状上皮细胞被西蒙斯菌(含有横纹的圆角矩形结构)覆盖着，右下角出现的单一的红细胞可以用来作为大小对比。(瑞氏染色；高倍油镜)(A and C, Courtesy of Rose Raskin, Purdue University.)

从深层组织获得的其他细胞类型包括来自扁桃体的淋巴细胞，来自舌头的骨骼肌细胞和黏膜下层的间质组织细胞。扁桃体在口咽尾部背外侧的隐窝或凹槽中能发现，是黏膜相关的淋巴样组织的一部分，这些组织包括鼻、支气管和胃肠道位置，如派尔集合淋巴结。淋巴细胞的数量类似于其他淋巴器官，如淋巴结，但被复层鳞状上皮所覆盖。

## 炎症

能影响口腔的炎性疾病（口腔炎）包括免疫介导的疾病，如寻常性天疱疮和大疱性类天疱疮，异物，牙齿疾病，尿毒症的全身表现以及细菌、病毒和真菌感染（Guilford，1996a）。炎性渗出液可能是由白细胞、坏死的碎片和菌群组成。具体的局部炎症应称为舌炎、牙龈炎或扁桃体炎。

有人提出表面溃疡的斑状口腔病变含有纯粹的嗜酸性粒细胞或者嗜酸性粒细胞和嗜中性粒细胞混合物。在一个有关骑士国王查尔斯猎犬（图 7-2A&B）的溃疡性嗜酸性口炎的报告指出，这种口炎的发生可能与其他受影响的系统有关，并代表了此犬种的一种超敏反应（German et al.，2001；Joffe and Allen，1995）。当扁桃体的淋巴细胞发生反应时，扁桃体的鳞状上皮会受到嗜中性粒细胞的浸润（图 7-2C）。

在另一种情况下，舌的局限性钙质沉着，在舌头的底部可能偶尔会表现为一个突起的白色小肿物，这个肿物里包含不同数量、粗细不一的晶体物质和一些正常的上皮。一般情况下，这些物质经常是在细胞外的，但在巨噬细胞或巨细胞（肉芽肿性炎症）内也能看到许多晶体，这是典型的舌钙质沉着（图 7-3A&B）。虽然有可能被认为是尿酸盐，但钙是典型的，并且可以通过冯克萨染色（图 7-3C）或茜素红 S（Marcos et al.，2006）得到证实。

## 肿瘤

上皮细胞、间质细胞和圆形（离散）细胞瘤样病变都可能涉及口腔。和其他器官一样，细胞学的诊断对圆形细胞瘤最敏感，对间质细胞瘤最不敏感。这是因为脱落较少，以及很难鉴别诊断肿瘤间质细胞与炎症/病变修复的纤维细胞/成纤维细胞之间的变化。

圆形细胞瘤可以发生在口腔内，包括扁桃体或皮肤黏膜交界处。这种肿瘤包括淋巴瘤（Ponce et al.，2010）、肥大细胞瘤、浆细胞瘤、转移性性病肿瘤和组织细胞瘤（图 7-4A&B）。髓外浆细胞瘤（EMP）可能涉及口腔黏膜、舌头或消化道黏膜（Rakich et al.，1989）。在最近有关犬的研究中，EMP 占口腔肿瘤5.2%（Wright et al.，2008）。

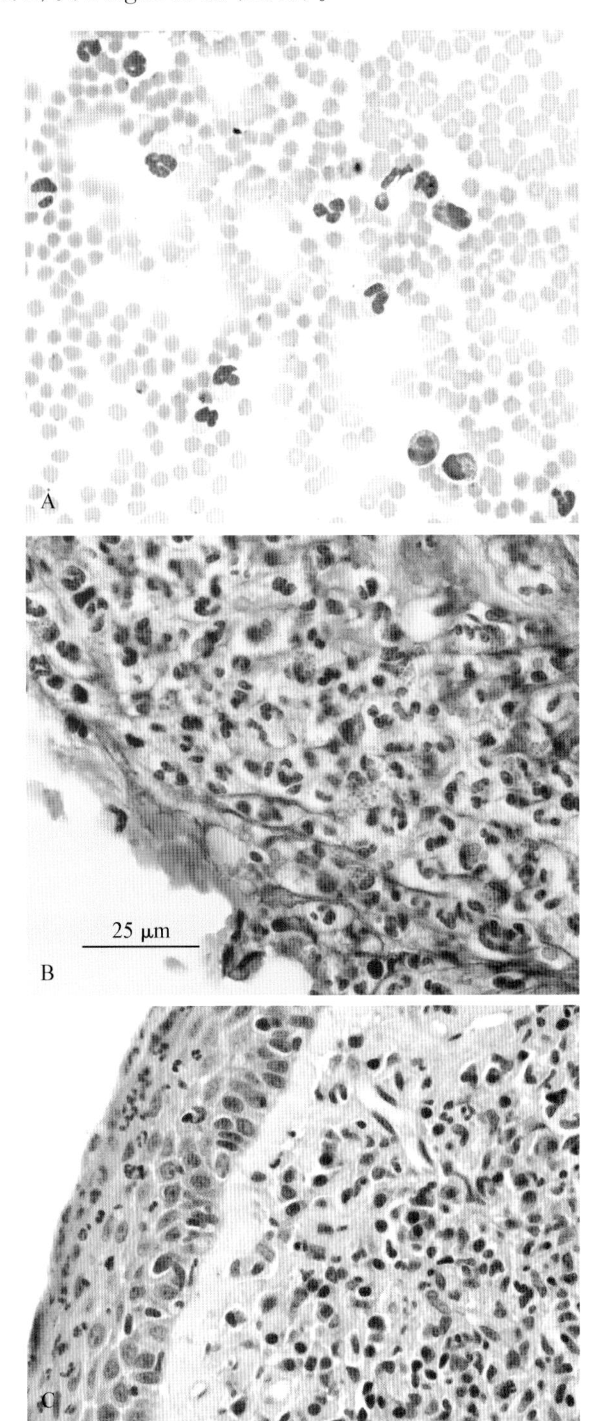


■ 图 7-2 口腔 **A-B 是同一个病例。软腭。犬。A. 嗜酸性粒细胞和嗜中性粒细胞口炎。触抹涂片。**这个抹片是来自一只查尔斯犬的表面破溃的斑块样病变软腭肿物，这个肿物 2 cm×2 cm。主要表现为大量嗜中性粒细胞和嗜酸性粒细胞的混合。在血液循环中这两种细胞均在参考值范围内。（瑞氏染色；高倍油镜）**B. 溃疡性嗜酸性口炎。组织学。**溃疡的表面完全被嗜中性粒细胞和嗜酸性粒细胞所浸润。相邻的区域（未显示）是肉芽组织。但是没有观察到肉芽肿的形成。（H&E 染色；中倍镜）**C. 引起淋巴反应的中性粒细胞扁桃体炎。组织学。犬。**对局部坏死做出回应，嗜中性粒细胞浸润表面黏膜层。淋巴细胞体积很小，并且有很多浆细胞透过固有层。（H&E 染色；中倍镜）（A-C，Courtesy of Rose Raskin，Purdue University.）

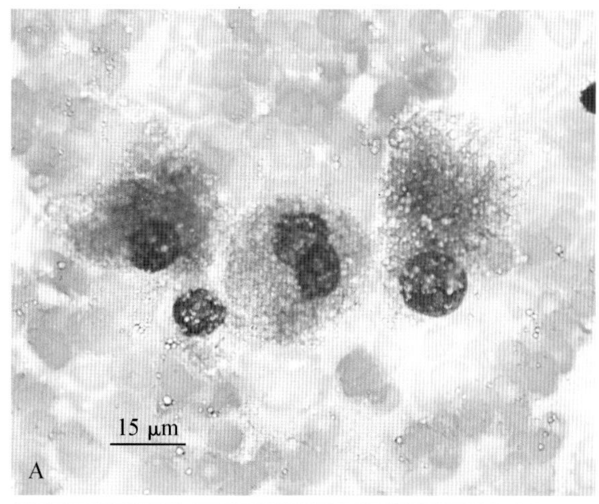


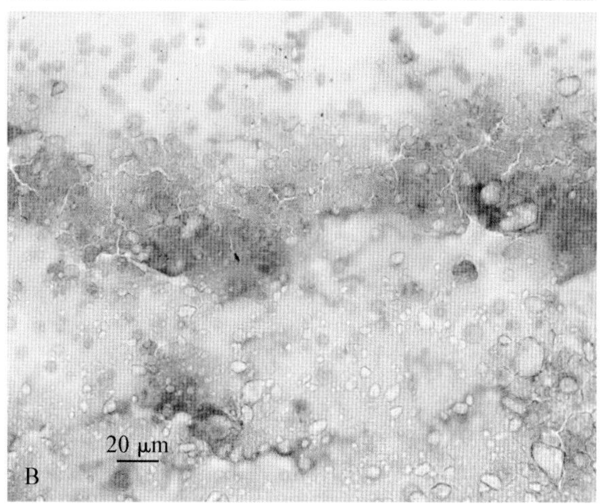


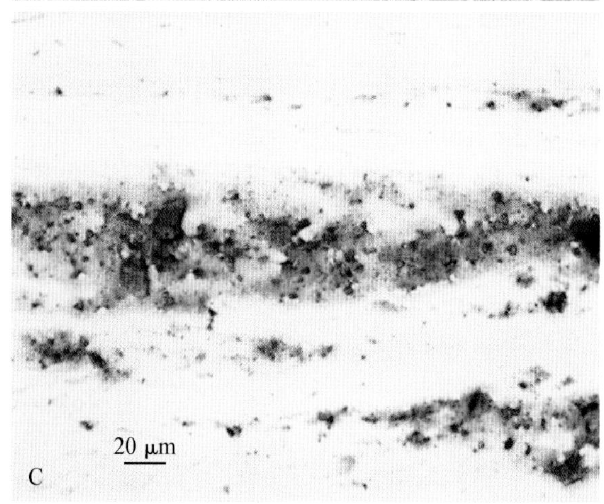


■ **图 7-3　舌头。局限性钙质沉着。触抹涂片。犬。A-C 是同一个病例。A.** 在犬的舌头中间出现的凹凸不平的白色肿物已经有 6 个月了。在有折射性和颗粒状的背景中出现 4 个高度液泡化和泡沫化的巨噬细胞和红细胞，从而引起肉芽肿性炎症。(瑞氏染色；高倍油镜)**B.** 背景中出现又大又粗，而且很明显的折光性颗粒。(瑞氏染色；中倍镜)　**C.** 在 B 的同一个放大视野里，用布朗染色确认哪些颗粒是钙矿化(冯克萨染色；中倍镜)(A-C，由罗塞拉金斯提供，普渡大学)

最常见的上皮性肿瘤是鳞状上皮细胞癌(图 7-4C-F)。少见的是牙源性上皮瘤(Poulet et al.，1992)(图 7-5A-C)。鳞状上皮细胞癌可以发生在口腔内任何位置，但是在猫中，常发生于舌，并且容易转移到附近的淋巴结。

牙龈瘤是指在犬、猫牙龈上生长的坚实、单生的肿物，这个肿物可能是生长、增生、炎症反应(图 7-6A&B)或者肿瘤。一项有关猫牙龈瘤的研究(de Bruijn et al.，2007)表明，多核巨细胞更有可能是由单核巨细胞通过破骨细胞引起的炎症反应而形成。这些病变的细胞学评估可能让人困惑，因为这些细胞可能是由口腔上皮巢嵌入到基质纤维组织中。当细胞学诊断存在疑惑时，谨慎的做法是做一个切除活检。

口腔黑色素瘤通常是恶性并有侵袭性的，可能包含丰富或只有很少的颗粒(无黑色素瘤)，并迅速转移到附近淋巴结(Head et al.，2002)(图 7-7A-C)。纤维肉瘤、软骨肉瘤和骨肉瘤(图 7-8)是间质类肿瘤，这些肿瘤更常见于口腔。纤维瘤、血管肉瘤、横纹肌肉瘤和脂肪肉瘤在口腔没那么常见(Bernreuter，2008；Piseddu et al.，2011)。上、下颌骨的纤维肉瘤在细胞学和组织学上偶尔会有一些良性的形态学特征，但它们确实有恶性的生物学行为(Ciekot et al.，1994)。软腭或者硬腭的瘤样病变可能是从鼻腔扩散过来的。

在一项有关犬舌头病变的研究中(Dennis et al.，2006)，约 4%的病例都会涉及颗粒细胞瘤——一种在不同组织都会发生的肿瘤(Head et al.，2002)。颗粒细胞瘤(图 7-9A-D)最常见于老年犬的舌头，也有可能发生于猫。一般认为颗粒细胞瘤是由神经外胚层产生的。这种肿瘤通常是无根蒂、凸起、坚实、白色的，并且通常是良性的。正常情况下，细胞的特点是有一个偏心的细胞核和丰富的嗜酸性颗粒或者是强烈的过碘酸希夫阳性细胞质颗粒。

## 唾液腺

### 正常细胞学检查

唾液腺疾病的细胞学诊断是有用的。当试图吸取下颌淋巴结时，唾液腺也有可能不小心被抽吸到。细胞学上，唾液腺包含一些比较均匀的成堆的分泌上皮细胞和(或)个别偏心，细胞核深度嗜碱性，胞浆清楚，空泡化或泡沫化(图 7-10A&B)。浆液性细胞(可区别)和黏液性细胞(可能表现清晰)之间的细胞质染色是不一样的。个别的上皮细胞可能和巨噬细胞难以区分；但是，它们有均匀清晰可见的细空泡化细胞质，并且不含吞噬物质。嗜酸性染色的黏液通常都能观察到，当出现时可能会引起红细胞的"流动"或一行一行的排列(图 7-11)。

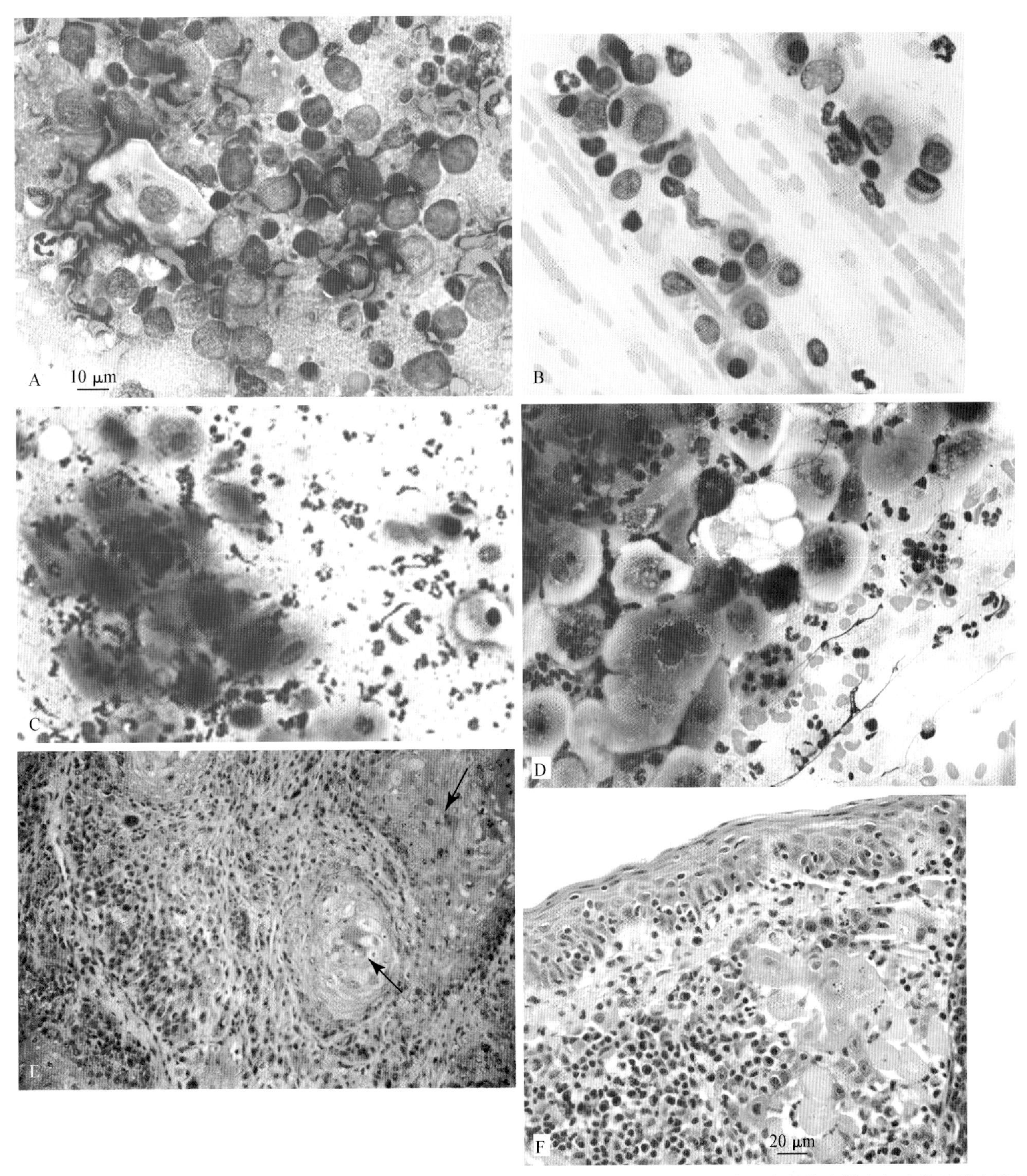


■ 图 7-4　**口腔肿瘤。A. 扁桃体淋巴瘤。组织抹片。**犬临床症状包括咳嗽、喘和嗜睡。肿大的扁桃体取样和细胞学显示大量的淋巴细胞，然而，大淋巴细胞占多数。相关的组织学确诊为淋巴瘤。注意那些大的鳞状上皮细胞，很有可能是由于覆盖在淋巴组织上的黏膜上皮。(改良瑞氏染色；高倍油镜)**B. 口腔浆细胞瘤。颊黏膜抽吸。猫。**下颌臼齿处大面积的溃疡面显示大量的浆细胞。注意中等的核不均以及偶见双核现象。白细胞和红细胞出现在相关的唾液样本中。(改良瑞氏染色；高倍油镜)**C. 口腔鳞状上皮细胞癌。组织抹片。猫。**这个样本是从一个由舌系韧带延伸到下颌骨的肿物中取得的。有许多不成熟和不同形态的鳞状上皮细胞，由椭圆形到角化的。有的细胞角化过程显示透明的细胞质和不成熟细胞核。大量嗜中性粒细胞分散在肿瘤细胞之间。很多都已经核变性或者破裂，从而产生游离的核蛋白条纹。角质化的鳞状上皮细胞通常都包含着炎性反应的嗜中性粒细胞。(改良瑞氏染色；高倍油镜)**D. 鳞状上皮细胞癌伴有炎症反应。口腔肿物抽吸。犬。**这个来自一只老年金毛的肿物表现出异常的形态学特征，包括多变的核质比，多核化和异染性。很多细胞表现为细胞质内核周围空泡化。(改良瑞氏染色；高倍油镜)**E. 口腔鳞状上皮细胞癌。组织学。**多形性的鳞状上皮被细的纤维间质分隔开。中间的角质化核心证明角质化不良(没有到达表面的过早或者角质化异常的上皮细胞)，并且染色有密集的嗜酸性粒细胞。(H&E 染色；中倍镜)**F. 扁桃体鳞状上皮细胞癌。组织学。犬。**分化不良和未分化的鳞状上皮细胞浸润到淋巴结并聚集在黏膜固有层内。(H&E 染色；中倍镜)(A，B，F，Courtesy of Rose Raskin，Purdue University)

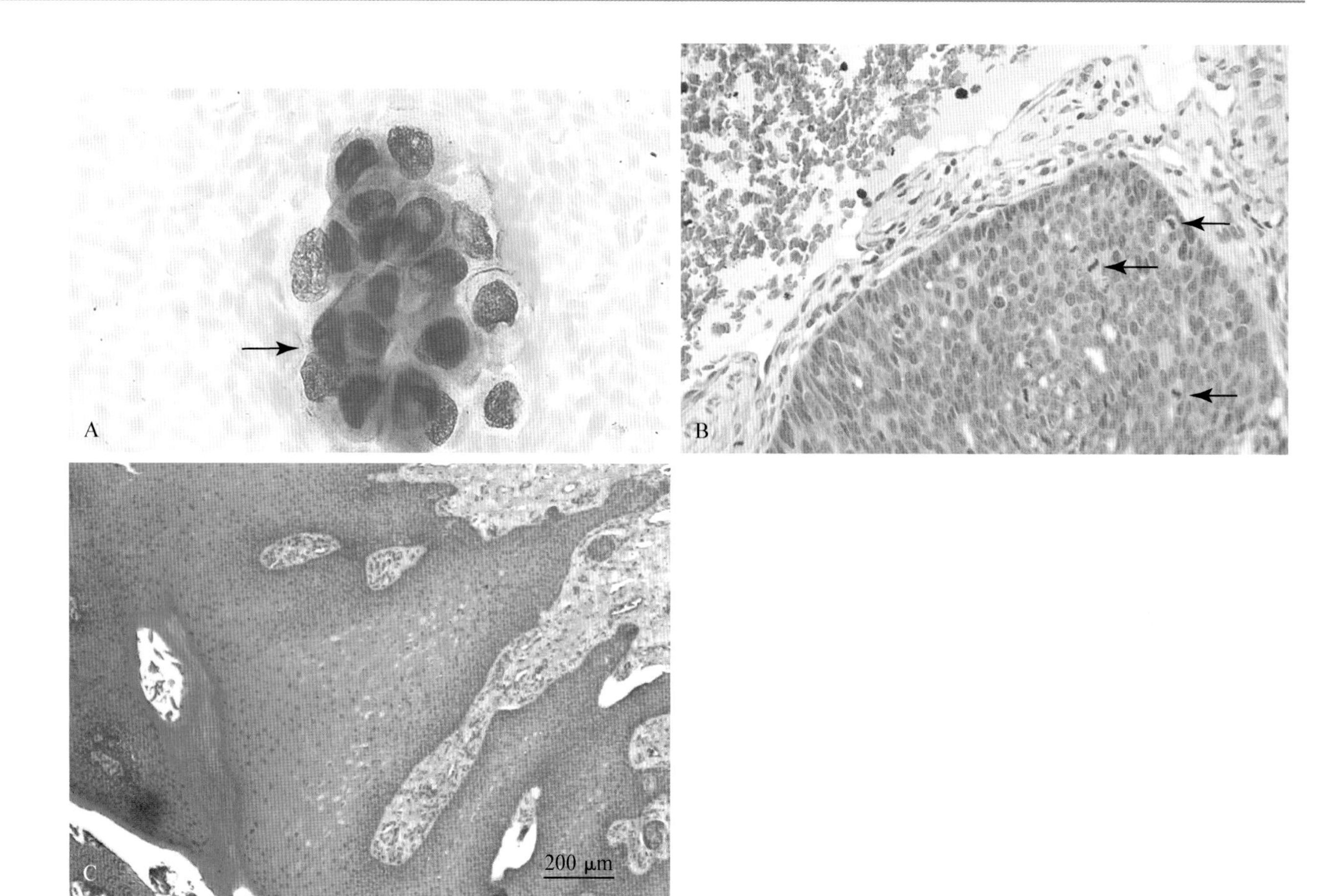


■ 图 7-5 **口腔上皮源性肿瘤。组织抹片。**成簇的上皮样细胞抹片可以根据上皮细胞肿瘤形态进行鉴别。它们显示轻度到中度的细胞大小不均和核不均,并且细胞核显示轻度到中度形态变化。图下方的细胞似乎形成杂乱无章的中央空泡化的腺泡结构(箭头)。形态学特征暗示恶性的上皮细胞类肿瘤。细胞质内包含有许多嗜酸性颗粒。很多红细胞环绕在肿瘤细胞周围。(瑞氏染色;高倍油镜)**B. 口腔上皮源性恶性肿瘤。组织学。**密集的肿瘤上皮细胞轻度往中央旋转,边缘是一些柱状上皮细胞呈栅栏状。可见有丝分裂相(箭头)。肿瘤细胞周围被低密度的血痂(粉红色)包围(H&E 染色;中倍镜)**C. 牙龈。成釉细胞瘤。组织学。犬。**一层角质化上皮细胞(边缘靠标记附近的粉红色)覆盖着厚的棘皮瘤上皮,这是这个肿瘤的恶性标志。这是一种从上皮向黏膜下层浸润的肿瘤。(H&E;低倍镜)(C,Courtesy of Rose Raskin,Purdue University)

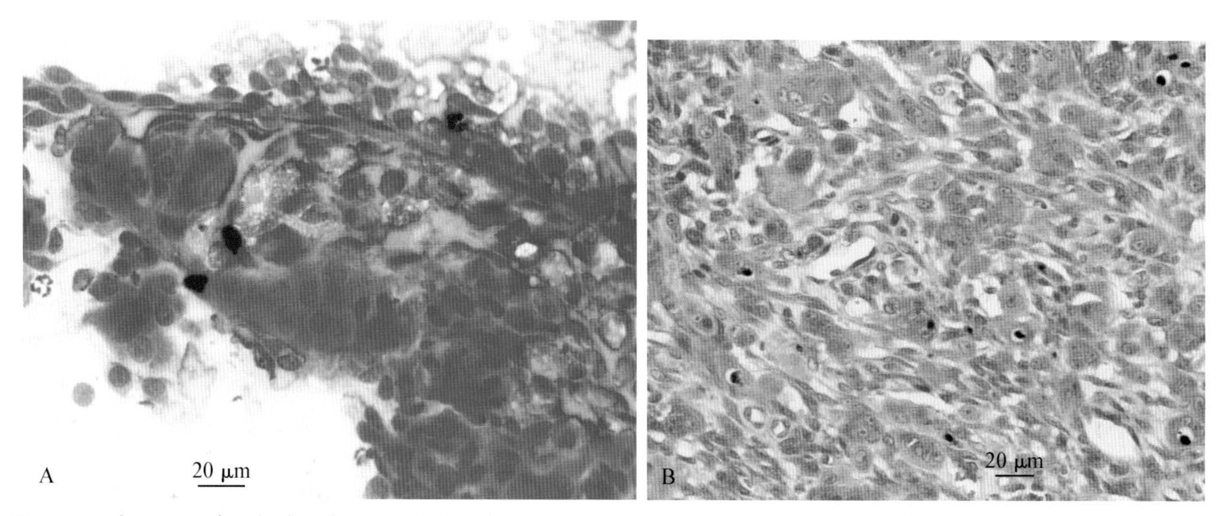


■ 图 7-6 **牙龈。巨细胞牙龈瘤。犬。A-B 是同一个病例。A. 抽吸。**多核炎性细胞聚集,可见特别的巨噬细胞。血痂形成一个线性区域(上半部分)。(瑞-吉氏染色;中倍镜)**B. 组织学。**在这个含有少量细胞质的多核细胞内可见较多的退行性细胞核形态。(H&E 染色;低倍镜)(A and B,Courtesy of Rose Raskin,Purdue University)

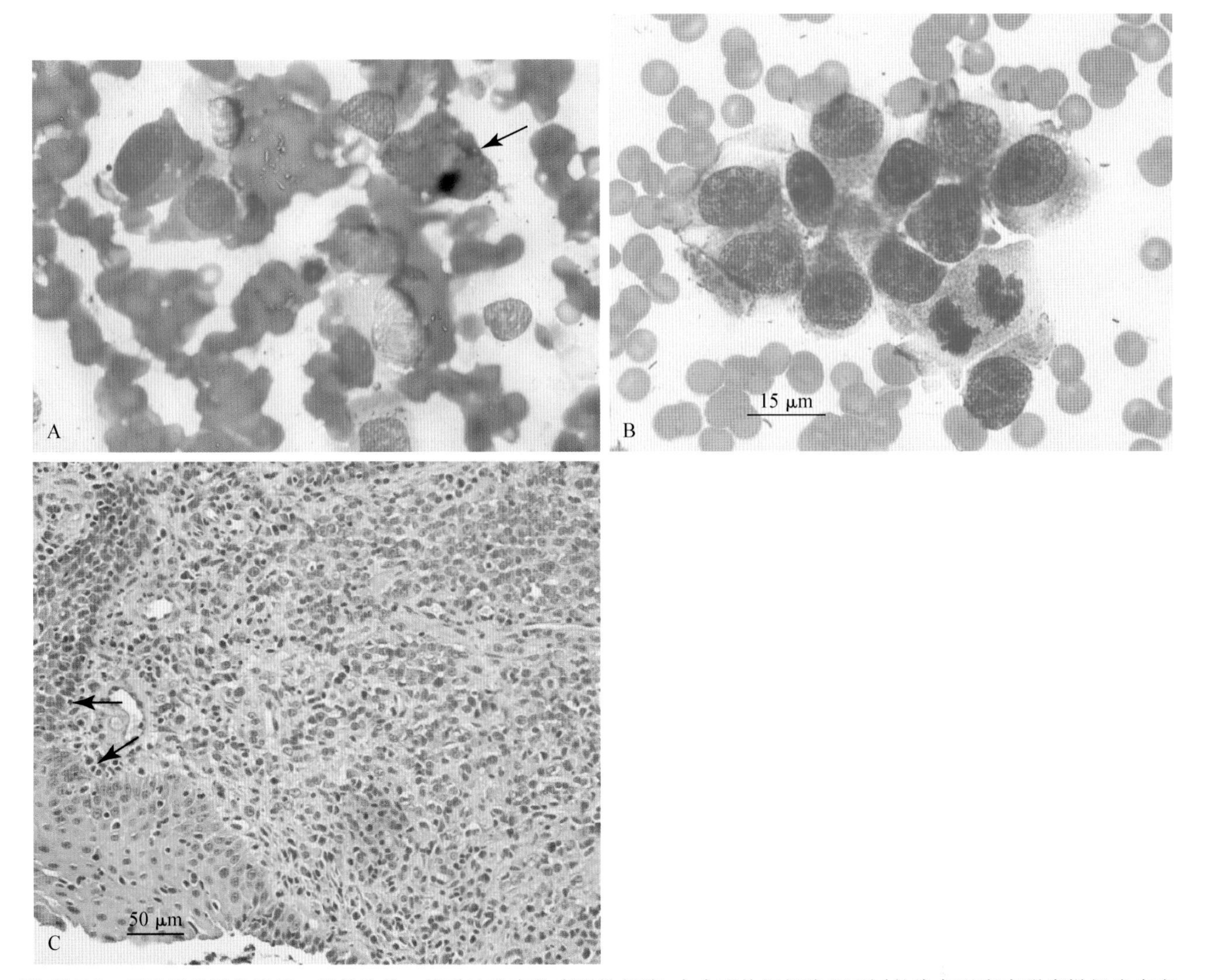


■ 图 7-7　**口腔恶性黑色素瘤。触抹涂片。**核质比改变的多形性细胞、大小不均红细胞和不同的染色强度表明瘤样细胞病变。能注意到在一个细胞(箭头)的胞浆里有着丰富的黑暗色素(黑色素)。其他大多数细胞都不包含明显色素(无色素),很容易与肿瘤上皮细胞或者未分化的间质细胞混淆。(瑞氏染色;高倍油镜)**B. 颊侧。无色素性黑色素瘤。抹片。犬。**在红细胞和细菌的背景中是一簇未分化的上皮细胞,这些细胞有高核质比、核质比不均、染色质粗糙、多核仁、核大小不均和有丝分裂相(右下角的中间)。细胞质中罕见细小颗粒,但是颗粒并不重要。(瑞氏染色;高倍油镜)**C. 颊侧。无色素性黑色素瘤。组织学。犬。与B是同一个病例。**拥有细胞质少量颗粒和比较淡染细胞核的细胞浸润黏膜下层,并且显示它们在连接上皮的基底层内的活动(箭头),这些都支持黑色素瘤的诊断。深染的细胞是中性粒细胞。(H&E染色;中倍镜)(B and C, Courtesy of Rose Raskin, Purdue University.)

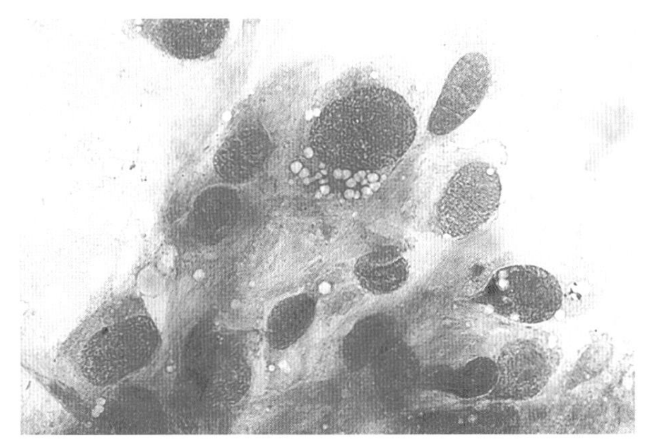

■ 图 7-8　**口腔骨肉瘤。触抹涂片。**多形性间质细胞显示细胞大小不均和核大小不均。细胞核有斑点状核染色质,其中包含多个隐约可见大小不一的核仁,细胞核被适量丰富的嗜碱性细胞质包围,细胞轮廓隐约可见。细胞间的嗜酸性基质是由肿瘤细胞产生的,这个支持了恶性骨肿瘤的细胞学诊断。(瑞氏染色;高倍油镜)

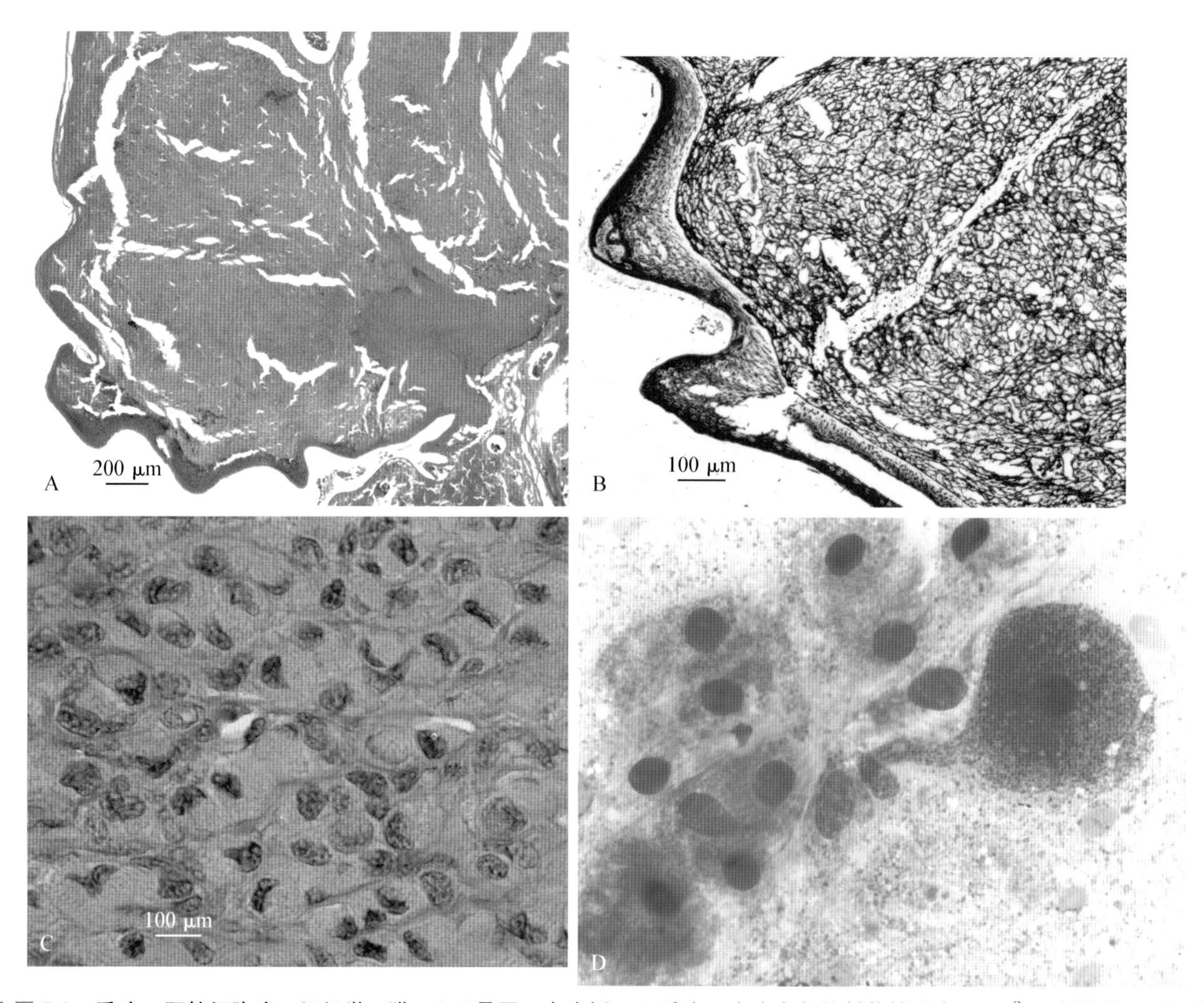


■ 图 7-9 **舌头 颗粒细胞瘤。组织学。猫。A-C 是同一个病例。A.** 舌头一个小突起的低倍镜观察。(H&E;低倍镜)**B.** 间质纤维细胞的密集网状把细胞分成小的聚合物。(网状蛋白;低倍镜)**C.** 间质纤维把一些具有丰富嗜酸性胞浆和深染偏心核的细胞分隔成条索状。(H&E 染色;高倍油镜)**D. 舌头。颗粒细胞瘤。组织抽吸。犬。**颗粒细胞含有丰富的细胞质,细胞质内含有很多深染成紫色的颗粒。在背景中也出现大量颗粒。(改良瑞氏染色;高倍油镜)(A-C,Courtesy of Rose Raskin,Purdue University.)

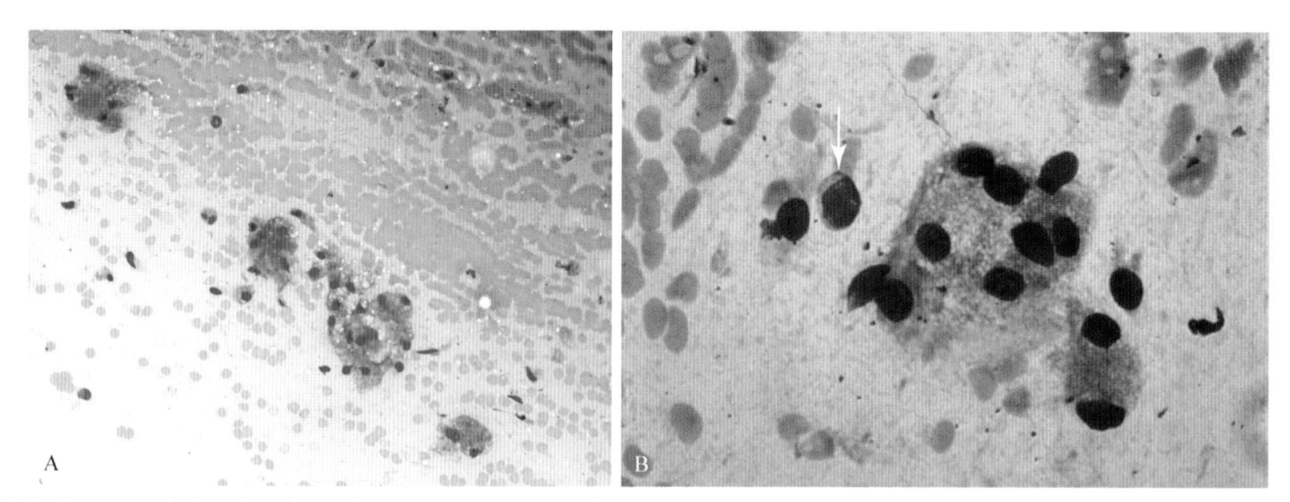


■ 图 7-10 **唾液腺上皮细胞。正常。A. 细针抽吸。**几个嗜碱性细胞聚集,红细胞成堆出现在嗜酸性到双嗜性的黏液背景中。(改良瑞氏染色;中倍镜)**B. 触抹涂片。**构成这个小团块的上皮细胞具有嗜碱性细胞质,周围出现密集的颗粒,通常核偏心。经常可见细胞质空泡化。形态学特征都符合正常分泌上皮细胞的特征,如唾液腺。一个边缘有少量轻度嗜碱性胞质的大淋巴细胞(箭头),一个圆形细胞核位于这个细胞的左侧。周围的红细胞可以用来判断细胞的大小。(改良瑞氏染色;高倍油镜)

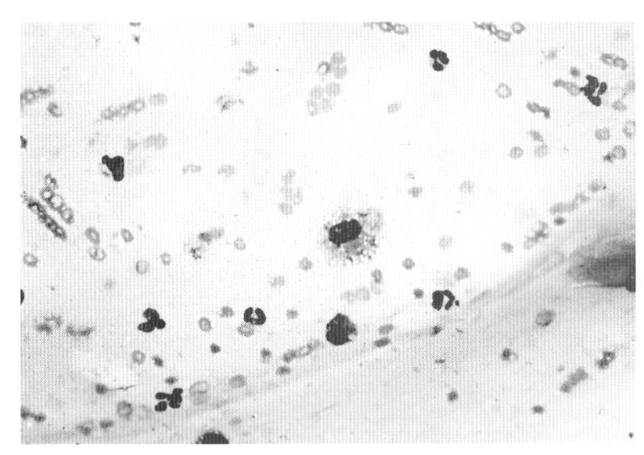

■ 图7-11 **唾液腺囊肿(唾液腺黏液囊肿)。抽吸。**这个样本是从有波动性的颌下腺肿胀中抽吸得到的，粉蓝色的黏液和偶尔出现的泡沫状的巨噬细胞，少量中性粒细胞和红细胞，这些都指示着唾液腺囊肿。成缕的红细胞(线性排列)指示黏液的存在。(瑞氏染色；高倍油镜)

### 增生

当腺体肿大，并且上皮细胞出现相对于正常值要多时怀疑是增生。细胞可能被丰富的黏液所包围。另一个不同的怀疑是唾液腺囊肿。

### 炎症

最常见的炎性病变是由于唾液黏液囊肿(唾液腺囊肿)或舌下腺囊肿引起的。舌下腺囊肿是口底部上皮内衬管的囊性扩张。唾液腺囊肿是唾液腺分泌物浸润积累在非上皮导管腔内。虽然不知道原因，但提出创伤和易感体质是有可能造成的。随着时间的推移，累积的唾液会刺激炎症反应。在嗜酸性至嗜碱性的黏液背景中，初始的炎症反应是分泌上皮细胞、中性粒细胞和巨噬细胞(可能与分泌细胞相似)的混合物(图7-11)。淋巴细胞代替中性粒细胞的话会成为一个显著的特点。

### 肿瘤

唾液腺肿瘤在小动物是比较少见的。主要发生在腮腺和下颌腺；腺癌是最常被诊断出的唾液腺肿瘤(Hammer et al.，2001；Spangler and Culbertson，1991)。唾液腺腺癌表现着一般上皮性恶性肿瘤的特征，这些特征的范围从较高分化到多形性(图7-12A&B)(Spangler and Culbertson，1991)。肿瘤上皮细胞可能形成腺泡结构，一些细胞可能含有丰富的细胞质，并取代细胞核周边，从而形成一个类似于环形的细胞(印戒细胞)。混合唾液腺肿瘤是很罕见的，这个包括肿瘤上皮细胞和包括骨及软骨在内的间质细胞。

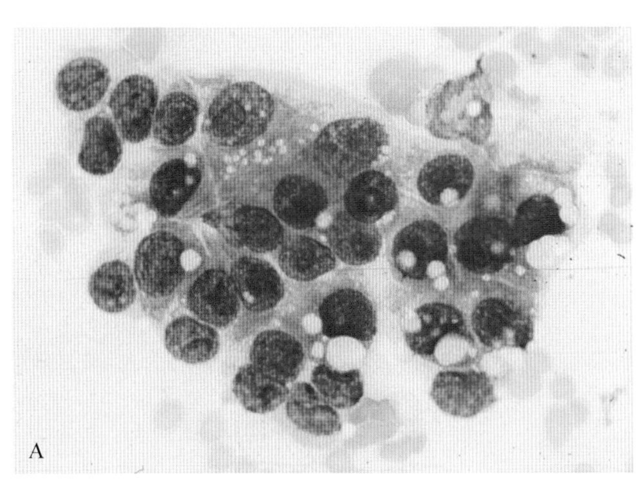


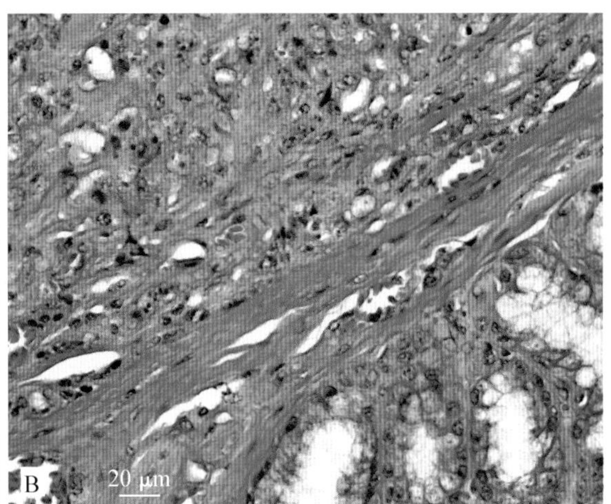


■ 图7-12 **A. 腮腺唾液腺。腺癌。抽吸。猫。**一堆未成熟的细胞表现为中度核大小不均，染色质粗糙，核仁明显和高核质比。组织病理学证实其恶性特征。(瑞氏染色；高倍油镜)**B. 唾液腺体。腺癌。组织学。**靠近扁桃体区域获得的唾液腺组织(粉色线性结缔组织结构之上)和正常的腺样结构(右下角)对比已经严重扭曲变形。(H&E染色；中倍镜)(A，Courtesy of Rick Alleman，University of Florida. B，Courtesy of Rose Raskin，Purdue University)

## 胰腺

### 正常和增生的细胞学

胰腺通常都不采样，除非检测到肿物。正常的外分泌胰腺细胞通常是排列成腺泡形式的(图7-13A)。含有丰富颗粒的胞浆在细胞学上是嗜碱性的，在组织学上是嗜酸性的(图7-13B)。与胞外胰腺酶活性细胞相关的胰腺炎，细胞特征可见迅速恶化。

增生性结节(图7-13C)会表现为类似于正常上皮细胞的形态。在这些情况下，核质比会较高，核仁明显，但是这些改变需要与分化良好的瘤样病变区别开。

### 炎症

胰腺炎可以引起局灶性腹水或者改良性渗出液或

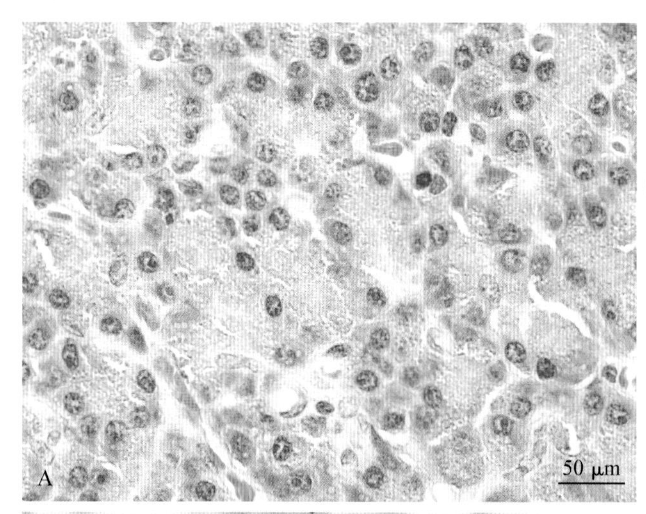


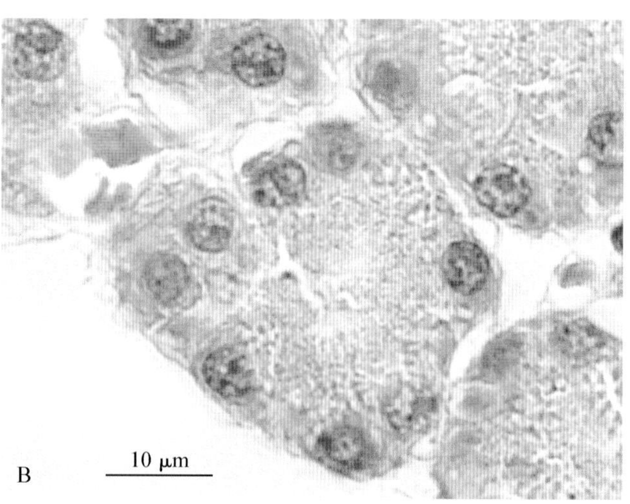


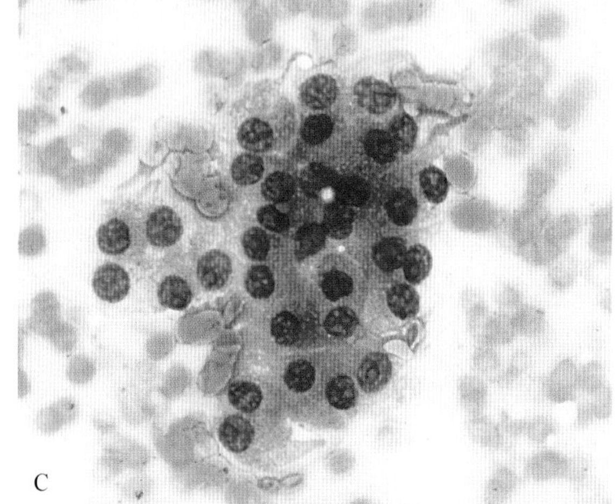


■ 图 7-13 **正常胰腺组织。组织学。犬。A-B 是同一个病例。A.** 一堆拥有细胞核的上皮细胞在腺泡结构中形成细胞环。(H&E 染色;高倍油镜)**B.** 高倍镜放大的单一的胰腺腺泡。注意细胞核基底位置和丰富的细胞质中包含有嗜酸性酶原颗粒,这些颗粒从顶部边缘进入到中心。(H&E 染色;高倍油镜)**C. 胰腺的增生性结节。组织抽吸。犬。**超声检查显示一个低回声肿块。核质比比正常的上皮细胞高,同时伴随着胞质嗜碱性增加和多见的双核形成。(瑞-吉氏染色;高倍油镜)(A-C,Courtesy of Rose Raskin,Purdue University.)

无菌性脓性渗出液。如果出现蛋白质背景,那么可能有感染,中等的嗜碱性是脂肪皂化组织学外观的表现。偶尔可见出血性积液。胰腺囊肿或脓肿可能会被诊断为腹腔内肿物,并在超声引导下穿刺取样。样品通常是无菌的,在蛋白质背景中出现嗜中性粒细胞(图 7-14A)(Salisbury et al. ,1988)。发生轻微炎症时,核大小是均匀的(图 7-14B&C)。严重的炎症可能会导致严重的细胞大小不均的非典型细胞(图 7-14D)。坏死和钙化可能会伴随炎症过程(图 7-14E)。

### 胰腺外分泌肿瘤

胰腺癌可以直接通过超声引导下的活检/细胞学检查进行诊断。当癌细胞出现在腹腔积液或继发于它们通过膈淋巴管转移到胸腔引起的胸水中,或者血清中脂肪酶超过 10 000 U/L 时,这个诊断是要慎重考虑的(Quigley et al. ,2001)。胰腺癌拥有类似于其他腺癌的特点,包括高核质比,核仁明显,细胞质空泡化,细胞质嗜碱性增强和有一种形成腺泡结构的倾向(图 7-15A-C)。确认胰腺外分泌来源的进一步诊断包括利用组织化学染色对酶原颗粒和淀粉酶进行 PAS 染色,使用单克隆抗体对体内胰脂肪酶进行免疫组化染色(Quigley et al. ,2001)。

## 食管

### 正常细胞学

食管的黏膜层有复层鳞状上皮,包含食管黏膜腺的开口。脱落的黏膜上皮细胞有多边形或圆形的中间上皮细胞和有变形核的基底细胞。大量基底上皮细胞提示创伤、炎症或侵蚀(Green,1992)。基底细胞和腺体细胞通常不会成片地的脱落。胃食道区域样本可能会包含扁平上皮细胞混合胃柱状上皮。通过摄取食物产生的口咽部的菌群包含杆菌、球菌和西蒙斯菌属。这些可能在食道样品里看到(图 7-1B)。

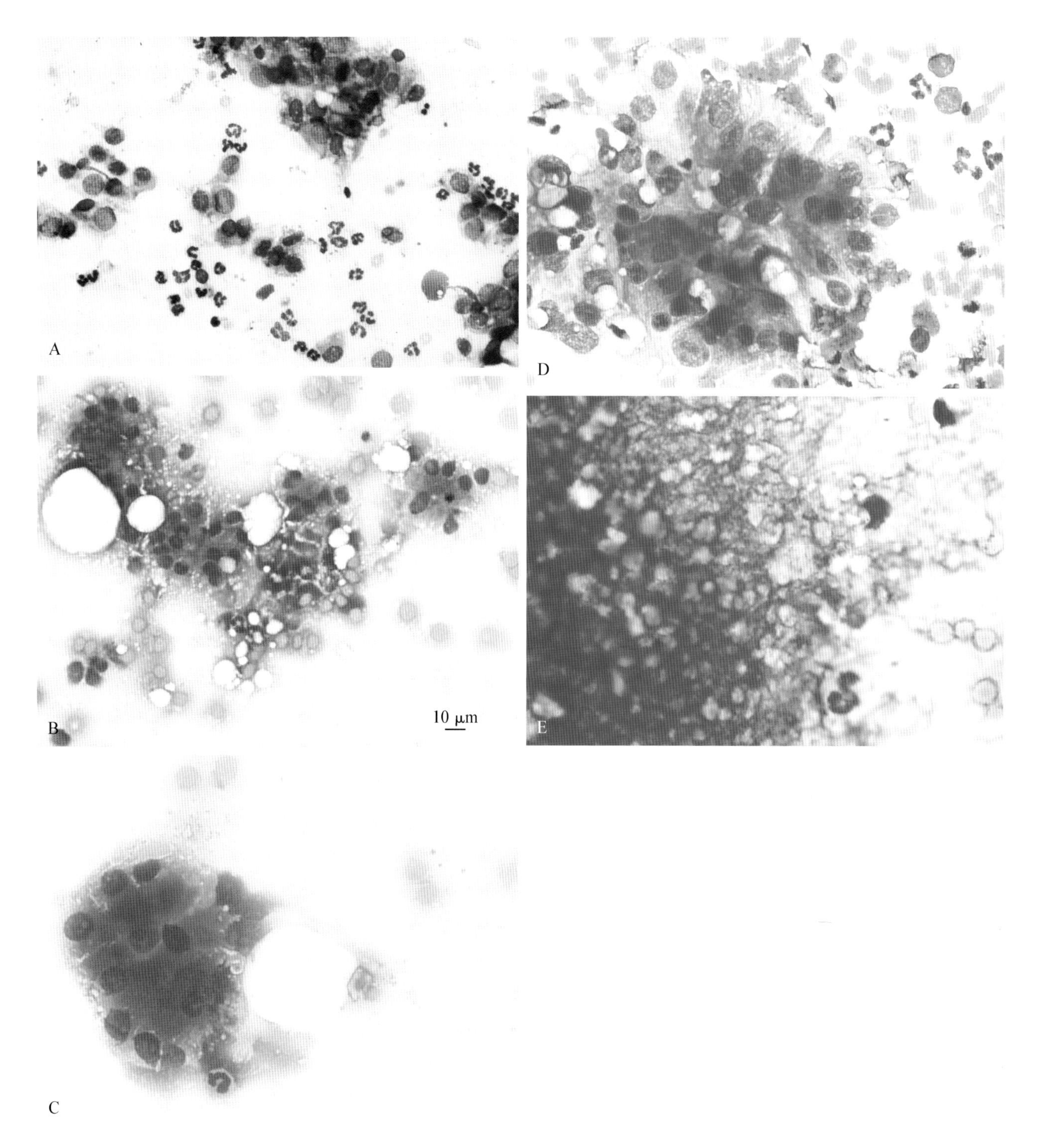


■ 图7-14 **A. 胰腺。嗜中性炎症。抽吸。犬。**这里有一些小簇的圆形上皮细胞，这些细胞含有暗淡的泡沫状细胞质和少量点状液泡。中等数量的非恶性的固缩的嗜中性粒细胞环绕在胰腺上皮周围。没有败血症的迹象。（瑞-吉氏染色；中倍镜） **嗜中性胰腺炎。组织抽吸。犬。B-C是同一个病例。B.** 局部腹膜炎可以通过超声检查检测到，和长期吃香肠的病史一致。稠密的细胞和相关的嗜中性粒细胞聚集在一起，表明了完整边界的减少，这个说明组织的坏死。（改良瑞氏染色；高倍油镜）**C. 外周完整泡沫状表现的更高倍数。嗜中性胰腺炎。组织抽吸。犬。D-E是同一个病例。D.** 大量嗜中性粒细胞环绕在增生性的非典型的上皮细胞周围，这些细胞有几个恶性的特征。（改良瑞氏染色；高倍油镜） **E.** 除了坏死，还有一些矿化的特征，在嗜碱性背景中能看到清楚的晶体。（A，D-E，Courtesy of Rose Raskin，Purdue University. B-C，Courtesy of Cheryl Moller，Murdoch University）

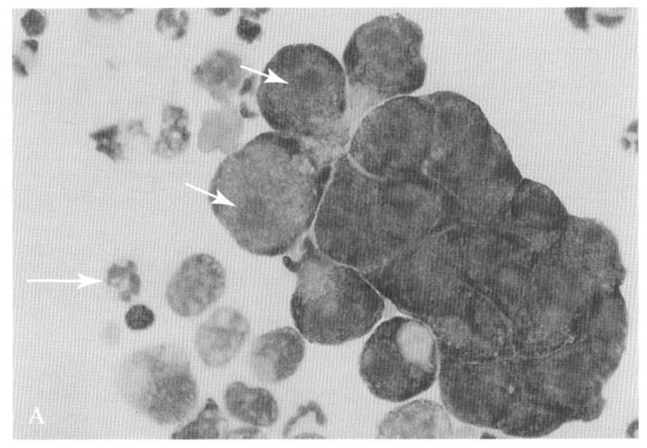

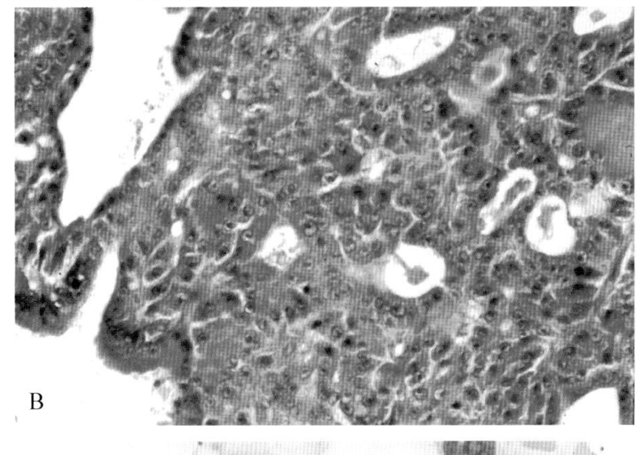

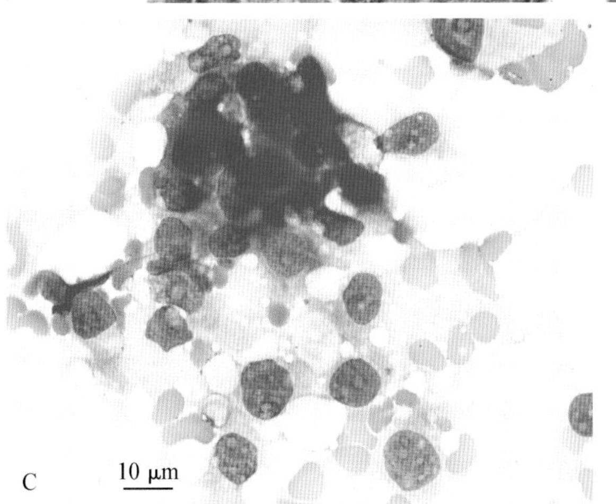

■ 图 7-15 胰腺腺癌(外分泌的)。**A. 触抹涂片。**这个样本是从一个胰腺肿物中获取的,有一些密集、轻度嗜碱性的上皮细胞簇,这些细胞表现明显的细胞大小不一和细胞核大小不一。核仁不是很容易观察到,但是核质比明显增加。在一些细胞中能看到巨核现象(短箭头)。细胞簇上面边缘的细胞表现出紊乱的腺泡结构。不适当的巨大的肿瘤细胞可以通过与嗜中性粒细胞(长箭头)作对比区分出来。(瑞氏染色;高倍油镜)**B. 组织学。**乳头状突出(细长的丛簇)和成簇的胰腺外分泌上皮细胞形成了紊乱的腺泡和管状结构。(H&E 染色;中倍镜)**C. 触抹涂片 犬。**核仁明显、核染色质粗糙有腺泡结构的胰腺分泌上皮细胞簇成簇出现。(瑞-吉氏染色;高倍油镜)(C,Courtesy of Rose Raskin,Purdue University.)

### 炎症

反流性食管炎最常侵蚀远端食管,是由胃(胃蛋白酶和酸)或是十二指肠(胆汁酸和胰酶)反流造成的。分泌物会对复层鳞状上皮有腐蚀作用。食管炎有明显的嗜中性粒细胞组分(图 7-16),上皮细胞表现出易染性,细胞核和细胞质的退行性变化。如果没有口咽污染并且在内窥镜检查中样本表现红肿,则提示是食管炎。

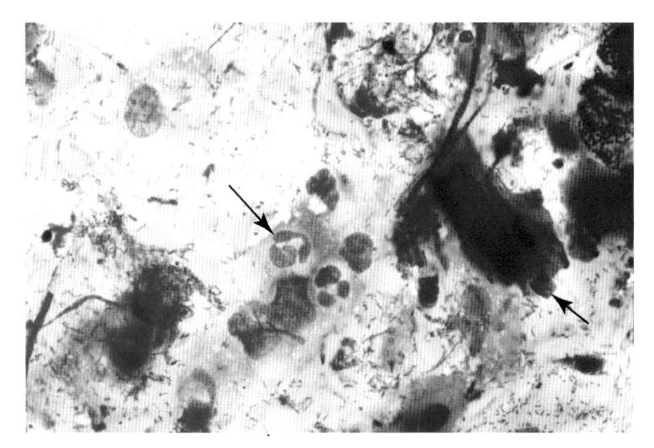

■ 图 7-16 **食管炎。食管刷。**这个是通过的内窥镜得到的发炎的食道的样本。有中性粒细胞的存在提示食管炎(长箭头)。其他的发现包括角质化的鳞状上皮细胞,角质蛋白棒(短箭头)和许多细菌(口腔菌群)。(瑞氏染色;高倍油镜)

### 肿瘤

食道上的肿物的鉴别诊断包括肿瘤和寄生虫性肉芽肿。鳞状细胞癌有从分化良好到未分化的不同的肿瘤特征,分化良好的鳞状细胞癌和增生难以区分,但是核质比例的改变,胞浆嗜碱性变化和细胞质的空泡化的变形细胞的存在会支持肿瘤细胞的诊断。食管腺腺癌比较少见,它的位置和细胞学特征与甲状腺癌相似。狼尾旋线虫是一种在温暖地区寄生于犬的食道壁的一种旋尾虫,金龟子科动物可作为中间宿主。内窥镜检查显示一个光滑的,没有溃疡的坚硬的瘤状物。可以通过粪便漂浮法检测到虫卵进行诊断。多形性的梭形细胞是从肉芽肿上脱落的,容易和肉瘤混淆。事实上,食管肉瘤经常和寄生虫的存在相关(Fox et al.,1988)。另外一种纺锤形的肉瘤是食管平滑肌肉瘤,它可能包含嗜酸性的胞浆颗粒和核内糖原空泡和多形性(图 7-17A&B)。

## 胃肠道细胞学检查的标准

胃肠道样本的细胞学分级标准为评估提供统一的指导,在这些样本中细菌菌群和细胞碎片的存在使细胞学评估复杂化。这些标准确保胃肠道细胞学样本的评估时可以完成一致和可量化。纤维化和深至固有层的病变通常都不能通过内窥镜的细胞学检测到。

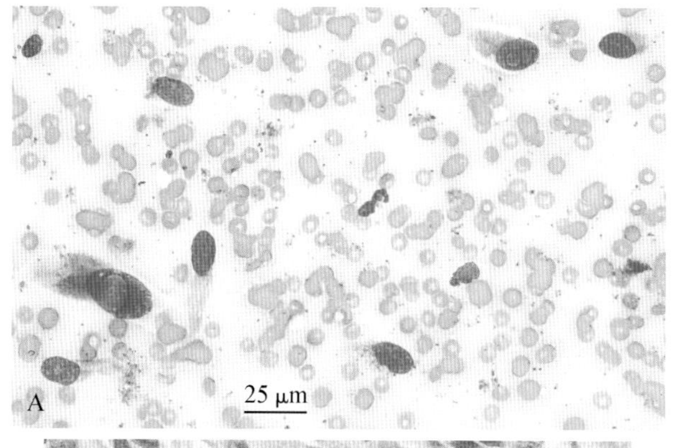


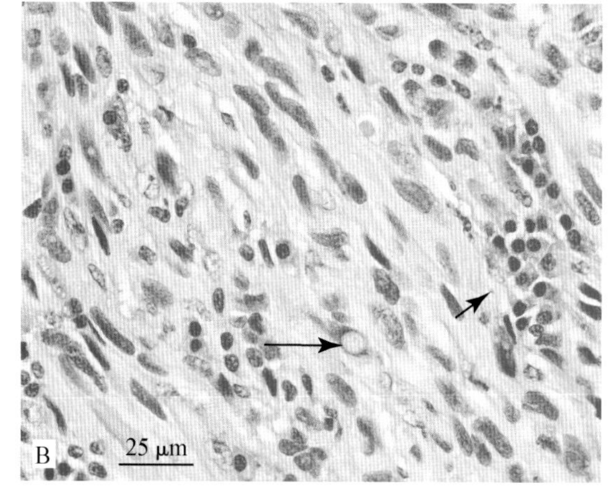


■ 图 7-17　**食管。平滑肌肉瘤。犬。A-B 相同的病例。A. 触抹涂片。**以血细胞为背景下的，一些不同大小具有模糊边界的梭形细胞，具有不同的核质比和细胞核不均。嗜酸性颗粒很显著，存在于一些间质细胞的细胞质和背景中从细到粗大小不等。核内的糖原出现单个或多个空泡，这个现象通常在肝细胞内发现，但是可能在有糖原合成酶活性的肿瘤细胞内发现。（瑞氏染色；中倍镜）**B. 组织学。**这个食管的肿物由随意排列的梭形细胞和血管周围的淋巴细胞和浆细胞（短箭头）聚集而成。肿瘤细胞的核的形状和大小有变化，从椭圆到梭形，或形状特别的染色质，空泡内容物（长箭头），频繁的核分裂。细胞边缘模糊，细胞质和（或）细胞间质从稀疏到丰富，有嗜酸性粒细胞和少量纤维细胞。免疫组织学中存在平滑肌肌动蛋白支持这个诊断。（H&E 染色；高倍油镜）（A and B, Courtesy of Rose Raskin, Purdue University.）

框 7-1 是由 Jergens et al(1998)列出的包含分级系统的类别。数值 0～7 被应用于所有类别。上皮细胞簇的鉴别使用区分于其他的。框 7-2 和框 7-3 列出了对于微观调查结果的分级系统的定义（Jergens et al.，1998）。根据不同的位置，一些类别也会表现为正常，如杆菌和球菌在结肠或直肠的碎屑中出现，然而完全没有细菌菌群可能表明是由于长期使用抗生素或采样技术的问题。尽管菌群是分类的，但是细菌的过度生长/失衡是不能通过细胞学诊断的。

病史的了解、内窥镜下病变外观和内窥镜采样位置对于给出一个准确的胃肠道样本细胞学评估至关重要。这些细胞学样本的合适评估是比较消耗时间和费力的。细胞学和组织学对于胃肠道疾病的评估是两种互补的手段。然而，如果细胞学或组织学都不能给出一个病理结果我们也不应该气馁。在一项调查中显示，即使怀疑是胃肠道疾病，但是绝大多数的胃样本、25%的肠样本和 33%的结肠样本都被归类为正常（Jergens et al.，1998）。

**框 7-1　包含胃肠道样本的细胞学分级系统的细胞学结果**

炎症细胞：中性粒细胞、淋巴细胞、浆细胞、嗜酸性粒细胞、巨噬细胞
非典型细胞
上皮细胞簇
类似于胃里的螺旋生物的螺旋菌
杆菌和球菌组成的菌群
出血（最近的）
碎片或者胃内由植物或食物纤维和黑暗颗粒组成的材料
由弥漫性染色分泌产物或粘蛋白颗粒组成的黏液

**框 7-2　用于在框 7-1 中列出的微观结果分级的定义**

炎症细胞
分级 0～7 表示每 50×油镜找到的炎性细胞的总数（例如，每 50×油镜找到 3 个炎性细胞被分类到等级 3；每 50×物镜找到 7 个或者更多炎性细胞被分类到等级 7）
等级 0～7 表示每 50×油镜看到的非典型细胞的总数
非典型细胞
类似于胃螺旋生物的螺旋菌、细菌菌群、出血、碎片或胃内和黏液或者黏液颗粒的分级如下：
0 级＝无任何存在
1～2 级＝轻微
3～4 级＝适度
5～7 级＝显著
至少观察 10 个区域，因为经常有去角质变异性在组织抹片区域内出现。由于采样和暴露于消化内容物中，中性粒细胞可能会出现轻微退行性，淋巴细胞可能表现为细胞肿胀，这两种形态变化都是由于降低染色质聚集和染色强度引起的。对于炎症和非典型细胞类别，等级 2 或者更少属于可疑的诊断意义（即被视为正常范围内变异）

**框 7-3　用于每 10×物镜上皮细胞簇的分级定义***

等级 0＝0 个细胞簇
等级 1＝1～2 个细胞簇
等级 2＝3～4 个细胞簇
等级 3＝4～5 个细胞簇
等级 4＝6～7 个细胞簇
等级 5＝7～8 个细胞簇
等级 6＝9～10 个细胞簇
等级 7≥10 个细胞簇

* 充足的细胞簇对于一个有代表性的样本来说是有必要的。含有等级 2 或者更少细胞簇的样本不能产生有诊断意义的信息。

## 胃

### 正常的细胞学检查

胃黏膜上皮细胞是柱状的，呈圆形或椭圆形聚集，有适量的轻度嗜酸性到嗜碱性胞浆（图 7-18A&B）。一些黏蛋白空泡在柱状细胞表面，使柱状形态在大细胞集群中更为明显。在不同的细胞学标本中黏液具有多

变的染色特性。在椭圆形细胞集群中可能会看到组成胃底腺上皮细胞的圆形的壁细胞(轻度嗜酸性胞浆)和主细胞(轻度嗜碱性的颗粒胞浆)(图 7-18C&D)。颈黏液细胞也可能伴随壁细胞一同出现(图 7-19)。细胞的着色会受到现有的大量黏液的影响。贲门腺和幽门腺也分泌黏液,但不包含壁细胞和主细胞。

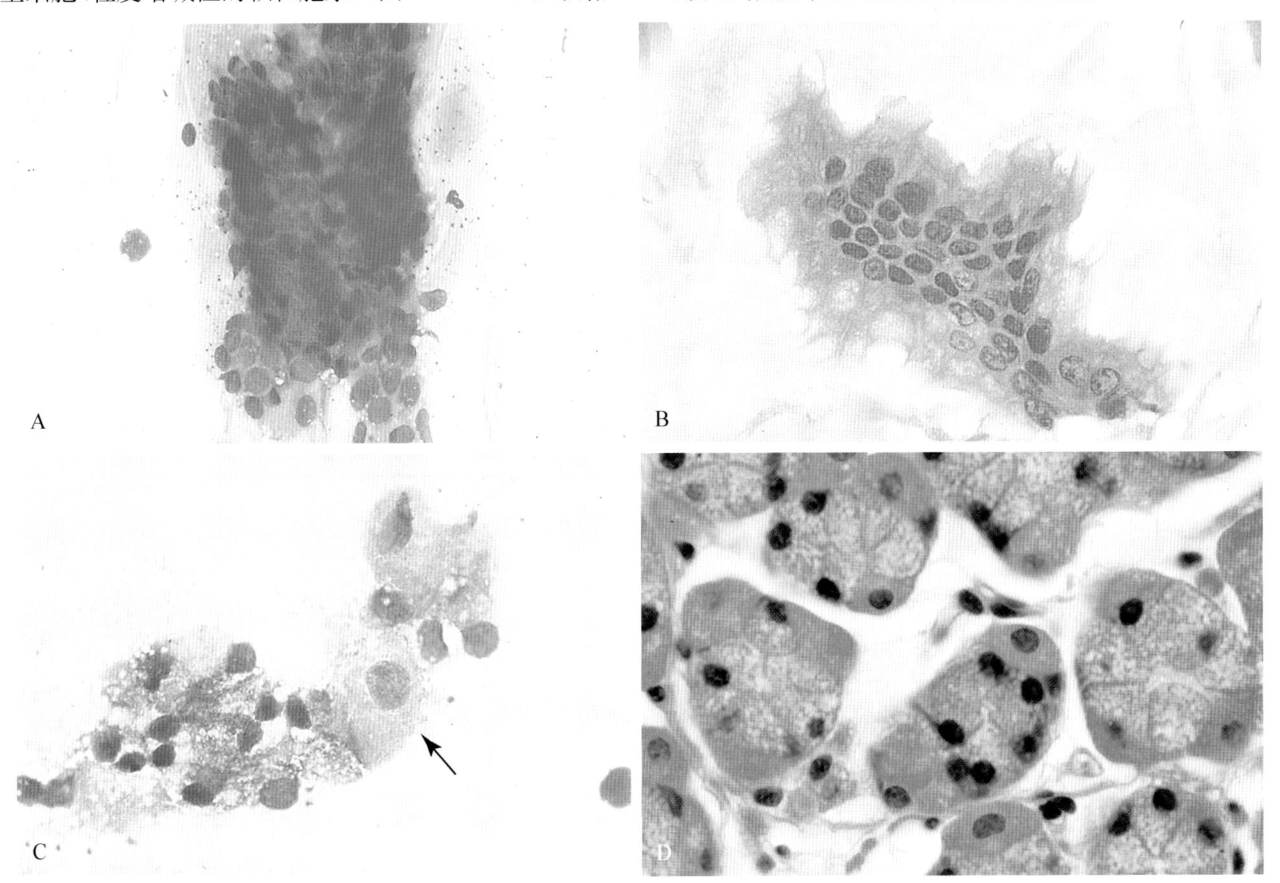

■ 图 7-18 **胃黏膜上皮细胞。A. 正常。触片。**该触片中的上皮细胞相对均匀,呈现圆形到椭圆形核,包含分散的染色质以及中等含量的嗜碱性细胞质。这些特性可以在细胞簇的外缘观察到,因为此处为单层细胞,因此强调样本制作的规范性。(瑞氏染色;高倍油镜)**B. 组织学。**注意相对均匀的形态学特性,缺少白细胞和细菌。锯齿样的组织边缘是人为的。(H&E;高倍油镜)**C. 胃底腺上皮细胞。触抹涂片。**两个上皮细胞簇存在。大的上皮细胞(箭号)包含大量均一清亮嗜酸性细胞质为壁细胞。小一些的上皮细胞伴有颗粒样或小泡样的嗜碱性细胞质为主细胞。两种细胞组成了胃底腺。(瑞氏染色;高倍油镜)**D. 胃底腺。组织学。**椭圆形的胃底腺包含两种上皮细胞。壁细胞密集且为嗜酸性染色,主细胞为淡染并伴有小泡样细胞质。(H&E 染色;高倍油镜)

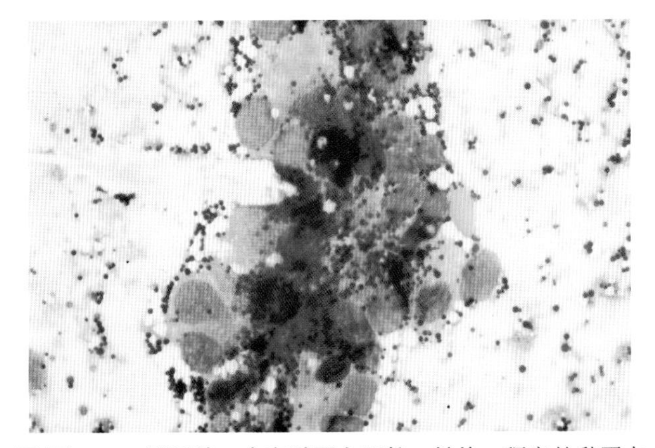

■ 图 7-19 **胃活检。含有黏蛋白颗粒。触片。**稠密的黏蛋白上皮细胞簇,可通过细胞质中存在无数的粗大的紫色黏蛋白颗粒辨认。可见大量细胞破裂后细胞外黏蛋白颗粒。黏蛋白颗粒大小和形态与球菌相似。这些细胞不应与肥大细胞混淆,肥大细胞有更小的异染性细胞颗粒。与图 9-30A 比较。(瑞氏染色;高倍油镜)

在正常的胃样本中,常常可以看到口咽部菌群,如西蒙斯菌属等,伴随着黏液、固缩的中性粒细胞、混合菌群和一些食糜碎片,这些中性粒细胞可能是通过黏膜细胞,不断地从胃肠道流失,但与口咽部和食管食糜没有关系的中性粒细胞可能代表的真正的胃炎(图 7-20)。一个病畜的内视镜探查证实了胃炎的细胞学征象。

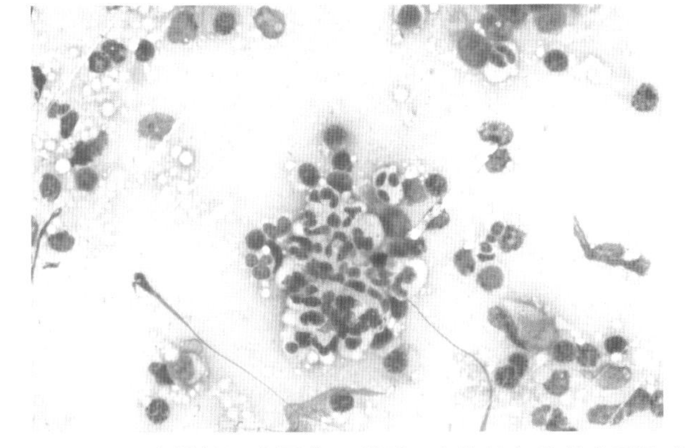

■ 图 7-20 **中性粒细胞胃炎。刮刷。**中性粒细胞是主要的炎症细胞,并伴有少量的小淋巴细胞和浆细胞,但在该抹片中不容易分辨。溃疡性和腐蚀性的病变在内窥镜下可见。(改良瑞氏染色;高倍油镜)

胃螺旋菌(即细菌,胃幽门螺旋杆菌),在大量的通过拭子制备的细胞学样本中观察到其出现通常伴随着黏液(图 7-21A&B)。有或没有胃病的犬、猫中都能经常观察到胃螺旋菌。在光学显微镜下无法区分猫属螺旋杆菌和海尔曼螺杆菌(图 7-21C)。在 96 例胃样本中,有 48%含有胃螺旋体(Jergens et al.,1998)。嗜银染色法用于着重鉴别胃黏液或黏膜中的生物体。

荧光原位杂交(FISH)技术使用分子探针,其靶向 16S rRNA 细菌基因,可特异性的鉴别组织内完整的细菌(图 7-21D)。螺旋杆菌的类型需要做培养鉴定。需要额外说明,螺旋菌是一种会引起犬、猫胃疾病的重要因素,因为这些生物在动物体内很常见,且不表现出临床疾病或组织学异常,不会改变胃的功能性。(Eaton,1999;Happonen et al.,1996;Hermanns et al.,1995;Jenkins and Bassett,1997;Simpson et al.,1999a,1999b)。

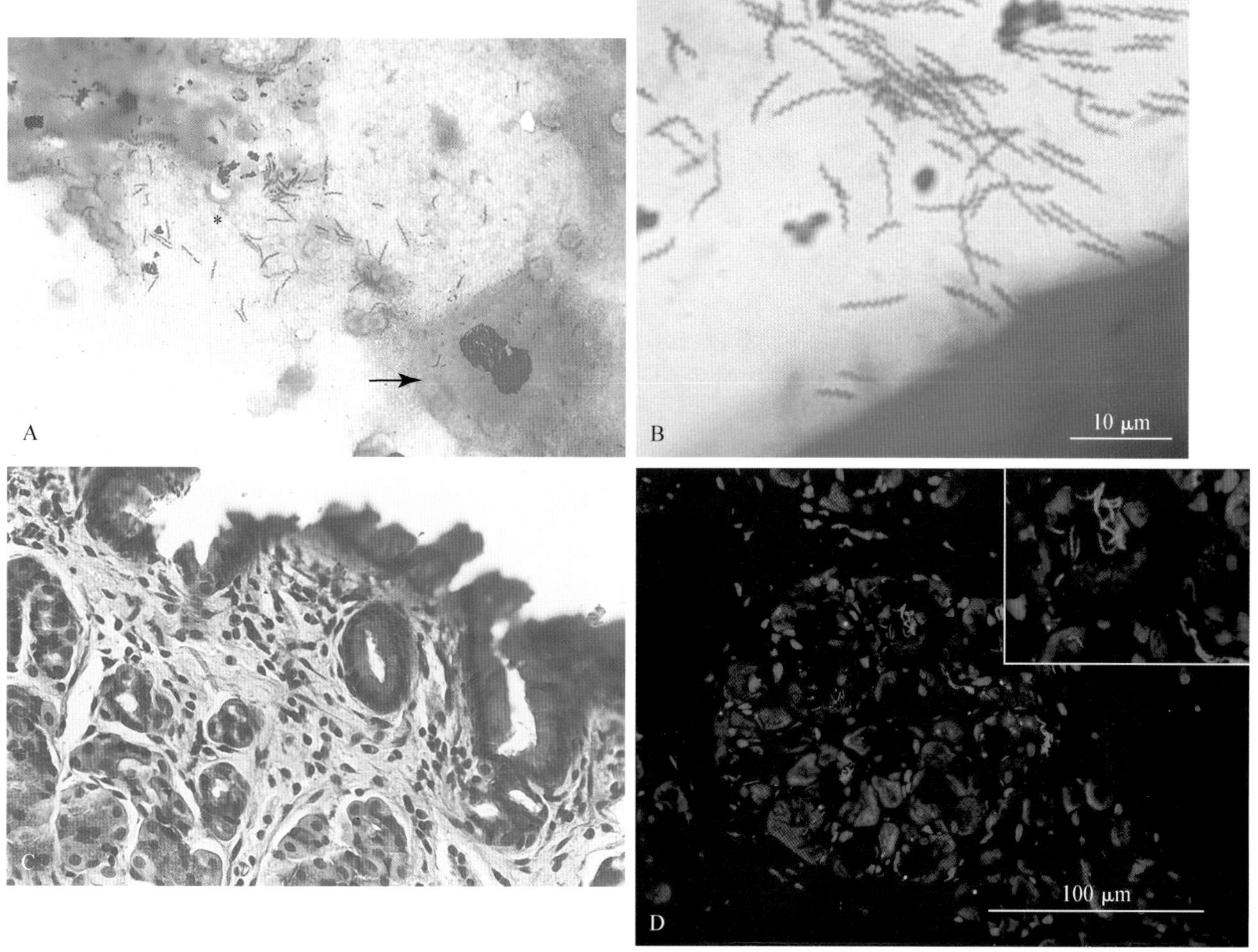


■ 图 7-21 **A-B 为螺旋形细菌。触片。A. 大量的幽门或胃螺旋形细菌嵌入黏液**(星号)。螺旋形生物通常在犬、猫非病态或有胃病时的细胞学中观察到。一个角鳞状上皮细胞存在(箭号)。(瑞氏染色;高倍油镜)**B. 犬。**另一个病例中近距离观察螺旋菌。(瑞氏染色;高倍油镜)**C. 淋巴细胞性胃炎。组织学。**尽管在细胞学观察标本上没有炎症细胞,但有中等含量的淋巴细胞,基质纤维化,以及胃腺体周围水肿的情况(星号)。活检后显微镜检查通常需要确定炎症的存在与否。只有极少的螺旋样细菌可见(未显示)在黏膜表面,可能由于缺少黏膜层。使用嗜银染色可以帮助辨识细菌的存在。(H&E 染色;高倍油镜)**D.** 荧光原位杂交(FISH)显示了侵入胃黏膜的幽门螺旋杆菌的活检样本,该样本来自一只患有慢性呕吐的犬。插图:高倍镜下显示橙色荧光(Cy-3 标记)在细胞簇中的螺旋菌。(B,Courtesy of Rose Raskin,Purdue University.)

## 增生

主观判断细胞学印象是黏膜和分泌细胞增生。黏膜上皮分泌细胞或伴有弥漫性黏液分泌颗粒分布的杯状细胞的数量增加可能表明黏膜分泌增生。确诊需要组织学诊断。

## 炎症

中性粒细胞以及其他炎症细胞均与胃溃疡有关(图 7-21)。如上文所述,口咽部菌群或食糜中存在中性粒细胞是真正炎症的细胞学征象。黏膜的炎症,本身是没有混合的菌群和食糜。根据是否存在淋巴细胞、浆细胞、巨噬细胞来定义慢性炎症。淋巴细胞或淋巴浆细胞炎症与慢性胃炎有关(图 7-22A&B)。泡翼属猫胃虫,是慢性炎症的一个特定原因,内镜下可观察到(图 7-23)。其他的寄生虫引起胃炎,尤其是猫胃虫,是盘头线虫属和颚口虫属。(Brown et al.,

2007;Guilford and Strombeck,1996b)。寄生虫和寄生虫片段在细胞学是罕见的(Jergens et al.,1998)。胃结节性淋巴细胞炎症可与幽门螺杆菌感染相关。

严重的胃部发炎可能与胃藻菌病或接合菌病密切相关(Miller,1985)。长期治疗使用抗生素或免疫抑制剂可能导致胃念珠菌病(图7-24A)。口腔和食道黏膜是念珠菌病的主要位置。过碘酸-希夫或乌洛托品银染色可以用于突出酵母,真菌和卵菌类(腐霉)生物(图7-24B&C)。其他微生物,可能会发现于整个肠道及胃,在发生结肠炎的时候表现出来。

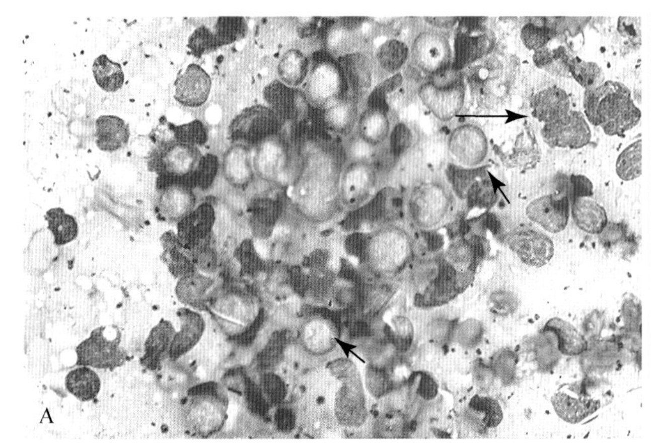


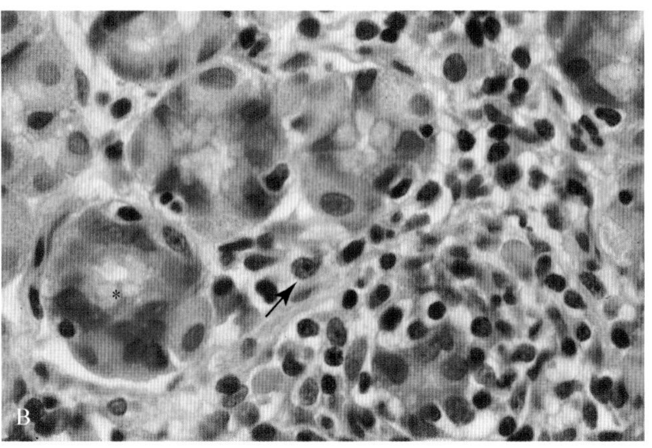


■ 图7-22 **淋巴细胞性胃炎。A. 触片。**密集的淋巴细胞是显著的特征。主要的细胞类型是中等到大淋巴细胞伴有淡色染色质的细胞核以及较少的细胞质(短箭号)。有一些不规则形态的自由核蛋白从破碎的细胞跑出(长箭号)和一些黏蛋白颗粒。注意区分淋巴细胞性胃炎还是胃淋巴瘤。(瑞氏染色;高倍油镜)**B. 组织学。**多形性淋巴细胞(箭号)围绕在胃腺(星号)周围。少量的浆细胞混合其中(未显示),最终做出了形态学诊断淋巴浆细胞胃炎。(H&E染色;高倍油镜)

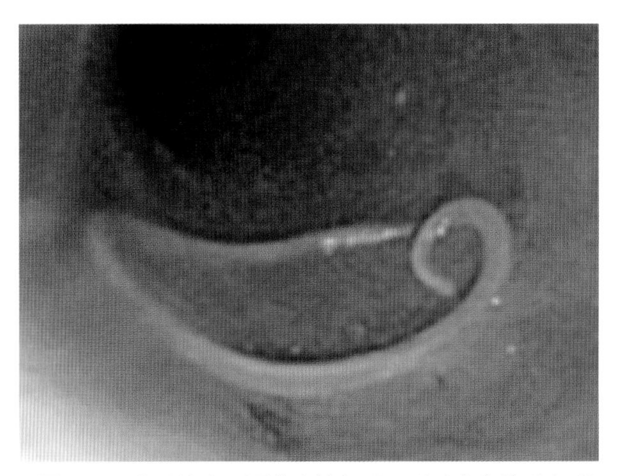

■ 图7-23 **泡翼线虫。胃内窥镜视野。**通过内窥镜观察到一只约2 cm长,白色的与泡翼线虫相符的线虫在胃底部,该犬患有反复性呕吐。只是一个慢性胃炎的原因(罕见)。

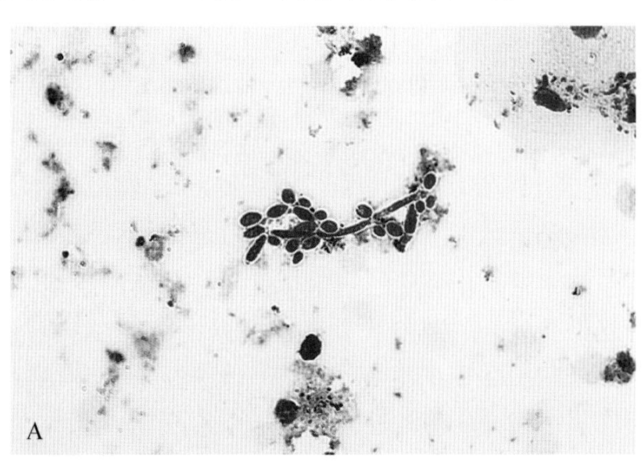


■ 图7-24 **A. 胃念球菌病。刮刷。**大量的嗜碱性假菌丝和念珠菌芽生孢子。银染色(乌洛托品染色)可用于提亮组织中的细菌。(瑞氏染色;高倍油镜)

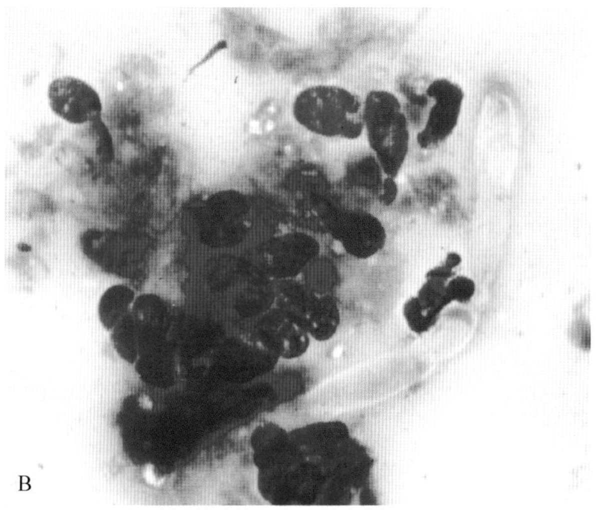


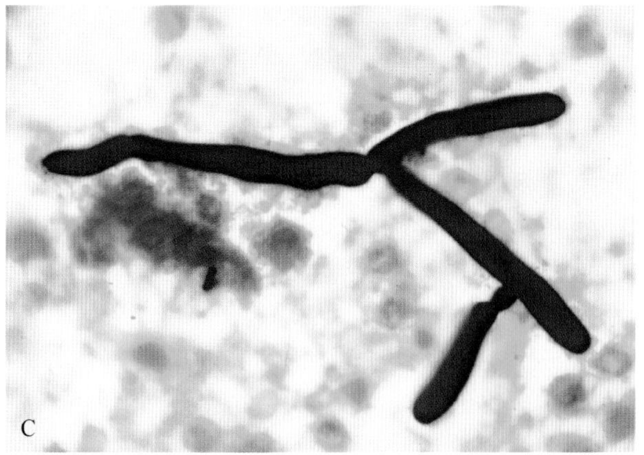


■ 图7-24续 **B-C为胃溃疡。触片。犬。B.** 炎性细胞聚集在几乎不可见的菌丝结构,其被高亮的嗜碱性蛋白质背景衬托出来。(瑞-吉氏染色;高倍油镜)**C.** 使用银染色显示出水霉菌的存在。(GMS染色;高倍油镜)(B and C,Courtesy of Rose Raskin,Purdue University.)

### 肿瘤

胃肿瘤并不常见，大多数都是恶性的。相对更常见的是癌/腺癌，当其位于黏膜下层和肌层时在细胞学上很难诊断。此外，偶然出现的纤维的反应性增生对于排除肿瘤细胞的脱落是一个障碍。当发生胃溃疡时，恶性肿瘤细胞易出现片状剥落(图 7-25A&B)。

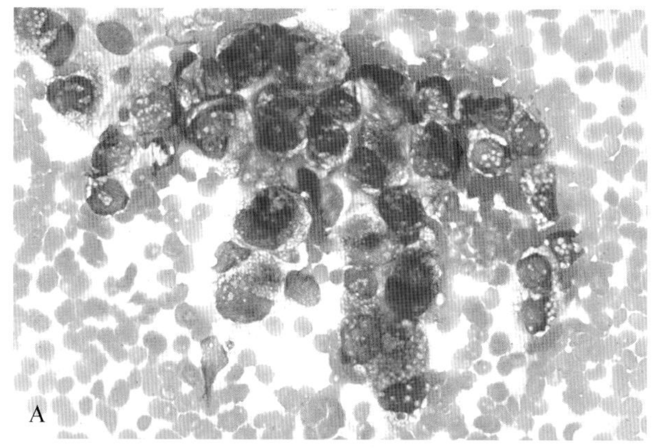


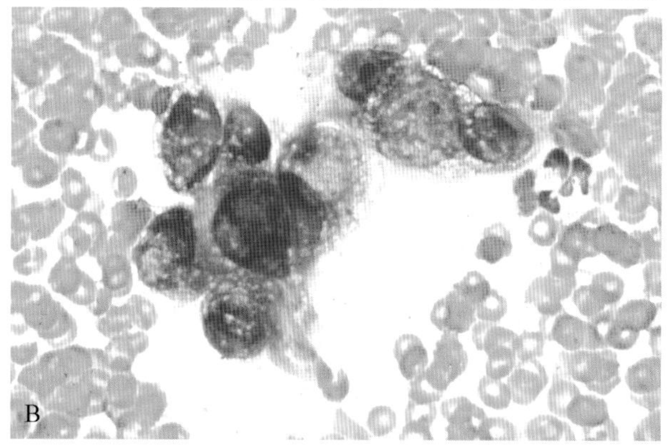

■ 图 7-25 **胃肿瘤。A-B 为胃腺癌。组织压片。犬。A.** 大的未分化上皮细胞排成的乳头状细胞簇。(改良瑞氏染色；高倍油镜)**B.** 显著的恶性特征包括高核质比，明显的核不均，粗染色质和大核仁。细胞质充满大量小的细点。(改良瑞氏染色；高倍油镜)**C. 胃淋巴瘤。组织压片。猫。** 肿物在胃大弯处，含有大量的单一形态的大淋巴细胞，其核有红细胞的直径 3～4 倍大。圆形的核有一个或多个突出的核仁。细胞缺乏深染的嗜碱性细胞质，而是大量的点状液泡。(改良瑞氏染色；高倍油镜)(A-C，Cour-tesy of Rose Raskin，Purdue University.)

比较常见的浸润性淋巴瘤可通过细胞学检查来诊断(图 7-25C)。淋巴瘤很难与严重的淋巴细胞性炎症相区分，除非在细胞学中以大量增生的不成熟淋巴细胞为主。小淋巴性淋巴瘤(高分化的淋巴细胞)通常不能通过细胞学确切地诊断，需要组织学与免疫表型或分子研究进行确诊(即聚合酶链反应抗原受体重组[PARR]，进行 DNA 或流式细胞仪检测)。

## 小肠

### 正常细胞学

肠道黏膜上皮细胞是柱形的并且存在促进黏液产生的杯状细胞(图 7-26A-E)。黏膜上皮细胞包含嗜碱性细胞质，围绕着卵圆形的核，有适量的淡染的嗜碱性细胞质，核染色质从光滑到稍微粗糙(比在淋巴细胞中观察到的聚集量少)并且核仁模糊。十二指肠是内窥镜最常见的采样区域，有独特的黏膜下黏液腺(十二指肠腺)(图 7-26E&F)。其他可以观察到的细胞类型包括肥大细胞(图 7-27A)和白细胞(图 7-27B)。虽然有争议，在细胞学，免疫组化和超微结构研究显示白细胞可能来自肥大细胞；可能与I型过敏反应有关；这个现象也在呼吸道中发现(Baldwin and Becker，1993；Fan and Iseki，1999；Huntley，1992；Narama et al.，1999)。肠道球形白细胞肿瘤已经有人描述(Honor et al.，1986)。

黏液可能扩散或者可以看到明显的嗜碱性到紫色颗粒(图 7-28A)。这些结构不应该与形状不规则的品红染色的颗粒状物质混淆，它是用来润滑的凝胶，是常见的污染物(图 7-28B)。潘氏细胞是在肠隐窝形成，胞浆包含粗糙的嗜碱性颗粒，和黏液细胞较难区分。

集合淋巴滤泡(派尔集合淋巴结)散布在小肠的肠系膜黏膜壁上。在内窥镜下，它们是椭圆形至细长的黏膜，直径从毫米至厘米不等(图 7-29)。当受刺激后它们可能略高于黏膜表面。当轻微凹陷时，黏膜滤泡可能被误认为是溃疡性病变。滤泡有 B 淋巴细胞的聚集，混合的 T 淋巴细胞和 B 淋巴细胞可延伸到圆形的黏膜突起的固有层。如果滤泡不小心被采集或是内窥镜医师没有和病理医师做沟通，那有可能做出错误的淋巴细胞性炎症甚至是淋巴癌的诊断。通常在包含淋巴滤泡或炎症反应的标本中可以看到各种不同类型的淋巴细胞群，可变异的免疫缺乏症是从淋巴瘤均匀的淋巴细胞群体分化而来的。细胞学检查可以看到少量的淋巴细胞和浆细胞(等级 0～1)，但是它们比组织学检查检测到的没有病理变化的组织在数量上出现的频率低。经常观察到少量的颗粒状的淋巴细胞(大颗粒)，尤其是猫(图 7-31)。细菌不是能经常观察到，或只是少量出现(Baker and Lumsden，2000)。

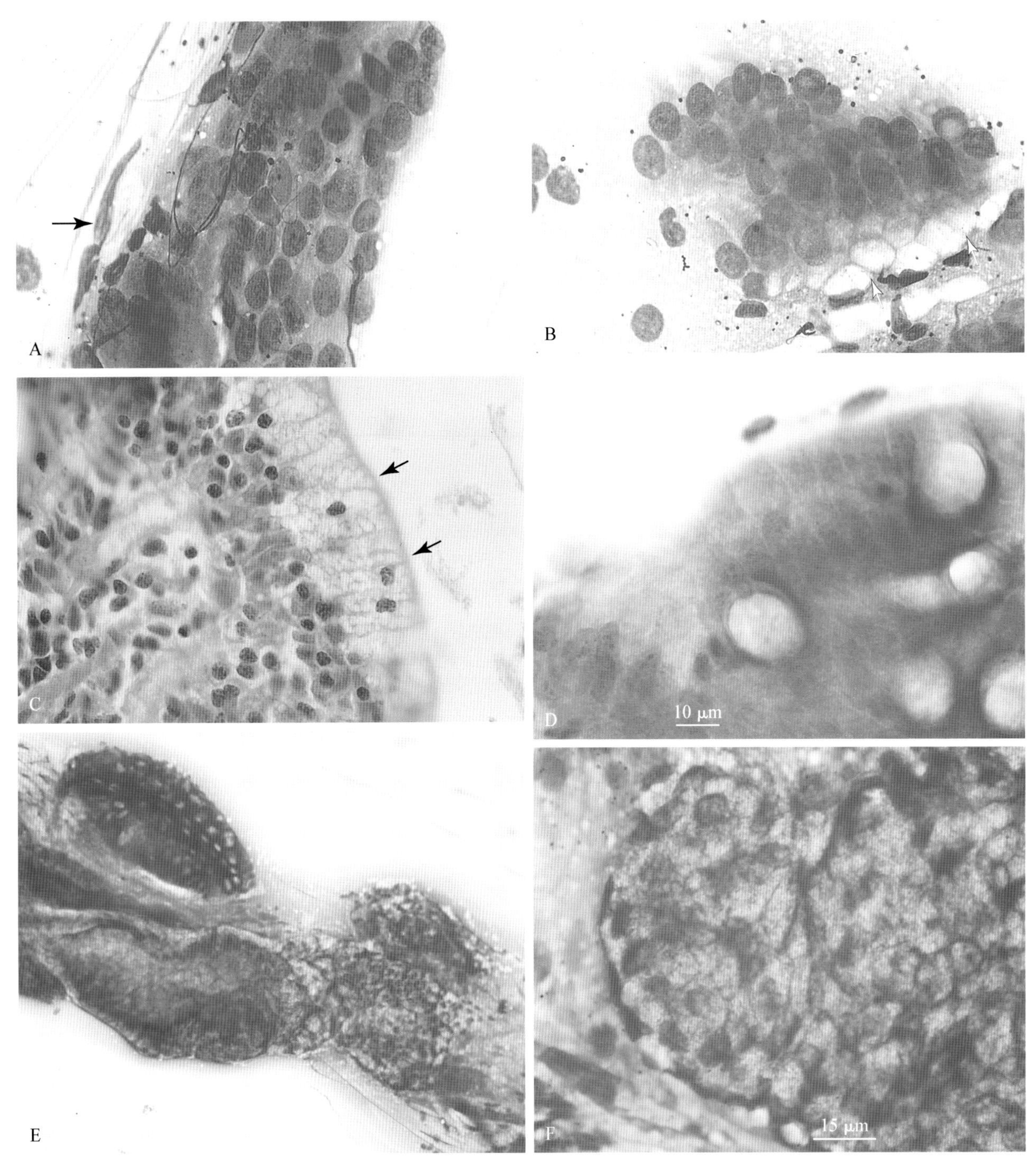


■ 图 7-26 **肠黏膜上皮细胞。正常。A. 触抹涂片。**均匀上皮细胞群，有圆形至椭圆形核，融合嗜碱性细胞质。左边有游离的核蛋白(箭头)。(瑞氏染色；高倍油镜)**B. 压片。**柱状上皮细胞，有大的清晰的细胞质空泡(箭头)，代表顶端黏液空泡。细胞边界不清楚，有少量的黏蛋白颗粒围绕。(瑞氏染色；高倍油镜)**C. 组织学。**柱状上皮细胞包含基底核，由于细胞质的黏液含量少，在细胞顶端边缘细胞质稀薄(透明度增加)(H&E 染色；高倍油镜)**D-F 一样。十二指肠上皮。正常。压片。犬。D.** 栅栏状柱状上皮细胞周围散布着苍白的杯状细胞，顶端边缘有半透明的黏液层。(改良瑞氏染色；高倍油镜)**E.** 低倍镜下显示左侧的黏膜上皮上的杯状细胞有突出的斑点。右侧的显示的黏膜下黏液腺叫作十二指肠腺(布伦纳腺)，唯独存在十二指肠内。(改良瑞氏染色；中倍镜)**F.** 高倍镜下的布伦纳腺。苍白的泡沫状细胞浆类似唾液组织(改良瑞氏染色；高倍油镜)。(D-F，Courtesy of Rose Raskin，Purdue University.)

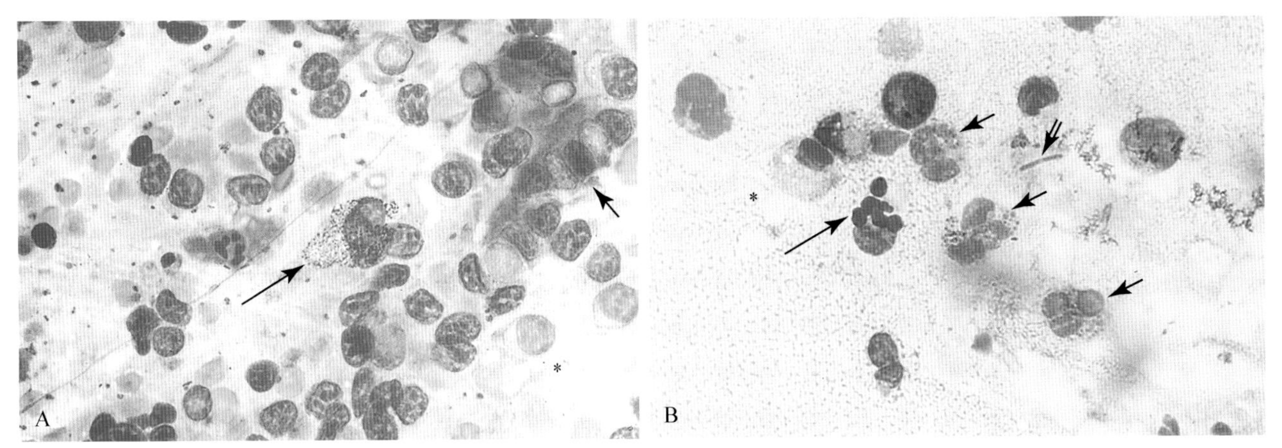


■ 图7-27 **肠黏膜细胞。A. 正常上皮和肥大细胞。触抹涂片。**在肥大细胞中央包含变形的卵圆核，有黏稠的染色质被着色不明显的异染颗粒组成的细胞质包围（长箭头）。在肠道标本里偶尔可见肥大细胞。嗜碱性粒细胞（短箭头）和淡染的中等大小的淋巴细胞，有弥漫性的染色质组成的圆形的核，周围边缘有轻度嗜碱性的细胞质（星号）。游离核保持适度的染色质凝集分布在整个样本中。（瑞氏染色；高倍油镜）**B. 小球样白细胞。嗜酸性粒细胞结肠炎。粪便涂片。**中心左侧单核细胞（长箭头）有圆形至椭圆形的偏心核，有均匀的染色质，浅蓝色至灰色的细胞质挤满了大的、明显的异染性颗粒。小球样白细胞在肠黏膜上皮固有层的隐窝下绒毛处。图片上出现了三个嗜酸性粒细胞（三个短箭头）有浅染的棕色细胞质颗粒。一个有明显深染的嗜碱性细胞质（上方），另外一个小球样白细胞中有偏心椭圆核被丰富的浅灰色的细胞质包围，包含没有染色的球形轮廓（星号）。一个大的杆状细菌在中央右侧（双箭头）。在粪便涂片中嗜酸性颗粒往往染色不明显。出现丰富的嗜酸性粒细胞表明有嗜酸性肠炎。结肠活检的形态学诊断为嗜酸性肠炎。（瑞氏染色；高倍油镜）

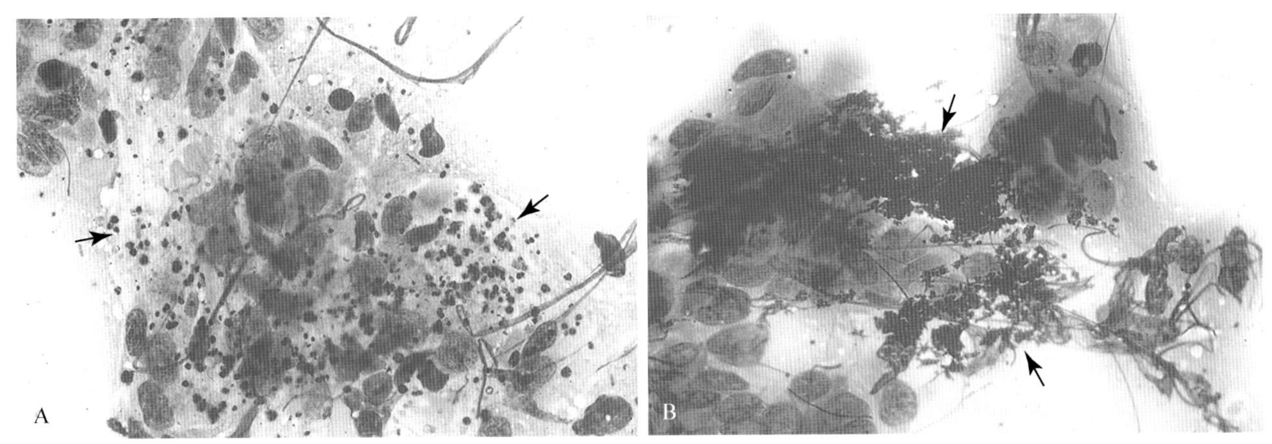


■ 图7-28 **背景材料。A. 肠上皮细胞。正常。黏蛋白颗粒。触抹涂片。**大量的黏液小颗粒均匀覆盖在肠上皮细胞上（箭头）。细胞变形是制备样品时人为造成的。存在游离的核蛋白（上方）。（瑞氏染色；高倍油镜）**B. 肠上皮细胞。正常。凝胶润滑剂。触抹涂片。**在紧密的肠上皮细胞的中心，有形状不规则的岛屿状的品红染色的物质，这是起润滑作用的凝胶（箭头）。（瑞氏染色；高倍油镜）

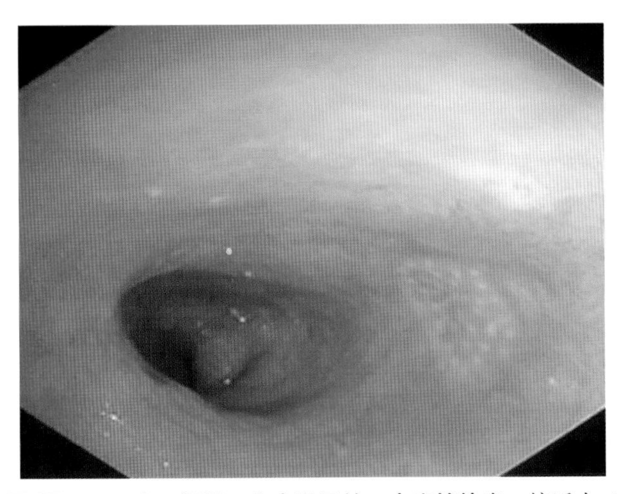

■ 图7-29 **十二指肠。集合淋巴结。内窥镜检查。**接近十二指肠处在右侧黏膜壁显示一个界限明显的集合的淋巴结。注意有明显的滤泡出现（白灰色的结节），这提示有抗原的刺激。通过病理学/细胞学样品分析确定该犬存在淋巴细胞浆细胞性肠炎。

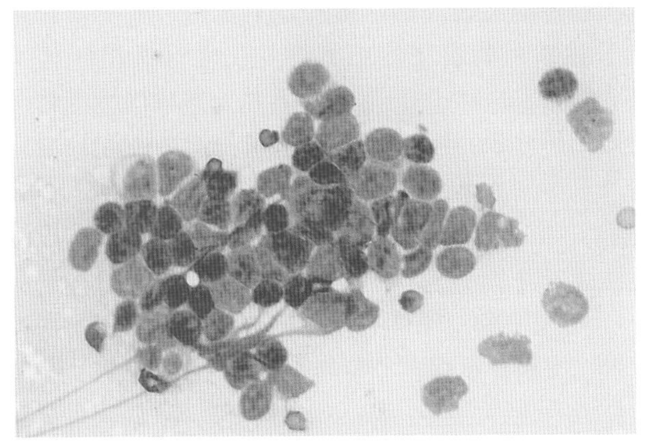

■ 图7-30 **小肠聚集性淋巴滤泡（派尔斑）。刮刷。**密集的淋巴细胞群是由小的，中等的和大的淋巴细胞组成（边缘可见淡染的嗜碱性细胞质）。4个游离的核仁在右侧较远的位置。（瑞氏染色；高倍油镜）

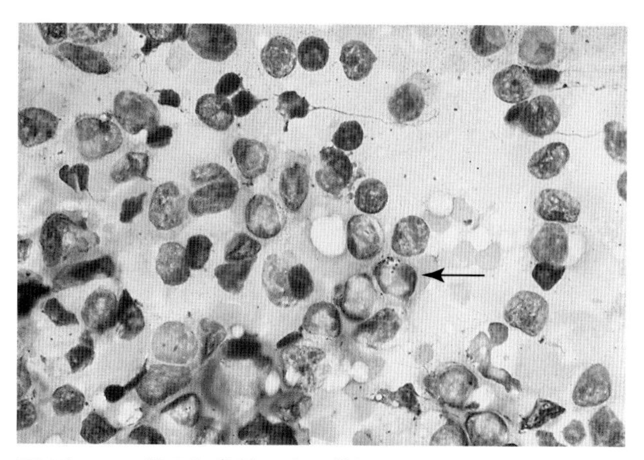

■ **图 7-31 淋巴细胞性肠炎。等级 6/7。淋巴细胞颗粒。触抹涂片。**有明显的中等到大的淋巴细胞，中间夹杂小淋巴细胞。颗粒淋巴细胞位于中央右侧(箭头)。在另外的区域，偶尔出现中性粒细胞和巨噬细胞指示有炎性反应。(瑞氏染色；高倍油镜)

## 增生

在细胞学中对增生的诊断印象是大量的分泌黏液的上皮细胞和(或)明显增加的杯状细胞。区分由于损伤修复形成的上皮增生或化生和分化良好的肿瘤是很重要的。增生的判断标准包括细胞大小均一，很少有细胞大小不等的情况，并且细胞较聚集。当有这些细胞学的发现时推荐结合组织学做判断。

## 炎性

炎性细胞根据等级评定系统做分级，2 级或 2 级以上指示有明显的炎症反应(框 7-2)。等级系统是用来表达中性粒细胞的存在和数量(图 7-32)或淋巴细胞-浆细胞的炎性成分(图 7-31)。嗜酸性粒细胞浸润为主和炎性肠炎(即嗜酸性粒细胞肠炎)有关，或与寄生虫和食物类抗原的继发反应有关(图 7-33A&B)。对于猫的胃肠道嗜酸细胞性硬化性纤维组织增生(Craig et al.，2009)已经被证实和上述嗜酸性的情况相似。另外，嗜酸性粒细胞和纤维细胞的存在也会导致严重的肠纤维化，从而影响到幽门和结肠(图 7-33C)。当中等到大的淋巴细胞为主时，严重的淋巴细胞性肠炎可能和恶性淋巴瘤较难区分(见肠肿瘤部分)。必须要和组织学结果相比较。数量增加的颗粒状淋巴细胞提示存在非特异性肠炎，尤其是猫。嗜酸性粒细胞、肥大细胞、潘氏细胞和黏液分泌细胞可能由于染色特征的改变(图 7-27A&B)和由于免疫反应形成的轻度或明显的核变形、破裂和溶解而难以区分。当存在免疫反应时，可以用过碘酸-希夫或乌洛托品银染色显示真菌和原虫。可以通过在十二指肠中找到滋养体对贾第鞭毛虫做出诊断。它们是双核、梨形的生物，有 4 对鞭毛(图 7-34A&B)。在小肠和结肠中可以发现许多感染病原。真菌(图 7-35A&B)，像假丝酵母菌、粗球孢子菌或屈弯科克霉，可以在严重的黏膜感染或继发免疫抑制反应中出现(Parker et al.，2011)。

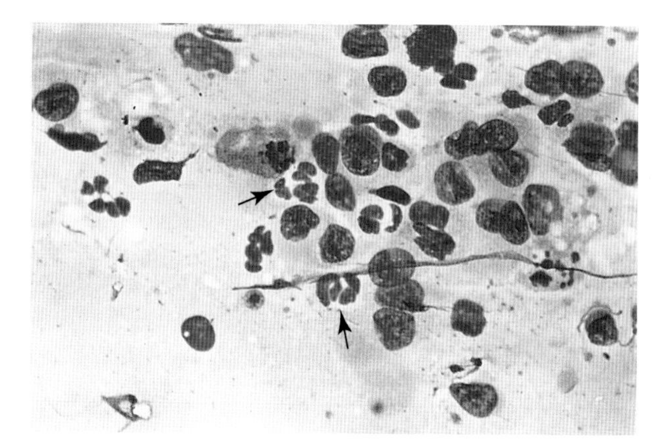

■ **图 7-32 化脓性肠炎。等级 5/6。触抹涂片。**大量的中性粒细胞(箭头)混合轻度嗜碱染色的肠上皮细胞。一个偶然出现的嗜酸性粒细胞(没有显示)是经常被发现的，对诊断无指导意义。核碎片在中央右侧，有长的、细的游离的核物质存在。(瑞氏染色；高倍油镜)

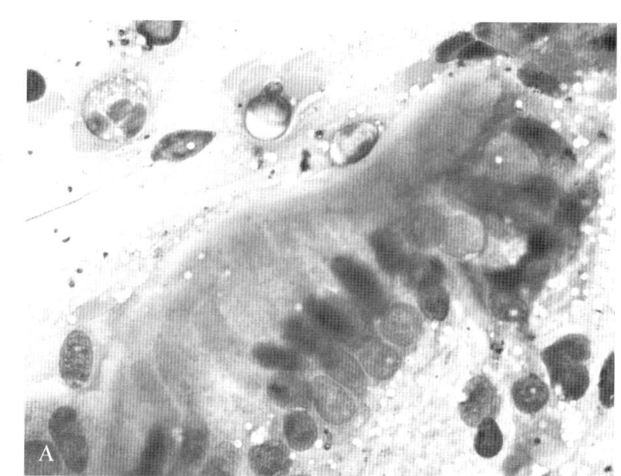

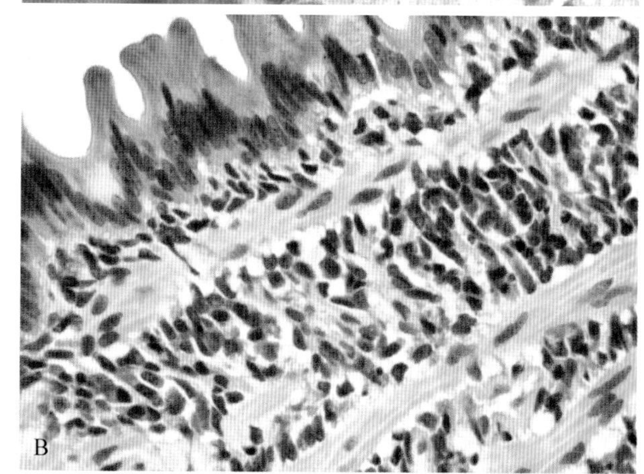

■ **图 7-33 嗜酸粒细胞性肠炎。犬。A. 触抹涂片。**两个中等大小的淋巴细胞，一个游离核，一个嗜酸性粒细胞(上左)和一排均匀的上皮细胞嵌在蓝色的黏蛋白的背景中。(改良瑞氏染色；高倍油镜)**B. 内窥镜下组织活检。**固有层嗜酸性粒细胞的数量增加。(H&E 染色；高倍油镜)

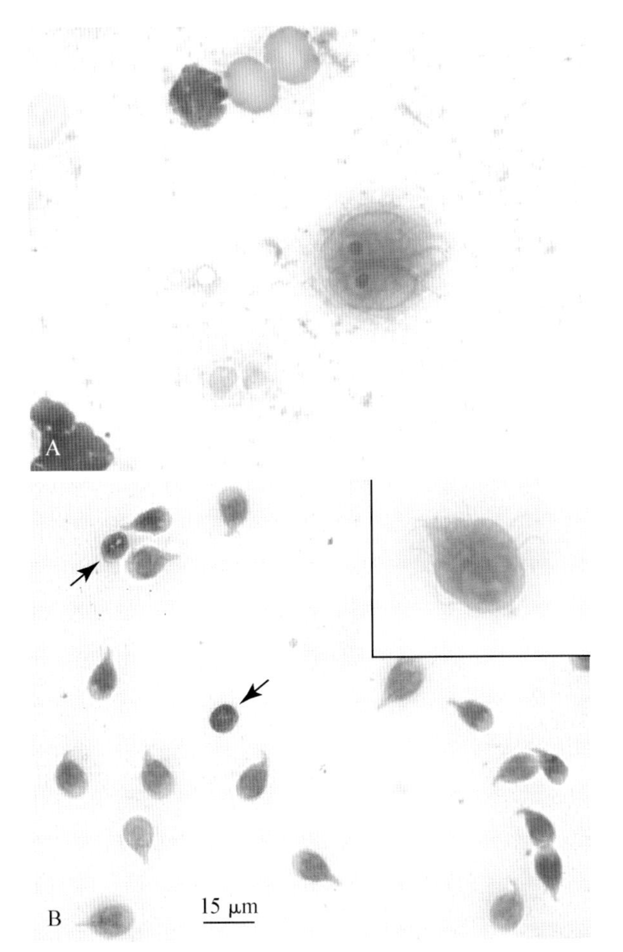


■ 图 7-34　**贾第鞭毛虫。A. 十二指肠压片。**肠鞭毛虫（兰氏鞭毛虫属或十二指肠）通过它的易染的双核和多鞭毛被诊断出。诊断也可以通过硫酸锌粪便漂浮法，ELISA，或免疫荧光粪便检查。（改良瑞氏染色；高倍油镜）**B. 十二指肠压片。犬。**表现低蛋白血症的犬内窥镜下检查表现正常。在上皮细胞（没有表现出）中有许多滋养体。滋养体和两个小淋巴细胞（箭头）的大小相近。（改良瑞氏染色；高倍油镜）注意从滋养体延伸出来的鞭毛。（B，Courtesy of Rose Raskin，Purdue University.）

### 肿瘤

通过细胞学是否能检测到肠肿瘤取决于侵袭的程度和溃疡的存在。淋巴瘤容易脱落，容易进行细胞学诊断（图 7-36A&B）。Franks et al（1986）发表了关于猫大淋巴瘤的临床表现、细胞学、组织学和超微结构的发现。大颗粒的淋巴细胞瘤包括肠道和肠淋巴结，是可能合适细胞学检查的器官（Darbes et al.，1998）。一项研究表明"颗粒状圆形的细胞瘤"有常见的细胞起源，涉及的细胞是黏膜肥大细胞和白细胞之间的转换（图 7-27B）（McEntee et al.，1993）。然而，可能由于肿瘤性淋巴细胞不易被染色和容易破裂，在细胞学检查中容易被错过。偶尔地，区分严重的淋巴细胞性肠炎和淋巴肿瘤是困难的。另外，读者可以参考正常肠道细胞学那部分的讨论，如果采样时不小心采取了集合淋巴滤泡可能发生不正确的诊断。确定细胞学的诊断必须要结合组织病理学的结果。

肠腺癌具有肿瘤上皮细胞的一般特征(图 7-37A&B)。在我们的实验中，其他的肠道肿瘤（例如，平滑肌肉瘤、间质瘤和纤维肉瘤）由于位置较深和不容易脱落，是很难通过细胞学被诊断出来的。

## 结肠/直肠/粪便

### 正常细胞学

结肠细胞学的样本包括均匀的柱状上皮细胞，包含黏蛋白的杯状细胞和基底核（图 7-38）。混有细菌是常见的情况。直肠拭子包含柱状上皮和粪便。聚集的淋巴滤泡在结肠中存在，细胞学能观察到混有小

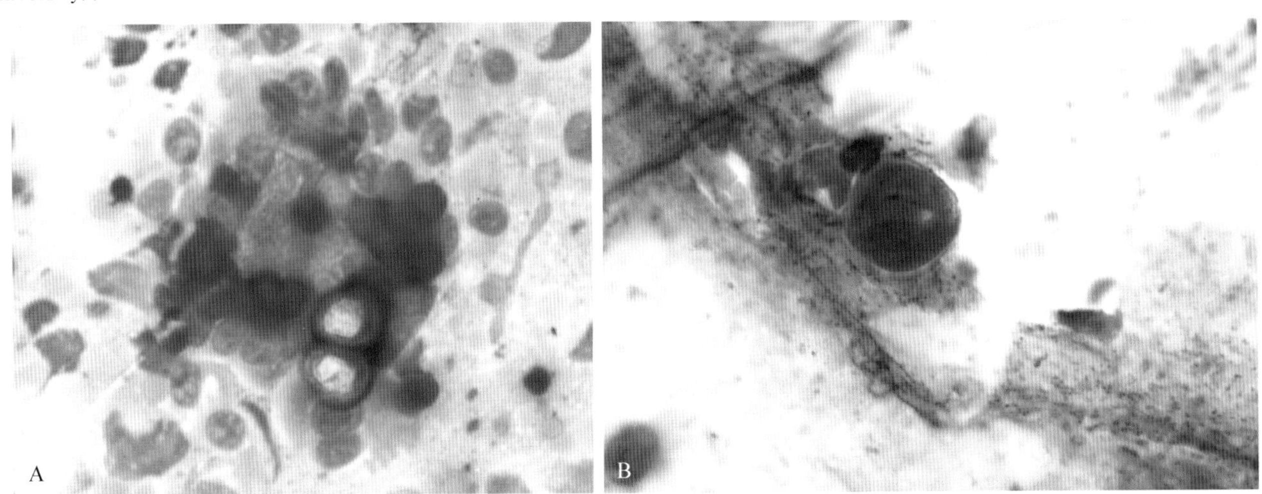


■ 图 7-35　**真菌感染。A. 十二指肠刷取。犬。屈弯科克霉。**两个嗜碱性的、圆的、厚壁结构，淡蓝色的染色中心，直径大约 15 μm（1.5 倍的红细胞直径），和图片中间的上皮细胞群相连。不常见的致病菌在形态上类似于常见的病原体（粗球孢子菌属）需要培养做鉴定。背景中有游离核和聚集的红细胞。（改良瑞氏染色；高倍油镜）**B. 直肠刮取　粗球孢子菌。**一个大的、嗜碱性的圆形、类似于酵母的有机体，直径大约 15 μm，被细菌和黏液包围。可以通过血清学检测和培养确认。（改良瑞氏染色；高倍油镜）

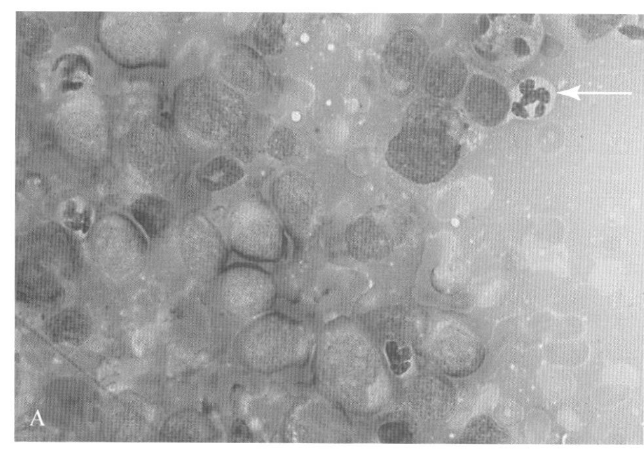
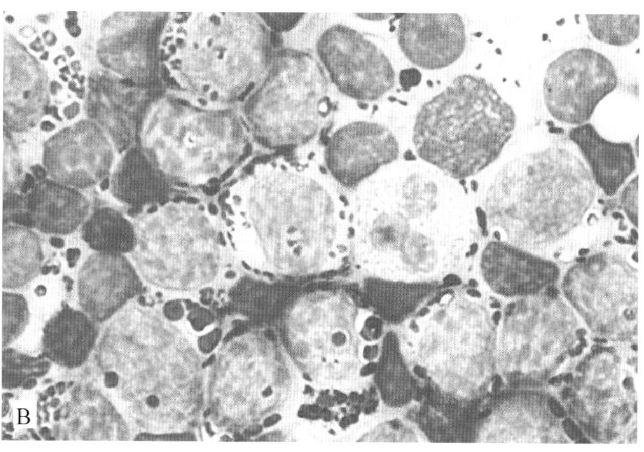

■ 图 7-36 **A. 小肠淋巴瘤。触抹涂片。**许多大淋巴细胞嵌入嗜碱性的黏液中。这些不成熟的淋巴细胞有椭圆形到形状不规则的核，核有均匀的，苍白的染色质，被轻度到适度的嗜碱性细胞质包围。它们大的型号和中性粒细胞相似(长箭头)。(瑞氏染色；高倍油镜)**B. 大颗粒淋巴细胞瘤。细针抽吸腹部肿块。猫。**这些单一形态的细胞有圆形至椭圆形的核，黏稠的染色质被轻度至中度的嗜碱性细胞质包围，包含大小不等的异染染色颗粒。一些细胞有小的颗粒在细胞质中聚集一堆(没有显示)。深染的小淋巴细胞夹杂在肿瘤细胞中间，一个被分离的有轻微染色颗粒的嗜酸性粒细胞在中心位置。手术发现有一个融合了淋巴结和小肠的融合的肿块。(瑞氏染色；高倍油镜)(A，Courtesy of Denny Meyer.)

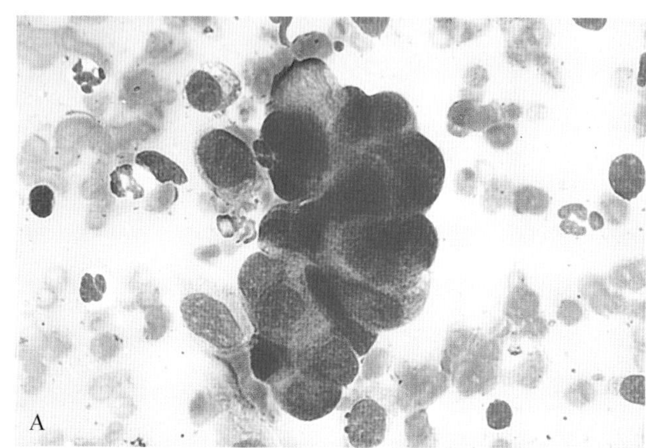
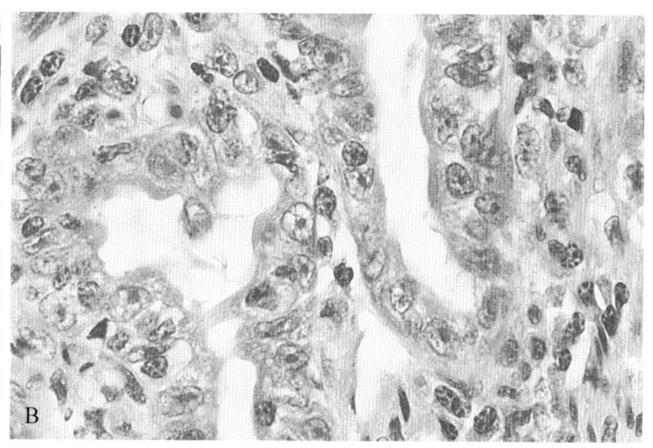

■ 图 7-37 **小肠腺癌。A. 触抹涂片。**密集的上皮细胞群证明嗜碱性增加，明显的细胞大小不均和核不均，核质比多变，临近细胞过度生长。它们的尺寸和中性粒细胞相近。(瑞氏染色；高倍油镜)**B. 组织学。**混乱的上皮小管是由表现出轻度至明显的细胞畸变和核不均、多变的核染色质形态、突出的核仁、多变的核质比的细胞组成。(H&E 染色；高倍油镜)

的、中等的和大的淋巴细胞。读者可以再次参考小肠的正常的细胞学的结构那章，如果淋巴滤泡不小心被采集会造成错误的诊断。在第 8 章中有对粪便细胞学详细的描述。

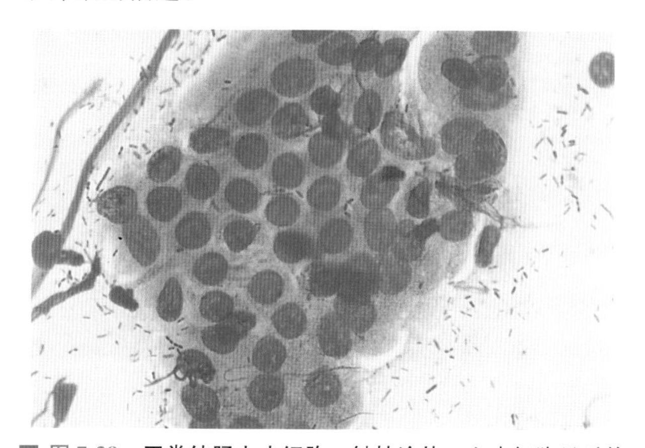

■ 图 7-38 **正常结肠上皮细胞。触抹涂片。**上皮细胞显示均匀的细胞学结构和染色特征。通常会发现许多大小不同和形状不同的细菌。(瑞氏染色；高倍油镜)

### 增生

通过内窥镜观察相对正常表现的黏膜表面，细胞学检查发现均一的上皮细胞群支持黏膜增生的诊断。增生的上皮细胞有轻度的细胞异型性和明显的核仁，特别是直肠黏膜增生时更加明显(图 7-39A&B)。

### 炎症

发现中性粒细胞提示结肠和(或)直肠有炎症反应，因为接近小肠的中性粒细胞会被迅速破坏(图 7-40A)。中性粒细胞可能感染的原因包括细菌(产气荚膜芽孢杆菌(图 7-40B)，空肠弯曲杆菌，沙门氏菌，大肠杆菌的肠毒素菌株)和寄生虫(狐毛首线虫)(图 7-40C)。黏膜糜烂和黏膜上皮屏障被破坏也会使中性粒细胞增加(图 7-40D&E)。存在小到中等的淋巴细胞，存在或者不存在浆细胞，这种情况与慢性结肠炎的诊断结果一致(图 7-41A&B)。可能在结肠和直

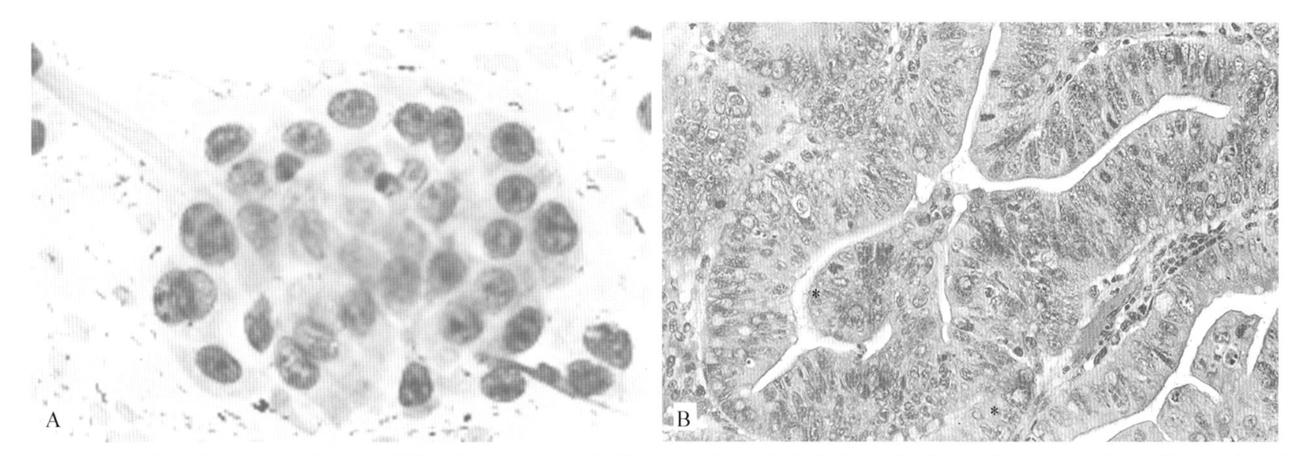

■ 图 7-39 **增生结肠上皮细胞。A. 触抹涂片。**有未被染色的上皮细胞,包含点状染色质的核,包含一到两个核仁,核的尺寸和形状变化小。细胞学检查应与息肉、腺癌和分化良好的肿瘤区分开。背景中大量的细菌是正常的结肠菌群。(瑞氏染色;高倍油镜)**B. 组织学。**乳头状突起(星号)被有粗染色质,突出核仁的基底部细胞核增生的柱状上皮细胞覆盖。这个组织和良性病变的组织在结构上是一致的。(H&E 染色;中倍镜)

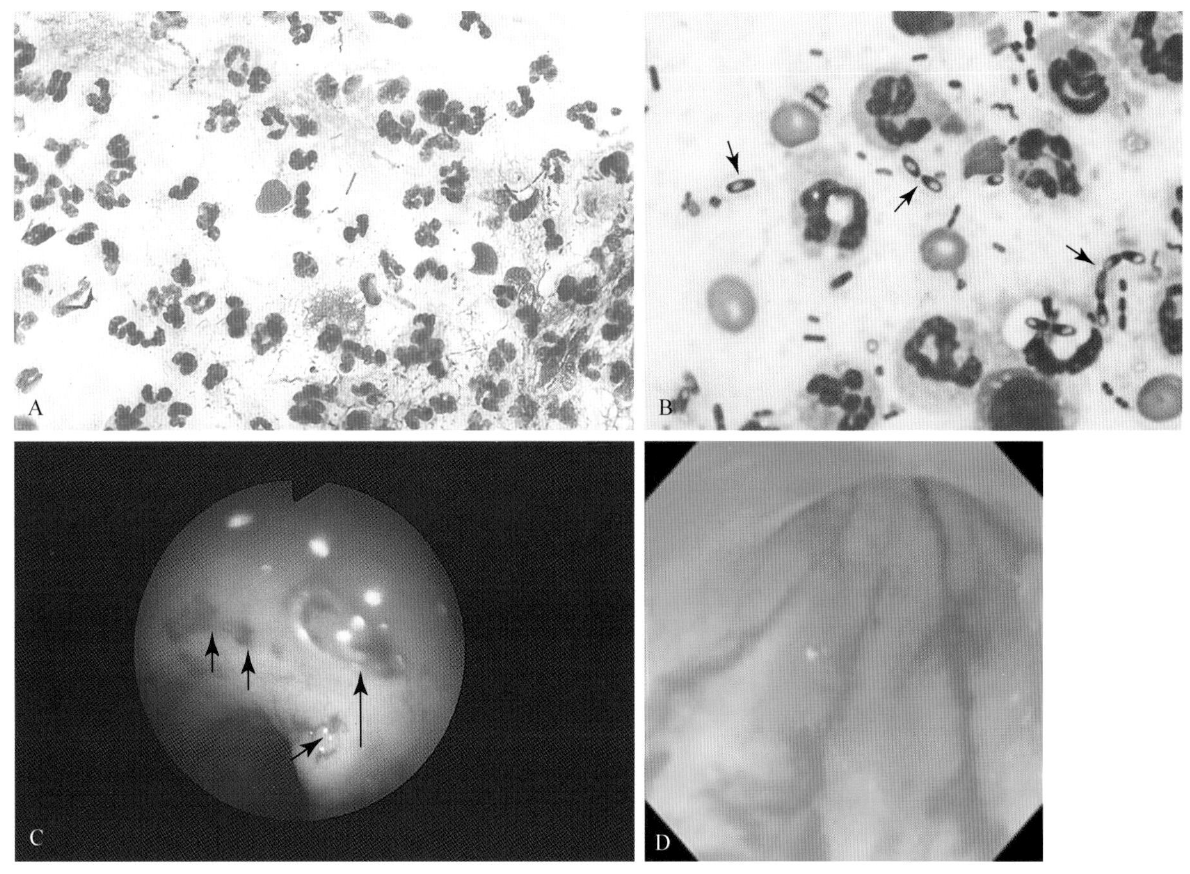

■ 图 7-40 **炎症。A. 化脓性(中性粒细胞性)肠炎。刮取。**中性粒细胞是主要的炎性细胞。结肠菌群混合。鉴别诊断包括弯曲菌,沙门氏菌,梭菌和线虫。这种情况的原因不确定。(瑞氏染色;高倍油镜)**B. 梭菌性结肠炎。直肠涂片。**大量的中性粒细胞在粪便涂片中是主要的炎性细胞。大的杆状细菌芽孢的数量增加,它们的中心明确,一侧的密度增加(形态上像"安全别针")是明显的特征(短箭头)。细菌的形态和产气荚膜梭菌一致。可能见到一些异常的生物,但是每 1 000 倍的油镜视野不超过 5 个属于正常。(瑞氏染色;高倍油镜)**C. 狐毛首线虫引起的结肠炎。内窥镜观察。**狐毛首线虫寄生于结肠黏膜的出血的位置(长箭头)。一些其他的位置也出现黏膜的炎症(短箭头)。在粪便涂片中有中等数量的中性粒细胞。**D. 被侵蚀的表面。内窥镜检查。**在内窥镜下可观察到十二指肠黏膜下有多线性的侵蚀。触抹涂片和刷子取样的细胞学样本经常显示中性粒细胞是 E 图所示浅表黏膜损伤主要的炎性细胞。

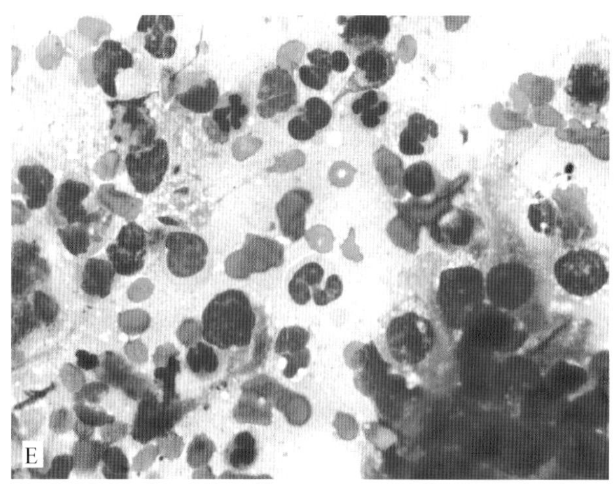


■ 图 7-40 续 **E. 十二指肠刮刷。犬。**在蓝灰色的黏液背景下有中性粒细胞和密集的上皮细胞丛(下右),还有红细胞。(改良瑞氏染色;高倍油镜)(B,Courtesy of Rose Raskin,Purdue University. C,Courtesy of Colin Burrows and Denny Meyer,University of Florida.)

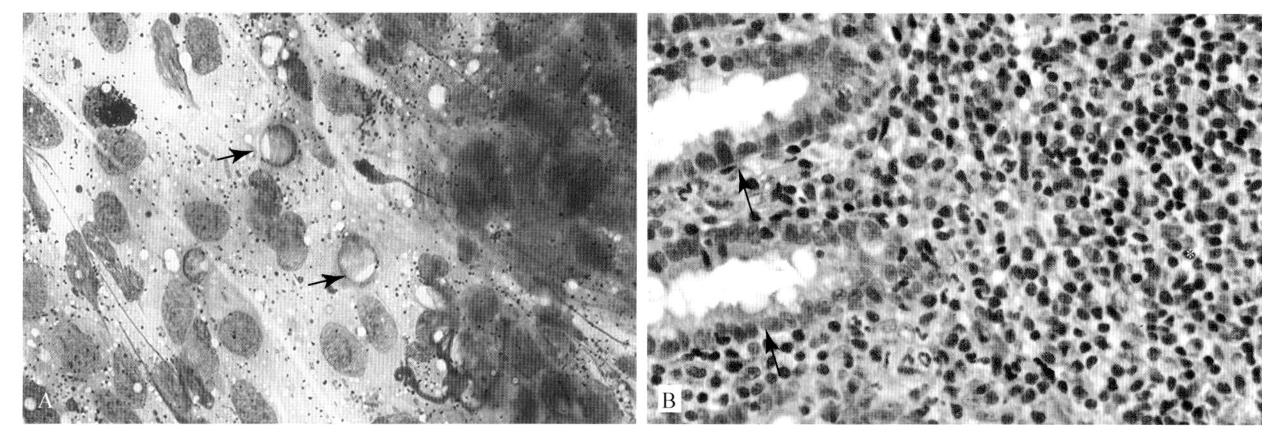


■ 图 7-41 **淋巴细胞性结肠炎。A. 触抹涂片。**小到中等大小的淋巴细胞由均匀染色质的圆形至椭圆形的细胞核和边缘轻染至清晰的嗜碱性细胞质组成(箭头)。密集的嗜碱性上皮细胞群(右侧远端)和在轻度嗜碱染色黏液背景中丰富的黏蛋白颗粒提示有黏膜增生。(瑞氏染色;高倍油镜)**B. 组织学。**小的至中等大小的淋巴细胞有中度或明显的增加,侵入更深的黏膜区域(星号)。增生的黏膜腺(箭头)由突出的杯状细胞排列组成,有大的清晰的黏液空泡。(H&E 染色;高倍油镜)

肠取样时发生出血。血液中的白细胞可能会使细胞学诊断误读,特别是如果并发白细胞增多的情况。

结肠样本可以用来检测藻类菌属(直肠),荚膜组织胞浆菌(小肠、直肠),肠袋虫属杆菌(直肠)和新型隐球菌(小肠)(Rakich and Latimer,1999)。藻类菌属是无色藻类(1.3～13.4 μm 宽和 1.3～16.1 μm长)有嗜碱性粒细胞质,一个透明的细胞壁和小的细胞核(Rakich and Latimer,1999)(图 7-42A)。可能看到细胞内生孢子的产生。全身性的真菌感染可最终通过结肠刮取检测到。包括经常在巨噬细胞内的荚膜组织胞浆菌(2～4 μm)(图 7-42B)和新型隐球菌(酵母,3.5～7 μm),其微观特征是一个特征明显的、未被染色的荚膜(图 7-42C)。杆菌(40～80)μm×(25～45)μm 到 30～300 μm×30～100 μm)是进食猪粪便的犬感染的纤毛原生微生物。鞭毛虫破坏结肠黏膜可能会导致杆菌感染。偶尔地,可能在胃、小肠和(或)结肠中发现一种有折射特征、嗜碱深染、细胞壁薄的皮炎芽生菌(酵母菌 7～15 μm)(图 7-42D)。

经常观察到兔粪酵母菌属(同之前的酵母菌属),作为一种非病原体出现在犬的胃、小肠和结肠样本中(图 7-42D)。这是一种经常在兔子粪便中大量出现的酵母菌(Neel et al.,2006;Zierdt et al.,1988),可能是犬食用了兔粪便后的体内发现。

## 肿瘤

结肠癌/腺癌和淋巴瘤(图 7-43)是最常见的,细胞学诊断特征类似于在其他肠道的特征。浆细胞瘤可能发生在结肠和包括口腔在内的其他消化道部分(图 7-44)。

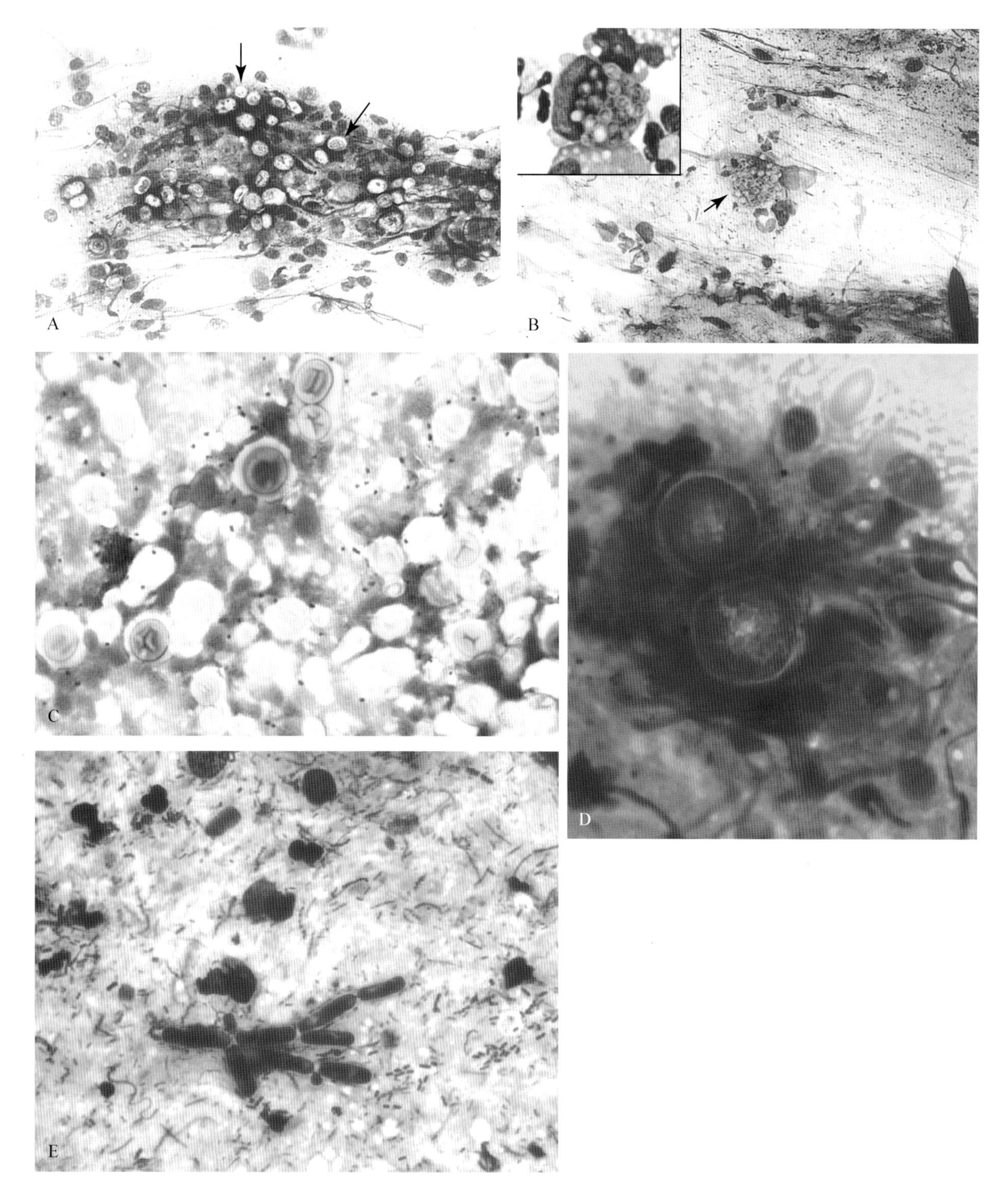

■ 图 7-42　**致病性病原体。A. 绿藻属。结肠触抹涂片。**出现大量的大小不同，清晰的椭圆结构，有嗜酸性到嗜碱性的颗粒（箭头）。有机体嵌入致密排列的上皮细胞。（瑞氏染色；高倍油镜）**B. 荚膜组织浆胞菌。直肠刮取。**主要是中性粒细胞，有一个巨噬细胞，两个小的淋巴细胞（中央和上右侧），存在聚集的红细胞群。中间的巨噬细胞胞浆被许多微染的椭圆形生物填充。（瑞氏染色；高倍油镜）注意：和从受感染犬的腹腔积液中的巨噬细胞相近。这只患犬有胃肠道组织浆胞菌出现明显的大量的腹腔积液。明显薄的荚膜是在固定过程中由于细胞远离细胞壁的收缩。通过细胞学诊断的真菌通常要通过培养进行排除。（改良瑞氏染色；高倍油镜）**C. 新型隐球菌。B 超引导抽吸。肠系膜淋巴结。犬。**样品从确诊肠道隐球菌病的年轻犬中采取。在蓝色的蛋白背景中有大量的淡染的酵母菌样的，中间有褶皱、厚的荚膜的生物体，其中有深嗜碱染色（中央上方）一些是轻度嗜碱性，在形态学上和隐球菌病一致（直径 8～12 μm ）。不厚的荚膜会有广泛的未染色的空间（光环效应），会有助于和芽孢分生菌病区分。在这个样本中有大量的细菌。（改良瑞氏染色；高倍油镜）**D. 皮炎芽生菌。内窥镜下十二指肠细胞学。**在紫色的游离核组成的蛋白网中有两个大的圆的深染的酵母菌，没有密集的深染中心，和芽生菌一致。相对大的尺寸（直径 10～15 μm）可以用上方的红细胞（直径 8 μm）做对比。它们的厚壁可能会导致其周围空间清晰（改良瑞氏染色；高倍油镜）**E. 兔粪酵母属（之前的复膜孢酵母菌）。内窥镜下的胃细胞学。**酵母结构的圆形到椭圆形的分支和短链（(5～7)μm×20 μm）被薄的、未染色的细胞壁包围，形态上和兔类酵母菌一致，可以通过培养确诊。（瑞氏染色；高倍油镜）（D，Courtesy of Heather Flaherty.）

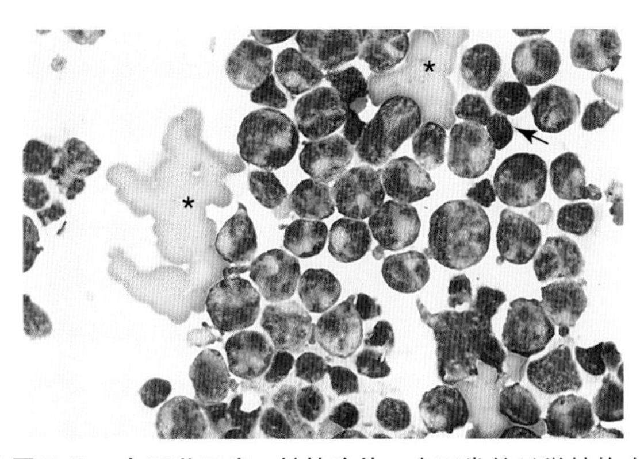


■ 图7-43 **大肠淋巴瘤。触抹涂片。**在正常的显微结构中发现多形性的淋巴细胞有不规则形状到肾形，弯曲的核被中等丰富的深染的嗜碱性细胞浆包围。它们未分化的形态使得它们和淋巴细胞型难以区分。几个有密集细胞核和少量细胞质的小淋巴细胞混合在其中(箭头)。存在两个岛屿样的黄绿色的红细胞(星号)。(瑞氏染色；高倍油镜)

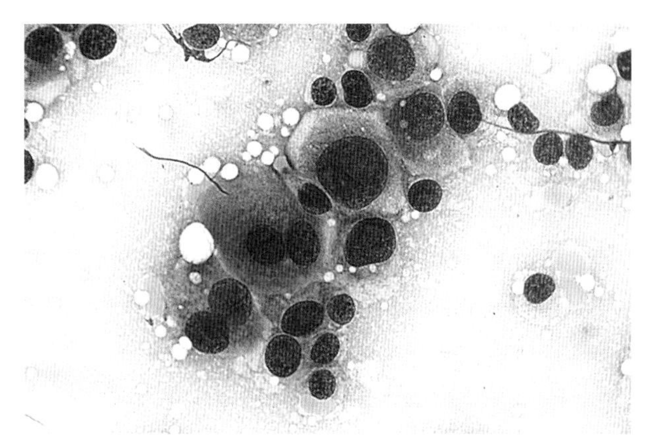

■ 图7-44 **结肠浆细胞瘤。触抹涂片。**这些表现出恶性肿瘤特征的细胞包括明显的细胞大小不均和核不均，还有可变的核质比。它们的形态特征为未分化的癌，偏心核和嗜碱性细胞质也提示是浆细胞的衍变形态。组织学和免疫组化确诊是浆细胞瘤。(瑞氏染色；高倍油镜)

## 参考文献


Baker R, Lumsden JH: The gastrointestinal tract. In Baker R, Lumsden JH(eds): *Color atlas of cytology of the dog and cat*, St. Louis, 2000, Mosby, pp. 177-183.

Baldwin F, Becker AB: Bronchoalveolar eosinophilic cells in a canine model of asthma: two distinctive populations, *Vet Pathol* 30:97-103, 1993.

Bernreuter DC: The oropharynx and tonsils. In Cowell RL, Tyler RD, Meinkoth JH, et al(eds): *Diagnostic cytology and hematology of the dog and cat*, ed 3, St. Louis, 2008, Mosby, pp. 138-148.

Brown CC, Baker DC, Barker IK: Alimentary system. In Maxie MG(ed): *Jubb, Kennedy, and Palmer's pathology of domestic animals*, ed 5, Philadelphia, 2007, Saunders/Elsevier, pp. 1-296.

Ciekot PA, Powers BE, Withrow SJ, et al: Histologically low-grade, yet biologically high-grade, fibrosarcomas of the mandible and maxilla in dogs: 25 cases(1982-1991), *J Am Vet Med Assoc* 204(4):610-615, 1994.

Craig LE, Hardam EE, Hertzke DM, et al: Feline gastrointestinal eosinophilic sclerosing fibroplasia, *Vet Pathol* 46:63-70, 2009.

Darbes J, Majoub M, Breuer W, et al: Large granular lymphocyte leukemia/lymphoma in six cats, *Vet Pathol* 35:370-379, 1998.

de Bruijn ND, Kirpensteijn J, Neyens IJS, et al: A clinicopathological study of 52 feline epulides, *Vet Pathol* 44:161-169, 2007.

Dennis MM, Ehrhart N, Duncan CG, et al: Frequency of and risk factors associated with lingual lesions in dogs: 1,196 cases(1995-2004), *J Am Vet Med Assoc* 228:1533-1537, 2006.

Eaton KA: Editorial: Man bites dog: Helicobacter in the new millennium, *J Vet Int Med* 13:505-596, 1999.

Fan L, Iseki S: Immunohistochemical localization of vascular endothelial growth factor in the globule leukocyte/mucosal mast cell of the rat respiratory and digestive tracts, *Histochem Cell Biol* 111:13-21, 1999.

Fox SM, Burns J, Hawkins J: Spirocercosis in dogs, *Compend Contin Educ Pract Vet* 10:807-822, 1988.

Franks PT, Harvey JW, Calderwood-Mays M, et al: Feline large granular lymphoma, *Vet Pathol* 23:200-202, 1986.

German AJ, Hall EJ, Day MJ: Immune cell populations within the duodenal mucosa of dogs with enteropathies, *J Vet Intern Med* 15(1):14-25, 2001.

Green L: Gastrointestinal cytology. In Atkinson BF(ed): *Atlas of diagnostic cytopathology*, WB Philadelphia, 1992, Saunders, pp. 283-316.

Guilford WG: Diseases of the oral cavity and pharynx. In Guilford WG, Center SA, Strombeck DR, et al (eds): *Strombeck's small animal gastroenterology*, ed 3, Philadelphia, 1996, WB Saunders, pp. 189-201.

Guilford WG, Strombeck DR: Chronic gastric diseases. In Guilford WG, Center SA, Strombeck DR, et al (eds): *Strombeck's small animal gastroenterology*, ed 3, Philadelphia, 1996, WB Saunders, pp275-302.

Hammer A, Getzy D, Ogilvie G, et al: Salivary gland neoplasia in the dog and cat: survival times and prognostic factors, *J Am Anim Hosp Assoc* 37(5):478-482, 2001.

Happonen I, Saari S, Castren L, et al: Comparison of diagnostic methods for detecting gastric *Helicobacter*-like organisms in dogs and cats, *J Comp Pathol* 115(2):117-127, 1996.

Head KW, Else RW, Dubielzig RR: Tumors of the alimentary tract. In Meuten DJ(ed): *Tumors in domestic animals*, ed 4, Ames, 2002, Iowa State Press, pp. 401-481.

Hermanns W, Kregel K, Breuer W, et al: Helicobacter-like organisms: histopathological examination of gastric biopsies from dogs and cats, *J Comp Pathol* 112(3):307–318, 1995.

Honor DJ, DeNicola DB, Turek JJ, et al: A neoplasm of globule leukocytes in a cat, *Vet Pathol* 23:287–292, 1986.

Huntley JF: Mast cells and basophils: a review of their heterogeneity and function, *J Comp Pathol* 107: 349–372, 1992.

Jenkins CC, Bassett JR: Helicobacter infection, *Compend Contin Educ Pract Vet* 19(3):267–279, 1997.

Jergens AE, Andreasen CB, Hagemoser WA, et al: Cytologic examination of exfoliative specimens obtained during endoscopy for diagnosis of gastrointestinal tract disease in dogs and cats, *J Am Vet Med Assoc* 213:1755–1759, 1998.

Joffe DJ, Allen AL: Ulcerative eosinophilic stomatitis in three Cavalier King Charles spaniels, *J Am Anim Hosp Assoc* 31(1):34–37, 1995.

Marcos R, Santos M, Oliveira J, et al: Cytochemical detection of calcium in a case of calcinosis circumscripta in a dog, *Vet Clin Pathol* 35:239–242, 2006.

McEntee MF, Horton S, Blue J, et al: Granulated round cell tumor of cats, *Vet Pathol* 30:195–203, 1993.

Miller RI: Gastrointestinalphycomycosis in 63 dogs, *J Am Vet Med Assoc* 186(5):473–478, 1985.

Narama I, Ozaki K, Matsushima S, et al: Eosinophilic gastroenterocolitis in iron lactate overload rats, *Toxicol Pathol* 27:318–324, 1999.

Neel JA, Tarigo J, Grindem CB: Gallbladder aspirate from a dog, *Vet Clin Pathol* 35(4):467–470, 2006.

Parker VJ, Jergens AE, Whitley EM, et al: Isolation of *Cokeromyces recurvatus* from the gastrointestinal tract in a dog with protein-losing enteropathy, *J Vet Diagn Invest* 23:1014–1016, 2011.

Piseddu E, De Lorenzi D, Freeman K, et al: Cytologic, histologic, and immunohistochemical features of lingual liposarcoma in a dog, *Vet Clin Pathol* 40(3):393–397, 2011.

Ponce F, Marchal T, Magnol JP, et al: A morphological study of 608 cases of canine malignant lymphoma in France with a focus on comparative similarities between canine and human lymphoma morphology, *Vet Pathol* 47:414–433, 2010.

Poulet FM, Valentine BA, Summers BA: A survey of epithelial odontogenic tumors and cysts in dogs and cats, *Vet Pathol* 29(5):369–380, 1992.

Quigley KA, Jackson ML, Haines DM: Hyperlipasemia in 6 dogs with pancreatic or hepatic neoplasia: evidence for tumor lipase production, *Vet Clin Pathol* 30:114–120, 2001.

Rakich PM, Latimer KS: Rectal mucosal scrapings. In Cowell RL, Tyler RD, Meinkoth JH(eds): *Diagnostic cytology and hematology of the dog and cat*, St. Louis, 1999, Mosby, pp249–253.

Rakich PM, Latimer KS, Weiss R, et al: Mucocutaneous plasmacytomas in dogs: 75 cases(1980–1987), *J Am Vet Med Assoc* 194(6):803–810, 1989.

Salisbury SK, Lantz GC, Nelson RW, et al: Pancreatic abscess in dogs: six cases(1978–1986), *J Am Vet Med Assoc* 193(9):1104–1108, 1988.

Simpson KW, Strauss-Ayali D, McDonough PL, et al: Gastric function in dogs with naturally acquired gastric *Helicobacter* spp. infection, *J Vet Int Med* 13:507–515, 1999a.

Simpson KW, McDonough PL, Strauss-Ayali D, et al: *Helicobacter felis* infection in dogs: effects on gastric structure and function, *Vet Pathol* 36:237–248, 1999b.

Spangler WL, Culbertson MR: Salivary gland disease in dogs and cats: 245 cases(1985–1988), *J Vet Med Assoc* 198(3):465–469, 1991.

Wright ZM, Rogers KS, Mansell J: Survival data for canine oral extramedullary plasmacytomas: a retrospective analysis(1996–2006), J Am Anim Hosp Assoc 44(2): 75–81, 2008.

Zierdt CH, Detlefson C, Muller J, et al: *Cyniclomyces guttulatus* (*Saccharomycopsis guttulata*)-culture, ultrastructure, and physiology, *Antonie Van Leeuwenhoek* 54(4): 357–366, 1988.

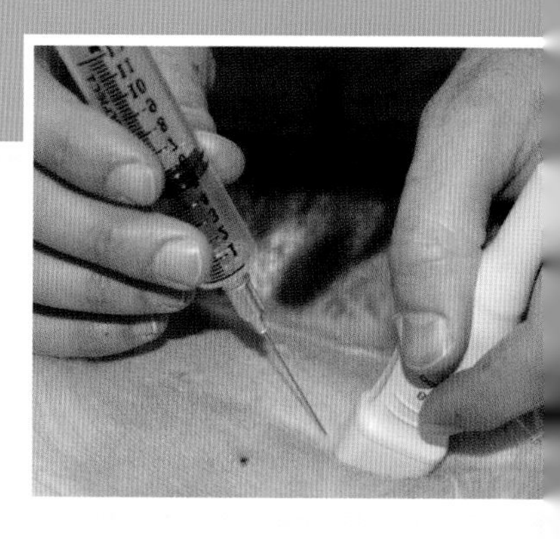

# 第 8 章

# 干粪便细胞学

*Amy L. Weeden, Heather L. Wamsley*

在对患病动物胃肠道症状完整的评价过程中有必要进行多种粪便诊断检测。最理想的粪便评估包括:可能的测试(例如,湿粪便脱落细胞学检查、干粪便脱落细胞学检查、细菌培养、粪便抗原检测方法、粪便漂浮法、粪便沉积法、贝尔曼氏法)和所需的样本处理、诊断指征及解释已经编纂出来了(Broussard, 2003)。干粪便细胞学(风干涂片)检查是患有胃肠道症状的动物进行彻底诊断评估的一个组成部分。由于一些粪便中的病原体可以从形态上与附带的非病原微生物进行区分,干粪便细胞学的结果应该结合患病动物的临床表现和其他诊断检测(例如,湿粪便细胞学、细菌培养和粪便抗原检测)的结果进行解读。

进行干粪便细胞学检测,可能对疾病的系统性评估有所帮助,系统性评估的目的是对背景细胞的评估以及异常真核细胞和致病微生物的检测(框 8-1)。

**框 8-1　干粪便细胞学评估方法系统指南**

1. 使用 100×物镜评估背景中的细菌和真菌群落
2. 确定每个 100×目镜视野下形成芽孢细菌的数量
3. 使用 50×或 100×目镜检查涂片其他潜在的病原体
   a. 藻类(例如,原壁菌)
   b. 细菌(例如,鸥翼形和螺旋形的细菌)
   c. 真菌(例如,组织胞浆菌、曲霉菌、芽生菌、念珠菌、隐球菌)
   d. 卵菌(例如,腐霉)
   e. 原生动物(例如,隐孢子虫、贾地鞭毛虫、阿米巴原虫、毛滴虫、肠袋虫)
   f. 罕见发现(例如,很难被这种方法诊断出来的线虫和吸虫的卵【图 8-1A&B】和幼虫)
4. 扫描涂片中宿主细胞的存在
   a. 炎性细胞——观察类型和相对数量
   b. 上皮细胞——评估数量和形态(即,正常、增生或肿瘤)
   c. 其他非典型性或肿瘤性宿主细胞

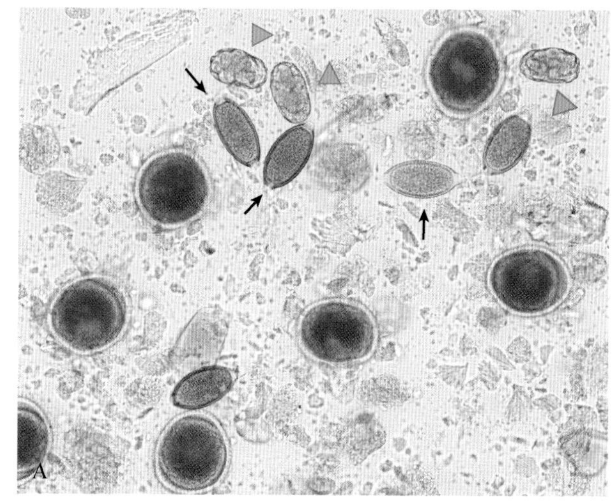

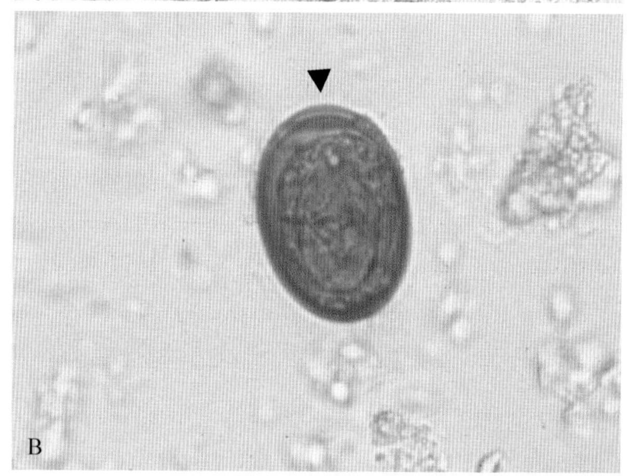

■ 图 8-1　**A. 线虫卵。粪便。犬。**列出了几种常见的虫卵。大、深色、圆形的是犬蛔虫卵。黑色箭头指示的是狐毛首线虫。蓝色箭头指示的是犬钩虫。(无染色;中倍镜)**B. 吸虫卵法斯特平体吸虫(康恩斯吸虫属)。粪便。猫。**虫卵大小为(34～50)μm ×(20～35)μm,卵壁很厚。箭头指示卵盖。(无染色;低倍镜)(图 A 源于普渡大学;图 B 源于 Rose Raskin,佛罗里达大学)

## 样本的采集和处理

采集粪便样本的方法可能会影响到以下方面:部分直肠会被表现出来(内腔 vs. 黏膜)以及样品中一部分(真核的和原核的)细胞成分。采样方法、所需样本量和后续的样本处理都取决于预期的粪便检测(Broussard, 2003)。采集粪便样本进行细胞学检测重要的目的包括检查代表黏膜表面的新鲜样本(采集少于 5 min 的样本),并且制备没有过分密集的粪便薄片。粪便薄片过分密集的区域容易在染色的时候脱离或者会掩盖原有的细胞学的详尽信息。因为粪便中的细胞含量是动态的并且有可能在粪便采集之后继续发生改变，所以建议在采集后立刻进行检查。

**关键点** 使用新鲜粪便制备薄片要比致密厚实的涂片好得多。判读干粪便细胞学的结果时应考虑患病动物的临床表现和其他诊断的结果。

**关键点** 由于粪便在染色过程中容易脱落，所以如果使用浸泡技术进行染色的话，成批染色粪便抹片后更换染色液是很重要的。这些预防措施将有助于避免随后的标本染色时被细菌污染。

粪便细胞学检查有几种可能的取样方法，包括：采集纯粹的粪便、直肠生理盐水灌洗和直肠刮片。直肠指检可以获得少量的新鲜粪便；当不能使用直肠指检时，可以使用湿润的棉棒或粪便环。立即收集排泄的粪便也是可以使用的，然而排泄的样本对于直肠部分的管腔更具代表性，并不是理想的用于细胞学评估的粪便样本。排泄的粪便样本是其他诊断测试的首选样本，如粪便悬浮、粪便沉积或者贝尔曼法，因为样本量丰富且富含寄生虫卵和包囊(Broussard，2003)。通常情况下，如果使用湿润的棉棒获得少量的粪便样本，那么可以将棉棒头轻轻地在玻片上滚动来制备薄薄的一层直接观察。另外，轻微稀释的粪便可用于制备粪便薄片，在一张干净的显微镜玻片上放置一滴无菌的常规盐水，添加极少量的粪便(不大于火柴头)，用无菌的木制涂棒混匀，样本的扩展(推片)还是按照其他薄片制备的方法操作。推片前后透过样本应该可以清晰地看到报纸上的字迹。

直肠生理盐水灌洗丰富了黏膜物质的采集，包括黏液、能动的原生动物和细菌。灌洗液体含有相对较少量的管腔粪便，是进行粪便细胞学检查的理想的样本(Broussard，2003)。妥善收集灌洗液体应有泥状的浓稠度，一滴就可以用于制备薄片。

尽管粪便和直肠刮片并不是同义词，但是直肠刮片得到的材料是经常提交用作干粪便细胞学检查的。用棉签或者钝铲进行直肠刮片是一种稍微有侵入性的的采样方法(通过直接刮取直肠表面的方法)。直肠刮片通常是需要定位一些黏膜深部的感染(如组织胞浆菌、原壁菌)或者出现典型的深部黏膜细胞浸润位置。

干粪便细胞学检查可用于检查微生物菌群和任何可能存在的宿主细胞(如，上皮细胞、炎症)，并且可以检测可能存在的病原体(如细菌、真菌、藻类、卵菌类或原生动物)。偶尔，干粪便细胞学的评价可以作为诊断，但在多数情况下用于辅助排除腹泻原因。

**关键点** 很多异常，特别是那些涉及背景菌群的，是非特异性的，代表偶然的相关于其他潜在疾病、生理过程或者之前抗菌治疗的发现。

## 常规或偶然的镜下所见

背景的微生物菌群应该主要是由几种不同的杆菌(图 8-2)组成的及其多态性的群体。每个 100× 视野区域应少于 5 个芽孢杆菌(Broussard，2003)。球菌应该没有或者很少观察到。偶尔会看到一些胞外的、圆形或卵圆形的、直径 5～10 μm、点状的、拥有无色薄荚膜的各种嗜碱性真菌(图 8-3 和图 8-4)。虽然腹泻的粪便中经常发现这些真菌结构，但这并不能肯定是否有直接的因果关系。

点滴复膜酵母是一些啮齿类动物和兔形目动物(家兔、豚鼠和龙猫)的正常菌群中的一部分(Zierdt et al.，1988)。有时在犬的粪便中也会偶然观察到一些单个或者成对儿的复膜酵母，这被认为是食粪癖表现，而不是致病性结果(图 8-5)。然而关于这种真菌对于犬是否完全具有致病性还是不确定的。初步研究和传闻报导有一些与这种真菌相关的慢性腹泻的临床病例(Houwers and Blankenstein，2001；Mandigers，2007)。在评估一些慢性腹泻的患病动物时，在干粪便细胞学检查中检测到的唯一的异常就是不计其数的单个和大量集结的出芽生殖的复膜酵母的存在(图 8-6 和图 8-7)。在新鲜粪便中观察到的许多分殖的有机体可能代表着一个持续腹泻的作用因素，或者是因潜在病因、生理过程或事先的抗菌治疗造成的菌群失调。尽管这种真菌偶尔大量出现在慢性腹泻的犬的粪便里，但此时此刻其致病性仍是未经证实的，在这种情况下观察到的这种现象应作为异常的发现报告出来。

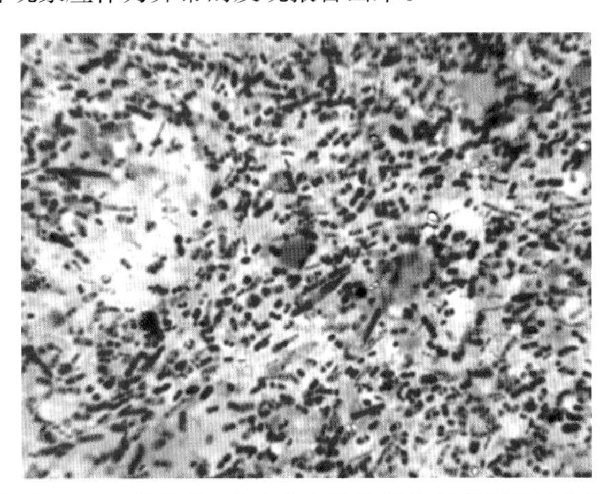

■ 图 8-2 **正常菌群。**高度多态性的混合菌群主要是由几个不同的预计在粪便中观察到的杆菌组成，并且通常发现在杂乱的、淡嗜碱性的不存在或者少量存在宿主细胞的背景上。(瑞-吉氏染色；高倍油镜)

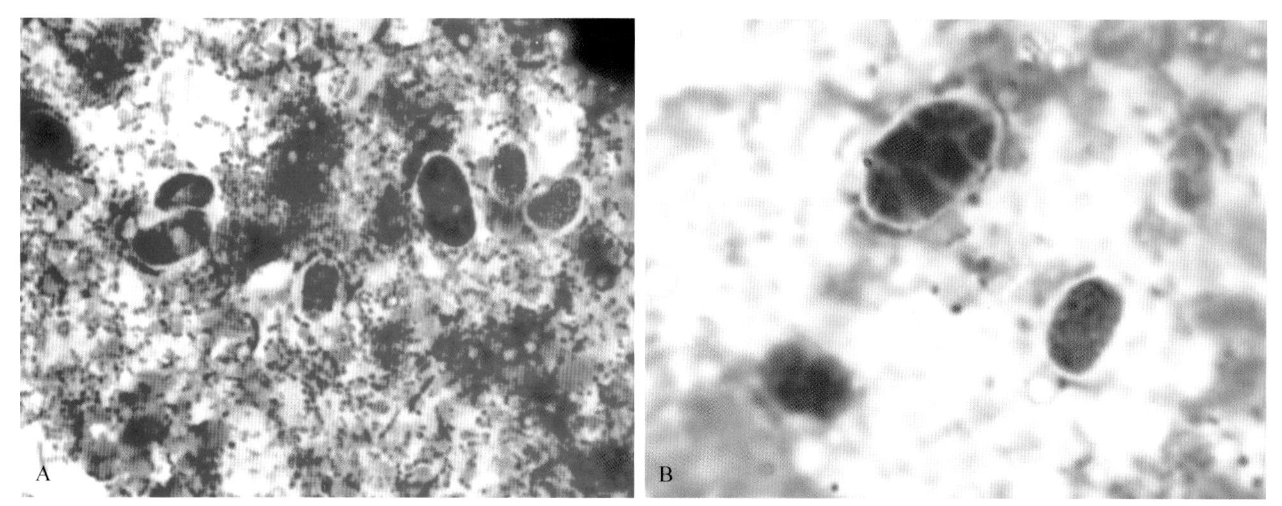


■ 图 8-3 **偶见的真菌。A.** 在粪便涂片检查中可能有时在细胞外观察到几个圆形或卵圆形、直径 5～10 μm、斑点状、拥有无色薄荚膜的嗜碱性真菌。(瑞-吉氏染色;高倍油镜)**B.** 在粪便涂片检查中可能观察到的放大的胞外粪便真菌。(瑞-吉氏染色;高倍油镜)

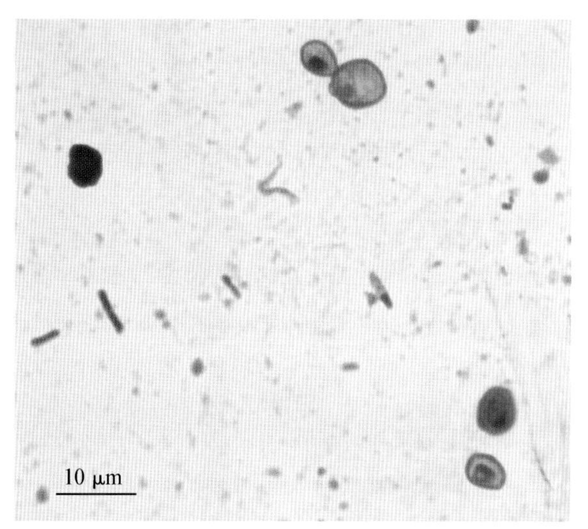


■ 图 8-4 **偶见的真菌。猫。**这些真菌会出现在成年腹泻猫的粪便中。它们显示为单一或出芽的形式并在内部拥有清晰的局灶性深染区。该真菌出现在腹泻中的意义还是未知的,但是它们更常出现在水样粪便中可能是为了更容易释放生物体而产生的洗涤作用。(瑞氏染色;高倍油镜)(源于 Rose Raskin;普渡大学)

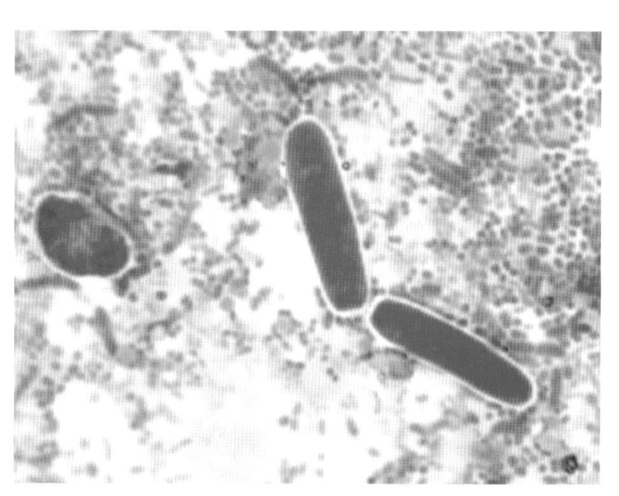

■ 图 8-5 **真菌。**异常的细菌菌群,包含众多双球菌,出现在苍白的嗜碱性背景中,同时含有少量形状不规则、折光的琥珀色物质和一个单一的偶然出现的胞外粪便真菌(左侧)以及两个点滴复膜酵母。(瑞-吉氏染色;高倍油镜)

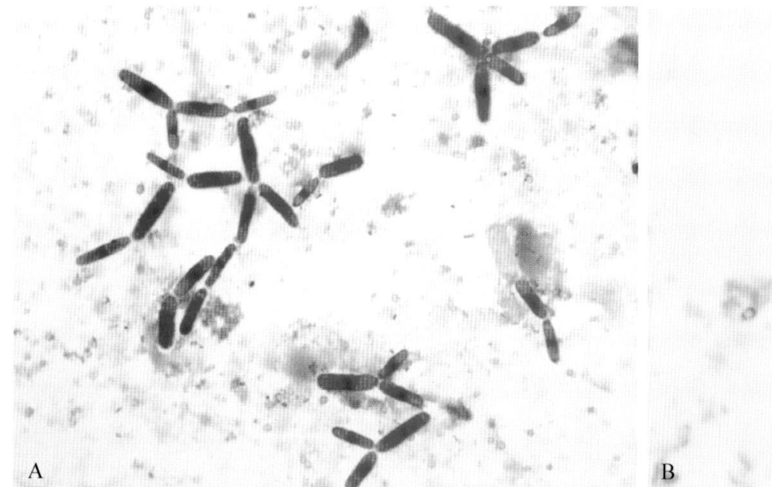


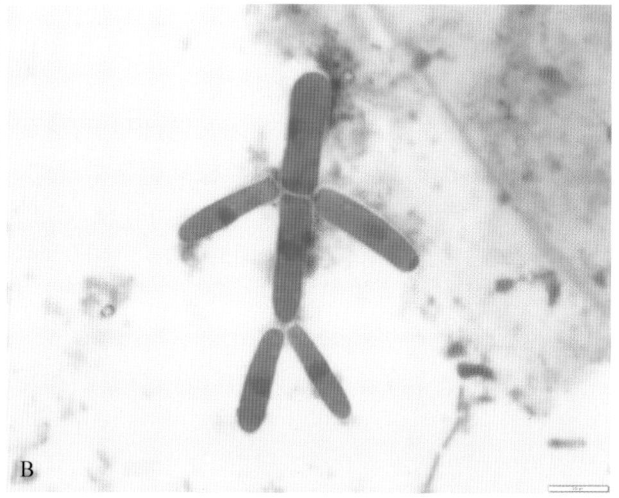


■ 图 8-6 **真菌。点滴复膜酵母。犬。A.** 在一例慢性腹泻的犬的粪便中观察到几个出芽的微生物。(瑞-吉氏染色;高倍镜)**B.** 高倍放大的出芽真菌。(改良瑞氏染色;高倍油镜)(B图由 Kristin Fisher 提供,普渡大学)

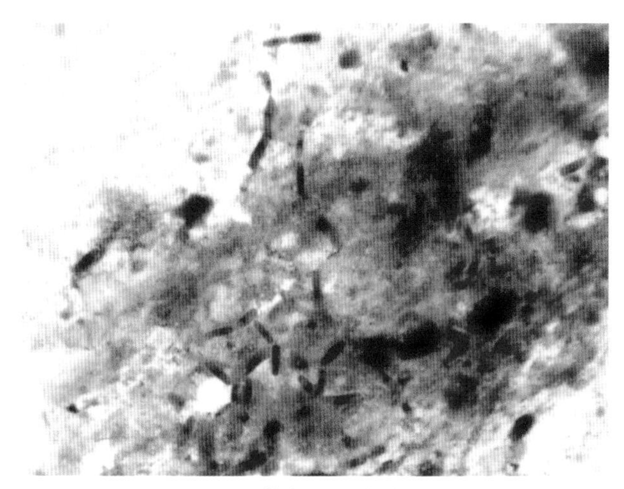

■ 图 8-7　**真菌。**与非晶体灰褐色食糜和鳞状上皮细胞相关联的大面积的出芽点滴复膜酵母。（瑞-吉氏染色；高倍油镜）

镜下常见的大小不一、形状不规则的无色或者琥珀色的物质和蓝绿色类似细胞壁的物质分别是食糜和摄入的植物物质（图 8-8）。背景中也通常包含大小不一、无定型的嗜碱性物质，与黏液是一致的。观察黏液量的多少取决于潜在的疾病是否与直肠黏液分泌过多相关，且采样方法是否对于直肠黏膜或直肠腔更具代表性，通过直肠生理盐水灌洗或直肠刮片得到的样本可能比通过其他手段得到的样本包含更多的黏液。

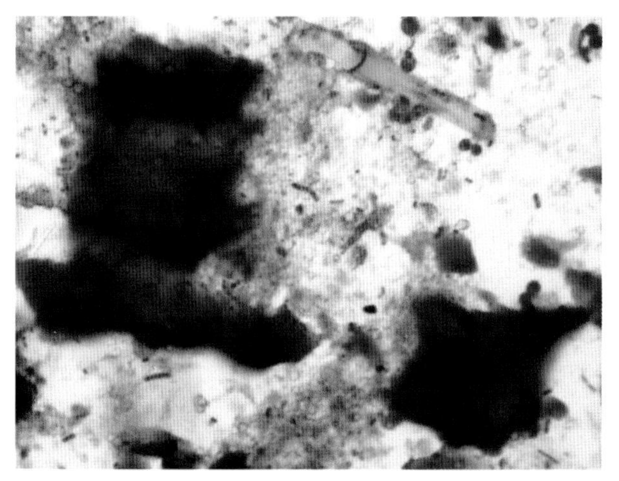

■ 图 8-8　**植物物质。**常见于犬、猫粪便中的摄取的具有平行细胞壁的蓝绿色的植物物质。（瑞-吉氏染色；高倍油镜）。

包括鳞状上皮或单层柱状上皮细胞在内的分化良好的上皮细胞可能会出现数量上的变化，取决于样本的采集方法和潜在的疾病（图 8-9 和图 8-10）。使用非创伤性的样本采集方法，样本中可能单独或小簇存在少量的分化良好的上皮细胞。使用更具侵略性的采样方法（例如，直肠刮或者导管生理盐水灌洗）可能会擦伤黏膜，那么上皮细胞的数目预计会有所增加，并且细胞簇也会变得更大。在一份尽可能防止损伤而采集到的样本中，观察到大量的成簇的上皮细胞不应该被视为正常的现象，在涉及顶端上皮细胞脱落时应多关注底层黏膜的病理学变化。

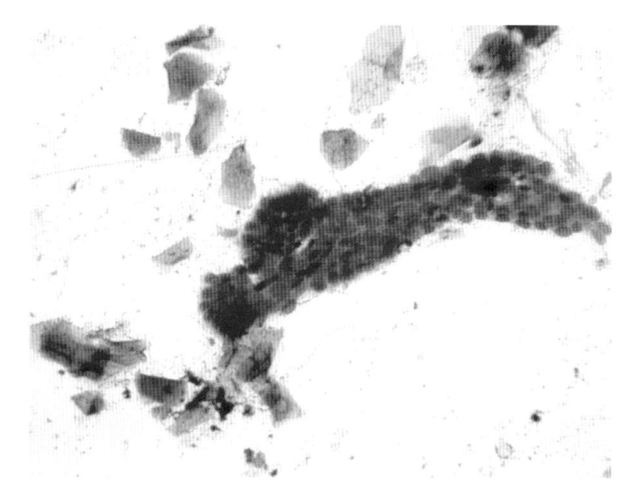

■ 图 8-9　**直肠上皮。**存在于直肠刮片中的几个多形性无核的角质化鳞状上皮细胞和少量从裂解细胞中流出的细胞核物质包围着一大簇紧密多细胞的低柱状上皮。（瑞-吉氏染色；高倍油镜）。

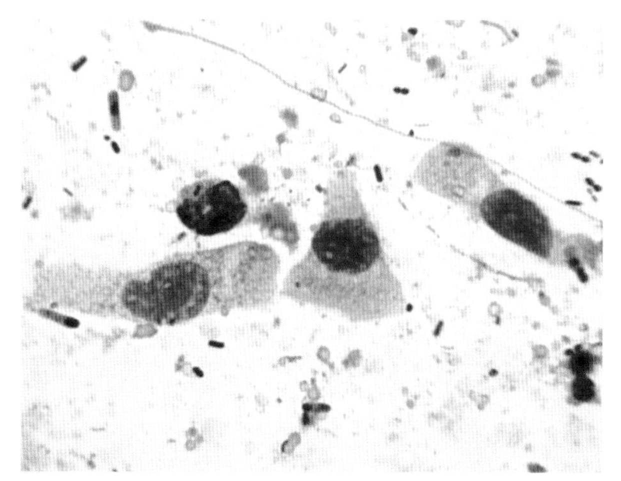

■ 图 8-10　**柱状上皮。**在一只腹泻的犬的粪便涂片中存在一个小淋巴细胞、三个高分化低柱状上皮细胞和以小杆菌为主的多形性菌群在一个灰白的嗜碱性的背景中。（瑞-吉氏染色；高倍油镜）

## 异常的镜下所见

### 异常菌群

微生物的过度生长通常是相关于其他隐性疾病、近期肠道手术、异常生理过程或者近期抗菌药物治疗的一种继发的、非特异性的发现；微生物的过度繁殖可能会加剧潜在的病因。原发的过度繁殖不常作为胃肠道疾病的主要原因。使用干粪脱落细胞学可能揭示存在的菌群种类，如单形性或少数发育型杆菌、增多的球菌以及增多的真菌（如念珠菌、酵母菌），但没有办法区分继发或者原发的微生物过度繁殖（图 8-5，图 8-11，图 8-12，图 8-13，图 8-14，图 8-15）。

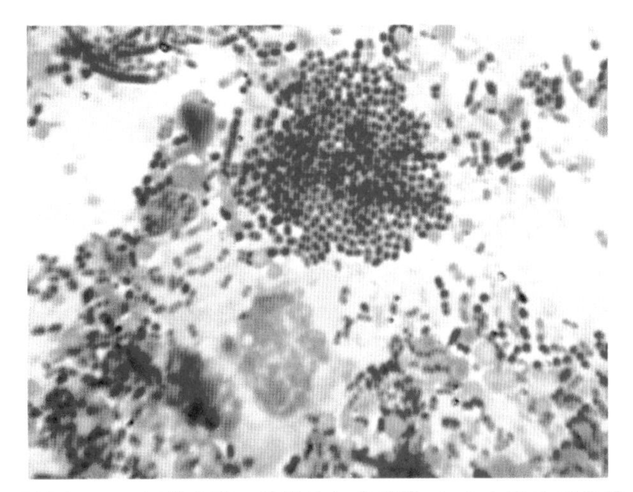

■ 图 8-11　**异常菌群。**异常的细菌菌群，包含大量的双球菌和一个双球菌的菌落（顶部中间）出现在灰白的嗜碱性的背景里；还包含少量形状不规则、具有折光性的琥珀色物质和一个单独存在的核溶解的嗜中性粒细胞。（瑞-吉氏染色；高倍油镜）

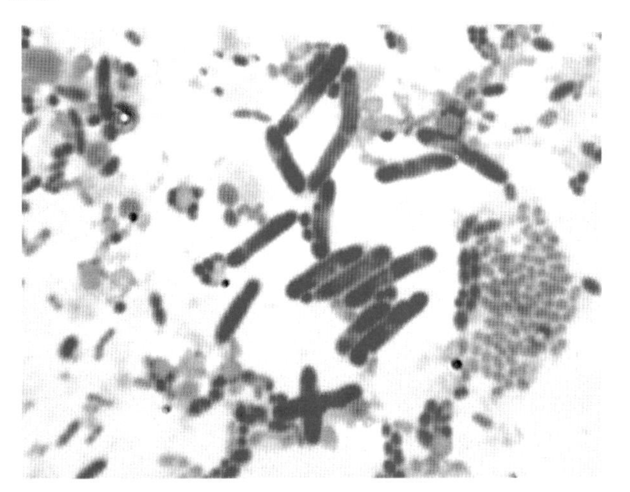

■ 图 8-12　**异常菌群。**异常细菌菌群，表现为在灰白嗜碱性的背景下存在大型丰满的芽孢杆菌和越来越多的双球菌。（瑞-吉氏染色；高倍油镜）

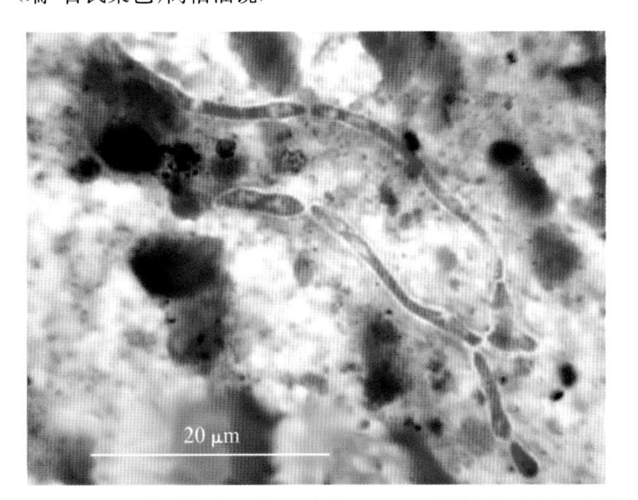


■ 图 8-13　**念珠菌病。犬。**采集于一只近期接受开腹探查并出现慢性胃肠道症状的犬，粪便样本中存在念珠菌假菌丝。灰白色的嗜碱性背景，缺乏常见的菌群，含有适量易见的、形状不规则的、折光琥珀色的物质和深嗜碱性的黏液。（瑞-吉氏染色；高倍油镜）

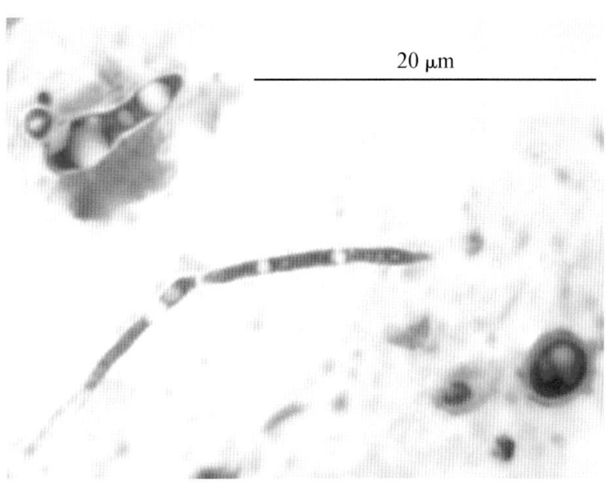


■ 图 8-14　**念珠菌病　犬。**与图 8-12 是同一病例。在没有正常菌群背景的粪便涂片中的念珠菌假菌丝和芽生孢子（右下方的深色圆结构）。（瑞-吉氏染色；高倍油镜）

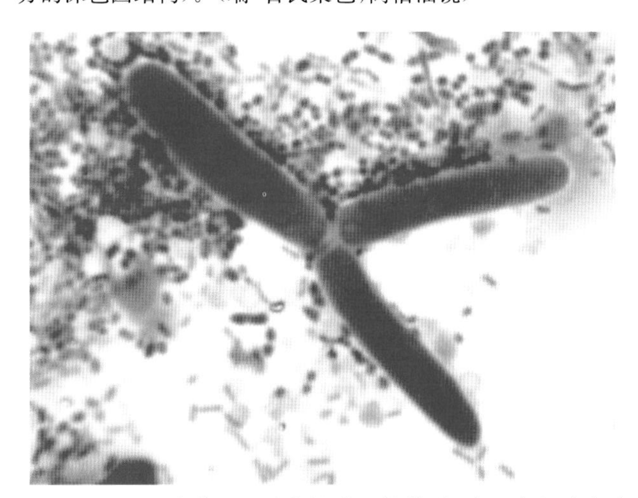

■ 图 8-15　**异常菌群。**异常的微生物菌群，表现为细胞多态性减少，双球菌数量增多，和大量的出芽点滴复膜酵母出现在灰白的嗜碱性背景上。（瑞-吉氏染色；高倍油镜）。

## 粪便白细胞

粪便中存在中性粒细胞应被视为一种异常表现，表明存在远端结肠炎或者直肠炎（图 8-11，图 8-16）。粪便中的嗜中性粒细胞的诊断应该提示考虑细菌性肠炎的原因，如沙门氏菌病、魏氏梭菌结肠炎、小肠性大肠杆菌病、弯曲杆菌病或者其他侵入性或产肠毒素细菌的感染（Broussard，2003）。当前建议用来确认胃肠道感染的额外诊断有培养或者分子生物学技术来检测细菌因子或毒素（随具体的组织和其他的描述而变化）（Marks et al.，2011）。粪便中存在嗜中性粒细胞的其他考虑因素包括鞭虫感染（常伴有出血性、黏液性腹泻），原发的与其他浸润性细胞（例如，淋巴浆细胞性或嗜酸性炎症）相关联的炎症性肠病，或者与炎症和/或坏死有关（如肿瘤）的原发性结构性疾病的炎症。

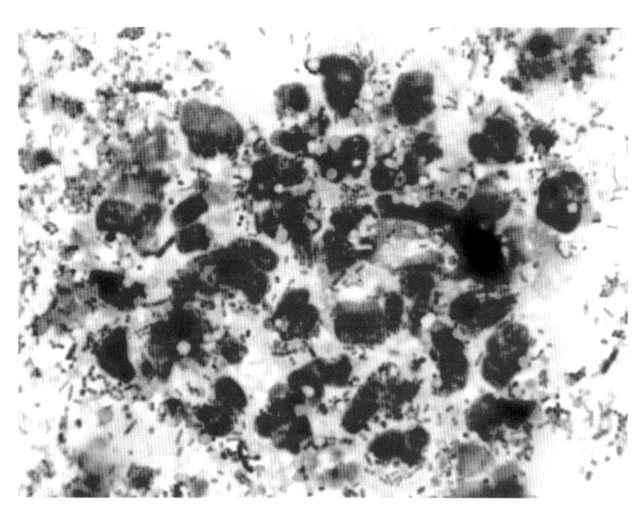

■ 图 8-16　**嗜中性粒细胞性炎症。犬。腹泻。**大量微生物菌群中的几个嗜中性粒细胞。(瑞-吉氏染色,高倍油镜)

嗜酸性粒细胞炎症(参见第 7 章)可能在原发炎症性肠病(例如,嗜酸性粒胃肠炎或嗜酸性结肠炎)中观察到,在一定条件下肥大细胞的数量预计相对于正常动物也会有所增加(Kleinschmidt et al.,2007)。虽然任何品种或年龄的犬、猫都有可能发生嗜酸性炎症性肠病,但是年轻的成年动物会更多见,似乎更倾向于拳师犬、杜宾犬和德国牧羊犬。在排除了其他嗜酸性炎症的原因之后,嗜酸性炎症性肠病的诊断才有可能(Hall and German,2005)。观察到的嗜酸性粒细胞炎症也有可能作为某些感染(例如,真菌、卵菌、藻类或者线虫类的寄生虫)或者异物的混合性炎性反应的一部分。嗜酸性粒细胞也可能渗入某些肿瘤(如淋巴瘤)。

观察到小淋巴细胞和中淋巴细胞(参见第 7 章)伴随或未伴随浆细胞可能是任何慢性炎症原因(例如,传染性)或者是原发性炎症性肠病(例如,淋巴细胞-浆细胞性小肠结肠炎或淋巴细胞-浆细胞性结肠炎)。淋巴浆细胞炎症性肠病通常出现在年老的动物,尤其是德国牧羊犬、中国沙皮犬和纯种猫的发病率有所增加。巴辛吉犬和软毛灰黄小猎犬也会出现罕见种类炎症性肠病(Hall and German,2005)。肿瘤性淋巴细胞的形态类似于在其他组织中观察到的。然而,对于猫而言,淋巴细胞的形态不能帮助区分淋巴细胞炎症和猫的小细胞淋巴瘤。需要进行全肠活检来确认诊断(Evans et al.,2006;Kleinschmidt et al.,2006)。

巨噬细胞炎症(参见第 7 章)可能在各种原因的慢性炎症或感染性原因(例如,真菌、卵菌或藻类)的炎症中出现,通过胞内微生物可确定。考虑到解剖学的位置,另一个具体的考虑是组织细胞性溃疡性结肠炎。组织细胞性溃疡性结肠炎是一种主要影响年轻拳师犬和其他短头犬品种(如,法国斗牛犬和英国斗牛犬)的炎症性疾病,并且需要组织学的诊断。这种疾病在其他品种的犬和猫中很少被报道。存在高碘酸希氏染色强阳性的大巨噬细胞时,可以作为组织细胞性溃疡性结肠炎的认证(German et al.,2000;Hostutler et al.,2004)。

### 其他有核的哺乳动物细胞

样本中观察到的上皮细胞的数量取决于采集样本的方法。在无损伤采集的样本中观察到大量的多细胞片状排列的上皮细胞时,应通过脱落的顶端上皮细胞提高对潜在的黏膜病理学的关注(图 8-17)。如果不存在炎症,那么上皮细胞在细胞学上应该是高度分化的。上皮细胞的异型性的评估标准是与在其他组织中类似的;炎症可能引起与细胞质和(或)细胞核变化相关的增生性反应,这些变化与肿瘤的表现可能在细胞学上难以区分。在这种情况下,组织病理学可以提供明确的诊断。在直肠刮取的样本中其他类型的肿瘤细胞也可能被观察到,例如那些来源于淋巴瘤(图 8-18)、肥大细胞瘤或者胃肠道间质肿瘤的细胞(见第 7 章)。

肉质下泄是指粪便中存在未消化的肌肉纤维;在显微镜下可以识别,在出现由于消化不良或胃肠运动导致的疾病时可被观察到(Mundt and Shanahan 2011)。这可在湿粪便或者干粪便细胞学准备中观察到(图 8-19)。

### 潜在的微生物病原体

除了粪便中可以预见的微生物菌群,潜在病原体也会出现。在某些情况下,细胞学确诊潜在胃肠道症

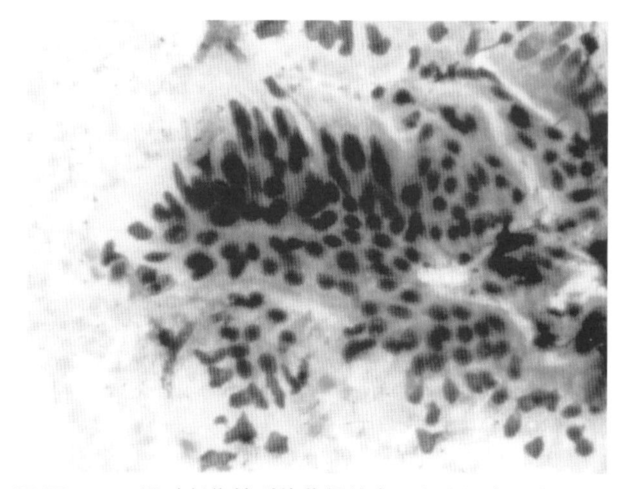

■ 图 8-17　**通过创伤性刮片获得的直肠上皮细胞。犬。**一只慢性腹泻的犬的直肠刮片中存在一片非常大的、紧密排列的、多细胞形成的低柱状上皮细胞。图像的左侧也出现了几个苍白嗜碱性染色的点滴酵母(瑞-吉氏染色;高倍镜)

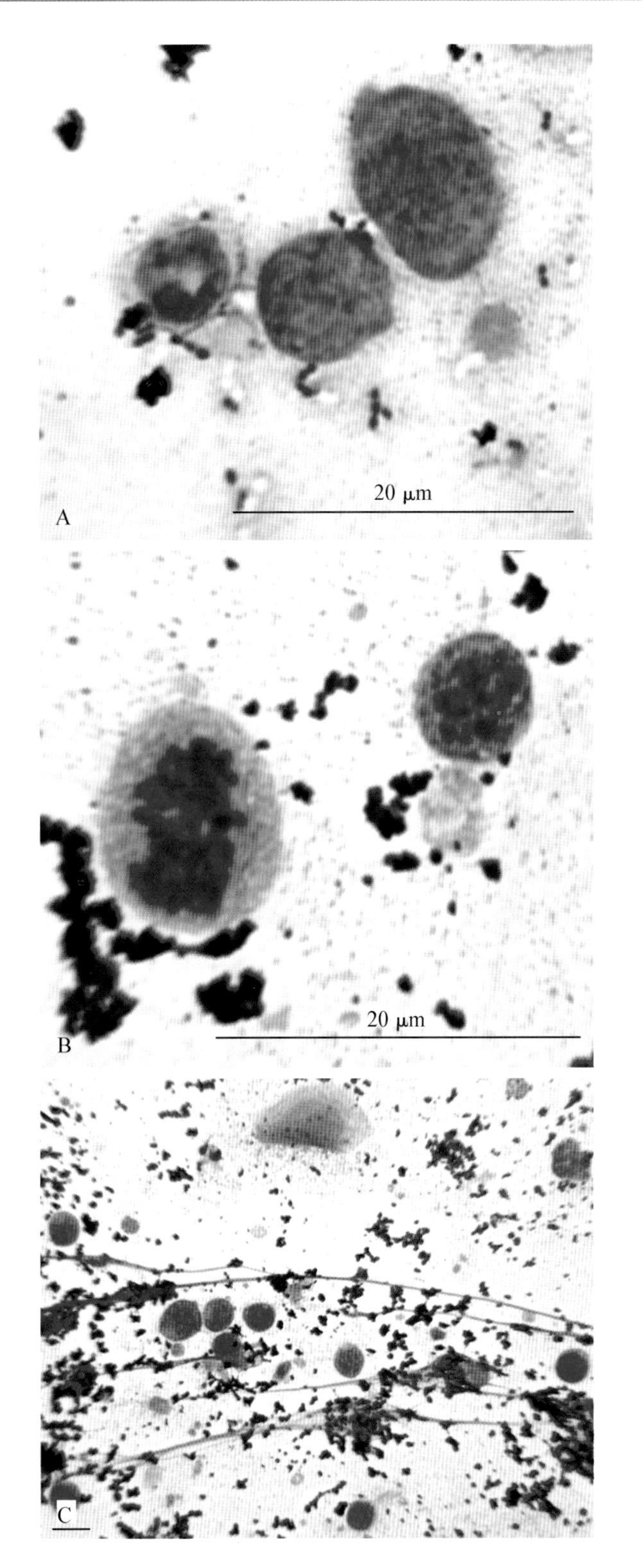


■ 图 8-18 **淋巴瘤。犬。A-C 源于同一病例。**这是一张来源于一只患有多中心性淋巴瘤的犬的直肠刮片。除了在直肠刮片中发现了一群单型性的淋巴母细胞之外，通过两个体表淋巴结的细胞学检查也证实了淋巴瘤的诊断。**A.** 可见两个淋巴母细胞和一个嗜中性粒细胞的大小比较。**B.** 一个淋巴母细胞的有丝分裂象在一个中淋巴细胞的左边。背景里的紫色颗粒状物质是润滑剂。**C.** 可见几个淋巴母细胞。图片上部中间可见无核的鳞状上皮细胞。在背景里还能见到丰富的紫色颗粒润滑剂和流动的核裂解的残留物质。(瑞-吉氏染色；高倍油镜)(标尺＝10 μm)

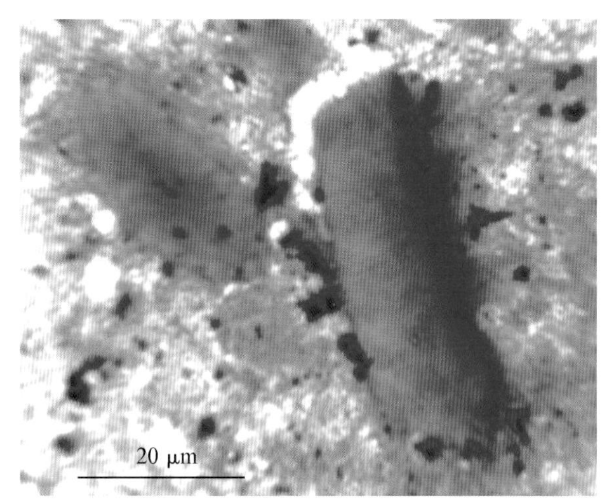


■ 图 8-19 **肉质下泄。犬。**在一只患有慢性腹泻和便血的犬的直肠刮片里的混合细菌的背景中发现两块未消化的骨骼肌。右侧那片显示的条纹是典型的骨骼肌。这一发现通常见于消化不良或者胃肠运动紊乱的患病动物。(水合罗氏染色；高倍油镜)

状的患病动物的传染性疾病是可能的(例如，真菌、藻类、卵菌或者原虫的感染)。但是，通过干粪便细胞学，病原菌是难以从形态上与顺带观察到的非病原微生物区分开来的。对于要进行肠道致病菌检测的粪便来说，细菌培养所需要的特殊样本采集、处理的方法和培养的条件都是必要的(Broussard，2003；Marks et al.，2011)。

偶尔在粪便中能发现形成芽孢的细菌(图 8-20，图 8-21，图 8-22)。通常每个 100× 的物镜视野里有不超过 5 个形成孢子的细菌。犬腹泻时可观察到孢子的数量增多。但是其直接的因果关系仍值得商榷。粪便的每个 100× 物镜视野中的孢子数量与检测产气荚膜梭菌肠毒素之间的相关性较差(Broussard，2003)。对于这种现象，有几个可能的解释。梭状芽孢杆菌属不是唯一一种形成芽孢的细菌；普通的土壤芽孢杆菌也是可以大量形成芽孢的杆菌。并不是所有形成孢子的梭状芽孢杆菌属都能产生产气荚膜梭菌肠毒素(Broussard，2003)。样本处理的过程中，培养的细菌可能延迟形成孢子。此外，定量培养发现高达 75%的正常犬存在粪便中未检出产气荚膜梭菌肠毒素的产气荚膜梭菌(Broussard，2003)。一些人推荐把在每个 100× 物镜视野下大于 5 个形成芽孢的细菌的情况视为一个异常的发现，同时发现粪便中的嗜中性粒细胞可以进一步支持是细菌引起的腹泻(Broussard，2003)。然而，产气荚膜梭菌酶联免疫吸附试验(ELISA)阳性或者培养梭状芽孢杆菌肠毒素阳性或者对于梭菌性腹泻 PCR 更具有决定性意义(Marks et al.，2011)。

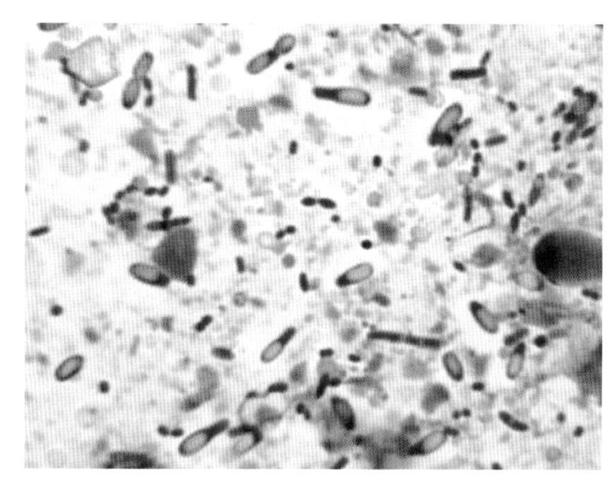

■ 图 8-20　**产孢的杆菌。犬。**在一只患有腹泻的犬的粪便中，芽孢杆菌的数目增加(每 100×物镜视野下大于 5 个)。这些杆菌可能是芽孢杆菌或者是梭状芽孢杆菌。形成孢子的杆菌和一些个性化的孢子(在视野中包含位于尾端的孢子)都是可以见到的，呈现"网球拍"外观。当孢子位于中心时，形成孢子的杆菌可能会拥有一个"安全别针"样的外观。(瑞-吉氏染色；高倍油镜)

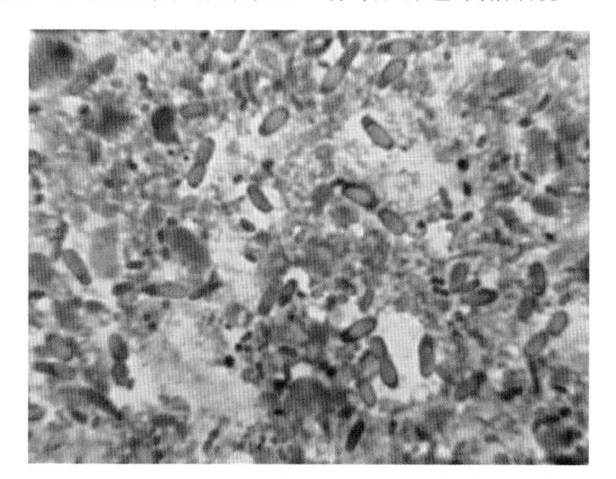

■ 图 8-21　**产孢的杆菌。犬。**与图 8-20 是同一个病例。孔雀石绿是一种微生物的染色剂用于标识细菌孢子的存在，如芽孢杆菌或梭状芽孢杆菌。染色过程包括使用蒸汽来渗透坚硬的、脱水的、多层的孢子壁。使用粉红色的番红精复染来区分孢子。(孔雀石绿/番红精染色；高倍油镜)

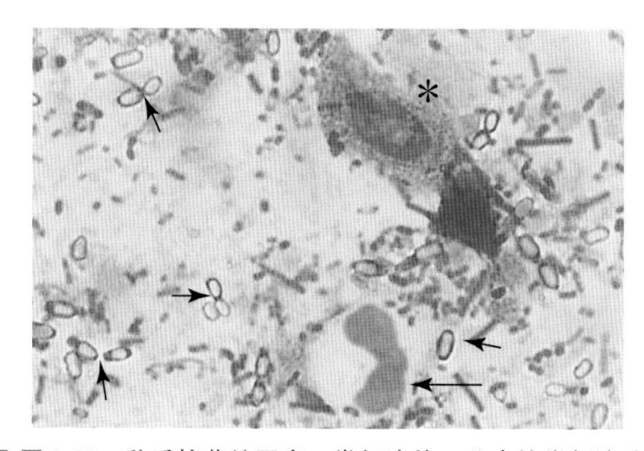

■ 图 8-22　**魏氏梭菌结肠炎。粪便涂片。**此直接粪便涂片中出现了大量的嗜中性粒细胞。杆菌的数量增加，显著特点是内生孢子主要一侧密度升高且拥有干净的中间区域("安全别针"样外观)(短箭头)。细菌的形态符合产气荚膜梭菌。偶然出现的有机组织通常可以看得到，但是每 100×物镜视野下大于 5 个的有机组织就被认为是异常的(Twedt，1992)。可以通过测定粪便当中的肠毒素来确认(Twedt，1992；Marks et al.，1999)。存在一个退行性嗜中性粒细胞(长箭头)和上皮细胞(星号)。(瑞氏染色；高倍油镜)(图片源于 Denny Meyer 和 Dave Twedt，科罗拉多州立大学)

干粪便细胞学中的呈现鸥翼形和螺旋形态的多形性粪便细菌包括密螺旋体样细菌、蛇形螺旋体、幽门螺杆菌、厌氧螺菌属和弯曲杆菌属(图 8-23，图 8-24，图 8-25，图 8-26，图 8-27)。在常规的干粪便细胞学中多形性的鸥翼形和螺旋状细菌是不常见的，并且当观察到其大量出现时应该作为一个异常的发现进行报道。这些生物都很小[(0.5～1.0)μm ×(5～10)μm]，很容易在显微镜检查的过程中被忽略，特别是当这些生物少量存在的时候。通过大量包含比较少背景色的区域的检测来提高观察到这些微生物的可能性，如制备非常薄的区域或者黏液比较丰富的区域，因为这些细菌位于黏液丰富的黏膜表面。腹泻与粪便中除了密螺旋体样的细菌之外的这些种属的细菌都具有相关性，并且这些种属的细菌也可以从无症状的犬和猫的粪便中分离出来(Bender et al.，2005；Broussard，2003；De Cock et al.，2004；Malnick et al.，1990；Misawa et al.，2002；Rossi et al.，2008)。同时观察粪便中的嗜中性粒细胞，来支持是细菌性的原因造成的腹泻。

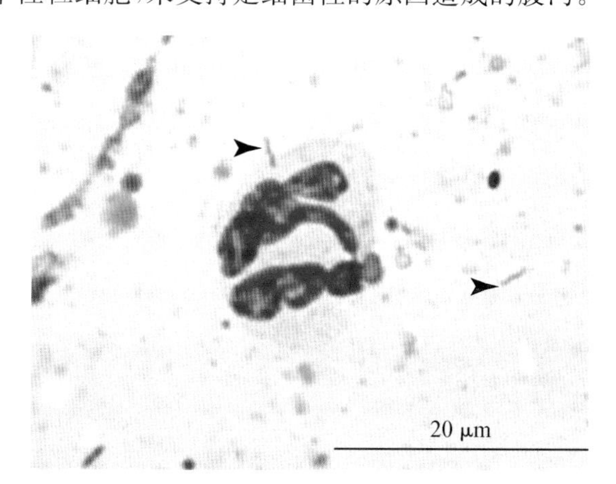


■ 图 8-23　**弯曲杆菌病。犬。**一只腹泻犬的粪便涂片中的一个嗜中性粒细胞和两个多形性、鸥翼状的小细菌(箭头)，细菌分离培养是弯曲杆菌属。在证实了空肠弯曲菌感染的犬的粪涂片中观察到的细菌要比图 8-26 和图 8-27 中看到的要小得多。(瑞-吉氏染色；高倍油镜)

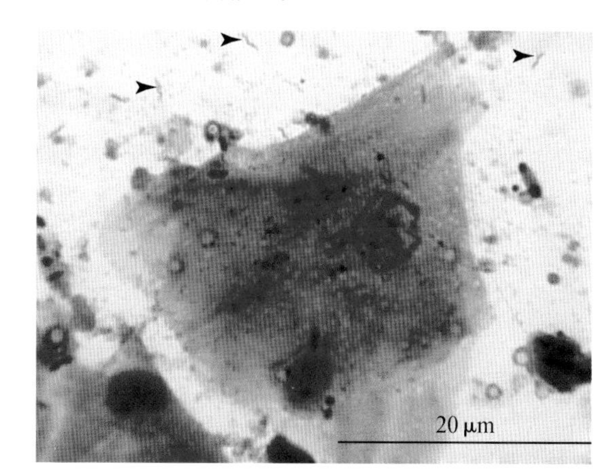


■ 图 8-24　**弯曲杆菌病。犬。**与图 8-23 是同一个病例。有颜色的鳞状上皮细胞附近可见几个多形性的、鸥翼形的小细菌(箭头)(瑞-吉氏染色；高倍油镜)

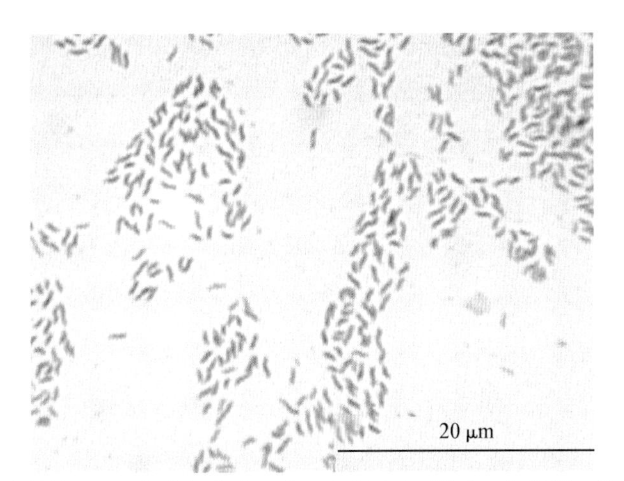


■ 图 8-25 **弯曲杆菌病。犬。**与图 8-23 是同一个病例。使用革兰氏染色处理培养自粪便的空肠弯曲菌,指示其为革兰氏阴性杆菌。(革兰氏染色;高倍油镜)

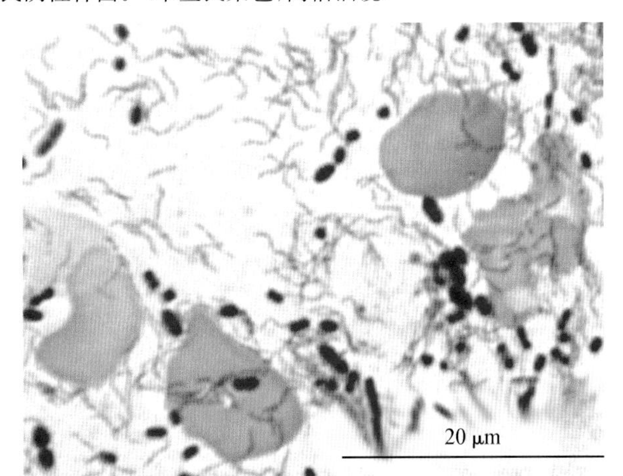


■ 图 8-26 **螺旋状细菌。犬。**许多细的、多形性、鸥翼形和螺旋状的粪便细菌符合螺旋体属(比图 8-23 至图 8-25 所示的要大一些)。该犬存在慢性黏液性腹泻。大量的螺旋状细菌出现在样本中可能反映黏液性物质的腹泻,因为这种形态的细菌被大量发现在黏液性胃肠道分泌物中。(瑞-吉氏染色;高倍油镜)

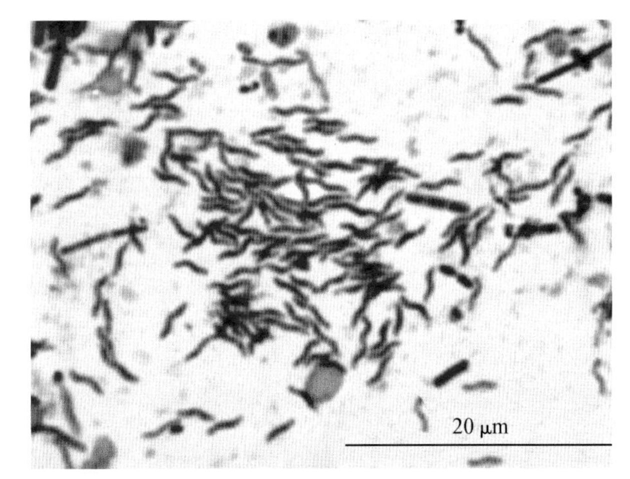


■ 图 8-27 **密螺旋体状细菌。犬。**一只腹泻犬的粪便抹片中可见许多深染的、螺旋状的粪便细菌,而且呈现好几个完整的螺旋。这些细菌要大于图 8-23 至图 8-25 中所示的那些细菌。湿粪便的检查是有作用的,其可以更确切地查明这些如同非致病性的、在流体介质中非常快速向前运动的密螺旋体状细菌(Broussard,2003)。(瑞-吉氏染色;高倍油镜)

偶尔使用干粪便细胞学(Graves et al.,2005)或者直肠刮片(Chapman et al.,2009)来对原虫、真菌或者伪真菌(例如,藻类和卵菌)进行诊断(图 8-28A-D,图 8-29,图 8-30,图 8-31,图 8-32,图 8-33,图 8-34)。胎儿三毛滴虫(图 8-28)是猫腹泻的原因。在猫新鲜粪便的直接涂片中可能观察到滋养体(Payne and Artzer,2009)。无孢子形成的原壁菌的内生孢子可能在形态上类似于先前提到的、偶然观察到的、圆形或椭圆形的、粪便中的胞外酵母菌(图 8-2,图 8-3,图 8-4,图 8-5)。偶然出现的酵母菌应该不会在巨噬细胞内出现,而原壁菌在巨噬细胞(图 8-33)内和外都能观察到。

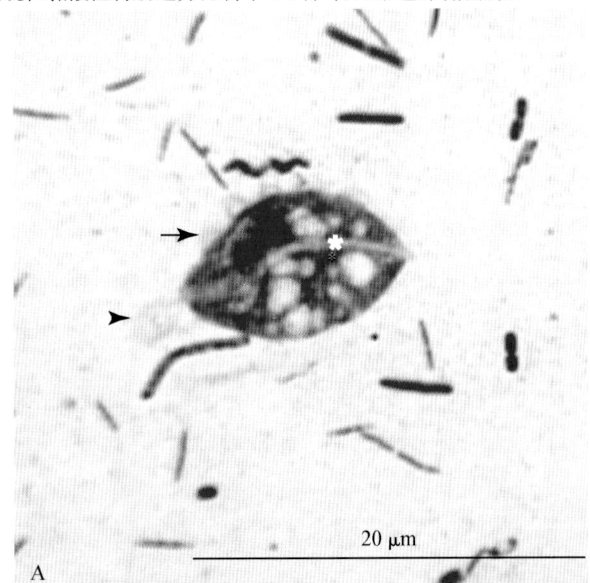


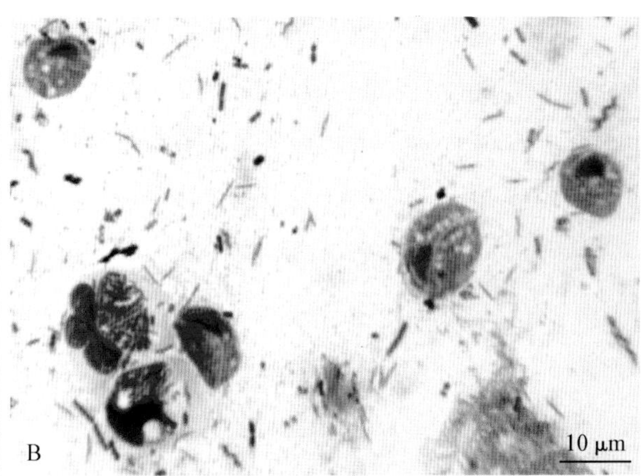


■ 图 8-28 **胎儿三毛滴虫。猫。A-D 为同一病例。A.** 胎儿三毛滴虫的滋养体会显示出中轴(星号)、波状膜(短箭头)和三个前鞭毛(箭头)。滴虫可以通过直接粪便涂片或者湿粪便压片碘染色来进行诊断,使用悬浮法会破坏滋养体。胎儿三毛滴虫与贾地鞭毛虫和非致病性人五毛滴虫可能很难区分(Payne and Artzer,2009)。注意背景中混有杆菌和密螺旋体状细菌。(瑞-吉氏染色;高倍油镜)**B.** 四个胎儿三毛滴虫滋养体出现在一只腹泻的猫的粪便中。同时存在两个包含大量杆菌的退行性嗜中性粒细胞。注意背景中的胞外密螺旋体状细菌。该患猫的贾地鞭毛虫抗原的 ELISA 试验阴性并且对于三毛滴虫属的迪美唑治疗反应良好。(瑞-吉氏染色;高倍油镜)

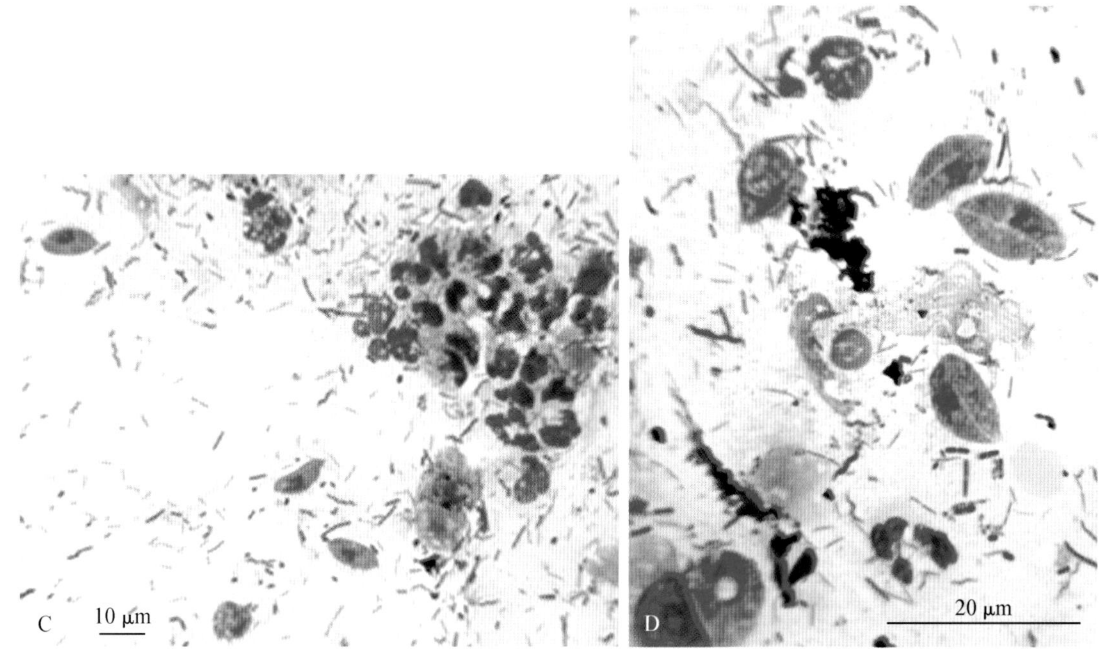


■ 图 8-28 续　**C.** 可见四个胎儿三毛滴虫滋养体。还见到很多嗜中性粒细胞，其中的一些含有吞噬的细菌。（瑞-吉氏染色；高倍油镜）**D.** 可见几个胎儿三毛滴虫滋养体和两个包含吞噬细菌的嗜中性粒细胞。（瑞-吉氏染色；高倍油镜）

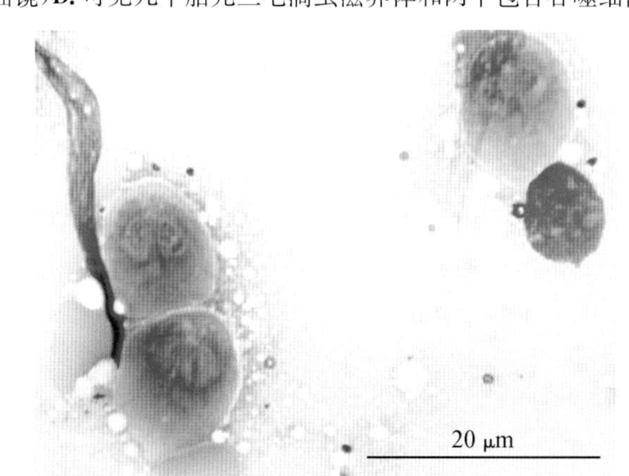


■ 图 8-29　**贾地鞭毛虫。犬。**在一只腹泻的犬的粪便中观察到的贾地鞭毛虫滋养体。这些鞭毛虫呈梨形并拥有两个顶核。使用干粪便细胞学来诊断贾地鞭毛虫比较少见。贾地鞭毛虫滋养体可能更容易在湿粪便压片中鉴别出来，虽然应该谨慎的将其与毛滴虫区分开来，毛滴虫只有一个核以及突出的中央轴和波动的膜。不同于贾地鞭毛虫的囊肿，粪便中脱落的滋养体是不稳定的且淘汰后会很快死亡。贾地鞭毛虫的囊肿通常在干粪便细胞学中检测不到的，通常会使用粪便漂浮法。（瑞-吉氏染色；高倍油镜）

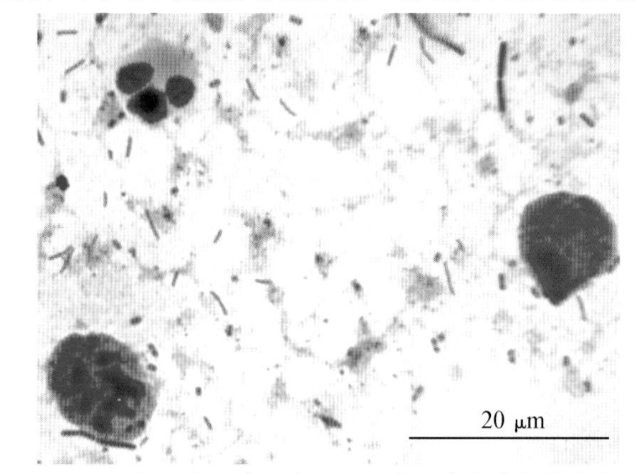


■ 图 8-30　**内阿米巴病。犬。**一只腹泻犬的粪便中存在两个溶组织性内阿米巴原虫和单个的嗜中性粒细胞（左上角）。（瑞-吉氏染色；高倍油镜）（图片源于 Rick Alleman，佛罗里达大学）

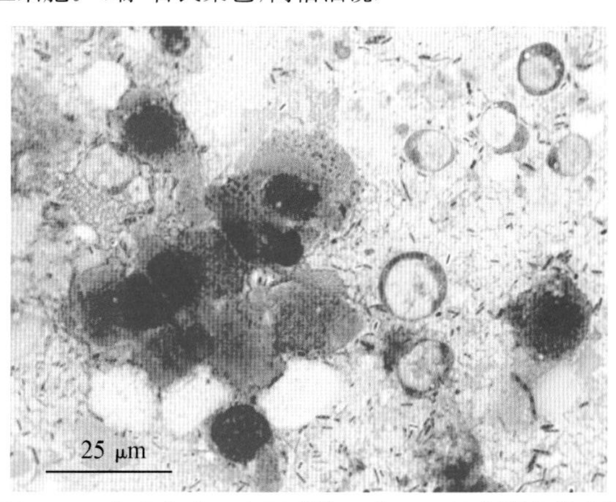


■ 图 8-31　**芽生菌病。直肠刮片。犬。**一只腹泻犬的直肠刮片中有几个微生物和分化良好的上皮细胞出现在混合细菌的背景上。该肠道的微生物最符合酵母菌属、藻样原生动物（管茸鞭类）。双核的形式支持了此鉴定而不是看上去类似的布氏嗜碘阿米巴。（水合罗曼诺夫斯基；高倍油镜）（图片源于 Craig Thompson，普渡大学）

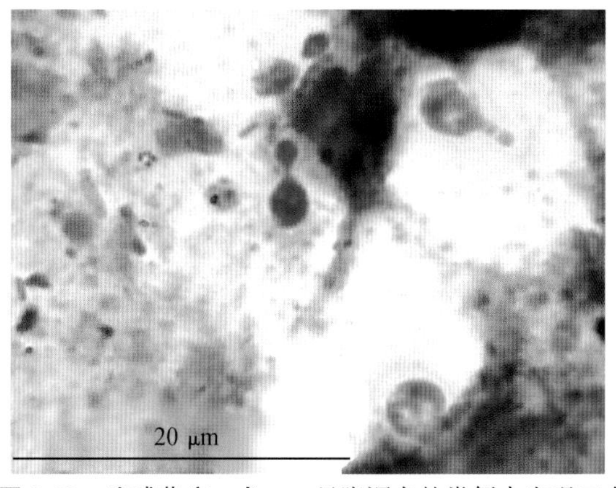


■ 图 8-32　**隐球菌病。犬。**一只腹泻犬的粪便中出现三个出芽（顶部）和一个未出芽（右下角）的隐球菌，以及一些细菌。大多数形式的隐球菌会形成一个厚厚的多糖荚膜，荚膜是不着色的并且呈现一圈宽的、无色的区域包围着窄小出芽的紫色真菌。（瑞-吉氏染色；高倍油镜）

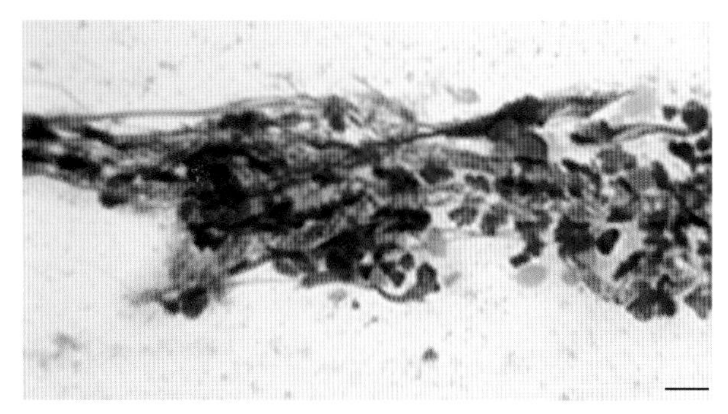

■ 图8-33 **卵菌。犬。**一只有出血、黏液性腹泻和食欲不振病史的犬的直肠刮片，可见嗜中性粒细胞、细胞核蛋白质残骸和红细胞包围着一个分支的卵菌。其他未显示的细胞学发现包括显著的混合性炎症（主要的嗜中性粒细胞炎症，并发轻微的巨噬细胞和嗜酸性粒细胞炎症）。培养的卵菌符合腐霉属或者链壶菌属。（瑞-吉氏染色；高倍油镜）（标尺＝10 μm）

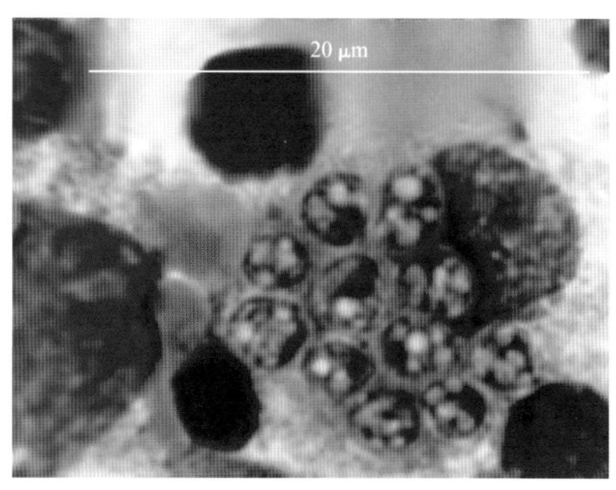


■ 图8-34 **原壁菌病。犬。**一只腹泻的犬的直肠刮片中的巨噬细胞内可见几个没形成内生孢子的原壁菌。当在巨噬细胞内发现此形态的微生物时，应关注潜在的原壁菌感染。（瑞-吉氏染色；高倍油镜）

## 参考文献


Bender JB，Shulman SA，Averbeck GA，et al：Epidemiologic features of Campylobacter infection among cats in the upper Midwestern United States，*J Am Vet Med Assoc* 226(4)：544-547，2005.

Broussard JD：Optimal fecal assessment，*Clin Tech Small Anim Pract* 18(4)：218-230，2003.

Chapman S，Thompson C，Wilcox A，et al：What is your diagnosis? Rectal scraping from a dog with diarrhea，*Vet Clin Pathol* 38(1)：59-62，2009.

De Cock HE，Marks SL，Stacy BA，et al：Ileocolitis associated with *Anaerobiospirillum in cats*，*J Clin Microbiol* 42(6)：2752-2758，2004.

Evans SE，Bonczynski JJ，Broussard JD，et al：Comparison of endoscopic and full-thickness biopsy specimens for diagnosis of inflammatory boweldisease and alimentary tract lymphoma in cats，*J Am Vet Med Assoc* 229(9)：1447-1450，2006.

German AJ，Hall EJ，Kelly DF，et al：An immunohistochemical study of histiocytic ulcerative colitis in boxer dogs，*J Comp Pathol* 122(2-3)：163-175，2000.

Graves TK，Barger AM，Adams B，et al：Diagnosis of systemic cryptococcosis by fecal cytology in a dog，*Vet Clin Pathol* 34：409-412，2005.

Hall EJ，German AJ：Diseases of the small intestine. In Ettinger SJ，Feldman EC(eds)：*Textbook of veterinary internal medicine*，ed 6，St. Louis，2005，Saunders，pp. 1367-1373.

Hostutler RA，Luria BJ，Johnson SE，et al：Antibiotic-responsive histiocytic ulcerative colitis in 9 dogs，*J Vet Intern Med* 18(4)：499-504，2004.

Houwers DJ，Blankenstein B：*Cyniclomyces guttulatus* and diarrhea in dogs，*Tijdschr Diergeneeskd* 126(14-15)：502，2001.

Kleinschmidt S，Meneses F，Nolte I，et al：Retrospective study on the diagnostic value of full-thickness biopsies from the stomach and intestines of dogs with chronic gastrointestinal disease symptoms，*Vet Pathol* 43(6)：1000-1003，2006.

Kleinschmidt S，Meneses F，Nolte I，et al：Characterization of mast cell numbers and subtypes in biopsies from the gastrointestinal tract of dogs withlymphocytic-plasmacytic or eosinophilic gastroenterocolitis，*Vet Immunol Immunopathol* 120(3-4)：80-82，2007.

Malnick H，Williams K，Phil-Ebosie J，et al：Description of a medium for isolating *Anaerobiospirillum* spp.，a possible cause of zoonotic disease，fromdiarrheal feces and blood of humans and use of the medium in a survey of human，canine，and feline feces，*J Clin Microbiol* 28(6)：1380-1384，1990.

Mandigers PJ：*Cyniclomyces guttulatus*，a differential diagnosis in chronic diarrhea (poster). In *Proceedings 17th ECVIM-CA Congress and 9th ESVCP Congress*，September 2007：Poster 1.

Marks SL，Melli A，Kass PH，et al：Evaluation of methods to diagnose *Clostridium perfringens*-associated diarrhea in dogs，*J Am Vet Med Assoc* 214：357-360，1999.

Marks SL，Rankin SC，Byrne BA，et al：Enteropathogenic bacteria in dogs and cats：Diagnosis，epidemiology，treatment，and control，*J Vet Intern Med* 25：1195-1208，2011.

Misawa N，Kawashima K，Kondo F，et al：Isolation and characterization of *Campylobacter*，*Helicobacter*，and *Anaerobiospirillum* strains from a puppy with bloody diarrhea，*Vet Microbiol* 87(4)：353-364，2002.

Mundt LA，Shanahan K：Fecal analysis. In *Graff's textbook of routine urinalysis and body fluids*，ed 2，Philadelphia，2011，Lippincott Williams & Wilkins，pp281.

Payne PA, Artzer M: The biology and control of Giardia spp. and Tritrichomonas foetus, *Vet Clin North Am Small Anim Pract* 39(6): 993-1007, 2009.

Rossi M, Häninen ML, Revez J, et al: Occurrence and species level diagnostics of *Campylobacter* spp., enteric *Helicobacter* spp. and *Anaerobiospirillum* spp. in healthy and diarrheic dogs and cats, *Vet Microbiol* 129(3-4): 304-314, 2008.

Twedt DC: Clostridium perfringens-associated enterotoxicosis in dogs. In Kirk RW, Bonagura JD(eds): *Current veterinary therapy XI-small animal practice*, Philadelphia, 1992, WB Saunders, pp. 602-607.

Zierdt CH, Detlefson C, Muller J, et al: *Cyniclomyces guttulatus* (*Saccharomycopsis guttulata*)-culture, ultrastructure and physiology, *Antonie VanLeeuwenhoek* 54(4): 357-366, 1988.

# 第 9 章

# 肝 脏

Denny J. Meyer

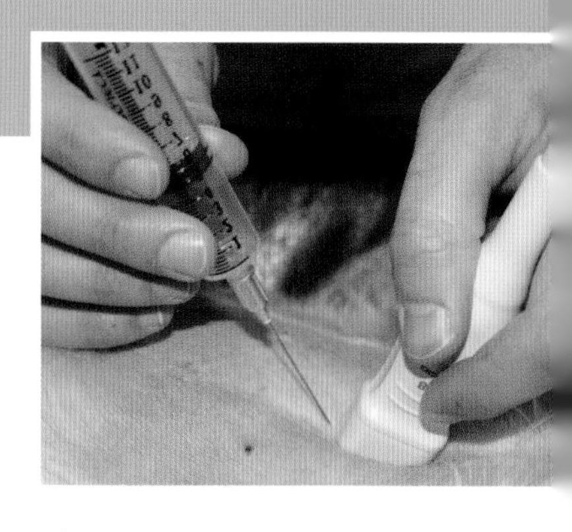

肝脏细胞学显微镜检，使用得当时，具有一定的诊断意义。虽然肝脏的细针穿刺组织活检（FNAB）既便捷又便宜，但其诊断意义有限，而且滥用可导致不完整或不正确的结果。细针穿刺获得的细胞学信息常常被认为等同于组织学诊断（Roth，2001）。但对于肝脏的炎性疾病而言，这个假设一般不适用，因为细胞学并不能评估组织结构和计量组织学变化。而这些对于肝脏的病理学检查是至关重要的（Ishak，1994；Meyer，1996）。肝脏超声检查从另一个角度发现可能的“异常”，这为那些肝脏检查出现异常的病患建立诊断提供了帮助。同时，它还能引导小病灶的细胞学采样，当然，结果可能是具有诊断意义的（如转移性肿瘤）或者非特异性的（如空泡样变化）（Wang et al.，2004）。本章的目的是提示在何种情况下肝脏 FNAB 的细胞学判读和病理学是一致的（Stockhaus et al.，2004），利用组织学和细胞学的比较来说明肝脏 FNAB 的局限性，以及各种细胞学描述的鉴别诊断。

## 肝脏的采样

### 适应症和禁忌症

肝脏细胞学作为评估肝肿大的最初方法是有价值的。肝肿大的原因很多，包括猫肝脏脂质沉积综合征、淋巴瘤、骨髓肿瘤、肥大细胞瘤、肝细胞癌、类固醇性肝病和淀粉样变性。除此之外，通过超声定位的原发性和转移性肿瘤，或者小感染灶，通常也可以通过细胞学进一步区分。而轻度的局部炎症和“慢性”进展性疾病是无法通过细胞学区分的，而且后者的严重程度也无法准确判断。细胞学无法确诊结节性再生性增生，也无法将该病中相对轻度的炎症反应和肝细胞胞质的变化与其他疾病区分开来。针对这些肝脏病征，需要通过组织学检查来判断程度，确定诊断（如发现桥接坏死、桥接纤维化）和指导（以及监测）治疗。

肝脏 FNAB 对凝血异常的动物是可能存在风险的。FNAB 采用“毛细管”或吸引的方式采样，所以相较于针刺细切活检或楔形活检而言，其对血管组织的切割作用要小些。如果一项或以上的凝血试验出现异常，皮下注射维生素 $K_1$ 通常可以在注射后 12 h 内暂时恢复正常的凝血功能。血小板数量减少时需要更加谨慎，当其少于 20 000/μL 绝对禁止进行肝脏 FNAB，除非先输入富含血小板的血浆。若血小板数量为 20 000～50 000/μL，则是相对禁忌症。这时，能否操作取决于潜在的疾病，同时要明确操作有风险，需要在操作之后严密观察病患 24 h。在对任何一个富含血管的器官进行采样前，尤其是肝和脾，都应该先对血小板功能是否健全进行评估。针对易感品种检查血管性血友病因子，比如杜宾犬、万能梗、德国牧羊犬、金毛寻回犬。询问近期是否有用过改变血小板功能的药物，比如非甾体抗炎药、人工合成青霉素、头孢菌素。

当老年犬的肝脏通过超声检查发现了大的空腔损伤，尤其是雄性德国牧羊犬和金毛寻回犬，这是 FNAB 的一个相对禁忌症。该病灶很可能是血管肉瘤，进行 FNAB 获得确诊的可能性不高，却可能造成坏死包囊的破裂。当肝脏出现多发性转移灶时，应该进行脾脏的检查。应该考虑进行开腹探查，作为进一步诊断和治疗的手段。

进行 FNAB 无疑存在肿瘤种植性转移的风险，但是发生率还没有明确的数据（Evans et al.，1987；Ishii et al.，1998；Navarro et al.，1998）。然而，因为空腔损伤面临着有限的治疗手段和较短的存活期，而且还有上述种种风险，FNAB 在其中作为一个诊断手段的合理性值得商榷。

### 采样技术

动物或站在防滑面（如橡胶垫），或采取右侧卧，或俯卧配合影像学的辅助，都可以进行肝脏采样。根据动物的性格酌情使用化学保定剂。因为肝脏随着横膈的运动而移动，所以进针大致是沿着头背侧方向,以减少肝脏撕裂的概率。根据采样的需求和动物的体型选择合适的针,一般在1～2.5 in,20～22号之间选择。若需要对肝脏内的小病灶取样,选择较长的针为宜。如果选择了2.5 in的针,那么进入肝脏之后再抽出探针,以减少因穿过皮肤和肠系膜脂肪而沾染的污染。如果需要进行抽吸(见后),可以在针后直接连接6～12 mL的注射器,或者通过静脉输液延长管连接,这样可以获得更大的活动空间。

对肝肿大的病例,进针部位在剑状软骨和左侧最后肋骨连接处形成的“三角区”。一旦针进入肝左叶的实质,变换二或三个不同的方向进出针。可以采用抽吸或者非抽吸(“毛细管”作用)技术(见第1章)。一般来说,先尝试非抽吸的方式,因其血液污染较少。若达不到诊断目的,再行抽吸技术。获得样本后,将针尖放置在玻片上,用充气的注射器吹出内容物。使用压片技术(见第1章)的话,单次采样所获得的样本通常可以制作多张涂片。然后经历风干、固定和染色。其中的关键点是在风干步骤不允许福尔马林气体接触样本,否则将失去形态学细节(在固定和染色之前,严禁打开盛放福尔马林的容器)。还应该至少保存一张未固定的涂片用以可能需要的特殊染色,比如革兰氏、铜、铁、刚果红或免疫细胞学染色。偶尔在穿刺过程中会穿透胆囊或者大胆管,这时会在注射器中见到黄绿色至墨绿色的液体。应该抽干净所有液体再撤出针头。只要是健康的胆道系统,穿刺造成的创口会自愈,但是更加谨慎的做法是密切观察病患有无腹膜炎迹象24 h。在FNAB的前30 min少量进食或者口服玉米油被认为可以收缩胆囊,减少穿胆的概率。然而食物刺激引起犬胆囊收缩并不一定出现,所以这个过程的意义更多在于增加操作者的信心而非确实缩小胆囊。囊肿也可产生淡黄色无细胞成分的液体,这在猫尤其常见。超声下它们呈现空洞样外观,而且很可能是先天性的。如果从一个空腔损伤中获得清亮至发白的黏液,那很可能是囊腺瘤。

### 正常肝脏和胆囊

正常肝脏的主要细胞之一是肝细胞(图9-1A&B)。肝细胞是略呈卵圆形到多边形的大细胞,直径25～30 μm(是3～4个红细胞直径)。细胞中央有一个圆形到略呈卵圆形的细胞核。核内染色质呈粗糙的网状,能看到一个明显的核仁。细胞核周围是丰富的中蓝至嗜碱性的细胞质,其常常含有大量细胞器,形成了粉色点状外观。老龄犬的肝细胞更大一些,且具有多个细胞核(Stockhaus et al.,2002)。偶尔发现一个肥大细胞是正常的(图9-1C)。嗜中性粒细胞在青年和老年犬比中年犬常见(Stockhaus et al.,2002)。核内矩形的结晶样包含物(图9-2)在所有年龄的临床健康犬上都可看到,而其临床意义并不清楚。有时可以看到胆道上皮细胞呈簇状密集排列(Stockhaus et al.,2002)。位于细胞基底部的细胞核紧密相邻,使其呈立方体状(图9-3A)。较大的胆管,包括总胆管在内,排列着柱状纤毛上皮细胞(图9-3B-D)。虽然胆囊中的胆汁是墨绿色的,但是未经染色的胆汁涂片其实呈现有光泽的金黄色。经罗氏染色,胆汁涂片为嗜碱性,且在镜下呈灰绿色的细小颗粒状(图9-3E),该外观常被称为“白胆汁”。而犬的胆囊或总胆管液是黏液状的(Owens et al.,2003)。偶尔能在胆汁中发现脱落的柱状胆道上皮细胞(图9-3F)(Flatland,2009)。胆道增生时比正常情况下脱落的可能性更大(图9-3G)。对肝脏采样时还可见到成片的间皮细胞,容易混淆成胆道上皮细胞或肿瘤细胞(图9-4A&B)。

## 非肿瘤性疾病和紊乱

### 细胞核的变化

核内包涵体较常见于慢性肝病,其外观是空洞的小滴样结构(图9-5A)。核内包涵体是膜结合的含有糖原和线粒体的细胞质内陷(Stalker and Hayes,2007)。需要将其和病毒包涵体相区分。在传染性肝炎的患犬,犬腺病毒Ⅰ型会产生大的洋红色的核内包涵体(图9-5B&C),其结构均一,大小不一。因其导致肝细胞坏死和细胞核肿胀,形成包涵体和染色质边缘的苍白环,看起来像是增厚的细胞核膜。

### 细胞质的变化

肝细胞的胞质变化常见于代谢性疾病和外伤。肝细胞内出现的离散的小空泡(小泡性)或大空泡(大泡性)是被染色过程除去的脂滴(图9-6A-E)。而肝脏内脂质过量堆积被称为肝脏脂质沉积症、脂肪肝、或者肝脏脂肪变性。这样的细胞学改变最常见于猫肝脏脂质沉积综合征。将一滴红油O和一滴新亚甲蓝同时滴在未固定的样本上,然后盖上盖玻片,随着染色剂被细胞内的脂质吸收,可以帮助我们甄别是否有脂质的存在(图9-6F)。在将脂肪肝定性为特发性之前,应该先排除潜在疾病如肿瘤和胰腺炎(通过超声检查和(或)猫特异性脂肪酶检查确认)(Ferreri et al.,2003)。先天性脂质贮积病出现肝细胞弥散性空泡样变(Brown et al.,1994)(图9-7A&B)而导致青年动物的肝肿大。如果采样过程中穿刺了肠系膜脂肪是会导致误诊的(图9-8A)。另外,在肝血窦内的贮脂细胞,也被称为星状细胞或脂肪细胞,其增生时,也可能被误认为脂肪肝(图9-8B&C)。

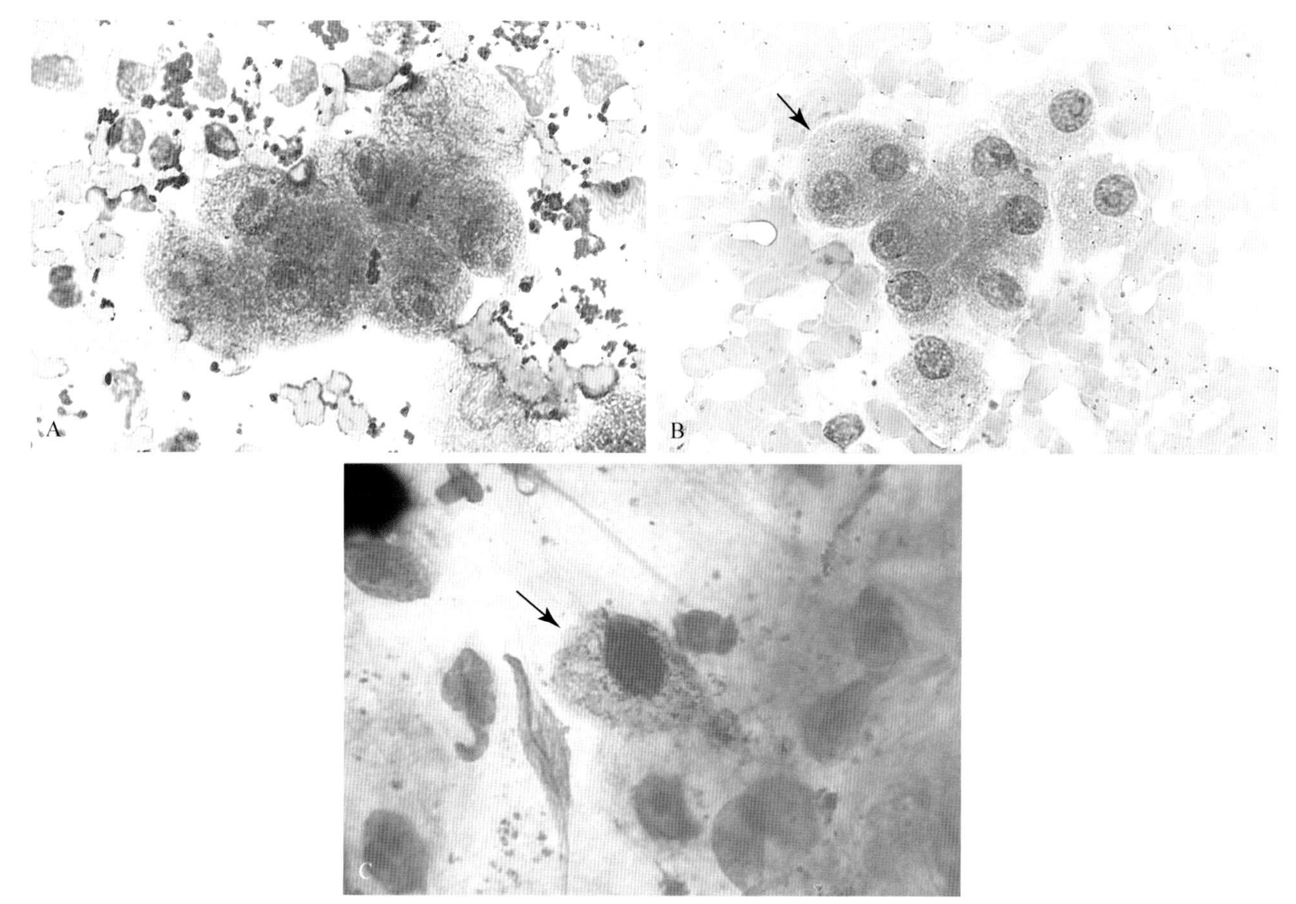

■ 图 9-1 **A-B 为正常肝细胞。A.** 在一团肝细胞周围有染成青色的红细胞群，以及超声耦合剂所形成的小而不规则的异染性团块。(瑞-吉氏染色；高倍油镜)**B.** 偶尔发现一个双核的肝细胞(箭头)是正常的。(瑞-吉氏染色；高倍油镜)**C. 肝肥大细胞。** 偶尔发现一个肥大细胞是正常的(箭头)。嗜碱性颗粒通常并不多。(瑞-吉氏染色；高倍油镜)将其与肝脏肥大细胞肿瘤的图例(图 9-30A&B)进行比较。

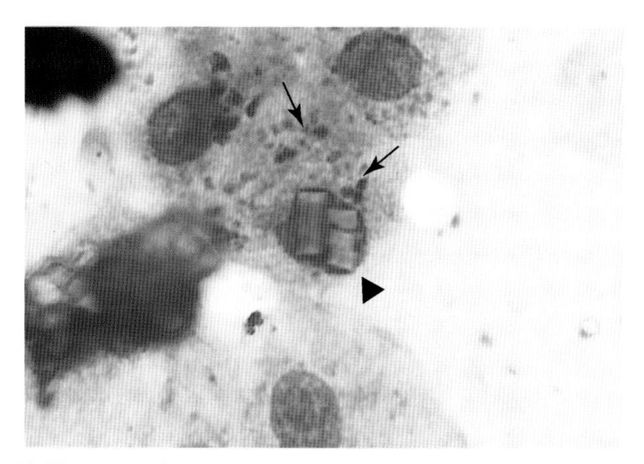

■ 图 9-2 **核内结晶样包含物。** 在肝细胞胞核内偶尔可见一或二组晶体样矩形物(三角形)；是诊断意义不明确的意外发现。胞质含有蓝到蓝黑的色素颗粒，是为脂褐质(箭头)。(瑞-吉氏染色；高倍油镜)

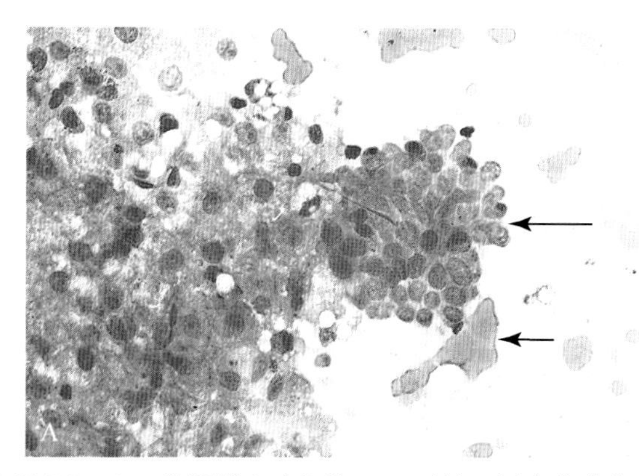

■ 图 9-3 **A-D 为胆道上皮细胞。A.** 可见一团密集的胆道上皮细胞(长箭头)位于一片肝细胞的右侧。胆道上皮细胞的胞质少，轻度着染，常常"看不见"。圆形的细胞核是由颗粒样至均匀的致密染色质组成的，形态较为一致且比肝细胞胞核稍大一些。旁边还有一群染成青色的红细胞(短箭头)。(瑞-吉氏染色；中倍镜)

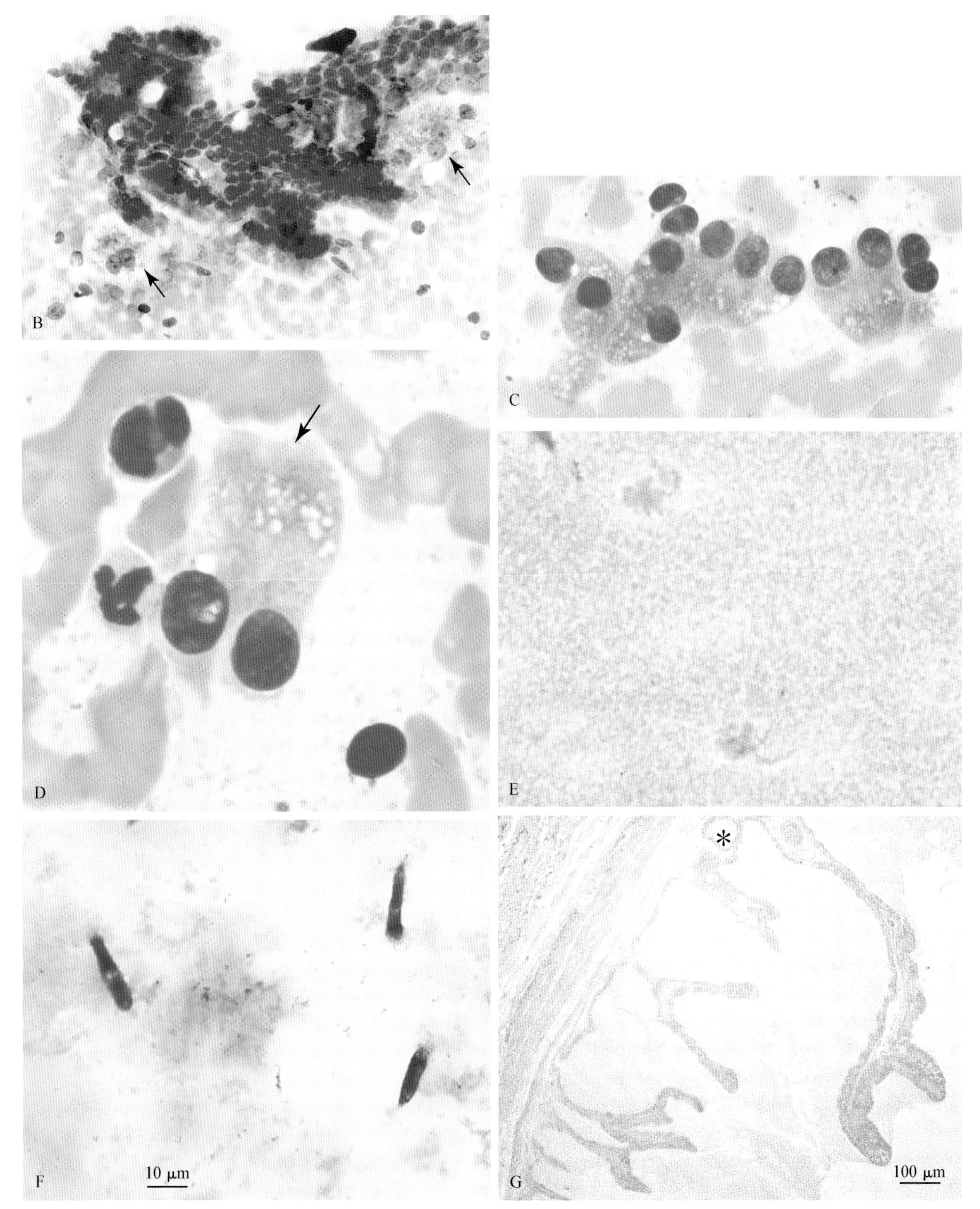


■ 图 9-3 续 **B. 抽吸。犬。**收集到了紧密排列成管状的正常胆管细胞，还有一些大的染色不良的肝细胞（箭头）。（瑞氏染色；中倍镜）**C 和 D 来自同一个病例。C. 印片。犬。**来自胆囊增厚的一个病例。可见一排柱状上皮细胞，其胞质内含空泡且呈现细小颗粒状。注意胞核位于基底部。（瑞氏染色；高倍油镜）**D.** 两个胆管细胞展示了纤毛刷状缘（箭头）。（瑞氏染色；高倍油镜）**E. 正常胆汁。猫。**抽吸获得的胆囊液是墨绿色的，其蛋白含量是 12.8 g/dL。该黏液状胆汁被染成灰绿色，注意其小粒状至无定形的质地。不常见细菌。（瑞氏染色；高倍油镜）**F. 胆汁中的胆道上皮细胞。犬。**可见轻度黏液和蛋白质背景之中有三个皱缩的纤毛柱状上皮细胞。该犬的肝酶升高。（瑞氏染色；高倍油镜）**G. 胆囊。囊性黏液增生。犬。**注意增大的黏膜突起以及突起之间的致密的轻度嗜碱性的黏液。在涂片上部中央有一个小的黏液囊肿。尸检时意外发现增大的胆囊，与死因无关。（H&E 染色；低倍镜）（B-G，Courtesy of Rose Raskin，Purdue University.）

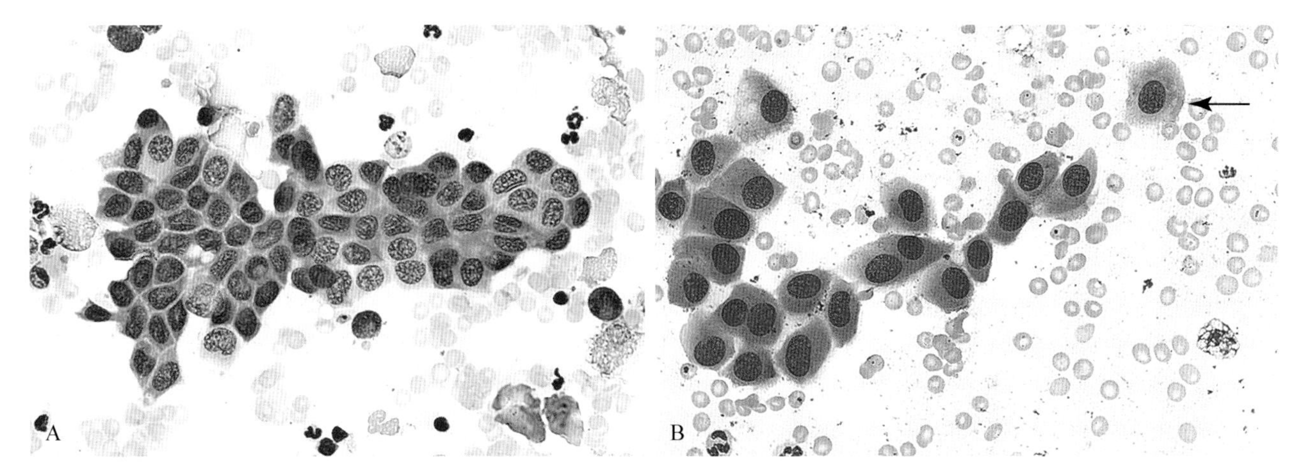


■ 图 9-4 **间皮细胞。A.** 间皮细胞的特征是有棱角的外形(鱼鳞样)。这一片间皮细胞群很可能是采样时刮落的。要与转移性肿瘤相区别。注意其与周围染成褐色的红细胞大小的差异。(瑞-吉氏染色;高倍油镜)**B.** 单个的典型的间皮细胞(箭头)是卵圆形的从胞浆边缘辐射出粉色的"旭日样"的效果。其周围有大量染成青色的红细胞。(瑞-吉氏染色;高倍油镜)

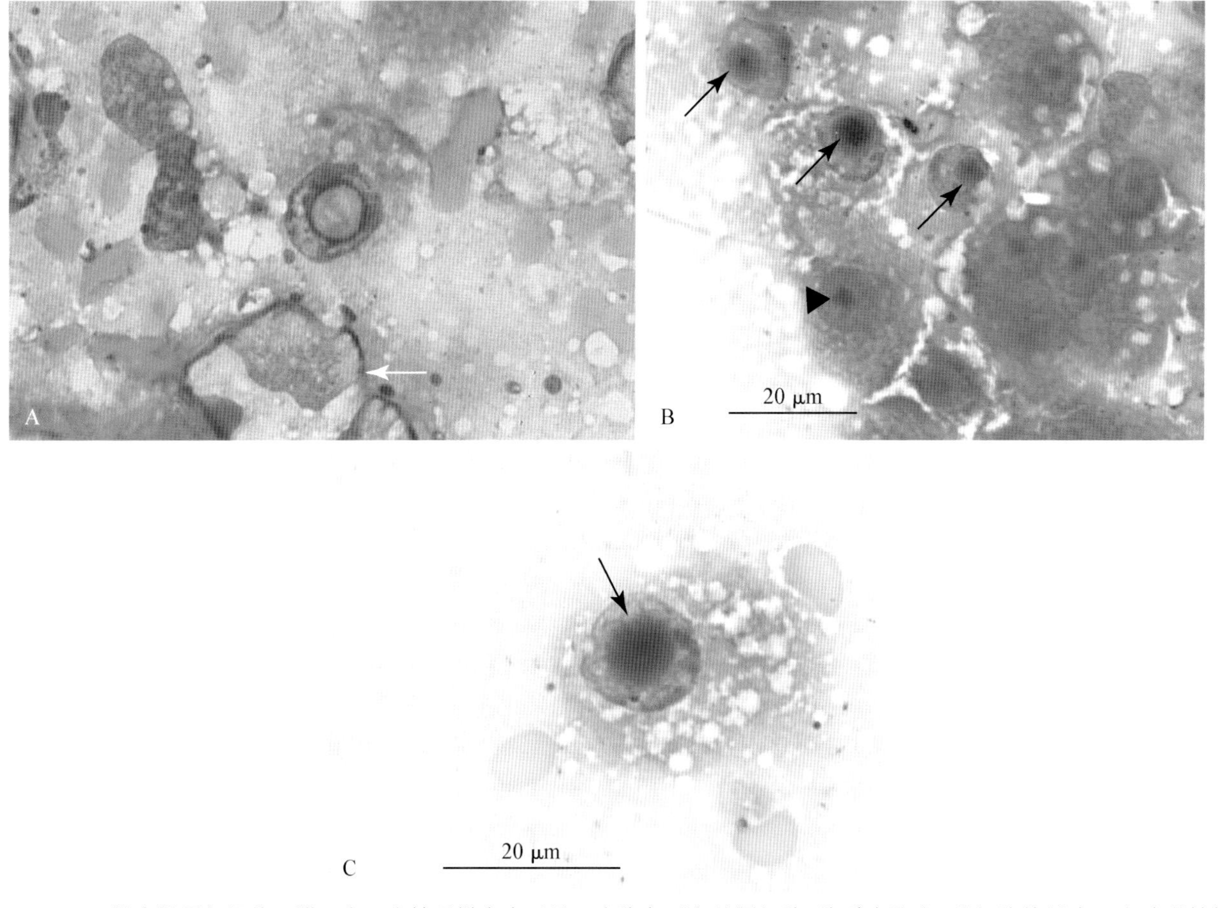


■ 图 9-5 **A. 核内糖原包涵体。猫。**在一个抽吸样本中可见一个染色不良的肝细胞(胞质未聚焦)的细胞核里有一个球形结构。除此之外,在蛋白质碎片的背景之中,还混合有嗜中性粒细胞、淋巴细胞和巨噬细胞(箭头)。组织学诊断为猫传染性腹膜炎(FIP)。(瑞-吉氏染色;高倍油镜)**B 和 C 是同一个病例。核内病毒包涵体。犬。B.** 犬传染性肝炎(ICH)不但产生空泡样变化而且还导致核内包涵体。比较图中正常的嗜碱性细胞核(三角形)和具有大小不等的圆形洋红色包涵体的 3 个细胞核(箭头)。(瑞氏染色;高倍油镜)**C. ICH。**注意这个肝细胞有着大的洋红色的核内包涵体,而且染色质边缘化形成了包涵体和核膜之间的苍白区(箭头)。(瑞氏染色;高倍油镜)(B and C,Courtesy of Rose Raskin,Purdue University.)

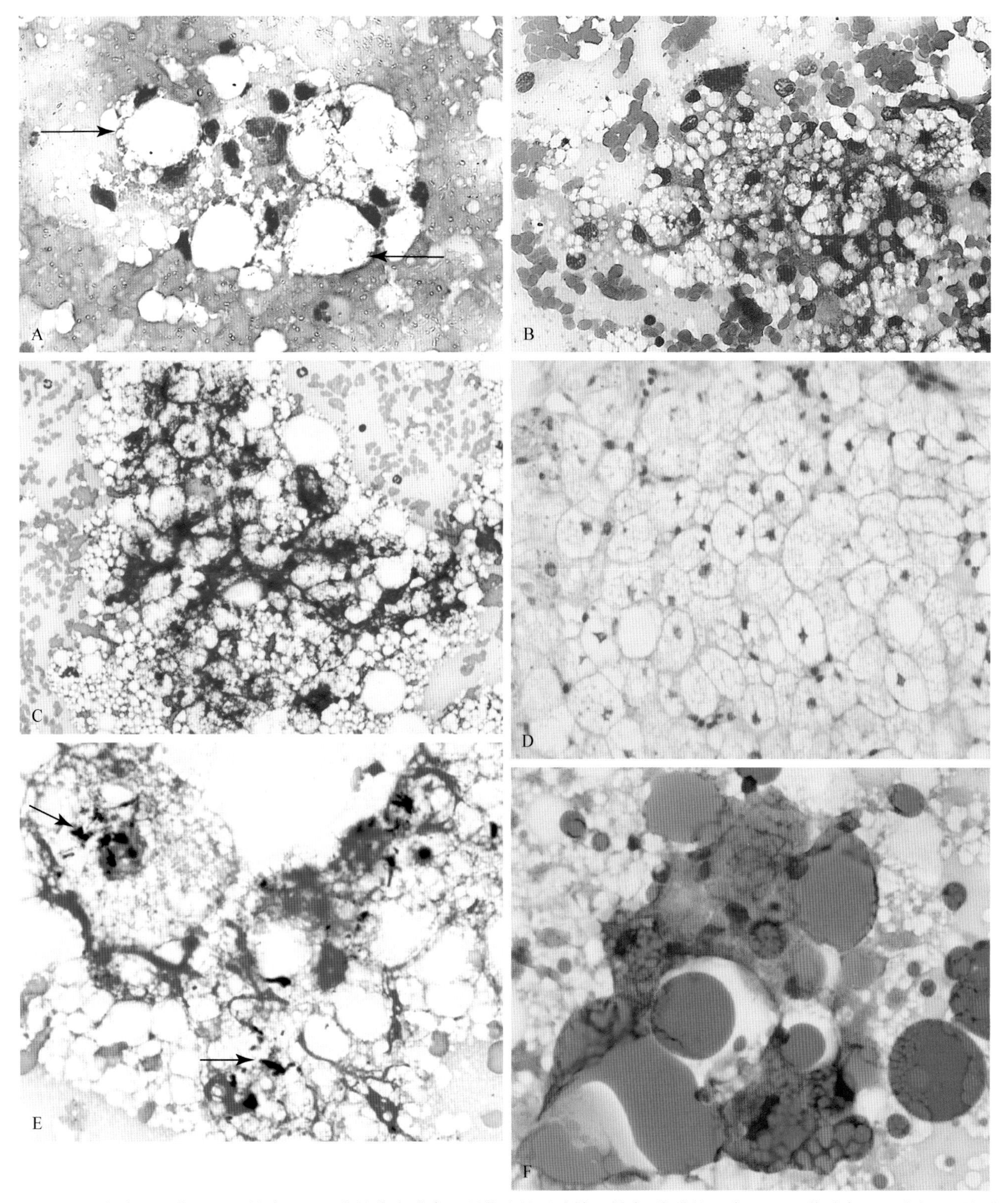


■ 图 9-6 **脂肪肝。猫。A.** 这是从一只 5 岁的黄疸猫身上所获取的肝脏抽吸样本，该猫的血清 ALP 显著升高且肝肿大。肝细胞因胞浆被大而清亮的空泡(大泡性)占据而膨大，细胞核被挤在一边或呈"戒指"样外观(箭头)，而肝细胞难以辨认。(瑞-吉氏染色，中倍镜)**B.** 有时肝细胞因胞浆被大小不一的小空泡(小泡性)所占据而膨大。这两种与脂质相关的细胞形态变化均提示猫脂肪肝的诊断。(瑞-吉氏染色，中倍镜)**C.** 另一例猫脂肪肝。高度空泡化的肝细胞难以辨认。(瑞-吉氏染色，中倍镜)**D-F 来自同一病例。D.** 组织切片展示了晚期脂肪肝中肝细胞的高度空泡化。(H&E 染色；中倍镜)**E.** 注意在两种空泡化的肝细胞中的这些深色物质，它们是淤积的胆汁或者脂褐质(箭头)(瑞氏染色；高倍油镜)**F.** 联用新亚甲蓝和红油 O(ORO)染色分别着染细胞核和脂质。小空泡内的脂质结合染料呈现暗橙色，对比 ORO 的大液滴呈亮橙色。(新亚甲蓝/ORO 染色；中倍镜)(C，Courtesy of Dave Edwards，University of Tennessee. D-F，Courtesy of Rose Raskin，Purdue University.)

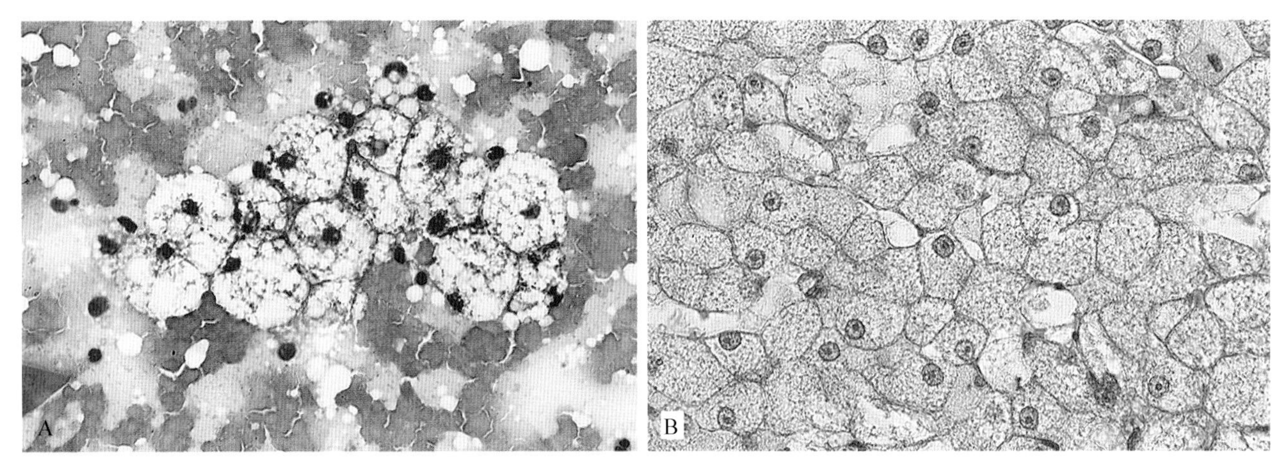

■ 图 9-7　**A. 小泡空泡变性。犬。**一只肝肿大的幼犬的穿刺样本可见小滴(小泡)脂质沉积，而且还有腹水，提示脂质贮积病。没有最终确诊。(瑞-吉氏染色；中倍镜)**B. 脂质贮积病　猫。**注意 A 中所观察到的细胞学特征与该组织学样本的相似，该病例是一只确证罹患脂质贮积病——尼曼匹克病 C 型的幼猫。(H&E 染色；中倍镜)(B，Tissue section courtesy of Diane Brown Colorado State University.)

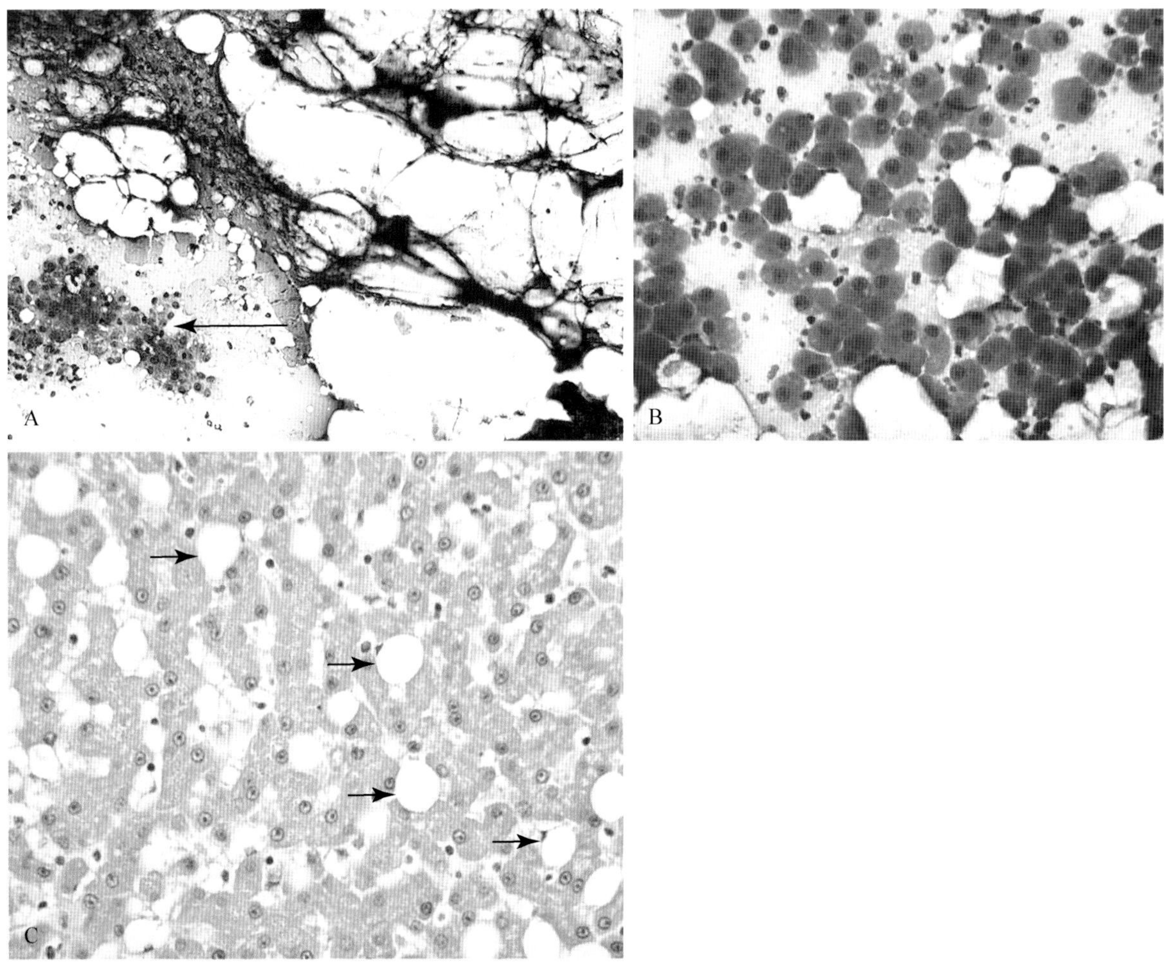

■ 图 9-8　**A. 肠系膜脂肪。**偶尔会穿刺到肠系膜脂肪，可能与脂肪肝相互混淆。将其与一群肝细胞(箭头)比较可见，肠系膜脂肪细胞明显大于肝细胞。(瑞-吉氏染色；低倍镜)**B 和 C 来自同一病例。肝脏星状细胞(贮脂细胞；曾用名脂肪贮存细胞，脂肪细胞)增生。猫。B. 细胞增生。猫。**细胞学检查可见增生的嗜碱性的双核肝细胞以及多个肝脏星形细胞(箭头)散布其间。猫常见，诊断意义不清。(罗氏染色；高倍油镜)**C.** 这是一只老猫身上的意外发现，该图是组织学图像。(H&E 染色；中倍镜)(B-C，Courtesy of Lorenzo Ressel，University of Liverpool.)

肝细胞胞质稀薄是胞质密度低于正常值，而不会形成离散的空泡。犬、猫都可能发生，是由于糖原或水分增加导致。后者的组织学变化又被称作水肿(肿胀)变性。空泡变性这个术语常与胞质稀薄混用。肾上腺皮质机能亢进导致高皮质醇血症或者注射外源性皮质类固醇均可引起胞质内糖原蓄积增加。犬肝细胞胞质稀薄常常是由于糖原增加(图 9-9A-C)，而猫却不是(Schaer and Ginn，1999)。在高皮质醇血症的影响下，犬肝细胞储存糖原的能力变强大，可以引起全肝肿大。肝细胞体积可以因此增大到3倍(Kuhlenschmidt et al.,1991)。此时的肝细胞是肿胀的，细胞核居中，而且并没有脂质堆积所常见的分散的胞质空泡。通过过碘酸-希夫染色(PAS)，伴或不伴有淀粉酶的消化作用，可用于区分胞浆的糖原和黏蛋白。肝细胞的糖原在淀粉酶作用下分解，PAS呈现阴性，而中性黏蛋白并不会发生反应，所以呈现PAS阳性。当肾上腺皮质机能亢进得到控制，糖皮质激素治疗终止，不再继续引起"空泡性肝病"时，可以开始查找潜在疾病(Sepesy et al.,2006)。多种类型的肝细胞损伤，比如毒物刺激和缺氧都会改变胞膜和细胞器的完整性，导致细胞水肿。结果就是形态学上可见胞质疏松(水肿变性)，而且不一定能够与糖原蓄积的表现所区分开来(图9-10A-C)。肝脏结节性再生性增生在老年犬常见。结节的数量可以从几个到许多，而且常由胞质疏松和(或)空泡变性的肝细胞组成(Stalker and Hayes,2007)(图9-11A&B)。

### 色素

肝细胞内常见的色素种类包括脂褐质、胆汁、含铁血黄素和铜。而蜡样质常见于巨噬细胞。具体实例见表9-1。近期的一项研究(Scott and Buriko,2005)显示，经组织化学方法的验证，犬、猫肝细胞内常见的绿色颗粒并非以往所认为的胆汁色素，而是脂褐质。

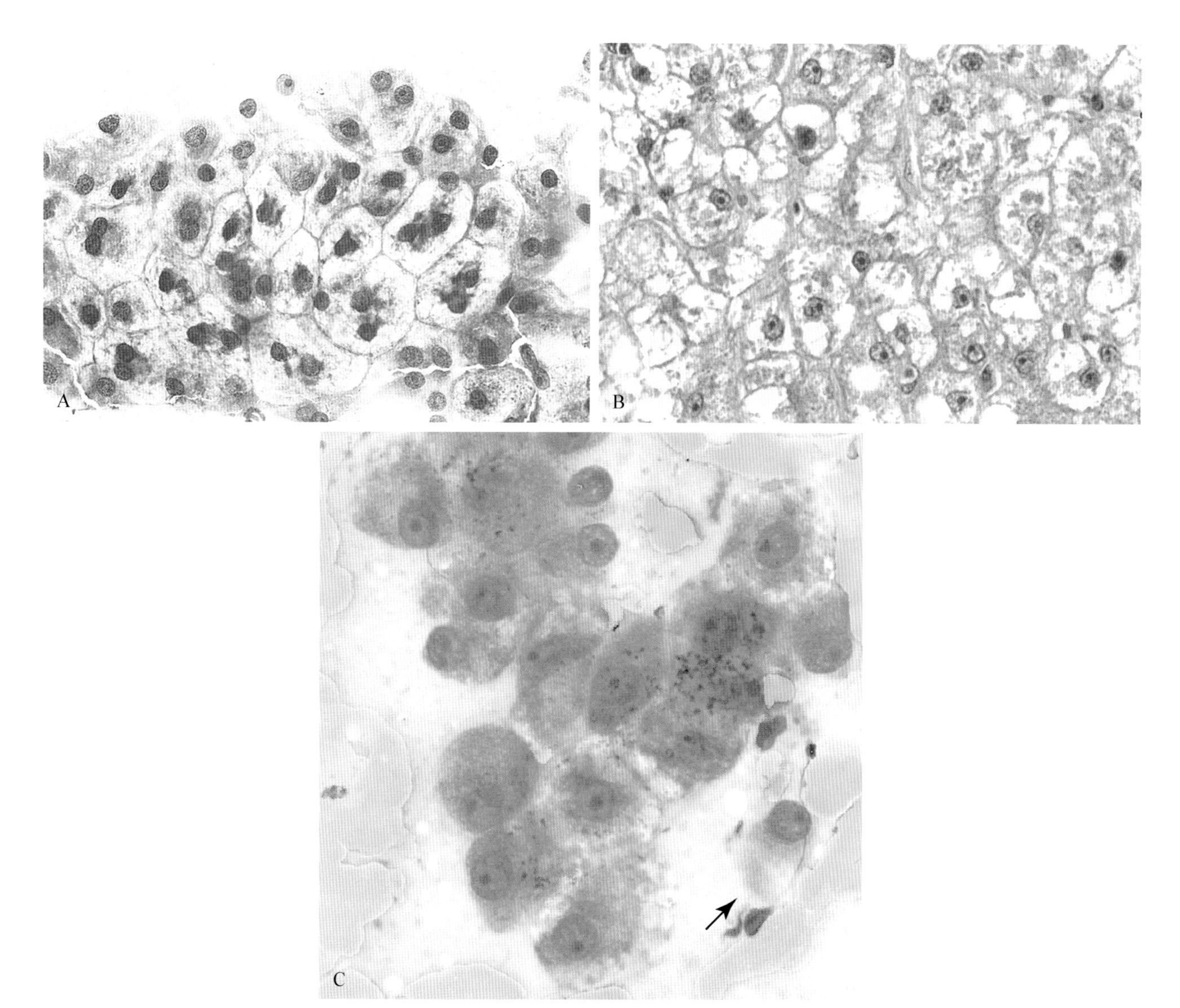


■ 图9-9 **A-B为糖原沉积性肝病。犬。**一片形态相似的胞质疏松(网眼状的胞质)的肝细胞，来自一只肝肿大、血清ALP显著升高、以及血清胆红素浓度正常的犬。这与皮质类固醇诱导的糖原过度储存(肝病)有关。可由注射外源性皮质类固醇以及内源性皮质类固醇血症(肾上腺皮质机能亢进)引起。(瑞-吉氏染色；中倍镜)**B.** 这是另一只罹患皮质类固醇性肝病的犬的组织学切片，可见与A的相似性。(H&E染色；中倍镜)**C. 胞质稀薄。印片。犬。**在这只怀疑慢性活动性肝炎的犬只上可见外周胞质疏松的肝细胞。可见一个柱状胆道细胞(箭头)。(瑞氏染色；高倍油镜)(C,Courtesy of Rose Raskin,Purdue University.)

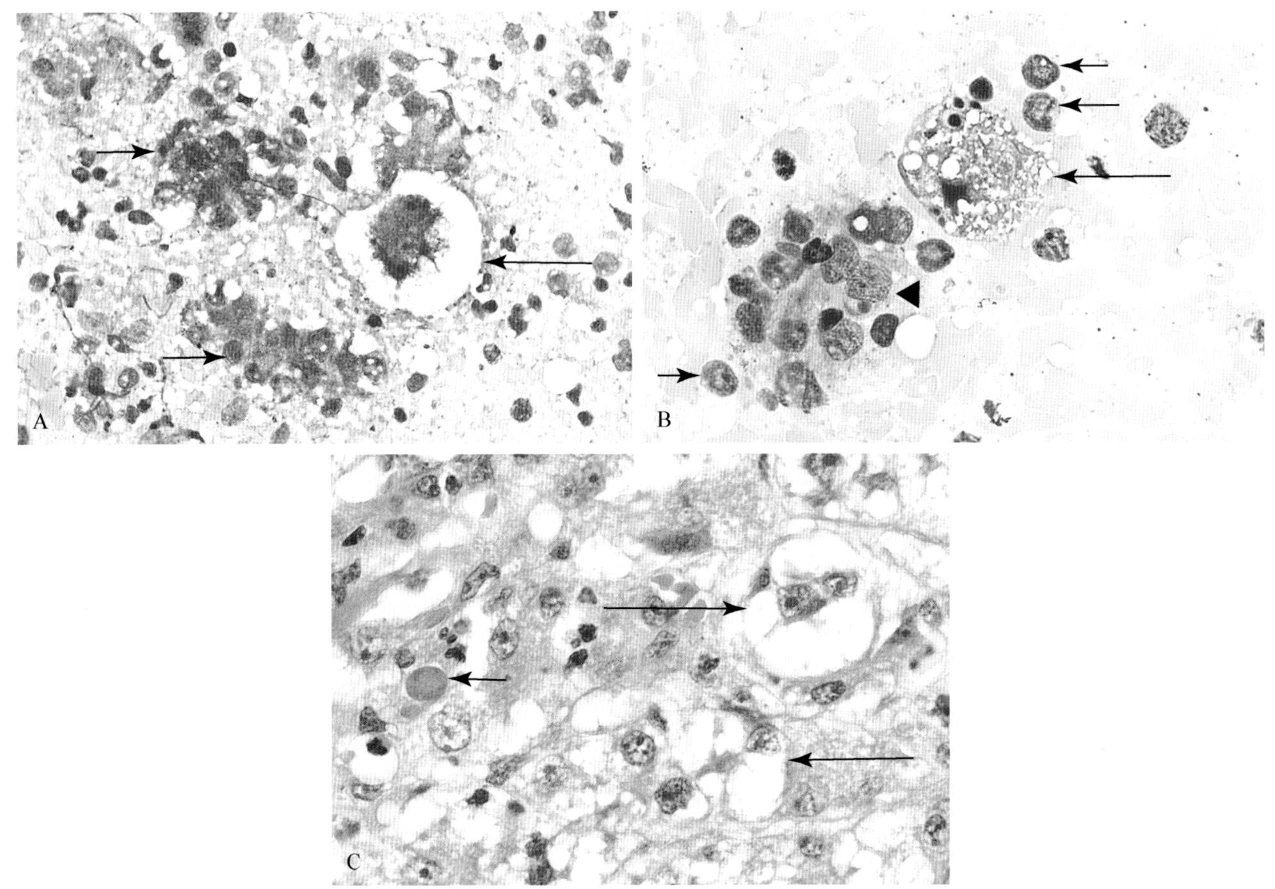


■ 图 9-10 **A-B 为水肿(肿胀)变性。A.** 一个显著肿胀的双核肝细胞诠释了何为水肿(肿胀)变性(长箭头)。其他肝细胞(短箭头)的胞质变化较少或未见形态学异常。还可见中量的炎性细胞(不易识别为淋巴细胞和嗜中性粒细胞)在蓝灰色的背景("脏兮兮")之中,是坏死崩解的碎片。(瑞-吉氏染色;中倍镜)**B.** 在另一个视野中,一个肝细胞正在经历水肿变性的过程,可见在颗粒化小泡化的胞质(长箭头)之中的核固缩和破裂。其胞浆的外观相似于 A 中的"坏死性"背景物质。一些炎性淋巴细胞在其附近(短箭头)。一小群肝细胞(三角形)展示了轻度细胞大小不均和细胞核大小不均的再生性变化。这些发现,结合血清 ALT 和 AST 水平中度升高,血清胆红素浓度轻度升高,以及血清 ALP 仅微微升高的情况,支持做出急性肝损伤的细胞学诊断(肝炎)(如毒素,药物)。(瑞-吉氏染色;高倍镜)**C. 肿胀变性。** 注意其组织形态学与卡洛芬注射导致的犬急性肝损伤样本的相似性。可见肿胀变性的肝细胞(长箭头)和相对正常的肝细胞。一个致密染色的嗜酸性结构(短箭头)是一个正在经历细胞凋亡坏死的肝细胞。(H&E 染色;高倍油镜)

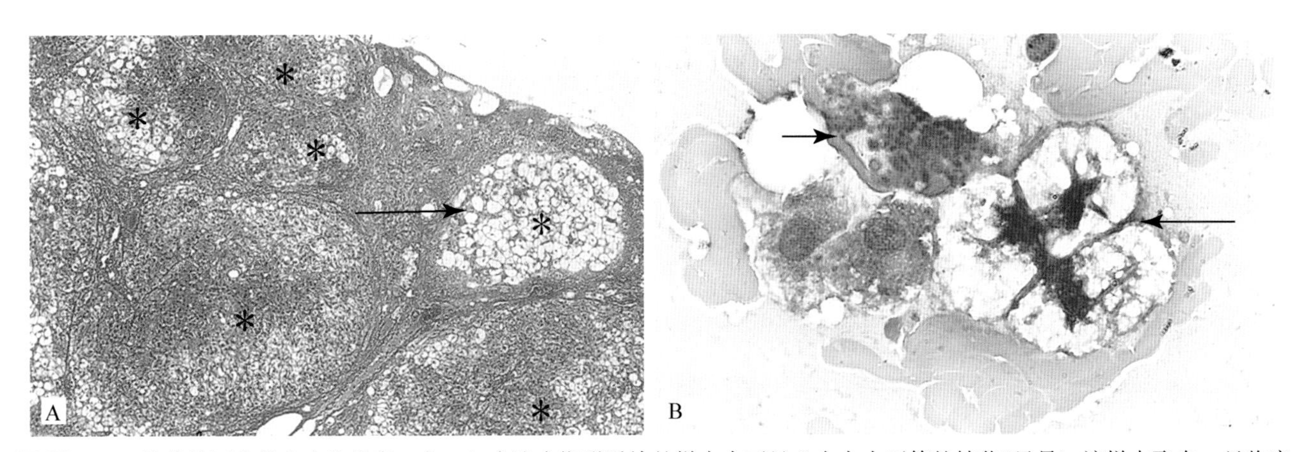


■ 图 9-11 **结节性再生伴有空泡样变。犬。A.** 在这个楔形活检的样本中可见 6 个大小不等的结节(星号),该样本取自一只临床健康的 12 岁混种犬,其血清肝酶轻度升高,手术中可见肝脏大量结节。注意这些结节中的肝细胞形态千差万别。如果在右上部的结节(箭头)被针头活检取样进行细胞学或组织学检查,将会得出"空泡样肝病"的结论,提示代谢性疾病。(Gordon & Sweets reticulin;低倍镜)**B.** 获得的细胞学样本展示了接近正常到明显胞质稀薄(长箭头)的肝细胞的形态学特征。一群密集的血小板(短箭头)是常被误认为多核细胞或传染性病原体的形象。(瑞-吉氏染色;高倍油镜)

**表 9-1 肝细胞色素的判定***

| | 脂褐质 | 铜 | 含铁血黄素 | 胆汁 | 蜡样质 |
|---|---|---|---|---|---|
| 细胞学外观(罗曼诺夫斯基染色) | 蓝绿色至墨绿色颗粒 | 晶体,折光<br>蓝绿色至浅蓝灰色 | 金棕色至深蓝黑色颗粒 | 深蓝绿色颗粒<br>胆小管内呈深蓝黑色[†] | 金棕色至黄绿色颗粒 |
| 组织学外观(H&E染色) | 棕黄色至深褐色颗粒 | 墨绿色(红)<br>红色至橙红色(罗) | 金棕色 | 土黄色至黄色至绿色 | 棕色至金棕色 |
| 细胞化学染色 | Long Ziehl-Neelsen +Schmorl 反应+ | 红氨酸<br>罗丹宁 | 普鲁士蓝 | Hall | Long Ziehl-Neelsen+Schmorl 反应− |
| 临床意义 | 正常衰老 | 数量多,则与慢性肝炎或代谢性疾病有关 | 溶血性贫血<br>门脉短路<br>近期输血史 | 胆汁淤积 | 肝细胞损伤 |
| 举例 | 图 9-2<br>图 9-19 | 图 9-14A<br>图 9-14B<br>图 9-14C<br>图 9-14D | 图 9-13A<br>图 9-13B<br>图 9-13C | 图 9-12A<br>图 9-12B | 图 9-20B |

* 除了蜡样质之外的所有色素通常都位于肝细胞胞浆中,而蜡样质多见于巨噬细胞之中。含铁血黄色也可能见于巨噬细胞(图 9-13A)。

† 在胆小管内聚集的细胞外胆汁,呈现黑色(图 9-12A&B)。

红=红氨酸;罗=罗丹宁

注意:对于肝脏胆红素,Hall 染色为最佳,因含其有胆绿素会染成绿色,而胆囊中的胆汁或胆红素不太可能对其有反应。

脂褐质是肝细胞中最常见的色素,其细胞学表现为胞浆内的小的蓝绿色到墨绿色颗粒(图 9-2)。组织学表现为 H&E 染色下的土黄色颗粒,常出现于小叶中央区的胆小管附近的肝细胞胞浆中。它们其实是充满了无法降解的含脂残留物的溶酶体。它们是随着细胞老化的过程而蓄积,常被称为"消耗"色素。当未固定的样本被紫外线照射,脂褐质会自发荧光,其染色方法是 Schmorl 铁-铁氰化物还原染色以及 Long Ziehl-Neelsen 脂质染色。

胆汁是深蓝绿色至深蓝黑色的大小不等的颗粒。组织学上的胆汁经 H&E 染色后可呈现黄色至棕黄色至绿色的外观。胆汁的染色方法是 Hall 染色和 van Gieson 染色。胆汁色素的滞留,被称为胆汁淤积,可导致肝细胞或胆小管的胆汁蓄积这种肝脏病理现象(图 9-12A&B)。

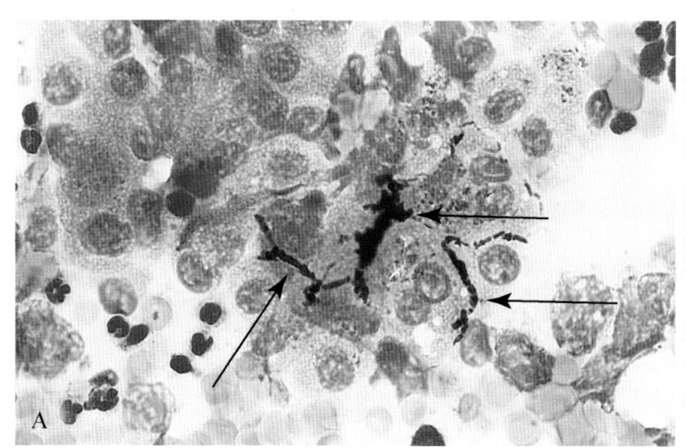


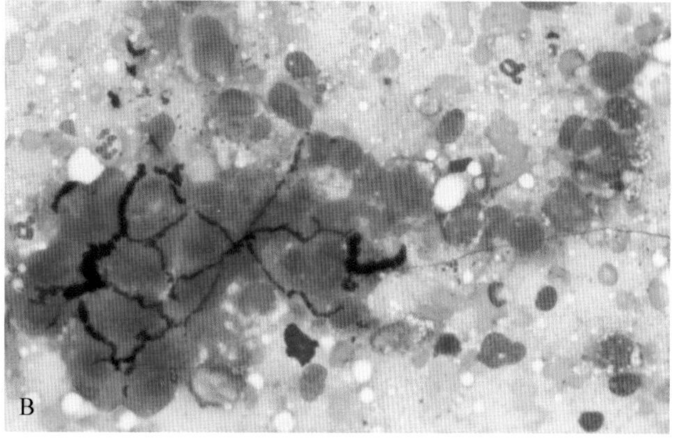


■ 图 9-12 **胆汁潴留。犬。A.** 在视野中的一部分区域,浓缩的胆汁形成的黑色条带提示胆汁淤积,这个黑色条带是胆小管管型,因而沿着肝细胞表面分布(箭头)。在一些肝细胞内还有小的黑色的颗粒物,被认为是胆汁。(瑞-吉氏染色;高倍油镜)**B.** 一例组织细胞肉瘤出现了明显的胆汁淤积。(瑞氏染色;中倍镜)(B,Courtesy of Rose Raskin,Purdue University.)

含铁血黄素是一种不溶于水的含铁蛋白质,经吞噬消化血红素产生。肝脏含铁血黄素蓄积与溶血性疾病、近期输血史以及先天性门脉短路有关。这些颗粒或大小不一或密集成群,细胞学呈现金棕色至蓝黑色至黑色的外观(图 9-13A&B)。组织学上,这些颗粒有折射性,H&E 染色后呈现金棕色。普鲁士蓝染色可将其染成深蓝色(图 9-13C)。

细胞学上的铜呈现粗糙的大小不等的折光的蓝绿色颗粒——晶体样外观(图 9-14A)。细胞学上,红氨酸将其染成蓝绿色至墨绿色(图 9-14B)。虽然罗曼诺夫斯基染色将其染成蓝绿色,但是在组织学切片上肝细胞内充斥的是橙色至金棕色的颗粒(图 9-14C-

D)。铜蓄积在特定品种会导致肝脏疾病,比如贝灵顿梗、西高地白梗、杜宾犬、可卡犬、拉布拉多寻回犬、大麦町犬以及斯凯梗。铜蓄积常常是胆汁淤积或慢性肝损伤的结果。

氧化的脂质富含蜡样质,在肝损伤之后的巨噬细胞最常见这种色素。它是颗粒状的,可能成群出现,在细胞学上呈现金棕色至黄绿色的外观,在 H&E 染色后呈现金棕色至棕色的外观。蜡样质是脂质氧化的早期形式,Long Ziehl-Neelsen 染色阳性,而脂褐质则代表了脂质氧化的后期形式。虽然它也有自发荧光的现象,但是并不被 Schmorl 铁-铁氰化物还原染色上色。

### 嗜中性粒细胞性、淋巴细胞性以及混合细胞性炎症反应

通过细针穿刺活检评估肝脏炎症常常只能提供片面的病理信息,因为无法评价小叶结构和炎症程度。令人难以诊断的混淆因素包括反应性嗜中性粒细胞和淋巴细胞浸润常发生于犬结节性再生性增生这种相对良性的病况中。当犬、猫出现嗜中性粒细胞数量明显增多或者猫出现淋巴细胞数量轻度增多时,肝脏细针穿刺活检如若被大量血液污染,会导致相互矛盾的细胞学判读。

当分叶状嗜中性粒细胞数量相对于红细胞有所增多时,提示嗜中性粒细胞性或化脓性炎症。如果嗜中性粒细胞紧邻或混于肝细胞群落进一步证实了化脓性炎症。应该仔细检查嗜中性粒细胞以及周围组织来排查传染性病原体(图 9-15A&B)。因为细胞学不能判断嗜中性粒细胞浸润发生在小叶的具体位置,所以不能区分是主要发生在肝实质的炎症(肝炎)还是胆管炎症(胆管炎)(图 9-15C&D)。将形态学评价和生化指标联合判断是有意义的,尤其是犬。如果发现血清碱性磷酸酶(ALP)水平显著高于血清丙氨酸转氨酶(ALT)则提示胆管炎/胆管肝炎,尤其当血清胆红素水平也升高时。这项推论过程并不适用于猫脂肪肝的鉴别诊断,因其主要是肝细胞的病变,血清 ALP 水平常常显著增高且伴有高胆红素血症。嗜中性粒细胞性炎症可以发生于无菌性炎症过程——比如急性胰腺炎(图 9-15C),猫嗜中性粒细胞性胆管肝炎(图 9-15D),猫传染性腹膜炎(图 9-15E),也可以发

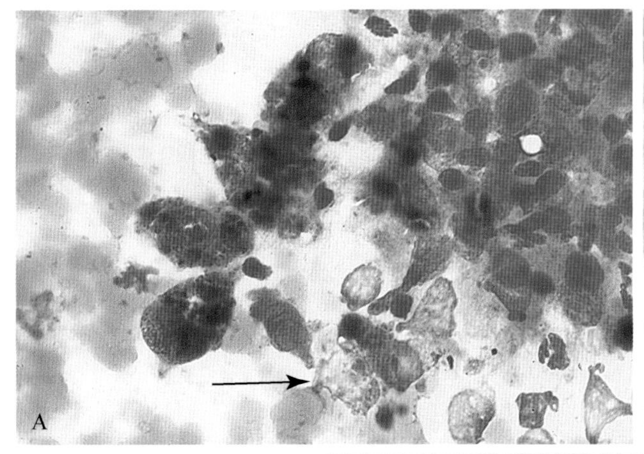


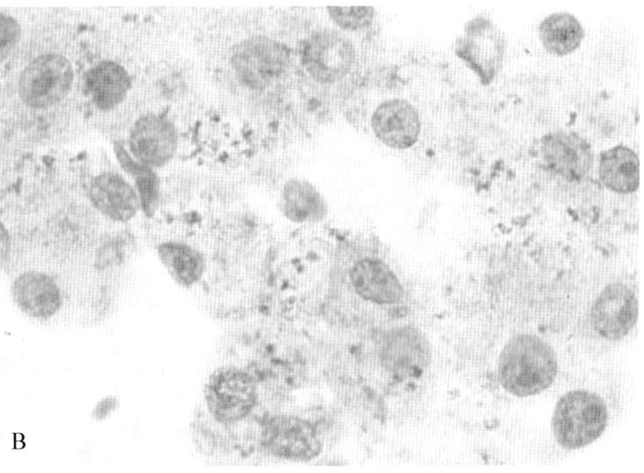


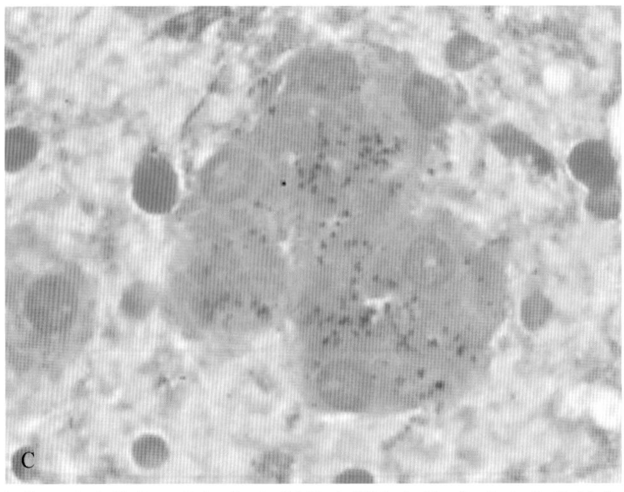


■ 图 9-13 **A. 含铁血黄素。**细胞学上可见数个巨噬细胞,包括箭头所指之处,都含有密集的蓝黑色物质,使用普鲁士蓝染色(未在此展示)的话,铁会深度着染。(瑞-吉氏染色;高倍油镜)**B 和 C 来自同一病例。铁过量。犬。B.** 肝细胞胞浆内含丰富的大小不等的蓝黑色颗粒,符合铁或另一种色素的特征。(瑞-吉氏染色;高倍油镜)**C. 铁染色。**在该细胞学样本中铁颗粒被染成深蓝色。(普鲁士蓝染色;高倍油镜)(B and C,Courtesy of Rose Raskin,University of Florida.)

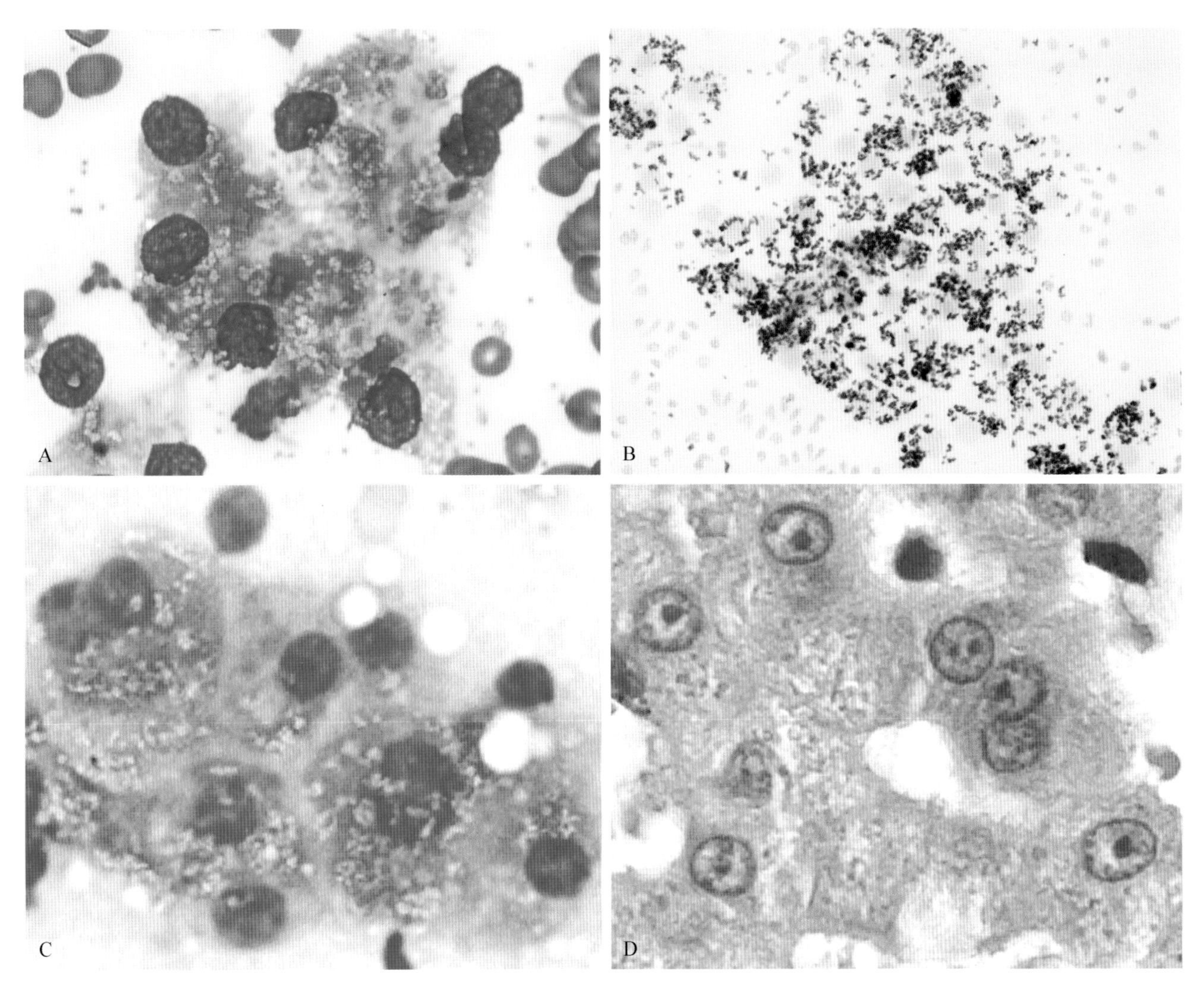

■ 图 9-14 **铜颗粒。A.** 肝细胞的胞浆内含有蓝灰色的有棱角的晶体样结构，为铜颗粒。（瑞-吉氏染色；高倍油镜）**B.** 铜颗粒染成黑色，提示红氨酸染色阳性。（红氨酸染色；中倍镜）**C 和 D 来自同一病例。铜肝病。犬。C.** 注意肝细胞内大量折光的蓝绿色晶体。（瑞氏染色；高倍油镜）**D.** 在这只罹患慢性胆汁淤积的成年犬的样本上，可见金棕色至橙色的晶体充满了肝细胞。该犬有淋巴细胞浆细胞性和化脓性肝炎（未在此展示）。肝中的铜水平（DW）经测量得 5 860 ppm，已达到中毒剂量，正常范围是 120～400 ppm。（罗丹宁染色；高倍油镜）（A and B, Courtesy of Dave Edwards, University of Tennessee. C and D, Courtesy of Kristin Fisher, Purdue University.）

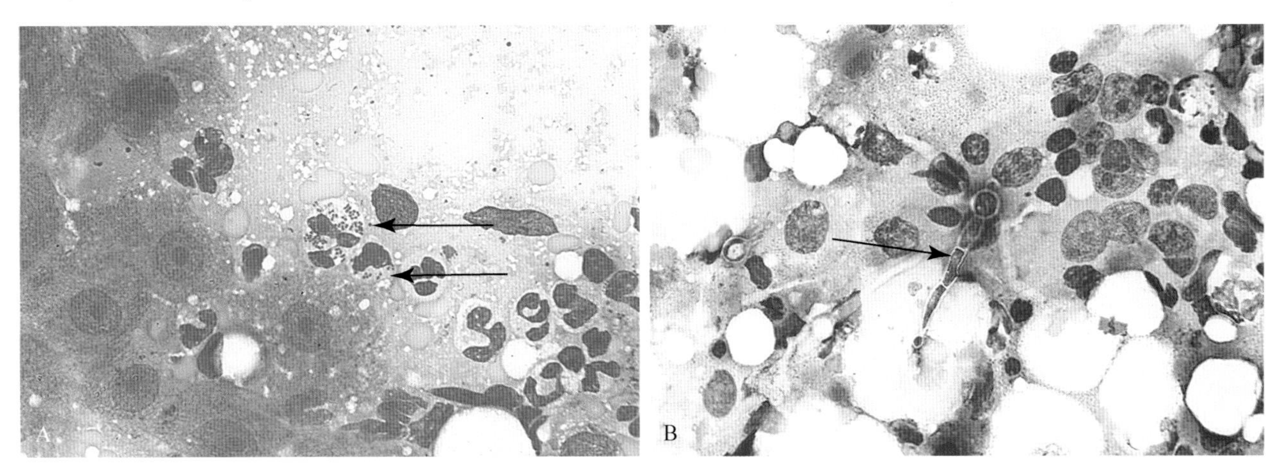

■ 图 9-15 **A. 细菌性化脓性肝炎。猫。** 嗜中性粒细胞与肝细胞紧邻提示化脓性肝炎。视野中红细胞少，暗示了大部分的嗜中性粒细胞并非来自血液的污染。注意图中两个充斥了细菌的嗜中性粒细胞（箭头）。该猫同时还有血清 ALT 和 AST 水平的中度升高，血清 ALP 水平的稍稍上升，血清胆红素水平的轻度上升，以及轻度的嗜中性粒细胞增多症。（瑞-吉氏染色；高倍油镜）**B. 真菌性肝炎。犬。** 该犬有肝酶的中度升高和超声下低回声灶，其抽吸样本中有嗜中性粒细胞大量聚集的区域（未在此展示）。仔细检查后发现了一个霉菌（长箭头）。随后使用术中采集的组织样本进行拟青霉菌的培养，基于其结果做出了肝脏透明丝孢霉病的诊断，这是非暗色孢科真菌的机会性感染，其以透明菌丝元素作为基本组织形式。（瑞-吉氏染色；高倍油镜）

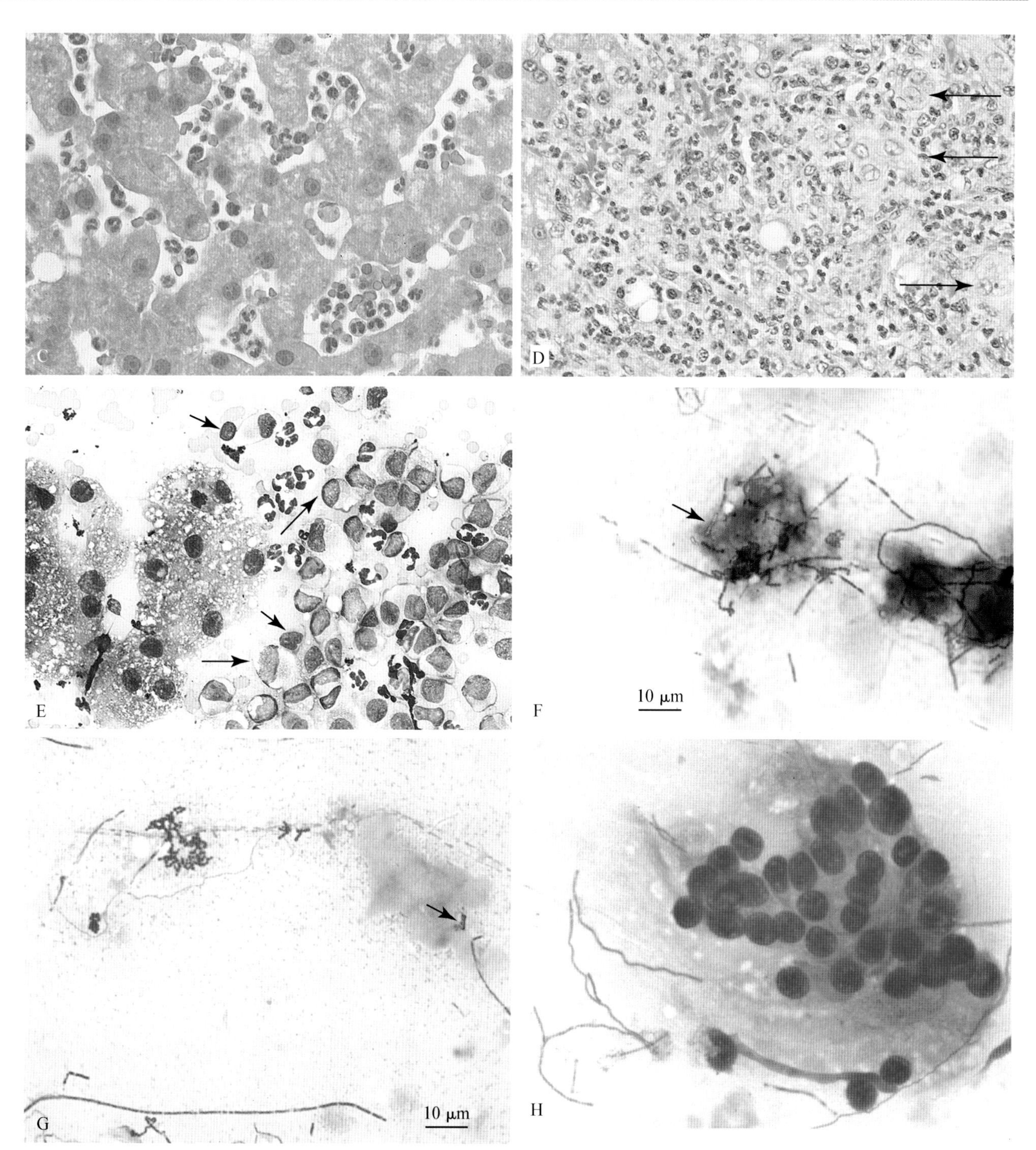


■ 图 9-15 续 **C-D. 化脓性肝炎。猫。**比较以下这两张组织学图片，分别来自2只血清肝酶水平中度上升的黄疸猫。嗜中性粒细胞性炎症(C)主要侵袭肝实质(肝血窦白细胞淤滞)，而(D)主要在胆管(化脓性胆管炎/胆管肝炎)。(C)中的炎症是继发于急性胰腺炎的，急性胰腺炎是经超声初步诊断的，而经活检确定的严重肠炎则继发于胆管炎/胆管肝炎。(D)中的箭头所指是胆管上皮细胞。(H&E染色；分别高倍油镜和中倍镜)**E. 混合性炎症。猫。H. 菌胆。犬。**猫传染性腹膜炎侵袭肝脏会引起混合性炎症，而嗜中性粒细胞和组织细胞正是其中的重要组分。该触印片取自肝脏表面数个白色的小病灶之一。组织细胞是大的单细胞核的细胞(比嗜中性粒细胞大)，其胞核卵圆形至肾形，由均质的染色质组成，周围的胞质中量，呈蓝灰色(长箭头)。还有较少量的小的单细胞核细胞(淋巴细胞)混入其中(短箭头)。还在肾脏和肠系膜上发现了相似的病灶，该病例经组织学诊断为非渗出性猫传染性腹膜炎。(瑞-吉氏染色；中倍镜)**F和G来自同一病例。菌胆。猫。F.** 该墨绿色的胆囊液含有大的金色物质，内有金黄色的胆红素晶体(箭头)。(瑞氏染色；高倍油镜)**G.** 细菌的形状从短杆状和球形到丝状。注意胆红素结晶(箭头)。培养出ȧ-溶血性链球菌和产气夹膜梭菌。(瑞氏染色；高倍油镜)(F and G, Courtesy of Rose Raskin, Purdue University.)**H. 菌胆。犬。**出现退行性胆道上皮细胞和丝状的革兰氏阳性厌氧杆菌。(瑞-吉氏染色；高倍油镜)(H, Case courtesy of Justin Breitbach, University of Florida.)

生于败血性炎症(图 9-15A)。当有嗜中性粒细胞增多症和/或发热时,对肝实质的单发性低回声结构进行取样是相对禁忌症之一,因为有可能使脓肿破裂且引发腹膜炎,所以应该小心操作。

菌胆是指细菌出现在胆汁中(Neel et al.,2006)(图 9-15F&G)。虽然胆汁通常是无菌的,但是研究显示临床健康的犬只可能偶尔发生细菌培养阳性却无临床症状的情况(Kook et al.,2010)。猫的胆囊炎比犬常见,会伴随呕吐和厌食,以及胆汁淤积的酶水平升高[ALP 和谷氨酰转移酶(GGT)]。胆囊炎可能发生胆汁的细菌感染,也可能有胆结石。建议使用超声引导下的经皮胆囊穿刺来确诊。胆汁成分减少或者黏蛋白成分增加,不管有没有细菌感染,都会导致胆囊扩张,这种情况被称为胆囊黏液囊肿。当老年犬出现腹痛、黄疸、呕吐、多尿、多饮,或者腹泻等急性症状时,胆囊黏液囊肿是一个常见的原因。

主要由形态一致的小淋巴细胞群组成,伴有或不伴有少量浆细胞在老年猫是一种常见的情况,被称为淋巴门肝炎(图 9-16A)(Gagne et al.,1996,1999;Weiss et al.,1995)。这种淋巴细胞性或非化脓性炎症局限于门管区,而且并不出现零散的坏死(门管区的淋巴细胞性炎症扩散至周围肝实质导致肝细胞坏死)(图 9-16B)。临床研究提示该病可能没有任何临床症状,可能与多种肝外疾病有关,而且可能缓慢进展。该病在何时出现症状并不明确,即使同时伴有血清 ALT 和(或)ALP 水平的升高。外周血淋巴细胞计数并不会升高,因此可以与慢性淋巴细胞性白血病引起的肝侵袭区分开来。在判断为原发性肝脏疾病之前,应该全面排查肝外疾病(如胰腺炎,肠炎,肿瘤)。这种淋巴细胞性炎症偶尔会很剧烈而且导致黄疸(图 9-16C)。该病通常发生于中年犬,而且具有品种倾向性(Guilford,1995;Sevelius and Jonsson,1995)。现在并不知道该病是较为严重的淋巴门肝炎还是另一种综合征。肝脏活检的显微检查,以楔形活检为佳,是评估疾病程度的唯一方法。以小淋巴细胞为主的细胞学发现在犬并不常见,应该继续进行组织学检查以排查慢性进行性肝炎(图 9-17A-C)。肝脏的细胞学检查,辅以 Ki-67 免疫化学检查可以提高细胞学的诊断准确率,并且排查肝脏肿瘤(Neumann and Kaup,2005)。

在猫肝脏细胞学样本中发现数量相当的淋巴细胞和嗜中性粒细胞,提示猫传染性腹膜炎或慢性嗜中性粒细胞性胆管肝炎(图 9-18A&B)。若怀疑后者,应该检查有无肝外疾病,比如肠炎或胰腺炎(Weiss et al.,1996)。研究表明该病况最初以侵袭胆道的显著嗜中性粒细胞性炎症和门静脉周坏死(图 9-15D)为特征,之后淋巴细胞性炎症开始出现。猫嗜中性粒细胞性胆管肝炎综合征的发病机理未明。临床研究提示其可能与多种肝外疾病有关,尤其是胰腺炎和炎性肠病。

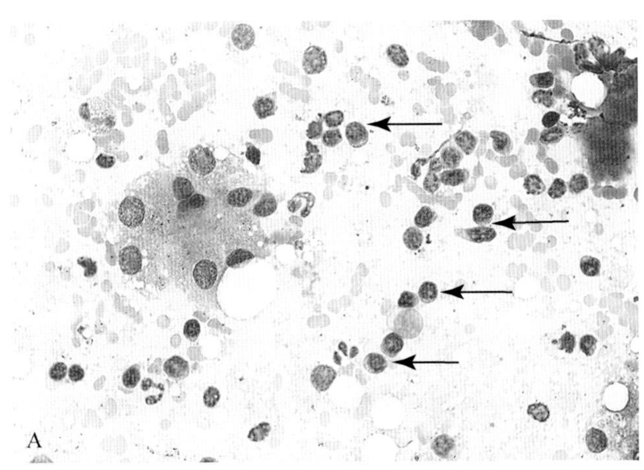


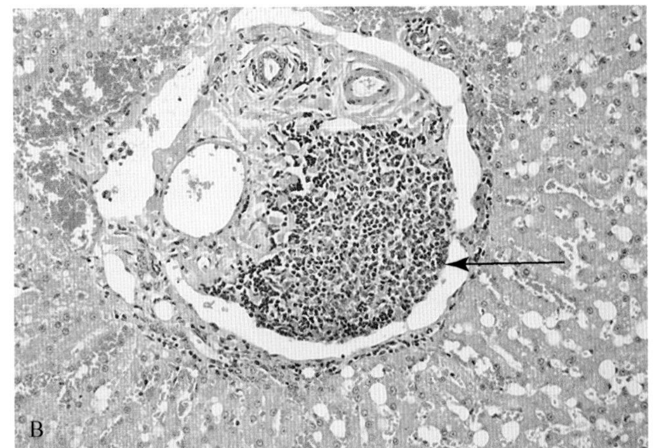


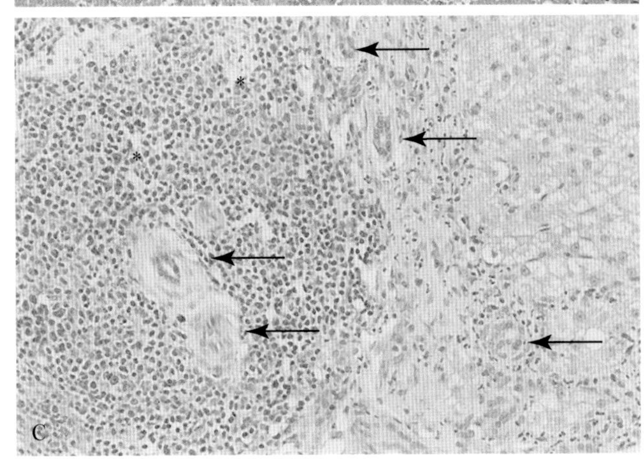


■ 图 9-16　**A. 淋巴细胞性肝炎。猫。**取自 1 只老年猫的肝脏的样本,其中反应性淋巴细胞(箭头)占多数,符合淋巴门肝炎的特征,该病原因不明。(瑞-吉氏染色;中倍镜)**B. 淋巴门肝炎。猫。**淋巴门肝炎的组织学变化是局限于门管区(箭头)的显著的淋巴细胞浸润。(H&E 染色;低倍镜)**C. 淋巴细胞浸润。**偶尔可见过度的淋巴细胞浸润(门管区之间的桥连)。在本样本中,出现了明显的胆管增生(箭头),中量的纤维组织,以及位于门管区的密集的淋巴细胞浸润,而且还向上延伸连接到了另一个门管区(星号)。(H&E 染色;低倍镜)(B,来自 Weiss DJ,Gagne JM,Armstrong PJ:Characterization of portal lymphocytic infiltrates in feline liver,*Vet Clin Pathol* 24:91-95,1995.)

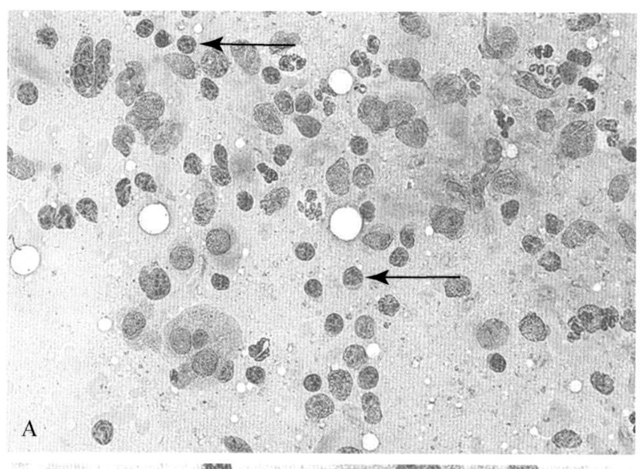


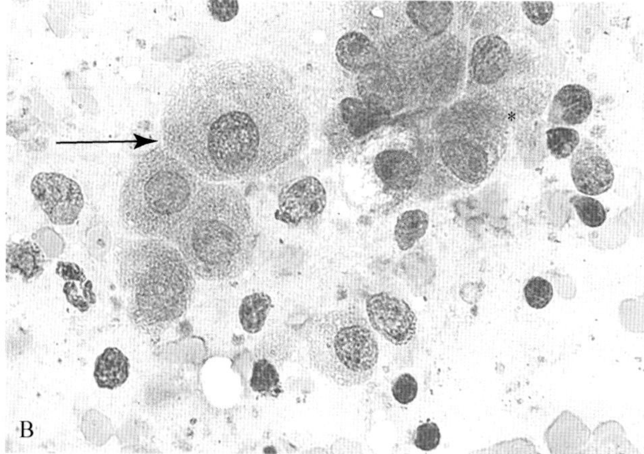


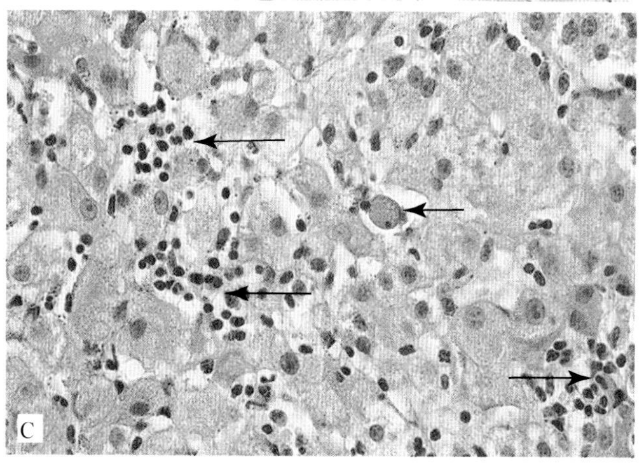


■ 图 9-17 **淋巴细胞性炎症。犬。A-B.** 该细胞学样本(A)取自1只5岁的拉布拉多寻回犬,其出现嗜睡、食欲减退,以及6周之内数次持续的轻至中度升高的ALT和AST水平。小淋巴细胞是主要的炎性细胞(箭头),以及(B)与肝细胞(星号)紧邻。也可见较少量的嗜中性粒细胞。肝细胞轻至中度细胞大小不等和细胞核大小不等(箭头)(B)提示是一个再生性(修复性)反应。(瑞-吉氏染色;分别中倍镜和高倍油镜)**C.** 该肝脏活检样本的组织学检查确认了慢性进行性肝病,而且还确定了炎症、桥接坏死和纤维变化的程度。这些是细胞学无法评估的重要的预后标准。该显微照片中重要的组织病理学变化包括零星的严重坏死灶,是淋巴细胞(长箭头)从门管区流入周围肝实质形成的,以及相关的肝细胞坏死,纤维化程度增加,以及细胞凋亡坏死(短箭头)。7个月后该犬死于肝脏衰竭。(H&E染色;中倍镜)

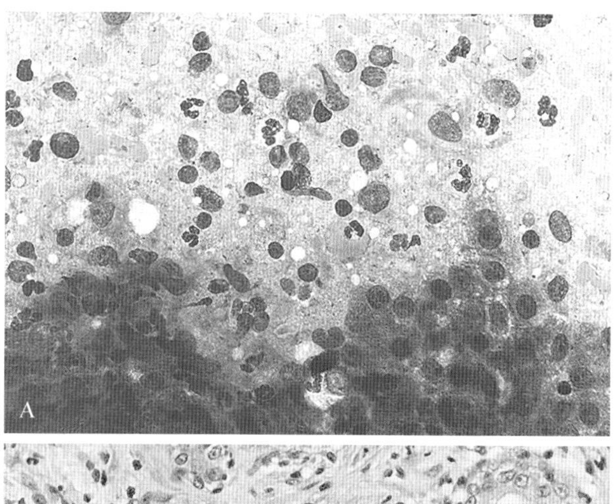


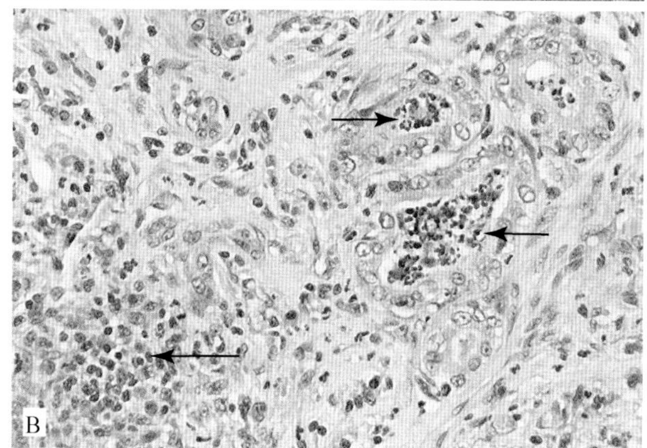


■ 图 9-18 **A. 混合性嗜中性粒细胞性和淋巴细胞性炎症。猫。**该样本取自一只血清肝酶水平中度升高的猫,可见数量相近的嗜中性粒细胞和淋巴细胞,以及偶尔出现的组织细胞。虽然确定了肝脏存在炎症,但是无法获知具体位置和炎症程度。(瑞-吉氏染色;中倍镜)**B. 混合性炎症。猫。**门管区因混合性炎症、胆管增生以及管周纤维化而显著扩张。在左下部淋巴细胞占多数(长箭头),而内含坏死碎片的胆管内出现了嗜中性粒细胞的浸润(短箭头)。(H&E染色;中倍镜)需要组织学以评估炎症和纤维化的程度。该样本的形态学诊断是化脓性(嗜中性粒细胞性)胆管肝炎。(B,来自Weiss DJ,Gagne JM,Armstrong PJ:Characterization of portal lympho-cytic infiltrates in feline liver,*Vet Clin Pathol* 24:91-95,1995.)

不同程度的混合性炎症(淋巴细胞,嗜中性粒细胞,巨噬细胞)是犬肝脏对肝内和肝外疾病的一种较为常见的反应。在老年犬,混合性炎症较常见于结节性再生性增生(见下文)。若肝外疾病的指标在至少4周内的至少3个时间点降至正常,而且动物处于临床疾病状态,就要求进行组织学检查来确定病因,以楔形活检为佳。犬和猫的混合性炎症可能与霉菌、原虫和分枝杆菌的感染有关,通过特殊染色可以识别。应该仔细检查细胞外区域和大巨噬细胞的胞浆来排查这些传染性病原体。比如猫胞簇虫,侵入内皮巨噬细胞内,该巨噬细胞将变为裂殖体,其内的裂殖子会感染红细胞。近期死亡的1例猫患者的诊断是通过肝脏、肺脏和脾脏的组织印片来确定裂殖体期(图9-19)出现的。少量的嗜酸性粒细胞可能在犬、猫的非特异性混合性炎症反应中出现。如果看到了大量的嗜酸性粒细胞,在猫可能是高嗜酸性粒细胞综合征和肝吸虫(尤其是来自佛罗里达州和夏威夷的),在犬、猫可能是嗜酸性肠炎(Hendrick,1981)。Allison 等(2006)报道了 1 例幼犬的肝脏被犬肉孢子虫感染的病例,伴有严重的坏死和混合性炎症,其中包括嗜酸性粒细胞。

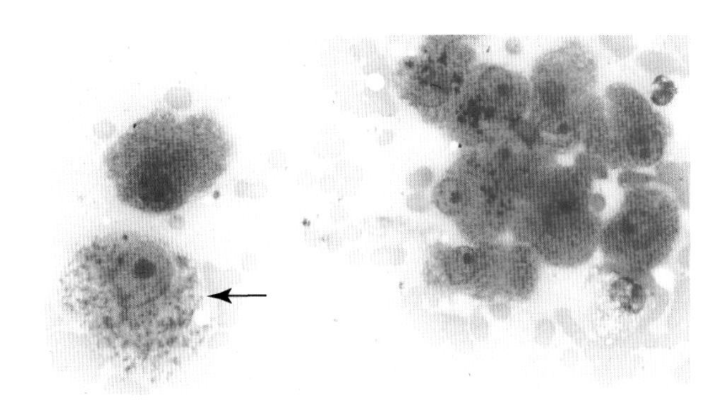

■ 图 9-19　**原虫裂殖体。猫。**该印片取自尸体剖检时 1 只患猫的肝脏。肝细胞中的一些内含粗糙的有色颗粒,提示胆汁或脂褐质。在一个巨噬细胞中,不仅有一个处在成熟中期的裂殖体,还有发展中的裂殖子(紫色颗粒)(箭头)。注意受感染的巨噬细胞中的明显核仁。(瑞氏染色;中倍镜)(由 University of Florida 的 Rose Raskin 提供)

## 结节性再生性增生

结节性再生性增生是常发生于老年犬的原因不明的一个病理过程,通常发生在 8 岁以上(Stalker and Hayes,2007)。结节的数量可以从几个到数不过来,尺寸可以从肉眼不可见到可见,甚至导致肝脏表面的扭曲(图 9-11A)。它们的颜色取决于组织构成——若肝细胞胞质充斥糖原或脂质则呈现浅褐色到黄色,若血液是主要成分则呈现深褐色。结节的形态可以各不相同,而且通常是没有库兴氏综合征的老年犬经组织学诊断为"空泡性肝病"的较常见原因之一。在这个相对良性的病理过程中,肝细胞胞质的变化可以从严重的胞质稀薄到空泡样变化,前者提示糖原过度蓄积或者肿胀变性,后者符合脂质蓄积病灶的特点,其中常见充满脂质和(或)色素的巨噬细胞(图 9-20A&B 和图 9-13A)。炎性细胞常出现在这些病灶中(图 9-20A),比如嗜中性粒细胞和大小不等的淋巴细胞。还可以发现髓外造血,最常见于被挤压的门管区。粒细胞生成最为常见,而且主要由分叶和杆状嗜中性粒细胞,细胞学上容易被误认为是嗜中性粒细胞性炎症(图 9-20B)。在髓外造血(图 9-20C)的区域中,次常见的细胞类型是巨核细胞。虽然造血前体细胞被证明存在于成年动物的肝脏(Crosbie et al.,1999),但是髓外造血组织的形成机制仍旧是个谜。

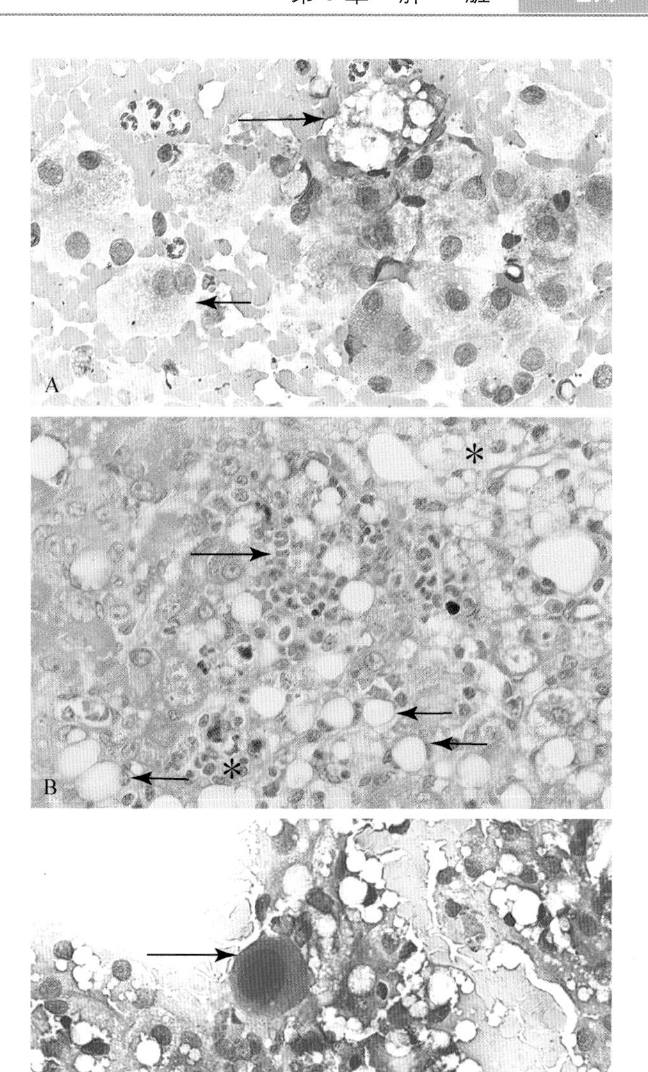


■ 图 9-20　**结节性再生性增生。犬。A.** 该样本取自一只 11 岁的混种犬,其有血清 ALT 水平的轻度升高,血清 ALP 水平的中度升高以及超声下发现混杂回声的疑似结节。肝细胞之间散布着几乎相等数量的嗜中性粒细胞和淋巴细胞,而且还有一群泡沫样(空泡化)巨噬细胞(长箭头)。肝细胞呈现轻度胞质稀薄,而且其中一些具有双核(短箭头)。这些变化都不是特异性的,但是与结节性再生性增生相符。(瑞-吉氏染色;中倍镜) **B.** 随后的楔形活检证实了结节性再生性增生的诊断。可以发现以下变化:一个由分叶、杆状嗜中性粒细胞和晚幼粒细胞(长箭头)组成的髓外造血(粒细胞生成)灶,肝脏星状细胞的肥大(贮脂细胞,脂肪细胞,脂肪储存细胞)(短箭头),以及一个巨噬细胞聚集点,这些巨噬细胞内充满了金棕色物质,是为蜡样质(星号),其中一些巨噬细胞出现了空泡化(右上部),与细胞学样本中出现的相似。(H&E 染色;中倍镜) **C.** 在该细胞学样本中可见巨核细胞(箭头),不要与多核巨细胞混淆。该样本取自一只 10 岁的混种拉布拉多寻回犬,其结节性再生性增生已经组织学确诊。其中很多肝细胞含有大小不等的胞质空泡,是为脂质。(瑞-吉氏染色;中倍镜)

## 淀粉样变性

肝肿大可由淀粉样 A 蛋白(AA)沉积引起,而且被分类为反应性(继发性)淀粉样变性。AA 是一种急性反应期蛋白——血清 AA(SAA)的氨基末端片段,而SAA是由肝细胞产生的,针对巨噬细胞源性的细胞因子而做出的应答,这些细胞因子包括白介素-1,白介素-6以及肿瘤坏死因子。该全身性征象继发于慢性的肝外炎症(如骨髓炎),而且是中国沙皮犬和阿比西尼亚猫的一种家族性疾病(Flatland et al.,2007)。该病症在东方短毛猫和暹罗猫也有报道(DiBartola et al.,1986;Loeven,1994;Zuber,1993)。细胞学上可见在肝细胞的近端有匐行旋涡状的嗜酸性物质(图9-21A)。使用偏振滤光器检查刚果红染色的组织化学切片可以判定双折射的出现,而双折射有助于确定淀粉体的出现(图9-21B&C)。

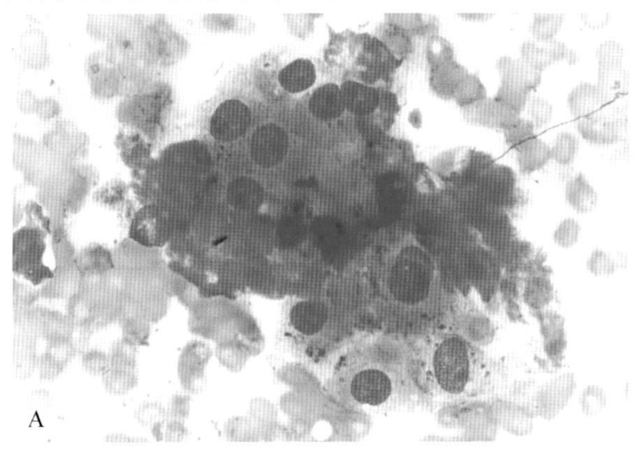

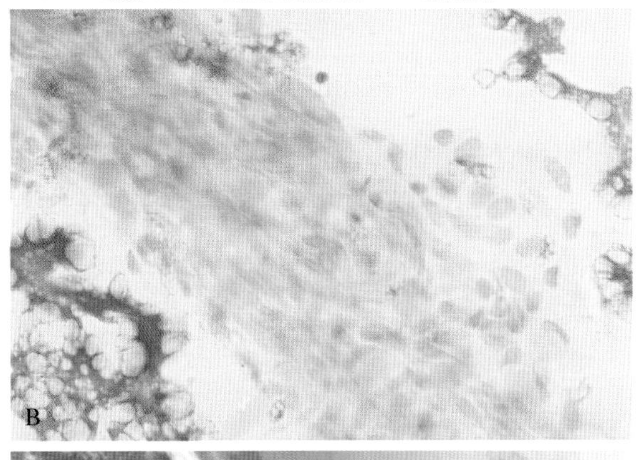

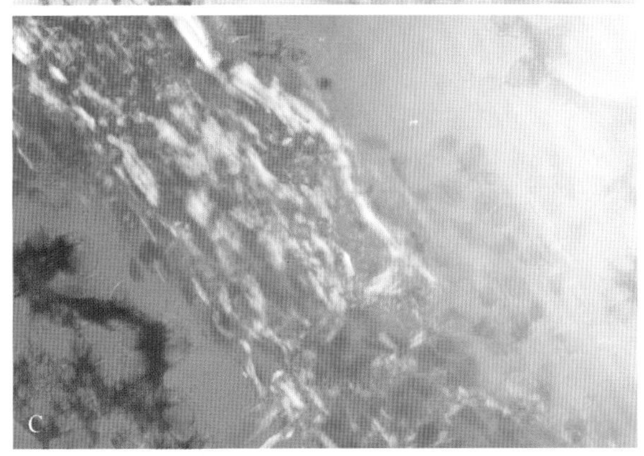

■ 图9-21 **A. 肝脏淀粉样变性。犬。**该样本来自一只肝肿大以及肝脏化验异常的中国沙皮犬。淀粉体呈旋涡样的嗜酸性物质,在肝细胞之间穿梭。肝细胞含有脂褐质颗粒。(瑞-吉氏染色;高倍油镜)**B. 淀粉样变性。**该细胞学样本中的淀粉体染色为橘红色。(刚果红染色;中倍镜)**C. 淀粉样变性。**当偏振滤光器用于检查刚果红染色的细胞学样本,淀粉体会出现双折射。(刚果红染色/偏振;中倍镜)(A-C,Courtesy of Dave Edwards,University of Tennessee.)

### 髓外造血

成年动物的肝脏仍然保留有产生造血细胞的能力(Crosbie et al.,1999)。犬的肝脏偶尔发生髓外造血,尤其是粒细胞生成,这是一种对慢性肝病的非特异性反应。当贫血时,肝脏髓外造血的主要细胞是红细胞系的晚期细胞,但是粒细胞系和巨核细胞系都可以见到。如前所述,犬肝脏结节性再生性增生(图9-20B&C)中,可见分叶和杆状嗜中性粒细胞以及一些数量较少的巨核细胞。若是形态一致的幼嫩造血前体细胞占多数,则提示肿瘤性疾病。若是从肝脏结节获取了细胞学样本,发现具有几乎所有骨髓细胞以及脂肪细胞,这提示了髓样脂肪瘤,它是一种偶发的肿瘤,一般都是意外发现。

## 肿瘤

### 肝细胞肿瘤

在犬中,来源于肝细胞的肿瘤比来源于胆道系统上皮细胞的常见(Straw,1996;Strombeck and Guilford,1996)。肝细胞腺瘤(肝细胞瘤)通常是侵袭一个肝叶的单个肿物,并且由于其可长大到15 cm,所以常常在一开始被认为是腹部肿物。它由外观相对正常的肝细胞组成,这些肝细胞可能有轻度细胞大小不均和细胞核大小不均。细胞学不可能区分肝细胞瘤和结节性再生性增生,组织学也很困难。组织学上未见门管区或肝微静脉以及边缘相对清晰支持肝细胞瘤的诊断。至今没有证据证明其会发展为癌。肝细胞癌通常也是常侵袭一个肝叶的单个肿物。其组成细胞可以是外观相对正常的或者明显恶性的肝细胞(图9-22A-E)。当肝细胞是相对高度分化的时候,就需要组织学的恶性标志包括边界模糊、转移岛围绕原发灶以及血管侵袭性,以此与腺瘤区分。而细胞学也有提示恶性的一些特征,包括肝细胞分离、肿瘤细胞腺泡样或呈栅栏样排列、裸核、毛细血管,还有恶性相关的较典型的细胞核变化(Masserdotti and Drigo,2012)。相比于恶性肿瘤,脂褐质更容易出现在非恶性疾病的更多肝细胞中(Masserdotti and Drigo,2012)。与肝细胞癌相关的副肿瘤性低血糖被归因于胰岛素样生长因子Ⅱ的分泌(Zini et al.,2007)。

### 胆管肿瘤

源自于胆道系统上皮细胞的胆管细胞肿瘤是猫最常见的非造血性的肝肿瘤(Straw,1996)。通常不引起肝肿大。腺瘤和腺癌的细胞学组成均是小片、小

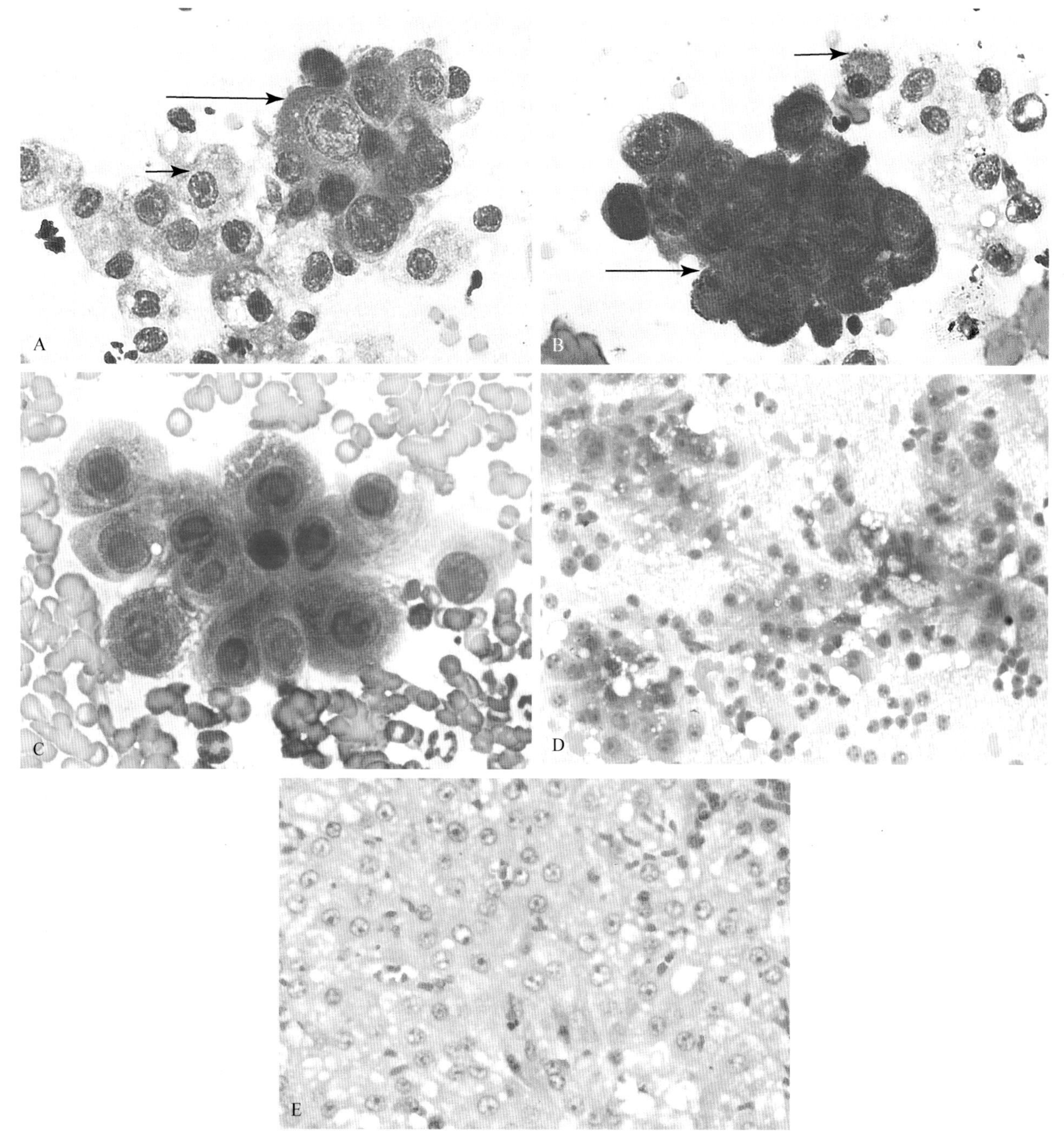


■ 图 9-22 **肝细胞癌。犬。A-B.** 两个样本分别来自两只犬，经放射学检查它们都有局限于单个肝叶的大肿物。该恶性肿瘤可能是相对高度分化的(A)，也可能是较为分化不良的(B)；后者可能被误认为是转移性腺癌（如胰腺）。低级和高级的恶性肿瘤分别经由组织学确认。在两个样本中均可比较正常大小的肝细胞（短箭头）和相对未分化的肝细胞（长箭头）。（瑞-吉氏染色；高倍油镜）**C.** 该低血糖患犬的肝细胞大小相对一致，细胞大小不均和细胞核大小不均也仅轻度到中度，但是具有巨大的核仁。通过比较癌细胞和嗜中性粒细胞的大小，可以认识到细胞以及核仁的增大。副肿瘤性低血糖是因为胰岛素样生长因子Ⅱ（罗曼诺夫斯基染色；高倍油镜）**D 和 E 来自同一个病例。高度分化的肝细胞癌。犬。D.** 提示恶性的细胞学特征包括肝细胞分离，腺泡样排列，细胞核栅栏样排列，很多游离细胞核，细胞核大小不均，核质比增加，多个核仁。（瑞氏染色；中倍镜）**E.** 这个肿物经测量大小为 14 cm×10 cm，组织学上缺乏肝索的细胞层次结构和门管区，核仁显著，以及核质比增加。（H&E 染色；中倍镜）（C，Courtesy of Dave Edwards，University of Tennessee. D and E，Courtesy of Rose Raskin，Purdue University.）

簇或条状脱落的外形相对正常的胆管上皮细胞。这些细胞与肝细胞相比更加紧密排列，胞质极少而相对清亮。胆管细胞腺瘤常局限于一个肝叶，而且通常是意外发现。形成囊肿的情况常见，小到小泡样，大到一个肝叶大小的囊肿都有可能。抽出的囊液可以像胆汁样，也可以是黏液的质地。因为囊肿壁是薄的，所以大的囊肿很可能会破裂。另外还有一种良性肿瘤叫囊腺瘤，通常呈多室样并被覆形似胆管上皮细胞的黏膜细胞（图 9-23）。确诊需要组织学检查。胆管细胞腺癌常常为多发或者是弥散的，当发现时已侵袭所有肝叶，而且在肝脏表面形成疣状。因其具有侵袭性，所以很可能导致临床症状，从而进行细胞学检查。这些呈片状或条状紧凑排列的上皮细胞通常并不表现明显恶性的细胞学特征（图 9-24A&B）。超声或眼观发现侵袭所有肝叶的弥散性疾病提示恶性肿瘤。确诊需要组织学检查。

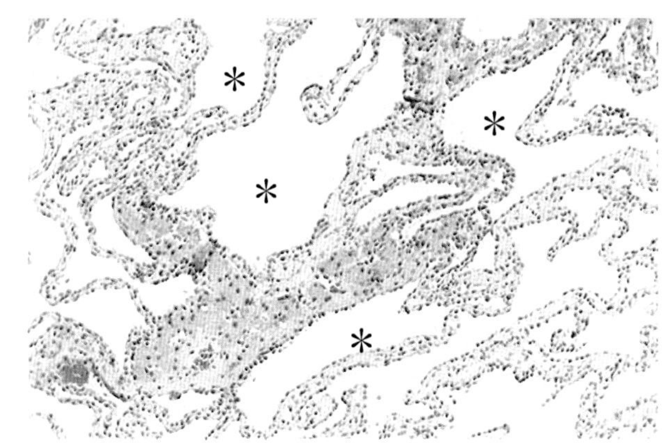


■ **图 9-23　囊腺瘤。猫。**该肝脏活检样本取自一只12岁的除了口腔疾病之外临床健康的猫。麻醉前检查发现血清肝酶轻度升高。超声检查可见多发性液性病灶,且经超声引导穿刺获得清亮的无细胞成分的液体。囊腺瘤需经组织学方可确诊。注意多发性囊腔(星号)。(H&E染色;中倍镜)

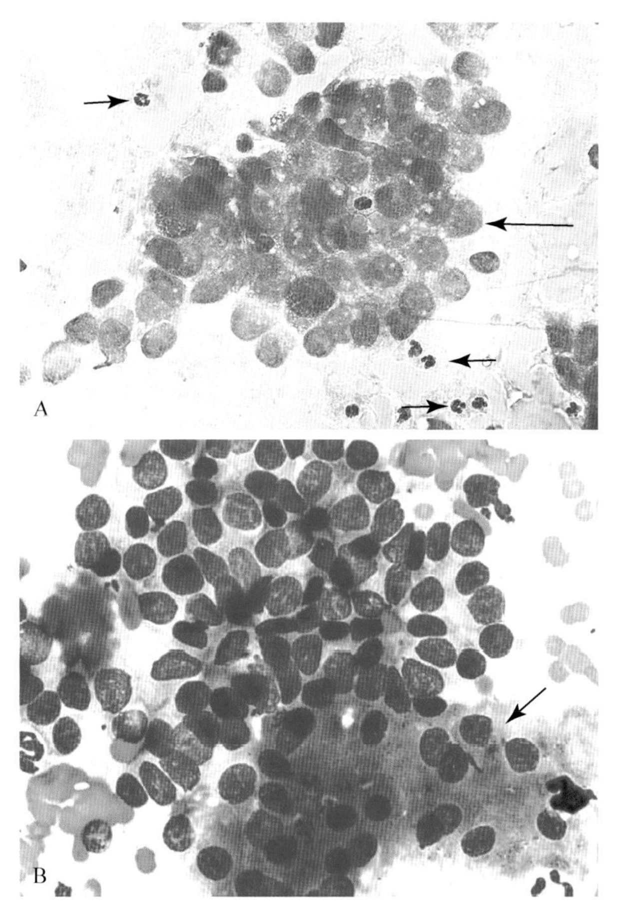


■ **图 9-24　A. 胆管癌。犬。**该胆管癌表现为细胞大和胞质极少的上皮细胞紧密聚集之外观(长箭头)。这些细胞常常并不表现明显的细胞学恶性标准,除了明显增大的尺寸以及邻近细胞的过度生长之外。几个嗜中性粒细胞为异常增大的肿瘤细胞提供了参照,而且说明了使用细胞测微器确定细胞大小的重要性。可将这些细胞与图9-3A中的正常大小的胆道上皮细胞做比较。(短箭头)(瑞-吉氏染色;中倍镜)**B. 胆管癌。猫。**该胆管癌细胞的胞核大,周围有一小圈淡染的胞质。虽然这些细胞仅表现轻到中度的细胞大小不均和细胞核大小不均,但是显著增大提示肿瘤的可能性;比较这些异常增大的细胞与样本下部的肝细胞。在肝细胞胞质内的小蓝色颗粒是为脂褐质。(箭头)(罗曼诺夫斯基染色;高倍油镜)(B, Courtesy of Dave Edwards, University of Tennessee.)

### 肝类癌

犬、猫的肝类癌是一种罕见的恶性神经内分泌肿瘤。这种单发的肿瘤来源于胆道系统的肠嗜铬细胞(图9-25A&B)。注意其细胞学与其他神经内分泌肿瘤,如颈动脉体瘤(图16-18A)和嗜铬细胞瘤(图16-14A)具有相似性。银染色,比如Churukian-Schenk法,有助于凸显小的神经内分泌颗粒(图9-25C)。确诊考虑使用免疫化学技术,以抗体标记突触体素、嗜铬粒蛋白A或者神经元特异性烯醇酶。

### 肝淋巴瘤和造血系统肿瘤

肝淋巴瘤通常是多中心淋巴瘤的表现之一,但偶尔也可能是原发疾病(Keller et al., 2013)。不管哪种类型的淋巴瘤,通常都伴有均匀的肝肿大。肝脏被广泛浸润以及细胞非黏性的本质导致淋巴瘤细胞的大量脱落(图9-26和图9-27A&B)。而肝脾T细胞淋巴瘤(图9-28A&B)被最新的人淋巴瘤分类系统归为一个类目,这是一种高度恶性的在犬也有数例报道的疾病(Cienava et al., 2004; Fry et al., 2003; Keller et al., 2013)。该病中,淋巴瘤细胞在血窦内;而在另一种叫作趋肝细胞性淋巴瘤的疾病中,肿瘤性T淋巴细胞会侵袭和破坏肝细胞(Keller et al., 2013)。确诊这种特殊亚型的淋巴瘤需要采用多种抗体的免疫化学技术,但是不能使用经过福尔马林固定的样本。有关于此项技术的详细信息参见第17章。淋巴门肝炎是一种相对良性的老年猫常见病,主要由成熟的小淋巴细胞组成。虽然细胞学一般能够诊断,但是当有疑问时,楔形活检采样的组织学检查可以最终确诊(图9-16B&C)。如果在其他器官发现了相同的肿瘤细胞群落也提示淋巴瘤。

急性髓细胞性白血病可侵袭肝脏,导致肝肿大。肝脏的细胞学样本中通常可以发现来源于造血系统的不成熟细胞(图9-29)。外周血和(或)骨髓的特殊染色可用于区分髓细胞性和淋巴细胞性白血病。而肝肥大细胞瘤通过细胞学即可确诊(图9-30A&B)。这些肿瘤细胞是成群出现而非单个分布。弥散性组织细胞肉瘤是另一种可以侵袭犬、猫肝脏的圆细胞肿瘤(图9-31A&B)。当出现了异常的细胞形态,可以认为有肿瘤,但是区分肿瘤类型并非易事。形态较为一致的恶性组织细胞与急性髓细胞性或淋巴细胞性白血病相似,因而需要特殊染色来鉴别。免疫细胞化学可以区分组织细胞来源于树突状细胞还是巨噬细胞(图9-32A&B)。

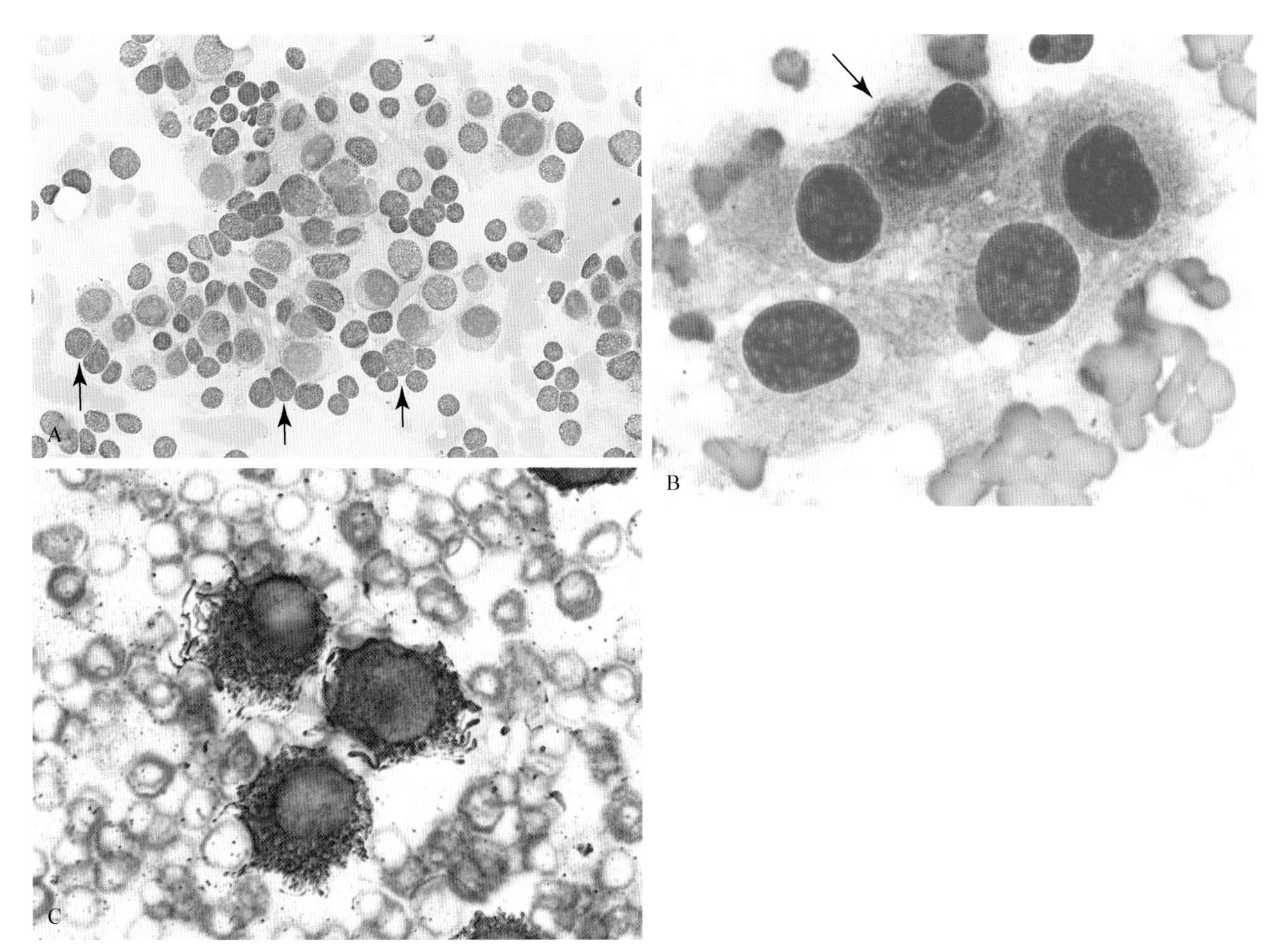


■ 图 9-25 **A. 肝类癌。**从一个单发的肝肿物中获得了这些圆形至卵圆形的细胞，它们具有肝类癌的细胞学特征，即神经内分泌肿瘤具有的裸核的细胞形态特征。细胞大小不等和细胞核大小不等呈现中至重度，核质比不一。胞核由细腻的染色质组成，被少量的清亮至轻度嗜碱性的胞质所包围，而细胞边界常常不清。位于周围有很多看起来像小淋巴细胞的游离细胞核(三个箭头)，它们提示了这些细胞是脆弱易碎的。(罗曼诺夫斯基染色；高倍油镜)**B. 转移性类癌。印片。**这些又大又圆的细胞来自一个心基部肿瘤的肝转移灶，其圆形胞核由细腻的常染色质组成，被相互融合的胞质所包围。值得注意的是，胞质中丰富的小的嗜酸性神经内分泌颗粒。在这群细胞的上部中央可见一个肝细胞(箭头)，而肿瘤细胞较其大得多。(罗曼诺夫斯基染色；高倍油镜)**C. 肝类癌。**肿瘤细胞嗜银(银)染色阳性，会显现神经内分泌颗粒。(银染色；高倍油镜)(B and C, Courtesy of Dave Edwards, University of Tennessee.)

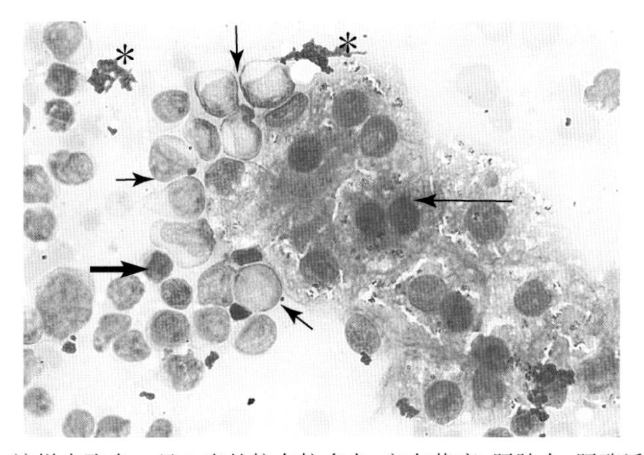

■ 图 9-26 **淋巴瘤。犬。抽吸。**该样本取自一只3岁的拉布拉多犬，它有黄疸、肝肿大、肝酶活性轻度升高，以及总胆红素浓度为3.1 mg/dL(N <0.6 mg/dL)。当出现大量大、中淋巴细胞(短箭头)时提示淋巴瘤。而小的深染的淋巴细胞(粗箭头)对于评估肿瘤细胞的大小和形态是有用的“标尺”。这个双核的肝细胞(长箭头)含有少量的蓝黑色颗粒物，被认为是胆汁淤积导致的胆汁潴留。那些成小团的形状不规则的异染性物质是为超声检查所用的耦合剂(星号)。(瑞-吉氏染色；高倍油镜)

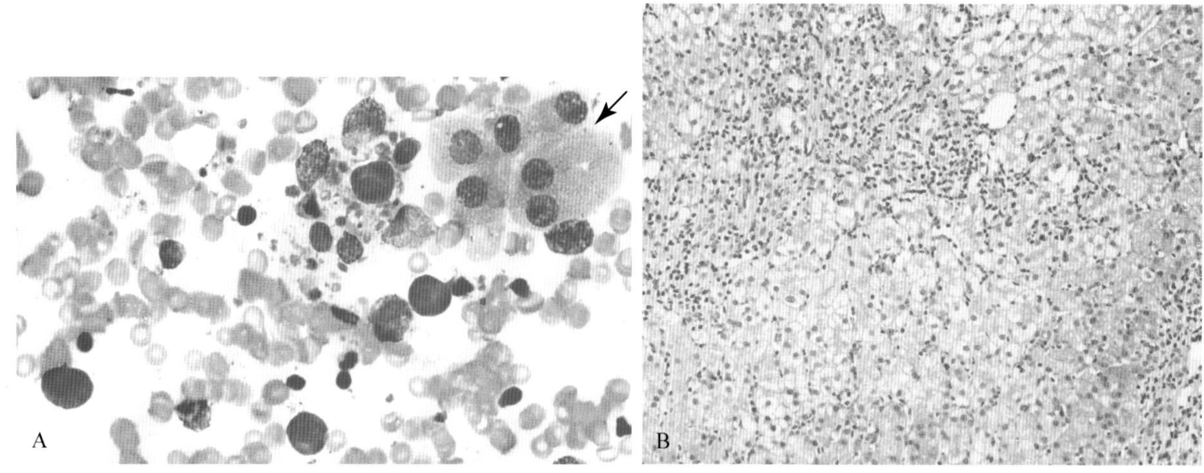

■ 图 9-27 **淋巴瘤。犬。A.** 可见一小簇肝细胞(箭头),旁边还有几个大的单核的圆细胞,其细胞核是红细胞直径的2~3倍,而且细胞质强嗜碱性。这些大的细胞就是淋巴瘤细胞。背景中有大量的嗜碱性胞质碎片。(瑞-吉氏染色;高倍油镜)B. 活检取材展示了嗜碱性的淋巴瘤细胞多灶至成片的分布。注意肝实质的局灶性空泡样变。(A and B, Courtesy of Rose Raskin, Purdue University.)

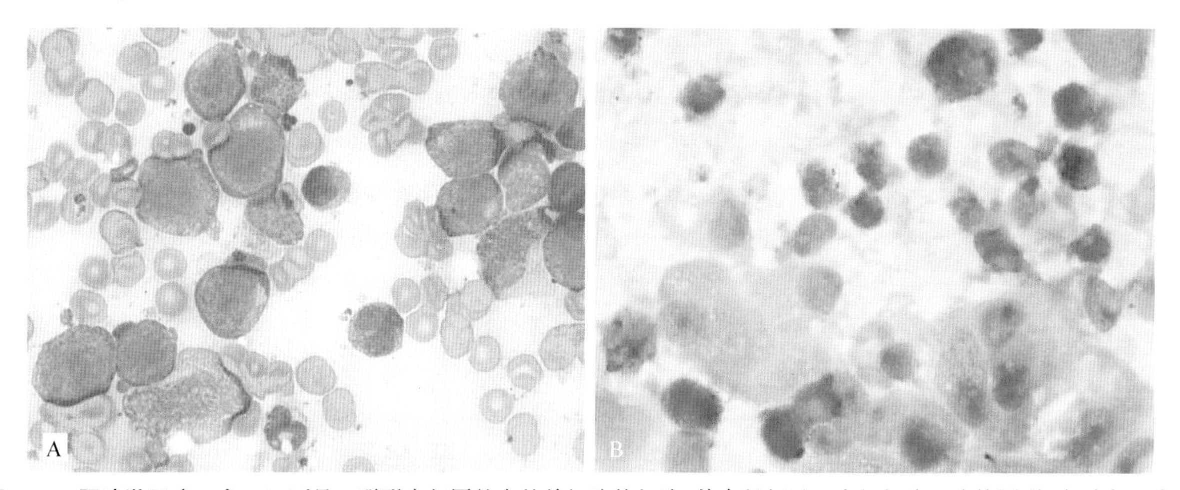

■ 图 9-28 **肝脾淋巴瘤。犬。A.** 可见一群形态相同的大的单细胞核细胞,其直径超过3个红细胞。胞核圆形,有时有凹陷,胞质通常很少,而且中度嗜碱性。核仁明显,而且常为多个。大细胞和不规则胞核提示外观像组织细胞。(瑞氏染色;高倍油镜)**B.** 注意染色阳性的大、中的 $\gamma$-$\delta$T 细胞和染色阴性的肝细胞。(AEC, anti-TCR$\gamma\delta$;高倍油镜)(A and B, Courtesy of Rose Raskin, Purdue University.)

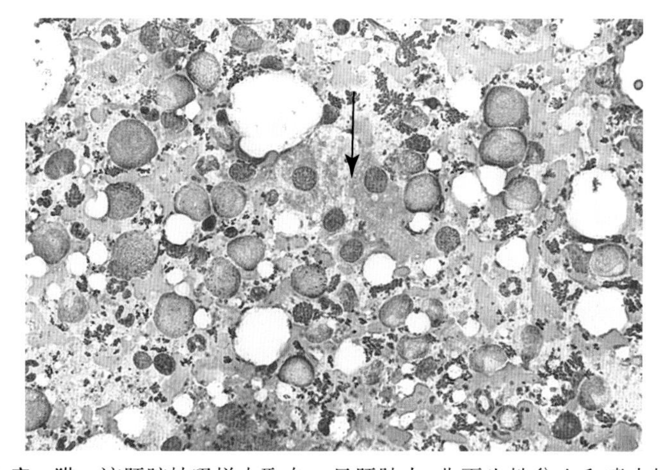

■ 图 9-29 **急性髓细胞性白血病。猫。** 该肝脏抽吸样本取自一只肝肿大、非再生性贫血和嗜中性粒细胞减少的猫,可见大的圆形至卵圆形的幼嫩离散细胞多于肝细胞(箭头)。其细胞学特点最为符合造血系统来源的幼嫩细胞。骨髓抽吸的样本中也发现了相似的幼嫩细胞,且细胞化学染色进一步确认了急性髓细胞性白血病的诊断。细胞之间有大量大小不等的异染性的不规则团块(超声耦合剂)。大的透亮的区域是为细胞外脂质,很可能是采样过程中肠系膜脂肪混合其中造成的。(瑞-吉氏染色;中倍镜)

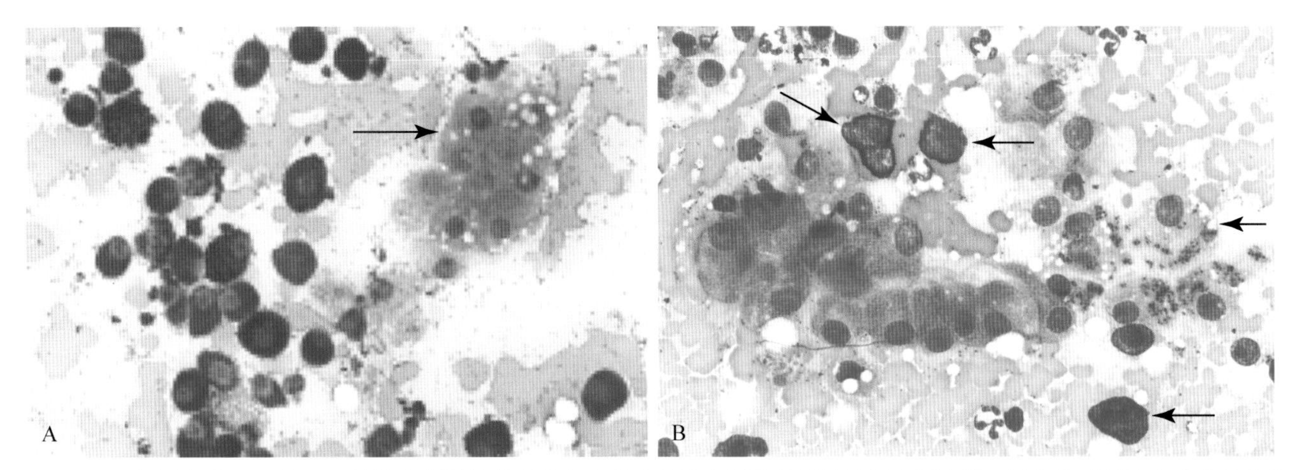

■ 图 9-30 **肥大细胞瘤。猫。A.** 该肿大肝脏的抽吸样本中的大量肥大细胞足以诊断肥大细胞瘤。肝细胞(箭头)内有少量分散的脂质空泡。(瑞-吉氏染色;中倍镜)**B.** 肝脏肥大细胞瘤由幼嫩的中度颗粒化的肥大细胞,这些肥大细胞大小不等,胞质颗粒数量不等(长箭头)。肝细胞成簇聚集在近中部的位置;其中一些内含蓝黑色胞质颗粒,符合胆汁或脂褐质色素的特征(短箭头)。(瑞-吉氏染色;高倍镜)(B, Courtesy of Dave Edwards, University of Tennessee.)

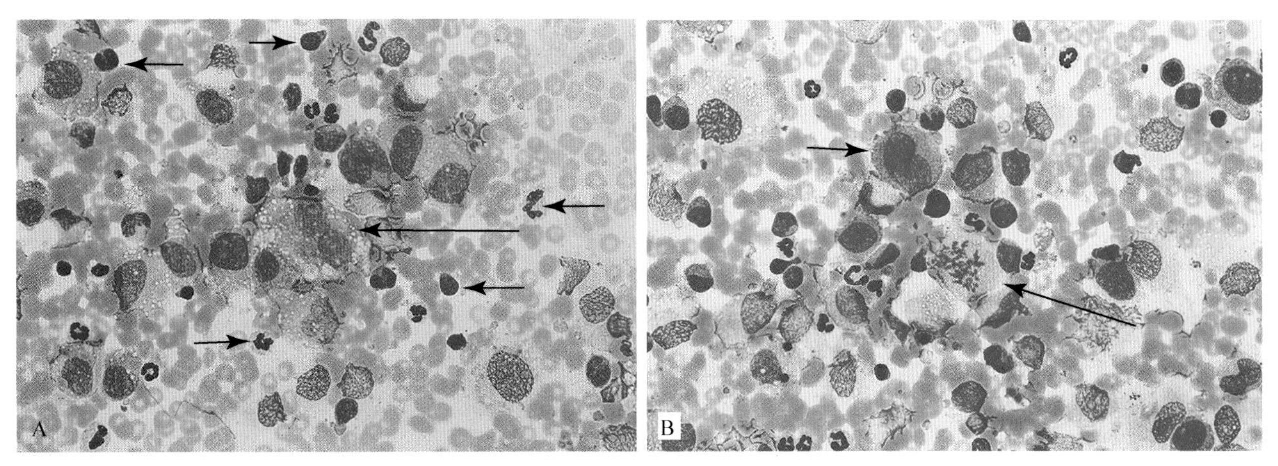

■ 图 9-31 **组织细胞肉瘤。犬。A.** 该肝脏抽吸样本取自一只5岁的黄疸和肝肿大的罗威纳犬,其突出的细胞学特征是大小不一的圆形至椭圆形的幼嫩离散大细胞,其胞核为圆形至卵圆形至肾形,其胞质为蓝灰色,中等量。近中部的一个细胞形似幼稚的巨噬细胞(长箭头)。可见嗜中性粒细胞和淋巴细胞(短箭头),提示伴发的混合性炎症。同时它们也是比较肿瘤细胞大小的良好标杆。背景中有大量染成绿色的红细胞。(瑞-吉氏染色;中倍镜)**B.** 在该样本的其他区域可见一个非典型的有丝分裂相(长箭头)和另一个幼嫩的巨型单核细胞(短箭头)。该肝脏肿瘤细胞的类型符合弥散性组织细胞肉瘤(旧称为恶性组织细胞增多症),经尸检确认无误。(瑞-吉氏染色;中倍镜)

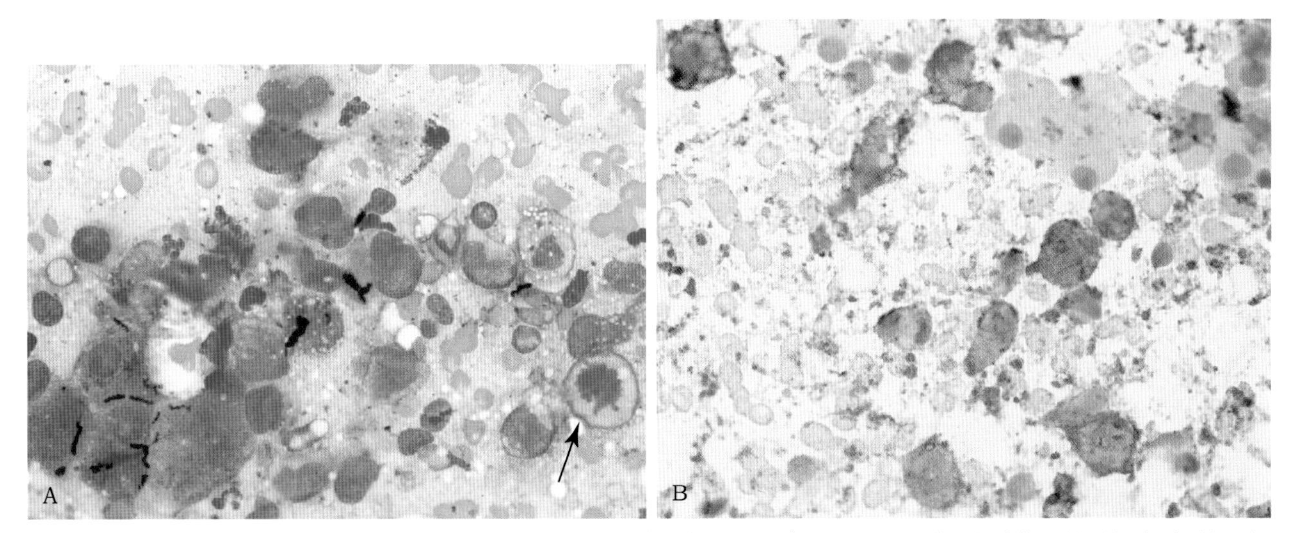

■ 图 9-32 **组织细胞肉瘤。犬。A.** 可见一群形态不一且不规则的大圆细胞,旁边是出现了明显胆汁淤积的肝细胞群,所以出现了明显的墨绿色胆小管。凹陷以及分叶核常见,还有异常有丝分裂相(箭头)位于右下缘。(瑞氏染色;高倍油镜)**B.** 注意染色阳性的大得多形性圆细胞和染色阴性的肝细胞。其他免疫细胞化学染色的结果也支持树突状细胞来源。(AEC, anti-CD1a;高倍油镜)(A and B, Courtesy of Rose Raskin, Purdue University.)

## 上皮性和间质性的转移性肿瘤

肝转移灶可以是癌或肉瘤。因为血管和淋巴管的关系,肝转移最常见于胰腺和肠道的原发性癌症(图 9-33 和图 9-34)。通过肿瘤细胞的细胞学常常难以判断原发灶的位置。而细胞学的目的是作为分期的一步确认有肿瘤灶,或者当原发肿瘤不明显时进行下一步诊断。

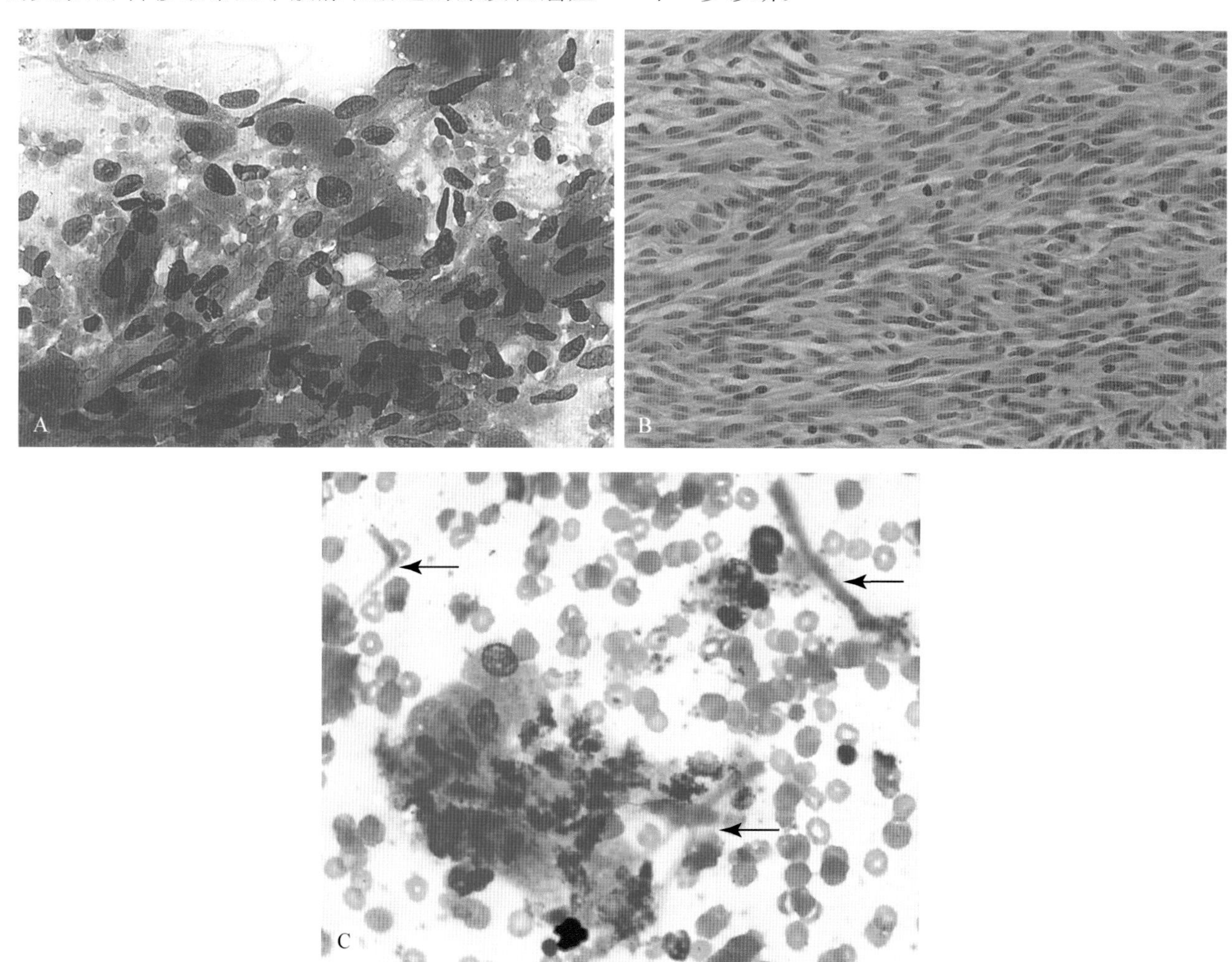


■ 图 9-33 **转移性平滑肌肉瘤。犬。A.** 在该肝脏抽吸样本中只有一种细胞类型就是梭形细胞,该样本取自一只厌食,体重下降,小红细胞性贫血,血清肝酶水平正常,以及肝脏混杂回声的犬。经细胞学诊断为转移性梭形细胞肿瘤。(瑞-吉氏染色;中倍镜)**B.** 手术中对一个发生溃疡的肠道肿物进行活检,最终确定为平滑肌肉瘤。(H&E 染色;中倍镜)**C.** 这是第二次展示了嗜碱性的平滑肌胞浆条带和一簇肝细胞混合在一起的例子。原发灶在空肠。(瑞氏染色;高倍油镜)(C,Courtesy of Rose Raskin,Purdue University.)

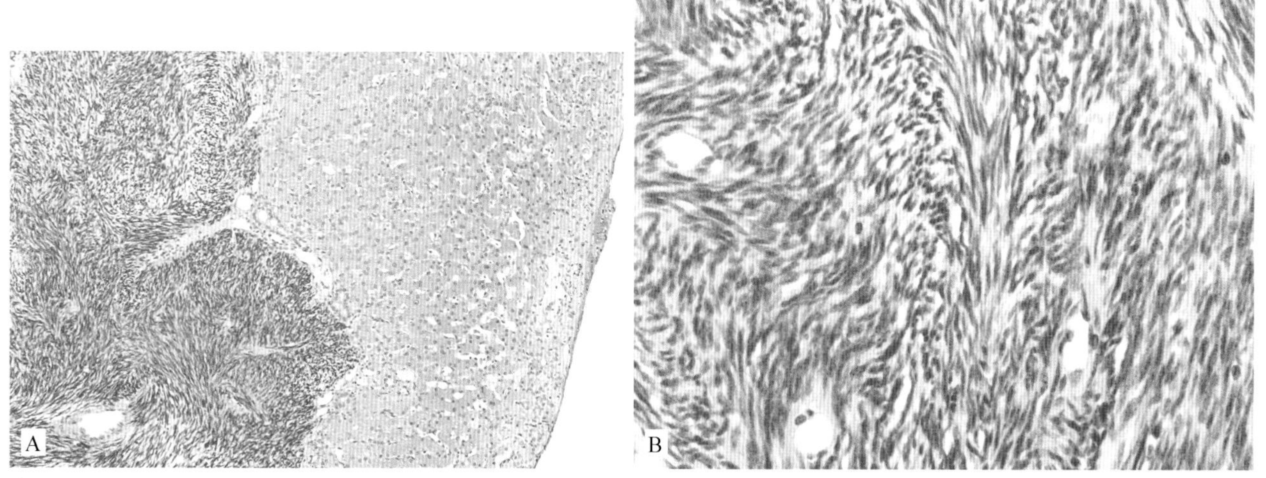


■ 图 9-34 **转移性胃肠道间质肿瘤(GIST)。犬。A-C 来自同一病例。A.** 低倍放大肝的一个无包膜、深色、坚实的间质肿物,其原发灶在腹中部的小肠上。(H&E 染色;低倍镜)**B.** 进一步放大横切面,显示交错排列的梭形细胞。(H&E 染色;中倍镜)

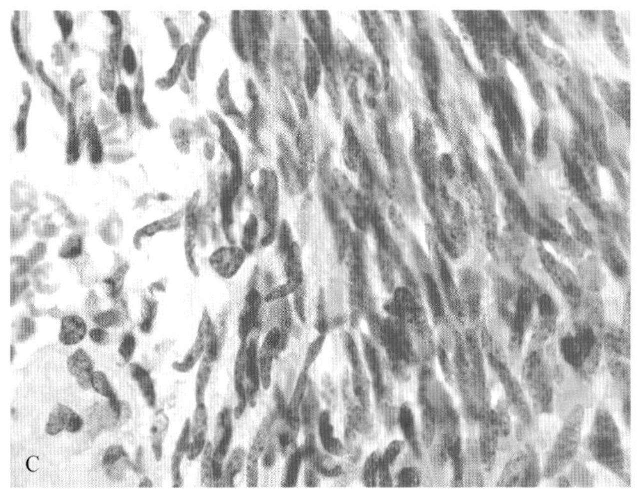


■ 图 9-34 续 C. 散在的梭形细胞可见细长的细胞核以及少量的细胞质。肿瘤细胞对波形蛋白、CD117(c-kit)和 S-100 是强阳性的，但是对结蛋白却为阴性。(H&E 染色；高倍油镜)(A-C, Case material courtesy of Parrula MCM, et al. , The Ohio State University; presented at the 2007 ASVCP case review session. )

## 参考文献


Allison R, Williams P, Lansdowne J, et al: Fatal hepatic sarcocystosis in a pup-py with eosinophilia and eosinophilic peritoneal e usion, *Vet Clin Pathol* 35:353–357, 2006.

Brown DE, rall MA, Walkley SU, et al: Feline Niemann-Pick disease type C, *Am J Pathol* 144(6):1412–1415, 1994.

Cienava EA, Barnhart KF, Brown R, et al: Morphologic, immunohistochemi-cal, and molecular characterization of hepatosplenic T-cell lymphoma in a dog, *Vet Clin Pathol* 33:105–110, 2004.

Crosbie OM, Reynolds M, McEntee G, et al: In vitro evidence for the presence of hematopoietic stem cells in the adult human liver, *Hepatology* 29:1193–1198, 1999.

DiBartola SP, Tarr MJ, Benson MD: Tissue distribution of amyloid deposits in Abyssinian cats with familial amyloidosis, *J Comp Pathol* 96:387–398, 1986.

Evans GH, Harries SA, Hobbs KEF: Safety and necessity for needle biopsy of liver tumors, *Lancet* 1:620, 1987.

Ferreri JA, Haardam E, Kimmel SE, et al: Clinical di erentiation of acute necrotizing from chronic nonsuppurative pancreatitis in cats: 63 cases(1996–2001), *J Am Vet Med Assoc* 223:469–474, 2003.

Flatland B: If you have the gall. . . , *Vet Clin Pathol* 38: 280, 2009.

Flatland B, Moore RR, Wolf CM, et al: Liver aspirate from a Shar Pei dog, *Vet Clin Pathol* 36:105–108, 2007.

Fry MM, Vernau W, Pesavento PA, et al: Hepatosplenic lymphoma in a dog, *Vet Pathol* 40:556–562, 2003.

Gagne JM, Armstrong PJ, Weiss DJ, et al: Clinical features of in ammatory liver disease in cats: 41 cases(1983—1993), *J Am Vet Med Assoc* 214:513–516, 1999.

Gagne JM, Weiss DJ, Armstrong PJ: Histopathologic evaluation of feline inflammatory liver disease, *Vet Pathol* 33:521–526, 1996.

Guilford WG: Breed associated gastrointestinal disease. In Bonagura J, Kirk RW(eds): *Kirk's current veterinary therapy XII*, Philadelphia, 1995, WB Saunders, pp. 695–697.

Hendrick M: A spectrum of hypereosinophilic syndromes exempli ed by six cats with eosinophilic enteritis, *Vet Pathol* 18:188–200, 1981.

Ishak K: Chronic hepatitis: morphology and nomenclature, *Mod Pathol* 7:690–713, 1994.

Ishii H, Okada S, Okusaka T, et al: Needle tract implantation of hepatocellular carcinoma after percutaneous ethanol injection, *Cancer* 82:1638–1642, 1998.

Keller SM, Vernau W, Hodges J, et al: Hepatosplenic and hepatocytotropic T-cell lymphoma: two distinct types of T-cell lymphoma in dogs, *Vet Pathol* 50:281–290, 2013.

Kook PH, Schellenberg S, Grest P, et al: Microbiologic evaluation of gallblad-der bile of healthy dogs and dogs with iatrogenic hypercortisolism: a pilot study, *J Vet Intern Med* 24: 224–228, 2010.

Kuhlenschmidt MS, Hoffmann WE, Rippy MK: Glucocorticoid hepatopathy: effect on receptor-mediated endocytosis of asialoglycoproteins, *Biochem Med Metab Biol* 46: 152–168, 1991.

Loeven KO: Hepatic amyloidosis in two Chinese shar pei dogs, *J Am Vet Med Assoc* 204:1212–1216, 1994.

Masserdotti C, Drigo M: Retrospective study of cytologic features of well-differentiated hepatocellular carcinoma in dogs, *Vet Clin Pathol* 41:382–390, 2012.

Meyer DJ: Hepatic pathology. In Guilford WG, Center SA, Strombeck DR, et al(eds): *Strombeck's small animal gastroen-*

*terology*, ed 3, Philadelphia, 1996, WB Saunders, pp. 633-653.

Navarro F, Taourel P, Michel J, et al: Diaphragmatic and subcutaneous seeding of hepatocellular carcinoma following fine-needle aspiration biopsy, *Liver* 18:251-254, 1998.

Neel JA, Tarigo J, Grindem CB: Gallbladder aspirate from a dog, *Vet Clin Pathol* 35:467-470, 2006.

Neumann S, Kaup F: Usefulness of Ki-67 proliferation marker in the cytologic identification of liver tumors in dogs, *Vet Clin Pathol* 34:132-136, 2005.

Owens SD, Gossett R, McElhaney MR, et al: Tree cases of canine bile peritonitis with mucinous material in abdominal fluid as the prominent cytologic finding, *Vet Clin Pathol* 32:114-120, 2003.

Roth L: Comparison of liver cytology and biopsy diagnoses in dogs and cats: 56 cases, *Vet Clin Pathol* 30: 35-38, 2001.

Rothuizen R, de Vries-Chalmers Hoynck van Papendrecht R, van den Brom WE: Postprandial and cholecystokinin-induced emptying of the gallbladder in dogs, *Vet Rec* 126: 505-507, 1990.

Schaer M, Ginn PE: Iatrogenic Cushing's syndrome and steroid hepatopathy in a cat, *J Am Anim Hosp Assoc* 35:48-51, 1999.

Schi ER, Schi L: Needle biopsy of the liver. In Schiff L, Schiff ER (eds): *Dis-eases of the liver*, ed 7, Philadelphia, 1993, JB Lippincott, pp. 216-225.

Scott M, Buriko K: Characterization of the pigmented cytoplasmic granules common in canine hepatocytes, *Vet Clin Pathol* (34 Suppl): 281-282, 2005. [abstract].

Sepesy LM, Center SA, Randolph JF, et al: Vacuolar hepatopathy in dogs: 336 cases(1993-2005), *J Am Vet Med Assoc* 229:246-252, 2006.

Sevelius E, Jonsson LH: Pathogenic aspects of chronic liver disease in the dog. In Bonagura J, Kirk RW (eds): *Kirk's current veterinary therapy XII*, Philadelphia, 1995, WB Saunders, pp. 740-742.

Stalker MJ, Hayes MA: Liver and biliary system. In Maxie MG (ed): *Jubb, Kennedy, Palmer's pathology of domestic animals*, ed 5, vol. 2. Philadelphia, 2007, Elsevier Limited, pp. 297-388.

Stockhaus C, Teske E, Van Den Ingh T, et al: e influence of age on the cytology of the liver in healthy dogs, *Vet Pathol* 39:154-158, 2002.

Stockhaus C, Van Den Ingh T, Rothuizen J, et al: A multistep approach in the cytologic evaluation of liver biopsy samples of dogs with hepatic disease, *Vet Pathol* 41: 461-470, 2004.

Straw RC: Hepatic tumors. In Withrow SJ, MacEwen EG (eds): *Small animal clinical oncology*, ed 2, Philadelphia, 1996, WB Saunders, pp248-252.

Strombeck DR, Guilford WG: Hepatic neoplasms. In Guilford WG, Center SA, Strombeck DR, Williams DA, Meyer DJ (eds): *Strombeck's small animal gastroenterology*, ed 3, Philadelphia, 1996, WB Saunders, pp847-859.

Wang KY, Panciera DL, Al-Rukibat RK, et al: Accuracy of ultrasound-guided ne-needle aspiration of the liver and cytologic ndings in dogs and cats: 97 cases(1990-2000), *J Am Vet Med Assoc* 224:75-78, 2004.

Weiss DJ, Gagne JM, Armstrong PJ: Characterization of portal lymphocytic in filtrates in feline liver, *Vet Clin Pathol* 24:91-95, 1995.

Weiss DJ, Gagne JM, Armstrong PJ: Relationship between inflammatory hepatic disease and inflammatory bowel disease, pancreatitis, and nephritis in cats, *J Am Vet Med Assoc* 209: 1114-1116, 1996.

Zini E, Glaus TM, Minuto F, et al: Paraneoplastic hypoglycemia due to an insulin-like growth factor type-II secreting hepatocellular carcinoma in a dog, *J Vet Intern Med* 21:193-195, 2007.

Zuber RM: Systemic amyloidosis in Oriental and Siamese cats, *Aust Vet Pract* 23:66-70, 1993.

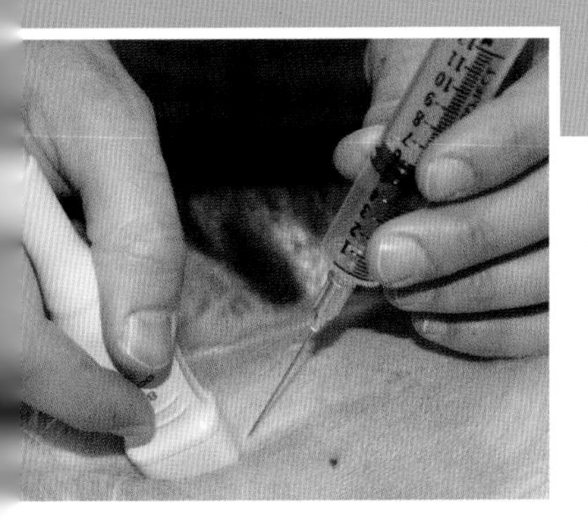

# 第 10 章 尿　路

*Dori L . Borjesson , Keith DeJong*

对肾脏和膀胱的细针穿刺(FNA)获得细胞，进行细胞学检查是一种简单、快速、安全且相对便宜的方法。尿路细胞学检查的主要适应症包括：单侧或双侧肾肿大、离散性膀胱肿瘤或膀胱壁增厚和尿路肿瘤。泌尿道的细胞学评价常可以将脏器肿大的常见原因(炎症、囊肿和肿瘤形成)和直接进一步诊断(例如，培养物或活组织检查)之间进行区别，或防止不必要手术干预(例如，出现转移性肿瘤)。

## 正常的解剖学和组织学

泌尿系统由肾、输尿管、膀胱、尿道构成。肾脏有4个基本形态学部分：肾小球、肾小管、间质和血管(图10-1)。肾脏的功能单元是肾单位。每个肾单位由肾小球和肾小管系统构成。肾小球是一簇毛细血管，通过与曲小管上皮细胞密切相关的有孔的内皮细胞衬里。肾小球(图10-2)包括内皮、基底膜，和被称为足细胞的上皮细胞，一同构成了肾的过滤障壁(Jones et al. ,1997)。

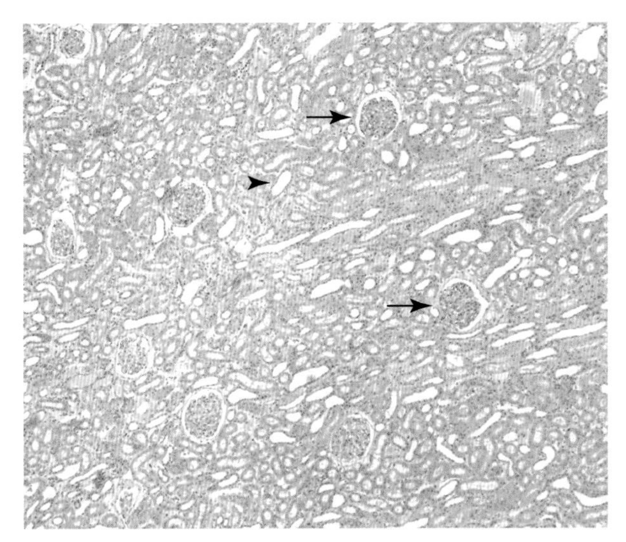

■ 图 10-1　**正常犬肾组织切片。**纵向切开肾脏，许多肾小球(箭头)在肾小管(箭头)之间。立方形上皮细胞在肾小管边缘。(H&E；中倍镜)

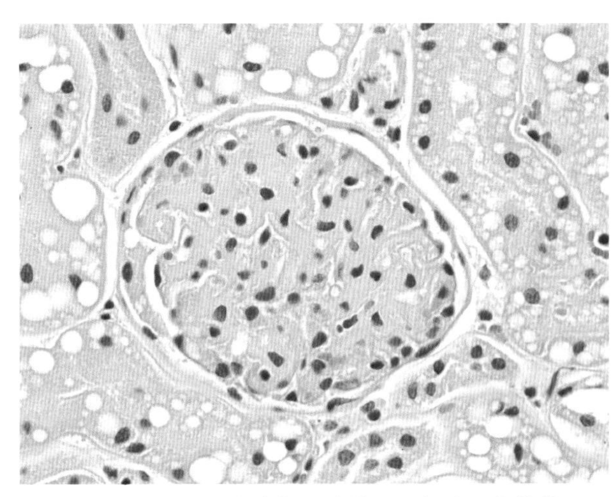

■ 图 10-2　**一只正常猫的肾小球的组织部分。**高倍镜下，可见一个肾小球，其中央有一簇被有孔的内皮内衬的毛细血管(未证实)。健康猫的肾小球被有脂状空泡细胞胞浆的肾小管细胞围绕。(H&E；高倍油镜)

肾小管分为不同的功能区域，包括近曲小管、髓袢(亨利氏袢)(升支和降支)、远曲小管和集合管。反射功能，上皮细胞内衬于肾小管，从在近曲小管具有刷状缘立方形细胞到远曲段无刷状缘的单层细胞(图10-3)。尾状变移上皮细胞衬于肾盂和肾盏。同样，输尿管、膀胱和尿道黏膜被移行上皮细胞几乎完全衬

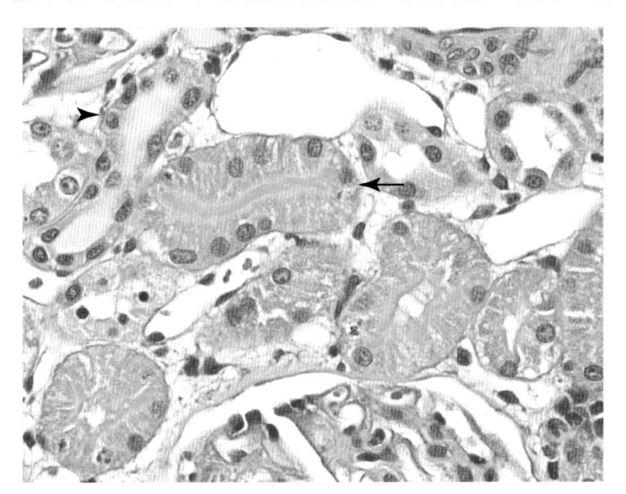

■ 图 10-3　**犬肾小管的组织部分。**特异性粉染的肾小管(箭头)，有较厚的刷状缘，与没有刷状缘的只有单层上皮细胞的远端小管(箭头头部)相邻(H&E；高倍油镜)。

里。肾间质组织是由结缔组织(间质细胞)、广泛的毛细血管网、淋巴组织和平滑肌细胞组成(Borjesson,2003;Jones et al.,1997)。

## 专门的收集技术

获得细胞学样本的采样方法取决于病变位置,但大多数采取直接 FNA 或外伤性导尿,当膀胱三角地区有尿道肿物或膀胱肿物的情况下除外。相反,在犬和猫肾小球病(蛋白尿)或急性肾功能衰竭时经常使用肾活检(Nowicki et al.,2010)。活检可在超声引导或用外科手术方法下进行(Debruyn et al.,2012)。活检风险增加的因素包括血管被横断或因为肾积水,或血尿而导致肾盂出血(Borjesson,2003)。某系列研究发现,犬和猫的肾活检并发症发生率分别为 13.4% 和 18.5%(Nowicki et al.,2010;Vaden,2004;Vaden et al.,2005)。最常见的并发症是出血。有许多最近发表的文章比较肾活检方法与优化后的样本采集方法,并尽量减少活检引起的并发症(Rawlings et al.,2003;Rawlings and Howerth,2004;Vaden,2004,2005;Vaden et al.,2005)。

对于 FNA,人工肾固定和经皮盲穿被用来获取样本进行细胞学检查,尤其是猫科动物。然而,此技术会导致肾肿大,因为可能错过病灶点,也有增加穿刺到血管的风险。建议超声引导 FNA,因为它是微创且并发症发生率低(Debruyn et al.,2012)。主要潜在的并发症是出血,因此需要做凝血试验。

对于超声引导下穿刺,病患保持背卧位。如果变化为双侧,建议左肾尾极抽吸,因为它能降低肠和胰腺意外吸入的危险。针头穿入尾极的皮质,从腹侧穿入背侧。针可以倾斜得从中部传入尾部,以避免碰到大的肾脏血管。应多加注意,避免碰到肾盂。用25~27 号,1.5 in 针。如果不能获得足够细胞数,可以使用更大口径的针。最好的情况是做多手准备,一张玻片快速用罗氏染色或另一张玻片用新亚甲蓝染色,以评估样品量是否足够(Borjesson,2003)。

不管肿块是何类型,建议从中央和周边开始穿刺。通常中心肿块可能含有单一的坏死碎屑或炎症细胞,使样本无法诊断。虽然化脓性炎症和坏死与恶性肿瘤有关,但任何一种可能都会造成阻碍。因此建议多抽吸几个部位,增加细胞量,有利于诊断,并且可以分辨炎症是原发性的还是继发性的(Borjesson,2003)。如果获得的是液体样本,直接涂片即可,而其余的样本可以置于 EDTA 中防止凝固。可以用沉积物涂片和细胞离心涂片,特别是当样品的细胞数很少时。肾脏活检样本涂片可以快速诊断感染因子或肿瘤(Borjesson,2003)。

细胞团可以通过超声诱导下 FNA 或导尿法获得。偶尔,可以在尿液沉渣中看到肿瘤细胞;然而,尿液细胞学检查很少发现肿瘤。外伤性导尿能够提供足够的诊断样本;然而,许多获得的细胞是表层的变移上皮细胞。正因为如此,外伤性导尿可导致假阴性细胞学结果,因为没有采集到肿块的样本。有极少数病例报道了用直接膀胱肿物 FNA 方法抽吸沿着腹壁的植瘤,但这只是减瘤或去瘤的外科创新方法(Higuchi et al.,2013;Nyland et al.,2002)。因此,超声引导下 FNA 是获取最大量组织细胞的最佳方法。

## 正常肾细胞学

肾抽吸的样本主要由低级细胞构成,通常含有与血液混合的肾小管细胞簇。因为肾脏是富血管化的,血液通常是由于在取样时产生的医源性出血。肾小管上皮细胞通常单独脱落或以圆形至卵圆形至柱状小片状脱落。它们有丰富的嗜碱性,偶见空泡化的细胞质,细胞质围绕一个偏心核(图 10-4)。除非有肾小管内脂质沉积,否则猫肾小管细胞在细胞学上形态相似。脂滴明显,大小不一,位于卵胞浆内,清晰,有点空泡状(图 10-5 和图 10-6)。还可以看到黏性线状的结构完整的肾小管(图 10-7)。肾小管上皮细胞还含有黑色的胞浆颗粒(图 10-8),这不能与黑色素瘤混淆。肾小球可能发生组织脱落,呈深嗜碱性,圆片状,有圆形且形态均一的细胞核(图 10-9)。

## 非肿瘤性与尿路的良性损伤

### 膀胱

#### 息肉样膀胱炎,膀胱变移上皮细胞息肉,乳头状瘤

增生和膀胱良性肿块在膀胱疾病中不常见,但很

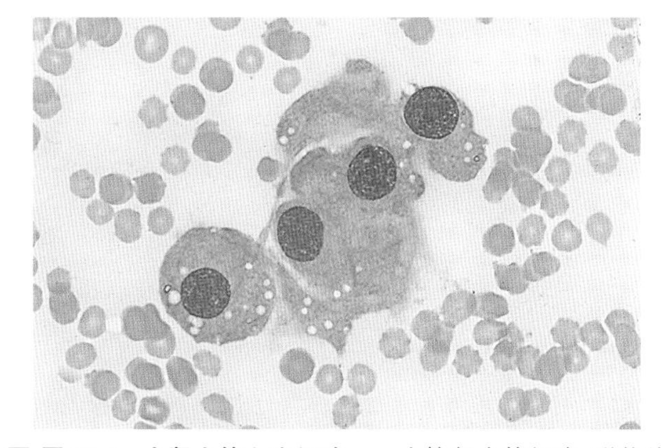

■ 图 10-4 **犬肾小管上皮细胞。**一小簇肾小管细胞,形状从圆形到柱状不等。背景中的红细胞提供细胞大小的比较。(瑞-吉氏染色;高倍油镜)

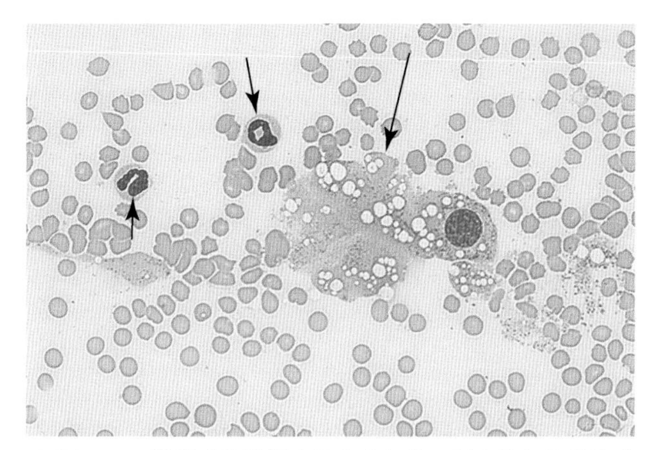

■ 图 10-5 **猫科动物的肾小管上皮细胞。**肾小管细胞的胞浆内可以清晰的看到大小不一的点样脂滴。破碎细胞中的胞浆内也含有空泡(长箭头)。肾小管上皮细胞的大小可以与嗜中性粒细胞(短箭头)对比。(瑞-吉氏染色;高倍油镜)

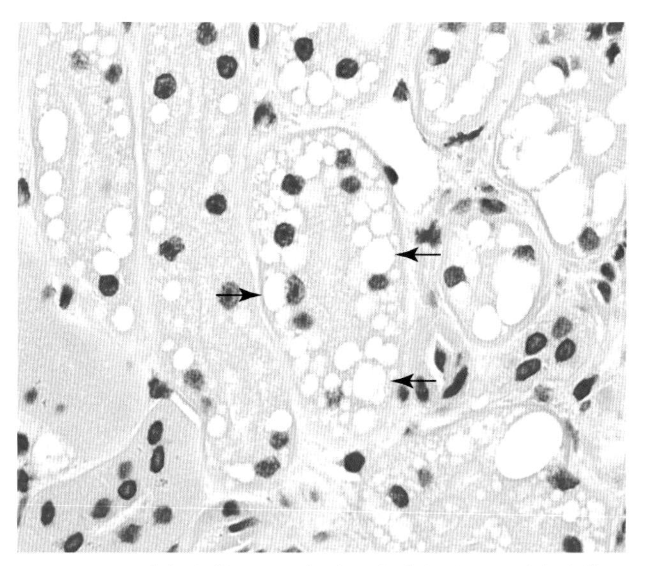

■ 图 10-6 猫肾小管的组织部分。在猫肾脏的远端肾小管上皮细胞中可以看到清晰的含有大小不一空泡的脂滴。(H&E;高倍油镜)

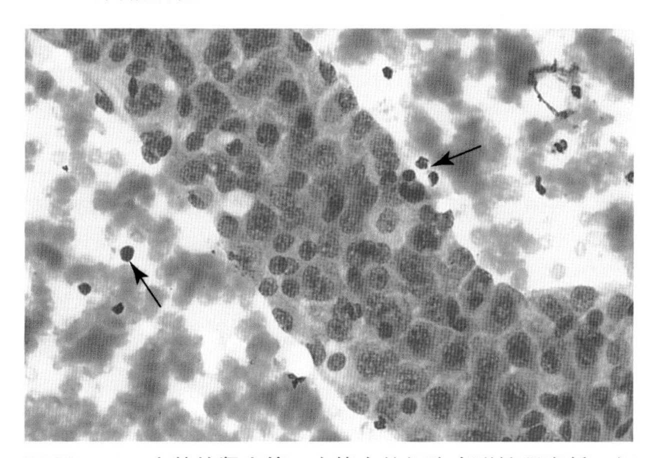

■ 图 10-7 **完整的肾小管。**小管内的细胞多形性程度低。细胞核圆而形态均一,核仁小而规则。大尺寸提示来自集合管或远端小管。白细胞提供尺寸比较(箭头)。(瑞-吉氏染色;高倍油镜)

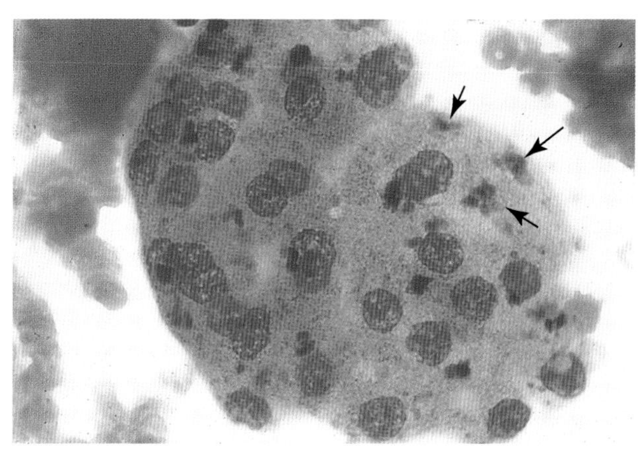

■ 图 10-8 **完整的肾小管。**组成这一段肾小管的细胞胞浆内暗颗粒(箭头)提示亨勒环上升或起源于远端小管。可能与一个良性黑色素细胞分化肿瘤相混淆。(瑞-吉氏染色;高倍油镜)

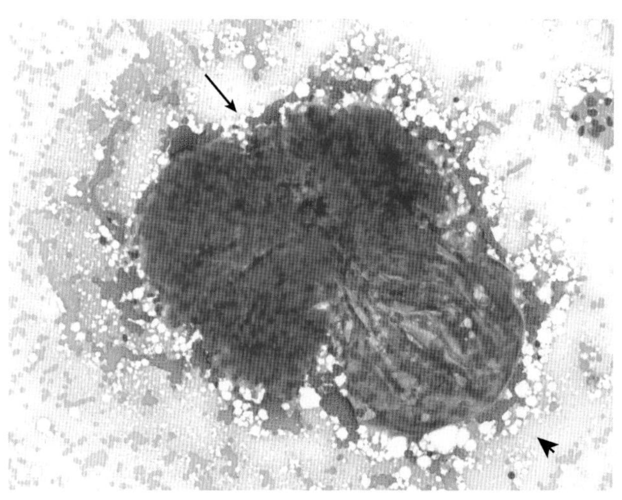

■ 图 10-9 **完整的肾小球。**一个完整的肾小球外围是一簇衬以血管内皮细胞的毛细血管丛(箭头头部)和肾小管上皮细胞丛(箭头)。(瑞-吉氏染色;低倍镜)(来自 Friedrichs KR:Laboratory medicine—yesterday today tomorrow:renal resplendence,Vet Clin Pathol 36(1):7,2007.)

重要,它与转移性肿瘤很相似。息肉膀胱炎属于炎症,上皮细胞增生,非肿瘤性肿块。类似于大多数膀胱疾病,这些犬表现出血尿或反复发作的泌尿道感染。然而,不同于变移上皮细胞瘤形成,这些肿块最常位于膀胱头侧,而不是在三角区域(Martinez et al.,2003)。

变移上皮细胞增生和良性变移上皮细胞息肉(图10-10)。核均一,染色质粗糙(图10-11)。变移上皮细胞的乳头状瘤也可能发生;它们的特点是有成簇的大小不均一的移行上皮细胞组成。这些细胞是多面立方体状,有轻微的细胞核大小不均,核质比增加(图10-12)。增生、良性息肉,以及乳头状瘤用细胞学分析无法辨别。由于靠近尿液,导致轻度至明显的细胞破裂,通常很难区分肿瘤与这种病变,从而造成了辨别困难(图10-13)。

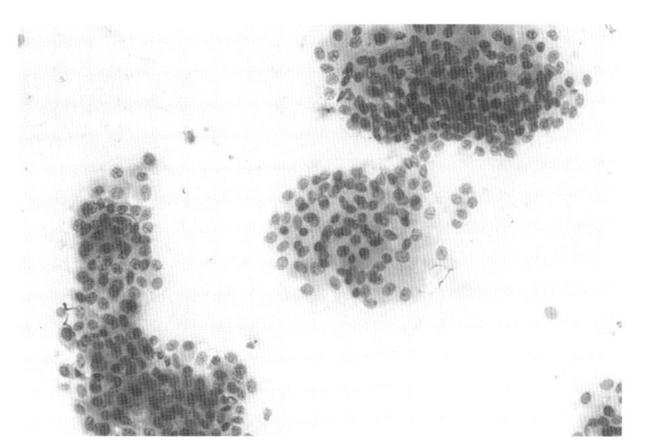

■ 图 10-10 **变移上皮细胞增生或良性息肉。**上皮增生或息肉与恶性上皮瘤进行辨别的特点在于，前两者有规则成簇、形态均一的上皮细胞。(瑞-吉氏染色；中倍镜)

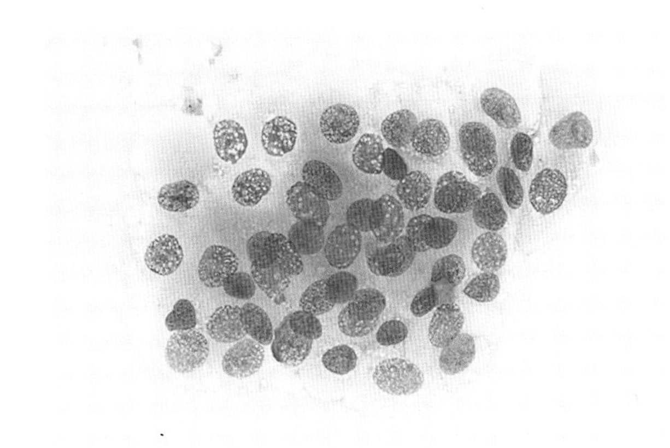

■ 图 10-11 **变移上皮细胞增生或良性息肉。**这一簇变移上皮细胞的细胞核是圆形至卵圆的，核大小均一。染色质粗糙(是尿路上皮系统的一个共同细胞学特点)，无明显核仁。细胞的边界常常容易观察到，只有轻微的多形性。这从细胞的形态特征可与图10-20至图10-24相比。(瑞-吉氏染色；高倍油镜)

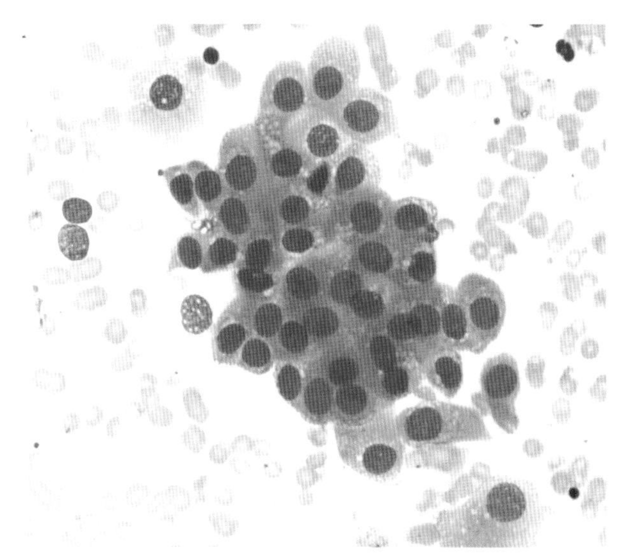

■ 图 10-12 **变移上皮细胞乳头状瘤。**上皮增生或息肉与恶性上皮瘤进行区别的特点在于，前两者有规则成簇、形态均一的上皮细胞。这些细胞有轻度细胞核大小不均和红细胞大小不均，核质比轻度增加。需要注意的是可在来自尿路上皮系统细胞的细胞质空泡。这从细胞的形态特征可对比图10-20至图10-24(瑞-吉氏染色；高倍油镜)

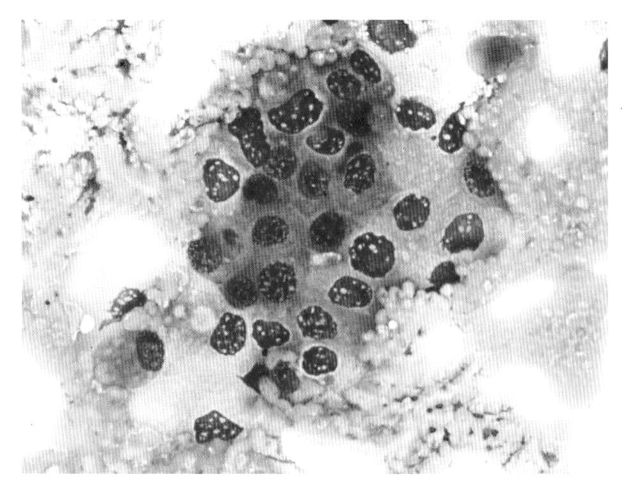

■ 图 10-13 **变移上皮细胞退行性变化。**长时间接触尿液会导致轻度细胞破裂，阻碍细胞学诊断。常见的改变包括染色质变粗，细胞质和/或细胞核内有明确空泡，核边缘不规则。(瑞-吉氏染色；高倍油镜)

## 肾

### 囊肿

肾囊肿有先天性或后天性，单发或多发。壁薄，一般含有黏性或水样、黄色液体。细胞学诊断、病史调查和超声检查足以用于诊断，尤其是在多囊性疾病的情况下。囊肿的细胞学诊断有利于区分脓肿、肿瘤、原发性或囊肿病(Borjesson，2003)。

细胞学上，在囊肿细胞结构中可以看到低度到中度的深色点状背景，并伴有增多的蛋白质。如果有出血性疾病，核细胞主要由活化的有许多空泡的巨噬细胞组成，空泡内含有粉色的分泌物质和血红素分解产物，含铁血黄素和类胆红素(图10-14)。有些肿瘤性的过程有囊性成分；然而，肿瘤细胞不一定能脱落到液体中。因此，应该抽吸细胞壁或者囊性结构的组成部分。

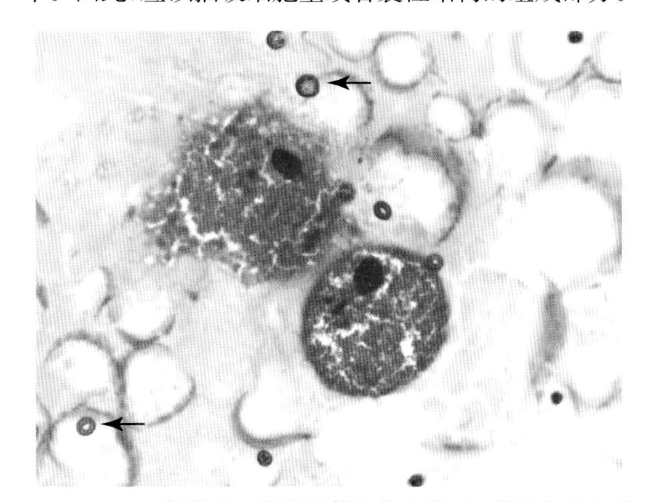

■ 图 10-14 **肾囊肿。**囊性流体往往细胞少，背景中蛋白质多。此囊性流体的特征在于具有大的、活化的、有吞噬作用的巨噬细胞，这些细胞的细胞质富含暗粉色物质。巨噬细胞的大小可以与红细胞(箭头)比较。(瑞-吉氏染色；高倍油镜)

### 晶体

晶体在肾抽吸细胞学中不重要。但它们对于诊断出肾中毒非常有用。草酸、乙二醇的代谢物，可以在肾小管作为草酸钙晶体沉淀(图 10-15A&B)。细胞学上，这些晶体会出现边界清晰，几乎不出现凹凸不平的细胞边界(图 10-16A)。这些晶体在偏振光下容易看到(图 10-16B)。

急性肾功能疾病和管内晶体与肾毒性的爆发有关，这是由于受污染的宠物食品(Puschner and Reimschuessel，2011)的摄入。尿液沉渣细胞学中可以见到浅绿色到黄色及金色，轮哑铃形晶体(图 10-17A&B)。这些晶体指示是三聚氰胺和氰尿酸的结合沉淀物，容易地误判为淡绿碳酸钙晶体或光滑重尿酸铵晶体。

### 炎症

肾盂肾炎是一种传染性肾小管间质疾病，通常会导致下泌尿道感染。化脓性炎症容易通过细胞学诊断判断，其特征是中性粒细胞与活化巨噬细胞的数量增加(图 10-18)。通常情况下，核形态呈退行性。当发生细菌性感染，胞浆内将出现细菌，如分枝杆菌(图 10-19)。不管细菌是否存在，细菌培养和灵敏度是值得推荐的。同样，全身性藻类(例如，佐氏圆孢囊菌)，真菌(例如，新型隐球菌，曲霉菌和暗色丝孢霉病)(Girl et al.，2011)，原生动物(例如，利什曼原虫)(Zatelli et al.，2003)和阿米巴(例如，巴氏阿米巴原虫)(Foreman et al.，2004)感染会发生在肾脏上，容易通过细胞学进行诊断。细胞学特点是有混合炎症，肾小管细胞簇和某些生物体的存在。由 FNA 得到的样本也可用于真菌培养物或其他诊断技术(例如，聚合酶链反应)。最后，猫感染性腹膜炎很少使用细胞学进行诊断(Giordano et al.，2005)。抽吸获得一个有蛋白质背景的混合性脓性肉芽肿炎症样本。抽吸结果应结合临床症状和实验室检查来分析。

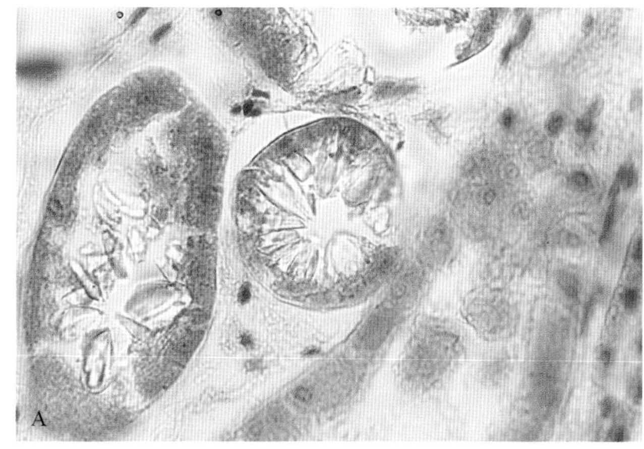


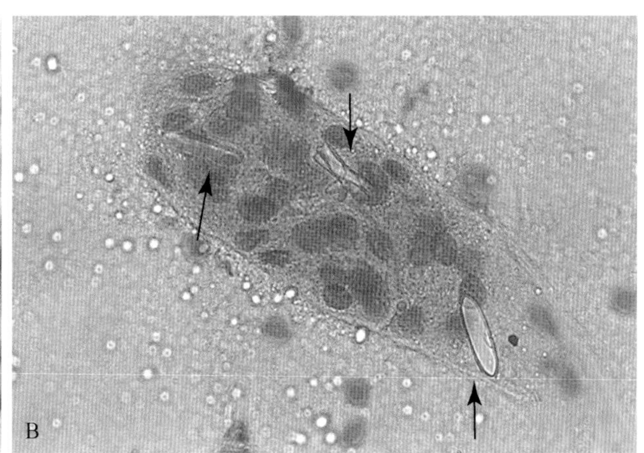


■ 图 10-15 **乙二醇中毒。犬。A-B 同一病例。A. 肾小管的组织切片。**水合草酸钙晶体嵌在两个肾小管之间，样本与图 11-16B(H&E 染色；高倍油镜)来源一致。**B. 肾小管涂片。**水合草酸钙晶体嵌在肾小管(箭头)之间。(新亚甲基蓝；高倍油镜)(A and B，Courtesy of Denny Meyer.)

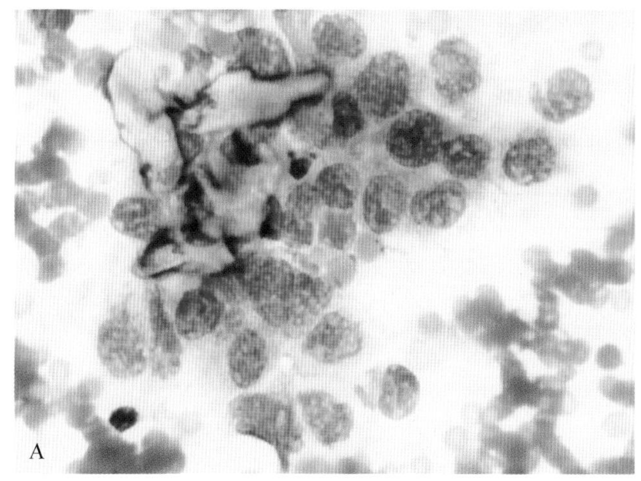


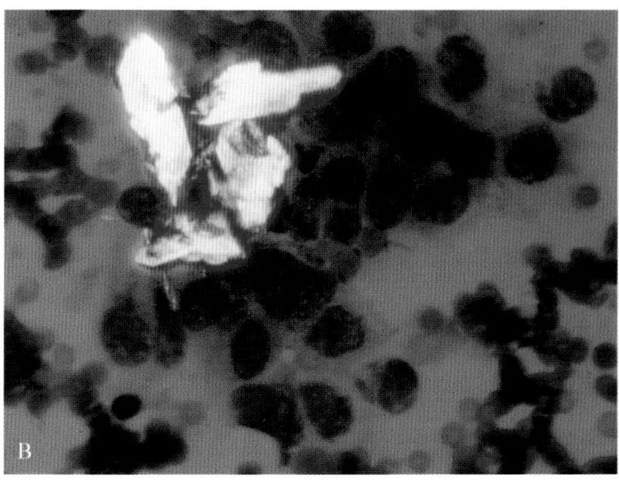


■ 图 10-16 **乙二醇中毒。猫。A-B 同一病例。A. 组织抽吸。**肾小管上皮细胞中存在不规则形状的晶体，样本来自有草酸结晶的动物。(瑞-吉氏染色；高倍油镜)**B. 组织抽吸。偏振光。**偏振滤波表明，肾小管上皮细胞中存在不规则形状的晶体，可能是草酸钙。(瑞-吉氏染色；高倍油镜)(A and B，Courtesy of Rose Raskin，University of Florida.)

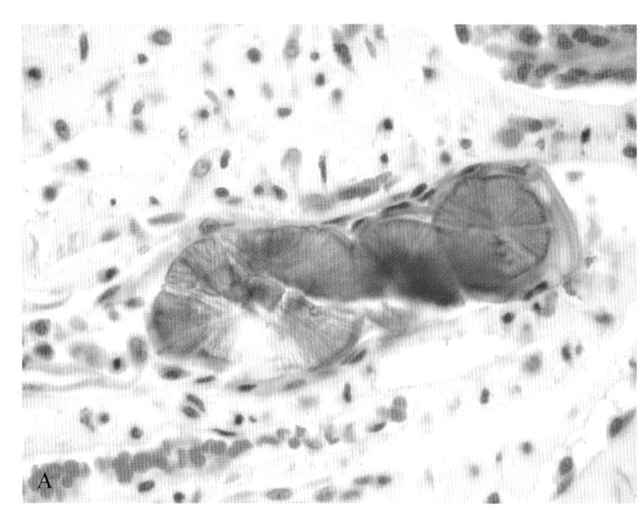


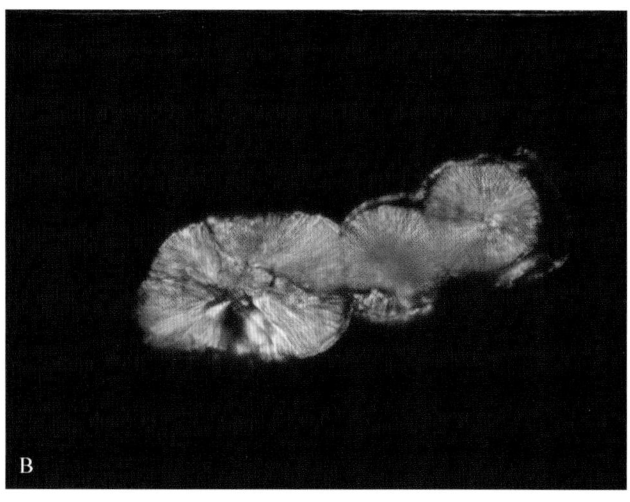


■ 图 10-17 **犬肾小管与管内晶体的组织部分。A-B 同一病例。A. 宠物食物中毒。**注意:大,黄色至金色,圆形至椭圆形结晶充满了肾小管,挤压着肾小管上皮细胞。这些晶体继发于三聚氰胺和氰尿酸沉淀,这与2007年食用被感染的犬粮有关,但在这里没有描述。**B. 偏振光。**偏振光显示肾小管内有折光的晶体。(图 A and B, Courtesy of Jessica Hoane, Michigan State University.)

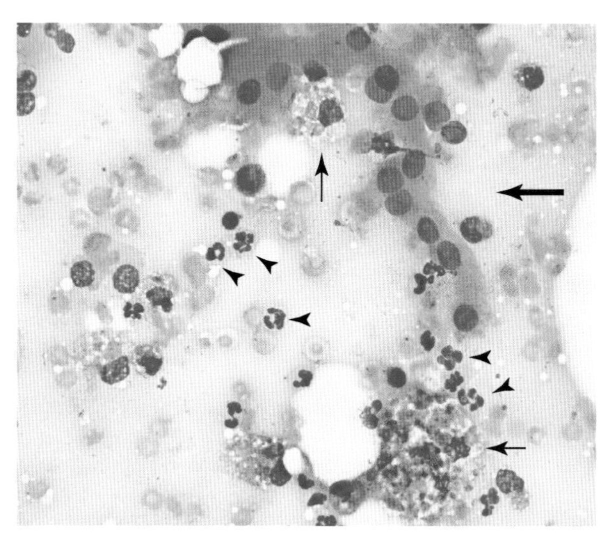

■ 图 10-18 **肾盂肾炎。**注意小且粘合在一起的嗜碱性肾小管上皮细胞(大箭头),混有大量非退化的中性粒细胞(大箭头)。大且空泡化的巨噬细胞(小箭头)含有光滑,蓝色细胞碎。(瑞-吉氏染色;高倍油镜)

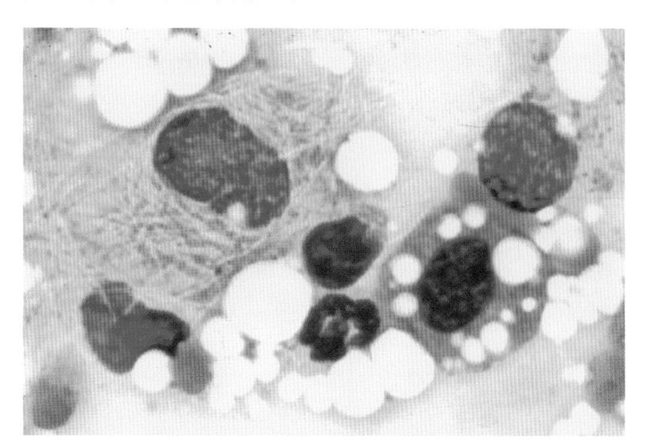

■ 图 10-19 **分枝杆菌肾炎。抽吸。猫。**一个完整的巨噬细胞中含有分枝杆菌。通过在细胞质内的负染色条纹判断。还可以看到嗜中性粒细胞,小淋巴细胞,多个离散的空泡围绕在肾上皮细胞周围。这种动物有全身感染。(瑞-吉氏染色;高倍油镜)(Courtesy of Rose Raskin, University of Florida)

## 瘤形成

### 肾脏

原发性肾肿瘤在犬和猫中罕见(Bryan et al., 2006;Henry et al., 1999)。肿瘤可来源于上皮组织、间质组织或胚胎组织。几个副肿瘤综合征,包括真性红细胞增多、白细胞增多、肥厚骨疗法和高钙血症,继发于肾肿瘤(Chiang et al., 2007;Durno et al., 2011;Gajanayake et al., 2010;Johnson and Lenz, 2011;Petterino et al., 2011;Peeters et al., 2001)。多数犬和猫的原发性肾肿瘤为恶性上皮性肿瘤(肾细胞癌、变移上皮细胞癌[TCCs]与腺癌)(Bryan et al., 2006;Gil da Costa et al., 2011;Henry et al., 1999;Ramos-Vara et al., 2003)。其他肿瘤包括纤维瘤、肉瘤、血管肉瘤、纤维肉瘤、平滑肌肉瘤(Sato et al., 2003)、以及骨肉瘤和肾母细胞瘤。肾淋巴瘤,在猫体内是一个完整的实体,代表原发性肾脏疾病或是多中心疾病(Breshears et al., 2011;Snead, 2005)。

通常恶性肾上皮性肿瘤细胞学特征是完全角质化。一般情况下,肾癌可以看到多形性的,疏松黏合成群落的细胞(图 10-20 至图 10-22)。由于在肾细胞癌中有大量单独存在的、有时呈现圆形的细胞,它们可被误认为肾胚细胞瘤、圆形细胞肿瘤、或神经内分泌肿瘤。单个细胞通常是立方体形的,偶尔细胞大小不均和细胞核大小不均(图 10-21)。一般细胞核质比多变,细胞质深蓝染,细胞核是圆的或多边形的。透明球证明了肾癌的存在,表现为紫红色无定形玻璃样变(2012年由南希 Collicutt 提出 ASVCP 幻灯片组)。

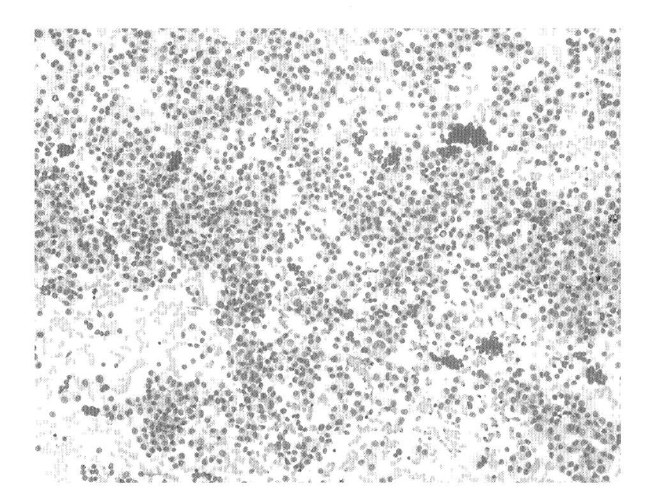

■ 图 10-20 **肾癌。**注意高度细胞化。肿瘤细胞单个存在或松散成集群存在。细胞只是最低限度的多形性。肾肿瘤，很难与低凝聚的癌（这里描述的）、肾母细胞瘤和其他圆形细胞瘤相区分。（瑞-吉氏染色；中倍镜）

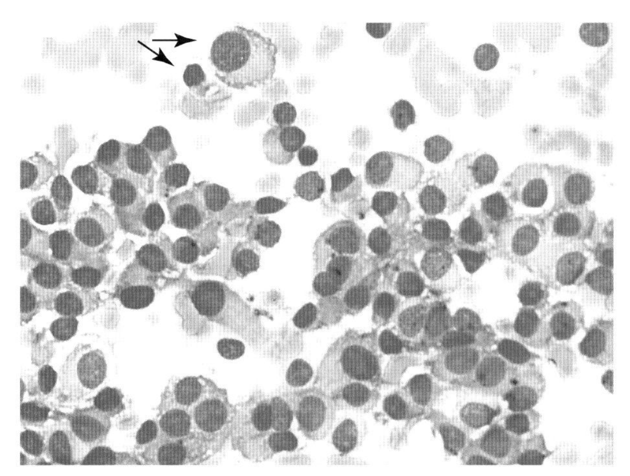

■ 图 10-21 **肾癌。**这簇低粘连的立方细胞表现出轻微的核质比升高，红细胞大小不均和细胞核大小不均（箭头）。将这些良性细胞与图 10-10 至图 10-12 的良性细胞簇进行比较（瑞-吉氏染色；高倍油镜）

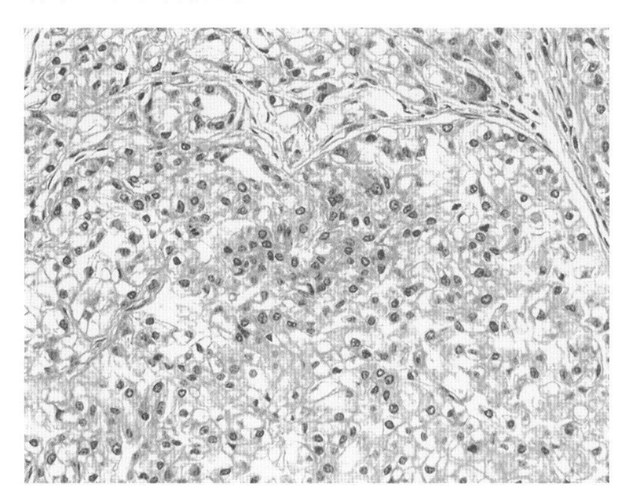

■ 图 10-22 **犬肾细胞癌组织切片。**肿块包括了排列杂乱的小管和由纤维血管基质支撑的多边形细胞组成的结构。单个细胞中心有圆形至卵圆形的核，核内有分散染色质，偶尔可见明显的核仁。细胞质丰富，有些清晰，有些是嗜酸性的，有些有颗粒。轻微细胞核大小不均。（H&E；高倍油镜）

变移上皮细胞癌[TCCs]角质化的形式有单片、疏松的聚集体或单个细胞。单细胞是大的，呈立方形、多边形或甚至纺锤状。变移上皮细胞具有低核质比（胞浆丰富）；然而，它们往往强烈提示是恶性肿瘤，包括细胞大小不均和细胞核大小不均，多形核，有多个明显的核仁（图 10-23A&B）。TCC 中经常能见到特异性粉红色均质化的细胞质颗粒（图 10-23A 中箭头所示）。

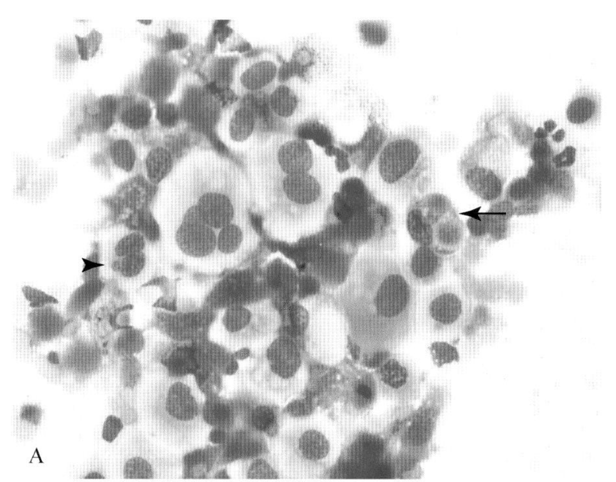

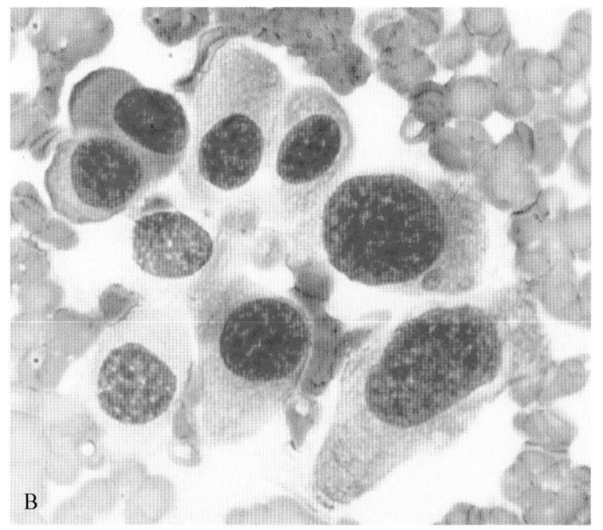

■ 图 10-23 **变移上皮细胞癌[TTC]。A.** 这一变移上皮细胞簇中包含了许多判断恶性肿瘤的标准，包括标有细胞大小不均和细胞核大小不均，核质比多变，多形性和多核，微核（箭头）。注意内含特异性的粉红色胞质（箭头）。对比这些细胞的特征与图 10-10 至图 10-12 细胞的特征（瑞-吉氏染色；高倍油镜）。**B. 膀胱。犬。**这一组变移上皮细胞有显著的细胞大小不均和细胞核大小不均，核质比多变，多形性核。对比这些细胞的特征与图 10-10 至图 10-12 的细胞特征。（瑞-吉氏染色；高倍油镜）。（B，Courtesy of Rick Alleman，University of Florida.）

肾母细胞瘤由混合细胞群组成，包括胚基、上皮和间质细胞元素（Henry et al.，1999；Michael et al.，2013）。细胞学上，主要的细胞类型通常是胚基细胞或上皮细胞，倾向于单独脱落或以松散聚集体形式、片状形式脱落。类似于肾细胞癌，该肿瘤细胞很像圆形细胞肿瘤（例如，淋巴瘤或神经分泌的肿瘤）。细胞大多呈多边形至立方形，有高的核质比，大量淡染的细胞质，轻微的细胞核大小不均与红细胞大小不均。恶性肿瘤的核仁标准一般是不存在的(图 10-24)。组织病理学和免疫组织化学往往是必要的鉴定。肾母细胞瘤的特征是存在波形蛋白染色阳性的间充质细胞和细胞角蛋白染色阳性的上皮细胞。

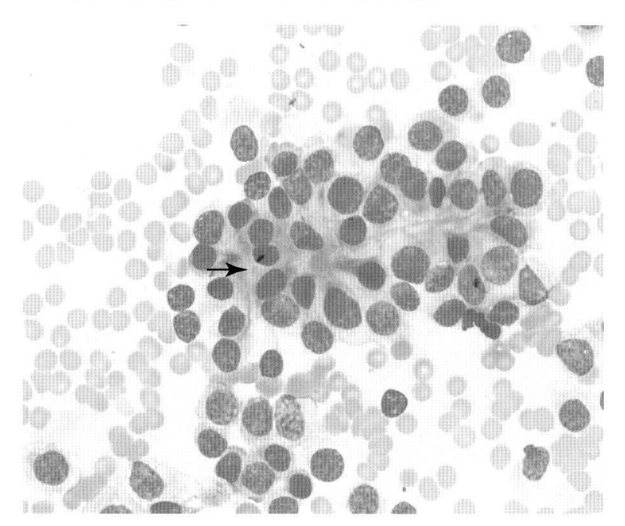

■ 图 10-24 **肾母细胞瘤。**多边形的这种立方细胞簇有轻度细胞大小不均和核大小不均，高的核质比。粉色的细胞外基质物质(基质或基底膜)穿插在细胞簇(箭头)中。核是圆形到多边形的，染色质是点状的，核仁并不明显。(瑞-吉氏染色；高倍油镜)

肾脏淋巴瘤抽吸物大多含有均一分散的与大淋巴细胞形态类似的细胞。背景中有无数裂解细胞，即“破碎细胞”。肿瘤淋巴细胞常常表现出中度至明显的多形性，细胞核内有光滑均匀的染色质，并有轻微至中等的嗜碱性胞质(图 10-25)。偶见核仁明显；极少情况下，肿瘤性淋巴细胞可能包含明亮的粉红色细胞质颗粒(图 10-26)。

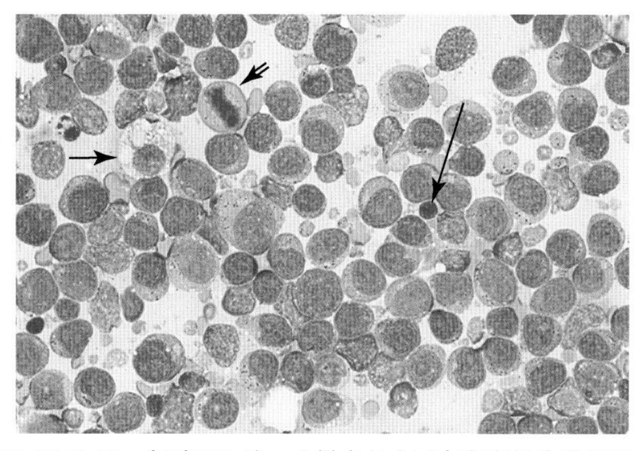

■ 图 10-25 **肾脏淋巴瘤。**此样本包含了高密度的分离细胞，这些细胞与大淋巴细胞很相似。有明显的多形性；光滑、均匀的核染色质；有与成熟的淋巴细胞(长箭头)相比有丰富的嗜碱性胞质。粉红色细胞质颗粒的存在是淋巴瘤的不太常见的特征。这些细胞不同于肾小管细胞，因为它们有丰度和高的核质比。还可见激活的巨噬细胞(短箭头)和有丝分裂相(双箭头)。(瑞-吉氏染色；高倍油镜)

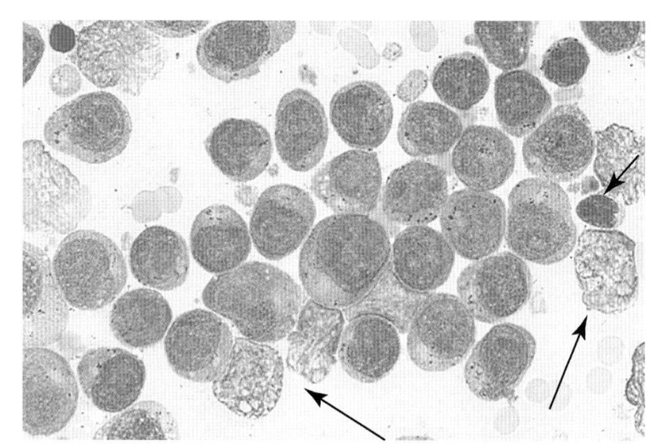

■ 图 10-26 **肾脏淋巴瘤。**相对正常的，相对小且成熟的淋巴细胞(箭头)是淋巴瘤不成熟的特征。除了在图 10-25 中描述的特征，还可以在一些恶性细胞中看到明显的核仁，粉红色细胞质颗粒更容易观察到。那些有五或六个花边，粉红色，卵形，有时也被称为“篮状细胞”或“破碎细胞”的物质代表裂解细胞中无核的染色质(长箭头)。它经常在含有易碎细胞(例如，淋巴细胞)的组织中发现。(瑞-吉氏染色；高倍油镜)

肾肉瘤经常角质化很差。它们由梭形细胞组成，单个存在或以不同大小聚集存在。核质比高，有少量的中度深蓝色细胞质，细胞质稀疏，圆形至椭圆形并呈现多边形的核，核仁明显。细胞大小不均和细胞核大小不均(图 10-27)。细胞学不能区分单独来源于肾小管或平滑肌的转移性肉瘤和肉瘤。

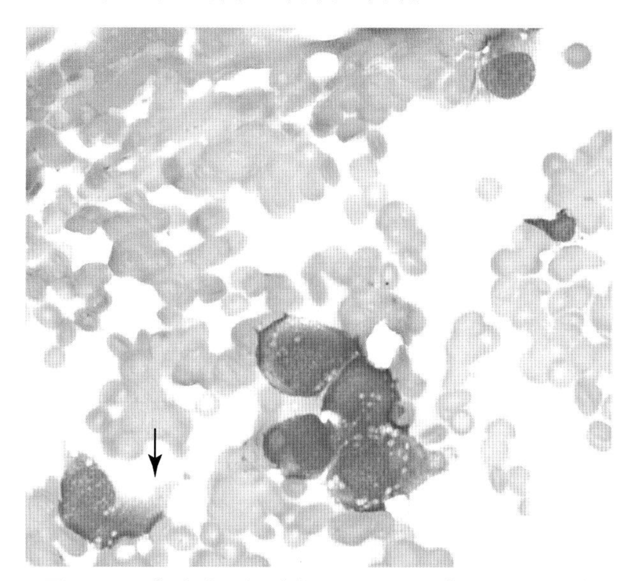

■ 图 10-27 **肾肉瘤。**间质瘤的细胞往往单独或小量聚集的脱落，而不是黏合成簇脱落。细胞的形状可以从圆形变化到椭圆形至梭形。间充质细胞的细胞学显像特征是有尾细胞(箭头)。细胞学上，恶性肿瘤的特点是可变的，往往是高核质比；中度到深蓝色，细胞质稀疏，常含有空泡；细胞呈多形性和适度细胞核大小不均和红细胞大小不均；染色强度可变。(瑞-吉氏染色；高倍油镜)

## 输尿管

原发性输尿管肿瘤是非常罕见的，输尿管侵入来自原发于膀胱的肿瘤(尤其是 TCC) Rigas et al (2012)描述了未分化的肉瘤巨细胞的细胞学特征。

犬原发性输尿管肿瘤主要是良性肿瘤，主要是由纤维上皮息肉组成（Deschamps et al.，2007）。图 10-28A&B 表示犬纤维上皮息肉所产生的单边肾肿大和血尿的细胞学和组织学特征。

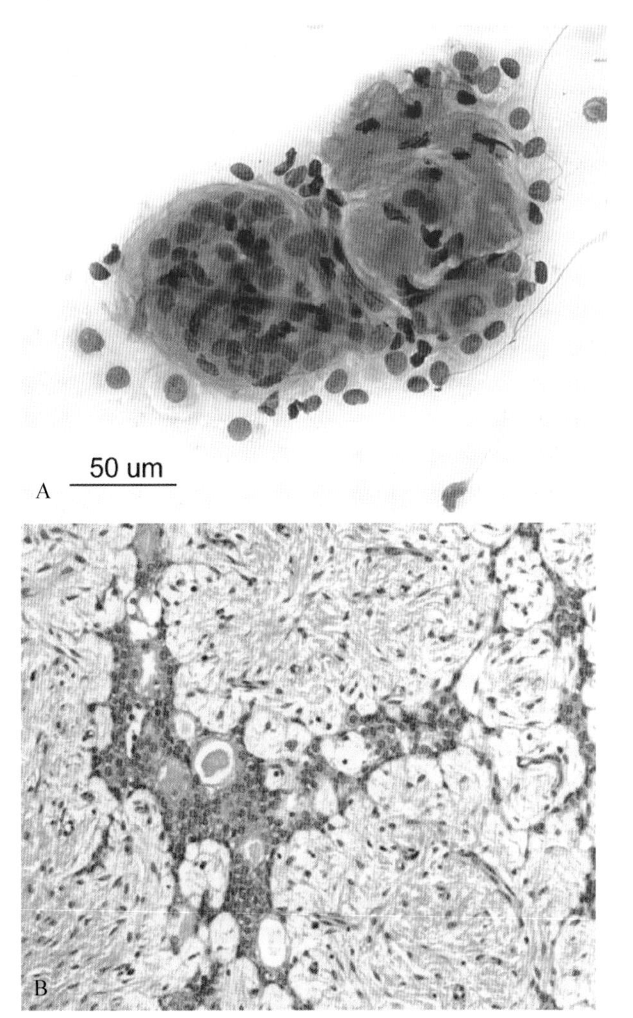


■ 图 10-28 **纤维上皮息肉。输尿管。犬。A-B 同一病例。A. 肿块涂片。**细胞学特征包括围绕血管的良性变移上皮细胞（左）和增殖的嗜酸性颗粒黏液梭形细胞（右）。（改良瑞-吉氏染色；高倍油镜）**B. 组织部分。**良性纤维血管和黏液物质显著增加，后者是阿辛兰阳性。均一的变移上皮围绕着血管和肿块表面（未示出）。（H&E；低倍镜）（A and B, Courtesy of Athema Etzioni, Purdue University.）

## 膀胱和尿道

膀胱肿瘤在犬和猫少见。然而，在犬和猫中最常见的膀胱肿瘤是 TCC（Mutsaers et al.，2003；Norris et al.，1992；Wilson et al.，2007）。鳞状细胞癌，肌肉来源的恶性肿瘤（Alleman et al.，1991）如平滑肌肉瘤和横纹肌肉瘤（图 10-29A&B），淋巴瘤（图 10-30）和转移性疾病不常见到。变移上皮细胞癌[TCC]是尿路上皮起源的。对于犬，最常见是膀胱三角区域肿瘤，而猫刚好相反。（Mustaers et al.，2003；Wilson et al.，2007）。去势的雄犬相比未去势的公犬的 TCCs 风险更高（Bryan et al.，2007）。TTCs 细胞学与图 10-23A&B 相似，无论是否起源于肾脏或膀胱（见肾部分对细胞学的完整叙述）。犬 TCCs 的诊断经常使用细胞学方法，因为病患大部分有较大的肿块，且肿瘤分级较高（Mutsaers et al.，2003）。然而，除了细胞学，兽医膀胱肿瘤抗原检测（V-BTA；Alidex Inc.，subsidiary of Polymedco，Redmond，WA，United States）也可用于非侵入性地检测尿中存在的肿瘤抗原。此测试筛选 TCC 适用于在没有中度至明显的血尿，脓尿，糖尿或蛋白尿的犬（Borjesson et al.，1999）。然而，如果犬具有非 TCC 泌尿道疾病，测试的特异性急剧下降（Borjesson et al.，1999；Henry et al.，2003）。最后，如果需要验证尿路上皮的来源，环氧合酶-2（COX-2），尿溶蛋白 Ⅲ 和细胞角蛋白 7 有望用作肿瘤组织学切片和免疫组织化染色的。（Khan et al.，2000；Knottenbelt et al.，2006；Ramos-Vara et al.，2003）.

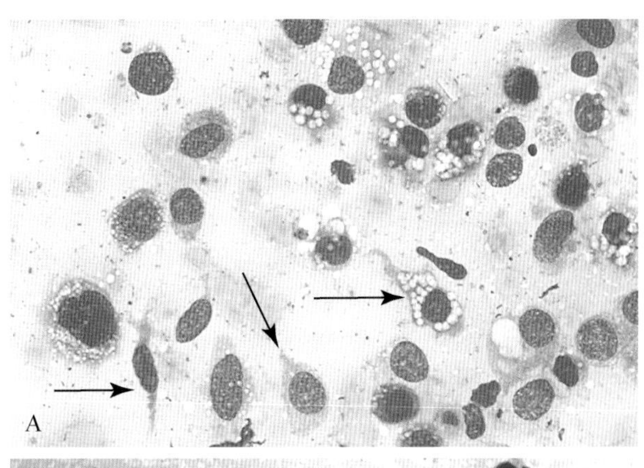

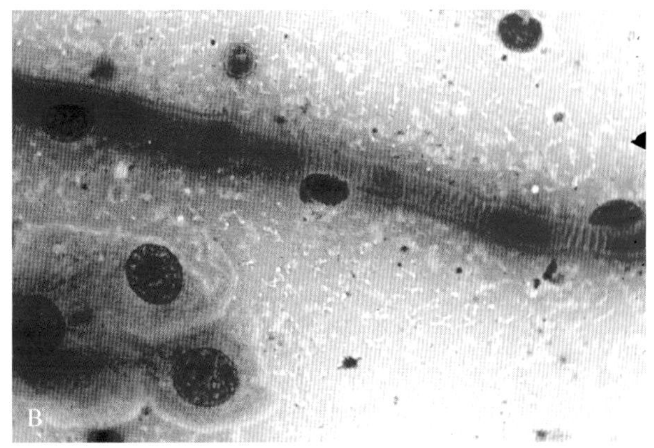

■ 图 10-29 **A. 膀胱平滑肌肉瘤。**肿瘤间质细胞倾向于单独或小聚集的脱落。细胞形状从圆形到椭圆形到梭形（箭头），变化不一。细胞学上，恶性肿瘤的特点是轻微的细胞核大小不均，细胞大小不均，细胞核多形性和核质比多变。粉色至蓝色的蛋白背景包含了粉色至嗜碱性的无定形碎片（脏的外观），这与坏死细胞碎片有关。来源于间叶组织的恶性肿瘤细胞可以有均匀的点状胞浆空泡，如图所示。（瑞-吉氏染色；高倍油镜）**B. 膀胱横纹肌肉瘤。抽吸。犬。**单个肌纤维与条纹和 3 个传统上皮细胞和淋巴细胞。组织病理学可以确认膀胱肿块是否为骨骼肌恶性肿瘤。（瑞-吉氏染色；高倍油镜）（B, Courtesy of Rose Raskin, University of Florida.）

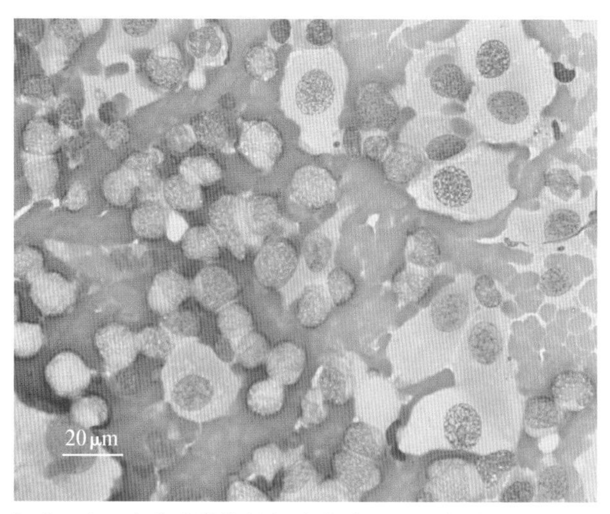


■ 图 10-30 **膀胱。涂片。B淋巴细胞。犬。**在膀胱肿物的细胞学检查图片中看到的组织碎片来源于外伤性导尿。在细胞丛(未标记)和单个的变移上皮之间可以看到大量形态均一的中等淋巴细胞。淋巴细胞的免疫化学标记是CD3阴性和CD79a阳性，来源于B细胞。有些淋巴细胞有浆细胞的外观。(瑞氏;高倍油镜)(Courtesy of Rose Raskin, University of Florida.)

## 参考文献


Alleman AR, Raskin RE, Uhl EW, et al: What is your diagnosis? Bladder mass from an 11-month-old dog, *Vet Clin Pathol* 20:49-50, 1991. 44.

Borjesson DL: Renal cytology, *Vet Clin North Am Small Anim Pract* 119-134, 2003.

Borjesson DL, Christopher MM, Ling GV: Detection of canine transitional cell carcinoma using a bladder tumor antigen urine dipstick test, *Vet Clin Pathol* 28(1):33-38, 1999.

Breshears MA, Meinkoth JH, Stern AW, et al: Pathology in practice. Renal lymphoma, *J Am Vet Med Assoc* 238(2):167-169, 2011.

Bryan JN, Keeler MR, Henry CJ, et al: A population study of neutering status as a risk factor for canine prostate cancer, *Prostate* 67(11):1174-1181, 2007.

Bryan JN, Henry CJ, Turnquist SE, et al: Primary renal neoplasia of dogs, *J Vet Intern Med* 20(5):1155-1160, 2006.

Chiang YC, Liu CH, Ho SY, et al: Hypertrophic osteopathy associated with disseminated metastases of renal cell carcinoma in the dog: a case report, *J Vet Med Sci* 69(2):209-212, 2007.

Debruyn K, Haers H, Combes A, et al: Ultrasonography of the feline kidney: technique, anatomy and changes associated with disease, *J Feline Med Surg* 14(11):794-803, 2012.

Deschamps JY, Roux FA, Fantinato M, et al: Ureteral sarcoma in a dog, *J Small Anim Pract* 48(12):699-701, 2007.

Durno AS, Webb JA, Gauthier MJ, et al: Polycythemia and inappropriate erythropoietin concentrations in two dogs with renal T-cell lymphoma, *J Am Anim Hosp Assoc* 47(2):122-128, 2011.

Foreman O, Sykes J, Ball L, et al: Disseminated infection with *Balamuthia mandrillaris* in a dog, *Vet Pathol* 41(5):506-510, 2004.

Gajanayake I, Priestnall SL, Benigni L, et al: Paraneoplastic hypercalcemia in a dog with benign renal angiomyxoma, *J Vet Diagn Invest* 22(5):775-780, 2010.

Gil da Costa RM, Oliveira JP, Saraiva AL, et al: Immunohistochemical characterization of 13 canine renal cell carcinomas, *Vet Pathol* 48(2):427-432, 2011.

Giordano A, Paltrinieri S, Bertazzolo W, et al: Sensitivity of Tru-cut and fine needle aspiration biopsies of liver and kidney for diagnosis of feline infectious peritonitis, *Vet Clin Pathol* 34(4):368-374, 2005.

Giri DK, Sims WP, Sura R, et al: Cerebral and renal phaeohyphomycosis in a dog infected with Bipolaris species, *Vet Pathol* 48(3):754-757, 2011.

Henry CJ, Tyler JW, McEntee MC, et al: Evaluation of a bladder tumor antigen test as a screening test for transitional cell carcinoma of the lower urinary tract in dogs, *Am J Vet Res* 64(8):1017-1020, 2003.

Henry CJ, Turnquist SE, Smith A, et al: Primary renal tumours in cats: 19 cases (1992—1998), *J Feline Med Surg* 1 (3):165-170, 1999.

Higuchi T, Burcham GN, Childress MO, et al: Characterization and treatment of transitional cell carcinoma of the abdominal wall in dogs: 24 cases (1985-2010), *J Am Vet Med Assoc* 242(4):499-506, 2014.

Johnson RL, Lenz SD: Hypertrophic osteopathy associated with a renal adenoma in a cat, *J Vet Diagn Invest* 23(1):171-175, 2011.

Jones TC, Hunt RD, King NW: *Veterinary pathology*, ed 6, Baltimore, MD, 1997, Williams & Wilkins, pp. viii, 1392.

Khan KNM, Knapp DW, Denicola DB, et al: Expression of

cyclooxygenase-2 in transitional cell carcinoma of the urinary bladder in dogs, *Am J Vet Res* 61(5):478-481, 2000.

Knottenbelt C, Mellor D, Nixon C, et al: Cohort study of COX-1 and COX-2 expression in canine rectal and bladder tumours, *J Small Anim Pract* 47(4):196-200, 2006.

Martinez I, Mattoon JS, Eaton KA, et al: Polypoid cystitis in 17 dogs (1978-2001), *J Vet Intern Med* 17(4): 499-509, 2003.

Michael HT, Sharkey LC, Kovi RC, et al: Pathology in practice. Renal nephro-blastoma in a young dog, *J Am Vet Med Assoc* 242(4):471-473, 2013.

Mutsaers AJ, Widmer WR, Knapp DW: Canine transitional cell carcinoma, *J Vet Intern Med* 17(2):136-144, 2003.

Norris AM, Laing EJ, Valli VEO, et al: Canine bladder and urethral tumors: a retrospective study of 115 cases (1980-1985), *J Vet Intern Med* 6(3):145-153, 1992.

Nowicki M, Rychlik A, Nieradka R, et al: Usefulness of laparoscopy guided renal biopsy in dogs, *Pol J Vet Sci* 13(2): 363-371, 2010.

Nyland TG, Wallack ST, Wisner ER: Needle-tract implantation following US-guided ne-needle aspiration biopsy of transitional cell carcinoma of the bladder, urethra, and prostate, *Vet Radiol Ultrasound* 43(1):50-53, 2002.

Peeters D, Clercx C, Thiry A, et al: Resolution of paraneoplastic leukocytosis and hypertrophic osteopathy a ter resection of a renal transitional cell carcinoma producing granulocyte-macrophage colony-stimulating factor in a young Bull Terrier, *J Vet Intern Med* 15(4):407-411, 2001.

Petterino C, Luzio E, Baracchini L, et al: Paraneoplastic leukocytosis in a dog with a renal carcinoma, *Vet Clin Pathol* 40(1):89-94, 2011.

Puschner B, Reimschuessel R: Toxicosis caused by melamine and cyanuric acid in dogs and cats: uncovering the mystery and subsequent global implications, *Clin Lab Med* 31(1): 181-199, 2011.

Ramos-Vara JA, Miller MA, Boucher M, et al: Immunohistochemical detection of uroplakin III, cytokeratin 7, and cytokeratin 20 in canine urothelial tumors, *Vet Pathol* 40(1):55-62, 2003.

Rawlings CA, Howerth EW: Obtaining quality biopsies of the liver and kidney, *J Am Anim Hosp Assoc* 40(5):352-358, 2004.

Rawlings CA, Diamond H, Howerth EW, et al: Diagnostic quality of percu-taneous kidney biopsy specimens obtained with laparoscopy versus ul-trasound guidance in dogs, *J Am Vet Med Assoc* 223(3):317-321, 2003.

Rigas JD, Smith TJ, Gorman ME, et al: Primary ureteral giant cell sarcoma in a Pomeranian, *Vet Clin Pathol* 41(1): 141-146, 2012.

Sato T, Aoki K, Shibuya H, et al: Leiomyosarcoma of the kidney in a dog, *J Vet Med A Physiol Pathol Clin Med* 50(7): 366-369, 2003.

Snead EC: A case of bilateral renal lymphosarcoma with secondary polycy-thaemia and paraneoplastic syndromes of hypoglycaemia and uveitis in an English Springer Spaniel, *Vet Comp Oncol* 3(3):139-144, 2005.

Vaden SL: Renal biopsy: methods and interpretation, *Vet Clin North Am Small Anim Pract* 34(4):887-908, 2004.

Vaden SL: Renal biopsy of dogs and cats, *Clin Tech Small Anim Pract* 20(1):11-22, 2005.

Vaden SL, Levine JF, Lees GE, et al: Renal biopsy: a retrospective study of methods and complications in 283 dogs and 65 cats, *J Vet Intern Med* 19(6):794-801, 2005.

Wilson HM, Chun R, Larson VS, et al: Clinical signs, treatments, and outcome in cats with transitional cell carcinoma of the urinary bladder: 20 cases (1990-2004), *J Am Vet Med Assoc* 231(1):101-106, 2007.

Zatelli A, Borgarelli M, Santilli R, et al: Glomerular lesions in dogs infected with Leishmania organisms, *Am J Vet Res* 64(5):558-561, 2003.

# 第 11 章

# 尿沉渣的镜检

*Denny J. Meyer*

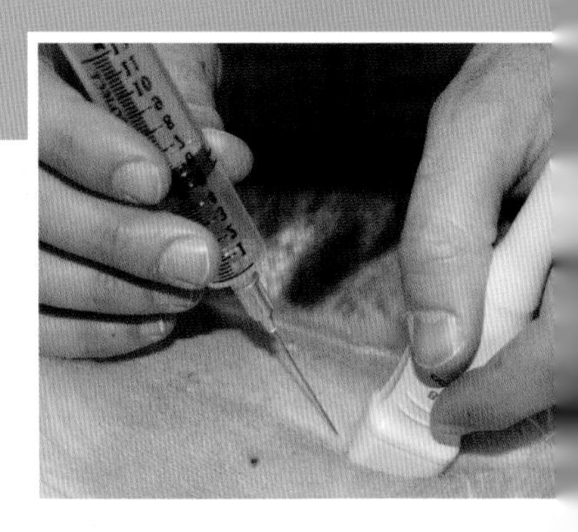

尿液样本是从尿路中通过无痛操作收集的液体组织活检物(Haber,1988)。常规的验尿(尿分析)是由两个主要部分组成——肉眼观察和显微镜评估。本章的重点在用显微观察尿沉渣。在框 11-1 中包含了进行一个完整的尿液分析需要的步骤总览(Box11-1)。可以在其他文献中找到通过检测试纸条对尿沉渣物理性状和变化状态进行检测的内容(Meyer and Harvey,2004;Sink and Feldman,2004)。即使尿液试纸条检测没有发现异常结果,也需要进行尿沉渣的显微镜检查。研究表明,超过 16%尿液样本没有明显试纸条反应,但镜下能发现阳性物质,特别是脓尿和菌尿 (Barlough et al.,1981;Fettman,1987)。另一项研究的结果支持常规使用显微镜检查和尿样培养检查有肾上腺皮质激素过高、糖尿病的犬,因为细菌性膀胱炎往往没有临床表现(约 95%病例),细尿或脓尿也可能无法观察到临床表现 (约 19%病例)(Forrester et al.,1999)。即使不出现膀胱炎的临床症状(Forrester et al.,1999),膀胱穿刺采集的尿液,正常情况下也不会出现细菌。

**框 11-1 进行完整的人工尿液分析推荐的步骤**

1. 收集:获取一个标准体积的尿(例如,6 mL)。膀胱穿刺采集是首选方法。采样后立即评价,以避免样品发生变化,如碱化,管型和晶体降解,胆红素下降,和细菌过度生长。
2. 物理特性:在离心前观察并记录尿液颜色、透明程度,离心前后使用一个干净的玻璃管将 1 mL 充分混合尿液。
3. 试剂条:在玻璃管内浸入未离心的尿或用吸管在盘中滴一滴尿液。阅读制造商的说明书,按照顺序和步骤操作。由于试纸是不稳定的,需要关注保质期,直接曝光的程度,以及环境温度。
4. 可选尿胆红素测定:该测试是更为敏感,比试纸更易解读。它是用来确认存在的胆红素,但产品目前难以获得。
5. 离心:吸取剩余的 5 mL 的尿液(2 mL 为最小值)于一个锥形管,400 *g* 或 1 500 r/min 离心 5 min 注意离心尿液的上清中不要存在沉降物和脂质。用移液管除去上清液得到实验使用的标准沉淀物浓度(例如,10%或 20%)。
   使用 20%作为标准:
   总体积 5 mL,取出 4.0 mL 上清液,剩余的 1.0 mL 重悬
   总体积 4 mL,取出 3.2 mL 上清液,剩余的 0.8 mL 重悬
   总体积 3 mL,取出 2.4 mL 上清液,其余的 0.6 mL 重悬
   总体积 2 mL,取出 1.6 mL 上清液,剩余的 0.4 mL 重悬
   注:如果上清液是由快速反转管去除的,需要离心获得等量的尿沉渣以准确评估尿液成分。
6. 比重:吸管一滴上清液(不是直接的尿液)在用蒸馏水校准的测量校准仪上并记录。注意:如果尿比重超过了刻度线,用蒸馏水 1∶1 稀释,再读一遍,最后的 2 位数字乘 2(例如:1.024 变为 1.048)。
7. 磺基水杨酸测试:此测试用以评估总蛋白,尤其当尿液 pH 为强碱性时候。它比试剂条更敏感和可以特异性检测所有蛋白质,而非只有白蛋白。
8. 显微镜检查准备(湿):在载玻片上滴加未染色的重悬尿沉渣以方便观察。第二滴尿液点在旁边,用一滴亚甲基蓝染液染色,用木棒混匀。检查前盖上盖玻片。
9. 显微镜检查(湿):用低光源观察未染色的尿液。
   低倍镜下(10×),记录低倍镜视野下(LPF)上皮细胞和管型的种类和数量。
   高倍镜下(40×)观察记录:
   细菌——形态和数量的描述(很少,许多)
   晶体类型和数量(无,很少,中量,许多)
   每高倍视野(HPF)红细胞数,正常 0~5
   每高倍视野(HPF)白细胞数每,正常 0~5
   黏液丝——阳性或阴性
   油滴——阳性或阴性
   寄生虫,真菌——类型和形态
   精子——阳性或阴性(当看到时也可能为正常)
   高光源下观察染色的尿液:
   LPF 和 HPF 下,评估细胞类型和传染性病原体。不评估管型或晶体。
10. 显微镜检查(干):准备一个或多个沉积物涂片,并允许空气干燥。用罗氏染液染色和检查血细胞形态,正常或肿瘤性上皮细胞和感染性药物,如果存在的话。

接尿、插管、膀胱穿刺是获得尿液的技术。膀胱穿刺是避免污染的最可靠途径。为了准确评估半定量尿中物质,需要在采样后几分钟内进行检测。管型是最不稳定的成分,并在 2 h 内开始裂解。由于尿液渗透压作用,细胞在 2~4 h 内完整性被破坏。制冷尿液标本(长达 6 h)是为了维持一个良好物理环境成分及结晶状态来延迟细胞退化。如果冷冻保存 24 h 以上,尿液 pH 所受影响较小(Raskin et al.,2002)。降低尿温度提高晶体的形成,会导致半定量分析其真实生理数据不准确。在分析冷藏的尿之前,建议让它逐渐回暖至室温,以尽量减少对其比重及化学成分的影响。尿液的体积通常为 5 mL,应定期评估,使结果可以进行半定量并与参考值比对,同时患畜可以基于此数据进行治疗(Osborne and Stevens,1999)。

## 尿沉渣获取

用锥形离心管离心尿液样本，弃上清液，保留尿液沉淀物用手指轻弹数次以重悬。在干净的载玻片上滴一滴未染色的样品，盖上盖玻片，再检测尿沉渣。对于未染色的尿沉渣，需要用柔和的纤维镜光源以强调其内容物。显微镜的光源必须降低并且可变光阑需要部分关闭，使得尿液成分更易看清。相差显微镜可以突出最透明成分的边缘，使得管型和细菌的检查更为方便。偏光显微镜用以提高对晶体的识别。

以水为基质的染色(Sedi 染色；BD Clay Adams，Sparks，Maryland，United States，或 0.5%亚甲蓝)可以强化细胞的细节。在新的尿沉渣滴液中滴加一滴染液，盖上盖玻片。该尿被允许检查之前沉降 1～2 min，在湿盒中进行更佳。染色后的沉淀物会在瓶中发生变化，微观形态和细菌相似(图 11-1B)。当观察到沉淀后，必须用新染液染色，或将当前的染液过滤。我们推荐最开始看未染色的潮湿尿样，如果需要进一步诊断或做教学使用，再考虑染色。在未染色的尿滴旁边可以再滴一滴尿样，用作染色(图 11-1C)。当管型的成分在未染色而不容易辨认时，尿沉渣的细胞学样本或尿干物质是另一种评价器官(图 11-2 和图 11-3)和细胞(图 11-4A-D)情况的手段。滴一滴未染色的重悬尿沉渣于载玻片粗糙端附近，向另一边涂片，干燥，染色(参见第 1 章)。往往成分会在染色过程中被洗掉，因为尿沉渣蛋白质含量较少。可以使用血清包被表面的载玻片，以黏合沉淀物(参照第 1 章，关键点)。已报道的显著提高灵敏度，特异性，阳性预测值，并且测试比较瑞氏染色与未染色尿沉渣对细菌检出的效率，均证明了其是兽医临床尿液分析中最有价值的成分(Swenson et al.，2004)。

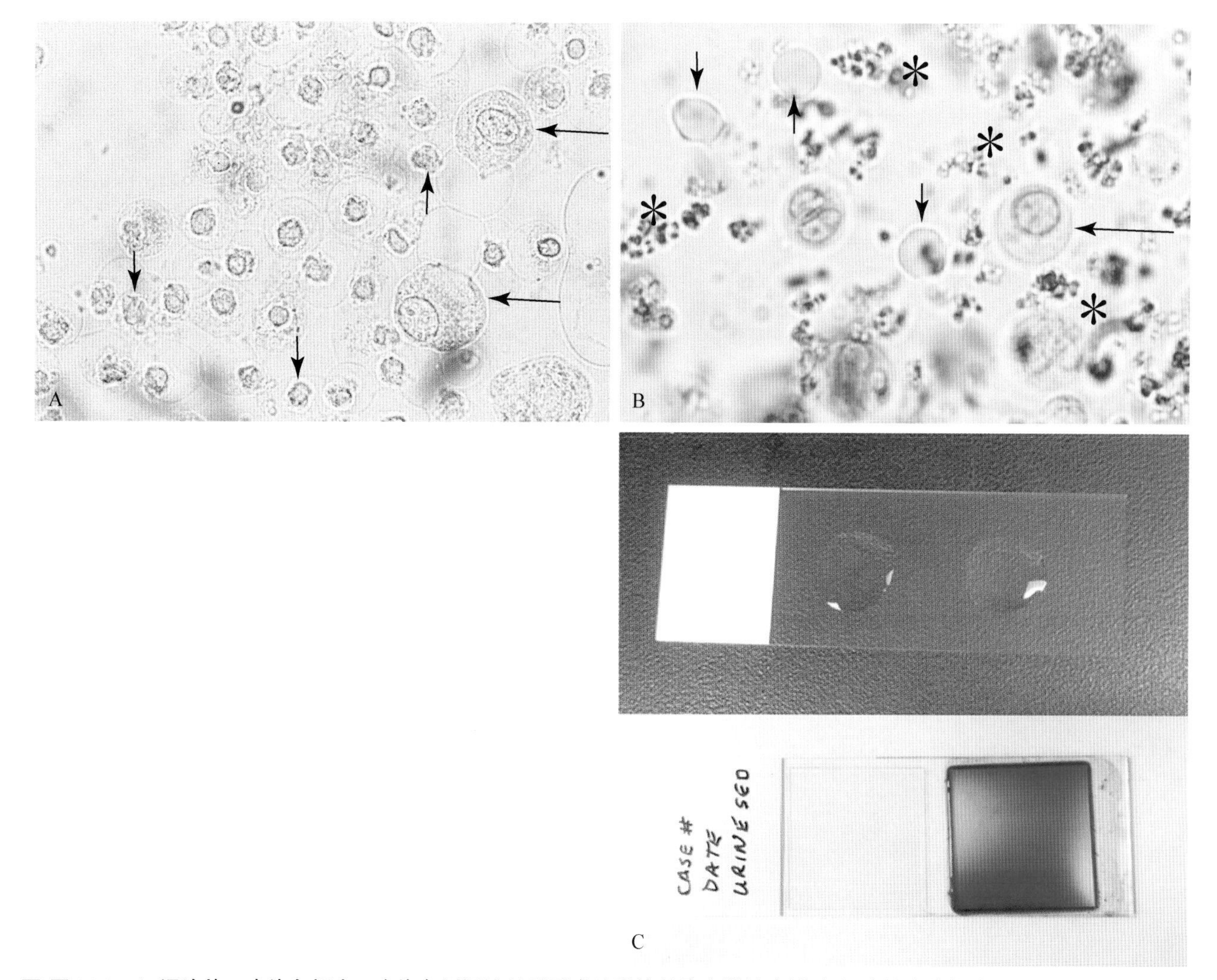


■ 图 11-1　**A. 湿涂片。未染色标本。**未染色尿沉渣显示了当显微镜的聚光器被降低时，细胞的成分较清晰。圆锯齿状红细胞占主导地位(短箭头)，以及两个丰满的带颗粒上皮细胞(长箭头)。(未染色；高倍油镜)**B. 湿涂片。染色标本。**运用染色的标本细胞凸显细节。上皮细胞(长箭头)和红细胞存在(短箭头)。染色必须保持无沉淀。如在此显微照片所示，染色颗粒会误认为是细菌(星号)。(Sedi-染色；高倍油镜)**C. 湿涂片的准备。**盖玻片上有两个相邻的尿沉渣液滴。盖有盖玻片。左边是未染色的玻片并定量记录它们的存在。右边的盖玻片是用 0.5%新亚甲基蓝染色的样本，用于进一步观察细胞核感染性介质。如果看到晶体和管型样物质应该忽略，因为这是染色的人为产物。多余的液体可以用吸收纸洗掉。

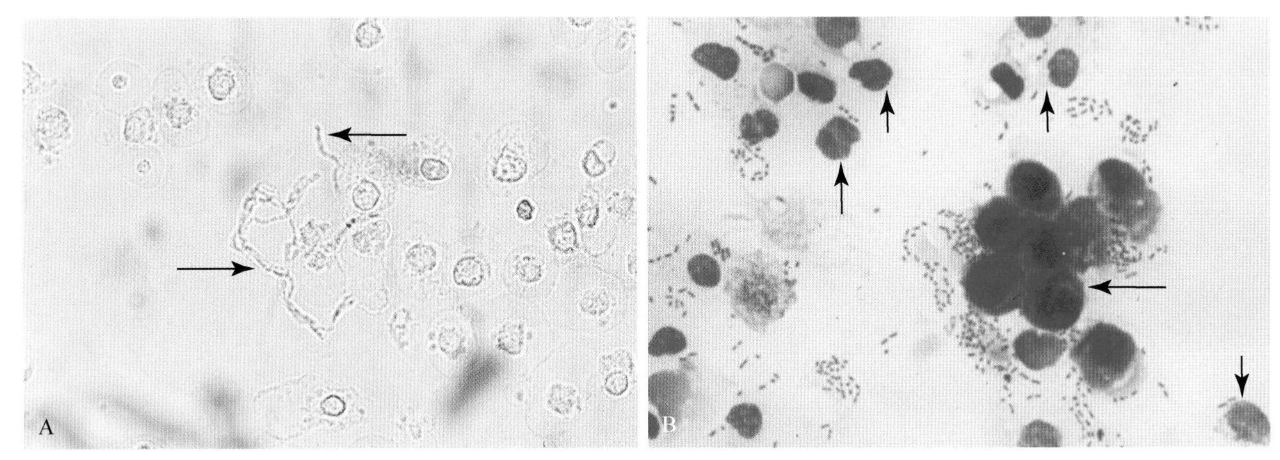


■ 图 11-2 **细菌性膀胱炎。A.湿涂片。未染色。**链状排列细菌(箭头)和未知细胞(可能是有单核细胞外观的退行性变化的嗜中性粒细胞和圆锯齿状红细胞)在经皮膀胱穿刺未染色的尿沉渣样本中观察到。细胞类型的识别在这里不重要,事实上,可能是由于尿液理化性质改变所引起。(未染色;高倍油镜)**B.干涂片。**受感染的尿液标本用 Romanowsky 染色可以看到细菌和细胞成分均一的上皮细胞丛(长箭头)。大多数细胞、假设中性粒细胞,有肿胀的,圆润的核或已发生裂解,这是由于不良环境造成,很多时候不能被识别(短箭头)。在其他领域,其中一些细胞有轻微的分割碎片,许多观察到含有细菌,我们支持将它分类为中性粒细胞。再次,细胞类型的识别在这里不重要。这些数据进一步说明瑞氏染色尿沉渣与不染色相比更能突出了细菌。(瑞氏染色;高倍油镜)

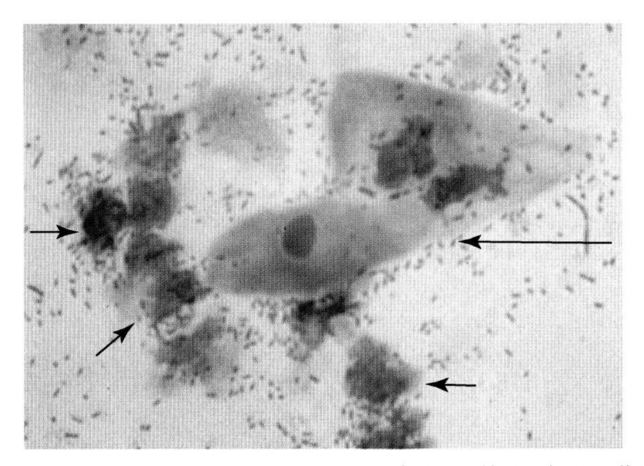

■ 图 11-3 **受污染的尿液标本。接尿。染色。**成熟的鳞状上皮细胞的存在(长箭头)表明细菌污染的可能性。有6个或7个扭曲的细胞核,假设是中性粒细胞,也观察到(短箭头)。没有细菌或在通过经皮膀胱穿刺获得的第二样品中观察到嗜中性粒细胞。(瑞氏染色;高倍油镜)

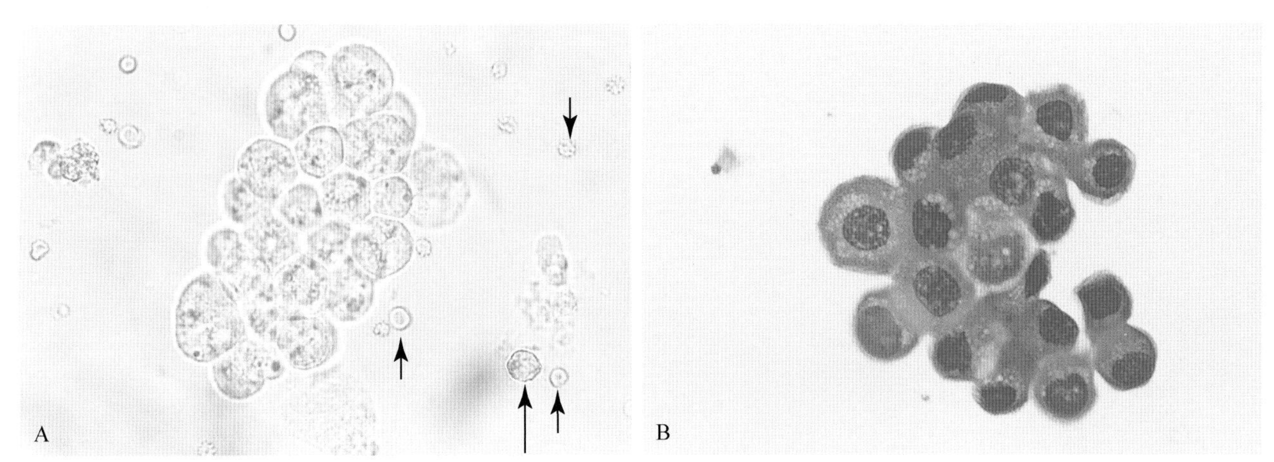


■ 图 11-4 **A.上皮细胞簇。未染色。**上皮细胞表现出轻微到中度细胞大小不均(直径为 20～40 μm)。红细胞(5～7 μm 的直径,短箭头),某些具有光滑的表面而一些具有圆锯齿状外形,还能观察到嗜中性粒细胞(直径为 10～12 μm,长箭头)。嗜中性粒细胞的胞质颗粒是随机运动(布朗运动)的;有时被称为闪光细胞。这些颗粒不应该被误认为是细菌。注意红细胞与嗜中性粒细胞与上皮细胞的大小关系。(未染色;高倍油镜)**B.细胞学制备。增生性上皮细胞。染色。**一滴尿沉渣被放置在载玻片(表面上涂有一层薄薄的血清并经过空气干燥)上,做涂片,干燥,染色,这是一个常规的细胞学制备过程。染色制备有利于恶性肿瘤的细胞学评估标准。轻度到中度的核大小不均,和多变的核质比被认为是移行上皮细胞增生的表现。(瑞氏染色;高倍油镜)

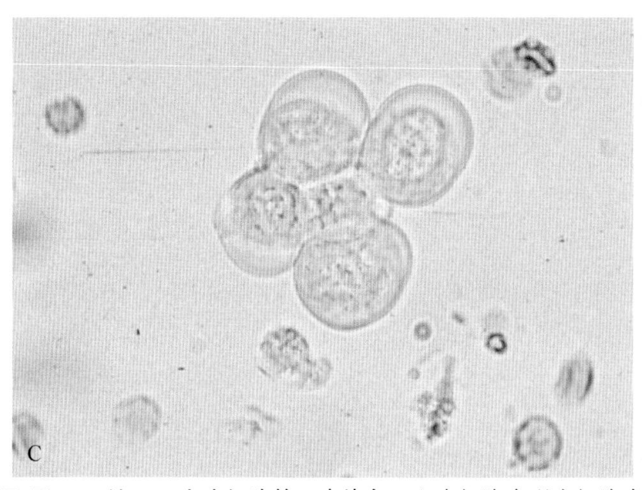


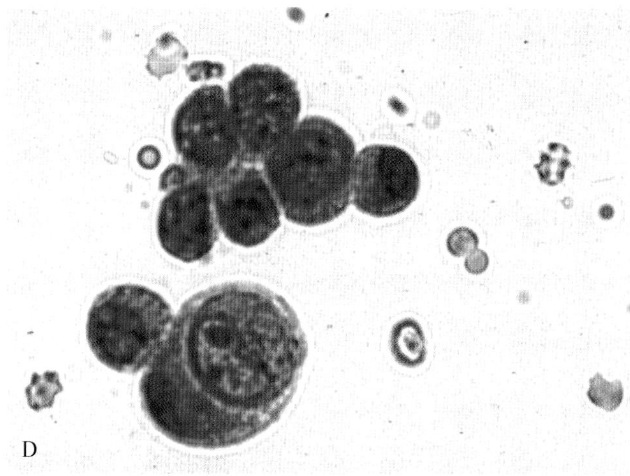


■ 图 11-4 续　**C. 上皮细胞簇。未染色。**上皮细胞表现出细胞大小和核质比变化。非典型细胞团应用 Romanowsky 染色法染色沉积物，作细胞学制备的进一部研究。（未染色；高倍油镜）**D. 细胞学制备。癌。染色。**与 C 同样的情况。染色时，恶性肿瘤的细胞学特征更加明显，上皮细胞群核质比高且多变的，核仁明显，染色质较粗。可以在细胞学上怀疑是移行细胞癌。（瑞-吉氏染色；高倍油镜）(C and D, Courtesy of Rose Raskin, University of Florida.)

> 关键点　为了突出未染色的尿液中的成分，可将显微镜光圈部分关闭，载物台下的聚光器降低。这是一个动态的过程，可在观看标本时产生最有效的对比效果。

## 显微检查和记录

脂滴（图 11-5A-C）类似于细胞，但通常大小更多变。红细胞和白细胞（图 11-2A）在高倍镜下（HPF；40×物镜）记录数量（框 11-2）。上皮细胞，如鳞状、移行和肾上皮细胞在每个 HPF 或低倍镜视野下（LPF，10×物镜）记录数字（少，中，多）。所有管型（图 11-6 至图 11-10）由 TH 糖蛋白构成，糖蛋白可能是由远曲小管分泌的。定量或定性（几乎没有，中等，许多）经常被用来描述每个 LPF 下的管型数量。详见 Meyer and Harvey(2004) 对 Tamm-Horsfall 蛋白的相关讨论。晶体用每个 LPF 下几乎没有（偶然出现），中等或大量来描述。

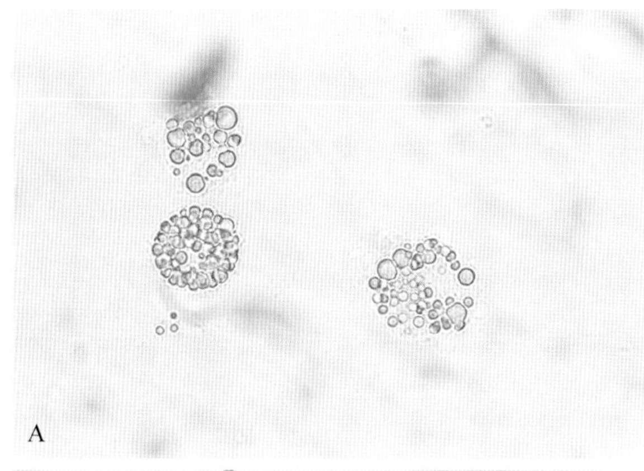


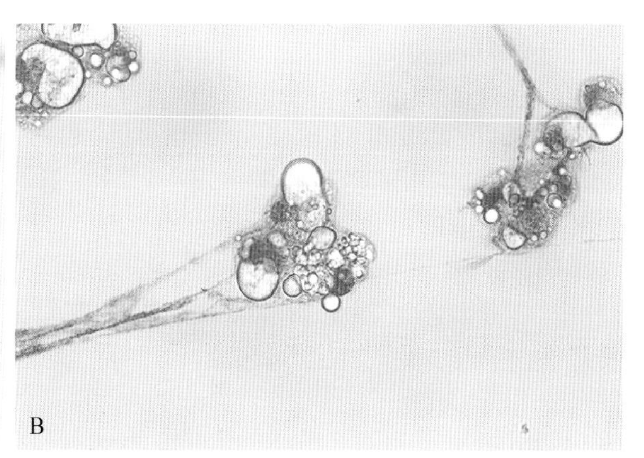


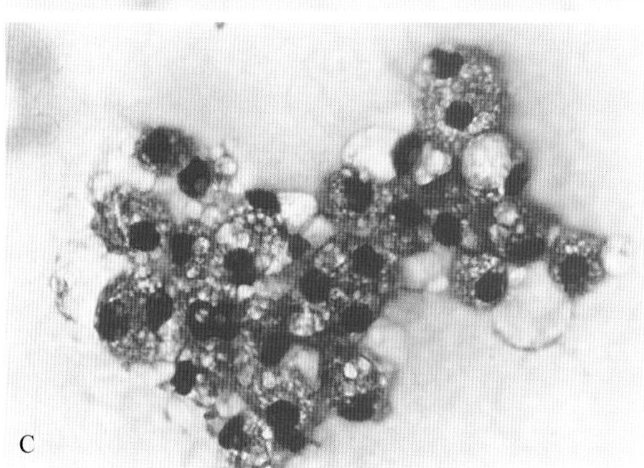


■ 图 11-5　**脂滴。**在猫的尿沉渣中，有脂质空泡的上皮细胞较多。通过大小和折光率的变化进行辨识。**A. 未染色的。**（高倍油镜）**B. 新亚甲基蓝。**（高倍油镜）**C. 瑞氏染色**（该甲醇-罗曼诺夫斯基染色溶解脂滴，在细胞质内产生点状的孔）。（高倍油镜）

### 框 11-2 尿沉渣细胞数量和数量增加的解读

红细胞(红细胞)

<5%HPF* ;不同程度的皱缩的往往是由于尿液的生化环境引起(图 11-1A)。数量增加提示与(1)肾脏疾病有关的出血:肾小球或肾小管间质性疾病,结石,肾静脉血栓形成,血管发育不良,外伤——红细胞管型表示肾内病理损伤(图 11-10);(2)下泌尿道疾病:急性和慢性感染,结石,肿瘤,出血性膀胱炎;或(3)生殖道感染——膀胱穿刺得到尿液。

白细胞(白细胞)

<5 个/HPF* ;中性粒细胞是最常见的白细胞。其核分裂时可能会是由于尿的理化环境造成,而表现出圆形至椭圆形,导致表现出上皮细胞样外观,单细胞质减少(图 11-2B)。然而,与上皮细胞相比,细胞质更少。数量的增加与(1)肾脏疾病有关:肾盂肾炎—可发现白细胞管型(图 11-9A & B);(2)下尿路疾病:急性和慢性膀胱炎,结石,瘤;和(3)生殖道污染——经皮从膀胱穿刺收集尿液。

移行上皮细胞

<2 或更少/LPF** ;<2;轻度大小的变化是正常的,更大的细胞在膀胱和尿道上,较小的位于肾盂和肾小管。有"尾巴"(胞浆投影)的上皮细胞被称为尾上皮细胞,并与来自肾盂的物质相关联。然而,大小和形状不能可靠地指示解剖部位的起点。移行细胞增生(图 11-4B)是由于炎症刺激(例如,继发感染)和环磷酰胺造成。

鳞状上皮细胞

0 或基本没有 LPF** ,这些大,多角形,角细胞常出现在接尿和插管和发情期间获取的样本(图 11-3)。在鳞状上皮细胞中发现细菌,说明样本污染通过膀胱穿刺收集到的样本更保险。

* HPF,高倍视野=40×(高一干)的物镜

** LPF,低倍视野= 10×物镜

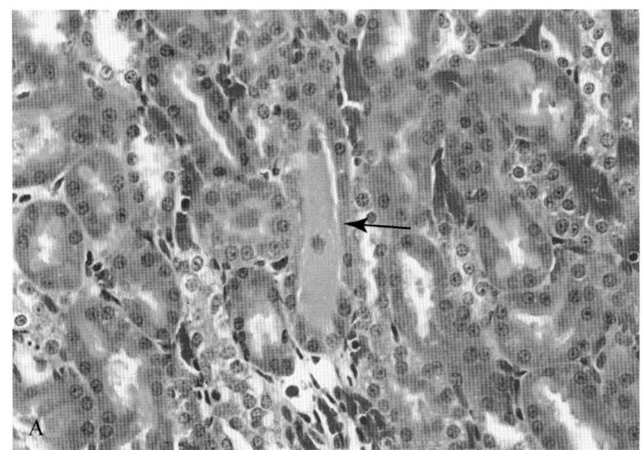


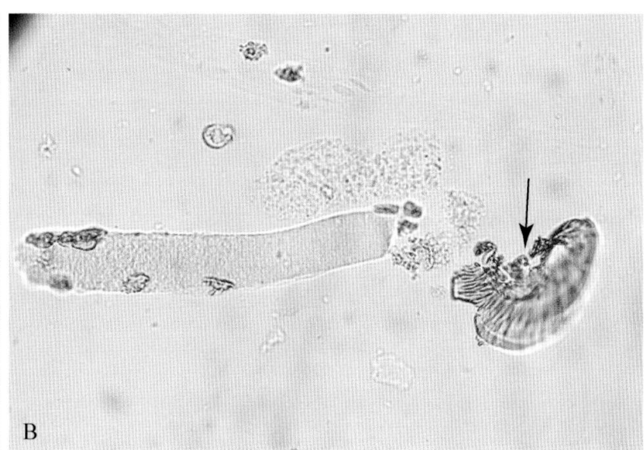


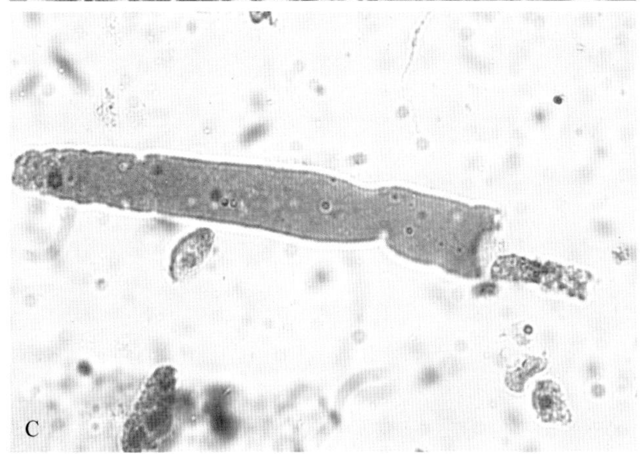


■ 图 11-6 **透明管型。A. 组织学。**肾小管管型(箭头)(升序亨勒和远端肾小管)反映了它们的形状。酸度、溶质浓度和流速促进蛋白的沉淀,从而导致管型的形成。(H&E 染色;高倍油镜。)**B. 未染色的伪像。**透明管型是清晰的,无色的。它们迅速溶解,尤其是在碱性尿。每 10×视野下看到一个管型是正常的。当异常的蛋白质进入肾小管,通常是过量的白蛋白,管型将增加。数量增加与剧烈运动、发热、充血性心脏衰竭、利尿治疗、肾小球肾炎和淀粉样变性相关联。视野中可见到收集容器的小碎片,像塑料质地(箭头)。(未染色;高倍油镜)**C. 染色。**注意光滑,均匀的外观。(Sedi 染色;高倍油镜)

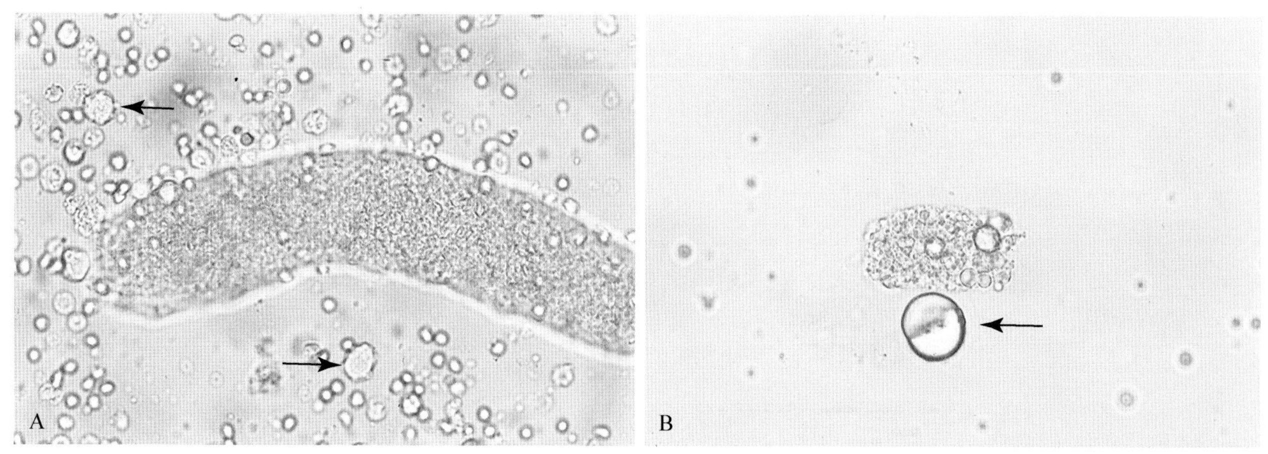


■ 图 11-7　**A. 颗粒管型。未染。**颗粒管型表示代表了来自受损肾小管上皮细胞的退化细胞，少部分是炎症细胞，包埋在蛋白质基质中。颗粒有时进一步分类为细或粗；然而，该分辨颗粒的种类对诊断并不重要，但对预后有一定作用。肾毒素（例如，硫酸庆大霉素、两性霉素 B）、肾炎和局部缺血是导致其形成的病理因素。视野下可见中等数量的上皮细胞（箭头）、白细胞和红细胞（不显眼的）。样本中有大量的高遮光脂滴。该脂肪尿可能是由于导尿时使用的润滑剂造成的。（未染色；高倍油镜）**B. 颗粒管型有脂滴（脂肪管型）。未染。**此管型在犬中与肾病综合征有关。在糖尿病病例中也可发现，对于猫，与肾小管损伤有关。视野中有中等数量的脂滴（失焦）。淀粉颗粒（手套粉末）位于管型（箭头）下方。（未染色；高倍油镜）

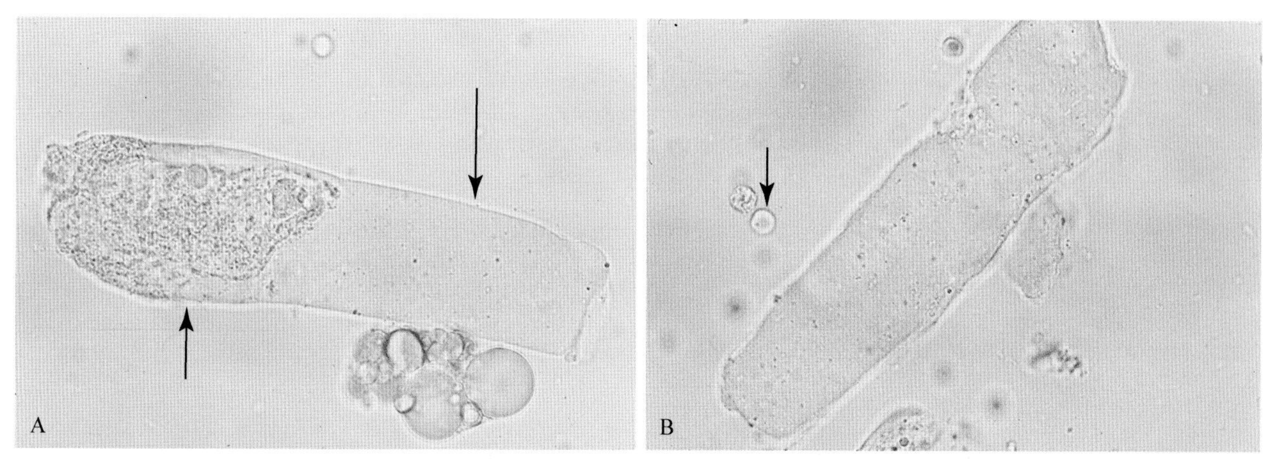


■ 图 10-8　**A. 颗粒/蜡样管型。未染色。**蜡样管型由颗粒管型发展而来，同时具有颗粒管型（短箭头）和蜡样管型（长箭头）的特性。（不染色；高倍油镜）**B. 蜡样管型。未染色。**这些管型表明慢性肾小管病变因为它的形成需要时间。它们形成的隐含的发病机制是局部性管状阻塞。其中一个后遗症是管状管腔的扩张，导致宽管型。当宽度增加到透明或颗粒状管型的 2～4 倍时，会使用术语“宽”进行描述。当与红细胞（箭头）对比时，其宽度的大小是明显的。经常可以观察到裂缝或裂纹（右上）。（未染色；高倍油镜）

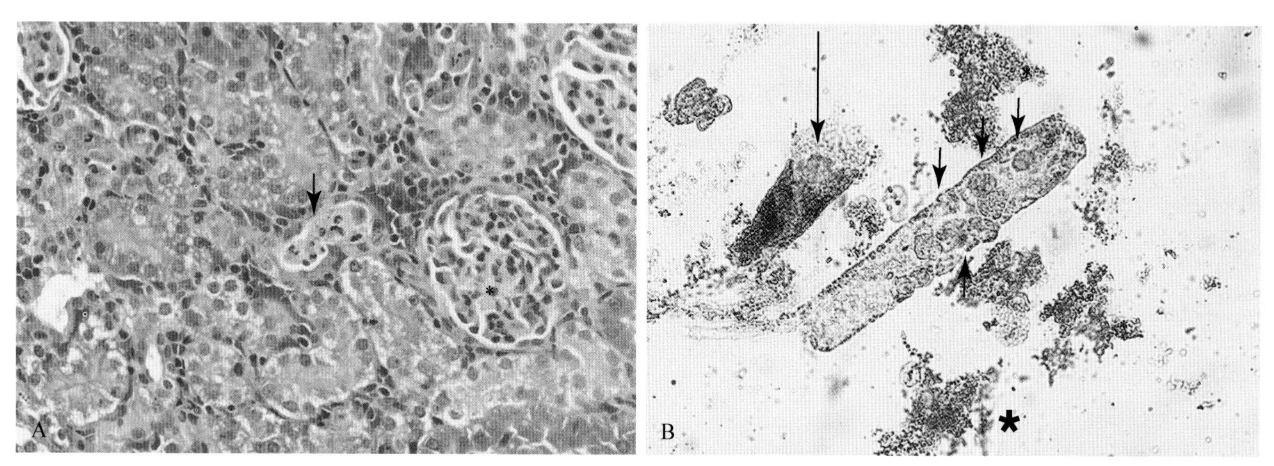


■ 图 11-9　**细胞管型。A. 组织学。**肾盂肾炎导致细胞管型（箭头）的形成。该粉红色的蛋白质基质中含有深染的中性粒细胞细胞核和无法辨认的核碎片。肾小球存在（星号）。（H&E 染色；高倍油镜）**B. 细胞学检查。不染。**细胞大部分与上皮细胞形态一致，可以看出嵌在管型基质里（短箭头）。这提示急性肾小管的坏死。可以观察到颗粒管型碎片（长箭头）和无定形碎片（无法辨认的颗粒状物料）（星号）。（未染色；高倍油镜）

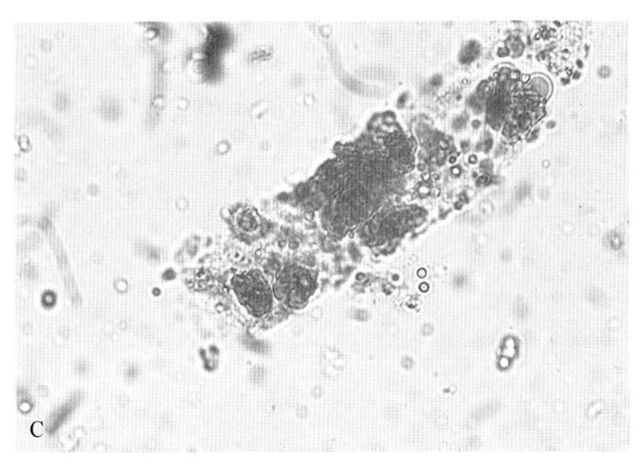


■ 图 11-9 续 **C. 细胞学检查。染色。**染色下进一步确认了管型中的细胞是上皮细胞。可以观察到一些脂滴。(Sedi 染色;高倍油镜)

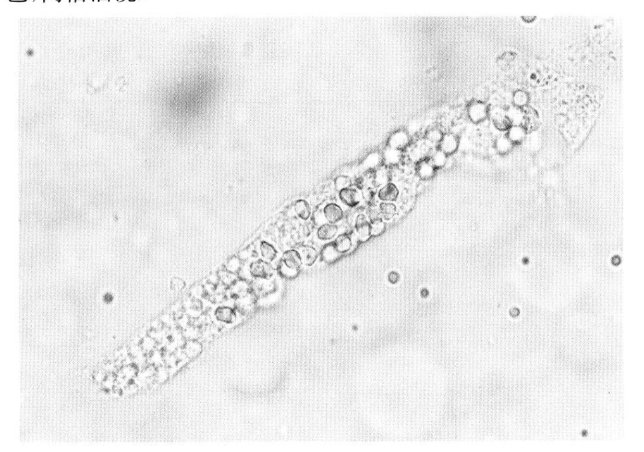

■ 图 11-10 **红细胞管型。未染色。**一个易破碎的罕见的物质,红细胞管型提示急性肾内损伤。尿液标本来自一只受外伤的犬(车祸)。一些脂滴存在。需要注意的是,它们相比红细胞具有更强的折射性,大小不均一。(未染色;高倍油镜)

## 尿结晶

尿的 pH、温度和比重影响晶体的溶解度(Graff,1983;Osborne et al.,1990)(表 11-1)(图 11-11 至图 11-21)。一些晶体增加尿石形成风险,所以对它们进行检查很重要。鸟粪石(图 11-11)(磷酸铵镁;三磷酸盐是一种误称),无定形磷酸盐(图 11-12A),磷酸钙(图 11-12B),尿酸铵(图 11-13A-C)(也被称为重尿酸铵),碳酸钙(图 11-14)在中性或碱性尿中更容易形成。尿酸铵结晶在健康的犬和猫罕见。一个例外是铵尿酸盐结晶体在表面看上去健康的斑点犬和斗牛犬中出现。斑点犬有先天的尿酸代谢障碍,尿酸不变成尿素,导致高尿酸症和随之而来的易感性尿素铵和尿酸结晶。在其他品种中,水溶性尿素随尿液排出。尿素铵盐结晶的形成与先天性门静脉短路(并联)和肝功能不全引发的肝细胞减少(例如,肝硬化)有关。中性或酸性尿液的 pH 有利于形成无定形晶体。尿酸盐(图 11-15A)、尿酸钠(图 11-15B-D)、尿酸(图 11-15E)、草酸钙(图 11-16A-E)、胆红素(图 11-17A&B)、胱氨酸(图 11-18)、磷酸氢钙二水(磷酸氢钙)(图 11-19)、磺胺类(图 11-20A&B)和酪氨酸(图 11-21)。木质素试验是磺胺类结晶的筛选试验(Graff,1983)(框 11-3)。

**表 11-1 尿液结晶的性状和溶解度特性**

| 晶体 | 形态 | 意义 | 特征 | 可溶 | 不溶 |
|---|---|---|---|---|---|
| 主要在酸性尿液中发现 | | | | | |
| 无定形性尿酸盐 | 图 11-15A | 可见于健康的斑点犬;其他品种提示肝功能不全 | 黄棕色细小颗粒;可能出现在中性尿液中 | 加热的碱液 | 乙酸 |
| 胆红素 | 图 11-17A&B | 正常公犬的浓缩尿液:形成增加或代谢能力下降 | 光敏感;胆红素尿先于高胆红素血症;琥珀色针状物 | 碱或丙酮 | 乙醇或乙醚 |
| 二水磷酸氢钙(钙磷石) | 图 11-19 | 可能见于看似健康的犬或与含钙结石相关 | 板条状无色棱柱“薯条”样;出现在弱酸尿液中 | 柠檬酸 | |
| 二水草酸钙 | 图 11-16A | 可能见于正常犬猫或者存在于乙二醇中毒的尿液中 | 可能见于中性尿液或者弱碱性尿液“袋”状 | 盐酸 | 乙酸 |
| 一水草酸钙 | 图 11-16B-E | 与乙二醇中毒相关 | 可能见于中性尿液或者罕见于碱性尿液的“大麻种子”或哑铃状 | 盐酸 | 乙酸 |
| 胆固醇 | 锯齿状边缘的无色平板 | 提示组织损伤或者可能见于健康犬 | 与组织中发现物相似;可能见于中性尿液 | 热乙醇或乙醚 | 乙醇 |
| 胱氨酸 | 图 11-18 | 患结石的风险非常高;纽芬兰犬、拉布拉多猎犬、腊肠、藏獒、法国斗牛犬、澳洲牧牛犬、猎犬、猫 | 可能见于中型尿液或者弱碱性尿液;亚硝基铁氰化钠测试筛查;遗传性 | 盐酸,碱(氨) | 沸腾的水,乙酸,乙醇 |

续表 11-1

| 晶体 | 形态 | 意义 | 特征 | 可溶 | 不溶 |
|---|---|---|---|---|---|
| 亮氨酸 | 带有向心性薄片的黄棕色球体 | 无记录 | 很少遇到 | 碱 | 盐酸 |
| 显影的造影剂 | 图 11-25A | 与排泄性尿路造影相关 | 与尿酸盐结晶类似的外观 | 10%氢氧化钠 | |
| 尿酸钠 | 图 11-15B-D | 可能伴有结石 | | 加热 | |
| 磺胺类药物 | 图 11-20A-C | 与接受药物治疗时减少水的摄入相关 | 木质素测验有助于区分碳酸钙 | 丙酮 | |
| 酪氨酸 | 图 11-21A&B | 可能与肝病导致的重吸收障碍相关 | 很少发生 | 氢氧化铵，盐酸，稀的矿物油 | 乙酸，乙醇 |
| 尿酸 | 图 11-15E | 可能见于健康的斑点犬，以及鸟类和爬行动物 | 极化为多种多样的颜色 | 碱 | 乙醇，盐酸，乙酸 |
| 主要在碱性尿液中发现 | | | | | |
| 重尿酸铵 | 图 11-13A-C | 可能见于健康的斑点犬和英国斗牛犬；其他品种提示肝功能不全 | 在中性和酸性尿液中也可见；氢氧化钠可释放氨；刺苹果状或蛹虫状 | 加热的乙酸或强碱 | |
| 重碳酸钙 | 图 11-14 | 可见于正常的马、兔、豚鼠或山羊的尿液 | 未见于犬和猫的尿液中；磺胺类药物和一水草酸钙的误诊 | 乙酸引起的泡腾现象 | |
| 无定型磷酸盐 | 图 11-12A | 可能见于健康的犬和猫的尿液中 | 可能见于中性的尿液中 | 乙酸 | |
| 磷酸钙 | 图 11-12B&C | 与肾结石相关 | 无色的长针 | 稀释的乙酸 | |
| 磷酸铵镁(鸟粪石) | 图 11-11A&B | 在犬和猫可能是正常的；与感染的或无菌的尿结石相关 | 锋利的边缘，棱柱状“棺材盖” | 稀释的乙酸 | |

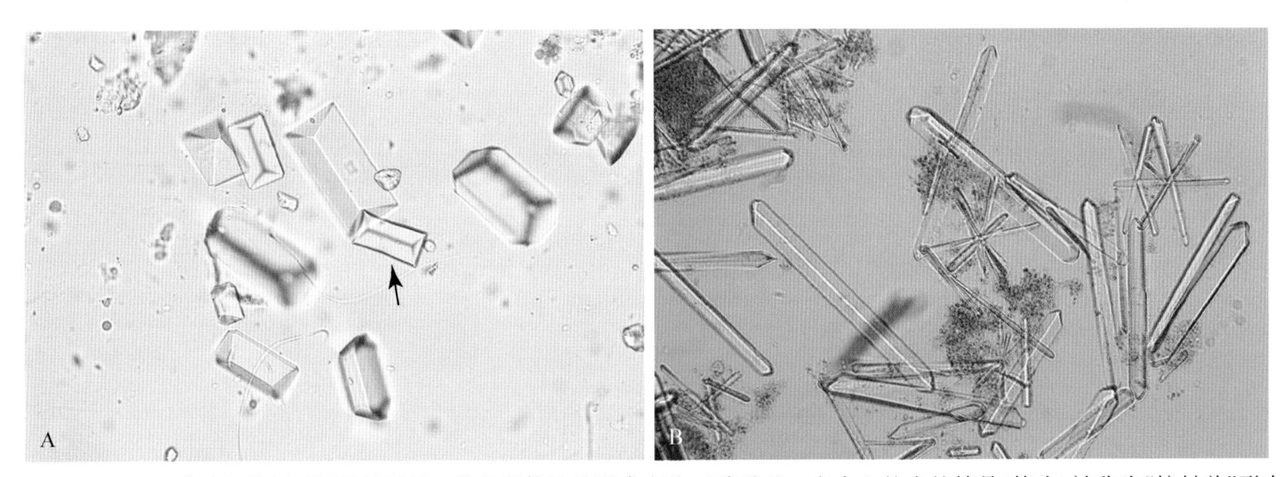


■ 图 11-11　**A. 磷酸氨镁(鸟粪石)结晶尿。**这些晶体被错误命名为三磷酸盐。在中心的小的结晶(箭头)被称为“棺材盖”形态(从顶部看封闭的棺材)。它们可以在犬和猫正常的尿液中发现，也可与鸟粪石尿石(消毒和感染)相关联。它们往往在 pH 7 的尿中发现。(未染色；高倍油镜)**B. 鸟粪石晶体。**形态各异，包括在该图中显示的棒状和一个“蕨叶”的外观(未示出)。有红染的无定形磷酸小岛存在。(Sedi 染色；高倍油镜)

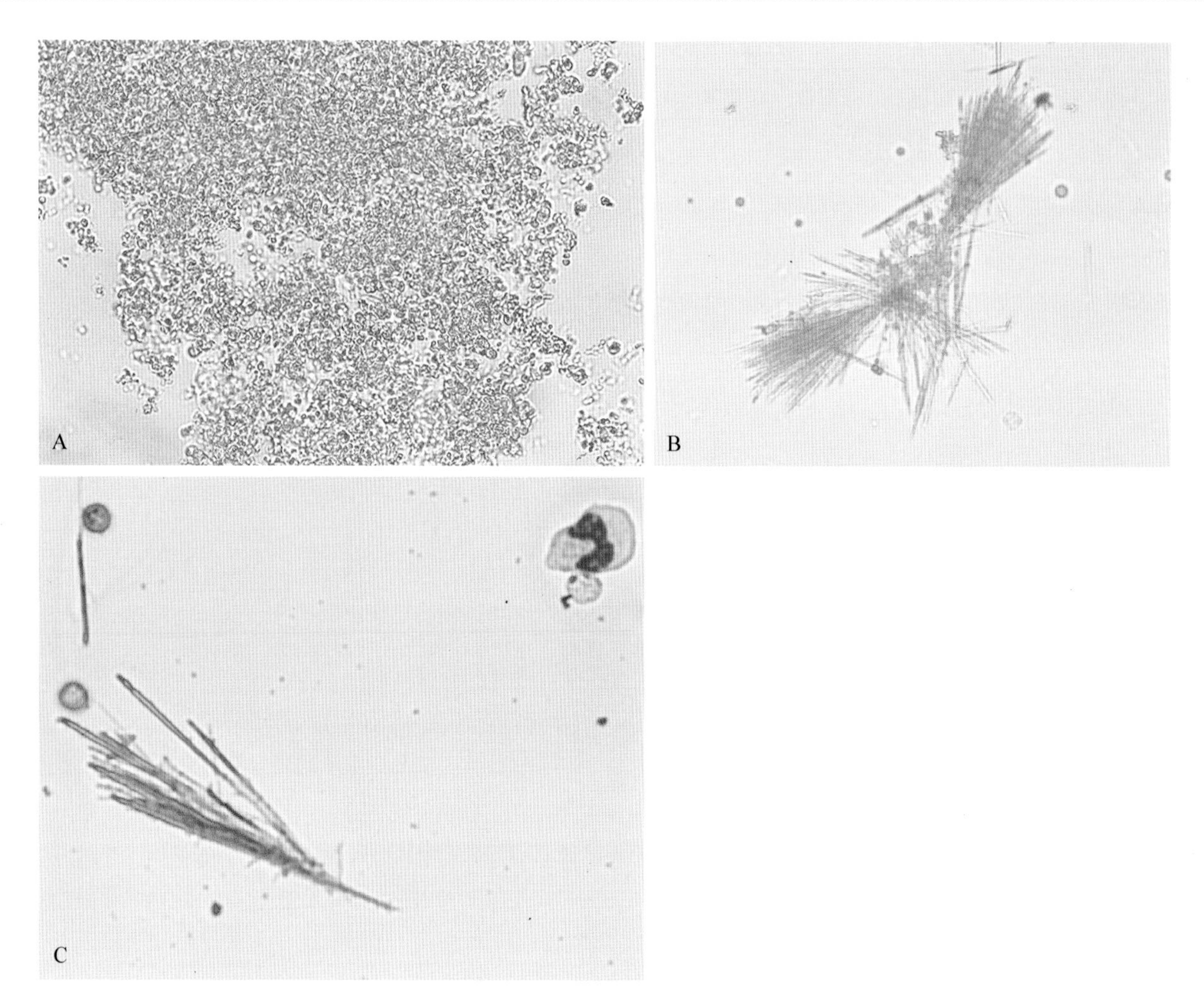


■ 图 11-12 **A. 无定形磷酸盐晶体。**它们没有明确的诊断意义，但不应该被误认为是细菌菌落。它们与无定形尿液结晶的区别是没有颜色，形成于碱性尿，在乙酸中溶解。(未染色；高倍油镜)**B. 磷酸钙晶体。pH 8.5。犬。**这些无色、长针状的晶体集群是从贫血和肝酶升高的万能梗中获得的。(未染色；中倍镜)**C. 磷酸钙晶体。pH 8.5。犬。**干涂片，完整的针形晶体，两个红细胞和一个中性粒细胞。(改良瑞氏染色；中倍镜)(B and C，Courtesy of Rose Raskin，Purdue University.)

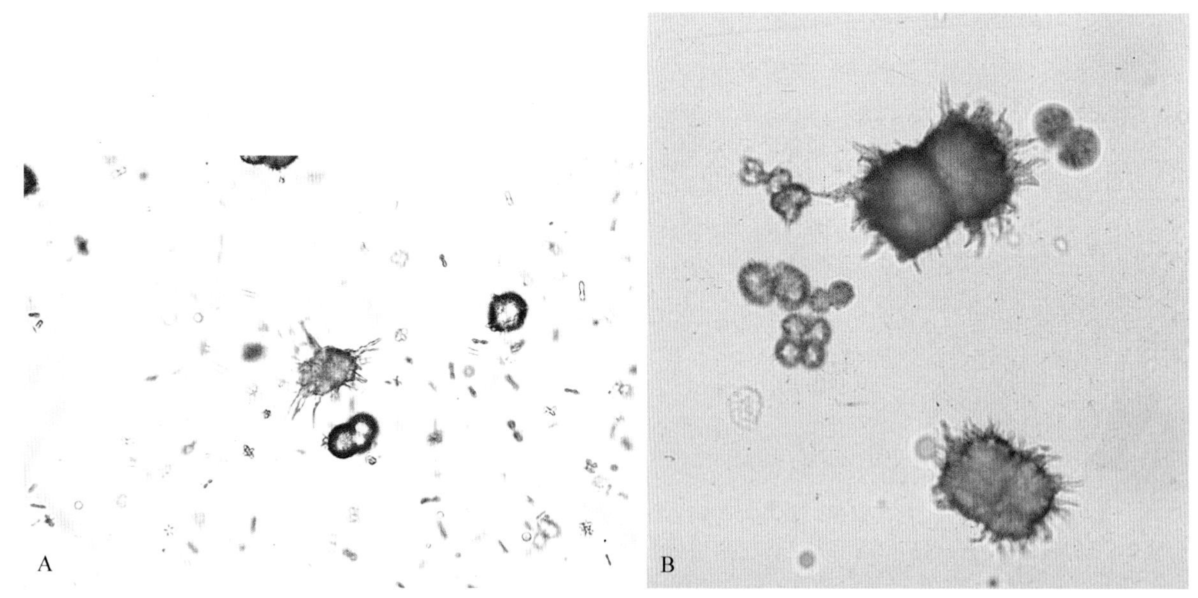


■ 图 11-13 **尿酸铵(重尿酸铵)晶体。犬。A.** 这些晶体是浅黄色至黄棕色的，并倾向于形成表面光滑或有不同长度的长突起粒子聚集体(“曼陀罗”的形式)。许多尿酸铵结晶是多形的，有哑铃形，和模拟双极杆状细菌样的。(未染色；高倍油镜)**B.** 这些褐色晶体呈球形，有刺，有的类似于皮肤螨虫。这种动物可能有门静脉短路。(未染色；高倍油镜)

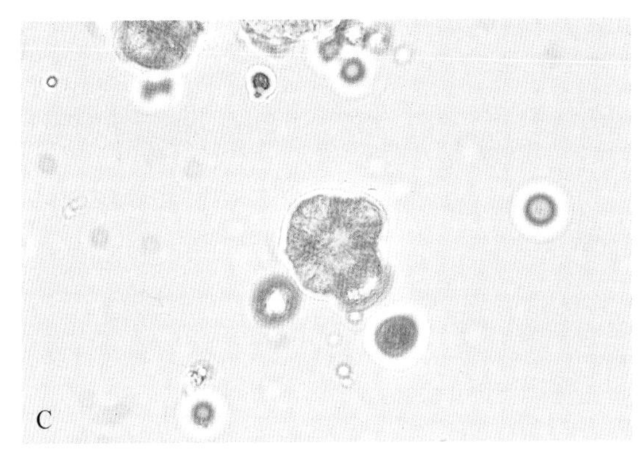

■ 图 11-13 续　**C. 铵尿酸盐结晶。猫。**猫倾向于形成表面光滑的球状集落晶体，图中样本来自一只患有门静脉短路的猫。有一些失焦的脂滴。（未染色；高倍油镜）（B，Courtesy of Rick Alleman，University of Florida.）

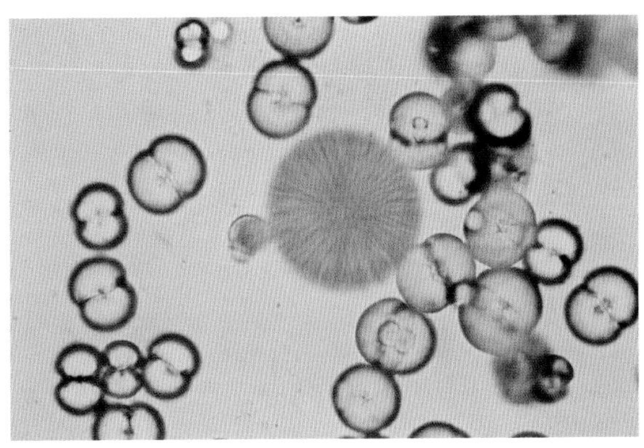

■ 图 11-14　**碳酸钙晶体。**碳酸钙晶体未在犬或猫尿中观察到，但在马、兔子和豚鼠的尿中被观察到。（未染色；高倍油镜）

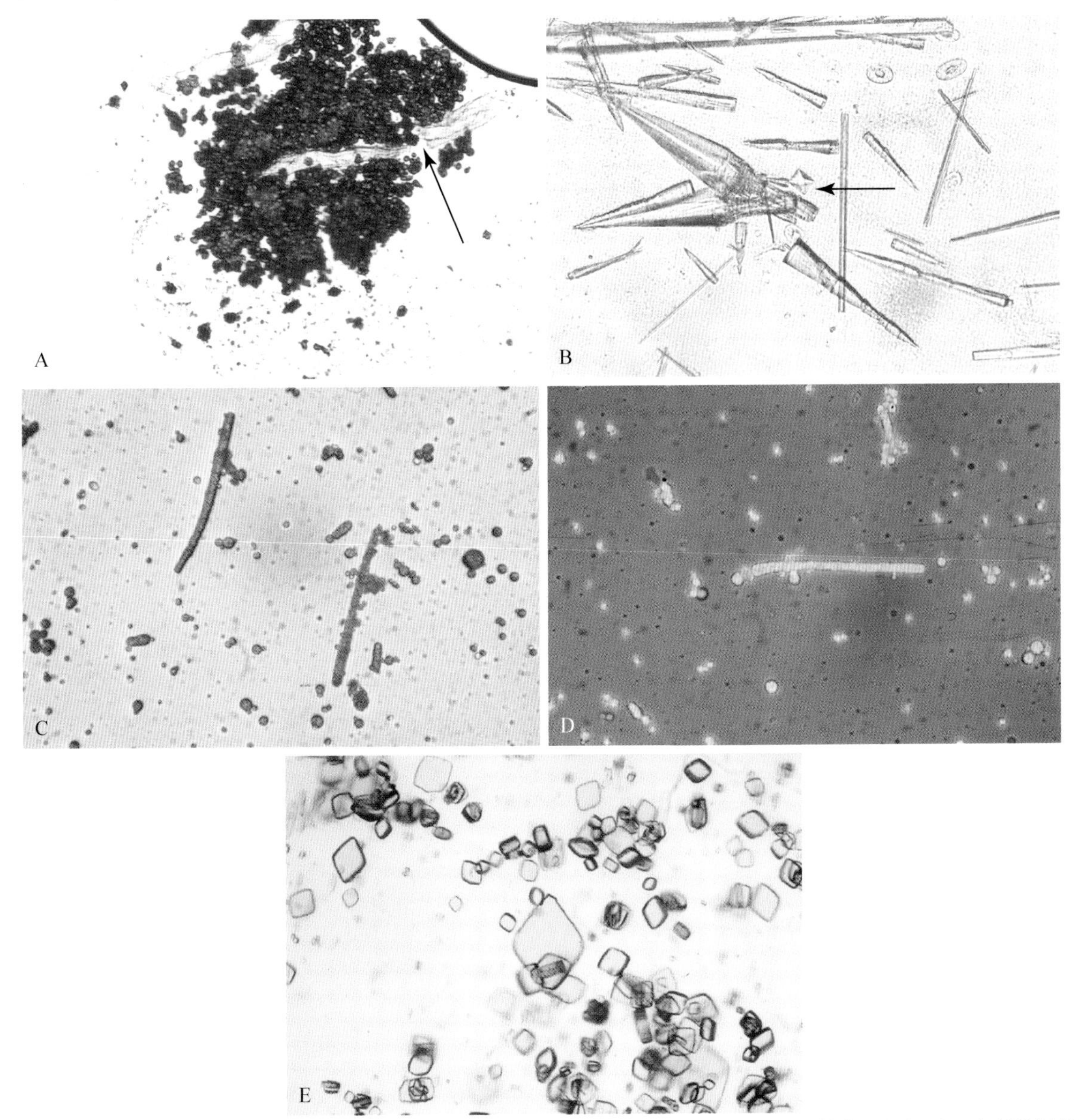

■ 图 11-15　**A. 无定形尿酸盐结晶与棉纤维。**钠、钾、镁、钙盐和尿酸形成颗粒沉淀，黄色至深棕色。它们可以出现类似的无定形磷酸结晶沉淀。从一只患有门静脉短路的约克夏病例中获得的样本（血清胆汁酸浓度明显异常；门静脉造影片）一个棉花纤维被夹在晶体中（箭头）。（未染色；高倍油镜）**B. 尿酸钠结晶。**在斗牛犬的晶体中观察到尿酸铵结晶，也观察到草酸钙二水合物结晶（箭头）。（未染色；高倍油镜）**与 C-D 的病例相同。尿酸盐钠结晶。pH 6. 0。未染色。犬。C. 非偏振光。**大麦町犬尿显示有两种尿酸盐结晶。棒状和短时间内从圆球形变为菱形的尿酸结晶（未示出）。（未染色；高倍油镜）**D. 偏振光。犬。**在偏振光下，这些晶体呈高度反光，与尿酸盐一致。（未染色；高倍油镜）**E. 尿酸结晶。**这些晶体是在犬和猫上罕见，但常见于嘌呤代谢异常的人。它们与列出的尿酸盐铵结晶具有相关性。（C 和 D，Courtesy of Rose Raskin，Purdue University.）

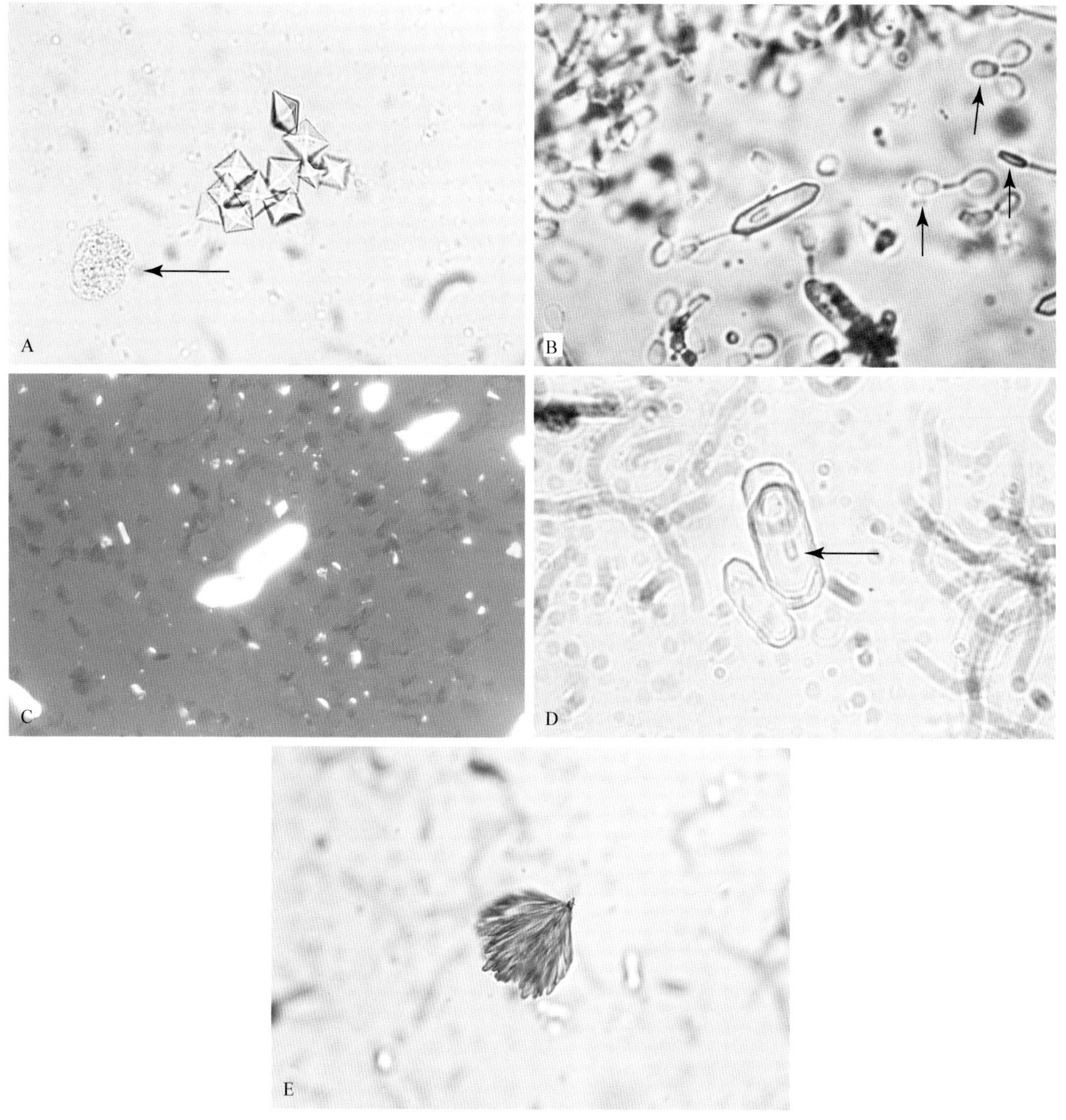


■ 图 11-16 **A. 二水合草酸钙结晶。犬。**该显微照片显示了一个健康动物的经典"马耳他十字"结构。它们在表面上健康的犬和猫的尿液中发现，与草酸钙结石和乙烯甘醇的毒性有关。后者应在犬或猫的急性肾功能衰竭时考虑。一个颗粒管型的片段座落于左下(箭头)。(未染色;高倍油镜)**与 B-C 相同病例。草酸钙水合物晶体。犬。B. 精子。**这些晶体被误称为马尿酸。这些晶体，单独或以二水合物形式联合存在，它的形成与乙烯甘醇毒性有关。它们有两个点状端(马尿酸样外观)，在另一端可以看到小的投影("提盖")。可以观察到大量的精子(箭头)。尿液来自膀胱穿刺的公犬，其中可以观察到精子。(未染色;高倍油镜)**C. 偏振光。**与B来自相同的样本，极化状态下突出了结晶尾部的"提盖"样投影(极化;高倍油镜)**D. 水合草酸钙晶体。猫。**此晶体与乙二醇毒性有关。猫的草酸钙形态比犬的宽，并具有圆形端部(箭头)。在两个结晶中，较大的一个可以看到明显的尾端"提盖"。失焦的细长物质是伪影(在相机中的光学灰尘)。(未染色;高倍油镜)**E. 水合草酸钙。犬。**草酸钙结石的形成与扇形草酸钙尿结晶有关。扇形晶体也与使用含有磺胺类抗菌药物有关。(未染色;高倍油镜)

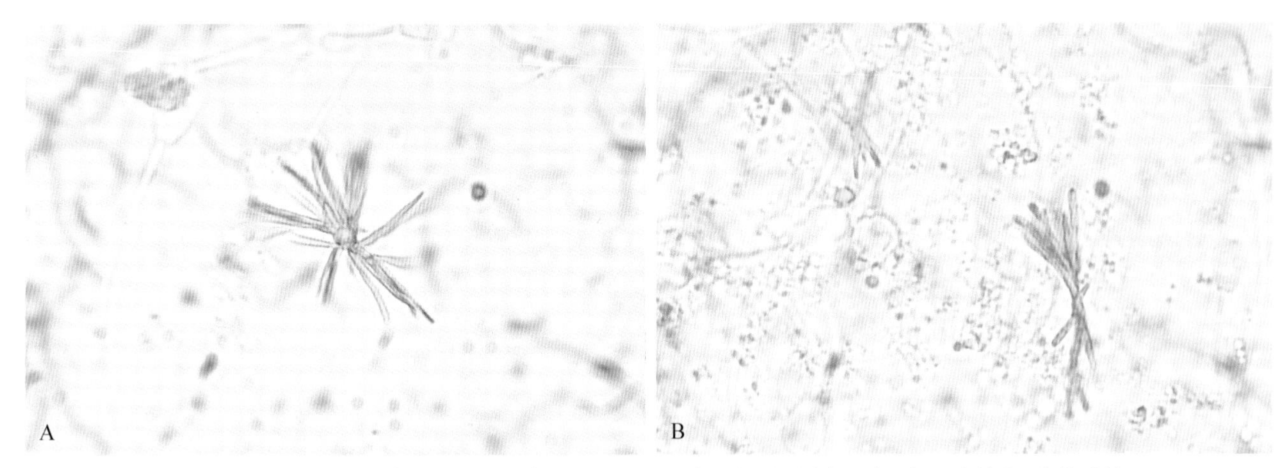

■ 图 11-17　**A-B. 胆红素结晶。**胆红素结晶与胆红素尿有关。胆红素尿的原因应加以探讨。(未染色;高倍油镜)

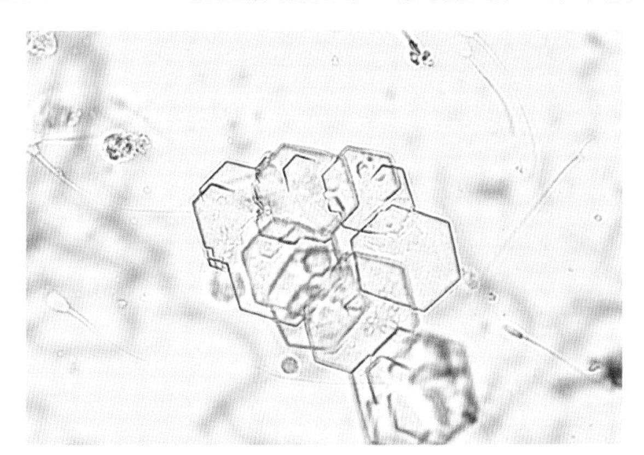

■ 图 11-18　**胱氨酸晶体。**胱氨酸结晶始终是异常的生理表现,与胱氨酸的代谢紊乱有关。胱氨酸结晶尿可与或可不与胱氨酸尿结石相关联。(未染色;高倍油镜)

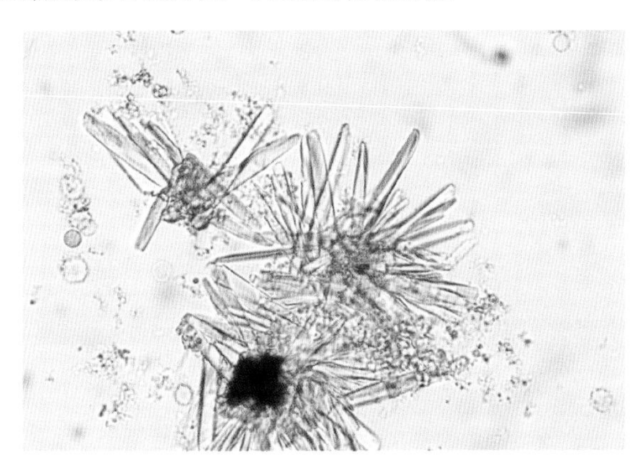

■ 图 11-19　**二水合磷酸氢钙(透钙磷石)晶体。**磷酸钙晶体样本来自表面健康的犬的尿液,与磷酸钙尿结石和磷酸钙/草酸钙尿结石有关。往往在酸性 pH 尿液中形成。长板条状,无色。(未染色;高倍油镜)

## 传染性病原体,寄生虫和其他发现

除了细菌沉淀物,其他传染性病原体包括真菌酵母或菌丝。通常这些可能反映染色污染物或抗生素的过度使用(图 11-22A)。全身性真菌病可导致尿中真菌元素的脱落,如曲霉菌(图 11-22B)。尿液样本应该通过膀胱穿刺获得,以防止污染。检查的结果要与临床表现相联系(例如,脊柱炎,长期皮质类固醇激素治疗,糖尿病)。

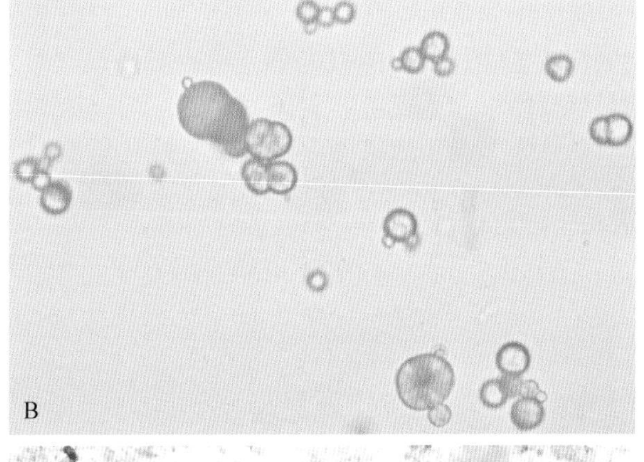

■ 图 11-20　**磺胺结晶。未染色。A.** 磺胺类药物的使用是一种导致磺胺结晶的原因。这些黄色晶体像束或捆麦子。木质素测试作为磺胺类药物的筛选试验在这种情况下为阳性。(高倍油镜) **B.** 另一种磺胺结晶,类似于碳酸钙结晶;但它们更黄。有辐射状条纹的球形形式单独或彼此连接。木质素试验阳性。(高倍油镜)**C.** 这张片显示球形和鞘状的磺胺结晶同时出现。(高倍油镜)(A-C,Courtesy of Rose Raskin,University of Florida.)

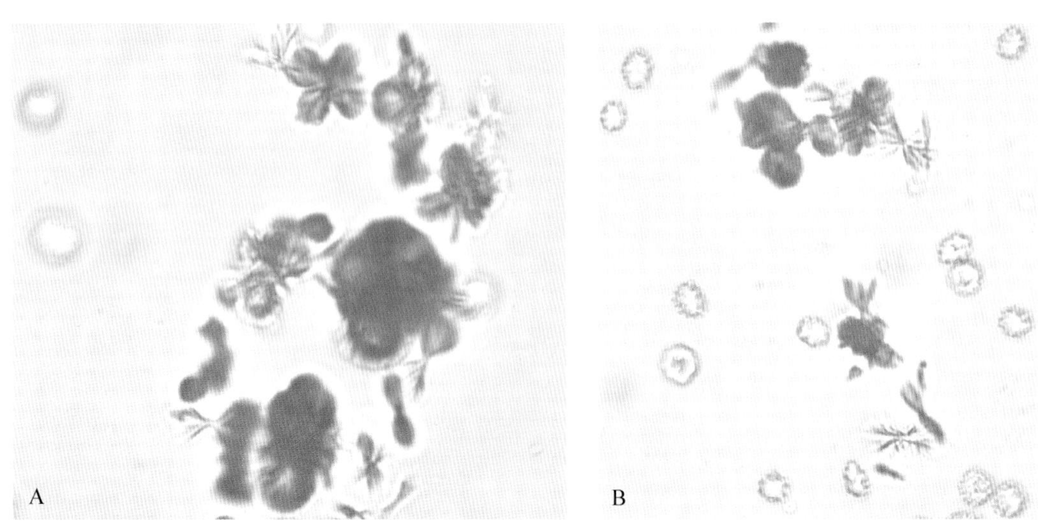


■ 图 11-21 **酪氨酸样晶体。未染。pH 6.5。犬。A-B 相同。A.** 该金毛表现为淋巴瘤，并伴有肝酶升高和胆红素尿。晶体有多个尖锐的无色针状，其中，它们在中心聚集产生一个深褐色的物质。（未染色；中倍镜）。**B.** 密集且深色的集落，直径 15～30 $\mu$m。这在背景中，圆形的是红细胞。（未染色；中倍镜）(Courtesy of Rose Raskin, Purdue University.)

**框 11-3 木质素试验检验尿液中的磺胺类结晶 (Graff, 1983)**

1. 滴几滴尿液在报纸空白条纹处。
2. 25%的盐酸滴在潮湿区域的中心。
解读：15 min 内显示黄色至橙色表示阳性

寄生虫如嗜气毛细线虫(原名毛细线虫属)或膀胱毛细线虫(图 11-23A&B)，偶尔可以看到它们产生的足球状卵。犬或猫可能会因为吞食蚯蚓或蚯蚓样物质而感染。成年的膀胱毛细线虫在膀胱黏膜中发育。并可能引起轻微的刺激性，产生膀胱炎。感染后2个月内在尿液中可见到虫卵。这种形式的尿线虫在美国东南部更为常见。犬和少数吃鱼或青蛙的猫容易感染血尿症，并在尿液中出现感染（图 11-23C&D)，出现褐色、圆筒形和厚壳、表面粗糙、双头的线虫卵。

其他寄生虫如微丝蚴可随血入尿(图 11-24)。尿液中还可以发现染料晶体、淀粉颗粒、植物纤维、花粉等(图 11-25A-D)。

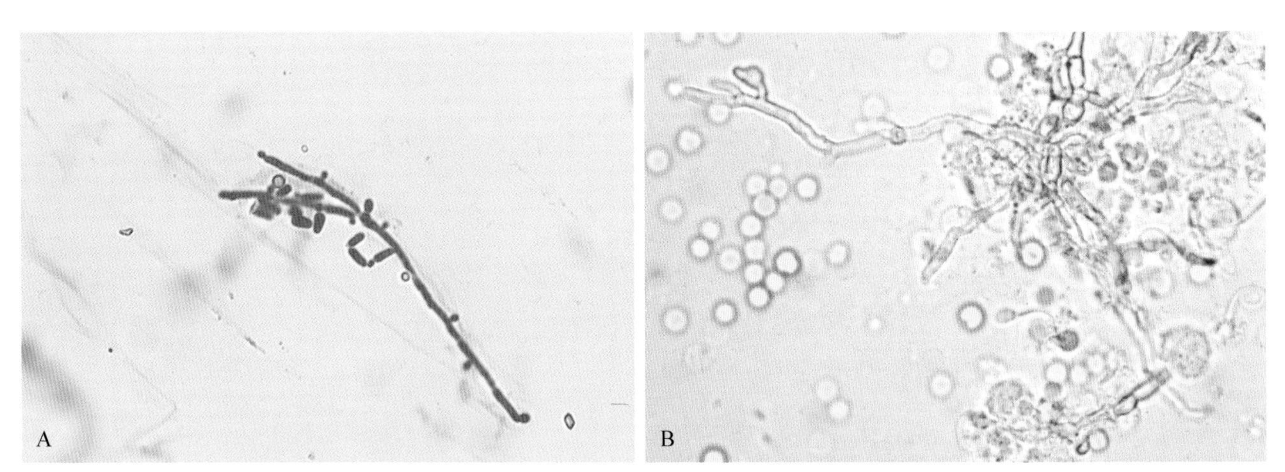


■ 图 11-22 **A. 出芽的酵母假菌丝。**因缺乏可辨别的片段而认为是酵母的假菌丝。其他形式酵母形态上类似于脂滴或红细胞（未示出）。尿沉渣中出现酵母和真菌通常代表是污染物。如果使用了染液，还应该检查真菌生长。（新亚甲蓝染色；高倍油镜）**B. 曲霉菌。炎症。未染。犬。**有传染性曲霉菌感染的动物会出现有隔膜的菌丝。通过尿培养来确证。一组红细胞在左侧看到，大而明确，稍有粒状的白细胞与传染病有关。（未染色；中倍镜）(B, Courtesy of Rose Raskin, University of Florida.)

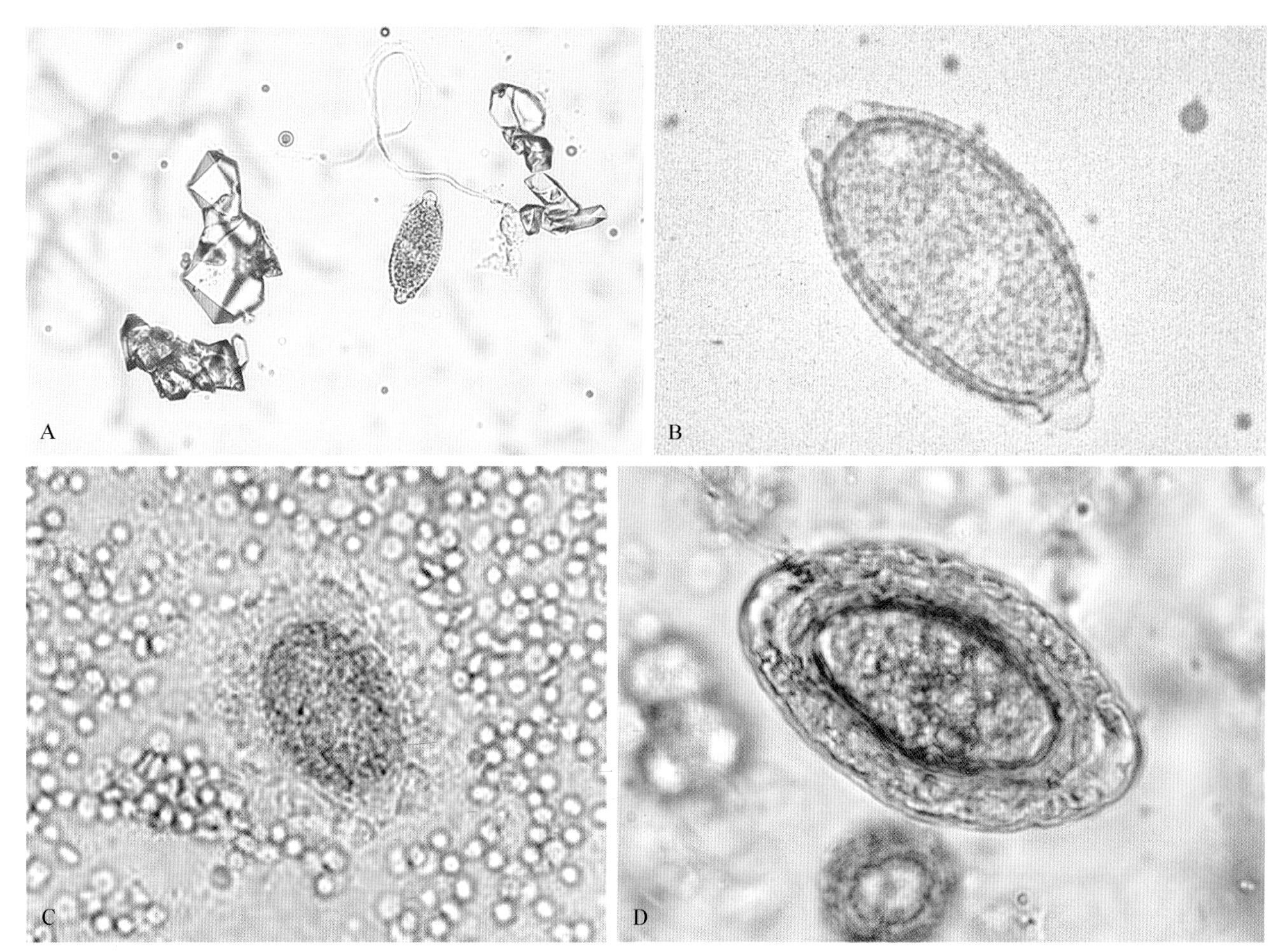


■ 图 11-23 **A. 皱襞毛细线虫卵。**犬和猫的膀胱虫的卵有倾斜的两极和颗粒状的外观。这有助于区别花粉粒污染物。还能观察到磷酸铵镁晶体(未染色,中倍镜)**B. 毛细线虫卵。猫。**特写放大,倾斜的两极端头,有助于卵子识别。无临床症状与此相关。卵细胞测量,约 40 μm×65 μm。(未染色;中倍镜)**C. 肾膨结线虫卵。犬。**血尿与巨肾虫的存在有关。注意红细胞和卵子之间的尺寸差约 70 μm×50 μm。(未染色,中倍镜)**D. 肾膨结线虫卵。犬。**尿样中的虫卵是酒桶形,两极有头,厚而粗糙,外壳凹凸不平。这个卵的尺寸约 65 μm×45 μm。(未染色,中倍镜)(B, Courtesy of Rose Raskin, University of Florida; C, Courtesy of Juliana Pereira Matheus, Porto Alegre, Brazil; D, Courtesy of Thomas Nolan, University of Pennsylvania.)

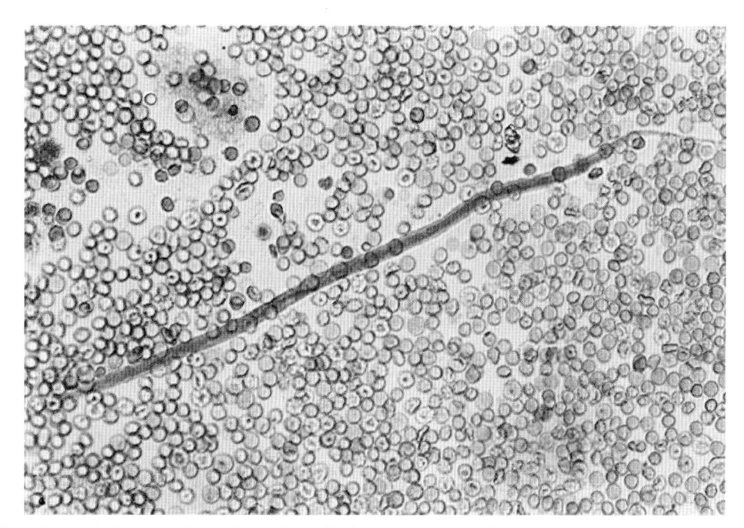

■ 图 11-24 **恶丝虫微丝蚴。**在这个出血性膀胱炎的犬尿液中发现。可观察到大量红细胞。(新亚甲基蓝染色;中倍镜)

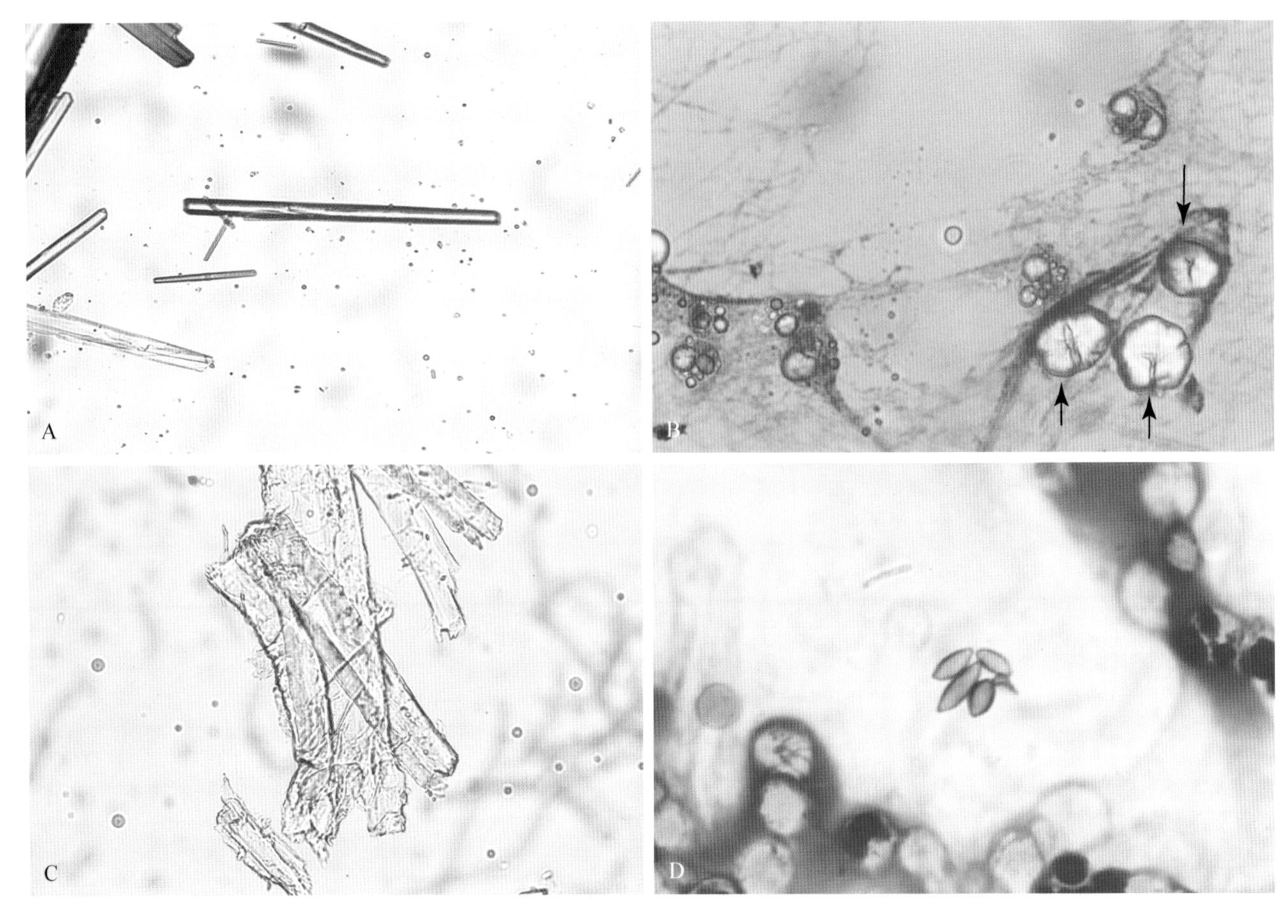

■ 图 11-25 **A. 不透射线造影剂晶体。**在使用碘化不透射线造影剂的尿路造影动物的尿液中看到了针尖样结晶。(未染色;高倍油镜)**B. 淀粉粒**(手套粉末)(箭头)。这些结构是污染物。在颗粒的上下部位可以看到中心塌陷的"X"。可以看到形态较差的几缕染色黏液,但是形态各异的遮光脂滴没有用水样染料染色。(新亚甲基蓝染色;高倍油镜)**C. 棉纤维。**从服装或纱布垫脱落的棉纤维很像透明/颗粒管型或晶体。(未染色;高倍油镜)**D. 花粉粒。**不同大小的花粉表示尿液污染。往往为卵圆形或圆形。(新亚甲基蓝染色;高倍油镜)

## 参考文献


Barlough JE, Osborne CA, Steven JB: Canine and feline urinalysis: value of macroscopic and microscopic examinations, *J Am Vet Med Assoc* 184:61-63, 1981.

Fettman MJ: Evaluation of the usefulness of routine microscopy in canine urinalysis, *J Am Vet Med Assoc* 190:892-896, 1987.

Forrester SD, Troy GC, Dalton MN, et al: Retrospective evaluation of urinary tract infection in 42 dogs with hyperadrenocorticism or diabetes mellitus or both, *J Vet Intern Med* 13:557-560, 1999.

Graff SL: *A handbook of routine urinalysis*, Philadelphia, 1983, JB Lippincott, pp83-107.

Haber MH: Pisse prophecy: a brief history of urinalysis. In Haber MH, Corwin HL (eds): *Clinics in laboratory medicine*, Philadelphia, 1988, WB Saunders, pp415-426.

Meyer DJ, Harvey JW: Evaluation of renal function and urine. In Meyer DJ, Harvey JW (eds): *Veterinary laboratory medicine: interpretation and diag-nosis*, ed 3, St. Louis, 2004, Elsevier, pp225-236.

Osborne CA, Davis LS, Sanna J, et al: Identi cation and interpretation of crystalluria in domestic animals: a light and scanning electron microscopic study, *Vet Med* 85: 18-37, 1990.

Osborne CA, Stevens JB: *Urinalysis: a clinical guide to compassionate patient care*, Shawnee Mission, KS, 1999, Bayer, pp125-179.

Raskin RE, Murray KA, Levy JK: Comparison of home monitoring methods for feline urine pH measurement, *Vet Clin Pathol* 31:51-55, 2002.

Sink CA, Feldman BF: *Laboratory urinalysis and hematology for the small animal practitioner*, Jackson, WY, 2004, Teton NewMedia, pp4-45.

Swenson CL, Boisvert AM, Kruger JM, et al: Evaluation of modified Wright-staining of urine sediment as a method for accurate detection of bacteriuria in dogs, *J Am Vet Med Assoc* 224:1282-1289, 200.

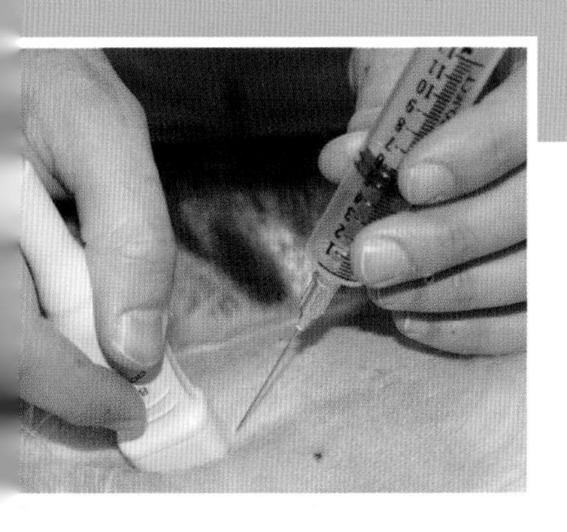

# 第12章

# 生殖系统

*Laia Solano-Gallego，Carlo Masserdotti*

## 雌性生殖系统：乳腺、卵巢、子宫和阴道

### 乳腺

乳腺病变常见于母犬和母猫。乳腺肿大可能涉及包括囊肿、炎症、增生以及良性或恶性的肿瘤在内的多种疾病过程。乳腺疾病的调查中重要的信息包括：病史、品种和年龄，腺体是否完整或者是否绝育，最后一次发情的时间、是否怀孕或接受激素治疗，病变的大小、数量和一致性，与病变下组织的关系，生长速度，是否存在溃疡和转移的迹象(Baker and Lumsden，1999)。用来评价乳腺病变的辅助诊断测试包括涉及全面体检、全血细胞计数、血清生化指标、尿常规检查和/或血凝评估、影像、细胞学检查和组织病理学在内的对于健康状况的彻底评估。

尽管组织病理学及近期的细胞学检查已被用于准确地分类乳腺病变如囊肿、炎症、增生或肿瘤，但乳腺肿瘤的潜在恶性可能性的确定是困难的。组织病理学检查显示，恶性肿瘤的组织学诊断和动物生物学特性及预后的相关性较差(Matos et al.，2012)。尽管有一些研究(Cassali et al.，2007；Simon et al.，2009；Sontas et al.，2012)表明细胞学评估对乳腺肿物的评估与组织学分析相比有中度到良好的准确性，但仅有一篇报道将细胞学诊断与生物学特性联系在一起(Simon et al.，2009)。细胞学诊断表现出与生存时间、无复发间隔和无转移间隔之间更好的相关性(Simon et al.，2009)。因此，由于细胞学诊断取样方便、对组织损伤小、中度到良好的准确性及相对低廉的成本，使得脱落的细胞成为乳腺病变诊断中一种有效的工具。再结合病史、临床症状描述及临床观察，乳腺穿刺细胞学检查是用于区别肿瘤类疾病、囊性病变和乳房炎症最有效的方法。

脱落的细胞也可用于评估局部淋巴结、转移性肿瘤及恶性乳腺肿瘤破溃。不幸的是，使用细胞学检查乳腺肿瘤是困难的，并且几乎不可能确诊。一些困难是由于样本采集，另一些是由于乳腺肿瘤的固有性质。了解了乳腺细胞学检查存在的潜在困难后，细胞病理学家可以对乳腺疾病的诊断提供出有效的信息。

乳腺病变细胞学样本的采集可能包括来自于患部乳腺腺体的分泌物、压片、细针抽吸活检(FNA)以及更常用的毛细血管针刺采样(FNCS)(Dey and Ray，1993；Kate at al.，1988)。合适的样本采集对于乳腺肿瘤的细胞评估的有效性是十分重要的。

由于在犬乳腺肿瘤中有相当多的呈实质性和囊性病变交错的不均质性组织，所以取样时必须取同一肿瘤内的多处实质性样本及其他肿瘤的相似样本。与犬相反，猫肿瘤组织是均匀分布的。此外，一些肿瘤实质组织内的炎症也必须正确评估。在大肿瘤内增生的组织从良性到恶性分布，因此，细胞学检查的结果与取样部位有直接关系。也应注意吸取乳腺肿块外周组织用以与实质性病变区域或大肿瘤的中心区域做对照。这些区域有出现低完整性细胞结构的液性坏死或坏疽的倾向，从而导致乳腺样本不能诊断或难以诊断。

#### 正常解剖学和组织学

乳腺是复管泡状腺(被认为是大规模修改的汗腺)(Banks，1986)。犬、猫分别有5对乳腺对称排列从胸腹一直延伸到腹股沟区。在怀孕和哺乳期间乳腺出现明显的增生和肥大，产生含免疫球蛋白的初乳，其次是乳汁。

组织学上，乳腺腺体是由分泌小泡上皮细胞和小叶内导管的起始部分构成的分泌腺组成(Banks，1986)(图12-1至图12-3)。乳腺的分泌部分通过由柱形和立方上皮细胞组成的导管系统引流。网状结缔组织支持着这些腺泡和小导管。大导管周围围绕着平滑肌束和弹性纤维，可以在腺泡上皮和基底膜下层之间发现肌上皮细胞。已有其他文献(Rehm et al.,2007)报道雌犬从幼年依次到发情周期各个阶段的乳腺正常组织学显微结构变化。

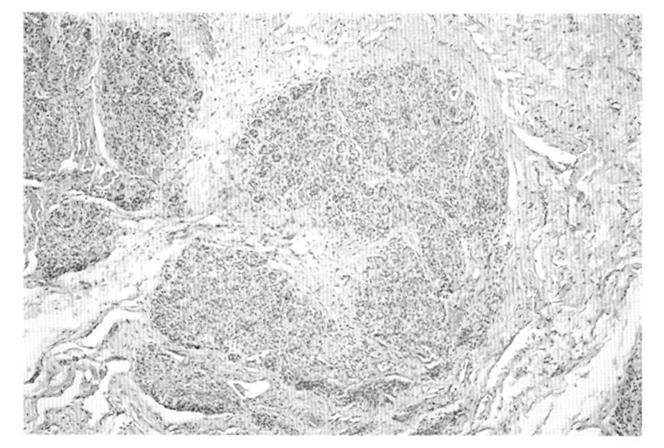

■ 图 12-1 **正常。静止期乳腺。组织切片。犬。**小叶的腺组织被丰富的小叶间结缔组织包围。(H&E 染色,低倍镜)

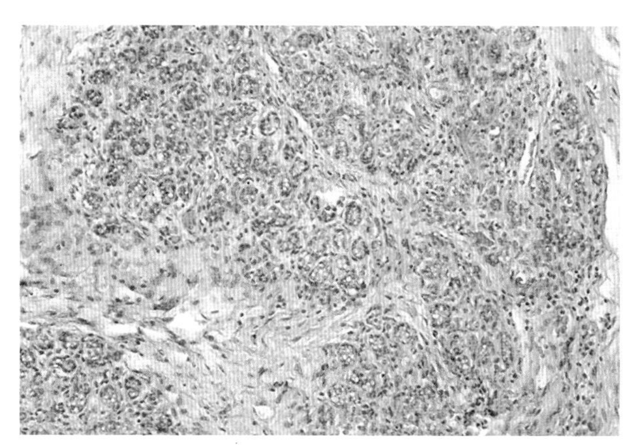

■ 图 12-2 **正常。静止期乳腺。组织切片。犬。**乳腺组织的腺体部分由腺泡和小叶间导管组成,它们由立方和柱状上皮连接。由无分泌机能的柱状和立方上皮细胞构成的小叶间导管起着引流作用。网状结缔组织支撑着腺泡和小导管,大导管周围围绕着平滑肌束和弹性纤维。(H&E 染色,高倍镜)

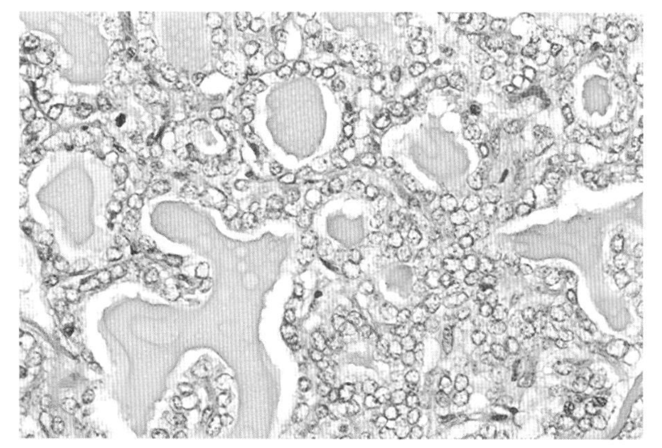

■ 图 12-3 **正常。泌乳期乳腺。组织切片。犬。**分泌腺部分发达,结缔组织减少。腺泡腔内包含浅粉色分泌物。(H&E 染色,高倍油镜)

## 正常细胞学

正常的乳腺分泌细胞具有典型的细胞学特征:少量脱落的分泌上皮细胞(称为泡沫细胞)、巨噬细胞和偶见在嗜酸和嗜碱性蛋白背景下的嗜中性粒细胞。泡沫细胞呈大的、独立的、圆形到椭圆形的、偏心核、细胞质充满大量空泡的细胞学特征(Allison and Maddux,2008)。这些细胞可能也包括无固定形状的嗜碱性分泌物(图 12-4)。泡沫细胞与活跃期巨噬细胞相似,并难以区分。正常乳腺组织细胞抽吸活检(FNA)通常带有少量血液,这些血液中包含少量的有核细胞、中到大量的嗜碱性蛋白颗粒、清晰的脂滴和脂肪细胞(Allen et al.,1986)。正常乳腺组织抽取物偶尔能见到少量平铺或聚集的大小和形状均匀一致的乳腺分泌上皮。分泌上皮细胞呈圆形、细胞核深染并含有中等数量的嗜碱性细胞质,可能含有腺泡结构。腺管上皮细胞具有典型的圆形基底核并缺乏细胞质。肌上皮细胞可能看起来是深染的、无核的椭圆形或梭形细胞(Allison and Maddux,2008)。

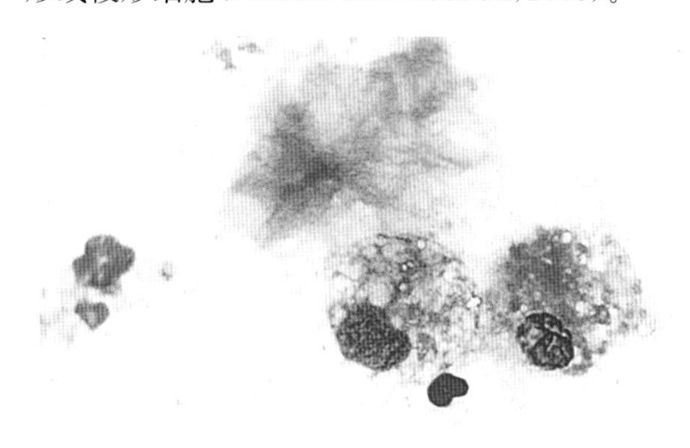

■ 图 12-4 **乳腺穿刺。泡沫细胞。猫。**这两个泡沫细胞具有偏心核、低的核质比、明显的胞浆空泡和大量的嗜碱性分泌物。与正常的乳腺穿刺一致的轻度嗜碱性蛋白背景。(瑞-吉氏染色,高倍油镜)

## 乳腺囊肿

乳腺囊肿或囊性纤维病(FCD),也称为蓝顶囊肿或多囊病,是由于乳腺导管膨胀形成空洞或空腔的发育异常形成的(Brodey et al.,1983)。尽管有报道 1 岁的犬患上囊性纤维病,但大多数病例都发生在中年至老年犬。囊性纤维病的形成可能与激素有关,因为已发现安宫黄体酮与犬囊性纤维病的发展有关。已注意到在犬中有发情期快速生长及乏情期衰退的现象,发情期囊肿的快速生长可能与囊肿破裂有关。

当乳腺囊肿的生长和退化与发情期相关时,应考虑进行卵巢子宫摘除术。囊性纤维病被认为是良性病变,然而,也有发现其可以发展成乳腺癌。由于猫中肿瘤性或非肿瘤的良性团块比犬中少见,因此也很少在猫中发现乳腺囊肿(Giménez et al.,2010)。

乳腺囊肿可能表现为边界清楚的单个囊性结节或是平滑的、有弹性的多个小结节的团块。这些团块显示出缓慢的膨胀性生长，其上覆盖的皮肤可能呈现蓝色，因此学术上称其为蓝顶囊肿(Brodey et al.，1983)。乳腺囊肿可分为由单层扁平上皮细胞构成的单纯性囊肿和上皮细胞内有乳头状突起的乳头状囊肿。乳腺囊肿的穿刺物常产生一个棕绿色或包含少量泡沫细胞和充满色素的巨噬细胞的微带血细胞的液体(Allison and Maddux，2008)。如果有炎症出现，则可能看见中性粒细胞。囊内的细胞膜崩坏分解就会出现大的、通常有缺角的矩形胆固醇结晶(图 12-5)。应注意来源于囊肿内壁的上皮细胞，尤其当囊肿内有乳头状突起时。这些细胞倾向于形成密集成片成簇的形态，并可能有细胞核大小和形态的轻度变异。乳腺囊肿可能与良性或恶性乳腺肿瘤同时发生(Brodey et al.，1983)。因此，需采用乳腺实质组织穿刺或活检来排除乳腺囊肿和发生乳腺肿瘤的可能。

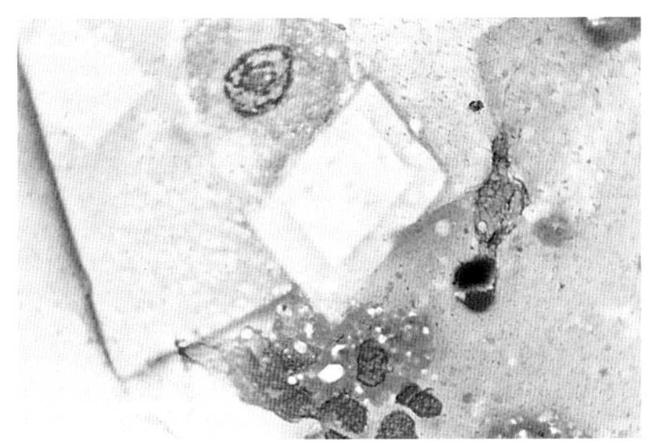

■ 图 12-5 **乳腺囊肿穿刺。胆固醇结晶。猫。**清晰的矩形晶体大小不等。泡沫细胞与晶体相邻。(瑞-吉氏染色，高倍油镜)

## 乳腺增生

增生和不典型的乳腺病变包括单叶和多叶增生、腺病和上皮增生(Misdorp et al.，1999)。这些病变常发生在犬，偶见于猫(Yager et al.，1993)。乳腺增生具有特征性的分泌腺或分泌管上皮增生或肌上皮细胞增生。类似于带有轻度组织学异质性的、由怀孕引起的生理性增生。细胞学上，这些病变难以彼此区分，也难以与腺瘤或导管乳头状瘤等良性肿瘤区分。可以从乳腺增生组织穿刺物中观察到中等数量到大量的上皮细胞平铺或成簇分布。这些细胞与正常乳腺上皮细胞外观相似，呈现圆形核、中到浅的大小形状均一的染色质颗粒，以及少量到中等数量的嗜碱性胞质。泡沫细胞和巨噬细胞也可被观察到。

猫的乳腺增生的发生，曾被确认为各种各样的病变如纤维上皮增生、猫乳房肥大、乳腺纤维腺瘤增生或猫的乳房肥大症和纤维腺瘤的混合。猫乳腺纤维上皮增生(MFH)是受发情周期、妊娠或假孕影响的一种临床上良性的、相当普遍的疾病，通常发生在 2 岁以下的猫(Mesher，1997)。它也可以继发于孕激素治疗或人工合成的孕激素治疗之后(Giménez et al.，2010；Leidinger et al.，2011)。也有报道猫乳腺纤维上皮增生发生在年龄较大的未绝育或绝育猫，并且两种都有(Giménez et al.，2010；Leidinger et al.，2011)，大部分继发于孕激素化合物如醋酸甲地孕酮(Hayden et al.，1989)或长效醋酸甲孕酮(Loretti et al.，2005；Sontas et al.，2008)治疗。猫乳腺纤维上皮增生被认为是以乳腺组织不典型增生为特征的一种快速、一个或多个乳腺不产乳汁的异常生长。乳腺可能水肿、疼痛、溃疡，有时增生明显，动物行走困难(Giménez et al.，2010)。全身症状可能包括心动过速、嗜睡和厌食症(Giménez et al.，2010)。与肿瘤形成过程相比，成对的乳腺常呈现出程度相似的增大(Lana et al.，2007)。值得注意的是，在受孕酮影响的怀孕早期，有观测到标志性的小叶内腺管增生(Misdorp et al.，1999)。这种典型的细胞学表现，伴随着猫的发情周期或猫孕酮治疗以及雄性和雌性猫 MFH 病变乳腺组织中雌激素受体和孕激素受体的识别(Martín de las Mulas et al.，2000；Ordás et al.，2004)，暗示着这两种激素都与 MFH 相关。MFH 通常不需要治疗就可以自行退化，尽管激发感染可能需要抗生素治疗。如果乳腺增大，采取经腹部切口的子宫卵巢摘除术通常可以使病变组织退化并防止复发(Lana et al.，2007)。然而，一些猫对孕激素或卵巢摘除术的治疗不敏感，这些病例可以用孕激素受体阻断剂阿来司酮成功治疗(Görlinger et al.，2002)。

MFH 的细胞学形态(图 12-6)已有报道(Leidinger et al.，2011；Mesher，1997)。MFH 的吸取物的组织学形态为均匀成簇分布的立方上皮细胞。立方上皮细胞的特点是密集的、圆形核、核仁小并具有少量的嗜碱性胞质及细胞核轻度异型。核呈窄椭圆形、具有一到两个核仁和逐渐变细的细胞质的梭形细胞呈间质细胞样分布。间质细胞呈现细胞核大小(细胞核大小不均)和细胞体大小(细胞大小不等症)中等程度的变化。中等数量的粉红色细胞外基质与间质细胞相关。这些细胞学结果与增生的腺管上皮(立方上皮分布)和水肿的间质增生(有细胞外基质的间质细胞)的组织学结果相符。对于乳腺肿块细胞学诊断的细胞学特征与临床描述、病史、临床表现和超声诊断相符时，可以高度提示是恶性 MFH，因此需评估手术切除乳腺的必要性，并允许进行适当的内科或外科处理(Giménez et al.，2010；Leidinger et al.，2011)。然而，MFH 的细胞学特征并不总能与良性乳腺肿瘤相区分。

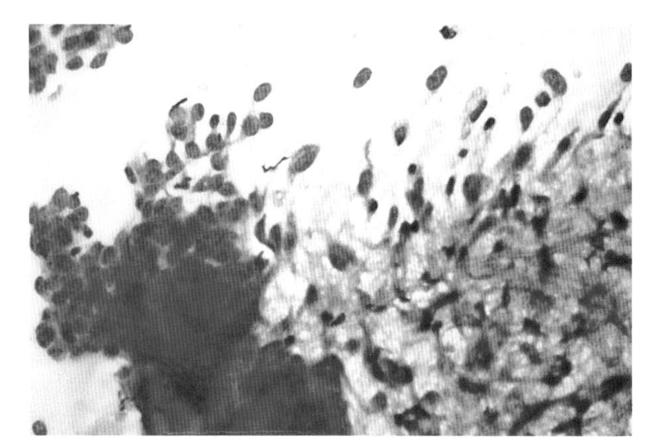

■ 图 12-6 **乳腺纤维上皮增生。组织吸取物。猫。**粉红色细胞外基质中的上皮细胞和梭形细胞。上皮细胞大小和形状一致,梭形细胞显示轻度的核质不均。(瑞氏染色,高倍油镜)(来自 Mesher CI:What is your diagnosis? A 14-month-old domestic cat,Vet Clin Pathol 26:4,13,1997)

### 乳腺炎症/感染

乳腺炎症可参考乳腺炎,并可能表现为局灶性病变或涉及一个或多个腺体。乳腺炎可能很少产生于血源性传播的微生物、非外伤性感染、外伤或感染性肿瘤。报道有1例母犬乳腺感染匐行恶丝虫(Manuali et al.,2005),3只犬因皮炎芽生菌感染霉菌性乳腺炎(Ditmyer and Craig,2011),以及有1例猫因刚地弓形虫感染乳腺炎(Park et al.,2007)。乳腺炎通常与产后泌乳相关。它也可以发生在假孕及早期断奶后的幼犬和幼猫中。它被认为是由于感染性微生物进入乳头或破损的皮肤导致的(Gruffydd-Jones,1980)。新生儿的发病率和死亡率可作为该病的首要提示。乳腺炎相关的临床症状包括哺乳时乳腺肿胀和疼痛而导致不适。乳腺可能变为脓肿或坏疽,并伴有乳腺上覆盖的皮肤坏死。母犬或母猫也可能出现其他临床症状,如厌食、发热、呕吐或腹泻。全血细胞计数可能提示炎症白细胞征象,其特征为分叶和不分叶中性粒细胞(杆状细胞)或退行性未成熟中心粒细胞呈现的核左移征象,尤其当乳腺炎出现坏疽时(Ververidis et al.,2007)。

感染乳腺分泌物的细胞学检查通常可以鉴别诊断乳腺发炎或乳腺感染,然而,局部病变可能需要细针抽吸活检(FNA),会出现大量的中性粒细胞,并可能出现退行性病变如核溶解和核碎裂。反应性巨噬细胞、小淋巴细胞和浆细胞也可以观察到,尤其是在更慢性的病变中。感染性微生物可能会在中性粒细胞中出现,更少见的是表明化脓过程的巨噬细胞。乳腺炎通常归因于各种类型的病原菌感染,如葡萄球菌、链球菌和大肠杆菌。其他类型的细菌和真菌也可能被分离到(Allison and Maddux,2008)。中间葡萄球菌是犬感染临床和亚临床乳腺炎最常见的原因(Schafer-Somi et al.,2003)。对乳汁、发炎乳腺的分泌物或穿刺物进行微生物培养和药敏试验,可以用来确定合适的抗生素治疗。

抗生素治疗细菌性病变的必要性取决于病变的严重程度。系统性抗生素治疗依赖于微生物培养和药敏试验结果。乳腺脓肿将需要手术清创或引流。坏疽性乳腺炎表面可用温暖、潮湿的表面敷料,坏死组织可以切除或自行脱落。支持疗法包括静脉输液治疗,可用于母犬或母猫以及哺乳期的幼犬和幼猫。此外,幼犬和幼猫可能需要适当的抗生素治疗,并应断奶及人工喂养。

乳腺炎也包括一部分非感染性炎症。局灶性乳腺炎可能残留上皮细胞化生的纤维化结节,色素化的巨噬细胞、退化的中性粒细胞、小淋巴细胞和浆细胞(Allison and Maddux,2008)。与猫乳腺肿瘤相反(MGT),犬的纤维结节更倾向于发生在青年犬,大小不变,并通常与乳腺炎病史有关(Brodey et al.,1983)。

### 肿瘤样病变

*犬乳腺肿瘤*(MGT)。乳腺肿瘤是犬仅次于皮肤肿瘤的第二常见的肿瘤,是母犬最常见的肿瘤(Misdorp,2002)。乳腺肿瘤很少发生在公犬身上,据报道每年公犬的发病率为0.04‰,母犬的发病率为2.07‰(Lana et al.,2007;Saba et al.,2007)。报道的许多公犬的乳腺肿瘤多是与肿瘤体积小、良性或分化良好的恶性上皮类肿瘤、未见转移性诊断证据、以及强烈的雌激素受体阳性相关联。犬乳腺肿瘤发生的平均年龄为10~11岁,罕见于小于4岁的母犬。报道的易患乳腺肿瘤的品种倾向于猎犬、贵宾犬、腊肠犬和其他品种(Sorenmo,2003),大型犬比小型犬更易患恶性肿瘤(Itoh et al.,2005)。有人提出猎犬的乳腺肿瘤的发展有遗传性、家族性趋势(Benjamin et al.,1999)。

MGT的发展表现出与激素相关,其证据为在第一个发情周期进行子宫卵巢摘除术的犬的存活时间和在乳腺癌手术2年内绝育犬的存活时间,以及在进行乳腺肿瘤手术前超过2年进行绝育的犬和未绝育犬的存活时间的差异(Sorenmo et al.,2000)。已发现雌激素和孕激素受体在正常、增生或不典型增生的乳腺组织及大多数乳腺肿瘤中表达(de las Mulas et al.,2005;Lana et al.,2007;Millanta et al.,2005;Ribeiro et al.,2012)。其他MGT的风险因素在于1岁时的肥胖及低脂肪/低蛋白饮食(Sorenmo,2003)。

激素受体的表达是成熟乳腺上皮细胞的特征，往往会在低分化肿瘤组织及转移性病变中表达减少或不表达。众所周知，孕激素或人工合成孕激素类药物增加了犬患 MGT 的概率（Misdorp，1991）。孕激素诱导 MGT 的机理包括乳腺上皮细胞分泌的生长激素量的增加（van Garderen and Schalken，2002）和血中胰岛素样生长因子（IGF）-Ⅰ和 IGF-Ⅱ的增加（Lana et al.，2007）。

生长激素和胰岛素样生长因子（IGF）可能会增加增殖的敏感性或乳腺上皮细胞转移，从而导致肿瘤的发生。靶分子的研究来阐明预后或肿瘤发生途径，这些靶分子包括 CA15.3 和 LDH（Campos et al.，2012），转录因子 Snail（Im et al.，2012），环氧合酶-2（Millanta et al.，2006a），热休克蛋白（Badowska-Kozakiewicz，2012；Romanucci et al.，2006），血管内皮生长因子（VEGF）（Millanta et al.，2006b），p53 基因，BRCA1 基因，原癌基因 c-erbB-2（Singer et al.，2012），抗凋亡和促凋亡蛋白（Lana et al.，2007），β-连环蛋白，上皮细胞钙黏蛋白（E-cadherin）和腺瘤性结肠息肉病蛋白（APC）（Restucci et al.，2007），连接蛋白（Torres et al.，2005），以及一些增殖标记物如细胞增殖核抗原（PCNA）和 Ki-67（Lana et al.，2007）。免疫细胞化学 Ki-67 标记和促红细胞生成素受体的表达似乎对识别恶性肿瘤及预后不良有一定的帮助（Zuccari et al.，2004；Sfacteria et al.，2005）。

乳腺肿瘤可表现为单一的、坚实的、边界清晰的团块到涉及一个或多个乳腺的浸润性结节。在患有良性乳腺肿瘤的动物，肿瘤是小的、界限清楚的，触诊坚实。恶性肿瘤的临床表现包括肿瘤直径大于5 cm，近期快速生长，边界不清，周围组织浸润，红斑，溃疡，炎症和水肿。然而，大多数良性和恶性犬乳腺肿瘤并不表现出这些临床症状，除非犬表现出转移性疾病或乳腺浸润性微乳头状癌（IMC），当它们表现出典型的系统性症状时会被确诊（Lana et al.，2007）。

乳腺肿瘤大多发生在近尾部的乳腺，推测可能由于该区域存在大量的乳腺组织（Sorenmo，2003）。常见多发性乳腺肿瘤，犬中有 50%～60%出现了超过一个的乳腺肿瘤。犬多发性乳腺肿瘤通常不表现相同的组织学类型，并可能表现出不同的生物学特性（Benjamin et al.，1999）。因此，如果发现乳腺肿块，就需要进行额外的肿瘤筛查，以及每个乳腺肿瘤单独的细胞学或组织学分析。

临床检查、细胞学以及组织学评估犬、猫的 MGT 的最终目标是准确预测肿瘤的生物学特性和预后（Matos et al.，2012）。世界卫生组织国际组织学分类的犬和猫乳腺肿瘤，其依据结合了组织学和形态学分类，并结合与恶性肿瘤相关的组织学预后（Misdorp et al.，1999）。犬乳腺肿瘤的一种新的分类系统和组织学分类系统已经被提出。这已经通过审查（Goldschmidt et al.，2011），似乎是一个有价值的预后工具（Peña et al.，2013）。此外，犬乳腺肿瘤的诊断、预后和治疗的一致性已经有其他文献报道（Cassali et al.，2011）。

大部分乳腺肿瘤是来自于上皮细胞。一些肿瘤由上皮细胞和肌上皮细胞组织构成，并伴有部分软骨组织或骨组织，少数肿瘤起源于纯粹的间质细胞。约50%的乳腺肿瘤被归为恶性肿瘤，由于它们的组织学表现（Brodey et al.，1983）。尽管一些乳腺肿瘤的分类，如癌肉瘤或肉瘤，一般预后较差，但恶性的组织学结论并不总是意味着恶性结果（Lana et al.，2007）。事实上，只有 50%的组织学诊断为乳腺癌的病例最终因肿瘤而死亡（Brodey et al.，1983）。恶性肿瘤的形态学标准，如细胞异型性、核分裂活跃和退行性病变的独特分级，并不能作为癌症的诊断标准。相反，浸润到皮肤和软组织及侵袭性肿瘤细胞进入血液或淋巴血管已被确定为最有力的恶性乳腺肿瘤的组织学依据（Misdorp，2002）。当出现基质细胞浸润时，80%的患病犬会在 2 年内死亡，而当它未出现时，80%的患犬在 2 年后仍存活（Yager et al.，1993）。使用基质细胞浸润作为恶性肿瘤的主要诊断标准，对超过 1 000 组猎兔犬的寿命研究结果显示，该种乳腺上皮肿瘤的组织学分类和生物学特性是正确的（Benjamin et al.，1999）。具体来说，这项研究显示乳腺导管癌占乳腺癌中死亡病例的65.8%，尽管这些肿瘤仅占全部乳腺癌的 18.7%。在恶性肿瘤中，鳞状细胞癌的转移率最低（20%），癌肉瘤表现出最高的转移率（100%）。乳腺导管癌的转移率比腺癌更高（分别为 45%和 35%）。

用乳腺肿瘤的脱落上皮细胞进行确诊是困难的。纤维性或含纤维成分的间质瘤可能会脱落不良，导致细胞样本很少，不足以诊断。在这种情况下，刮取活组织样本进行压片或涂片可用于细胞学诊断。然而，压片通常不能像组织穿刺一样作为评估的样本（Baker and Lumsden，1999）。而且，从形态外观上看，乳腺增生、乳腺发育异常、良性肿瘤和高度分化癌倾向于形成一个连续的区域，使得细胞学很难区分这些病变（Benjamin et al.，1999）。最近，基质病变的出现，作为确定乳腺肿瘤潜在恶性的可能最重要的标志之一，是不能通过细胞学诊断评定的。所有这些因素都会导致用抽吸物进行细胞学诊断恶性乳腺肿瘤时出现假阳性或假阴性的结果。

有一些研究（Allen et al.，1986；Cassali et al.，

2007；Hellman and Lindgren，1989；Simon et al.，2009；Sontas et al.，2012)对细胞学检测恶性肿瘤的精确性与组织学诊断进行了比较，在 Allen et al.(1986)的报告中，两位细胞病理学家的细胞学检测恶性肿瘤的敏感性分别为 25%和 17%，并且特异性分别为 62%和 49%。两位病理学家对阳性和阴性的评估标准大体相同，阳性分别为 90%和 100%，阴性分别为 75%和 95%(Allen et al.，1986)。报告称诊断结果的准确性为 79%和 66%，在其他研究中，细胞学诊断恶性乳腺肿瘤的敏感性为 65%和 94%(Hellman and Lindgren，1989)。阳性为 93%，阴性为 67%，诊断精确性为 79%。在近期的研究中，细胞学和组织学诊断一致性为 67.5%。然而，当排除疑似病例和样本不足的情况后，一致性可达 92.9%(Cassali et al.，2007)。同一作者报道了两者对恶性肿瘤诊断的敏感性分别为 88.6%和 100%，对良性肿瘤的敏感性分别为 100%和 88.6%，在其他报告中也有相似的结果(Simon et al.，2009；Sontas et al.，2012)。细胞抽吸活检(FNA)是诊断犬乳腺肿瘤的一种有意义的诊断工具，尽管需要考虑采样量不足导致准确率低的问题(Sontas et al.，2012)。这些研究中大多未将细胞学诊断和无病间隔或存活时间联系起来，仅有一篇报告显示出细胞学诊断与存活时间、无复发间隔和无转移间隔之间良好的相关性(Simon et al.，2009)。因此，应用细胞学标准来准确预测 MGT 的生物学特性需要更进一步的研究。一些研究证实恶性乳腺肿瘤的上皮细胞比经过治疗的上皮细胞或良性肿瘤上皮细胞具有更加不规则的核以及不规则的胞核直径和周长。这些形态学参数对外科手术前评估犬 MGT 有很大帮助( Simeonov，2006a，2006b)。

乳腺肿瘤的细胞学检查经常会观察到含有不同数量的血液、嗜碱性蛋白物质、脂滴和泡沫细胞的背景。良性上皮肿瘤(腺瘤和乳腺导管内乳头状瘤)的抽吸物显示出中到大量的上皮细胞，它们呈薄层或成簇分布(图 12-7)。这些细胞外观均一，具有平滑的胞核染色质，偶见突起的、单个的、小的圆形核仁(Allison and Maddux，2008)。腺瘤采样中可能出现腺泡和栅栏样物质。在其他良性上皮肿瘤中可以观察到乳头状有小梁的细胞分布(Masserdotti，2006)。良性单纯瘤可能呈现单层或成簇分布的外观不均一的上皮细胞，反之，良性复合瘤可能呈现不同数量的单个或成丛分布的单层细胞，有时也有肌上皮细胞。肌上皮细胞也可能表现为椭圆形的无核细胞(Allison and Maddux，2008)。良性混合性乳腺肿瘤的检查可能会观测到软骨或骨组织成分，如成骨细胞、破骨细胞、造血细胞或明亮粉红色的物质，类似于骨样或软骨样的基质(Fernandes et al.，1998)(图 12-8 和图 12-9)。良性混合性乳腺肿瘤难以用脱落的上皮细胞诊断。此外，梭形细胞的出现可能不足以诊断复合型或混合型肿瘤。Allen et al.(1986)提出在他们的研究中，在乳腺肿瘤中识别出梭形细胞，然而这些细胞的出现与复合型或混合型肿瘤的组织学分级无关。混合型肿瘤的抽吸物也可能无法显示构成肿瘤的所有细胞。在一例病例报告中，一只犬的乳腺肿物抽吸物中出现了为中度细胞核大小不均和细胞体大小不均的成骨细胞、破骨细胞、造血细胞和粉红色的细胞外物质(Fernandes et al.，1998)。另一个犬良性混合性乳腺肿瘤中出现了典型的髓外造血细胞、皮层质骨和骨髓成分(Grandi et al.，2010)。样本中未见上皮细胞，因此复杂的区分包括良性或恶性混合型乳腺肿瘤、骨化生和骨肉瘤。组织学诊断肿瘤性质为良性混合性乳腺肿瘤。

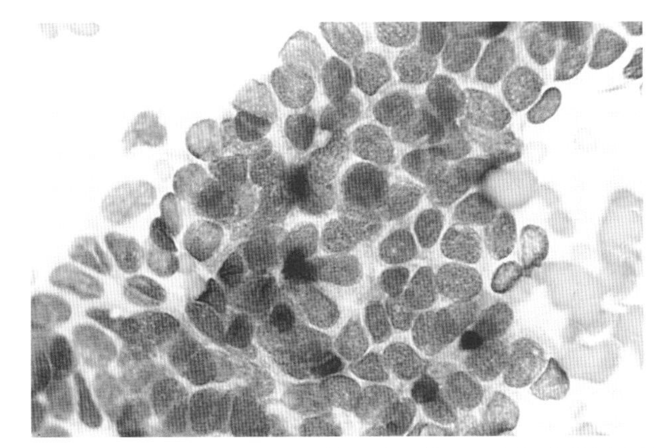

■ 图 12-7 **乳腺肿瘤。组织抽吸物。猫。**上皮细胞薄层中的细胞具有均一的大小和形状，高的核质比和清晰的胞核染色质，细胞质高度嗜碱，且胞质量很少。(瑞-吉氏染色，高倍油镜)

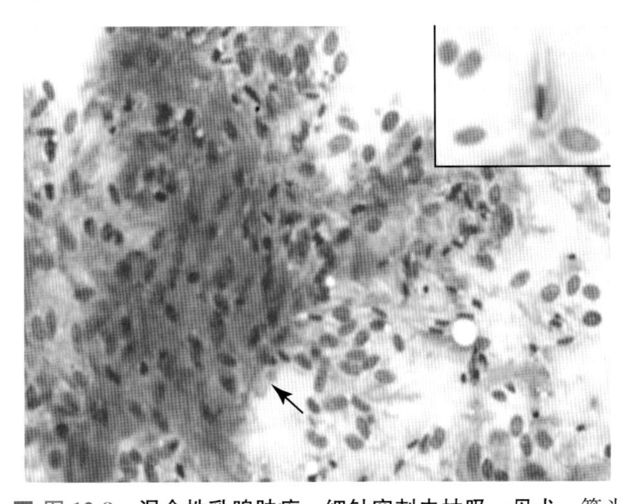

■ 图 12-8 **混合性乳腺肿瘤。细针穿刺未抽吸。母犬。**箭头显示成丛的肌上皮细胞，并与大量的细胞外粉红色物质相连。放大图：彼此相似的软骨样细胞分散在上皮细胞之间。(吉姆萨染色，低倍镜)(Courtesy of Noeme Sousa Rocha，FMVZ-UNESP Botucatu，Brazil.)

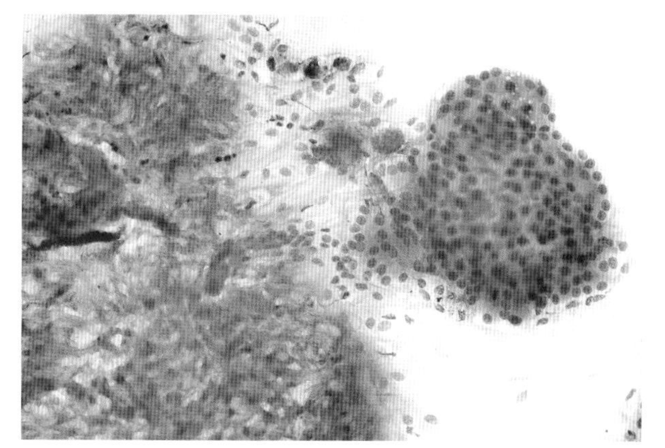

■ 图 12-9　**混合性乳腺肿瘤。组织抽吸物。犬。**梭形上皮细胞成团分布，并具有大量的细胞外粉红色物质，及一簇上皮细胞。（瑞-吉氏染色，高倍油镜）

腺癌具有如下特征：上皮细胞呈单层（图 12-10）、成簇或有时单个分布（图 12-11 至图 12-13），可能会观察到腺泡（图 12-11）分布（Masserdotti，2006）。这些上皮细胞呈典型的圆形，具有圆形到椭圆形的偏心核，并具有中等数量的嗜碱性细胞质，这些细胞内可能有无固定形状的嗜碱性分泌物或清晰的空泡（Allison and Maddux，2008）（图 12-12）。这些空泡中有一部分呈现数量多变的点状空泡，或呈现出弥散性的胞质上的小块空泡，并使细胞肿胀，在细胞核外挤压细胞核，并使细胞核移位。恶性肿瘤的评定准则可能会看到这些细胞出现：核质比升高，中度到显著变化的细胞核和细胞大小，核成型，大的突起的多个或形状异常的核仁，双核化和多核化（图 12-13A&C），有丝分裂活跃性增加，并出现分裂数量异常（图 12-13B）。乳腺腺管癌细胞呈现出典型的成层或成簇的多形性上皮细胞，并具有高的核质比和圆形、位于细胞底部的核，这些细胞通常呈现超过 3 种的恶性指征。腺泡结构，分泌产物和细胞质空泡都不是乳腺腺管癌的特征性指征。恶性上皮细胞肿瘤可观察到乳头状和小梁细胞（Masserdotti，2006）。

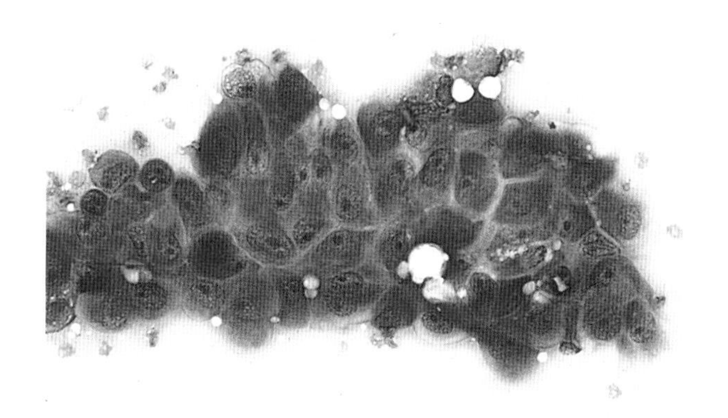

■ 图 12-10　**乳腺腺癌。组织抽吸物。犬。**上皮细胞呈薄层分布并呈现出明显的细胞间连接。这些细胞也表现出突出的，大的核仁，中度细胞核大小不均和深染的嗜碱性细胞质。（瑞-吉氏染色，高倍油镜）

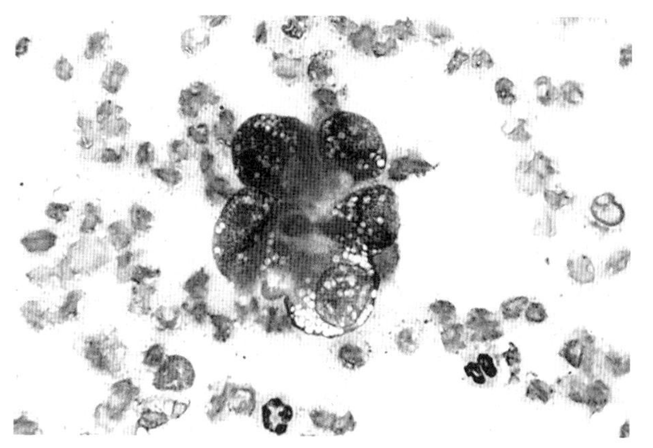

■ 图 12-11　**乳腺腺癌。组织抽吸物。犬。**图示为一腺泡结构，注意细胞质中的点状空泡和突出的核仁以及中度的细胞核大小不均。（瑞-吉氏染色，高倍油镜）

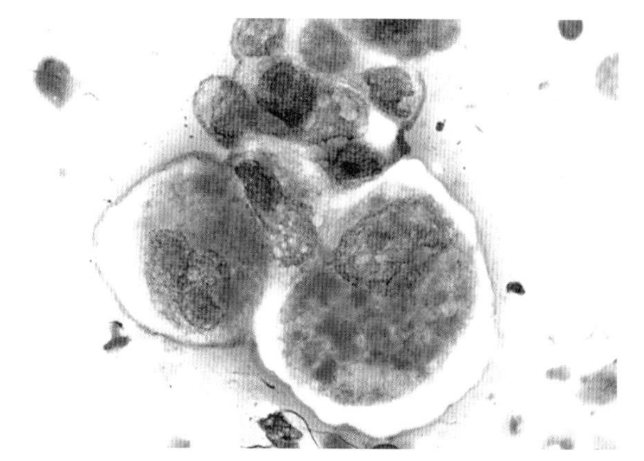

■ 图 12-12　**乳腺腺癌。组织抽吸物。犬。**注意标志性的上皮细胞核大小不均和细胞体大小不均。这些上皮细胞包含嗜碱性分泌物以及外围的弥散性细胞质空泡。（瑞-吉氏染色，高倍油镜）

未分化癌可能表现为大的，明显的单个或成小丛分布的多形性上皮细胞（Allison and Maddux，2008）。这些细胞倾向于具有异型核和核仁结构异常，常见多核化和异常的有丝分裂数量。IMC，是浸润性和侵袭性的、生长迅速、高度恶性的乳腺癌，也表现出大的、多形性上皮细胞，并具有多种多样的恶性指征（Lana et al.，2007）。IMC 多感染人和犬，很少有猫发病（Pérez-Alenza et al.，2004）。IMC 的特征是具有暴发性的临床经过，突然出现、乳腺水肿、红斑、坚实、疼痛、温热。原发性 IMC 不出现结节，继发性 IMC 有结节出现（Souza et al.，2009）。临床症状可能出现在一个或相连的两个乳区。临床的炎性反应可能与乳腺炎相似，并具有剧烈的皮炎反应。组织学上，已有高度恶性乳腺肿瘤的几种类型的描述。组织学确诊 IMC 的标志是癌栓侵袭真皮淋巴管。真皮淋巴管的肿瘤细胞堵塞物是造成局部组织剧烈水肿的原因（Goldschmidt et al.，2011；Grandi et al.，2011；Souza et al.，2009）。最常见的细胞学发现是单个或成小簇的未分化上皮细胞的出现。因此，高度恶性乳腺上皮

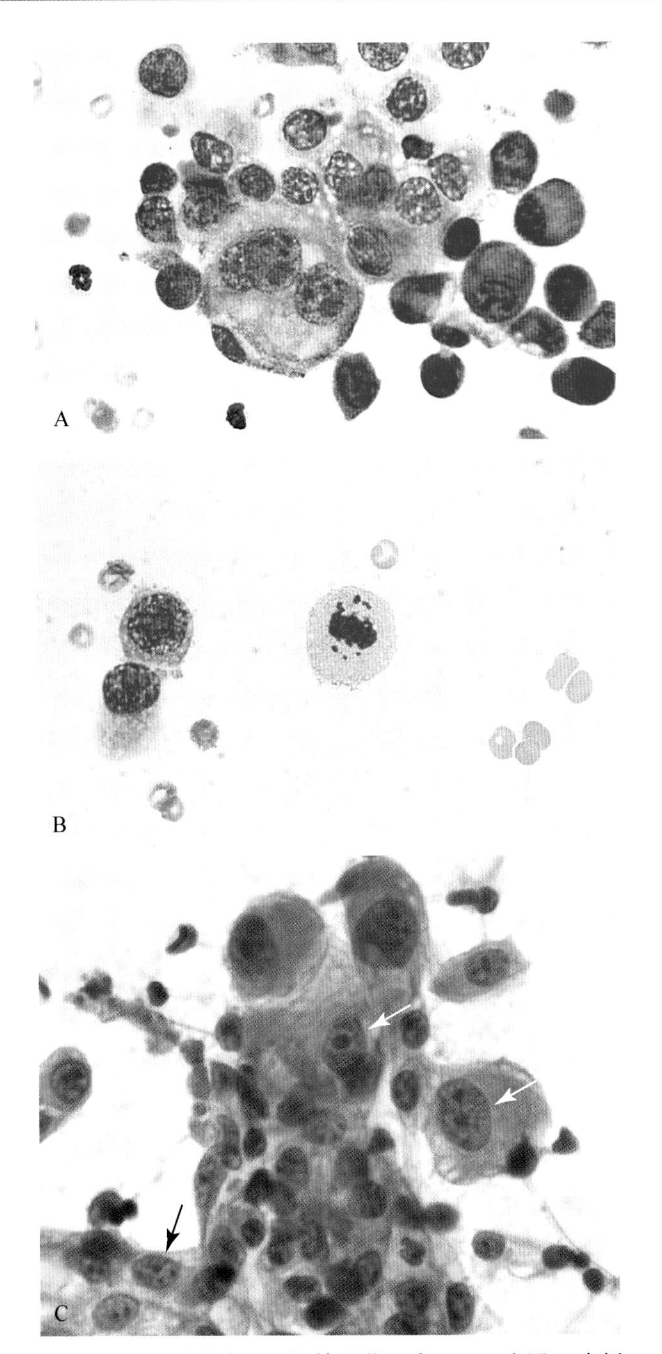

■ 图 12-13 **乳腺癌。组织抽吸物。犬。A-B为同一病例。** **A.** 标志性的细胞核大小不均，细胞体大小不等，突出的核仁，粗糙的细胞核染色质以及双核化在细胞中出现，这些细胞也呈现低的细胞黏附。(瑞-吉氏染色，高倍油镜)**B. 异常的有丝分裂。具有滞后的染色质。**滞后的染色质是由于有丝分裂纺锤丝形成异常导致的。异常的有丝分裂被认为是恶性肿瘤的指征之一。(瑞-吉氏染色，高倍油镜)**C. 乳腺癌。毛细管穿刺。母犬。**点状细胞核染色质并具有突出的核仁(箭头)，在这种染色方法下更容易被观察到，绿色细胞为幼年细胞，成熟细胞呈橘红色。(巴氏涂片，高倍油镜)(C，Courtesy of Noeme Sousa Rocha，FMVZ-UNESP Botucatu，Brazil.)

细胞肿瘤的细胞学发现与水肿、发热、疼痛和红斑相关，这支持着 IMC 的鉴别诊断(Solano-Gallego et al.，2011)。这些临床症状提示存活时间预后不良(Marconato et al.，2009)，但是使用吡罗昔康进行药物治疗似乎可以改善临床症状并延长存活时间(Souza et al.，2009)。

乳腺中的鳞状上皮癌与身体其他部位的鳞状细胞癌有相似的细胞学结构。鳞状上皮癌细胞倾向于单个或成小簇分布。细胞核可能从小而固缩到大的圆形变化，并具有粗糙的突出核仁。核质比多变并且可能出现双核化。肿瘤细胞的细胞质呈中到深度嗜碱性(非角化性)或可能呈蓝绿色，为特有的角化特征。乳腺鳞状细胞癌的细胞学可能会破溃，从而导致样本中出现发炎细胞和细胞中被吞噬的细菌(Allison and Maddux，2008)。

恶性混合性乳腺肿瘤抽吸物和癌肉瘤的抽吸物中可能发现上皮细胞核、梭形细胞、独立的肌上皮细胞或基质组织。然而，全部或占主导地位的细胞类型可能取决于肿瘤抽吸的部位(Allison and Maddux，2008)。在恶性混合性乳腺肿瘤中，有恶性上皮细胞的出现，有时也有良性样的肌上皮细胞和不同数量的骨样或软骨样基质。然而在癌肉瘤，上皮细胞和间质细胞的大量分布可能显示恶性特征。乳腺肉瘤，如骨肉瘤、纤维肉瘤和脂肪肉瘤，与机体其他部位的这些肿瘤的细胞学表现相似。肉瘤倾向于脱落不良，经常导致抽吸样本呈低细胞性。粉红色的细胞外物质或脂滴可能出现在背景里，这取决于细胞的类型。大体而言，肉瘤具有特征性的梭形到不规则形状的细胞，并呈现独立或小簇分布。这些细胞的胞质呈中到深度嗜碱性，并且胞质边界不清，细胞呈现与上皮肿瘤相似的恶性指征。

*猫乳腺肿瘤。*乳腺肿瘤是猫中第三常见的肿瘤，在造血系统肿瘤和皮肤肿瘤之后(Hayes and Mooney，1985；Misdorp，2002)。猫患 MGT 的年龄中位数是10岁及以上。几乎所有(99%)的猫 MGT 发生在未绝育的母猫(Lana et al.，2007)，也有很少的公猫发病的报道(图 12-14)。本地短毛猫和暹罗猫表现出更高的发病率(Hayes et al.，1981)。

猫 MGT 的发展被认为与激素相关。与绝育的猫相比，未绝育猫患 MGT 的概率要高7倍。并有报道称，与未绝育的母猫相比，子宫卵巢摘除术的实施可以将患 MGT 的风险降至 0.6%(Hayes et al.，1981)。通常，给予外源性孕酮会显著增加猫患良性乳腺肿瘤和乳腺癌的几率(Misdorp，1991)。激素受体研究显示，正常的猫乳腺组织雌激素受体和孕酮受体水平与犬中相同受体的分布水平相同(Millanta et al.，2005)。然而，在猫恶性乳腺肿瘤中，雌激素受体和孕酮受体的分布不同于犬，更接近于人(Burrai et al.，2010)。已有其他靶分子的研究来阐明预后和肿瘤发生或转移的途径。这些因子包括细胞周期蛋白 A、

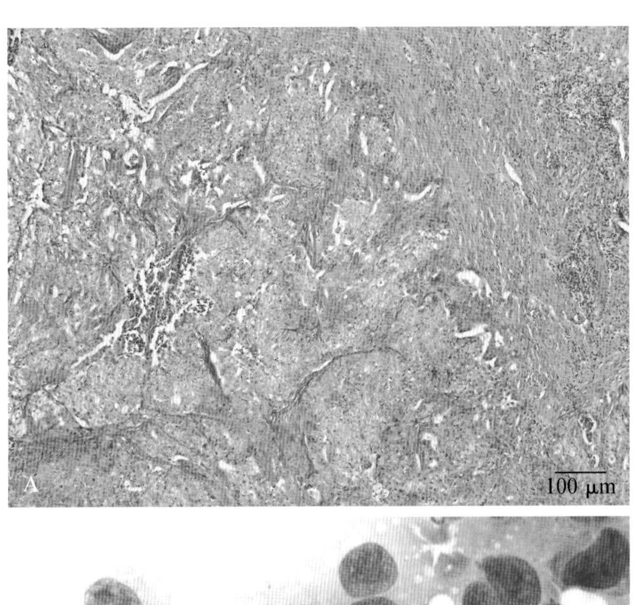


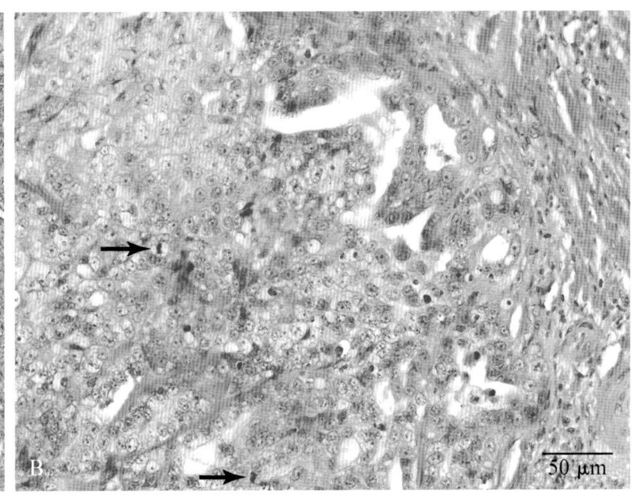


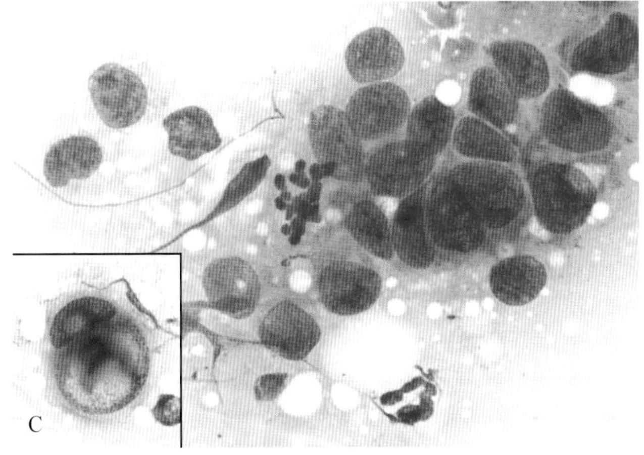


■ 图 12-14 乳腺腺瘤。猫。A-C 为同一病例。**A.** 正常乳腺结构缺失，并伴有实质性和管状肿瘤增生浸润到周围相连的结缔组织。基质中还含有小的淋巴细胞集聚(右上)。(H&E 染色，高倍油镜)**B.** 实质性和管状腺癌浸润到周围的结缔组织。可见有丝分裂象(箭头)。在癌细胞中有明显的核仁。(H&E 染色，低倍镜)**C.** 公猫乳腺肿块的细胞学资料。在相邻的上皮细胞腺泡结构中的有丝分裂征。癌细胞具有高的核质比，多核化，细胞核大小不均(罗曼诺夫斯基染色；高倍油镜)插图：显示多核细胞及细胞核大小不均。(A and B, Histopathology images courtesy of Prof. Jelinek, Veterinary Histopathological Laboratory, Prague, CZ. C, Images courtesy of Dr. Dita Novakova, Czech Republic.)

环氧合酶-2(Millanta et al., 2006b)、HER2、VEGF、E-钙黏蛋白 β-连环蛋白(Lana et al., 2007; Zappulli et al., 2012)、CXCR4(Ferrari et al., 2012)、基质金属蛋白酶(Akkoc et al., 2012)和 AKT(Maniscalco et al., 2012)。

与犬的乳腺肿瘤相比，猫乳腺肿瘤大多为恶性，一些研究表明，猫中恶性肿瘤的比例超过 80%(Giménez et al., 2010; Hayes et al., 1981; Misdorp, 1991)。此外，猫乳腺肿瘤多为单纯性乳腺肿瘤，并很少有肌上皮成分。腺癌是癌症和肉瘤之后的最常见的乳腺肿瘤(MacEwen et al., 1984)。在猫中，已有首次报道继发性或术后 IMC(Millanta et al., 2012; Pérez-Alenza et al., 2004)及富脂质癌(Kamstock et al., 2005)。猫中恶性 MGT 倾向于生长迅速并且会转移到局部淋巴结、肺脏、胸膜、肝脏、隔膜、肾上腺和肾脏(Lana et al., 2007)。在猫 MGT 诊断时最重要的预后指征是肿瘤的大小。猫乳腺肿瘤大于 3 cm、2～3 cm 和小于 2 cm 的存活时间中间值分别为 6 个月、2 年和超过 3 年(MacEwen et al., 1984)。因此早期诊断和治疗对猫恶性乳腺肿瘤是十分重要的。

猫良性和恶性乳腺肿瘤的细胞学特征(图 12-14C)与犬中的描述类似(图 12-10 和图 12-13)。细胞学指征用来区分猫乳腺增生、良性肿瘤和恶性肿瘤的可信度似乎并没有报道(Baker and Lumsden, 1999)。考虑到猫中乳腺肿瘤恶性的比例之高，细胞学发现的良性上皮细胞分布，尤其是在一只无孕酮治疗史的老猫中，应该被谨慎处理。在这些病例中，样本应该服从组织学检查以排除恶性肿瘤的出现。

犬或猫的乳腺肿瘤的治疗原则应服从临床症状、细胞学检查或组织学检查。如果出现了恶性肿瘤，对肿瘤的分级应包括三维胸部 X 线检查或肺窗 CT 及其他潜在的转移部位的检查，以及局部淋巴结的细胞学诊断、疑似转移病变或体腔积液的检查。建议犬乳腺肿瘤的治疗指导方针基于肿瘤的大小、组织学类型和分化程度(Sorenmo, 2003)。犬、猫的乳腺肿瘤都可选择进行外科手术切除(Giménez et al., 2010)。犬中，推荐对所有 MGT 病例中未绝育犬进行子宫卵巢摘除术，并对一期未分化癌患者进行化疗(Sorenmo,2003)。关于犬、猫乳腺肿瘤化疗、放疗和免疫刺激等辅助疗法的治疗效力的信息有限。然而，手术和辅助的阿霉素化疗联合应用会延长猫乳腺腺癌的存活时间，但是原理还没有研究(Novosad,2003;Novosad et al.,2006)。与之相反，相同类型的研究未发现辅助性阿霉素类化疗对治疗有益(McNeill et al.,2009)。此外，手术和5-氟尿嘧啶及环磷酰胺化疗辅助疗法联合应用与单纯进行手术治疗相比，显著提高了患三期和四期的乳腺癌的犬的存活时间(Karayannopoulo et al.,2001)。相反，化疗并没有使侵袭性恶性MGT的结果得到改善(Simon et al.,2006)。使用抗雌激素类药物，如他莫昔芬，已在少数病例中记录，却对肿瘤治疗存在着相矛盾的结果。这些药物可能与雌激素相关的副作用有关(Novosad,2003)。

## 卵巢

细胞学检查是诊断卵巢肿瘤和卵巢囊肿的重要工具，因为在一项报道中显示其有94.7%的诊断准确率(Bertazzolo et al.,2004)。此外，虽然卵巢炎和卵巢残余综合征(ORS)在犬、猫中罕见(Ball et al.,2010),细胞学在诊断过程中可能仍有用处。

### 采集技术

关于卵巢的细胞学采集技术的资料很少。关于卵巢的组织活检以及手术技术则非常普遍。卵巢的细胞样本可以通过经B超引导下的细针抽吸或者开腹探查取得。在某些情况下可以减少组织活检或者剖腹探查的风险。

### 正常解剖学与组织学

卵巢由3个胚层来源的细胞共同组成:1)上皮细胞，其中还包括位于外层的改性间皮细胞，卵巢网(肾小管遗迹),在犬中还有表层上皮结构;2)生殖细胞;3)间质细胞，包括了性索间质，这些细胞共同形成了卵巢的内分泌功能。卵巢位于卵巢囊内，卵巢囊是输卵管系膜的延伸，是一层腹膜皱襞。立方上皮又称为生发上皮，覆盖卵巢的皮质，其下存在一层致密结缔组织称为白膜。犬的卵巢在其表面有小的凸隆，这就是表层上皮结构。卵巢皮质包括卵泡、结缔组织和血管。卵泡中的卵子有四个阶段:原始卵泡，初级卵泡，次级卵泡，成熟卵泡。每个生长卵泡均含有卵母细胞，颗粒细胞和多层卵泡膜，周边的结缔组织细胞(图12-15)。当卵泡破裂排卵，释放卵子，卵泡腔内充满血液，黄体细胞形成红体和黄体。在母犬和母猫，上皮细胞索称为间质腺，它们是内分泌细胞，在整个基质都有存在。由含有丰富血管的疏松结缔组织、淋巴管和神经组成的髓质位于卵巢皮质内。关于还未达到性成熟的母犬，以及已成熟的母犬发情周期各个不同阶段的卵巢组织学连续微观变化，在其他地方也有提到。

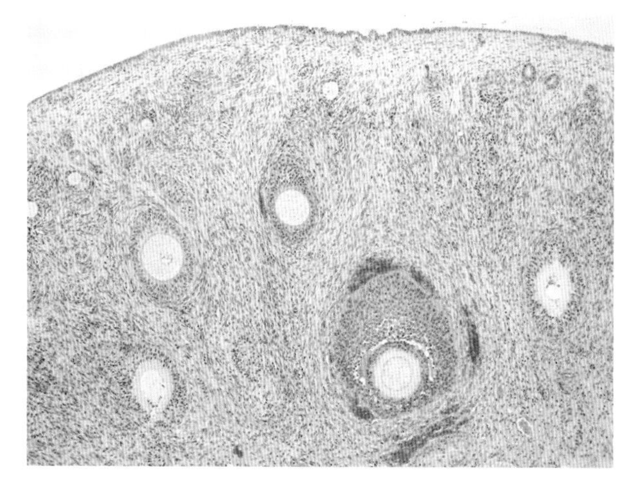

■ 图12-15 **正常卵巢。组织切片。犬。**几个发育中卵泡，每一个卵母细胞周围有一层颗粒细胞，存在于卵巢皮质内。皮质排成一个简单的立方上皮细胞层。(H&E染色;低倍镜)

*正常细胞学*。正常犬卵巢的细胞学特征，对病理诊断非常重要(Piseddu et al.,2012)。正常发情周期各个不同阶段的卵巢细胞学特征与组织学特征的详细比较也已有报道(Piseddu et al.,2012)。

正常卵巢细胞学检查通常显示少量血细胞，无到中等数量的有核细胞，中到大量的嗜碱性，蛋白颗粒和脂滴。正常卵巢组织细胞学的特点是根据发情周期的阶段，含有低到中等数量的以下一个或多个细胞:脂肪细胞、成纤维细胞和单个成纤维细胞，大小和形状统一的排列成腺形的或松散到紧密连接的颗粒细胞，来源不明的圆形细胞，极少的白细胞和黄体细胞(图12-16,图12-17,图12-18,图12-19)。

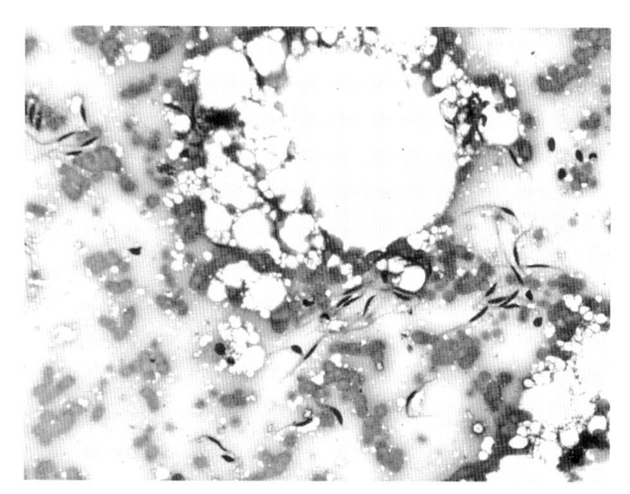

■ 图12-16 **正常卵巢。细胞涂片。基质细胞。犬。**嗜碱性背景中含有红细胞，大小不等的脂滴和细胞碎片。可见基质中大量的成纤维细胞。(5 GRünwald Giemsa;中倍镜)

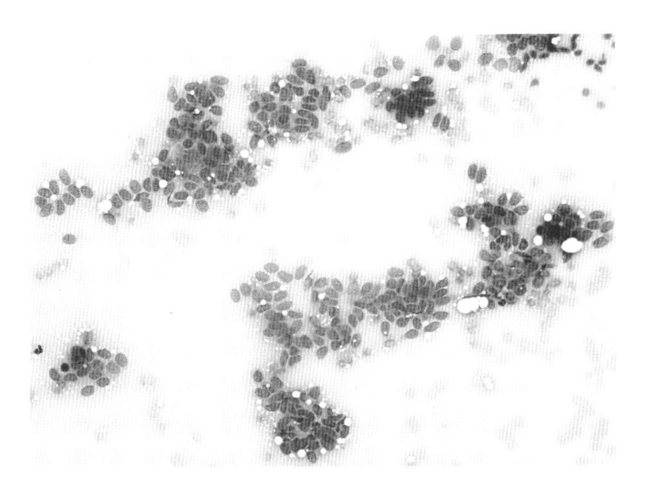

■ 图 12-17　**正常卵巢。组织抽吸。颗粒细胞。犬。**大小和形状一致的细胞，排列成小，松散的细胞团。（改良瑞氏染色；中倍镜）（由 Dr. Eleonora Piseddu 提供）

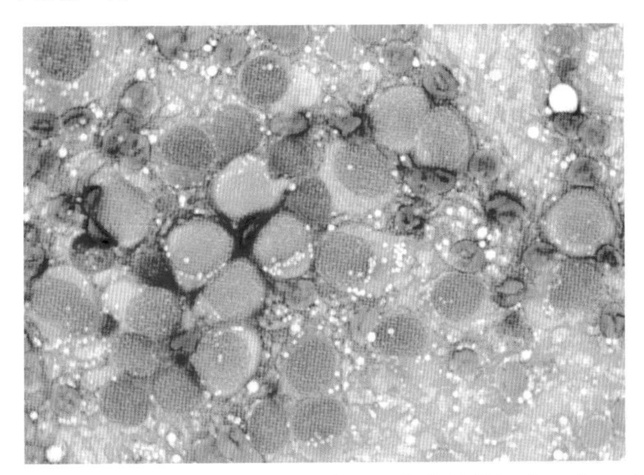

■ 图 12-18　**正常卵巢。组织抽吸。未成熟的细胞。犬。**可见许多 15～20 μm 的圆形细胞和少量嗜碱性含有空泡的胞浆，核大而圆，有网状染色质，以及模糊的单个或多个小核仁。（改良瑞氏染色；高倍油镜）（由 Dr. Eleonora Piseddu 提供）

黄体细胞是具有低核质比、细胞大小不均和细胞核大小不均的大细胞。黄体细胞细胞质和细胞核的特征和形状在早期（图 12-19）、晚期（图 12-20）和间情各有不同。与间情末期相比，在间情初期红细胞大小不均和细胞核大小不均较多。黄体细胞逐个脱落或在血管周围排列。在间情初期，大多数黄体细胞圆形至多角形或长形，细胞边界清楚，轻度到中度和轻度细胞核大小不均。细胞核为偏心圆核至椭圆核，伴随细点状或网状核染色质。不等数量的细胞质出现细小颗粒状，双染深嗜碱性的小到中型，散在胞浆内的空泡（图 12-19）（Piseddu et al.，2012）。在间情期末期，黄体细胞是圆的，经常有模糊的边界和水泡样边缘。胞浆外围透明，中央轻度嗜碱性含有许多分散空泡。据报道称初情期细胞核位置和形状不变，但网状或粗染色质以及 1～2 个明显核仁（图 12-20）。间情期末期，很少在胞外观察到大片淡粉色的致密结构（150～300 μm）（图 12-21），并且与在组织切片发现的白体类似（Piseddu et al.，2012）。在间情初期和末期，往往可以见到双核细胞和白细胞伸入运动（图 12-19A，图 12-20）（Piseddu et al.，2012）。

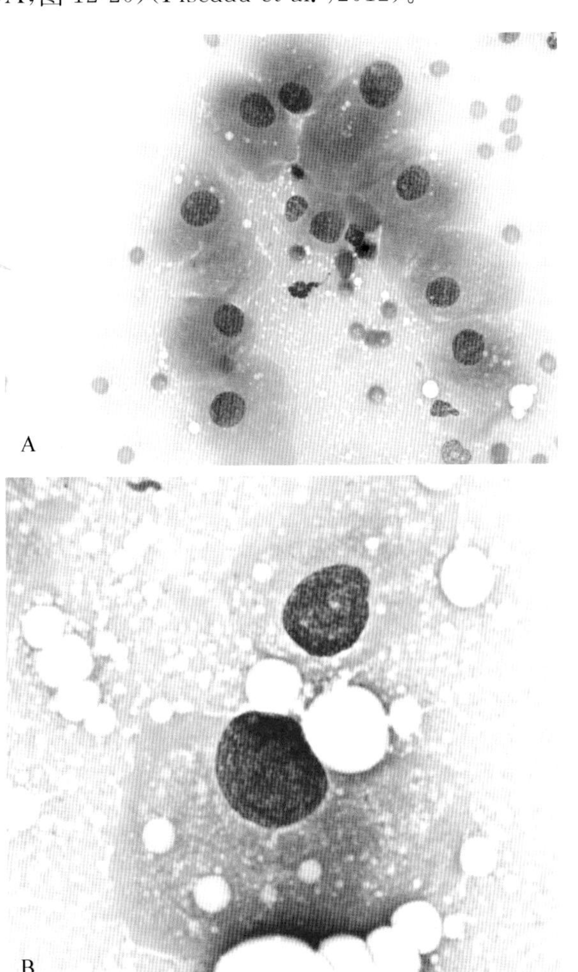

■ 图 12-19　**正常卵巢（初情期）。组织抽吸。黄体细胞。犬。A.** 淡嗜碱性背景包含大小不等的脂滴和红血细胞。几个单独的黄体细胞具有多量的致密的嗜碱性细胞质，少量透明的分散空泡和偏向一边、圆形到椭圆形的核。有中度到轻度细胞核大小不均和中度的细胞大小不均。（改良瑞氏染色；高倍油镜）**B.** 两单独的黄体细胞具有多量的淡嗜碱性细胞质，偶尔有小、透明、分散的空泡，核偏向一边，圆形到椭圆形。（May-Grünwald-Giemsa；高倍油镜）（A，Courtesyof Dr. Eleonora Piseddu.）

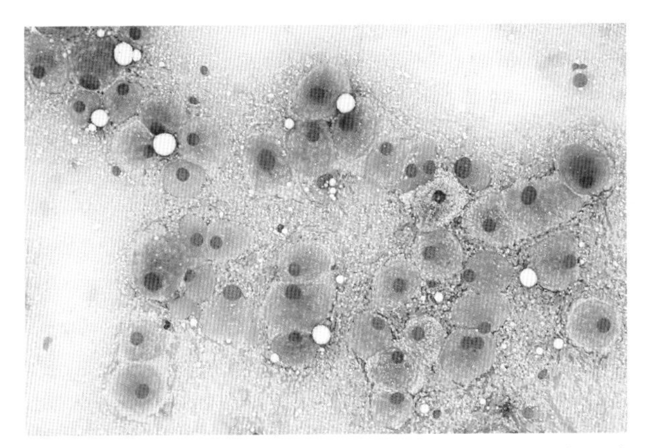

■ 图 12-20　**正常卵巢（间情末期）。组织抽吸。黄体细胞。犬。**背景中存在许多小空泡，黄体细胞细胞质中量空泡，细胞核圆偏向一侧，斑点状染色质。也可见双核细胞。（改良瑞氏染色；中倍镜）（Courtesy of Dr. Eleonora Piseddu.）

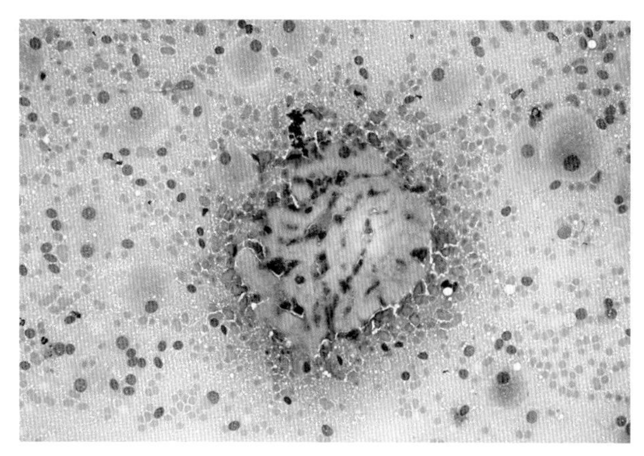

■ 图 12-21 **正常卵巢(间情末期,白体)。组织抽吸。犬。**淡嗜碱性背景中有大小不等的脂滴和红血细胞。大的淡粉色的致密结构,暗示白体与黄体细胞相关(间情末期)。(改良瑞氏染色;中倍镜)(Courtesy of Dr. Eleonora Piseddu.)

梭形细胞(图 12-16)和颗粒细胞不与任何特定的发情期相关。颗粒细胞成松散或聚集体脱落,呈栅栏或腺样排列(图 12-17)。细胞体积小,直径 10～15 μm,圆形或细长形,有时有短胞浆尾。胞浆少,成嗜碱性,边界模糊,少数情况下会出现一些小的透明空泡。细胞核椭圆形至圆形,有斑点状或细网状染色质,核仁不清。颗粒细胞经常与紫色的无定形物相关(图 12-22)(Piseddu et al.,2012)。未成熟的细胞单独脱落,经常混合黄体或颗粒细胞。它们中等大小,15～20 μm,细胞边界清楚,高核质比,极少至少量嗜碱性细胞质中含有小的透明空泡。细胞核圆形,通常中央有细网状染色质和小的多个模糊的核仁(图 12-18)。这些细胞在乏情期卵巢涂片中是观察不到的(Piseddu et al.,2012)。

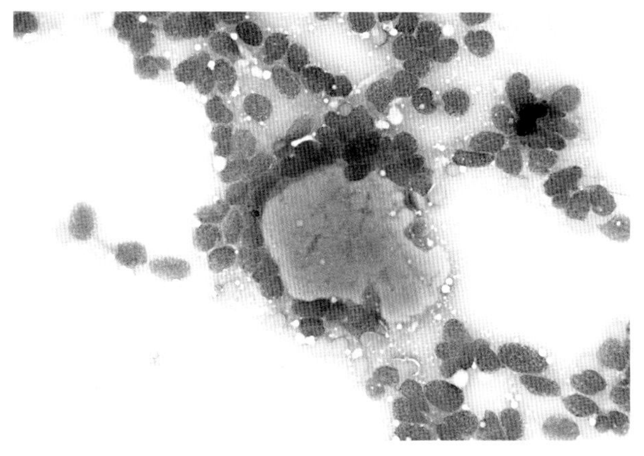

■ 图 12-22 **正常卵巢。组织抽吸。犬。**蓝紫色无定形物质周围有松散聚集的颗粒细胞。这种物质可能是天然黏蛋白。(改良瑞氏染色;高倍油镜)(Courtesy of Dr. Eleonora Piseddu.)

### 卵巢囊肿

在卵巢子宫切除术中,犬和猫的卵巢内部和周围囊肿很常见。有两种类型:卵巢内囊肿和卵巢旁囊肿。卵巢内囊肿包括:卵巢网囊肿,上皮小管囊肿(仅限犬),血管血肿和卵巢网腺瘤样增生(Foster,2007;klein,2007)。细胞学特点是少量的蛋白质碎片,偶尔血液稀释背景中分散有空泡的巨噬细胞。

### 炎症

卵巢炎或卵巢感染,在家养动物罕见。细菌性卵巢炎偶尔在犬、猫被发现(Foster,2007)。卵巢周围和子宫宫腔出现炎症,这表明致病细菌是从子宫上升感染的(Van Israel et al.,2002)。对于猫而言,传染性腹膜炎可导致卵巢炎。

### 卵巢肿瘤

卵巢肿瘤在犬、猫都是罕见的,占所有犬肿瘤的0.5%～6.3%和所有猫科动物肿瘤 0.8%(McEntee,2002)。卵巢肿瘤的实际发生频率可能被低估了,因为卵巢在常规尸检中没有切片,通常只检查了是否有肉眼病变。此外,发病频率低也是由于许多伴侣动物在早期就已做了绝育手术。卵巢肿瘤主要有四类:上皮性肿瘤,生殖细胞肿瘤,性索间质肿瘤和间充质肿瘤。原发性卵巢横纹肌肉瘤首次被提到(Boeloni et al.,2012)。卵巢还有几种混合型肿瘤,包括混合瘤(Antuofermo et al.,2009)和转移型恶性肿瘤,临床症状通常继发于肿物的占位或转移导致的积液流出(Bertazzolo et al.,2012)。犬功能性肿瘤的临床症状继发于产生过多的雌激素或孕酮,包括持续发情、子宫蓄脓、骨髓毒性。卵巢肿瘤可以在卵巢子宫切除术或剖检时偶然发现(Klein,2007)。

*上皮性肿瘤。*上皮性肿瘤包括乳头状瘤/囊腺瘤、乳头状腺癌、卵巢网腺瘤,未分化癌(MacLachlan and Kennedy,2002)占犬卵巢肿瘤的 40%～50%。50%恶性上皮性肿瘤通过周边组织浸润、淋巴管或血管转移。这些肿瘤发生于平均 10～12 岁的老年母犬(McEntee,2002)。猫上皮性肿瘤是非常罕见的(Klein,2007)。

对于乳头状腺癌的细胞学特点已有记载。细胞排列成大或微乳头状形态(Masserdotti,2006)、成腺样或管状图案,成团聚集有时为立体结构,偶尔成单细胞存在(图 12-23,图 12-24,图 12-25)。细胞成圆形或多面形,有一个椭圆形的核。核染色质网状粗糙。核仁模糊突出,单个或多个存在。轻度至明显细胞核大小不均,细胞大小不均。细胞质少量到中量,有时有轻微的分散,透明的空泡。偶尔胞质出现大空泡或成戒指样细胞(Bertazzolo et al.,2004;Hori et al.,2006)。

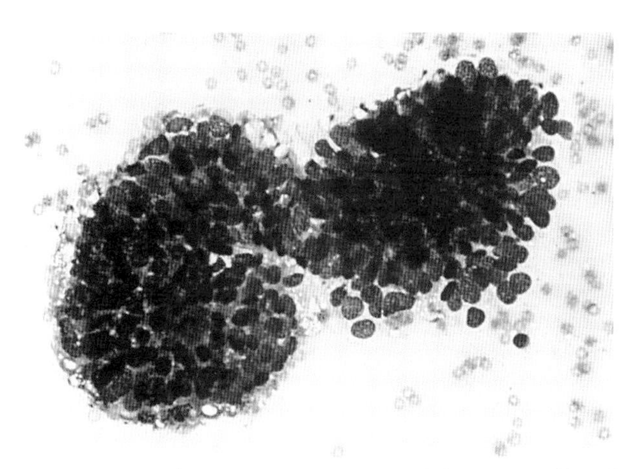

■ 图 12-23　**卵巢乳头状腺癌。细胞学染色。犬。**一簇聚集在一起的肿瘤上皮细胞，排列成乳头状图案。（吉姆萨染色；中倍镜）(Courtesy of Dr. Walter Bertazzolo.)

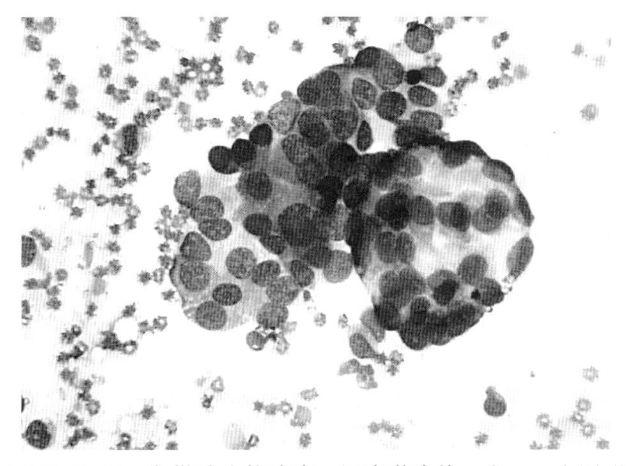

■ 图 12-24　**卵巢乳头状腺癌。细胞学涂片。犬。**一个圆形的乳头状聚集的肿瘤上皮细胞，被称为“细胞球”。（吉姆萨染色；中倍镜）(Courtesy of Dr. Walter Bertazzolo.)

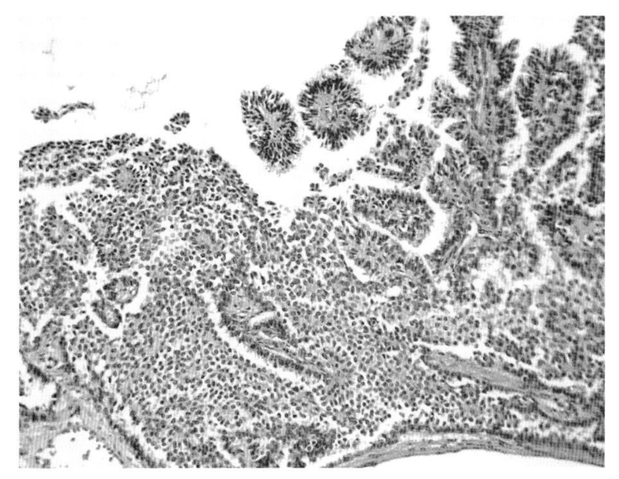

■ 图 12-25　**卵巢乳头状腺癌。组织切片。犬。**上皮细胞增殖增密，其中一些呈现腺样、乳头状生长形态。（H&E 染色；低倍镜）(Courtesy of Dr. Walter Bertazzolo.)

卵巢癌往往不会被发现，直至出现腹膜或胸膜转移灶，引起腹腔和胸腔积液，并随后出现腹部扩张和呼吸困难。这种转移性肿瘤的细胞学检查结果与原发性卵巢癌的细针抽吸结果相似(Masserdotti，2006)。众多的大乳头状细胞聚集存在，也能看到腺样排列。肿瘤细胞是单形性的，伴随有轻度的细胞非典型性(Bertazzolo et al.，2012；Salgado et al.，2012)。

*性索间质瘤。*性索间质瘤包括颗粒细胞瘤、黄体瘤（也称为间质腺瘤、脂肪瘤或间质细胞瘤）、卵泡膜细胞瘤，支持-间质细胞瘤(Gomez-Laguna et al.，2008)。对于犬而言，颗粒细胞瘤占卵巢肿瘤的50%，较常发生在平均 10～12 岁的老年犬。77%的颗粒细胞肿瘤产生雌激素和/或孕激素，多达 20%的肿瘤是恶性的。卵巢颗粒细胞瘤是老年猫最常见的性索间质瘤，50%以上是恶性。有报道的转移部位包括腹膜、腰淋巴结、大网膜、横膈膜、肾脏、胰腺、脾、肝和肺(McEntee，2002)。颗粒细胞瘤即使在组织学诊断中，也可能会与卵巢上皮性肿瘤混淆。细胞角蛋白-7 和抑制素-α 是用来区分这两种肿瘤的有效免疫组化标记。卵巢上皮性肿瘤染色显示细胞角蛋白-7 成阳性，抑制素-α 成阴性，而颗粒细胞瘤细胞和卵泡膜细胞瘤染色显示细胞角蛋白-7 成阴性，抑制素-α 成阳性(Klein，2007；Riccardi et al.，2007)。另一个用以区分颗粒细胞瘤与卵巢上皮性肿瘤的有效标记是 Hector Battifora 间皮细胞表位抗原-1(HBME-1)。HBME-1 是用于诊断卵巢上皮性肿瘤的免疫组化标记。颗粒细胞瘤及相关肿瘤 HBME-1 显示阴性(Banco et al.，2011)。

细胞学诊断显示，颗粒细胞瘤通常是单层的、松散的细胞团，经常成腺样或管状样（图 12-26A）。细胞有时排列成腺样，包围着一些细胞外嗜酸性蛋白样物质称为 Call-Exner 小体（图 12-26A&B）。类毛细血管样结构偶尔会在大型细胞团中被发现（图 12-27）。细胞单个存在时成圆形或多面型。细胞核呈圆形或椭圆形，核仁不清，成轻度至中度异型性。少量至中等数量的细胞质中含有数量不等的空泡(Bertazzolo et al.，2004)。

近期，对于猫黄体瘤的细胞学诊断也出现了报道。可观察到大的圆形到椭圆形的细胞单独排列或呈现松散细胞团。细胞核位于中央或偏向一边，有颗粒状的染色质，核仁位于中央突出较小。轻度到中度核不均。胞质轻度嗜碱性，内有许多大小不等的透明空泡，偶尔出现紫色的小颗粒(Choi et al.，2005)。

*生殖细胞瘤。*生殖细胞瘤包括无性细胞瘤（对应于睾丸精原细胞瘤）、胚胎癌、畸胎瘤、畸胎癌(Gorman et al.，2010)。无性细胞瘤是一个比成熟畸胎瘤分化程度低的肿瘤。6%～20%的犬卵巢肿瘤是生殖细胞肿瘤，在猫科动物占 15%～27%。犬发生无性细胞瘤的平均年龄为 10～13 岁，畸胎瘤为 4 岁。

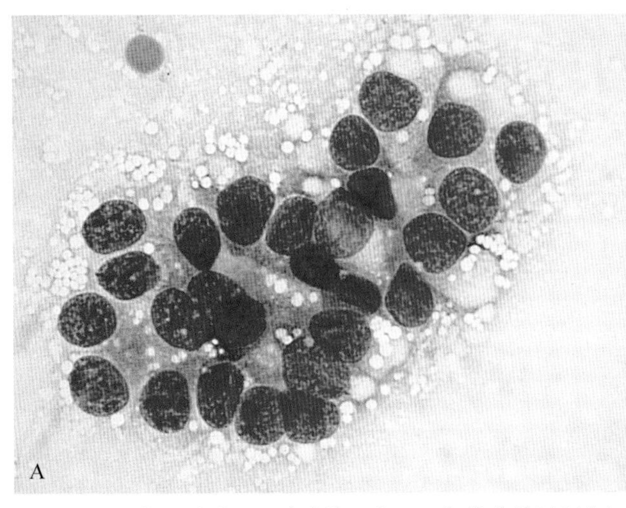

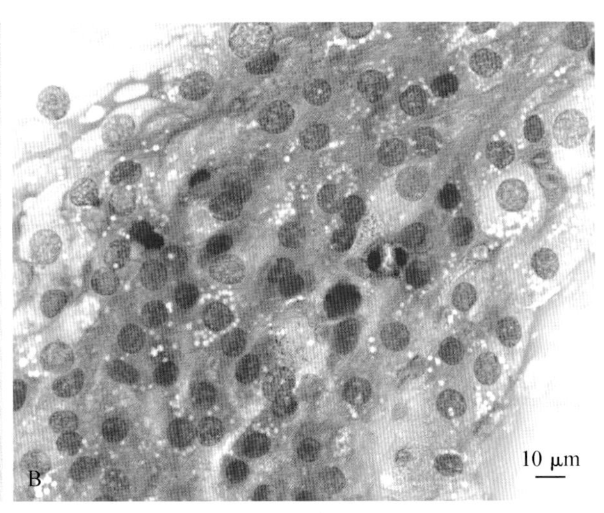

■ 图 12-26 颗粒细胞瘤。细胞涂片。犬。A. 松散的单层颗粒细胞，中量到少量细胞浆中存在空泡。细胞排列成腺样，包裹少量嗜酸性物质，类似 Call-Exner 体。(吉姆萨染色；高倍油镜)B. 圆形至多角形颗粒细胞染色显示细胞角蛋白-7 呈阴性，抑制素-α 呈阳性。细胞学，这些细胞呈现中度细胞大小不均和细胞核大小不均，细到粗点状染色质和大小不等的突出核仁。细胞中有大量嗜碱性细胞中，内含小的透明空泡，被大量嗜酸性物质包围。这种物质对 PAS 及 Alcian blue 呈阳性，表明有黏蛋白成分。(罗氏染色；高倍油镜)(A，Courtesy of Dr. Walter Bertazzolo. B，Glass slide material courtesy of K. Banajee et al.，Louisiana State University；presented at the 2012 ASVCP case review session.)

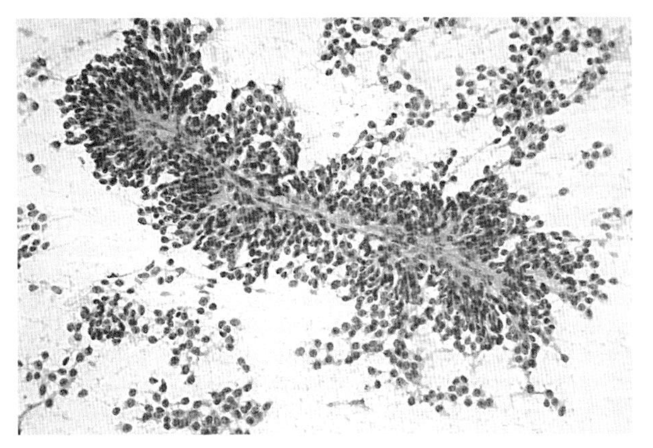

■ 图 12-27 颗粒细胞瘤。组织切片。犬。一个大的颗粒细胞群呈现类毛细血管样结构。(H&E 染色；低倍镜)(Courtesy of Dr. Walter Bertazzolo.)

对已报道的猫无性细胞瘤的年龄范围为 1～17 岁，平均 5 岁。报道称 10%～20%的犬无性细胞瘤主要位点为淋巴结、肝、脑以及肾。幼猫(5～8 个月)和幼犬会出现畸胎瘤(Klein，2007；McEntee，2002)。

在细胞学诊断中，无性细胞瘤细胞占主要成分，为含有明显晶体的，大型，圆形至多边形细胞，单独或成松散细胞团排列。细胞的直径范围为 20～70 μm。细胞核大而圆，染色质点状或网状(图 12-28 和图 12-29)。核仁突出，形状大小不等。通常会出现异常核分裂，有双或多核细胞。有显著的细胞大小不均和细胞核大小不均。细胞质少，透明至蓝灰色，有程度不同的明显边界。偶尔，胞浆内会出现嗜酸性颗粒。可以观察到小淋巴细胞(Bertazzolo et al.，2004；Brazzell and Borjesson，2006)。

细胞学诊断中，畸胎瘤的特点是在坏死的背景细胞中出现，中量的有中性粒细胞巨噬细胞的炎症，皮脂腺细胞或其他成熟的上皮细胞群，丰富的角蛋白碎片和成熟的角质细胞(图 12-30，图 12-31，图 12-32，图 12-33)(Bertazzolo et al.，2004)。恶性畸胎瘤和畸胎癌在细胞学诊断中与畸胎瘤相似。然而，恶性畸胎瘤会出现有中度至显著的异型性的、高度有丝分裂相的、大的多形性细胞(Gorman et al.，2010)。

手术仍是治疗卵巢肿瘤的主要方法。推荐进行完全的卵巢子宫切除术。为便于分期，推荐仔细检查所有浆膜表面，对任何可疑的转移性病变进行切除或活检。有报道化疗可以成功减缓病情，但还没有建立标准的推荐用药方式(Klein，2007)。

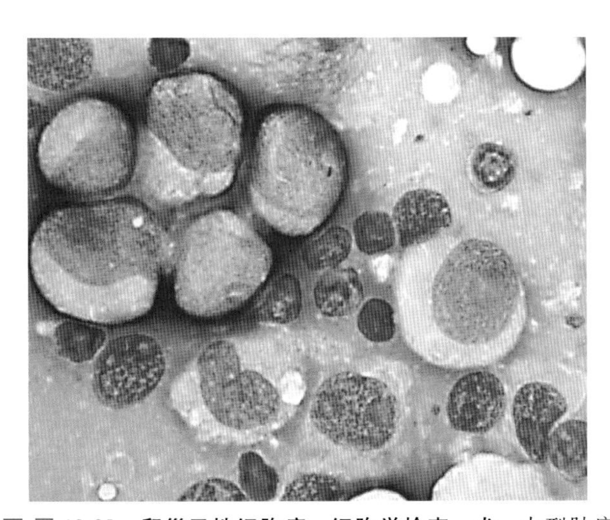

■ 图 12-28 卵巢无性细胞瘤。细胞学检查。犬。大型肿瘤细胞呈圆形，单独排列。细胞核呈多形性，位于中央或偏心，点状粗染色质，核仁突出。细胞核大小不一较为常见。胞质中度至丰富，淡嗜碱性。可见裂解细胞和小淋巴细胞。(迈格吉染色，油镜下)(图片来自 Walter Bertazzolo 医生)

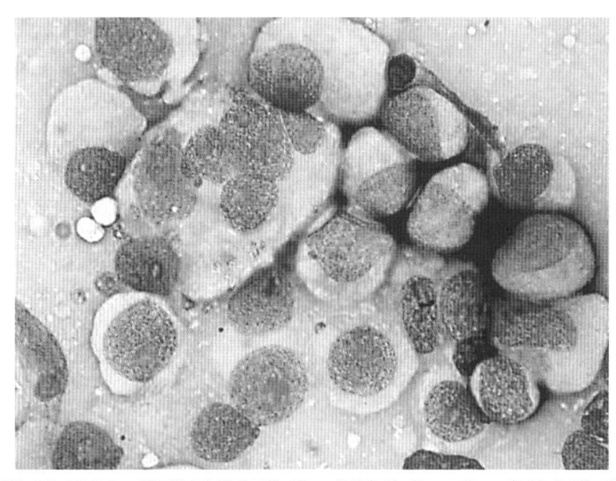

■ 图 12-29　**卵巢无性细胞瘤。细胞涂片。犬。**多核细胞有明显的核大小不一和细胞大小不一。(吉姆萨染色;高倍油镜)(Courtesy of Dr. Walter Bertazzolo.)

■ 图 12-30　**畸胎瘤。细胞涂片。犬。**聚集成簇的上皮基底细胞样细胞。(吉姆萨染色;高倍油镜)(Courtesy of Dr. Walter Bertazzolo.)

■ 图 12-31　**畸胎瘤。细胞涂片。犬。**上皮细胞有一个圆形至椭圆形核,具有明显的嗜酸性粒细胞刷状缘,提示向呼吸道上皮细胞分化。(吉姆萨染色;高倍油镜)(Courtesy of Dr. Walter Bertazzolo.)

## 子宫

子宫细胞学/活组织检查的适应症包括评价子宫内膜囊性增生、感染、子宫积脓(Barrand,2009)、子宫内膜炎性息肉、子宫扭转(Chambers et al.,2011)、肿瘤形成和繁殖的预后评估(Root Kustritz et al.,2006)。

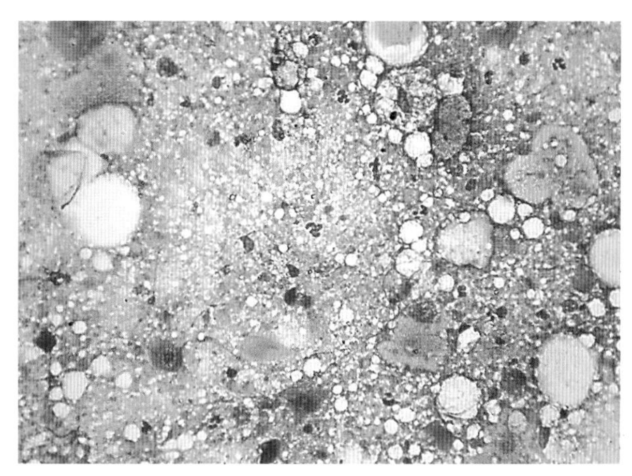

■ 图 12-32　**畸胎瘤。细胞涂片。犬。**坏死背景,角蛋白碎片,明显的中性粒细胞和巨噬细胞。(吉姆萨染色;高倍油镜)(Courtesy of Dr. Walter Bertazzolo.)

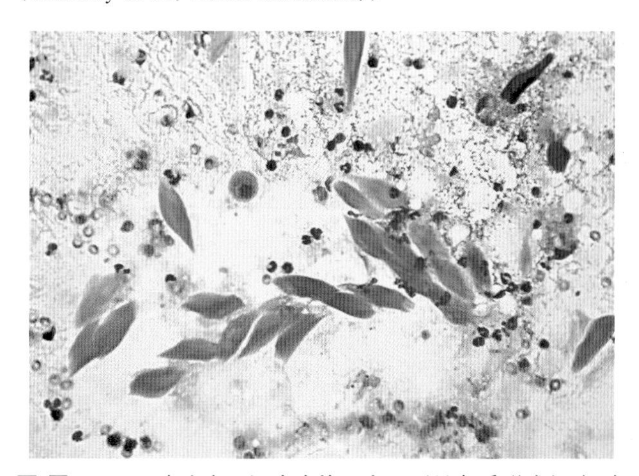

■ 图 12-33　**畸胎瘤。细胞涂片。犬。**可见角质形成细胞,角蛋白碎片,中性粒细胞和血细胞。(吉姆萨染色;高倍油镜)(Courtesy of Dr. Walter Bertazzolo.)

### 特殊的技术联合

细胞可能收集于剖腹产或经阴道取出(Root Kustritz,2006)。最新的技术包括用硬式内窥镜观察子宫颈以及通过子宫颈深入导尿管以达到子宫。微生物和细胞学的样本是通过无菌生理盐水的灌注和冲洗获得的。这种技术在正常母犬的整个发情周期中都可以用于子宫微生物学和细胞学检查(Watts et al.,1997,1998)。发情期犬取样的并发症包括阴道炎、阴道撕裂和子宫内膜炎(Watts et al.,1997)。另一种技术是宫腔镜,即对麻醉的母犬进行腹腔镜和子宫空气灌注。副作用是 50%的犬的子宫内膜会出现淤点或淤斑(Gerber and Nöthling,2001)。

### 正常解剖学与组织学

犬和猫的子宫各有一个子宫体和双侧子宫角。子宫输卵管由四部分组成:漏斗部、壶腹部、峡部和子宫输卵管交界处。它是由输卵管系膜支持的。犬的输卵管系膜完全包围着卵巢,并含有大量的脂肪,其上有一个小的天然孔连接着卵巢囊和腹腔。输卵管漏斗部围绕着卵巢。子宫壁有三层:外膜(浆膜)、中间肌层和内侧的子宫内膜(黏膜层)(图 12-34A-C)。子宫外膜由疏松结缔组织构成,并被腹膜覆盖。肌层分为厚的内侧环形肌层和薄的外侧纵行肌层(图 12-34A)。肌层由具有丰富的血管和神经的血管层分隔开(图 12-34C)。根据母犬和母猫的发情期,子宫内膜上皮细胞呈简单立方上皮或柱状上皮。简单的分支的子宫内膜腺体延伸至固有层(图 12-34B)。子宫颈呈一种将外生殖器和子宫内部环境有效隔离开的屏障结构。子宫颈没有横向褶皱并倾向于背侧开张(Foster,2007)。其他报道中有未成熟雌犬和发情周期不同时期犬的子宫组织学形态变化的研究(Rehm et al.,2007)。

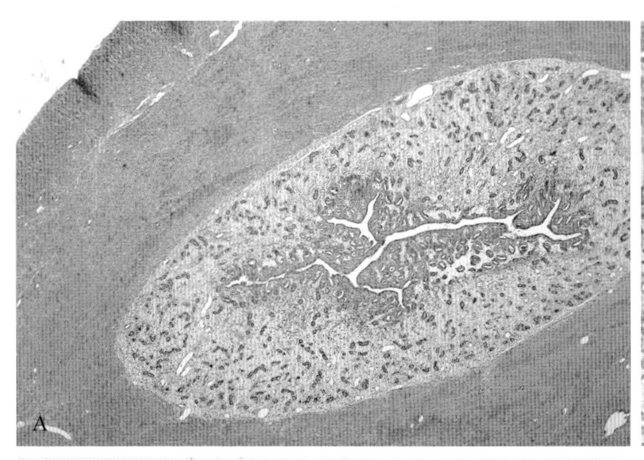


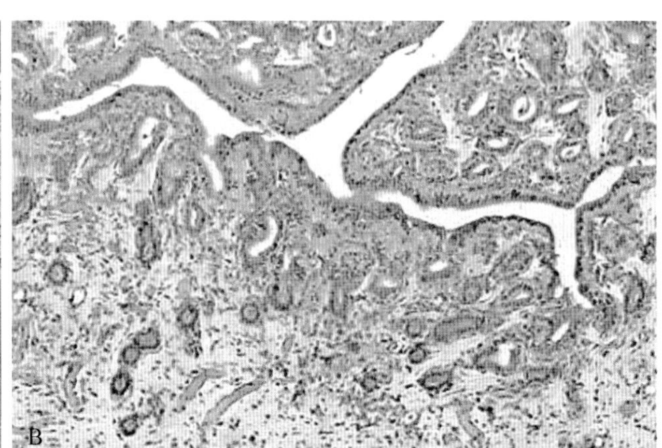


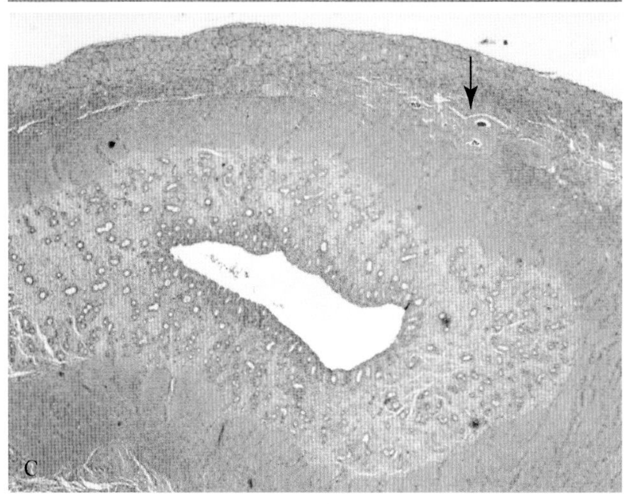


■ **图 12-34 正常子宫。组织切片。犬。A-B 为同一切片 发情前期。A.** 围绕子宫内膜腺体的密集区域是子宫肌层,它由两层平滑肌细胞组成,内层为环形肌,外层为纵行肌。最外层是子宫浆膜或浆膜外间皮层。(H&E 染色,低倍镜)**B.** 近腔上皮放大显示扩张的子宫腺体的黏膜固有层管状结构。内层黏膜或子宫内膜由立方上皮或柱状上皮排列。(H&E 染色,低倍镜)**C. 发情早期,**膜腺体以及更发达的子宫内膜腺体延伸至固有层,箭头显示的是一个突出的血管区域。(H&E 染色,低倍镜)

## 正常细胞学

正常子宫内膜上皮细胞的形态学特征随着发情周期变化,并具有典型的核固缩、核碎裂或核溶解的退化,并在发情末期、发情早期、发情中后期和产后出现明显的细胞质空泡。退化上皮细胞的数量随着时间减少,直到发情末期所有子宫内膜上皮细胞呈立方到矮柱状并缺乏变性特征。子宫内膜上皮细胞呈单层、结合集群分布,并经常有腺泡形成,很少看到单个的细胞。发情前期和发情期的子宫内膜上皮细胞为矮柱形,初情期和妊娠期的子宫内膜上皮细胞为立方形。在发情前期、发情期、初情期和妊娠期,上皮细胞具有完整的细胞核和均匀染色的细胞质。正常子宫内膜上皮细胞的细胞核通常为圆形到椭圆形并具有良好的、点状染色质,而退化的子宫内膜上皮细胞通常形状不规则并固缩。在发情前期、发情期、发情间期和妊娠早期,中性粒细胞是最常见的淋巴细胞,在乏情期淋巴细胞和巨噬细胞是最常出现的细胞(Groppetti et al.,2010;Watts et al.,1998)。在发情前期和发情期收集到的样本中有嗜酸性粒细胞的出现( Groppetti et al.,2010)。在乏情期末期有浆细胞的出现(Groppetti et al.,2010)。整个繁殖周期的各个阶段都可观察到不同数量的红细胞。在最近 1~3 d交配过的发情及妊娠早期的母犬的样本中观察到了精子。在发情前期和发情期也普遍有细菌。发情前期和发情期也有子宫颈和阴道细胞角化(Groppetti et al.,2010;Watts et al.,1998)。

### 炎症

囊性子宫内膜增生-积脓综合征/子宫炎。细胞学检查阴道分泌物或子宫样本,能有助于诊断犬、猫子宫炎性疾病。囊性子宫内膜增生-积脓综合征是一种主要以孕激素诱导子宫内膜增生为特征的疾病,伴随着子宫内膜腺体的扩张和子宫管腔内脓性物质的聚集(子宫蓄脓),最终导致出现临床症状(Agudelo,2005)。子宫蓄脓常见于老年,未生育的母犬,在发情期过后4个周至4个月内出现轻度至严重的全身症状(Smith,2006)。临床症状包括厌食、精神沉郁和/或多饮、多尿、腹胀、伴或不伴有阴道分泌物(分别为开放和闭合性宫蓄脓)。通常,母犬会有发热和白细胞增多症状,虽然报道较少,但也会出现白细胞。当出现肾前性氮质血症时,常伴随脱水。这种全身性疾病可能由于导致毒血症、肾脏病和腹膜炎,而使动物死亡。有些品种患子宫蓄脓的风险较高。

通常认为囊性子宫内膜增生-积脓综合征在猫中是不常见的,这可能是因为猫的排卵需要交配刺激,这限制了孕酮的分泌。这种疾病在别处也被广泛提及(Agudelo,2005)。大肠杆菌是犬、猫子宫蓄脓中最常被分离出的微生物(Hagman and Kühn,2002)。

细胞学诊断中,子宫蓄脓或子宫残端冲洗样本的特点为少量子宫内膜上皮细胞经常出现退行性改变。也能见到众多的未退化和退化的中性粒细胞与许多淋巴细胞、巨噬细胞以及浆细胞。并有大量被吞噬的以及游离的细菌(Groppetti et al.,2010)。据传,在两个不同的猫子宫蓄脓病例中,胎儿三毛滴虫感染和胆固醇肉芽肿已分别有报道(Dahlgren et al.,2007;Zanghì et al.,1999)。

对于子宫积脓治疗选择包括子宫卵巢切除术,联合支持疗法,包括适当的抗生素治疗。催乳素抑制剂,前列腺素,以及抗生素的联合应用治疗,在犬已能有效地快速改善临床症状,这能终止黄体期并促进子宫排空。这样的组合不仅对于那些有繁殖需求的母犬有效,对那些有高麻醉风险的犬也有效(England et al.,2007;Verstegen et al.,2008)。

子宫炎通常在分娩之后出现,特点是出现全身症状,伴随子宫/阴道分泌物恶臭。子宫炎的其他起因可以是细菌(Fontaine et al.,2009),真菌如曲霉病,以及与交配有关(Walker,et al.,2012)。细菌或非细菌性子宫炎与不孕相关(Fontaine et al.,2009)。如果饲主不希望将来进行繁殖或已出现严重的全身症状的话,子宫卵巢切除术也是此病的治疗方案。哺乳期的小犬、小猫应该断奶,人工喂养。

由于开放性子宫蓄脓或者阴道炎引起的阴道分泌物阴道涂片的特征是大量的中性粒细胞,其中已有许多退化(Olson et al.,1984b),细菌可在中性粒细胞外或者细胞内出现。分解的胎儿肌肉纤维可能很少会在妊娠导致的子宫炎样本中出现((Allison et al.,2008)。

### 子宫肿瘤

犬和猫中并不常发生子宫肿瘤,在全部犬、猫肿瘤中,子宫肿瘤分别占0.3%~0.4%和0.2%~1.5%。中老年的犬、猫最容易患病(Klein,2007)。报道称犬中子宫平滑肌瘤是最常见的,相比较而言平滑肌肉瘤是稀有的。这些肿瘤与机体其他部位的肿瘤的细胞学外观相似。子宫癌(McEntee,2002)和血管肉瘤(Wenzlow et al.,2009)也是罕见的。有研究称猫中子宫肌瘤和子宫内膜腺瘤的发生频率相似(Miller et al.,2003)。其他包括平滑肌肉瘤、黏液样平滑肌肉瘤(Cooper et al.,2006)、子宫内膜间质肉瘤(Sato et al.,2007)和混合性苗勒管肿瘤(腺肉瘤)等在猫中都是少见的。推荐进行彻底的子宫卵巢摘除术,并尽量完全切除肿瘤组织和转移灶(Klein,2007)。

## 阴道

用阴道涂片来进行犬发情周期的鉴定是兽医中最常用的细胞学检查。该技术简单易行,具有一定经验后,临床医生可以将其成功应用于优化育种,虽然一些作者认为应谨慎使用该方法来确定最佳交配期(Hiemstra et al.,2001;Moxon et al.,2010)。阴道黏膜的细胞学检查和分泌物检查也能有助于评估阴道炎症和生殖道肿瘤(Root Kustritz,2006)。

### 采样技术

对于从阴道采集细胞进行细胞学检查已经有几种技术被报道了(Mills et al.,1979)。最常见的是,通常使用生理盐水沾湿的棉签或有圆形头的细玻璃棒直接伸入尾部的阴道。应避免触及前庭和阴蒂窝,因为这些区域中存在的角化表层鳞状细胞可能会干扰细胞学诊断结果。一旦越过尿道口,轻轻地将棉签或玻璃棒擦过上皮层即可获得阴道细胞(Root Kustritz,2006)。另一种样本采集的方法,是用一个内含无菌生理盐水的小玻璃球吸管伸入阴道,通过反复冲洗吸取生理盐水获取细胞(Olson et al.,1984a)。一旦获得细胞后,脱落的细胞将被轻轻转移到一个干净的玻片进行染色。此外,阴道内窥镜检查是评价阴道前庭和阴道疾病的性质和程度的一个有效的诊断方式,并且可以获得足够的细胞样本进行显微镜检。此技术在别处有更深入的讲解(Lulich,2006)。

虽然已有几种染液被用于阴道的细胞学诊断,例如甲醇或 Romanowsky 染液是最常用的试剂。这些试剂在临床上便于使用,能够显示出良好的细胞形态,以便于确定上皮细胞的成熟度。巴氏染色或三色染色也被用于发情周期的鉴定。这些染液将角蛋白前体染成了明显的橘黄色,这些物质在表层细胞中含量丰富。橙色或嗜酸性细胞与非嗜酸性粒细胞的比率,称为嗜伊红细胞指数,可以用来评估上皮细胞的成熟度和发情周期的随后阶段。然而,这些染液可能会产生不确定的染色结果,对于染料多功能的需求也限制了它们的实际使用。然而,一种改良的超快速巴氏染色法似乎对阴道细胞学的研究是一项有用的技术,它可以用于评估母犬发情周期(Perez et al.,2005)。

阴道刮取物培养可以指示任何出现外阴分泌物的尿生殖系统疾病。发情期前的阴道尾侧刮取物培养可以用于诊断子宫感染(Root Kustritz,2006)。阴道并非是无菌的,常规培养中可以见到大量的正常菌群,且阴道尾侧比头侧多,发情期比间期或乏情期多。然而,有生殖道疾病的母犬阴道内的微生物数量比从正常母犬多。由于生殖道感染是由正常菌群过度繁殖造成的,所以确定一个定量的培养方案很重要。

## 正常解剖学与组织学

阴道是一个从子宫延伸至外阴的肌性管道。阴道壁由内层的黏膜层,中层平滑肌层以及结缔组织以及腹膜组成的外膜层所构成(Banks,1986)。黏膜层由复层扁平上皮组成,随着发情周期的变化它也会出现相关联的形态学特征改变。虽然黏膜是典型的非腺性的上皮细胞,已经在发情的犬中发现。阴门在解剖学上类似于尾侧阴道。阴门是由包含了尿道口、阴蒂窝和阴唇的尿生殖前庭组成。黏膜由复层鳞状上皮排列组成,在前庭和阴蒂窝内可能会发现一些角化上皮细胞。位于前庭黏膜下层的前庭腺负责产生黏液,在发情以及分娩时需要特别注意。其他文献中也记载了,未性成熟母犬以及发情母犬各个顺序阶段的正常组织学切片。

## 正常细胞学

细胞学诊断可以从脱落的细胞中鉴别出四种上皮细胞。从最深层的最不成熟的细胞到最浅表的成熟细胞,分别是基底层、副基底层、中间以及表皮的细胞(图 12-35)。

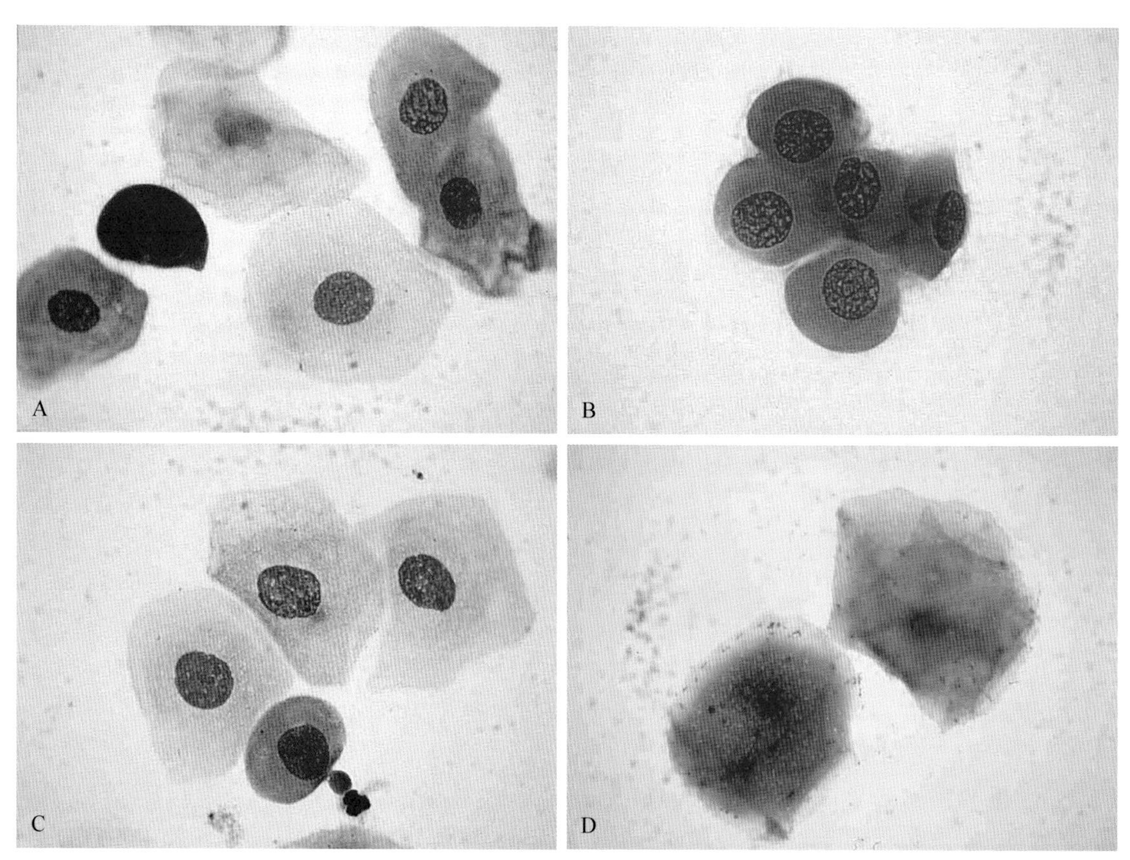


■ 图 12-35 阴道上皮细胞。阴道涂片。犬。**A.** 小嗜碱性细胞是基底细胞,位于副基底层和中间鳞状细胞之间。**B.** 副基底细胞群。**C.** 3 个中间细胞和 1 个副基底细胞。**D.** 鳞状上皮细胞。(瑞-吉氏染色;高倍油镜)

基底细胞位于基底膜，在阴道涂片中导致其他上皮细胞类型出现(Allison et al.，2008)。核圆形、细胞质轻度嗜碱性。由于其位于最深层，在阴道涂片中很少能够看见。

副基底层细胞是常规阴道细胞学样本中可见的最小的上皮细胞。这些细胞具有高核质比，大小和形状相同的圆形核，以及嗜碱性细胞质。含胞质空泡的副基底细胞、中间细胞称为泡沫细胞；液泡的作用未知(Olson et al.，1984a)。这些细胞可能与间情期和乏情相关。动物青春期前阴道涂片可见到大量的副基底细胞，注意与肿瘤细胞鉴别诊断(Feldman and Nelson，2004)。

中间细胞的大小可能会有所不同，但一般是 2 倍副基底细胞的大小。核质比较少，有丰富的蓝色到蓝绿色(角化)细胞质。细胞边界为圆形或出现折叠的不规则形(Baker and Lumsden，1999)。中间细胞也可称为浅表性中间细胞或过渡性中间细胞(Allison et al.，2008)。发情末期中间细胞较大，可能有一个或多个的中性粒细胞包含在细胞质内。这些细胞通常在发情期或阴道炎时被观察到，很少能在发情前期看到(Feldman and Nelson，2004)。

表皮细胞的特点是小型、圆缩核，大量的浅蓝色到蓝绿色(角化)细胞质，细胞边界不规则，有折叠。一些表层细胞中含有黑色染色小体，作用未知(Olson et al.，1984a)。随着细胞的衰老和退化，细胞核消失。有核固缩的表层细胞和无核的表层细胞有相同的生理意义(Allison et al.，2008)。折叠多边形的，有核固缩或无核的细胞称为完全角化上皮(Feldman and Nelson，2004)。

### 犬发情周期分期

表 12-1 列出了犬发情时间、细胞学特点和犬发情周期不同阶段的激素状态，图 12-36 也形象地展示了表 12-1 的内容。在别处也报道了犬发情周期正常的生理学以及内分泌学特征。

**表 12-1　时间、细胞学特征和犬的发情周期各个阶段的激素状态**

| | | 细胞学特征 | | | | | |
|---|---|---|---|---|---|---|---|
| 阶段和发情周期 | | 上皮细胞 | 中性粒细胞 | 红细胞 | 细菌 | 背景 | 激素状态 |
| 发情前期(平均 9 d;3～21 d) | 初期 | 混合的副基底层细胞，中间细胞和一些表皮细胞 | 有 | 有或无，通常有 | 有 | 颗粒状或杂乱，有黏液 | 卵泡发育，雌二醇浓度升高，低浓度孕酮 |
| | 末期* | 表皮细胞(>80%)和中间细胞的混合 | 少或无 | 有或无，通常有 | 有 | 清晰 | |
| 发情期(平均 9 d;3～21 d) | | >80%表皮细胞和无核鳞状上皮细胞(50%)<5%副基底或中间细胞 | 无 | 有或无 | 有 | 清晰 | 雌二醇浓度下降，之后 LH 浓度上升，排卵和排卵前孕酮浓度上升 |
| 间情期(情孕母犬 62～64 d，未怀孕母犬 49～79 d) | | 表皮细胞数量急剧下降，小的中间细胞数量上升 | 经常出现(少量到多量) | 可能出现，通常无 | 有，被嗜中性粒细胞吞噬 | 可能出现大量碎片 | 这一阶段孕酮上升，然后下降；最终快速下降(怀孕犬)或逐渐下降(非怀孕犬) 孕酮是由 LH 与催乳素刺激产生的 |
| 乏情期(1～8 个月) | | 副基底细胞和中间细胞占主导，表层细胞缺失 | 无或少 | 无 | 无或少量 | 清晰或颗粒状 | FSH 浓度上升，LH 在雌激素启动阶段浓度上升较晚，孕酮浓度较低 |

* 阴道涂片不能区分发情前期的末期与发情期 FSH，促卵泡激素；LH，促黄体素

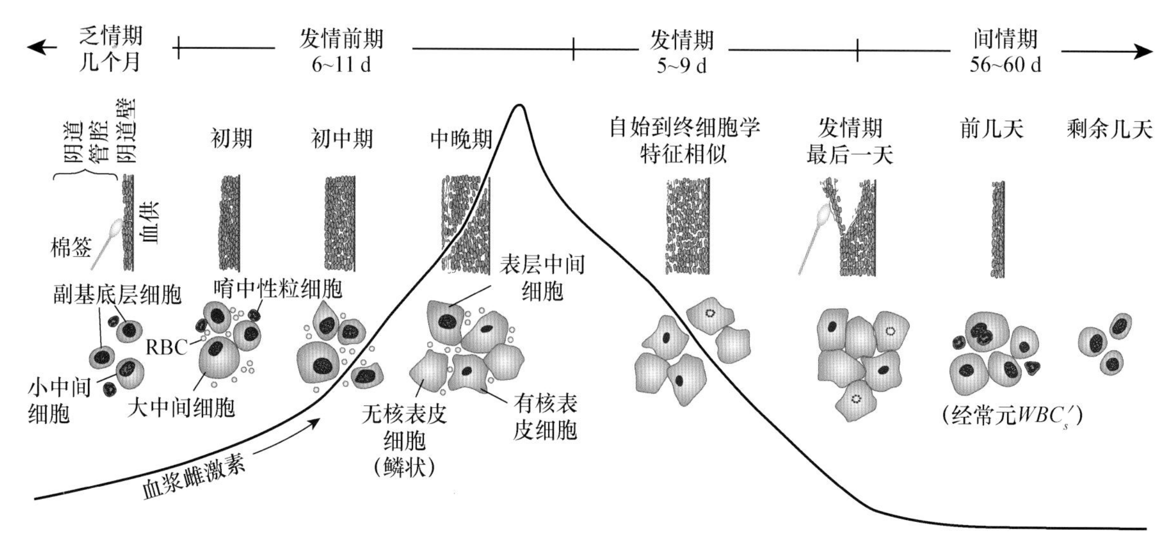


■ 图 12-36 **阴道壁厚度的改变、细胞学和犬血液中雌激素水平与发情周期的关系。**(改自 Feldman EC,Nelson RW:Ovarian cycle and vaginal cytology. In Feldman EC,Nelson RW(eds):Canine and feline endocrinology and reproduction,ed 3,Philadelphia,PA,2004,Saunders,pp. 755.)

发情前期。发情前期(图 12-37A&B)的特点是雌二醇浓度升高和低浓度的孕酮(Freshman,1991)。随着雌二醇浓度增加,阴道上皮细胞增生,红细胞通过子宫毛细血管渗出(Baker and Lumsden,1999)。在初期到中期发情前期,阴道涂片的特征是出现中性粒细胞和的副基底层细胞、中间细胞与表层细胞的混合物(Olson et al. ,1984a)。随着发情前期的发展,中性粒细胞数目减少,表皮细胞数量开始占主导地位。

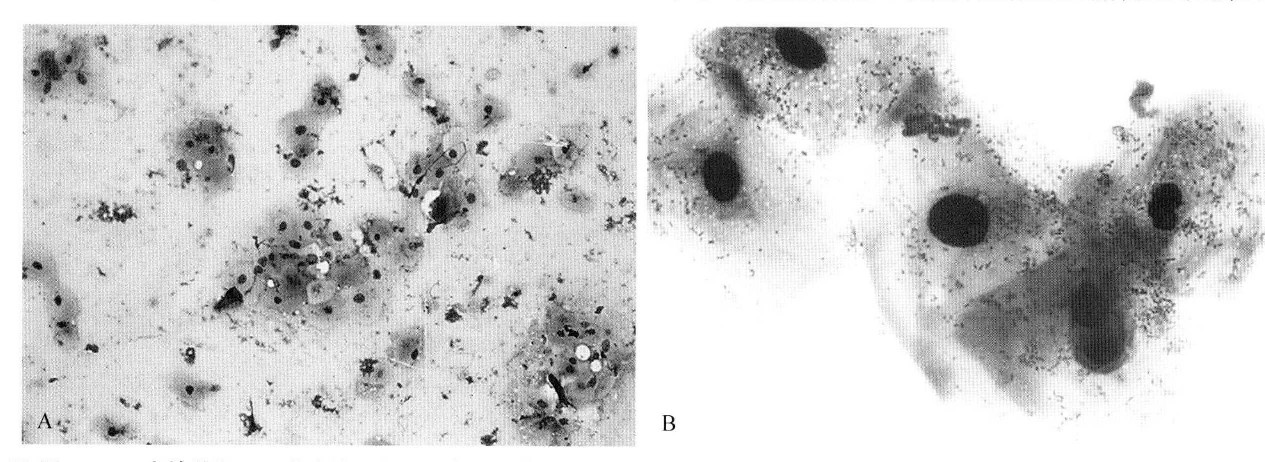

■ 图 12-37 **发情前期。阴道涂片。犬。A.** 存在中等数量的浅层上皮细胞,可见红细胞。黏液的存在使得背景具有嗜碱性。(瑞氏吉姆萨染色,油镜下) **B. 发情前期后期。** 中间和浅表细胞呈圆形,核固缩,胞浆中度嗜碱性呈角折叠边界。可见多量细菌。(瑞氏吉姆萨染色,油镜下)(图片来自佛罗里大学的 Rolf Larsen)

发情期。为了提高繁殖效率,精子应尽可能被输入在最接近排卵部位的生殖道内。虽然阴道细胞学检查已被证明是比行为学改变更准确的发情与排卵指标(图 12-38),但阴道成熟或角化的指征不与排卵密切相关。阴道表皮细胞角化巅峰的范围在促黄体素(LH)峰前 6 d 到峰后 3 d(Olson et al. ,1984a)。由于排卵通常在 LH 峰值后 1~2 d 出现,阴道细胞学检查不能准确地预测排卵。卵子在排卵后 2 d 内存在活力,精子在母犬发情的生殖道内可保持 4 d 活力。因此,母犬应该在细胞学诊断出的发情期间(大于 90% 表皮细胞),每 2~3 d 配种 1 次为最佳(Freshman,1991)。血浆孕酮浓度结合阴道细胞学检查能更准确地指示排卵的时间,这能使繁殖效率进一步提升,还能更准确地估计预产期(Wright,1990)。

发情间期。发情间期(图 12-39 和图 12-40)是黄体期(Freshman,1991)。初期表皮细胞的减少通常比发情期时表皮细胞的增加更迅速。发情间期往往出现中性粒细胞,经常位于表皮细胞的细胞质中(发情后期细胞)。有些间情期正常母犬的中性粒细胞包含吞噬的细菌。细胞学诊断中,早期的发情前期和间情期很相似,因此仅仅一个阴道涂片是不足以区别这两个阶段的(Olson et al. ,1984a)。一旦细胞学诊断显示动物处于间情期,配种几乎不会成功。

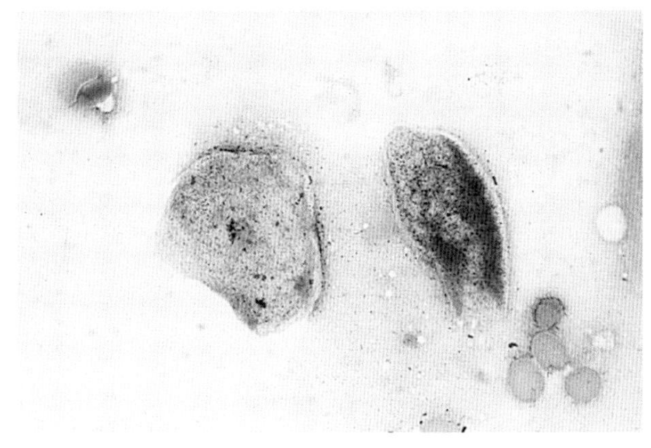

■ 图 12-38 **发情期。阴道涂片。犬。**可见角化上皮细胞，以及背景中的红细胞。（瑞-吉氏染色，油镜下）（图片来自佛罗里达大学的 Rolf Larsen）

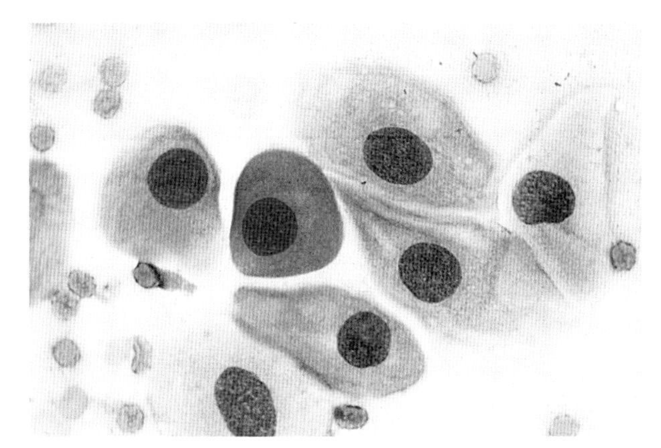

■ 图 12-39 **发情期。阴道涂片。犬。**副基底层和中间上皮细胞。副基底层细胞有圆核，中度核质比，中度至深染嗜碱性细胞质和圆形细胞边界。中间细胞大，细胞质数量增多，有角的细胞边界。背景中存在红细胞。（瑞-吉氏染色；高倍油镜）（Sample provided by Rolf Larsen，University of Florida.）

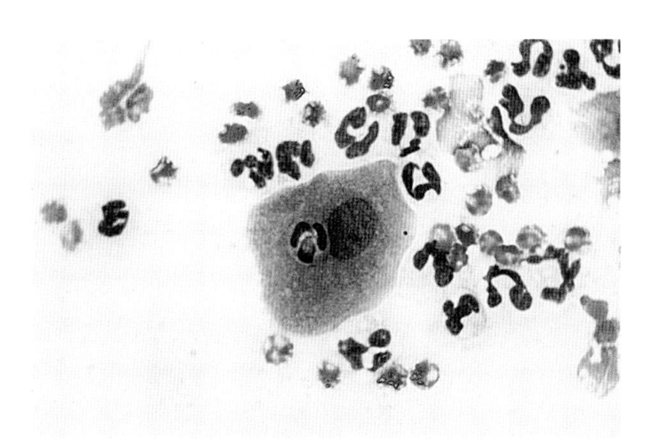

■ 图 12-40 **发情期。阴道涂片。犬。**背景中有大量中性粒细胞和红细胞。位于中心的中间细胞中含有中性粒细胞（发情后期细胞）。这些细胞不是特异性的间情期细胞，只要中性粒细胞数增加都可能发现这样的细胞。（瑞-吉氏染色；高倍油镜）（Sample provided by Rolf Larsen，University of Florida.）

*乏情期。*间情期结束和下一次发情前期开始之间的时期称为乏情期，这是子宫复旧和子宫内膜修复的时间（Freshman，1991）。

### 猫发情周期分期

猫是季节性多次发情动物，排卵必须通过交配刺激，求偶行为持续发生直至排卵（Allison et al.，2008）。发情期的平均持续时间为 8 d（3～16 d），如果不排卵伴随着一个中间阶段为 9 d（4～22 d）。如果出现排卵而没有怀孕，再次发情可能会推迟到 45 d 左右（Olson et al.，1984a）。阴道细胞学检查已被证明能准确预测猫的发情周期的各个阶段（Mills et al.，1979；Shille et al.，1979）。阴道涂片的细胞学特征类似犬，猫的阴道涂片的采样过程很少会导致排卵。

在猫的发情周期阴道细胞学变化类似于犬，但仍有一些差异需要注意。在各个周期阶段红血细胞都很少被观察到。动情前期涂片中很少有中性粒细胞，且与动情间期细胞的特征不一致。发情期，表皮细胞是主要的细胞类型。与犬相比，在猫的发情期，表皮细胞仅占上皮细胞的 40%～88%（Mills et al.，1979）。发情期第 1 天去核的细胞增加，约占上皮细胞的 10%，发情期第 4 天达到平均最大量 40%。已有报道，非常清晰的阴道涂片背景与发情相关。这种特征在 90%的猫的发情期涂片都有发生，是猫发情的一个敏感指标（Shille et al.，1979）。

### 炎症

*阴道炎。*阴道黏膜炎性疾病经常与非感染性因素相关，如阴道异常、阴蒂肥大、胎儿滞留（Nicastro and Walshaw，2007；Snead et al.，2010）、肿瘤或阴道发育不全（“puppy vaginitis”）（Olson et al.，1984b）。对于阴道感染的细胞学评价涂片可从阴道黏膜，阴道分泌物或阴道、外阴肿物的做针抽吸。急性阴道炎的特征是出现中等到大量的中性粒细胞。除了中性粒细胞，在慢性炎症中可看到更多的淋巴细胞和巨噬细胞（Allison et al.，2008）。如果在炎症过程中涉及感染原，可见退化的嗜中性白细胞和被吞噬的细菌（图 12-41 和图 12-42）。不常见的，酵母菌的形态与真菌感染有关，如可能观察到马拉色霉菌属或腐皮病中的菌丝物质（图 12-43）。如果怀疑有真菌感染或者腐皮病的话，可能对细胞学样本进行银染色来识别菌丝（图 12-44）。

阴道炎的治疗应包括鉴别诊断以及纠正任何导致炎症的原发病。如果存在脓毒血症，应在细菌培养以及药敏试验的基础上适当地使用抗生素治疗。阴道炎与对炎症产生反应而出现非典型性细胞特征的上皮细胞相关。如果不存在肿瘤，治疗应消除非典型细胞以减轻炎症。然而,如果已出现一个可观察到的肿物和/或非典型细胞在适当的治疗后仍然存在,应进一步测试排除肿瘤存在的可能性。

■ 图 12-41 **化脓性阴道炎。组织刮取。犬。**阴道皱褶中中性粒细胞增加。中性粒细胞核显示退行性变化,中度至明显溶解。退化通常与细菌感染相关。也可见少量副基底层和中间的上皮细胞。(瑞-吉氏染色;高倍油镜)

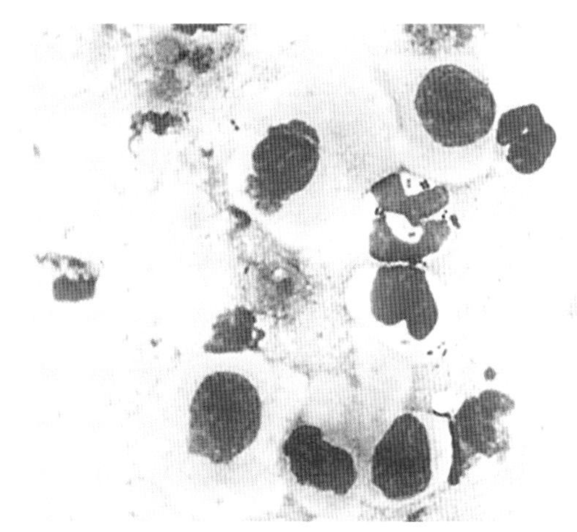

■ 图 12-42 **细菌性阴道炎。组织刮取。犬。**两个退行性中性粒细胞中有吞噬的细菌。与图 12-41 所示为同一阴道刮取物样品。(瑞-吉氏染色;高倍油镜)

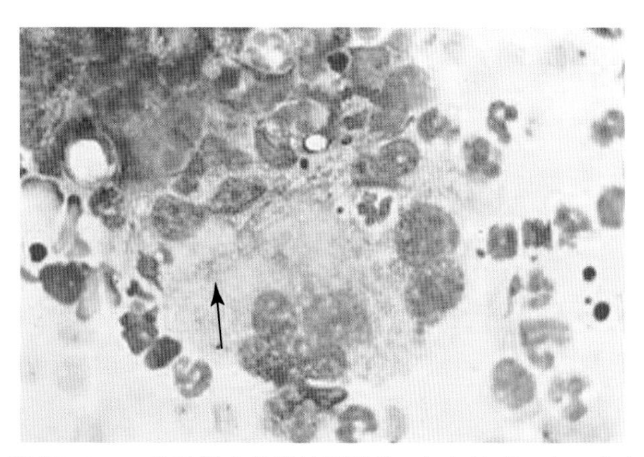

■ 图 12-43 **化脓性肉芽肿性阴道炎。组织抽吸。犬。**这个样本的阴道肿物为化脓性肉芽肿性炎症。有大量中性粒细胞,嗜酸性粒细胞数较少,一个多核巨噬细胞。与巨噬细胞相联的淡染的线状结构可能为菌丝(箭头所指)。(瑞-吉氏染色;高倍油镜)

■ 图 12-44 **霉菌性阴道炎。组织抽吸。犬。**是图 12-43 所示样品的特殊染色。阳性,不分离,线性结构 6~8 μm 的宽度。采集培养证实了腐霉菌的存在。(Gomori methenamine silver;高倍油镜)

## 阴道肿瘤

阴道和外阴肿瘤是不常见的,且往往会出现在年龄较大的动物中(McEntee,2002;Olson et al.,1984b)。临床特征一般是一个缓慢生长的会阴部肿块。临床症状较少,包括外阴出血或流分泌物、生长的外阴肿物、排尿困难、血尿、里急后重、过度舔舐外阴以及难产。平滑肌瘤,纤维平滑肌瘤,纤维瘤和纤维上皮性息肉(Brown et al.,2012)是犬、猫最常见的阴道肿瘤(Baker and Lumsden,1999)。脂肪平滑肌瘤鲜有报道(Sycamore and Julian,2011)。这些良性间质瘤的特点是数量不定的均匀大小的梭形细胞和单独排列的小细胞团(图 12-45)。细胞核成典型的椭圆形,有少量到中量的细胞质。最常见的恶性肿瘤是平滑肌肉瘤,有报道会出现远处转移(Brodey and Roszel,1967)。其他潜在恶性肿瘤包括传染性性病肿瘤(TVT)、腺癌、鳞状细胞癌、尿道移行细胞癌、骨肉瘤、血管肉瘤、横纹肌肉瘤、淋巴瘤、肥大细胞瘤(Klein,2007)。这些肿瘤的细胞学特征与那些在身体其他部

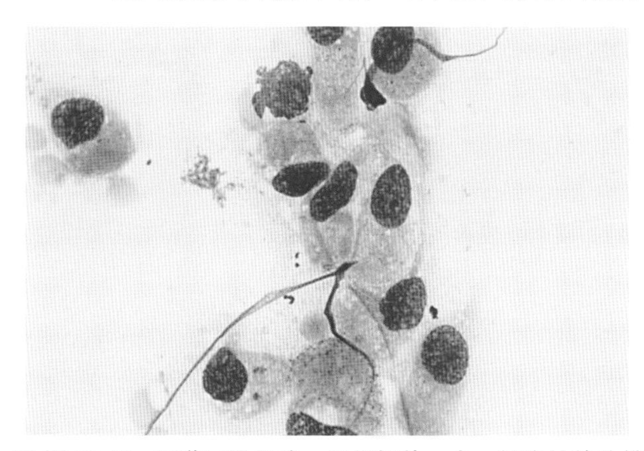

■ 图 12-45 **阴道平滑肌瘤。组织切片。犬。**细胞是单独排列的,或聚集成小的团块,圆形至椭圆形核,核染色质粗,中量核质比,核仁不明显。细胞质中度嗜碱,细胞边界模糊。(瑞-吉氏染色;高倍油镜)

位出现的同类型肿瘤相似。阴道肿瘤的治疗通常包括保守的肿物切除术联合子宫卵巢切除术，这通常是良性肿瘤的治疗方式(Klein，2007)。对于恶性肿瘤病例，需要进一步的评估，以确定局部浸润或转移的程度。

TVT 也可以采用阴道涂片或细针抽吸的细胞学检查方式确诊。TVT 是会通过两性交配传染的，雌雄个体均会发生的传染性肿瘤。肿瘤可位于生殖器和外生殖器等部位，如直肠、皮肤、口腔、鼻腔、眼睛也可发生(Lorimier and Fan，2007)。它们表现为坚固的、脆的、黄褐色、溃疡灶、结节或息肉样团块(图 12-46)。在母犬，TVT 可能直接蔓延到宫颈、子宫和输卵管。虽然转移是罕见的，但 TVT 可以蔓延到局部淋巴结、皮肤以及皮下组织。其他报道的转移部位包括唇、口腔黏膜、眼、骨骼、肌肉、腹部内脏、肺、中枢神经系统(Park et al.，2006)。基于其溶菌酶阳性反应，α-1-抗胰蛋白酶，巨噬细胞特异性免疫和其他细胞类型免疫组化染色呈阴性反应，所以怀疑 TVT 起源于组织细胞。最近报道了 TVT 存在于细胞内的利什曼原虫无鞭毛体，这也佐证了其组织细胞的起源(Lorimier and Fan，2007)。

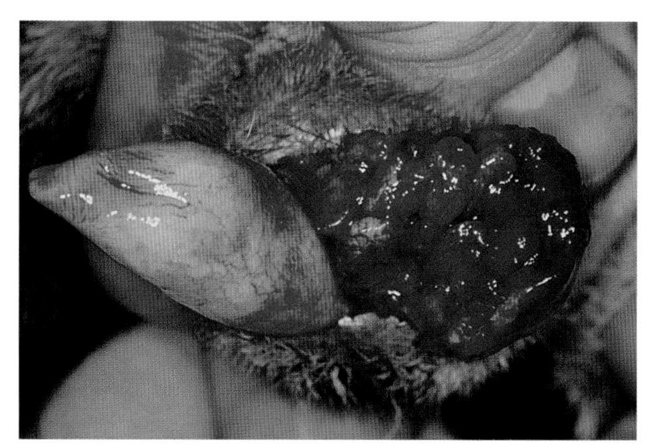

■ 图 12-46　**传染性性病肿瘤。生殖器肿物。犬。**肿物是一个在包皮上的柔软、易碎、出血的肿物。

TVT 的细针抽吸通常出现大量单个圆形细胞(图 12-47 和图 12-48)。细胞核为圆形，有成群的核染色质和单个或多个突出的核仁。细胞核偏向一侧。中量的浅蓝色细胞质中经常包含多个点状空泡。有丝分裂相往往很高。在炎症中，随着细胞数目的增加，可能存在淋巴细胞、巨噬细胞和中性粒细胞。

边缘切除术不被认为是有效的治疗 TVT 的方法。TVT 最有效的治疗方法是化疗和放疗。长春新碱单剂疗法已证明对 TVT 是非常有效的，即使是对于已出现转移的病例。阿霉素是对于出现长春新碱耐药的 TVT 的首选药物(de Lorimier and Fan，2007)。

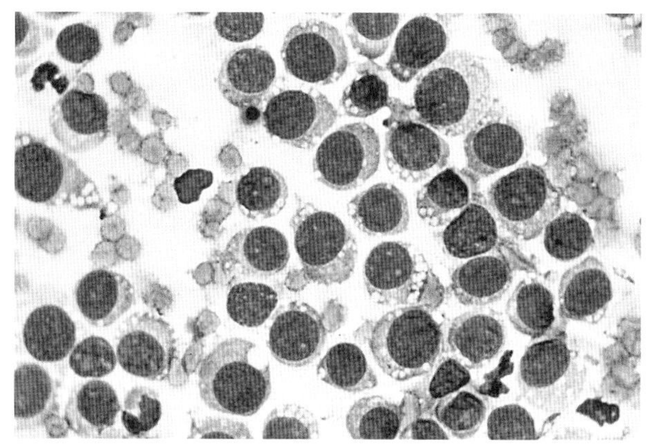

■ 图 12-47　**传染性性病肿瘤。阴道压片。犬。**大量圆形细胞有圆核，粗糙染色质，明显的核仁，少量嗜碱性粒细胞质。许多细胞中有小空泡，这是这种肿瘤的典型表现。(瑞-吉氏染色，高倍油镜)

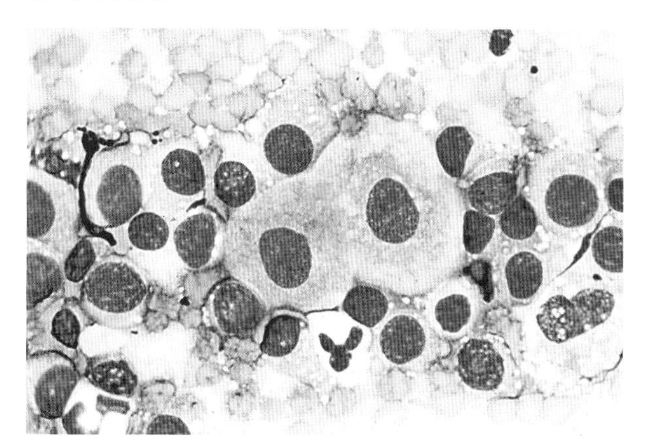

■ 图 12-48　**传染性性病肿瘤。阴道压片。犬。**两个间质上皮细胞(中心)和图 12-47 相同来源的肿瘤细胞。与肿瘤细胞相比，上皮细胞有着更大的体积和更多细胞质。(瑞-吉氏染色，高倍油镜)

## 雄性生殖系统：前列腺、睾丸

### 前列腺

猫有两个副性腺：前列腺和尿道球性腺。前列腺癌、前列腺囊肿、前列腺脓肿和前列腺鳞状上皮化在猫上鲜有报道(Foster，2012)。虽然前列腺疾病在猫中有报道，但大部分还是体现在犬上。以下有关正常和非正常前列腺的发现都是基于犬的。前列腺功能失调在中年和老年的雄性犬中比较常见，如今该类疾病的分类包括增生、囊肿、炎症、鳞状上皮化和原发性或转移性肿瘤。多种前列腺异常可能同时发生(Baker and Lumsden，1999；Johnston et al.，2000)。

基础临床发现，前列腺疾病是全身性发热疾病，尿路标志物减少(出血性尿道分泌物)，异常排便和移位问题的标志(Dorfman and Barsanti，1995)。有些犬前列腺疾病可能不会表现出显著的临床症状；因此，经直肠触诊前列腺只是在众多身体检查中的一部分。正常情况下,前列腺是光滑的、对称的、无痛感的。腹部触诊用来评估增大的前列腺是否移动到了腹腔内。辅助的诊断性测试被用以评估前列腺疑似病例,包括尿检、细菌培养、X光检测、B超(Bradbury et al.,2009)。全血计数和生化检测在前列腺疾病诊断中经常用到;血象和生化异常能够帮助对疾病的诊断(Dorfman and Barsanti,1995)。细胞学、微生物学和组织病理学对前列腺疾病的分类至关重要(Baker and Lumsden,1999;Bradbury et al.,2009)。犬前列腺疾病的诊断主要使用细胞学技术,超声引导的FNA现在被广泛使用。与组织病理学诊断相比,细胞学诊断的准确率为80%(Powe et al.,2004)。除此之外,在细菌感染的检测中,细胞学诊断比组织学诊断更为敏感。

特殊采样技术

*尿道分泌物*。尿道分泌物采集是评价前列腺异常的一个较为便捷的方法,但是不太有效(Baker and Lumsden,1999)。如今,尿道分泌物是通过回缩包皮,清洁阴茎头,将分泌物收集到小瓶或制作成玻片在显微镜下观察。有些样本会被收集到无菌容器中做细菌培养和菌落技术。对导管插入和膀胱穿刺获得的尿液的综合分析应该用于区别正常的尿道菌群和膀胱炎。

*精液评价*。犬、猫精液采集的详述在这一章中不再赘述,但是对此的深入分析可以参考其他资料(Freshman,2002;Zambelli and Cunto,2006)。评价前列腺疾病的精液可以通过人工刺激从未绝育犬身上获得;但是,如果犬在疼痛期或毫无经验,采集精液也许是不可能的(Dorfman and Barsanti,1995)。集合过滤器被用来从富含精子的一级、二级精液组分中分离前列腺三级成分(Olson et al.,1987)。用于微生物分析的被分离物应该放在无菌培养管内,管内要有剩余的液体以供细胞学评估。如果怀疑有炎症,细胞学分离物应该放在含有EDTA的小瓶内(Baker and Lumsden,1999)。因为要统计在下泌尿道的正常菌群,所以就需要大量培养一次射精液。在炎症细胞中,大量(>100 000 cfu/mL)革兰氏阴性菌或者革兰氏阳性菌预示着感染过程(Root Kustritz,2006)。如果细胞学和微生物检测结果无法区分前列腺感染和尿路感染,那么下泌尿道和精液培养将会对结果有所帮助(Dorfman and Barsanti,1995)。

*前列腺按摩/冲洗*。前列腺按摩主要用于收集不能射精犬的前列腺液(Dorfman and Barsanti,1995)。前列腺按摩或冲洗最简单的方法是以直肠触诊为引导,将导尿管插入到前列腺的尾端。注射器和导尿管相连,经直肠按摩前列腺时将液体轻轻吸出(Olson et al.,1987)。导尿管充满了几毫升无菌盐水,将前列腺液吸入设备中用作分析。尿路感染经常伴随前列腺感染,有时候会和前列腺按摩结果相混淆。在这些案例中,其他的检测程序会被用来确定感染的类型。膀胱插管,导尿完全后,冲入5 mL生理盐水。冲洗液作为摩擦前列腺前液部分收集起来。导管再次插入到前列腺尾端。再通过导管向经直肠按摩的前列腺注入5 mL无菌生理盐水。导管继而插入膀胱,收集所有的膀胱液。这是摩擦前列腺后液部分,它没有尿液污染(Root Kustritz,2006;Smith,2008)。菌落计数以及从前列腺摩擦前液和后液中炎性细胞有无可以用来区别是否受到感染。氨苄西林会在尿液中聚集,但是到达前列腺时浓度降低,因为它很难穿过前列腺脂质屏障,它可能需要在前列腺摩擦前一天给予,以确保污染隔离。总的来说,在犬身上用前列腺摩擦来评估前列腺疾病,需要保证无尿路感染或者尿路感染能够得到控制。需要注意的是,通过导尿管获得的细胞学检测液会混有尿道上皮细胞。(Powe et al.,2004;Thrall et al.,1985)。

*细针抽吸*。与前列腺摩擦相比,前列腺的FNA或者FNCS能够产生更为可信的结果和更多的前列腺细胞(Thrall et al.,1985)。如果腺体增大,穿腹的方法可能会被用到。经会阴和直肠的方法已经详述(Olson et al.,1987)。B超对引导抽吸针非常有效,尤其是当主要前列腺病变显示出来时(Zinkl,2008)。抽吸前列腺的方法和抽吸其他组织的方法一样。22号针插入12 mL注射器,扎入腺体,细胞和液体将被抽吸出来。将一滴抽吸液放在玻片上。如果可以,剩余的原料被用于培养。

FNA可以避免急性前列腺炎或脓肿,但也可能有腹膜炎的风险,或者会通过针头通路造成感染(Dorfman and Barsanti,1995)。有疑似前列腺疾病,并表现出有发烧和炎性细胞的犬不能做FNA。如果在抽吸过程中得到了脓性液体,抽吸需要持续到所有压力都消失,以防止样品液漏出(Baker and Lumsden,1999)。但是,在兽医文章中报道FNA用以诊断和治疗前列腺疾病不会引起并发症(Boland et al.,2003)。B超经腹的前列腺FNA在其他地方有详述(Root Kustritz,2006)。前列腺FNA与其他采集法相比有很多优点。前列腺抽吸可以识别鳞状上皮,进而诊断鳞状上皮化,但是在前列腺摩擦液中发现这些细胞会被误认为是下泌尿道的正常鳞状上皮细胞。同时,FNA能够体现更多细胞上的细节,帮助诊断肿瘤的形成。前列腺FNA的主要缺点是局灶性损伤,比如肿瘤形成,这一点可能会被遗忘(Thrall et al.,1985)。然而,用超声来引导抽吸可以降低这种可能性。前列腺或组织检查在其他地方有详述(Smith,2008)。

### 正常的解剖学和组织学

前列腺分泌的液体能够促进精子存活和移动。正常的前列腺液是干净的,代表了犬一次射精的第三部分,虽然有些说法将第一部分也归于来源于前列腺(Dorfman and Barsanti,1995)。前列腺是腺体状的、纤维肌性结构,完全包围在雄性尿道周围(Lowseth et al.,1990)。在 2 月龄之前,前列腺在腹腔内。在脐尿管韧带断裂后,直到性成熟,前列腺位于骨盆管内。随着年龄增长,前列腺增大,并从骨盆边缘移动到腹部。膀胱扩张也可以将前列腺推到腹部。前列腺由尿道开口处的管泡状腺体组成(图 12-49 和图 12-50)。一级和二级折叠的上皮细胞深入腺泡腔内。纤维肌性基质包围着前列腺导管,导管边缘是立方上皮细胞和柱状上皮细胞。变移上皮在尿道开口分泌导管的边缘(Dorfman and Barsanti,1995)。

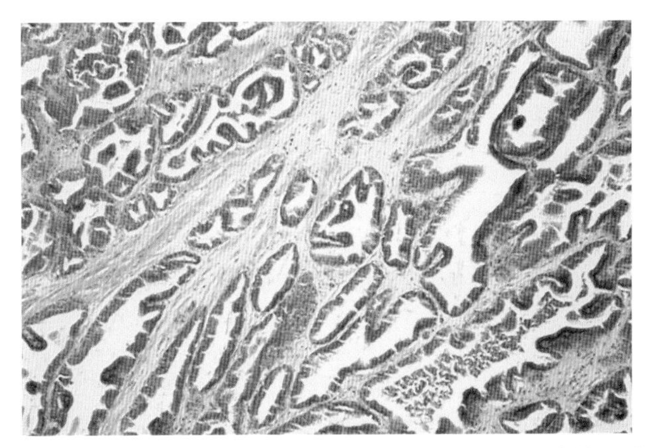

■ 图 12-49 **正常前列腺。组织切片。犬。**管泡状腺被纤维肌性基质围绕。一级和二级折叠的上皮细胞深入腺泡腔内。(H&E 染色;低倍镜)(病例材料由弗罗里达大学的 Roger Reep 和 Don Sam-uelson 提供)

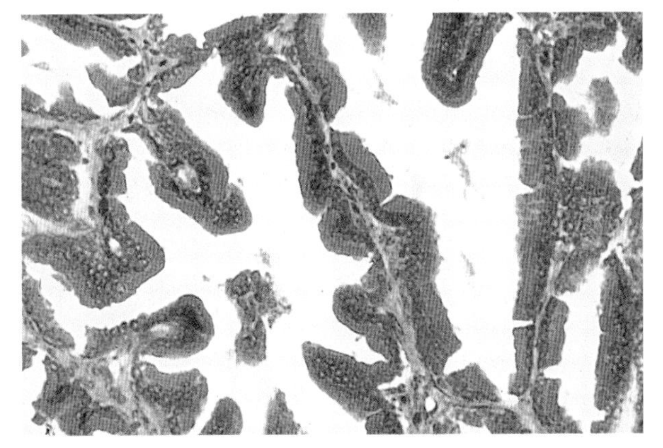

■ 图 12-50 **正常前列腺。组织切片。犬。**高倍镜下的图 12-49。立方和柱状上皮细胞衬在前列腺腔和管道上。犬。(H&E 染色;低倍镜)(病例材料由弗罗里达大学 Roger Reep 和 Don Sam-uelson 提供)

### 正常细胞学

细胞学样本中的前列腺细胞的数量和类型取决于采集技术。通过抽吸从正常犬体内获得的前列腺上皮细胞是立方细胞或柱状细胞。这些细胞在形态和大小上一致,有圆形的核,其中柱状细胞的核在基部。细胞核通常很小,不易看到。细胞质为嗜碱性的,内有小颗粒或者小空泡(Thrall et al.,1985)。在腔内或前列腺按摩获得的样本中可以看到其他类型的细胞,包括精子、鳞状上皮细胞、变移上皮细胞(泌尿道上皮细胞)(Zinkl,2008)。罗氏染色的精子是蓝绿色的,它能够黏附到其他细胞上。鳞状细胞较大,有丰富的蓝色或蓝绿色细胞质(角质化)。这些细胞的细胞核是圆形固缩的,有时看不见。细胞边缘有角度折叠。变移上皮细胞(泌尿道细胞)比前列腺上皮细胞大,细胞质染色浅,核质比低。正常的一次性射精液有少量的中性粒细胞和红细胞。在超声引导 FNA 时如果过度使用超声胶,会导致大量紫色、多形、颗粒状碎片背景的出现,这会使得观察细胞的细节变得困难(Zinkl,2008)。为了避免这种人为失误,在插入抽吸针之前避免过度使用超声胶。

### 前列腺囊肿

在前列腺里和周围会发展出许多囊肿:旁前列腺囊肿发生在前列腺周围,前列腺囊肿则发生在前列腺内(Foster,2012)。前列腺囊肿(图 2-6)发生原因多样,小囊肿与雄性激素依赖的良性过度增生以及前列腺组织潴留性囊肿有关。旁前列腺囊肿会钙化。除了增生性囊肿,前列腺囊肿 2%~5%来源于前列腺异常(Dorfman and Barsanti,1995)。另一项研究表明,前列腺增生在 14%的泌尿系统无问题的成年种犬中流行,42%病例的前列腺囊肿物细菌培养结果呈现阳性(Black et al.,1998)。前列腺腔因损伤而含有尿液是因为尿道疝造成的(Bokemeyer et al.,2011)。小囊肿可以通过直肠触诊,感受到不对称的小而有波动感的增大前列腺。大的、分离性囊肿需要在腹部后部进行触诊,或会阴部触诊。除非囊肿二次感染,囊肿的临床表征不具有特征性(Olson et al.,1987)。含血的尿道分泌物、排尿困难、里急后重可能是因为前列腺增大而产生的。不论是否去势,都建议进行外科手术(Johnston et al.,2000)。在超声引导下,经皮肤的前列腺穿刺也是一种有效的替代疗法(Boland et al.,2003)。

### 良性前列腺增生

良性前列腺增生(BPH)在未绝育的老年犬上多见。BPH 表现为腺体体积和重量增加,这和间质组织和腺体腔增大有关(Lowseth et al.,1990)。腺体对称的囊肿性扩大是由小间质和腺体腔扩大引起的。BPH的发病机制现在还未清晰。但是,对它的认识发展有赖于当前的研究(Dorfman and Barsanti,1995)。二氧睾酮是一种关键的性激素,它能够通过促进基质和腺体成分的增长而刺激犬前列腺的增大(Johnston et al.,2000)。老年犬体内睾酮含量会下降;但是,二氧睾酮经常会在增生的前列腺组织中积聚(Olson et al.,1987)。在比格犬的前列腺增生组织中发现睾酮受体表达量增加。除此之外,雌激素能够和雄激素协同作用,加强BPH;雌激素也可能直接作用于前列腺,导致基质肥大和鳞状上皮细胞变形。治疗犬BPH选择是去势或者非那雄胺治疗法——非那雄胺能够阻止睾酮转化为二氧睾酮,且可以使前列腺细胞凋亡萎缩(Sirinarumitr et al.,2001)。其他治疗BPH的方法另有详述(Smith,2008)。

对于人,前列腺生理结构是固定的,它的扩大会导致尿路梗阻,造成不同程度的排尿困难(Lowseth et al.,1990)。对于犬,前列腺不是固定的,所以它增大会向外部运动,导致便秘和里急后重。有时候还会发生轻度尿道分泌物出血(Dorfman and Barsanti,1995)。但是,在临床上很难看到BPH犬表现这些症状。触诊可以发现对称性扩大,腺体无疼痛;但是,表面偶尔会不规则(Johnston et al.,2000)。

从扩大的前列腺中获得的上皮细胞成簇地形成蜂窝样(Masserdotti,2006)(图12-51和图12-52)。细胞有固定的外观,细胞核呈圆形,并有小而圆的核仁。核质比较低,细胞质是嗜碱性的,偶尔有空泡结构。细胞的尺寸会有略微增大,核形态不均也时有发生(Baker and Lumsden,1999)。从增大的前列腺中获得的细胞学样本能够反映前列腺上皮细胞的正常数量,尤其当前列腺对称性增大时,可以用以诊断BPH(图12-53A&B)。

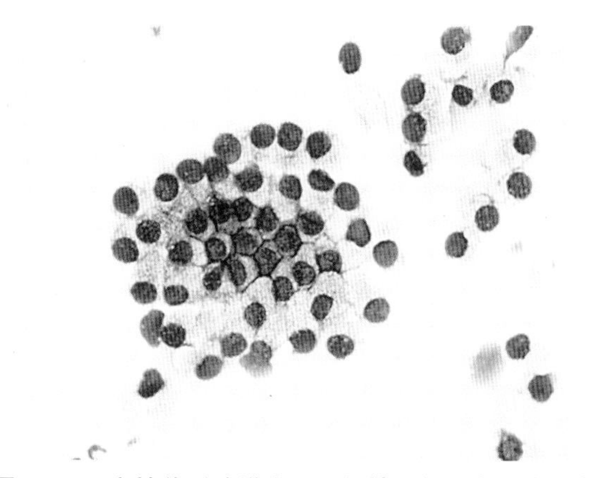

■ 图12-51 **良性前列腺增生。组织抽取物。犬。**从增大的前列腺中取出的正常形态的前列腺上皮细胞。细胞在大小和形态上基本相似,有独立存在的,也有成簇的。中心成簇的细胞呈现蜂窝状。(瑞-吉氏染色;高倍油镜)

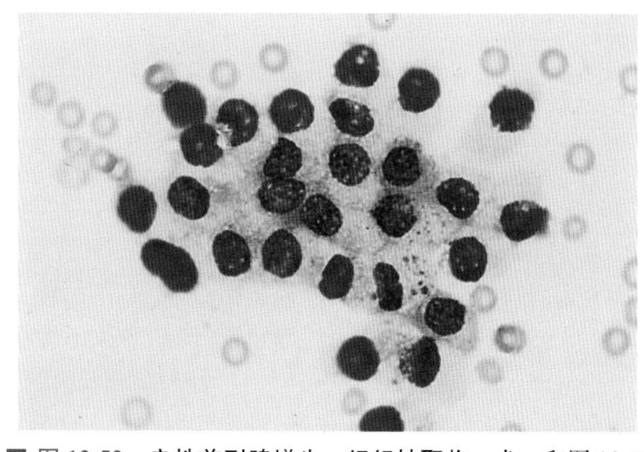

■ 图12-52 **良性前列腺增生。组织抽取物。犬。**和图12-51来源于同一病例。前列腺上皮细胞核呈圆形,核染色质轻微粗糙,细胞质呈轻微嗜碱性。有些细胞含有少量嗜碱性分泌物。(瑞-吉氏染色;高倍油镜)

### 鳞状上皮化

雌激素升高会导致前列腺上皮的鳞状上皮化(图12-54A-C)。在这个过程中,上皮细胞逐渐着色,形态上向鳞状上皮细胞变化。分布在导管、基质和10%的前列腺上皮细胞中的雌性激素受体可以介导这种反应(Baker and Lumsden,1999)。虽然慢性刺激和炎症反应会导致鳞状上皮化,但是雌激素主要来源于支持细胞瘤(Powe et al.,2004)。前列腺也许会因为睾酮的减少而缩小,或者因囊肿或脓肿而增大。临床标志与雌激素增多有关。治疗鳞状上皮化的方法是去除雌性激素的来源。

### 前列腺炎

急性和慢性感染的犬前列腺疾病通常是由尿道需氧菌(包括支原体)增多并进入前列腺而引起的(Johnston et al.,2000)。泌尿器官炎症通过血液传播感染前列腺也有可能(Dorfman and Barsanti,1995)。从急性和慢性前列腺炎组织中最常见的是大肠杆菌,还伴有葡萄球菌、克雷伯氏菌、奇异变形杆菌、支原体、铜绿假单胞菌、肠杆菌、链球菌、巴氏杆菌和嗜血杆菌(Johnston et al.,2000;Smith,2008)。犬布鲁氏菌会感染犬的前列腺,但主要感染附睾和睾丸(Johnston et al.,2000)。厌氧菌或真菌感染(皮炎芽生菌[图12-55][Reed et al.,2010]、新型隐球菌或粗球孢子菌)也可以通过血液传播,尿道上升,或阴囊渗透发生(Johnston et al.,2000)。婴儿利什曼虫感染会导致慢性前列腺炎(Mir et al.,2012)。BPH、鳞状上皮化、肿瘤化会感染正常的免疫系统,或者为细菌提供生长物质(如囊肿的血液)(Olson et al.,1987)。败血性前列腺炎核心物质的聚集或者前列腺囊肿的感染会导致前列腺脓肿(Baker and Lumsden,1999)。

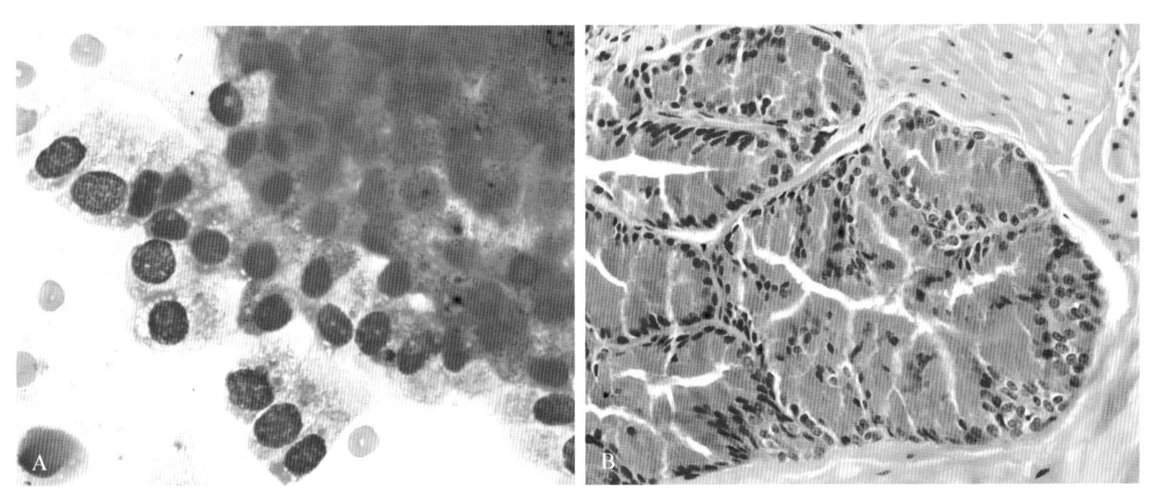

■ 图 12-53　**良性前列腺增生。犬。A-B 为相同病例。A. 组织抽吸物。**前列腺上皮细胞是柱状且规则的。细胞颗粒化，以及细胞层和细胞簇的色素分泌明显。(瑞氏染色；高倍油镜)**B. 组织部分。**上皮细胞增大是退行发育的特征。细胞核染色质密度相比正常的低，但是核仁更明显。(H&E 染色；中倍镜)(A 和 B，由普度大学 Rose Raskin 提供)

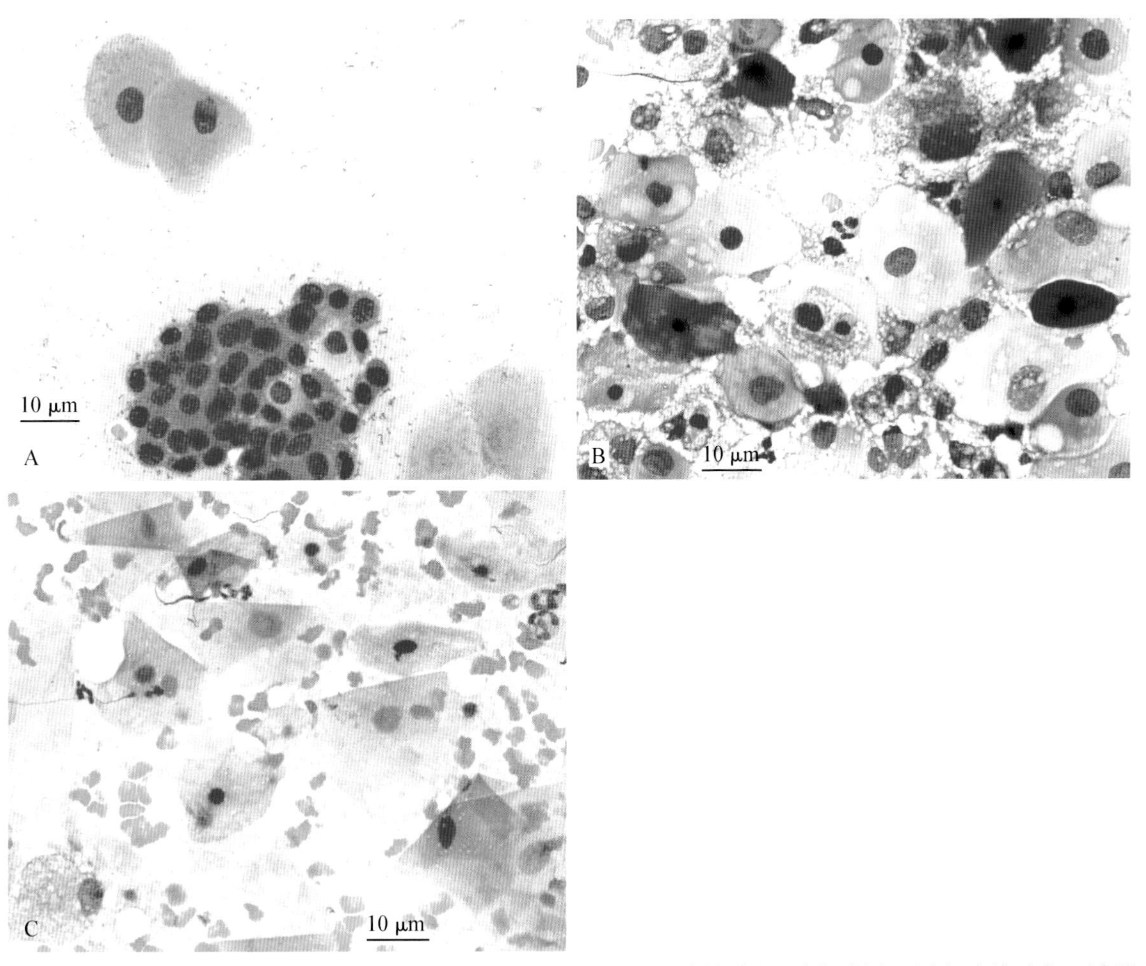


■ 图 12-54　**鳞状上皮细胞化。前列腺。犬。A. 冲洗。**由柱状上皮细胞组成的增生上皮细胞层，两个细胞核过小，两个没有细胞核。背景被细菌污染。中性粒细胞(未显示)轻度扩增。(改良瑞氏染色；高倍油镜)**B. 组织抽吸。**柱状上皮细胞不同阶段，包括成熟和角质化。(改良瑞氏染色；高倍油镜)**C. 组织抽吸。**中性粒细胞和巨噬细胞炎症伴随着表皮角质化(改良瑞氏染色；高倍油镜)(A-C，由普度大学的 Rose Raskin 提供)

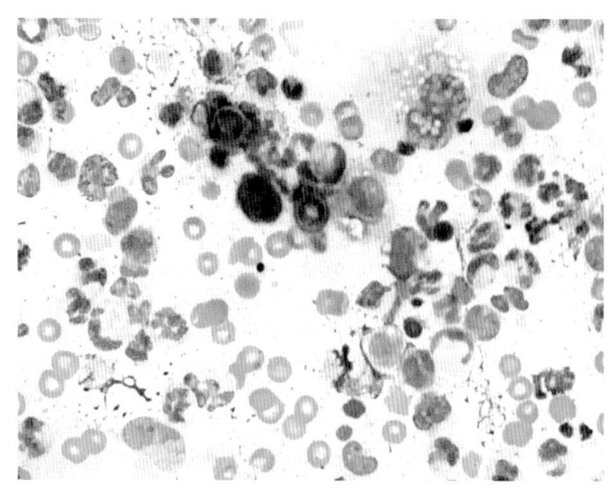

■ 图 12-55 **真菌前列腺炎。组织抽吸。犬。**突然不能排尿，直肠触诊发现前列腺明显增大。图像是围绕在两个酵母周围的中性粒细胞、巨噬细胞、嗜酸性粒细胞，其中一个酵母显示了很大的空泡。4个月之前接受过真皮酵母病治疗。(改良瑞氏染色；高倍油镜)(由普度大学的 Rose Raskin 提供)

急性前列腺炎通常与全身性疾病(发烧、厌食、昏睡)有关，可以通过染色尿或粪、血尿、阴囊水肿、包皮、后肢或直肠触诊前列腺来判断(Dorfman and Barsanti，1995)。由于腰椎尾部或者腹部的疼痛，犬的前列腺经常会发生移动。经常显示炎性白细胞相。慢性前列腺炎基本没有临床表现，或可能有周期性的尿路感染，精子质量低，或性欲降低(Johnston et al.，2000)。间歇或持续的尿道分泌物显著。前列腺肥大的标志(下垂、排尿困难)，间歇或持续的尿道分泌物，内毒素血症和前列腺炎相关表征与前列腺囊肿相关。通过细菌培养和药敏试验来找到治疗前列腺炎的抗生素是主要的治疗方法。在急性前列腺炎中，因为前列腺脂质屏障被破坏了，大多数抗生素能够到达感染部位(Olson et al.，1987)。对于慢性前列腺炎的治疗，需要选择能够通过脂质屏障的抗生素，这些抗生素能完整地聚集在前列腺中。除了适宜的抗生素治疗，前列腺脓肿可以用手术疗法，如缝合腺体，排脓，前列腺切除。这些手术程序都相当复杂。当然，去势手术对于犬的前列腺疾病也能起到治疗作用(Dorfman and Barsanti，1995)。

前列腺炎细菌培养的结果显示细胞中有大量中性粒细胞，大多数表现出了退行性病变，包括核裂解、核溶解(图 12-56)。巨噬细胞也会出现，在慢性前列腺炎中尤其多(图 12-57)。如果之前没有使用抗生素治疗，组织内外都能看到以上情况(Boland et al.，2003)。细胞质嗜碱性增加，核-质比增加，轻微的核大小不均可以成为上皮细胞扩增的证据。炎症引起的上皮细胞异型性需要和肿瘤化的假阳性相区分(Thrall et al.，1985)。

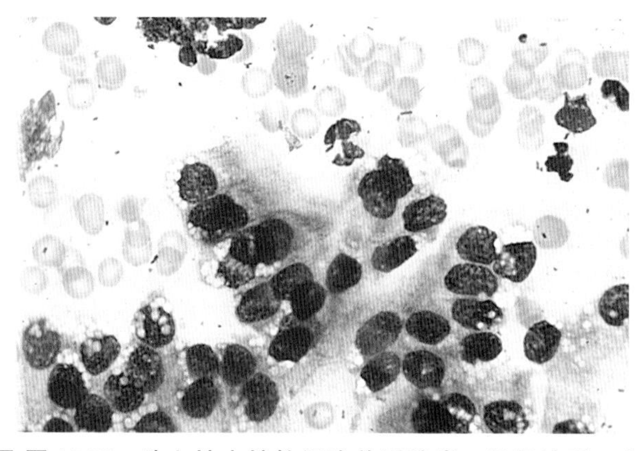

■ 图 12-56 **败血性中性粒细胞前列腺炎。组织抽吸。犬。**在图中显示了急性败血性前列腺炎的前列腺上皮细胞和中性粒细胞。中性粒细胞表现出退行性变化，单个角质化。背景中和中心粒细胞中有细菌。(瑞-吉氏染色；高倍油镜)

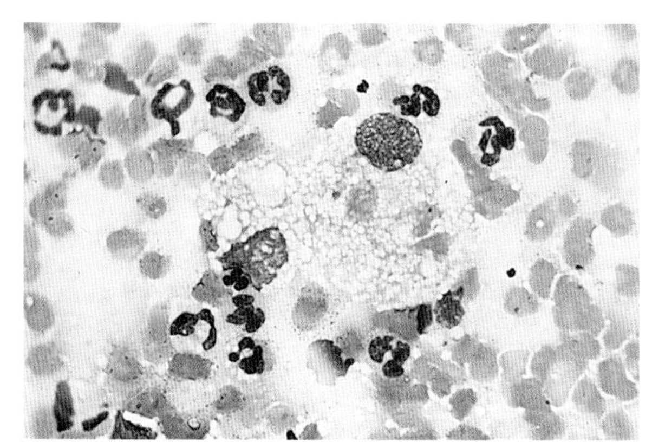

■ 图 12-57 **混合型细胞前列腺炎。组织抽吸。犬。**慢性前列腺炎中的混合细胞图。中性粒细胞增多，大多数未发生退行性病变，可以看到两个活跃的巨噬细胞。感染的组织在样本中看不到。(瑞-吉氏染色；高倍油镜)

## 前列腺肿瘤

前列腺恶性肿瘤在犬中很少见，占 0.2%～0.6%(Bell et al.，1991)。由前列腺变移上皮癌变导致的恶性腺瘤是肿瘤中最常见的。但是，其他肿瘤也有存在，比如鳞状上皮癌(Dorfman and Barsanti，1995；McEntee，2002)。前列腺上皮肿瘤，是前列腺癌的前期表现，这在前列腺肿瘤中已经被报道(Leroy and Northrup，2009；Matsuzaki et al.，2010)。其他的恶性肿瘤很少被发现，例如淋巴瘤，血管内皮瘤，平滑肌肉瘤之类的恶性间质细胞瘤(Fan and de Lorimier，2007；Hayden et al.，1999；Teske et al.，2002；Winter et al.，2006)，以及前列腺肉瘤。

如今，前列腺癌在犬疾病中有多种解释。我们约定前列腺癌症是恶性腺癌(来自于前列腺腺体组织)。但是，犬有多种癌症，包括恶性腺癌(推测来自于腺体)、变移细胞癌(推测来自于前列腺导管)、混合癌、鳞状上皮癌(Foster，2012)。但是，腺体类型与变移类型的比较需要区分犬前列腺癌的来源，这一点是备受争议的(Leroy and Northrup，2009)。

这些肿瘤可以源于前列腺上皮细胞，衬于前列腺尿道的膀胱上皮（例如变移细胞癌），或是导管上皮细胞。大多数犬前列腺癌包含了腺泡内成分，但是许多也包含了变移细胞癌成分。对于人，前列腺抗体（PSA）在前列腺腺癌和泌尿上皮癌（变移细胞）中是不同的。但是犬的前列腺细胞不产生 PSA，它仅仅只是一个精氨酸酯酶，无法和抗体特异性结合。另外，角蛋白 7 免疫反应，精氨酸激酶基因表达及酶反应不能够区分犬变移上皮癌和前列腺腺体癌（LeRoy et al.，2004）。目前，前列腺癌来源于导管上皮已经被确认，与此相关的是，前列腺癌通常有腺泡、前列腺和膀胱的尿路上皮的形态特点。除此之外，胚胎泌尿生殖窦上皮发展为前列腺腺体和膀胱，因此，犬前列腺癌可能来自管上皮细胞。这种上皮细胞在尿道和前列腺腺泡中是不同的（Leroy and Northrup，2009）。在另一项研究中，尿路蛋白Ⅲ（UPⅢ）、PSA、CK7、CK18 的表达揭示了犬前列腺癌主要来源于导管而非腺泡（Lai et al.，2008）。犬前列腺癌对雄性激素受体呈阴性，预示着雄性激素在癌症启动过程中不起作用（Fan and de Lorimier，2007）。关于人和犬的前列腺癌的比较在其他文章中也详述（Leroy and Northrup，2009）。

前列腺癌主要发生于 8～10 岁犬（Dorfman and Barsanti，1995），而且去势犬高发（Bryan et al.，2007），并且大部分是过渡期类型的。大多数犬前列腺癌，尤其是过渡期类型的，具有入侵性和转移性。尸检前列腺癌患犬时发现 80%～89%前列腺癌发生了转移，淋巴结和肺是主要转移位点（Cornell et al.，2000）。其他转移位点有骨、膀胱和肠系膜。骨转移主要发生在骨盆、腰椎和股骨，可以发生溶解或增生（Dorfman and Barsanti，1995）。这种疾病预后不良，不治疗的情况下生存不足 2 个月（Bell et al.，1991；Sorenmo et al.，2004）。

犬前列腺癌是一种潜伏性的疾病，很多犬临床上不表现任何异常，直到恶性肿瘤晚期才表现出来。体格检查最常见的异常是前列腺肥大，它能够检查出 52%有癌症的犬。这种增大是非对称性的（32%）；但是，有时候也表现为对称性（6%）（Bell et al.，1991）。其他体格检查还有：腹部触诊疼痛，恶病质，发热，呼吸困难，排尿困难，尿淋漓，血尿，里急后重，体重下降，步态异常，以及腹部肿块（Johnston et al.，2000）。尿流量完全阻塞会导致输尿管积水，肾盂积水，继发肾衰竭（Fan and de Lorimier，2007）。

治疗前列腺癌通常用保守疗法，有时候也会用到手术摘除或放射手术干预（Dorfman and Barsanti，1995）。但是，对于人，流行病学和实验证明，非甾醇类药物和抗炎药物（NSAIDs）能够预防癌症发展。这种化学疗法的作用是间接的，它通过局部阻止环氧酶（COX-2）组织内源性前列腺素 $E_2$ 的产生（Fan and de Lorimier，2007）。犬正常的前列腺组织不表达 COX-2，但是在 75%～88%前列腺癌症犬中可以检测到（L'Eplattenier et al.，2007）。此外，与不治疗的犬相比，用 COX-2 阻断剂治疗后的犬生存时间上明显延长。

FNA 是有效的前列腺肿瘤诊断方法。FNA 细胞学分析显示，大量嗜碱性，有时有空泡结构的上皮细胞成簇分布（图 12-58A&B）。核质比高，细胞核大小不均，红细胞大小不均从适中到明显。细胞核从圆形到多形性，核仁变大，变突出，经常有多个，两个细胞核也会很明显。腺性前列腺癌和过渡性前列腺癌在细胞学和组织病理学上很难区别（Baker and Lumsden，1999）。许多腺泡结构在腺性前列腺癌中很明显，这能帮助区别过渡性前列腺癌（Baker and Lumsden，1999）。此外，过渡性癌细胞显示单尾形状，而且空泡质很少，这是腺体转化的结果。癌细胞为非紧密连接，大多数是二维成簇。细胞核从圆形变成卵圆形，染色质不规则集聚，有时核仁化，而细胞核大小不一逐渐变得显著（图 12-59，图 12-60，图 12-61，图 12-62）。肿瘤化的前列腺腺体经常包含 BPH 特征，腺体囊性扩大，和明显的化脓反应以及浆细胞性炎症。Bell et al.（1991）研究表明，在组织病理学基础上诊断后，这些样本做细胞学分析，发现 15/19（79%）表现为癌症。假阴性细胞学结果可能来源于小样本调查，肿瘤性病变局灶性分布，或者 BPH 与前列腺炎同时发生。血清和精液中的磷酸，PSA 以及前列腺特定酯酶不能作为犬前列腺癌的诊断方法。

## 睾丸

单边和双边睾丸增大可以通过 FNA 和细胞学检测来分辨（Zinkl，2008）。细胞学检测对分辨炎症或者引起睾丸增生和睾丸癌症分级的癌症状况非常有效（Masserdotti et al.，2005）。FNA 对评估雄性不育非常有效（Dahlbom et al.，1997）。睾丸 FNA 与间歇或长期不利反应无关（Dahlbom et al.，1997）。

### 特殊采集技术

常规 FNA 是将 5～10 mL 针头与 20～25 号注射器连接，用于细胞样本采集（Kustritz，2005）。因为细胞脆性的存在，抽吸的时候必须非常小心，有人建议避免化学抽吸，以获得低损伤的样本用于细胞学检测（Masserdotti et al.，2005）。为了获得单层细胞，抹片要相对轻薄。对所得组织印片轻碰也可减少细胞破坏（Masserdotti et al.，2005）。睾丸活组织印片需要立刻移取防止细胞降解。

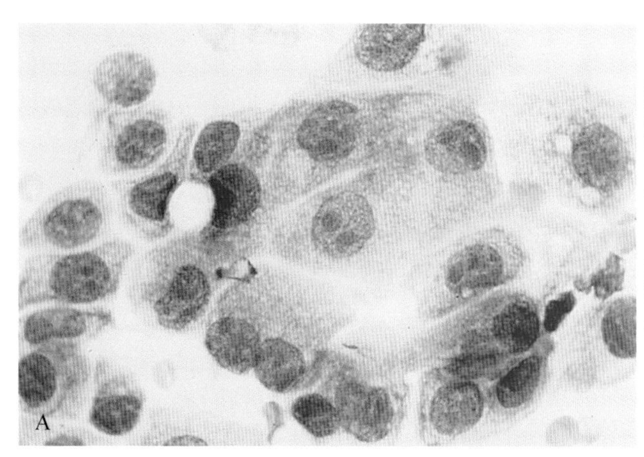


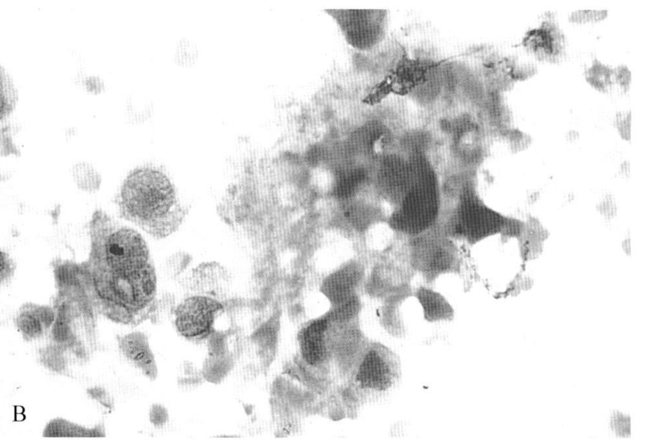


■ 图 12-58 **腺性前列腺癌。细胞学检测。A-B 为相同病例。A.** 肿瘤上皮细胞有明显的、巨大的、多个核仁，粗糙的细胞核染色质，轻微的细胞核大小不均和红细胞大小不均，丰富的核质比，以及双核结构。（瑞-吉氏染色；高倍油镜）**B.** 无定形的嗜碱性材料是坏死表现，这可以在有害肿瘤的抽吸中发现细胞的轮廓不明显。（瑞-吉氏染色；高倍油镜）

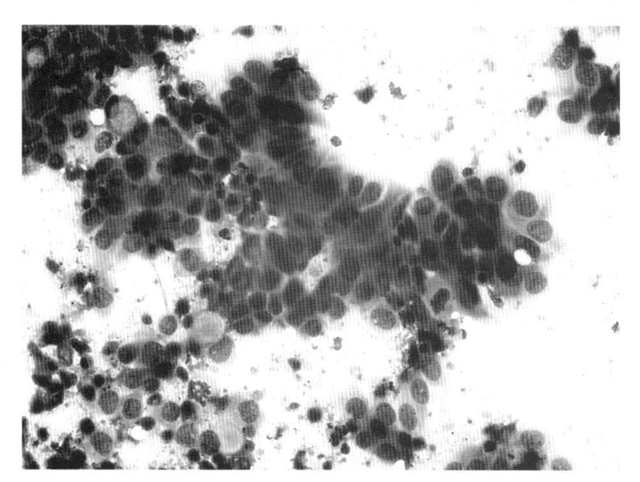

■ 图 12-59 **过渡性前列腺癌。细胞学检测。犬。**一大簇上皮细胞围成栅栏状。细胞质有极尾，有些细胞质中有空泡。（瑞-吉氏染色；高倍油镜）

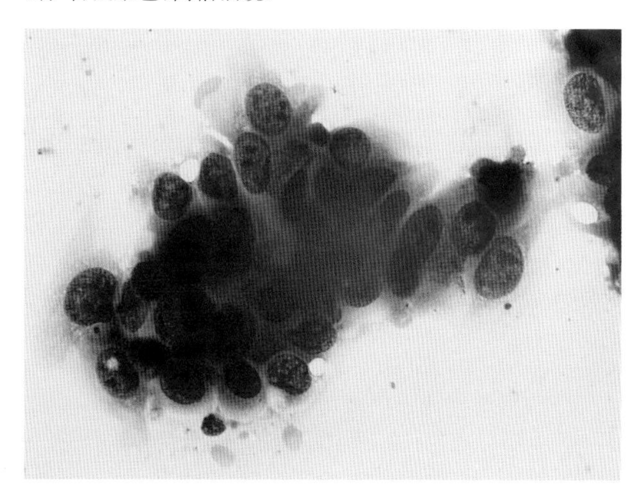

■ 图 12-60 **过渡性前列腺癌。细胞学检测。犬。**肿瘤细胞的细胞质从圆形变为细长形，有时有极尾。（瑞-吉氏染色；高倍油镜）

## 正常的解剖学和组织学

实验室为了定位成年动物精子产生的部位，同时展现内分泌和外分泌功能（Banks，1986）。细精管边缘衬以被多层精原细胞和支持细胞，它们能够分泌性激素，并提供精子生长的营养物质。相邻输精管的连接组织包括间质细胞，它能分泌睾酮并定位在血管附近（图 12-63 和图 12-64）。

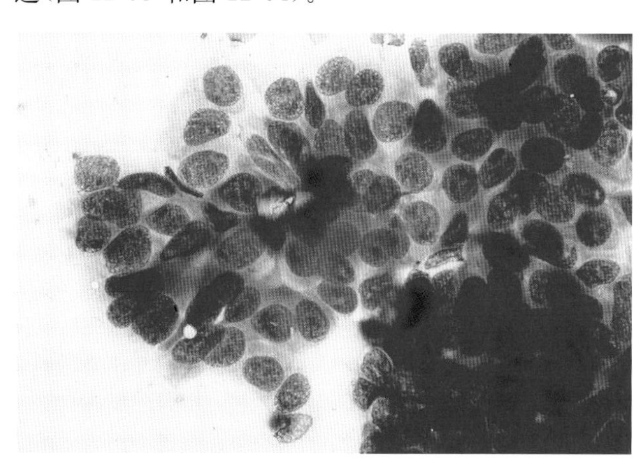

■ 图 12-61 **过渡性前列腺癌。细胞学检测。犬。**肿瘤细胞的细胞核从圆形变为卵圆形；细胞核大小不均，不规则染色质聚集为明显的多个核仁。（瑞-吉氏染色；高倍油镜）

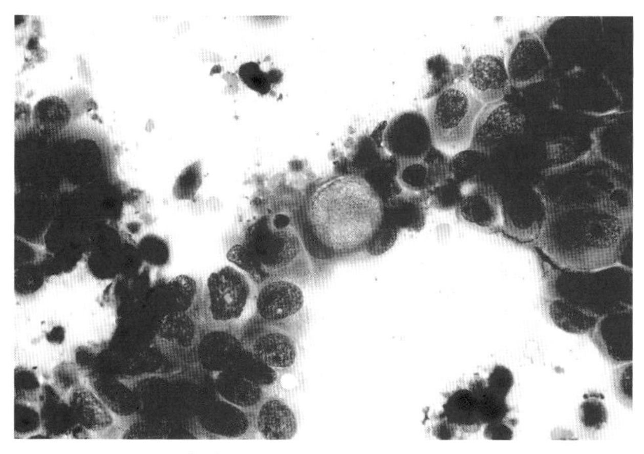

■ 图 12-62 **过渡性前列腺癌。细胞学检测。犬。**中心细胞中的染色质有一个空泡，将细胞核挤到边上。这是腺性转化的表现。（瑞-吉氏染色；高倍油镜）

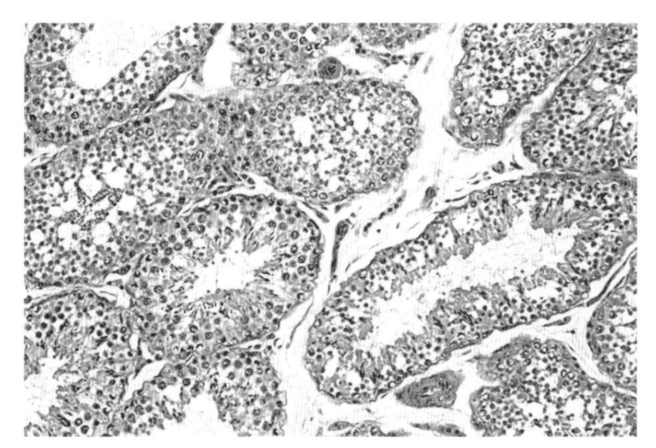

■ 图 12-63 **过渡性前列腺癌。细胞学检测。犬。**输精管被含有少量间质细胞的结缔组织包围。(H&E 染色;中倍镜)

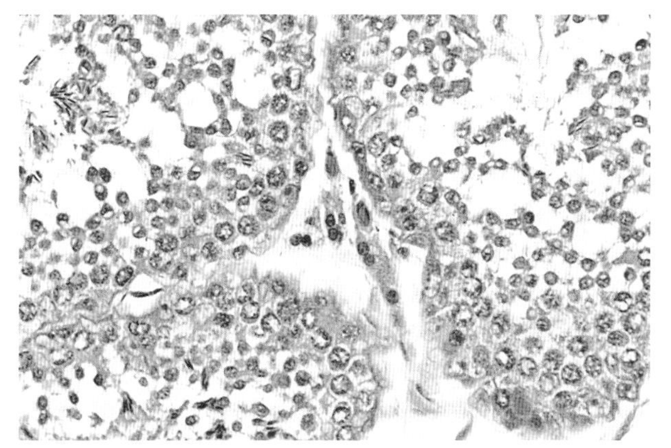

■ 图 12-64 **正常前列腺。组织切片。犬。**与图 12-63 来自相同病例的细精小管的放大图。间质细胞在图像的中央。精母细胞和早期、晚期的精子在输精管中。精母细胞的特点是细胞核呈圆形,有粗糙的核染色质。在成熟过程中,精子从输精管边缘移动到输精管内。少量具有光滑染色质和单个明显核仁的支持细胞在输精管周围。(H&E 染色;高倍油镜)

### 正常细胞学

常规睾丸印片有丰富的破裂细胞核流动核(Baker and Lumsden,1999)。当细胞破裂时,核染色质变得粗糙,核仁变得明显。睾丸胚细胞是圆形的,有粗糙的核染色质,一个大而明显的核仁,轻微的嗜碱性细胞质(图 12-65 和图 12-66)。多核细胞是细胞分裂不全引起的,这是胚细胞分裂不完全分离的形态表现。核分裂能力通常较高。成熟期的精子是卵圆形的,浅染嗜酸性细胞核,有极尾。少量成群的细胞质模糊,细胞核圆而大,一个核仁的柱状细胞,被认为是支持细胞。分散的星状或者有尾的睾丸间质细胞,有含空泡的细胞质,有时含有脂褐素染色的蓝色颗粒和圆形细胞核(Masserdotti et al.,2005)。

### 睾丸炎

对于犬,睾丸炎或附睾炎是因为感染了犬布鲁氏菌(Wanke,2004)、假单胞菌、大肠杆菌或变形杆菌(Ladds,1993)。睾丸炎和附睾炎在利什曼病犬中高

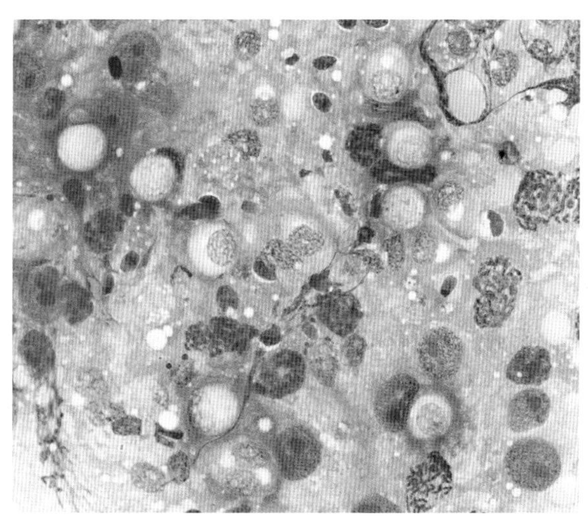

■ 图 12-65 **正常前列腺。组织印片。犬。**大的胚细胞和圆形的精母细胞与小而又高度嗜碱性的精子共同出现在印片中。背景有少量嗜碱性精子的头部。(瑞氏染色;高倍油镜)(由普渡大学 Rose Raskin 提供)

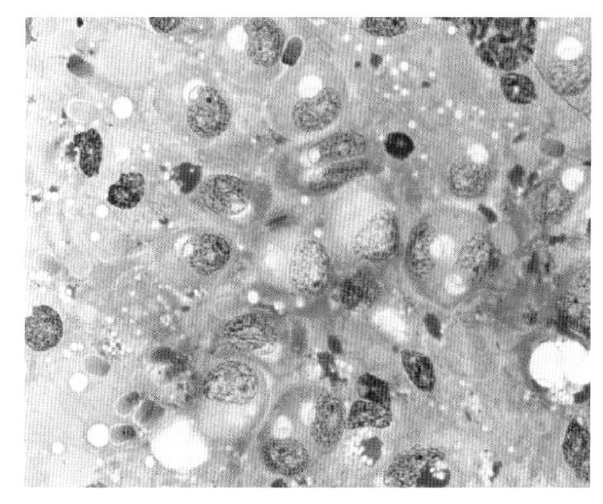

■ 图 12-66 **正常前列腺。组织印片。犬。**与图 12-65 来自相同的病例的放大图。大量低嗜酸性着色的成熟精子头部有清晰狭小的空隙。胚细胞偶尔会有两个核,染色质呈网状,核仁明显。(瑞氏染色;高倍油镜)(由普渡大学 Rose Raskin 提供)

发(Diniz et al.,2005;Manna et al.,2012)。在与犬瘟热相关的睾丸炎中可以看到核内或胞浆内容物(Ladds,1993)。睾丸炎还与酵母菌感染有关,如皮炎芽生酵母菌。近期在患有落基山斑点热的犬中发现了睾丸炎(Ladds,1993)。慢性化脓性附睾炎与犬支原体感染有关(L'Abee-Lund et al.,2003)。对于猫,睾丸炎或附睾炎不常见,从一只猫的研究中发现睾丸炎与冠状病毒感染有关(Sigurdardottir et al.,2001),并且从另一只猫睾丸中分离出了申克孢子丝菌(Schubach et al.,2002)。急性睾丸炎的标志是中性粒细胞显著,有些细胞的细胞核发生了退行性变化。巨噬细胞,包括多核巨细胞和淋巴球细胞,可以在慢性炎症或者真菌感染或原生生物(婴儿利什曼虫[Diniz et al.,2005]))感染中发现。

睾丸肿瘤

对于没有去势的公犬,睾丸是肿瘤生长的第二高发部位,睾丸瘤在所有雄性生殖器官肿瘤中的发生率大约为90%(Fan and de Lorimier,2007)。三大高发肿瘤为间质细胞瘤(58%),精原细胞瘤(23%),以及支持细胞瘤(19%)(Masserdotti et al.,2005)。颗粒细胞瘤,畸胎瘤,肉瘤,性腺母细胞瘤,淋巴瘤和睾丸网黏液瘤很少发生(Radi,2004)。对于犬这些肿瘤都可能高发(Radi,2004)。犬睾丸瘤如何形成至今未知,但是细胞循环监测物,如细胞周期蛋白D1、细胞周期蛋白E(Murakami et al.,2001)和IGF(Peters et al.,2003)在一些肿瘤血管生成中不起作用,如精母细胞瘤(Restucci et al.,2003)。睾丸瘤在老年雄性犬中高发。隐睾病例有更高概率患有支持细胞瘤和精原细胞瘤,右侧睾丸经常内缩,所以发生癌症的概率更高(MacLachlan and Kennedy,2002)。大多数睾丸肿瘤是不转移的,少于15%有转移的可能。患有这种疾病的犬,睾丸阴囊全切是一种治疗手段,而且通常能够治愈。对转移性肿瘤有效的治疗方法不多,但有关报道称化疗和放疗可以延长生存时间(Fan and de Lorimier,2007)。

睾丸肿瘤在猫中很少见。只有少部分肿瘤会在猫身上发生(McEntee,2002),例如畸胎瘤(Ferreira da Silva,2002)、间质细胞瘤和支持细胞瘤(Miller et al.,2007)。

与组织病理学检测相比,细胞学检测对于睾丸肿瘤的诊断有更高的敏感性(精原细胞瘤95%,支持细胞瘤88%,间质细胞瘤96%)和准确性(100%)。细胞学检测呈现了较高的诊断准确性,并在疾病管理中起到重要的作用(Masserdotti et al.,2005)。

*精原细胞瘤*。精原细胞瘤始从睾丸胚细胞转化而来。发生精原细胞瘤的平均年龄是10岁。除了睾丸增生(这一点在隐睾患者身上不明显),其他精原细胞瘤的临床症状很少。6%~11%犬精原细胞瘤具有转移性,包括腹股沟、回肠和腰下淋巴结以及肺部或者腹部器官(MacLachlan and Kennedy,2002;McEntee,2002)。

用细胞学方法区别精原细胞瘤和其他肿瘤很困难。用细胞学分离的精原细胞瘤经常包含大量的间质细胞和游离的细细胞核。这些细胞很大,经常单独存在,或者偶尔小部分聚集。细胞核大而圆,有时轮廓不规则。细胞核染色质呈网状,粗糙而大,核仁明显(图12-67)。有轻微的细胞核大小不均,红细胞大小不均,双核或者多核。细胞质呈轻度或适中的嗜碱性,核质比为适度到显著。细胞质空泡不常见。很多呈现畸形的细胞分裂(图12-67)。在精原细胞瘤中经常可以看到小淋巴细胞(图12-68)。背景为嗜酸性颗粒条纹状或虎斑状(Masserdotti et al.,2005)。

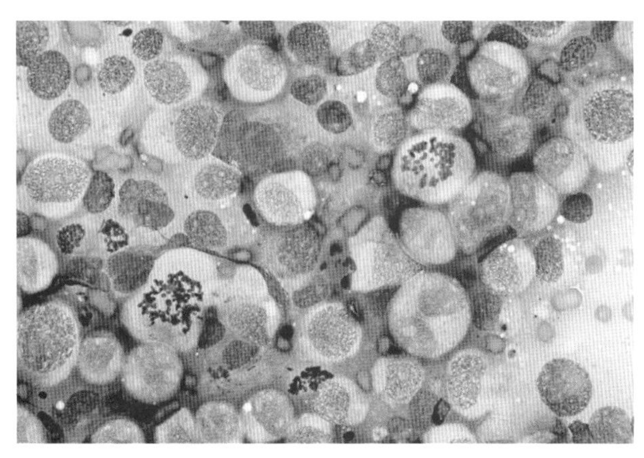

■ 图12-67 **精原细胞。组织抽吸。犬。**癌细胞表现为大而圆的细胞核,粗糙的细胞核染色质,大而显著的核仁。细胞质呈轻微嗜碱性,有些含有少量空泡。两个有丝分裂间期的细胞很明显。(瑞-吉氏染色;高倍油镜)

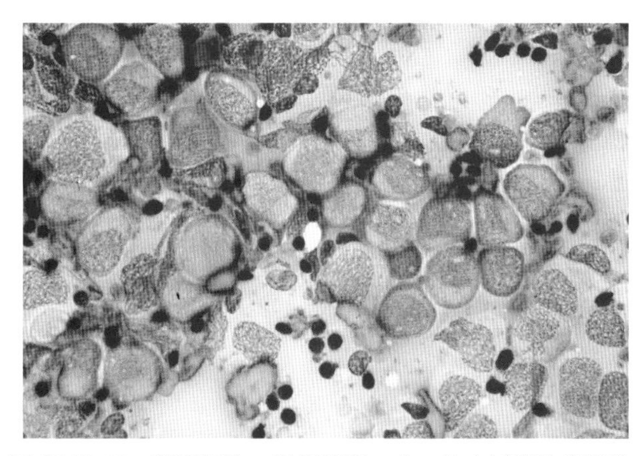

■ 图12-68 **精原细胞。组织抽吸。犬。**几个圆形的癌细胞,周围有许多成熟的小淋巴细胞。(瑞-吉氏染色;高倍油镜)

*支持细胞瘤*。支持细胞瘤在隐睾患者中发生较为频繁。大多数患有支持细胞瘤的犬平均年龄6~9.5岁,虽然3岁的犬也有可能患该疾病(MacLachlan and Kennedy,2002;McEntee,2002)。大约1/3的犬支持细胞瘤与性激素过表达有关,但是支持细胞瘤和间质细胞瘤都会造成激素失衡。与17β-性激素相比,睾酮的减少更能表现出女性化的特征,包括两边对称脱发和色素沉积、阴茎下垂、男性乳房发育、乳溢、阴茎萎缩、前列腺鳞状上皮化和骨髓抑制(Mischke et al.,2002)。10%~14%支持细胞瘤发生转移。转移部位主要集中在淋巴结、脾脏、肺和肾。

从细胞学上分析,支持细胞瘤的主要特征是呈现圆形或条形,细胞质边界模糊(图12-69)。这些细胞单独存在或形成小簇,偶尔形成栅栏状(图12-69)(Masserdotti,2006)。细胞核大多呈圆形,偶尔有2~

3 个大而明显的核仁。细胞质呈嗜碱性，有时边界模糊。细胞质内有空泡(图 12-70)(Masserdotti et al.，2005)。支持细胞能产生一种不常见的丛状结构，它叫作卡-埃二氏小体(呈细长形，包围在无定形嗜酸性胞外物质周围)(图 12-71)，它在粒层细胞瘤中很常见(Masserdotti et al.，2008)。

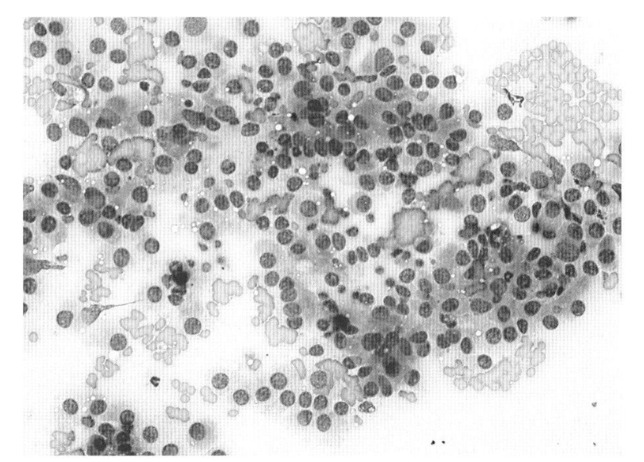

■ 图 12-69　**支持细胞。组织抽吸。犬。**肿瘤细胞成片聚集。细胞质呈轻微嗜碱性，细胞边界模糊。细胞核圆形或卵圆形，有略微粗糙的细胞核染色质，轻微核-质比。(瑞-吉氏染色；高倍油镜)

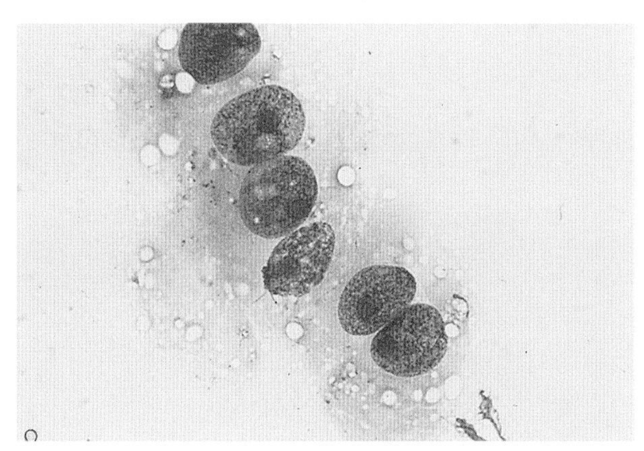

■ 图 12-70　**支持细胞。组织抽吸。犬。**一排肿瘤细胞。在几个细胞中可以看到不同大小的细胞质空泡。(瑞-吉氏染色；高倍油镜)

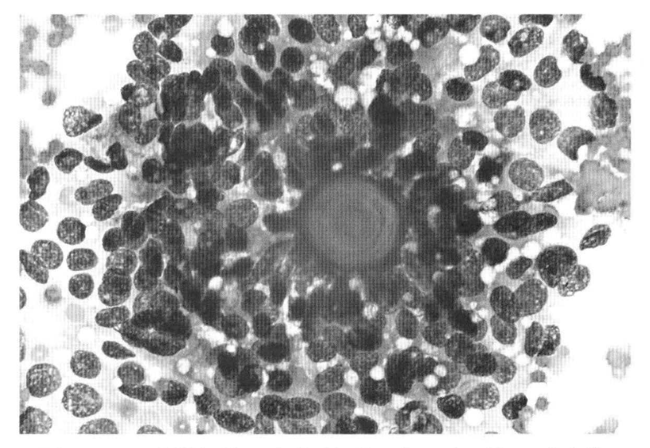

■ 图 12-71　**支持细胞。组织抽吸。犬。**卡-埃二氏小体，一个由条状细胞组成的丛状结构，周围是稳定性的嗜酸性细胞外稠密物质。(瑞-吉氏染色；高油油镜)

*间质细胞瘤。*间质细胞瘤在犬上频发，但只有16%与睾丸增生有关；因此，很少用抽吸做细胞学分析(MacLachlan and Kennedy，2002；Baker and Lumsden，1999)。该肿瘤与睾酮过度分泌和前列腺疾病及肛周腺肿瘤有关(McEntee，2002)。间质细胞瘤，而非支持细胞瘤或精母细胞瘤，能产生抑制素和3β-羟基脱氢酶，这使得它与犬其他睾丸肿瘤相区别(Taniyama et al.，2001)。从间质细胞瘤中获得的细胞学样本显示了细胞多样性。细胞呈圆形或纺锤形，通常含有丰富的嗜碱性细胞质(图 12-72)。在血管周围经常能看到这些细胞(图 12-73)(Masserdotti，2006)。细胞核为圆形或卵圆形，网状染色质和小而明显的核仁。细胞核大小不均，核质比可见。许多小而规则的染色质空泡很常见(图 12-72)。有些细胞内可见黑的，不规则的细胞质颗粒(Zinkl，2008；Masserdotti et al.，2005)。

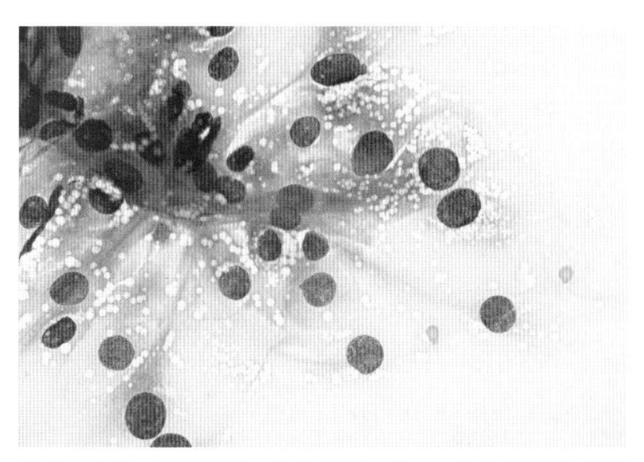

■ 图 12-72　**间质细胞。组织抽吸。犬。**一簇肿瘤细胞，细胞核染色质粗糙，单个核仁明显，有大量嗜碱性细胞质。细胞核常在细胞边缘。小点状空泡在大部分细胞中都能看到。(瑞-吉氏染色；高倍油镜)

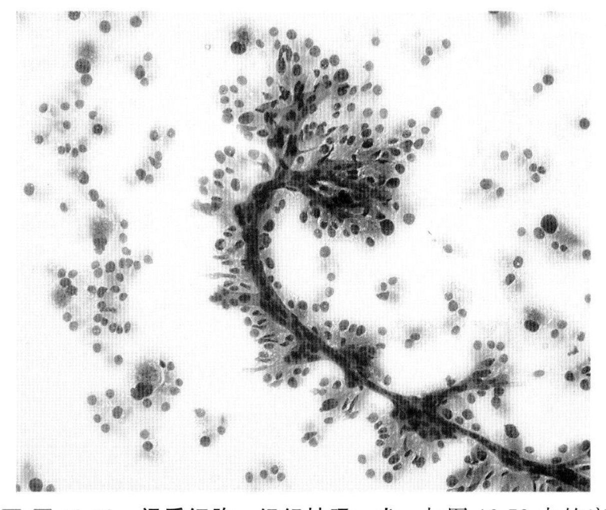

■ 图 12-73　**间质细胞。组织抽吸。犬。**与图 12-72 中的病例相同，低倍镜下图像。在中心毛细血管周围围绕了很多间质细胞，形成栅栏状。(瑞-吉氏染色；中倍镜)

异常精子

犬、猫的精液收集和评价在这章中不详细叙述，但是在他处可以查看(Axner and Linde Forsberg，2007；Freshman，2002；Rijsselaere et al.，2005；Root Kustritz，2007；Zambelli and Cunto，2006)。有些细胞学分析的精液样本采自于不孕或疑似睾丸疾病或前列腺疾病的犬、猫；因此这对识别某种功能异常非常有效。大致的评估，pH 和光学显微镜下观察到的聚集度、移动能力、形态学是传统的评估猫、犬精液的标准。甲醇-罗曼诺夫斯基染色用来评估精子的形态学特点。对于高质量的精液，基本上所有的精子应该具有相同的形态。精子的一级、二级畸形化在表 12-2 中体现。一级畸形主要发生在精子的形成过程中，所以更为严重。二级畸形发生在附睾内(成熟时可检测到)，或者在采集过程中(表 12-2)。严重的畸形包括大小畸形或精子的头部/顶体畸形，中段原生质小液滴和蜷曲的尾部(图 12-74 至图 12-76)。不严重的畸形包括被分离的正常的头部和弯曲的尾部(图 12-76 和图 12-77)。正常的精液样本应该少于 10% 的一级畸形和 20% 的二级畸形(Freshman，2002)。

**表 12-2 犬精子异常**

| 畸形部位 | 一级畸形 | 二级畸形 |
|---|---|---|
| 头部 | 梨形，锥形，狭窄，小，巨大，圆形，畸形，双头部 | 头部分离 |
| 中段 | 两个鼓胀的中段和顶端小滴 | 末端小滴 |
| 尾部 | 蜷曲，双尾 | 弯曲，倒置，分离的蜷曲尾巴 |
| 其他 | | 释放顶体精子 |

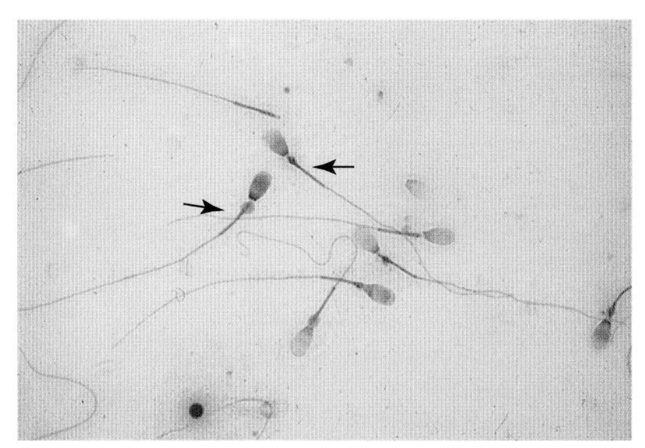

■ 图 12-74 **一级畸形。精液涂片。犬。**不孕患者的非炎性精液样本。精子有明显的原生质小滴(箭头)。(瑞氏染色；高倍油镜)(由普度大学的 Rose Raskin 提供)

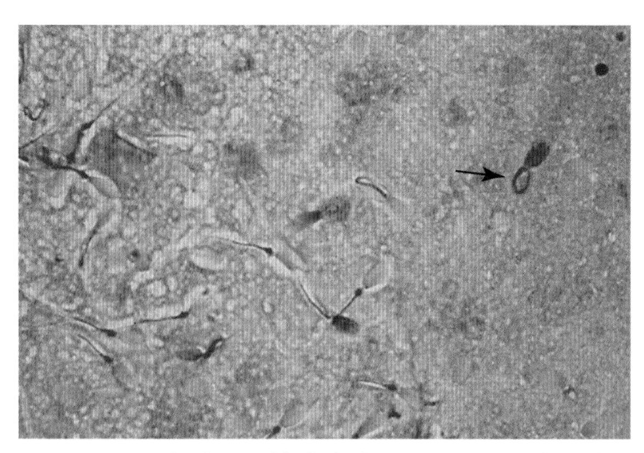

■ 图 12-75 **一级畸形。精液涂片。犬。**不孕患犬的非炎性精液样本。除去蛋白背景，我们可以看到许多精子的蜷曲尾巴(箭头)，以及明显的原生质小滴。(瑞氏染色；高倍油镜)(由普度大学的 Rose Raskin 提供)

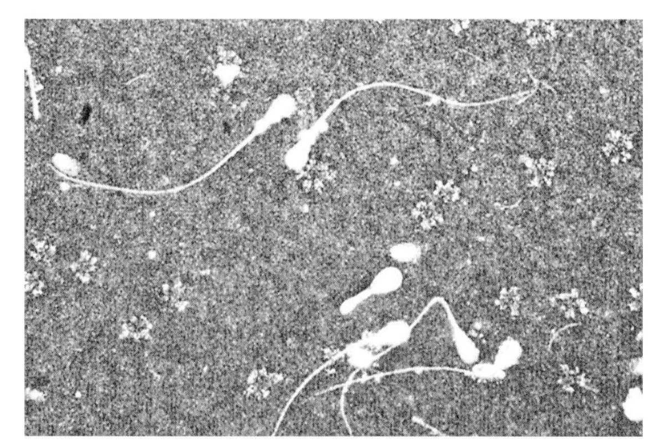

■ 图 12-76 **一级畸形。精液涂片。犬。**不孕患犬的非炎性精液样本。精子畸形包括原生质小滴，蜷曲尾巴和弯曲的尾巴。(印度黄染色；250×)(由普度大学的 Rose Raskin 提供)

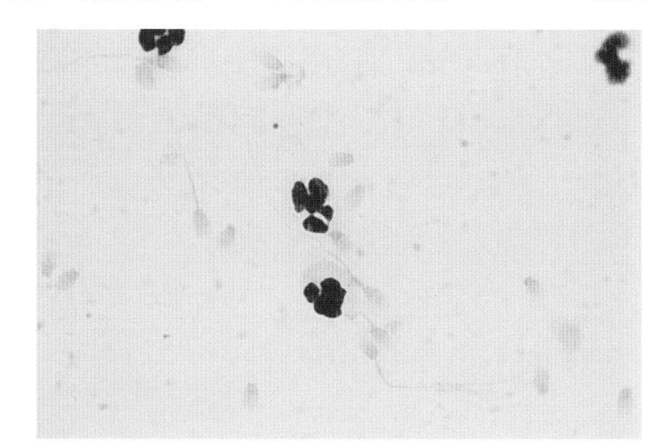

■ 图 12-77 **炎性和正常的精子。精液样本。犬。**从间歇性包皮出血动物中获得的一次性精液样本。中性粒细胞显示轻微的退行性变化。几个形态学二级畸形的精子(头部分离，弯曲尾巴，蜷曲尾巴)。(瑞-吉氏染色；高倍油镜)

对于精液和前列腺碎片的细胞学分析，需要用离心的方式将细胞分离。正常富含精子的碎片中含有精子、白细胞、上皮细胞、细菌和红细胞。嗜中性粒细胞的增多或减少或预示炎症感染的细胞内细菌(图 12-77 和图 12-78)。如果嗜中性粒细胞表现出退行性变化，就需要探查器官是否感染。但是，细胞生存的体液对于病原菌的识别非常重要，因为 55%临床上具有分析意义的需氧菌、厌氧菌需要在无炎症的体液中生长(Root

Kustritz et al.,2005)。前列腺液体中会有少量上皮细胞、细菌和白细胞(Freshman,2002)。当想要观察精液中的炎性细胞时,检查较低的尿路或前列腺的炎症反应可能有所帮助。采样中有异常的前列腺上皮细胞能保证之后对前列腺腺体的分析(Zinkl,2008)。

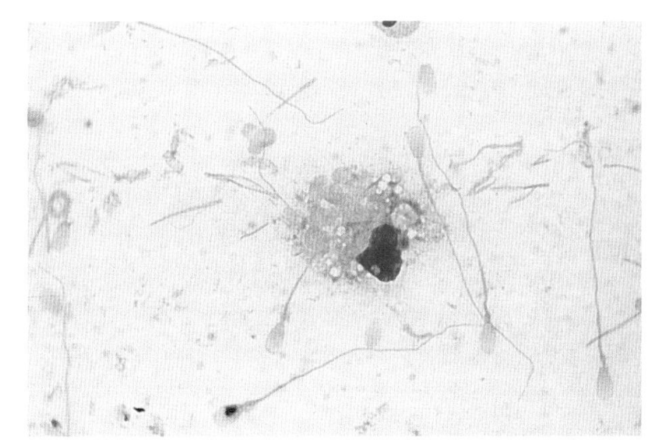

■ 图 12-78　**炎性。精液样本。犬。**反应中的巨噬细胞,几个和图 12-68 相同样本的正常精子。(瑞-吉氏染色;高倍油镜)

其他评价精子的方法有:用薯红-黑色素染色区别是否存活,低渗膨胀试验,以及精液成分检测(Root Kustritz,2007)。最常用的精液标记物是碱性磷酸酶(ALP)和肉毒素。这两种成分都来自犬的附睾,并且都能够作为输精管精子活力匮乏的标记。我们可以通过检测 ALP 或肉毒素来分辨由性欲、睾丸疾病或者输精管堵塞造成的精子活力匮乏。ALP 或肉毒素表达低,说明是输精管阻塞引发的,但是 ALP 或肉毒素表达正常,则说明是睾丸疾病引发的(Gobello et al.,2002;Freshman,2002)。

但显微镜观察法也有很多局限性,比如主观性和易变性。最近,一些有关于接触、绑定、穿透和使卵母细胞受精的技术被报道可以准确预测精液样本的受精能力。传统的显微镜法检测将被荧光染色法、计算机辅助分析系统和流式细胞技术代替(Rijsselaere et al.,2005)。

## 参考文献


Agudelo CF: Cystic endometrial hyperplasia-pyometra complex in cats: a review, *Vet Q* 27:173-182,2005.

Akkoc A, Inan S, Sonmez G: Matrix metalloproteinase (MMP-2 and MMP-9) and steroid receptor expressions in feline mammary tumors, *Biotech Histo-chem* 87:312-319,2012.

Allen SW, Prasse KW, Mahaffey EA: Cytologic differentiation of benign from malignant canine mammary tumors, *Vet Pathol* 23:649-655,1986.

Allison RW, Maddux JM: Subcutaneous glandular tissue: mammary, salivary, thyroid, and parathyroid. In Cowell RL, Tyler RD, Meinkoth JM, DeNicola DB (eds): *Diagnostic cytology and hematology of the dog and cat*, ed 3, St. Louis, 2008, Mosby, pp112-117.

Allison RW, Thrall MA: Olson, PN: Vaginal cytology. In Cowell RL, Tyler RD, Meinkoth JM, DeNicola DB (eds): *Diagnostic cytology and hematology of the dog and cat*, ed 3, St. Louis, 2008, Mosby, pp378-389.

Antuofermo E, Cocco R, Borzacchiello G, et al: Bilateral ovarian malignant mixed Mullerian tumor in a dog, *Vet Pathol* 46:453-456,2009.

Axner E, Linde Forsberg C: Sperm morphology in the domestic cat, and its relation with fertility: a retrospective study, *Reprod Domest Anim* 42:282-291,2007.

Badowska-Kozakiewicz AM, Malicka E: Immunohistochemical evaluation of expression of heat shock proteins HSP70 and HSP90 in mammary gland neoplasms in bitches, *Pol J Vet Sci* 15:209-214,2012.

Baker RH, Lumsden JH (eds): *Color atlas of cytology of the dog and cat*, St. Louis, 1999, Mosby, pp235-251,253-262.

Ball RL, Birchard SJ, May LR, et al: Ovarian remnant syndrome in dogs and cats: 21 cases (2000-2007), *J Am Vet Med Assoc* 236:548-553,2010.

Banco B, Antuofermo E, Borzacchiello G, et al: Canine ovarian tumors: an immunohistochemical study with HBME-1 antibody, *J Vet Diagn Invest* 23:977-981,2011.

Banks WJ (ed): *Applied veterinary histology*, Baltimore, 1986, Williams & Wilkins, pp348-378,489-504,506-523.

Barrand KR: Unilateral uterine torsion associated with haematometra and cystic endometrial hyperplasia in a bitch, *Vet Rec* 164:19-20,2009.

Bell FW, Klausner JS, Hayden DW, et al: Clinical and pathologic features of prostatic adenocarcinoma in sexually intact and castrated dogs: 31 cases (1970-1987), *J Am Vet Med Assoc* 199:1623-1630,1991.

Benjamin SA, Lee AC, Saunders WJ: Classification and behavior of canine mammary epithelial neoplasms based on life-span observations in beagles, *Vet Pathol* 36:423-436,1999.

Bertazzolo W, Dell'Orco M, Bonfanti U, et al: Cytological features of canine ovarian tumours: a retrospective study of 19 cases, *J Small Anim Pract* 45:539-545,2004.

Bertazzolo W, Bonfanti U, Mazzotti S, et al: Cytologic features and diagnostic accuracy of analysis of effusions for detection of ovarian carcinoma in dogs, *Vet Clin Pathol* 41:127-132,2012.

Black GM, Ling GV, Nyland TG, et al: Prevalence of prostatic cysts in adult, large-breed dogs, *J Am Anim Hosp Assoc*

34:177–180,1998.

Boeloni JN,Reis AM,Nascimento EF,et al:Primary ovarian rhabdomyosarcoma in a dog,*J Comp Pathol* 147:455–459,2012.

Bokemeyer J,Peppler C,Thiel C,et al:Prostatic cavitary lesions containing urine in dogs,*J Small Anim Pract* 52:132–138,2011.

Boland LE,Hardie RJ,Gregory SP,et al:Ultrasound-guided percutaneous drainage as the primary treatment for prostatic abscesses and cysts in dogs,*J Am Anim Hosp Assoc* 39:151–159,2003.

Bradbury CA,Westropp JL,Pollard RE:Relationship between prostatomegaly,prostatic mineralization,and cytologic diagnosis,*Vet Radiol Ultrasound* 50:167–171,2009.

Brazzell JL,Borjesson DL:Intra-abdominal mass aspirate from an alopecic dog,*Vet Clin Pathol* 35:259–262,2006.

Brodey RS,Goldschmidt MH,Roszel JR:Canine mammary gland neoplasms,*J Am Anim Hosp Assoc* 19:61–90,1983.

Brodey RS,Roszel JF:Neoplasms of the canine uterus,vagina,and vulva:a clinicopathologic survey of 90 cases,*J Am Vet Med Assoc* 151:1294–1307,1967.

Brown PJ,Evans HK,Deen S,et al:Fibroepithelial polyps of the vagina in bitches:a histological and immunohistochemical study,*J Comp Pathol* 47:181–185,2012.

Bryan JN,Keeler MR,Henry CJ,et al:A population study of neutering status as a risk factor for canine prostate cancer,*Prostate* 67:1174–1181,2007.

Burrai GP,Mohammed SI,Miller MA,et al:Spontaneous feline mammary intraepithelial lesions as a model for human estrogen receptorand progesterone receptor-negative breast lesions,*BMC Cancer* 10:156,2010.

Campos LC,Lavalle GE,Estrela-Lima A,et al:CA15. 3,CEA and LDH in dogs with malignant mammary tumors,*J Vet Intern Med* 26:1383–1388,2012.

Cassali GD,Gobbi H,Malm C,et al:Evaluation of accuracy of fine needle aspiration cytology for mammary tumours:comparative features with human tumours,*Cytopathology* 18:191–196,2007.

Cassali GD,Lavalle GE,De Nardi AB,et al:Consensus for the diagnosis,prognosis and treatment in canine mammary tumors,*Braz J Vet Pathol* 4:153–180,2011.

Chambers B,Laksito M,Long F,et al:Unilateral uterine torsion secondary to an inflammatory endometrial polyp in the bitch,*Aust Vet J* 89:380–384,2011.

Choi US,Seo KW,Oh SY,et al:Intra-abdominal mass aspirate from a cat in heat,*Vet Clin Pathol* 34:275–277,2005.

Cooper TK,Ronnett BM,Ruben DS,et al:Uterine myxoid leiomyosarcoma with widespread metastases in a cat,*Vet Pathol* 43:552–556,2006.

Cornell KK,Bostwick DG,Cooley DM:Clinical and pathological aspects of spontaneous canine prostatic carcinoma:a retrospective analysis of 76 cases,*Prostate* 45:173–183,2000.

Dahlbom M,Makinen A,Suominen J:Testicular fine needle aspiration cytology as a diagnostic tool on dog infertility,*J Small Anim Pract* 38:506–512,1997.

Dahlgren SS,Gjerde B,Pettersen HY:First record of natural *Tritrichomonas foetus* infection of the feline uterus,*J Small Anim Pract* 48:654–657,2007.

de las Mulas JM,Millán Y,Dios R:A prospective analysis of immunohistochemically determined estrogen receptor alpha and progesterone receptor expression and host and tumor factors as predictors of disease-free period in mammary tumors of the dog,*Vet Pathol* 42:200–212,2005.

de Lorimier LP,Fan TM:Canine transmissible venereal tumor. In Withrow SJ,Vail DM(eds):*Withrow & MacEwen's small animal clinical oncology*,St. Louis,2007,Saunders,pp799–804.

de M Souza CH,Toledo-Piza E,Amorin R,et al:Inflammatory mammary carcinoma in 12 dogs:clinical features,cyclooxygenase-2 expression,and response to piroxicam treatment,*Can Vet J* 50:506–510,2009.

Dey P,Ray R:Comparison of fine needle sampling by capillary action and fine needle aspiration,*Cytopathol* 4:299–303,1993.

Diniz SA,Melo MS,Borges AM,et al:Genital lesions associated with visceral leishmaniasis and shedding of *Leishmania* sp. in the semen of naturally infected dogs,*Vet Pathol* 42:650–658,2005.

Ditmyer H,Craig L:Mycotic mastitis in three dogs due to,*Blastomyces dermatitidis*,*J Am Anim Hosp Assoc* 47:356–358,2011.

Dorfman M,Barsanti J:Diseases of the canine prostate gland,*Comp Cont Ed Pract* 17:791–810,1995.

England GC,Freeman SL,Russo M:Treatment of spontaneous pyometra in 22 bitches with a combination of cabergoline and cloprostenol,*Vet Rec* 160:293–296,2007.

Fan TM,de Lorimier LP:Tumors of the male reproductive system. In Withrow SJ,Vail DM(eds):*Withrow & MacEwen's small animal clinical oncology*,St. Louis,2007,Saunders,pp637–648.

Feldman EC,Nelson RW:Ovarian cycle and vaginal cytology. In Feldman EC,Nelson RW(eds):*Canine and feline endocrinology and reproduction*,St. Louis,2004,Saunders,pp752–775.

Fernandes PJ,Guyer C,Modiano JF:What is your diagnosis? Mammary mass aspirate from a Yorkshire terrier,*Vet Clin Pathol* 27(79):91,1998.

Ferreira da Silva J:Teratoma in a feline unilateral cryptochid testis,*Vet Pathol* 39:516,2002.

Fontaine E,Levy X,Grellet A,et al:Diagnosis of endometritis in the bitch: a new approach, *Reprod Domest Anim* 44 (Suppl 2): 196-199, 2009.

Foster RA: Common lesions in the male reproductive tract of cats and dogs, *Vet Clin North Am Small Anim Pract* 42: 527-545, 2012.

Foster RA: Female reproductive system. In McGavin MD, Zachary JF (eds): *Pathologic basis of veterinary disease*, St. Louis, 2007, Mosby, pp. 1263-1315.

Freshman JL: Clinical approach to infertility in the cycling bitch, *Vet Clin North Am Small Anim Pract* 21: 427-435, 1991.

Freshman JL: Semen collection and evaluation, *Clin Tech Small Anim Pract* 17: 104-107, 2002.

Gerber D, Nöhling JO: Hysteroscopy in bitches, *J Reprod Fertil* 57: 415-417, 2001. Suppl.

Giménez F, Hecht S, Craig LE, et al: Early detection, aggressive therapy: optimizing the management of feline mammary masses, *J Feline Med Surg* 12: 214-224, 2010.

Gobello C, Castex G, Corrada Y: Serum and seminal markers in the diagnosis of disorders of the genital tract of the dog: a mini-review, *Theriogenology* 57: 1285-1291, 2002.

Goldschmidt M, Peña L, Rasotto R, et al: Classification and grading of canine mammary tumors, *Vet Pathol* 48: 117-131, 2011.

Gómez-Laguna J, Millán Y, Reymundo C, et al: Bilateral retiform Sertoli-Leydig cell tumour in a bitch. Alpha-inhibin and epithelial membrane antigen as useful tools for differential diagnosis, *J Comp Pathol* 139: 137-140, 2008.

Görlinger S, Kooistra HS, van den Broek, et al: Treatment of fibroadenomatous hyperplasia in cats with aglépristone, *J Vet Intern Med* 16: 710-713, 2002.

Gorman ME, Bildfell R, Seguin B: What is your diagnosis? Peritoneal fluid from a 1-year-old female German Shepherd dog, *Vet Clin Pathol* 39: 393-394, 2010.

Grandi F, Colodel MM, Monteiro LN, et al: Extramedullary hematopoiesis in a case of benign mixed mammary tumor in a female dog: cytological and histopathological assessment, *BMC Vet Res* 6: 45, 2010.

Grandi F, Salgado BS, Monteiro LN, et al: Cytologic diagnosis of mammary neoplastic and non neoplastic diseases in dogs. Letter to the editor, *Vet Clin Path* 40: 411-413, 2011.

Groppetti D, Pecile A, Arrighi S, et al: Endometrial cytology and computerized morphometric analysis of epithelial nuclei: a useful tool for reproductive diagnosis in the bitch, *Theriogenol* 73: 927-941, 2010.

Gruffydd-Jones TJ: Acute mastitis in a cat, *Feline Pract* 10: 41-42, 1980.

Hagman R, Kühn I: *Escherichia coli* strains isolated from the uterus and uri-nary bladder of bitches suffering from pyometra: comparison by restriction enzyme digestion and pulsed-field gel electrophoresis, *Vet Microbiol* 84: 143-153, 2002.

Hayden DW, Barnes DM, Johnson KH: Morphologic changes in the mammary gland of megestrol acetate-treated and untreated cats: a retrospective study, *Vet Pathol* 26: 104-113, 1989.

Hayden DW, Klausner JS, Waters DJ: Prostatic leiomyosarcoma in a dog, *J Vet Diagn Invest* 11: 283-286, 1999.

Hayes AA, Mooney S: Feline mammary tumors, *Vet Clin North Am Small Anim Pract* 15: 513-520, 1985.

Hayes HM, Milne KL, Mandell CP: Epidemiological features of feline mamma-ry carcinoma, *Vet Rec* 108: 476-479, 1981.

Hellman E, Lindgren A: The accuracy of cytology in diagnosis and DNA analy-sis of canine mammary tumors, *J Comp Pathol* 101: 443-450, 1989.

Hiemstra M, Schaefers-Okkens AC, Teske E, et al: The reliability of vaginal cytology in determining the optimal mating time in the bitch, *Tijdschr Diergeneeskd* 126: 685-689, 2001.

Hori Y, Uechi M, Kanakubo K, et al: Canine ovarian serous papillary ade-nocarcinoma with neoplastic hypercalcemia, *J Vet Med Sci* 68: 979-982, 2006.

Im KS, Kim JH, Kim NH, et al: Possible role of Snail expression as a prognostic factor in canine mammary neoplasia, *J Comp Pathol* 147: 121-128, 2012.

Itoh T, Uchida K, Ishikawa K, et al: Clinicopathological survey of 101 canine mammary gland tumors: differences between small-breed dogs and others, *J Vet Med Sci* 67: 345-347, 2005.

Johnston SD, Kamolpatana K, Root Kustritz MV, et al: Prostatic disorders in the dog, *Anim Reprod Sci* 60-61: 405-415, 2000.

Kamstock DA, Fredrickson R, Ehrhart EJ: Lipid-rich carcinoma of the mam-mary gland in a cat, *Vet Pathol* 42: 360-362, 2005.

Karayannopoulo M, Kaldrymidou E, Constantinidis TC: Adjuvant post-operative chemotherapy in bitches with mammary cancer, *J Vet Med* 48: 85-96, 2001. Series A.

Kate MS, Kamal MM, Bobhate SK, et al: Evaluation of fine needle capillary sampling in superficial and deep-seated lesions. An analysis of 670 cases, *Acta Cytol* 42: 679-684, 1998.

Klein MK: Tumors of the female reproductive system. In Withrow SJ, Vail DM(eds): *Withrow & MacEwen's small animal clinical oncology*, St. Louis, 2007, Saunders, pp. 610-618.

Kustritz MV, Johnston SD, Olson PN, et al: Relationship between inflammatory cytology of canine seminal fluid and significant aerobic bacterial, anaerobic bacterial or mycoplasma cultures of canine seminal fluid: 95 cases (1987-2000), *Theriogenology* 64: 1333-1339, 2005.

L'Abee-Lund TM, Heiene R, Friis NF, et al: *Mycoplasma*

canis and urogenital disease in dogs in Norway, *Vet Rec* 153: 231-235, 2003.

Ladds PW: The male genital system: the testes. In Jubb KVF, Kennedy PC, Palmer N(eds): *Pathology of domestic animals*, ed 4, San Diego, 1993, Academic Press, pp485-512.

Lana SE, Rutteman GR, Withrow SJ: Tumors of the mammary gland. In Withrow SJ, Vail DM (eds): *Withrow & MacEwen's small animal clinical oncology*, St. Louis, 2007, Saunders, pp619-636.

Lai CL, van den Ham R, van Leenders G, et al: Histopathological and immunohistochemical characterization of canine prostate cancer, *Prostate* 68: 477-488, 2008.

Leidinger E, Hooijberg E, Sick K, et al: Fibroepithelial hyperplasia in an entire male cat: cytologic and histopathological features, *Tierarztl Prax Ausg K Kleintiere Heimtiere* 39: 198-202, 2011.

L'Eplattenier HF, Lai CL, van den Ham R, et al: Regulation of COX-2 expression in canine prostate carcinoma: increased COX-2 expression is not related to inflammation, *J Vet Intern Med* 21: 776-782, 2007.

Leroy BE, Northrup N: Prostate cancer in dogs: comparative and clinical aspects, *Vet J* 180: 149-162, 2009.

LeRoy BE, Nadella MV, Toribio RE, et al: Canine prostate carcinomas express markers of urothelial and prostatic differentiation, *Vet Pathol* 41: 131-140, 2004.

Loretti AP, Ilha MR, Ordas J, et al: Clinical, pathological and immunohistochemical study of feline mammary fibroepithelial hyperplasia following a single injection of depot medroxyprogesterone acetate, *J Feline Med Surg* 7: 43-52, 2005.

Lowseth LA, Gerlach RF, Gillett NA, et al: Age-related changes in the prostate and testes of the beagle dog, *Vet Pathol* 27: 347-353, 1990.

Lulich JP: Endoscopic vaginoscopy in the dog, *Theriogenology* 66: 588-591, 2006.

MacEwen EG, Hayes AA, Harvey J, et al: Prognostic factors for feline mammary tumors, *J Am Vet Med Assoc* 185: 201-204, 1984.

MacLachlan NJ, Kennedy PC: Tumors of the genital systems. In Meuten DJ(ed): *Tumors in domestic animals*, ed 4, Ames, 2002, Iowa State Press, pp. 547-573.

Maniscalco L, Iussich S, de Las Mulas JM, et al: Activation of AKT in feline mammary carcinoma: a new prognostic factor for feline mammary tumours, *Vet J* 191: 65-71, 2012.

Manna L, Paciello O, Morte RD, et al: Detection of*Leishmania* parasites in the testis of a dog affected by orchitis: case report, *Parasit Vectors* 5: 216, 2012.

Manuali E, Eleni C, Giovannini P, et al: Unusual finding in a nipple discharge of a female dog: dirofilariasis of the breast, *Diagn Cytopathol* 32: 108-109, 2005.

Marconato L, Romanelli G, Stefanello D, et al: Prognostic factors for dogs with mammary inflammatory carcinoma: 43 cases(2003-2008), *J Am Vet Med Assoc* 235: 967-972, 2009.

Martín De Las Mulas J, Millán Y, Bautista MJ, et al: Oestrogen and progesterone receptors in feline fibroadenomatous change: an immunohistochemi-cal study, *Res Vet Sci* 68: 15-21, 2000.

Masserdotti C: Architectural patterns in cytology: correlation with histology, *Vet Clin Pathol* 35: 388-396, 2006.

Masserdotti C, Bonfanti U, De Lorenzi D, et al: Cytologic features of testicular tumours in dog, *J Vet Med A Physiol Pathol Clin Med* 52: 339-346, 2005.

Masserdotti C, De Lorenzi D, Gasparotto L: Cytologic detection of Call-Exner bodies in Sertoli cell tumors from 2 dogs, *Vet Clin Pathol* 37: 112-114, 2008.

Matos AJ, Baptista CS, Gätner MF, et al: Prognostic studies of canine and feline mammary tumours: the need for standardized procedures, *Vet J* 193: 24-31, 2012.

Matsuzaki P, Cogliati B, Sanches DS: Immunohistochemical characterization of canine prostatic intraepithelial neoplasia, *J Comp Pathol* 142: 84-88, 2010.

McEntee MC: Reproductive oncology, *Clin Tech Small Anim Pract* 17: 133-149, 2002.

McNeill CJ, Sorenmo KU, Shofer FS, et al: Evaluation of adjuvant doxorubicin-based chemotherapy for the treatment of feline mammary carcinoma, *J Vet Intern Med* 23: 123-129, 2009.

Mesher CI: What is your diagnosis? A 14-month old domestic cat, *Vet Clin Pathol* 26: 4, 1997.

Millanta F, Calandrella M, Bari G, et al: Comparison of steroid receptor expression in normal, dysplastic, and neoplastic canine and feline mammary tissues, *Res Vet Sci* 79: 225-232, 2005.

Millanta F, Citi S, Della Santa D, et al: COX-2 expression in canine and feline invasive mammary carcinomas: correlation with clinicopatholog-ical features and prognostic molecular markers, *Breast Cancer Res Treat* 98: 115-120, 2006a.

Millanta F, Silvestri G, Vaselli C, et al: The role of vascular endothelial growth factor and its receptor Flk-1/KDR in promoting tumour angiogenesis in feline and canine mammary carcinomas: a preliminary study of autocrine and paracrine loops, *Res Vet Sci* 81: 350-357, 2006b.

Millanta F, Verin R, Asproni P, et al: A case of feline primary inflammatory mammary carcinoma: clinicopathological and immunohistochemical findings, *J Feline Med Surg* 14: 420-423, 2012.

Miller MA, Hartnett SE, Ramos-Vara JA: Interstitial cell tumor and Sertoli cell tumor in the testis of a cat, *Vet Pathol* 44: 394-397, 2007.

Miller MA, Ramos-Vara JA, Dickerson MF, et al: Uterine

neoplasia in 13 cats, *J Vet Diagn Invest* 15:515–522, 2003.

Mills JM, Valli VE, Lumsden JH: Cyclical changes of vaginal cytology in the cat, *Can Vet J* 20:95–101, 1979.

Mir F, Fontaine E, Reyes-Gomez E: Subclinical leishmaniasis associated with infertility and chronic prostatitis in a dog, *J Small Anim Pract* 53:419–422, 2012.

Mischke R, Meurer D, Hoppen HO: Blood plasma concentrations of oestradiol-17beta, testosterone and testosterone/oestradiol ratio in dogs with neoplastic and degenerative testicular diseases, *Res Vet Sci* 73:267–272, 2002.

Misdorp W: Progestagens and mammary tumours in dogs and cats, *Acta Endocrinol* (Copenh) 125:27–31, 1991.

Misdorp W: Tumors of the mammary gland. In Meuten DJ (ed): *Tumors in domestic animals*, ed 4, Iowa State Press, 2002, Ames, pp. 577–606.

Misdorp W, Else RW, Hellmén E, et al: Histological classification of mammary tumors of the dog and the cat. In *World Health Organization international histological classification of tumors of domestic animals*, Second Series, Vol Ⅶ. Armed Forces Institute of Pathology, American Registry of Pathology, Washington, DC, 1999.

Moxon R, Copley D, England GC: Quality assurance of canine vaginal cytology: a preliminary study, *Theriogenology* 74:479–485, 2010.

Murakami Y, Tateyama S, Uchida K: Immunohistochemical analysis of cyclins in canine normal testes and testicular tumors, *J Vet Med Sci* 63:909–912, 2001.

Nicastro A, Walshaw R: Chronic vaginitis associated with vaginal foreign bodies in a cat, *J Am Anim Hosp Assoc* 43:352–355, 2007.

Novosad CA: Principles of treatment for mammary gland tumors, *Clin Tech Small Anim Prac* 18:107–109, 2003.

Novosad CA, Bergman PJ, O'Brien MG: Retrospective evaluation of adjunctive doxorubicin for the treatment of feline mammary gland adenocarcinoma: 67 cases, *J Am Anim Hosp Assoc* 42:110–120, 2006.

Ober CP, Spaulding K, Breitschwerdt EB, et al: Orchitis in two dogs with Rocky Mountain spotted fever, *Vet Radiol Ultrasound* 45:458–465, 2004.

Olson PN, Thrall MA, Wykes PM, et al: Vaginal cytology: Part I, A useful tool for staging the canine estrous cycle, *Compend Contin Educ Pract* 6:288–297, 1984a.

Olson PN, Thrall MA, Wykes PM, et al: Vaginal cytology: Part Ⅱ, Its use in diagnosing canine reproductive disorders, *Compend Contin Educ Pract* 6:385–390, 1984b.

Olson PN, Wrigley RH, Thrall MA, et al: Disorders of the canine prostate gland: pathogenesis, diagnosis, and medical therapy, *Compend Contin Educ Pract* 9:613–623, 1987.

Ordás J, Millán Y, de los Monteros AE, et al: Immunohistochemical expression of progesterone receptors, growth hormone and insulin growth factor-I in feline fibroadenomatous change, *Res Vet Sci* 76:227–233, 2004.

Park CH, Ikadai H, Yoshida E, et al: Cutaneous toxoplasmosis in a female Japanese cat, *Vet Pathol* 44:683–687, 2007.

Park MS, Kim Y, Kang MS, et al: Disseminated transmissible venereal tumor in a dog, *J Vet Diagn Invest* 18:130–133, 2006.

Peña L, De Andrés PJ, Clemente M, et al: Prognostic value of histological grading in noninflammatory canine mammary carcinomas in a prospective study with two-year follow-up: relationship with clinical and histological characteristics, *Vet Pathol* 50:94–105, 2013.

Perez CC, Rodriguez I, Dorado J, et al: Use of ultrafast Papanicolaou stain for exfoliative vaginal cytology in bitches, *Vet Rec* 156:648–650, 2005.

Pérez-Alenza MD, Jiménez A, Nieto AI, et al: First description of feline inflam-matory mammary carcinoma: clinicopathological and immunohistochemi-cal characteristics of three cases, *Breast Cancer Res* 6:300–307, 2004.

Peters MA, Mol JA, van Wolferen ME: Expression of the insulin-like growth factor (IGF) system and steroidogenic enzymes in canine testis tumors, *Reprod Biol Endocrinol* 1:22–29, 2003.

Pinto da Cunha N, Ghisleni G, Romussi S, et al: Prostatic sarcomatoid carcinoma in a dog: cytologic and immunohistochemical findings, *Vet Clin Pathol* 36:368–372, 2007.

Piseddu E, Masserdotti C, Milesi C, et al: Cytologic features of normal canine ovaries in different stages of estrus with histologic comparison, *Vet Clin Pathol* 41:396–404, 2012.

Powe JR, Canfield PJ, Martin PA: Evaluation of the cytologic diagnosis of canine prostatic disorders, *Vet Clin Pathol* 33:150–154, 2004.

Reed LT, Balog KA, Boes KM, et al: Pathology in practice. Granulomatous pneumonia, prostatitis and uveitis with intralesional yeasts consistent with Blastomyces, *J Am Vet Med Assoc* 236:411–413, 2010.

Rehm S, Stanislaus DJ, Williams AM: Estrous cycle-dependent histology and review of sex steroid receptor expression in dog reproductive tissues and mammary gland and associated hormone levels, *Birth Defects Res B Dev Reprod Toxicol* 80:233–245, 2007.

Restucci B, Maiolino P, Martano M, et al: Expression of beta-catenin, E-cadherin and APC in canine mammary tumors, *Anticancer Res* 27:3083–3089, 2007.

Restucci B, Maiolino P, Paciello O: Evaluation of angiogenesis in canine seminomas by quantitative immunohistochemistry, *J Comp Pathol* 128:252–259, 2003.

Ribeiro GM, Bertagnolli AC, Rocha RM, et al: Morphological aspects and immunophenotypic profiles of mammary carcinomas in benign-mixed tumors of female dogs, *Vet Med Int*

2012:432763,2012.

Riccardi E, Greco V, Verganti S, et al: Immunohistochemical diagnosis of canine ovarian epithelial and granulosa cell tumors, *J Vet Diagn Invest* 19:431-435,2007.

Rijsselaere T, Van Soom A, Tanghe S, et al: New techniques for the assessment of canine semen quality: a review, *Theriogenology* 64:706-719,2005.

Romanucci M, Marinelli A, Sarli G, et al: Heat shock protein expression in canine malignant mammary tumours, *BMC Cancer* 6:171,2006.

Root Kustritz MV: Collection of tissue and culture samples from the canine reproductive tract, *Theriogenology* 66: 567-574,2006.

Root Kustritz MV: Managing the reproductive cycle in the bitch, *Vet Clin North Am Small Anim Pract* 42: 423-437,2012.

Root Kustritz MV: The value of canine semen evaluation for practitioners, *Theriogenology* 68:329-337,2007.

Saba CF, Rogers KS, Newman SJ, et al: Mammary gland tumors in male dogs, *J Vet Intern Med* 21:1056-1059,2007.

Salgado BS, Monteiro LN, Grandi F, et al: What is your diagnosis? Ascites fluid from a dog with abdominal distension, *Vet Clin Pathol* 41:605-606,2012.

Sato T, Maeda H, Suzuki A, et al: Endometrial stromal sarcoma with smooth muscle and glandular differentiation of the feline uterus, *Vet Pathol* 44:379-382,2007.

Schafer-Somi S, Spergser J, Breitenfellner J, et al: Bacteriological status of canine milk and septicaemia in neonatal puppies—a retrospective study, *J Vet Med B Infect Dis Vet Public Health* 50:343-346,2003.

Schubach TM, de Oliveira Schubach A, dos Reis RS, et al: *Sporothrix schenckii* isolated from domestic cats with and without sporotrichosis in Rio de Janeiro, Brazil, *Mycopathologia* 153:83-86,2002.

Sfacteria A, Mazzullo G, Bertani C, et al: Erythropoietin receptor expression in canine mammary tumor: an immunohistochemical study, *Vet Pathol* 42:837-840,2005.

Shille VM, Lundstrom KE, Stabenfeldt GH: Follicular function in the domestic cat as determined by estradiol-17β concentrations in plasma: relation to estrous behavior and cornification of exfoliated vaginal epithelium, *Biol Reprod* 21:953-963,1979.

Sigurdardottir OG, Kolbjornsen O, Lutz H: Orchitis in a cat associated with coronavirus infection, *J Comp Pathol* 124: 219-222,2001.

Simeonov R, Simeonova G: Computerized morphometry of mean nuclear diameter and nuclear roundness in canine mammary gland tumors on cytologic smears, *Vet Clin Path* 35:88-90,2006a.

Simeonov R, Simeonova G: Fractal dimension of canine mammary gland epithelial tumors on cytologic smears, *Vet Clin Path* 35:446-448,2006b.

Simon D, Schoenrock D, Baumgartner W, et al: Postoperative adjuvant treatment of invasive malignant mammary gland tumors in dogs with doxorubicin and docetaxel, *J Vet Intern Med* 20:1184-1190,2006.

Simon D, Schoenrock D, Nolte I, et al: Cytologic examination of fine-needle aspirates from mammary gland tumors in the dog: diagnostic accuracy with comparison to histopathology and association with postoperative outcome, *Vet Clin Pathol* 38:521-528,2009.

Singer J, Weichselbaumer M, Stockner T, et al: Comparative oncology: ErbB-1 and ErbB-2 homologues in canine cancer are susceptible to cetuximab and trastuzumab targeting, *Mol Immunol* 50:200-209,2012.

Sirinarumitr K, Johnston SD, Kustritz MV, et al: Effects of finasteride on size of the prostate gland and semen quality in dogs with benign prostatic hypertrophy, *J Am Vet Med Assoc* 218:1275-1280,2001.

Smith FO: Canine pyometra, *Theriogenology* 66: 610-612,2006.

Smith J: Canine prostatic disease: a review of anatomy, pathology, diagnosis, and treatment, *Theriogenol* 70: 375-383,2008.

Snead EC, Pharr JW, Ringwood BP, et al: Long-retained vaginal foreign body causing chronic vaginitis in a bulldog, *J Am Anim Hosp Assoc* 46:56-60,2010.

Solano-Gallego L, Raskin RE, Meyer D: The authors respond. Letter to the editor, *Vet Clin Path* 40:411-413,2011.

Sontas BH, Turna O, Ucmak M, et al: What is your diagnosis? Feline mammary fibroepithelial hyperplasia, *J Small Anim Pract* 49:545-547,2008.

Sontas BH, Yüzbaşıoğlu Ötürk G, Toydemir TF, et al: Fine-needle aspiration biopsy of canine mammary gland tumours: a comparison between cytolo-gy and histopathology, *Reprod Domest Anim* 47:125-130,2012.

Sorenmo K: Canine mammary gland tumors, *Vet Clin Small Anim* 33:573-596,2003.

Sorenmo KU, Goldschmidt MH, Shofer SF: Evaluation of cyclooxgenase-1 and cyclooxygenase-2 expression and the effect of cyclooxgenase inhibitors in canine prostatic carcinoma, *Vet Comp Oncol* 2:13-23,2004.

Sorenmo KU, Shofer FS, Goldschmidt MH: Effect of spaying and timing of spaying on survival of dogs with mammary carcinoma, *J Vet Intern Med* 14:266-270,2000.

Sycamore KF, Julian AF: Lipoleiomyoma of the reproductive tract in a Hunt-away bitch, *N Z Vet J* 59:244-247,2011.

Taniyama H, Hirayama K, Nakada K: Immunohistochemical detection of inhibin-a, -βB, and -βA chains and 3β-hydroxysteroid dehydrogenase in canine testicular tumors and normal testes, *Vet Pathol* 38:661-666,2001.

Teske E, Naan EC, van Dijk EM, et al: Canine prostate carcinoma: epidemiological evidence of an increased risk in castrated dogs, *Mol Cell Endocrinol* 197:251-255, 2002.

Thrall MA, Olson PN, Freemyer EG: Cytologic diagnosis of canine prostatic disease, *J Am Anim Hosp Assoc* 21:95-102, 1985.

Torres LN, Matera JM, Vasconcellos CH, et al: Expression of connexins 26 and 43 in canine hyperplastic and neoplastic mammary glands, *Vet Pathol* 42:633-641, 2005.

van Garderen E, Schalken JA: Morphogenic and tumorigenic potentials of the mammary growth hormone/growth hormone receptor system, *Mol Cell Endocrinol* 197: 153-165, 2002.

Van Israel N, Kirby BM, Munro EA: Septic peritonitis secondary to unilateral pyometra and ovarian bursal abscessation in a dog, *J Small Anim Pract* 43:452-455, 2002.

Verstegen J, Dhaliwal G, VerstegenOnclin K: Mucometra, cystic endometrial hyperplasia, and pyometra in the bitch: advances in treatment and assessment of future reproductive success, *Theriogenol* 70:364-374, 2008.

Ververidis HN, Mavrogianni VS, Fragkou IA, et al: Experimental staphylococcal mastitis in bitches: Clinical, bacteriological, cytological, haematological and pathological features, *Vet Microbiol* 124:95-106, 2007.

Walker JT, Frazho JK, Randell SC: A novel case of canine disseminated asper-gillosis following mating, *Can Vet J* 53:190-192, 2012.

Wanke MM: Canine brucellosis, *Anim Reprod Sci* 82-83: 195-207, 2004.

Watts JR, Wright PJ, Lee CS: Endometrial cytology of the normal bitch throughout the reproductive cycle, *J Small Anim Pract* 39:2-9, 1998.

Watts JR, Wright PJ, Lee CS, et al: New techniques using transcervical uterine cannulation for the diagnosis of uterine disorders in bitches, *J Reprod Fertil* 51:283-293, 1997. Suppl.

Wenzlow N, Tivers MS, Selmic LE, et al: Haemangiosarcoma in the uterine remnant of a spayed female dog, *J Small Anim Pract* 50:488-491, 2009.

Winter MD, Locke JE, Penninck DG: Imaging diagnosis-urinary obstruction secondary to prostatic lymphoma in a young dog, *Vet Radiol Ultrasound* 47:597-601, 2006.

Wright PJ: Application of vaginal cytology and plasma progesterone deter-minations to the management of reproduction in the bitch, *J Small Anim Pract* 31:335-340, 1990.

Yager JA, Scott DW, Wilcock BP: The skin and appendages: neoplastic disease of skin and mammary gland. In Jubb KVF, Kennedy PC, Palmer N, editors: *Pathology of domestic animals*, ed 4, San Diego, 1993, Academic Press, pp. 706-737.

Zambelli D, Cunto M: Semen collection in cats: techniques and analysis, *Ther-iogenology* 66:159-165, 2006.

Zanghì A, Nicòtina PA, Catone G: Cholesterol granuloma (Xanthomatous metritis) in the uterus of a cat, *J Comp Pathol* 121:307-310, 1999.

Zappulli V, De Cecco S, Trez D, et al: Immunohistochemical expression of E-cadherin and β-catenin in feline mammary tumours, *J Comp Pathol* 147:161-170, 2012.

Zinkl JG: The male reproductive tract: prostate, testes, and semen. In Cowell RL, Tyler RD, Meinkoth JM, DeNicola DB (eds): *Diagnostic cytology and hematology of the dog and cat*, ed 3, St. Louis, 2008, Mosby, pp369-377.

Zuccari DA, Santana AE, Cury PM, et al: Immunocytochemical study of Ki-67 as a prognostic marker in canine mammary neoplasia, *Vet Clin Pathol* 33:23-28, 2004.

# 第 13 章

# 肌肉骨骼系统

*Anne M. Barger*

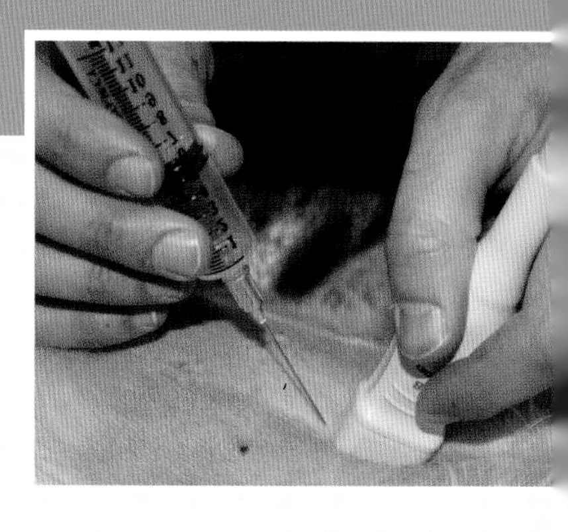

跛行是与肌肉骨骼系统有关的疾病的主要临床特征。其他症状包括僵直、共济失调、无力、疼痛、发烧、四肢和关节肿胀以及畸形。根据紊乱的类型，其他器官系统也可能受到影响，包括神经、内分泌、泌尿、淋巴、消化、呼吸和心血管系统。因此，一只患有肌肉骨骼疾病的动物可能会表现为多种问题和症状。

对于一只怀疑患有肌肉骨骼疾病的动物，细胞学检查是病情诊断的一个组成部分。被取样的材料包括滑液以及影响到肌肉和骨骼病理性增殖/溶解的软组织肿块。细胞学检查评估几乎是唯一一个完全定义肌肉骨骼问题所必需的诊断检查。其他重要信息包括特征描述、病史、体格检查、射线检查、全血细胞计数和生化检查。另外，许多病变都要求病理组织学对诊断进行明确的描述。某些类型的肌肉、骨骼和关节疾病会导致一些无法通过细胞学方法进行诊断的改变。

## 正常关节的解剖学和滑膜液的生成

关节外有一些附着在骨骼上的纤维组织来封闭和稳定关节。最内层的组织叫作滑膜（图 13-1）。除了在关节软骨的表面，这层覆有一层绒毛的不连续薄膜覆盖在关节的内表面。它是由负责清理碎片和出血的组织细胞（A 细胞）、负责分泌的滑膜细胞（B 细胞）和产生滑液的基底细胞组成，正常的滑膜液由透明质酸、润滑物质（一种水溶性糖蛋白）、蛋白酶和胶原酶组成。除了润滑关节面，滑膜液为关节软骨中的软骨细胞提供氧气和营养物质，并运走它们的废物。在膜的下面是一些血管和淋巴管，以及大量的脂肪组织。

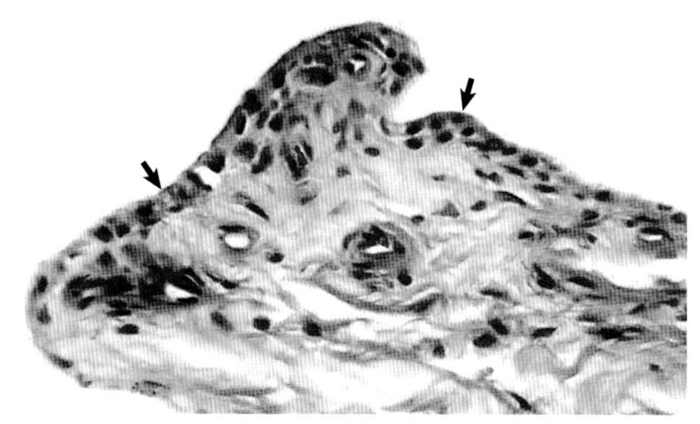

■ 图 13-1　**滑膜。关节。犬。**正常的滑膜（箭头）是由一层不完整的组织细胞（巨噬细胞）和底下有疏松纤维和（或）纤维脂肪组织的纤维细胞组成。关节腔在图的顶部（H&E 染色；高倍镜）（来自于 Zachary JF，*Pathologic basis of veterinary disease*，5th ed，Elsevier Health Sciences，2012）。

## 滑膜液的评估

当评估一只动物的关节疾病时，滑膜液分析是最小资料库的一部分。承认滑膜液的评估只是检查的一个组成部分很重要，而且其结果必须结合其他临床症状和化验室检查，包括适当的辅助诊断测试[比如细胞培养、血清学、抗核抗体（ANA）效价、类风湿因子（RF）效价、影像]。然而，当怀疑动物患有关节疾病时，滑膜液的评估在确定病因上是一个重要的组成部分。和其他体腔积液一样，当评估滑膜液时一个完整的液体分析是很有用的。滑膜液分析流程应该包括颜色、透明度、蛋白浓度、黏度、黏蛋白凝块测试、有核细胞计数、差别和细胞学评估。这些测试在下文会详细讨论。从健康犬猫得到的滑膜液的参考价值在框 13-1 中列出。如果样本量有限，最重要的部分是细胞学评估。在那种情况下，用一滴液体直接推片染色进行评估。不同种类的关节疾病的典型结果已经在表 13-1 中列出。

**框 13-1　正常滑膜液的特点**

|  |  |
|---|---|
| 外观 | 澄清到淡黄色 |
| 蛋白 | <2.5 g/dL（也可是 1.5～3.0 g/dL） |
| pH | 7.0～7.8 |
| 黏度 | 在线性测试中 2 cm |
| 黏蛋白凝块 | 良好 |
| 细胞计数（/μL） | <3 000（犬）；<1 000（猫） |
| 中性粒细胞 | <5% |
| 外周血细胞 | >95%（小的：淋巴细胞，大的：巨噬细胞和滑膜细胞） |
| 数量 | 应该只存在少量（在多数关节中<0.5 mL） |

表 13-1　异常的滑膜液分类

| | 关节积血 | 非化脓性关节病 | 化脓性关节病 |
| --- | --- | --- | --- |
| 外观 | 红色，云雾状或黄色 | 澄清 | 云雾状 |
| 蛋白 | 增加 | 正常到减少 | 正常到减少 |
| 黏度 | 减少 | 正常到减少 | 正常到减少 |
| 黏蛋白凝块 | 正常到缺少 | 正常到缺少 | 中等到缺少 |
| 细胞计数(/μL) | 中性粒细胞、红细胞增加 | 1 000 到 10 000 | 5 000 到>100 000 |
| 中性粒细胞 | 与血液有关 | <10% | >10%～100% |
| 外周血细胞 | 与血液有关 | >90%(都是淋巴和大单核细胞) | 10%到<90% |
| 解释 | 噬红细胞现象有助于确认为陈旧性出血 | 在厚片中可见滑膜细胞和巨噬细胞 | 脓毒症和非脓毒血症的病因。很少能在感染的关节中见到细菌 |

## 样本的采集和处理

滑膜液的收集根据关节样本而各不相同。会对各种关节的采样方法进行描述。一般地，滑膜液的采集需要以下材料：3～6 mL 注射器，18～22 口径的 1 in 针头，及红色头和/或紫色头的管。保定和镇静、必要的麻醉程度在动物之间会有所不同。应使用足够的保定装置以防止动物在收集过程中挣扎。一般情况下，许多动物都需要一定程度的镇静或者麻醉。当处理取样位置和抽吸的过程中，无菌技术是至关重要的。应该把毛剪干净，把抽吸位置清理干净。进针时要小心不要划伤关节表面。触诊和关节的轻微屈伸会有利于找出进针的位置。抽吸的位置根据关节的不同而有所差异。髋关节可以在大转子和偏腹侧及尾侧的地方抽吸。当抽吸时，膝关节应该弯曲。可以在髌韧带的内侧或外侧，胫骨和股骨中间抽吸。跗关节可以通过使关节过度伸展后在跗骨的外侧或内侧进针进行抽吸。抽吸肩关节时，插入 1 cm 针头，从尾椎向肩峰方向。肘关节应该完全伸展，针从外侧和尺骨鹰嘴旁进入。腕关节通过弯曲关节和触诊关节位置进行简单抽吸。针头应该慢慢穿过关节囊到达关节腔。取出的液体量取决于动物和关节的大小以及目前积液量。如果有大量积液，滑膜液会很容易被吸出。但在没有滑膜液增加的情况下可能会获得几滴关节液。在从滑膜腔取出针之前，先要固定好针头使其保持在关节腔内，针筒释放压力，以消除任何负压。正常的滑膜液是凝胶状的不应被误认为是血块。当受到摇晃或振荡时，这种凝胶状的黏性有时会降低，最后恢复至原始的黏度，此属性称为触变性。如果血液有明显的污染和关节发炎时，可能形成纤维蛋白沉淀或凝块，这样就可能出现凝血。考虑到这些因素，这些关节液应该放到一个乙二胺四乙酸(EDTA)管(紫色头管)。但 EDTA 将干扰黏蛋白凝块测试和培养。滑液如果不立即评估需冷藏。根据细胞学结果，那些可能被培养的样品应放置在一个红色头管或在无菌注射器内，和(或)放置在一个有氧环境下。有研究者主张把液体放在血液培养基中培养，可能提高细菌生长。实验室应尝试他们的建议。在许多小动物实验中，只需获取一两滴关节液。在这些情况下，应立即准备直接涂片样品所需要的器材(参考第 1 章)。无论收集的液体量多少，通常直接涂片可维持最好的细胞形态。这些涂片染色前不应冷藏。

## 外观和黏度

正常的关节液通常是少量存在的(少于 0.5 mL)，并且是澄清到淡黄色的(图 13-2A)。红色的液体暗示着出血或者是外周血污染。真正的出血是在抽吸的过程均匀变色的，而外周血污染通常是在抽吸的最后出现。这在液体中可能表现为红色的尾巴或絮状。当用涂抹棒触碰时，在末端滞留，或者从注射器往外推时，都能证明液体是黏性的(图 13-2A)。液体的黏度与浓度和透明质酸的质量有关。正常的滑膜液具有良好的黏度和触变性(见前一节)。

正常的滑膜液具有黏性是由于其产生黏蛋白。黏蛋白凝块测试评估的是关节液中透明质酸的数量和(或)聚合度。因为 EDTA 会干扰这个测试，所以在这个测试前需要用抗凝剂的话，可以使用肝素。把 1～2 滴未稀释的关节液添加到 4～8 滴 2%的醋酸中。在一个正常透明质酸浓度和质量的样本中，会形成一个厚厚的黏稠凝块(图 13-2B)。因为在各种形式的关节疾病中，透明质酸的浓度和/或质量会降低，所以形成的黏蛋白凝块也会减少。这个测试的结果通常被解释为良好、中等或缺少。正常的关节有良好的黏蛋白凝块结果。

滑膜液直接涂片也应用来评估絮状的存在。在黏性的样本中，细胞都是成行排列的(图 13-2C)或像描述干草堆那样的“料堆”排列。在直接涂片的背景中，黏性物质可以作为嗜酸性颗粒状物质或新月形蛋白质而被确认(图 13-2D&E)。

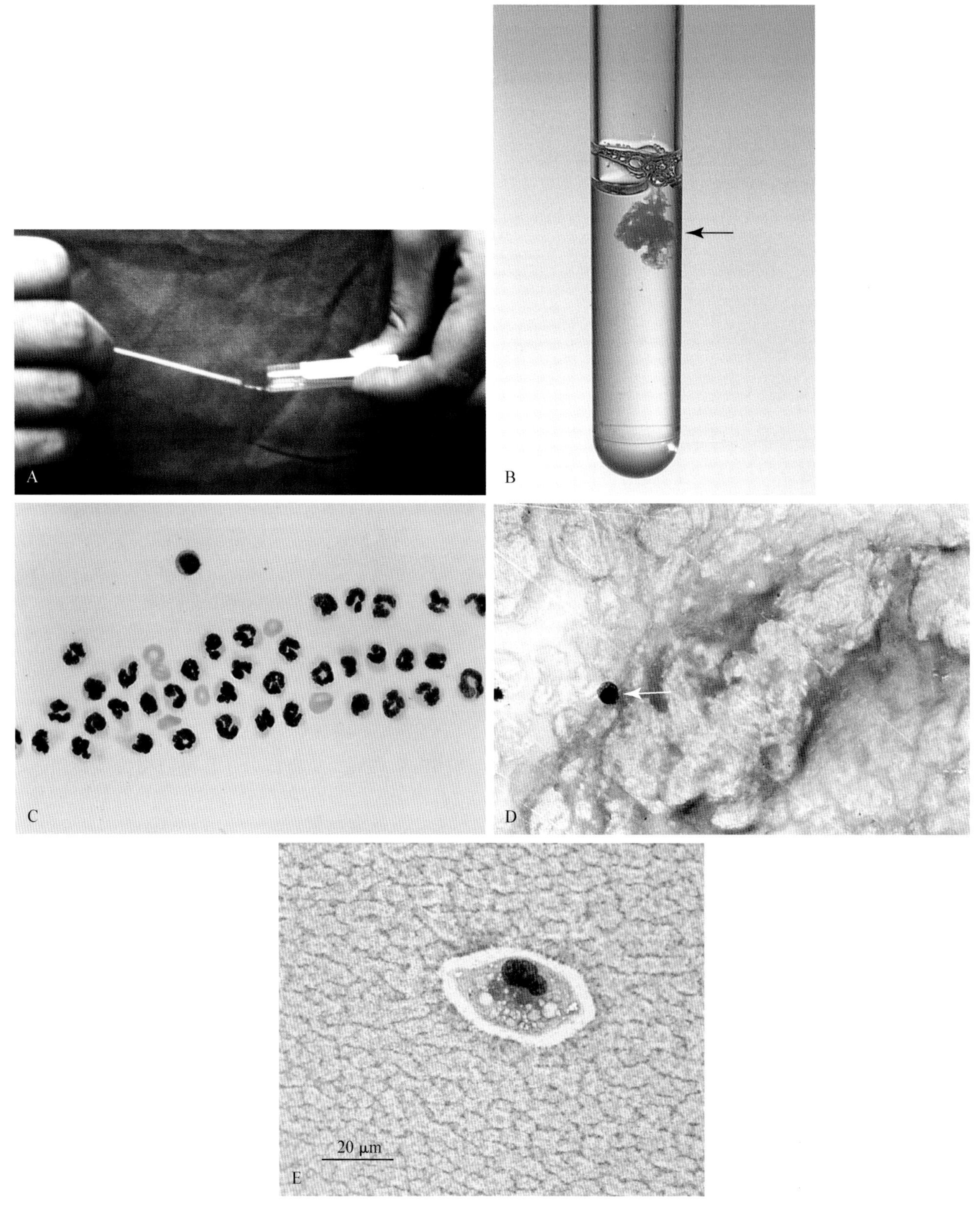


■ 图 13-2 滑膜液的黏度。**A. 黏度测试。**当用涂抹棒触碰后，在它断开之前，正常的滑膜液黏稠物质应该能测量到 2 cm 的长度。**B. 黏蛋白凝块测试。**这个样本来自于一个正常的关节。黏蛋白凝块是比较厚和黏稠的(箭头)，表示有良好的黏蛋白含量和质量。**C. 料堆。**可见这张图中的细胞成行排列，这就被称为"料堆"，在黏度增加或蛋白质含量增多的液体中很常见。发炎的关节在粗野的视觉检查中黏度可能降低，但是在显微镜下可见细胞料堆突出(瑞氏染色，高倍油镜)。**D. 颗粒状背景。**在一张厚的、颗粒至黏稠的分离细胞的背景材料中，正常的滑膜液具有比较少量的骨髓有核细胞。颗粒背景与液体中的黏蛋白成分有关。少的细胞量通常是指在一个高倍镜视野中能看到 1～2 个小到中型的单核细胞(箭头)(瑞氏染色，中倍镜)。**E. 颗粒背景中的滑膜细胞。犬。**在正常滑膜液的颗粒嗜酸性黏蛋白材料中出现一个滑膜腔内层细胞。这只犬拥有正常黏度的退行性关节(瑞氏染色，高倍油镜)(A. Courtesy of Rose Raskin, Purdue University. B. Courtesy of Dr. Sonjia Shelly. E. Courtesy of Rose Raskin, Purdue University.)

### 细胞计数和分类

细胞计数和分类计数是通过血常规完成的。如果有足够的液体量，细胞计数可以通过血细胞计数板完成。一些相关的实验室使用自动的细胞计数器来进行细胞计算。自动的细胞计数器的细胞计数比血细胞计数板要高；然而，区别通常没有大到足以影响临床解释。细胞可能会成簇出现，这样要准备评估细胞的数量会比较困难。为了尽量减少细胞聚集，可以向滑膜液中加入透明质酸酶。前文已经介绍过各种方法。最简单的方法是把极少量（附着在涂抹棒的总量）的透明质酸酶粉末直接加到样品管中，这样会得到更准确的细胞计数。如果只准备了载玻片，细胞数量可以通过数每个低倍镜（10×）视野的细胞数量，然后乘以 100 给出一个近似值来大致评估。然而，从涂片上进行评估是不太准确的，其结果往往要比自动化计数的结果高。正常的关节会有比较少的有核细胞数，尽管犬和猫这两个物种更具有代表性的数量都是少于 500 细胞/μL，但通常犬为 3 000 细胞/μL，猫低于 1 000 细胞/μL（Pacchiana et al.，2004）。这些计数可能会根据品种、年龄、体重和关节样本而发生轻微的改变。因此，根据直接涂片的厚度，每个高倍镜视野（40×）只能看到 1～2 个细胞（图 13-2D）（Gibson et al.，1999）。通过滑膜液的临床研究展示了在操作上的差异性。通常在滑膜液中观察到的细胞包括淋巴细胞、巨噬细胞（组织细胞）、中性粒细胞和偶尔出现的产生糖胺聚糖的滑膜内层细胞。在正常的关节中，中性粒细胞占的比例少于 5%～10%。一旦取得液体，直接涂片和聚集准备工作都能进行。如果条件允许，细胞离心机在聚集准备工作中是有用的。聚集准备工作也能通过离心液体，倒出上清液后再悬浮一两滴上清液进行。然后涂片就可以从这聚集准备工作中制备。聚集准备工作在滑膜液中是很有用的，尤其是细胞计数比较低（少于 500 细胞/μL）的时候。

### 蛋白浓度

蛋白浓度通常是通过折射测定的，折射能为常规临床分类和滑膜液的解释提供一个数值。蛋白质最准确的测量需要化学方法。正常的滑膜液的蛋白浓度都比较低（低于 2.5 g/dL），通常是在 1.5～3.0 g/dL 之间（MacWilliams and Friedrichs，2003）。但是也可以高达 4.8 g/dL（Fernandez et al.，1983）。出现炎症性疾病时蛋白浓度会升高。当使用 EDTA 时蛋白质会出现假性升高，尤其是加入的样本少或如果病人接受了关节腔内注射时。

### 关节疾病的分类

滑膜液评估的主要目的是区分化脓性关节病和非化脓性关节疾病（表 13-1）。其他可能被区分的关节疾病类型包括关节积血和肿瘤性疾病。如上所述，要进一步区别疾病，需要结合滑膜液的结果以及其他病史、物理检查和化验结果，包括影像学。滑膜液分析在区分和鉴别化脓性和非化脓性疾病的多种病因方面是很重要的。

#### 化脓性关节病

化脓性关节病的特点是关节液中的白细胞数量增加，尤其是中性粒细胞（图 13-3）。中性粒细胞绝对数量通常是中度至明显增加。然而，炎症的过程似乎随着时间而减弱，并且如果是多关节，对其他关节会有不同程度影响。因此，即使没有临床表现，关节重复采样和更重要的多个关节采样也很有诊断价值。关键的一点是化脓性关节疾病有感染性和非感染性的原因。

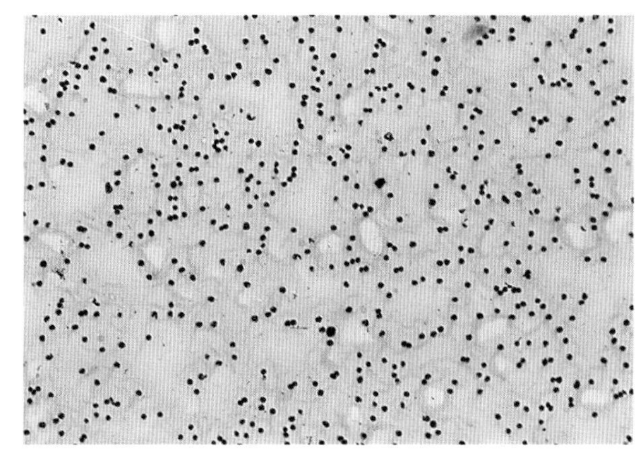

■ **图 13-3　化脓性关节疾病。**关节发炎可见显著增加的中性粒细胞数，在这个样本中超过了 50 000/μL。在脓血症的关节疾病中总细胞数偶尔可能会在正常范围内（即犬低于 3 000/μL），但中性粒细胞的数量表现为超过总数的 70%，强调镜检的必要。（瑞氏染色；中倍镜）

感染性关节炎。一些关节疾病的原因是由细菌（图 13-4）或真菌（图 13-5）感染引起的。一般情况下，脓血症的关节有很高的细胞计数。在大部分病例中，细胞主要是叶状嗜中性粒细胞。评估中性粒细胞的情况很重要。退行性或核溶解的中性粒细胞在脓血症关节中更常见。退化的中性粒细胞的细胞核苍白、肿大并且核分裂损失。但是，通常大多数的中性粒细胞在化脓性关节中都是表现为非退行性的。在一项研究中，葡萄球菌是脓血症关节中分离出来的最常见的细菌（Marchevsky and Read，1999）。有机体可能通过血液或者直接接种到达关节。另外，还可能会通过滑膜组织中的免疫复合物和非脓血症液体中的产物感染身体其他部位（如心内膜炎）。细菌和真菌性关节炎的主要表现通常是单个关节受影响,但偶尔会涉及多个关节,特别是在年幼的动物中。因为感染性和非感染性关节炎有一个相似的表现,所以有必要对发炎关节进行培养,但要铭记,一个阴性的培养结果并不能排除感染,因为微生物有时局限于滑膜衬组织里。其他和关节病有关的病原体包括支原体,细菌L型,螺旋体(伯氏疏螺旋体),原生动物(利什曼原虫),病毒(杯状病毒、冠状病毒)和立克次体/红孢子虫属如犬埃立克体、伊氏埃立克体(图13-6 A&B)、嗜吞噬细胞、立克次氏体(Santos et al.,2006;Harvey and Raskin,2004)。在一项通过测定外周血聚合酶链反应,证实为伊氏埃立克体联合感染的研究中,有核细胞计数在16 000～125 000/μL的范围内,63%～95%都是中性粒细胞(Goodman et al.,2003)。

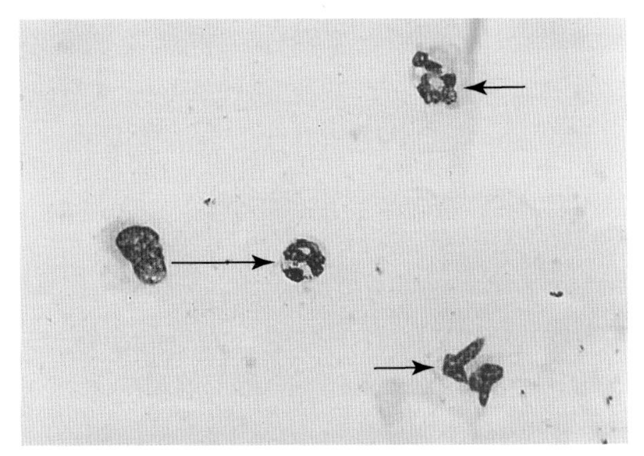

■ 图13-4 **细菌性关节炎。**细菌性关节炎可能是由于直接接种或者血性传播引起的。感染的关节通常会有很高的中性粒细胞计数(高于50 000/μL)。在这个样本中,中性粒细胞表现为退行性改变,包括核肿胀(短箭头)和细胞质空泡化。退行性变化的存在强烈表示感染,然而缺乏退行性变化或观察到微生物并不排除感染的可能。这些细菌可能位于关节组织中,而不是在滑膜液中。经过长时间搜索后可见罕见的细菌。(长箭头)(瑞氏染色;高倍油镜)

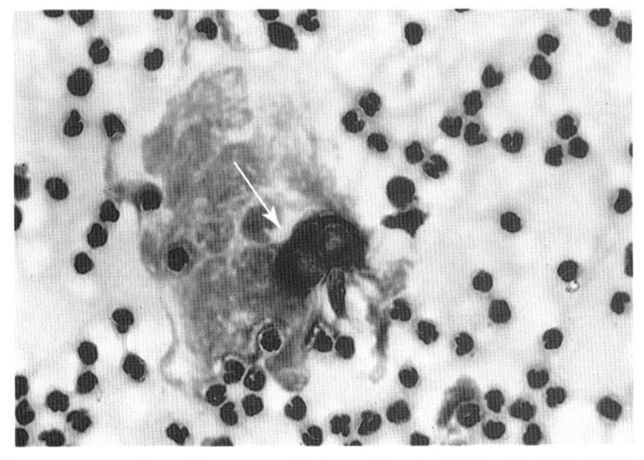

■ 图13-5 **芽生菌病。滑膜液。**除了细菌外,其他传染性病原体也可能影响到关节。这张显微镜照片包含大量的中性粒细胞,这些细胞由于涂片的厚度,看起来像"围捕"中间的单核细胞。在照片的中央,可见广泛存在的符合人畜共患病的出芽酵母菌(箭头)。真菌生物可能很少出现,并在低级测试中最容易发现。和细菌一样,可见微生物的缺乏并不能排除感染。真菌培养在疑似病例中是有用的。(瑞氏染色;高倍油镜)

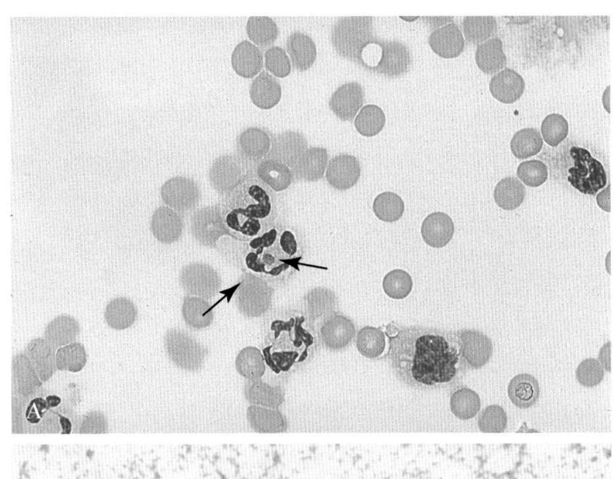



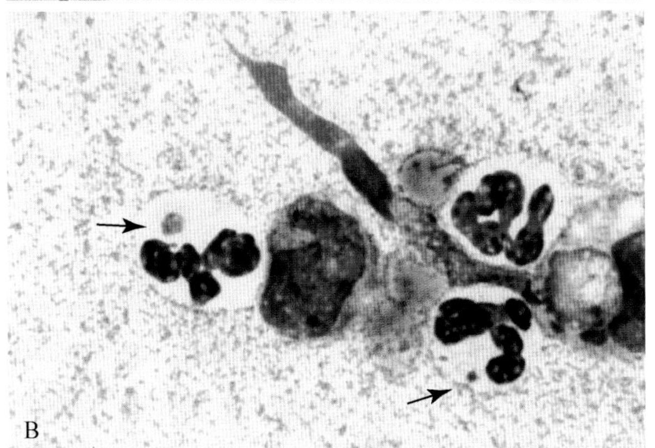



■ 图13-6 **A. 埃立克体病毒感染。滑膜液。犬。**中间的中性粒细胞(箭头)的细胞质中包含埃立克体桑葚胚。埃立克体感染可能会引起嗜吞噬细胞无形体或埃立克体。这些生物可能会引起关节发炎以及各种其他的临床症状和实验室问题。在临床样本中除了畸形感染不常见生物体。诊断通常是根据临床症状和血清学化验的识别(瑞氏染色;高倍油镜)。**B. 埃立克体引起关节感染。犬。**上图中是3个胞浆中含有桑葚胚的中性粒细胞(箭头)。这些膝关节液的白细胞计数评估高于50 000/μL,并且在轻度嗜酸性的背景下出现轻度的核溶解。通过PCR检测种属特异性产物来确诊。(B. Courtesy of Rose Raskin, University of Florida.)

非感染性关节炎。许多患有关节炎的动物都会患有非糜烂性疾病(Michels and Carr,1997)。非糜烂性关节炎的产生原因包括其他地方感染或肿瘤的继发炎症,特定品种的多发性关节炎(例如比格犬、中国沙皮犬),药物引起的疾病,免疫介导的多发性关节炎和系统性红斑狼疮。除了杜宾犬,小型雪纳瑞和萨摩对磺胺类药物过敏引起化脓性关节炎的风险增加(Trepanier et al.,2003)。虽然结晶引起的关节炎(例如痛风和假性痛风)在动物中也有介绍,但是在犬猫中是罕见的(deHaan and Andreasen,1992;Forsyth et al.,2007)(图13-7A&B)。顾名思义,多发性关节炎通常会影响多个关节,但是有时可能只有单个关节受影响。

受免疫介导疾病影响的关节通常是非退行性的中性粒细胞数量增加。在某些病例中,可能会出现淋巴细胞和浆细胞数量增加的情况。小的远端关节最常受影响。诊断免疫介导疾病不仅依靠检查表现的关节，还要通过培养、血清学、和(或)经验性治疗来排除感染。一些免疫介导的病例会出现复合性细胞(图13-8A-C)或红斑狼疮(LE)细胞(图 13-8D)。这些都是比较罕见的发现，不应用于诊断免疫介导性疾病。

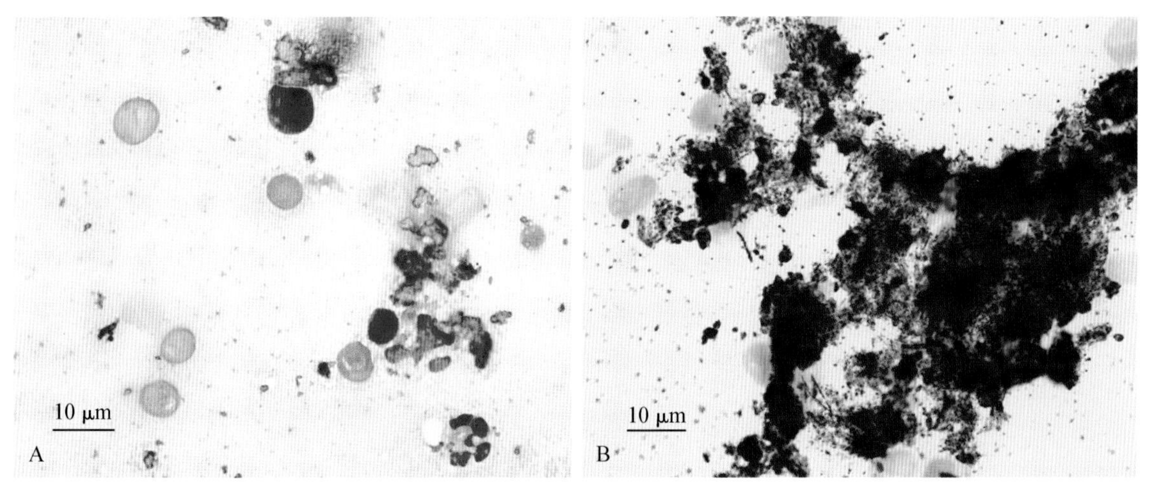


■ 图 13-7　**含有钙沉积的混合细胞炎症。滑膜液。犬。A-B 是同一个病例。A.** 在含有粗糙、粗细不规则的黄绿色折光晶体的背景下可见中性粒细胞、单核细胞和几个红细胞。晶体诱导的关节疾病病因是不确定的，但可能与早期全身组织胞浆菌病有关(瑞氏染色；高倍油镜)。**B.** 大量棕色、阳性染色颗粒的集合确认为钙沉积。通过核复染能看到几个炎症细胞。(硝酸银染色；高倍油镜)(A and B，Courtesy of Rose Raskin，Purdue University)

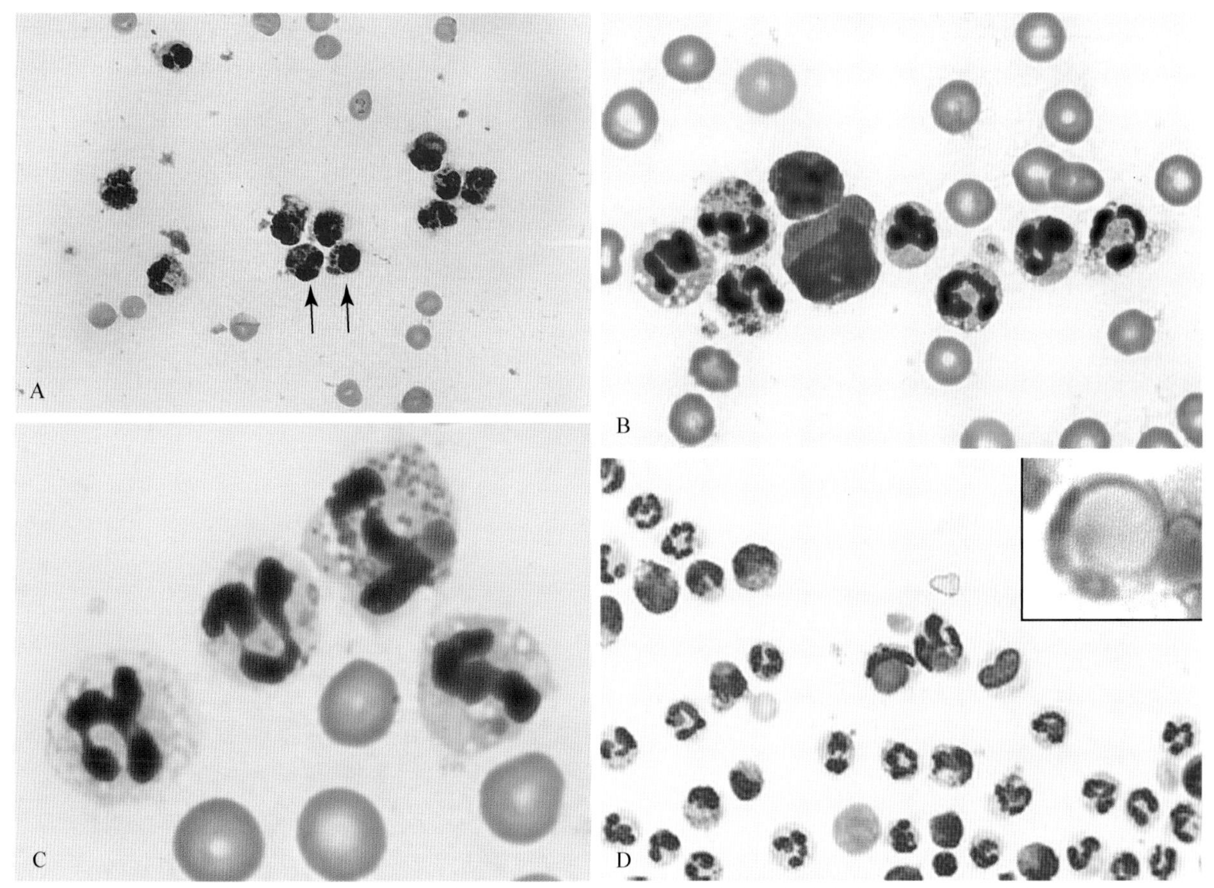


■ 图 13-8　**组织黄胞滑膜液。犬。A-C 是同一个病例。A.** 组织黄胞的中性粒细胞含有多个大小不一、紫色的、小的胞质包囊体(箭头)。它们是代表核遗留物或被吞噬的免疫复合物。它们应该有别于细菌。研究表明，这些细胞较常见于免疫介导的多发性关节疾病，但没有被确诊。当出现多发性关节炎时，建议进行免疫介导的疾病和关节外感染如埃里克体和莱姆疏螺旋体病的血清学评估。(瑞氏染色；高倍油镜)**B.** 在一个多发性关节疾病的病例中，中性粒细胞通常包含几个大小不一、深染的细胞质颗粒。膝关节液 WBC 是 7 400/μL，蛋白 3.6 g/dL，黏蛋白凝块良好，21%非退化中性粒细胞，45%小淋巴细胞，34%大单核细胞，ANA 滴度阳性和立克次体效价阴性。(瑞氏染色；高倍油镜)**C.** 含有核碎片的中性粒细胞放大。(瑞氏染色；高倍油镜)**D. 红斑狼疮细胞。犬。**滑膜液取自一只跛足的犬。总细胞数量适度增加，主要由非退化的中性粒细胞和少量淋巴细胞及单核细胞组成。中间的嗜中性粒细胞的细胞质中含有一个大的、圆的、均匀嗜酸性的物质代替细胞核向细胞膜延伸(箭头)。这是一个 LE 细胞。吞噬的物质是被抗核抗体破坏的核材料。均匀轻染的材料外观有别于正常的核材料。LE 细胞比较罕见，但当发现时，可支持系统性红斑狼疮的诊断。插图：LE 细胞的特写(瑞氏染色；高倍油镜)(B and C，Courtesy of Rose Raskin，Purdue University. D，Courtesy of Linda L. Werner. 插图，Courtesy of Rose Raskin)。

当在关节影像学上，在软骨下骨缩小或扩大的区域里发现有透明囊肿样病变时，应考虑糜烂性关节炎。在动物上所描述的糜烂性关节炎的类型包括风湿性关节炎、灵缇犬的多发性关节炎和猫进行性多关节炎(Carr and Michels，1997；Oohashi et al.，2010)。经典的表现是软骨下骨的缺失和变性以及受影响关节的破坏。感染或肿瘤都可能引起糜烂性关节疾病。糜烂性关节炎和其他类型的化脓性关节疾病一样，特点是滑膜液中中性粒细胞的增多。单独的滑膜液分析不能区分糜烂性疾病和非糜烂性疾病；因此，应对患有关节炎性疾病的动物进行射线检查。非感染性糜烂性关节炎的其他临床特征包括发僵、在3个月内一个或多个关节肿胀、对称性关节肿胀、显微镜对滑膜活检可见核溶解，以及RF效价阳性。

## 非化脓性关节病

退化性关节疾病(骨关节炎、骨关节病)的特点是在关节联合的结构中可见关节软骨缺失。通常继发于骨软骨病、髋臼发育不良、关节不稳、慢性二头肌腱鞘炎和创伤。滑膜液的改变不如化脓性疾病那样明显可见(图13-9 A&B)。有核细胞轻度增加可能是最主要的发现(Stobie et al.，1995)。这些细胞很有可能是巨噬细胞、淋巴细胞和滑膜衬里细胞的混合(图13-9C-E)。膝关节前十字韧带断裂(图13-9F)是与非化脓性关节疾病相关的，滑膜液中主要以有核细胞(有核细胞的数量增加主要是淋巴细胞和浆细胞)为主以及少量中性粒细胞(Erne et al.，2009)。偶尔会观察到破骨细胞，这可能意味着软骨浸润和接触到软骨下骨(图13-10A&B)。

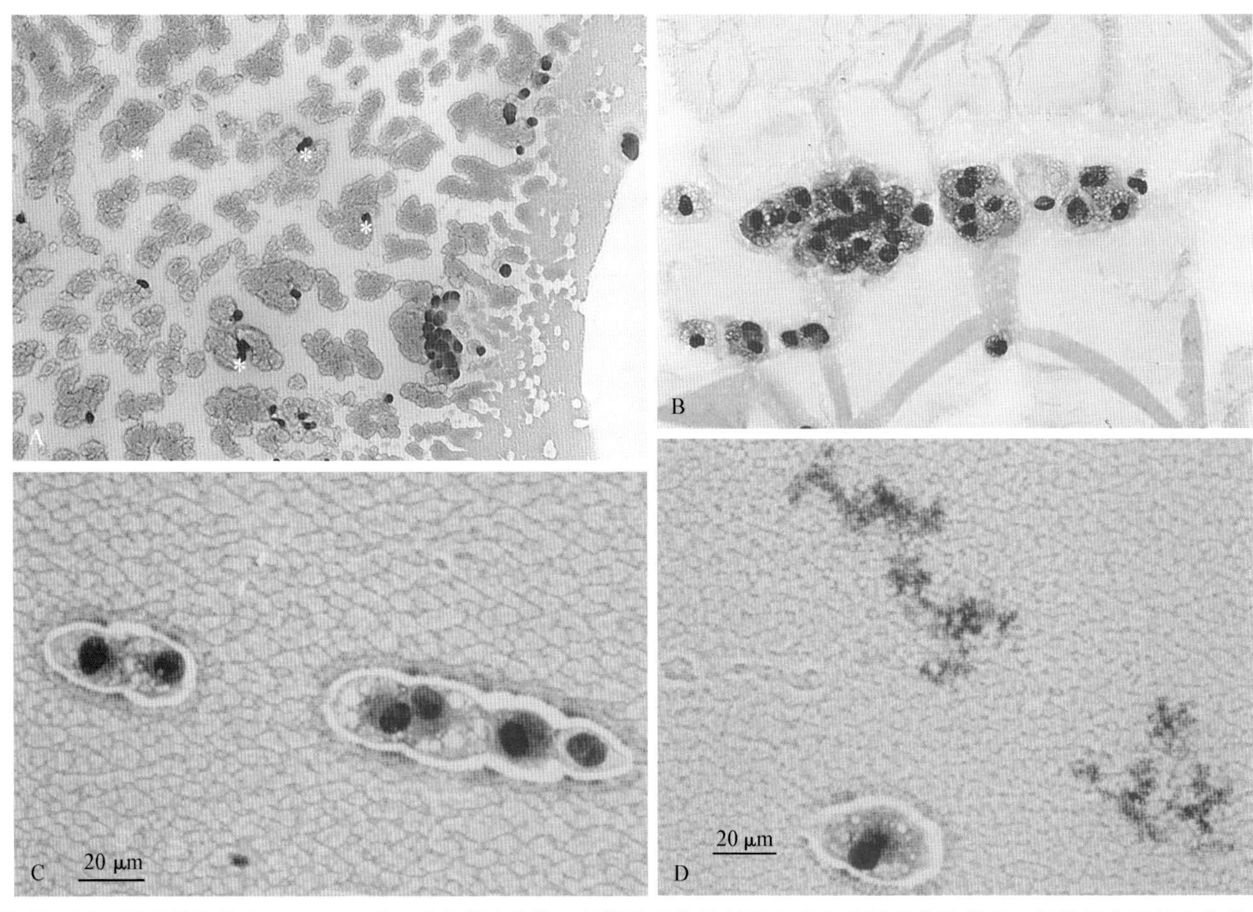


■ 图13-9 **退行性关节病。A-B。A. 犬。**这个样本是从一只慢性后肢跛行的大型犬的膝关节取得的。尽管因为结块和涂片的厚度导致很难评估，但是细胞的数量还是轻度增加。包含一丛丛黏蛋白(星号)和类似红细胞的颗粒状背景表示大量的黏蛋白含量。主要的细胞是单核细胞，部分单核细胞符合非化脓性炎症的巨噬细胞的细胞学外观。对潜在的疾病如骨软骨病或半月板病变等疾病的进一步评估是有必要的(瑞氏染色；中倍镜)。**B.** 退行性疾病的关节通常是巨噬细胞(组织细胞)或分泌滑膜液细胞的数量会增加。细胞通常较大，空泡化，并包含许多粉红色染色的细胞质颗粒。在这张图中可以看到厚厚的粉红色的背景，这说明黏蛋白含量保持良好(瑞氏染色；高倍油镜)。**慢性二头肌腱鞘炎。犬。C-D是同一病例。C.** 在这个患有慢性退行性疾病的肩关节液中，可见成堆的大单核细胞，疾病影响到肱二头肌腱和腱鞘。这是成年犬潜在跛行很常见的一个原因(瑞氏染色；高倍油镜)。**D.** 在颗粒背景下可见单一的滑膜细胞，其中包含的嗜酸性黏蛋白聚合物可能是由损坏的关节面产生的(瑞氏染色；高倍油镜)。

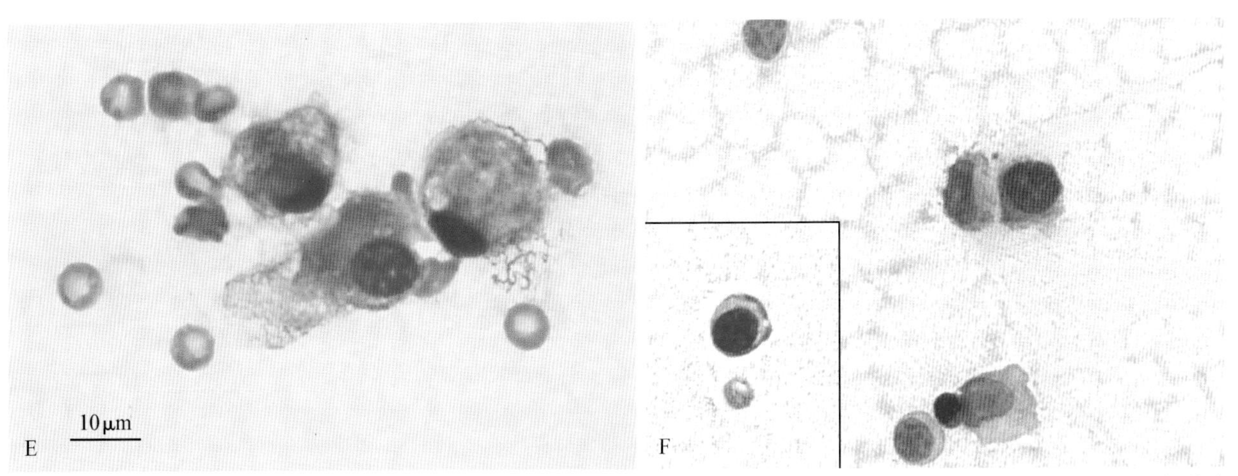


■ 图 13-9 续 **E. 骨关节炎。犬。**这是非化脓性退行性疾病的关节滑膜液的直接涂片，可见三个大的单核细胞。这些都符合巨噬细胞(瑞氏染色；高倍油镜)。**F. 前十字韧带撕裂。犬。**滑膜液细胞计数估计是 5 000 WBC/μL，蛋白 4.5 g/dL，黏度正常，细胞分类包括 76%淋巴细胞，15%中性粒细胞和 9%大单核细胞。注意插图中与其他细胞放大同样倍数的浆细胞样细胞(瑞氏-吉姆萨染色；高倍油镜)(C-F，Courtesy of Rose Raskin，Purdue University)。

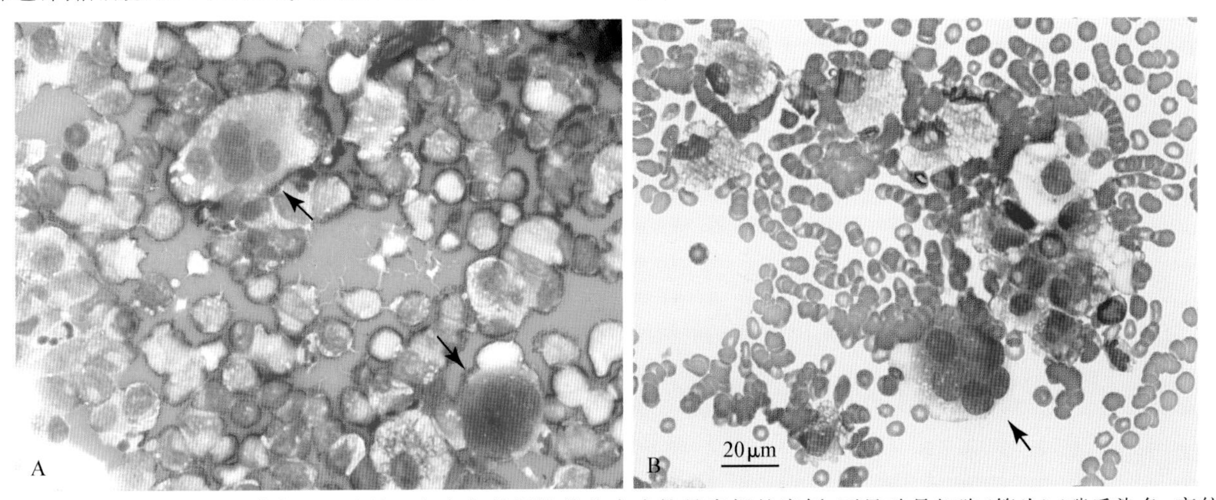


■ 图 13-10 **破骨细胞。滑膜液。A.** 这是一个患有退行性关节病或软骨磨损的病例，可见破骨细胞(箭头)(瑞氏染色；高倍油镜)。**B. 犬。**与图 13-9E 为同一个病例。在许多单核细胞和红细胞中，箭头指示多核破骨细胞(瑞氏染色；高倍油镜)(B，Courtesy of Rose Raskin，Purdue University)。

犬的类风湿关节炎可能会出现少量有核细胞和轻度增加的滑膜液细胞，中性粒细胞计数增加明显，超过 10 000/μL(MacWilliams and Friedrichs，2003)。

### 关节积血

如果最近发生挫伤，关节可能会出现出血(图 13-11A&B)。真正的出血要和更常见的血液污染的假象相区分。这最容易在采样时发生。如果以前曾经出血，那么抽出的液体可能会表现为黄色(黄色是因为陈旧出血)到红色云状物。除了外伤，其他引起出血性关节液的原因包括凝血缺陷和肿瘤病变。对于关节积血反复发作或有小创伤的关节积血病史的小犬和小猫，应该考虑先天性凝血因子缺乏症。在正常滑膜液中可以见到少量的红细胞，但是不应该多得能改变液体的颜色。正常情况下，出血可以通过识别噬红细胞现象，含铁血黄素的巨噬细胞和其他红细胞色素如类胆红素与外周血污染区分。在外周血污染中偶尔能看到血小板。必须小心过度解读噬红细胞现象，因为如果样本不是快速评估的话，这种现象会发生在体外。

### 肿瘤

组成正常滑膜的疏松结缔组织包括血管、成纤维细胞、脂肪细胞、组织细胞浸润内衬的滑膜细胞层(图 13-1)。在一项 35 只犬的研究当中，常见的肿瘤是犬滑膜组织细胞瘤(51%)(Craig et al.，2002)，其次是滑膜黏液瘤(17%)，滑膜肉瘤(14%)和其他混合的肉瘤(17%)，包括巨细胞变性肉瘤(恶性纤维组织细胞瘤)、纤维肉瘤、软骨肉瘤和未分化肉瘤。免疫组化染色对于区分滑膜肿瘤的组织学类型是很必要的，对于它们的预后很有帮助。推荐使用的抗体标记物包括：滑膜细胞肉瘤的细胞角蛋白(AE1/AE3)和组织细胞肉瘤的 CD18 可能会表现为最常见的梭形细胞的形式(图 13-12A)或作为梭形和上皮细胞混合。组织细胞肉瘤是由抗原呈递的滑膜组织层树突状细胞而来。这些肿瘤常见于罗威纳犬、伯尔尼山犬和猎犬(Affolter and Moore，2002；Moore，2014)。细胞学上，组织细胞肉瘤表现的是间变性特征的圆形细胞，包括细胞异型性、多核化、核大小不均、染色质粗糙和核仁含嗜碱性物质(图 13-12B&C)。其他在关节偶尔见到的肿瘤是转移的癌。滑膜液中出现的转移性的肿瘤有记载是在肺和乳腺产生的(Meinkoth et al.，1997)。最近，在一只跛足的犬的病例中，在滑膜液中可见到来源于前列腺细胞癌的细胞(Colledge et al.，2013)。在原发位置和转移位置(腕关节和膝关节)的细胞免疫反应显示是膀胱癌Ⅲ型，尿路上皮组织(图 13-12D)。

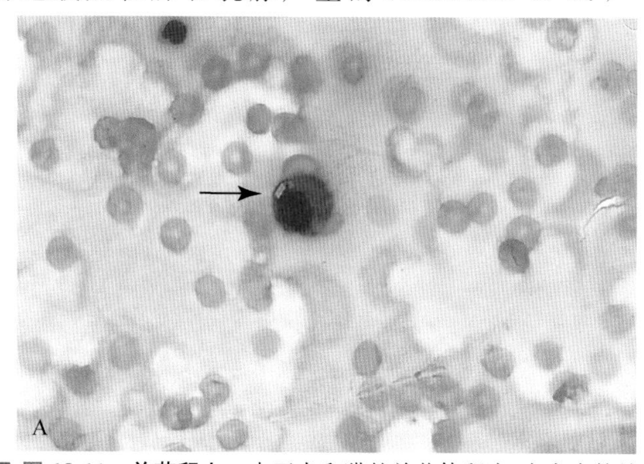


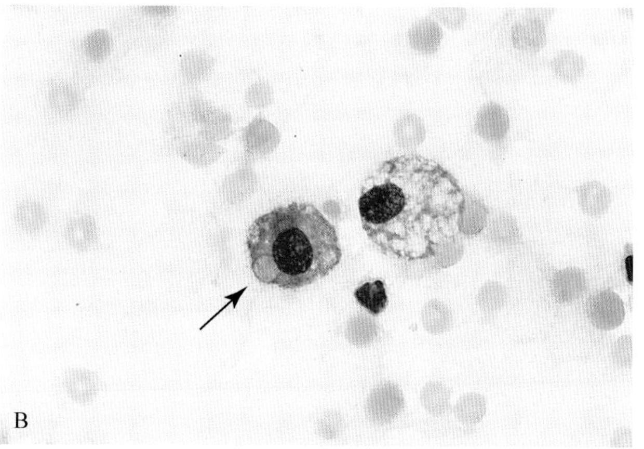


■ 图 13-11 **关节积血。**由于犬和猫的关节体积小，在大多数关节抽吸中受到某种程度的血液污染是很常见的。为了帮助区分真正的出血和血液污染，应该经常进行涂片来检查噬红细胞现象，类胆红素晶体，含铁血黄素和血小板。在(A)中，巨噬细胞中包含小的、金色的类胆红素晶体(箭头)，而在(B)中的两个小点的巨噬细胞的左下方的细胞质中包含被吞噬的红细胞(箭头)。这些发现都表明关节之前有出血。关节出血潜在的病因包括创伤、凝血功能障碍和肿瘤。凝血疾病可能会表现为别处多个关节受影响和出血、凝血试验可证明异常的出血。(瑞氏染色；高倍油镜)

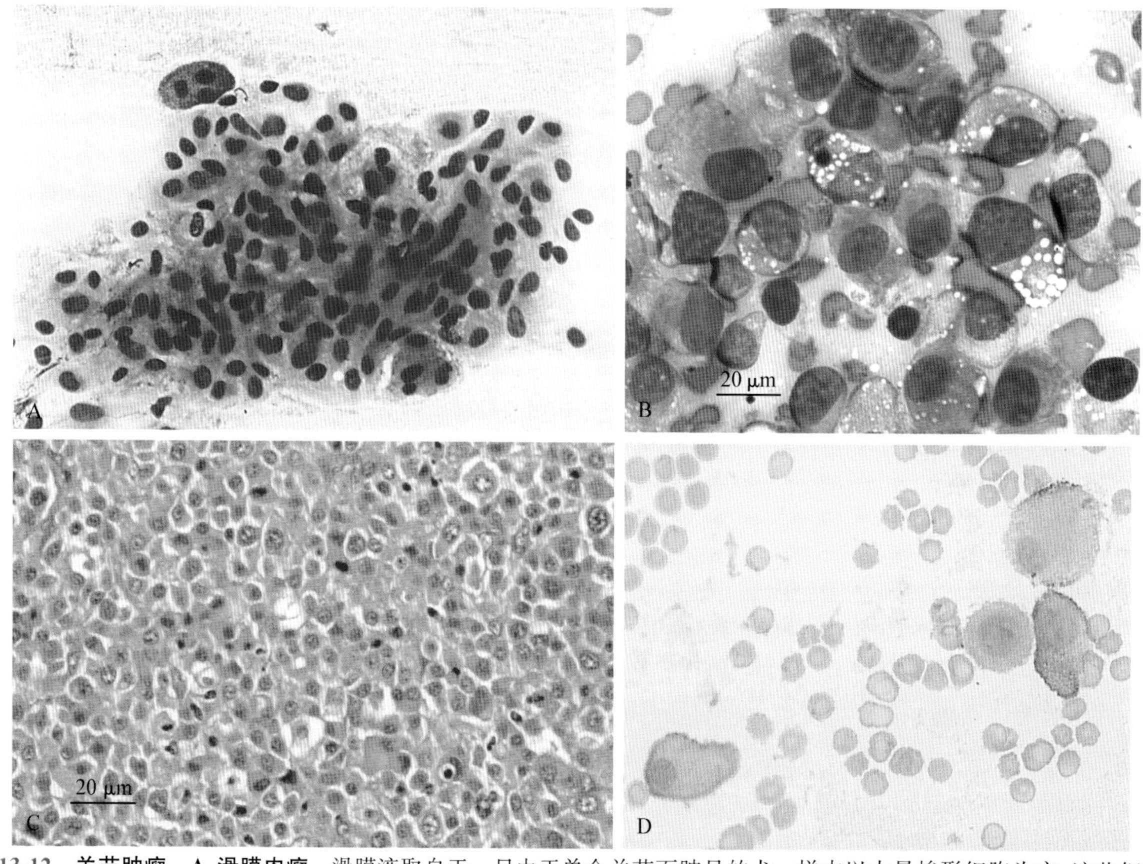


■ 图 13-12 **关节肿瘤。A. 滑膜肉瘤。**滑膜液取自于一只由于单个关节而跛足的犬。样本以大量梭形细胞为主，这些细胞有时被一条清晰的粉红色流动基质分开。细胞表现中度多形性。这个关节有一个相关联的软组织肿块，并被诊断为滑膜肉瘤。这张照片的细胞显示出恶性肿瘤的细胞学特征，可能是肿瘤，但也有可能是反应性的滑膜细胞。和很多间质性肿瘤一样，完全依靠细胞学是很难确诊为恶性肿瘤的。(瑞氏染色；高倍油镜)**组织细胞肉瘤。犬。B-C 是同一病例。B.** 这是从一个环绕在关节周围并浸润肌肉的软组织肿块中抽吸的，表现为不定数量的圆形细胞。这些细胞表现为细胞核大小不一、核质比改变、染色质粗糙和核仁明显的恶性特征。嗜碱性的细胞质表明是组织细胞来源，这可以通过免疫组化证实。(瑞氏染色；高倍油镜)**C.** 多形性圆形细胞瘤对 CD3、CD79 和 MUM1(淋巴)抗原呈阴性，对 CD18、CD45、E-C 钙黏蛋白(白细胞、组织细胞和树突状细胞各自的抗原)呈阳性。(H&E 染色；中倍镜)**D. 转移性前列腺癌。犬。腕关节的滑膜液抽吸。**确定细胞来源是免疫反应阳性的尿路上皮。(膀胱癌Ⅲ/AEC；高倍油镜)(B and C，Courtesy of Rose Raskin，Purdue University；D，courtesy of Sarah Colledge，Purdue University.)

## 肌肉骨骼疾病

肌肉、结缔组织或骨骼病变的表现和其他病变的表现一样。一般都会有一个肿物、溶解迹象或者肿胀。细针抽吸，开创或采取组织活检的按压印迹涂片是获得样本的常用方法。在这个章节中将会讨论肌肉骨骼系统，包括骨骼肌和骨骼。

### 骨骼肌

正常骨骼肌的细胞学具有特征性的表现。通常通过抽吸可获取组织片段，细胞的细胞质深度嗜碱性(图 2-1 和图 2-46)。通常可见细胞聚集中有向上和向下的条纹。在浓缩的细胞质中细胞核是圆形的。肌炎很难通过细胞学诊断，因为很难将炎性细胞和肌细胞联系起来(图 13-13)。因此，细胞学检查在诊断肌炎中的作用是有限的。肌炎的诊断通常需要考虑病史、症状和化验结果(血清肌酸激酶和天冬氨酸转氨酶的增加)，以及肌电图、免疫学和血清学试验。组织病理学对于明确肌肉炎症和退行性肌肉病变也是有必要的。由骨骼肌产生的肿瘤包括横纹肌瘤和横纹肌肉瘤(图 13-14A&B)。这些肿瘤是少见的。细胞学上，这些肿瘤可能表现得与其他间质肿瘤相似。尤其是横纹肌瘤经常脱落较少；然而，横纹肌肉瘤会

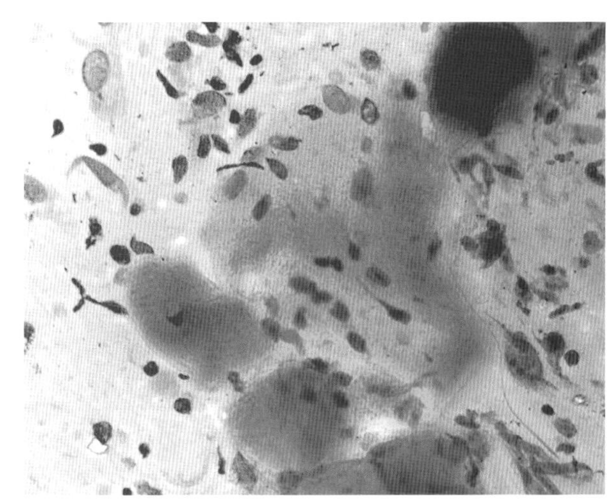

■ 图 13-13　**纤维化肌肉炎的混合细胞。**从一个颌下腺肿物抽吸，背景由血和来自破裂细胞的裸核组成。大的深蓝色结构与骨骼肌的片段一致。此外，可见分散的炎症细胞和几个纺锤状细胞(瑞氏染色；高倍油镜)。

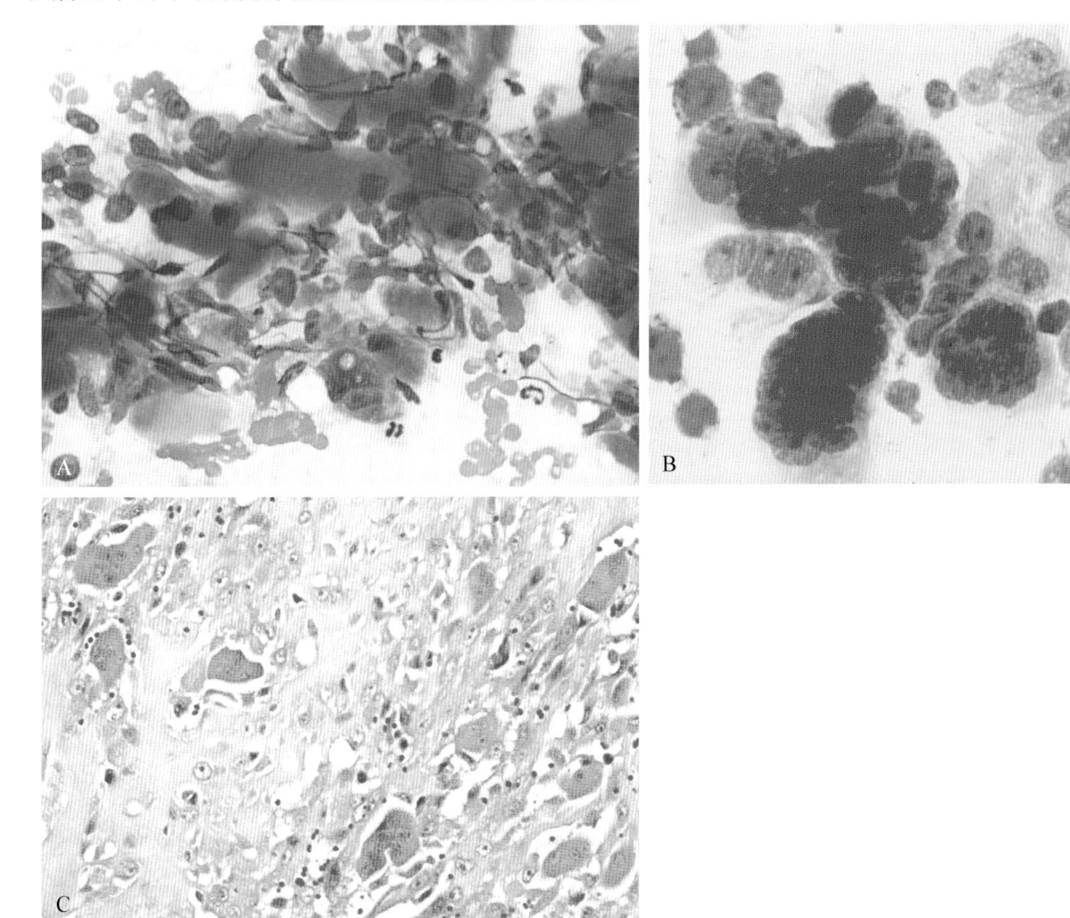

■ 图 13-14　**横纹肌肉瘤。A.** 一只年轻混血犬皮肤肿物细针抽吸的细胞学制片。可见大量间质性肿瘤细胞，这些细胞的细胞质内条纹状明显。这个肿物经组织病理证实为横纹肌肉瘤(瑞氏染色；高倍油镜)。**B.** 一只 12 个月大的犬的颌下腺肿物细针抽吸的细胞学制备，这只犬有多个口腔和面部肿物。在这个通过组织病理学确诊为横纹肌肉瘤的病例中，可见大的多核巨细胞，细胞核成行排列(瑞-吉氏染色；高倍油镜)。**C.** 患有横纹肌肉瘤的犬的组织切片展现很多多核巨细胞，一些含有成行的细胞核(H&E；中倍镜)(B，From Fallin CW，et al. What is your diagnosis? A 12-month-old dog with multiple soft tissue masses，Vet Clin Pathol 24：80，100-101，1995)。

脱落足够细胞以做诊断。通常这些细胞是圆形至纺锤形的,含有丰富的嗜碱性胞浆,细胞核椭圆形。偶尔可见多核巨细胞,细胞核形成条带状排列(图13-14B)。这些特征都在横纹肌肉瘤的细胞学上有报道(Fallin et al.,1995)。在胞浆内极少见到横纹。横纹肌瘤或横纹肌肉瘤在细胞学上具体诊断是很难的;然而,条纹和条带状细胞的存在可以协助诊断。结合免疫组化的组织病理对于确诊是必要的(请参阅第17章)。由骨骼肌产生的肿瘤包括横纹肌瘤和横纹肌肉瘤(图13-14A-C)。这些肿瘤是罕见的。细胞学上,这些肿瘤可能会表现得与其他间质肿瘤相似。

## 骨骼

骨骼细针穿刺技术应用日渐广泛(Britt et al.,2007)。如果发生骨质溶解或增生性损伤,可能包括皮质溶解或骨膜增生,骨骼穿刺均能有所提示。正常的骨骼不会发生骨膜脱落,但当炎症和肿瘤存在时,骨膜脱落非常迅速。一般情况下,骨骼穿刺使用18G注射针头,若考虑到溶解性损伤,则需使用更小号的注射针头。骨骼穿刺和开窗术均可获得细胞学样本。此外,细胞学样品也能通过活组织检查获得。若取样前后活检样本均有血液流出,则需小心操作。骨骼样品需取自损伤中心部位,因为损伤外围可能会存在正常与非正常骨骼的过渡组织。

正常骨组织学中包括位于陷窝中的骨细胞,少量成骨细胞和破骨细胞。成骨细胞生成类骨质,细胞学和组织学观察可见一种粉色不定型的蛋白质性物质。骨骼外表面即为骨膜,由纤维结缔组织构成。细胞学观察正常骨骼结构中含极少量细胞,为1~2个细胞/视野甚至更少。通常仅会发现骨膜上纺锤形的间质细胞脱落。然而,在外伤、炎症或肿瘤中的二次骨重建中,可观察到活跃的成骨细胞。这些细胞有明显偏于一端的细胞核,核中可见明显的核仁,偶见明显的高尔基体(图13-15)。需要注意的是,不要将活跃的成骨细胞与肿瘤的成骨细胞混淆,二者有时很难区别。在没有炎症和恶性肿瘤中出现成骨细胞,进行解释时应特别谨慎。

溶骨性骨质细胞更容易脱落。与骨溶解有关的病程包括炎症、肿瘤、增生性骨病和动脉瘤样骨囊肿。骨髓炎包括化脓性到化脓性肉芽肿炎症,根据引起炎症的不同原因会包含不同数量的中性粒细胞、巨噬细胞和多核巨细胞。可能也会观察到反应性成骨细胞和其他间质细胞。骨髓炎可能是由于细菌或真菌引起的。细菌性骨髓炎通过血液循环传播较罕见,但常

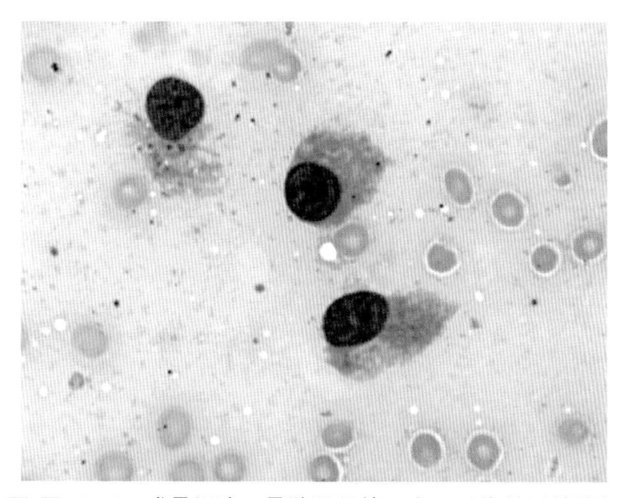

■ 图13-15 **成骨细胞。骨骼组织块。犬。**于桡骨远端溶解性和增生性损伤处穿刺。整个样品仅含少量细胞。图为3个活跃的成骨细胞。这种细胞的细胞核通常位于一端,还有明显的高尔基体和明显的核仁。注意不要将过度活跃的成骨细胞与肿瘤性细胞相混淆,对比图13-20(瑞氏染色;高倍油镜)。

见于继发咬伤、创伤、手术后感染或异物。细菌性骨髓炎的原因有很多,但是与骨髓炎有关联的微生物包括放线菌和诺卡氏菌。由细菌引起的骨髓炎相关的炎症过程为化脓性而不是化脓性肉芽肿。记住在抽吸被外周血液污染的骨时,在血液稀释中能见到白细胞。有必要评估血象或外周血液涂片以确定患病动物的样本是否真的存在中性粒细胞增多。细胞内细菌的观察有利于诊断细菌性骨髓炎;然而,建议对所有发生炎症的骨骼进行抽吸培养。

真菌骨髓炎包括由化脓性肉芽炎症到化脓性炎症的过程,通常包含中性粒细胞、巨噬细胞和多核巨细胞。在抽吸中不总见到微生物,所以多次抽吸并检查所有涂片很重要。已知会引起骨髓炎的真菌微生物包括芽生菌(图13-16 A&B)、隐球菌属、粗球孢子菌(图13-17 A&B)、组织胞浆菌和很少见的念球菌属,曲霉,地丝霉属(Erne et al.,2007)和申克孢子丝菌。芽生菌是一种圆的酵母菌有机体,拥有双轮廓细胞壁和广泛的芽。粗球孢子微生物较大(10~100 μm),拥有细颗粒细胞质的蓝色或透明球体。相比之下,组织胞浆菌比较小(2~4 μm),很容易被巨噬细胞吞噬,可以在巨噬细胞的细胞质中观察到,该有机体圆形,细胞核呈胶囊和月牙形、偏心、嗜酸性。新型隐球菌是圆形的,拥有基部较窄的芽和厚厚的、不会被瑞氏染色染上颜色的黏液荚膜。

骨肿瘤通常会导致骨增生或溶解。他们可以归类为原发性骨肿瘤、骨髓肿瘤、浸润到骨骼的肿瘤或骨骼转移的肿瘤(Rosol et al.,2003)。原发性骨肿瘤包括骨肉瘤、软骨肉瘤、纤维肉瘤、血管肉瘤和滑膜细胞肉瘤(Chun,2005)。细胞学上,很难区分这些肿瘤。一般的细胞学特征包括圆形到纺锤形的细胞核,

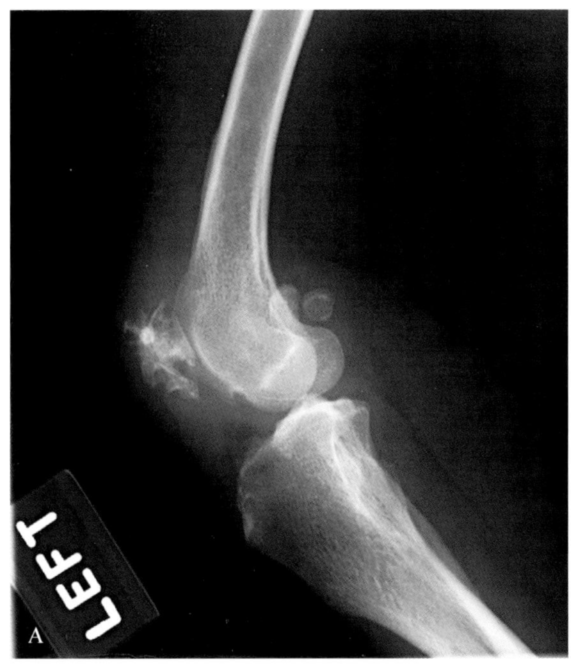


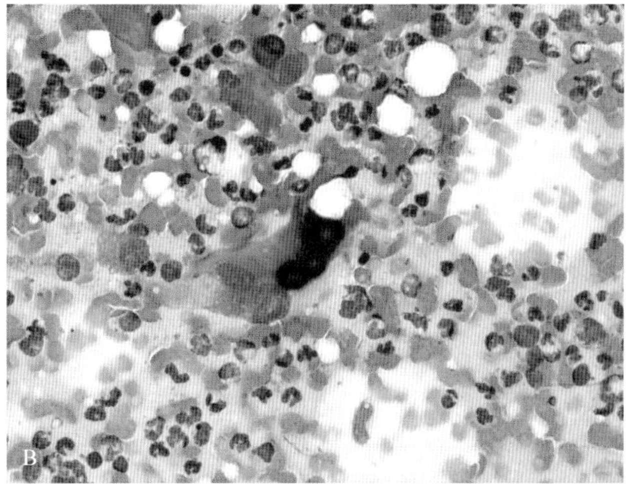

■ 图13-16 芽生菌病。骨骼损伤。**A.** X光片来自一只有左后肢跛行病史的3岁犬。髌骨的溶解性损伤很明显。**B.** 细针穿刺A中所示的溶解性损伤处，可见大量细胞，炎性细胞以中性粒细胞为主。数个真菌样有机体，形态学符合皮炎芽生菌。（瑞氏染色；高倍油镜）（A，Courtesy of Kristen Odell-Anderson.）

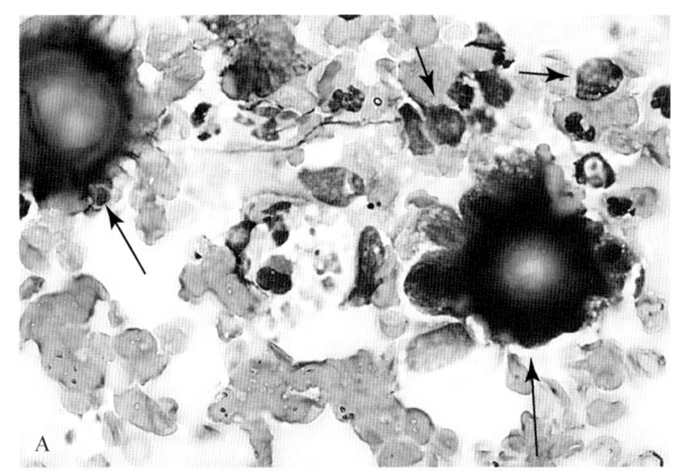

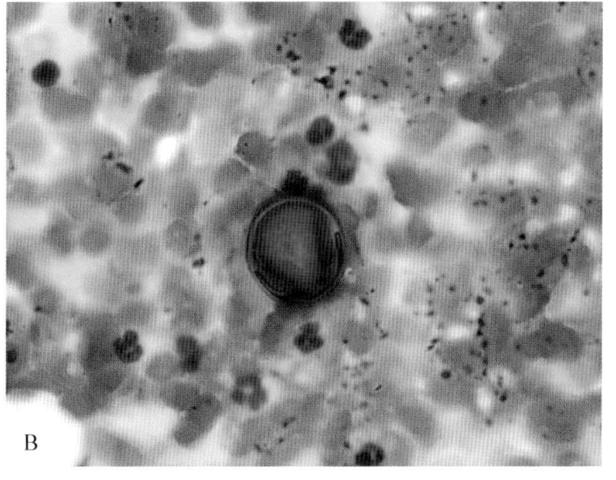

■ 图13-17 球孢子菌病。骨损伤。犬。**A.** 取自一只前肢疼痛跛行的中年犬的肩胛骨溶解性损伤。穿刺物包括炎症细胞和箭头所指的黑色的核。长箭头所指处有两个大的蓝色球状结构，是粗球孢子菌小球体。小球体的大小使显微镜不能同时精确聚焦小球体和其他细胞。对准小球体上下调校可见其中含有大量内生孢子。真菌脊髓炎损伤穿刺并不能经常观察到可见的有机体（特别是球孢菌属）。如果怀疑感染，培养基和合适的血清学检查能有所提示。由于一些真菌潜在动物传染病，这些损伤部位的培养需要特别小心（瑞氏染色；高倍油镜）。**B.** 这是一只有左前肢跛行病史的4岁犬的肱骨近端溶解性损伤穿刺。其细胞密度低，周围的红细胞表现出显著的血液稀释。可见少量炎症细胞和一个粗球孢子菌小球。小球内有大量内生孢子，偶见破裂的小球，则可直接看见更小的内生孢子。在骨骼穿刺中，如此少的小球并不常见。（瑞氏染色；高倍油镜）

嗜碱性的核仁（图13-18A）（Reinhardt et al.，2005）。纤维肉瘤和血管肉瘤不大可能有圆形细胞，主要的细胞是纺锤形的。骨肉瘤、血管肉瘤和嗜血细胞组织细胞肉瘤都报道有嗜红细胞现象（Barger et al.，2012）。在背景中，骨肉瘤、软骨肉瘤、纤维肉瘤和滑膜细胞肉瘤都会有不同数量的嗜酸性蛋白类物质（图13-18B）。这些物质也可能在细胞质中观察到。软骨肉瘤的背景中也可能有大量的基质，这些基质导致细胞着色变浅（图13-19A-D）。尽管有这些细微的差别，这些肿瘤还是很难通过细胞学进行区分，病理活检是一个很重要的诊断方法。也可以进行其他的细胞化学测试以提高骨肉瘤细胞学诊断的灵敏度。对肿瘤细胞进行染色以测定碱性磷酸酶（ALP）活性与硝基四氮唑/磷酸酯甲苯胺盐（NBT/BCIP）增加了区分骨肉瘤和其他肿瘤的敏感性和特异性（Barger et al.，2005）。这种染色的一个限制是反应性成骨细胞也会染色，所以在做这项测试前要观察好肿瘤的恶性标准（图13-20A）。阳性染色时细胞质表现灰黑色（图13-20B）。必须要用之前没有染色的片子，然而，最近一项研究表明，对碱性磷酸酶活性染色后,之前染色的片子可能会褪色(Ryseff and Bohn, 2012)。在碱性磷酸酶活性染色后,细胞可能会被罗氏染色轻轻复染以检查阳性细胞的恶性肿瘤标准。

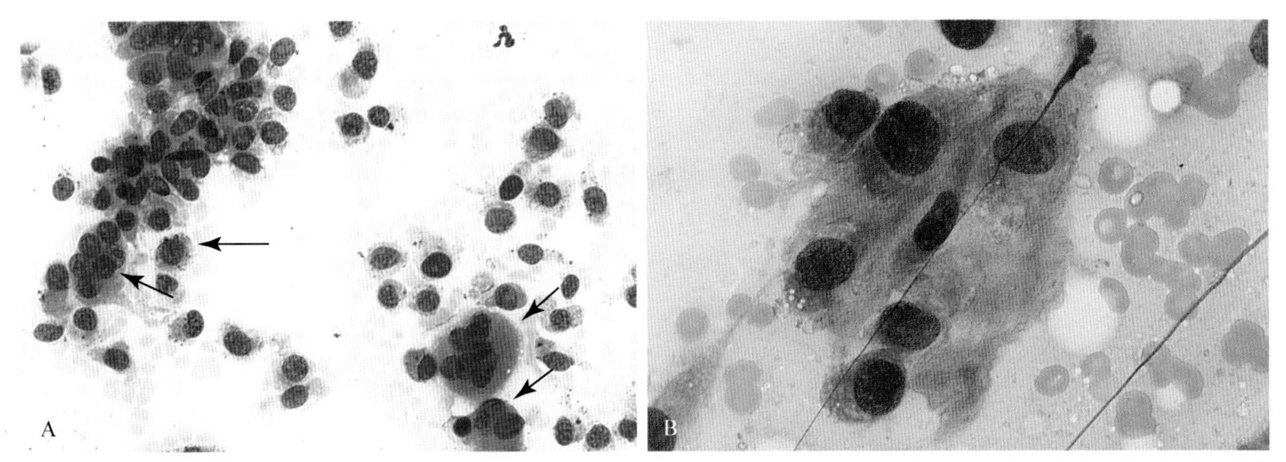

■ 图 13-18 **骨肿瘤。A&B 为同一病例。A. 细胞学检查。**来自胫骨近端的溶解增生性病变穿刺。穿刺物为血性,细胞含量高,内含大量短箭头所指的椭圆形和多核细胞。其他区域中,长箭头所指为大量堆积的细胞(瑞氏染色;高倍油镜)。**B. 嗜酸性染色。**放大倍数的视野表明,可能是成骨细胞的一组特别的细胞,外周是漩涡状的良好的粉红色细胞外物质。注意对比他们与红细胞的大小。这是肉瘤的一致表现。细胞学上很难区分不同类型的肉瘤,额外的检查如影像学和活组织检查对于明确的形态学诊断是必要的。组织病理学损伤显示为骨肉瘤。

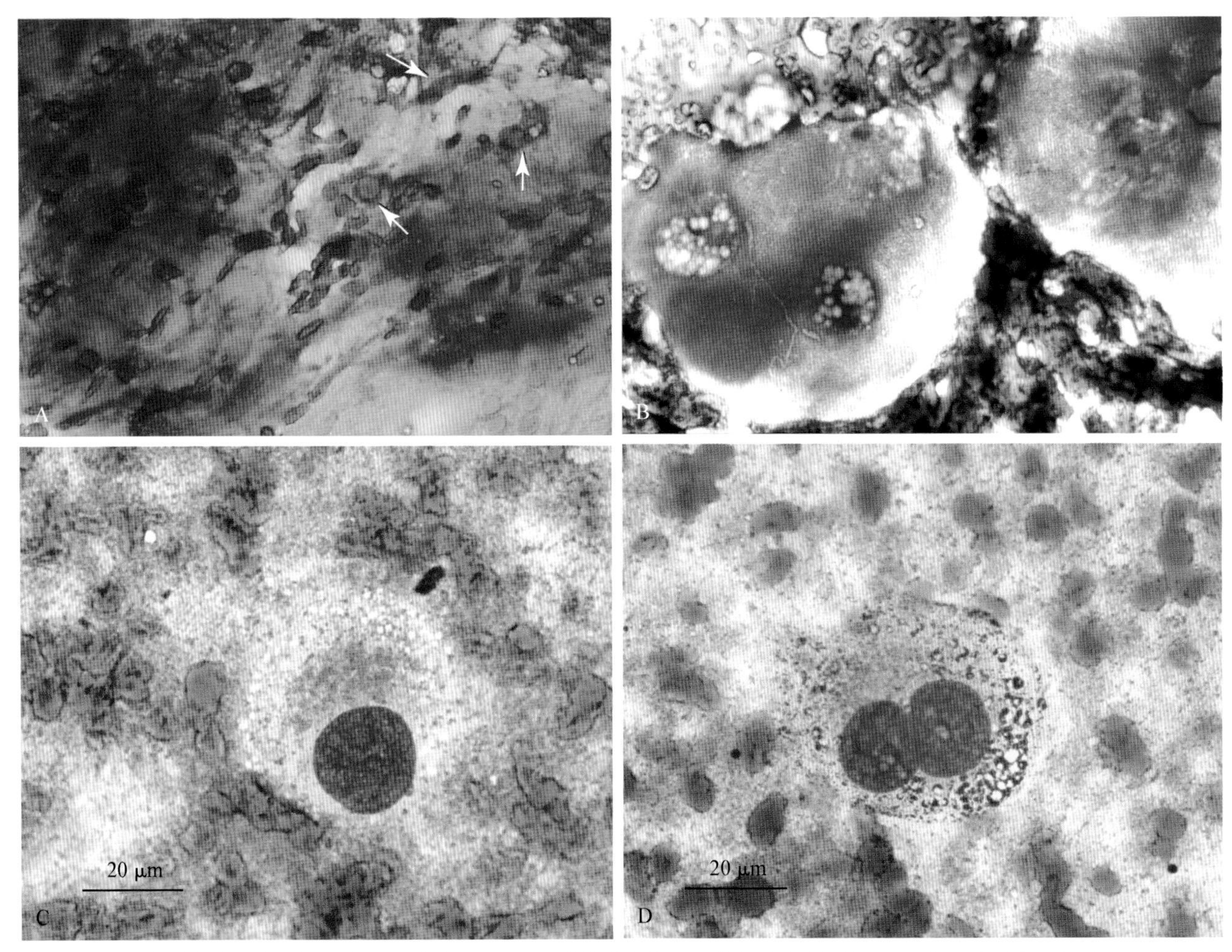


■ 图 13-19 **软骨肉瘤。骨损伤。犬。A.** 取自10岁金毛巡回猎犬桡骨远端的溶解性骨损伤。此样品高度细胞化。由于周围有大量细胞质嗜酸性染色的细胞,箭头所指的肿瘤细胞着色稍浅。这样的细胞在骨肉瘤中常见,尤其是软骨瘤和软骨肉瘤。此病例的细胞学诊断为肉瘤,可能为软骨肉瘤。活组织病理检查确诊为软骨肉瘤。(瑞氏染色;高倍油镜)**B. 组织穿刺。**在软骨细胞的泡沫样细胞质中可见高密度黏蛋白样物质。(瑞氏染色;高倍油镜)**C. 组织穿刺。**可见两个肿瘤软骨细胞复合物。注意单核细胞中的明显的多个核仁,粗糙的染色质团和嗜酸性细胞质颗粒(瑞氏染色;高倍油镜)。**D. 组织穿刺。**双核细胞细胞质中含有紫黑色颗粒,两个细胞核大小略不相同。(瑞氏染色;高倍油镜)(B, Courtesy of Rick Alleman, University of Florida. C, Courtesy of Rose Raskin, Purdue University.)

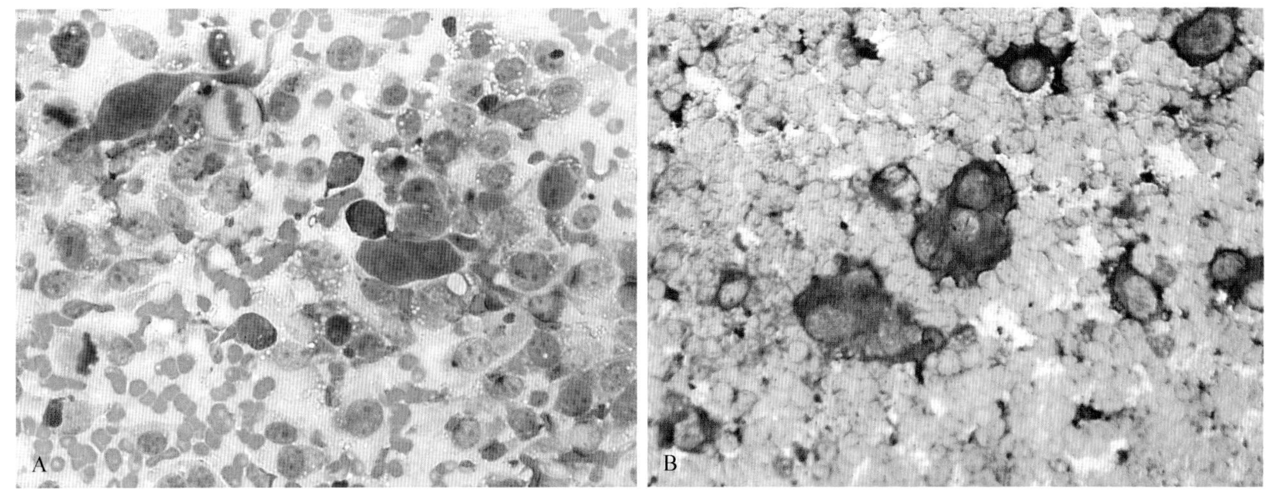

■ 图 13-20　**骨肉瘤。骨肿物。犬。A 和 B 为同一病例。A.** 来自一只混血犬肱骨近端的增生和溶解性病理损伤。样品中包括圆形或梭形肿瘤细胞群。恶性肿瘤的几个观察标准包括明显的多个核仁，细胞大小不均和明显的细胞核大小不均，核质比异常。可见嗜酸性蛋白质基质小结合体。细胞学诊断为肉瘤。（瑞氏染色；高倍油镜）**B.** 正如细胞质中的黑色染色所示，碱性磷酸酶染色切片证明了碱性磷酸酶的强阳性反应。结合图 12-16A&B，符合骨肉瘤。组织病理学也确诊为骨肉瘤。（碱性磷酸酶染色；高倍油镜）

淋巴瘤和浆细胞瘤被认为是可以导致骨溶解的骨髓肿瘤。这些细胞的形态与在其他组织中的形态相似（图 13-21）。浆细胞会产生一种车辐状的特殊外观。综合诊断方法有必要把浆细胞瘤与多发性骨髓瘤相联系。除了影像学和细胞学检查外，推荐进行血清和尿液的蛋白电泳。

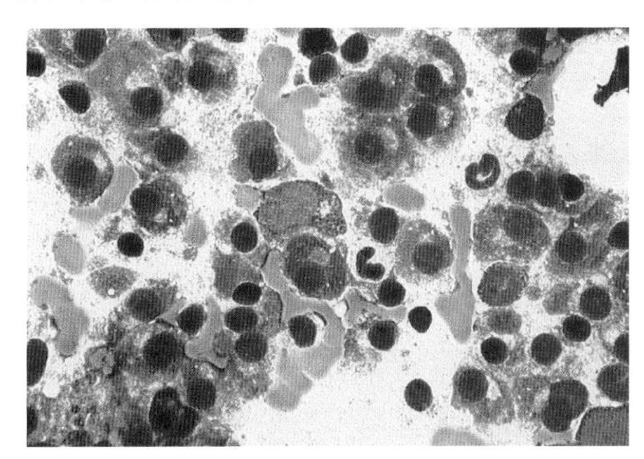

■ 图 13-21　**多发性骨髓癌。骨损伤。犬。**一只 8 岁犬的脊椎棘突病变的溶解、损伤处穿刺。抽出物中以轻度多形性浆细胞为主，与溶骨性损伤病变结合，诊断为多发性骨髓瘤。（瑞氏染色；高倍油镜）

鳞状上皮细胞癌是最常见的能浸润骨骼的肿瘤。一般细胞学能显示肿瘤性鳞状上皮细胞而成骨细胞罕见或不存在。这个肿瘤的细胞学特征与其他位置的相似。很多肿瘤能转移到骨骼，常见的有前列腺、肺部和乳腺的癌症。鉴别转移性肿瘤可能会比较困难，因为细胞学往往会伴随着反应性成骨细胞和破骨细胞。然而，数量第二多的细胞可能有别于反应性细胞数量。上皮性肿瘤通常是成簇生长的，但是当发生转移时，它们可能会表现得更低分化（图 13-22A&B）。额外的染色对于诊断很有帮助。

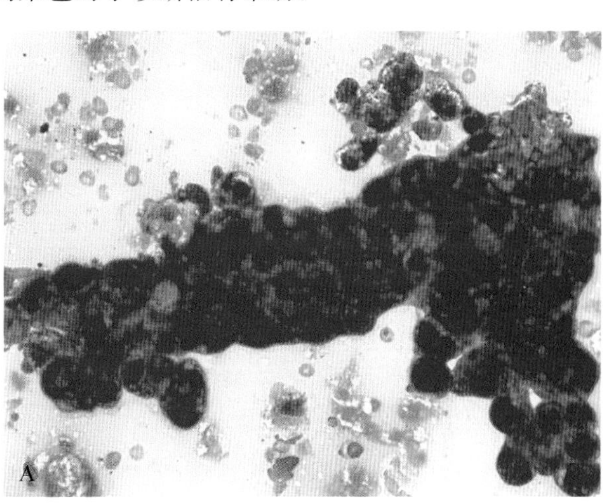

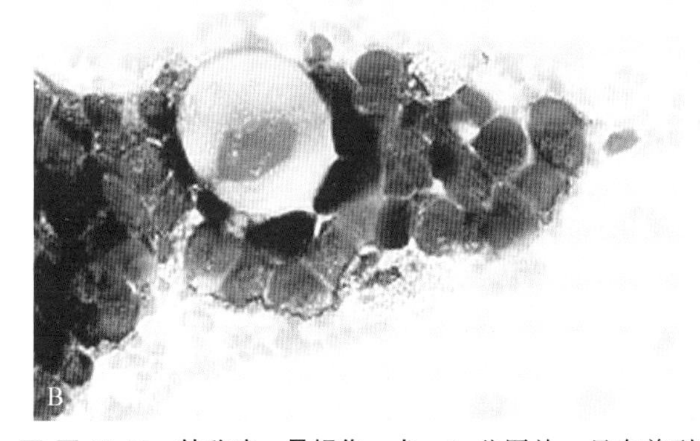

■ 图 13-22　**转移癌。骨损伤。犬。A.** 此图从一只有前列腺癌病史的犬的椎骨的溶解性损伤中获得。这些细胞的聚合性与癌症一致，在此病例中，最可能的诊断是前列腺转移癌。（瑞氏染色；高倍油镜）**B.** 此样品取自 12 岁金毛巡回猎犬的膝关节。其关节肿大疼痛，镜下可见骨溶解和大量异型性细胞簇。这些细胞显示有明显的细胞大小不均和显著不规则状核的核大小不均。这些细胞的异型性与转移癌的诊断相符。（瑞氏染色；高倍油镜）

## 参考文献

Affolter VK, Moore PF: Localized and disseminated histiocytic sarcoma of dendritic cell origin in dogs, *Vet Pathol* 39: 74-83, 2002.

Barger A, Graca R, Bailey K, et al: Utilization of alkaline phosphatase staining to differentiate osteosarcoma from other vimentin positive tumors, *Vet Pathol* 42: 161-165, 2005.

Barger AM, Skowronski MC, MacNeill AL: Cytologic identification of erythrophagocytic neoplasms in the dog, *Vet Clin Pathol* 41: 587-589, 2012.

Britt T, Clifford C, Barger A, et al: Diagnosing appendicular osteosarcoma with ultrasound-guided fine-needle aspiration: 36 cases, *J Small Anim Pract* 48: 145-150, 2007.

Carr AP, Michels G: Identifying noninfectious erosive arthritis in dogs and cats, Vet Med 92: 804-810, 1997.

Chun R: Common malignant musculoskeletal neoplasms of dogs and cats, *Vet Clin Sm Anim* 35: 1155-1167, 2005.

Colledge SL, Raskin RE, Messick JB, et al: Multiple joint metastasis of a transitional cell carcinoma in a dog, *Vet Clin Pathol* 42: 216-220, 2013.

Craig LE, Julian ME, Ferracone JD: The diagnosis and prognosis of synovial tumors in dogs: 35 cases, *Vet Pathol* 39: 66-73, 2002.

deHaan JJ, Andreasen CB: Calcium crystal-associated arthropathy (pseudogout) in a dog, *J Am Anim Hosp Assoc* 200: 943-946, 1992.

Erne JB, Goring RL, Kennedy FA, et al: Prevalence oflymphoplasmacytic synovitis in dogs with naturally occurring cranial cruciate ligament rupture, *J Am Vet Med Assoc* 235: 386-390, 2009.

Erne JB, Walker MC, Strik N, et al: Systemic infection with *Geomyces* organisms in a dog with lytic bone lesions, *J Am Vet Med Assoc* 230: 537-540, 2007.

Fallin CW, Fox LE, Papendick RE, et al: What is your diagnosis? A 12-monthold dog with multiple soft tissue masses, *Vet Clin Pathol* 24: 80, 100-101, 1995.

Fernandez FR, Grindem CB, Lipowitz AJ, et al: Synovial fluid analysis: preparation of smears for cytologic examination of canine synovial fluid, *J Am Anim Hosp Assoc* 19: 727-734, 1983.

Forsyth SF, Thompson KG, Donald JJ: Possible pseudogout in two dogs, *J Sm An Pract* 48: 174-176, 2007.

Gibson NR, Carmichael S, Li A, et al: Value of direct smears of synovial fluid in the diagnosis of canine joint disease, *Vet Rec* 144: 463-465, 1999.

Goodman RA, Hawkins EC, Olby NJ, et al: Molecular identification of Ehrlichia ewingii infection in dogs: 15 cases (1997-2001), *J Am Vet Med Assoc* 222: 1102-1107, 2003.

Harvey JW, Raskin RE: Polyarthritis in a dog, *NAVC Clinician's Brief* 2: 37-38, 2004.

MacWilliams PS, Friedrichs KR: Laboratory evaluation and interpretation of synovial fluid, *Vet Clin North Am Small Anim* 33: 153-178, 2003.

Marchevsky AM, Read RA: Bacterial septic arthritis in 19 dogs, *Aust Vet J* 77: 233-237, 1999.

Meinkoth JH, Rochat MC, Cowell RL: Metastatic carcinoma presenting as hind-limb lameness: diagnosis by synovial fluid cytology, *J Am An Hosp Assoc* 33: 325-328, 1997.

Michels GM, Carr AP: Noninfectious nonerosive arthritis in dogs, *Vet Med* 92: 798-803, 1997.

Moore PF: A review of histiocytic diseases of dogs and cats, *Vet Pathol* 51: 167-184, 2014.

Oohashi E, Yamada K, Oohashi M, et al: Chronic progressive polyarthritis in a female cat, *J Vet Med Sci* 72: 511-514, 2010.

Pacchiana PD, Gilley RS, Wallace LJ, et al: Absolute and relative cell counts for synovial fluid from clinically normal shoulder and stifle joints in cats, *J Am Vet Med Assoc* 225: 1866-1870, 2004.

Reinhardt S, Stockhaus C, Teske E, et al: Assessment of cytological criteria for diagnosing osteosarcoma in dogs, *J Small Anim Pract* 46: 65-70, 2005.

Rosol TJ, Tannehill-Gregg LeRoy BE, et al: Animal models of bone metastasis, *Cancer* 97(3 suppl): 748-757, 2003.

Ryseff JK, Bohn AA: Detection of alkaline phosphatase in canine cells previously stained with Wright-Giemsa and its utility in differentiating osteosarcoma from other mesenchymal tumors, *Vet Clin Pathol* 41: 391-395, 2012.

Santos M, Marcos R, Assuncao M, et al: Polyarthritis associated with visceral leishmaniasis in a juvenile dog, *Vet Parasit* 141: 340-344, 2006.

Stobie D, Wallace LJ, Lipowitz AJ, et al: Chronic bicipital tenosynovitis in dogs: 29 cases (1985-1992), *J Am Vet Med Assoc* 207: 201-207, 1995.

Trepanier LA, Danhof R, Toll J, et al: Clinical findings in 40 dogs with hypersensitivity associated with administration of potentiated sulfonamides, *J Vet Intern Med* 17: 647-652, 2003.

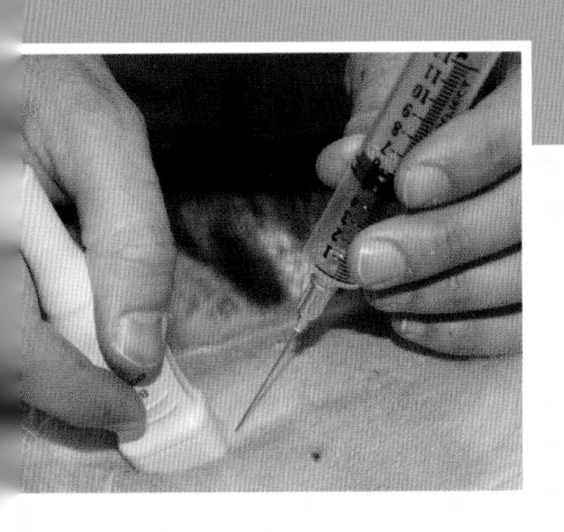

# 第 14 章

# 中枢神经系统

*Davide De Lorenzi, Maria T. Mandara*

## 脑脊液

临床上诊断中枢神经系统疾病的主要手段是脑脊液诊断。因为脑脊液相对比较好获得，并可以提供有用的信息。脑脊液诊断可以识别出异常的变化，结合其他实验结果，就可以得出特异性的诊断或者为其他诊断提供方向（Bohn et al.，2006；Bush et al.，2002；Chrisman，1992；Cook and DeNicola，1988；Fenner，2000；Rand，1995）。如果条件允许，建议将抽取脑脊液作为原因未知的中枢系统疾病的诊断检查的一部分。

获得可靠和正确信息的必要条件是得到合适的样本。想要正确解读样本，需要临床表现、采集部位和样本处理几方面的知识。除非明确采集样本时的周围环境，否则可能会存在污染物，干扰解释的合理性。丰富的操作经验和保持阅读最新的文献，可以使兽医师从细胞学样本中获取更多有用的信息。

脑脊液主要从脑室的脉络膜丛分泌过滤而来。脑室室管膜的内膜以及蛛网膜和软脑膜的血管也可分泌脑脊液。脑脊液从第四脑室流入蛛网膜下腔和脊髓中央管，在蛛网膜下腔，大部分脑脊液通过蛛网膜和蛛网膜下腔的绒毛被吸收，汇入硬膜下的静脉窦（Di Terlizzi and Platt，2006）。

### 脑脊液的采集

#### 禁忌症

以下几种情况时禁止进行脑脊液采集，当中枢神经系统的症状是由已知的创伤或中毒引起时（Parent and Rand，1994），麻醉状态下（Carmichael，1998；Cook and DeNicola，1988），或怀疑颅内压持续增加时，禁止采集脑脊液。当出现严重的脑部创伤、过度分泌性或代偿性脑积水、瞳孔大小不一、视神经乳头肿胀、脑水肿等情况时，应怀疑颅内压持续增加。在这些情况下，可能形成脑疝，而对大脑的功能造成严重的损伤，比如瘫痪、昏迷和（或）死亡（Parent and Rand，1994）。病史、体格检查、神经学检查以及影像学结果等，用于决定采集脑脊液是否比其可能导致的风险更重要。在麻醉前使用地塞米松（0.25 mg/kg IV）或者在过程中大量氧通气，可以减少形成脑疝的风险（Fenner，2000）。但是，当因怀疑颅内压持续性增加而使用地塞米松进行预防性管理时，脑脊液的采集应该在实行皮质类固醇管理前进行，否则脑脊液的成分会有一定的改变（Rand，1995）。

#### 并发症

应该对每一个病例全面评估采集脑脊液的风险和益处。采样针可能导致脊柱或脑干医源性损伤，但注意解剖标记点和谨慎操作可以降低这一风险（Carmichael，1998；Parent and Rand，1994）。为避免感染，应当严格遵守无菌原则并且事先选择合适的穿刺位置（Cook and DeNicola，1988）。最初在尸体上的练习能使操作者更加熟练地掌握这项技术。

常可以见到脑脊液样本被血液轻度到中度污染，这可能是由于扎破了背部脊柱静脉窦或者脑膜的小血管造成的；因而可能使流体分析和细胞学的结果变得复杂，但尚未发现这种出血对病人有损害（Carmichael，1998；Fenner，2000）。

不应对将要采集脑脊液的猫使用氯胺酮麻醉，因为它会增加颅内压并诱发癫痫；应该使用气体麻醉（Parent and Rand，1994）。

另外，如果前一次试图采集脑脊液没有成功，应当放弃这个操作，以减少因反复刺入脊髓而导致的严重并发症甚至死亡。

#### 器材

采用外科手术术前备毛的方法对采集部位进行剃毛、擦洗并用酒精消毒，穿戴无菌手套。操作需要用到一次性无菌带探针脊髓穿刺针，大多数病例所用穿刺针型号为20～22G，长1.5 in，针尾是聚丙烯的针头接口；体型小的犬猫可用更小号的穿刺针，大型犬则使用较长的穿刺针(Carmichael，1998；Cook and DeNicola，1988；Parent and Rand，1994；Rand，1995)。操作时应准备多个穿刺针，以备当针头未刺进中心线而进入静脉窦时替换使用(Cook and DeNicola，1988)。

采集好的脑脊液应装入无菌的塑料试管中，不要含有EDTA。因为白细胞会黏附在玻璃上，而凝集的现象很少见，并且EDTA会导致脑脊液中的蛋白质含量假性增高(Parent and Rand，1994)。有一些人更喜欢将中度血液污染的脑脊液装入含有EDTA的试管中(Carmichael，1998)。但这样的样品会限制诊断的作用。如果采集脑脊液中的主要目的是检测葡萄糖含量，应该在脑脊液中加入氟化物/草酸盐，尽管这个操作仅在样品含有少量红细胞或快速检测时是必要的。

采集量

Carmichael(1998)指出，每5 kg体重采集1 mL的脑脊液是安全的。如果抽取速度大于1 mL/30 s，或速度大于4～5 mL/30 s(犬)，0.5～1 mL/30 s(成年猫)，10～20滴/30 s(幼猫)可能会带来一定的危险。Rand等(1990)指出，每只猫通常只可抽取1～1.5 mL脑脊液，要避免因抽取过量而造成脑出血。

从小脑延髓池采集脑脊液

出现以下临床症状，包括癫痫、广义上的共济失调、头颈歪斜、转圈等时，从小脑延髓池部采集的脑脊液，可用于对脑膜和颈部脑脊膜损伤的严重性进行分级。

采集部位需进行剃毛，前界至两耳郭连接的水平线，后界至第三颈椎，两侧至耳郭侧缘。剃毛部位进行术前准备至无菌(Cellio，2001)。

将动物侧卧保定，头部向胸前弯曲至和颈部呈90°。头颈过度弯曲时，可能会导致颅内压升高，使形成脑疝的风险增加(Fenner，2000)或者导致气管插管闭塞(Carmichael，1998)。固定动物鼻部，使其长轴平行于桌子，不可向两侧偏离。穿刺点位于枕外隆凸与第二颈椎棘突(轴线)连线的中间点处，就在两侧寰椎翼前侧缘最前端的连线上。

进针点位于两侧寰椎翼前缘连线与枕骨隆突背中线的交点。可以先用18 G的针头或者无菌刀片刺破较厚的皮肤，减少皮肤细胞或碎片的污染。或者将皮肤紧提，保证旋转力刺入皮肤的安全性。针头垂直于皮肤，逐渐刺入皮肤至恰当位置，针头斜面应朝向头侧。保持针头的稳定性，每刺入1 mm要定期拔出探针观察有无脑脊液流出。有时刺入蛛网膜下腔时，可感受到进针阻力的突然变小，但并不是所有的病例都有此感受。如果操作者怀疑刺入过深，可移出探针并将针尖缓慢向外移出几毫米，观察有无脑脊液流出。如果针头遇到骨骼，尝试将进针位置向尾侧或头侧调整。

如果已连上压力计，可直接从连接的三通管中获取脑脊液；若未连上压力计，则从针头连接处直接滴入试管或从连接处轻柔地抽取出。不推荐连接注射器抽取脑脊液，因为抽吸可能会导致血液或脑膜细胞污染，并且阻碍脑脊液从脑膜骨小梁流出。极少数情况下，有必要进行抽吸，但是应当由极有经验的医生来完成。穿刺时应避免触碰到脊髓下方的骨骼，因为这将导致脊髓损伤和(或)导致血液污染。采集完后，将针头平稳移出。不需要更换探针。

如果在操作伊始就发现脑脊液混有血液，可移出探针30～60 s，可能会清除血液。如果之后开始的几滴脑脊液仍然混有血液，这部分脑脊液应和之后清澈的部分分开收集。如果脑脊液流速很慢，可稍微旋转针头，确定针尖没有被组织堵住。当静脉窦血压增加时，颈静脉产生压迫，也可使得延髓池压力升高导致脑脊液流速加快。

如果针头中流出大量新鲜血液，说明针头偏离了中线而刺入了侧面的静脉窦。这种情况下，应用新的脊髓穿刺针，调整好入针位置重新穿刺。

从腰椎采集脑脊液

从小脑延髓池和腰椎均可以采集到脑脊液。在进行胸腰椎造影前，应先采集具有诊断意义的脑脊液样本。推荐从小脑延髓穿刺，因为仅进行腰椎穿刺有可能不能保证足够的样本。腰椎穿刺比从小脑延髓池穿刺更困难，也更容易被血液污染(Chrisman，1992)。由于腰椎下的空间实在太小，有时可能采不出或采出很少量的脑脊液。对于病变定位在脊柱的病例，推荐从腰椎穿刺，因为该处获取的脑脊液比从小脑延髓池获取的样本更可能显示出异常(Thomson et al.，1990)。

剃毛区域从荐骨到第3腰椎，两侧延伸到髂骨翼。动物侧卧，躯干轻微弯曲以扩大腰椎间隙。对于犬，通常从第5、6腰椎或6、7腰椎之间穿刺，因为犬的蛛网膜下腔很少延伸到腰荐部。而猫则常从腰荐部穿刺。

第7腰椎的棘突位于两髂骨翼之间，通常比第6

腰椎的棘突小。从第 5、6 腰椎间穿刺时，针头紧贴第 6 腰椎棘突中线，以偏向头腹侧的角度轻柔匀速地刺入第 5、6 腰椎棘突之间。如果进针位置偏离中线而扎进两侧的腰椎肌肉，或者使用了过短的穿刺针，则针可能根本碰不到骨骼。

脑脊液可能从背侧的蛛网膜下腔获得，也可能是针头穿破神经组织从椎体腹侧的蛛网膜下腔获得。去除探针后，将针头小心地向外拔出几毫米，使脑脊液流入针管。脑脊液流出的速度通常比从小脑延髓池穿刺时慢；通过颈静脉加压，可以增加流速。

#### 脑脊液压力

脑脊液压力是在进行穿刺时通过标准压力计进行测量(Simpson and Reed，1987)。脑脊液压力可以确定颅内压是否增加，当出现占位性肿物或脑水肿时，颅内压会增加。脑脊液压力正常情况下小于 170 $mmH_2O$(Lipsitz et al.，1999)，犬和猫均为 100 $mmH_2O$ 左右(Chrisman，1991)。

### 脑脊液样品的处理

脑脊液中的细胞在低蛋白环境中很容易裂解，因此未进行固定的样本，需在采集后 30～60 min 内完成细胞计数和细胞学检查的准备工作(Fry et al.，2006)。样本最初的蛋白质浓度以及所有检查耽误的时间，决定样本中细胞的破坏程度，从而决定判读结果错误的可能性。例如，如果一个样本的蛋白质浓度大于 50 mg/dL，12 h 之后才进行操作，那么其判读结果很可能改变。当样品无法及时送到实验室或做处理时，可在样品中加入等体积浓度为 4%～10%的缓冲液福尔马林，或者浓度为 50%～90%的酒精(Carmichael，1998)。或者，每 1～2 mL 加入 1 滴 10%的福尔马林，可有效保护细胞，使其可用于细胞计数和形态学检查。与未固定的样品相比，细胞计数上可能出现一些不同，但在临床上这点差异无关紧要。加入新鲜、冷冻或解冻的血清或血浆，可以使脑脊液细胞更加稳定(Bienzle et al.，2000)。加入浓度为 20%的蛋白质也可达到这一效果(Fenner，2000)。如果样本无法在 1 h 内进行分析，Fry et al. (2006)建议将样品分成两份，一份用于全部有核细胞计数(TNCC)和蛋白质含量测算，另一份加入 20%的胎牛血清(或 10%自体血清)，用于细微的细胞分类和形态学评估。当采集量很少(总量少于 0.5 mL)时，可加入羟乙基淀粉，主要满足常规检查。这种情况下，在进行细胞学计数时，应考虑到添加稳定剂来消除稀释的影响。用 0.9%的生理盐水配置 6%的羟乙基淀粉液，之后以 1∶1(体积比)的比例加入脑脊液中。脑脊液中含有的蛋白质和酶类在常规运输、隔夜运输、快递交付时都相对稳定(Carmichael，1998)。除细胞学计数和形态学检查外，其他的检查应在无掺杂其他物质的情况下进行以减少误判。

### 脑脊液的实验室分析

犬和猫的脑脊液检查通常需要至少 1～2 mL 的脑脊液。细胞计数需要大约 0.5 mL 的量(总共 500 μL，或者各 250 μL 分别用于红细胞计数和有核细胞计数)。蛋白质含量的值可能因使用的设备方法不同而不同，但使用大型自动化机器时，其结果通常可接近 200～250 μL。考虑到以上所有情况，进行一次细胞学检查或其他检查，至少需要 0.25～1.25 mL 脑脊液。

脑脊液常规分析包括以下几项：肉眼评价、量化分析(红细胞计数、有核细胞计数和总蛋白)，以及显微评价(见表 14-1)。如果脑脊液的量很少，不足以完成所有的分析。此时临床医生应当在样本送往实验室时合理安排分析的顺序，指明哪项分析应优先进行。Rand(1995)认为就分析项目的价值来说，按递减的顺序排列，分别为有核细胞计数和红细胞计数、沉淀细胞学、总蛋白质和离心沉淀物细胞学。

**表 14-1 脑脊液的常规分析**

| 分析项目 | 正常脑脊液 | 异常脑脊液 | 注解 |
|---|---|---|---|
| 肉眼评价 | | | |
| 颜色 | 无色 | 粉色、红色、黄变(黄色至橘色)，有时可见绿色 | 与装有清水的试管比较。红色或粉色说明混有血液，如果是完整的红细胞，可以通过离心分离。黄变表明有早期的出血，血红蛋白转化为氧合血红蛋白或高铁血红蛋白累积而成。有时可出现高胆红素血症。可分为轻度、中度和显著三级 |
| 浑浊度 | 清亮无浑浊 | 浑浊或絮状(轻度、中度和显著) | 通过透过试管辨认印刷字体来评价。当总细胞数大于 500 个/μL 时脑脊液表现出浑浊 |

续表 14-1

| 分析项目 | 正常脑脊液 | | 异常脑脊液 | | 注解 |
| --- | --- | --- | --- | --- | --- |
| 红细胞计数 | 无红细胞是正常的，但通常都存在少量红细胞 | | 多变的 | | 标准血细胞计数板 |
| 有核细胞计数 | 参考值：<br>0～5 个细胞/μL(犬)<br>0～8 个细胞/μL(猫) | | 多变的 | | 标准血细胞计数板 |
| 比重 | 1.004～1.006 | | 大部分在正常区间内 | | 只有当总蛋白显著增高时，比重才会发生可诊断的变化 |
| 总蛋白(微量蛋白) | | | | | |
| 定量 | 参考值：<br>小脑延髓池<30 mg/dL<br>腰椎穿刺 <45 mg/dL | | 总蛋白增加可以在各种各样的情况中出现 | | 微量蛋白法所测的值随实验室不同而有所变化，因而应采用该实验室参考值 |
| 估值(尿试纸) | 埃姆斯氏试纸条* | 微量蛋白浓度 | 埃姆斯氏试纸条* | 微量蛋白浓度 | 大部分对白蛋白敏感，其范围对大部分的犬猫脑脊液有效；与使用标准染液的微量蛋白测试有很好的相关性。 |
| | 微量 | <30 mg/dL | 2+ | 100 mg/dL | |
| | +1 | 30 mg/dL | 3+ | 300 mg/dL | |
| | | | 4+ | >2 000 mg/dL | |
| 微量至 1+ 尿试纸测试都在正常范围内 | | | | | |
| 显微评价 | | | | | |
| 细胞数量 | 淋巴细胞和单核细胞是主要成分，还有极少数的成熟中性粒细胞，有时还有少量的红细胞 | | 多变的 | | 特殊情况和更多细节见其他章节<br>浓缩细胞前的准备：<br>细胞离心涂片器<br>膜滤器<br>沉渣制备<br>准备容器 |

* N-Multistix SG(试纸)，美国印第安纳州埃尔克哈特拜耳迈尔斯诊断中心。

### 血液污染的影响

已经有很多方法(Parent and Rand，1994；Rand et al.，1990)可预判血液污染对于脑脊液总蛋白质和有核细胞计数结果的影响。Rand(1995)认为，当脑脊液中红细胞含量超过 30 个/μL 时，即可对总细胞计数和细微细胞分类计数产生严重影响。但另一项研究(Hurtt and Smith，1997)表明，健康犬和患有神经系统疾病犬的脑脊液，在发生医源性血液污染的情况下，总蛋白和有核细胞计数的结果与未污染的样本之间没有显著性差异。这项研究表明，高的总蛋白含量和高的有核细胞计数预示动物患有神经系统疾病，即使样本中的红细胞含量高达 13 200/μL。

当犬脑脊液中有核细胞计数很低(≤5 个/mL)时，血液污染会对蛋白质浓度、嗜中性粒细胞百分比，以及嗜酸性粒细胞的出现产生显著影响，并且会干涉应用这些数据评价神经系统的变化情况(Doyle and Solano-Gallego，2009)。然而，有空泡的嗜碱性巨噬细胞和反应性淋巴细胞的出现受血液污染的影响较小，因此，当脑脊液的有核细胞计数很低时，被血液污染的脑脊液依然可以用于诊断犬是否患有神经系统异常的疾病。

尽管脑脊液被污染可能使诊断变得复杂，但这些红色或粉色，具有很高红细胞计数的脑脊液并不应该作为无用样本被丢弃，细胞学评估也可能看出一些异常(Chrisman，1992)。

### 肉眼评价

正常脑脊液应该是清澈、无色、透明且不会凝结的。任何与正常情况不同的差异都应被记录，并以 1+到 4+或者轻度、中度、显著来分级。当细胞总数>500 个/μL(Fenner，2000)或者至少含有 200 个/μL 白细胞或 700 个/μL 红细胞时(Parent and Rand，1994)，脑脊液会出现肉眼可见的浑浊。

红色或粉色的脑脊液可能是由于医源性的血液污染或者病理性的出血。在采集之后就迅速加入固定剂并迅速做了分析的样本中，出现嗜红细胞或含铁红细胞可指示病理性出血是基本原因。黄变病是指脑脊液出现黄色至橘色的变色(图 14-1B)，这与创伤、严重炎症、椎间盘脱出、坏死性或腐烂性的肿瘤导致的病理性出血有关。有时黄变病可与细螺旋体病、隐球菌病、弓形体病、缺血性脊髓病、凝血障碍和高胆红素血症一起出现。

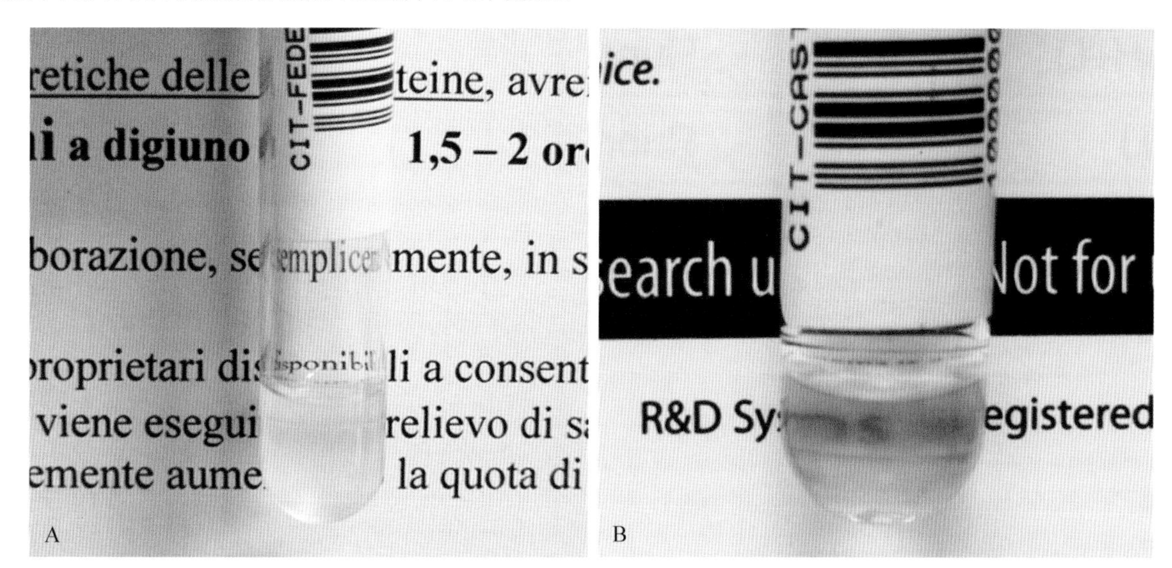


■ 图 14-1　**A. 浑浊的脑脊液。犬。**可见印刷字体被显著的浑浊和模糊遮挡。该犬患有类固醇反应性脑膜炎，有核细胞计数高达 760 个/μL。当白细胞多于 200 个/μL 时，脑脊液也会出现浑浊。**B. 黄化的脑脊液。犬。**脑脊液可见黄橙色的变色和中度的浑浊。该犬患有炎性的蛛网膜下腔出血。

### 量化分析

*细胞计数。*使用标准的血细胞计数板来进行红细胞和有核细胞计数。一般情况下，从小脑延髓池采集的样品细胞总数稍高于腰椎穿刺采集的样品，总蛋白稍低于腰椎穿刺采集的样品。

有核细胞计数时，用未稀释的脑脊液填满血细胞计数板，并将其放入潮湿的有盖培养皿中，以便细胞黏附到玻璃上。每微升有核细胞计数时，所有 10 个大方块(4 个角和每边中心的方块)里的有核细胞都要计算。红细胞计数的方法类似。一项致力于鉴定细胞自动分类和计数仪同人工血细胞计数板相比其用处的研究表明，自动仪器对于白细胞的计数中等准确而对于红细胞的计数非常准确。但细胞分类上却变化很大。这项研究也指出，人工计数时，大的单核细胞可能被错认为淋巴细胞。

正常猫的红细胞计数参照范围在 0～30 个/μL (Parent and Rand, 1994)，有核细胞计数小于 8 个/μL(Chrisman, 1992; Cook and DeNicola, 1988; Parent and Rand, 1994)。

正常犬的红细胞计数应为 0 个/μL(Chrisman, 1992)，有核细胞计数小于 6 个/μL(Cook and DeNicola, 1988)，无论是小脑延髓池还是腰椎穿刺所得的样本(Chrisman, 1992)。

当有核细胞计数值在正常范围内时，也应当进行细胞形态学的分类的评估，此时也可能存在细胞类型或形态上的异常。

*蛋白质。*总蛋白含量可能因实验室或实验方法的不同而有轻微变化，但在犬猫上，通常采自小脑延髓池的样本总蛋白含量低于 25～30 mg/dL，采自腰椎的低于 45 mg/dL(Chrisman, 1992; Fenner, 2000)。折射率计算脑脊液的总蛋白浓度不是很精确，因为比起血浆和血清，脑脊液的蛋白质含量很低，即使出现显著的临床变化也未必能检测得出。商业或标准实验室可以提供特殊的检测方法来测定精确的蛋白质含量。因为能测到十分精确的蛋白质含量，脑脊液蛋白质分析也可以称为“微量蛋白”。脑脊液蛋白质含量可以用尿液检测试纸来估计。一种微量浓缩膜结合琼脂糖凝胶电泳技术的方法可以用来测量犬脑脊液中蛋白质的含量(Gama et al., 2007)。

脑脊液中蛋白质含量增加可能是由于血脑屏障通透性增加，血浆渗入脑脊液，或者是局部合成的增多。脑脊液各成分的定量分析详见“其他测试”一节。鉴别诊断及引起脑脊液高蛋白的原因详见“脑脊液蛋白质异常”一节。

正常脑脊液中，白蛋白占总蛋白含量的 80%～95%。可用于脑脊液球蛋白的定性实验是 Pandy 实验和 Nonne-Apelt 实验。这些实验具有一定的局限性，因为定性本身以及缺乏关于根本原因的特异性。正常的脑脊液含有少量的球蛋白，通过这些实验都可以检测出来。

### 其他测试

很多作者推荐或在特定情况下使用了多种其他

测试(Di Terlizzi and Platt,2009)。包括用电泳测定白蛋白和免疫球蛋白水平。与血清白蛋白和免疫球蛋白水平结合,这种方法可以计算出白蛋白系数(AQ)和免疫球蛋白G(IgG)指数。AQ等于脑脊液白蛋白除以血清白蛋白再乘以100。AQ大于2.35时提示血脑屏障改变,血浆漏出到脑脊液致其蛋白质含量升高。IgG指数等于(脑脊液IgG/血清IgG)除以(脑脊液白蛋白/血清白蛋白)。当IgG指数高于0.272而AQ正常时,说明增多的IgG是囊内产生的;若AQ也增高,说明是血脑屏障改变,蛋白从血浆中渗漏进来(Chrisman,1992)。

检测脑脊液蛋白质电泳分段情况改变的方法也有报道。患有犬瘟热的犬只的γ球蛋白会增多,而患有肉芽肿性脑膜脑炎(GME)的犬只γ球蛋白和β球蛋白都有增多(Chrisman,1992)。

Behr等(2006)发现,在犬各种各样的神经疾病中,高分辨率的蛋白质电泳(成对的脑脊液和血清)显示,脑脊液总蛋白和AQ之间存在明显的线性关系,提示脑脊液蛋白质浓度是评估血脑屏障是否功能障碍的指标。然而,高分辨率的蛋白质电泳并不针对特定的疾病。但是,检测成对的脑脊液和血清中IgA的含量依然可以用于确诊犬类固醇反应性脑膜炎-动脉炎(SRMA),灵敏度为91%,准确率为78%(Maiolini et al.,2012)。

检测脑脊液中的特异性抗体比起血清中的,会更有助于诊断传染性脑膜炎,包括犬传染性肝炎、犬疱疹病毒、犬细小病毒、犬副流感病毒、犬瘟热病毒、埃里希体病、落基山斑疹热、莱姆病(莱姆疏螺旋体病)、刚地弓形虫、犬新孢子虫、家兔脑胞内原虫感染、巴贝斯虫感染、隐球菌病(Berthelin et al.,1994)和酵母菌病。也用于诊断猫发展至神经阶段的传染性腹膜炎(FIP),而测量冠状病毒IgG抗体在临床上的意义尚值得商榷(Boettcher et al.,2007)。上升的滴度证实活动性疾病。脑脊液和血清中IgM的浓度比IgG浓度或总免疫蛋白水平更能反映活动性疾病(Chrisman,1992)。

脑脊液中的葡萄糖含量以及其值与血清或血浆中葡萄糖含量的对比经常会用到。正常脑脊液中葡萄糖的含量是血清或血浆中的60%~80%(Fenner,2000)。然而,血清或血浆中葡萄糖含量的变化不会立即对脑脊液产生影响,通常需要1~3 h才有变化(Cook and DeNicola,1988)。在人类医学方面,当中枢神经系统发生细菌感染时,血液葡萄糖含量与脑脊液葡萄糖含量之间的比值会降低。也有报道显示,该比值在发生中枢神经系统化脓性感染、蛛网膜下腔出血、血液污染的病例中也有下降,因为这可能导致细胞对葡萄糖的利用增加。然而,细菌性脑膜炎和该比值之间的关系受到很多因素的影响,比如血液中葡萄糖含量、渗透率、血脑屏障、有无糖分解细胞或微生物。Fenner(2000)认为葡萄糖含量减少的情况不会发生于犬。脑脊液葡萄糖含量显著减少见于人的恶性紊乱性疾病,包括软脑膜,这种情况是相对特殊的(Chamberlain,1995)。

检测脑脊液中的电解质和酶的诊断作用通常比较局限(Chrisman,1992;Cook and DeNicola,1988;Parent and Rand,1994)。然而,在犬严重的胸腰部椎间盘病中(IVDH),脑脊液肌酸激酶(CK)的活性度结合髓鞘碱性蛋白浓度和神经学症状评估,是非常有用的指标(Witsberger et al.,2012)。与未患有胸腰部IVDH的犬(小于20 U/L)和患病但预后良好的犬相比(等于20 U/L),平均脑脊液肌酸激酶的活性度在预后不良(62 U/L)的患犬中显著增加。此外,患有IVDH且脑脊液肌酸激酶活性度小于等于38 U/L的犬比大于38 U/L的恢复的概率更大(35倍)。此外,髓鞘碱性蛋白浓度大于3 ng/mL时,指示患胸腰部(IVDH)的犬只预后不良,其灵敏度为78%,准确率为76%(Levine et al.,2010)。

基质金属蛋白酶(MMPs)是一种需要被裂解才能激发全部活性的蛋白水解酶。其中,MMP-2(白明胶酶A)和MMP-9(白明胶酶B)可以分解基底膜,这就可导致大脑屏障的开放。患有IVDH的犬中,MMP-9的表达与严重的神经学反应和预后具有相关性,说明在发生严重脊髓损伤且深痛反射消失的犬上,MMP-9的表达预示着预后不良(Nagano et al.,2011)。10例脉络丛肿瘤或淋巴瘤的病例中,有9例检测到了MMP-9前体,在犬脑膜瘤、神经胶质瘤或垂体肿瘤中,这一比例稍小(Mariani et al.,2013)。针对脑脊液中MMPs在炎性疾病中的进一步诊断应用,尚需结合分析MMPs和它们的拮抗剂(TIMPs)以及细胞因子(Marangoni et al.,2011)。

虽说,所有含有老化的中性粒细胞的脑脊液样本或者当细菌已经通过细胞学鉴定,均推荐做需氧或厌氧微生物培养,但是培养很少生长出微生物。在一系列8个组织学上已经确定为犬细菌性脑膜脑脊髓炎的病例中,只有一例脑脊液培养阳性(Radaelli and Platt,2002)。很多原因都可能导致兽医临床上培养成功率低,例如脑脊液用量太小、微生物集中在脑实质内、微生物生长很慢或需要非常规的培养技术、动物体在采样前接受了抗生素治疗等(Fenner,1998)。导致脑脊液感染的需氧菌包括葡萄球菌属、链球菌属、克雷伯氏杆菌属、大肠埃希杆菌属和巴斯德菌属。厌氧菌曾报道过梭杆菌属、拟杆菌属、消化链球菌属、梭菌属、真杆菌属。

通过流式细胞技术，可检测比较健康犬脑脊液和该犬血液中的单核细胞的免疫表型(Duque et al.，2002)。CD4＋和 CD21＋细胞的平均比例血液中的水平显著高于脑脊液，但 CD14＋和 CD8α＋细胞在二者间没有明显不同。

## 脑脊液的细胞学评价

脑脊液的细胞学评价非常重要。Rand(1995)指出，若按照诊断价值排序，依次应为有核细胞计数、红细胞计数、沉积物细胞学、蛋白质浓度以及离心沉积物细胞学。当一个样本的采集量有限时，推荐进行的分析顺序为细胞计数、总蛋白浓度和细胞学。细胞学在疑似 GME(肉芽肿性脑膜炎)和淋巴瘤的病例中应优先考虑。

### 细胞学检查前的准备方法

标准化用于细胞学分析的脑脊液量也许有助于最小化分析误差并帮助得出结论。准备多个样本或增加脑脊液的用量可以提高发觉微小变化的可能性。由于脑脊液中细胞含量很少，通常需要一个浓缩细胞的步骤：最常用离心、沉降或者膜过滤技术。在标准实验室和商业实验室中，离心的方法最常用。膜滤法需要特殊的染色技术，因而一般情况下无法应用。有几种沉降法被报道过，沉降法更适合于常规实验室，也见于标准和商业实验室。该法可迅速得到脑脊液样本(Cook and DeNicola，1988；Parent and Rand，1994)。读者们需要了解更多关于沉降仪器和沉降样本准备的细节。图 14-2A&B 演示了一种简易的沉降设备。如果样本无法在同一天内送到实验室做细胞学处理，那就可以用该方法准备沉降了。准备好的沉降物再送往实验室染色和细胞学分析。

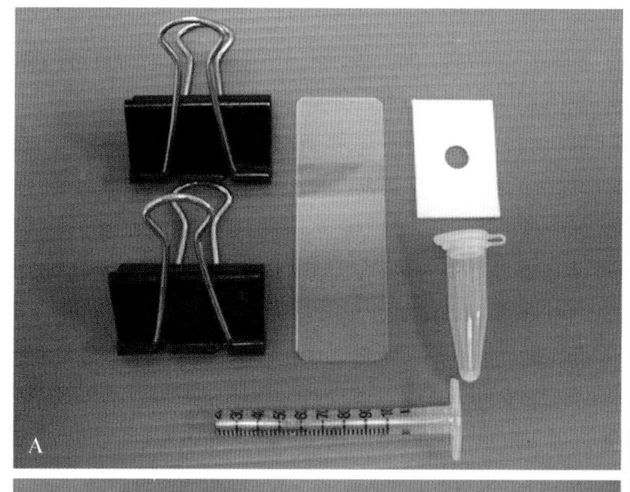

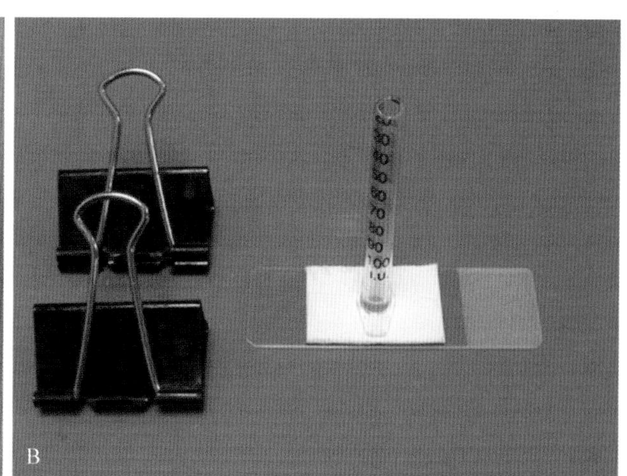

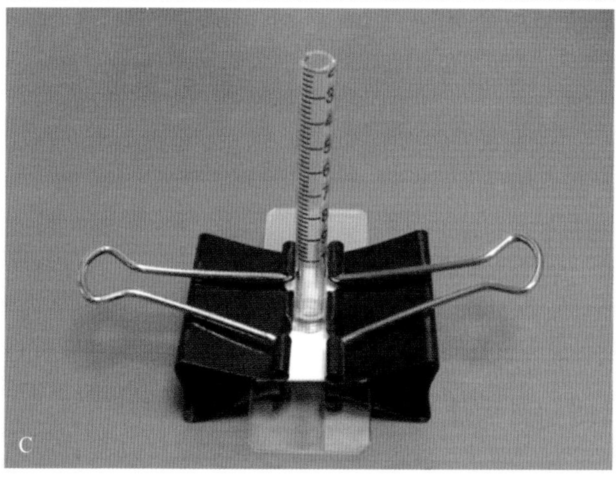

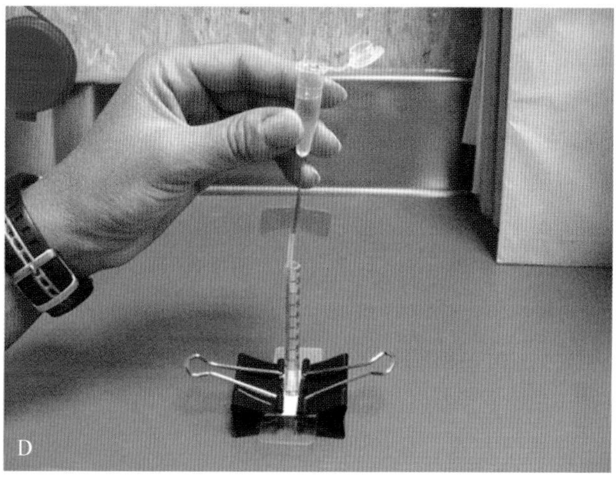

■ 图 14-2　**A-D，内部的脑脊液沉降装置。A.** 未组装的所需材料：1 mL 改良的胰岛素注射器、打孔的滤纸、载玻片、两个长尾夹、已经装有脑脊液的微量离心管。**B.** 部分组装的沉降装置。**C.** 组装完成的装置。可见长尾夹固定注射器尾部侧翼。**D.** 在由注射器改造的试管中用移液枪加入 100 μL 脑脊液，也可以如图所示，用蝶形的头皮针。加入的脑脊液需静置 1 h。细胞便浓缩和沉集在载玻片表面。

离心或沉降法准备好的样本通常先风干，再进行改良瑞氏染色。这种染色方法在标准、商业和临床教学实验室中都有条件使用。膜滤法需要湿固定，帕帕尼古劳法、三色法和 HE 染色法适用于该方法。湿固定及这些染色方法也可以用于离心法和沉降法,也适用于福尔马林或酒精固定的样本。应该使用离心法还是膜滤法以及何种染色方法,每个实验室选择不同,所受技术培训不同,病理学家的偏好不同。一句话总结就是,用于细胞准备的方法和染色方法(针对离心法或膜滤法得来的样本以及福尔马林或酒精固定过的样品)有很多选择。感兴趣的读者可参考Keebler和Facik(2008)最新的综述。

有的病例会用到特殊的染色方法。革兰氏染色可很好地识别和确认细菌的分类。有报道称墨汁或新亚甲蓝染色有助于识别真菌感染,特别是隐球菌病。过碘酸-希夫氏染色用于观察患有球形细胞脑白质病变的犬的细胞的内部物质。固蓝髓鞘染色可使脑脊液中的髓磷脂显色(Mesher et al.,1996)。

### 脑脊液的细胞学特征

可查阅到关于鉴别诊断和犬猫正常与非正常脑脊液特征的一些观点以及相应的显微照片(Baker and Lumsden,2000;Desnoyers et al.,2008)。表14-2总结了可能遇到的细胞学特征。表14-3总结了正常与非正常脑脊液的鉴别诊断。

**表14-2 犬猫脑脊液细胞学特征**

| 细胞或特征 | 描述 | 意义 |
|---|---|---|
| 淋巴细胞 | 与周边血液的淋巴细胞形态相似;直径为9~15 μm,少量到中等数量,细胞质呈现嗜碱性淡染的卵圆形,与细胞核轻度交错 | 是健康犬、猫脑脊液中主要的细胞类型 |
| 反应性淋巴细胞 | 与周边血液的淋巴细胞形态相似;比正常的淋巴细胞的细胞质更多,嗜碱性染色更深;可在细胞核周围看到明显的清楚区以及粗糙的细胞核物质 | 正常脑脊液中不存在反应性淋巴细胞。但在下边的情况中可特殊存在 |
| 单核细胞 | 大单核细胞;直径为12~15 μm;数量中等,嗜碱性淡染,细胞质中常见很多泡沫;细胞核形状多变;染色质可能出现花边 | 健康动物的脑脊液中存在少量单核细胞 |
| 反应性单核细胞 | 在形态上与很多地方的巨噬细胞相似;比"正常的"单核细胞(直径>12~15 μm);细胞质含量增多,通常比正常的淡染,可能有滤泡;细胞核呈现圆形至卵圆形,偏向一侧,核染色质更加粗糙 | 单核细胞的激活与刺激、炎症或退行性变化相关;常呈现噬菌象;在猫上有报道与大面积坏疽相关 |
| 中性粒细胞 | 形态与外周血液中的中性粒细胞相似;多形核白细胞 | 在健康动物脑脊液中数量较少(最高占有核细胞数的25%) |
| 室管膜衬细胞 | 大小一致的近似于立方体的单核细胞;大部分单个存在,个别的聚集成簇。细胞核呈圆形,偏心;核染色质呈均匀的颗粒状;细胞质中有中等数量的细小颗粒 | 在健康动物的脑脊液中可能存在;正常或不正常情况下室管膜衬细胞都有可能存在或不存在 |
| 脉络膜丛细胞 | 无法与室管膜衬细胞区别开(如下所述) | 在健康动物的脑脊液中可能少量存在;正常或不正常情况下脉络膜丛细胞都有可能存在或不存在 |
| 蛛网膜下腔衬细胞/柔脑膜细胞 | 胞浆中度至高度嗜碱性淡染;细胞核呈圆形至卵圆形,偏心;核染色质均一细致;细胞质边缘模糊不清;单个存在或聚集成小簇 | 在健康动物的脑脊液中可能少量存在;正常或不正常情况下脉络膜丛细胞都有可能存在或不存在 |
| 造血细胞 | 形态上与骨髓中或其他位置的一致 | 腰椎穿刺采集脑脊液时,可能出现被骨髓细胞和红细胞系前体以及成红细胞团污染的情况 |
| 嗜酸性粒细胞 | 形态与外周血液中的相似;为多形核白细胞,有嗜酸性颗粒,可用于物种鉴定 | 偶尔地,在健康犬猫脑脊液中也能见到;在炎症反应时被视为非特异性反应;在寄生虫感染、过敏、肿瘤(原发或转移)的情况下也可见 |
| 浆细胞 | 形态与其他位置的细胞相似;核较为奇怪,染色质突出("钟面"图样);胞浆较为丰富,细胞核中度至重度嗜碱性染色,周围有空白带(高尔基氏体) | 正常犬猫脑脊液中不存在浆细胞;可能出现于非特异性反应或受抗原刺激导致的炎症反应中 |
| 细菌 | 形态随种类的不同而不同,可能包括球菌、各种杆菌、球杆菌、丝状菌 | 正常犬猫脑脊液中没有细菌;如果采样过程或容器是被污染的,或者在濒死动物上采集时可能发现细菌;化脓性脑膜炎的病理结果可能出现这种情况,细菌细胞内定殖支持这一结果 |

续表 14-2

| 细胞或特征 | 描述 | 意义 |
| --- | --- | --- |
| 神经组织 | 形态与其他神经组织中的神经细胞相似；细胞很大且核仁明显，胞浆丰富，有 3～4 个触手样胞质突；神经纤维网/磷髓脂由不定型的非细胞的背景材料映衬出来 | 被认为是采样过程中偶然扎到脊髓导致的脑脊液污染；磷髓脂可能与髓鞘脱失有关 |
| 细胞旁盘绕的带状物 | 盘绕的、均质的、嗜碱性的具有吞噬细菌的液泡的物质 | 在尸体检查中可见报道；有认为是变性的磷髓脂、磷脂样结构或磷髓脂碎片的假说 |
| 肿瘤细胞 | 该处的细胞种类或数量异常（良性肿瘤）或者特征不典型满足恶性的标准（恶性肿瘤）；形态随细胞的来源和程度的不同而不同 | 可能为原发或转移的；存在时需与蛛网膜下腔或脑室相联系；未发现肿瘤，如果未进行脑脊液细胞检查，则不能排除其存在的可能 |
| 真菌/酵母菌/原生动物 | 形态随种类不同而不同；可能为初次感染或条件致病 | 形态特征为各种常见病原生物；检出病原生物结合临床症状和其他化验结果可增加真菌或原生生物诊断的正确性 |
| 有丝分裂象 | 由典型的细胞核结构有丝分裂象识别；细胞种类或源头不能在有丝分裂周期中被辨认 | 健康动物脑脊液中偶见有丝分裂象细胞；若存在则表明有增殖过程进行；通常有瘤的形成 |

**表 14-3　脑脊液炎症的细胞学鉴别诊断**

| 细胞学特点 | 特殊注意事项或鉴别诊断 | 注解 |
| --- | --- | --- |
| 少量至中等的中性粒细胞炎症 | 细菌、真菌、原生生物、寄生生物、立克次体、病毒感染 | 取决于物种、感染类型、局限性或弥散性感染，出现并发性坏疽；发现原生生物或真菌/酵母菌或细胞内细菌可作诊断 |
| 25%～50%的中性粒细胞，伴有或不伴有脑脊液蛋白质增多，伴有或不伴有脑脊液细胞增多 | 肿瘤形成 | 取决于肿瘤类型、发生部位，出现并发性坏疽；脑脊液中很少见赘生性细胞 |
| | 其他非传染性情况 | 考虑外伤、退行性变化、免疫介导性，联系新陈代谢情况、局部缺血 |
| 显著的中性粒细胞炎症（化脓性脑膜炎） | 细菌感染 | 可能是局灶性的（脓肿）或弥散性的（脑膜脑脊髓炎）；发现细胞内细菌可确诊 |
| 脑脊液细胞增多（中性粒细胞多于 50%），通常伴有脑脊液细胞增多。 | 一些病毒性脑炎 | 特别是猫感染 FIP 时 |
| | 坏死性血管炎 | 可能有免疫介导性或感染性病史；伯恩山犬和比格犬更易患 |
| | 类固醇反应性脑膜炎-动脉炎 | 对糖皮质激素有反应但需排除感染因素 |
| | 快速脊髓造影反应（通常在 24～48 h 以内） | 有近期先前做过脊髓造影的历史 |
| | 肿瘤 | 特别是脑膜瘤但是可能发生于任何赘生物，特别是伴发坏疽时 |
| | 创伤 | 如果创伤可见，病史会支持诊断 |
| | 出血 | 病史可以支持诊断；可能有创伤、退行性变化、新陈代谢、感染、肿瘤形成或者其他潜在原因 |
| | 后天获得性脑积水 | 可能取决于后天获得情况的潜在原因 |
| 各种各样细胞的混合细胞炎症（没有任何一种细胞占主要数量） | 这通常代表肉芽肿性炎症——考虑真菌、原生生物、寄生生物或立克次氏感染 | 发现真菌或原生生物体可确诊 |
| 巨噬细胞、淋巴细胞、中性粒细胞，有时还有浆细胞等的混合细胞，伴随或不伴随脑脊液蛋白质增多，伴随或不伴随脑脊液细胞增多 | 一些先天性炎症或退行性疾病 | 特别是在肉芽肿性脑膜脑炎（GME） |
| | 对慢性感染的不适当治疗或过早的抗菌治疗 | 病史和先前的诊断很有用 |
| 非化脓性炎症（单核细胞性脑脊液细胞增多） | 病毒、细菌、真菌、原生生物、寄生生物或立克次氏感染 | 特别是猫除了 FIP 病毒以外其他病毒导致的脑膜脑脊髓炎以及犬感染犬瘟热时 |
| 脑脊液细胞增多，以单核细胞为主，特别是淋巴细胞 | 小型犬坏死性脑炎 | 病征以及淋巴细胞占主要优势有助于诊断，但是确诊需依靠组织病理学；对糖皮质激素无反应 |
| | 肿瘤形成 | 脑脊液中赘生性细胞很少见 |
| | 非传染性或退行性情况 | 考虑 GME；可能要求排除其他可能原因并考虑多因素原因以作出临床诊断 |

续表 14-3

| 细胞学特点 | 特殊注意事项或鉴别诊断 | 注解 |
|---|---|---|
| 嗜酸性粒细胞炎症 | 寄生生物、原生生物、细菌、病毒、真菌或立克次氏感染 | 见于各种类型的疾病中不寻常的表现 |
| 脑脊液细胞增多,以嗜酸性粒细胞增多为主 | 肿瘤形成 | 在肿瘤形成时偶尔可见 |
| | 过敏性反应 | 考虑疫苗过敏或其他过敏原,同时考虑感染和非感染原因 |
| | 炎性过程 | 可被认为是非特异性炎症过程 |

## 正常脑脊液

来自健康犬猫的正常脑脊液主要包含单核样细胞(图 14-3A),混合有淋巴细胞以及来源不明的大的单核细胞(单核样细胞)。淋巴细胞和单核样细胞是正常犬猫脑脊液有核细胞的主要成分。Parent 和 Rand(1994)指出,单核样细胞是正常猫脑脊液有核细胞的主要成分,占 69%~100%;而淋巴细胞占 0~27%;中性粒细胞占 0~9%;巨噬细胞占 0~3%;不含有或少于 1%的嗜酸性粒细胞。正常情况下,中性粒细胞和嗜酸性粒细胞占有核细胞的比例不超过 10%和 1%。偶见脉络丛细胞、室管膜细胞、脑膜衬细胞或者分裂象细胞(图 14-3B)(Chrisman,1992;Rand,1995)。

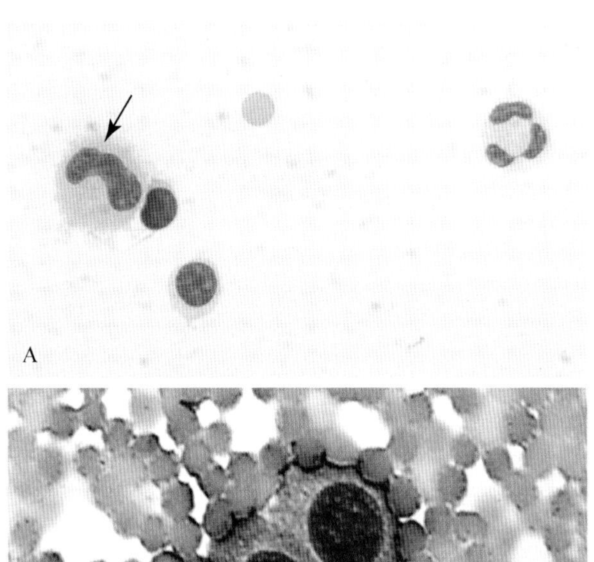

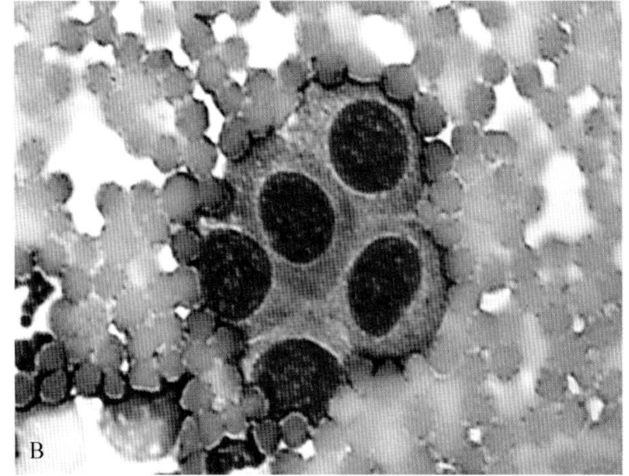

■ 图 14-3 **脑脊液中发现的细胞类型。A. 典型细胞。犬。**两个小的单核细胞(淋巴细胞),箭头所指为一个大的单核细胞(单核样细胞),以及一个红细胞。(瑞-吉氏染色,高倍油镜)。**B. 衬细胞。犬。脑脊液。**室管膜的和脉络膜丛的细胞都经常作为偶然的发现在镜下观察到。除了被误认为肿瘤外,这些细胞的诊断价值不高(罗氏染色,高倍油镜)。

## 意外穿刺污染

Christopher(1992)发现,骨髓是导致脑脊液污染的一个因素,在犬进行腰椎穿刺时因抽到骨髓而造成。这种污染也可能不是因为抽到骨髓造成的,从之前发现的 5 只在第四脑室狭小的脉络膜丛间隙存在造血性因素的犬来看,也可能是因为骨髓外造血(Bienzle et al.,1995)。在犬上有报道过,当从小脑延髓池采集脑脊液时,若不小心扎到脊髓,则采集到的脑脊液可能被类髓磷脂材料、神经元(图 14-4A)和神经纤维网(图 14-4B)污染(Fallin et al.,1996)。

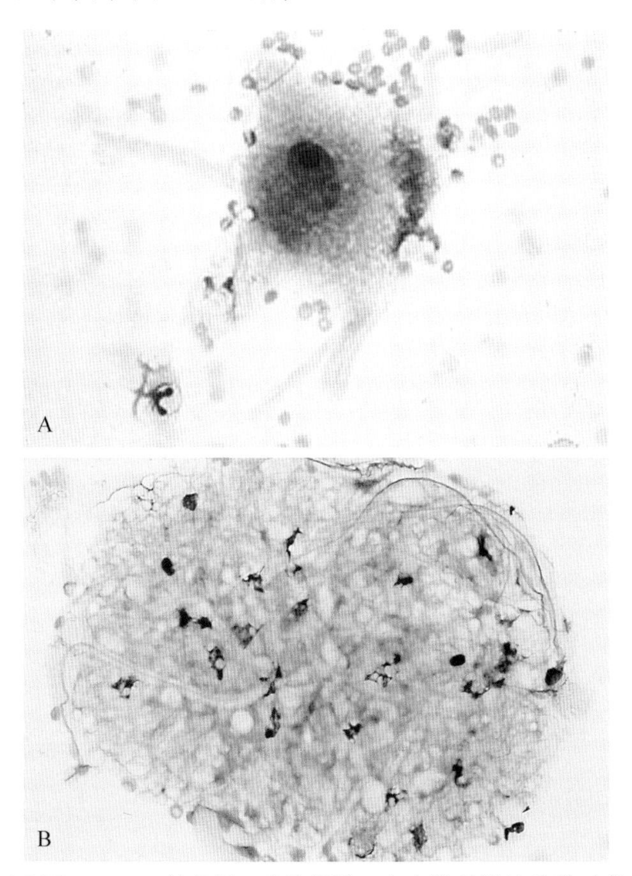

■ 图 14-4 **A. 神经元。犬脑脊液。**在小脑延髓池采样时意外穿刺到神经组织,可见大个的神经元与嗜中性粒细胞和红细胞的比较。神经元细胞胞浆内的嗜碱性颗粒被假定为尼氏小体(瑞-吉氏染色,高倍油镜)**B. 神经组织和小胶质细胞。犬。**该脑脊液与图 A 取自同一只颈椎疼痛的犬(瑞-吉氏染色,高倍油镜)。(A,From Fallin CW,Raskin RE,Harvey JW:Cytologic identification of neural tissue in the cerebrospinal fluid of two dogs,*Vet Clin Pathol* 25:127-29,1996.)

“表面上皮”这个专业术语是用于描述在人的脑脊液中发现的脑膜细胞、脉络膜丛细胞、室管膜细胞和内皮细胞的。然而，因为这些细胞的易碎性，细胞学无法准确地分辨它们。无法区分构成脑室壁的室管膜细胞和与室管膜细胞相连的脉络膜丛细胞；它们都是小块的、相似的立方体柱状细胞，以偏心的、小的、圆的染色质，粗糙颗粒状的细胞核和中等量微细的颗粒状细胞质为特征（图 14-3B）。Garma-Aviña(2004)在描述基于罗曼诺夫斯基染色法的犬脉络膜丛的三种细胞时称，其中大部分(75%)的细胞为细胞质内有嗜碱性颗粒的 α 细胞。剩余的 β 细胞和 γ 细胞胞浆内均没有颗粒物质或少有液泡。柔脑膜的(蛛网膜下衬细胞)细胞是区别于单核细胞的独立小簇存在，它的胞浆中等偏丰富，呈轻度嗜碱性染色。胞浆包裹着椭圆形的、偏心的、染色质浅的细胞核。在犬的脑脊液中，偶然出现的表面上皮应被明智地看为污染造成(Wessmann et al.，2010)。

## 脑脊液的介绍和阐释

### 疾病中的正常脑脊液

先天性癫痫、先天性脑积水、中毒、代谢性或功能障碍、脊柱病变或者脊柱软化等疾病在脑脊液细胞学中可能不发现异常。大多数的 FIP、犬瘟热脑炎、肿瘤、有神经症状的 GME 等疾病的脑脊液参数可能在正常范围内。在由脊髓蛛网膜囊肿导致神经学症状的 17 只患犬中，脑脊液分析并无显著性(Skeen et al.，2003)。细胞学分析未见异常不能排除神经疾病的可能性。

### 脑脊液蛋白质异常

总蛋白的增多见于细胞学检查正常的犬，该现象被称为细胞-蛋白分离。这种微量蛋白的增加常与血脑屏障渗透性、局部坏死、脑脊液循环和吸收受阻以及囊内球蛋白生成情况相关(Chrisman，1992)。

无论有无有核细胞计数增加和(或)细胞学异常，脑脊液总蛋白增加多见于炎症、衰老、挤压、肿瘤(Carmichael，1998)。在 56 例犬颅内脑膜瘤的病例中，有 16 例(30%)有核细胞计数正常而出现总蛋白浓度增加(Dickinson et al.，2006)。总蛋白增加而未见脑脊液细胞增多(有核细胞)的病例可见于肿瘤、缺血性脊髓炎、癫痫、发热、椎间盘脱出、退行性脊髓病(Clemmons，1991)、脊髓软化或者 GME。在猫上，脑脊液蛋白质浓度可以辅助鉴别疾病种类。因为蛋白质浓度显著上升只提示 FIP 的可能(Singh et al.，2005)。

在 61 例患有查理氏畸形的骑士查理王猎犬(Whittaker et al.，2011)中，患有脊髓空洞症的犬只与未患病[0.2 g/L(0.12～0.39 g/L)]的相比，脑脊液蛋白质浓度更高[0.26 g/L(0.07～0.42 g/L)]，有核细胞计数增加，中性粒细胞比例增加。血-脊髓屏障的破坏是犬只患上查理氏畸形和脊髓空洞症的原因。

### 脑脊液细胞分类计数增加而总有核细胞计数无异常

在很多神经学紊乱的病症中，经常出现总白细胞数(WBC)正常而中性粒细胞或嗜酸性粒细胞数上升的情况。排除掉血液污染，当中性粒细胞所占白细胞总数超过 10%～20%，嗜酸性粒细胞超过 1%均应视为异常。中性粒细胞的增加可能意味着轻度的炎性或局部组织刺激，尚未波及脑膜或室管膜细胞；或者之前用过糖皮质激素或抗生素从而减轻了炎症应答。可以怀疑的疾病包括退行性椎间盘疾病、脊柱骨折和脑血管紊乱如梗死。嗜酸性粒细胞增高而 WBC 正常时，可考虑寄生虫移行或原虫病(Desnoyers et al.，2008)。

### 脑脊液细胞增多

脑脊液中有核细胞计数增多称为脑脊液细胞增多，可进一步分为嗜中性粒细胞、嗜酸性粒细胞、单核细胞或其他各种细胞的增多。脑脊液细胞增多程度分为轻度(犬猫：6～50 个细胞/μL)、中度(犬：51～200 个细胞/μL；猫：51～1 000 个细胞/μL)、显著(犬：超过 200 个细胞/μL；猫：超过 1 000 个细胞/μL)(Chrisman，1992；Singh et al.，2005)。

*中性粒细胞性脑脊液细胞增多。*中性粒细胞数增多与广泛的炎症紊乱相关，包括创伤脊髓无菌性脑膜炎、纤维软骨的栓塞性脊髓病、脊髓软化、出血、肿瘤和霉菌或细菌性脑膜炎(Mariani et al.，2002；Mikszewski et al.，2006)。可能见于脑室或蛛网膜下腔的脓肿，早期的病毒感染、FIP、落基山斑疹热、椎间盘脊髓炎、后天脑积水、坏死或 GME。显著的中性粒细胞数升高见于细菌或真菌性脑膜炎和肿瘤(图 14-5)、类固醇反应性脑膜炎或坏死性血管炎(Chrisman，1992)。在脑脊液中发现细菌、真菌、酵母菌、原生动物可以证实他们的感染。很多类型的真菌如隐球菌、牙生菌、组织胞浆菌属、犬新孢子虫和埃立克体都在脑脊液中发现过(Gaitero et al.，2006；Singh et al.，2005)。在有神经症状的病患中，寄生虫比如弓形虫、犬恶丝虫、蝇蛆病、囊尾蚴尚未在脑脊液细胞学中发现。中性粒细胞数显著或连续增加预示着该患者预

后不良。大于7岁且临床症状明显持续4周以上的猫,应优先怀疑肿瘤(Rand et al.,1994)。

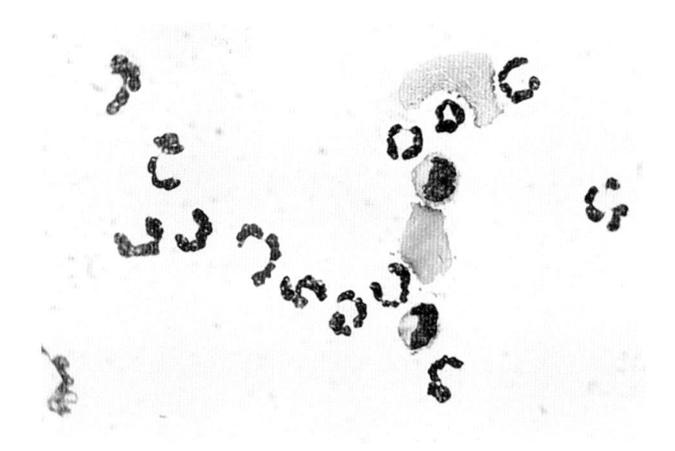

■ **图 14-5 中性粒细胞性脑脊液细胞增多。犬的脑脊液。**中性粒细胞计数为1 018个/μL,总蛋白浓度为240 mg/dL。该犬由于脑膜瘤,已出现头颈倾斜和偏瘫的症状。非退化的嗜中性粒细胞占细胞总数的83%。(瑞-吉氏染色,高倍油镜)

猫传染性腹膜炎(FIP)由冠状病毒引起,是猫常见的导致中性粒细胞性脑脊液细胞增多的原因之一(图14-6A&B)。主要的神经学表现为精神沉郁、四肢瘫软、头颈倾斜、眼球震颤和意向性震颤。44%～61%的猫脑脊液炎性病均由FIP引起(Rand et al.,1994)。Parent and Rand(1994)认为,FIP时常见有核细胞计数大于100个/μL,中性粒细胞显著上升,超过50%,同时总蛋白浓度也升高(通常大于200 mg/dL)。之后,在这个病的过程中,多种细胞均会出现在脑脊液中,大单核细胞和淋巴细胞数达到值得注意的水平(图14-7A&B)。Singh和其他人(2005)在11例FIP患猫中发现了相似的现象。脑脊液分析时,7例显示为化脓性特征,1例为混合性,3例为单核细胞性。其中5例白细胞数显著升高(超过1 000个/μL);3例中度升高(51～1 000个/μL);2例轻度升高(6～50个/μL);1例采集量不足,无法进行白细胞计数。

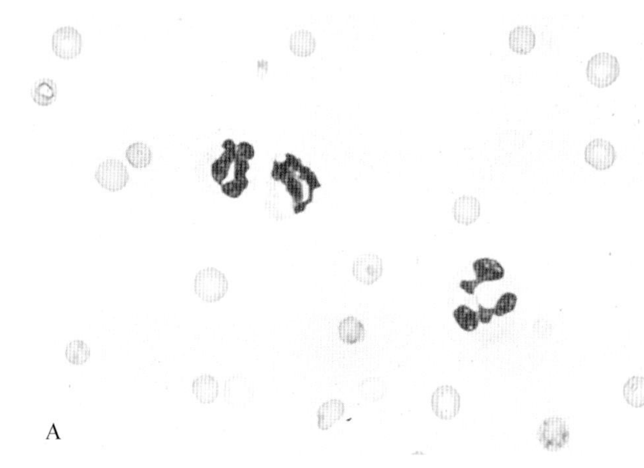

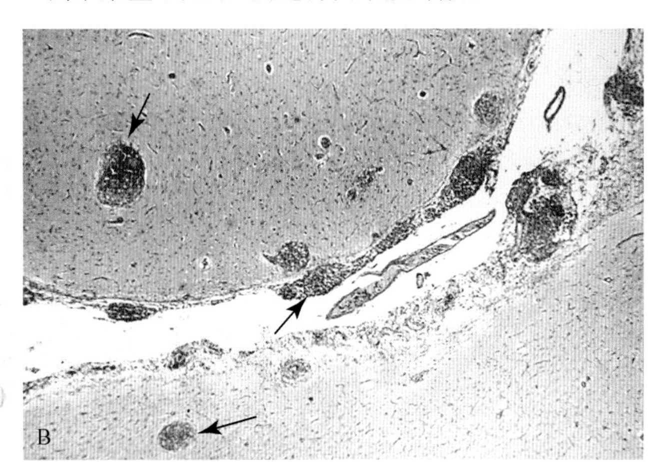

■ **图 14-6 中性粒细胞性脑脊液细胞增多。猫的脑脊液。图A和B来自同一病例。A.** 来自一只已共济失调5天的幼猫的脑脊液直接涂片。有核细胞计数很高,提示应当进行直接涂片评估白细胞情况。这个病例通过高滴度和组织学检查被诊断为FIP。镜下可见大量红细胞和一些非退化的中性粒细胞(瑞氏染色,高倍油镜)。**B.** 在患有FIP的猫的中脑和第三脑室切面中可见,多处出现嗜中性粒细胞在血管周围浸润(箭头)。浸润物向脑室靠近导致中性粒细胞性脑脊液细胞增多(H&E染色,低倍镜)

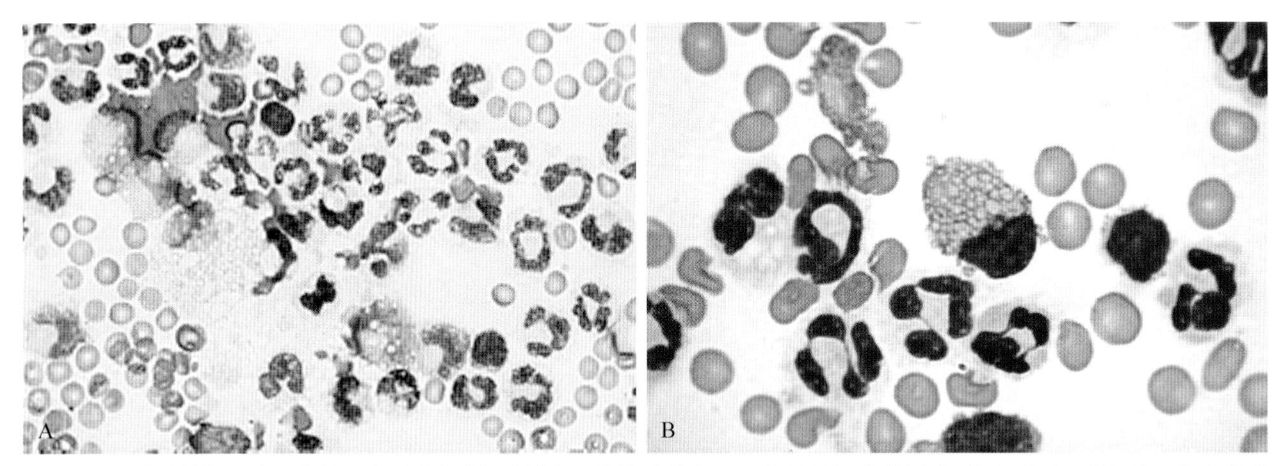

■ **图 14-7 嗜中性粒细胞为主的混合型脑脊液细胞增多。猫的脑脊液。A.** 大单核细胞数增多,并出现了巨噬细胞。该猫发热,FIP滴定度高,死后剖检的组织病理学也证明了FIP的感染。该病持续数月,比图14-6的病例出现更多的单核细胞(瑞-吉氏染色,高倍油镜)。**B.** 浆细胞的出现可怀疑为FIP慢性感染,若出现奈氏细胞(图示中心处),则可确诊。FIP慢性感染时,也可见非退行性中性粒细胞和红细胞。健康动物脑脊液中不会出现浆细胞,而出现在滤过性毒菌感染和肿瘤的个体中(吉姆萨染色,高倍油镜)。(A,Courtesy of Rick Alleman,University of Florida.)

在一项研究中(Baroni and Heinold,1995),19只猫中只有11只猫显示血清学高滴度,可见脑脊液分析是很有必要的。Rand等(1994)报道认为,占炎症病例37%的非FIP病毒性脑膜脑炎中当患猫小于3岁呈现渐进性神经症状和局灶性神经病症时,最可能的原因是丘脑皮层病变。在这些病例中,有核细胞计数低于50个细胞/μL,脑脊液总蛋白浓度低于100 mg/dL。非FIP病毒性脑膜脑炎通常预后良好。

类固醇反应性化脓性动脉脑膜炎(图14-8)在幼年至中年的犬中有见报道,通常有发热、颈部疼痛、感觉过敏和轻瘫的症状。脑脊液细胞增多高于500个细胞/μL,若近期未使用过糖皮质激素,则其中超过75%的细胞为非退化的中性粒细胞(Chrisman,1992)。脑脊液中不会发现微生物,也不会培养出微生物。若在72 h内进行糖皮质激素治疗则很有可能改善症状,长期治疗可取得良好的预后。1项有关免疫应答的研究中发现,在这些病例的脑脊液中可检测到IgG和IgA的合成,说明体液免疫是最主要免疫应答的而非广义上的免疫复合体病导致的结果(Tipold et al.,1995)。在另一篇近期的文献中,Behr和Cauzinille(2006)评估了12只患有无菌性脑膜炎的青年拳师犬的临床表现和预后,其中10例表现出严重的症状,TNCC超过100个细胞/μL,中性粒细胞所占比例升高至72%~100%。2例呈现慢性的表现,造成混合型脑脊液细胞增多,中性粒细胞所占比例约为60%。脑脊液细胞计数异常表现为混合型或单核细胞型时,患病个体常呈现慢性表现。因而,监测犬脑脊液细胞计数可以用来作为评定治疗效果的指标(Cizinauskas et al.,2000)。

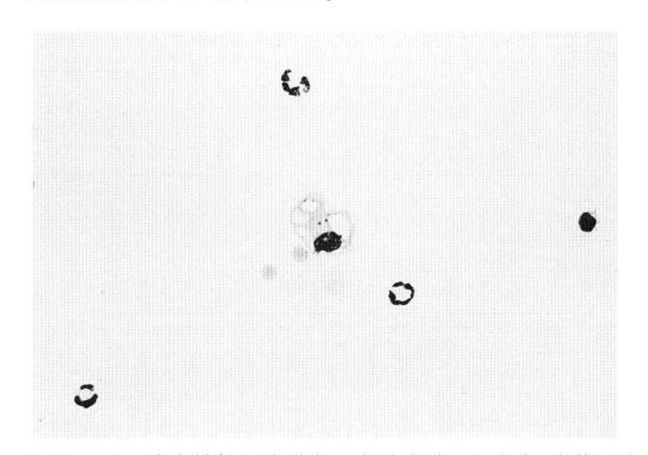

■ 图14-8 **嗜中性粒细胞增多。犬脑脊液。**1岁犬,发烧,颈椎、胸椎、腰椎疼痛,普通非感染性炎症反应。有核细胞计数为106个/μL,蛋白质41 mg/L,红细胞3 700/μL。3个分叶状中性粒细胞,1个大单核细胞和1个淋巴细胞核细胞。此病例多个关节受到相似影响。怀疑免疫介导的糖皮质激素敏感脑膜炎。(瑞氏-吉氏染色;高倍油镜)

坏死性血管炎是一种常见于年轻伯恩山犬的无菌化脓性脑膜炎综合征,波及柔脑膜动脉。动物表现出严重的颈椎疼痛和神经学功能缺损。总白细胞计数普遍高于1 000个细胞/μL,其中以非退化中性粒细胞为主。在比格犬上也见过相似的报道,还可见一些散发的病例(Caswell and Nykamp,2003)。皮质类固醇治疗可改善临床症状。

不管总细胞计数如何,只要脑脊液嗜中粒细胞大于75%就怀疑为细菌性脑膜脑炎(图14-9A&B)。败血性栓子到达大脑引起的菌血症是常见的病因。未治疗的病例常会引起大于1 000个/μL显着的细胞增多。消除因非无菌收集技术和未经消毒的收集管而引起的细菌污染及细菌的胞内位置和继发的炎症及其重要。中性粒细胞显示轻度至重度核溶解。

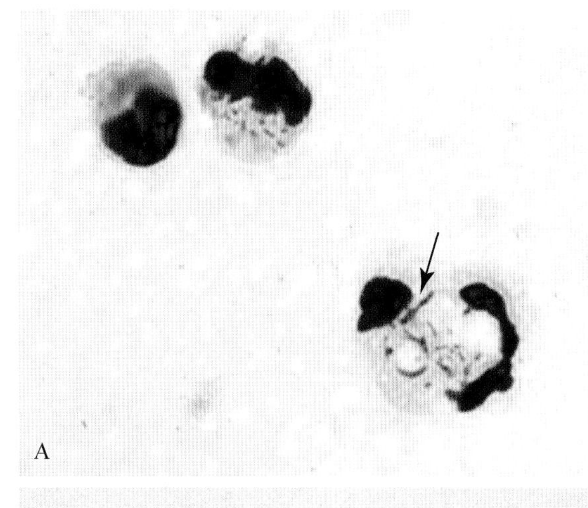

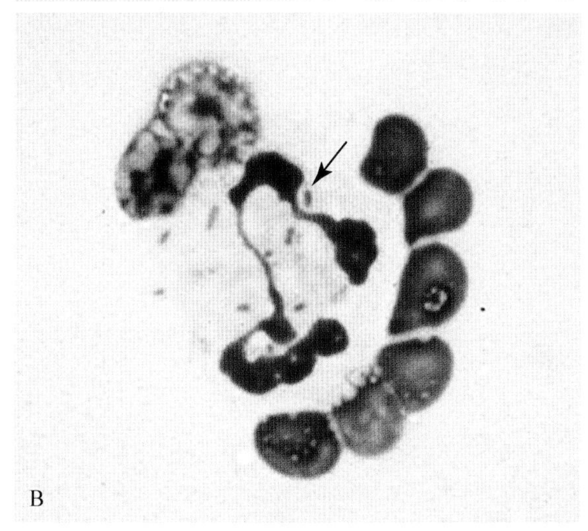

■ 图14-9 **A. 中性粒细胞增多。猫的脑脊液。**云絮状脑脊液直接涂片显示大量中性粒细胞变性。中性粒细胞胞内出现核溶解,对小杆状细菌(箭头所指)进行培养,为肠杆菌属(瑞氏;高倍油镜)**B. 化脓性脑膜脑炎。细菌感染的猫脑脊液。**若干棒状细菌(箭头)存在于中性粒细胞的细胞质内。若干红细胞包围炎性细胞。(吉姆萨染色法;高倍油镜。)

由于脑脊液样本量小,在脑脊液细胞学检查中培养鉴定细菌是罕见的。确诊中枢神经细菌感染的

109个成年人中有62个(57%),14只犬中0只(0%)犬,5只猫中2只(约40%)用脑脊液细胞学方法成功鉴定细菌(Messer et al.,2006)。其他引起嗜中性粒细胞的原因,例如激素敏感型化脓性脑炎(此种情况相对罕见),在做脑脊液细菌感染的初步诊断之前需要特征性排除。

嗜酸性粒细胞增多。脑脊液嗜酸性粒细胞增多罕见。脑脊液嗜酸性粒细胞可以在非特异性急性炎症反应中出现,也与寄生虫、过敏、肿瘤进程、原虫感染,包括弓形虫病(图14-10A&B)和新孢子虫病或隐球菌(Windsor et al.,2009)感染有关。有报道显示犬猫类固醇反应脑膜脑炎能引起嗜酸性粒细胞增高(Chrisman,1992)。有时,体内感染寄生虫,如浣熊贝利斯蛔虫(Windsor et al.,2009)或广州管圆线虫(Lunn et al.,2012)或感染剂,如绿藻感染(Gupta et al.,2011;Lane et al.,2012)、犬瘟热病毒感染、狂犬病,可能引起嗜酸性细胞增多(Chrisman,1992)。在一些情况下,发病机理不确定的嗜酸性细胞增多被称为特发性嗜酸性粒细胞脑膜脑炎(Windsor et al.,2009;Olivier et al.,2010)。

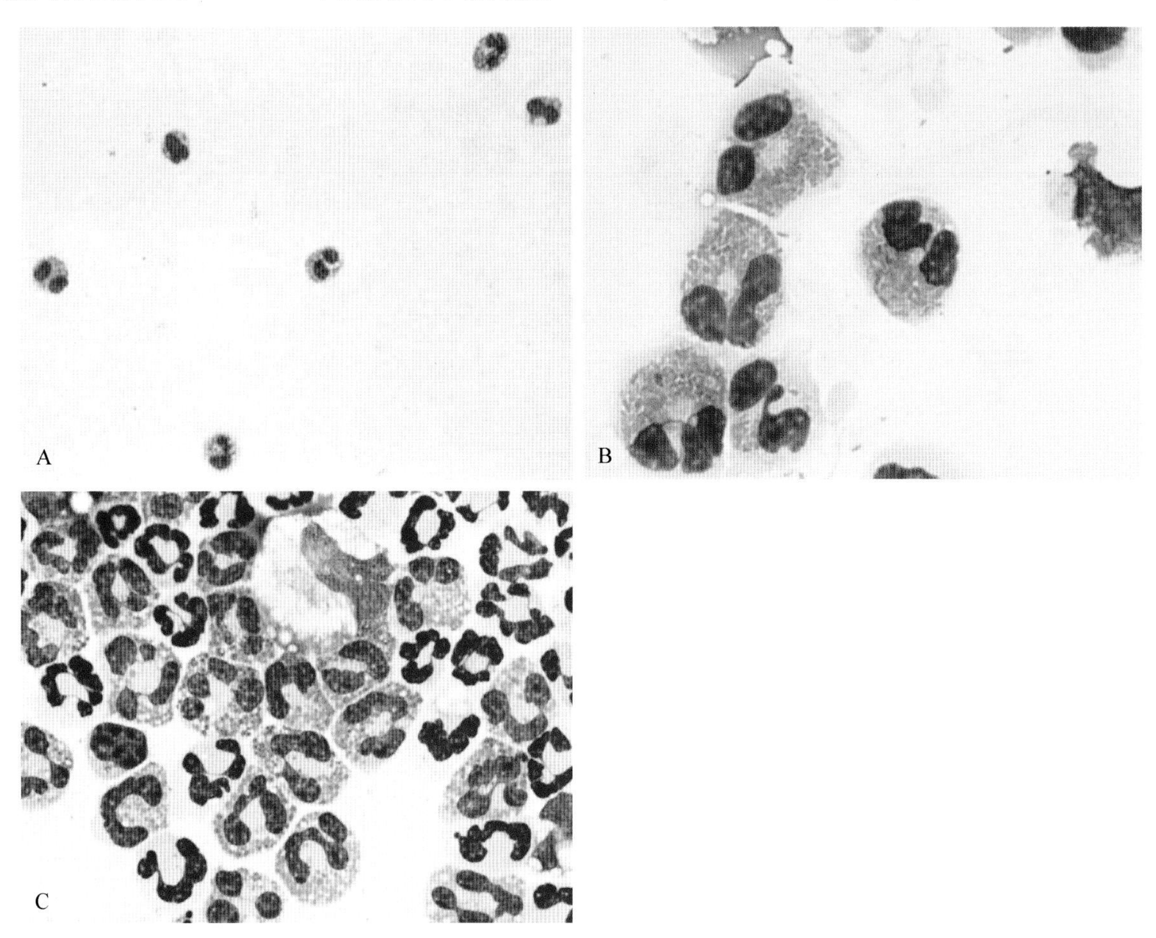

■ 图14-10 **嗜酸性粒细胞增多。A. 犬脑池脑脊液。**急性下身轻瘫的动物,后腿上运动神经元功能障碍,血清滴度诊断有弓形虫病。总白细胞计数为124/μL,伴随高普通蛋白。嗜酸性粒细胞是细胞总数的98%(瑞氏-吉氏染色,高倍油镜)**B. 猫脑池脑脊液。**感染弓形虫病例脑脊液中的典型双叶嗜酸性粒细胞,弓形虫已PCR检验(吉姆萨染色;高倍油镜)**C. 犬脑脊液。**有核细胞计数为125个/μL,嗜酸性粒细胞占有核细胞白细胞85%。一些成熟中性粒细胞和大泡沫状巨噬细胞也存在。最终诊断为嗜酸性类固醇反应性脑膜脑炎(吉姆萨染色;高倍油镜)。

类固醇反应嗜酸性脑膜脑炎已经在犬和猫中有报道。如果嗜酸性粒细胞大于80%并且脑脊液细胞含量轻微到显著地增高,并且没有发现有原虫、寄生虫或者真菌感染,将支持类固醇反应嗜酸性脑膜脑炎诊断。在犬的研究中,Golden Retrievers曾经提出此种情况存在品种差异(图14-11)。经糖皮质激素治疗后,嗜酸性粒细胞数显著下降,百分比改变。在某些情况下,怀疑过敏反应和Ⅰ型超敏反应。

单核细胞增多。脑脊液单核细胞增多通常伴随病毒、原虫或者真菌感染,尿毒症,中毒,疫苗反应,GME,椎间盘脊椎炎引起的淋巴细胞增多。在坏死性脑炎,类固醇反应脑膜脑炎,埃里希体病,或治疗的细菌脑膜脑炎等情况中可能出现单核细胞增多。然而,在这些情况下,单核样细胞/巨噬细胞为主要的增多细胞,并且通常由隐球菌所致(图14-12和图14-13)。单核细胞增多性脑脊液细胞增多症可见两例猫的报道,1例患有蝇蛆症(Glass et al.,1998),1例患有脑胆固醇性肉芽肿(Fluhemann et al.,2006)。当在出现单核细胞增多性脑脊液增多症、蛋白含量升高、癫痫、共济失调、震颤的幼猫的脑脊液中,其巨噬细胞中发现含液泡和粉紫色无定形颗粒物质时,表明该猫患有溶酶体贮积病($GM_2$-神经节苷脂贮积病)(Johnsrude et al.,1996)。患坏死性脑膜脑炎的小型贵宾幼犬曾出现早期大颗粒淋巴细胞(Garma-Aviña and Tyler,1999)增多。猫的最常见非炎性中枢神经系统疾病是瘤和缺血性脑病,通常出现脑脊液蛋白升高和轻微淋巴细胞增多或正常有核细胞总计数(Rand et al.,1994)。出血情况伴随着泡沫状巨噬细胞(图 14-14A&B)组成的单核细胞增多。

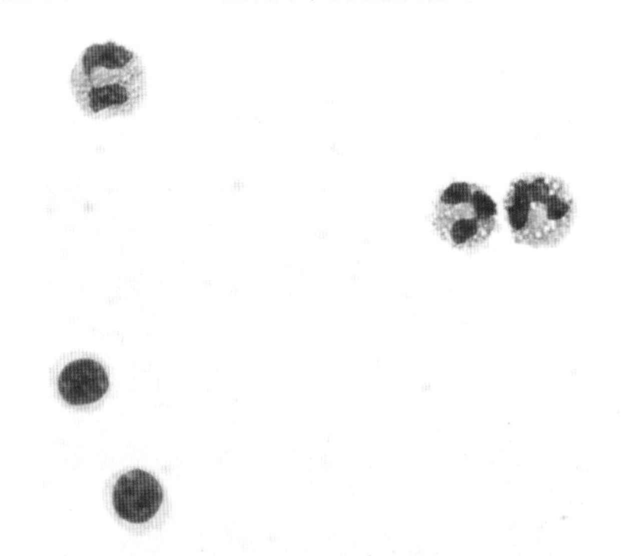

■ 图 14-11 **嗜酸性细胞增多性脑脊液。犬。**此样本是从金毛寻回犬收集的,其脑脊液细胞数为 43/μL,其蛋白质为 77 mg/dL,细胞分类 43%嗜酸性粒细胞,50%的淋巴细胞,7%的大单核吞噬细胞。3 个嗜酸性粒细胞和 2 个小淋巴细胞如图所示。怀疑为与此品种相关的特发性嗜酸性脑膜脑炎(瑞氏染色;高倍油镜)

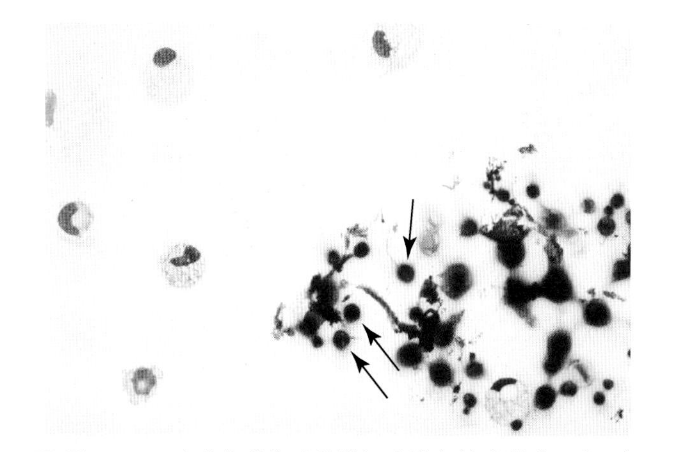

■ 图 14-12 **隐球菌感染致单核细胞增多性脑脊液。犬。**细胞外存在簇状嗜碱性染色酵母,测量直径为 10~20 μm。箭头指示 3 种酵母种类。液体含有 60/μL 总有核细胞数,其中 85%是单核吞噬细胞。图中一些单核细胞泡沫丰富,空泡胞浆淡,显示活性(瑞氏染色;高倍油镜)

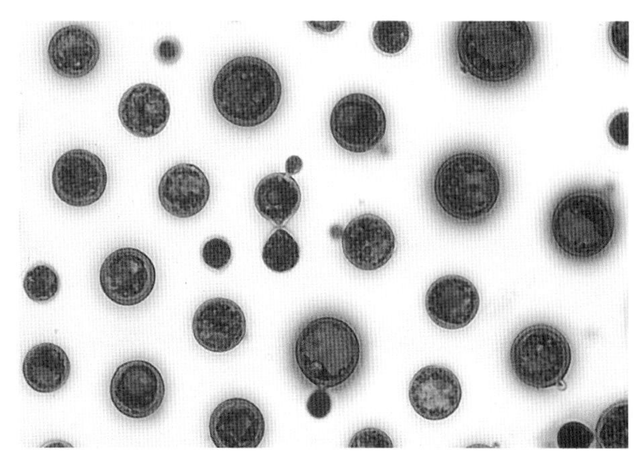

■ 图 14-13 **隐球菌病。犬的脑脊液。**这些球形有机体显示隐球菌正在出芽生殖(新亚甲蓝,高倍油镜)(Courtesy of Rick Alleman,University of Florida.)

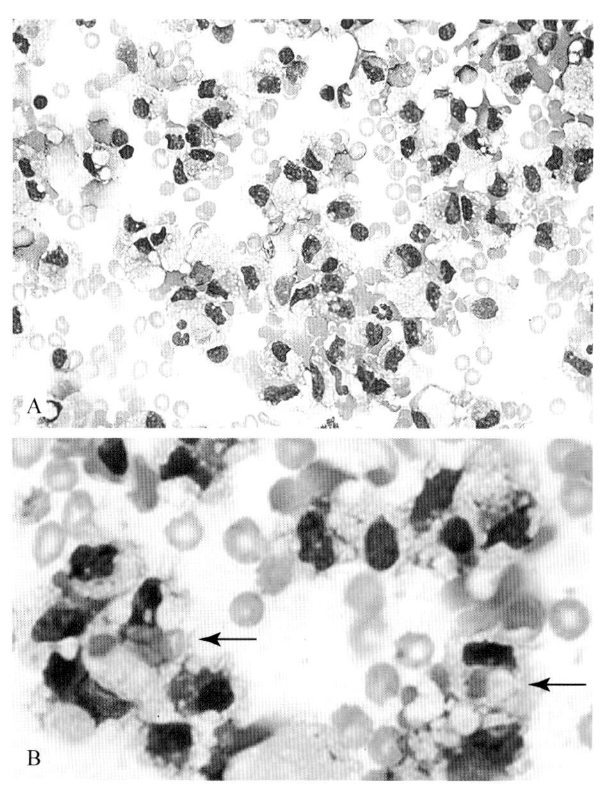


■ 图 14-14 **急性出血伴单核细胞增多。犬脑脊液。A.** 此动物有癫痫发作和痴呆的病史。有核细胞计数为 190/μL 和蛋白质 72 mg/dL。单核吞噬细胞占细胞总数的 91%(瑞-吉氏染色,高倍油镜)。**B.** 与 A 同一个病例。几个空泡状,噬红细胞(箭头)的巨噬细胞(瑞-吉氏染色,高倍油镜)

小型犬坏死性脑炎(图 14-15 和 14-16A-D),如哈巴犬、马尔济斯犬、西施犬、法国斗牛犬和约克夏犬,多灶性至大量坏死,以及大脑的非化脓性脑膜炎是致命的,可选择安乐(Stalis et al.,1995;Timmann et al.,2007;Tipold et al.,1993;Uchida et al.,1999)。犬一般小于 4 岁,经常癫痫,抑郁和共济失调;糖皮质激素不敏感。脑脊液出现轻度至中度脑脊液细胞增多,一般大于 200 个细胞/μL;主要的淋巴细胞和脑脊液蛋白浓度通常大于 50 mg/dL。此原因未知,但通过间接免疫荧光法可发现有些哈巴犬具有星形胶质细胞的自身抗体，显示一种免疫介导综合征。类似的细胞类型在肉芽肿性脑膜脑炎的脑脊液中也会出现，因此需要进行脑的组织学检查来检测坏死性病变。

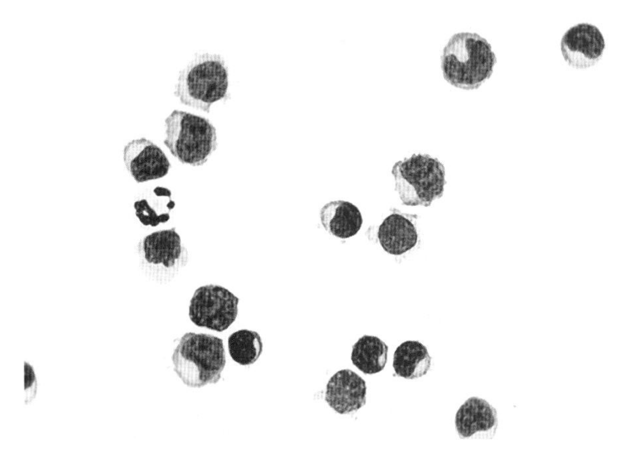

■ 图 14-15　**淋巴细胞增多性脑脊液细胞增多症。犬脑脊液。** 此犬脑炎的特征在于淋巴细胞(87%)的增多(265/μL)。图中淋巴细胞以小淋巴和中淋巴为主，形态正常(瑞-吉氏染色；高倍油镜)

肉芽肿性脑膜脑炎(GME)(图 14-17 至 14-19)是一种好发于幼年、中年雌犬的(Sorjonen，1990)中枢神经系统的特发性炎症性疾病。1 份 42 只犬的研究发现玩具犬或者泰迪犬两品种有高的发病率(Munana and Luttgen，1998)。有报道称该病的临床症状为发烧，共济失调，四肢轻瘫，宫颈过敏和癫痫发作。局灶性或多灶性的临床症状对决定预后有帮助，局部临床症状的犬生存更长。通过组织学检查可发现在大脑的白质和灰质以及脑干和脊髓的白质中有病变。脑脊液中淋巴细胞细胞范围可从轻度至中度变化，嗜中性粒细胞占优势的细胞数增多(Chrisman，1992).有核细胞计数数值是 250/μL 的中值，且多数计数大于 100 /μL(Munana 和 Luttgen，1998)(范围为 0～11840)。在这份相同的研究中，多灶性症状的犬都出现细胞增多，部分局灶性症状的犬有正常细胞计数。脑脊液中的主要细胞类型是淋巴细胞(52%)，单核细胞(21%)，嗜中性粒细胞(10%)，以及其他细

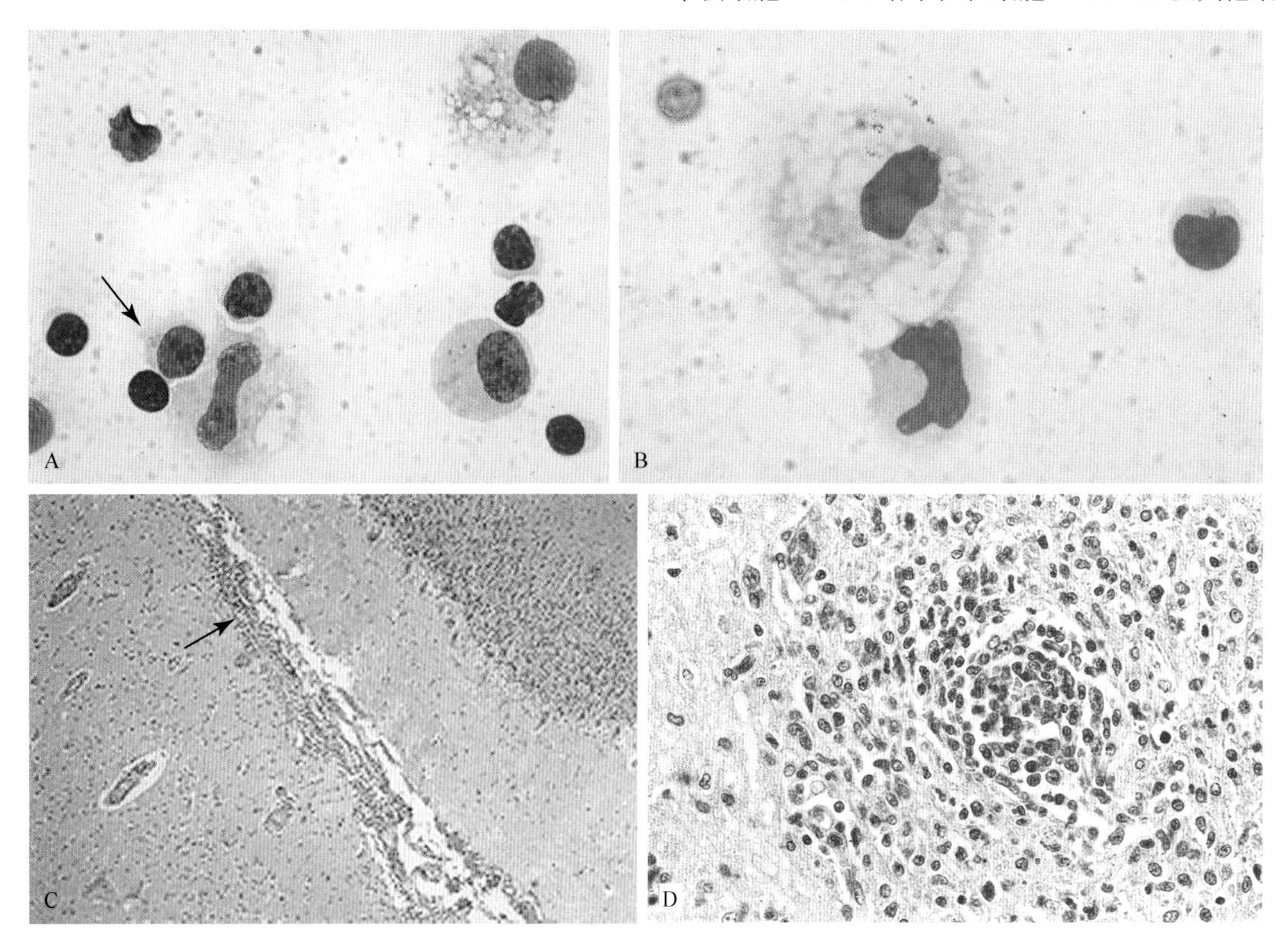


■ 图 14-16　**脑脊液淋巴细胞数增多性脑脊液细胞增多症。犬的脑脊液。A-D 是相同病例。A.** 急性癫痫的 6 岁马尔济斯对糖皮质激素和抗惊厥药不敏感。脑脊液有 430/μL 总有核细胞计数，化学试纸条显示 3＋蛋白。淋巴细胞占 82%，大单核细胞占 11%，成熟中性粒细胞占 7%。显示许多淋巴细胞，其中一个是颗粒淋巴细胞(箭头)，有不同形状和细胞质功能的 3 个大的单核细胞(瑞氏染色；高倍油镜) **B.** 单核细胞增多并伴随两个大单核细胞，其中一个大单核细胞细胞质空泡化，与脱髓鞘相一致。其中颗粒淋巴细胞和 1 个红细胞也存在(瑞氏染色；高倍油镜)**C.** 马尔济斯犬非化脓性脑膜脑炎坏死。沿着脑膜(箭头)单核细胞密集聚集延伸到实质。有胶质细胞增生及实质明显神经元坏死(H&E 染色；低倍镜)**D.** 严重、广泛灶、血管周围脑炎。目前细胞主要包括淋巴细胞和浆细胞，少数大单核细胞(H&E 染色；高倍油镜)

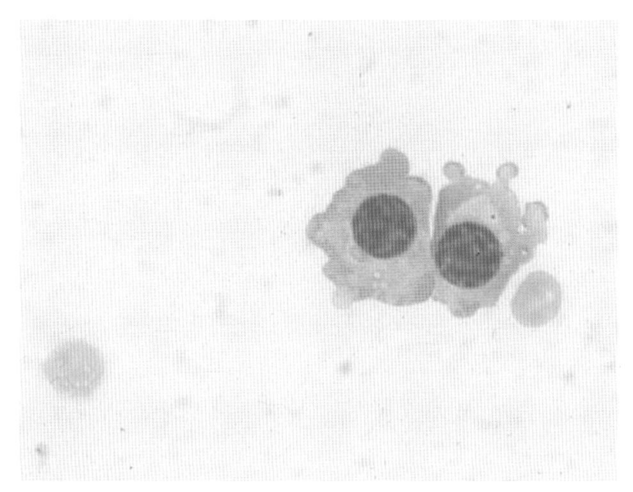

■ 图 14-17 **火焰浆细胞。犬脑脊液。**肉芽肿性脑膜脑炎的疑似病例中正常的有核细胞计数偏高和蛋白质增加(361 mg/dL)。"火焰"这个词是用来形容胞浆红粉色边缘。(瑞氏染色;高倍油镜)

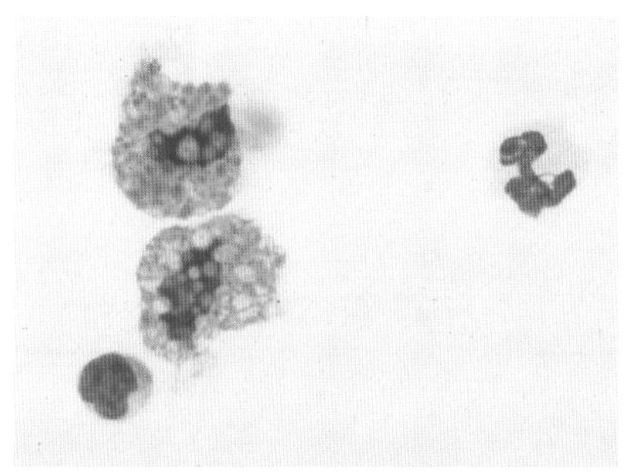

■ 图 14-18 **大粒单核吞噬细胞。犬脑脊液。**疑似肉芽肿性脑膜脑炎病例中出现高度成颗粒吞噬细胞。发现一个嗜中性粒细胞和一个淋巴细胞 。(瑞-吉氏染色;高倍油镜)(Courtesy of Rick Alleman,University of Florida.)

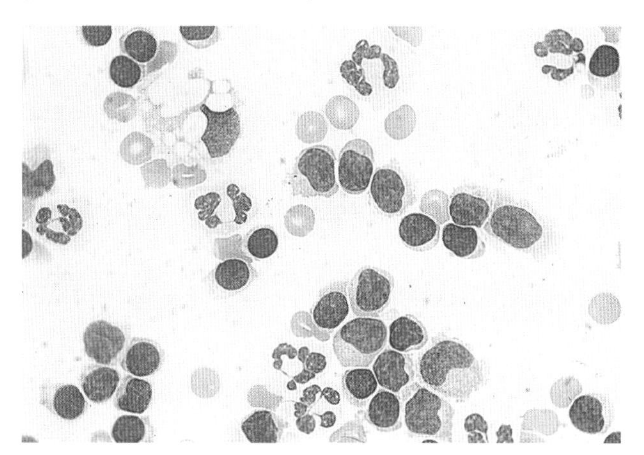

■ 图 14-19 **混合细胞脑脊液细胞增多症。犬脑脊液。**此幼龄犬出现颈部疼痛。有许多小、中淋巴细胞(70%),少许幼稚中性粒细胞(18%),更少的大单核细胞(12%),其中有一个细胞质空泡状大单核细胞。总白细胞计数为 208/μL,蛋白质增加到 256 mg/dL 。犬病因不明死后 5 天,病理组织学显示中度至明显、多灶性、非化脓性脑膜脑炎,轻度的、多灶性空泡化和神经元坏死。(瑞氏染色;高倍油镜)

胞(17%)。脑脊液蛋白可变化升高,平均值 256 mg/dL(范围为 13～1 119),如 Bailey 和 Higgins(1986)的报道。鉴别诊断包括传染病和特发性坏死性脑炎。电泳分离肉芽肿性脑膜脑炎脑脊液中的蛋白质,显示出了 α 和 β 球蛋白含量的增加(Sorjonen,1990),而在患有犬瘟热时 α 和 β 球蛋白含量显示(Chrisman,1992)普遍下降。肉芽肿性脑膜脑炎和犬瘟热两者可能都有 γ 球蛋白增加。肉芽肿性脑膜脑炎病变涉及广泛浸润血管周围,淋巴肉芽肿性脑膜,脑实质及浸润。坏死和脱髓鞘是坏死性脑炎的主要特点,可能存在一个小程度的肉芽肿性脑膜脑炎。肉芽肿性脑膜脑炎病变涉及脑干或脊髓,病程进展缓慢,有更长的生存期。放疗已被推荐作为一种辅助治疗,尤其是在犬局部临床症状中。该疾病对糖皮质激素反应很差,尽管有人提议是免疫介导性脑膜脑炎(Kipar et al.,1998)。肉芽肿性脑膜脑炎炎症病灶主要由 CD3 抗原阳性的 T 淋巴细胞,MHC II 类表达活化的异常巨噬细胞组成,这显示是器官特异性自身免疫疾病的 T 细胞介导的迟发型超敏反应(Kipar et al.,1998)。

犬病毒感染,如犬瘟热感染(图 14-20A&B)和狂犬病感染(图 14-21)每一个都会表现出脑脊液淋巴细胞数增多。细胞计数可以是可变的,范围从正常到大于 50/μL;淋巴细胞代表了主要的细胞群体,占细胞总数比例大于 60%。Abate et al.(1998)指出,犬瘟病例通过电泳分离发现脑脊液中巨噬细胞、总蛋白浓度和 γ-球蛋白浓度增加,存在细胞内容物。Amude et al. 曾描述一个已用 PCR 方法确诊的犬瘟病例(2006),7 个月大的犬脑脊液细胞显著增高(554/μL),蛋白质含量在正常范围内。此病例有核细胞分类计数为 70%的淋巴细胞,25%的嗜中性粒细胞和 5%的单核细胞。

犬瘟热诊断往往涉及提示病史,临床症状。血清或脑脊液 IgM 抗体反应是感染犬瘟热病毒的表现。此外,对脑脊液用反转录 PCR 法诊断犬瘟病毒感染被认为是一种有用的、快速的、并且特殊的方法(Amude et al.,2006)。

混合性细胞增多。如我们所描述的,混合细胞增多可与各种潜在的疾病有关,包括肉芽肿性脑膜脑炎、传染性腹膜炎、犬瘟热、类固醇反应脑膜脑炎(图 14-22)、弓形体病、新孢子虫病、肉瘤(图 14-23A-C)、脑胞内原虫病、隐球菌病、芽生菌病、曲霉病、组织胞浆菌病、椎间盘退变、缺血和瘤样病变(Chrisman,1992;Bisby et al.,2010)

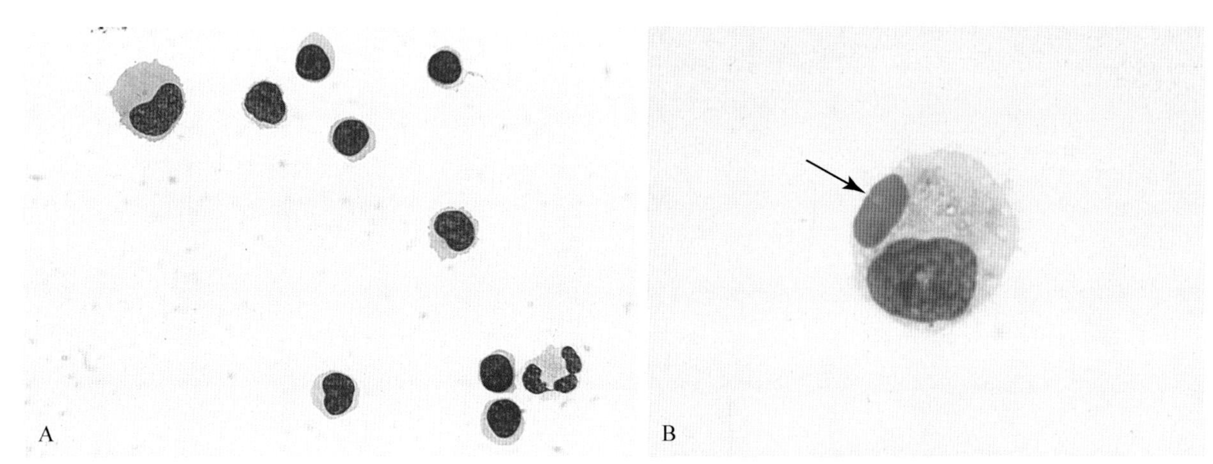


■ 图 14-20 **犬脑脊液。A. 淋巴细胞增多性脑脊液细胞增多症。**从急性共济失调和头部倾斜犬小脑延髓池采集的样品中检测到细胞增多(292/μL),脑脊液蛋白浓度升高(126 mg/dL),淋巴细胞为主要细胞(72%)。脑脊液中存在犬瘟热滴度水平,表明是病毒引起的脑病,这完全与糖皮质激素治疗6个月相符。图片显示的是小淋巴细胞,1个中性粒细胞和1个大的单核细胞(瑞氏染色;高倍油镜)。**B. 犬瘟热包涵体。**嗜酸性包涵体(箭头),在一个大的单核细胞细胞核内出现的同质椭圆结构,为诊断患有犬瘟热犬的病毒蛋白。(瑞氏染色;高倍油镜)(B, From Alleman AR, Christopher MM, Steiner DA, et al.: Identification of intracytoplasmic inclusion bodies in mononuclear cells from the cerebrospinal fluid of a dog with canine distemper, *Vet Pathol* 29:84-85, 1992.)

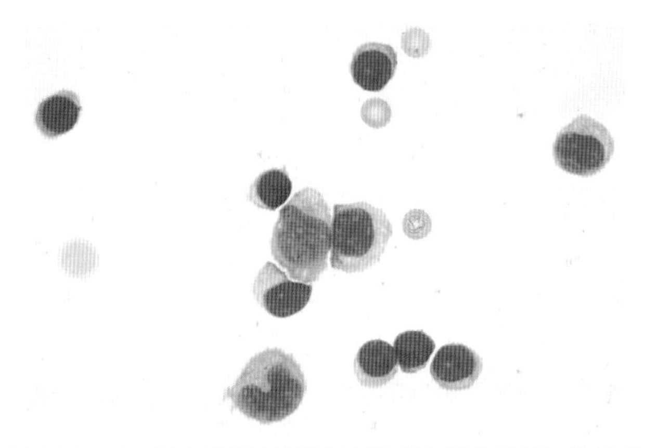

■ 图 14-21 **狂犬病感染致淋巴细胞增多性脑脊液细胞增多症。犬的脑脊液。**6月龄流浪犬经1个多星期的双边前肢麻痹后,出现1条后腿无力。1条腿的临床表现咬伤,脑脊液细胞学检查支持狂犬病的诊断,建议安乐死。如果怀疑传染性病原体,诊断标本时必须佩戴手套和面罩,细胞离心必须覆盖以防止气雾飞出。注意:除了两个大单核细胞还有小淋巴细胞占优势,有核细胞计数为1 140 /μL和该液体蛋白质366 mg/dL。(瑞氏染色;高倍油镜)(Courtesy of Rose Raskin, University of Florida)

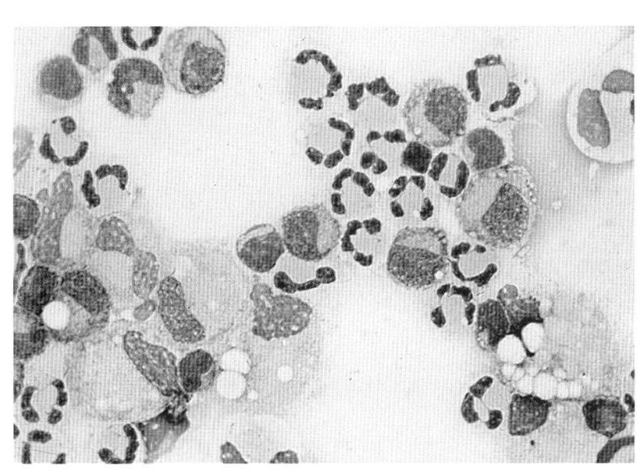

■ 图 14-22 **混合细胞增多性脑脊液增多症。犬的脑脊液。**这是从患有4个月病程的颈部疼痛、肌肉痉挛、对糖皮质激素有反应的成年雌性犬中获得的样本。泡沫状或空泡状细胞质,以及吞噬碎片的单核吞噬细胞(52%)是主要反应细胞。嗜中性粒细胞组成总细胞群的35%和淋巴细胞组成总细胞群的13%。(瑞氏染色;高倍油镜)

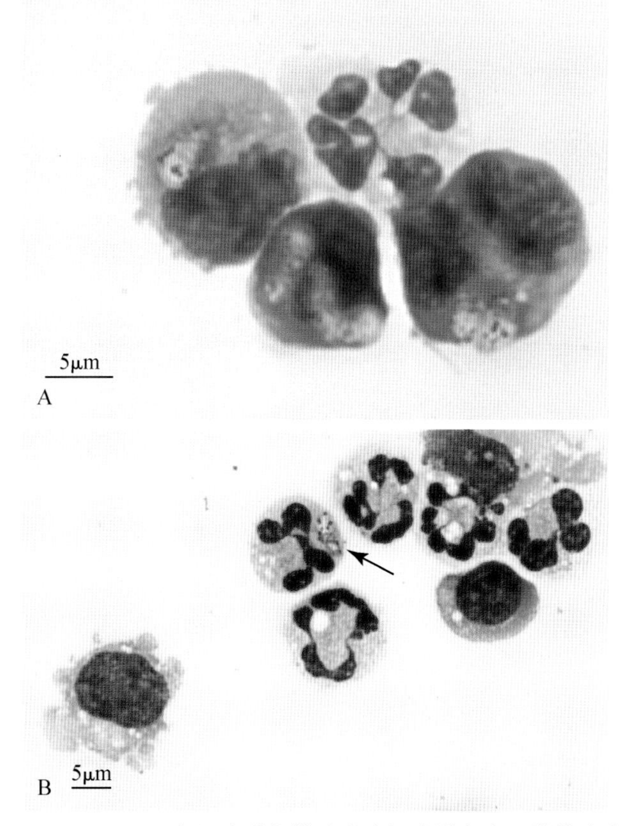


■ 图 14-23 **混合细胞增多性脑脊液细胞增多症。猫的脑池脑脊液。A-C 同一个病例。A.** 本图显示3个大单核细胞胞质内几个肉孢子虫属裂殖子。这只5个月大的猫出现下肢轻瘫和脊柱触诊时疼痛。PCR和基因测序确定特定的诊断(瑞氏染色;高倍油镜)。**B.** 显示中性粒细胞(箭头)内的肉孢子虫裂殖子受罕见遏制。图中大多为非退化性嗜中性粒细胞,且占核细胞群体的80%,11%是淋巴细胞,9%是大单核细胞。细胞离心制剂是高度的细胞,但脑脊液不足细胞计数不准确。

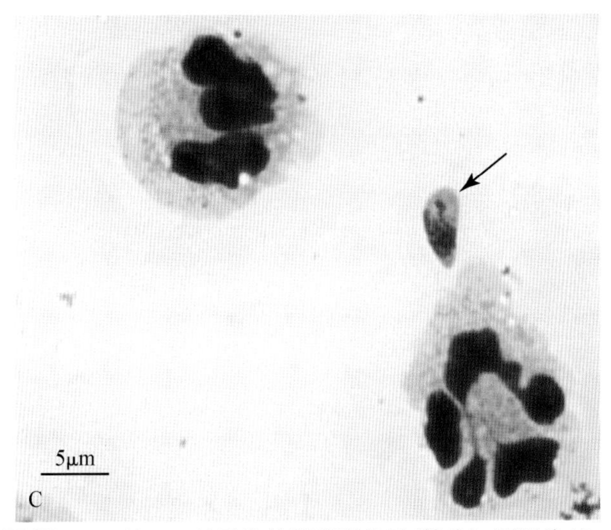


■ 图 14-23 续　C. 显示胞外梨形裂殖子(箭头),测量为(2～3)μm×5 μm。(瑞氏染色;高倍油镜)

## 神经组织损伤的结果

除采集血液中遇到的血液污染,细胞学制备中红细胞的存在可能是因为颅或脊髓出血。在急性脊髓损伤的案例可以看到吞噬红细胞(图 14-24A&B)的巨噬细胞,如椎间盘突出症、肿瘤、炎症,或退行性疾病中可见。含铁血黄素的巨噬细胞的存在代表慢性出血。

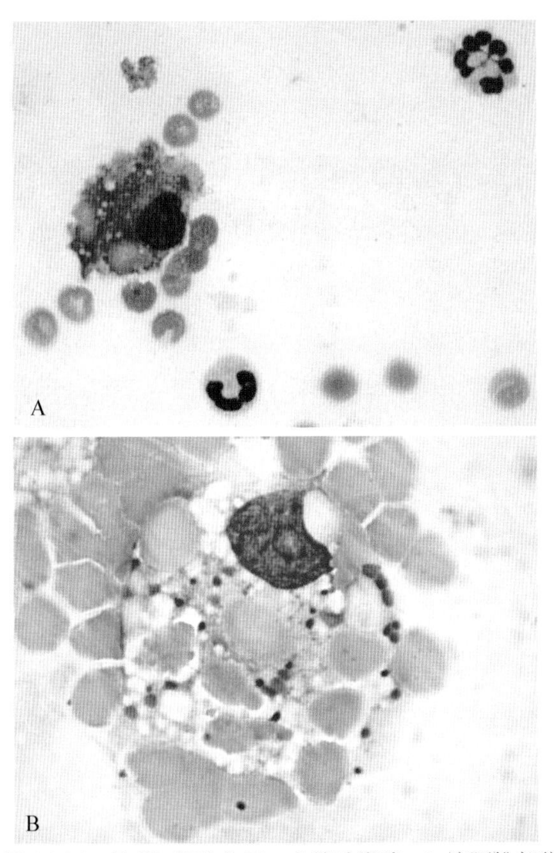


■ 图 14-24　吞噬红细胞作用。犬的脑脊液。A. 该腰椎部位采集液呈血性,有核细胞 84/μL,红细胞 7 000/μL,蛋白 104 mg/dL。车祸损伤引起的胸椎脊柱骨折导致了这个病例急性出血。吞噬红细胞巨噬细胞与叶状中性粒细胞(右上)一起存在。(瑞氏染色,高倍油镜)B. 噬红细胞巨噬细胞以及周围的红细胞。(吉姆萨染色;高倍油镜)(A,Courtesy of Rick Alleman,University of Florida.)

已经在尸检方法获得的犬的脑脊液报道,相同的带状嗜碱性物质可能代表退化性髓鞘,如髓鞘轮廓或髓鞘片段(图 14-25A&B 和图 14-26)(Fallin et al.,1996)。犬脊髓梗死并伴随弥漫性脊髓软化可导致脑脊液中出现泡沫状巨噬细胞(Mesher et al.,1996)。此病例通过固定蓝染色方法在巨噬细胞中发现无定形嗜酸性物质暗示髓鞘阳性。类似髓鞘状细胞外物质,可在继发于椎间盘突出的脊髓硬膜下出血的犬中发现(Bauer et al.,2006)。其他脱髓鞘疾病如退化性脊髓可出现无髓鞘(图 14-27A&B)。

最近的研究(Zabolotzky et al.,2009)显示髓鞘样物质与脑脊液采集部位,体重,潜在疾病和患者预后之间存在关联。在 98 个样品中 20 个(20%)样本可观察到髓鞘状物质,腰部比小脑样本更频繁检测出髓鞘状物质。小于 10 kg 犬的样品比超过 10 kg 的犬更可能含有髓鞘。患椎间盘疾病的犬与患其他疾病的犬相比,脑脊液中可观察到更大量的髓鞘状物质。髓鞘样物质和结果之间相关性未发现。这些结果表明,犬脑脊液样品中的细胞外髓鞘状物质更多的时候与收集技术和解剖学相关,而非神经系统疾病的结果;此外,在脑脊液髓鞘状物质与预后较差无关。

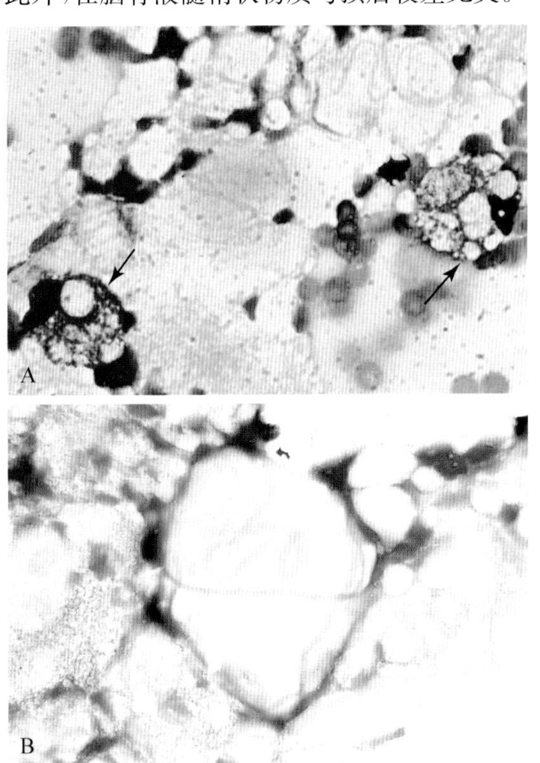


■ 图 14-25　脊髓软化。犬脑脊液。A-B 相同病例。A. 该患犬表现为急性截瘫和由于 L1-L2 椎间盘突起缺失深部疼痛,脊髓造影确诊背部从 T11-L1 脊椎压缩。安乐死后 4 天收集小脑延髓池样品。图中两个巨噬细胞胞内充满大的脂质胞浆空泡,细胞外有嗜碱性带状物质(箭头)。在术前检查的 X 光片上显示有脊椎压缩,之后尸检确认为该处脊髓坏疽。(瑞-吉氏染色;高倍油镜)B. 髓磷脂象。犬的脑脊液。如图所示,细胞膜周围的嗜碱性带可能是由细胞膜破坏而产生的磷脂。(瑞-吉氏染色;高倍油镜)

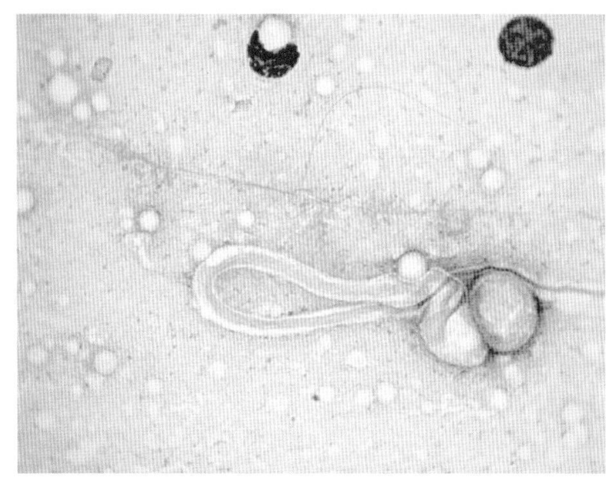

■ 图 14-26 **髓鞘带状物。犬腰椎脑脊液。**嗜酸性带状结构与两个单核细胞一起存在。这很可能代表受损的细胞膜的磷脂。(吉姆萨染色;高倍油镜)

Mikszewski 等(2006)曾对五只因纤维软骨栓塞而脊髓软化导致脊髓损伤的猫的临床症状做过描述,其中3只猫检测出嗜中性粒细胞数增多。最近在通过磁共振成像(MRI)和脑脊液检查评估诊断为缺血性脊髓病的16只猫的研究中,仅有3只嗜中性粒细胞增多,但8只脑脊液蛋白增加(Theobald et al.,2013)。中性粒细胞增多对临床结果不产生不利的影响。

在423只犬椎间盘出血的病例中,腰椎脑脊液评估表示51%细胞增多(Windsor et al.,2008)。190个胸腰椎椎间盘出血的病例中,有51%有中度或明显的细胞增多(超过20个细胞)。慢性椎间盘出血的病例更可能出现淋巴细胞数增多,暗示椎体的免疫介导的反应,而急性更经常与嗜中性白细胞相关。作为用于评价因急性胸椎间盘突出症而导致深部疼痛感觉丧失恢复行走的指标,Srugo 等(2011)发现,超过13%的巨噬细胞和在脑脊液单核细胞中巨噬细胞的高比率可能与预后不良有关。

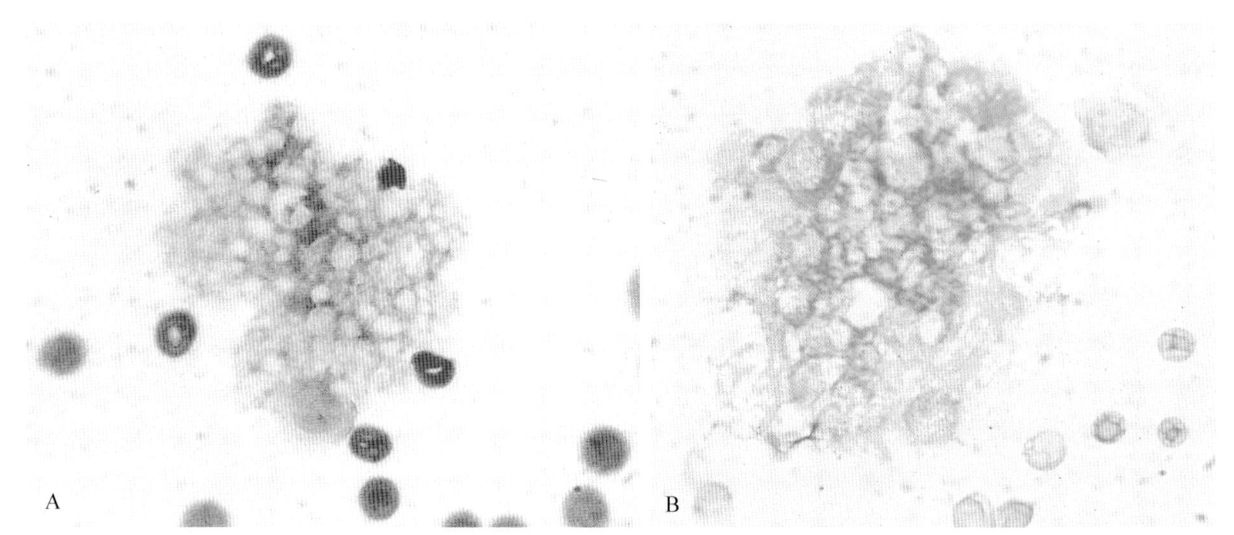


■ 图 14-27 **髓鞘。犬脑脊液。A-B 同一病例。A.** 杂种犬,病史:退化性脊髓,正常核细胞计数,蛋白质增加(62 mg/dL)。泡沫样的,吞噬性的巨噬细胞存在(未示出)。嗜酸性泡沫物质的细胞外显示(瑞氏染色;高倍油镜)。**B.** 细胞外物质染色髓鞘阳性,怀疑此犬脱髓鞘。(勒克快速蓝色;高倍油镜)

### 神经囊性疾病,肿瘤病变脑脊液检查

已证实幼犬的罕见发育缺陷主要与第四脑室内发生鳞状上皮层囊肿,小脑脑桥角,第四脑室,小脑,脑干和椎管相关(Lipitz et al.,2011)。它们被认为是源于胚胎发育时神经管的外胚层细胞压迫或者反复脊髓穿刺创伤。囊肿物质和偶发脑脊液,包含了许多成熟的鳞状上皮,与表皮样囊肿(图 14-28A&B)一致。脊髓蛛网膜囊肿,也被称为脑膜囊肿和软脑膜囊肿,已经被报道了是神经缺陷的一种罕见的原因,例如猫和犬,一般需要正常脑脊液分析检查(Galloway et al.,1999)。

肿瘤形成,蛋白质浓度通常增高,脑脊液中只偶尔观察到肿瘤细胞增加。为取得脑脊液,这将取决于肿物的位置,它靠近脑室的程度,脑膜的涉及程度,以及它与蛛网膜下腔的通信状况。在51份犬原发性颅内肿瘤脑脊液中,有10%的病例液体是正常的,58%的病例特征为升高的细胞计数,30%的病例特征为蛋白细胞的分离。51份样品中的最常见的细胞学异常是混合细胞增多,只有两只中枢神经系统淋巴瘤的犬检测出细胞异型或肿瘤细胞(Snyder et al.,2006)。作者得出结论为在中枢神经系统淋巴瘤病例中,脑脊液分析有利于实现诊断。同样地,在28只颅内肿瘤的猫中,Troxel 等(2003)发现,8只(28.6%)猫出现蛋白细胞的分离。剩余的20只(71.4%)猫有核细胞计数可变增加,而只有一只猫确诊为淋巴瘤,脑脊液中检测到淋巴母细胞。

在56例确诊为颅内脑膜瘤的患犬中,27%患犬

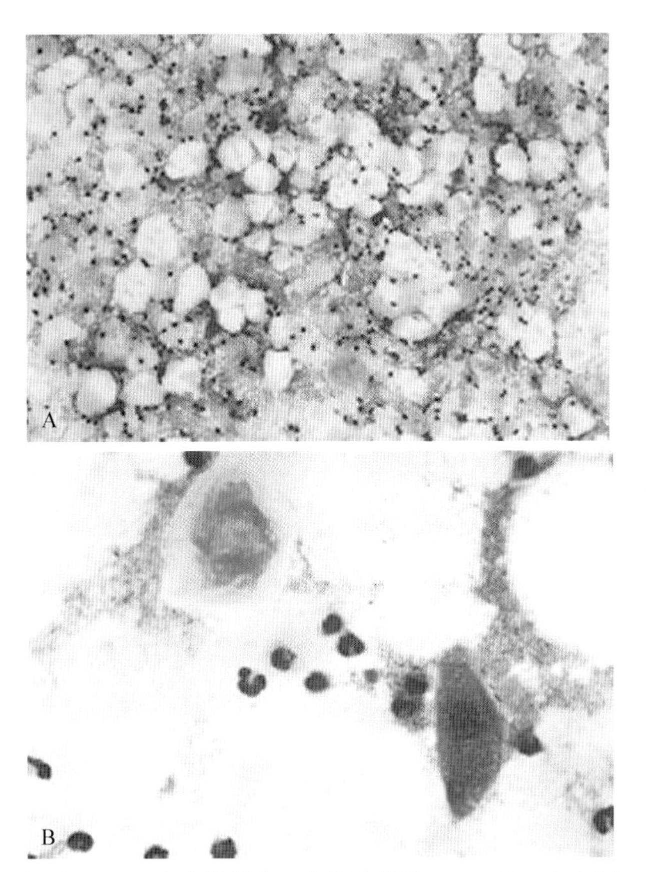


■ 图 14-28　**表皮样囊肿。犬的脑脊液。A-B 同一个病例。** **A.** 从病程 3 个月犬的小脑延髓池采集有核细胞计数约 80 000/μL 不透明的液体。可在低倍镜下看到许多大型蓝绿色的细胞。(罗氏染色;低倍镜)**B.** 鳞状上皮存在角化(左上)和中间体(右下)鳞状上皮与众多幼稚中性粒细胞。(罗氏染色;高倍油镜)(A-B,From a glass slide sub-mitted by Joseph Spano to the 1988 ASVCP case review.)

检测出脑脊液细胞增多症(延髓池脑脊液),其中只有 19%的犬表现为以中性粒细胞增多为主(Dickinson et al.,2006)。因而可以得出以下结论,当脑膜瘤患犬的病灶不位于颅窝的中间或边缘位置时,中性粒细胞增多性脑脊液细胞增多的情况可能不会出现。

脑脊液中存在有丝分裂细胞是不寻常的,通常显示出肿瘤数量增加。幼稚淋巴细胞的存在对中枢神经系统淋巴瘤(图 14-29 至图 14-32)有高度诊断价值(Seo et al.,2011)。利用免疫细胞化学可以帮助确诊恶性淋巴瘤疑似病例(图 14-31A&B)。分化良好的淋巴恶性肿瘤可能无法轻易与颗粒淋巴细胞(图 14-33A&B)、淋巴细胞增多区分。其他圆形细胞肿瘤(Greenberg et al., 2004; Sheppard et al., 1997; Stowe et al.,2012;Tzipory et al.,2009)是不常见的,包括脑和脊髓浆细胞瘤(图 14-34A-C),组织细胞肿瘤(图 14-34D)难以与 GME 鉴别诊断(Zimmerman et al.,2006)。在幼犬脑脊液中的非典型圆形细胞应鉴别诊断髓母细胞瘤(Thomp-son et al.,2003)。脑脊液中罕见脉络丛乳头状瘤细胞等大的圆形细胞(见后面的"神经上皮细胞肿瘤"的讨论)。

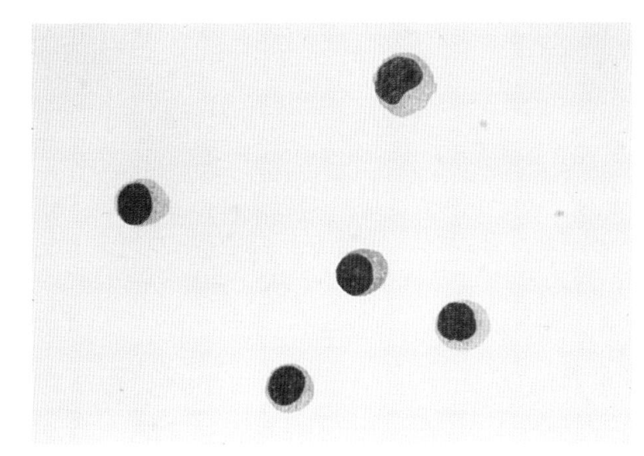

■ 图 14-29　**淋巴细胞增多性脑脊液细胞增多症。猫的脑脊液。**后肢轻瘫,大小便失禁,肛门松弛和尾松弛的猫脑延髓样本中含有 60 个有核细胞/μL,蛋白质浓度 140 mg/dL,淋巴细胞占 80%。视野中主要为中等大小的淋巴细胞。脊髓造影显示腰脊髓出现肿瘤,细胞学诊断为大细胞淋巴瘤。(瑞-吉氏染色;高倍油镜)(Courtesy of Rick Alleman,University of Florida.)

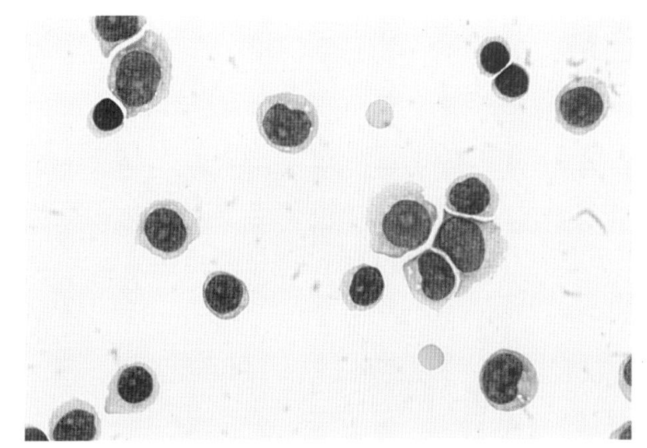

■ 图 14-30　**淋巴瘤。犬脑脊液。**临床症状歪头、3 个月共济失调。小脑部位透明液体蛋白质增高(170 mg/dL)和细胞增多(1 417 个/μL)。小的高分化淋巴细胞和大量淋巴母细胞(大于 50%)的混合数量合计占细胞群体的 99%。母细胞通常包含 1 个突出的核仁。(瑞氏染色;高倍油镜)

■ 图 14-31　**B 型淋巴细胞瘤。犬的脑脊液。A.** 临床症状显示脑垂体分泌失调所致瞳孔无反应,惊吓反射消失,多尿/烦渴。脑脊液蛋白含量增多(74 mg/dL),细胞增多(41/μL)。通过 MRI 诊断出 1 例鞍区肿瘤。显著的大单核细胞免疫分化为 CD20 抗体。(CD20/AEC;高倍油镜下)

■ 图 14-31 续 **B.** 放大图A中靠近的3个细胞。(2个呈现阳性的红色,1个为阴性的蓝色)(CD20/AEC;高倍油镜)。(A&B,Courtesy of Rose Raskin,Purdue University.)

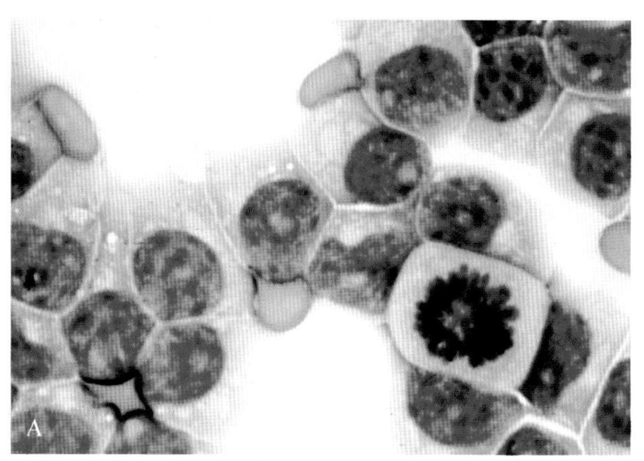

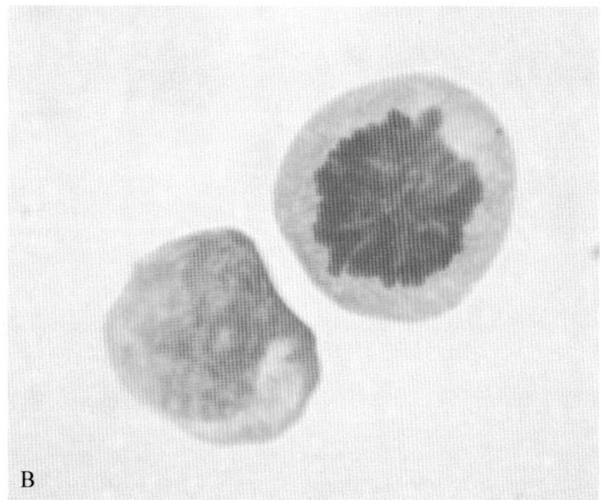

■ 图 14-32 **淋巴瘤。犬的脑脊液。A.** 从一只前庭感觉缺失的犬的小脑延髓池取得奶油色的脑脊液。该样本显著细胞数增多,有核细胞计数高达109 400/μL,蛋白含量升高至220 mg/dL 。增加的细胞中92%为明显只有1个核仁的大淋巴母细胞。如图所示为1个大淋巴母细胞和1个正常有丝分裂象的细胞。(瑞氏染色;高倍油镜)**B. 小脑延髓池脑脊液。** 这只犬表现为痴呆和转圈。在图中所示的两个细胞中,左侧的细胞是有单一核的淋巴母细胞。右侧的是一个正常有丝分裂象的细胞,这在患肿瘤的机体的脑脊液中常见。(吉姆萨染色;高倍油镜)

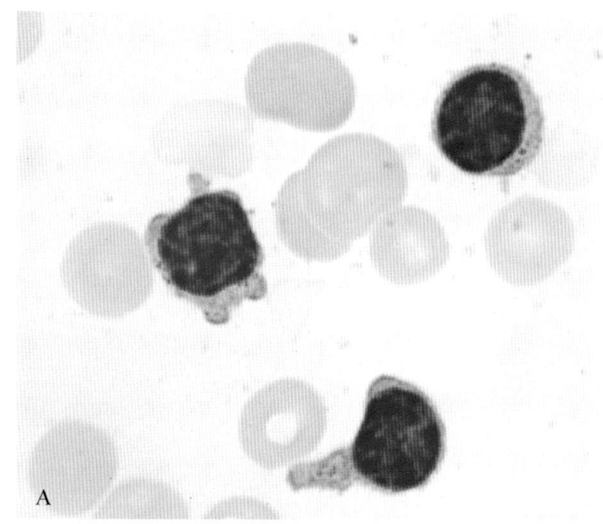

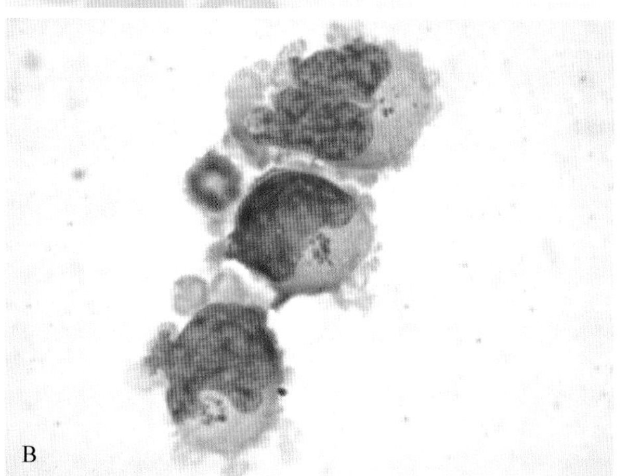

■ 图 14-33 **颗粒细胞淋巴瘤。犬的脑脊液。A.** 如图所示3个细胞来自患有脾脏源性的颗粒细胞性淋巴细胞白血病患犬小脑延髓池处采集的脑脊液。两个月后,该犬表现为痴呆和小脑病变症状。脑脊液细胞中度增多(32/μL),91%为淋巴细胞,其中可见一些红细胞(520/μL),蛋白含量升高至69 mg/dL。颗粒细胞的颗粒很细,轻度嗜酸性染色(最下方细胞的尾部和细胞质中最为突出)。(瑞-吉氏染色;高倍油镜)**B.** 图中所示3个颗粒细胞表现为核旁嗜酸性染色颗粒,取自1只患有肠道及脾源性颗粒细胞性淋巴瘤的犬。注意比较细胞的大小。有时,离心涂片机所得涂片可见明显的伪影,例如表面气泡和核偏移。(吉姆萨染色;高倍油镜)

在脑脊液中发现转移癌细胞是脑膜癌病在人体中的诊断的金标准(表14-35)。涉及广泛脑膜的病例(66%)比只涉及局部脑软膜(38%)更可能呈现脑脊液细胞学结果阳性。有3例脑膜脑癌的病例脑脊液中检测到肿瘤细胞(Behling-Kelly et al.,2010;Pumarola and Balash,1996;Stampley et al.,1986)。

## 神经系统组织细胞学

### 神经系统组织的采集和细胞学准备

当怀疑颅内或脊髓肿瘤时,兽医神经学家经常依赖于复杂的成像技术,诸如计算机断层扫描(CT)和

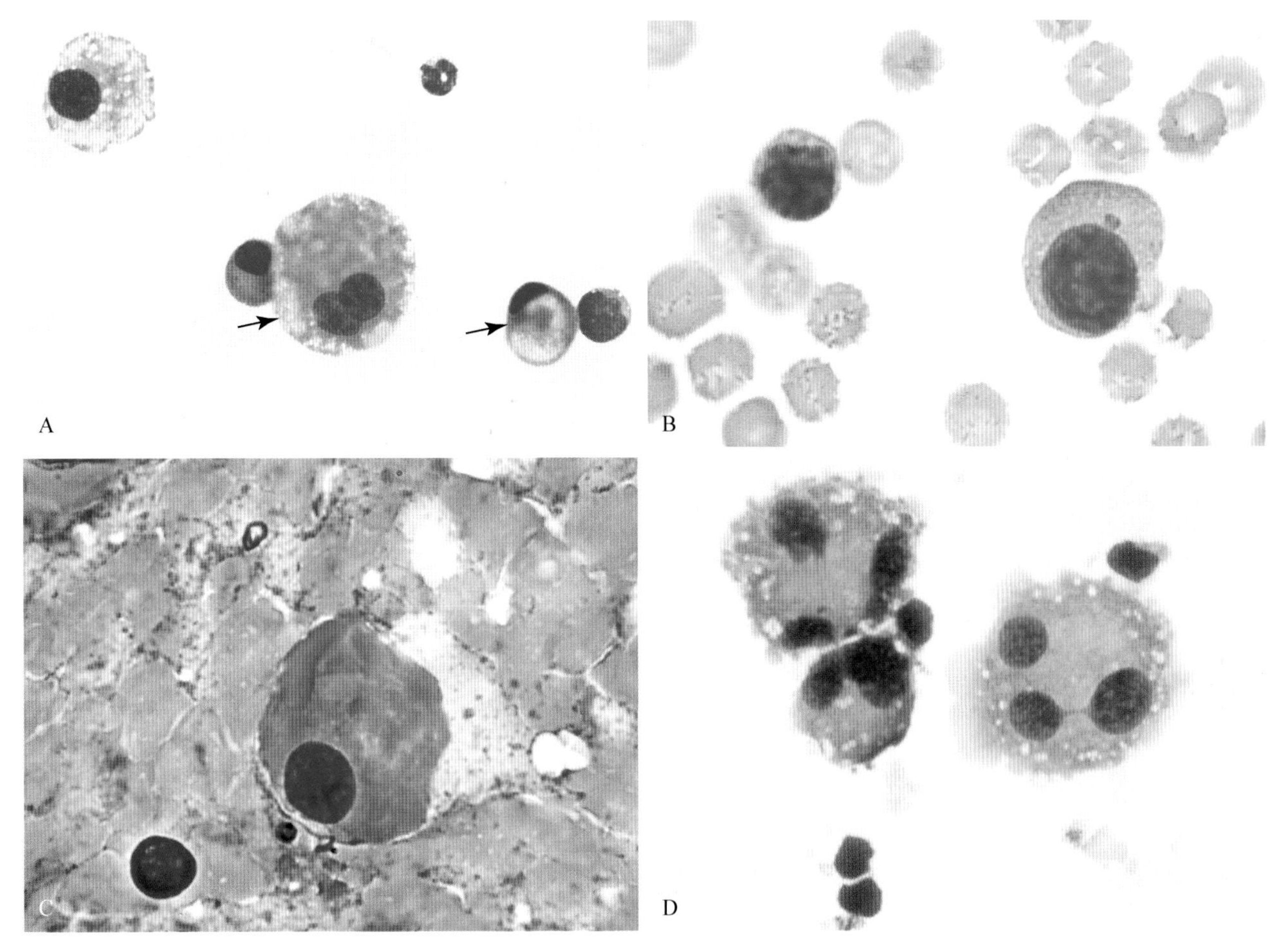


■ 图 14-34　**圆形细胞瘤。A. 浆细胞瘤。犬的脑脊液。**采自脊髓的脑脊液涂片可见 2 个巨大的单核细胞和 2 个类浆细胞(箭头所示),脑脊液表现为明显的单核细胞性脑脊液细胞增多症(27 600/μL),脑脊液蛋白质显著升高(超过 2 000 mg/dL)。本病例通过尸体剖检电镜检查和免疫细胞化学诊断为颅内涉及脑干的浆细胞肿瘤。(瑞氏-吉姆萨染色;高倍油镜)**B. 浆细胞。犬脑脊液。**如图所示为 2 个淋巴样细胞。其中 1 个类浆细胞表现为不规则的核轮廓。(吉姆萨染色;高倍油镜)**C. 脊髓浆细胞瘤。腰椎穿刺所得犬脑脊液。**如图所示是 1 个有粉蓝色细胞质的非典型浆细胞,背景为混有很多红细胞的蓝染的蛋白质。比较这个瘤细胞和左下角正常淋巴细胞的大小。(吉姆萨染色;高倍油镜)**D. 多核的细胞。犬的脑脊液。**丘脑处未知源性的肿瘤导致患犬的临床症状最初表现为疼痛,之后四肢瘫痪。脑脊液细胞轻度细胞增多(21/μL)和蛋白质增多(70 mg/dL)。其中,主要为大单核细胞(59%),其次为淋巴细胞(37%)。如图所示,多形性的大单核细胞聚集成大的多核的形态,确诊其为组织细胞瘤而非炎症疾病。(瑞氏染色;高倍油镜)

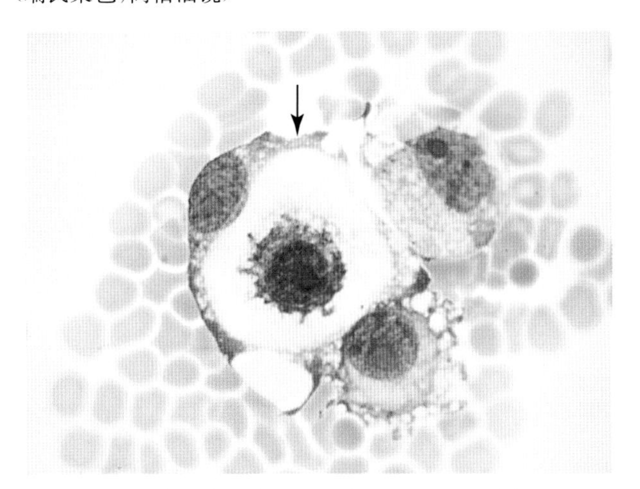

■ 图 14-35　**转移性乳腺癌。犬脑脊液。**大部分神经系统肿瘤转移都有已知的肿瘤病史。在这个病例中,患犬经历过一次恶性乳腺肿瘤切除手术。术后 6 个月,患犬因共济失调和癫痫复诊:脑脊液样本表现为出血性和细胞增多性,包括大大的图章戒指细胞(箭头所示),它包含了另外的赘生性细胞(细胞中的细胞)。与背景中的红细胞的体积比较。(吉姆萨染色;高倍油镜)

核磁共振成像,以确定病灶。即使成像能提供有关的位置、大小,以及周围其他结构的一些信息,但也经常需要做包括炎症(无菌或化脓性)损害或良性和恶性肿瘤的鉴别诊断。

因为每种疾病具有不同的预后,并且需要不同的治疗,所以确诊需要探索,但是这只能通过组织学检查来实现。术中细胞学检查已在兽医学中得到了成功应用(Vernau et al.,2001),与组织学可以相互支持与比较研究(De Lorenzi et al.,2006)。在神经病理学涂片的细胞学检查是基于几个方面的考虑:它可以非常简单和快速的操作,它需要很少的材料和设备,以及标本可以直接在手术室或相邻房间进行制备。可以用小片组织检查,也可以用相同样品的不同部分重复多次涂片。各种快染技术都可以使用。可与触摸制片进行比较(Long et al.,2002),用较少的非诊断标本的涂片似乎有更大的诊断价值。Moissonnier 等(2002)证明了立体 CT 引导脑活检可以被认为是在患者的脑疾病的神经后处理的重要技术,即使在传统的颅内和脊柱手术早期细胞学评估中也被认为是很重要的。

对神经系统病变的涂片样品的解释需要相当多的经验,不仅需要对一般的细胞学了解,而且还需要对神经系统组织的特定功能的正常和异常细胞学有了解。

## 正常的神经系统组织细胞学

中枢神经系统细胞有两个主要来源:神经外胚层和间质。神经元和神经胶质细胞(星形胶质细胞、少突胶质细胞、神经膜细胞、室管膜细胞和脉络丛细胞)是神经外胚层来源的;脑膜细胞和小胶质细胞为间质起源。这些动物的正常的大脑、小脑、脊髓组织细胞学与人类相似(Herzberg,1999)。Lorenzi 等(2004)收集了没有神经系统紊乱的犬、猫的从不同区域穿刺活检大脑和小脑所得的一些样本;进行了细胞学检测并与组织学检查相比较。涂片准备技术如图 14-36 所示。

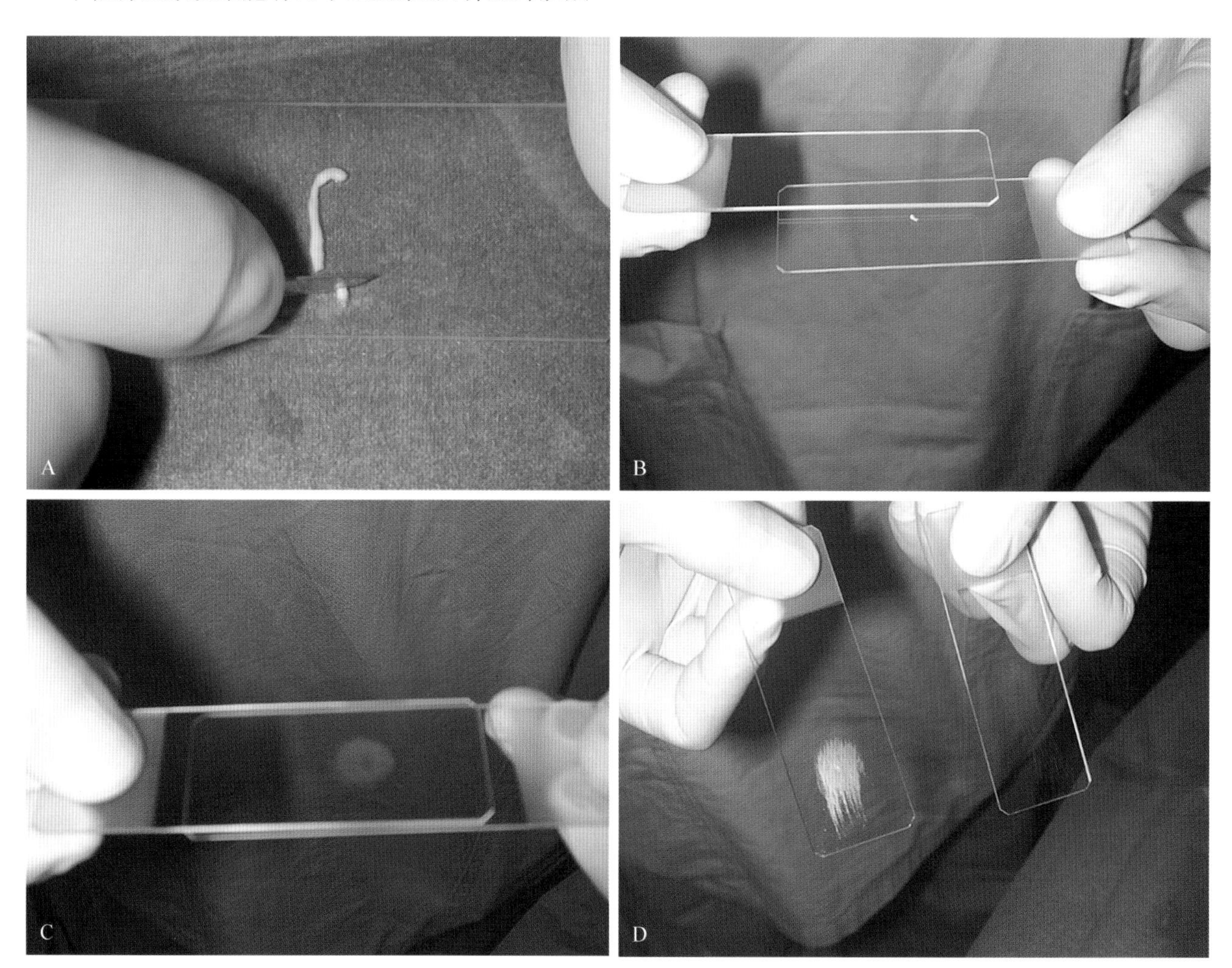

■ 图 14-36 **压片制备技术。脑。A.** 切下脑组织的一小部分用于抹片。**B.** 将小碎片放置在标准玻片靠近磨砂的一端。**C.** 使用第二张玻片的压力,压紧,然后用上面的玻片在下面的玻片上滑动。**D.** 组织被涂抹开,形成一个椭圆形的细胞的制备。

### 中枢神经系统细胞

正常的脑组织是一种低细胞密度的容易涂片的组织。通常情况下,灰质包括神经元和无髓纤维。白质包括有髓鞘轴突纤维。

*神经纤维网*。神经纤维网是用来定义健康的神经胶质突起、神经突起(轴突和树突)和中枢神经系统灰质原纤维的稠密网络的术语(图 14-37A&B)。神经纤维网主要用吉姆萨染色,并呈蓝紫色。一般神经纤维网的特点是与众不同的蓝染和起泡度,对于识别神经纤维网是十分重要的,因为这是很少见的。如果有的话,会出现在肿瘤和大部分的病变中。

*神经元*。神经元是中枢神经系统(CNS)的重要组成部分。与其他的细胞相比,从一个点到另一个点,神经元细胞的大小都是不一样的。大部分的神经元是非常大的细胞(图 14-4A 和图 14-38),直径能达到 40 μm,但是他们的大小可以在 5 μm

（小脑颗粒层）至 100 μm（运动皮质）。虽然他们大小不一，但是在犬、猫中神经元有相同的形态特征——角形的多分支的胞质突起由树突和轴突构成。对这些特殊结构的扩展不能用 MGG 评估，因为需要使用特殊的染色方式。所有的神经元都有一个非常大的，位于中央的核，并且往往有 1 个突出的核仁。胞质丰富，并且由于尼氏小体——粗面内质网，这些颗粒使得核变得模糊不清。在大脑的某些区域，胞质内含有黑色素（神经黑色素）和微空泡（神经介质）。小脑的涂片具有独特的外观，因为比起大脑皮层具有较高的细胞性，可见散在于浦肯野细胞（图 14-39B）之间的内层颗粒细胞中的小的、深染的颗粒细胞（图 14-39A）。

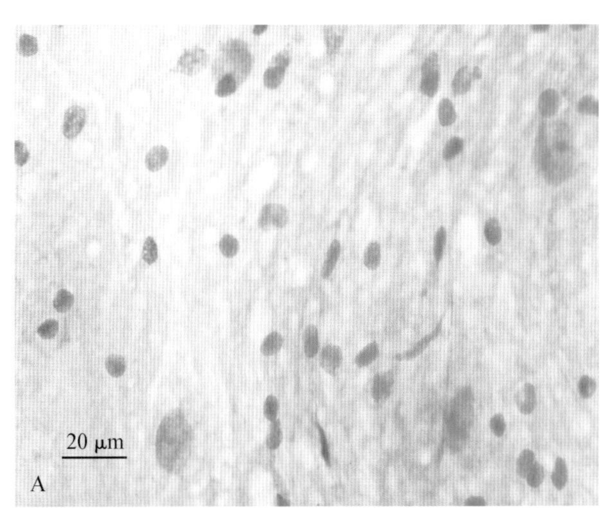


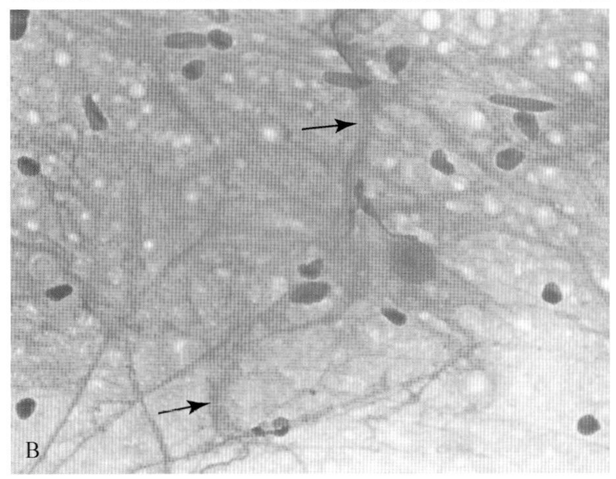


■ 图 14-37　**神经纤维。A.** 大脑皮质穿刺术，窦腔穿刺术中大脑皮层以外穿刺，显示空泡状泡沫和灰质的神经元及神经胶质细胞的无定形嗜碱性的外观（瑞氏染色；高倍油镜）。**B. 正常大脑皮质。压片制备。猫。** 出现的是 1 个神经元（核大，核仁突出）和几个网状纤维（又叫神经纤维）里的深染的神经胶质细胞核。神经里的血管（箭头）（吉姆萨染色法；高倍油镜）（A，Courtesy of Rose Raskin，Purdue University.）

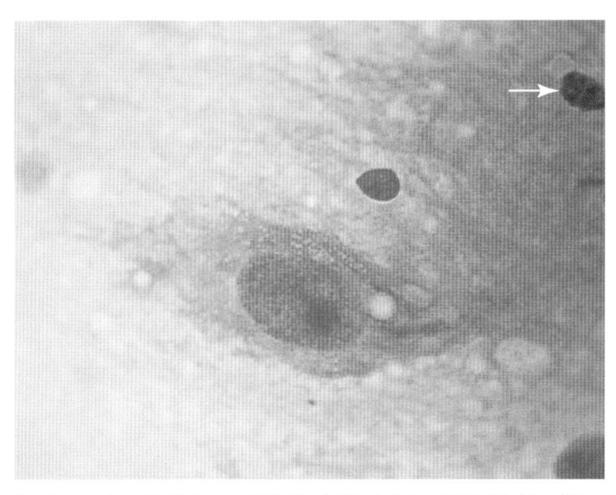

■ 图 14-38　**神经元。正常的大脑皮层。压片制备。猫。** 1 个神经元与突出的核仁。神经元不同的大小和形状取决于其所在的位置。大部分的神经元具有共同的形态学特征：包括 1 个单一的、位于中央的核、突出的核仁和角状的细胞质。注意嗜碱性的、颗粒状的细胞质——粗面内质网（尼氏小体）。小的浓染的胶质细胞核已经在背景中标出（箭头）（吉姆萨染色；高倍油镜）

*星形胶质细胞。* 星形胶质细胞对神经元具有支持作用。并且散布在整个神经系统中，细胞表现为小的、椭圆形，裸核测量 7～10 μm。周围环绕着神经纤维（图 14-40A）。在大脑和脊髓神经组织受损时，原有的神经胶质细胞就会增生肥大，包括星形胶质细胞这样有分支的细胞突起的支持细胞（图 14-40B&C）。使用罗曼夫斯基氏染剂可以很少地显示出星形胶质细胞特征性的星形外观（图 14-40D&E）。

*少突胶质细胞。* 这些是神经系统髓鞘形成的细胞，在涂片中，他们的核比起星形胶质细胞来说更小（5～7 μm），更圆，并且和星形胶质细胞类似的是它们的细胞质不是很清晰（图 14-41）。由于他们的大小和形状，少突胶质细胞可能被误认为是淋巴细胞。少突胶质细胞可能围绕在神经元周围，这一现象称为（大脑皮层的）卫星现象。

*室管膜和脉络丛细胞。* 脉络丛细胞可以被认为是特殊地排列在脑室和脊髓中央管的室管膜细胞。这些神经上皮细胞表现了相似的神经学特征：小型的、成簇散漫的排列，呈立方形或者柱状，中间有一个小的、圆形的核（图 14-42）。

*脑膜细胞。* 脑膜细胞在大脑涂片中很少被看到和认出，这些细胞通常是成片或者成丛排列。表现为一种多形性的散布模式。细胞的边界很难被界定，核的形状从圆形伸长到椭圆形（图 14-43）。偶尔，细胞膜起源形成一个假腺样结构，这在肿瘤细胞中更加常见，有时候也出现在正常的脑组织中。

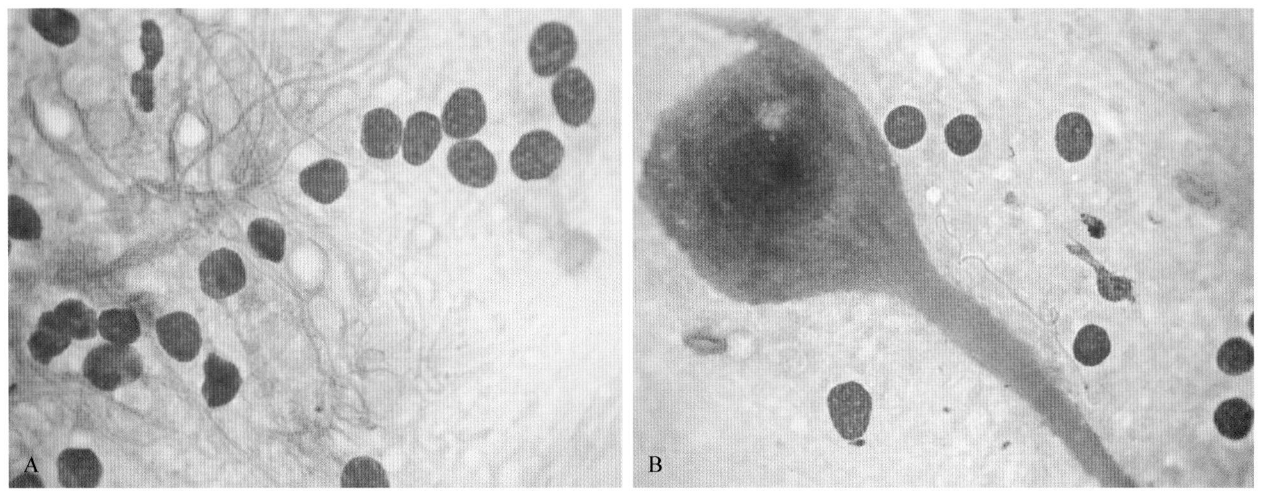

■ 图 14-39 **小脑皮层。压片的制备。犬。A. 颗粒细胞。**小脑皮层内颗粒层出现几个小的深染的神经元细胞核，注意神经纤维网的核的增生和线性排列。由于它们比较小并且几乎没有细胞质，所以这些细胞可能与淋巴细胞相混淆。(吉姆萨染色；高倍油镜)**B. 浦肯野细胞。**是一个大的、独特的、瓶状的神经元，有一个中央核和有特点的单个的、大的、延伸的轴突。众多的高度分支树突通常不能用吉姆萨染色显现：细胞核周围的细胞质中含有嗜碱性颗粒物质被称作尼氏小体。几个深染的颗粒细胞出现在背景中。(吉姆萨染色；高倍油镜)

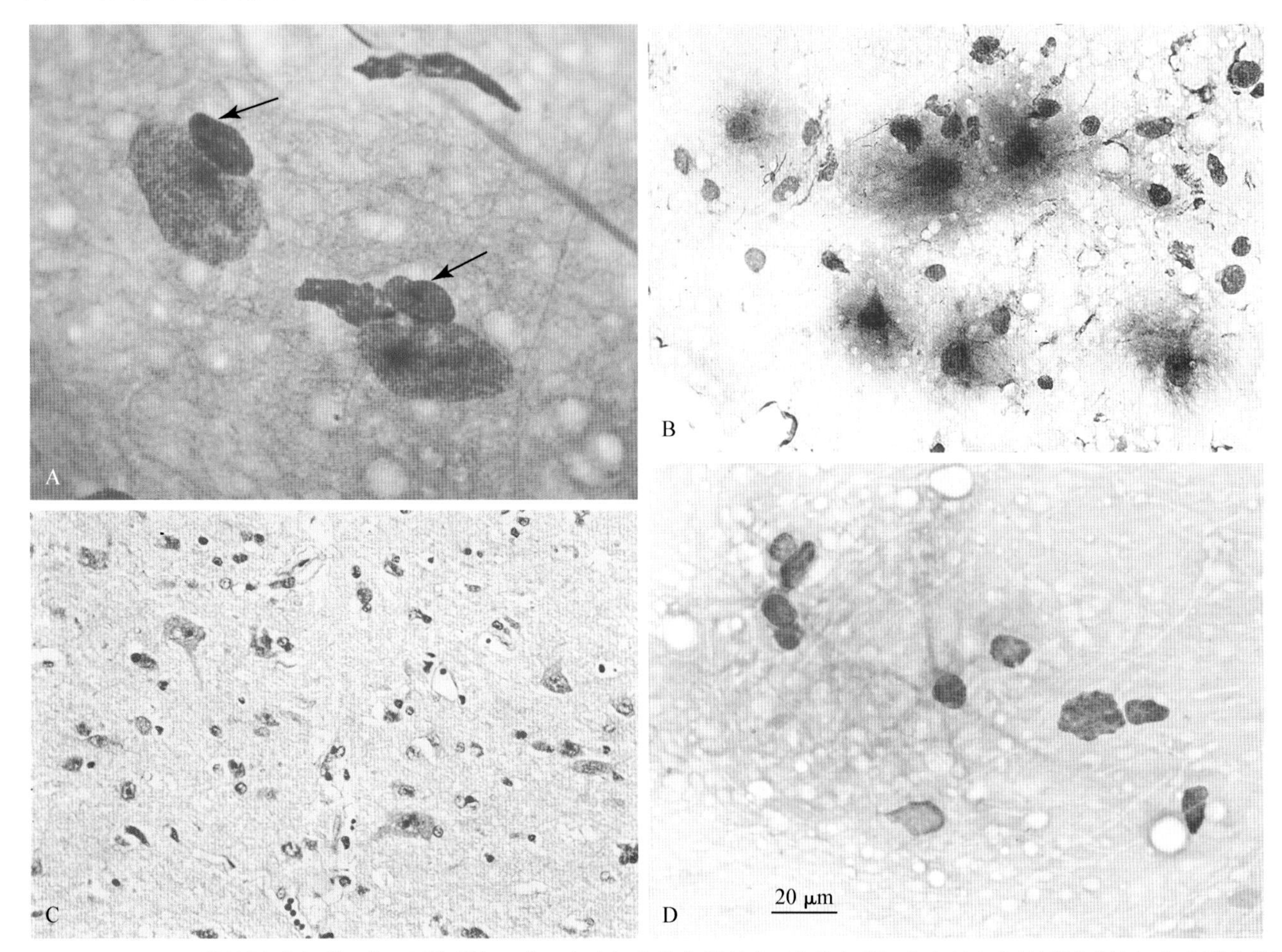


■ 图 14-40 **A. 正常的星形胶质细胞。压片制备。犬。**在吉姆萨染色样品中，星形胶质细胞表现为小的椭圆形的细胞，裸核测量7～10 μm，这里有2个(箭头)被神经纤维所包围。(吉姆萨染色；高倍油镜)。**同样的例子 B-C，星形细胞增生。猫。B. 脑穿刺。**这是从一只有14天痴呆和脑高压病程的猫穿刺样品中获得的6个大的，有稀疏嗜碱性细胞质的细胞。核圆形到椭圆形，有1个小的、突出的核仁。核质比轻度增加，从细胞学上说，怀疑是肿瘤(瑞-吉氏染色；高倍油镜)**C. 大脑组织学。**MRI显示颅内肿块，组织学活检显示1个有肥厚的星形胶质细胞的正常灰质。这是一个非特异性反应，尽管没有发现肿瘤细胞，但是不能排除邻近的肿瘤(H&E；高倍油镜)。**同样的情况下 D-E，呈星形细胞增生。犬。D.** 来自邻近的少突胶质细胞瘤的损伤(图中未显示)导致星形胶质细胞的反应性增加。几个小密度的纤维细胞质的细胞核。中央的细胞表现了独特的星形外观。(瑞氏染色；高倍油镜)

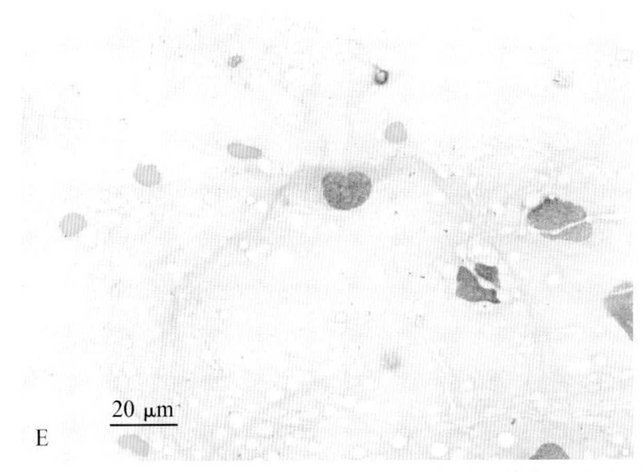


■ 图 14-40 续 **E.** 类似区域显示一个细胞质延伸的星形胶质细胞。(瑞氏染色；高倍油镜)(D and E, Courtesy of Rose Raskin, Purdue University.)

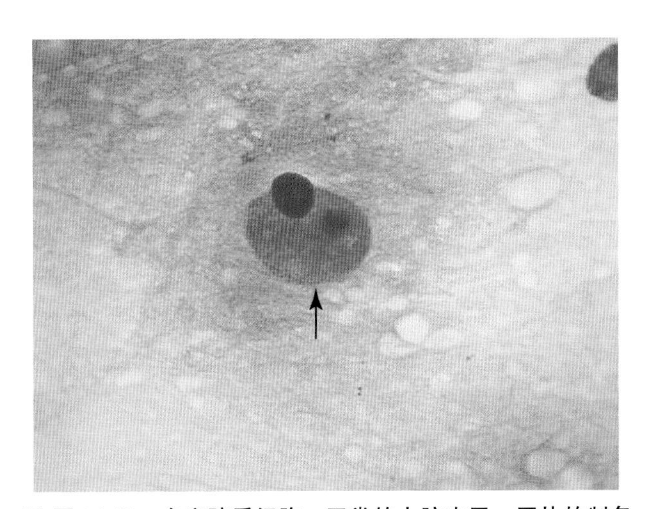

■ 图 14-41 **少突胶质细胞。正常的大脑皮层。压片的制备犬。**在吉姆萨染色的涂片中，少突胶质细胞(箭头)看上去是圆形的，裸核通常围绕着神经元，这一现象称为卫星现象。(吉姆萨染色；高倍油镜)

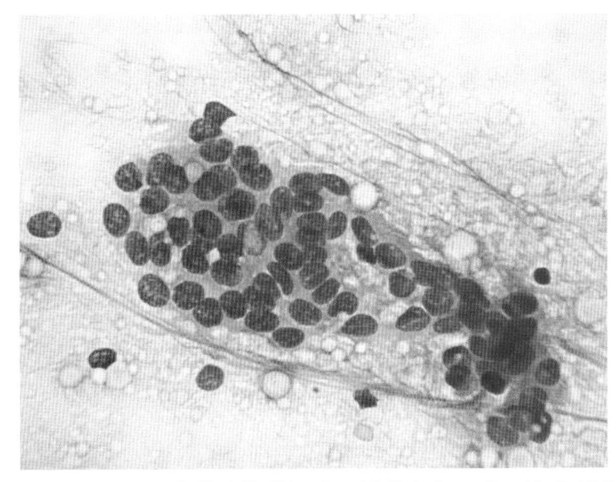

■ 图 14-42 **正常的脉络丛细胞。压片制备。犬。**这些衬细胞排列成小片的立方形、柱形的细胞，有统一的核外观和高核质比。单一的、小的、圆形的、中央放置的核有时候呈栅栏状或者线装排列，脉络丛细胞在细胞学上很难与室管膜细胞区分开。

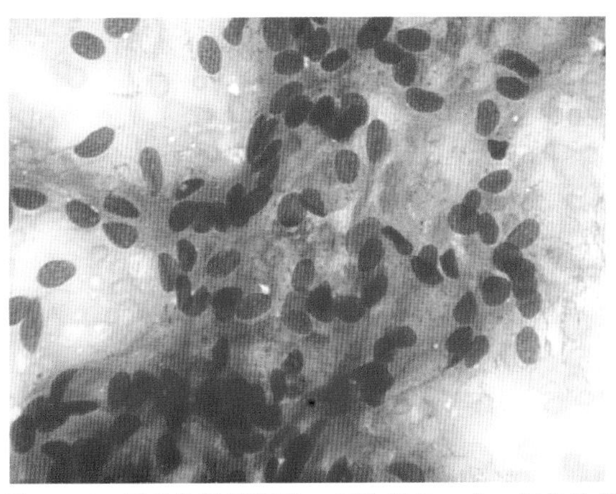

■ 图 14-43 **正常的脑膜细胞。压片制备。犬。**密集的椭圆形核表现为相关的嗜酸性和旋转的细胞质，这些松散的多形性脑膜细胞的聚集以一种假腺样的方式排列，这个特征在脑膜瘤中比较常见，但是其在正常的大脑样品中也能被看到。(吉姆萨染色；高倍油镜)

小胶质细胞。这些神经胶质细胞来源于骨髓的元素，可能是有特定的吞噬功能的巨噬细胞，他们的核小而细长，故称之为“视杆细胞”，在许多大脑皮层的涂片中，小胶质细胞分布在血管周围的区域，当发生反应时，表现为脂肪吞噬，细胞质中充满了液泡，产生泡沫外观(图 14-44A&B)。

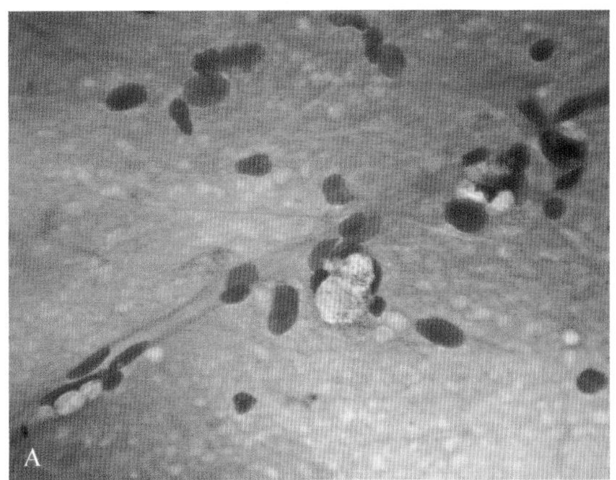


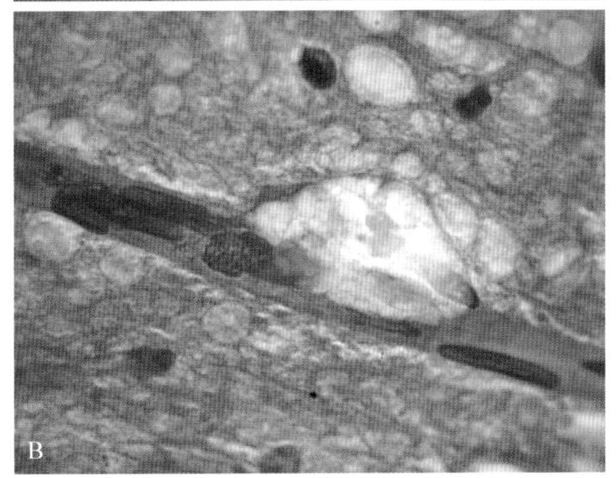


■ 图 14-44 **小胶质细胞。正常的大脑皮层。压片的制备。犬。A.** 中央是几个血管周围的小胶质细胞，细胞质有丰富的泡沫，背景中包括其他胶质细胞和神经纤维(吉姆萨染色；高倍油镜)**B. 猫。**一个有空泡的，充满脂质的小胶质细胞提示附近有一个血管，当起反应的时候，这些巨噬细胞源性的细胞承受着嗜脂症。(吉姆萨染色；高倍油镜)

### 病理神经系统组织的细胞学

在临床和反射学上,中枢神经系统的炎性病变可以模拟肿瘤的扩散。在区分肿瘤和炎性或者反应性损伤方面,细胞学是一个很有用的工具,常用的罗氏染色可以有效地给许多病原体染色。例如一只成年猫颞叶的占位性病变被细胞学上诊断为猫弓形体病(Falzone et al.,2008)。压片显示强烈的反应性胶质增生,围绕着圆的、有囊泡的组织囊肿,直径从15 μm到超过100 μm,里面含有大量的细长的有核裂殖子,被认为是弓形虫(图14-45)。

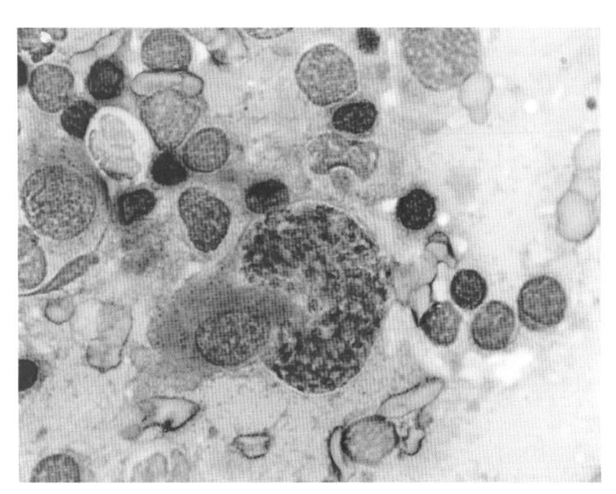

■ 图14-45 **弓形虫组织囊肿。大脑肿块。压片制备。猫。**一个圆形、拉长的结构或者说组织囊肿充满了弓形虫的有核裂殖子。(吉姆萨染色;高倍油镜)

Vernau等(2001)描述了93个犬猫主要脑部肿瘤的细胞学特征。De Lorenzi等(2006)从42只犬猫的病例中92.8%准确地对神经系统病变进行了细胞学的评估。他们最初把这样的改变分类为非肿瘤性的或肿瘤性的。非肿瘤的组织来源于炎症、囊肿、肉芽肿,或疤痕病变,而肿瘤组织包括神经上皮(神经的、神经胶质的和室管膜的/慢性增生)或非神经上皮来源的病变,进一步分为上皮细胞的、间质细胞的和圆细胞的肿瘤。

细胞学特征表明神经上皮来源包括细胞涂片,这些涂片和标本的松软组织,细纤维背景,在接近血管腔的过程中,血管周排列高度相似的血管内皮增生细胞,圆形的细胞核,细点状的染色质。非神经病变的细胞学特征由于极其多相的形态学可能会有很大的差别。然而,由于紧密结合的细胞丛或上皮细胞;紧密结合的梭形细胞;有突出核仁和明显的细胞质的螺旋、大的、圆形的细胞和大量炎性细胞的出现提示有非神经性上皮细胞性肿瘤。神经上皮和非神经上皮的区别很大程度上依赖于识别模式(组织病理学的一个优势)和个体的细胞形态学。因此,形态学特征的重叠对于区分肿瘤性和非肿瘤性病变和最初的肿瘤异质性是细胞学的一个限制。

不同肿瘤有特别的细胞学特征。

#### 脑膜肿瘤和神经鞘

来自蛛网膜脑膜层中的非神经上皮性肿瘤称为脑膜瘤(框14-1)——犬和猫最常见的颅内肿瘤。来源于脑软膜细胞的肿瘤与神经嵴组织,上皮细胞和成纤维细胞的超微结构特征有关。因此,这些肿瘤有几个变种形式(Montoliu et al.,2006),这些发现在颈椎和腰椎部位以及颅内和眼球后的区域内(Zimmerman et al.,2000)。脊椎脑膜瘤大多是延髓外的,但很少报告提到的影像学表现为延髓内(Hopkins et al.,1995)。根据Bailey和Higgins(1986),脑膜瘤与高发病率的脑脊液细胞增多(有核细胞计数大于50/μL)有关,中性粒细胞的增多归因于对肿瘤坏死的反应。相反,56只患有颅内脑膜瘤的犬中只有27%检测到脑脊液细胞异常增多,而且只有19%的犬观察到嗜中性粒细胞占优势。可能是在他们的研究中肿瘤坏死的发生率比较低。脊髓造影、MRI和CT是现在用来识别脑和脊髓肿瘤的影像工具。细针穿刺、压碎制片(De Lorenzi et al.,2006;Moissonnier et al.,2002)、切口切割针(Platt et al.,2002)已经被用来获得细胞和组织样品用于做活检。几个报告已经讨论过脑膜瘤的细胞学特征(Hopkins et al.,1995;Zimmerman et al.,2000)。

**框14-1 细胞学检查中遇到的神经系统肿瘤**

**脑膜起源**
脑膜瘤
颗粒细胞瘤
黑色素瘤

**神经鞘起源**
神经鞘瘤(神经鞘瘤、神经纤维瘤)

**神经上皮起源**
脑胶质瘤(少突胶质细胞瘤、星形细胞瘤)
室管膜瘤
脉络丛肿瘤(乳头状瘤,癌)
胚胎性肿瘤(髓母细胞瘤、神经母细胞瘤)

**造血起源**
淋巴瘤
浆细胞
组织细胞肉瘤

**髓外(肾)的起源**
肾母细胞瘤

把已经确诊为脑膜瘤的44只犬和7只猫进行湿

固定、快速 HE 染色形成压碎制片(Vernau et al.,2001)。在低倍镜下,肿瘤细胞被分解成多个集群或者有凝聚力的细胞聚集体,以及分离成单个细胞。脑膜瘤细胞有圆形稍长形、大小均匀的细胞核,核里有一个小的、突出的核仁,弥散的粗糙的细胞质,及一个清晰的核边界。很少有核内胞浆部分,但是在一些单个的脑膜瘤亚型的肿瘤细胞中有丰富核内胞浆(图 14-46A)。更多细长的细胞有的时候有一个中央条或者通过他们细胞核的一个纵向的轴线折叠。有很多嗜酸性粒细胞在立方体的细胞质中呈束状,他们的外观圆形到细长,通常有一个极性位置。有丝分裂极其罕见。一些肿瘤细胞的退行性病变或核异型性明显。有坏死组织灶和局灶性聚集的肿瘤中常常能发现中性粒细胞。

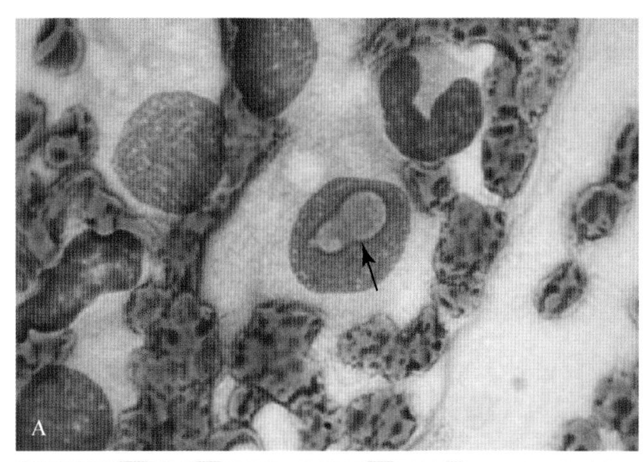

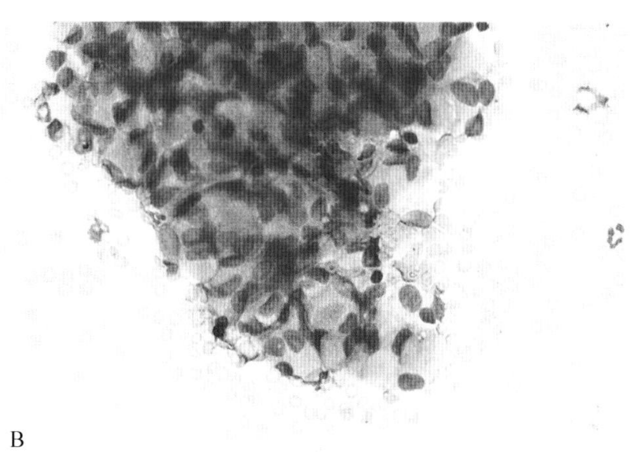

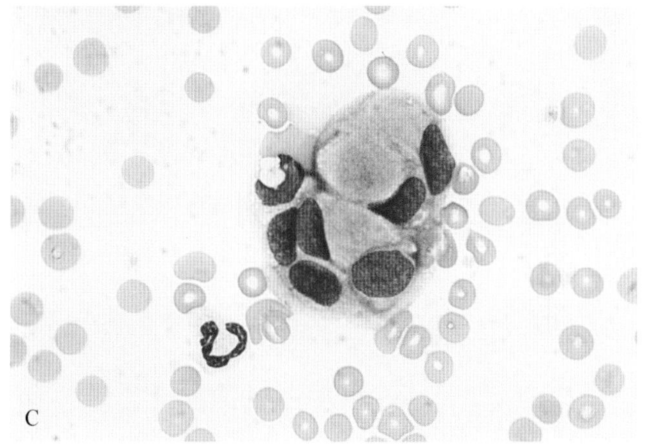

■ 图 14-46 **A. 有核内包涵体的脑膜瘤。手术活检压片制备。犬。**一个单一的脑膜瘤细胞包含一个细胞核内的包涵体(箭头),被认为是一个核质突。核质突在脑膜瘤细胞中是一个罕见的特征细胞,但是在脑膜瘤上皮型的脑膜瘤中更常见。(吉姆萨染色;高倍油镜)**B-C 在相同情况下。脑膜上皮型脑膜瘤。脑脊液。犬。B.** 从一只在 C1-C2 发生脊髓病变的虚弱的犬的小脑延髓池中提取的一大丛细胞样本。(瑞-吉氏染色;高倍油镜)**C.** 高倍镜下的细胞团,细胞呈现出丰满的椭圆形,偏心核,偶尔有突出的核仁。细胞质中含有嗜酸性粒细胞分泌物质。尸检证实存在局部广泛性脑膜瘤。(瑞-吉氏染色;高倍油镜)

有肉瘤样外观的肿瘤通常有扩散的性质。3 例有脑膜瘤样外观的脊髓脑膜瘤见图(图 14-46B&C 和图 14-47A&D)。包括脑膜瘤一个更常见的梭形细胞的细胞学外观和沙砾型组织学外观(图 14-48 到图 14-50)。

与脑膜瘤相关的另一个是颗粒细胞瘤,一种罕见的肿瘤,发生在动物和人的内外神经系统。细胞的起源尚不清楚,但是显微镜显示的形态学的外观被认为是溶酶体积累的结果(Sharkey et al.,2004),这反映了细胞代谢的紊乱。细胞学特性包括大、圆形的细胞,有偏心核,并且细胞质因为许多可变染色的嗜酸性颗粒而膨胀(图 14-51A-C)。细胞染色 PAS 和泛素免疫组化染色强阳性。这些细胞的其他染色反应包括 1 个可变的 S-100 阳性反应,α-抗胰凝乳蛋白酶,α-α1-抗胰酶蛋白,波形蛋白和胶质纤维酸性蛋白(GFAP),细胞角蛋白,白细胞和巨噬细胞亚群标记阴性(Higgins et al.,2001;Sharkey et al.,2004)。

外周神经鞘肿瘤(PNST)可能在细胞学制备中遇到(框 14-1)。他们大多数和周围神经根有关,包括这些神经嵴衍生的协助髓鞘形成的雪旺氏细胞和纤维结缔组织包围的神经束。细胞学上区分良性 PNST(神经鞘瘤和神经纤维瘤)是困难的,甚至是不可能的(图 14-52)。良性神经鞘瘤和神经纤维瘤可表现为异型的细胞学特征。因此良性和恶性周围神经鞘瘤的差异是不确定的,即使对于有经验的人也是这样。应要求进行组织病理学检查。

与周围神经根相关的肿瘤表现出适度高细胞密度的细胞学特征时,可以做出疑似 PNST 的诊断,细胞主要集中于厚的碎片,甚至存在于更小的小簇或单个细胞,是典型的梭形、细长的细胞核,核仁不明显。

描述一只猫前肢不同寻常的 PNST 细胞学表现(Tremblay et al. ,2005)。这些细胞揭示了单个圆形细胞的多形性群体。类似于组织细胞和浆细胞,有圆形中央或者偏心细胞核、嗜碱性细胞质,大量有丝分裂相和巨大的多核细胞。

图 14-53A&B 是一个良性神经鞘肿瘤,恶性神经鞘膜瘤可局部广泛复发,没有免疫组化和电子显微镜,恶性成纤维细胞和恶性神经膜细胞在组织学上不是很容易区分开。假定神经纤维肉瘤如图 14-54A&B 所示。

神经上皮细胞肿瘤

神经胶质瘤(框 14-1)指的是特殊的神经细胞肿瘤,包括少突细胞和星形胶质细胞。源于这些细胞的肿瘤,因为其在深层形成薄壁组织,它们的脑脊液细胞结果通常正常。1 例猫少突细胞瘤报道了其脑脊液离心涂片的细胞学特征(Dickinson et al. ,2000)。这些细胞的细胞核大小是红细胞的 4～6 倍。细胞核倾向于强嗜碱性,胞浆呈中度饱满。少突神经胶质瘤的抽吸物显示出存在脑部肿块(图 14-55A-C)。正常情况下,这些细胞负责中枢神经系统中神经元髓鞘的形成,并以染色质凝集的小细胞形式存在。肿瘤常表现出独特的蜂窝状外观,并且血管增生增强。

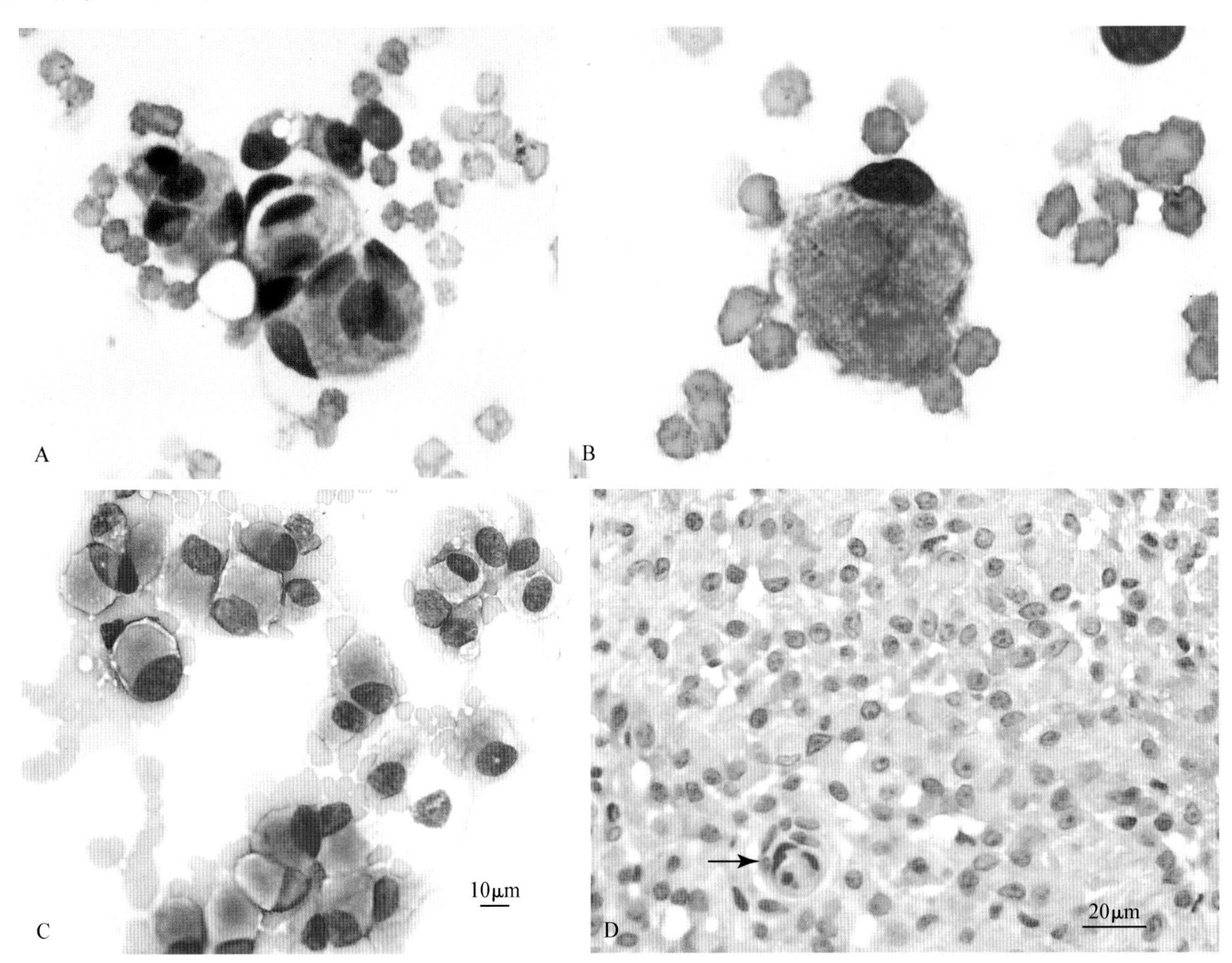


■ 图 14-47 **脑膜上皮性脑膜瘤。组织印片。犬。同样的案例 A-B。A.** 1 个从 1 只有 2 年颈部疼痛和由于手术有前肢麻痹历史的犬上获得的脊髓肿物。细胞学特征为黏性球形成上皮样外观(瑞氏染色;中倍镜)。**B.** 组织细胞外观的个体脑膜细胞。胞浆含丰富的嗜酸性分泌物质,酸性黏多糖阳性。(瑞氏染色;高倍油镜)**同样的情况下 C-D。C. 组织印片。** 1 只点头和右前肢放置反应过大的成年犬。怀疑右侧小脑病变,脑脊液含有正常细胞计数(1WBC/μL)和轻度升高的蛋白含量(46 mg/μL)。以丰富的颗粒状嗜碱性细胞质和均质核为主要特征(瑞氏染色;高倍油镜)。**D. 组织切片。** 沙砾状(箭头),大多数细胞有片状外观。(H&E 染色;高倍油镜)(C and D,courtesy of kristin Nunez-Fisher,Purdue University)

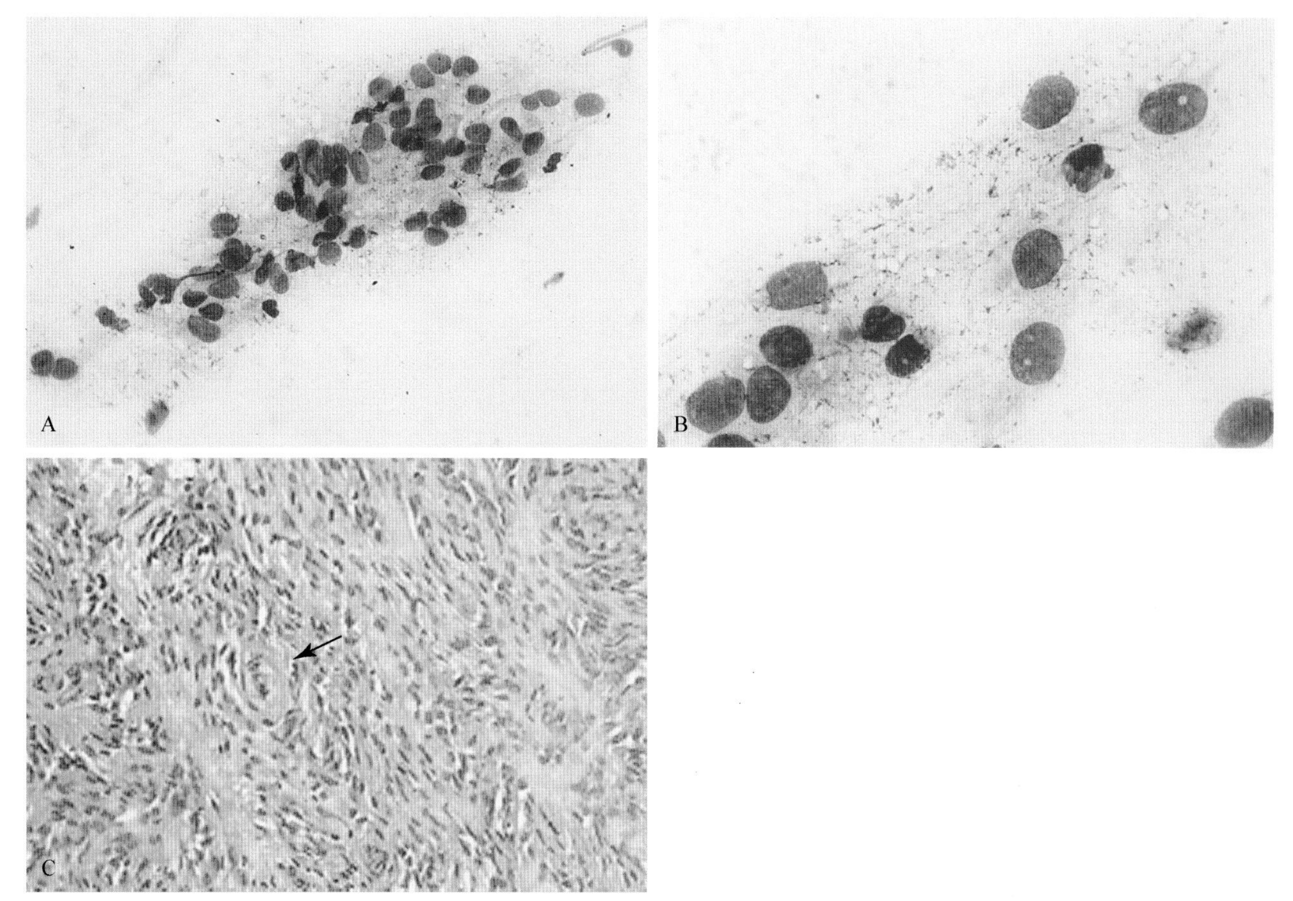


■ 图 14-48　**脑膜瘤。纺锤形态。犬。图 A-C 来自相同病例。图 A-B，组织压片。A.** 进行性四肢轻瘫的 MRI 检查显示存在圆形病灶，提示为髓内疾病。在粉红色细颗粒背景下存在大量间质细胞聚集。（瑞-吉氏染色；高倍油镜）**B.** 脑膜瘤高倍镜可见被细颗粒状染色质包围的椭圆形细胞核、小核仁、细胞质呈轻度嗜碱性并形成束状尾。细胞周围以及细胞质中可见细颗粒状的嗜酸性物质。（瑞氏染色；高倍油镜）**C. 组织切片。**纺锤形细胞的交织束突出于分离这些细胞的胶原束。在疑似钙化中心可见 1 个小沙砾体（箭头）。（H&E 染色；低倍镜）

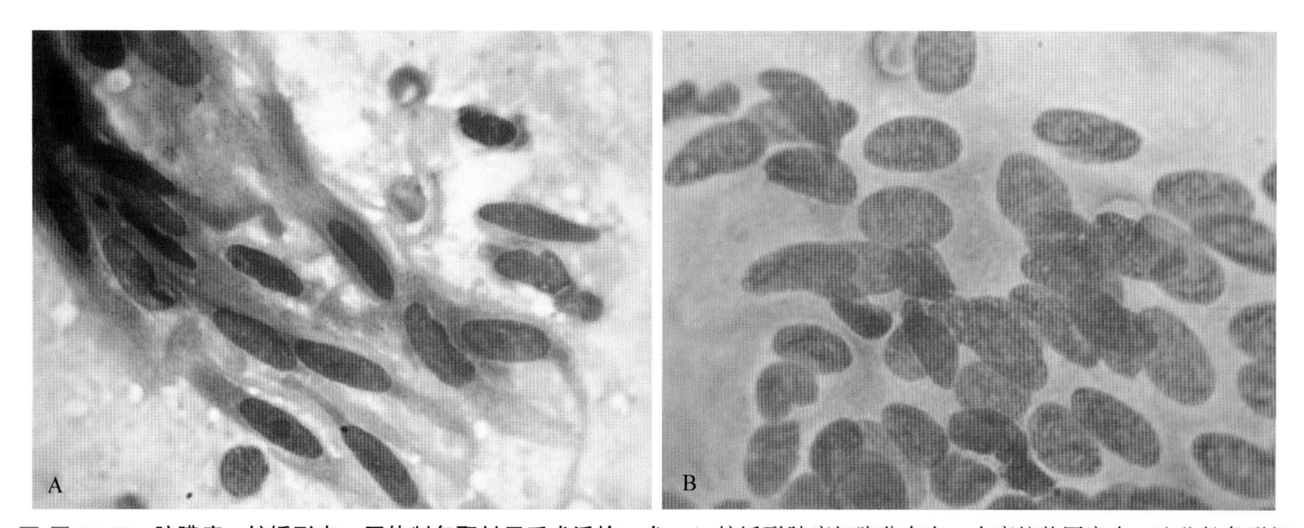


■ 图 14-49　**脑膜瘤。纺锤形态。压片制备取材于手术活检。犬。A.** 纺锤形肿瘤细胞分布在一个席纹状图案中。这些长条形细胞的椭圆形细胞核有一个小而突出的核仁。细胞质嗜碱性并呈束状，两端尖。（吉姆萨染色；高倍油镜）**B.** 肿瘤细胞有椭圆形或长形的均质细胞核及中等粗质的细胞质。与图 A 不同的是其细胞边界几乎不可见，细胞表现为一个多核聚集体。细胞质嗜酸性。（吉姆萨染色；高倍油镜）

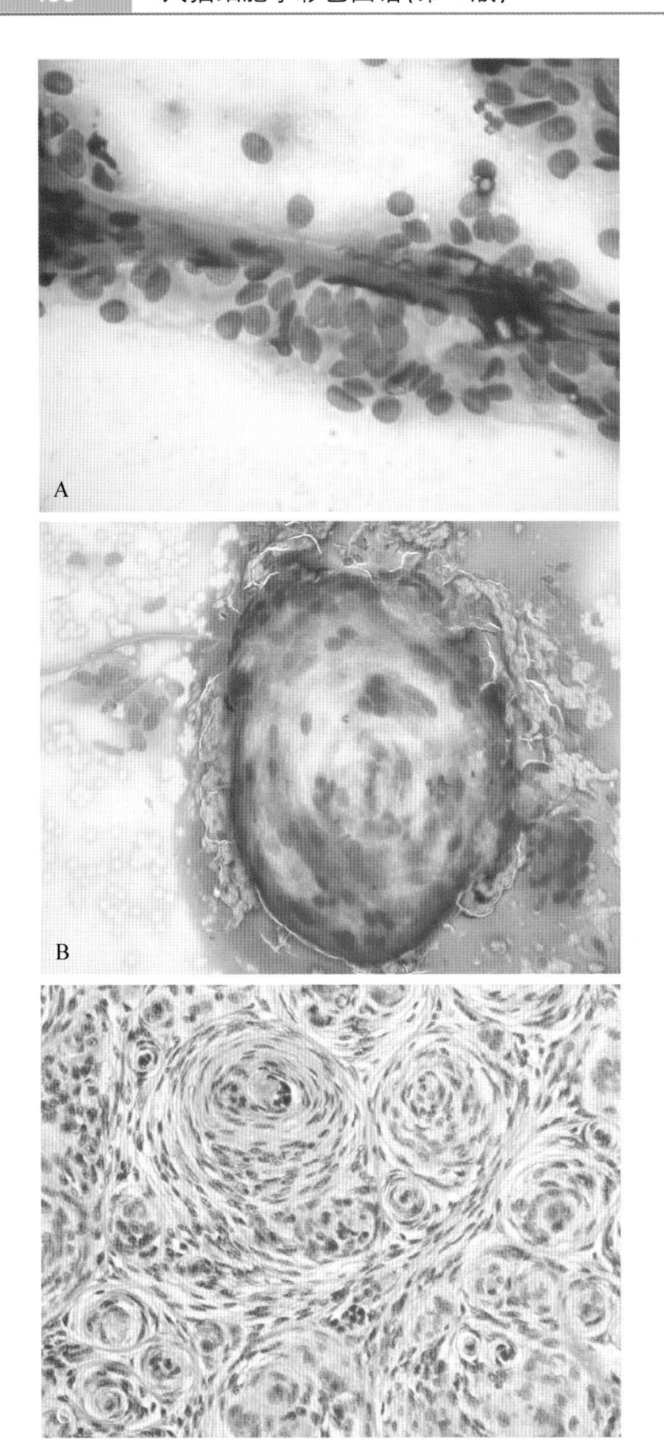


■ 图 14-50 **A. 脑膜瘤。血管周形态。压片制备取材于手术活检。犬。**纺锤形细胞与一条线状的嗜酸性毛细血管紧密联系在一起。脑膜瘤有几种不同的类型，细胞学检查可能不足以确定这些亚型。多种类型的肿瘤中都可能观察到这种血管周形态。(吉姆萨染色；高倍油镜)。**图 B-C 为同一病例。B. 脑膜瘤螺纹。压片制备取材于手术活检。猫。**沙砾体型脑膜瘤中，脑膜瘤细胞的聚集体存在独特的螺纹形态。细胞核呈圆形或轻微长形，细胞边界不清晰。(吉姆萨染色；中倍镜)。**C. 过渡型脑膜瘤。大脑。组织切片。猫。**与图 B 相同，脑膜瘤纺锤形细胞的岛状和螺纹形态。(H&E 染色；低倍镜)

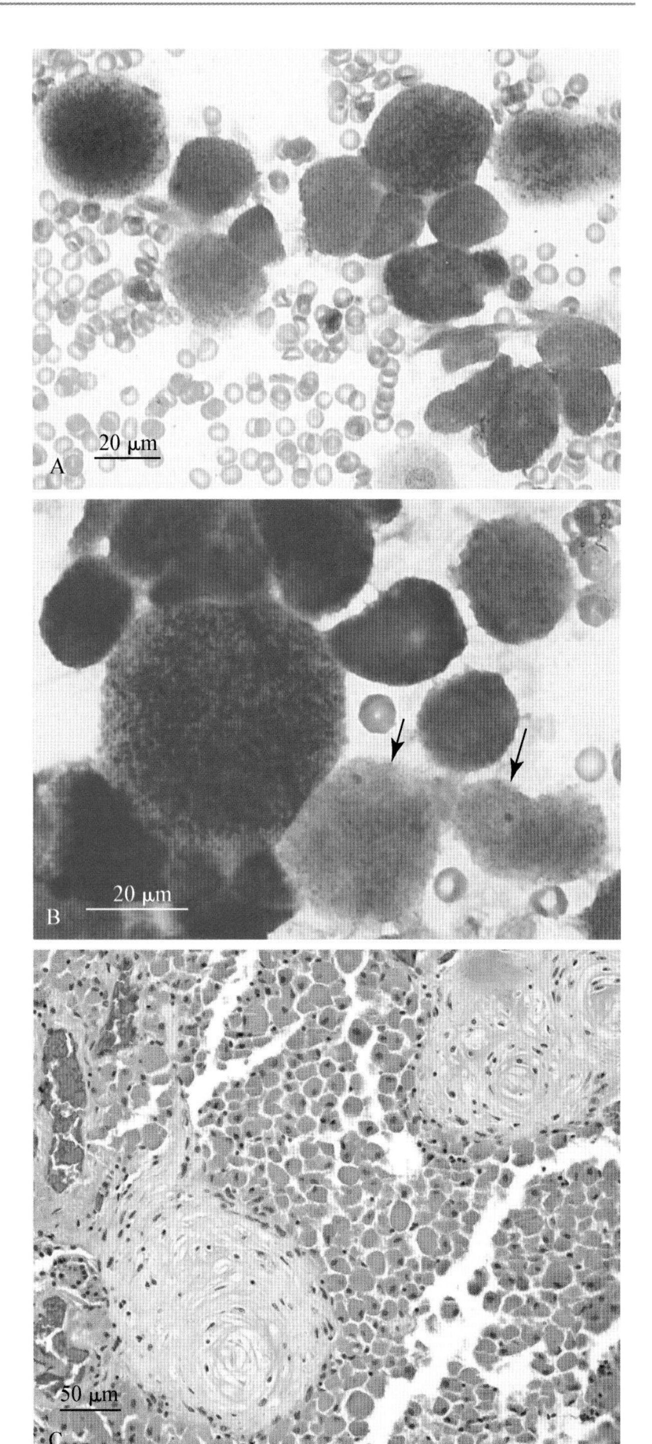


■ 图 14-51 **颗粒细胞瘤。犬。图 A-C 来自相同病例。图 A-B，组织压片。A.** 这只 10 岁的金毛巡回猎犬经 MRI 检查确诊为脑肿瘤前，逐渐变得具有攻击性并且癫痫发作两个月。一组多形性圆形颗粒细胞，正如其形态学定义一样，都存在不同程度的细胞质颗粒。一个缺乏颗粒的细胞(图片下方中部)，有着丰富的细胞质和一个小的圆形细胞核。(瑞-吉氏染色；高倍油镜)**B.** 一个测得约为 50 μm 的细胞的细胞质中含有大量的粉紫色粗颗粒物质，这被认为是溶酶体聚集而成，且经电子显微镜证实，故不能与肥大细胞相混淆。标记处两个相邻的缺乏颗粒的细胞有一个小细胞核及一个小核仁。(瑞-吉氏染色；高倍油镜)**C.** 组织切片。源于脑膜层的脑膜瘤由混合细胞群组成，包括有着独特螺纹形态的沙砾型脑膜瘤以及一个颗粒细胞瘤。(H&E 染色，中倍镜)(A-C，Courtesy of Rose Raskin，University of Florida.)

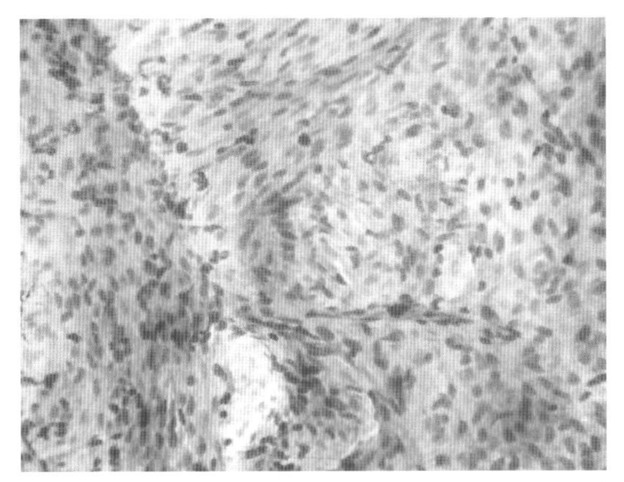

■ 图 14-52 **周围神经鞘膜瘤。压片制备取材于手术活检。犬。**可见有着椭圆形细胞核的多形性长形细胞密集聚集在一个呈局部栅栏排列的席纹状图案中。细胞学检查不能够区分神经鞘瘤和神经纤维瘤。如果周围神经根出现这种肿瘤细胞学特征，会更易诊断出周围神经鞘瘤。（吉姆萨染色；中倍镜）

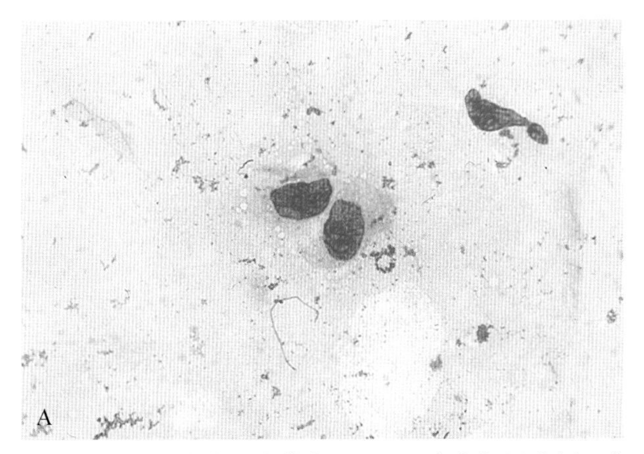

■ 图 14-53 **良性神经鞘膜瘤。图 A-B 来自相同病例。犬。A. 组织压片。**两个完整饱满的纺锤形细胞显示出其最小的未分化特征。在 C2-C3 椎管的神经根部发现了挤压的硬膜外病变。临床症状表现为四肢轻瘫、共济失调、颈椎疼痛、霍纳综合征。（瑞-吉氏染色，高倍油镜）

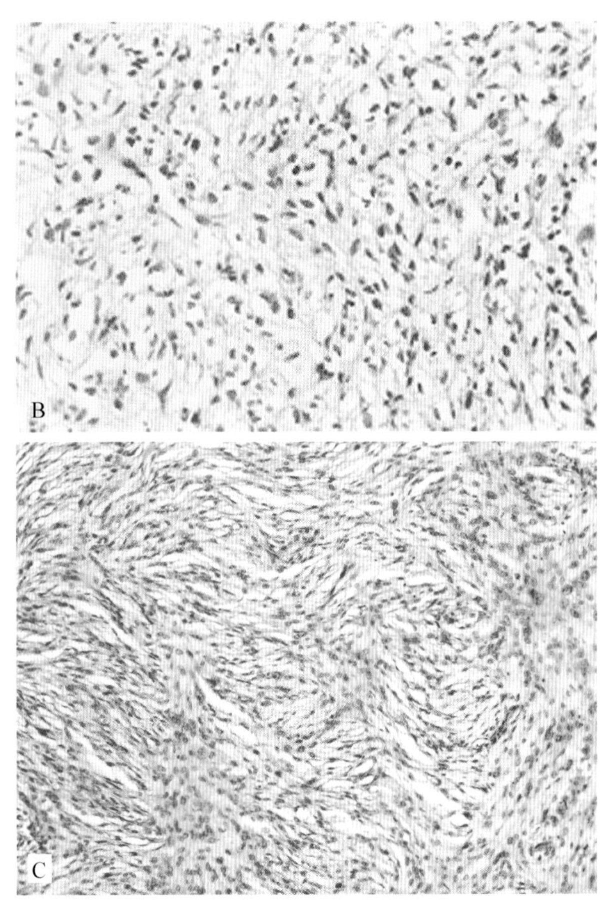

■ 图 14-53 续 **B. 组织切片。**细胞边界呈嗜酸性纤维状的间质肿瘤细胞在成纤维细胞的间质中松散排列。（H&E 染色，高倍油镜。）**C. 组织切片。**另一情况下的神经鞘膜瘤的肿瘤细胞呈密集编织状图案。（H&E 染色，高倍油镜）

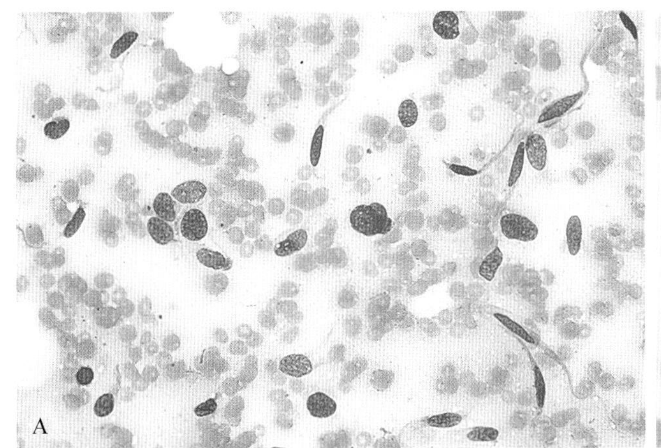

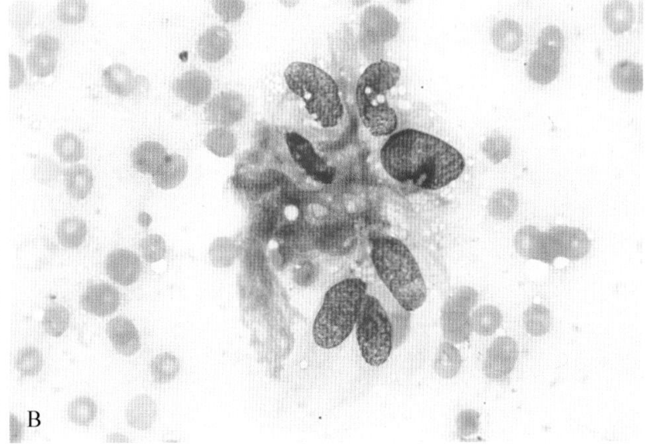

■ 图 14-54 **恶性神经鞘膜瘤。组织压片。犬。图 A-B 来自相同病例。A.** 临床症状由下肢轻瘫发展到四肢轻瘫。位于 C2-C3 椎管神经根部的肿块被切除，两个月后复发。两种细胞群中，纺锤形细胞占多数。有些细胞具有细长的纺锤形细胞核，而其他细胞具有饱满的椭圆形细胞核。细胞质形成尾部的特点在更加细长的细胞中表现更明显。（瑞-吉氏染色；高倍油镜。）。**B.** 聚集的肿瘤细胞与无定形嗜酸性胶原基质相联系。细胞具有椭圆形细胞核，染色质较粗，核仁小且明显，空泡处缺乏蓝染的细胞质。病理学诊断为神经纤维肉瘤。细胞学检查不能确定是否为恶性。（瑞-吉氏染色；高倍油镜）

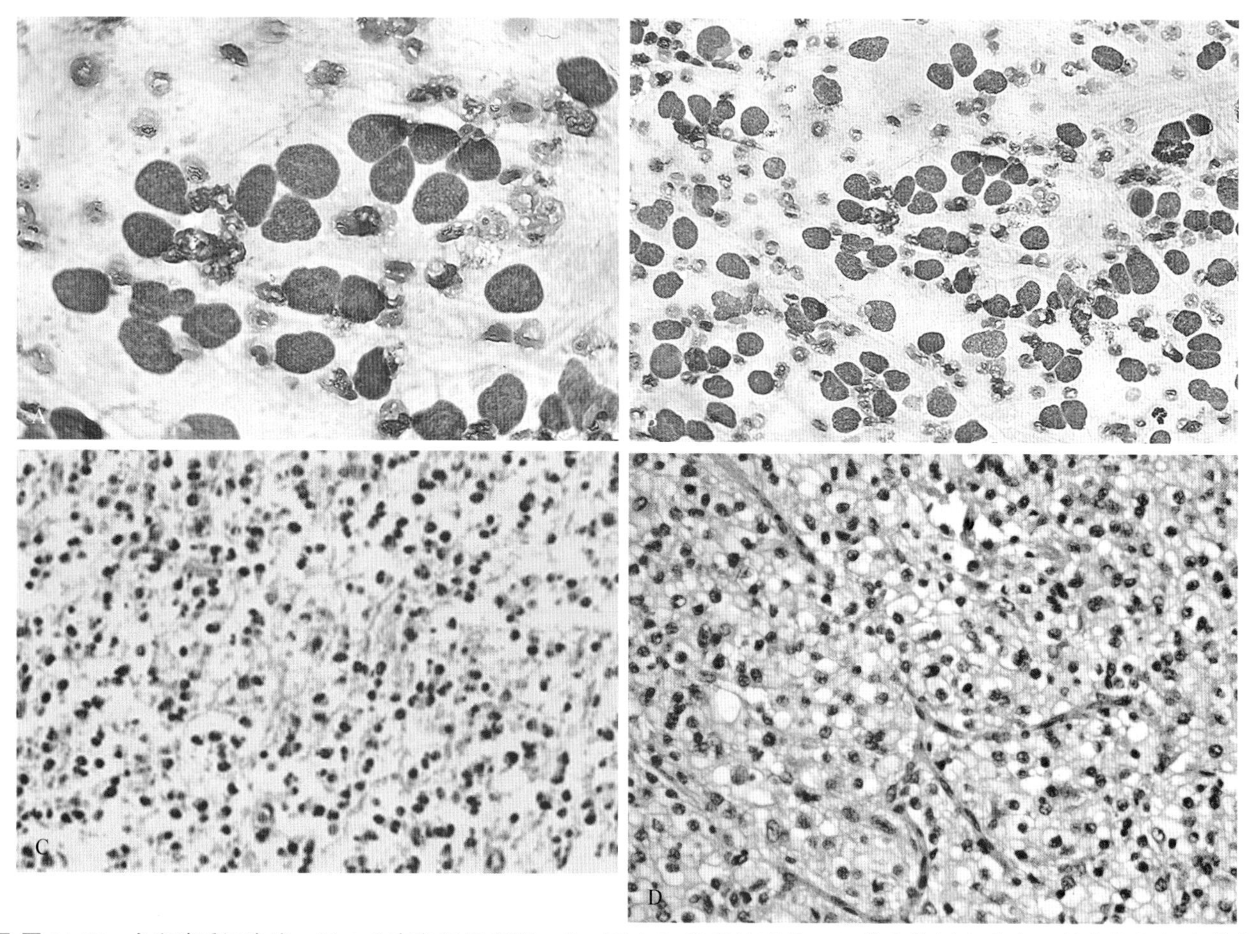


■ **图 14-55　少突胶质细胞瘤。图 A-C 来自相同病例。犬。图 A-B，组织抽吸物。A.** 此大脑标本采自一只有发狂行为的犬。MRI 检查显示大脑有一个 5 cm 的肿物延伸进入侧脑室。在蛋白质背景的衬托下，可见细胞核大小为红细胞的 2～3 倍，呈蓝灰色，且细胞核周围存在清晰的未着色区。细胞核呈圆形到椭圆形，染色质细而核仁模糊。(瑞-吉氏染色，高倍油镜)。**B.** 大量呈单一形态的单核细胞群排列松散或成群存在。(瑞-吉氏染色，高倍油镜)。**C.** 组织切片。组织学显示在清晰的空间内，圆形且深染的细胞呈线性排列。(H&E 染色；高倍油镜)。**D.** 组织切片。另一例少突胶质细胞瘤显示了一种伪小叶图案，即具有典型核周晕染的圆形细胞形成的蜂窝状外观。这种伪小叶图案产生于血管的线性构造。(H&E 染色；高倍油镜)

星形胶质细胞为神经元提供营养支持，作为代谢缓冲剂或解毒剂，并协助细胞修复和形成瘢痕。它们在形态学上被定义为组织细胞(Fernandez et al.，1997)。之前解释过一个反应性星形胶质细胞的例子(图 14-40A&B)。星形胶质细胞瘤经压碎法制备后保留了细胞质的特征，即细胞质嗜碱性且有一个中度饱满的偏心细胞核(图 14-56A-C)。胶质细胞原纤维酸性蛋白是用来从其他神经胶质细胞和脑膜细胞区分星形胶质细胞的标记物，但有时也会在神经上皮肿瘤上产生阳性反应，例如室管膜细胞瘤和脉络丛肿瘤(Fernandez et al.，1997)，以及脑膜肿瘤(Montoliu et al.，2006)。

上皮细胞也包括室管膜细胞和脉络丛细胞。室管膜细胞联系着脑和脊髓中央管的脑室系统。室管膜细胞瘤(框 14-1)是一种罕见的肿瘤(图 14-57)，猫上有报道，在脑脊液中发现了肿瘤细胞，伴有蛋白质中度升高，轻度细胞增多，且主要细胞类型为巨噬细胞，并有慢性出血的迹象。肿瘤细胞是一个大细胞，其细胞核深染、核仁明显、中度饱满，胞浆高度嗜碱性且无颗粒，细胞单独或成群出现。通过胶质细胞原纤维酸性蛋白和波形蛋白的部分阳性染色，以及 S100、CD3、细胞角蛋白呈阴性反应，可诊断犬的退行性室管膜细胞瘤(Fernandez et al.，1997)。脉络丛细胞代表了软脑膜高度血管化部分，其投射到脑室中并被认为参与脑脊液的分泌。角蛋白阳性染色可提示脉络丛肿瘤(框 14-1)。通过肿瘤组织和脑脊液涂片展示了一个脉络丛肿瘤的细胞学检查示例(图 14-58A&B)。有研究表明，脉络丛肿瘤与蛋白质含量和有核细胞计数的升高有关(Bailey and Higgins，1986)。这些细胞外观类似于间皮细胞，具有大的圆形细胞核，细胞浆饱满且呈强嗜碱性，细胞表面有凸起(图 14-58C)。脉络丛乳头状瘤的细胞学检查中可见上皮具有乳头状外观的特征(图 14-58A)。两种脉络丛癌仅通过细胞学检查易被误诊为脉络丛乳头状瘤(De Lorenzi et al.，2006)。这两种肿瘤都发生在脑室部位，具有大而有蒂、质度较脆的肿块，细胞学检查可见结构完整的乳头状，且通常含有细的纤维小管核心被立方形或柱状上皮均匀覆盖，其中少量上皮细胞呈中度异形性(图 14-59A)。脉络丛癌的最终诊断是基于在纤维小管核心内存在细胞浸润，这表明脉络丛癌只能在手术切除标本后进行彻底的组织学检查才能确诊(图 14-59B)。MRI 检查和脑脊液分析有助于脉络丛乳头状瘤和脉络丛癌的区别诊断(Westworth et al.，2008)。在这项研究中，金毛寻回猎犬在临床病例中的比例较高，且脉络丛癌病例的脑脊液蛋白质含量中位数为 108mg/dL(平均 27～380 mg/dL)，显著高于乳头状瘤的中位数 34mg/dL(平均32～80 mg/dL)。

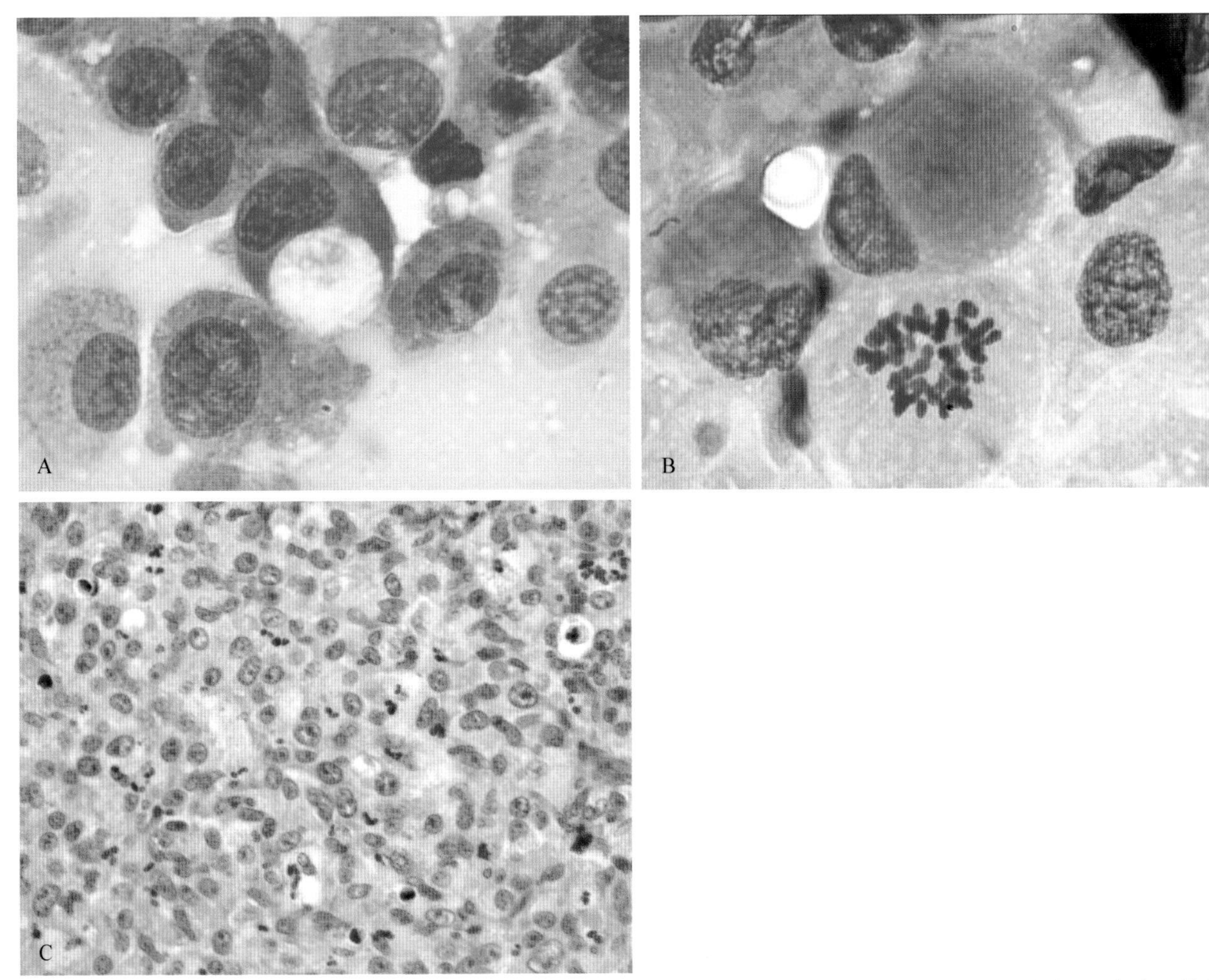

■ 图 14-56　**星形胶质细胞瘤。A. 脑。压片制备。犬。**多形性细胞具有核仁明显且中度饱满的偏心细胞核、细胞质呈强嗜碱性的特点。其中有一个细胞内包含一个液泡。这种外观类似于浆细胞瘤。(吉姆萨染色；高倍油镜)**B. 脊髓肿物。压片制备取材于手术活检。猫。**这种脊髓硬膜内肿物由大量的组织细胞样细胞构成，其具有偏心细胞核及饱满的粉红色、颗粒状细胞质。也具有正常外观细胞的有丝分裂特点。胶质细胞原纤维酸性蛋白的免疫组化染色为阳性，这证实了星形胶质细胞的起源。(吉姆萨染色，高倍油镜)**C. 脊髓肿物。组织切片。猫。**肿瘤化的星形胶质细胞群形成的中等星形胶质细胞瘤(间变型星形胶质细胞瘤)具有高度多孔性和多形性、明显的核异形性，以及几种有丝分裂相。(H&E 染色；中倍镜)

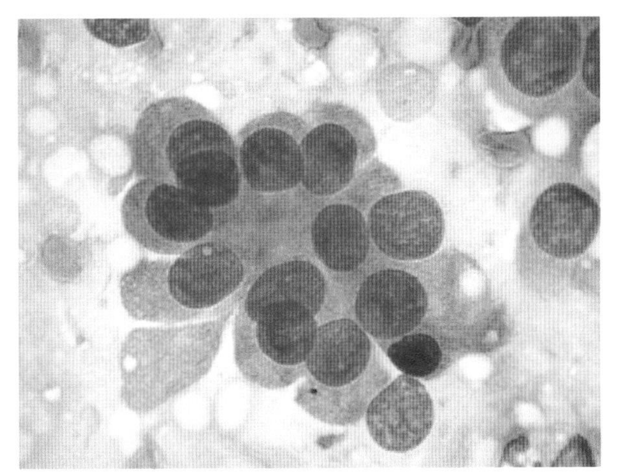

■ 图 14-57　**室管膜瘤。脊髓肿物。压片制备取材于手术活检。犬。**这些单一形态的立方形细胞排列成一个像腺泡图案的紧密团簇。细胞的异形性存在轻度核不均和偶尔核仁明显的现象。细胞核呈圆形且染色质均匀。细胞质缺乏中度饱满并呈粉蓝色的细颗粒。(吉姆萨染色；高倍油镜)

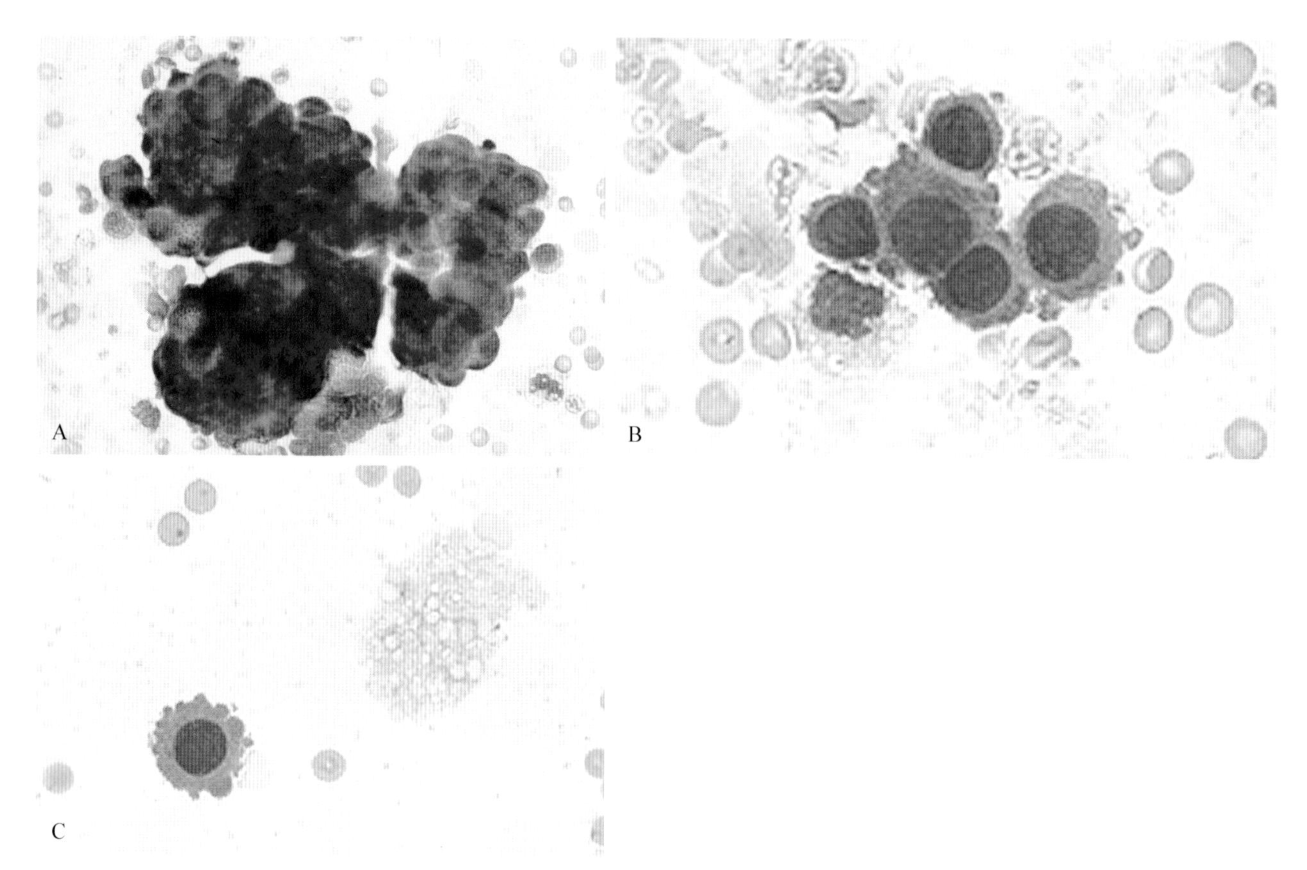


■ 图 14-58 **图 A-C 来自相同病例。图 A-B，脉络丛乳头状瘤。组织压片。犬。A.** 患犬出现了癫痫、痴呆、共济失调和四肢轻瘫的临床症状，其 MRI 检查发现了脑室肿物。标本由一个大而密集且高度细胞化的细胞团簇构成，这些细胞具有中度饱满、强嗜碱性的细胞质。(瑞-吉氏染色；高倍油镜)**B.** 较高的放大倍数下显示了细胞之间的紧密连接，且核质比很高。细胞核为圆形，染色质呈细颗粒状，核仁大而明显，细胞质呈嗜碱性细颗粒状。(瑞-吉氏染色；高倍油镜)**C. 含疑似髓鞘碎片的脉络丛乳头状瘤。脑脊液。犬。**脑脊液中蛋白质含量上升(98 mg/dL)而有核细胞计数正常。其中肿瘤细胞制备了两种细胞离心涂片。细胞核大而圆，染色质分散，核仁大而明显，细胞质呈深蓝色且投影表面光滑。细胞右侧存在与髓鞘一致的灰粉色颗粒状物质，表明这是一个退化过程。(瑞-吉氏染色；高倍油镜)

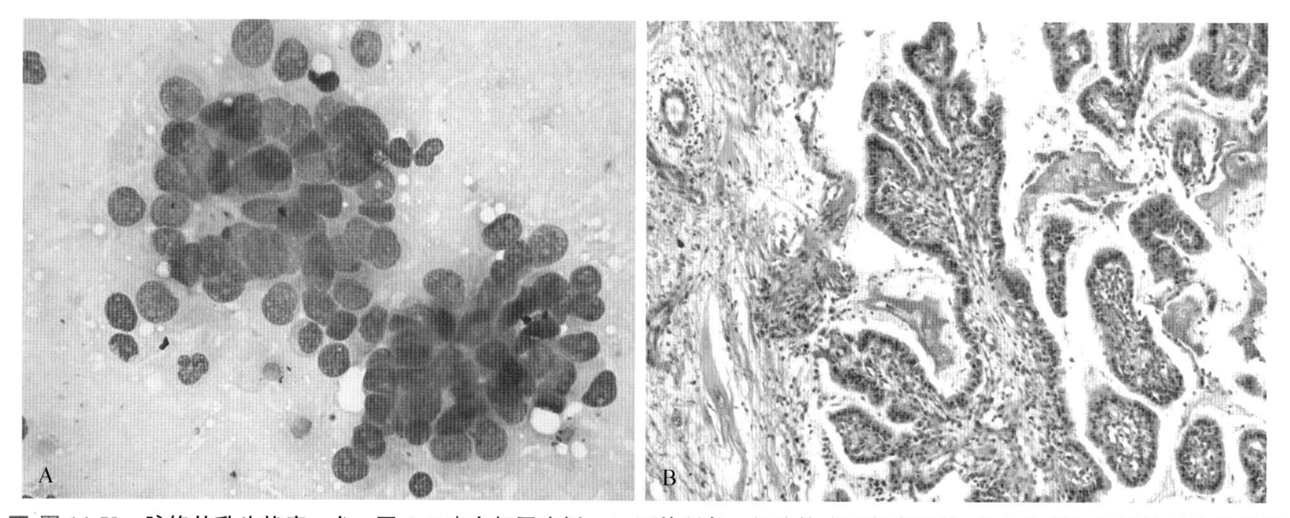


■ 图 14-59 **脉络丛乳头状癌。犬。图 A-B 来自相同病例。A. 压片制备。**细胞构成了紧密团簇，左上角的细胞团簇呈腺泡样排列。细胞异形性包括适度核不均、核仁明显、染色质粗、核质比高。这些细胞学特征与高分化肿瘤细胞转移癌相似。(吉姆萨染色；高倍油镜。)**B. 组织切片。**立方形到柱状的神经上皮细胞瘤的一层或多层厚度构成了乳头状特征。相邻室管膜下的脑组织被严重水肿和胶质反应所影响。(H&E 染色；低倍镜)

神经外胚层和非神经外胚层不同肿瘤(框 14-1)的来源存在一个诊断误区，即从高度分化的腺癌转移形成的室管膜瘤或脉络丛瘤。事实上，这两类肿瘤有一些相似的细胞学特点，如聚集成腺泡样片段的上皮形态、周围呈多边形蜂窝状，以及边缘明显且内容明确的细胞质、核仁明显的圆形细胞核。其他信息，如患病动物年龄、脑或脊髓的确切发病位置、以及完整的临床病史，尤其是有无已知的原发肿瘤，对于正确诊断有着至关重要的作用。

髓外肿瘤

在两只青年犬的肾母细胞瘤病例中(De Lorenzi et al.,2007;Neel and Dean,2000),胸腰段脊髓的细胞学特征已有描述(框 14-1)。这种团簇的形成和细胞角蛋白反应有助于鉴别神经上皮肿瘤起源的肾母细胞瘤。

## 神经系统细胞学的前景

脑脊液细胞学分析在犬猫神经系统疾病方面将会持续成为一个重要的研究领域。在过去 10 年里,随着外科手术研究以及外科和内科神经系统疾病治疗的增多,复杂的成像技术应用也不断增加。这种趋势表明,可能有机会使得神经系统细胞学的应用得到扩展,如细针插入时,直接吸出或插管导出脑脊液对大脑和脊髓的损伤进行识别,以及制备小的活体标本和组织碎片压片。当前这些技术用于人类病患的细胞学评估(Bigner,1997),在兽医学中也得到了有限的扩展(De Lorenzi et al.,2006;Moissonnier et al.,2002;Vernau et al.,2001)。这可能会增加对于特殊制备技术的需求,例如细胞块和免疫细胞学更精准地识别原发性和转移性肿瘤、炎性细胞的类型、恶性或非恶性淋巴增殖的免疫表型。这对于人类医学的诊断、预后和疾病监测是有用的。

最近有研究(Tilgner et al.,2005)回顾分析了 5 000 例来自 4 589 个病患的连续大脑立体定位涂片。在这庞大的一系列案例之下,手术中细胞学诊断的正确率为 90.3%。作者推断,手术中诊断所用的立体定向活组织检查,具有很高的正确率和有效性,而且基于涂片制备的及时治疗是有理可循的。尽管在一个数量更小的一系列案例中,相关兽医文献也发布了类似结果,这些文献中,令人满意的细胞学诊断结果超过了 90%(De Lorenzi et al.,2006)。

活检标本的组织病理学和免疫组化评价仍是最后诊断的基石,神经细胞病理学与其他诊断相辅相成。作为一种新方法,利用脑脊液中的生化标志物诊断(Turba et al.,2007),可以为未来兽医学的诊断工具开辟新的领域。为避免误诊,细胞学诊断提供的数据必须与准确的临床调查相关,且与影像学检查结果一致。这些方法的综合运用可以显著提高细胞学检查的精确度。

## 总结

在神经系统疾病调查中,脑脊液评估具有实用并且翔实的辅助诊断价值。脑脊液中蛋白质含量、细胞计数的升高和(或)细胞学发现的增加,都可为疾病的鉴别诊断提供信息。

## 参考文献


Abate O,Bollo E,Lotti D,et al:Cytological,immunocytochemical and biochemical cerebrospinal fluid investigations in selected central nervous system disorder of dogs, *Zentralbl Veterinarmed* 45:73-85,1998. [B].

Amude AM,Alfieri AA,Balarin MRS,et al:Cerebrospinal fluid from a 7-month-old dog with seizure-like episodes, *Vet Clin Pathol* 35:119-122,2006.

Bailey CS, Higgins RJ: Characteristics of cerebrospinal fluid associated with canine granulomatous meningoencephalomyelitis:a retrospective study, *J Am Vet Med Assoc* 188:418-421,1986.

Baker R,Lumsden JH:*Color atlas of cytology of the dog and cat*,St. Louis,2000,Mosby,pp95-115.

Baroni M,Heinold Y:A review of the clinical diagnosis of feline infectious peritonitis viral meningoencephalomyelitis, *Prog Vet Neurol* 6:88-94,1995.

Bauer NB,Basset H,O'Neill EJ,et al:Cerebrospinal fluid from a 6-year-old dog with severe neck pain, *Vet Clin Pathol* 35:123-125,2006.

Behling-Kelly E,Petersen S,Muthuswamy A,et al:Neoplastic pleocytosis in a dog with metastatic mammary carcinoma and meningeal carcinomatosis, *Vet Clin Pathol* 39(2):247-252,2010.

Behr S,Cauzinille L:Aseptic suppurative meningitis in juvenile boxer dogs:retrospective study of 12 cases, *J Am Anim Hosp Assoc* 42:277-282,2006.

Behr S,Trumel C,Cauzinille L,et al:High resolution protein electrophoresis of 100 paired canine cerebrospinal fluid and serum, *J Vet Intern Med* 20:657-662,2006.

Berthelin CF,Legendre AM,Bailey CS,et al:Cryptococcosis of the nervous system in dogs,Part 2:Diagnosis,treatment,monitoring,and prognosis, *Prog Vet Neurol* 5:136-145,1994.

Bienzle D,Kwiecien JM,Parent JM:Extramedullary hematopoiesis in the choroid plexus of five dogs, *Vet Pathol* 32:437-440,1995.

Bienzle D,McDonnell JJ,Stanton JB:Analysis of cerebrospinal fluid from dogs and cats after 24 and 48 hours of storage, *J Am Vet Med Assoc* 216:1761-1764,2000.

Bigner SH:Central nervous system. In Bibbo M(ed):*Comprehensive cytopathology*,Philadelphia,1997,WB Saunders, pp477–492.

Bisby TM, Holman PJ, Pitoc GA, et al: *Sarcocystis sp.* encephalomyelitis in a cat, *Vet Clin Pathol* 39:105–112, 2010.

Boettcher IC, Steinberg T, Matiasek K: Use of anti-coronavirus antibody testing of cerebrospinal fluid for diagnosis of feline infectious peritonitis involving the central nervous system, *J Am Vet Med Assoc* 230:199–206, 2007.

Bohn AA, Willis TB, West CL, et al: Cerebrospinal fluid analysis and magnetic resonance imaging in the diagnosis of neurologic disease in dogs: a retro-spective study, *Vet Clin Pathol* 35:315–320, 2006.

Bush WW, Barr C, Darrin EW, et al: Results of cerebrospinal uid analysis, neurological examination ndings, and age at the onset of seizures as predictors for results of magnetic resonance imaging of the brain in dogs examined because of seizures: 115 cases(1992–2000), *JAVMA* 220:781–784, 2002.

Carmichael N: Nervous system. In Davidson M, Else R, Lumsden J(eds): *Manual of small animal clinical pathology*, Cheltenham, UK, 1998, British Small Animal Veterinary Association, pp235–240.

Caswell JL, Nykamp SG: Intradural vasculitis and hemorrhage in full sibling Welsh springer spaniels, *Can Vet J* 44: 137–139, 2003.

Cellio BC: Collecting, processing, and preparing cerebrospinal fluid in dogs and cats, *Compend Contin Educ Pract Vet* 23:786–794, 2001.

Chamberlain MC: Comparative spine imaging in leptomeningeal metastases, *J Neuro Oncol* 23:233–238, 1995.

Chrisman CL: Special ancillary investigations. In Chrisman CL(ed): *Problems in small animal neurology*, ed 2, Philadelphia, 1991, Lea & Febiger, pp81–117.

Chrisman CL: Cerebrospinal fluid analysis, *Vet Clin North Am Small Anim Pract* 22:781–810, 1992.

Christopher MM: Bone marrow contamination of canine cerebrospinal fluid, *Vet Clin Pathol* 21:95–98, 1992.

Cizinauskas S, Jaggy A, Tipold A: Long-term treatment of dogs with steroid-responsive meningitis-arteritis: clinical, laboratory and therapeutic results, *J Small Anim Pract* 41: 295–301, 2000.

Clemmons RM: erapeutic considerations for degenerative myelopathy of German Shepherds, New Orleans, 1991, Proceedings of the 9th ACVIM Forum, pp773–775.

Cook JR, DeNicola DB: Cerebrospinal fluid, *Vet Clin North Am Small Anim Pract* 18:475–499, 1988.

De Lorenzi D, Bernardini M, Mandara MT: Nuove applicazioni in citologia diagnostica veterinaria: il sistema nervoso centrale. In Proceedings of the 48th SCIVAC National Congress, Rimini, Italy, 2004, pp136–138.

De Lorenzi D, Mandara MT, Tranquillo M, et al: Squash-prep cytology in the diagnosis of canine and feline nervous system lesions: a study of 42 cases, *Vet Clin Pathol* 35:208–214, 2006.

De Lorenzi D, Baroni M, Mandara MT: A true"triphasic" pattern: thoracolumbar spinal tumor in a young dog, *Vet Clin Pathol* 36:200–203, 2007.

Desnoyers M, Bédard C, Meinkoth JH, et al: Cerebrospinal fluid analysis. In Cowell RL, Tyler RD, Meinkoth JH, DeNicola DB(eds): *Diagnostic cytology and hematology of the dog and cat*, ed 3, St. Louis, 2008, Mosby, pp215–234.

Dickinson PJ, Keel MK, Higgins RJ, et al: Clinical and pathologic features of oligodendrogliomas in two cats, *Vet Pathol* 37:160–167, 2000.

Dickinson PJ, Sturges BK, Kass PH, et al: Characteristics of cisternal cerebro-spinal fluid associated with intracranial meningiomas in dogs: 56 cases(1985–2004), *J Am Vet Med Assoc* 228:564–567, 2006.

Di Terlizzi R, Platt S: e function, composition and analysis of cerebrospinal fluid in companion animals: Part Ⅰ–Function and composition, *Vet J* 172:422–431, 2006.

Di Terlizzi R, Platt S: e function, composition and analysis of cerebrospinal fluid in companion animals: Part Ⅱ–Analysis, *Vet J* 180:15–32, 2009.

Doyle C, Solano-Gallego L: Cytologic interpretation of canine cerebrospinal fluid samples with low total nucleated cell concentration, with and without blood contamination, *Vet Clin Pathol* 38/3:392–396, 2009.

Duque C, Parent J, Bienzle D: The immunophenotype of blood and cerebrospi-nal fluid mononuclear cells in dogs, *J Vet Intern Med* 16:714–719, 2002.

Fallin CW, Raskin RE, Harvey JW: Cytologic identification of neural tissue in the cerebrospinal fluid of two dogs, *Vet Clin Pathol* 25:127–129, 1996.

Falzone C, Baroni M, De Lorenzi D, et al: *Toxoplasma gondii* brain granuloma in a cat: diagnosis using cytology from an intraoperative sample and sequential magnetic resonance imaging, *J Small Anim Pract* 49:95–99, 2008.

Fenner WR: Diseases of the brain. In Ettinger SJ, Feldman EC(eds): *Textbook of veterinary internal medicine*, ed 5, Philadelphia, 2000, WB Saunders, pp552–602.

Fenner WR: Central nervous system infections. In Greene CE(ed): *Infectious diseases of the dog and cat*, ed 2, Philadelphia, 1998, WB Saunders, pp647–657.

Fernandez FR, Grindem CB, Brown TT, et al: Cytologic and histologic features of a poorly differentiated glioma in a dog, *Vet Clin Pathol* 26:182–186, 1997.

Fluhemann G, Konar M, Jaggy A, et al: Cerebral cholesterol granuloma in a cat, *J Vet Intern Med* 20: 1241–1244, 2006.

Fry MM, Vernau W, Kass PH, et al: E ects of time, initial composition, and stabilizing agents on the results of canine cerebrospinal fluid analysis,*Vet Clin Pathol* 35:72–77,2006.

Gaitero L,Anor S,Montoliu P,et al:Detection of *Neospora caninum* tachyzoites in canine cerebrospinal uid,*J Vet Intern Med* 20:410–414,2006.

Galloway AM,Curtis NC,Sommerlad SF,et al:Correlative imaging ndings in seven dogs and one cat with spinal arachnoid cyst,*Vet Radiol Ultrasound* 40:445–452,1999.

Gama FGV,Santana AE,de Campos Filho E,et al:Agarose gel electrophoresis of cerebrospinal fluid proteins of dogs after sample concentration using a membrane microconcentrator technique,*Vet Clin Pathol* 36:85–88,2007.

Garma-Aviña A:Cytology of the normal and abnormal choroid plexi in selected domestic mammals,wildlife species,and man,*J Vet Diagn Invest* 16:283–292,2004.

Garma-Aviña A,Tyler JW:Large granular lymphocyte pleocytosis in the cerebrospinal fluid of a dog with necrotizing meningoencephalitis,*J Comp Pathol* 121:83–87,1999.

Glass EN,Cornetta AM,deLahunta A,et al:Clinical and clinicopathologic features in 11 cats with *Cuterebra* larvae myiasis of the central nervous system,*J Vet Intern Med* 12:365–368,1998.

Greenberg MJ,Schatzberg SJ,deLahunta A,et al:Intracerebral plasma cell tumor in a cat:a case report and literature review,*J Vet Intern Med* 18:581–585,2004.

Gupta A,Gumber S,Bauer RW,et al:What is your diagnosis? Cerebrospinal uid from a dog,*Vet Clin Pathol* 40(1):105–106,2011.

Herzberg AJ:Neurocytology. In Herzberg AJ,Raso DS,Silverman JF(eds):*Color atlas of normal cytology*,New York,1999,Churchill Livingstone,pp415–443.

Higgins RJ,LeCouteur RA,Vernau KM,et al:Granular cell tumor of the canine central nervous system:two cases,*Vet Pathol* 38:620–627,2001.

Hopkins AL,Garner M,Ackerman N,et al:Spinal meningeal sarcoma in a Rottweiler puppy,*J Small Anim Pract* 36:183–186,1995.

Hurtt AE,Smith MO:E ects of iatrogenic blood contamination of results of cerebrospinal uid analysis in clinically normal dogs and dogs with neurologic disease,*J Am Vet Med Assoc* 211:866–867,1997.

Johnsrude JD,Alleman AR,Schumacher J,et al:Cytologic findings in cerebrospinal fluid from two animals with GM2-gangliosidosis,*Vet Clin Pathol* 25:80–83,1996.

Keebler CM,Facik M:Cytopreparatory techniques. In Bibbo M,Wilbur D(eds):*Comprehensive cytopathology*,ed 3,St. Louis,2008,Saunders,pp977–1003.

Kipar A,Baumgartner W,Vogl C,et al:Immunohistochemical characterization of in flammatory cells in brains of dogs with granulomatous meningoencephalitis,*Vet Pathol* 35:43–52,1998.

Lane LV,Meinkoth JH,Brunker J,et al:Disseminated protothecosis diagnosed by evaluation of CSF in a dog,*Vet Clin Pathol* 41(1):147–152,2012.

Levine GJ,Levine JM,Witsberger TH,et al:Cerebrospinal uid myelin basic protein as a prognostic biomarker in dogs with thoracolumbar intervertebral disk herniation,*J Vet Intern Med* 24:890–896,2010.

Lipitz L,Rylander H,Pinkerton ME:Intramedullary epidermoid cyst in the thoracic spine of a dog,*J Am Anim Hosp Assoc* 47:e145–e149,2011.

Lipsitz D,Levitski RE,Chauvet AE:Magnetic resonance imaging of a choroid plexus carcinoma and meningeal carcinomatosis in a dog,*Vet Radiol Ultrasound* 40:246–250,1999.

Long SN,Anderson TJ,Long FHA,et al:Evaluation of rapid staining techniques for cytologic diagnosis of intracranial lesions,*AJVR* 3:381–386,2002.

Lunn JA,Lee R,Smaller J,et al:Twenty two cases of canine neural angiostrongylosis in eastern Australia(2002–2005) and a review of the literature,*Parasites & Vectors* 5:70,2012.

Maiolini A,Carlson R,Schwartz M,et al:Determination of immunoglobulin A concentrations in the serum and cerebrospinal fluid of dogs:an estimation of its diagnostic value in canine steroid-responsive meningitis – arteritis,*Vet J* 191(2):219–224,2012.

Marangoni NR,Melo GD,Moraes OC,et al:Levels of matrix metallopro-teinase-2 and metalloproteinase-9 in the cerebrospinal fluid of dogs with visceral leishmaniasis,*Parasite Immunol* 33(6):330–334,2011.

Mariani CL,Boozer LB,Braxton AM,et al:Evaluation of matrix metallopro-teinase-2 and-9 in the cerebrospinal fluid of dogs with intracranial tumors,*Am J Vet Res* 74(1):122–129,2013.

Mariani CL,Platt SR,Scase TJ,et al:Cerebral phaeohyphomycosis caused by *Cladosporum spp.* in two domestic shorthair cats,*J Am Anim Hosp Assoc* 38:225–230,2002.

Mesher CI,Blue JT,Gu roy MRG,et al:Intracellular myelin in cerebrospinal fluid from a dog with myelomalacia,*Vet Clin Pathol* 25:124–126,1996.

Messer JS,Kegge SJ,Cooper ES,et al:Meningoencephalomyelitis caused by *Pasteurella multocida* in a cat,*J Vet Intern Med* 20:1033–1036,2006.

Mikszewski JS,Van Winkle TJ,Troxel MT:Fibrocartilaginous embolic myelopathy in five cats,*J Am Anim Hosp Assoc* 42:226–233,2006.

Moissonnier P,Blot S,Devauchelle P,et al:Stereotactic CT-guided brain biopsy in the dog,*J Small Anim Prac* 43:115–123,2002.

Montoliu P,Añor S,Vidal E,et al:Histological and immunohistochemical study of 30 cases of canine meningioma,*J Comp Path* 135:200–207,2006.

Munana KR, Luttgen PJ: Prognostic factors for dogs with granulomatous meningoencephalomyelitis: 42 cases (1982 - 1996), *J Am Vet Med Assoc* 212:1902-1906, 1998.

Nagano S, Kim SH, Tokunaga S, et al: Matrix metalloprotease-9 activity in the cerebrospinal fluid and spinal injury severity in dogs with intervertebral disc herniation, *Res Vet Sci* 91(3):482-485, 2011.

Neel J, Dean GA: A mass in the spinal column of a dog (nephroblastoma), *Vet Clin Pathol* 29:87-89, 2000.

Parent JM, Rand JS: Cerebrospinal fluid collection and analysis. In August JR(ed): *Consultations in feline internal medicine*, ed 2, Philadelphia, 1994, Saunders, pp385-392.

Platt SR, Alleman AR, Lanz OI, et al: Comparison of fine-needle aspiration and surgical-tissue biopsy in the diagnosis of canine brain tumors, *Vet Surg* 31:65-69, 2002.

Pumarola M, Balash M: Meningeal carcinomatosis in a dog, *Vet Rec* 25:523-524, 1996.

Olivier AK, Parkes JD, Flaherty HA, et al: Idiopathic eosinophilic meningoencephalomyelitis in a Rottweiler dog, *J Vet Diagn Invest* 22:646-648, 2010.

Radaelli ST, Platt SR: Bacterial meningoencephalomyelitis in dogs: a retrospective study of 23 cases(1990-1999), *J Vet Intern Med* 16:159-163, 2002.

Rand JS: The analysis of cerebrospinal fluid in cats. In Bonagua JD, Kirk RW(eds): *Kirk's current veterinary therapy XII: small animal practice*, Philadelphia, 1995, Saunders, pp1121-1126.

Rand JS, Parent J, Jacobs R, et al: Reference intervals for feline cerebrospinal fluid: cell counts and cytological features, *Am J Vet Res* 51:1044-1048, 1990.

Rand JS, Parent J, Percy D, et al: Clinical, cerebrospinal fluid and histological data from thirty-four cats with primary nonin ammatory disease of the central nervous system, *Can Vet J* 35:174-181, 1994.

Ruotsala K, Poma R, da Costa RC, et al: Evaluation of the ADVIA 120 for analysis of canine cerebrospinal fluid, *Vet Clin Pathol* 37:242-248, 2008.

Seo KW, Choi US, Lee JB, et al: Central nervous system relapses in 3 dogs with B-cell lymphoma, *Can Vet J* 52(7):778-783, 2011.

Sharkey LC, McDonnell JJ, Alroy J: Cytology of a mass on the meningeal surface of the le brain in a dog, *Vet Clin Pathol* 33:111-114, 2004.

Sheppard BJ, Chrisman CL, Newell SM, et al: Primary encephalic plasma cell tumor in a dog, *Vet Pathol* 34: 621-627, 1997.

Simpson ST, Reed RB: Manometric values of normal cerebrospinal fluid pressure in dogs, *J Am Anim Hosp Assoc* 23: 629, 1987.

Singh M, Foster DJ, Child J, et al: In ammatory cerebrospinal fluid analysis in cats: clinical diagnosis ad outcome, *J Feline Med Surg* 7:77-93, 2005.

Skeen TM, Olby NJ, Munana KR, et al: Spinal arachnoid cysts in 17 dogs, *J Am Anim Hosp Assoc* 39:271-282, 2003.

Snyder JM, Shofer FS, Van Winkle TJ, et al: Canine intracranial primary neoplasia: 173 cases(1986-2003), *J Vet Intern Med* 20:669-765, 2006.

Sorjonen DC: Clinical and histopathological features of granulomatous meningoencephalomyelitis in dogs, *J Am Anim Hosp Assoc* 26:141-147, 1990.

Stalis IH, Chadwick B, Dayrell-Hart B, et al: Necrotizing meningoencephalitis of Maltese dogs, *Vet Pathol* 32:230-235, 1995.

Stampley AR, Swaynev DE, Prasse KW: Meningeal carcinomatosis secondary to a colonic signet-ring cell carcinoma in a dog, *J Am Anim Hosp Assoc* 23:655-658, 1986.

Srugo I, Aroch I, Christopher MM, et al: Association of cerebrospinal fluid analysis findings with clinical signs and outcome in acute nonambulatory thoracolumbar disc disease in dogs, *J Vet Intern Med* 25:846-855, 2011.

Stowe DM, Escobar C, Neel JA: What is your diagnosis? Cerebrospinal fluid from a dog(histiocytic sarcoma), *Vet Clin Pathol* 41(3):429-430, 2012.

Theobald A, Volk HA, Dennis R, et al: Clinical outcome in 19 cats with clinical and magnetic resonance imaging diagnosis of ischaemic myelopathy(2000-2011), *J Fel Med Surg* 15: 132-141, 2013.

Thompson CA, Russell KE, Levine JM, et al: Cerebrospinal fluid from a dog with neurologic collapse, *Vet Clin Pathol* 32:143-146, 2003.

Thomson CE, Kornegay JN, Stevens JB: Analysis of cerebrospinal fluid from the cerebellomedullary and lumbar cisterns of dogs with focal neurologic disease: 145 cases(1985-1987), *J Am Vet Med Assoc* 196:1841-1844, 1990.

Tilgner J, Herr M, Ostertag C, et al: Validation of intraoperative diagnoses using smear preparations from stereotactic brain biopsies: intraopera-tive versus final diagnosis—influence of clinical factors, *Neurosurgery* 56:257-265, 2005.

Timmann D, Konar M, Howard J, et al: Necrotizing encephalitis in a French bulldog, *J Small Anim Pract* 48:339-342, 2007.

Tipold A, Fatzer R, Jaggy A, et al: Necrotizing encephalitis in Yorkshire terriers, *J Small Anim Pract* 34: 623-628, 1993.

Tipold A, Vandevelde M, Zurbriggen A: Neuroimmunological studies in steroidresponsive meningitis-arteritis in dogs, *Res Vet Sci* 58:103-108, 1995.

Tremblay N, Lanevschi A, Doré M, et al: Of all the nerve! A subcutaneous forelimb mass in a cat, *Vet Clin Pathol* 34: 417-420, 2005.

Troxel MT, Vite CH, Van Winkle TJ, et al: Feline intracranial neoplasia: review of 160 cases(1985－2001), *J Vet Intern Med* 17:850－859,2003.

Turba ME, Forni M, Gandini G, et al: Recruited leukocytes and local synthesis account for increased matrix metalloproteinase-9 in cerebrospinal uid of dogs with central nervous system neoplasm, *J Neurooncol* 81:123－129,2007.

Tzipory L, Vernau KM, Sturges BK, et al: Antemortem diagnosis of localized central nervous system histiocytic sarcoma in 2 dogs, *J Vet Intern Med* 23:369－374,2009.

Uchida K, Hasegawa T, Ikeda M, et al: Detection of an autoantibody from pug dogs with necrotizing encephalitis (pug dog encephalitis), *Vet Pathol* 36:301－307,1999.

Vernau KM, Higgins RJ, Bollen AW, et al: Primary canine and feline nervous system tumours: intraoperative diagnosis using the smear technique, *Vet Pathol* 38:47－57,2001.

Wessmann A, Volk HA, Chandler K, et al: Signi cance of surface epithelial cells in canine cerebrospinal fluid and relationship to central nervous system disease, *Vet Clin Pathol* 39: 358－364,2010.

Westworth DR, Dickinson PJ, Vernau W, et al: Choroid plexus tumors in 56 dogs(1985－2007), *J Vet Intern Med* 22: 1157－1165,2008.

Whittaker DE, English K, McGonnell IM, et al: Evaluation of cerebrospinal fluid in Cavalier King Charles Spaniel dogs diagnosed with Chiari-like malformation with or without concurrent syringomyelia, *J Vet Diagn Invest* 23:302－307,2011.

Windsor RC, Sturges BK, Vernau KM, et al: Cerebrospinal fluid eosinophilia in dogs, *J Vet Intern Med* 23: 275－281,2009.

Windsor RC, Vernau KM, Sturges BK, et al: Lumbar cerebrospinal fluid in dogs with type I intervertebral disc herniation, *J Vet Intern Med* 22:954－960,2008.

Witsberger TH, Levine JM, Geo rey T, et al: Associations between cerebrospi-nal fluid biomarkers and long-term neurologic outcome in dogs with acute intervertebral disk herniation, *J Am Vet Med Assoc* 240(5):555－562,2012.

Zabolotzky SM, Vernau KM, Kass PH, et al: Prevalence and significance of extracellular myelin-like material in canine cerebrospinal fluid, *Vet Clin Pathol* 39(1):90－95,2010.

Zimmerman KL, Bender HS, Boon GD, et al: A comparison of the cytologic and histologic features of meningiomas in four dogs, *Vet Clin Pathol* 29:29－34,2000.

Zimmerman K, Almy F, Carter L, et al: Cerebrospinal fluid from a 10-year-old dog with a single seizure episode, *Vet Clin Pathol* 35:127－131,2006.

# 第 15 章

# 眼睛和附属器

*Rose E. Raskin*

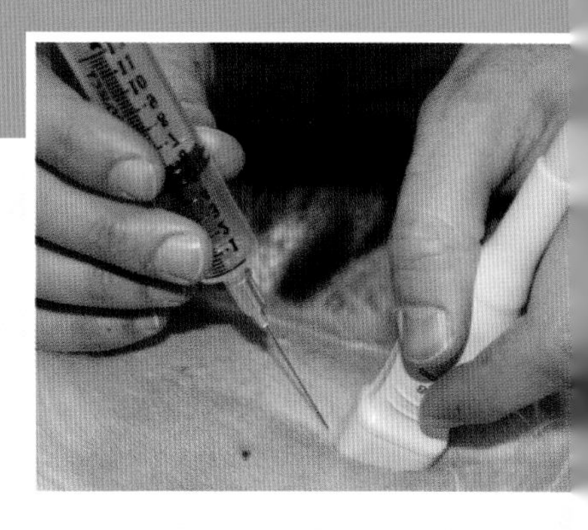

眼睛及周围结构的细胞学检查有助于在对眼部进行侵入性操作或昂贵操作前进行一般病理学分类。以下是眼睛各个解剖部位的细胞学诊断分类。需要注意,同一个样本一次可能有多种描述。

常规眼细胞学诊断

- 正常
- 囊肿或增生
- 炎症
- 肿瘤
- 组织损伤引起

活检细胞学的注意事项

建议对眼睑、眼球及其他相关结构的病灶和弥散性病变进行抽吸检查。较薄的结膜组织需要使用钝性工具,如眼科铲或软刷进行刮片(图 15-1)。使用刷子可以减少样本细胞凝集,以及减少细胞变形(Willis et al.,1997)。分泌物、导管冲洗物和抽吸物可以作为鼻泪管的样本。

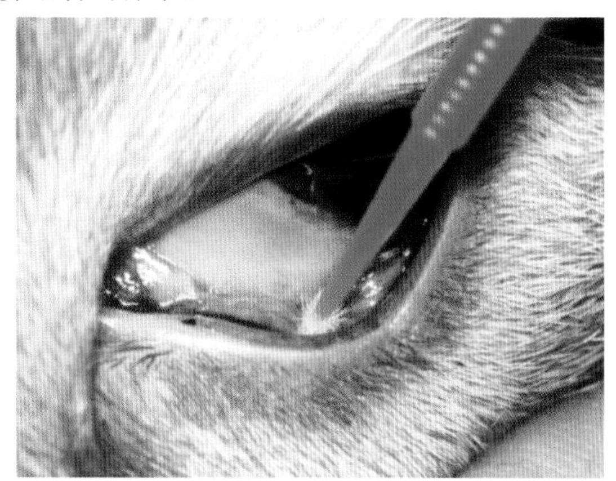

■ **图 15-1 尼龙毛刷用于获取结膜细胞学样本。**(来自 Greene CE:犬猫传染疾病,4 版。St. Louis,2012,Elsevier)

## 眼睑

### 常规组织学和细胞学

背侧及腹侧眼睑为脸部皮肤的薄性延展,背腹侧眼睑侧边及中间交汇处称为眦。犬的上眼睑的自由边缘有 2～4 排睫毛,而猫仅有 1 排(Samuelson,1999)。最外层与典型的皮肤相类似,存在角质化的鳞状上皮和一定数量的毛囊,毛囊存在于皮脂腺和改良的汗腺附近。更深层为横纹肌。最里层是睑结膜,由假复层的柱状上皮及一定数量的杯状细胞组成。在上下眼睑边缘后部附近为睑板腺。这些大的皮脂腺紧邻睑结膜,是泪液膜中脂质成分的提供者。

### 炎症

睑炎是眼睑的炎症。从细胞学角度上看,它是以主要的细胞类型进行特点划分。中性粒细胞性或脓性细胞性睑炎最常见的细菌为葡萄球菌和链球菌;但免疫介导性疾病或由异物引起的睑炎多导致脓性炎症。嗜酸性炎症则需要考虑过敏反应,一些自身免疫情况,寄生虫迁移(黄蝇属),或是胶原退化引起的情况。癣或是其他真菌感染也可能导致肉芽肿炎症,但其中只存在巨噬细胞或巨噬细胞混合其他细胞类型。

### 肿瘤

眼睑的弥散性肿瘤包括鳞状上皮癌(尤其在猫)、肉瘤、肥大细胞瘤和淋巴瘤。局灶性病变(图 15-2A&B)可能包括皮脂腺腺瘤/腺癌(犬)、乳头状瘤(犬)、肥大细胞瘤(猫)、黑色素瘤(犬)、鳞状上皮癌(猫)、皮肤基底上皮瘤(猫)和组织细胞瘤(犬)。良性肿瘤占大多数,但偶尔也存在恶性肿瘤,如顶泌汗腺瘤会侵入眼球并大范围地损伤眼睛(Hirai et al.,1997)。

### 囊肿

睑板腺囊肿,或称为麦粒肿,是指由于腺体内脂质分泌物溢出的刺激作用或肿物的阻塞作用导致的肉芽肿瘤。睑板腺内物质的漏出是一种类似于异物反应的炎症反应。在这种情况下,有大量泡沫样巨噬细胞，少量巨大细胞、中性粒细胞、淋巴细胞、无定型碎片和皮脂上皮细胞。

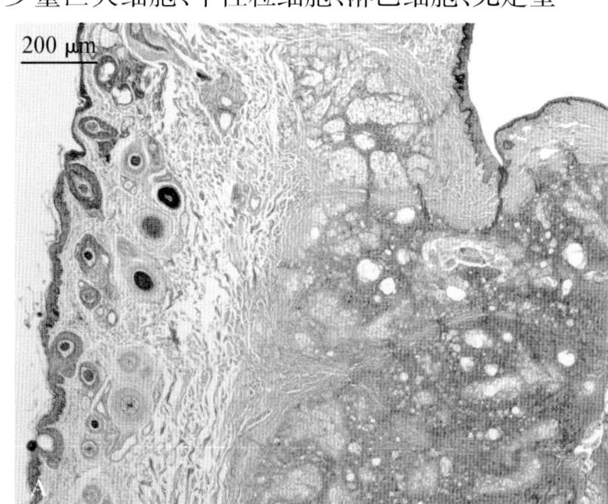


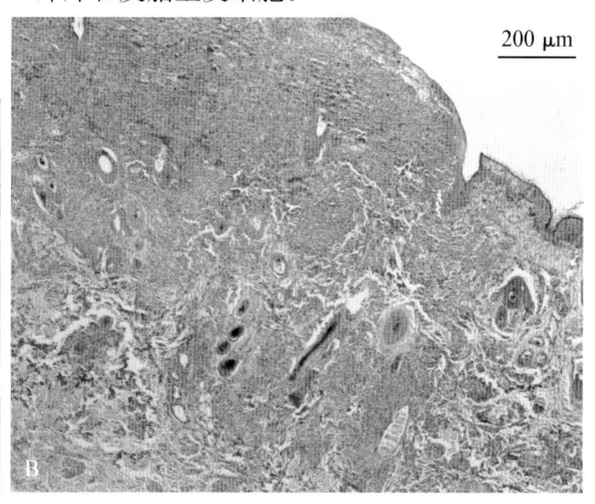


■ 图 15-2 **眼睑肿瘤。犬。组织切片。A.** 在皮脂小叶中可见病灶腺瘤病变。肿物被增殖的腺体上皮包裹。诊断为皮脂上皮瘤。(H&E 染色；低倍镜)**B.** 在这个组织细胞瘤的上皮充满了密集的瘤性圆形细胞，形成了一种"头重脚轻"的肿瘤生长模式。(H&E 染色；低倍镜)

## 结膜

### 常规组织学和细胞学

球结膜是由包含杯状细胞的假复层柱状上皮细胞排列组成。杯状细胞表现为膨胀的细胞，具有偏心细胞核。细胞质内可能存在清晰的空泡或红蓝色颗粒。细胞学样本中常见黏液，表现为嗜碱性无定型线型。睑结膜是球结膜的延续，球结膜连接到眼球和角膜上皮。两个结膜的连接处形成一个囊称为穹隆。这个盲囊是由包含了许多杯状细胞的分层立方上皮排列组成。球结膜是由薄的分层非角化鳞状上皮组成，通过印记细胞学检查可以检测到大部分中间层和含有少于 1% 的杯状细胞的表层(Bolzan et al.，2005)。没有明显的炎症细胞；但黏膜相关的淋巴组织位于穹隆附近的球结膜鳞状上皮层之下，该处不包含杯状细胞。

### 增生

像干眼症、维生素 A 缺乏、慢性疾病和机械损伤的刺激可导致细胞数量增多，有时候会发生组织转化。这些样本包括许多的角质化上皮细胞和杯状细胞(图 15-3A)(Murphy，1988)。也可能发生上皮的色素沉积加深，以致细胞质内包含大量的细小、黑绿色黑色素颗粒(图 15-3B)。

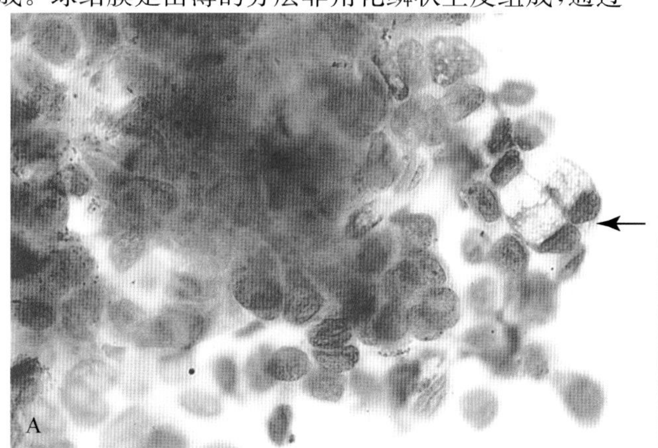


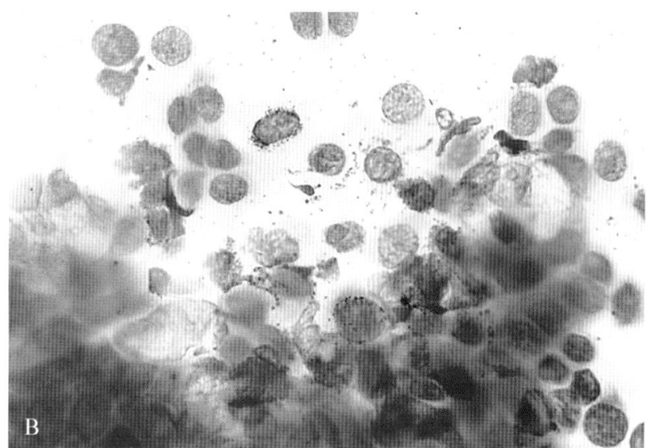


■ 图 15-3 **增生的上皮细胞。结膜刮片。猫。同一个病例 A-B。A. 杯状细胞增生。**该动物慢性结膜疾病导致了杯状细胞数量增加。箭头所示的两个细胞呈现典型的柱状形态、偏心细胞核，及苍白的泡沫样细胞质。(瑞-吉氏染色；高倍油镜)**B. 色素沉着和增生的上皮细胞。**两个细胞呈现丰富的细小的黑绿色胞质粒。同样注意核质比增加的增生上皮细胞。(瑞-吉氏染色；高倍油镜)

### 炎症

主要的细胞类型体现了结膜炎的特点。嗜中性结膜炎可能与像细菌和病毒或者非感染性因素引起的致病因子有关。如果出现退行性变化则需要考虑细菌来源。像病毒性如猫疱疹病毒(FHV-1)和慢性犬瘟病毒，主要是非退行性嗜中性占主导位置(图 15-4A)。可以在一半以上通过培养或酶联免疫反应诊断为 FHV-1 的病例中发现多核上皮细胞(图 15-4B)(Naisse et al.，1993)。嗜酸性粒细胞与 FHV-1 感染相关，并且嗜酸性粒细胞的存在支持进行证实试验(图 15-5A&B)

(Volopich et al., 2005; Hillström et al., 2012)。对FHV-1感染的病例进行结膜抹片时,偶尔可见核内包涵体(Volopich et al.,2005),而在组织切片中更容易看到(图15-6)。聚合酶链式反应(PCR)检测对检测病毒的敏感性比其他检查更高(Stiles et al.,1997)。犬瘟的包涵体在甲醇罗氏染色下为粉色,水溶罗氏染色为紫色。

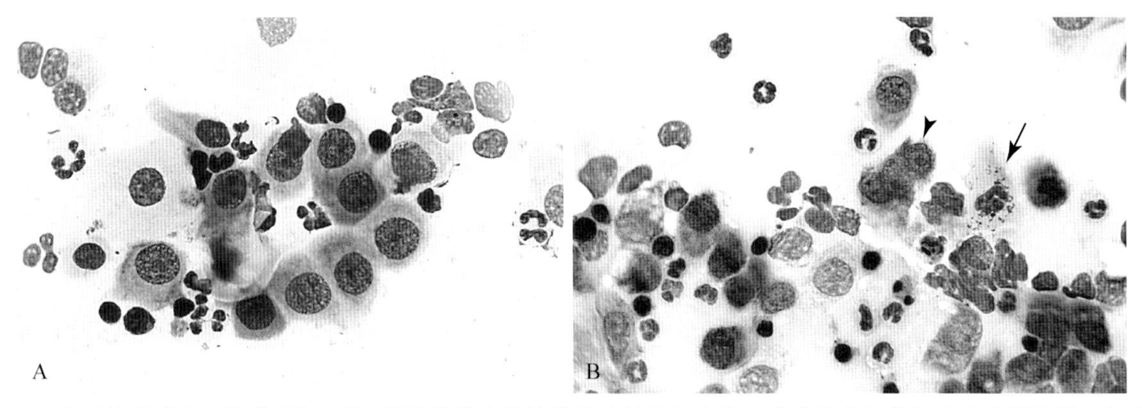

■ 图15-4 **化脓性结膜炎。结膜刮片。猫。**慢性结膜炎的幼猫的球结膜存在许多非退化中性粒细胞和少量的淋巴细胞增生。怀疑感染猫疱疹病毒(FHV-1)。(水溶罗氏染色;高倍油镜)**B. 疱疹病毒感染引起的化脓性结膜炎。结膜刮片。猫。**大量非退行性中性粒细胞伴随活性上皮包括多核化出现(箭头)。该病例通过PCR确诊为曾经疱疹病毒感染。可见一个色素沉着的上皮细胞(箭号)。(瑞-吉氏染色;高倍油镜)

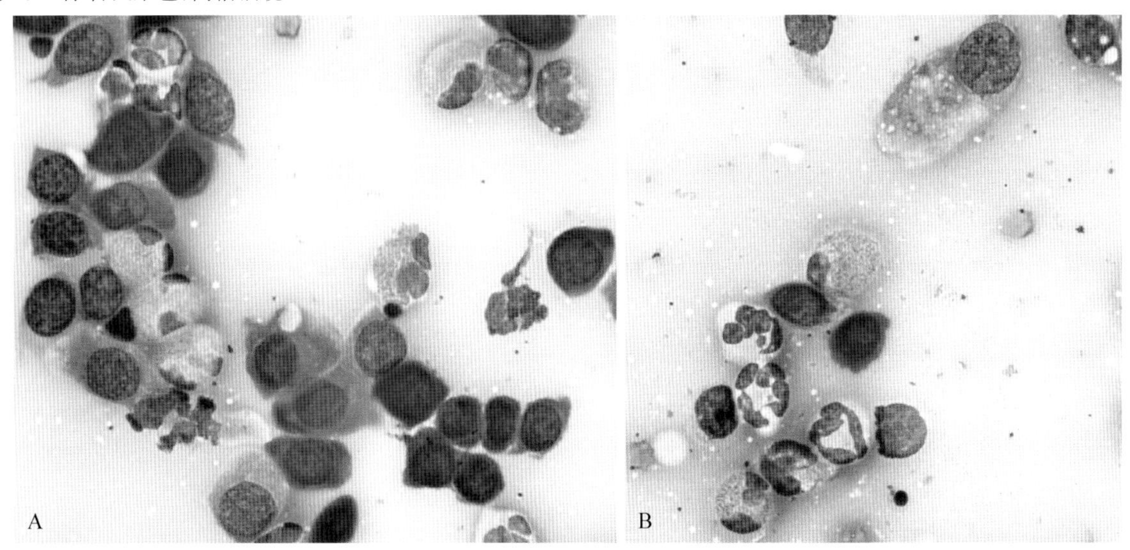

■ 图15-5 **混合型细胞结膜炎。结膜刮片。猫。A-B同一病例。A.** 怀疑疱疹病毒感染的成年猫的炎症反应以嗜酸性粒细胞为主。小的深染的嗜碱性细胞为基底细胞。临床表现为打喷嚏,流眼泪,睑痉挛,球结膜水肿和充血。(瑞氏染色;高倍油镜)**B.** 这个区域可见非退行性中性细胞为主,且可见明显的嗜酸性粒细胞增加。一个杯状细胞(右上)表现为柱状外形和苍白色的泡沫样细胞质。(瑞氏染色;高倍油镜)

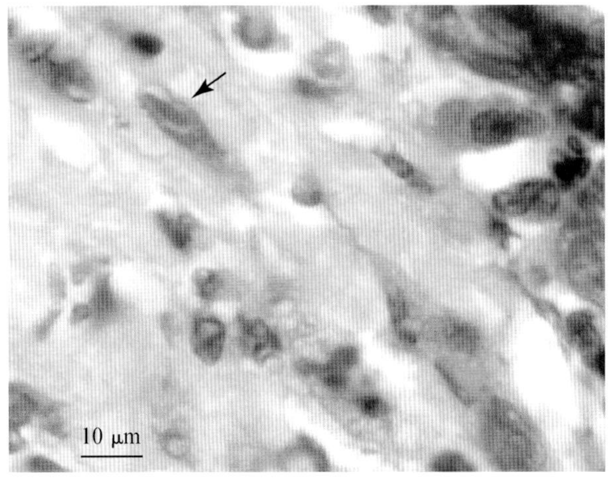


■ 图15-6 **中性粒细胞和嗜酸性粒细胞角膜结膜炎。疱疹病毒感染。组织切片。猫。**上皮细胞中的大而不规则的嗜酸性核内包涵体(箭号)。(H&E染色;高倍油镜)

其他感染的原因包括猫衣原体病,最近在分类学上已经改变(Nunes and Gomes,2014),恢复为早期的分类猫衣原体,而不再属于嗜衣原体属。在感染的前两周内,该微生物起初表现为大小不等的、离散的嗜碱性到亮红色颗粒,附着于上皮细胞。这些小原质小体大小为0.2~0.6 μm(图15-7A-C),被带入细胞质内,在细胞质内被划分,并分化为大的(0.5~1.5 μm)膜结合网状体(图15-8A&B)。网状体浓缩进入多样的原质小体,然后随着细胞裂解进入感染新细胞的循环(Sykes,2014)。Naisse等(1993)的研究显示,在荧光免疫实验中阳性的病例中,只有1/3的病例可以镜检到明显的上皮衣原体内含物。在一组患有结膜炎的家猫研究中,只有7%可以通过PCR检测出来(Low et al.,2007)。除了荧光抗体检测外，还可以使用细胞接种、酶联免疫吸附试验(ELISA)、PCR，或者免疫化学(Volopich et al.，2005；von Bomhard et al.，2003)。一个报告显示，猫的衣原体感染可能来自金刚鹦鹉(Lipman et al.，1994)。另外一个针对 226 只结膜炎病例进行的研究显示，39%为非 C. 猫属衣原体 DNA 阳性病例，鉴定为新衣原体属，在细胞学检查中显示为嗜酸性炎症反应(von Bomhard et al.，2003)。

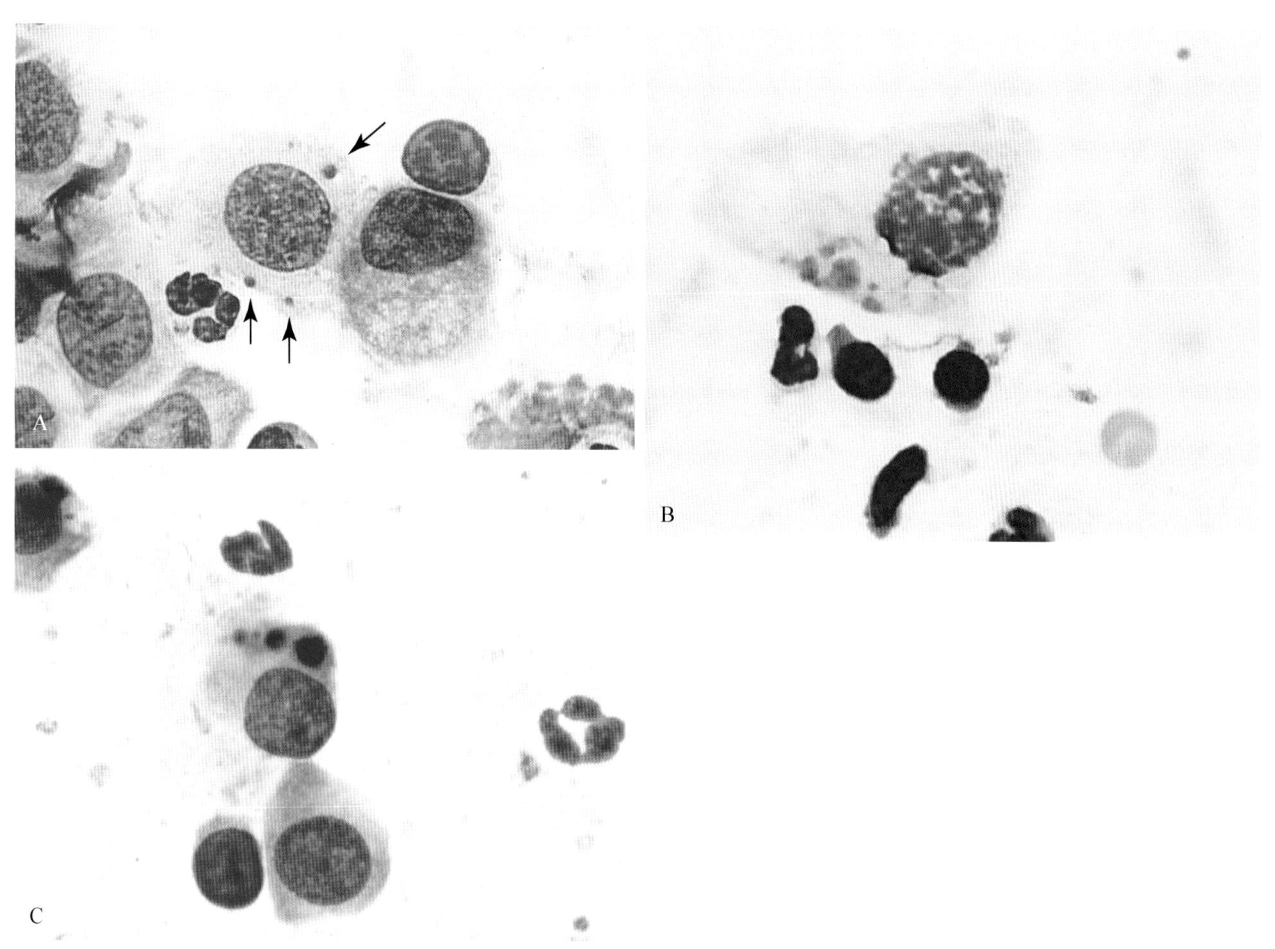


■ 图 15-7　**有原质小体的衣原体。结膜刮片。猫。A-B 同一病例。A.** 10 个月幼猫的一个上皮细胞中有 3 个小的嗜碱性包含物(箭号)。(瑞-吉氏染色；高倍油镜)**B.** 退化的上皮细胞包含多个小的嗜碱性颗粒原质小体。同一个主人的另一只猫患有结膜炎。这个样本还存在非退行性中性粒细胞和小淋巴细胞。(瑞-吉氏染色；高倍油镜)C. 一个急性患病动物的细胞质中存在多个多形态的嗜碱性和洋红色内含物。存在 2 个中性粒细胞和 1 个淋巴细胞。(瑞氏染色；高倍油镜)(C，照片由 Pierre Deshuilers 提供，普渡大学)

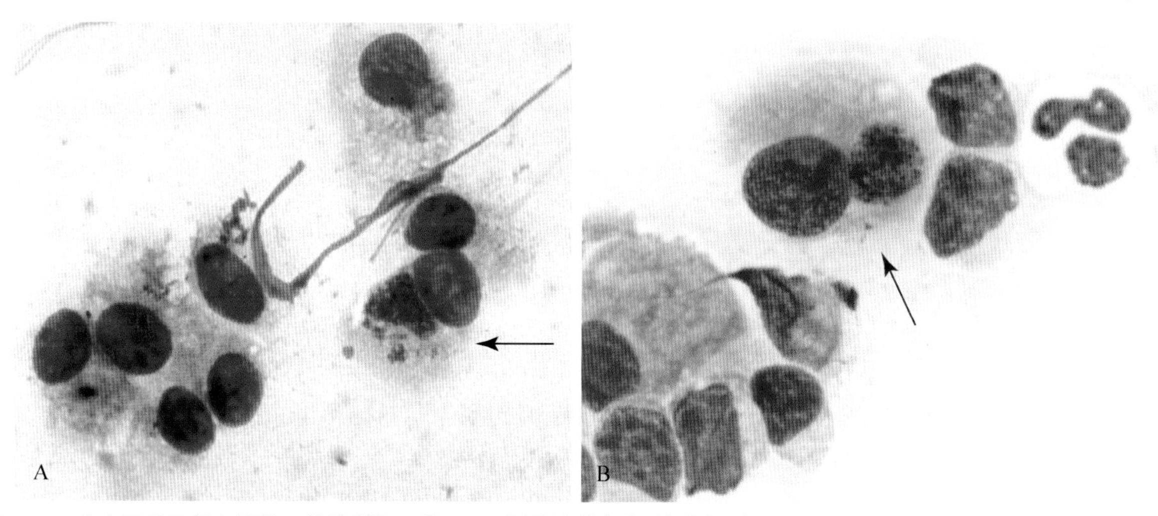


■ 图 15-8　**含有网状体的衣原体。结膜刮片。猫。A.** 1 周前该猫发热，结膜炎，鼻炎，以及口腔溃疡。指出的细胞(箭号)包含一个核旁的充满众多的原质小体的网状体。通过荧光抗体试验确诊。(瑞氏染色；高倍油镜)**B. 图 15-7C 中同一只猫。**上皮细胞(箭号)含有 1 个大的(约 10 μm)核旁内含物，其中含有多个小的原质小体。小淋巴细胞和中淋巴细胞很常见。(瑞氏染色；高倍油镜)(A，照片由 John Kramer 提供，华盛顿州立大学；发表于 1989 ASVCP 病例回顾会议。B，照片由 Pierre Deshuilers 提供，普渡大学)

感染猫支原体为细小的嗜碱性颗粒，与衣原体感染时的原质小体相似，不同的是支原体是依附在膜表面(图 15-9A&B)。Belgium 的一项研究显示在患有结膜炎的猫身上会有 25%的概率感染支原体(Haesebrouck et al.，1991)。在幼猫中支原体感染被认为是常在细菌，但是当存在 FHV-1 感染或 C. 猫属感染时则会成为致病菌(Sykes，2014)。使用细胞学诊断支原体通常不可靠，因为假阴性常见(Hillström et al.，2012)。

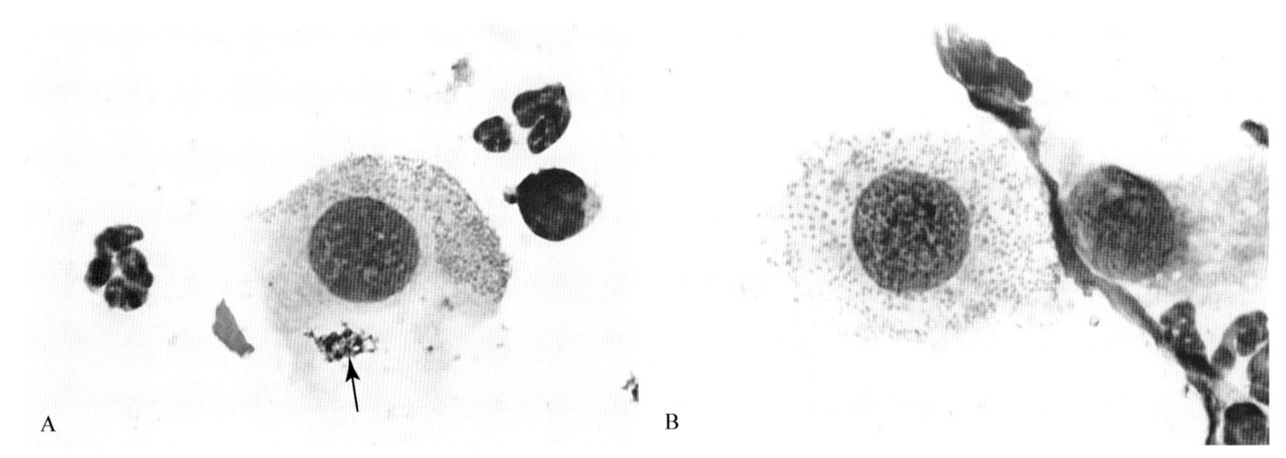


■ 图 15-9 **支原体病。结膜刮片。山羊。A-B 同一病例。A.** 该动物患有角膜结膜炎。大量小的灰色颗粒存在于细胞中，还有少量有机体可以在背景中找到。非退行性中性粒细胞是常在的。染色沉淀或细胞碎片(箭号)在细胞下方。(瑞-吉氏染色；高倍油镜)**B.** 注意大量的有机体覆盖在细胞质和细胞核上。这些颗粒附着在细胞膜表面，并延续进入背景。1 个破碎的细胞通过其带样的核蛋白将 2 个上皮细胞分隔开。(瑞-吉氏染色；高倍油镜)

非感染性因素包括干眼症和过敏体质。猫的嗜酸性结膜炎与过敏反应有关。在这种情况下，通常可以见到嗜酸性粒细胞(图 15-10A)。大量肥大细胞浸润时可能要考虑结膜肥大细胞瘤(图 15-10B)。淋巴细胞和浆细胞与过敏体质、早期犬瘟感染，及结膜的慢性炎症有关(图 15-11A&B)。

### 肿瘤

上皮组织在严重炎症时的结果通常是非典型的增生；因此，肿瘤很难明确诊断。结膜常发的肿瘤有鳞状上皮癌、乳头状瘤、黑色素瘤、淋巴瘤、血管内皮瘤和肥大细胞瘤。结膜的肥大细胞瘤预后良好，多数表现为低级或中级肿瘤(Fife et al.，2011)。传染性性肿瘤(TVT)的不常见位置是上下眼睑的结膜(Boscos et al.，1998)。

### 其他研究结果

鳞状上皮细胞质内含有大量无定型嗜碱性内含物被认为是使用眼药膏所致，特别是含有新霉素的眼药膏(Prasseand Winston，1999；Young and Taylor，2006)。

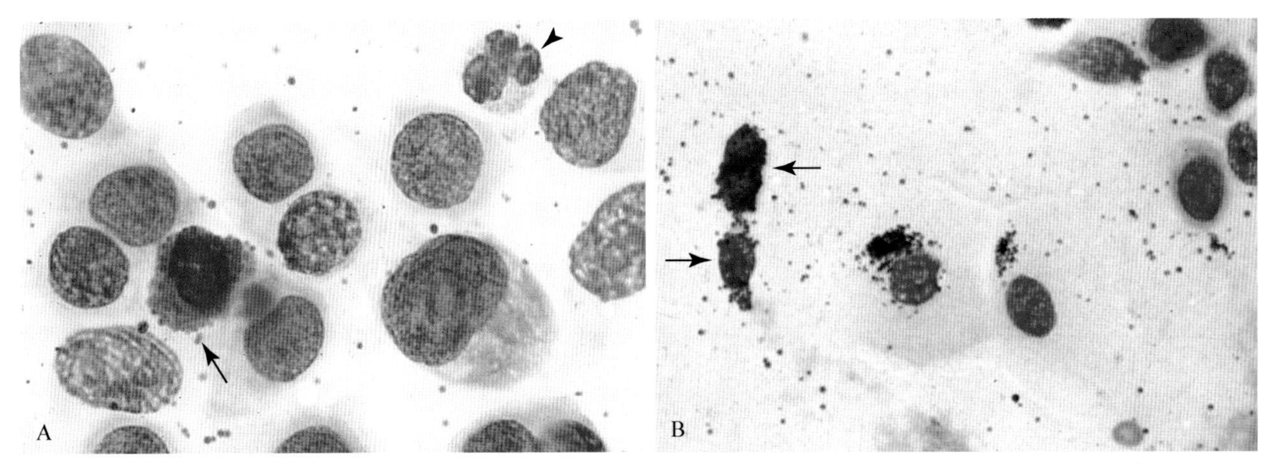


■ 图 15-10 **嗜酸性结膜炎。结膜刮片。猫。A-B 同一病例。A.** 该猫双侧结膜炎。一个颜色较淡的嗜酸性颗粒(箭头)出现在一个肥大细胞周围(箭号)。注意背景中肥大细胞颗粒。这个情况怀疑是非感染性的过敏反应导致的。(瑞-吉氏染色；高倍油镜)**B.** 背景中许多肥大细胞颗粒。两个肥大细胞(箭号)和两个色素沉着的上皮细胞出现在视野中。大量肥大细胞出现时可以确诊肥大细胞瘤，但是它们看上去是完全成熟和良性的细胞。(瑞-吉氏染色；高倍油镜)

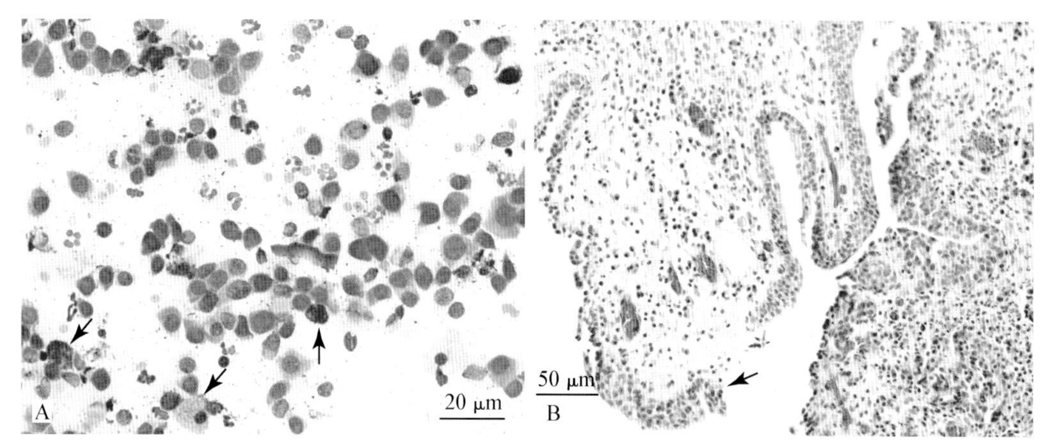


■ 图 15-11　**上皮增生的混合细胞结膜炎。猫。A-B 同一病例。A. 结膜拭子。**本病例为结膜慢性炎症经过 4 个月，并对药物无反应。目前表现为上下眼睑结节增生。炎症细胞包括 60%的中性粒细胞，15%肥大细胞，10%嗜酸性粒细胞，5%浆细胞和 4%淋巴细胞，松散的背景散落肥大细胞的颗粒。可见 3 个肥大细胞（箭号）。结膜上皮显示细胞质嗜碱性增加，核质比增加，以及细胞多形性。（瑞氏染色；中倍镜）**B. 组织切片。**黏膜下层细胞间隙增加显著的血管化，单核炎症细胞显示组织水肿。扩张的上皮是息肉样，并以复层扁平上皮排列（箭号）。（H&E 染色；低倍镜）

## 瞬膜

### 常规组织学和细胞学

第三眼睑或瞬膜是结膜从内眦处突出后的大皱褶。它包含一个由腺上皮包围的 T 形软骨盘，腺上皮在猫产生浆液，在犬产生血清类黏蛋白（Samuelson，1999）。眼睑和眼球表面由非角化复层鳞状上皮组成。瞬膜的游离缘有色素沉积，在细胞学上，上皮内可见细小的绿灰色黑色素颗粒。大量大小不一的淋巴样聚合物存在于表层上皮，微绒毛或微褶皱（M 细胞）存在于瞬膜的球膜表面的顶端（Giuliano et al.，2002）。基质还存在纤维结缔组织。

### 炎症

滤泡性结膜炎会出现大量的混合型淋巴细胞，与增生的淋巴结类似（图 15-12A-C）。浆细胞浸润（浆细胞结膜炎或浆细胞瘤）在德国牧羊犬可见。这些增厚的褪色病灶由很多分化良好的浆细胞组成。

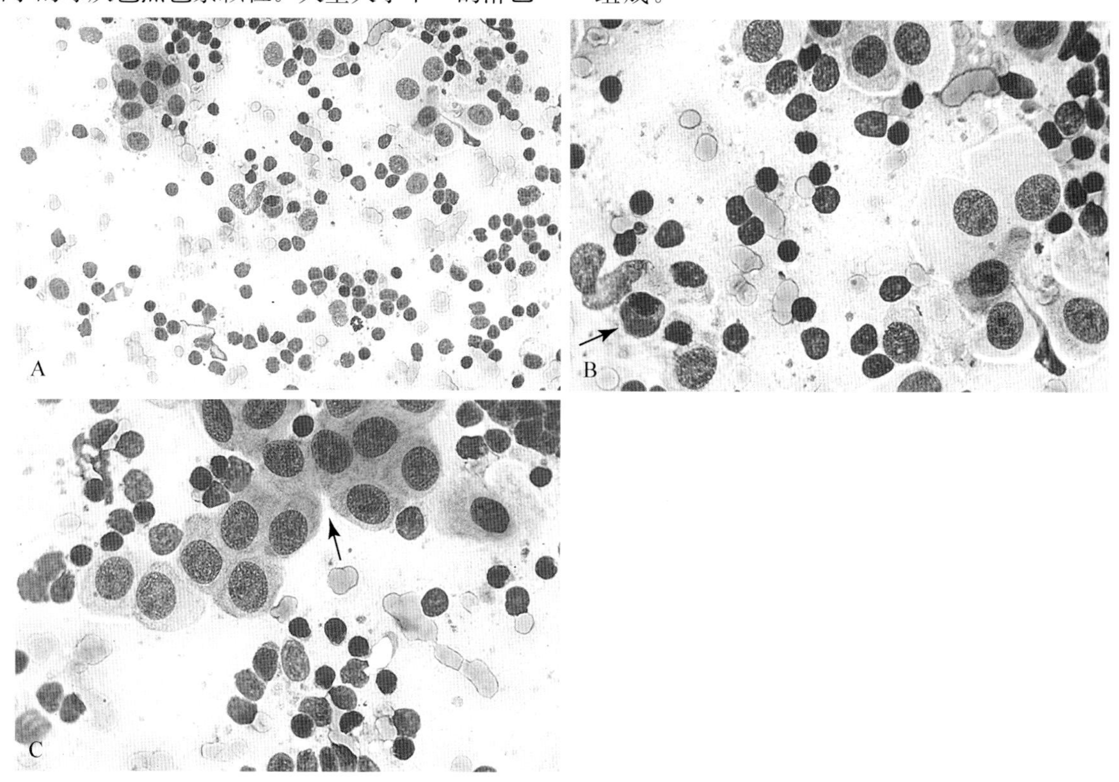


■ 图 15-12　**滤泡增生。瞬膜。猫。A-C 同一病例。A.** 大量小淋巴细胞为主。**B.** 更大倍数放大后显示存在浆细胞（箭号），除了小淋巴细胞外还有一些中等淋巴细胞。**C.** 活性上皮（箭号）伴随着众多淋巴浆细胞存在。（A-C，罗氏染色；高倍油镜）

### 肿瘤

瞬膜的肿瘤与结膜上所见肿瘤相似。腺癌、乳突淋瘤、恶性黑色素瘤在犬最常见。1 例猫腺癌波及瞬膜腺体，切除活组织检查的抹片显示为恶性的上皮细胞(Komaromy et al.,1997)。瞬膜的鳞状细胞癌被认为是眼睑延伸导致。它的表现与那些皮肤上发现的非败血症化脓性炎症相似(图 15-13A-E)。血管内皮瘤和血管瘤在犬猫最常见的表现是出现在瞬膜的非色素沉着上皮，这与结膜上的表现不同。暴露于紫外线怀疑是内皮肿瘤的风险因子(Pirie and Dubielzig,2006;Pirie et al.,2006)。

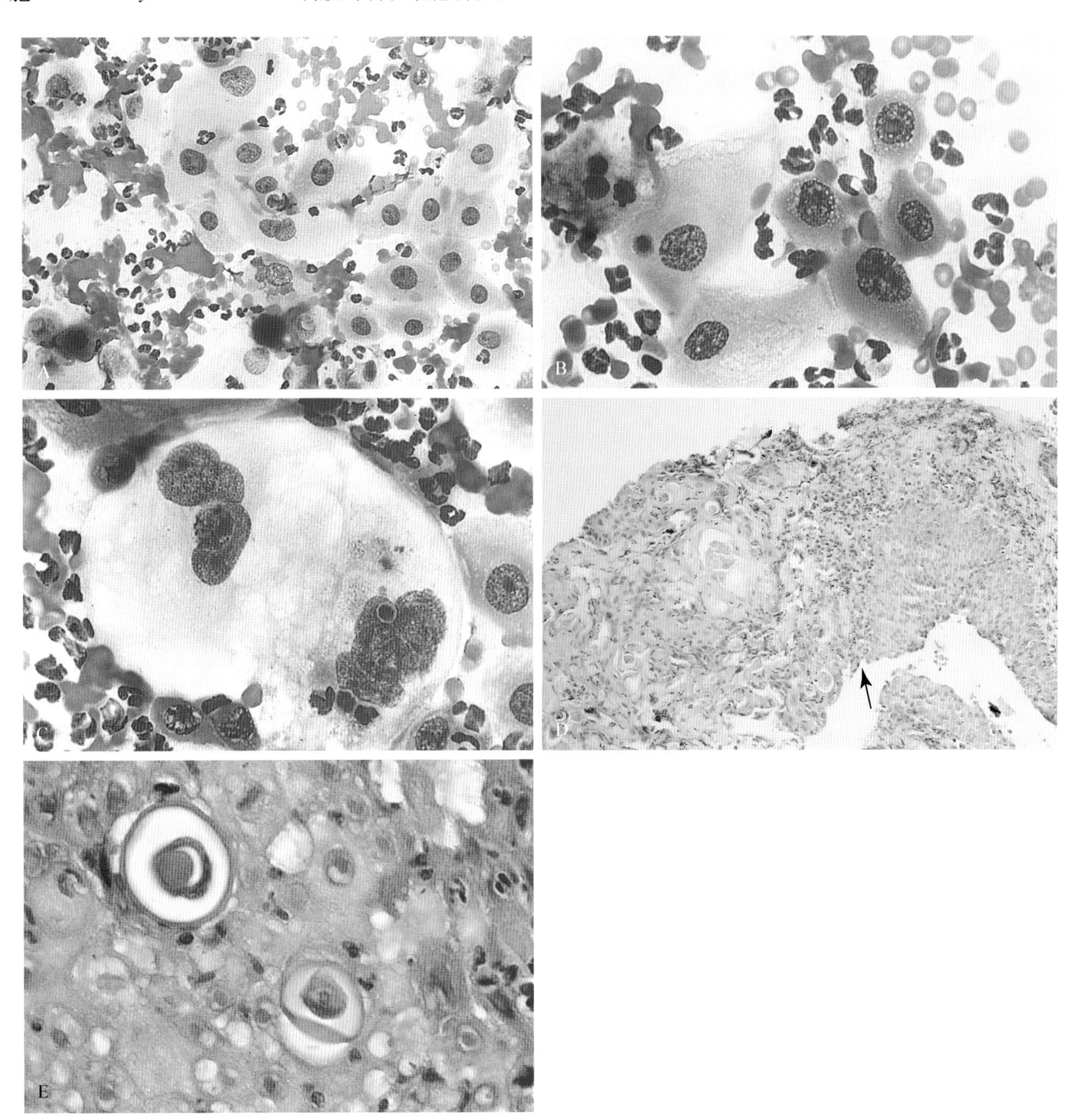

■ 图 15-13　**鳞状上皮癌。瞬膜。猫。A-E 同一病例。A.** 14 岁的猫持续数周表现为结膜和第三眼睑的增生病灶处红斑及水肿。上皮的压片显示一些恶性的特质，包括核大小不一、多核化、核质比变化大，以及染色质粗糙。在没有败血症证据的情况下出现许多非退行性中性粒细胞。(罗氏染色;高倍油镜)**B.** 除了之前注意到的恶性特质，还有核周围的空泡化，这个特质通常与恶性鳞状上皮有关。严重的化脓炎症反应表现在上皮的发育不良改变中占一定比例。(罗氏染色;高倍油镜)**C. 两个含有多个细胞核的巨大的上皮细胞与周围的中性粒细胞在大小上形成对比。**细胞表现为形态奇异的改变，且没有进一步败血症的发展的这些特质都说明它是恶性的，而非上皮的发育不良。(罗氏染色;高倍油镜)**D.** 该切片位置为睑结膜在左，瞬膜在右的连接处。注意明显的黏膜层和真皮层的连接处的解体(箭号)。该肿瘤被认为是从眼睑起源然后延伸至瞬膜的。(H&E 染色;中倍镜)**E.** 图中央可见两个癌珠，其通常与恶性鳞状上皮有关，并可以帮助判定肿瘤。(H&E 染色;高倍油镜)

## 巩膜

### 常规组织学和细胞学

巩膜是眼球上覆盖的纤维组织，与角膜外围和球结膜在边缘处交汇，巩膜是有颜色的。巩膜除了表面的鳞状上皮外所有细胞层都有色素。下层的基质包含致密的胶原纤维、弹性纤维、纤维细胞、黑色素细胞和血管。抽吸可以得到的细胞较少，见到最多的胶原，偶尔可见黑色素细胞。

### 炎症

褐粉色凸起囊肿可能出现在角膜巩膜缘，这可能作为小的标志或验证集中区域。这种圆顶形的病灶从结膜下或巩膜外层生成，被称为结节性肉芽肿性巩膜外角膜结膜炎（NGE）或增生性的角膜结膜炎（图 15-14A）。这种疾病在几种品种中常见，尤其在牧羊犬，被怀疑为免疫介导引起的。细胞学上，是由多层上皮或树枝状组织细胞，伴有一些淋巴细胞和偶见的中性粒细胞组成（图 15-14B&C）。常见成纤维细胞；因此也被称为结节性筋膜炎。可能会见到黑色素细胞。

盘尾丝虫病需要与犬巩膜上结节或眼眶周围水肿相鉴别，尤其是来自美国西部的犬。这些肉芽肿包含成熟的虫体和一定数量的嗜酸性粒细胞（Zarfoss et al. ，2005）。

### 肿瘤

出现在巩膜的肿瘤包括黑色素瘤、肥大细胞瘤或淋巴瘤和肉瘤。

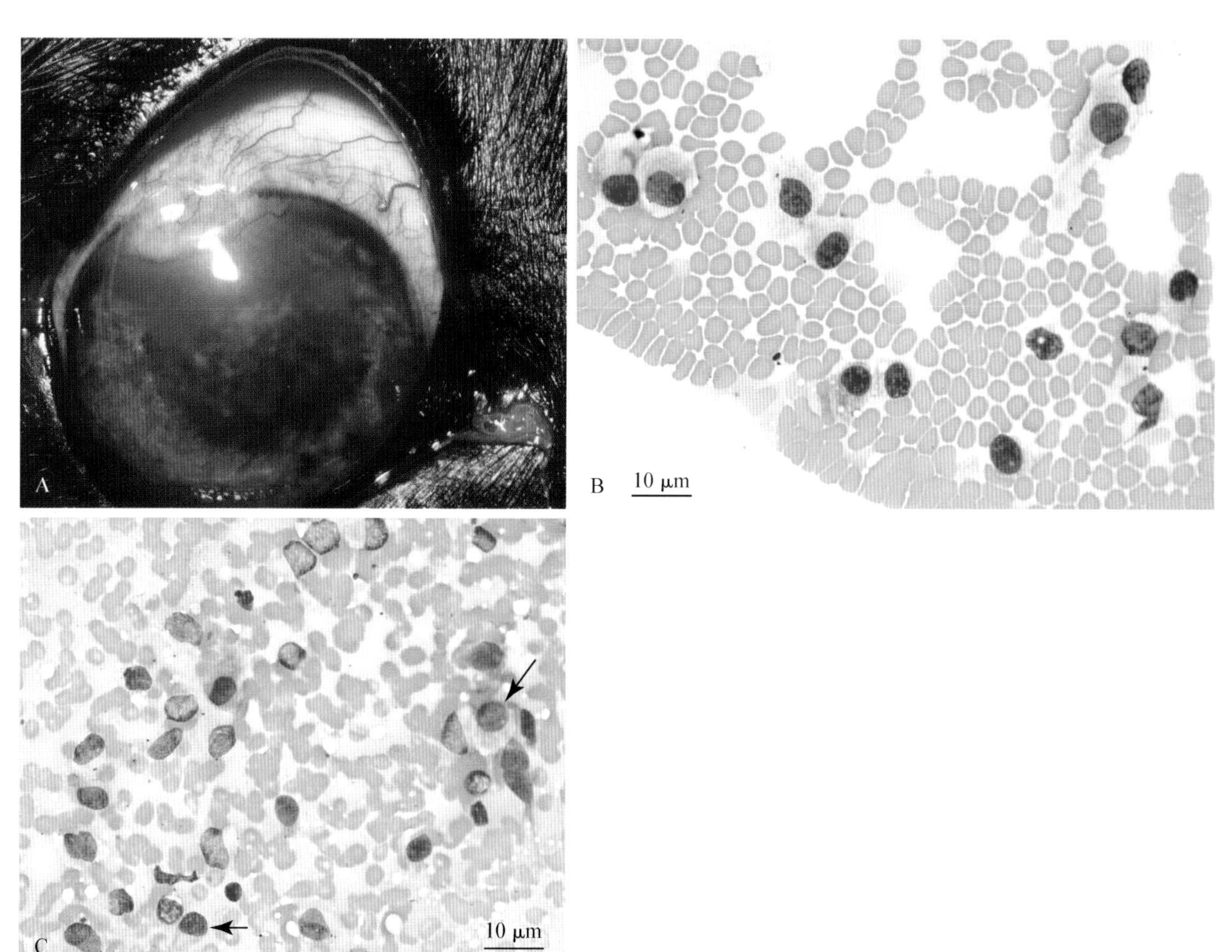


■ 图 15-14　**结节肉芽肿性巩膜外角膜结膜炎（NGE）。犬。A.** 眼球上有一个褐色稍有肿起组织从巩膜延伸至角膜基质中。**巩膜肿物按压。B-C 同一病例。B.** 该约克夏在腹侧巩膜上有一 10 mm×10 mm×4 mm 的结节。存在大量的炎性细胞，其中上皮巨噬细胞占多数。（瑞氏染色；高倍油镜）**C.** 小淋巴细胞和中等淋巴细胞混合并伴有浆细胞（浆细胞）存在，提示免疫反应导致。组织学检查显示为 NGE。（瑞氏染色；高倍油镜）（A. 由加州大学，戴维斯分校，兽医眼科。源自 Maggs DJ，Miller PE，Ofri R：Slatter's 兽医眼科基础，5 版，圣路易斯，2013，Elsevier）

## 角膜

### 常规组织学和细胞学

角膜表面由非角化复层鳞状上皮组成(图 15-15A)。表层下是较厚的平行束的胶原基质(图 15-15B)伴有叫作角膜基质细胞的罕见的混合纤维细胞。基质的更深层是基底层,成为后弹力层,由细胶原纤维组成。最深一层是单层的扁平内皮。在细胞学上,通过刮片得到的细胞,通常是缺少色素为主的基底和中层的鳞状上皮。

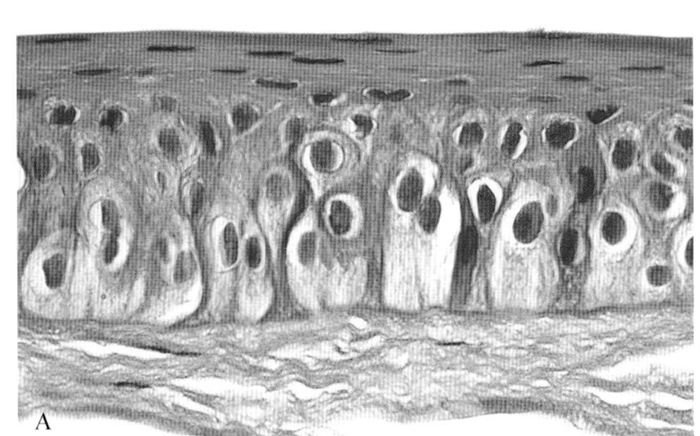

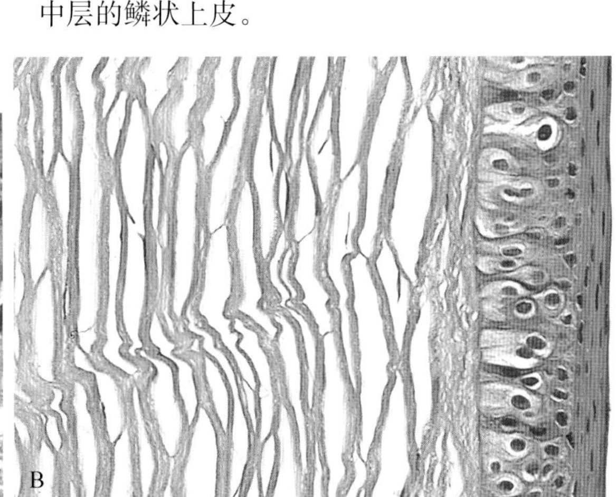

■ 图 15-15 **正常角膜。犬。A.** 最外层由非角质化复层鳞状上皮组成。(H&E;高倍油镜)**B.** 表层上皮下是一层厚的平行束胶原基质。(H&E;高倍油镜)

### 炎症

感染性角膜炎包括细菌和真菌感染。细菌感染源包括假单胞菌属、链球菌属和葡萄球菌属,表现为退行性中性粒细胞,产生脓性反应。真菌感染源通常隔离在霉菌性角膜炎中,包括曲霉属、镰刀菌属、假丝酵母菌属这些感染源(图 15-16)。这些感染通常产生中性粒细胞浸润,但是肥大细胞通常会与偶尔出现的嗜酸性粒细胞一同出现。菌丝最好通过染色观察,例如使用 Gomori 六亚甲基四胺银。样本应该从病变深处或病变边缘获得。当同时使用微生物培养,细胞学评估角膜溃疡处的刮片样本时可以最大化地辨别出感染性溃疡性角膜炎(Massa et al.,1999)。Scott 和 Carter(2014)发现几个真菌性角膜炎的诱发因素,包括潜在的内分泌疾病、既存的角膜疾病、眼球内部手术,和(或)在最初检查时长期使用抗生素或皮质类固醇眼药。

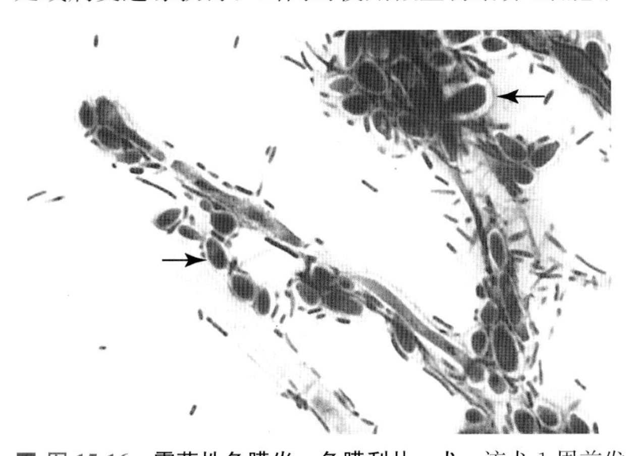

■ 图 15-16 **霉菌性角膜炎。角膜刮片。犬。** 该犬 1 周前发现角膜上出现白色点状肿物。在细胞外的背景下可见杆状细菌为菌丝,且可见许多芽孢形成(箭号)。怀疑是假丝酵母属感染。中性粒细胞在样本中其他区域可见。(水性罗氏染色;高倍油镜)

嗜酸性角膜炎是一种表面存在白色结节的血管病变,在猫常见。由鳞状上皮;细胞碎片,包括嗜酸性颗粒;和许多肥大细胞一级少量完整嗜酸性粒细胞组成(图 15-17A)。深层刮片包含主要的嗜酸性粒细胞和淋巴细胞(图 15-17B&C)(Prasse and Winston,1999)。Passe 和 Winston(1996)发表的文章中的组织病理学和细胞学都描述了在刮擦取样中肥大细胞是最常见的,肥大细胞可以防止白色表面的渗出。在一项涉及 FHV-1 感染的研究中,病毒的存在和上皮角膜炎有着明显的关联(Volopich et al.,2005)。另一项关于嗜酸性角膜炎的研究显示,76%的病例可以通过 PCR 检测到 FHV-1 DNA,说明病毒在这个疾病的病理上起到了关键的作用(Naisse et al.,1998)。

角膜翳,或慢性表层角膜炎,是慢性的免疫介导的角膜结膜炎。虽然常见于德国牧羊犬、灰犬、比利时坦比连犬或马伦牧羊犬,但是其他的品种也会发生,尤其是常暴露在紫外线下时。它最开始的表现是在角膜结膜缘处出现红色,血管增生的病变,随着病情的发展,逐渐向中心发展,并变得颜色更鲜红,之后会色素沉着并出现瘢痕。细胞学上最初的表现是混合的炎症反应,包括浆细胞、淋巴细胞、巨噬细胞和中性粒细胞。

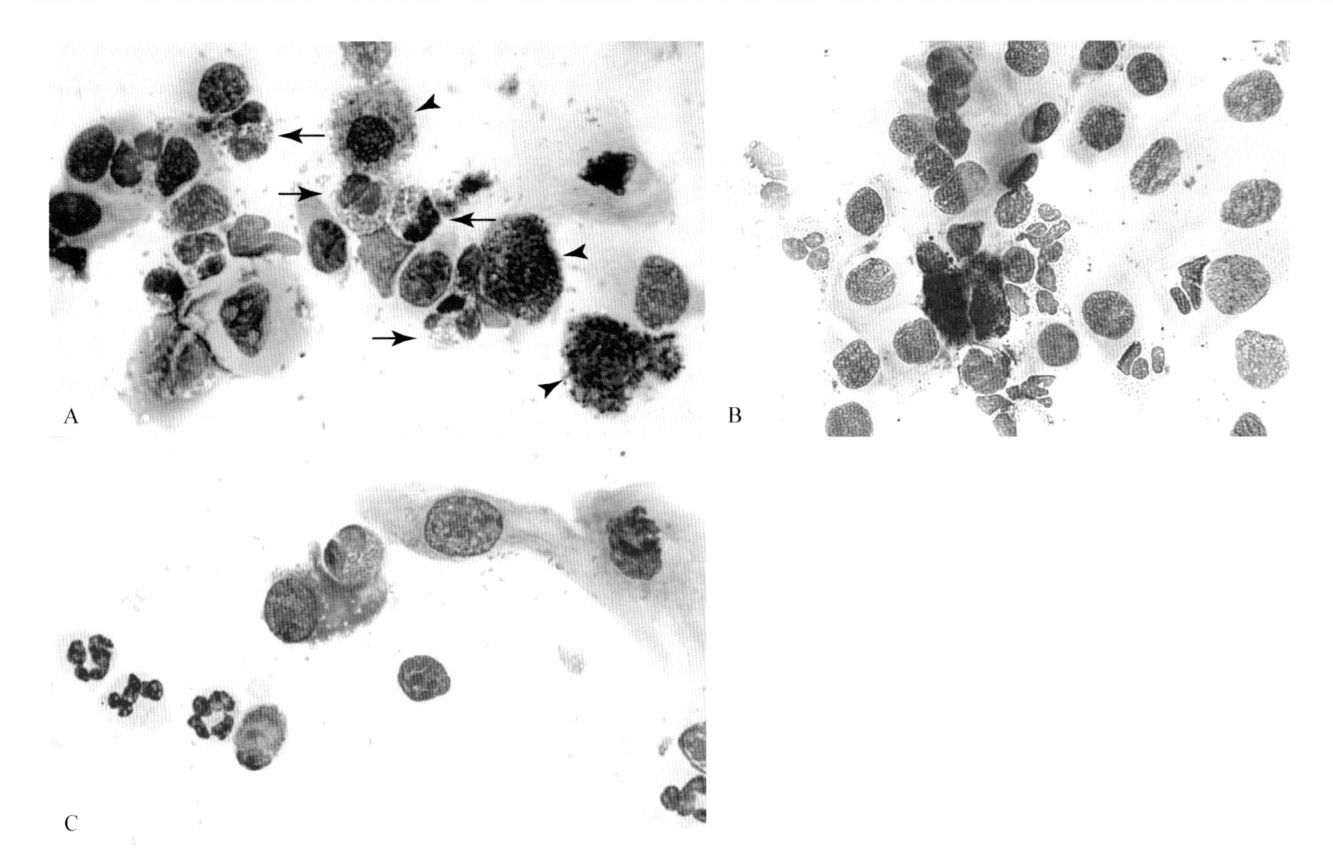


■ 图 15-17　**嗜酸性角膜炎。角膜刮片。猫。A-B 同病例。A.** 患有角膜炎的猫的角膜结膜缘边上有一个沙砾样，白色增生肿物。注意混合型的嗜酸性粒细胞(箭号)，和很多肥大细胞(箭头)与角膜上皮连在一起。表面颗粒中除了存在嗜酸性粒细胞外，还有大量的肥大细胞。(瑞-吉氏染色；高倍油镜)**B.** 该样本像是从更深层的角膜获得的，因为它含有比肥大细胞更多的嗜酸性粒细胞，并伴有一些染色苍白的上皮细胞。(瑞-吉氏染色；高倍油镜)**C. 角膜刷涂。** 该样本是从 1 只成年猫角膜取得，角膜两个月来一直存在 1 个凸起的白色增生病灶。反应性鳞状上皮和混合数量的非退行性中性粒细胞和嗜酸性粒细胞一同存在。杆状嗜酸性颗粒点缀在背景中。(瑞-吉氏染色；高倍油镜)

### 组织损伤的应答

非炎症性不透明角膜病变可能是由于疾病导致的。脂质性角膜退化可能在患有肾病的老年犬身上见到。细胞学上，只有正常的上皮可见。另外一种情况是扩物质化，表现为颗粒斑块样。细胞学上，无法染色的晶体物质可以找到，而钙则可以使用 von Kossa 染色而得到染色阳性。角膜囊肿是角膜损伤的不常见后遗症，愈合后的表层角质细胞会聚集成一个凸起的白色到褐色的肿物。细胞学上表现为类似于皮肤上的滤泡囊肿。

### 肿瘤

角膜的肿瘤很少见，鳞状上皮癌、乳头状瘤、黑色素瘤和肉瘤是主要的肿瘤类型。

## 虹膜和睫状体

### 常规组织学和细胞学

虹膜和睫状体被称为前葡萄膜。葡萄膜充满血管和色素(图 15-18)。前缘层包含单层的成纤维细胞并伴有底层的黑色素细胞(Samuelson，1999)。这些在犬和猫存在的黑色素细胞都包含杆状或卵圆形棕色黑色素颗粒。虹膜基质由细小的胶原纤维、血管和神经组成。基质内的非条纹肌纤维帮助瞳孔扩大。后虹膜表面由色素上皮覆盖，并与睫状体相连接。作为脉络膜的延伸，睫状肌通过产生眼房水为角膜和晶状体提供营养和移除废物。睫状体的主要部分由平滑肌、血管窦和严重的色素上皮组成，色素上皮含有大的、圆的黑色素颗粒。

■ 图 15-18　**正常的前葡萄膜。犬。** 该视野是角膜附近的角膜结膜缘，在该处虹膜和睫状体在角膜虹膜角相连(星号)。前房和后房的部分区域及前房水间隔可见。(H&E 染色；低倍镜)

### 炎症

脓肉芽肿性或肉芽肿性炎症可能在真菌感染时发生，如球孢子菌病、芽生菌病、隐球菌病和组织胞浆菌病。猫感染腹膜炎也可能导致脓肉芽肿性虹膜睫状体炎的前葡萄膜炎（图 15-19A-C）。其他感染情况与淋巴浆细胞葡萄膜炎有关，包括犬猫巴尔通体病和犬单核细胞型埃利希体病（Ketring et al.，2004；Komnenou et al.，2007；Michau et al.，2003；Panciera et al.，2001）。晶状体导致的葡萄膜炎可能产生淋巴细胞-浆细胞浸润，这与晶状体蛋白的免疫反应一致。

### 肿瘤

黑色素瘤是最常见的犬眼内肿瘤，伴有葡萄膜炎也是最常发生的。当黑色素瘤发生在猫上时，通常牵涉到虹膜和睫状体。在猫，眼睛的黑色素瘤比口腔和皮肤的更常见（Patnaik and Mooney，1988）。眼睛的黑色素瘤比皮肤的黑色素瘤更加恶性，死亡率更高，转移的可能性更大。通过前房抽吸肿瘤可以使用 25G 或更小的针完成。细胞学特征包括细胞有丝分裂指数、核大小和多形性，以及色素沉着等级都可以帮助推测患犬预后，但在猫就不可以。细胞核大小不均、不一的核质比和明显的核仁可以帮助区分恶性黑色素瘤与嗜黑色素细胞。睫状肌肿瘤，如虹膜睫状肌腺瘤（Petterino et al.，2014）和腺癌是犬第二常见的眼内肿瘤（图 15-20）。这些肿瘤在猫很少见。淋巴瘤是猫最常见的眼内肿瘤（Glaze and Gelatt，1999）。它会产生弥漫性或结节性虹膜损伤（图 15-21A）。眼淋巴瘤通常表明这是从主要发病点转移而来的证据。细胞学的改变与其他部位淋巴瘤相似（图 15-21B&C）。

### 葡萄膜造血

在 3 个病例中研究了 6 只幼猫的幼年眼部疾病（眼球脱垂、角膜穿孔引起的前葡萄膜炎），通过组织形态学检测造血作用。红细胞和白细胞伴有偶尔的巨核细胞会出现在前后葡萄膜（Jacobi and Dubielzig，2008）。在这些病例中，受损伤的眼睛的抽吸物可以显示出髓外造血。

## 眼房水

### 常规细胞学和采集

当房水浑浊时，进行细胞学评估可以帮助诊断感染源和肿瘤。在麻醉情况下，使用 25G 或更小的针，通过球结膜进入角膜结膜缘称为房水穿刺术（图 15-22）。移除少量液体，立即进行评估，过程类似于评估不添加抗凝剂的脑脊液。在液体沉淀后抹片或使用细胞离心器制片后，使用血细胞计数器进行细胞直接计数。额外的液体可以使用微蛋白技术来测量总蛋

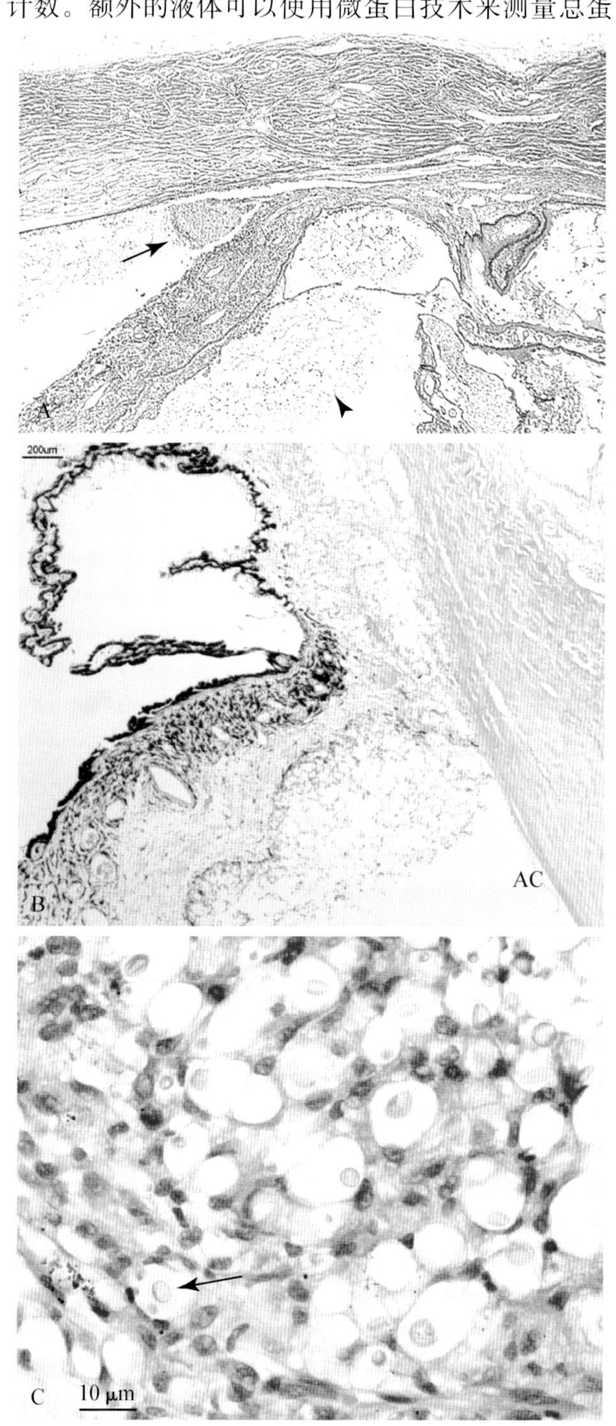


■ 图 15-19 **脓肉芽肿性虹膜睫状体炎。组织切片。A. 猫。**注意前葡萄膜处炎症细胞在角膜虹膜角（箭号）和虹膜和睫状体（箭头）连接处的堆积，该猫确诊为猫传染性腹膜炎。（H&E 染色；低倍镜）**隐球菌病。犬。B-C 同一病例。B.** 虹膜和睫状体被大量的中性粒细胞和巨噬细胞浸润。反应延伸至前房（AC）。（H&E 染色；低倍镜）C. 进一步放大可见大量的酵母菌，其中一个显示了出芽生殖（箭号）。注意无色的胞囊为上皮细胞。（H&E 染色；高倍油镜）

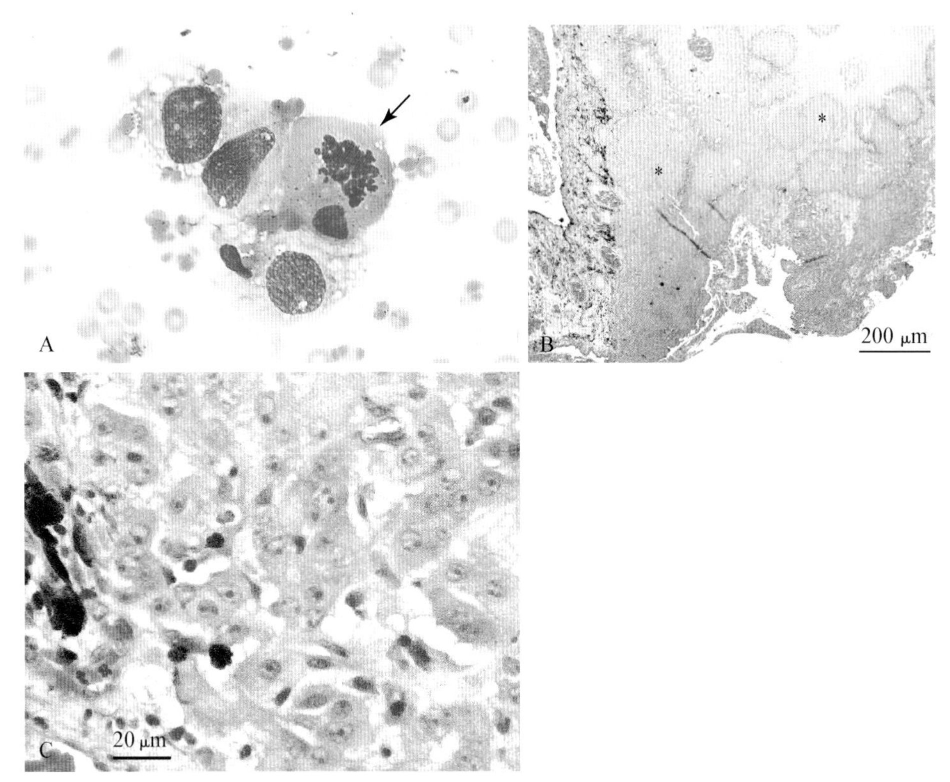


■ 图 15-20 **睫状体腺癌。犬。A. 从虹膜延伸出的眼睛肿物的组织抽出物。**显示为紧密的上皮细胞簇，核质比高，粗染色质，细胞核大小不均和有丝分裂相（箭号）。细胞质为大量离散液泡的泡沫样。（瑞-吉氏染色；高倍油镜）**组织切片。B-C 同一病例。B.** 色素沉着的虹膜通过大量非色素沉着的密集细胞上皮延伸（星号）（H&E 染色；低倍镜）**C.** 明显的核仁，细胞核大小不均和变化的核质比等特征显示为恶性上皮。（H&E 染色；中倍镜）

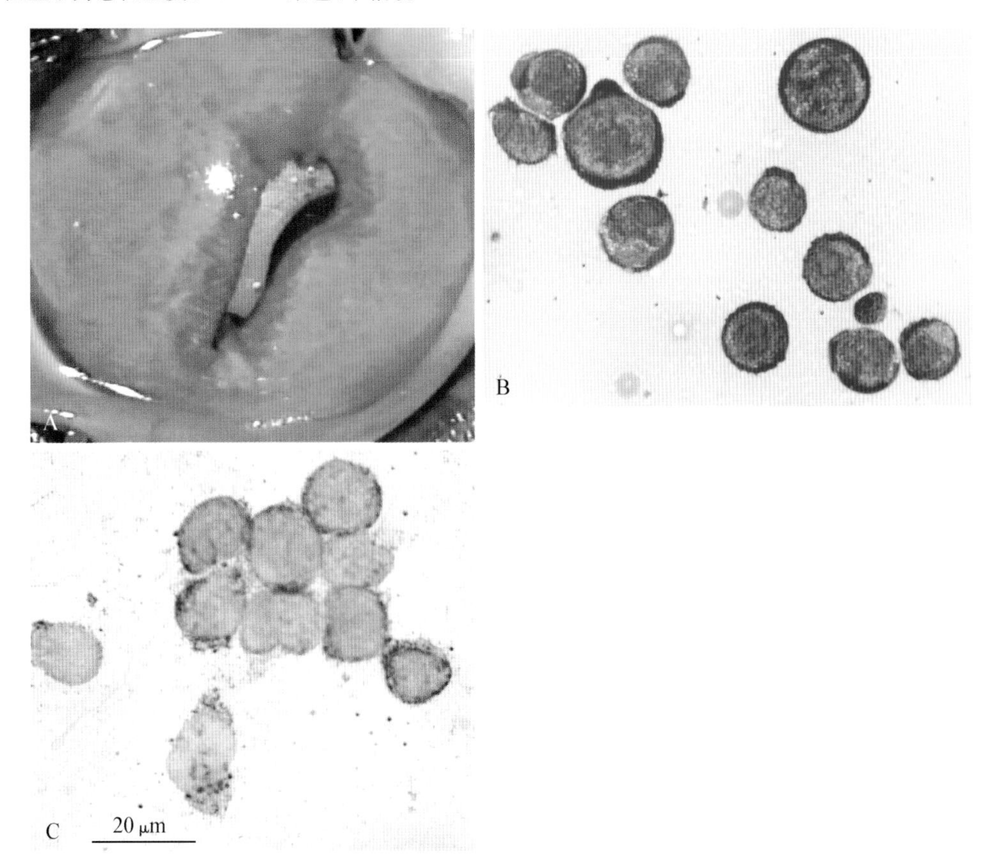


■ 图 15-21 **淋巴瘤。猫。A-C 同一病例。A. 虹膜肿物。**整个虹膜严重增厚和血管新生。由于增厚的虹膜使得前房变浅，瞳孔缩小。瞬膜和球结膜水肿。**B. 虹膜肿物压片。**可见大而深嗜碱性圆细胞。与红细胞和小淋巴细胞比较（右下），这些细胞直径大约 25 μm。注意几个细胞中红细胞的核仁大小。淋巴瘤是猫眼内最常见肿瘤。（瑞-吉氏染色；高倍油镜）**C. 免疫细胞化学。**肿瘤圆细胞群活性 B 细胞标记。（抗 BLA. 36/AEC；高倍油镜）（A，照片由 Maria Kallberg 提供，佛罗里达大学）

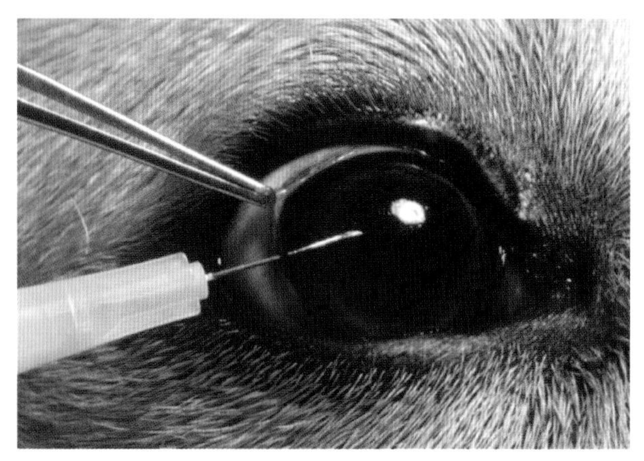

■ 图 15-22 **犬房水穿刺术。**27～30G 针头从角膜结膜缘进入，避免伤到虹膜和角膜内皮。(摘自 Greene CE：犬猫传染病，4 版，St. Louis，2012，Elsevier.)

白。正常犬房水的平均直接细胞计数为 8.2/μL(范围 0～37 mL)，平均蛋白为 36.4 mg/dL(范围 21～65 mg/dL)。正常猫房水的平均直接细胞计数为 2.2/μL(范围 0～15)，平均蛋白为 43.7 mg/dL(范围 22～75 mg/dL)(Hazel et al.，1985)。细胞学上，低蛋白的液体属于非细胞性，只是偶尔会有黑色素颗粒或包含黑色素的细胞。

清澈的房水源于褶皱处的血管窦，并在睫状体后部分进行处理。房水从后房通过瞳孔进入到前房，然后到达前房的滤过角。多余的房水从虹膜角膜角处的血管网状组织移除。

### 炎症

前葡萄膜炎通常会产生中性粒细胞的浸润，感染的因素包括细菌，如芽生菌属、原壁菌属和利什曼原虫属。单核细胞葡萄膜炎可能在有出血表现时发生。当有睫状体和(或)虹膜有损伤时，会导致柱状到圆形的黑色素颗粒被巨噬细胞吞噬(图 15-23A&B)。

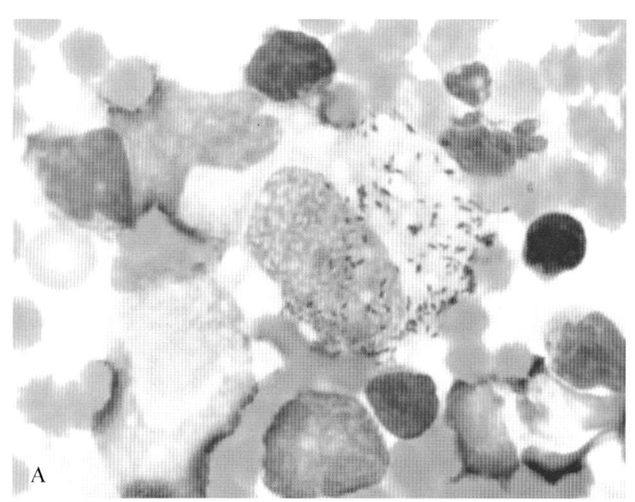

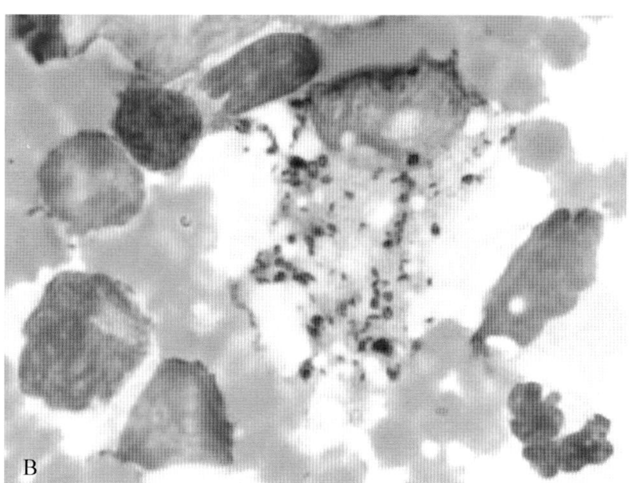

■ 图 15-23 **混合的单核细胞炎症。房水抽吸。犬。A-B 同一病例。A.** 该病例慢性前葡萄膜炎并继发青光眼，可见大小不一的淋巴细胞和巨噬细胞占主导。一个巨噬细胞包含大量杆状黑色素颗粒，典型的前虹膜。(瑞-吉氏染色；高倍油镜)**B.** 小淋巴细胞和中淋巴细胞在该区域占主导。一个巨噬细胞包含柱状和圆形的黑色素细胞，与虹膜和睫状肌的一致。(瑞-吉氏染色；高倍油镜)

### 出血

前房积血可表现为急性或慢性出血。急性的出血会出现巨噬细胞噬红细胞的表现。如果出血持续存在则可能看到血小板，但是如果单独的血小板出现则提示只是血液污染。巨噬细胞满载含铁血黄素的话则提示慢性出血。

### 肿瘤

除了淋巴瘤，转移性肿瘤很少片状剥离(图 15-24A&B)。

## 视网膜

### 常规组织学和细胞学

视网膜由 10 层结构组成：视网膜色素上皮层、视杆细胞层、视锥细胞层、外界膜层、外核层、外丛状层、内核层、内丛状层、神经节细胞层、神经纤维层和内界膜层(图 15-25A)。犬猫的外核层以杆核为主，表现为小的圆形且稠密，外观极具有特点(图 15-25B-D)。视网膜色素上皮层与外部的睫状体外层相连续，除了明毯的区域，色素高度沉着。包含黑色素的视网膜色素上皮表现为尖矛形或细长样（图 15-25E&F）。视网膜的外侧紧挨着视网膜色素上皮的是脉络膜，也被称为后葡萄膜，其主要由大圆形棕色到黑色的颗粒组成（图 15-25E-G）。

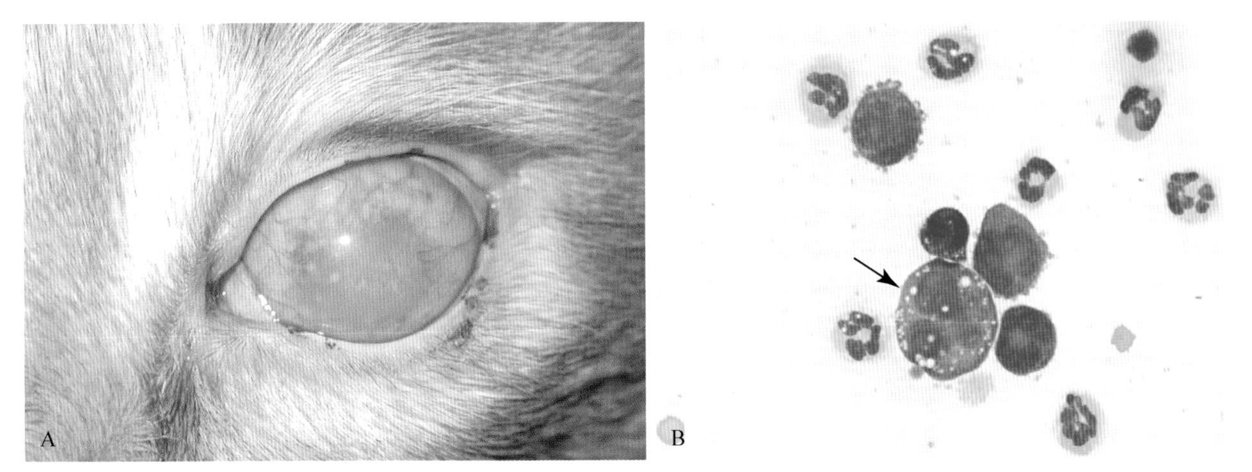

■ 图 15-24　**淋巴瘤伴发嗜中性粒细胞葡萄膜炎。猫。A-B 同一病例。A.** 前房内呈现云雾状的羊毛样物质。炎症和肿瘤都予以考虑。**B. 房水抽吸。**除了非退行性中性粒细胞外，也存在一些较大的（4×红细胞直径）嗜碱性单核肿瘤淋巴细胞。可见一个多核细胞（箭号）。（瑞氏染色；高倍油镜）（A，照片由 Jean Stiles 提供，普渡大学.）

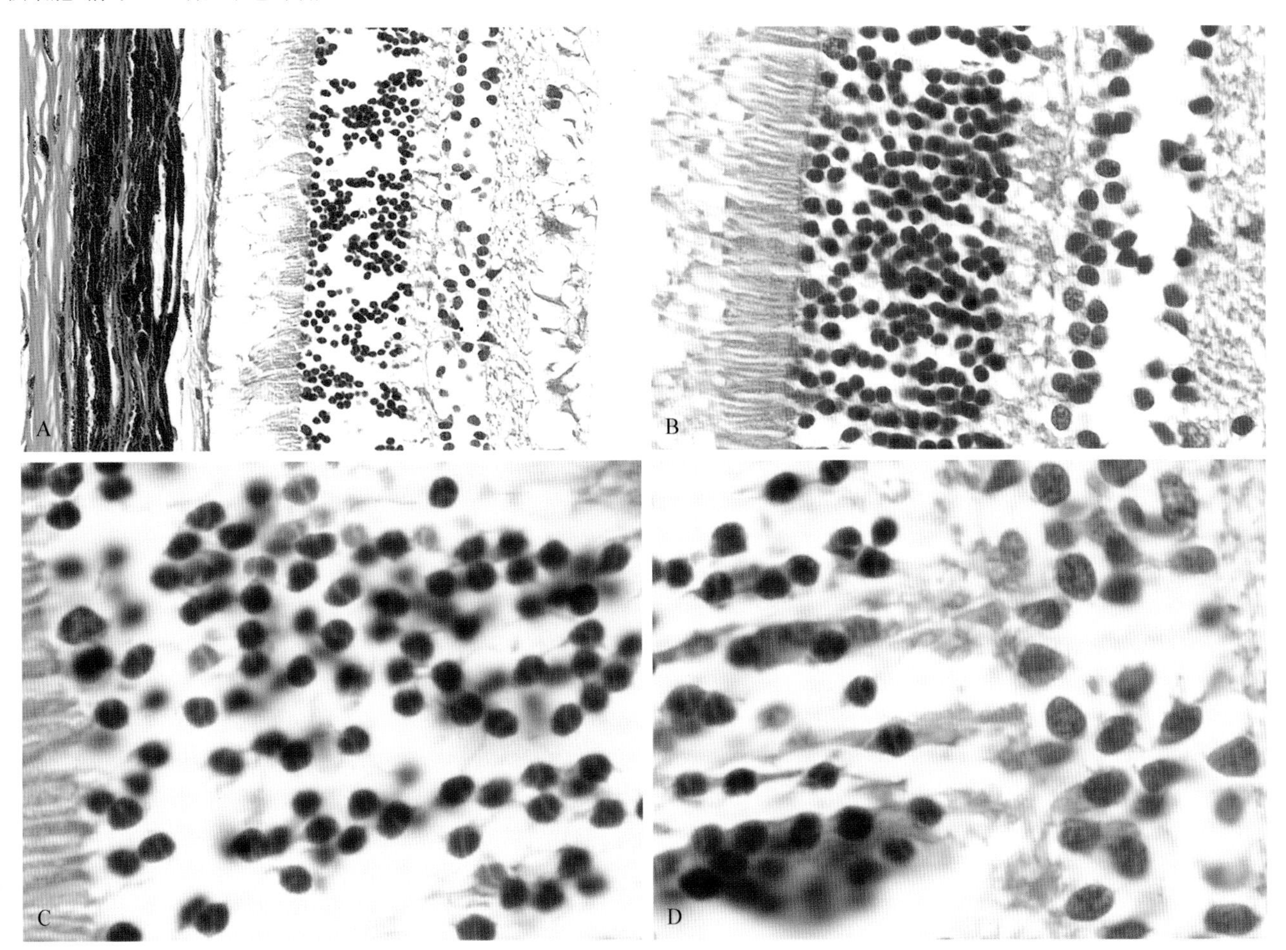

■ 图 15-25　**A-E 同一病例。正常视网膜。犬。A.** 图中显示视网膜各层细胞，左侧相邻为色素脉络膜。它们分别是视网膜色素上皮层、视杆细胞层、视锥细胞层、外界膜层（不可见）、外核层、外丛状层、内核层、内丛状层、神经节细胞层、神经纤维层和内界膜层。（H&E 染色；高倍油镜）**B. 高倍放大以更好地展示。**从左到右为视杆细胞层、视锥细胞层、外核层、外丛状层和内核层。（H&E 染色；高倍油镜）**C. 左侧显示为部分的视杆细胞和视锥细胞层。**犬猫的外核层主要表现为小圆且密集染色的杆核。这些细胞的核与边缘的染色质都非常独特。（H&E 染色；高倍油镜）**D.** 外核层的聚集的细胞核与内核层的大而密度低的核形成对比。外丛状层在两个核层之间，内丛状层的边缘在右上角显示。（H&E 染色；高倍油镜）

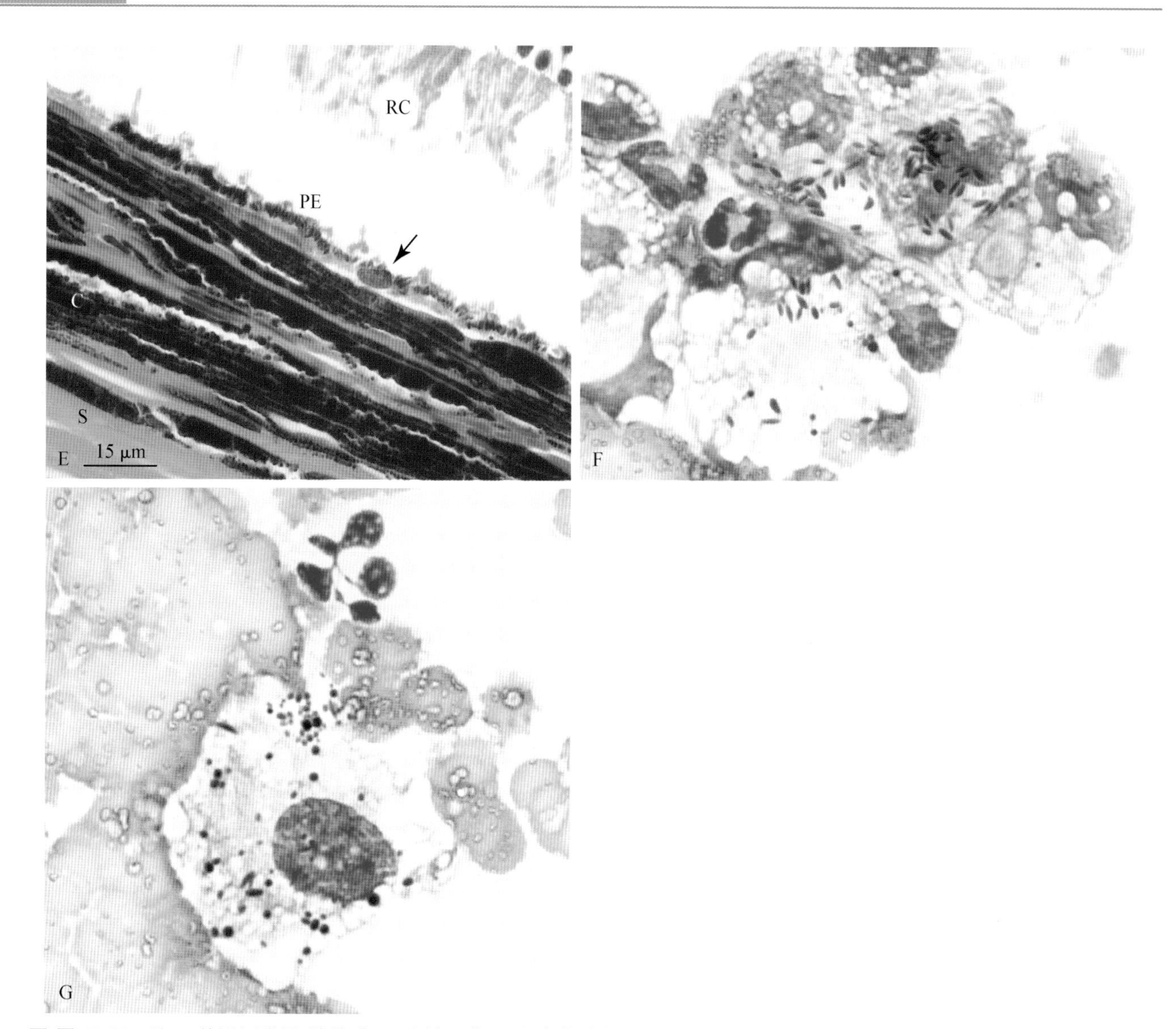


■ 图 15-25 续 **E.** 外视网膜层，脉络膜(C)和外巩膜(S)的高倍放大。最外层的视网膜层是色素上皮(PE)，其除了含有细胞核外还有排列成栅栏样的尖矛型黑色素颗粒(箭号)。正常视网膜视杆细胞和视锥细胞层(RC)紧邻视网膜色素上皮层，图中视杆细胞和视锥细胞层由于人为原因移位了。注意脉络膜层的圆棕色颗粒。(H&E 染色；高倍油镜)**F-G 同一病例。玻璃体液穿刺。犬。F. 视网膜黑色素颗粒。**色素视网膜上皮的典型尖矛型或香菜种子型黑色素颗粒在巨噬细胞中出现。(瑞-吉氏染色；高倍油镜) **G. 葡萄膜黑色素颗粒。**脉络膜层紧挨着视网膜包含一定量的大圆棕黑色颗粒，出现在巨噬细胞内。少量尖矛型视网膜黑色素颗粒也存在。(瑞-吉氏染色；高倍油镜)

### 组织损伤的反应

视网膜剥离时可能产生 1 个视网膜下腔，其中只包含正常的视网膜细胞，这是在 1 例猫上报道过的(Knoll，1990)。超声检查可以帮助确定由于视网膜剥离引起的玻璃体碎片的出现。细胞学上，完整的视网膜上皮伴随着急性和(或)慢性出血及中度的中性粒细胞炎症的证据时，可能考虑剥离的情况(图 15-26A&B)。

## 玻璃体

### 常规细胞学和采集

玻璃体穿刺术可以在麻醉情况下，使用 23G 或更小的针头抽出 0.2～0.5 mL 液体，从距离角膜结膜缘尾侧 6～8 mm 处进针(图 15-27)。在眼球中心向尾端方向操作针，但要注意避开晶状体。液体是透明的果冻样材质，主要成分是水及其他组成成分，包括胶原蛋白和透明质酸(Samuelson，1999)。玻璃体液可能由睫状体的非色素上皮产生。犬猫的玻璃体是囊腔中心密集，而周边为流体，不同于灵长类动物。除了玻璃体细胞是组织细胞的一种外，玻璃体是非细胞的。除了玻璃体细胞，纤维细胞和神经胶质细胞在玻璃体液中占一小部分。偶尔可见披针形或香菜种子样黑色素颗粒存在，可能是源于视网膜。

### 炎症

感染性眼内炎的原因包括细菌、曲霉病(Gelatt et al.，1991)(图 15-28A&B)、芽生菌病(图 15-28C)、隐球菌病、组织浆菌病和原壁菌病(Stenner et al.，2007)(图 15-29A&B)。

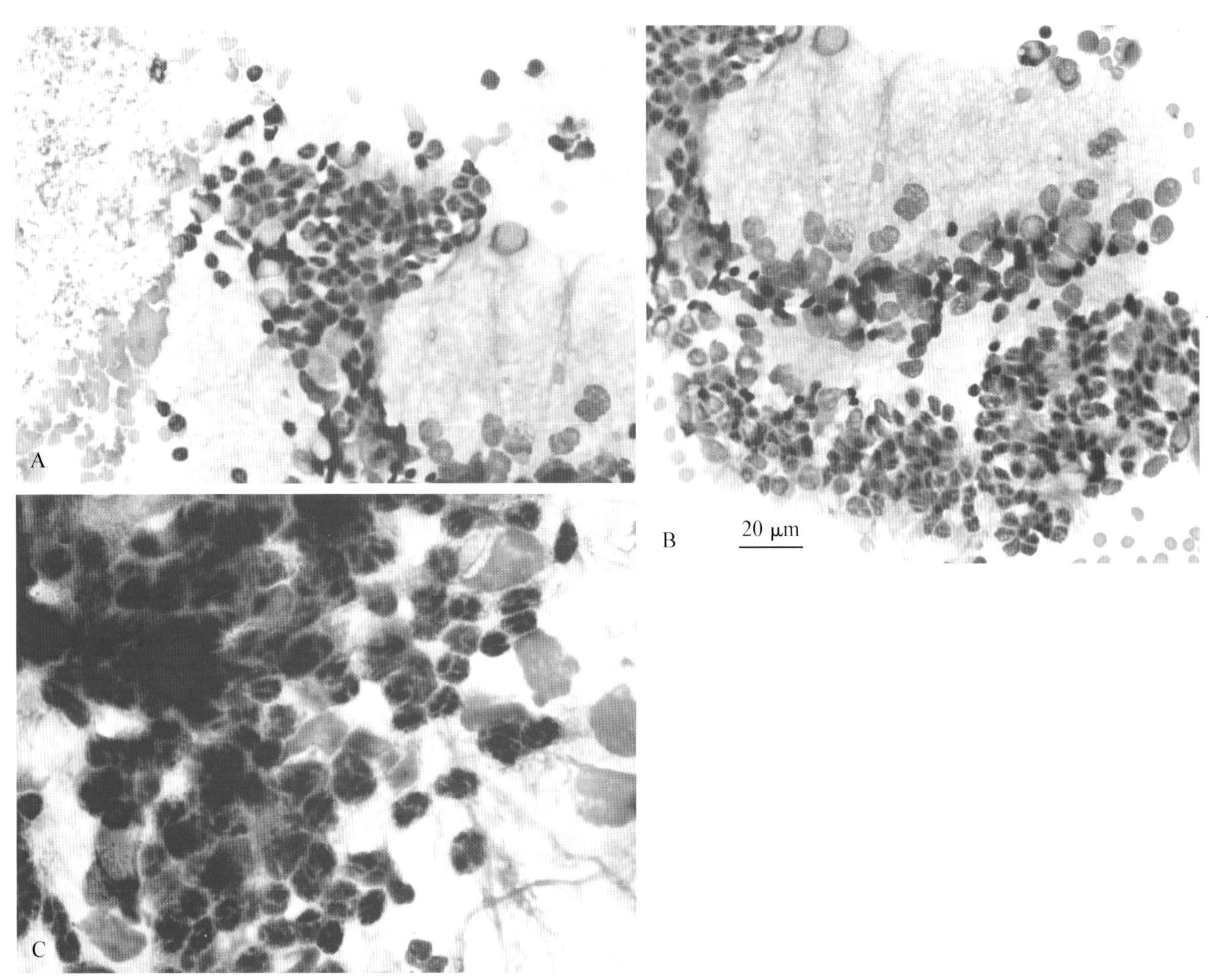


■ 图 15-26　**视网膜剥离。玻璃体穿刺术。犬。A-B 同一病例。A. 几个月前开始视力受损。**眼球超声发现玻璃体碎片。细胞离心涂片器制作的视网膜色素颗粒(左上),紧密圆视网膜细胞和苍白的神经纤维网的混合涂片。(瑞氏染色;中倍镜)**B. 高倍放大可见各种视网膜层。**从上到下,最容易观察的是神经纤维层,神经节层,内核层,外丛状层和外核层。(瑞氏染色;中倍镜)**C. 葡萄膜炎继发青光眼的玻璃体液离心涂片。**视网膜细胞显示特征性的核及周边染色质一起产生核分裂的外观。(瑞-吉氏染色;高倍油镜)

## 组织损伤的反应

出血(图 15-30A)的表现与眼房水中表现类似。晶状体纤维可能在存在原发晶状体疾病或样本取材时意外穿刺到晶状体时看到。它们表现为统一的无定型嗜碱性的链或带状结构(图 15-30B&C)。它们的退化可能诱导中性粒细胞炎症反应。当视网膜细胞出现时,通常是偶然的结果,或者可能反应继发于疾病的视网膜剥离(如葡萄膜炎或青光眼)。光感受器和神经节细胞在细胞学上少见;感光核是边缘异染色质与中央苍白的常染色质,这样就产生一个分裂或分段核(图 15-26C)。

## 肿瘤

在细胞学方面很少见,但是当发现肿瘤时可以进行诊断。

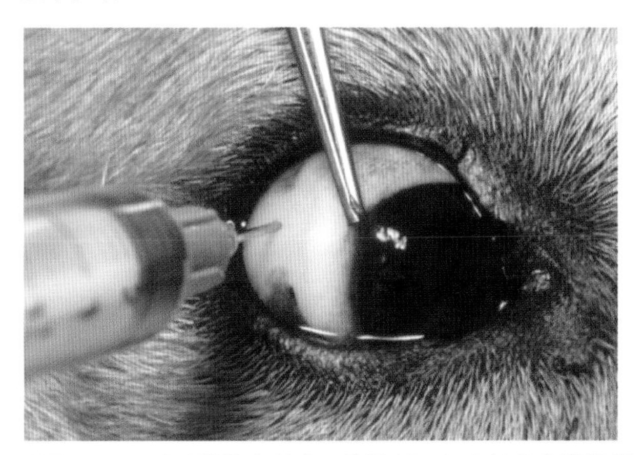

■ 图 15-27　**犬玻璃体穿刺术。**使用 22～25G 针从角膜结膜缘后 6 mm 处进针,稍微偏后向着眼球中心直接穿入。(来自 Greene CE:犬猫传染病,4 版,St. Louis,2012,Elsevier.)

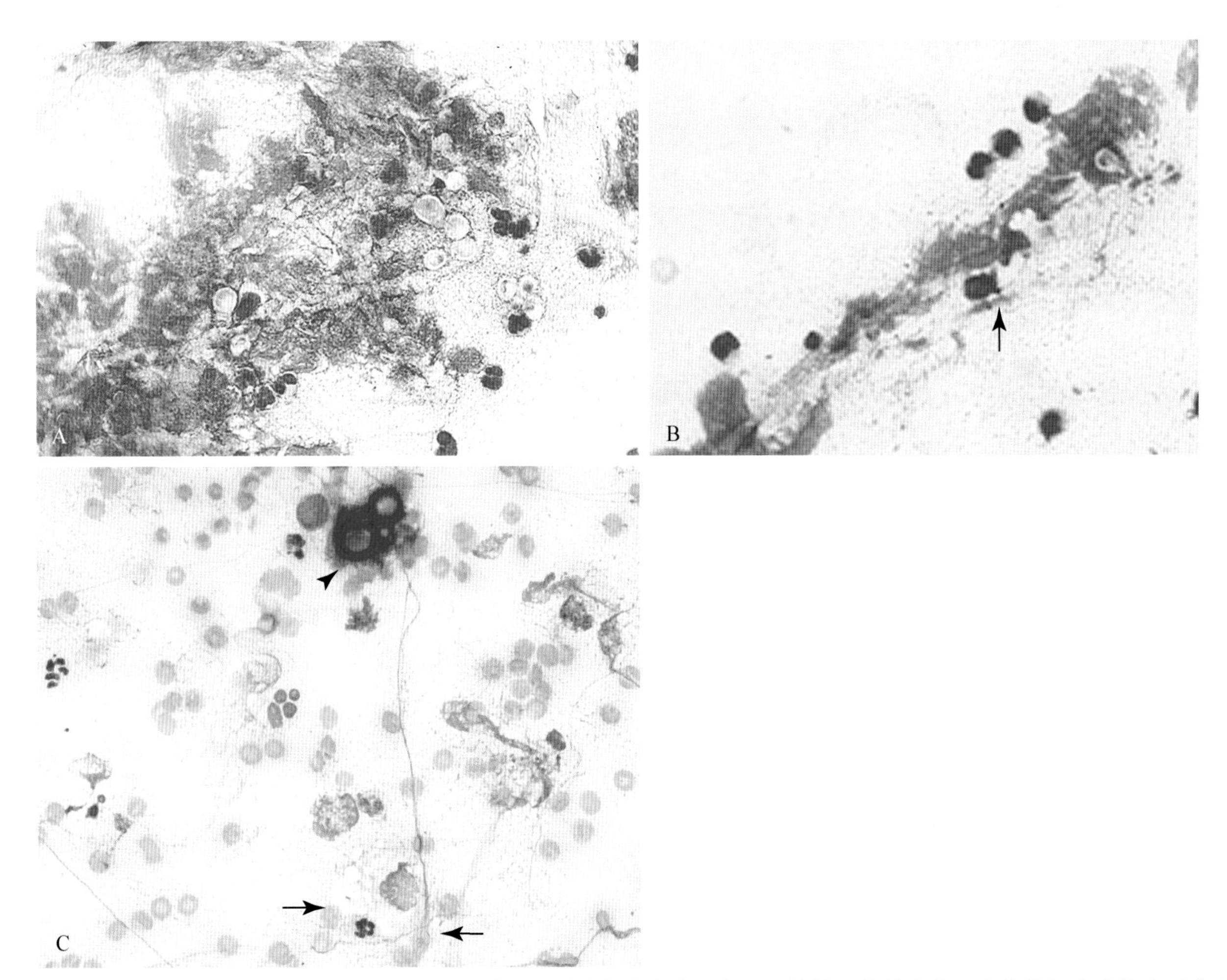


■ 图 15-28 感染性眼内炎。A-B 同一病例。曲霉菌病。玻璃体穿刺术。犬。A. 该德国牧羊犬曾经患有椎间盘脊柱炎而瘫痪。双侧葡萄膜炎并伴有全身性感染表现。背景为嗜酸性和退行性嗜中性颗粒。蛋白质材质上显示为染色清晰的菌丝和圆形孢子的真菌，通过培养鉴定为曲霉菌。（瑞-吉氏染色；高倍油镜）B. 亮色背景下菌丝少见（箭号）。曲霉菌是感染性眼内炎常见原因。（瑞-吉氏染色；高倍油镜）C. 酵母菌病。玻璃体穿刺术。犬。存在 2 个染色蓝色圆酵母菌（箭头）连同许多退化的中性粒细胞出现在以红细胞和核碎片为背景的图中。巨噬细胞有液泡并吞噬了 1 个披针状的视网膜黑色素颗粒（箭号）。另一个颗粒在背景中可见（箭号）。（瑞氏染色；高倍油镜）

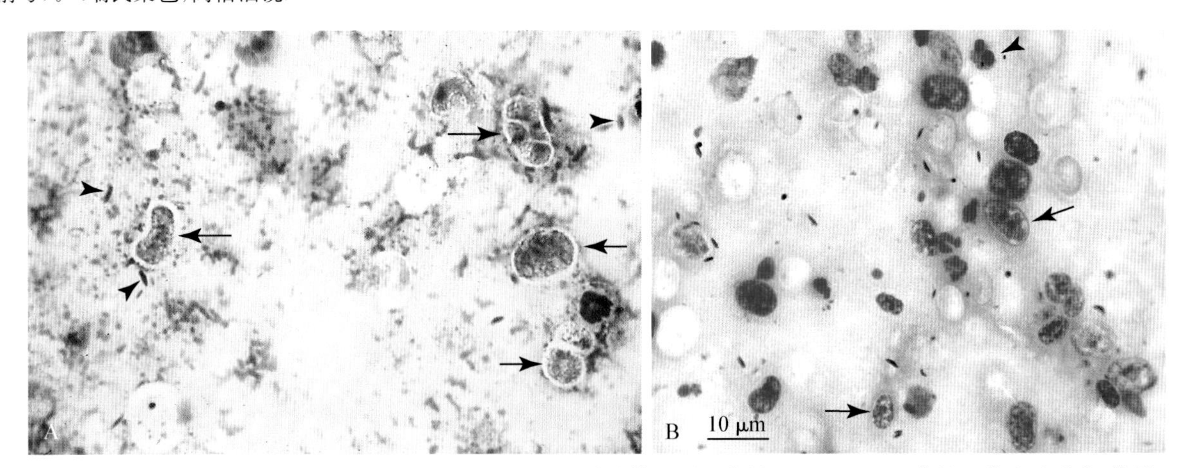


■ 图 15-29 原藻病。玻璃体穿刺。犬。A. 涂片显示在嗜酸性玻璃体的颗粒背景下是左氏原壁菌的四分孢子形成（箭号）。背景中还可见多个典型的视网膜黑色素细胞的披针状的黑色素颗粒（箭头）。（瑞-吉氏染色；高倍油镜）B. 液体中含有大量的有薄壁的圆形到椭圆形不等的嗜碱结构（箭号）。有机物直径为 3～9 μm，长度为 3～10 μm，由细胞壁包裹（0.5～1 μm 厚）。轻微的炎症反应包含了中等到严重的退行性中性粒细胞。1 个嗜酸性粒细胞（箭头）和披针状黑色素颗粒都出现在这一区域。（A，照片由 Eric Schultze，田纳西大学提供；B，病例来自 Heather Flaherty et al.，密西根州立大学，2004 年 ASVCP 病例回顾）

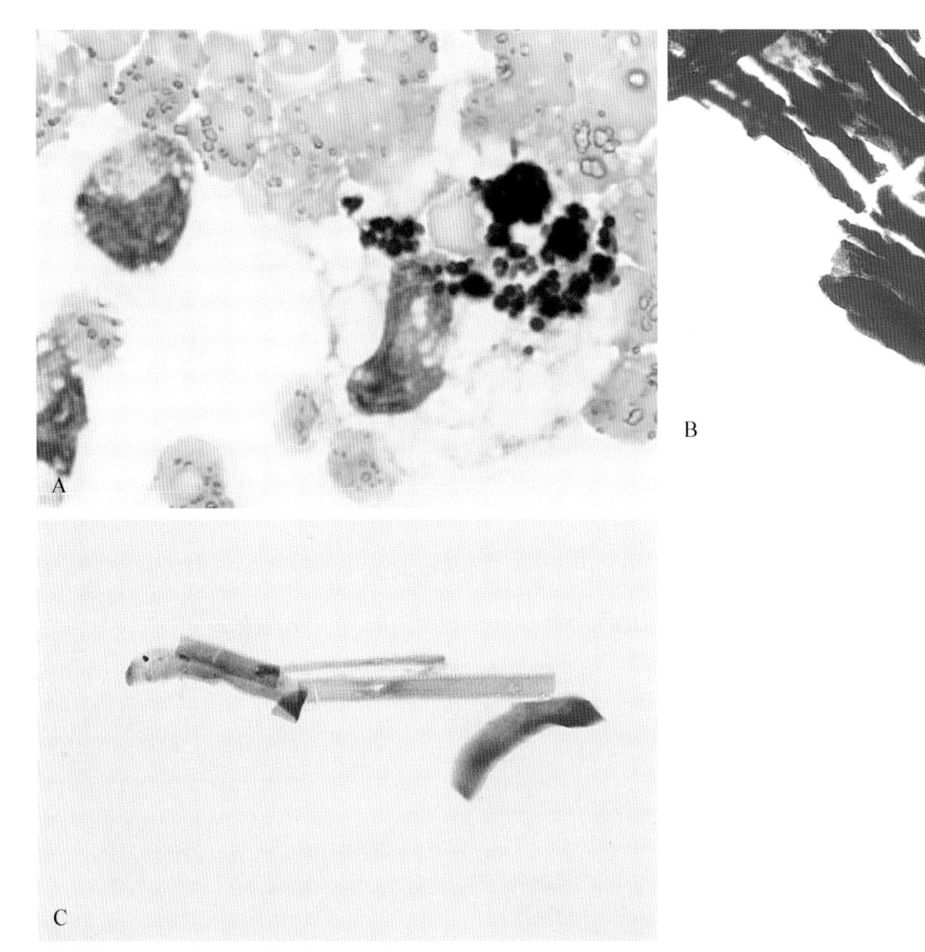


■ 图 15-30　**A. 伴有葡萄膜黑色素颗粒的急性出血。玻璃体液抽吸。**与图 15-25F 同一病例。1 个巨噬细胞吞噬了红细胞以及一大团的圆形棕色到黑色的黑色素颗粒，黑色素颗粒来源脉络膜。(瑞-吉氏染色；高倍油镜)**B-C 同一病例。晶状体纤维。玻璃体穿刺术。犬。B.** 暗色的嗜碱性染色纤维以平行的方式出现。玻璃体液中存在少量的小淋巴细胞(未指出)的单核。晶状体纤维的出现是无意间穿刺到晶状体所致。(瑞-吉氏染色；高倍油镜)**C.** 单独存在的亮色嗜碱性晶状体纤维以矩形轮廓和带状外观出现。

## 眼眶

眼眶以骨为边界，可以通过多个位置进入。最直接的方式是从眼角内侧和外侧进行细针抽吸活检(FNAB)。另一种方式是用针从最后臼齿的后方进入到眼球后方空间。有 1 篇研究比较 FNAB 在结合超声诊断临床眼球突出的有效性(Boydell，1991)。该过程在 35 例中的 34 例病例具有诊断意义。

### 炎症

细菌感染可能引起化脓反应，会导致蜂窝织炎或脓肿形成。眶周的肿物可能由于真菌感染如隐球菌病(图 15-31)引起。炎症也可能由颧腺的黏液囊肿引起。取材得到的通常是清亮，半流体物质，与唾液一致。

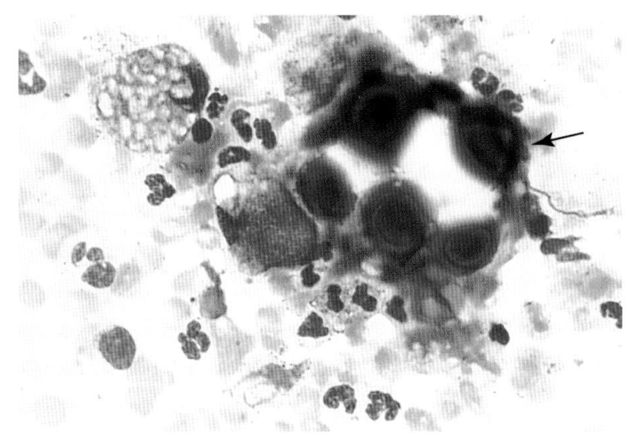

■ 图 15-31　**隐球菌病。眶周肿物的组织抽吸。犬。**该动物表现为额骨突出并失明。新型隐球菌的黑酵母(箭号)引起脓肉芽肿反应。(瑞-吉氏染色；高倍油镜)

### 肿瘤

眼眶部位涉及的肿瘤包括淋巴瘤、黑色素瘤(图 15-32A&B)、肥大细胞瘤、组织细胞瘤、鳞状细胞癌、泪液腺或唾液腺腺癌(图 15-33，图 15-34)、软骨肉瘤以及其他肉瘤。在一个病例中，FNAB 疑似眼后肿瘤抽吸到正常视网膜上皮，导致了眼内出血（Roth 和 Sisson，1999）。猫眼内肿瘤的组织生化和免疫组化分类近期已经出版（Grahn et al.，2006）。犬眼内肿物，一定要对组织细胞肉瘤进行鉴别诊断，尤其是罗纳维尔犬和猎犬品种。可以通过存在 CD18 阳性细胞，而使用 Melan-A 却无反应与黑色素瘤区别。眼部组织细胞肉瘤是系统性肉瘤的表现（Naranjo et al.，2007）。

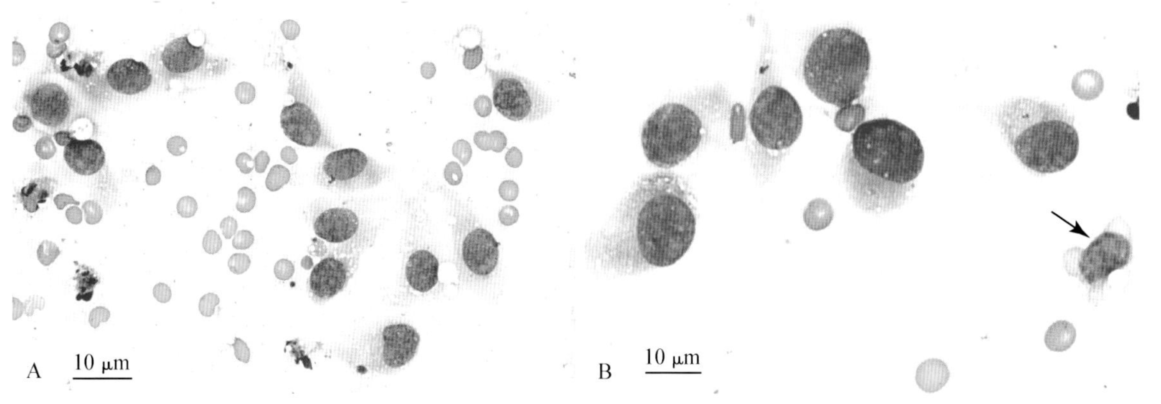


■ 图 15-32 **眼球后黑色素瘤。组织抽吸。犬。A-B 同一病例。A.** 1 年前患犬接受了口腔黑色素瘤的不完全切除术的治疗。眼球后的肿物是由统一的纺锤体椭圆形独立的细胞组成。（瑞氏染色；高倍油镜）**B.** 高倍放大显示中度嗜碱性无黑色素胞质伴有扩张尾部，卵圆核与多个突出核仁。1 个淋巴细胞（箭号）出现在视野中用于大小比较。（瑞氏染色；高倍油镜）

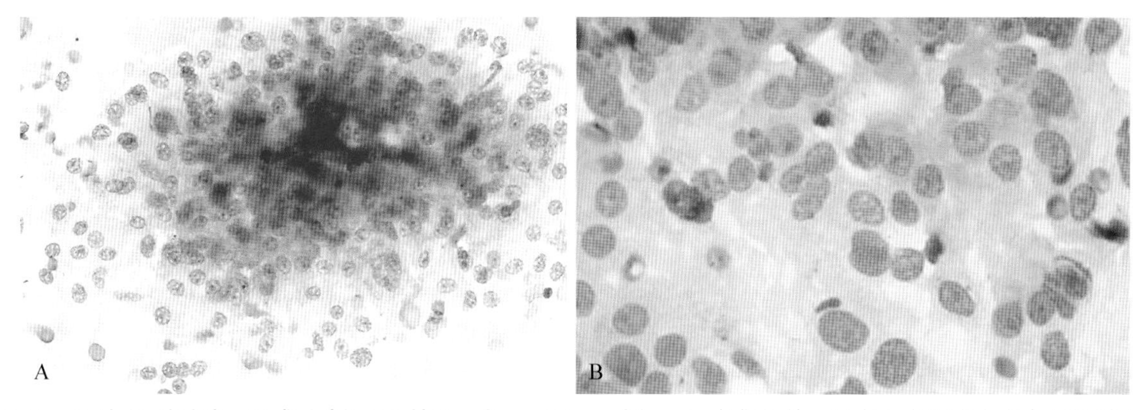


■ 图 15-33 **唾液/泪腺腺癌。眼球后肿物组织抽吸。犬。A-B 同一病例。A.** 密集的单一形态上皮细胞含有高的核质比及核不均现象。组织病理学的确切起源还不明确。它已经产生了轻微的视网膜退行性病变，但没有侵入到眼球。（瑞-吉氏染色；高倍油镜）**B.** 高倍放大后显示腺泡（右上角）和泡沫样细胞质分泌的外观。恶性肿瘤存在的几个核特征，包括高核质比、核不均、粗染色质、突出的核仁和多核化。（瑞-吉氏染色；高倍油镜）

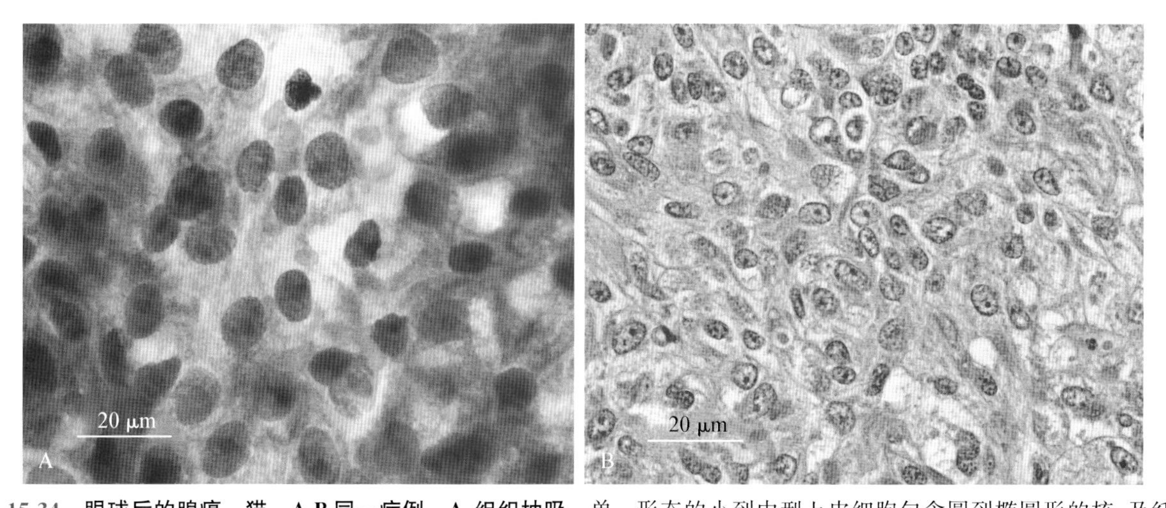


■ 图 15-34 **眼球后的腺癌。猫。A-B 同一病例。A. 组织抽吸。**单一形态的小到中型上皮细胞包含圆到椭圆形的核，及纤细的蓝色到灰色的细胞质，且边界不清晰。细胞核表现为细点样染色质，其中包含一个或两个相当突出的圆到有棱角的核仁。轻度的核不均及核大小不一。核质比只是略有增加。最小的未分化的特性表明是细胞学上低级的癌。（瑞氏染色；高倍油镜）**B. 组织切片。**轻度到中度核不均、中等的核质比和少量的有丝分裂相（图中未显示）显示为低度肿瘤。细胞簇相连接被电子显微镜确认后显示为上皮来源。细胞质苍白或泡沫样/空泡样表明是腺体产物或分泌的。通过以上可以考量唾液或泪液腺起源，或者不太像，鼻上皮。（H&E 染色；高倍油镜）

## 鼻泪管组织

### 常规组织学和细胞学

泪液分为脂质分泌物和血清类黏蛋白，前者来自脂质分泌腺体，如睑板腺，黏蛋白来自结膜杯状细胞，而后者来自第三眼睑，但是主要的成分还是位于眼球背外侧的泪液腺产生的水样液体。在猫，泪液腺是由浆液腺上皮组成，但在犬是由血清类黏蛋白组成。泪管是由平整的立方上皮细胞组成。

### 炎症

泪囊的炎症或泪囊炎，通常因细菌感染后中性粒细胞渗出而阻塞泪管。

### 囊肿

泪液腺导管内的囊肿称为泪管积液，其中包含少细胞的浆液或血清类黏蛋白物质。可能会混合一些中性粒细胞和巨噬细胞(Prasse and Winston，1999)。

## 参考文献


Bauer GA，Spiess BM，Lutz H：Exfoliative cytology of conjunctiva and cornea in domestic animals：a comparison of four collecting techniques，*Vet Comp Ophthalmol* 6：181－186，1996.

Bolzan AA，Brunelli ATJ，Castro MB，et al：Conjunctival impression cytology in dogs，*Vet Ophthalmol* 8：401－405，2005.

Boscos CM，Ververidis HN，Tondis DK，et al：Ocular involvement of transmissible venereal tumor in a dog，*Vet Ophthalmol* 1：167－170，1998.

Boydell P：Fine needle aspiration biopsy in the diagnosis of exophthalmos，*J Sm Anim Pract* 32：542－546，1991.

Fife M，Blocker T，Fife T，et al：Canine conjunctival mast cell tumors：a retrospective study，*Vet Ophthalmol* 14：153－160，2011.

Gelatt KN，Chrisman CL，Samuelson DA，et al：Ocular and systemic aspergillosis in a dog，*J Am Anim Hosp Assoc* 27：427－431，1991.

Glaze MB，Gelatt KN：Feline ophthalmology. In Gelatt KN (ed)：*Veterinary ophthalmology*，ed 3，Philadelphia，1999，Lippincott Williams & Wilkins，pp997－1052.

Grahn BH，Peiffer RL，Cullen CL，et al：Classification of feline intraocular neoplasms based on morphology，histochemical staining，and immunohistochemical labeling，*Vet Ophthalmol* 9：395－403，2006.

Giuliano EA，Moore CP，Phillips TE：Morphological evidence of M cells in healthy canine conjunctiva-associated lymphoid tissue，*Graefe's Arch Clin Exp Ophthalmol* 240：220－226，2002.

Haesebrouck F，Devriese LA，van Rijssen B，et al：Incidence and significance of isolation of *Mycoplasma felis* from cojunctival swabs of cats，*Vet Microbiol* 26：95－101，1991.

Hazel SJ，Thrall MAH，Severin GA，et al：Laboratory evaluation of aqueous humor in the healthy dog，cat，horse，and cow，*Am J Vet Res* 46：657－659，1985.

Hirai T，Mubarak M，Kimura T，et al：Apocrine gland tumor of the eyelid in a dog，*Vet Pathol* 34：232－234，1997.

Hillström A，Tvedten H，Källberg M，et al：Evaluation of cytologic findings in feline conjunctivitis，*Vet Clin Pathol* 41：283－290，2012.

Jacobi S，Dubielzig RR：Feline early life ocular disease，*Vet Ophthalmol* 11：166－169，2008.

Ketring KL，Zuckerman EE，Hardy WD：*Bartonella*：a new etiological agent of feline ocular disease，*J Am Anim Hosp Assoc* 40：6－12，2004.

Knoll JS：What is your diagnosis? *Vet Clin Pathol* 19：32－34，1990.

Komaromy AM，Ramsey DT，Render IA，et al：Primary adenocarcinoma of the gland of the nictitating membrane in a cat，*J Am Anim Hosp Assoc* 33：333－336，1997.

Komnenou AA，Mylonakis ME，Kouti V，et al：Ocular manifestations of natural canine monocytic ehrlichiosis(*Ehrlichia canis*)：a retrospective study of 90 cases，*Vet Ophthalmol* 10：137－142，2007.

Lipman NS，Yan L-L，Murphy JC：Probable transmission of *Chlamydia psittaci* from a macaw to a cat，*J Am Vet Med Assoc* 204：1479－1480，1994.

Low HC，Powell CC，Veir JK，et al：Prevalence of feline herpesvirus 1，*Chlamydophila felis*，and *Mycoplasma* spp. DNA in conjunctival cells collected from cats with and without conjunctivitis，*Am J Vet Res* 68：643－648，2007.

Massa KL，Murphy CJ，Hartmann FA，et al：Usefulness of aerobic microbial culture and cytologic evaluation of corneal specimens in the diagnosis of infectious ulcerative keratitis in animals，*J Am Vet Med Assoc* 215：1671－1674，1999.

Michau TM，Breitschwerdt EB，Gilger BC，et al：*Bartonella vinsonii* subspecies *berkhoffi* as a possible cause of anterior uveitis and choroiditis in a dog，*Vet Ophthalmol* 6：299－304，2003.

Murphy JM：Exfoliative cytologic examination as an aid in diagnosing ocular diseases in the dog and cat，*Semin Vet Med Surg* (*Sm Anim*)3：10－14，1988.

Nasisse MP, Guy JS, Stevens JB, et al: Clinical and laboratory findings in chronic conjunctivitis in cats: 91 cases(1983–1991), *J Am Vet Med Assoc* 203:834–837, 1993.

Nasisse MP, Glover TL, Moore CP, et al: Detection of feline herpesvirus 1 DNA in corneas of cats with eosinophilic keratitis or corneal sequestration, *Am J Vet Res* 59: 856–858, 1998.

Naranjo C, Dubielzig RR, Friedrichs KR: Canine ocular histiocytic sarcoma, *Vet Ophthalmol* 10:179–185, 2007.

Nunes A, Gomes JP: Evolution, phylogeny, and molecular epidemiology of *Chlamydia*, *Infect Genet Evol* 23: 49–64, 2014.

Panciera RJ, Ewing SA, Confer AW: Ocular histopathology of ehrlichial infections in the dog, *Vet Pathol* 38: 43–46, 2001.

Patnaik AK, Mooney S: Feline melanoma: a comparative study of ocular, oral, and dermal neoplasms, *Vet Pathol* 25: 105–112, 1988.

Petterino C, Bjomson S, Hayes S: What is your diagnosis? An intraocular mass in a dog, *Vet Clin Pathol* 43: 289–290, 2014.

Pirie CG, Dubielzig RR: Feline conjunctival hemangioma and hemangiosarcoma: a retrospective evaluation of eight cases (1993–2004), *Vet Ophthalmol* 9:227–231, 2006.

Pirie CG, Knollinger AM, Thomas CB, et al: Canine conjunctival hemangioma and hemangiosarcoma: a retrospective evaluation of 108 cases(1989–2004), *Vet Ophthalmol* 9: 215–226, 2006.

Prasse KW, Winston SM: Cytology and histopathology of feline eosinophilic keratitis, *Vet Comp Opthalmol* 6: 74–81, 1996.

Prasse KW, Winston SM: The eyes and associated structures. In Cowell RL Tyler RD, Meinkoth JH(eds): *Diagnostic cytology and hematology of the dog and cat*, ed 2, St. Louis, 1999, Mosby, pp68–82.

Roth L, Sisson A: Aspirate of a mass posterior to the eye, *Vet Clin Pathol* 28:89–90, 1999.

Samuelson DA: Ophthalmic anatomy. In Gelatt KN(ed): *Veterinary ophthalmology*, ed 3, Philadelphia, 1999, Lippincott Williams & Wilkins, pp. 31–150.

Scott EM, Carter RT: Canine keratomycosis in 11 dogs: a case series(2000–2011), *J Am Anim Hosp Assoc* 50: 112–118, 2014.

Stenner VJ, Mackay B, King T, et al: Protothecosis in 17 Australian dogs and a review of the canine literature, *Med Mycol* 45:249–266, 2007.

Stiles J, McDermott M, Bigsby D, et al: Use of nested polymerase chain reaction to identify feline herpesvirus in ocular tissue from clinically normal cats and cats with corneal sequestra or conjunctivitis, *Am J Vet Res* 58:338–342, 1997.

Streeten BW, Streeten EA: "Blue-body" epithelial cell inclusions in conjunctivitis, *Ophthalmol* 92:575–579, 1985.

Sykes JE, Greene CE: Chlamydial infections. In Greene CE (ed): *Infectious diseases of the dog and cat*, ed 4, Philadelphia, 2012, WB Saunders, pp. 270–276.

Volopich S, Benetka V, Schwendenwein I, et al: Cytologic findings, and feline herpesvirus DNA and *Chlamydophila felis* antigen detection rates in normal cats and cats with conjunctival and corneal lesions, *Vet Ophthalmol* 8:25–32, 2005.

von Bomhard W, Polkinghorne A, Lu ZH, et al: Detection of novel chlamydiae in cats with ocular disease, *Am J Vet Res* 64:1421–1428, 2003.

Willis M, Bounous DI, Hirsh S, et al: Conjunctival brush cytology: evaluation of a new cytological collection technique in dogs and cats with a comparison to conjunctival scraping, *Vet Comp Ophthalmol* 7:74–81, 1997.

Young KM, Taylor J: Laboratory medicine: yesterday today tomorrow: eye on the cytoplasm, *Vet Clin Pathol* 35: 141, 2006.

Zarfoss MK, Dubielzig RR, Eberhard ML, et al: Canine ocular onchocerciasis in the United States: two new cases and a review of the literature, *Vet Ophthalmol* 8:51–57, 2005.

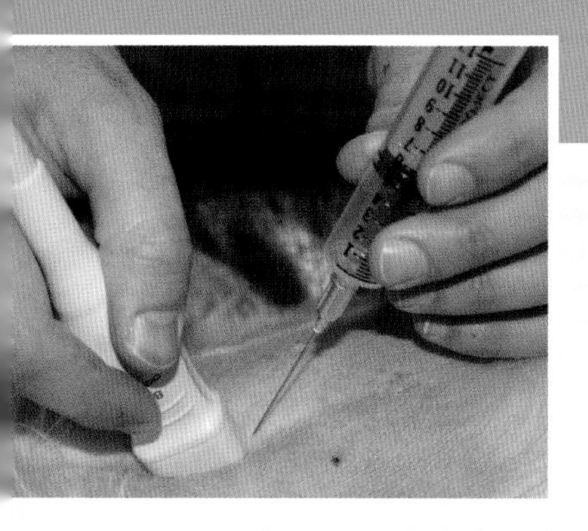

# 第 16 章

# 内分泌/神经内分泌系统

Ul Soo Choi，Tara Arndt

内分泌系统包括甲状腺、甲状旁腺、肾上腺皮质和胰岛细胞。这些高度集成、高度血管化的腺体血窦与可以产生激素的分泌实质细胞密切相关。神经内分泌系统包括副神经节细胞，副神经节细胞可以合成和分泌儿茶酚胺和其他调节肽。肾上腺髓质和肾上腺外部位的神经内分泌细胞是由神经内胚层衍生的。肾上腺外的副神经节细胞包括主动脉和颈动脉体，它在血压调节中起化学感受器的作用。在胚胎学上，神经内分泌细胞存在于胃肠道、气管分支和肝脏（Hamilton et al.，1999）。

内分泌和神经内分泌系统方面的疾病大致包括增生、发育不良、炎症和肿瘤等，是近来细胞病理学家最感兴趣的部分（表 16-1）。

内分泌系统的肿瘤通常比较松软，除了某些甲状腺肿瘤，抽吸时经常会被血液污染。神经内分泌瘤可能会由化学感受器官产生，并形成腺瘤和腺癌。瘤可以由很多组织的神经内分泌细胞产生，包括鼻腔、肺、肝、皮肤或胃肠道，通常为“良性肿瘤”。内分泌腺和神经内分泌细胞的肿瘤有相似的细胞学特征。制作细胞学载玻片可以在少数的不同细胞质边界的视野里暗淡细胞质背景下发现裸核或者游离核嵌入。这些现象的出现通常是因为这些组织的细胞的易碎特性。这些组织学特征不应该和其他组织的低制备样品混淆，比如在样品制备的过程中过度地挤压载玻片会使细胞裂解。在后者的情况下，细胞损伤，像核裂解和核流也是非常明显的（图 16-1A&B）。

尽管神经内分泌瘤有相似的细胞学形态，但是他们仍然可以通过病变位置和可能存在的特殊细胞学形态区分。鉴定肿瘤来源的组织在预测生物学行为时是非常重要的，因为恶性肿瘤的细胞学判据并不能很好地解释说明这些肿瘤。如果判断恶性肿瘤标准存在，则肿瘤可能会转移或向局部周围组织浸润。然而即使在恶性案例中，许多神经内分泌肿瘤也不表现未分化的特性。因此，不同物种的具有恶性潜在性的特殊肿瘤的肿瘤鉴别和认识，在预测内分泌和神经内分泌源的肿瘤中是至关重要的。所有的内分泌系统的肿瘤都是这样的，尤其是遇到甲状腺肿瘤时更为重要，甲状腺瘤是内分泌系统最常遇到的病变。

> **关键点**　大量完整的游离或者裸核的存在可以帮助识别内分泌和神经内分泌源的肿瘤；然而，仅仅根据细胞学的发现来预测生物学行为是比较困难的，因为恶性肿瘤可能出现在细胞学上是良性的。

**表 16-1　内分泌或神经内分泌的病理学**

| 组织起源 | 位置 | 病理学 | |
|---|---|---|---|
| 甲状腺 | 颈或异位 | 非肿瘤 | 淋巴性甲状腺炎 |
| | | | 滤泡萎缩 |
| | | | 结节性增生（甲状腺肿） |
| | | 肿瘤 | 滤泡腺瘤/腺癌 |
| | | | 甲状腺 C 细胞腺瘤/癌 |
| 甲状旁腺 | 颈 | 非肿瘤 | 甲状旁腺囊肿 |
| | | | 淋巴性甲状旁腺炎 |
| | | | 甲状旁腺增生 |
| | | 肿瘤 | 甲状旁腺腺瘤 |
| | | | 甲状旁腺癌 |
| 胰腺内分泌（胰岛细胞） | 胰腺 | 肿瘤 | 胰高血糖素瘤（α 胰岛细胞） |

续表 16-1

| 组织起源 | 位置 | 病理学 | |
|---|---|---|---|
| | | | 胰岛素瘤(β胰岛细胞) |
| | | | 胃泌素-分泌型胰岛细胞瘤(非-β胰岛细胞) |
| | | | 生长抑素瘤(δ胰岛素细胞) |
| | | | 胰多肽瘤(胰多肽分泌细胞) |
| | | | 其他:血管活性肠肽腺瘤 |
| 肾上腺皮质 | 肾上腺 | 非肿瘤 | 肾上腺炎 |
| | | | 肾上腺皮质增生 |
| | | | 原发性肾上腺皮质萎缩 |
| | | 肿瘤 | 肾上腺皮脂腺瘤/腺癌 |
| 肾上腺髓质 | 肾上腺 | 肿瘤 | 嗜络细胞瘤(副神经节,嗜络细胞) |
| | | | 神经细胞瘤 |
| | | | 神经节瘤 |
| 化学感受器 | 主动脉体 | 肿瘤 | 主动脉瘤 |
| (副神经节,非嗜络细胞) | 颈动脉体 | | 颈动脉体瘤 |
| | 其他区域 | | 化学感受器瘤 |
| 其他神经内分泌 | 胃肠道、肝、肺、 | 肿瘤 | 良性肿瘤 |
| | 鼻腔 | | (分化良好的良性,分化良好的或分化不良的恶性) |
| | 皮肤、口腔 | 肿瘤 | 默克尔细胞瘤/癌 |

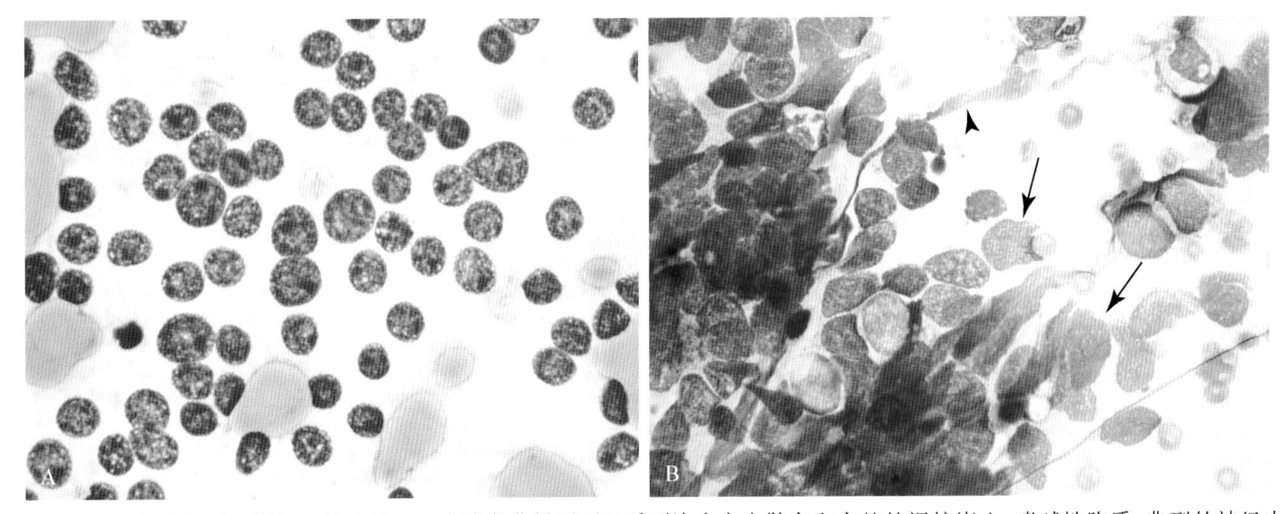


■ 图 16-1 **裸核与裂解的细胞核比较。A.** 在浅色背景下可以看到许多自由散布和完整的裸核嵌入,嗜碱性胞质,典型的神经内分泌细胞起源。这个病例是 1 个化学感受器瘤。(罗氏染色;高倍油镜.)**B.** 游离核是因为在样品制备过程中过度施加压力使细胞裂解(箭头)和核物质流动(箭头)产生的。(瑞-吉氏染色;高倍油镜)(A,Courtesy of Ul Soo Choi,Practical guide to diagnostic cytology of the dog and cat,OKVET,Korea)

## 甲状腺

甲状腺是由内衬单层上皮细胞的大小不一的滤泡组成的。鳞状到低的立方上皮是在休眠期,立方到柱状上皮是在活动期(图 16-2)。滤泡的胶质含有产生甲状腺激素的甲状腺球蛋白。在纤细的纤维间隔和大量血管供应处发现滤泡由滤泡旁细胞分离开。活跃的滤泡有小的液泡临近上皮细胞,被识别为甲状腺球蛋白的胞吞作用。

### 非肿瘤性甲状腺疾病

非肿瘤性甲状腺疾病包括慢性淋巴细胞性甲状腺炎,甲状腺滤泡萎缩、增生结节(甲状腺肿)(表 16-2)。淋巴细胞性甲状腺炎和甲状腺滤泡萎缩是构成犬甲状腺机能减退的一个重要原因(La Perle,2013)。因为难度高,所以在诊断甲减的临床病理学检查中,很少会在甲状腺炎或滤泡萎缩时,利用细针穿刺吸引甲状腺方式来判断甲状腺炎的细胞形态学或腺泡萎缩。在疑似甲状腺炎和滤泡萎缩的情况下,应进行血清 T4 和(或)抗甲状腺球蛋白抗体效价测量来确认或否定甲状腺功能减退,如果仍需进一步鉴定则需活检和组织学评估。根据最新的有关淋巴细胞性甲状腺炎组织学评估的文献,不同数量的淋巴细胞、浆细胞、巨噬细胞、含有或不含有胶体的甲状腺上皮细胞都会脱落(La Perle,2013)。在萎缩性病变中,少量的甲状腺上皮细胞和梭形细胞可以在涂片中发现,可能伴有或者没有胶体。

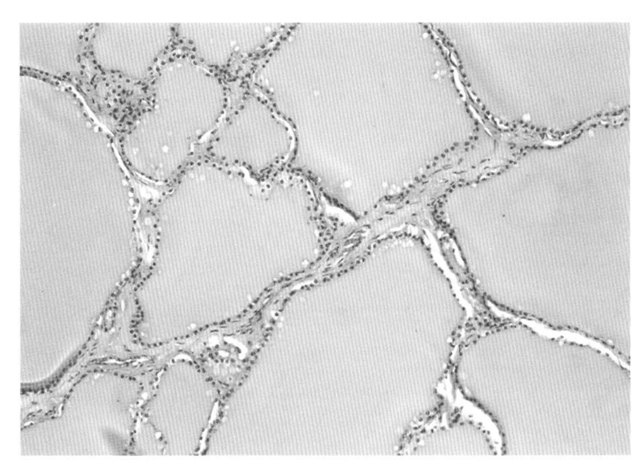

■ 图 16-2　**正常活跃甲状腺。猫。**大小不一的甲状腺滤泡包含衬者均匀立方上皮的嗜酸性胶体。相邻的上皮细胞存在液泡是因为甲状腺球蛋白的胞吞现象。毛囊之间的甲状腺滤泡旁细胞产生降钙素。(H&E 染色;中倍镜)(Courtesy of Rose Raskin,University of Florida.)

与淋巴细胞性甲状腺炎和滤泡萎缩相反,结节性增生会经常在临床遇到,因为超过 98%的甲亢猫会发展为甲状腺增生及腺瘤(Mooney and Peterson,2004)。如果只依靠细胞学的特征来区分增生和腺瘤是比较困难的,甚至出现良性肿瘤也不能被排除。不管良性还是恶性,当甲状腺腺体细针穿刺涂片时都应有良性甲状腺上皮细胞连同细胞外嗜酸性物质(胶体)。

**表 16-2　犬猫甲状腺非肿瘤性病变的特点**

| 病理学 | 细胞学 | 临床注解 |
|---|---|---|
| 淋巴细胞性甲状腺炎 | 淋巴细胞,浆细胞,巨噬细胞和甲状腺上皮细胞+/−胶质 | 常见犬甲状腺机能减退,伴随血清 T4 浓度降低+/−甲状腺球蛋抗体滴度增加 |
| 滤泡萎缩 | 分化良好的甲状腺上皮细胞+/−脂肪结缔组织细胞+/−胶质 | 最常见犬甲状腺机能减退 |
| 结节性增生(甲状腺肿) | 常见甲状腺上皮细胞+/−胶质 | 最常见甲亢猫伴随着血清 T4 和 T3 水平升高 |

+/−,有或无

## 犬猫肿瘤性疾病

甲状腺肿瘤常见于犬、猫和马(Capen,2002)。在临床上常见的是位于颈部的皮下肿块,通常在气管的侧部(图 16-3 至图 16-6),在或者靠近胸廓入口。异位甲状腺肿瘤,有时会发现在颅胸腔,心脏的基底,甚至在口腔舌头的基底(Lantz and Salisbury,1989)。关于甲状腺肿瘤的生物学行为存在明显的物种差异,因此只有最常见的病变才被认为与犬猫有关(表 16-3)。

**表 16-3　甲状腺瘤的细胞学特点**

| | 滤泡腺瘤 | |
|---|---|---|
| 甲状腺瘤 | 滤泡性腺癌 | 骨髓或 C 细胞腺瘤或癌 |
| 细胞学 | 裸核形态学 | 裸核形态学 |
| | +/−上皮细胞簇和细胞质由蓝变黑色 | +/−上皮细胞簇 |
| | +/−胶质 | +/−胶质 |
| | 常发生血液污染 | +/−细胞质颗粒(嗜苯胺蓝性的) |
| | | 常发生血液污染 |
| 临床注释 | 犬:90%~95%是恶性的癌;无功能的 | 犬猫甲状腺肿瘤患病率<10% |
| | 猫:大多数是腺瘤;功能性的 | |
| 免疫学标志 | 甲状腺球蛋白 | 降钙素 |

+/−,有或无

### 犬甲状腺肿瘤

甲状腺肿瘤占犬肿瘤的 1.2%~3.7%(Harari et al.,1986)。已确认没有性别的差异性;然而,有报道拳师犬、比格犬和金毛寻回犬的品种可能存在品种差异性(Harari et al.,1986)。50%~70%的甲状腺肿瘤临床鉴定是癌(Bailey and Page,2007),包括由滤泡上皮细胞产生的甲状腺滤泡癌,和通常很少起源于滤泡旁或 C 细胞的髓样癌(Barber,2007;Bertazzolo et al.,2003)。犬的甲状腺肿瘤的生物学行为是非常具有特征性的。甲状腺腺癌是有侵袭性的并且时间久了会转移。肿瘤的愈后和潜在转移性及其大小有关,在一项研究中显示,14%肿瘤体积小于 20 mL 的犬被证实肿瘤会发生转移,然而肿瘤体积在 21~100mL 之间的犬肿瘤转移率为 74%~100%(Leav et al.,1976)。最早和最常转移的部位是肺,是因为肿瘤细胞侵袭进入甲状腺或颈静脉(Capen,2002)。在可能的情况下,手术摘除是治疗的首选,但是癌是迅速侵袭性的,可能涉及重要的器官例如颈静脉、颈动脉和食管。在犬,甲状腺激素分泌过多很少是因为甲状腺瘤,仅占病例的 10%(Bailey and Page,2007)。已知髓样癌的包裹性比甲状腺滤泡癌强但侵袭性比甲状腺滤泡癌弱,并且较甲状腺滤泡癌有良好的愈后(Barber,2007;Carver et al.,1995)。

制作甲状腺肿瘤的标本,尤其是癌的,可能会发生大量血液的污染(Harari et al.,1986)。甲状腺滤泡癌的肿瘤细胞会成簇地脱落或者会在成片的上皮细胞中发现有数量不等的游离或裸露的核散落在其中(图 16-3A),并且后者的现象在甲状腺滤泡癌比髓样癌更加突出(Bertazzolo et al. ,2003)。上皮细胞的聚集体通常有模糊的细胞质的边界,并会像完整的游离核一样嵌入浅蓝色的细胞质中(图 16-3 B&C),并且很少的细胞有明显的胞质边界。在更完整的上皮细胞的细胞质中,有时会出现深蓝色的黑色色素(图 16-4 A&B)。虽然没有明确确定,这种色素被认为是含酪氨酸的颗粒(Maddux and Shull,1989)。细胞外非晶态粉色物质(胶体)可能与某些簇相关(图 16-3 A-C)。胶质和色素颗粒,随同有细胞裸核的出现,有助于确定起源组织为甲状腺。其他调查结果包括少量的巨噬细胞充满细胞质空泡和蓝绿色的颗粒(含铁血黄素),可以提示近期有出血和红细胞的转换率。

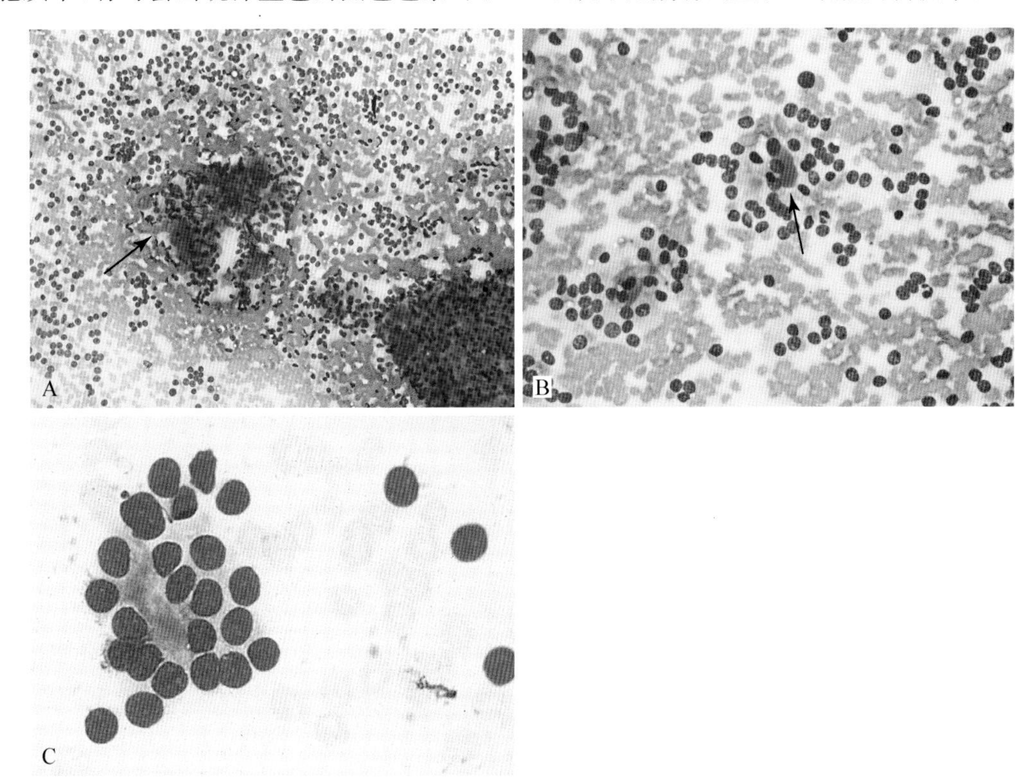

■ 图 16-3 **甲状腺滤泡癌。犬。A-B 为同一病例。A.** 对位于颈部的皮下组织肿块进行组织抽吸。不完整的上皮细胞团和边界不明显的细胞质及大量的游离细胞核是一个内分泌瘤的特征。嗜酸性的物质(箭头)是胶质。(罗氏染色;中倍镜)**B.** 高倍放大显示胶质密度(箭头)和游离细胞核相关。(罗氏染色;中倍镜)**C. 颈部肿块组织抽吸。**一簇有着苍白色细胞质和无明显细胞质边界的细胞,细胞核相当均匀,只有轻度的核大小不均。少量的无定形嗜酸性物质或胶质可以在细胞簇内可见。(瑞-吉氏染色;高倍油镜)(B,Courtesy of Ul Soo Choi,Practical guide to diagnostic cytology of the dog and cat,OKVET,Korea.)

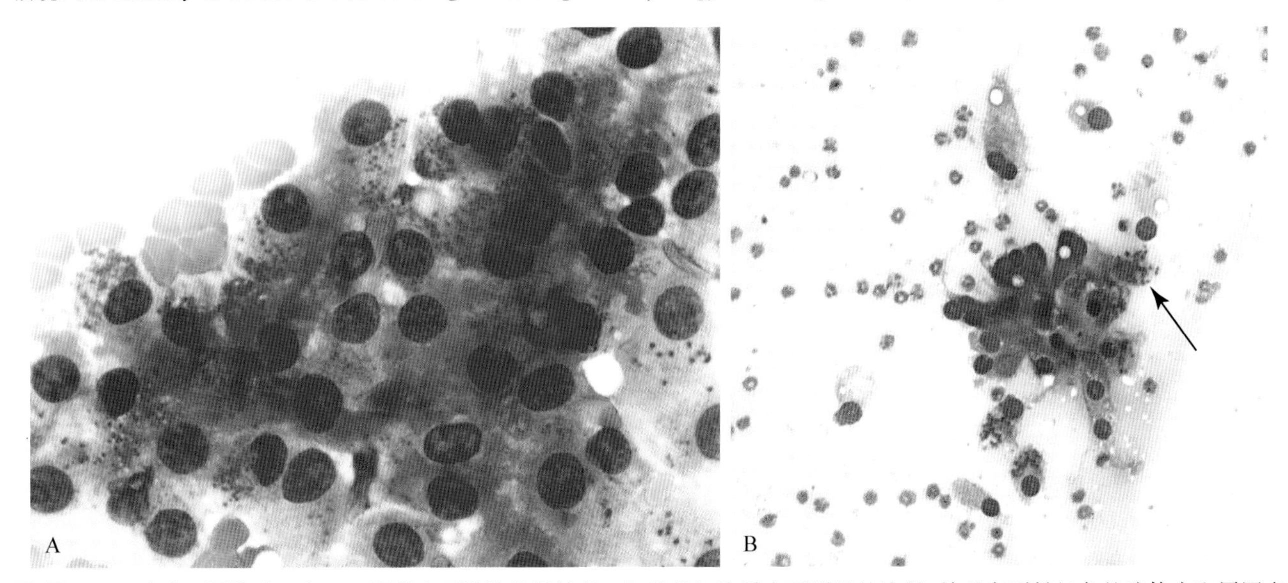

■ 图 16-4 **腺癌。甲状腺。犬。A.** 颈部皮下肿块组织抽吸。细胞的细胞质有不明显的边界,并观察到粉红色的胶体内和周围有细胞簇。遍及整个集群的黑色,细胞质色素被认为是酪氨酸颗粒。细胞核表现为轻度的大小不均。(瑞-吉氏染色;高倍油镜)**B. 不同病例的颈部肿物穿刺。**箭头指向的色素沉着颗粒被认为是酪氨酸。(瑞-吉氏染色;高倍油镜)

大多数肿瘤的细胞核都是圆形或椭圆形，存在极微的间变性特征。大多数的甲状腺肿瘤，即使是腺癌，也是由一个相当均匀的细胞群体组成，如果有的话，也很少有恶性肿瘤的标准（图 16-3 至图 16-6）。也可能有轻度到中度的核不均（图 16-5B），还有可能偶尔看到小的、不清楚的核仁。正如前面所提到的一般 90%～95%的临床症状明显的犬甲状腺肿瘤是腺癌。因此，在任何时候犬的肿块被确定为源于甲状腺，需组织病理证实后才能被认为很可能是癌。

在甲状腺髓样癌或甲状腺 C 细胞癌，细胞学特征类似于甲状腺滤泡癌，除了肿瘤细胞可能会较多成群或成簇地脱落。细胞学形态可能不会总是有裸核出现（图 16-7A&B）。无定形的粉红色物质或胶体在没有蓝黑色颗粒（酪氨酸）的情况下可以被看到，这已经被作为鉴别甲状腺滤泡癌的滤泡的特征。髓样癌最终的诊断结果需要组织病埋学和免疫组织化学的鉴定（Bertazzolo et al.，2003）。在少量的甲状腺髓样癌肿瘤细胞内可以看到嗜苯胺蓝颗粒，这可能就是细胞质降钙素。

罕见的甲状腺低分化癌可以产生无数的间变性肿瘤细胞，这是鉴别它为恶性的明显标准（图 16-8A&B）。在一个罕见的甲状腺癌肉瘤的病例中，有两个不同的细胞群，来源于上皮和间质，有着大量恶性肿瘤的判断特征（Fernandez et al.，2008）。

### 猫甲状腺肿瘤

猫的甲状腺肿瘤（图 16-9A-C）与在犬身上发现的有着几乎相同的细胞学特征。与犬不同的是，绝大多数肿瘤在猫身上都是良性腺瘤，有时称为腺瘤样增生。双侧甲状腺受累存在于 70%的猫科病例中（Peterson et al.，1983）。功能性腺癌只在 1%～2%的有甲亢临床特征的猫身上发生（Turrel et al.，1988）。在猫身上，如果细胞学制剂含有非常均匀的核群并且没有标准的恶性肿瘤的特征，这个甲状腺肿瘤被认为很有可能是良性的。如果只是根据细胞学的特征是不可能区分腺瘤和腺癌的，区分它们通常需要依据组织学评估或者淋巴浸润（Capen，2002；Turrel et al.，1988）。

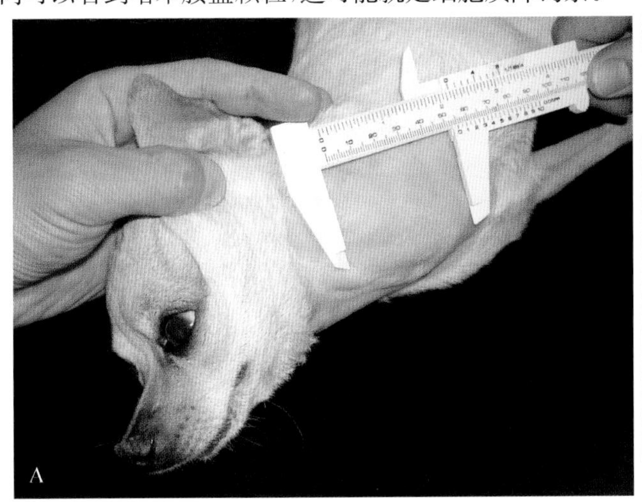

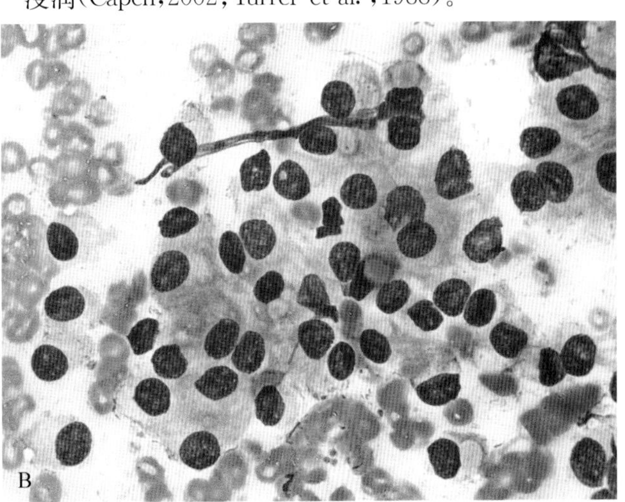

■ 图 16-5 **甲状腺腺癌。犬。A-B 为同一病例。A.** 在 19 个月的时间内，颈部肿块已经长到 5 cm，没有食欲或行为的改变。**B.** 肿块抽吸含有苍白色细胞质的细胞和边界不明显的细胞质。细胞核比较均匀，只有轻微的核大小不均。在细胞间可以看到少量的非晶体嗜酸性物质（胶体）。病例经组织病理学证实为滤泡细胞腺癌。（罗氏染色；高倍油镜）

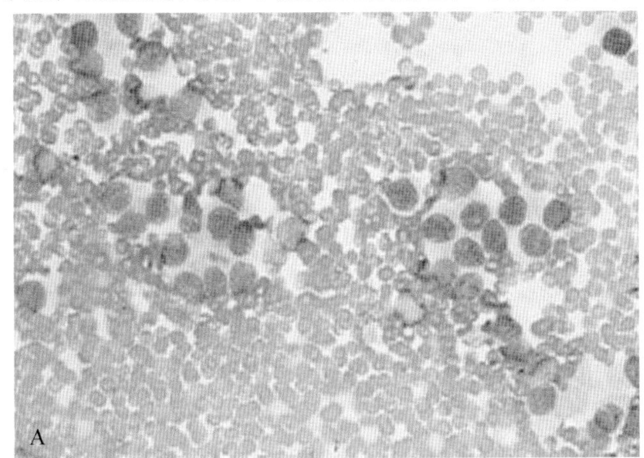

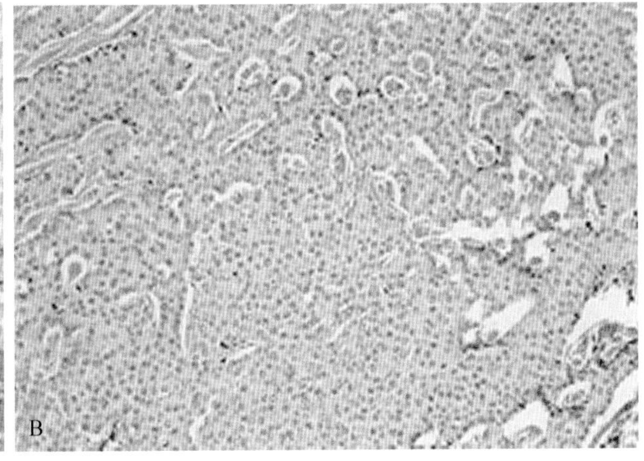

■ 图 16-6 **腺癌。甲状腺。犬。A-B 为同一病例。A.** 这只动物患有间歇地咳嗽。体检时，在颈部中间气管一侧发现 1 个 2～3 cm，坚实的，圆形的可移动肿块。在一个血液污染的背景下存在成簇的像裸核一样的松散黏附的细胞（瑞-吉氏染色；高倍油镜）。**B.** 大小不一的紧凑的巢和弥漫性的肿瘤细胞板抹去腺，留下正常甲状腺和一些小卵泡在外围。

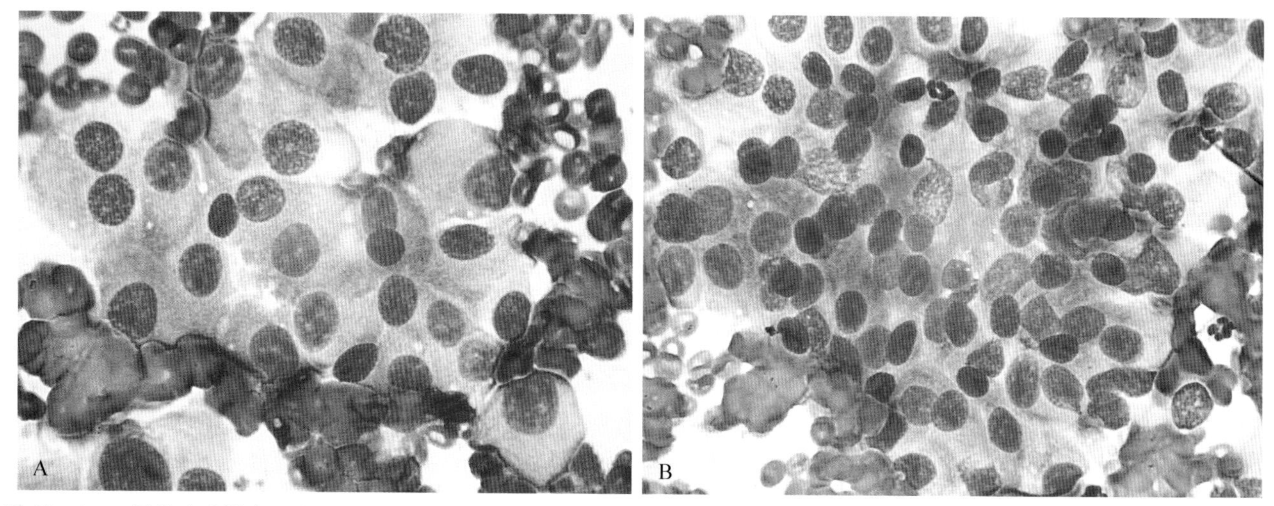

■ 图 16-7 **甲状腺髓样癌。犬。A-B 为同一病例。A.** 注意这清楚的细胞边界在上皮细胞形态学外观上与滤泡癌相比更具有黏合力，具有裸核细胞形态学。轻度至中度核大小不均，双核，核仁突出显示为恶性特征。病例通过组织学检查的降钙素免疫反应被确认为甲状腺髓样癌。（Hemacolor；高倍油镜.）**B.** 这种细胞群有模糊的细胞质边界。（Hemacolor；高倍油镜）（A-B，Courtesy of Walter Bertazzolo，Italy.）

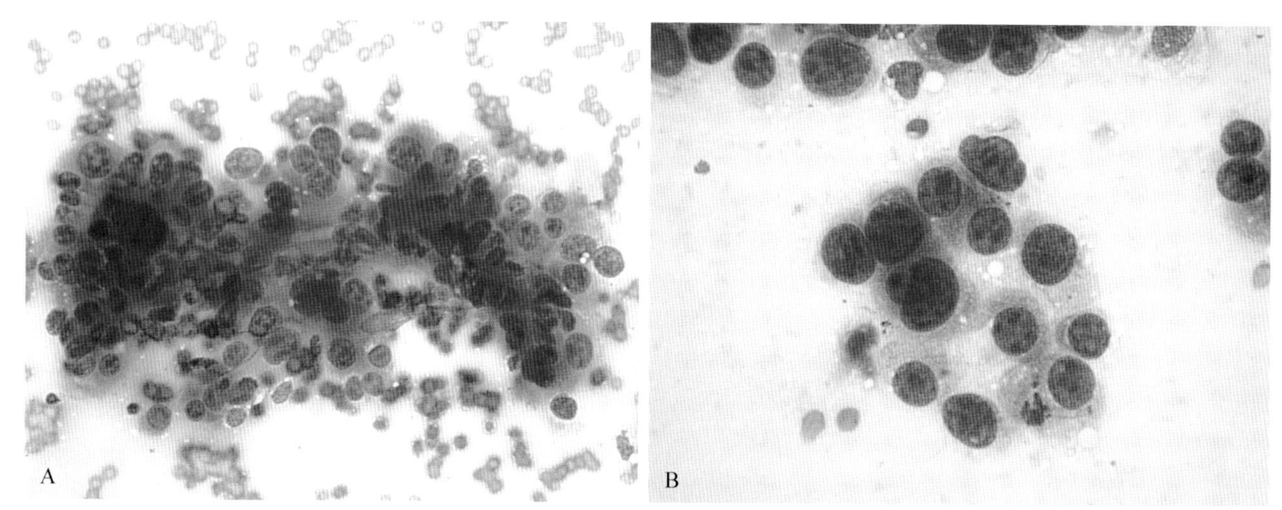

■ 图 16-8 **低分化的甲状腺肿瘤。犬。A-B 为相同病例。A. 复发性颈部肿块。**恶性肿瘤的判读标准有很多，包括但不仅限于细胞大小不均，细胞核大小不均，卫星核和核挤出成型。（罗氏染色；中倍镜）**B.** 松散的聚集细胞高倍放大，显示明显的核仁，核不规则形状。病理组织学检查确诊为未分化癌。（罗氏染色；高倍油镜）（A，Courtesy of Ul Soo Choi，犬猫细胞学诊断实用指南，OKVET，Korea.）

与犬不同的是，大多数甲状腺瘤在猫身上是功能性的，并且可以自动分泌甲状腺素。腺瘤通常是有很好的被囊包裹的，手术切除愈后也会良好。如果是双侧甲状腺切除，病人必须监测体征看是否有甲状腺功能减退症或去除甲状旁腺导致的低血钙症（Bailey and Page，2007）。腺癌具有局部侵袭性，并且经常迁移至局部淋巴结，在被报道的患有（肿瘤）转移性疾病的猫中 71％患有腺癌（Turrel et al.，1988）。

除了手术治疗，还有抗甲状腺药物治疗，这并不是一般的细胞毒素的药物，它可以用来降低甲状腺毒症对代谢的影响。用碘- 131（131I）进行的放射治疗可以使肿瘤减少，特别是对异位甲状腺功能亢进的猫。

**关键点** 大量的血液污染是甲状腺肿瘤穿刺中常遇到的问题。游离的裸核、无定性的胞外嗜酸性物质（胶质），还有细胞质蓝黑色素（酪氨酸）的存在是细胞学特征的关键点。

## 甲状旁腺

表 16-4 列出的是已知的犬猫甲状旁腺病理变化。大多数动物的甲状旁腺由两对位于颅颈区的腺体组成。在犬和猫都有发现外部和内部的甲状旁腺，其中主要的细胞是处于各种分泌活动阶段的主细胞。正常的甲状旁腺组织切片的主细胞是立方形或者多面体的上皮细胞，并伴随有浅染的嗜酸性细胞质，但是在细胞学样本中可以看到游离的细胞核嵌入浅染的嗜酸性细胞质，并且有模糊的边界（Diaconu et al.，2008）。

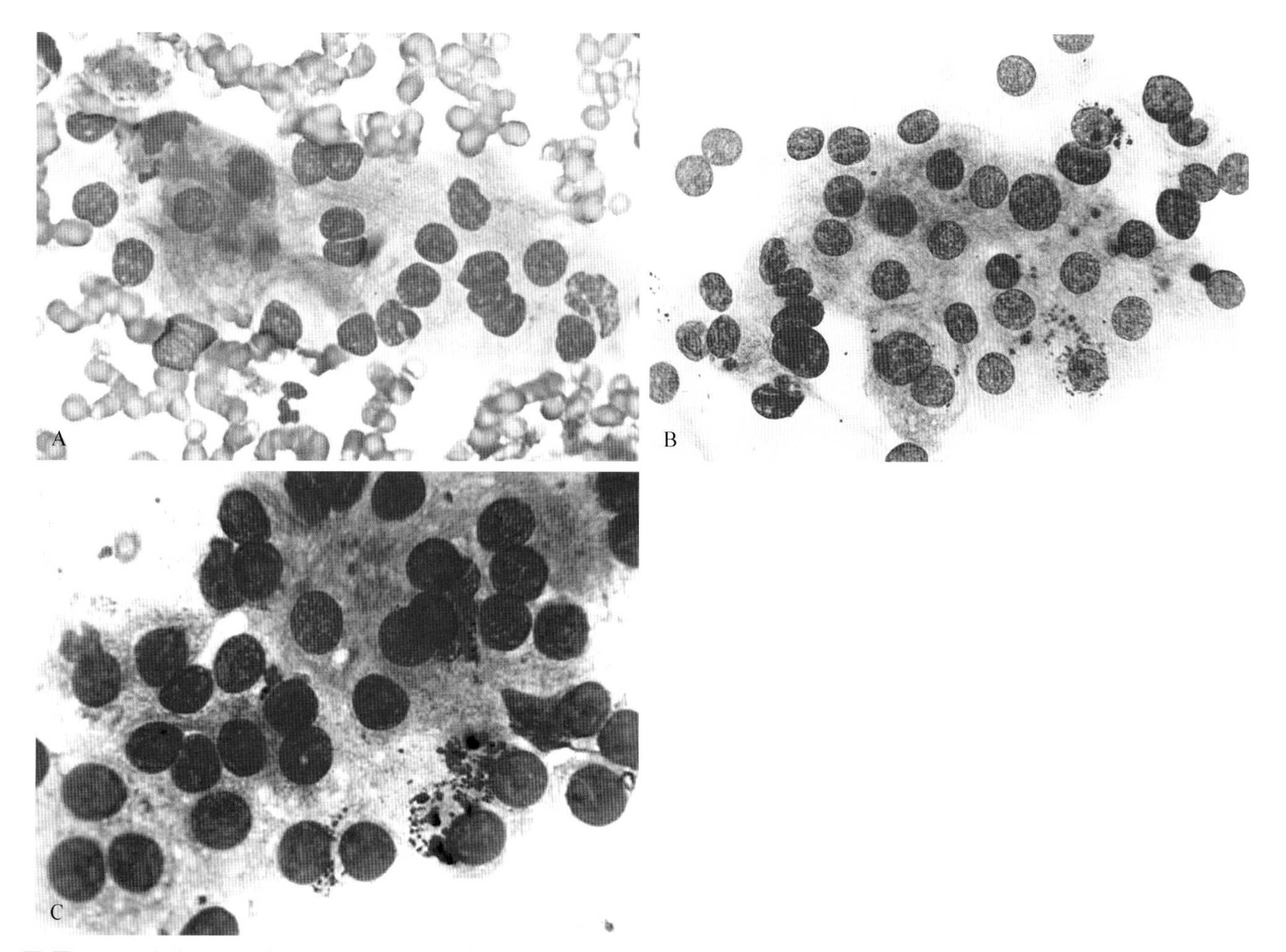

■ 图 16-9　**腺瘤。甲状腺。猫。A.** 从位于颈部皮下的肿块吸出组织。细胞质中有不明显的边界，在集群内观察到粉红色的无定形胶体。核是一致的。细胞学检查，这与腺瘤或腺瘤样增生也是一致的。（瑞-吉氏染色；高倍油镜）**B.** 从患有 3 年临床甲状腺功能亢进症的动物体内吸出组织。猫在 3 个月前进行放射性碘治疗甲亢，现在出现复发。细胞学，几个双核形式存在于黑色颗粒状细胞质内含物的被认为是酪氨酸的颗粒。红细胞大小不均和细胞核大小不均可能与放射治疗和复发有关。（瑞-吉氏染色；高倍油镜）**C.** 从皮下颈部肿块组织吸出。细胞学，几个双核形式存在于黑色颗粒状细胞质内含物的，可能是酪氨酸。（瑞-吉氏染色；高倍油镜）（B，Courtesy of Rose Raskin，University of Florida.）

**表 16-4　犬和猫甲状旁腺病理**

| | 病理 | 细胞学 | 临床解释 |
|---|---|---|---|
| 非肿瘤 | 甲状旁腺囊肿 | 上皮细胞和嗜酸性蛋白质的物质 | 没有什么意义 |
| | 淋巴细胞性甲状旁腺增生 | 淋巴细胞和浆细胞为主，裸核嵌在轻度嗜酸性胞浆细胞的背景下 | 甲状旁腺机能亢进，高学钙 |
| 肿瘤 | 甲状旁腺/甲状旁腺癌的主要细胞 | 裸核+/−针状的嗜酸性胞质包涵体 | 罕见癌高钙血症和相关临床症状 |

## 非肿瘤性甲状旁腺疾病

甲状旁腺囊肿常发生在犬，偶尔发生在猫身上，在腺体实质里面或靠近纵隔内腺（Swainson et al.，2000），并且这些囊肿有时大到可以肉眼看到。甲状旁腺囊肿的细胞学评价被认为与鳃裂囊肿的描述类似（图 4-30A）。1 篇报告明确指出脱细胞液有少量的蛋白质链（Swainson et al.，2000）。组织学上，囊肿内衬立方形柱状纤毛上皮细胞，通常，上皮细胞充满密集的嗜酸性物质（Capen，2002；Swainson et al.，2000）。人类的甲状旁腺囊肿病灶，可见清亮、浅色水样至红色、棕色云雾样液体出现在抽吸液中，一定量的主细胞也会片状脱落（Leud et al.，1996）。动物的甲状旁腺囊肿病灶的临床表现还不知道，但可能是亚临床性的（Barber，2004；Swainson et al.，2000）。

淋巴细胞性甲状旁腺炎，与免疫介导机制有关，是引起甲状旁腺功能亢进的原因之一。病变组织学包括淋巴细胞、浆细胞、成纤维细胞、新生毛细血管和根据其严重程度不同数量的主细胞（La Perle，2013）。细胞学涂片可见主细胞和免疫介导性疾病相关的炎症细胞，包括淋巴细胞和浆细胞。特发性甲状旁腺功能亢进症通常是由犬淋巴细胞甲状旁腺炎引起的。

甲状旁腺增生的犬会伴有高血钙症或主要或代偿性慢性肾脏疾病与营养失衡（Capen，2002；DeVries

et al.,1993)。显而易见,甲状旁腺增生可能影响对犬的检测,并且外科手术切除可以治愈血清中钙水平正常的原发性甲状旁腺增生病例(DeVries et al.,1993)。组织学上,这些病变已被确定为腺瘤样增生。在细胞学上,常见游离核嵌入在浅色的嗜碱性细胞质背景中且细胞形态模糊(Diaconu et al.,2008),并且用细胞学检查不可能区分增生和甲状旁腺腺瘤。这种病变很少用细胞学检查。

### 甲状旁腺肿瘤

甲状旁腺肿瘤是动物少见的肿瘤。大多数病例报告涉及的犬(Berger and Feldman,1987;DeVries et al.,1993)和猫(den Hertog et al.,1997;Kallet et al.,1991)。在荷兰毛狮犬可能存在品种倾向性(Berger and Feldman,1987)。肿瘤通常是公认发生于老年动物,例如,在犬7岁或以上,猫8岁或以上。

最常见的甲状旁腺肿瘤是甲状旁腺主要细胞腺瘤。甲状旁腺癌是罕见的,但已在老犬和猫诊断(Capen,2002;Kallet et al.,1991;Marquez et al.,1995;Ramaiah et al.,2001)。在犬的甲状旁腺肿瘤的细胞学评价通常在手术切除后取得样本,因为肿瘤通常太小而无法进行颈部触诊检测。然而,在1份报告中,7例原发性甲状旁腺功能亢进症中4例触及颈部肿块(Kallet et al.,1991)。在一些案例中,细胞学对于诊断有帮助(den Hertog et al.,1997)。

抽吸出甲状旁腺腺瘤主细胞在细胞学上表现为典型的裸核。细胞作为游离核出现在细胞质的轻度嗜碱性背景中。此外,一些甲状旁腺肿瘤含有针状、胞浆嗜酸性包涵体(图16-10)。甲状旁腺肿瘤这些夹杂物的组成和它们的出现概率是未知的。核是圆形的,大小和形状相当一致。甲状旁腺腺癌体积通常大于腺瘤;然而,它们可能会出现类似的细胞学特征。诊断腺癌时,有组织学或毛囊的入侵证据,侵入周围组织,或转移至区域淋巴结或肺(Capen,2002)。

由于甲状旁腺肿瘤,尤其是腺瘤,往往不明显,术前诊断多依靠临床症状和实验室检查特点识别。绝大多数甲状旁腺肿瘤主动分泌大量的甲状旁腺激素,大部分的病例都表明临床症状与升高的激素活性有关。虽然一些物种的变异可能与特定的临床体征频率共存,但在所有物种中存在临床和实验室检查结果的相似性,常见的异常包括高钙血症(最常见),多饮多尿,肌肉无力,骨骼异常,膀胱结石(Bailey and Page,2007;DeVries et al.,1993;Marquez et al.,1995)。

如果实验室和临床研究建立了一个原发性甲状旁腺功能亢进症的诊断,对颈部手术探查是必要的。甲状旁腺腺瘤有良好的包膜,可以通过钝性解剖进行手术切除,必须密切监测患者术后低钙血症的快速发展(Bailey and Page,2007)。甲状旁腺腺瘤患者的远期预后良好。

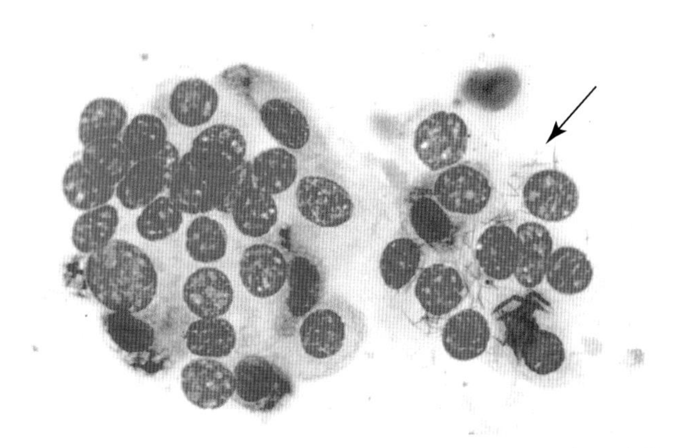

■ 图16-10 **腺癌。甲状旁腺。犬。**从位于颈部的皮下肿块进行组织抽吸。动物有持续性高血钙和甲状旁腺激素水平升高。细胞质的细胞团簇是淡蓝色的,有着不明显细胞质边界和针尖样,不知道临床意义的嗜酸性包涵体(箭头)。细胞核有着致密高核浆比和中度核不均。(瑞-吉氏染色;高倍油镜)(Courtesy of Shashi Ramaiah,University of Florida.)

## 内分泌胰腺肿瘤

胰腺中的胰岛是由胰腺内分泌细胞形成的,并且被外分泌细胞包围(图16-11),如α、β、δ、胰多肽-分泌细胞(PP细胞)等。β细胞分泌的胰岛素和胰淀素(淀粉样多肽)一般占所有胰岛细胞的60%~75%;α细胞,分泌胰高血糖素,占20%~25%;剩下的是δ细胞,分泌生长抑素,一种具有多种功能的多肽激素。聚丙烯细胞在胰岛内的数目很小,而激素的功能是未知的。已知的胰腺内分泌肿瘤(PET)列举在表16-5中。

最常见的PET诊断是胰岛素瘤,β细胞的一种肿瘤(表16-5),也被称为产生胰岛素的胰腺肿瘤,产生胰岛素的胰岛细胞瘤、胰岛细胞瘤和β细胞肿瘤。在驯养的动物中,通常被注意到的是犬,一般大型犬平均年龄为8.5~10岁(Capen,2002;Goutal et al.,2012)。受影响的品种包括拳师犬、德国牧羊犬、爱尔兰雪达犬、贵宾犬、银狐、柯利犬和拉布拉多犬,但这些结果可能会因这些品种饲养率较高而存在偏差(Goutal et al.,2012)。这些肿瘤在雪貂上有一定的发生概率,在猫上很少(Capen,2002;Hawks et al.,1992)。

胰岛素瘤的细胞学的外观是其他内分泌肿瘤的典型。大部分制备好的玻片均显示细胞多数以裸核形态镶嵌于浅色嗜碱性细胞质背景中,其中包含少量完整含有细胞质边界的细胞。在某些情况下,细胞质内有少数点状的明显液泡(图16-12和图16-13)。核可能包含一个明显的核仁，可能有轻度至中度核大小不均，这是典型的内分泌肿瘤。虽然在犬身上大多数β-细胞肿瘤是恶性肿瘤，恶性肿瘤的核特征不一定可见，与其他内分泌肿瘤一样，通常很难预测这些病变的组织学或细胞形态学特征的生物学表现（Capen，2002）。通常这些病变被认定为单纯的胰岛细胞瘤，除非有侵入周围组织、淋巴系统或转移性疾病的证据。如果符合恶性肿瘤的标准，腺癌的诊断可以可靠地进行，然而，缺乏间变性特征不能被用来预测生物学行为。即使由分化良好的β细胞组成的小的肿瘤也已知可以转移（Capen，2002）。

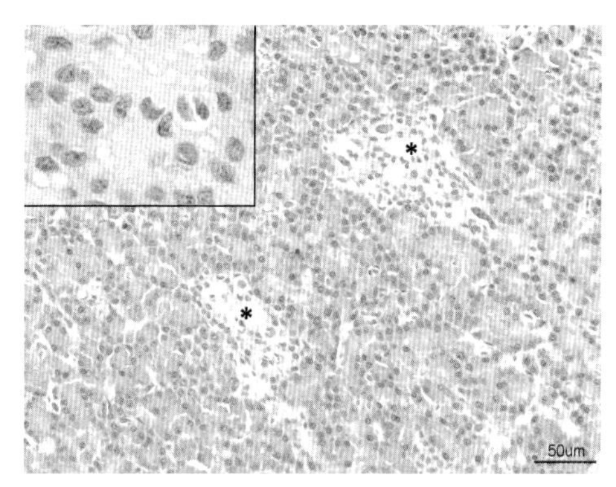


■ 图 16-11　**胰腺。犬。组织切片。**嗜酸性粒细胞包括胰腺外分泌腺泡结构。淡染的胰岛（星状物）的内分泌胰腺内分泌表现。（H & E 染色；中倍镜）插图：高倍率的胰岛细胞表现出一致的核空泡状胞浆丰富的苍白，伴有毛细血管。（H & E 染色；高倍油镜）。

**表 16-5　起源、细胞学细胞及在临床方面的各种胰腺内分泌肿瘤（PET）**

| 胰腺内分泌肿瘤（PET） | 细胞的起源 | 细胞学 | 临床方面 |
|---|---|---|---|
| 胰岛素瘤 | β胰岛细胞 | 裸核和胞浆空泡 | 严重低血糖和不适当的胰岛素分泌果糖胺浓度低 |
| 胃泌素分泌性胰岛细胞瘤 | 非β胰岛细胞 | 裸核 | 胃泌素导致分泌过多卓-艾综合征样综合征，导致频繁呕吐样 |
| 胰高血糖素瘤 | α胰岛细胞 | 裸核 | 高血糖与浅表坏死性皮炎、坏死性皮炎不相关 |
| 胰多肽-分泌胰岛细胞肿瘤（胰多肽瘤） | 分泌胰岛细胞 | 裸核和嗜酸性粒细胞胞浆颗粒 | 临床症状无或未被注意 |
| 其他内分泌肿瘤（生长抑素瘤、血管活性肠肽[VIP]腺瘤） | δ胰岛细胞（生长抑素瘤）或其他胰岛细胞 | 裸核 | 内分泌肿瘤通常不止分泌一种激素，并能不正常地分泌激素，如血管活性肠肽、促肾上腺皮质激素、嗜铬粒蛋白 |

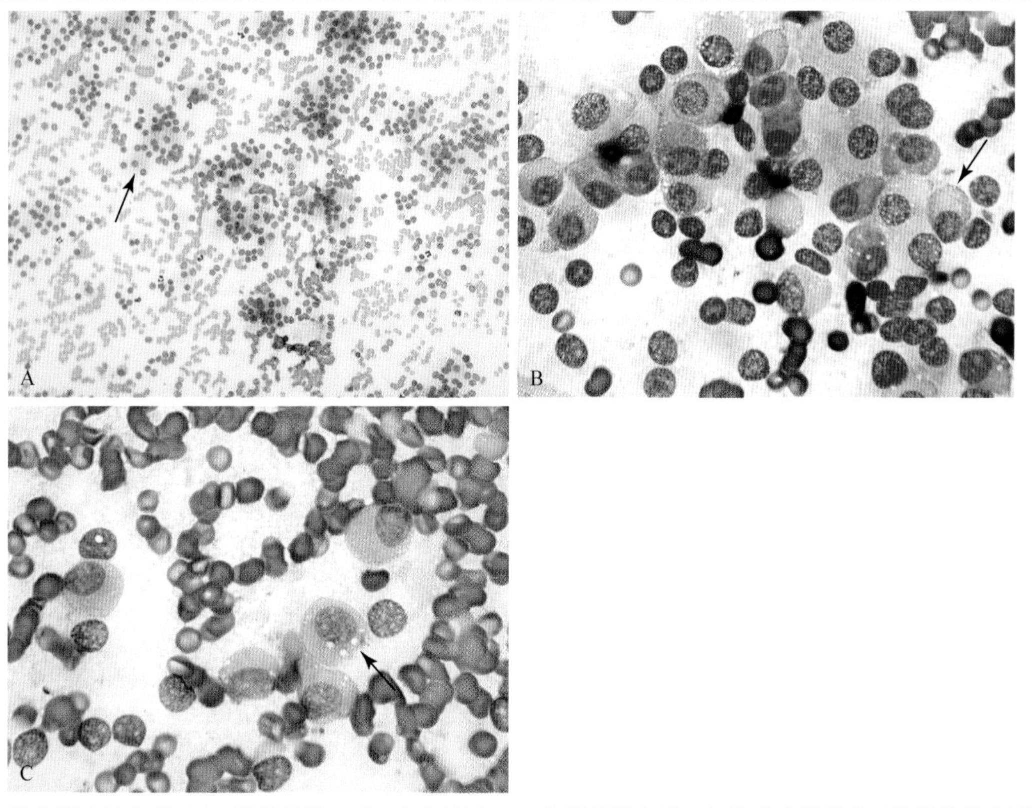


■ 图 16-12　**胰岛素瘤（β细胞瘤）。胰腺肿块。犬。组织吸出 A-C 为同样的案例。**A. 腹腔内肿块位于胰腺的伴有严重低血糖患犬可见松散的细胞群（箭头）。（罗氏染色；低倍镜）B. 高倍放大显示细胞边界不清，轻度嗜碱性细胞质（箭头），呈点状，在多个细胞内有明显的胞浆空泡。可见神经内分泌/内分泌肿瘤的典型特征，中度核不均和突出单一的核仁。（罗氏染色；高倍油镜）C. 细胞的细胞质的边界在这个地区更为明显，并且细胞中含有较多的颗粒和明显的液泡（箭头）。（罗氏染色；高倍油镜）（B and C，Courtesy of Ul Soo Choi，Practical guide to diagnostic cytology of the dog and cat，OKVET，Korea.）

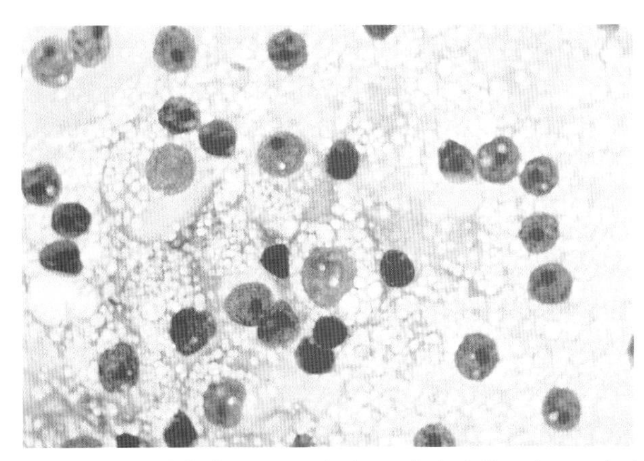

■ **图 16-13 胰岛素瘤(β 细胞瘤)。胰腺肿块。犬。组织印记。**低血糖犬胰腺腹腔肿块细胞学。细胞质的边界是模糊的,大量颗粒及明显液泡填充背景。有轻度核不均,偶尔双核,1 个明显的核仁。(瑞-吉氏染色;高倍油镜)

这些病变在犬身上的生物学行为特征良好。人类的 90%胰岛细胞瘤是腺瘤,而在犬大多数是腺癌(Capen,2002)。远端转移是通过淋巴管,在约 50%的情况下区域淋巴结和肝脏也参与其中(Bailey and Page,2007)(图 16－14 A&B);然而,转移性疾病在其他部位也有报道。大多数肿瘤主动分泌不正常数量的胰岛素,导致低血糖,临床表现包括神经肌肉症状,后肢无力、共济失调、肌肉震颤、偶尔癫痫(Bailey and Page,2007)。虽然不完全与胰岛素相关,但大多数犬与胰岛素有惠普尔三联征:(1)临床症状与低血糖有关,(2)空腹血糖低于 40 mg/L,(3)葡萄糖可缓解临床症状。

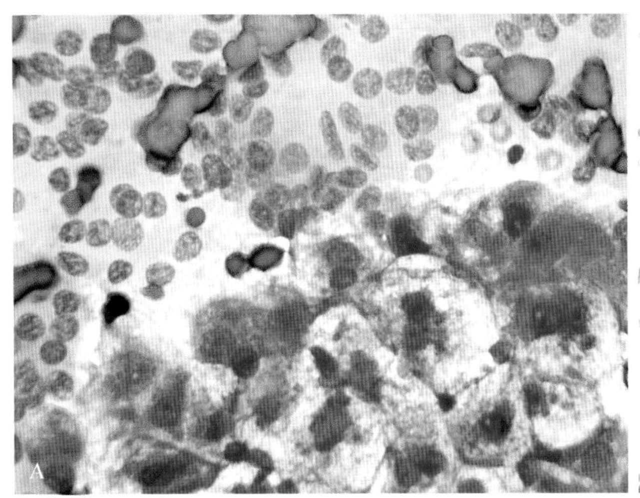

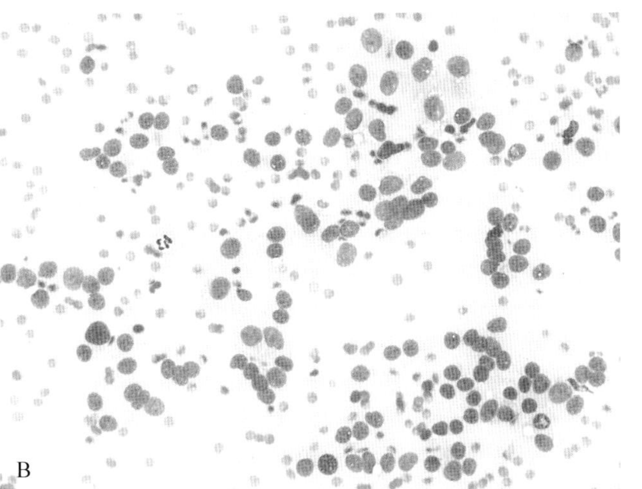

■ **图 16-14 胰岛细胞瘤的转移性病变。犬。A.** 左上:恶性胰岛细胞的细胞质的边界模糊并且核不均,右下:肝细胞空泡样变化。(罗氏染色;高倍油镜)**B.** 相同案例如图 16-12 所示。胰淋巴结与转移性胰岛瘤细胞。淋巴细胞缺失提示肿瘤细胞融合的淋巴结。(罗氏染色;中倍镜)(A,Courtesy of Ul Soo Choi,Practical guide to diagnostic cytology of the dog and cat,OKVET,Korea)。

β-细胞肿瘤的初步诊断可以由严重的低葡萄糖和胰岛素对葡萄糖比值的异常来论证。果糖胺浓度较低,是慢性低血糖的一个指标,也可以将其他原因引起的低血糖与胰岛素瘤区分开(Loste et al.,2001)。如果胰腺病变足够大那么可以通过剖腹探查或超声引导下细针穿刺抽吸术确认。Tobin 等(1999)表明对犬做一个初步的诊断,剖腹探查,胰腺部分切除术犬会因为手术显著增加 74 天(药物或饮食管理)到 381 天(手术加药物或饮食管理)的平均生存时间。

其他不太常见的 PET 有分泌胃泌素的非 β 胰岛细胞瘤,胰高血糖素瘤(α 胰岛细胞瘤)、生长抑素瘤(δ 胰岛细胞瘤)、胰多肽-分泌胰岛细胞肿瘤(胰多肽瘤),和其他 PET 分泌各种不同于胰腺激素的激素。非 β 胰岛细胞瘤来源于异位胰腺 APUD 细胞(胺前体摄取和脱羧细胞),能产生过量的胃泌素,导致 Zollinger-Ellison-样综合征(图 16-15)。受影响的动物表现出的临床症状有呕吐,厌食,体重逐渐减轻,间歇性腹泻,由胃肠道黏膜的多个溃疡引起的脱水(La Perle,2013)。PET 是高度恶性的,可局部浸润,预后很差(Capen,2002)。胰高血糖素瘤引起的高血糖是通过分泌胰高血糖素;它很少与浅表坏死性皮炎(SND)或坏死性皮炎(NMD)联系起来。

这些肿瘤的细胞学可能是相似的、裸核的、外观类似于其他神经内分泌肿瘤(Cruz Cardona et al.,2010;Goutal et al.,2012),且区分这些肿瘤细胞本身是很困难的。据报道,胰多肽瘤细胞在细胞质中有少量的嗜酸性颗粒,可区别于其他 PET(图 16－16)(Cruz Cardona et al.,2010)。然而,由于 PET 的细胞学特征相似,组织学和免疫组织化学评估是强制性的。PETs 可以被多个激素抗体频繁免疫,在某些病例应该进行和临床特征相关的一种特定激素的血浆测定,用于明确诊断。

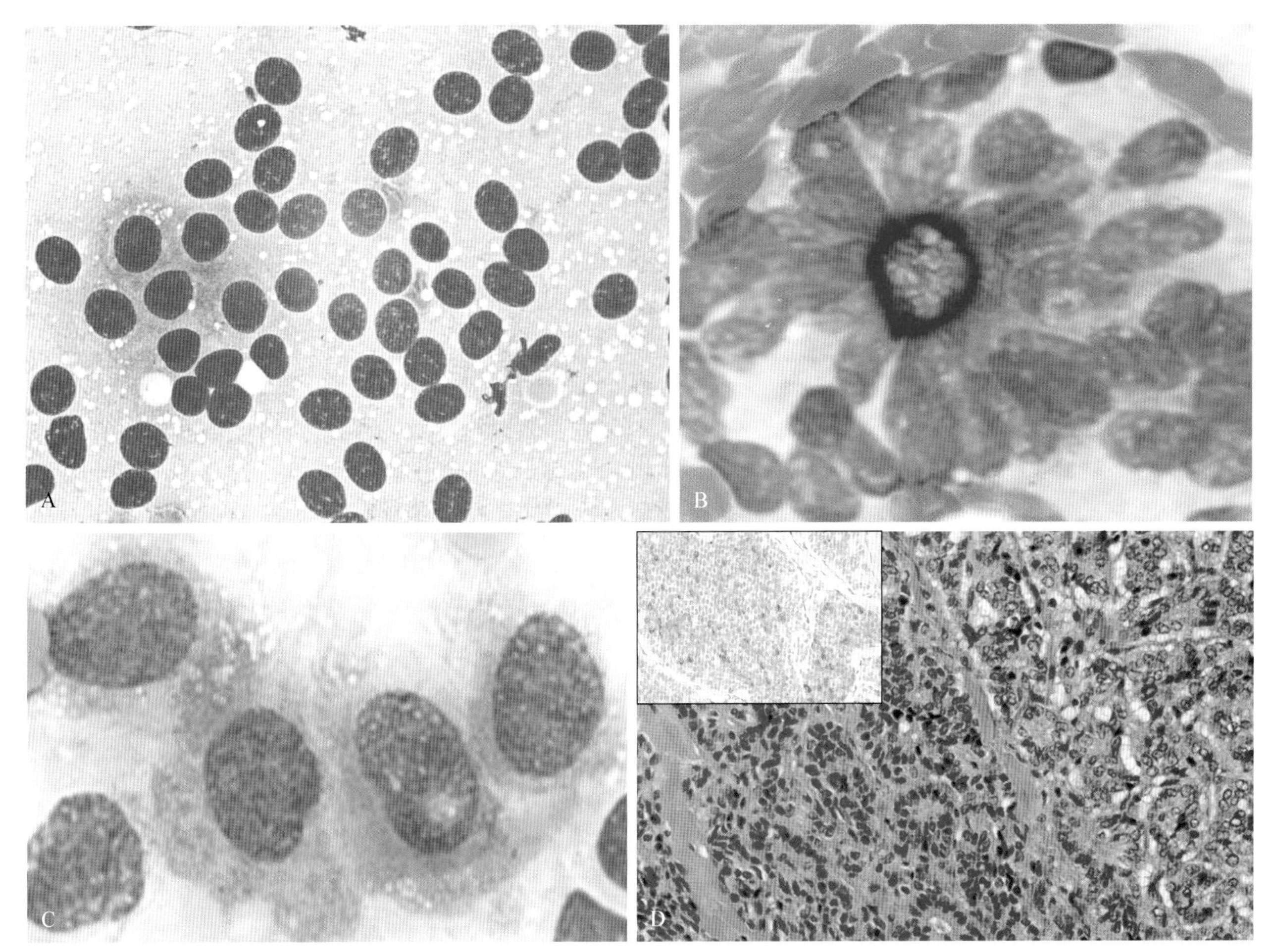

■ 图 16-15　**胰腺肿瘤分泌胃泌素。犬。A.** 许多裸核和点状清晰空泡是分散在几个不同细胞质边界的少数细胞的背景中(Hemacolor;高倍油镜)**B-D 是相同的例子。几乎抹去了腹腔淋巴结。犬。B.** 组织印片。假菊形团结构有 1 个晶体中心,组织化学鉴定为钙。(瑞氏染色;高倍油镜)**C.** 肿瘤细胞的高放大率显示细胞的边界不清和微弱的胞浆颗粒。(瑞氏染色;高倍油镜)**D.** 组织切片。左上角特别呈现几个玫瑰花环样。玫瑰花结的中心多次染色 PAS 阳性,偶尔含有矿物。(H&E 染色;中倍镜)。插图:对于促胃液素的免疫组织化学在明尼苏达兽医诊断实验室进行,半数以上细胞表达胃泌素。此外,大多数细胞对蛋白、突触素和嗜铬粒蛋白 A(不显示)有反应。主要的临床症状为慢性呕吐,极度嗜睡,腹泻和食欲减退。(胃泌素抗体标记;中倍镜)(A,Courtesy of Walter Bertazzolo,Italy;B-D,Courtesy of Sarah Johnson,Purdue University. Presented at 2011 ASVCP case review session.)

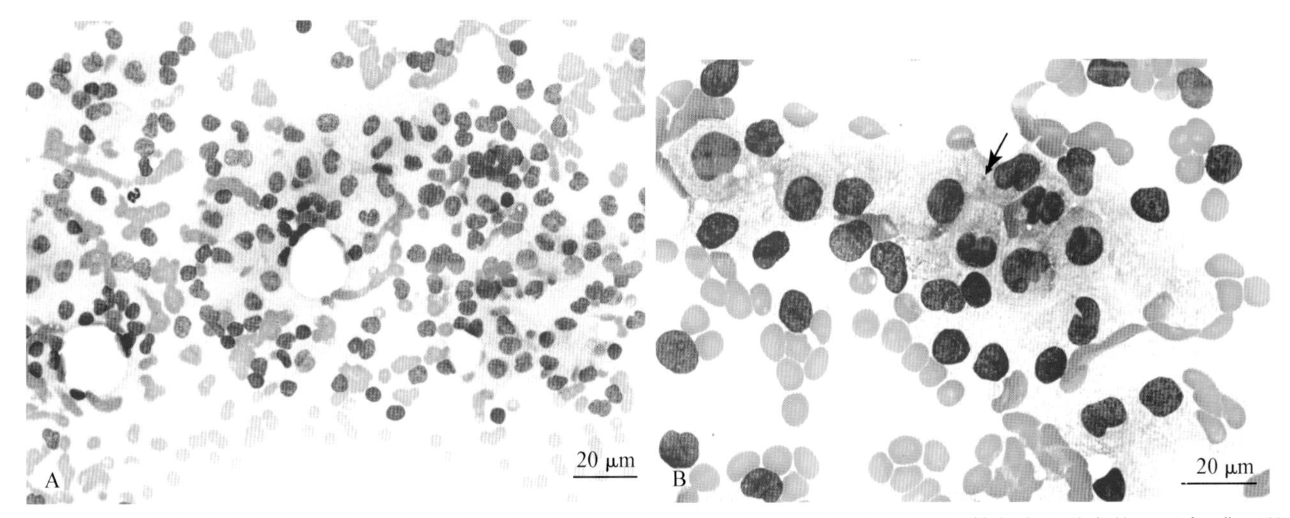


■ 图 16-16　**胰多肽-分泌肿瘤(胰多肽瘤)。犬。A-B 是同样的案例。A.** 胞质疏松的上皮细胞团簇与大量游离核团混合,典型的神经内分泌肿瘤。(瑞-吉氏染色;中倍镜。)**B.** 高倍放大提示在细胞质中嗜酸性粒细胞的颗粒的存在,可能是分泌物质(箭头)。约 98%的肿瘤细胞对胰多肽具有免疫反应,这被确证为胰多肽瘤。在组织学上肿瘤是恶性的。犬在 1 年内表现非特异性临床症状(间歇性呕吐和腹泻)(瑞-吉氏染色;高倍油镜)(A and B,Courtesy of Janice Cruz Cardona,University of Florida.)

## 化学感受器肿瘤

化学感受器肿瘤通常称为化学感受器瘤或非嗜铬性副神经节瘤。副神经节瘤是与交感神经或副交感神经系统组成的神经内分泌细胞的肿瘤，当它们发生在肾上腺髓质区以外（即主动脉体、颈动脉体，或在头部和颈部的地方）是首选的术语。发生在肾上腺髓质嗜铬细胞瘤称为嗜铬细胞瘤。副神经节瘤根据主动脉和颈动脉体瘤的位置也各自称为主动脉体或心基肿瘤与颈动脉体瘤。嗜铬细胞瘤和副神经节瘤交感神经起源通常由嗜铬细胞组成（铬盐染色呈阳性），其中分泌的颗粒含有去甲肾上腺素和/或肾上腺素。主动脉和颈动脉体瘤通常由副交感神经系统发展，嗜铬细胞通常为阴性（非嗜铬性副神经节瘤）（Capen，2002；Shaw et al.）。

化学感受器瘤一般影响 10～15 岁的犬类，尤其是短头品种的犬类，比如拳师犬和波士顿梗（Capen，2002）。在之前的文献报道中，该病 80%～90%起于患病动物的主动脉体，而很少见于犬类动物的颈动脉体瘤中（Obradovich et al.，1992）（表 16-6）。

**表 16-6 化学感受器肿瘤的位置和临床方面**

| 化学感受器肿瘤 | 位置 | 临床方面 |
|---|---|---|
| 主动脉体瘤或心脏肿瘤 | 心包内或心脏的底部附近 | 无功能；占位效应（心包积液，右心衰竭） |
| 颈动脉体瘤 | 颈部，下颌角附近，颈动脉分叉 | 无功能；占位效应（呼吸困难、食管疾病、颈动脉的压缩） |

主动脉体瘤一般简单聚集地发生在心脏或心包中（Capen，2002）。出现的临床症状通常与患病机体心脏代偿失调有关，尤其是右心衰竭导致出现的严重的心包积液。而对心包积液进行细胞学检查时，也很少能够检测到肿瘤细胞。犬类的反应性间皮细胞由于与体液相关，所以往往被误认为是肿瘤细胞（见第 6 章）。与心包积液不同的是，在超声引导下细针直接从病变部位进行抽吸，经常能够直接采集到有价值的病变细胞。因为主动脉体瘤与心房和大血管的位置接近，当进行超声引导下的细针抽吸时必须非常小心。

从细胞学上看，抽吸和印迹通常可在这些病变中得到细胞。细胞质背景中可见典型的裸核及游离核是典型特征（图 16-17a）。细胞核通常是圆形并携带呈簇的染色质，通常含有单一的明显核仁（图 16-17b），如典型的神经内分泌细胞肿瘤。而良性肿瘤和恶性肿瘤两种形式主要依靠细胞核核不均和未分化，核仁不可变等恶性潜在指标来区分。腺体中的良性肿瘤和恶性肿瘤含有较大的多形性细胞（图 16-18a）或奇异形状的巨型细胞（Capen，2002）。

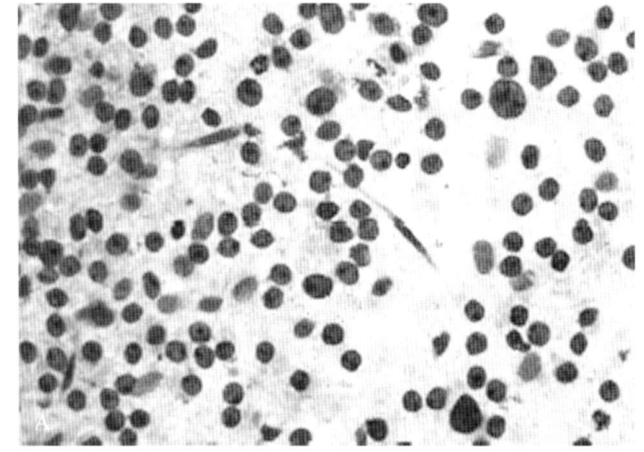


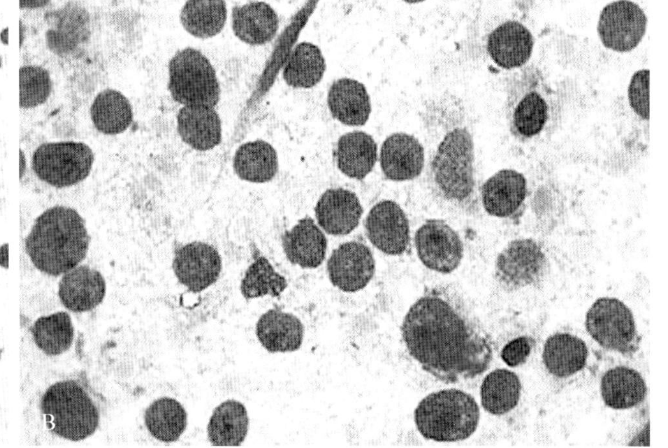


■ **图 16-17 主动脉体瘤（化学感受器肿瘤）。胸部肿块。犬。相同案例 A-B，A.** 从胸腔内心脏基部背侧肿物进行组织抽吸。在轻度嗜碱性细胞质中存在裸核或游离核且细胞边界模糊，是典型的神经内分泌肿瘤。中等程度的核不均，明显的单一核仁。2 个梭形细胞被认为是间质细胞。（瑞-吉氏染色，高倍油镜）**B.** 肿瘤细胞高倍放大，显示中度核不均并伴有明显的核仁。注意图中中上方的间质细胞。（瑞-吉氏染色，高倍油镜）

癌症是由于其能浸润到周围的血管、淋巴管，或邻近结构（Capen，2002）。而主动脉体瘤可能很难与异位甲状腺肿瘤区分，不光是因为细胞学上相似，还由于它们经常在同一部位发生。通过细胞质的蓝绿颗粒染色可以识别甲状腺肿瘤源（Boes et al.，2012）。

在犬科动物中主动脉体肿瘤多是良性腺瘤（Capen，2002）。它们通常由被膜包裹且生长缓慢，但是，它们最终将出现膨胀性病变，并会压缩心房和后腔静脉。与腺瘤相比，手术切除是主动脉体肿瘤治疗的首选，但是因为这些肿瘤与大血管的密切相关，完全切除是难以实现的，使得长期成功率受到限制。而使用化疗的方式治疗这些病变的作用是未知的。恶性肿瘤的侵袭可能会扩散到机体的血管、淋巴管，甚至心肌层中(Capen，2002；Zimmerman et al.，2000)。当恶性肿瘤向脏器发生转移时，机体的任何器官都可能被侵袭，通常是肺或肝。因为这种肿瘤的侵袭，使得猫的化学感受器瘤治疗预后的效果很差(Tillson et al.，1994)。

颈动脉体瘤是位于颈部、下颌角附近，在颈动脉分叉处出现的罕见的肿瘤(Capen，2002；Obradovich et al.，1992)。在细胞学的研究中，其与主动脉体瘤类似(图 16-18a)。颈动脉体瘤由于从位置上也与甲状腺肿瘤相似，所以需要将其区分开。上文提到色素颗粒可以区分甲状腺肿瘤。在有限的报道中，颈动脉体瘤比主动脉体瘤的恶性程度更高，可见局部的浸润(图 16-18b)和对机体多位置的转移倾向(Capen，2002；Obradovich et al.，1992)。通常病灶的转移发生在该病晚期，主要转移到肝、脑、心脏、纵隔和肺部。早期手术切除是该病治疗的首选(Obradovich et al.，1992)，化疗在肿瘤治疗中的作用还没有进行评估。

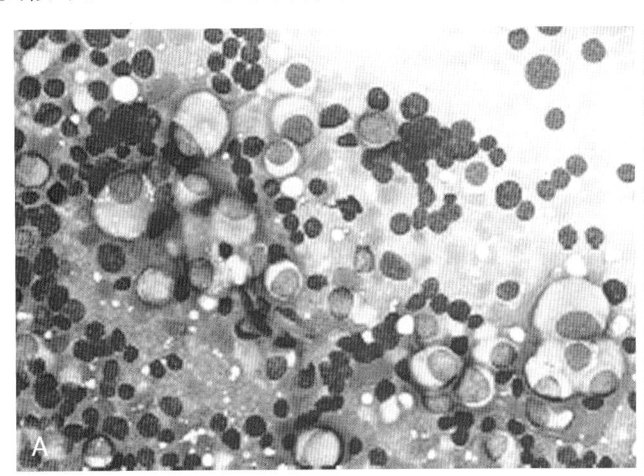


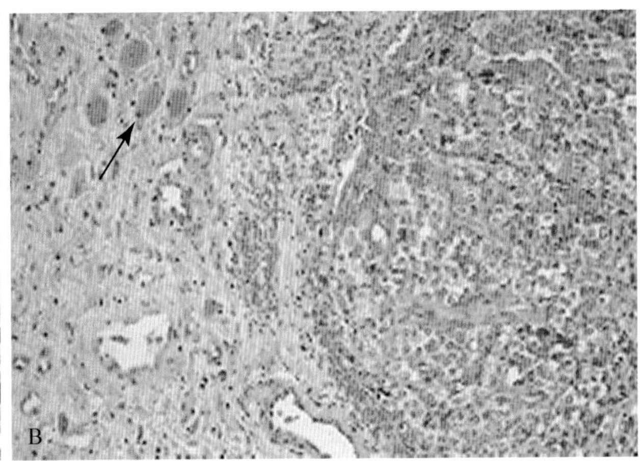


■ 图 16-18　**颈动脉体瘤(化学感受器瘤)。颈部肿块。犬。相同案例 A-B** 。**A.** 由于头部倾斜进行的手术切除区域的转印。核磁共振成像显示在颈部凸起的部位有肿块存在。在细胞学上显示有许多游离的细胞核在少部分有丰富清晰的细胞质、完整的细胞周围，同时机体伴随着明显的红细胞大小不均和核不均现象(瑞-吉氏染色，高倍油镜)**B.** 包含密集的肿瘤细胞(右侧)、相邻的纤维血管基质(左侧)和神经细胞体(箭头)。同时在血管出现了肿瘤栓塞(未显示)，表明了肿瘤的侵袭性。(H&E 染色；中倍镜)(A-B，Courtesy of Rose Raskin，University of Florida.)

> **关键点**　化学感受器瘤应该与异位(心基部)或颈部甲状腺肿瘤区分开，与裸核肿瘤具有相似的细胞学特征。存在的胶体和(或)细胞质中蓝绿色的色素颗粒的存在可能有助于确定甲状腺起源。组织学和免疫组织化学的评价往往必须要确认。

## 肾上腺

肾上腺包括两种不同形态和功能，皮质和髓质。肾上腺皮质来源于中胚层的体腔上皮细胞，肾上腺髓质的细胞来源于神经嵴的外胚层，成为副神经节细胞和嗜铬细胞。肾上腺皮质包括 3 层：球状带(外带)、束状带(中间地带)和网状带(内带)，分别分泌盐皮质激素、糖皮质激素和性激素。3 层中约 80%是束状带，15%是球状带，网状带 5%。正常的肾上腺皮质细胞有凝聚力，有大量空泡状胞浆，而肾上腺髓质细胞体积小，出现裸核或个性化的细胞。Bertazzolo 等(2014)使用这些细胞学特征，用高精度的细胞学证明确定了肾上腺肿瘤皮质或髓质的起源；然而，在细胞学方面评估肿瘤的恶性程度还不足够。

肾上腺的增大可能是起因于皮质或髓质。皮质增大常常导致皮质激素的过量产生并且临床方面出现肾上腺皮质功能亢进。肾上腺髓质的肿瘤引起儿茶酚胺阵发性释放，主要是去甲肾上腺素(表 16-7)。已知的肾上腺病变列举于表 16-8。

**表 16-7　肾上腺肿瘤髓质与皮质特点的比较**

| | 肾上腺髓质 | 肾上腺皮质 |
|---|---|---|
| 肿瘤 | 嗜铬细胞瘤(普通)<br>神经母细胞瘤(罕见)<br>神经节细胞瘤(罕见) | 腺瘤/腺癌 |
| 细胞学 | 嗜铬细胞瘤：<br>裸核<br>模糊的核仁<br>高核质比<br>偶尔的微弱的碱性颗粒<br>淡蓝色的细胞质 | 接触的细胞，单独或集群＋／－突出核仁<br>核质比低<br>大量的脂肪空泡 |

续表 16-7

| | 肾上腺髓质 | 肾上腺皮质 |
|---|---|---|
| 额外的试验 | 嗜铬细胞瘤：血浆变肾上腺素和甲氧基去甲肾上腺素测量 | 嗜碱性细胞质<br>＋／－髓外造血<br>ACTH 刺激试验<br>低剂量地塞米松抑制试验<br>大剂量地塞米松抑制试验 |
| 临床评论 | 临床症状相关与儿茶酚胺分泌 | 肾上腺皮质功能亢进 |

ACTH，促肾上腺皮质激素；＋／－，有或没有

### 肾上腺髓质肿瘤

肾上腺髓质最常出现的肿瘤是嗜铬细胞瘤，也被称为嗜铬瘤，或嗜铬细胞瘤。而其他肿瘤，如神经母细胞瘤和神经节细胞瘤则很少出现，可能是因为这个区域细胞起源于原始神经外胚叶细胞(Capen，2002)。神经母细胞瘤通常见于年龄较小的动物，当该细胞出现在腹膜表面时，会导致大的腹腔内肿块。神经节细胞瘤通常也是肾上腺髓质中的良性肿瘤。

**表 16-8 肾上腺的病理学**

| 组织的来源 | 位置 | 病理学 | |
|---|---|---|---|
| 肾上腺皮质 | 肾上腺 | 非肿瘤性 | 肾上腺<br>原发性肾上腺皮质增生症<br>肾上腺皮质萎缩 |
| | | 肿瘤 | 肾上腺皮质<br>腺瘤或腺癌 |
| 肾上腺髓质 | 肾上腺 | 肿瘤 | 嗜铬细胞瘤<br>(副神经节、肾上腺嗜铬细胞)<br>神经母细胞瘤<br>神经节细胞瘤 |

嗜铬细胞瘤是肾上腺髓质的嗜铬细胞瘤(图 16-19 到图 16-22)。其最常发生于中老年的犬，没有明显的性别和品种倾向，并且很少有猫类的报道(Barthez et al.，1997；Patnaik et al.，1990)。该肿瘤存在的临床证据通常是检测到肿瘤释放的大量的儿茶酚胺。但是该病表现出的临床症状是多种多样的，在一项研究中表明，57％的病例都是被偶然发现诊断的(Barthez et al.，1997)。嗜铬细胞瘤侵入椎管导致犬截瘫 2 例(Platt et al.，1998)。此外，还有大量的嗜铬细胞瘤患者存在并发疾病，包括其他组织原发的肿瘤(Barthez et al.，1997；Bouayad et al.，1987)。并发垂体腺瘤或肾上腺皮质肿瘤会引起体内存在嗜铬细胞瘤的犬出现肾上腺皮质功能亢进。而在临床检查中可能检测到儿茶酚胺的释放和儿茶酚胺导致的症状。血浆游离肾上腺素和甲肾上腺素(有关儿茶酚胺代谢产物的测定)、尿儿茶酚胺及其代谢产物的尿肌酐比值已被证明可以高度敏感性和特异性地检测嗜铬细胞瘤(Gostelow et al.，2013；Quante et al.，2010)。

腹部超声检查能够检测出约 50％的患有肾上腺嗜铬细胞瘤的病患(Barthez et al.，1997)。在这些情况下，超声引导下细针穿刺可作出更明确的诊断。必须注意的是，在采样过程中由于受操作的影响，肾上腺可能会出现阵发性释放儿茶酚胺，导致高血压、心动过速或心律失常。此外，也有许多病变与后腔静脉密切相关，但是事实上，可能是侵入了后腔静脉；然而这并不是嗜铬细胞瘤的特定表现，因为肾上腺皮质肿瘤也会表现该种侵入(Kyles et al.，2003)。鉴别肾上腺皮质肿瘤和嗜铬细胞瘤需要细胞学评价病变的部位(Bertazzolo et al.，2014)，或者需要进行肾上腺皮质功能亢进的诊断测试，如促肾上腺皮质激素(ACTH)刺激试验或小剂量地塞米松抑制试验。

嗜铬细胞瘤的细胞学外观是其他神经内分泌肿瘤的典型。多数细胞学制片可见相似的裸核出现在淡嗜碱性细胞质背景中；然而，完整的细胞通常是在最精心准备的标本中可见(图 16-19A&B)。细胞的细胞质是轻度嗜碱性的，用罗曼诺夫斯基型染色时模糊的颗粒有时是可见的(图 16-19B 和图 16-20)。细胞核圆形或椭圆形，偶尔可能会发现 1 个小核仁。肿瘤的良、恶性并存。用恶性肿瘤的核特征来预测病变的生物学行为是不可靠的，因为即使是很好区分的小肿瘤都有已知的转移或侵犯周围的结构的情况(Boes et al.，2009；Bouayad et al.，1987；Capen，2002)。恶性肿瘤的核标准的存在强烈表明局部浸润或转移的可能(图 16-21)。

嗜铬细胞瘤在临床上以大量的儿茶酚胺的释放来确认，主要是去甲肾上腺素，这通常会导致各种与心血管系统和神经系统有关的临床症状。免疫细胞化学染色（见第 17 章）如在细胞学标本中的嗜铬粒蛋白 A 和突触素，可用于支持髓内肿瘤的诊断（图 16-22）。虽然不是常规进行，但嗜铬细胞瘤超微结构的研究有助于证明细胞质的神经分泌颗粒（图 16-19D）。

患者预后不良是因为 50％或更多的这类肿瘤，在做出诊断时已经早期浸润静脉系统与通过后腔静脉远端转移，使得肿瘤不可切除（Barthez et al.，1997；Bouayad et al.，1987；Capen，2002）。手术完全切除后确实在某些情况下会长期生存。一些报告表明嗜铬细胞瘤患者有大于 50％的概率会有并发肿瘤，其中有许多起源是因为内分泌（Barthez et al.，1997；Bouayad et al.，1987；Capen，2002；von Dehn et al.，1995）。垂体腺瘤或肾上腺皮质瘤的同时发现，导致大量患嗜铬细胞瘤的犬同时肾上腺皮质功能亢进（Barthez et al.，1997；von Dehn et al.，1995）。值得注意的是，在公牛和人类身上嗜铬细胞瘤与多发性内分泌肿瘤联系起来（简称 MEN），其包括并发肾上腺嗜铬细胞瘤、甲状腺 C 细胞癌、垂体嫌色细胞腺瘤。

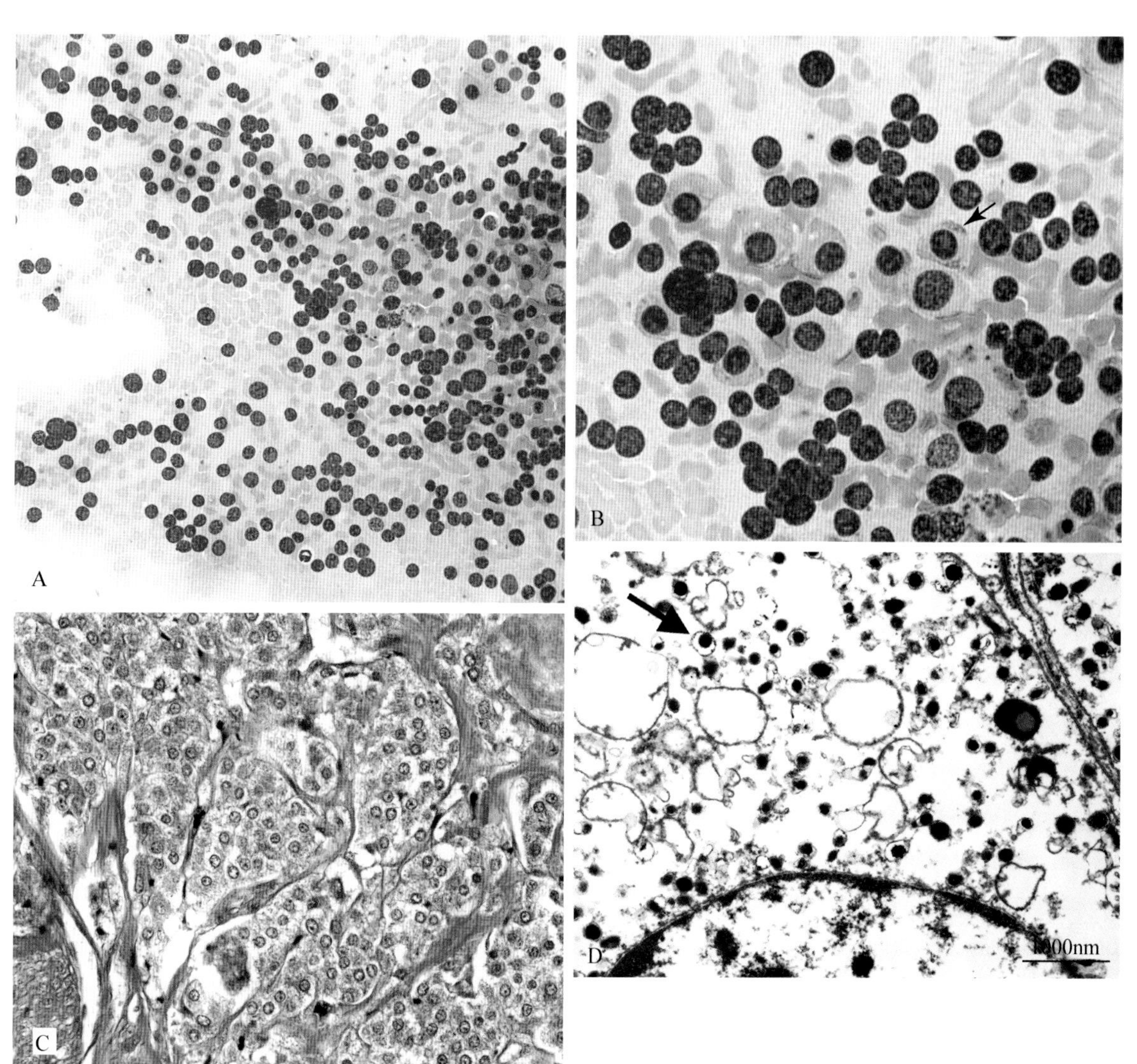


■ 图 16-19　**嗜铬细胞瘤。肾上腺肿块。犬。** A-D 为同一病例。A. 组织抽吸物。细胞制备包括大量突出且大小不均的赤裸的核。（罗氏染色，中倍镜）B. 组织抽吸物。高倍镜放大显示一些细胞含有清晰的细胞质边缘，一些细胞中可见微弱的嗜碱性颗粒（箭头所指）。肾上腺肿块浸润后腔静脉，同时这只犬是高血压。（罗氏染色；高倍油镜）C. 组织切片。肿瘤细胞排列在整片薄骨小梁纤维血管中的束和包囊中。（H&E 染色，中倍镜）D. 电子显微镜。细胞质致密核心颗粒有广泛的膜下空间，这与去甲肾上腺素颗粒是一致的（箭头所指）。尿液中后肾上腺素的排泄显著（56.0 mg/天；对照犬 10.4 mg/天）。（Courtesy of Ul Soo Choi，Practical guide to diagnostic cytology of the dog and cat，OKVET，Korea.）

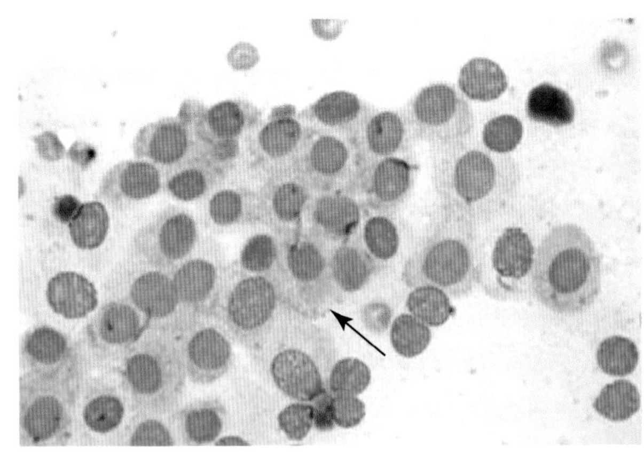

■ 图 16-20 **嗜铬细胞瘤。腹部肿物。犬。**组织穿刺物来自腹内位于肾上腺的肿物，显示含一些明显的细胞质边界的1个细胞簇。细胞中可以看到细小、苍白、嗜碱性、胞浆内颗粒（箭头所指）。有轻度核不均但没有恶性肿瘤的显著特征；然而，超声波和组织学检测到局部浸润到后腔静脉。通过手术切除得到完整肿瘤。（瑞-吉氏染色；高倍油镜）

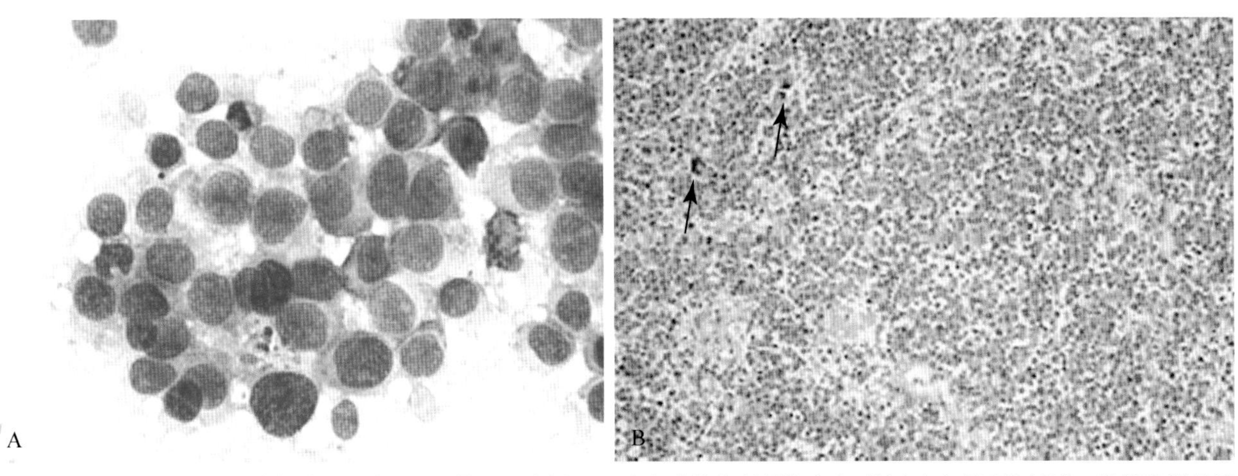

■ 图 16-21 **嗜铬细胞瘤。腹部肿物。犬。A-B 是同一病例。A.** 这个动物出现颈胸疼痛，并迅速出现下肢轻瘫。脊髓造影显示1个L1-L2硬膜外的肿物，超声检查显示1个腹部肿物，腹部肿物的组织穿刺物含有大，圆形到椭圆形，松散黏附的细胞，这些细胞具有恶性肿瘤的条件，包括核不均，变化的核质比，多个显著核仁，多核化，染色质增粗。（瑞-吉氏染色；高倍油镜）**B.** 这个肿物是由多形性肿瘤细胞形成的维管组织隔膜排列而成的致密小叶。可见少量多核细胞（箭头所指）。（H&E 染色；中倍镜）（A-B, Courtesy of Rose Raskin, University of Florida.）

## 肾上腺皮质疾病

### 非肿瘤性疾病

感染性肾上腺炎可以在细菌性败血症的过程中通过细菌、真菌（或者通过荚膜组织胞浆菌、粗球孢子菌、新生隐球菌），或原生动物（弓形虫）感染犬和猫。炎症通常是化脓或伴随坏死的肉芽肿，可导致肾上腺皮质功能减退（La Perle，2013）。细胞学标本可以通过超声引导下细针穿刺抽吸术获得，通过炎症细胞的存在和特异性感染微生物的存在进行肾上腺炎的诊断，可以借助任何一种培养或分子检测，如聚合酶链反应。

双边肾上腺皮质萎缩可能发生在年轻的成年犬（La Perle，2013）。肾上腺机能减退的确切发病机理是未知的，但最有可能是免疫介导的。因为肾上腺皮质受促肾上腺皮质激素控制，所以脑下垂体的毁坏会造成肾上腺皮质的萎缩（特别是束状带和网状带），而电解质无明显异常。相比之下，原发性肾上腺皮质萎缩的特征是早期局部浸润的淋巴细胞和浆细胞造成3层皮层的严重萎缩（La Perle，2013）。通过促肾上腺皮质激素的无应答试验可以诊断肾上腺机能减退。

犬和猫的肾上腺皮质增生会出现结节性增生或弥漫性皮质增生（La Perle，2013）。增生性结节通常是多个，双侧，包括肾上腺皮质的3个区域。扩散皮质增生会导致双边肾上腺皮质的扩大。细胞肥大和增生的束状带和网状带，可以发生在1种促肾上腺皮质激素自主分泌旺盛的脑下垂体的腺瘤影响下（超过80%的库兴综合征）。增生性病变的超声引导细针穿刺的细胞学评价有时可以用来诊断或排除增生、肿瘤或炎症。细胞学制片显示裸核和一些完整的细胞的中度到丰富的苍白的类脂囊泡细胞质载体，也会使背景加深（Freeman，2007）。然而，细胞学和组织学有时不能区分增生、腺瘤和高分化腺癌。功能性增生可通过促肾上腺皮质激素刺激试验或地塞米松抑制试验来验证。

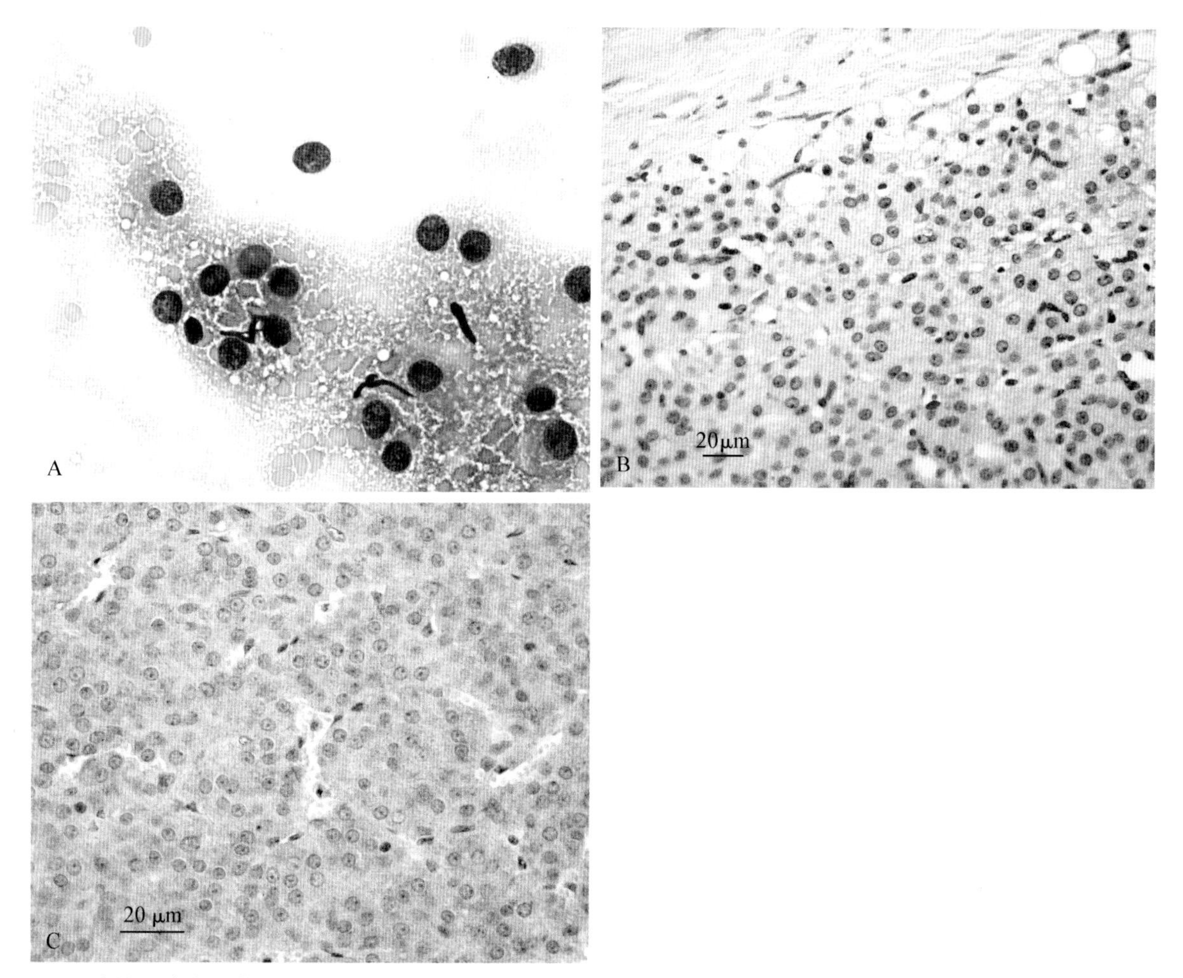


■ 图 16-22　**嗜铬细胞瘤。猫。A-C 是同一病例。A.** 组织抽提物来自 1 个 2.2 cm 腹中线的无回声的结节。这只成年猫突然出现严重的厌食和呕吐。很多细胞学的裸核出现在嗜碱性有液泡的胞质中。(瑞氏染色;高倍油镜)**B.** 从肾上腺切除下的组织切片证明肿瘤组织局部延伸至肾上腺囊。多边细胞由细纤维管分隔排列成小包。肿瘤细胞有 1 个圆核、轻度核不均,明显的核仁,缺乏有丝分裂指数,大量微小粒状的嗜酸性细胞的细胞质与清楚的细胞边缘。(H&E 染色;中倍镜)**C.** 组织切片显示对突触蛋白强烈免疫反应性,证实了神经内分泌的起因和排除肾上腺皮质肿瘤的可能性。通过免疫组织化学检测肾上腺肿瘤细胞的突触蛋白和 PGP9.5 证实了嗜铬细胞瘤的诊断。(Synaptophysin/diaminobenzidine;中倍镜)(A-C,Courtesy of Kristin Fisher,Purdue University.)

## 肾上腺皮质肿瘤

肾上腺皮质机能亢进是一种犬常见而猫罕见的内分泌疾病。犬的引发原因通常是垂体瘤,然而,10%～20%的病例与肾上腺皮质瘤相关(Bailey and Page,2007)。已报道的 89 例犬的肾上腺皮质肿瘤,有 53 例被确诊为腺癌,有 36 例为腺瘤(Penninck et al.,1988;Reusch and Feldman,1991;Scavelli et al.,1986)。平均年龄是 11 岁(5～16 岁),没有明显的品种和性别倾向。鲜有报道猫的肾上腺皮质腺瘤和腺癌(Jones et al.,1992;Nelson et al.,1988)。

肾上腺皮质肿瘤患宠通常表现为临床和实验室肾上腺皮质机能亢进的迹象。一旦诊断为肾上腺皮质机能亢进,鉴别性试验例如大剂量地塞米松抑制试验,测量内源性促肾上腺皮质激素的浓度和腹部超声学检查等,应该用来区分是垂体性肾上腺皮质机能亢进(PHD)还是肾上腺皮质肿瘤。垂体性肾上腺皮质机能亢进会导致双边肾上腺肿大,与之相反,肾上腺肿瘤通常导致一侧肾上腺肿大和对侧肾上腺萎缩。1 项调查显示,腹部超声学检测 25 只犬,其中 18 只(占 72%)有肾上腺肿瘤(Reusch and Feldman,1991)。在这种情况下,用超声引导的细针穿刺可以执行细胞学的病变评估。

在细胞学上,肾上腺皮质腺瘤的抽提物的细胞中含有类似来自束状带和网状带的分泌细胞(Capen,2002)。其他典型的内分泌肿瘤会出现有着丰富游离细胞质的裸核细胞。细胞质是中度嗜碱,通常包含明显的脂质空泡(图 16-23 至图 16-24)。腺瘤的细胞核通常是圆形的而且大小一样,有时会包含单个突出的核仁。在一些皮质腺瘤中可能会发现造血细胞,脂肪细胞,无机物的沉积的聚集区域(图 16-24B)(Capen,2002)。应该注意的是,从垂体性肾上腺皮质机能亢进的犬的肾上腺抽提的细胞和肾上腺腺瘤细胞都是增生性的,这在细胞学上难以区分。因此,细胞学不能作为诊断肾上腺肿瘤时区分垂体性肾上腺皮质机能亢进和肾上腺皮质机能亢进的工具。

肾上腺皮质腺癌的肿瘤细胞可能比腺瘤的肿瘤细胞更加具有多形性(Capen,2002)。腺癌可能会呈现渐变的特征,包括核大小不均和多个核仁(图16-25)。然而,根据组织学评估,由于一些腺癌可能包含高分化细胞,可入侵到被膜、相邻结构或血管,这可以作为区分腺瘤或腺癌的首选方法。如果恶性肿瘤的细胞学的标准被实现,那么就可以可靠地诊断腺癌,然而,如果没有这样的标准,应该基于细胞学特性谨慎做出确切的诊断。

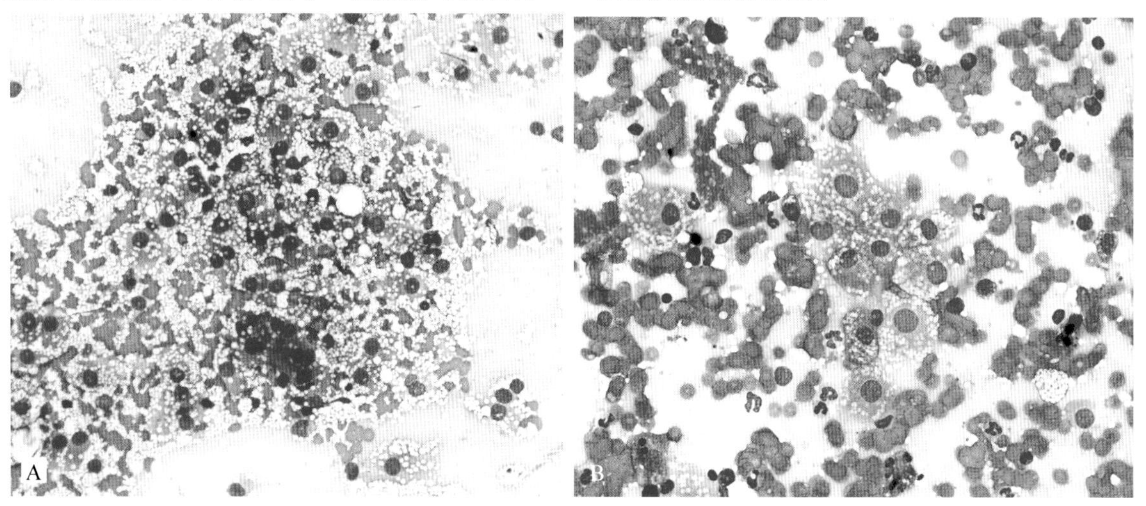

■ 图 16-23 **肾上腺皮质腺瘤。肾上腺肿块。犬。A-B 是同一病例。A.** 相对均匀的细胞簇含量丰富,嗜碱性的细胞质和易变的模糊的细胞质边界。**B.** 均一细胞簇呈现轻度的细胞核大小不均和嗜碱性有空泡的细胞质,细胞边界模糊,丰富的红细胞相混合,注意与血中的中性粒细胞相比之下的大尺寸的肾上腺细胞,通过组织学鉴定,这些肿块被证实为肾上腺皮质腺瘤。

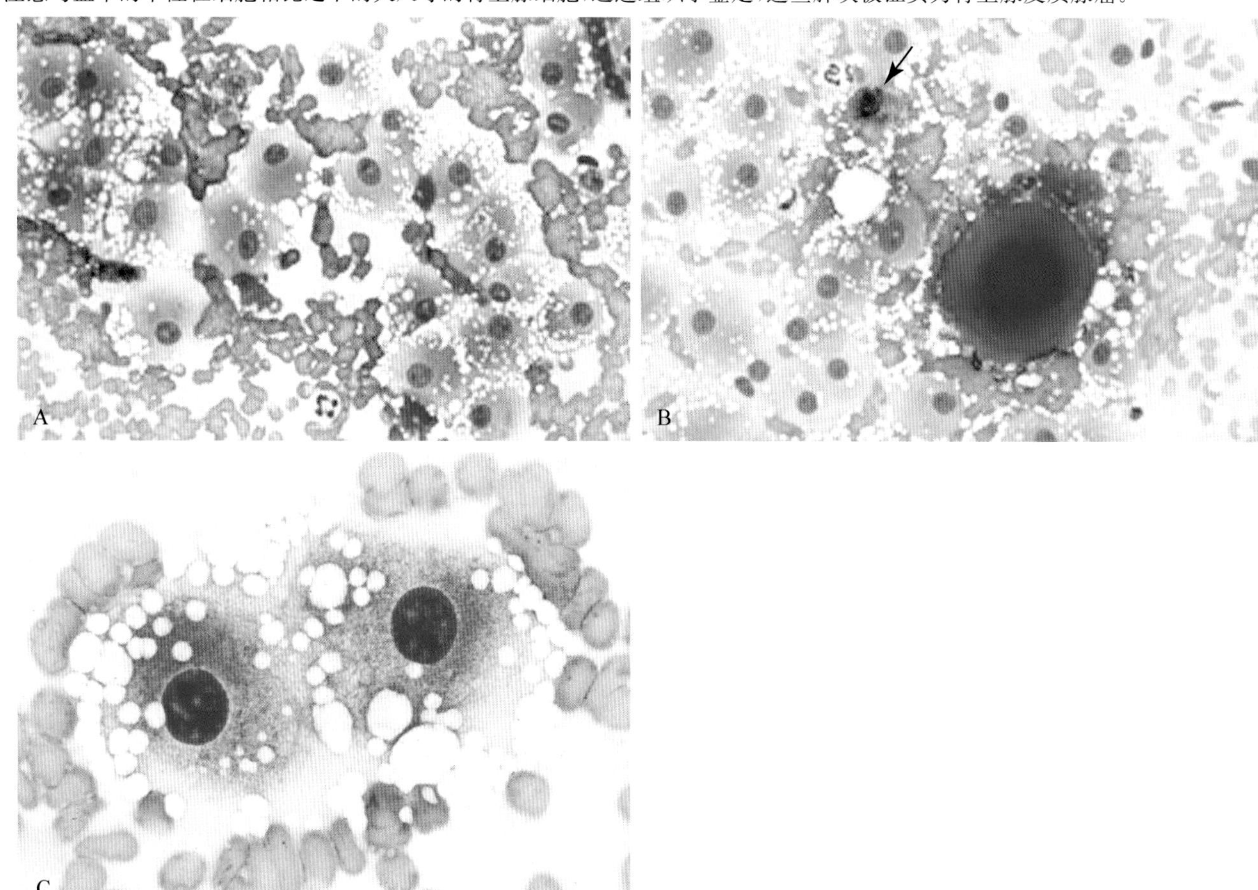

■ 图 16-24 **肾上腺皮质腺瘤。肾上腺肿块。犬。A-C 是同一病例。A.** 组织抽提物来自一只超声检查指出有肾上腺皮质机能亢进迹象的犬的单个结节。均匀的细胞的集群包含丰富、双染性的细胞质,其中大多细胞质边界模糊。细胞质中含有大量的清晰、点状的液泡。(瑞-吉氏染色;高倍油镜)**B.** 大巨核细胞(中心)表明骨髓造血作用的存在,它有时出现在肾上腺皮质肿瘤中。慢性出血的证据是巨噬细胞中有含铁血黄素的载体(箭头所示)。(瑞-吉氏染色;高倍油镜)**C.** 具有小核和显著核仁的两个肾上腺皮质细胞。细胞质中含有大小不等点状的液泡,目前主要是在细胞的外围发挥分泌功能。(瑞-吉氏染色;高倍油镜)(A-B,Courtesy of Peter Fernandes,University of Florida;C,Courtesy of Rose Raskin,University of Florida.)

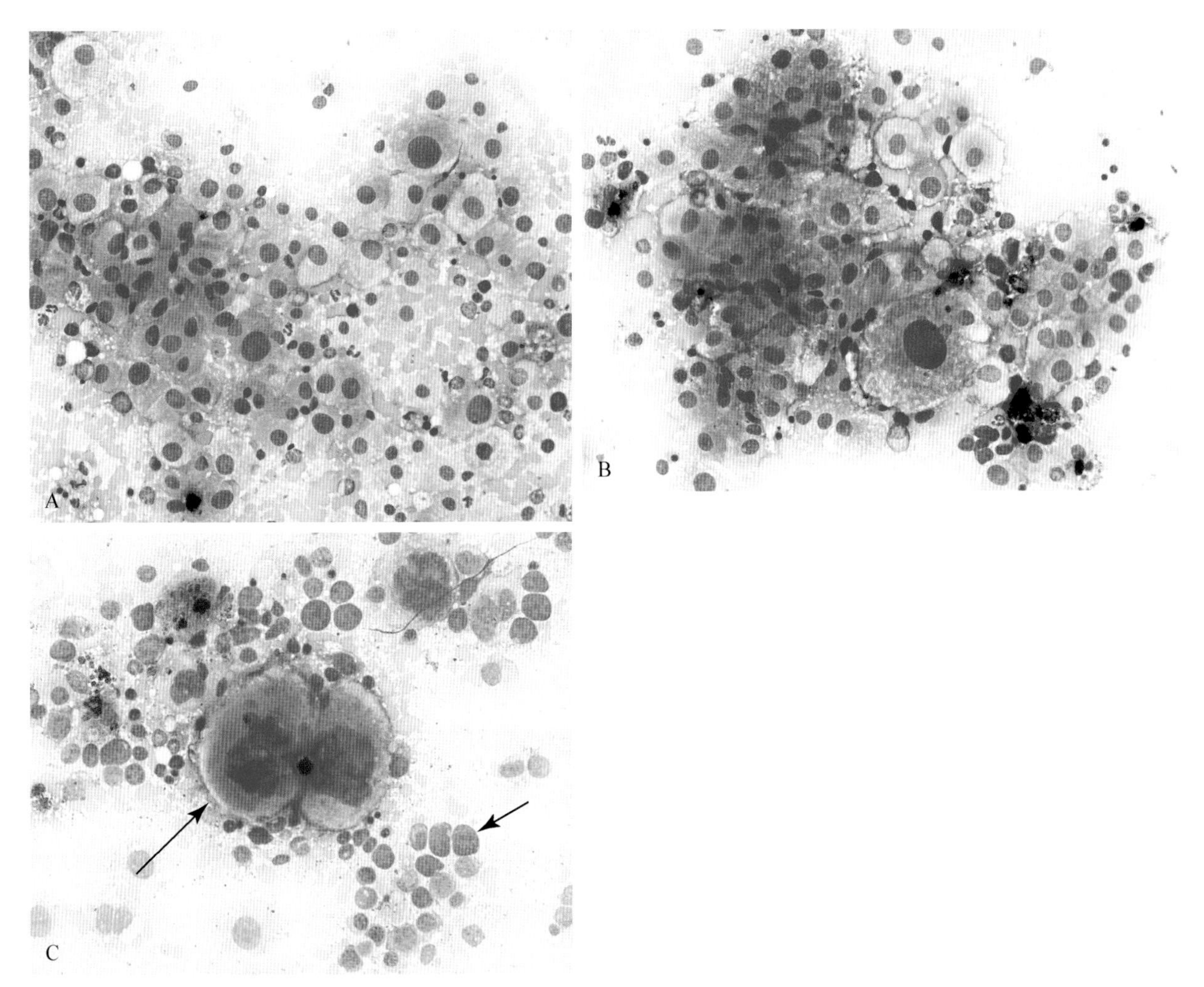


■ 图 16-25　**肾上腺皮质腺癌。犬，A-C 是同一病例。A.** 注意细胞肥大，细胞核大小不均，红细胞大小不均，明显可变的细胞质边缘，细胞核拥挤，多核仁的恶性肿瘤。（瑞-吉氏染色；高倍油镜）**B.** 在大多数神经内分泌肿瘤中，核巨大与轻微的核大小不均相比，前者的多形性标记更明显。巨噬细胞内有黑粗颗粒表明存在慢性出血。（瑞-吉氏染色；高倍油镜）**C.** 巨核细胞（长箭头）和红细胞前体（短箭头）是骨髓造血作用的证据。（瑞-吉氏染色；高倍油镜）

腺瘤束状带和网状带通常较小，不转移。手术切除是腺瘤的首选治疗方法，然而，经常见到手术和切除腺瘤的术后并发症。大约一半的患有肾上腺皮质腺癌的犬会局部浸润到后腔静脉或肾动脉，或远端转移，主要是肝、肺、肾（Capen，2002；Scavelli et al.，1986）。腺癌的手术切除是比较困难的，肾上腺肿瘤也是如此，而且术后并发症的发生率很高（Scavelli et al.，1986）。用 o，p-DDD（Lysodren，Bristol 实验室，普林斯顿，新泽西，美国）或酮康唑治疗腺癌（Nizoral、Janssen 制药公司，皮斯卡塔韦，新泽西，美国）已经初见成效（Bailey and Page，2007）。

## 类癌

类癌是在不同的器官中由弥散性神经内分泌细胞引起的罕见的肿瘤。这些细胞被发现分散在胃肠道、内分泌胰腺、胆道、呼吸道、胸腺、甲状腺、尿道和皮肤（Klopel，2007）。在 1907 年，这些病变首次被 Oberndorfer 称为类癌，指的是比典型的肠道腺瘤发展缓慢的肠道肿瘤（Kulke and Mayer，1999）。类癌也被称为 APUD（amine precursor uptake and decar boxy lation，胺前体摄取和脱羧）肿瘤，或 apudomas，因为这些神经内分泌细胞能够合成、分泌和代谢生物活性胺。目前，这些肿瘤分为分化良好型的神经内分泌肿瘤（良性）和细胞低分化神经内分泌癌（恶性）（Klopel，2007）。

在犬和猫，最常见的类癌肿瘤的位置在胃肠道（Albers et al.，1998；Sako et al.，2003）。其他部位包括鼻腔（Sako et al.，2005）、咽部（Patnaik et al.，2002）、肺部（图 16-26）（Choi et al.，2008；Ferreira et al.，2005；Saegusa et al.，1994）、肝（Patnaik et al，1981，2005a）、胆囊（Morrell et al，2002）和皮肤（Konno et al，1998；Joiner et al.，2010）。猫的肝和胆囊（Patnaik et al .，2005 b），胃（Rossmeisl et al，2002），肠（Slawienski et al.，1997），食管（Patnaik et al.，1990），大气道（Rossi et al .，2007）和皮肤（Patnaik et al.，2001）的类癌肿瘤已有报道。类癌似乎没有明显

的性别或品种偏向。已报道的动物的类癌年龄主要在4个月到18岁之间，但报道中的绝大多数动物都是7岁以上（表16-9）。

表16-9 犬和猫的类癌的不同位置

| 位置 | 物种 | 报道的类癌位置 |
|---|---|---|
| 胃肠道 | 犬 | 口腔、胃、肠、肝、胆囊 |
| | 猫 | 肝、胆囊、胃、肠、食道 |
| 呼吸道 | 犬 | 鼻腔、咽、肺 |
| | 猫 | 气管支气管 |
| 皮肤 | 犬和猫 | 真皮层 |

患有类癌的动物可以有多种临床表现，一些病例的良性肿瘤是临床上健康动物的肺和肠的体检或影像学检查时被偶然被发现的（Choi et al.，2008；Sykes and Cooper，1982），临床症状通常会反映病变组织部位。胆囊肿瘤可引起黄疸或咯血（Morrell et al，2002）。在1例报告中，1只有5个月呕吐史的猫被发现有胃良性肿瘤（Rossmeisl et al.，2002）。

虽然神经内分泌肿瘤细胞可能包含各种生物活性胺颗粒如5-羟色胺、组织胺、P物质、激肽释放酶和促肾上腺皮质激素，目前没有报告表明在人或动物中这些生物活性胺的释放与良性肿瘤导致临床症状的发展有关。在恶性类癌的病例下，临床特征可以归因于生物活性胺的释放。在人类中，类癌会导致所谓的"类癌综合征"，临床综合征包括腹泻、红斑、衰弱，器官肿大，右侧充血性心力衰竭（Kulke and Mayer，1999）。这些都归功于由肿瘤细胞合成、释放和延迟肝代谢的5-HT（5-羟色胺）和速激肽。在这些情况下，测量血清或尿液5-羟色胺浓度可以作为筛选试验。但是，与人类不同的是，大多数有恶性病变临床症状的犬和猫的晚期肿瘤的生长和转移，不释放生物活性物质。在1个案例中，1只患有空肠良性肿瘤的犬出现4个月的贫血，疲劳，厌食、呕吐、间歇性腹泻和肠道出血病史（Sako et al.，2003）。这个动物，血清5-羟色胺的浓度大约是参考范围的10倍。也有极少数的报道说患有类癌的犬有皮质醇过多症（Churcher，1999）。

在细胞学上，良性肿瘤例如神经内分泌肿瘤，有典型外观的裸核嵌入在苍白的细胞质中（图16-26C）。少量的圆形或多边形的有中等量到丰富的弱嗜碱性细胞质的完整细胞也可能被识别（图16-26D）。圆形细胞核和多边形细胞核有细染色质和部分核仁。一些类癌的细胞可能会包含细小的、苍白的嗜碱性胞浆内颗粒（图16-26E）。类癌的细胞学的表现类似，与解剖学位置无关。最近报道1例犬的皮肤性神经内分泌癌（默克尔细胞瘤），它的抽提物中有温和苍白的嗜碱性胞浆、许多裸核和完整的圆形或多边形的细胞（图3-58）（Joiner et al.，2010）。这些肿瘤可能在大体和细胞学上非常类似皮肤淋巴瘤或组织细胞瘤的外观，所以可能需要用特殊过程（免疫组织化学或电子显微镜）来确认组织的来源（Gil da Costa et al.，2009；Grimelius，2004；Joiner et al.，2010）。1个包含特异性神经元烯醇酶（NSE）突触素和嗜铬粒蛋白A抗体的免疫组织化学的试剂板，可以通过组织化学的方法识别神经内分泌细胞的来源（图16-24F）。电子显微镜（不常用）可用于识别特异性神经内分泌、高电子密度的核心颗粒（Patnaik et al.，2005b）。

正如其他神经内分泌肿瘤，类癌的生物学行为在细胞学形态基础上很难预测。报道中最多的神经内分泌肿瘤，尤其肝肠起源性的，往往是恶性且预后不良。在报道中所有的26例患有肝类癌的犬，都是实行安乐死或者死于肿瘤的扩散，包括扩散到所有的肝小叶或诊断时有证据证明已发生转移性癌变（Churcher，1999；Patnaik et al.，1981，2005a）。患有肝类癌的猫，其中大多数会在手术中或手术后实行了安乐死，因为所有的肝小叶都发生了肿瘤的转移性扩散（Patnaik et al.，2005b）。

患胃肠道类癌的动物，包括食道、胃和肠道的损伤，12例患犬中的10例和5例患猫中的4例有发生局部或远端转移的证据。这些动物经常有严重的临床肠出血和（或）呕吐的迹象。很少报道除了肝脏和胃肠道的类癌，这些肿瘤的表现是多样的（Choi et al.，2008；Konno et al.，1998；Patnaik et al.，2001；Saegusa et al.，1994）。在良性肿瘤，手术切除是治疗的首选。目前没有恶性类癌通过化疗治愈的报道。1个局部入侵皮肤神经内分泌的肿瘤通过放射治疗成功治疗，并在18个月内完全缓解（Whiteley and Leininger，1987）。

## 结论

内分泌腺体和神经内分泌组织的病变在不同的条件下可能起源于许多专门的器官。即便如此，这些病变的细胞形态学特征，包括裸核、核内嗜碱性的细胞质、边界模糊的细胞。此外，作为一个群体，很难预测这些病变的生物学行为是否基于存在异常的核特性。当识别组织来源时，病变的位置、相关临床症状或临床病理的研究结果，以及细胞学特征的功能应进行综合考虑。潜在的生物行为应该基于特定的肿瘤类型和所涉及的物种，结合组织学和（或）临床浸润的证据进行评估。

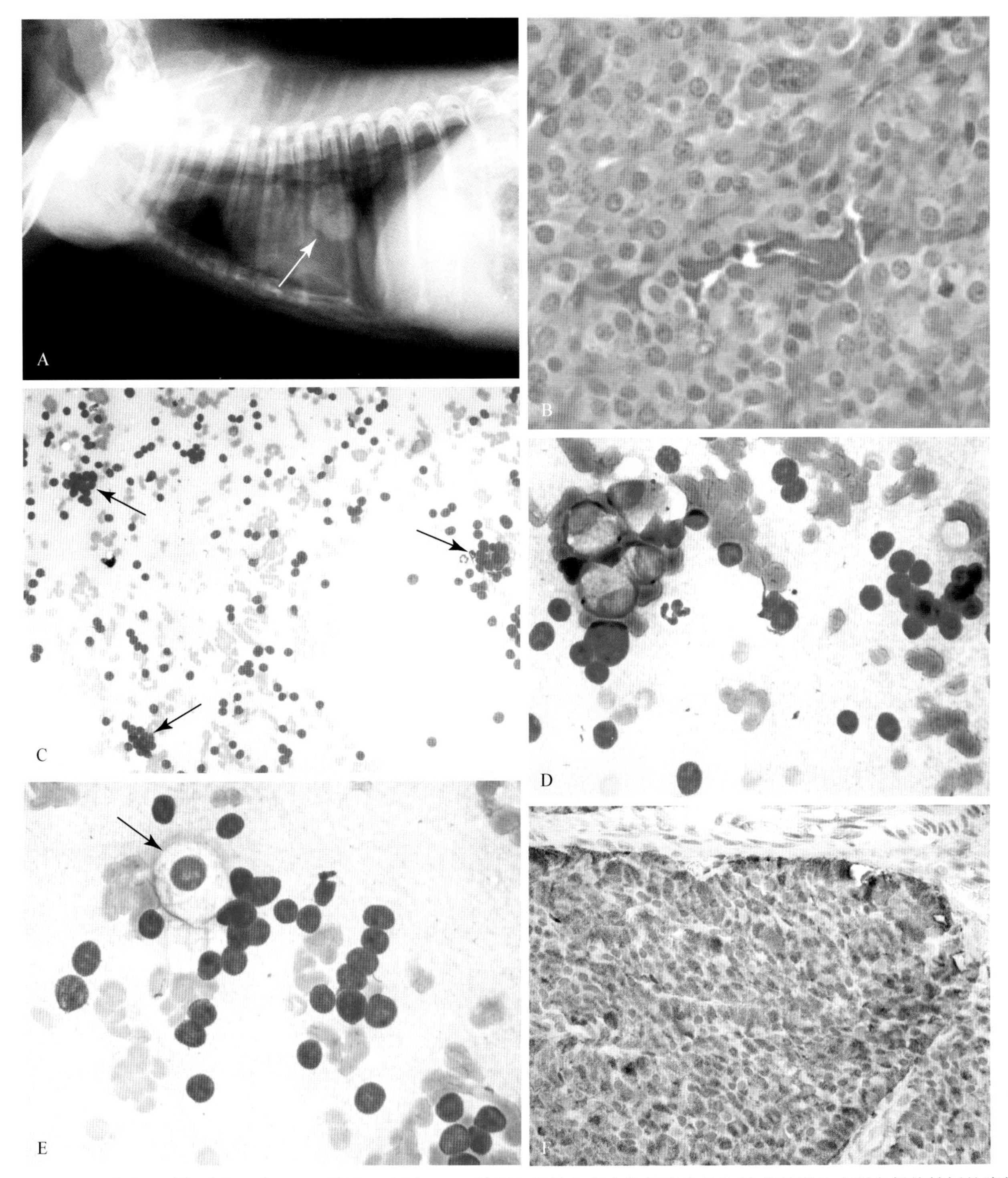


■ 图 16-26　**类癌。肺部肿物。犬。A-F 是同一病例。A.** 1 只没有相关临床症状的已绝育的 11 岁雄性约克夏犬偶然拍摄的胸部 X 光照片中的肿物(箭头所指)。**B.** 组织切片,富含嗜酸性颗粒细胞质,圆核和轻度核大小不均的圆形或多边形细胞组成的肿瘤(H&E 染色;中倍镜)**C.** 组织抽提物。嵌入蓝色细胞质的游离的细胞核与分散的多核的聚合物(箭头所指)(瑞-吉氏染色;中倍镜)。**D.** 组织抽提物,裸核被视为低数量的完整的细胞的 1 个突出特征(左上),具有中度到丰富的轻微嗜碱性的细胞质(瑞-吉氏染色;高倍油镜)。**E.** 组织抽提物,注意明显游离的细胞核、缺乏蓝色的细胞质和几个有微弱的嗜碱颗粒完整细胞(箭头所指)(瑞-吉氏染色;高倍油镜)。**F.** 免疫组织化学,嗜铬粒蛋白 A 的强细胞质阳性反应表达(嗜铬粒蛋白 A/二氨基联苯胺/苏木精;中倍镜)(B 来源于 Choi US,Alleman AR,Choi J,et al:Cytologic and immunohistochemical characterization of a lung carcinoid in a dog with comparisons to human typical carcinoid,Vet Clin Pathol 37:249－252,2008;E,Courtesy of Ul Soo Choi,Practical guide to diagnostic cytology of the dog and cat,OKVET,Korea.)

## 参考文献

Albers TM,Alroy J,McDonnell JJ,et al:A poorly differentiated gastric carcinoid in a dog,*J Vet Diagn Invest* 10:116－118,1998.

Bailey DB,Page RL:Tumors of the endocrine system. In

Withrow SJ, Vail DM(eds): *Withrow & MacEwen's small animal clinical oncology*, ed 4, St. Louis, 2007, Saunders, pp. 583–609.

Barber LG: Thyroid tumors in dogs and cats, *Vet Clin Small Anim* 37:755–773, 2007.

Barber PJ: Investigation of hypercalcemia and hypocalcemia. In Mooney CT, Peterson ME(eds): *BSAVA manual of canine and feline endocrinology*, ed 3, Gloucester, UK, 2004, BSAVA Publications, pp. 26–32.

Barthez PY, Marks SL, Woo J, et al: Pheochromocytoma in dogs: 61 cases(1984–1995), *J Vet Intern Med* 11:272–278, 1997.

Berger B, Feldman EC: Primary hyperparathyroidism in dogs: 21 cases(1976–1986), *J Am Vet Med Assoc* 191:350–356, 1987.

Bertazzolo W, Didier M, Gelain ME, et al: Accuracy of cytology in distinguishing adrenocortical tumors from pheochromocytoma in companion animals, *Vet Clin Pathol* 43:453–459, 2014.

Bertazzolo W, Giudice C, Dell'Orco M, et al: Paratracheal cervical mass in a dog, *Vet Clin Pathol* 32:209–212, 2003.

Boes K, Messick J, Green H, et al: What is your diagnosis? Impression smear from an intracardiac mass in a dog, *Vet Clin Pathol* 39:119–120, 2010.

Bouayad H, Feeney DA, Caywood DD, et al: Pheochromocytoma in dogs: 13 cases(1980–1985), *J Am Vet Med Assoc* 191:1610–1615, 1987.

Capen CC: Tumors of the endocrine glands. In Meuten DJ (ed): *Tumors in domestic animals*, ed 4, Ames, 2002, Iowa State Press, pp. 607–696.

Carver JR, Kapatkin A, Patnaik AK: A comparison of medullary thyroid carcinoma and thyroid adenocarcinoma in dogs: a retrospective study of 38 cases, *Vet Surg* 24:315–319, 1995.

Caruso KJ, Cowell RL, Upton ML, et al: Intrathoracic mass in a cat [chemodectoma], *Vet Clin Pathol* 31:193–195, 2002.

Choi US, Alleman AR, Choi J, et al: Cytologic and immunohistochemical characterization of a lung carcinoid in a dog with comparisons to human typical carcinoid, *Vet Clin Pathol* 37:249–252, 2008.

Churcher RK: Hepatic carcinoid, hypercortisolism and hypokalaemia in a dog, *Aust Vet J* 77(10):641–645, 1999.

Cruz Cardona JA, Wamsley H, Farina L, et al: Metastatic pancreatic polypeptide-secreting islet cell tumor in a dog, *Vet Clin Pathol* 39:371–376, 2010.

den Hertog E, Goossens MM, van-der-Linde-Sipman JS, et al: Primary hyperparathyroidism in two cats, *Vet Q* 19:81–84, 1997.

DeVries SE, Feldman EC, Nelson RW, et al: Primary parathyroid gland hyperplasia in dogs: six cases(1982–1991), *J Am Vet Med Assoc* 202:1132–1136, 1993.

Diaconu IV, Bucur EO, Tihulca CR: Histopathological and histochemical aspects in a case of dog hyperparathyroidism, *Lucrări Stiintifice Medicină Veterinară* 41:608–618, 2008.

Fernandez NJ, Clark EG, Larson VS: What is your diagnosis? Ventral neck mass in a dog, *Vet Clin Pathol* 37:447–451, 2008.

Ferreira AJA, Peleteiro MC, Correia JHD, et al: Small-cell carcinoma of the lung resembling a brachial plexus tumour, *J Small Anim Pract* 46:286–290, 2005.

Freeman KP: *Self-assessment colour review of veterinary cytology dog, cat, horse and cow*, London, 2007, Manson Publishing Ltd, pp. 31–32.

Gil da Costa RM, Rema A, Pires MA, et al: Two canine Merkel cell tumours: immunoexpression of c-KIT, E-cadherin, β-catenin and S100 protein, *Vet Dermatol* 21:198–201, 2009.

Gostelow R, Bridger N, Syme HM: Plasma-free metanephrine and free normetanephrine measurement for the diagnosis of pheochromocytoma in dogs, *J Vet Intern Med* 27:83–90, 2013.

Goutal CM, Brugmana BL, Ryan KA: Insulinoma in dogs: a review, *J Am Anim Hosp Assoc* 48:151–163, 2012.

Grimelius L: Silver stains demonstrating neuroendocrine cells, *Biotech Histochem* 79(1):37–44, 2004.

Hamilton SR, Farber JL, Rubin E: Neoplasms. In Rubin E, Farber JL(eds): *Pathology*, ed 3, Philadelphia, 1999, Lippincott-Raven, pp. 720–721.

Harari J, Patterson JS, Rosenthal RC: Clinical and pathologic features of thyroid tumors in 26 dogs, *J Am Vet Med Assoc* 188:1160–1164, 1986.

Hardcastle MK, Meyer J, McSporran KD: Pathology in practice, *J Am Vet Med Assoc* 242:175–177, 2013.

Hawks D, Peterson ME, Hawkins KL, et al: Insulin-secreting pancreatic(islet cell)carcinoma in a cat, *J Vet Intern Med* 6:193–196, 1992.

Joiner KS, Smith AN, Henderson RA, et al: Multicentric cutaneous neuroendocrine(Merkel cell)carcinoma in a dog, *Vet Pathol* 47(6):1090–1094, 2010.

Jones CA, Refsal KR, Stevens BJ, et al: Adrenocortical adenocarcinoma in a cat, *J Am Anim Hosp Assoc* 28:59–62, 1992.

Kallet AJ, Richter KP, Feldman EC, et al: Primary hyperparathyroidism in cats: seven cases(1984–1989), *J Am Vet Med Assoc* 199:1767–1771, 1991.

Kini SR: Medullary carcinoma. In Kini SR(ed): *Thyroid cytopathology*, Philadelphia, 2008, Lippincott Williams & Wilkins, pp. 272–273.

Klopel G: Tumour biology and histopathology of neuroendocrine tumours, *Best Pract Res Clin Endocrinol Metabol* 21(1):15–31, 2007.

Konno A, Nagata M, Nanko H: Immunohistochemical diagnosis of a Merkel cell tumor in a dog, *Vet Pathol* 35(6):538-540,1998.

Kulke MH, Mayer RJ: Carcinoid tumors, *N Engl J Med* 340:858-868,1999.

Kyles AE, Feldman EC, De Cock HE, et al: Surgical management of adrenal gland tumors with and without associated tumor thrombi in dogs: 40 cases(1994-2001), *J Am Vet Med Assoc* 223:654-662,2003.

La Perle KMD: Endocrine system. In Zachary JF, McGavin MD(eds): *Pathologic basis of veterinary disease*, ed 4, St. Louis, 2013, Mosby, pp. 660-697.

Lantz GC, Salisbury SK: Surgical excision of ectopic thyroid carcinoma involving the base of the tongue in dogs: three cases (1980 - 1987), *J Am Vet Med Assoc* 195: 1606 - 1608,1989.

Leav I, Schillcrt AL, Rijnberk A, et al: Adenomas and adenocarcinomas of the canine and feline thyroid, *Am J Pathol* 83:61-93,1976.

Loste A, Marca MC, Perez M, et al: Clinical value of fructosamine measurements in non-healthy dogs, *Vet Res Comm* 25:109-115,2001.

Lerud KS, Tabbara SO, DelVecchio DM, et al: Cytomorphology of cystic parathyroid lesions: report of four cases evaluated preoperatively by fine-needle aspiration, *Diagn Cytopathol* 15:306-311,1996.

Maddux JM, Shull RM: Subcutaneous glandular tissue: mammary, salivary, thyroid, and parathyroid. In Cowell RL, Tyler RD(eds): *Diagnostic cytology of the dog and cat*, American Goleta, CA, 1989, Veterinary Publications, pp83-92.

Marquez GA, Klausner JS, Osborne CA: Calcium oxalate urolithiasis in a cat with a functional parathyroid adenocarcinoma, *J Am Vet Med Assoc* 206:817-819,1995.

Mooney CT, Peterson ME: Feline hyperthyroidism. In Mooney CT, Peterson ME(eds): *BSAVA manual of canine and feline endocrinology*, ed 3, Gloucester, UK, 2004, BSAVA Publications, pp95-110.

Morrell CN, Volk MV, Mankowski JL: A carcinoid tumor in the gallbladder of a dog, *Vet Pathol* 39(6):756-758,2002.

Nelson RW, Feldman EC, Smith MC: Hyperadrenocorticism in cats: seven cases(1978-1987), *J Am Vet Med Assoc* 193:245-250,1988.

Obradovich JE, Withrow SJ, Powers BE, et al: Carotid body tumors in the dog: eleven cases(1978-1988), *J Vet Intern Med* 6:96-101,1992.

Patnaik AK, Lieberman PH, Hurvitz AI, et al: Canine hepatic carcinoids, *Vet Pathol* 18(4):445-453,1981.

Patnaik AK, Erlandson RA, Lieberman PH, et al: Extra-adrenal pheochromocytoma(paraganglioma) in a cat, *J Am Vet Med Assoc* 197:104-106,1990.

Patnaik AK, Erlandson RA, Lieberman PH: Esophageal neuroendocrine carcinoma in a cat, *Vet Pathol* 27(2): 128-130,1990.

Patnaik AK, Post GS, Erlandson RA: Clinicopathologic and electron microscopic study of cutaneous neuroendocrine (Merkel cell) carcinoma in a cat with comparisons to human and canine tumors, *Vet Pathol* 38(5):553-556,2001.

Patnaik AK, Ludwig LL, Erlandson RA: Neuroendocrine carcinoma of the nasopharynx in a dog, *Vet Pathol* 39(4):496-500,2002.

Patnaik AK, Newman SJ, Scase T, et al: Canine hepatic neuroendocrine carcinoma: an immunohistochemical and electron microscopic study, *Vet Pathol* 42(2):140-146,2005a.

Patnaik AK, Lieberman PH, Erlandson RA, et al: Hepatobiliary neuroendocrine carcinoma in cats: a clinicopathologic, immunohistochemical, and ultrastructural study of 17 cases, *Vet Pathol* 42(3):331-337,2005b.

Penninck DG, Feldman EC, Nyland TG: Radiographic features of canine hyperadrenocorticism caused by autonomously functioning adrenocortical tumors: 23 cases (1978 - 1986), *J Am Vet Med Assoc* 192:1604-1608,1988.

Peterson ME, Kintzer PP, Cavanagh PG, et al: Feline hyperthyroidism: pretreatment clinical and laboratory evaluations of 131 cases, *J Am Vet Med Assoc* 183:103-110,1983.

Platt SR, Sheppard BJ, Graham J, et al: Pheochromocytoma in the vertebral canal of two dogs, *J Am Anim Hosp Assoc* 34:365-371,1998.

Quante S, Boretti FS, Kook PH, et al: Urinary catecholamine and metanephrine to creatinine ratios in dog with hyperadrenocorticisim or pheochromocytoma and in healthy dogs, *J Vet Intern Med* 24:1093-1097,2010.

Ramaiah SK, Alleman AR, Hanel R, et al: A mass in the ventral neck of a hypercalcemic dog, *Vet Clin Pathol* 30:177-179,2001.

Reusch CE, Feldman EC: Canine hyperadrenocorticism due to adrenocortical neoplasia, *J Vet Intern Med* 5: 3 - 10,1991.

Rossi G, Magi GE, Tarantino C, et al: Tracheobronchial neuroendocrine carcinoma in a cat, *J Comp Pathol* 137(2-3): 165-168,2007.

Rossmeisl JH Jr, Forrester SD, Robertson JL, et al: Chronic vomiting associated with a gastric carcinoid in a cat, *J Am Anim Hosp Assoc* 38(1):61-66,2002.

Saegusa S, Yamamura H, Morita T, et al: Pulmonary neuroendocrine carcinoma in a four-month-old dog, *J Comp Pathol* 111(4):439-443,1994.

Sako T, Uchida E, Okamoto M, et al: Immunohistochemical evaluation of a malignant intestinal carcinoid in a dog, *Vet Pathol* 40(2):212-215,2003.

Sako T, Shimoyama Y, Akihara Y, et al: Neuroendocrine

carcinoma in the nasal cavity of ten dogs, *J Comp Pathol* 133: 155-163, 2005.

Scavelli TD, Peterson ME, Matthiesen DT: Results of surgical treatment of hyperadrenocorticism caused by adrenocortical neoplasia in the dog: 25 cases (1980-1984), *J Am Vet Med Assoc* 189: 1360-1364, 1986.

Shaw TE, Harkin KR, Nietfeld J, et al: Aortic body tumor in full-sibling English bulldogs, *J Am Anim Hosp Assoc* 46: 366-370, 2010.

Slawienski MJ, Mauldin GE, Mauldin GN, et al: Malignant colonic neoplasia in cats: 46 cases (1990-1996), *J Am Vet Med Assoc* 211(7): 878-881, 1997.

Swainson SW, Nelson L, Niyo Y, et al: Radiographic diagnosis: mediastinal parathyroid cyst in a cat, *Vet Radiol Ultrasound* 41: 41-43, 2000.

Sykes GP, Cooper BJ: Canine intestinal carcinoids, *Vet Pathol* 19(2): 120-131, 1982.

Tillson DM, Fingland RB, Andrews GA: Chemodectoma in a cat, *J Am Anim Hosp Assoc* 30: 586-590, 1994.

Tobin RL, Nelson RW, Lucroy MD, et al: Outcome of surgical versus medical treatment of dogs with beta cell neoplasia: 39 cases (1990-1997), *J Am Vet Med Assoc* 215: 226-230, 1999.

Turrel JM, Feldman EC, Nelson RW, et al: Thyroid carcinoma causing hyperthyroidism in cats: 14 cases (1981-1986), *J Am Vet Med Assoc* 193: 359-364, 1988.

von Dehn BJ, Nelson RW, Feldman EC, et al: Pheochromocytoma and hyperadrenocorticism in dogs: six cases (1982-1992), *J Am Vet Med Assoc* 207: 322-324, 1995.

Ware WA, Hopper DL: Cardiac tumors in dogs: 1982-1995, *J Vet Int Med* 13: 95-103, 1999.

Whiteley LO, Leininger JR: Neuroendocrine (Merkel) cell tumors of the canine oral cavity, *Vet Pathol* 24: 570-572, 1987.

Zimmerman KL, Rossmeisl JH, Thorn CE, et al: Mediastinal mass in a dog with syncope and abdominal distension, *Vet Clin Pathol* 29: 19-21, 2000.

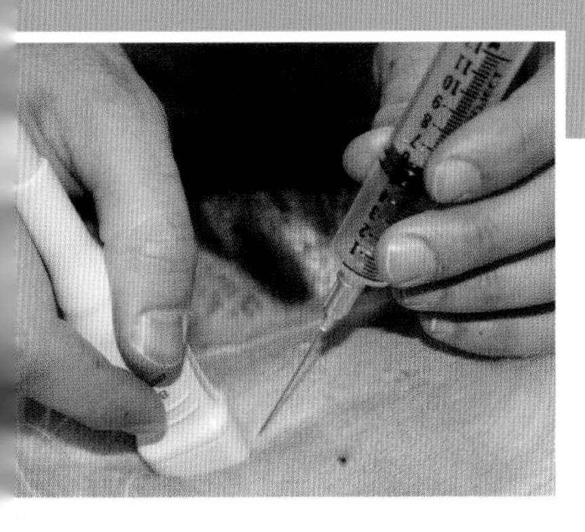

# 第 17 章

# 先进的诊断技术

*José A. Ramos-Vara, Paul R. Avery, Anne C. Avery*

细胞病理学是一种用来鉴别恶性与良性疾病及传染性病原体的实用性无创伤诊断方法。然而,由于传统细胞学特性的局限,细胞学家每天都要面对一些问题。辅助诊断技术可以提供一些附加信息,从而有助于疾病的确诊。这些技术的使用必须以传统的细胞学特性为基础,他们包括表征细胞来源的免疫诊断,表征亚细胞结构的电子显微镜(EM)检测,表征化学成分的特殊组织化学染色,用于细胞标记物定量检测的流式细胞术以及用于克隆或染色体异常检测的图像分析和分子诊断。在本章中,我们会讨论一些辅助诊断技术,并重点讨论其在细胞病理学与组织病理学中的应用。

## 免疫诊断

通过免疫和化学反应检测组织切片(免疫组化,IHC)或细胞学样品(免疫细胞化学,ICC)中的抗原已成为诊断病理学中最常用的一种辅助性形态学方法(Barr and wu,2006)。IHC 和 ICC 的优点如下:1)无需昂贵设备。2)可对多种样本进行预测性和重复性研究。3)抗原检测与形态学变化(IHC)及细胞定位(ICC)相关联。4)染色切片可存放数月。5)样品进行常规处理即可。IHC 和 ICC 均适用于低分化肿瘤的鉴定、转移性和原发性肿瘤的区分、转移性肿瘤的原发部位辨别及预后评估(DeLellis and Hoda,2006)。总的来说,如果正确应用和解析 IHC 和 ICC 方法可提高病理诊断的准确性。本章将对 IHC 和 ICC 的相关技术、结果分析及应用缺陷进行综述,也将讨论肿瘤及转移性疾病的诊断和应用抗体作为预测标记物的常规方法。本章将不赘述 IHC 和 ICC 的操作细节,如欲了解细节,可参考其他已公开发表的资料(Polak and Van Noorden, 2003; Ramos-Vara and Miller,2014)。附录设有白细胞 ICC 操作流程的详细参考。

### 免疫组织化学

#### 抗体

免疫组化方法是指通过使用特异性抗体孵育组织切片,然后依据显色(可见)的免疫组织化学反应(酶—底物)来显示组织切片中的抗原(Ramos-Vara and Miller,2014)。免疫组化法中多克隆或单克隆抗体均可使用。一般而言,多克隆抗体多属兔源性,亲和性较高,但特异性较单克隆抗体低。多克隆抗体的交叉反应(定义为无关抗原识别)更常见。在诊断性 IHC/ ICC 中使用多克隆抗体的关键在于它们的纯度(市售抗体包括全血清抗体,免疫球蛋白沉淀纯化后的抗体及通过亲和色谱纯化的免疫球蛋白)。利用杂交瘤技术在小鼠中产生的单克隆抗体能识别单一表位(蛋白质中 4~8 个氨基酸链),因此具有高度特异性和批次间的稳定性。兔单克隆抗体越来越多地用于人的免疫组化诊断,然而虽然据报道兔单抗比鼠单抗更有优势(例如:更高的亲和力,无需抗原修复[AR],可在鼠组织中使用),但也存在一些既无动物组织反应性也未体现出优于鼠单抗优势的兔单抗(Reid et al.,2007;Vilches-Moure and Ramos-Vara,2005)。特定抗体的选择主要依据公开发表的资料信息或其他实验室的经验。若无实验依据,无法确保识别某一物种中某一抗原的抗体能够识别其他物种中的相同抗原。且作为样本来源的物种数量非常巨大,这是兽医病理学家在免疫诊断中必须面对的最大挑战之一。

#### 固定

组织病理学和诊断性免疫组化的通用固定剂是缓冲性福尔马林。尽管在某些特殊情况下,曾有使用以乙二醛为主的非甲醛固定剂的相关报道(Yaziji and Barry,2006),但人们在诊断性免疫组化中寻找福尔马林固定剂替代剂的尝试尚未成功。固定这一步骤有助于保存细胞组分、防止自溶和细胞组分移位以及提高细胞物质(抗原)稳定性，并促进常规染色和免疫组化染色(Ramos-Vara，2005)。当然使用甲醛作为固定剂也存在一定问题：首先，福尔马林溶液的质量随甲醛浓度、pH 和防腐剂的不同变化很大。第二，甲醛固定过程中，通过在氨基和其他官能团间生成亚甲基桥，改变了蛋白质的三级和四级结构并在可溶性组织和蛋白质之间形成交叉链接(Ramos-Vara and Miller，2014)，这些化学反应能够修改靶点表位。对甲醛固定尤为敏感的氨基酸包括赖氨酸、甘氨酸、酪氨酸、精氨酸、组氨酸和丝氨酸。尽管福尔马林固定可能破坏免疫组化检测，但对于免疫组化抗原检测，规范的固定程序依然十分重要。目前公认固定不足与过固定一样差甚至更差，并且前者是随着诊断实验室操作时间紧张而出现的相当普遍的问题(Ramos-Vara and Miller，2014)。随着热诱导抗原表位修复法(HIER)的出现，样品的过固定或固定时间不一在诊断性免疫组化的靶向抗原检测中不再是大问题(Webster et al.，2009，2010)。自溶是病理诊断中的常见问题。研究自溶对免疫组化的影响发现，大多数免疫抗原即使分解仍然能检测到，但由于部分抗原检测的缺失，某些材料的自溶必须引起足够重视(Maleszewski et al.，2007)。坏死组织往往比正常组织底色更强，然而在没有其他正常组织可使用的情况下，坏死组织的免疫组化检测也可以提供一些有价值的信息，尤其针对细胞角蛋白和 CD45。经福尔马林固定的组织脱钙后其中大多数抗原的免疫反应活性不会降低；而当使用强酸脱钙，免疫反应可能失活，但这种影响并非针对所有抗原。对免疫组化固定过程的详细阐述，请参考 Ramos-Vara and Miller(2014)。

样本制备

诊断性免疫组织化学的样品处理过程与常规病理组织学相同。存储了几十年的福尔马林固定、石蜡包埋(FFPE)组织中的抗原仍能成功检出(Litlekalsoy et al.，2007)。要尽量避免自溶样品或活检样品的检测。为了使用于免疫组织化学和免疫细胞化学检测的组织切片牢固固定于玻片上，可将样品置于硅烷化玻片、聚赖氨酸涂层玻片或荷电玻片上。当使用不带电荷或没有特殊涂层的玻片时，有可能发生组织缺损或组织切片中的试剂混合。彻底脱蜡是实现最佳免疫染色的关键，但脱蜡操作较为烦琐，目前市场上已有可同时实现脱蜡和抗原修复的商业产品，但效果可能不尽如人意(Ramos-Vara andMiller，2014)。现已公开发表 1 种热脱蜡和抗原修复的简单方法(Boenisch，2007)。

抗原修复

固定和组织处理能够改变蛋白质(抗原)的三维结构，这使抗原无法被特异性抗体检测到。如果我们牢记抗原抗体间的免疫反应一般取决于前者的构象，就能更好地理解上句话(Hayat，2002)。发展抗原修复技术来逆转由固定所产生的抗原变化是免疫组化面临的一大挑战。当组织被固定在交联固定剂上时，抗原修复技术尤为重要。约 85%由福尔马林固定的抗原需要某种抗原修复方法来优化免疫反应(Ramos-Vara and Beissenherz，2000)。抗原修复技术的选用与否及其方法的选择不仅取决于待测抗原，还与所用抗体有关(Varma et al.，1999)。在不进行抗原修复的情况下，多克隆抗体比单克隆抗体(MAbs)更容易检测出抗原(Ramos-Vara and Beissenherz，2000)。尽管抗原修复技术可以实现多抗原检测，但由不精细的抗原修复方法而引发的背景染色异常或非常规位点的抗原检测也很常见，这有碍于诊断过程。除了蛋白质结构的构象变化，固定还能够改变蛋白质(抗原)的静电荷，而静电荷在抗原和抗体间的初始吸引过程中至关重要。因此，恢复甲醛固定过程中造成的蛋白静电荷损失是抗原修复技术作用于许多(但不是全部)蛋白的另一机制。换言之，由交联固定剂固定所产生的抗体抗原识别障碍与多种机制有关。另两个常见的抗原修复操作包括使用蛋白水解酶(如蛋白酶、胰蛋白酶、蛋白酶 K)和高温缓冲液浸泡玻片。由于不同抗体对抗原修复的反应不同，因此在优化免疫组化流程时须测试不同的抗原修复方法。总体来说，热诱导抗原表位修复法能对多种抗体产生最佳效果。随着各种抗原修复技术的出现，实验室间免疫组化方法的标准化和实验结果的比较是相当有挑战性的(Ramos-Vara and Miller，2014)。

规程

关于免疫组化技术方面及其详细的操作规程，读者可以参考近期的文献综述(Ramos-Vara，2013；Ramos-Vara and Miller，2014)。表 17-1 包含了普渡大学动物疾病诊断实验室针对犬猫传染病及肿瘤疾病所使用的抗体及其他被别处验证有效的抗体。免疫组化操作可分为 3 个阶段：1)预处理过程；2)一抗、第二、第三反应物的孵育；3)免疫反应的可视化。

表 17-1　经筛选的抗原标记物、来源、组织对照及经筛选的犬猫抗体用途列表

| 抗原 | 物种* | 克隆/目录# | 供应商 | 组织对照/部位() | 用途 |
|---|---|---|---|---|---|
| 肌动蛋白 | 犬 | HHF35 | Dako | 骨骼肌/心脏(胞质反应) | 肌肿瘤 |
| 横纹肌肌动蛋白 | 犬 | Alpha-Sr-1 | Dako | 骨骼肌/心脏(胞质反应) | 横纹肌肿瘤 |
| 平滑肌肌动蛋白 | 犬 | 1A4 | Dako | 胃/肠(胞质反应) | 平滑肌肿瘤 |
| 腺病毒(混合) | 犬 | 20/11 and 2/6 | Chemicon | 受感染的组织 | 感染 |
| 胰淀素(IAPP) | 猫,犬 | R10/99 | AbD Serotec | 胰腺(细胞外) | 胰岛淀粉样蛋白 |
| 曲霉属 | 猫,犬 | Mab-WF-AF-1 | Dako | 受感染的组织 | 受感染的组织 |
| Bcl-2 癌蛋白 | 仅猫 | NCL-bcl-2 | Novocastra | 淋巴组织 | 淋巴肿瘤 |
| B 淋巴细胞抗原(BLA. 36) | 犬,猫 | A27-42 | Dako | 淋巴结,脾(膜表面活性) | B 细胞,组织细胞肿瘤 |
| CD1a (IHC) | 犬,猫 | O10 | Dako | 胸腺(膜表面活性) | 皮质胸腺细胞,朗格汉斯细胞,T 淋巴细胞 |
| CD1a (ICC) | 仅猫 | FE1. 5F4 | UCD | 血液淋巴(膜表面活性) | 树突状细胞,猫渐进性组织细胞增多症 |
| CD1a (ICC) | 仅犬 | CA13. 9H11 | UCD | 血液淋巴(膜表面活性) | 树突状细胞肿瘤,反应性/系统性组织细胞增多症 |
| CD1c (ICC) | 猫 | FE5. 5C1 | UCD | 血液淋巴(膜表面活性) | 树突状细胞,猫渐进性组织细胞增多症 |
| CD3 (ICC) | 仅犬 | CA17. 2A12 | AbD Serotec | 淋巴结,脾(膜表面活性) | T 细胞淋巴瘤 |
| CD3 epsilon (ICC, IHC) | 犬,猫 | CD3-12 | AbD Serotec | 淋巴结,脾(胞质反应、膜表面活性) | T 细胞淋巴瘤 |
| CD4 (ICC) | 猫 | FE1. 7B12 | UCD | 造血组织(膜表面活性) | T 细胞肿瘤 |
| CD4 (ICC) | 犬 | CA13. 1E4, YKIX302. 9 | UCD, AbD Serotec | 造血干细胞(膜表面活性) | T 细胞肿瘤,反应性的/全身组织细胞增生症 |
| CD5 (ICC) | 犬<br>猫 | YKIX322. 3<br>FE1. 1B11 | AbD Serotec | 脾(膜表面活性) | T 淋巴细胞 |
| CD8α (ICC) | 犬 | YCATE55. 9<br>CA9. JD3 | AbD Serotec<br>UCD | 脾(膜表面活性) | T 淋巴细胞 |
| CD8β (ICC) | 犬 | CA15. 4G2 | UCD | 脾(膜表面活性) | T 淋巴细胞 |
| CD8 (ICC) | 猫 | FE1. 10E9 | UCD | 脾(膜表面活性) | T 淋巴细胞 |
| CD10 (CALLA 抗原) | 犬 | 56C6 | Vector | 肾(膜表面活性) | 肾,间质瘤 |
| CD11b (ICC) | 犬,猫 | CA16. 3E10 | UCD | 脾(膜表面活性) | 粒细胞,单核细胞,巨噬细胞 |
| CD11c (ICC) | 犬 | CA11. 6A1 | UCD | 脾(膜表面活性) | 粒细胞,单核细胞,树突状细胞 |
| CD11d (IHC) | 仅犬 | CA18. 3C6 | UCD | 脾(膜表面活性) | 淋巴组织细胞肿瘤 |
| CD11d (ICC) | 猫,犬 | CA11. 8H2 | UCD | 脾,骨髓(膜表面活性) | 淋巴组织细胞肿瘤 |
| CD14 (ICC, IHC) | 猫,犬 | TüK4 | Dako | 造血组织(膜表面活性) | 单核细胞,巨噬细胞 |
| CD18 | 仅猫 | FE3. 9F2 | UCD | 脾(膜表面活性) | 白细胞肿瘤 |
| CD18 | 仅犬 | CA16. 3C10 | UCD | 脾,淋巴结(膜表面活性) | 白细胞肿瘤 |
| CD20 | 犬,猫 | /RB-9013<br>/PA5-16701 | LabVision<br>Thermo Scientific | 脾,淋巴结(膜表面活性) | B 细胞肿瘤 |

续表 17-1

| 抗原 | 物种* | 克隆/目录# | 供应商 | 组织对照/部位() | 用途 |
|---|---|---|---|---|---|
| CD21 (ICC) | 犬,猫 | CA2.1D6 | UCD,AbD Serotec | 淋巴结(膜表面活性) | B细胞肿瘤 |
| CD31 | 犬,猫 | JC70A | Dako | 皮肤,其他(膜表面活性) | 血管内皮细胞和巨核细胞肿瘤 |
| CD34 | 犬,猫<br>犬 | /sc-7045<br>1H6 | Santa Cruz<br>AbD Serotec | 造血组织(膜表面活性) | 造血干细胞,血管肿瘤 |
| CD41/61 (ICC) | 犬,猫 | CO.35E4 | AbD Serotec | 骨髓(膜表面活性) | 巨核细胞,血小板 |
| CD45 | 仅犬 | CA12.10C12<br>YKIX716.13 | UCD<br>AbD Serotec | 脾,淋巴结(膜表面活性) | 白细胞肿瘤 |
| CD45RA | 仅犬 | CA21.4B3 | UCD | 淋巴组织(膜表面活性) | 淋巴肿瘤 |
| CD68 | 犬,猫 | KP1 | Dako | 血液淋巴(膜表面活性) | 巨噬细胞,髓系白血病 |
| CD71 [转铁蛋白受体](ICC) | 猫 | Ber-T9 | Dako | 骨髓(膜表面活性) | 网状细胞 |
| CD79a | 犬,猫 | HM57 | AbD Serotec | 淋巴结,脾(膜表面活性) | B细胞淋巴瘤 |
| CD90 [Thy-1] | 犬<br>犬 | CA1.4G8<br>DH2A | UCD<br>WSU | 脾(膜表面活性) | 间质树突状细胞,反应性/系统性组织细胞增多病 |
| CD117 (*c-Kit* 蛋白) | 犬,猫 | /A4502 | Dako | 肥大细胞瘤(膜表面活性,胞质反应) | 肥大细胞瘤,胃肠肿瘤,黑色素瘤 |
| CD163(巨噬细胞消除受体) | 犬,猫 | AM-3K | TransGenic | 脾(膜表面活性) | 组织细胞(吞噬)肉瘤 |
| CD204(巨噬细胞消除受体) | 犬 | SRA-E5/sc-166184 | Santa Cruz,Trans-Genic | 脾(膜表面活性,胞质反应) | 组织细胞(吞噬)肉瘤 |
| 降钙素 | 猫,犬 | /A0576 | Dako | 甲状腺(胞质反应) | C细胞(髓质)肿瘤 |
| 肌钙蛋白 | 猫,犬 | CALP,h-CP | Dako,Sigma | 小肠,胃(胞质反应) | 平滑肌,肌纤维母细胞和肌上皮瘤 |
| 钙卫蛋白(髓系/组织细胞抗原) | 猫,犬 | MAC 387 | Dako,AbB Serotec | 脾,肝(胞质反应) | 巨噬细胞,髓系细胞 |
| 钙视网膜蛋白 | 猫,犬 | /18-0211 | Zymed | 肾(胞质反应/细胞核) | 肾小管上皮细胞,神经组织,肾上腺皮质肿瘤,间皮瘤 |
| 犬瘟热病毒 | 犬 | CDV-NP | VMRD | 受感染的组织 | 感染 |
| 癌胚抗原 | 犬 | /A0115 | Dako | 肠(胞质反应) | 上皮肿瘤 |
| 嗜铬粒蛋白A | 猫,犬 | LK2H10 | Thermo Scientific | 胰(胞质反应) | 神经内分泌标记物 |
| 紧密连接蛋白1 | 猫,犬 | /Ab15098 | Abcam | 表皮(膜表面活性) | 上皮性肿瘤,脑膜瘤 |
| 2',3'-环核苷酸3'-磷酸二酯酶[髓磷脂酶] | 犬 | SMI-91 | BioLegend | 神经(胞质反应) | 周围神经肿瘤(雪旺氏细胞),少突神经胶质瘤 |
| 冠状病毒 | 猫,犬 | FIPV3-70 | CMI | 受感染的组织 | 感染 |
| 环氧化物酶-1 | 猫,犬 | /160108 | Cayman Chemical | 正常膀胱(胞质反应、细胞核) | 正常膀胱上皮,内皮细胞 |
| 环氧化物酶-2 | 猫,犬 | /160116 | Cayman Chemical | 膀胱上皮癌(胞质反应) | 癌 |
| 细胞角蛋白5 | 犬 | XM26 | Vector | 乳腺,皮肤(胞质反应) | 肌上皮,上皮基底细胞,间皮 |

续表 17-1

| 抗原 | 物种* | 克隆/目录# | 供应商 | 组织对照/部位() | 用途 |
|---|---|---|---|---|---|
| 细胞角蛋白 7 | 猫,犬 | OV-TL 12/30 | Dako | 皮肤,膀胱(胞质反应) | 腺上皮肿瘤 |
| 细胞角蛋白 8/18 | 犬 | 5D3 | Novocastra | 肝,胃(胞质反应) | 腺上皮细胞 |
| 细胞角蛋白 AE1-AE3 | 猫,犬 | AE1 和 AE3 | Dako | 皮肤(胞质反应) | 一般上皮细胞标志物 |
| 广谱细胞角蛋白 | 犬 | MNF116 | Dako | 腺体/鳞状上皮(胞质反应) | 一般上皮细胞标志物 |
| 高分子量细胞角蛋白 | 犬 | 34βE12 | Dako | 皮肤(胞质反应) | 鳞状上皮,间皮 |
| 肌间线蛋白 | 犬 | D33 | Dako | 皮肤,胃,肠(胞质反应) | 肌肿瘤 |
| 上皮细胞钙黏蛋白 | 犬 | 36 | BD Transduction | 皮肤(膜表面活性) | 朗格汉斯细胞,上皮肿瘤,犬组织细胞瘤,脑膜瘤 |
| | 猫 | 4A2C7 | Zymed | | |
| 雌激素受体 α | 猫,犬 | CC4-5 | Novocastra | 子宫(细胞核) | 雌激素受体表达肿瘤 |
| 因子Ⅷ相关抗原(vWF) | 猫,犬 | /A0082 | Dako | 皮肤,其他(胞质反应) | 血管内皮细胞和巨核细胞肿瘤 |
| 猫流感病毒 | 猫 | S1-9 | CMI | 受感染的组织 | 感染 |
| 猫疱疹病毒 1 | 猫 | FHV5 | CMI | 受感染的组织 | 感染 |
| 猫白血病病毒 | 猫 | C11D8-2C1 | CMI | 受感染的组织 | 感染 |
| 兔热病杆菌 | 猫,犬 | 240939 | Becton Dickinson | 受感染的组织 | 受感染的组织 |
| 促胃泌素 | 猫,犬 | /A0568 | Dako | 胃(胞质反应) | 胃泌素瘤 |
| 转录因子 GATA-4 | 犬 | /sc-1237 | Santa Cruz | 睾丸(胞质反应核) | 性索间质肿瘤 |
| 胶质原纤维酸性蛋白 | 犬 | /Z0334 | Dako | 脑(胞质反应) | 神经(胶质)肿瘤 |
| 解糖原性高血糖分子 | 猫,犬 | /A0565 | Dako | 胰腺(胞质反应) | 胰高血糖素分泌性肿瘤 |
| 葡萄糖转运蛋白 1 | 犬 | /A3536 | Dako | 外周神经(胞质反应) | 外周神经,间质细胞、肾脏 |
| 血型糖蛋白 A[CD235a](ICC) | 猫 | JC159 | Dako | 骨髓(膜表面活性) | 红白血病 |
| 肝细胞标记-1 (Hep Par 1) | 猫,犬 | OCH1E5 | Dako | 肝(胞质反应) | 肝细胞肿瘤 |
| 免疫球蛋白 kappa 链 | 犬 | /A0191 | Dako | 淋巴结(胞质反应、膜表面活性) | 浆细胞瘤,B 细胞淋巴瘤 |
| 免疫球蛋白 lambda 链 | 犬 | /A0193 | Dako | 淋巴结(胞质反应、膜表面活性) | 浆细胞瘤、B 细胞淋巴瘤 |
| IgM | 猫,犬 | CM7 | CMI | 淋巴结 | 淋巴瘤 |
| 抑制素 α | 犬 | R1 | AbD Serotec | 睾丸,睾丸支持细胞瘤(胞质反应) | 性索间质肿瘤和肾上腺皮质肿瘤 |
| 胰岛素 | 犬 | Z006 | Zymed | 胰(胞质反应) | 胰岛素性肿瘤 |
| Ki-67 | 犬 | 7B11 | Zymed | 淋巴瘤(细胞核) | 细胞增殖标记物 |
| | 猫,犬 | MIB-1 | Dako | | |
| 层粘连蛋白 | 猫,犬 | /Z0097 | Dako | 皮肤,肾(细胞外) | 血管壁肿瘤及基底膜 |
| 钩端螺旋体 | 犬 | - | NVSL | 受感染组织 | 感染 |
| 溶菌酶 | 犬 | /A0099 | Dako | 肝,脾(胞质反应) | 组织细胞学检查(巨噬细胞) |

续表 17-1

| 抗原 | 物种* | 克隆/目录# | 供应商 | 组织对照/部位() | 用途 |
|---|---|---|---|---|---|
| 淋巴管内皮细胞透明质酸受体-1 | 猫,犬 | /Ab33682 | Abcam | 小肠(胞质反应) | 淋巴管内皮细胞肿瘤 |
| 黑色素瘤抗体-A | 猫,犬 | A103 | Dako | 黑色素瘤(胞质反应) | 黑色素细胞肿瘤,类固醇性肿瘤 |
| 黑素细胞抗原 | 犬 | PNL-2/sc-59306 | Santa Cruz | 黑色素瘤(胞质反应) | 黑色素细胞瘤 |
| MHC Ⅱ | 猫 | 42.3 | UCD | 造血干细胞(膜表面活性) | 巨噬细胞,树突状细胞 |
| MHC Ⅱ | 犬 | TAL.1B5 | Dako | 组织细胞瘤,LN(膜表面活性) | 抗原呈递细胞,淋巴细胞 |
| 小眼转录因子 | 犬 | C5 | Abcam | 黑色素瘤(胞质反应) | 黑色素细胞瘤 |
| 髓过氧化物酶(ICC) | 犬 | 2C7 | AbD Serotec | 骨髓(胞质反应) | 粒细胞白血病 |
| MUM 1 蛋白 | 猫,犬 | MUM1p | Dako | 浆细胞(细胞核,±胞质反应) | 浆细胞瘤,骨髓瘤,B细胞肿瘤 |
| 肌原调节蛋白 | 犬 | 5.8A | Dako | 横纹肌肉瘤(细胞核) | 横纹肌肉瘤 |
| 肌红蛋白 | 犬 | /PA1-26083 | Thermo Scientific | 骨骼肌,心肌(胞质反应) | 骨骼及细胞瘤 |
| 平滑肌肌球蛋白 | 猫,犬 | SMMS-1 | Dako | 肠(胞质反应) | 平滑肌细胞瘤 |
| 新孢子虫 | 犬 | 210-70-NC | VMRD | 受感染组织 | 感染 |
| 神经生长因子受体 | 猫,犬 | NGFR5 | Santa Cruz, Life Technologies | 神经(膜表面活性) | 神经 |
| 神经丝蛋白-2 | 犬 | SMI-31 | Biolegend | 脑(胞质反应) | 神经源性肿瘤细胞 |
| 神经元-特异性烯醇酶 | 犬 | BBS/NC/VI-H14 | Dako | 胰(胞质反应) | 神经内分泌标记物 |
| OCT-3/4 | 犬 | C-10/sc-279 | Santa Cruz | 肥大细胞瘤(细胞核) | 生殖细胞,干细胞 |
| Olig-2 | 犬 | /AB9610 | EMD Millipore | 大脑(细胞核,胞质反应) | 少突胶质细胞 |
| P63 | 犬 | 4A4 | EMD Millipore | 皮肤,乳腺(细胞核) | 肌上皮,上皮基底细胞,泌尿道上皮肿瘤 |
| 乳头状瘤病毒 | 犬 | BPV-1/18+CAM | Abcam | 受感染组织 | 感染 |
| 甲状旁腺激素 | 猫,犬 | A1/70/ab14493 | Abcam | 甲状旁腺(胞质反应) | 甲状旁腺肿瘤 |
| 细小病毒 | 犬 | A3B10 | VMRD | 受感染组织 | 感染 |
| Pax5 | 猫,犬 | 24/Pax5 | BD Biosciences, Life Technologies | 淋巴结(细胞核) | B淋巴细胞瘤 |
| 孕酮受体 | 犬 | SP2 | Thermo Scientific | 子宫(细胞核) | 孕激素受体表达肿瘤 |
| 增殖细胞核抗原(PCNA) | 猫,犬 | PC10 | Dako, AbD Serotec | 淋巴瘤,淋巴结(细胞核) | 增殖标记物 |
| 前列腺特异性抗原 | 犬 | /A0562 | Dako | 前列腺(胞质反应) | 前列腺癌 |
| 蛋白基因产物 9.5 | 猫,犬 | /Z5116 | Dako | 肾上腺(胞质反应) | 神经内分泌标记物 |
| Prox-1 | 猫,犬 | /11-002 | AngioBio | 淋巴结(细胞核) | 淋巴管内皮细胞肿瘤 |
| S-100 蛋白 | 猫,犬 | /Z0311 | Dako | 神经,脑(胞质反应/细胞核) | 神经标记物,神经内分泌肿瘤 |
| 生长抑素 | 犬 | /A0566 | Dako | 胰(胞质反应) | 胰岛细胞瘤,类癌 |
| 突触素 | 犬 | SP11 | Thermo Scientific | 胰(胞质反应) | 神经内分泌标记物 |

续表 17-1

| 抗原 | 物种* | 克隆/目录# | 供应商 | 组织对照/部位() | 用途 |
|---|---|---|---|---|---|
| 甲状腺球蛋白 | 猫,犬 | 12G9/ab1983 | Abcam | 甲状腺(胞质反应) | 甲状腺球蛋白分泌瘤 |
| 甲状腺转录因子－1 | 犬 | 8G7G3/1 | Dako | 肺,甲状腺(细胞核) | 肺和甲状腺肿瘤 |
| 弓形虫 | 猫 | MAB802 | Chemicon | 受感染的组织 | 感染 |
| 类胰蛋白酶 | 猫,犬 | AA1 | AbD Serotec | 肥大细胞瘤(胞质反应) | 肥大细胞瘤 |
| 酪氨酸酶 | 猫,犬 | SPM360 | Abcam | 黑色素瘤(胞质反应) | 黑色素瘤 |
| 尿路上皮特异蛋白Ⅲ | 仅犬 | AU1 | Fitzgerald | 膀胱(胞质反应、膜表面活性) | 尿路上皮肿瘤 |
| 微支肽 | 猫,犬 | SP20,V9 | Spring Science,Thermo Scientific | 皮肤,胃(胞质反应) | 间质肿瘤标志物 |

＊列出了已知有反应性的物种;仅犬或仅猫,表示对这两个物种均进行了测试,但只有其中一个具反应活性。

CMI,国际惯用单克隆抗体;HMW,高分子量;CNPase,2′,3′-环核苷酸-3′-磷酸二酯酶;GIST,胃肠道间质瘤;UCD,加州大学戴维斯分校(P.穆尔);NVSL,国家兽医服务实验室(埃姆斯,IA);WSU,华盛顿州立大学(单克隆抗体实验室);ICC,免疫细胞化学(多用于流式细胞术);Memb,膜表面活性;Cyto,胞质反应。

*预处理程序*。该部分操作程序包括阻断内源活性、阻断非特异性结合及抗原修复(已做相关讨论)。即使福尔马林固定能破坏大部分内源性过氧化物酶(用于免疫过氧化酶操作步骤),但这些酶在很多组织中仍很常见。使用过氧化物酶能够阻断内源性碱性磷酸酶(用于碱性磷酸酶检测方法)。哺乳动物组织中有两种碱性磷酸酶同工酶:非肠源型碱性磷酸酶易被左旋咪唑阻断,肠源型同工酶需用乙酸阻断,但乙酸能够破坏某些抗原。许多组织具有内源性亲和素-生物素活性,须在向亲和素-生物素检测系统加入生物素酰化剂之前阻断该活性。免疫球蛋白与组织的非特异性结合可通过采用同源牛血清白蛋白或血清作为二级试剂孵育组织切片的方法进行阻断,该操作应在一抗孵育前完成。现已有阻断内源活性和非特异性免疫球蛋白结合的市售试剂。

*免疫组化反应*。免疫组化反应可分为免疫学(抗原抗体)反应和组织化学(显色)反应。免疫组化反应的敏感度主要取决于所采用的检测方法(Ramos-Vara,2005);在过去的 20 年中,这方面的进展迅速。用于免疫组化的两种主要的酶是过氧化物酶和碱性磷酸酶。其中过氧化物酶最为常用,但在某些情况下,特别是样品中含有大量色素或富含内源性过氧化物酶时,碱性磷酸酶是优良的替代品。目前免疫组化方法可分为亲和素-生物素系统和非亲和素-生物素系统。样品与一抗体孵育后,继续加入对一抗有特异性反应的二抗(二级试剂)。对于亲和素-生物素系统,二级试剂是生物素酰化试剂。另外,在亲和素-生物素方法中,必须使用抗生物素蛋白分子和酶(过氧化物酶或碱性磷酸酶)标记过的三级试剂(Ramos-Vara 和 Miler,2014)。最常见的非亲和素-生物素方法以聚合物技术为基础。这些聚合物包括许多二抗分子和酶。聚合物法通常分两步,但超敏聚合物法与亲和素-生物素法类似,包括 3 步。聚合物法的步骤较少,该法没有内源性亲和素-生物素的背景干扰问题,且通常更敏感(Vosse et al.,2007)。可在同一组织切片中检测多个抗原。在组织双染或多重染色中须特别注意待测抗原中抗原修复的通用性、一抗的类型(多克隆或单克隆)、抗原的细胞定位和染色剂的颜色选择(Ramos-Vara 和 Miler,2014)。

*免疫反应显色*。如果抗体与组织抗原结合,所用酶的底物加染料后会发生显色反应。在免疫过氧化物酶方法中最常用染色剂是 3,3′-二氨基联苯胺四盐酸盐水合物(DAB),该染色剂会产生棕色沉淀物。另一种常见染色剂是 3-氨基-9-乙基咔唑(AEC)。对于碱性磷酸盐,固蓝和固红是最常见的染色剂。染色剂使用时需与复染和封片方法协调一致。

### 免疫组化检测标准与验证

与其他辅助技术一样,免疫组化也需要标准化与验证。一种新的抗体或检测的优化(标准化)是一个以创造稳定的高质量检测为目的而不断测试和修改的过程(例如,固定、抗原修复、抗体稀释、检测系统、孵育时间等)。即便有公开发表的规程,仍建议读者用标准化程序检验其实验室使用的每种抗体,以保证最优结果。标准化包括充分进行组织固定,应将薄于 4 mm 的组织固定于 10%中性甲醛缓冲液中至少 8 h。每个新抗体都应基于标准规程进行检测,该规程包括 3 种预处理方法和一抗的 4 倍稀释,其中 3 种预处理方法包括无抗原修复、使用蛋白水解酶(如蛋白酶K)进行抗原修复和热诱导抗原表位修复(如柠檬酸盐缓冲液,pH 6.0)(Ramos-Vara and Beissenherz,2000)。在标准规程中每个抗体进行预处理的切片总数为15,其中包含每次预处理的阴性对照。标准中(及在之后的诊断中)使用的阳性对照切片是使用不同方法(如病毒分离)检测目标抗原且抗原细胞定位已知的切片。同时阴性对照切片(包含无目标抗原且能够独立检测的细胞)也应包含其中。通常用于阳性对照的组织块也可用于阴性对照。

一抗的孵育温度为室温,持续时间从30 min~2 h不等。过夜培养(通常在4℃环境下)可能效果更好,但是会扰乱免疫组化的进程的自动化。依据这一最初步骤的结果,可依据切片的最佳信(特异染色)噪(背景染色)比选择最佳的抗原修复方法和一抗稀释度。若染色非特异性或不理想,应尝试其他抗原修复和稀释度。需注意的是,一些与人类抗原特异性结合的抗体在动物组织中可能不具有反应性。为标准起见,组织样本应与最终检测的诊断样本处理方式一致。

免疫组化验证试验应依照标准化程序进行。然而由于这一程序耗时且昂贵,故很少在兽医领域使用。验证试验涉及多个技术层面,如延长固定时间的效果,但更多关注的是抗体被用作特殊细胞、肿瘤或传染源标记物的性能。作为瘤标记物的抗体需做抗肿瘤检测,其中区分同一位置或器官中出现的常规染色和目标肿瘤染色(有些肿瘤具有类似表型,如圆形细胞肿瘤)是一大难点(Ramos-Vara et al.,2007)。验证还应包括不同肿瘤间的染色差异评价、肿瘤内的染色差异评价及原发性和转移性肿瘤的区别,其中染色差异评价应尤其注意存在不同表型的肿瘤(如黑色素A和纺锤上皮样黑色素瘤染色差异)。虽然已知大多数抗体的相关免疫性(识别多种细胞类型或肿瘤),但验证仍非常关键的。最后,由于不同物种间抗体活性不同,故针对每一个物种的免疫化学流程的标准化和验证非常必要。由于兽医学科内的验证研究需要大量资源,所以允许使用由其他研究人员提供或文献报道的信息来进行检测验证。

## 免疫细胞化学

### 细胞学样本处理

免疫细胞学适用于大多数类型的细胞学样本,包括细胞离心涂片、细胞涂片、细胞团块、细胞培养物和液基单层细胞样品(Bratthauer,2010;Chivukula and Dabbs,2010;Dupré and Courtadi-Saidi,2012;Fetsch and Abati,2004;Skoog and Tani,2011;Stone and Gan,2014;Zhang et al.,1998)。当样本量小时可使用细胞离心涂片和细胞涂片作为检测样品。细胞离心涂片的优点是能够较好地保留细胞形态。使用核标记的细胞涂片其结果可重复,但细胞涂片不适合细胞质标记和膜标记的样本,原因是涂片制备过程中的细胞损伤易导致高背景响应(Skoog and Tani,2011)。细胞离心涂片在制备过程中对细胞损伤的敏感性要低于细胞涂片。使用经过促进细胞黏附预处理的涂片能够降低免疫细胞化学过程中的细胞损失(Dupré and Courtade-Saidi,2012)。细胞团块是最优的免疫细胞化学样本选择之一,当细胞数量特别大时尤其适用(Miller,2011;Ramos-Vara,2013)。细胞团块与手术病理样本的处理方法类似,所以可以使用免疫组化方法(Dupré and Courtade-Saidi,2012)。附录中对整体流程进行了简要说明。此外,同一组织块可制作多个切片,这增加了评估同一细胞群中多个标记物的可能性(Dupré and Courtade-Saidi,2012;Varsegi and Shidham,2009)。然而,受细针抽吸术取样评估的病灶部位、细针的细胞冲洗、细针通过细胞团块取样的有效性及抽吸术后取样针的处理等因素的影响,细胞团块取样可能引起细胞的细微变化和细胞结构变异(Brown,2001;Roh et al.,2012)。更重要的是,由于细胞团块固定在甲醛溶液中,从细胞团块制得的切片可能需要进行抗原修复(Brown,2001;Shi et al.,2011)。细胞团块是细胞核抗原的首选(例如,Ki-67,p53,增殖核细胞抗原[PCNA]),而风干的细胞更适合表面抗原检测(如白细胞抗原)。基于薄层制备技术的液基细胞学通过保护细胞细微结构加强了小样本的细胞修复,并且理论上由于样本中血液、黏蛋白和蛋白质类材料较少而能够降低本底值(Dupré and Courtade-Saidi,2012)。近期使用CKAE1/AE3和CK7对抽吸材料进行染色的细胞团块法证实了犬和猫癌症的骨髓微转移(Taylor et al.,2013)。细胞团块比液基薄片更适合细胞核抗原检测(Gong et al.,2003)。关于不同的细胞制备方法利弊的详尽讨论可以参考Fowler和Lachar(2008)。

在某些样本量单一的情况下,免疫细胞化学操作可采用罗氏或巴氏预染色处理涂片,其结果与未染色图片相似。常规染色的预脱色操作(使用酸醇)对于免疫细胞化学染色来说可有可无(Abendroth and Dabbs,1995;Barr and Wu,2006;Miller and Kubier,2002)。然而使用预染色涂片存在如下技术缺陷:涂片中的细胞损失、细胞破碎(主要影响免疫细胞化学的膜和细胞质标记物)以及样品经乙醇梯度重复处理后导致一些标记物信号的衰减(如S100)。在只有单一涂片可用并且包含细胞区域较大时,可同时测试多个标记物。另外,样本可以采用组织移植技术进行分离(Stone and Gan,2014;Dupré and Courtade-Saidi,2012)。当可供免疫细胞化学使用的涂片量较少时,可采用细胞移植技术进行多标记物评价(Stone and Gan,2014)。如果从预染色的细胞涂片中转移细胞可行,则应使用非黏附性处理的涂片(Miller,2011)。

在进行免疫细胞化学试验前,将风干样品于2～8℃下风干储存2周并不会降低样品的抗原性(Fetsch and Abati,2004)。贮存时样品应置于塑料材质显微镜涂片盒,后置于含干燥剂的密封塑料袋中。取样时应使温度恢复至室温后打开袋子以避免细胞破裂。如需更长期存储,涂片应保存于－70℃(Skoog and Tani, 2011; Suthipintawong et al., 1996)。如果样品并非即刻使用,一些实验室采用甲醇固定细胞学样本,并用3%聚乙二醇封片以便储存和运输(Kirbis et al.,2011)。

固定与抗原修复

免疫组织化学和免疫细胞化学最主要的区别是固定方式。与组织病理学和免疫组化中使用10%福尔马林作为通用固定剂的情况相反,细胞学标本没有标准化固定剂。通常固定方式取决于细胞学检测方法和待测抗原(Skoog and Tani,2011)。细胞学涂片要么湿法固定,要么风干并在进行免疫细胞化学检测前立即固定(Dabbs,2002;Valli et al.,2009)。与风干样品相比,湿法固定在细胞保存或免疫细胞化学染色中均没有显著区别。然而,风干样品可能比湿法固定样品损失的细胞更少。某些研究显示湿法固定与风干样品的免疫细胞化学结果存在不一致性(Dupré and Courtade-Saidi,2012)。

对于核抗原而言,风干样品单独使用4%～10%的福尔马林缓冲液或使用甲醇-丙酮固定法可生成理想结果(Skoog and Tani,2011;Suthipintawong et al.,1997)。然而也有研究表明,涂片固定前的风干加大了雌激素或孕激素受体检测的难度(Miller,2011)。细胞膜抗原和细胞质抗原的固定方式并不像核抗原那么重要,因为对于核抗原而言,多种固定剂,包括福尔马林乙醇混合液、无水甲醇与乙醇的1∶1混合液或－20℃丙酮均能得到较好的结果(Skoog and Tani,2011)。在免疫细胞化学中使用丙酮做固定剂检测小分子肽链时需格外注意。丙酮可以溶解细胞膜,致使细胞中小分子肽链扩散流出而导致试验结果呈现假阴性(Van der Loos,2007)。某些抗原比如S100蛋白,Hep Par 1和毛囊液蛋白-15能够溶于乙醇固定液而浸出,使试验结果呈现假阴性(Chivukula and Dabbs,2010)。某实验室提出了以下指导建议:1)进行免疫细胞化学实验之前应立即进行样品固定;2)对于淋巴瘤和黑色素瘤标记物,样品应在室温下使用丙酮固定5～10 min;如果是上皮性标记物,则可以用95%乙醇或甲醇与100%乙醇的1∶1混合液于室温下固定5 min;对于细胞核抗原,则用3.7%的福尔马林固定15 min(Fetsch and Abati,2004)。有些研究人员使用生理盐水作为通用固定剂(Leong et al.,1999)。另外一些人认为如果样品疑似淋巴瘤,应使用风干切片,而其他所有样本都应立即采用95%乙醇(不经过风干)处理涂片(Miller,2011)。近期石蜡固定的细胞团块与酒精固定的离心处理样品(AFCPs)的比较实验发现二者差别并不显著(Ikeda et al.,2011)。由于存在胞浆抗原泄漏现象,乙醇固定样品中S100蛋白、巨囊性病液体蛋白－15和激素受体的检测均受限制(Dabbs,2002)。

在许多样品中即便不使用福尔马林固定处理,抗原修复(AR)依然非常必要。然而繁冗的固定程序使得实验室抗原修复过程的标准化存在一定困难。各实验室需要针对每个抗原的处理过程进行优化(Kirbis et al.,2011;Shtilbans et al.,2005)。虽然在很多情况下,不进行抗原修复的乙醇固定离心处理样品与进行抗原修复的细胞团块结果类似,但对于某些试验,尤其是对检测细胞核抗原的试验来说,抗原修复改进了乙醇固定离心制备样品的反应性(Ikeda et al.,2011)。对于乙醇固定细胞涂片中的细胞核抗原而言,使用pH 6.0的柠檬酸盐缓冲液进行热诱导抗原表位修复(HIER)非常必要;对于某些细胞膜和细胞浆抗原,热诱导抗原表位修复能够增强抗原的免疫反应(Denda et al.,2012)。少数细胞膜抗原在进行热诱导抗原表位修复时需要更高pH值的缓冲液(Denda et al.,2012),也有一些实验员在做热诱导抗原表位修复时并不考虑固定方式(Zhang et al.,2012)。在做免疫细胞化学时,热诱导抗原表位修复比酶抗原修复更为常用(Zhang et al.,2012)。热诱导抗原表位修复的作用机理可能依赖于固定剂的种类。当细胞学样品数量有限时,如果第一次测试结果为阴性,可使用同一标本进行第二个标记物检测(Dabbs和Wang,1998)。当做热诱导抗原表位修复或蛋白酶抗原修复涂片时,应使用黏附玻片,否则细胞材料可能从玻片上脱落(Miller,2011)。

方法

免疫细胞化学(ICC)与免疫组织化学(IHC)的方法基本类似。孵育一抗前需要完成几个步骤(如阻断内源性过氧化物酶、阻断非特异性结合、阻断亲和素-生物素、抗原修复)。一抗孵育完成后,有时需要加入第二种,甚至第三种反应物来验证免疫反应。使用免疫过氧化物酶技术时必须阻断过氧化物酶,常用方法是加入含3% $H_2O_2$的去离子水。在血液丰富的涂片中,使用碱性磷酸酶比免疫过氧化物酶能更好地避免内源性过氧化物酶所产生的背景影响,无需强淬火剂(有时强淬火剂对抗原性有不利影响)(Dupré 和 Courtade-Saidi,2012)。在某些情况下抗原修复很有必要。然而遗憾的是,目前没有预判是否需要进行抗原修复及其最佳方法的相关规则。免疫细胞化学规范化方法与免疫组织化学类似。国家癌症研究所提供了免疫细胞化学中所用抗体的综合信息列表,包括抗体来源、一抗的稀释及固定和抗原修复方法(Fetsch and Abati,2004)。

## 免疫组化及其解析

免疫组化是一种辅助检测方法,因此应尽可能结合细胞学和手术活检结果等临床病理资料来解析。染色结果的判读需要有正确辨识给定标记物特定染色形式的专业知识。正如下文转移性肿瘤的免疫组织化学诊断中所强调的一样,只有极少量抗体针对某一细胞类型有特异性。免疫组织化学或免疫细胞化学反应的解析是基于预期的"抗体特性"(见下文)和肿瘤特异性标记物的非专一性(如T细胞可与B细胞标记物反应)(Yaziji and Barry,2006)。肿瘤细胞中可能存在一种抗原同时出现于多个细胞腔隙的情况,但这通常是由于操作过程中的细胞损伤而导致蛋白质流出。检测位于特殊部位的抗原,需要谨慎说明并在免疫组化检测报告中有所体现。总的来说,用于免疫组织化学的抗体也可以用于免疫细胞化学,但不是所有用于免疫细胞化学的抗体都可以用于免疫组织化学。另外,有些不与活检标本反应的抗体可能适合用于细胞学试验。

要确定免疫组织化学或免疫细胞化学的反应结果,需要对染色后的阳性和阴性结果有明确界定。这是一个争议性话题,所以只能给出大致的参考。有些标记物预期存在于肿瘤组织的大多数细胞中(如癌细胞中的角蛋白),而另外一些标记物(如移行细胞癌中的尿溶蛋白Ⅲ)只在一小部分细胞中出现,这些标记物的检测被认定为阳性结果。也许如人类病理学报告中(Goldstein et al.,2007)提示的一样,染色的强度和阳性肿瘤细胞占全部肿瘤细胞的百分比较仅仅判断阴性或阳性结果而言能提供更多信息(Höinghaus et al.,2008)。某个特定抗原的表达缺失可能和其表达一样对临床预测有意义(例如,孕酮受体表达缺失与乳腺癌患者的预后差相联系;bcl-6表达缺失与皮肤大B细胞淋巴瘤中MUM1的表达预示着短期生存率)(Bardou et al.,2003;Sundram et al.,2005)。在人类病理学中,免疫组织化学抗体被食品药品监督管理局(FDA)归为Ⅰ类,意味着抗体作为特殊着色剂是经典组织病理学诊断检查的辅助品(Fhodes,2005)。换句话说,除去某些例外,免疫组织化学不单单是一项独立的技术,而需要结合疾病由病理学家推断解析。有些免疫组化试验(例如检测ER,PR,HER2/neu)有潜在的预测价值,属于Ⅱ类。与兽药相似,免疫组化结果属于病理报告的一部分,需要病理学家做出解析(Ramos-Vara et al.,2008)。

与免疫组织化学相比,免疫细胞化学结果的解读更有挑战性。因为很难通过与待测样本相同的操作而得出阴性或阳性的对照样本,另外区分肿瘤细胞和正常细胞也比较困难。因为在这方面很少有明确的指导原则,所以每个实验室都应明确并记录免疫细胞学报告中的阳性结果。免疫细胞化学检测应与标准细胞学染色(例如,瑞-吉氏染色,巴氏染色)以及临床病理相结合(Chivukula and Dabbs,2010)。

## 免疫组化的局限性

虽然免疫组织化学已经很大程度上取代了EM,成为病理诊断的主要辅助技术,但仍存在一些局限性(Fisher,2006)。主要问题之一就是实验室缺乏标准化和质量控制,尤其是抗原修复方面。不同实验室在处理预后标记物时缺乏可重复性(Mengel et al.,2002)。免疫染色结果的解析比较主观(存在因人而异的解析结果),并且正确的解读结果要求实验员对于免疫组织化学和所用抗体有一定程度的认识与了解。阳性结果到底包含哪些内容(所需阳性细胞的百分率,反应强度)仍具有很大争议性,而这一问题在临床肿瘤治疗方案的确立中占据着关键位置。一些肿瘤并不表达特异性标记物,但使用多个标记物进行检测不仅昂贵而且得不偿失。肿瘤细胞可以上调或下调基因的表达,这导致目标抗原表达缺失或者新抗原的表达。在兽医领域上述问题可能更严重,因为免疫组织化学技术远不及人类病理学成熟和先进,而且种间差异增加了抗原表达和检测的难度。

## 疑难解答

### 普遍染色不足

导致待测样品及对照样品染色不足的最常见原因是操作不当(包括固定,抗原修复,抗体浓度选择和复染不当)(Dabbs,2002)。完整的系统性操作步骤是决定染色成功的重要因素。

### 淡染

在此类问题中,阳性(组织)对照样品和待测样品均可能出现淡染现象。潜在原因有漂洗之后缓冲液遗留过多、抗体过度稀释、抗原修复不充分、孵育时间不充足,或者缓冲液、抗体和底物等试剂存储不当(Fetsch and Abati,2004)。如果只有待测样品出现淡染的情况,那可能是因为组织缺乏抗原表位或者过度固定。

### 背景染色、假阳性染色和假阴性染色

背景染色的原因多种多样。其中一个常见原因是血清蛋白封闭不足。做封闭时通常采用标准的血清或蛋白质(Brown,2001)。以往牛血清白蛋白在非特异性反应中被广泛用作封闭试剂,但在抗体和稀释溶液中加入白蛋白加重了免疫组化反应中的背景染色(Mittelbronn et al.,2006)。其他造成假阳性染色的原因有组织坏死、细胞破裂、固定不当、内源性过氧化物酶和生物素封闭不完全、吞噬了其他细胞的细胞产生假性染色或一抗浓度过高(Dabbs,2002;Miller,2011;Skoog and Tami,2011)。样品太厚会圈闭试剂,这也会导致背景染色。液体样品中的癌细胞通常表达波形蛋白,并丧失了对角蛋白的免疫反应性;脱落入积液的抗原会被同一液体中的其他细胞吸附至表面。细胞学样本中的某些抗原,如Ⅷ- r Ag 因子和免疫球蛋白易于分散至周围组织中,这会导致错误的免疫染色解读(Barr and Wu,2006)。为了防止一抗浓度不当引起的过度染色,在做细胞学试验安排时推荐进行抗体的重滴定。其他导致背景染色的原因在别处也有所提及(Romos-Vara,2005)。当使用能够识别山羊一抗的检测试剂盒时,如果使用相同或相近物种(反刍动物)的组织,可以观察到无论阳性对照还是阴性对照都具有广泛的背景,因为样品存在可被二抗(羊抗 IgG)识别的内源性免疫球蛋白。在兔组织上使用兔源单抗或在鼠组织上使用鼠源单抗也发现了同样的问题。商业化的检测手段可避免背景染色。在 ICC 试验中将正常或反应性细胞的阳性染色同肿瘤细胞的阳性染色作区分是非常重要的,尽管这不属于非特异性背景染色的列举(Chivukula and Dabbs,2010)。当反应性细胞比肿瘤细胞数量多的时候,这种区分非常具有挑战性(例如,含有大量 T 细胞的 B 细胞淋巴瘤)。图 17-1 和图 17-2 提供了背景染色和非特异性染色的例子。其他引发假阴性染色的原因有固定不当、抗体滴定不充分、抗原修复不充足或者玻片制备过程中的细胞损伤(Chivukula and Dabbs,2010;Skoog and Tani,2011)。

### 对照组的使用

在人医和兽医的 IHC 试验中,阳性或阴性对照的使用均较完善且规范(Ramos-Vara,2005;Ramos-Vara et al.,2008)。ICC 试验中每一个测试样品必须使用阳性和阴性对照(Chivukula and Dabbs,2010;Yaziji and Barry,2006)。虽然理想的组织(细胞)对照是试验中相对固定的细胞学样品(Chivukula and Dabbs,2010),但在最近的 ICC 著作中,只有 13%的文献将阳性和阴性对照作为样品等同处理;54%没有提到使用对照或者将对照分别处理(Colasacco et al.,2010)。美国病理学会认为,由于固定、处理和样品类型等种种因素相结合,要保持独立的阳性对照样品并不现实(关于 ANP22550 问题的评论详见病理解剖学目录 http://www.cap.org/apps/cap.portal)。采用丙酮处理的细胞学对照组即使用铝箔包裹并冷藏,在放置几个月后也会丧失抗原性;采用福尔马林固定对照组样品,可以长期保持其抗原性(Valli et al.,2009)。有些文献中提及使用源于脏器(例如淋巴结,肝脏)的细胞学对照样品(Valli et al.,2009)。理想的阳性细胞对照应该在某些方面表现弱免疫反应,而某些方面显示强免疫反应。阴性对照品在每个抗体检测中也必不可少(图 17-2)。建议使用无关抗体或源于同一物种的非免疫血清作为一抗(理想条件是采用同亚型免疫球蛋白单克隆抗体)替代常规一抗(Fetsch and Abati,2004)。阴性对照切片和一抗切片应采用相同的处理方法。阴性对照组用于评估非特异性抗原抗体结合造成的非特异性染色(背景染色)。若仅有 1 个切片可用,可使用商品化的疏水屏障笔或细胞移植技术将其分为实验组和阴性试剂对照组(DeLellis and Hoda,2006;Stone and Gan,2014)。在一些实例中,一种标记物的阴性切片可被用于第二种标记物的检测,关于这些技术的更多信息请见附录。

■ 图 17-1 **A-P,免疫组化中的常见问题。A.** 在组织切片几周后进行免疫组化试验,由于组织切片老化而导致的 Ki67 不显色。**B.** 相同组织切片的新鲜样品,免疫组化呈阳性,一些细胞呈现抗 Ki67 核染色。**C.** 洁净的加热元件可避免孵育温度的波动。**D.** 在使用蒸锅时需注意沉积盐的集结。

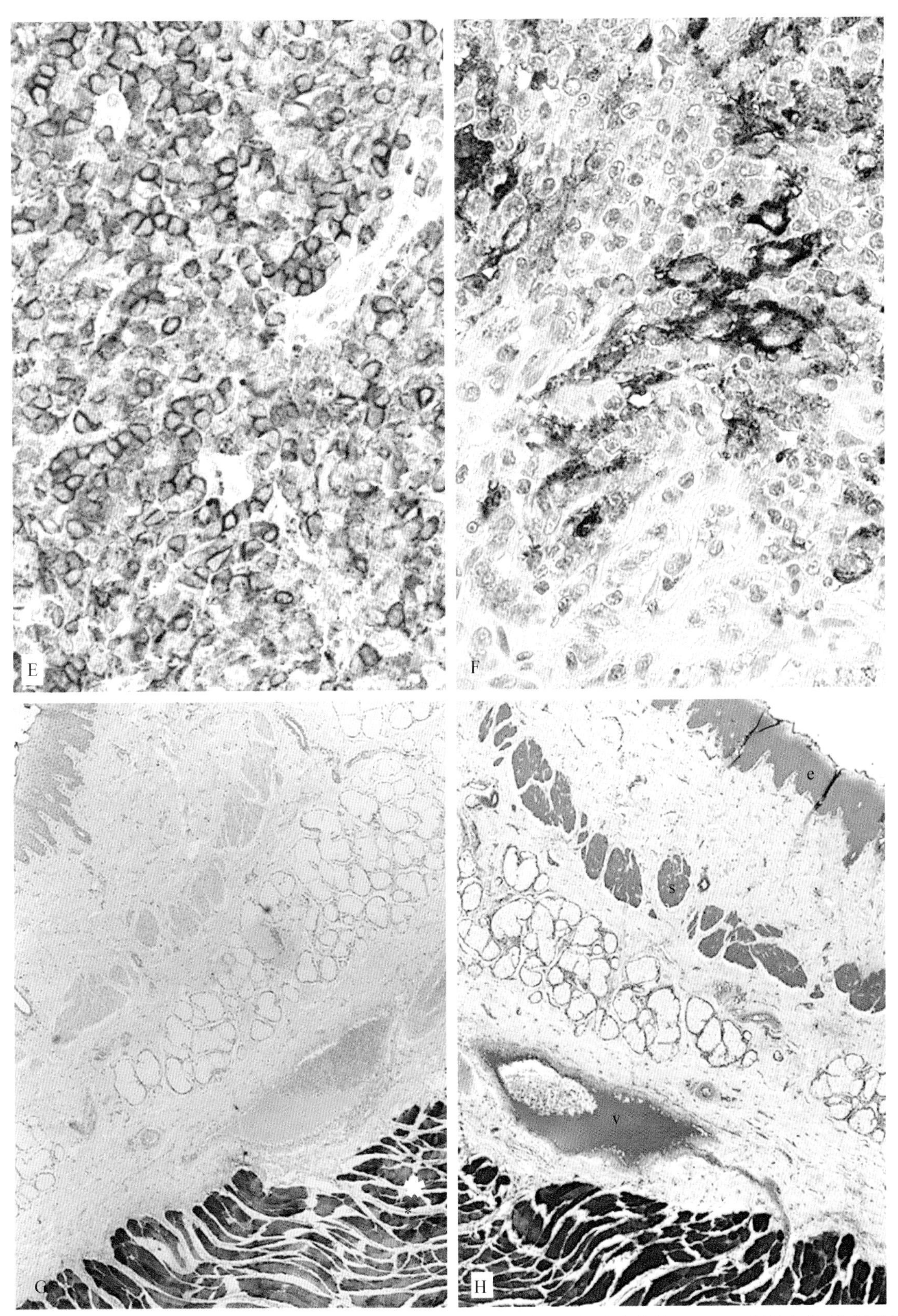


■ 图 17-1 续　**E.** 抗原修复(柠檬酸盐表位修复)显示 1 例犬的退行性皮肤组织细胞瘤中的 MHC Ⅱ-阳性细胞,包括淋巴细胞和组织细胞。**F.** 注意当不进行抗原修复时,仅显示树突状细胞(郎格罕细胞)。**G.** 不进行抗原修复时,肌红蛋白仅在食管横纹肌(星号处)中检出。**H.** 使用蛋白酶 K 对血管(v)、平滑肌(s)和黏膜上皮(e)进行抗原修复所产生的非特异性染色。

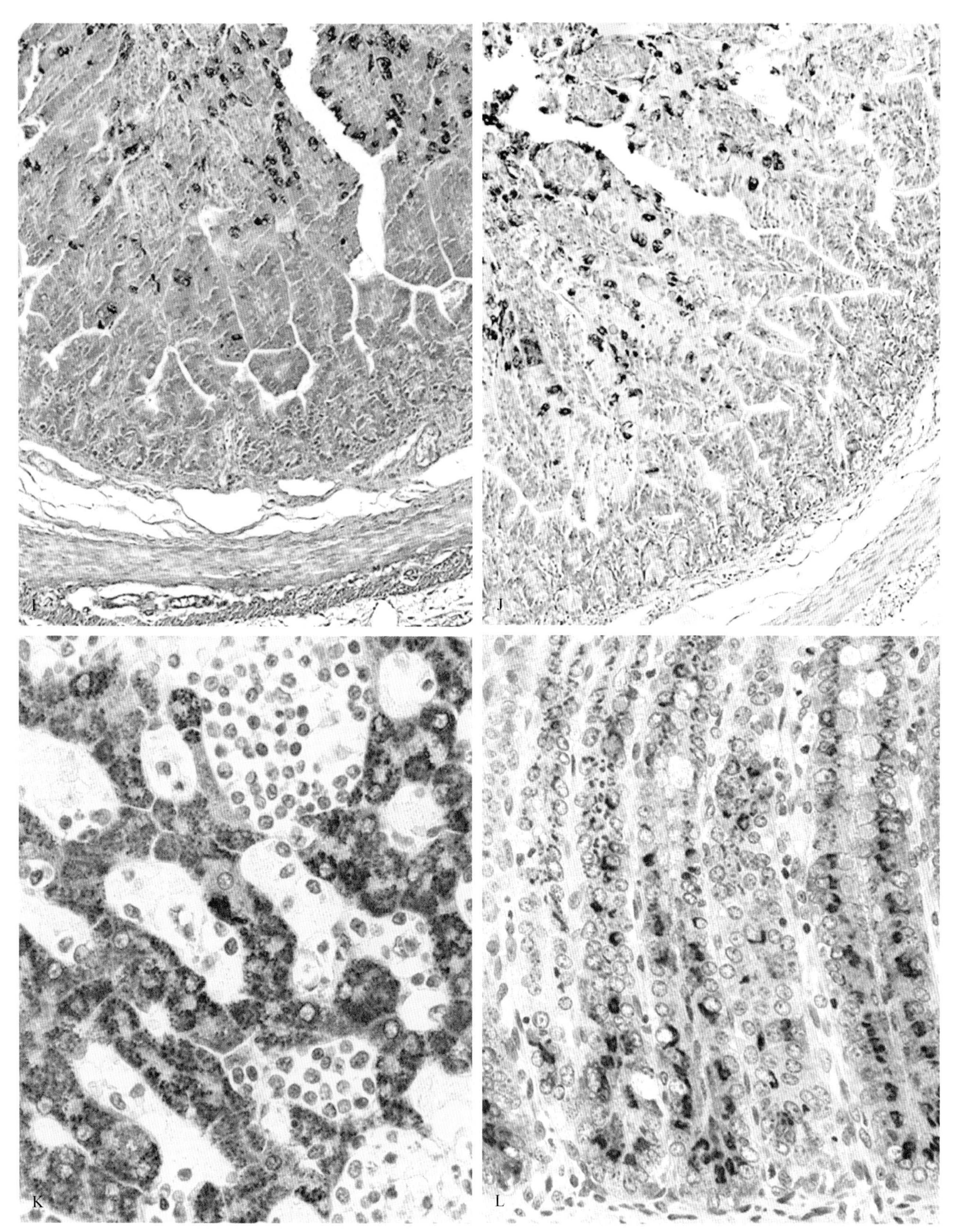


■ 图 17-1 续 **I.** 一抗浓度过高导致大量细胞的非特异性反应。**J.** 一抗在最佳稀释度时，小肠切片中仅有被感染的细胞显示抗轮状病毒 A 反应活性。**K.** 具有 B 细胞标记物 CD79a 抗体的肝细胞被深染。**L.** 此小肠切片中大多数上皮细胞显示抗轮状病毒 A 的核上深染，这被认定为非特异性反应。类似染色结果（核上性）在不同的黏膜上皮使用其他靶向于传染性病原体的单抗时也有出现。

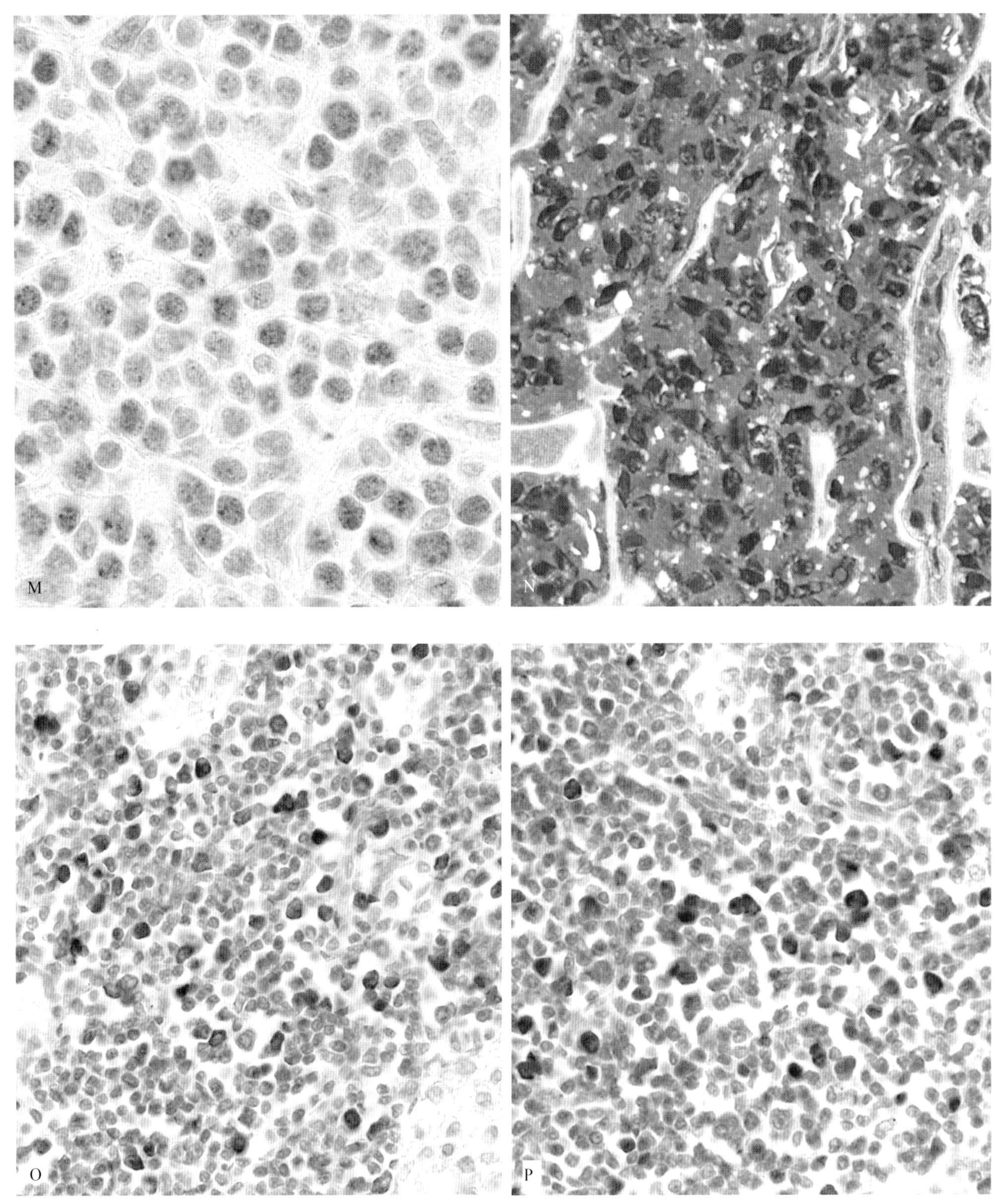


■ 图 17-1 续　**M.** 在淋巴细胞中，CD79a 抗体有时会产生细胞核深染而无明显的胞质染色。这种染色模式认定为非诊断性。**N.** 自溶性组织能够体现某些蛋白质的异常定位。甲状旁腺中显现对角蛋白的细胞核和细胞质深染。**O.** 使用阴性对照切片有助于显示使用自然杀伤细胞一抗的淋巴结切片中大量浆细胞产生的假阳性染色。**P.** 类似组织切片中，用非免疫血清代替一抗，染色结果几乎相同。这些可解释为二抗与产生免疫球蛋白的细胞（浆细胞）之间的结合。（A-B 由 Kim Maratea 提供，普渡大学）

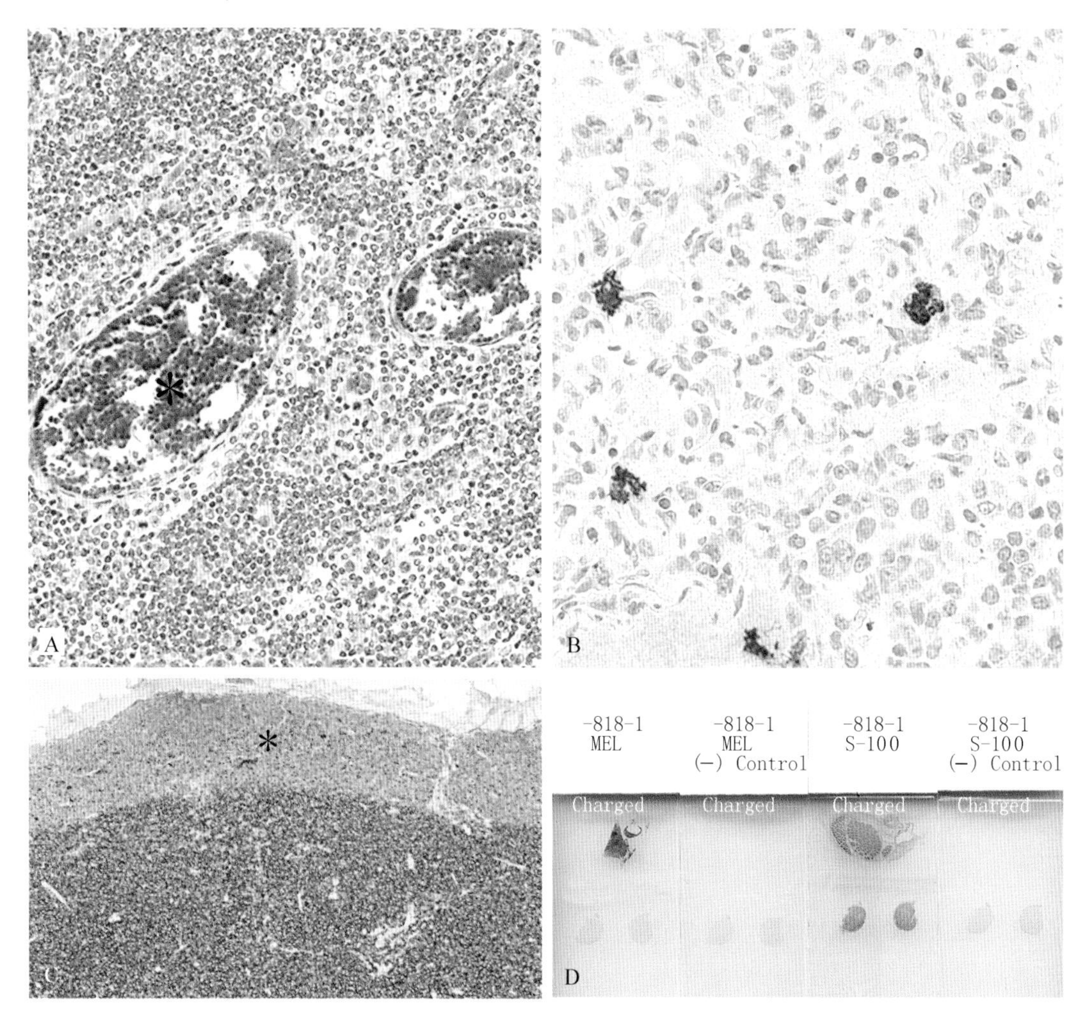


■ 图 17-2 **A-F,免疫组化中的常见问题。A.** 该淋巴组织切片未经过氧化氢预处理以消除内源性过氧化物酶活性。红细胞(星号处)中显示强内源性过氧化物酶活性。**B.** 非特异性 DAB 沉淀可模拟真实的染色。**C.** 在淋巴瘤 CD3 染色中,由于长时间孵育导致试剂损失(蒸发),从而造成切片边缘(星号处)较中心处染色较浅。**D.** 4 张切片显示了 Melan-A 和 S100 两种标记物的试验结果,每种标记物有两个组织切片,其中一个组织切片用一抗进行孵育(切片用 MEL 和 S-100 标记),另一个组织切片用非免疫血清或免疫球蛋白代替一抗[切片标记为(−)对照]。应在含有待测组织样本的同一张切片上增加已知的阳性对照(在本例中,阳性对照为切片上半部分的棕染组织)。本例对 S100 标记为阳性,对 Melan-A 标记为阴性(待检组织位于切片的下半部分)。

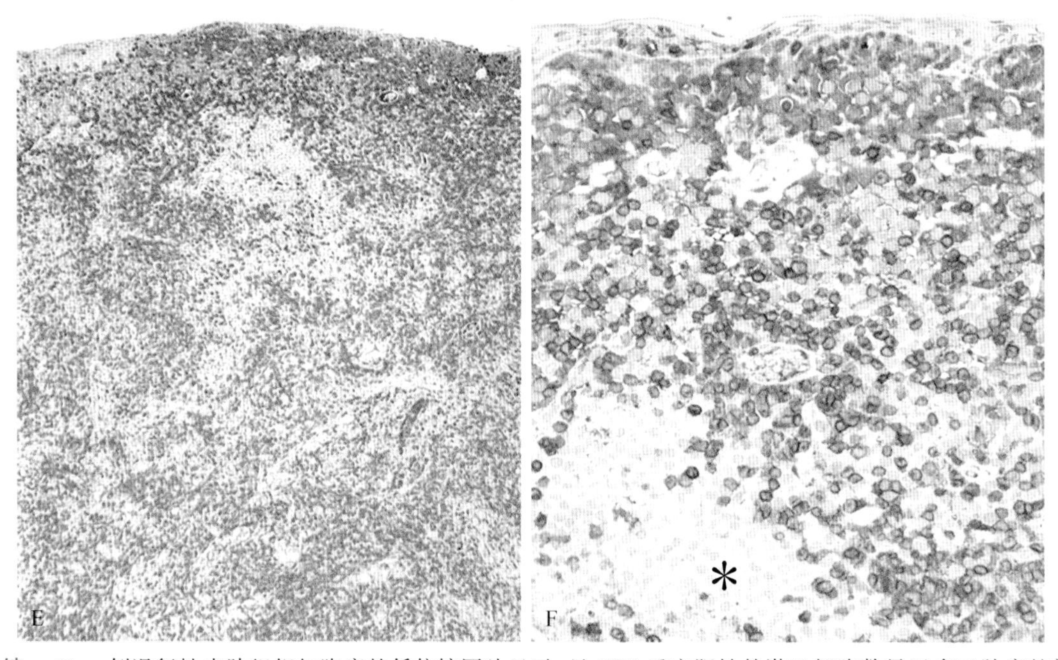


■ 图 17-2 续 **E.** 一例退行性皮肤组织细胞瘤的低倍镜图片显示,呈 CD3 反应阳性的淋巴细胞数量远多于肿瘤的朗格罕氏细胞。**F.** E 的高倍镜观察显示朗格罕氏细胞在 CD3 抗体作用下未被染色(星号处)。

### 平板标记物对于肿瘤的免疫组化诊断

免疫组化诊断的目的是在不影响结果特异性的前提下将其敏感性最大化。一种典型的方法就是使用包含细胞角蛋白(癌),波形蛋白(肉瘤),S-100(黑素瘤或周围神经鞘膜瘤)以及 CD18(白细胞瘤)的抗体标记板覆盖主要的肿瘤种类。为了实现敏感性最大化,推荐"过量"使用给定抗原的抗体。——换言之,推荐使用能够标记相同细胞类型的几种抗体。表 17-2 重点基于器官、系统,列出了一些细胞标记物及其在肿瘤免疫组化诊断中的应用。在人类病理学中,还推荐以下一些平板标记物:细胞角蛋白(癌),CD45 和 CD43(淋巴瘤),S-100 和 Melan-A 或 gp100(黑素瘤)以及波形蛋白和胶原Ⅳ(肉瘤)(Yaziji and Barry,2006)。其中一些标记物在动物组织中无法获得或无反应活性,所以需要寻找替代品。一旦其他的临床病理数据得到验证,应审慎合理地使用抗体:这不但可以减少实验成本,还能减少向实验委托人解释预期外反应的必要。一旦鉴定出特定的肿瘤组群(例如,肉瘤),会有更多用于确定肿瘤类型的特异性标记物投入使用。图 17-3 展示了对驯养动物高发肿瘤进行鉴别诊断的基本步骤。这种方法借鉴于人类的经验,然而不幸的是,当前在人类病理学中使用的许多标记物在动物组织中并没有反应活性,或者它们的反应性不同。(换句话说,当进行免疫组化处理时,并非所有的动物物种和抗体相一致)。缺乏可预测反应(有特定抗体的肿瘤阳性病例百分比)是兽医免疫组化诊断最难克服的障碍之一。特殊标记物的使用也由其在实验室中的实用性来决定。在人类病理学中许多具有诊断和预后意义的抗体在相似的动物肿瘤中还有待验证(Capurro et al.,2003)。而相似的诊断推演步骤也可应用于免疫细胞化学中。

抗体的个体特征性图解(APF)是由 Yaziji 和 Barry(2006)提出的一个相对新颖的概念。APF 的定义有以下几个要点:1)预期标志物信号的位置(例如,细胞角蛋白仅存在于细胞质中,S-100 蛋白和钙网膜蛋白存在于细胞质和细胞核中;CD45 和 CD11 存在于细胞膜中;层粘连蛋白和胶原Ⅳ仅存在间质组织中);2)抗体模式(S-100 产生均质性信号;细胞角蛋白则是丝状信号;嗜铬粒蛋白 A 和黑色素瘤抗体 Melan-A 则是颗粒状信号);3)组织和肿瘤中的抗体特征性模式。(甲状腺转录因子-1[TTF-1]能够染色肺癌的大部分肿瘤细胞;尿溶蛋白Ⅲ只能染色少部分肿瘤细胞)。有关抗体特征性图解的知识有助于免疫组化结果的精准判读,但要记住 APF 在不同物种间可能变化多样(Ramos-Vara et al.,2000,2002b)。

**表 17-2　用于主要肿瘤类型鉴别诊断的标记物**

| 肿瘤组织 | 标记物 |
|---|---|
| 肾上腺 | 皮质:Melan-A,抑制素 α,钙视网膜蛋白<br>髓质:PGP9.5,嗜铬粒蛋白,突触素 |
| 内分泌肿瘤(通用的) | 嗜铬粒蛋白 A,突触素,PGP9.5,神经元特异性烯醇酶(NSE),S100 |
| 上皮与间质 | 细胞角蛋白(上皮),波形蛋白(间质),上皮细胞钙黏蛋白,紧密连接蛋白 claudin-1(上皮),p63(基底细胞,肌上皮) |
| 白细胞 | CD45(泛白细胞),CD18(重点在于组织细胞),CD11d(树突状细胞),CD90,钙黏附蛋白 E(朗格罕氏细胞),溶菌酶(组织细胞),钙卫蛋白,CD163,CD204(组织细胞,髓系细胞) |
| 肝脏 | Hep Par 1(肝细胞),细胞角蛋白 7(胆管上皮) |
| 淋巴 | CD3(T 细胞),CD79a 和 CD20(B 细胞),CD45 和 CD18(泛白细胞),MUM1(浆细胞),Pax5(B 细胞) |
| 肥大细胞瘤 | CD117,类胰蛋白酶,OCT3/4 |
| 黑色素瘤 | Melan-A,黑色素细胞标记物 PNL2,NSE,S100 |
| 肌肉分化 | 肌动蛋白(所有的肌肉),横纹肌肌动蛋白(横纹肌),钙结合蛋白(平滑肌,成肌纤维细胞,肌上皮),结蛋白(所有肌肉),平滑肌肌动蛋白(平滑肌),肌红蛋白(骨骼肌) |
| 神经源性肿瘤 | S100(神经元,神经胶质细胞),神经丝(神经元),GFAP,Olig-2,CNPase(神经胶质细胞),葡萄糖转运蛋白 1,神经生长因子受体(神经周围细胞) |
| 胰(内分泌) | 嗜铬粒蛋白 A,胰高血糖素,促胃液素,胰岛素,生长抑素,突触素,PGP9.5 |
| 鳞状上皮与腺癌 | 鳞状上皮细胞癌(CK5,p63);腺癌(CK7,CK8/18) |
| 睾丸和卵巢 | 性索间质瘤(抑制素 α,NSE);生殖细胞瘤(钙视网膜蛋白,KIT,Oct3/4,PGP9.5) |
| 甲状腺 | 甲状腺球蛋白(滤泡细胞),降钙素(骨髓,C 细胞),TTF1(滤泡和髓质) |
| 泌尿系肿瘤 | 尿路上皮特异蛋白Ⅲ,细胞角蛋白 7,COX-2,COX-1,p63 |
| 血管瘤(内皮) | 因子Ⅷ-相关抗原,CD31,CD34(血液与淋巴内皮细胞);LYVE-1 和 Prox-1(淋巴内皮细胞) |

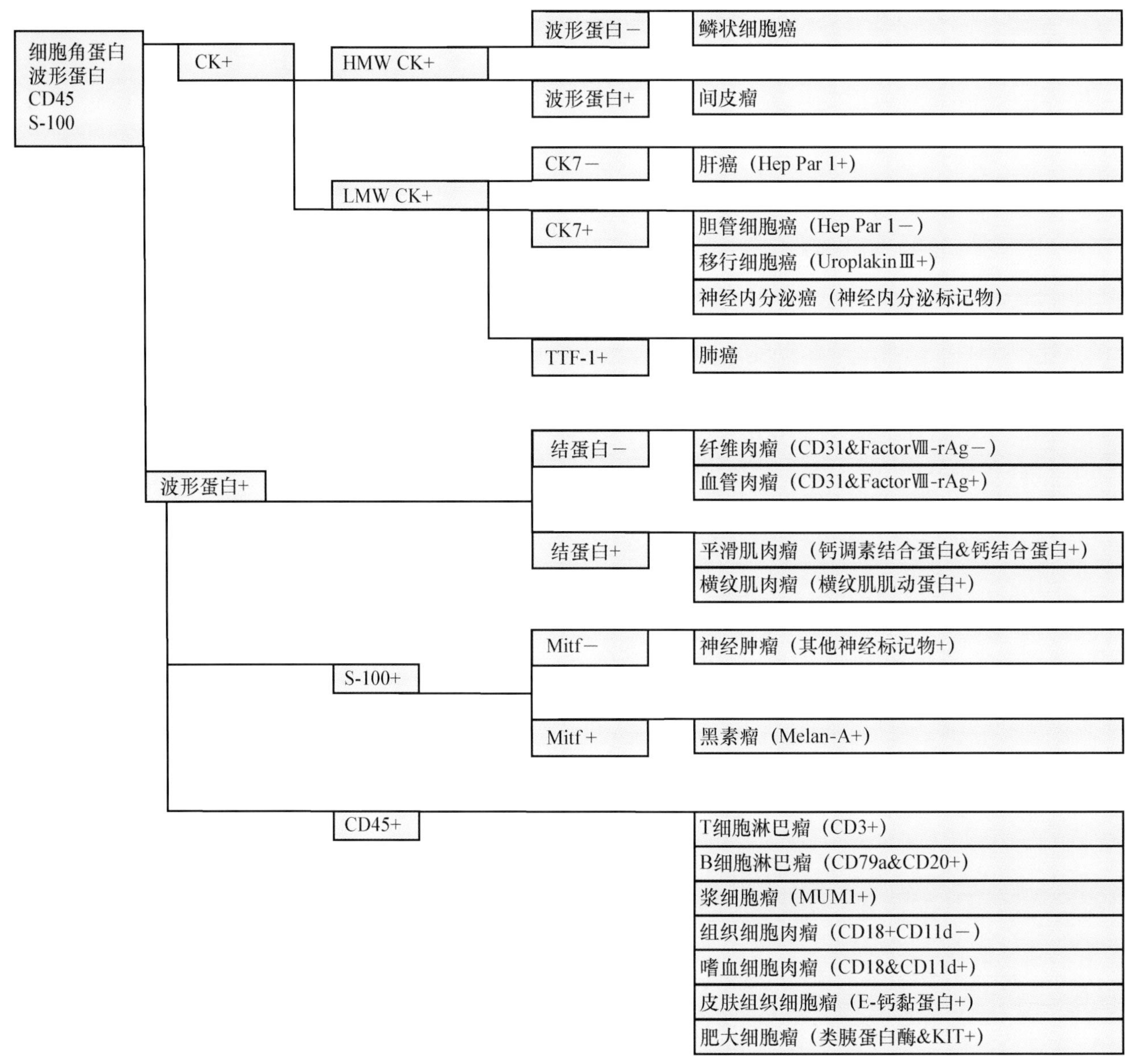


■ 图 17-3 **使用免疫化学法诊断犬肿瘤的简易推断方法。**细胞角蛋白、波形蛋白、CD45 以及 S-100 为辨别几种癌、肉瘤、神经源性肿瘤及造血系统肿瘤提供了切入点。

该鉴别诊断推断步骤适用于犬类。抗体反应活性与其他物种可能相似或不同。
＋大部分肿瘤的该标记都呈阳性
＋/－该标记呈阳性的数目不定
－肿瘤对该标记通常呈阴性
CK 细胞角蛋白
LMW CK 低分子质量细胞角蛋白
HMW CK 高分子质量细胞角蛋白
TTF-1 甲状腺转录因子-1
Mitf 小眼畸形相关转录因子

## 间变性或转移性肿瘤的免疫组化诊断

可用于诊断的抗体数量近年来呈指数上升，这为诊断专家做出明确诊断提供了更多机会，抑或更多困扰。要记住无论使用多少抗体来鉴别肿瘤，在尝试进行免疫组化分析前其金标准依然是 HE 染色。对 HE 染色切片进行细致检测可减少最终确诊所需要的标记物数量。但是即便如此，一般也不能仅通过一种标记物来做出最终确诊，因为蛋白质在肿瘤细胞中的表达(或者缺失)可能与其在正常同种细胞中表达不同。基因及其编码蛋白表达的上调和下调在肿瘤细胞中非常常见。在转移性疾病的诊断中使用平板肿瘤标志物是提高最终确诊率的关键。考虑到免疫组化相对低的费用以及某些肿瘤治疗过程中的高花费，临床医师们迫切希望从病理学家处得到明确的诊断结果。针对特定肿瘤的个体化治疗方法更有助于提高动物的生存质量。Bhargava 和 Dabbs(2010)对转移性肿瘤判定的一系列步骤进行了改进，主要包括以下几点：

1)使用主要的细胞谱系标记物来确定分化的细胞系。

2)确定恶性肿瘤的细胞角蛋白类型以及可能存在的波形蛋白共表达。

3)确定是否表达特定细胞类型所独有的细胞特异性产物、特异性结构或转录因子。

转移性肿瘤判定过程中主要的不同在于原发肿瘤的位置未知,故鉴别诊断需涵盖更多肿瘤类型和肿瘤平板标记物,随之也包括更多的抗体。

### 确定分化的细胞系

标记物应当包括角蛋白,以及淋巴、黑素瘤、肉瘤的标记物(Chijiwa et al.,2004;Hoinghaus et al.,2008)。对小动物而言,基础的平板标记物包括广谱细胞角蛋白(克隆AE1/AE3或MNF116)、CD45或CD18(泛白细胞标记物)、Melan-A或S-100,(黑色素细胞分化)以及波形蛋白(间叶细胞分化)。

### 确定肿瘤的细胞角蛋白类型和波形蛋白的共表达

细胞角蛋白包括约20种不同分子量的多肽,标记为1～20。它们被分为酸性(类型Ⅰ)和碱性(类型Ⅱ)角蛋白。细胞角蛋白配在一起形成酸性和碱性角蛋白。大部分低分子量角蛋白(例如CK7、8、18、20)出现在除鳞状上皮外的所有上皮细胞中,而高分子量角蛋白(例如CK1、2、3、4、9、10)则较典型地出现在鳞状上皮中。除鳞状细胞癌外,几乎所有间皮瘤和癌中都存在CK8和CK18。在人类病理学中,CK7和CK20的共表达是癌症分类的标准之一。经证实这种分类方法对于原发灶不确定的转移性癌症分类十分有效。但家养犬猫中关于CK7和CK20在大量不同癌症中的表达研究的相关文献仅有1篇(Espinosa de los Monteros et al.,1999)。CK7的研究结果与人类相似,但CK20在两种动物物种内存在区别。在腺瘤的分化肌上皮和鳞状上皮以及间皮细胞中,CK5是一种有效的标记物。虽然细胞角蛋白是分化上皮细胞的典型标记物,但它们也可在间叶细胞瘤(黑素瘤,平滑肌肉瘤,胃肠道间质瘤,脂肪瘤,脑膜瘤以及血管瘤)中被检出,尽管通常只在很少一部分细胞中存在区别于癌与肉瘤样癌的弥漫性深染(Dabbs,2006)。据报道,某些人类胎儿和成人组织中存在中间丝的共表达。

一些癌会频繁表达波形蛋白,尤其是子宫内膜癌、肾上皮细胞癌、唾液腺癌、梭形细胞癌以及甲状腺滤泡癌。在一些个例中,可在结直肠癌、乳腺癌、前列腺癌和卵巢癌中发现CK和波形蛋白的共表达。近期的兽医案例中提到,转移至关节中的移行细胞癌可在滑膜液中检出(Colledge et al.,2013)。

### 细胞特异性产物的表达

这一组标记物包括由少数几种细胞产生的蛋白质或者糖蛋白类物质。但其中一些蛋白质的确切功能还不得而知。

*神经内分泌性标记物。*在通用的神经内分泌性标记物中,突触素和嗜铬粒蛋白A是特异性最强且最常用的标记物。在大多数物种中这些标记物的抗体都有较好的活性。要记住突触素不仅可在大多数肾上腺嗜铬细胞瘤中染色,同样也可在相当一部分肾上腺皮质瘤中染色。神经元特异性烯醇酶(NSE)是另一种经典的通用型神经内分泌性标记物。然而这种标记物的特异性并没有它名称描述的那样高,该标记物会着染其他非内分泌性细胞,导致其在免疫组化诊断中的应用存在争议。蛋白基因产物(PGP)9.5是近来兽医病理学中提出的一种神经内分泌性标记物,该标记物是一种泛素水解酶,可标记多种神经内分泌性细胞,但也能标记其他的无关肿瘤(Mamos-Vara and Miller,2007)。肽类激素(例如,甲状腺球蛋白、降钙素、胰高血糖素、胰岛素)的抗体经常在异种动物间发生交叉反应,并显示特定的内分泌细胞类型。

*特异性标记物。*每年都会有许多科技论文报道"新"标记物(抗体)的特性,这些标记物针对特定的人类细胞或肿瘤细胞有极强的特异性。最终大部分新标记物会降级与其他抗体联用(作为肿瘤平板标记物的一部分)。本部分内容将列举一些用于针对特定动物肿瘤的标记物。**甲状腺转录因子-1(TTF-1)**是一种常在甲状腺肿瘤(在滤泡中更普遍,但也出现在髓质瘤中)和肺部肿瘤中表达的核转录因子(Ramos-Vara et al.,2002a,2005)。该因子在其他肿瘤,包括间皮瘤中常表达为阴性。**肝细胞石蜡抗原1(Hep Par1)**常检出于肝组织及其肿瘤中,但在胆管上皮细胞中不染色,这使得Hep Par 1成为鉴别这些肿瘤的优良选择,尤其当其与CK7合用时效果更好(Ramos-Vara et al.,2001a)。然而某些小肠肿瘤或胰腺肿瘤可能对Hep Par 1显示阳性(Ramos-Vara et al.,2001a)。**Melan-A(黑色素瘤抗体-A)**是犬黑素瘤中特异性和敏感性最强的标记物之一(在猫的黑素瘤中敏感性较弱),并且其特异性明显强于S-100和NSE等传统标记物(Ramos-Vara et al.,2000,2002b)。值得注意的是,许多肾上腺皮质、睾丸及卵巢等产生类固醇激素部位的肿瘤显示与Melan-A的强反应性(Ramos-Vara et al.,2001b)。**Uroplakin Ⅲ(尿路上皮特异蛋白Ⅲ)**是移行上皮不对称单位的主要组成部分,该标记物在大部分犬移行细胞癌中表达,并且当其与CK7合用时,移行细胞癌的检出量接近100%(Ramos-Vara et al.,2003)。

除去某些前列腺癌，Uroplakin Ⅲ在犬非泌尿道上皮的正常或肿瘤组织中并未被检测到(Lai et al.，2008)，这使得该标记物的特异性非常高。

钙视网膜蛋白是一种人类病理学中广泛用于鉴别间皮瘤的标记物。然而在犬间皮瘤鉴别中使用钙视网膜蛋白结合多种其他抗体的尝试仍模棱两可。曾有马属动物间皮瘤中钙视网膜蛋白染色的报道(Stoica et al.，2004)。在人类病理学中，间皮瘤和肺癌的鉴别诊断具有一定挑战性。大量的抗体测验发现D2-40和钙视网膜蛋白(都在间皮瘤中显示阳性，同时在肺癌中显示阴性)、CEA和TTF-1抗体(都在间皮瘤中显示阴性，同时在肺癌中显示阳性)联用是区别这两种肿瘤的经济型方法(Mimural et al.，2007)。在细胞学样本中，结蛋白能于反应性间皮细胞中检出，但在间皮瘤或癌中无法检出(Afify et al.，2002)。前文中提到，TTF-1是犬肺癌和甲状腺癌的高特异性和高敏感性标记物。在动物肿瘤中，CEA的使用非常有限。D2-40在动物间皮瘤中的染色情况我们还不得而知。联合使用细胞角蛋白和波形蛋白(通常在间皮瘤中共表达)可能是区分动物间皮瘤和肺癌的最佳途径(Geninet et al.，2003；Morinii et al.，2006；Sato et al.，2005；Vural et al.，2007)。钙结合蛋白A和平滑肌特异性蛋白已于犬乳腺瘤中得到评估(Espinosa de los Monteros et al.，2002)。除此之外，Webster et al.(2007b)研究了犬肿瘤中胚胎转录因子OCT4的表达情况。

### 抗体作为兽医肿瘤学预后标记物

在肿瘤学中，IHC是判断肿瘤预后或疾病转归的有效工具。在人类病理学中这作为一个研究热点存在一定争议。目前，一些动物肿瘤的预后标记物正在研究中。下面简要介绍一下癌症发展过程中的增殖标记物、端粒酶活性、KIT干细胞因子和免疫表型的变化。

#### 增殖/细胞周期标记物

这组标记物包括Ki67、PCNA以及细胞周期蛋白，通常可以提示指定肿瘤中增殖/周期细胞所占比例。这些标记物与有丝分裂指数密切关联。恶性肿瘤通常较良性肿瘤具有更多的增殖细胞，但也有一些例外。淋巴瘤，乳腺瘤，黑色素瘤以及肥大细胞瘤可能是家养动物中上述标记物研究最为广泛的肿瘤类型(Ishikawa et al.，2006；Kiupel et al.，1999；Sakai et al.，2002)。在肥大细胞瘤中，生存期的缩短与Ki67指标之间及核组织区(AgNORs)的组织化学检测间存在良好的相关性，其中AgNORs决定着细胞的增殖速度(传代时间)和无病间期的缩短(Webster et al.，2007a)。AgNORs和Ki67评分均被认定为犬肥大细胞瘤的有效预后指标，同时Ki67评分可将二级帕特耐克肥大细胞瘤划分为实际存活时间具有显著区别的两个组别(Scase et al.，2006)。PCNA评分与一些肿瘤类型的生存期差异并无关联(Roels et al.，1999；Scase et al.，2006；Webster et al.，2007a)。动物肿瘤细胞周期检测的预后意义至今尚未得到全面评估(Murakami et al.，2001)。

#### 端粒酶

端粒是重复性DNA的一部分，可保护染色体不被降解和丢失必要基因(Cadile et al.，2007；Pang and Argyle，2010)。随着细胞的分裂，所有体细胞中的端粒渐渐缩短，直至细胞复制性衰老或凋亡。端粒酶是一种合成端粒DNA的核糖核蛋白酶复合物。在正常的男性生殖细胞、活化淋巴细胞、晶状体组织和干细胞群中可检测到端粒酶，但在体细胞中不能检出。端粒酶在人类肿瘤病例中的活性检出率为85%～90%，而在犬肿瘤中端粒酶的活性检出率高于90%(Kow et al.，2006)。在犬中端粒酶的表达与肿瘤增殖(Ki67标记指数)和(或)肿瘤分级有显著关联性(Long et al.，2006)。端粒酶的免疫组化检测可作为癌症行之有效的预后标记物，也可为癌症治疗方法的确立提供一定指导(Argyle and Nasir，2003)。

#### KIT蛋白

KIT蛋白是由*c-kit*原癌基因产生的一种酪氨酸激酶受体，可在多组织细胞中表达，包括肥大细胞和肥大细胞瘤。KIT在犬肥大细胞瘤中的染色情况已被用作肥大细胞瘤预后评价工具(Kiupel et al.，2004)。在正常的肥大细胞中，KIT位于细胞膜中。在肥大细胞瘤中KIT在细胞质内的定位则与局部复发率的提高、存活率的降低以及肿瘤分级的上升有关(Reguera et al.，2000)。

#### 上皮-间质转化

一些人类癌症中已发现上皮－间质转化(EMT)。这是一个以上皮细胞形态学变化为特征的复杂的细胞过程，上皮形态学变化是指由多面体形态向更加伸长的间质化表型转化(Pang and Argyle，2010)。这种表型转化是由上皮性标记物(例如E-钙黏着蛋白，β-链蛋白)的丢失或重新分布以及间质性标记物(例如，纤维连接蛋白，α-平滑肌肌动蛋白，波形蛋白，N-钙黏着蛋白)的获得或上调所引发，上述诱因导致细胞间的黏附力丧失、肌动蛋白细胞骨架的重组与活动力和侵袭力的提升以及细胞凋亡阻力的增加(Baumgart et al.,2007;Pang and Argyle,2010)。在一些案例中,EMT 与肿瘤分级和分期有关(Baumgart et al.,2007)。1 例移行性上皮细胞癌中显示上皮细胞发生形态变化,同时细胞角蛋白与波形蛋白出现广泛的免疫反应性(Colledge et al.,2013)。

## 电子显微镜

组织和细胞的超微结构检测是细胞学和病理学诊断中最普遍使用的辅助技术(Dardick et al.,1996)。如果 IHC 的标记物是细胞或组织的特异性结构或分泌蛋白,那么 EM 的标记物就是诸如细胞器或基质成分的亚细胞结构。EM 在很大程度上有助于我们对正常或病理组织结构特点的理解。虽然在近十年 EM 的使用有所减少并且部分被其他技术(比如 IHC)代替,EM 对一些疑难病例的确诊仍发挥着很大的作用,尤其是外周神经鞘瘤、某些滑膜肉瘤、多形性肉瘤和间皮瘤(Dardick and Herrera,1998;Mackay,2007)。应用于生物样本的新超微结构技术近来拓宽了 EM 在病理学中的应用范围(Cheville and Stasko,2014)。EM 和 IHC 应当基于诊断中出现的问题互补应用(Fisher,2006)。EM 基于光学显微技术,其作为一种辅助手段提升了诊断的可信度。在目前兽医病理学使用的三种主要辅助技术(EM,IHC,PCR)中,EM 是发展最成熟的技术——这意味着 EM 已历经常规发展、评估和稳定阶段,而与之相对,另外两种技术仍处于发展或评估阶段。简而言之,要接受发展前景良好的新技术,同时也要保留已经验证的成熟技术。

### 电子显微镜的优缺点

#### 优点

- 是检测组织或细胞细节(细胞器,内涵物,色素,细胞外基质)的唯一方法。
- 在近 40 年以上的文献资料中,蕴含着丰富的超微结构病理学信息。
- 福尔马林固定(甚至石蜡包被)的组织虽然并非最理想样品,但也可以使用。
- 可以识别未被报道的传染源(因此无需特异性抗体或基因探针)。
- 许多微生物较真核细胞有更强的抗自溶力(从而可以保证贮藏病理组织的超微结构检查结果)(图 17-4 至图 17-7)。
- 对于一些肿瘤而言,这是最可靠的诊断手段(图 17-8)。
- 对某些病变(例如:肾小球疾病),这种方法仍然是金标准(图 17-9)。
- 免疫学检测可用于 EM 样品。
- EM 是对 IHC 的补充。
- 在超微水平上,不同动物物种的细胞结构几乎相同(相对地,在 IHC 中,由于缺少物种间交叉反应,通常无法验证一个新物种中的特异性抗原)。

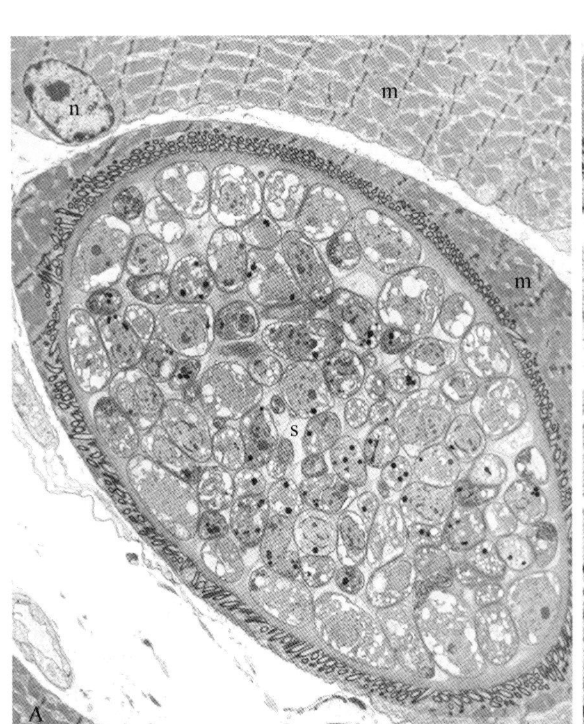


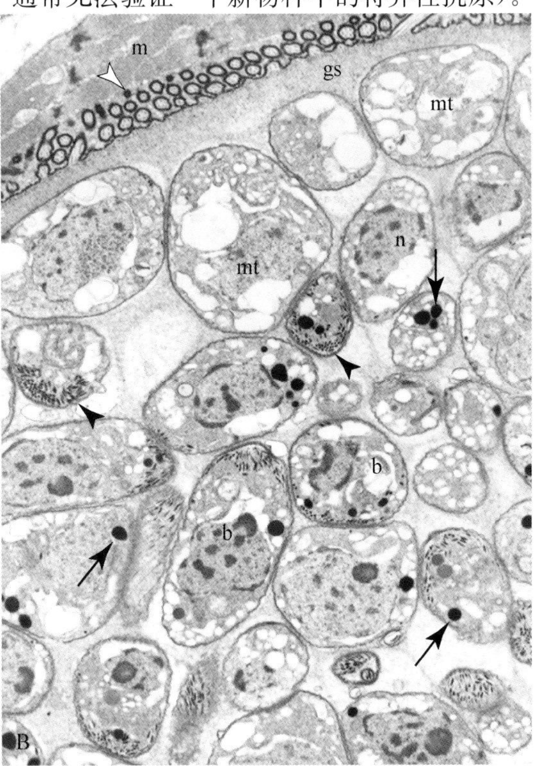


■ 图 17-4　**A-D,微生物的超微结构。A.** 水貂骨骼肌细胞(m)中的肉孢子虫包囊(s)以及肌细胞的细胞核(n)。**B.** 更高放大倍数下的肉孢子虫包囊,显示其母细胞(mt),裂殖子(b)以及囊壁(白色箭头处)包裹的基质(gs)。球虫类寄生虫的典型结构为线粒体(箭头头部示)和棒状体(箭头示)。骨骼肌(m)包含虫囊。图中另标示了裂殖子的核(n)。

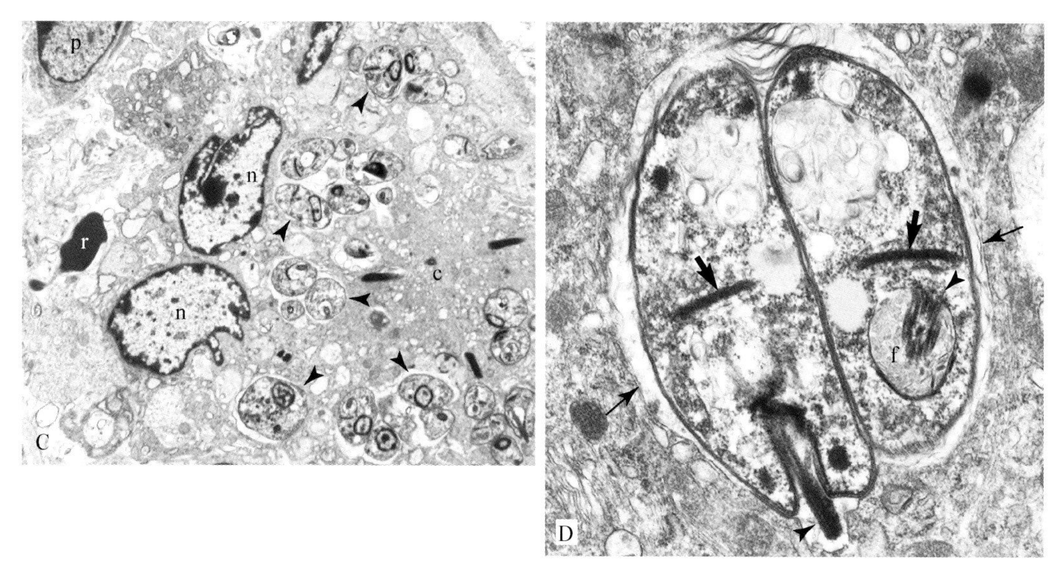


■ 图 17-4 续 **续图。C.** 含有利什曼原虫无鞭毛体(箭头示)的马真皮多核巨细胞。注意多核巨细胞的细胞核(n)和细胞质(c)。图中可见一个红细胞(r)和浆细胞核(p)的部分区域。**D.** 两个利什曼原虫无鞭毛体的高倍显微照片,展示了纳虫泡(细箭头示)内的动基体(粗箭头示)、鞭毛(箭头头部示)和鞭毛袋(f)。

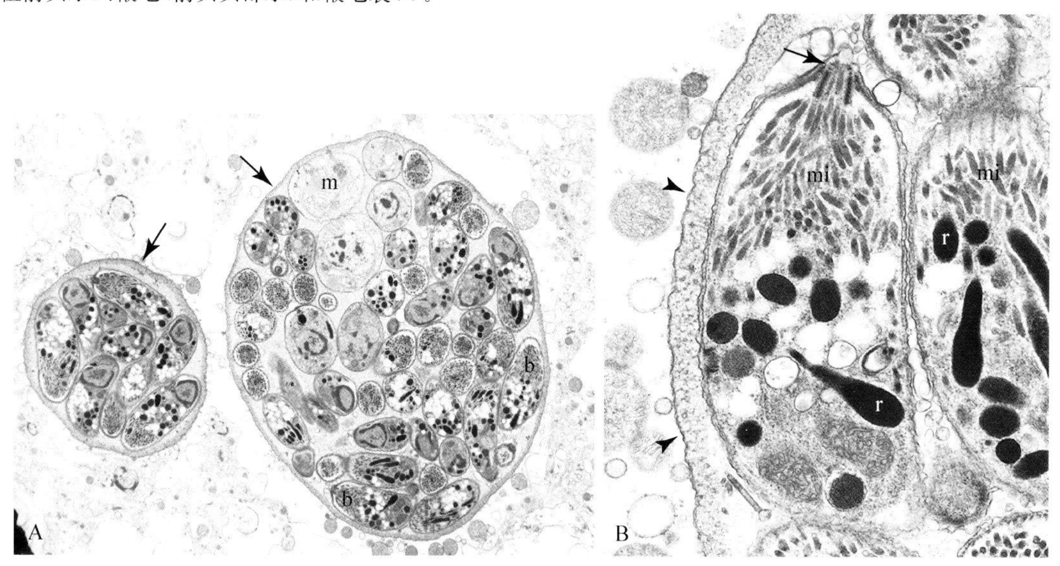


■ 图 17-5 **A-D,微生物的超微结构。A.** 猫脑内含有两个弓形虫包囊(箭头示),其中包含大量缓殖子(b)和少量不成熟的裂殖子(m)。**B.** 在囊壁(箭头头部示)包裹下,弓形虫缓殖子包括圆锥体(箭头示)、微线体(mi)和棒状体(r)。

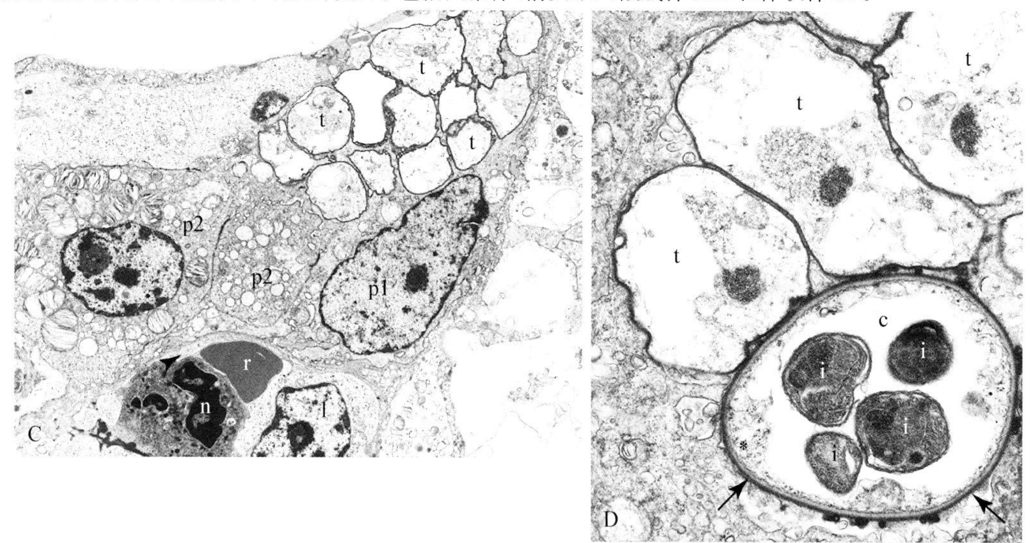


■ 图 17-5 续图 **C.** 猪肺样本,在肺泡表面有大量卡氏肺孢子虫滋养体(t)。注意 1 型(p1)和 2 型(p2)肺泡上皮细胞,红细胞(r),中性粒细胞(n)和淋巴细胞(l)。**D.** 图中显示 3 个滋养体(t)和 1 个包囊(c)。注意包囊有较厚的细胞壁(箭头示),不成熟的细胞质(星号标注)和 4 个囊内小体(i)。

缺点

- 样品准备耗时。
- 只有使用特定的固定方法才能实现最佳的样品制备。
- 病理变化有时难以与细胞自溶现象或样品处理过程中的某些现象区分开。
- 由于取样量较小(异质性病变的重要限定因素),所取的样品可能不具有代表性;可能出现的干扰情况包括坏死组织、正常组织或基质组织等。
- 总体来说,它比 IHC 更昂贵。
- 这一手段需要昂贵的仪器和技术精湛的操作人员。
- 样品检测较为耗时。
- 缺少超显微病理学领域经验丰富和兴趣浓厚的病理学家。

## 电子显微镜的基本知识

### 原理

透射电子显微镜的工作原理与光学显微镜类似(例如,使用透镜放大图像)。它们产生图像的主要区别在于光源的类型。电子显微镜使用电子作为光源,使用电磁透镜进行聚焦。电子显微镜的分辨能力约为 0.2 nm 或更小,远高于光子显微镜(200 nm)或荧光显微镜(100 nm)(Woods and Stirling, 2013)。对电镜样品的处理基本与光镜样品类似,即石蜡包埋样本,但是所用试剂不同。

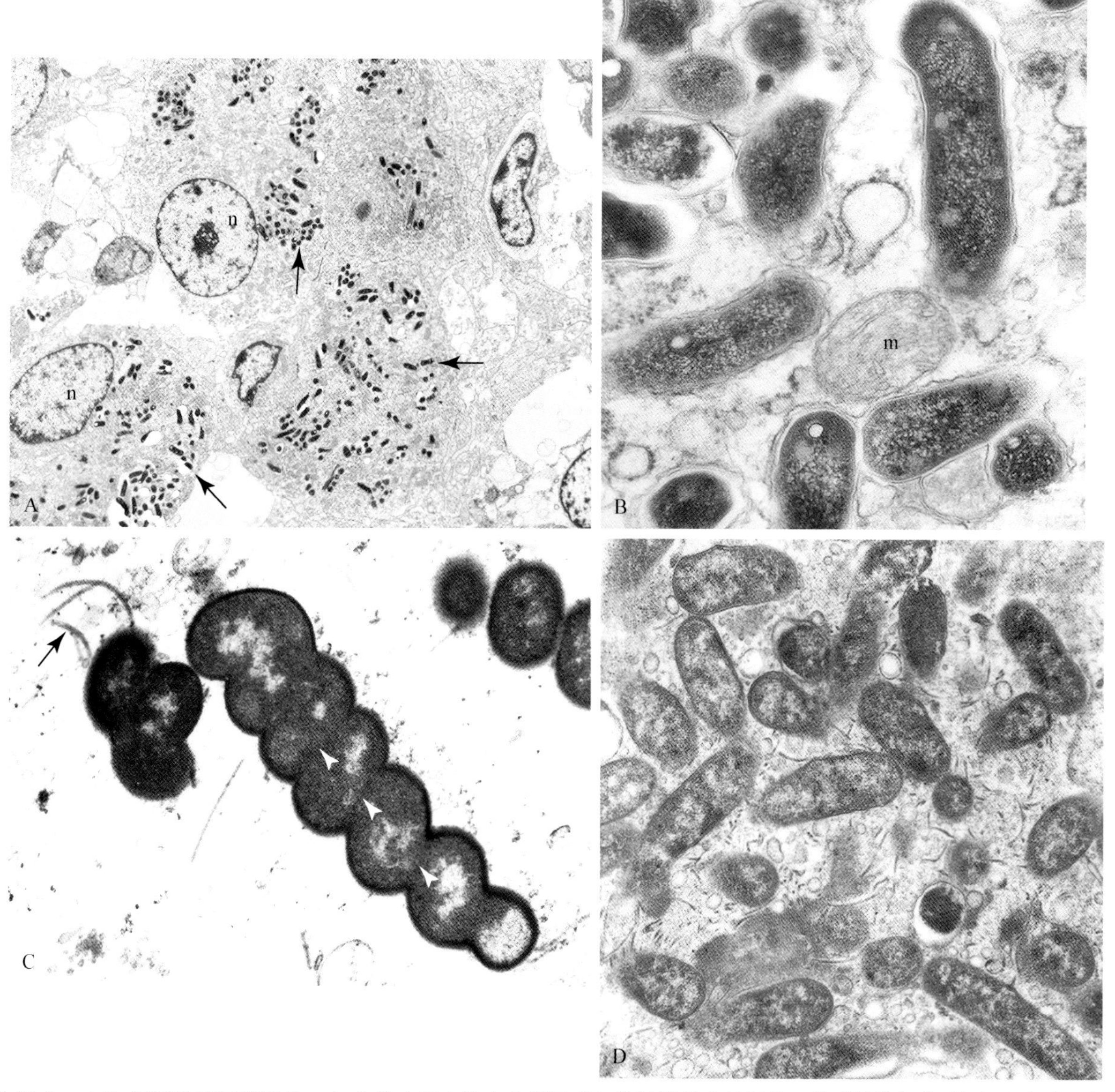


■ 图 17-6　**A-D,细菌的超显微结构。A.** 山羊小肠中的上皮样巨噬细胞被结核分枝杆菌亚种副结核杆菌(箭头示)侵染示例。注意巨噬细胞的细胞核(n)。**B.** 结核分枝杆菌的高倍图像,图中显示 1 个线粒体(m)。**C.** 被幽门螺杆菌亚种侵染的猪胃。注意鞭毛(箭头示)和胞质丝(白色箭头尖示)。**D.** 被空肠弯曲菌样微生物侵染的犬胃。视野中可见大量鞭毛。

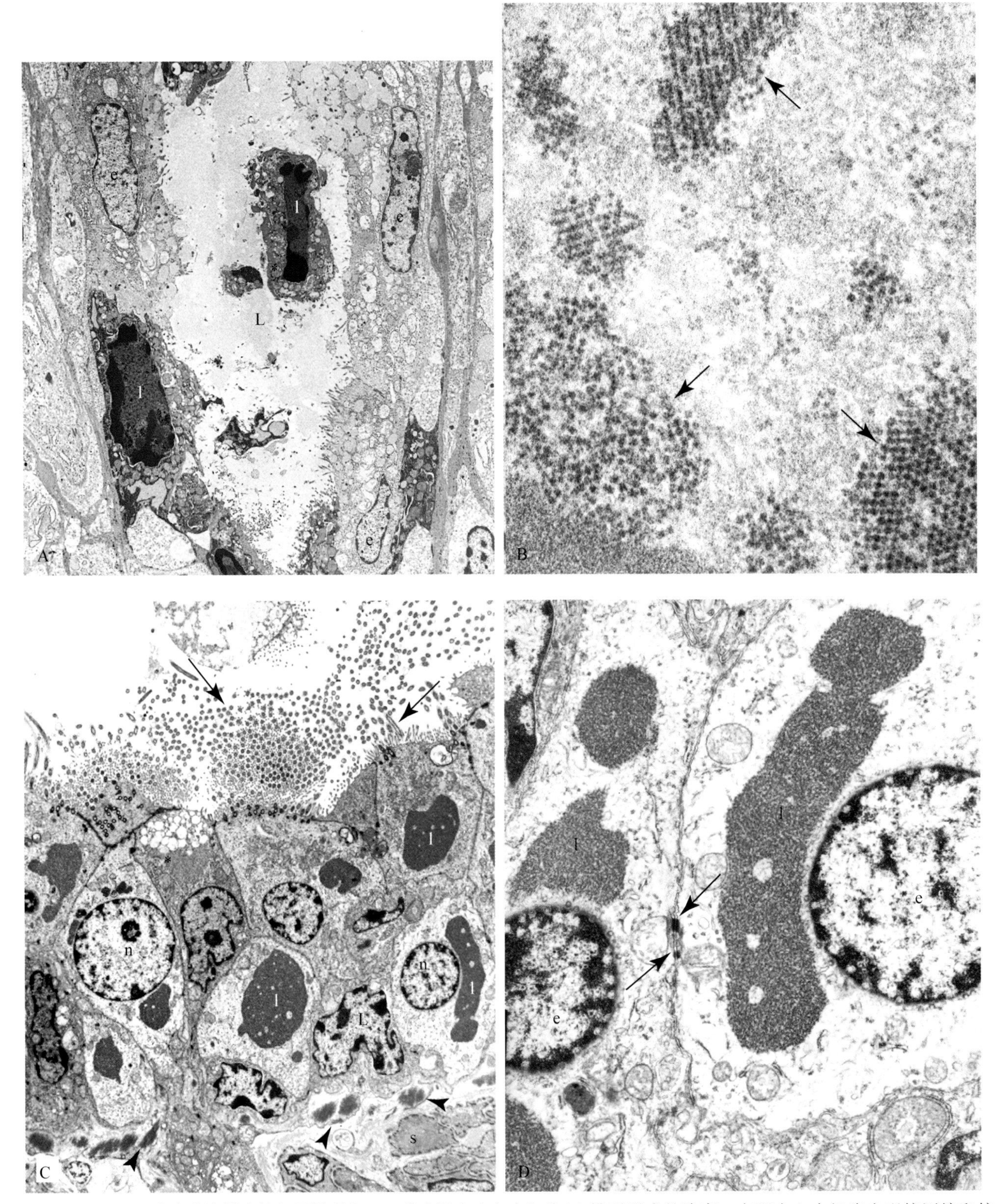


■ 图 17-7 **A-D 病毒感染样本的超显微观察。A.** 猫小肠中由上皮细胞(e)排列形成的隐窝。有两个上皮细胞出现核固缩和核内猫泛白细胞减少症病毒包涵体(l),其中一个上皮细胞(星号示)游离在隐窝(L)中。**B.** 猫泛白细胞减少症病毒颗粒排列成不同阵列形式的高倍率观察(箭头示)。**C.** 水貂细支气管样本,视野内可见大量胞浆中含有瘟热病毒包涵体(l)的纤毛细胞。注意上皮细胞的细胞核(n)、许多纤毛(长箭头示)、黏液细胞(星号示)、含胶原纤维束的基底膜(箭头尖示)以及一个平滑肌细胞(s)。**D.** 显示有瘟热病毒包涵体(l)的细支气管样本高倍率观察。注意两个被侵染的上皮细胞之间的细胞连接(箭头示)以及两个上皮细胞的细胞核(e)。

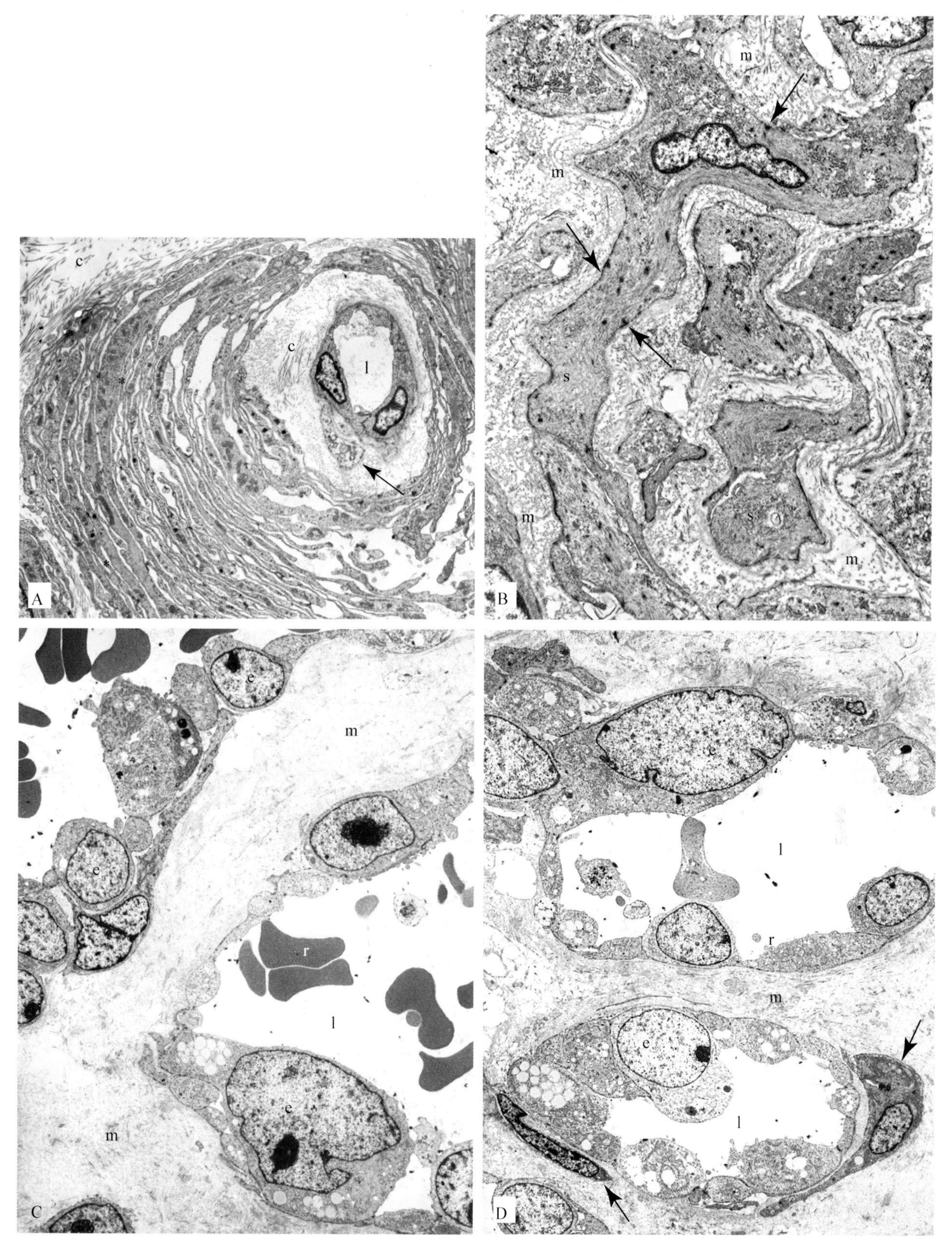


■ 图 17-8　**A-D,间叶细胞肿瘤超微结构。A.** 犬皮肤血管壁肿瘤中显示由内皮细胞、1 个血管周细胞(箭头示)和胶原纤维(c)排列形成的毛细血管管腔(l)。肿瘤周细胞(星号示)形成了围绕血管的多层结构。**B.** 犬小肠平滑肌肉瘤,内含皮质层肿瘤样细胞(s)。这种细胞具有平滑肌细胞特征性的亚细胞膜结构和胞质密度(箭头示)。注意胞外基质(m)。**C.** 犬皮肤血管肉瘤的低倍率和高倍率(D)观察示例。肿瘤毛细血管管腔(l)由典型的内皮细胞(e)排列形成,它们具有大核,核中有大量常染色质和明显的核仁。另外还存在红细胞(r),胞外基质(m)和周细胞(箭头示)。

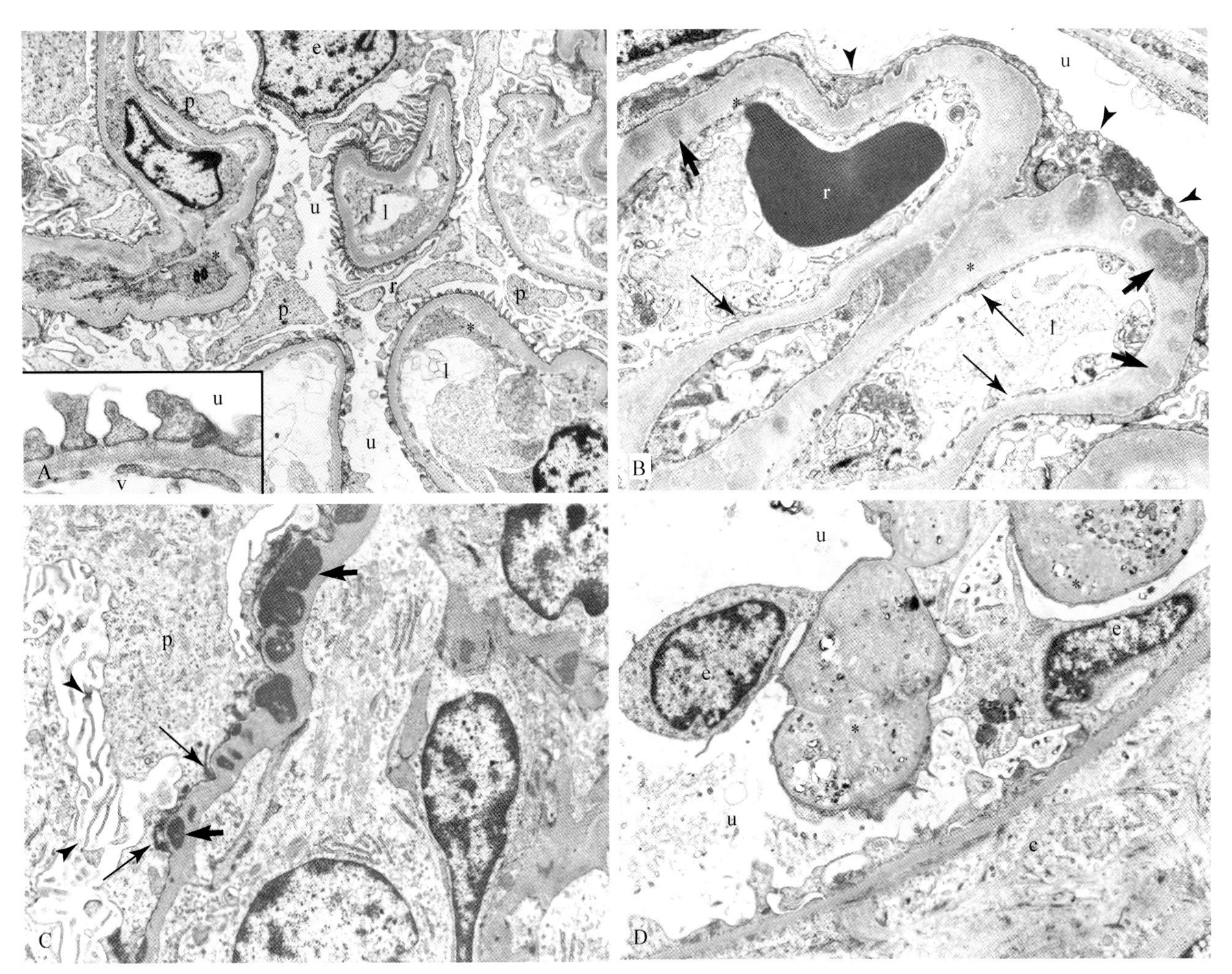


■ 图 17-9 **A-D,正常肾脏与肾小球疾病的超微结构。A.** 马肾小球的正常结构,其中展示了肾小囊腔(u)和由足细胞足突(p)围成的基底膜(星号示)。注意足细胞的足突均匀地分布于基底膜表面。图中还展示了毛细血管管腔(l)。插入图:肾小球滤过单元的高倍率观察,展示了尿道侧(u)和血管侧(v)。**B.** 猫的膜性肾小球肾炎,展示了肾小球基底膜(星号示)的不规则增厚。基底膜中含有多处免疫复合的高电子密度沉淀(短箭头示)。注意融合的足细胞足突(箭头头部示)。毛细血管管腔(l)被有窗孔的内壁(长箭头示)包围。同时显示 1 个红细胞(r)和肾小囊腔(u)。**C.** 犬的膜性肾小球肾炎,图中显示基底膜的不规则增厚。基底膜中含有多处免疫复合的高电子密度沉淀(长箭头示),一些沉淀出现在上皮下部位(短箭头示)。注意足细胞表面的微绒毛(箭头尖示)。**D.** 犬肾小球囊性病变,壁层上皮细胞(e)变得肥大而扭曲,其中包含有大量的中等电子密度物质(星号示)。与之相连的鲍曼囊(c)被胞外基质扩张并包围了肾小囊腔(u)。

### 固定

为避免由细胞自溶引起的变化,固定的速度在电镜应用中至关重要。如前文所述,光学显微镜选用甲醛作为固定剂。对于常规电子显微镜,标准首选戊二醛做前固定,四氧化锇进行后固定。这两种固定剂是互补的:戊二醛可以固定蛋白质,四氧化锇可以固定脂类物质。戊二醛的扩散速率较甲醛慢,且固定所需样品体积较小(约 1 $mm^3$)。甲醛并非最理想的固定剂,但在诊断病理学领域,尤其是在诊断检查初期未考虑进行超显微结构研究时,甲醛是电镜样品制备中最常用的前固定剂。市售甲醛溶液中含有的杂质(例如,甲酸、甲醇)会影响超显微结构的保持。使用多聚甲醛(一种能够生成甲醛的醛)固定的组织比在戊二醛中固定的组织更适用于免疫电镜观察。

### 对已固定样品的处理

固定的样品被进一步脱水并包埋于液体树脂中以聚合成坚硬的树脂块从而便于切片。切片时采用安装特制石英或金刚石刀头的超薄切片机进行切割。环氧树脂是标准的包埋介质,但是对于特殊的工艺要求(例如:免疫电子显微技术),丙烯酸树脂,例如 Lowicryl and LR White 树脂,是更好的选择(Woods and Stirling,2013)。处理细胞悬浮液(FNA,细胞学标本)时,样品需要在蛋白质基质(例如,琼脂、牛血清白蛋白)中预包埋。制备颗粒细胞样本时,可对细胞悬液进行低速离心,弃去上清液,并使用固定剂进行替换。首先将样品切成半薄切片(0.5~1.0 μm)以筛选最适进行研究的部分,再将最适部位切成 60~90 nm 厚的切片(银色至稻草黄色的超薄切片)。常规切片通常使用醋酸双氧铀和柠檬酸铅染色(锇固定液也可对细胞膜和脂质囊泡进行染色)。在没有其他可用样本时,也可以使用石蜡包埋的组织样本。需注意的是,石蜡包埋样本的细胞器和细胞膜的保存状况可能会大打折扣。

### 超微病理学诊断技术方法

在临床病史和光镜检测结果的基础上,样品的选择和电镜图像的解读均存在较大分歧。在光学显微镜下检测石蜡包埋样品后,不同的医生可能会给出不同的诊断,故需要增用辅助技术[例如,EM(电子显微镜技术),IHC(免疫组化技术)]对病灶进行进一步表征。使用光学显微镜检查病灶后,病理学家将会进一步确定在超显微水平下检测哪些特征。在进行超显微检查时,好的检测员可能会发现额外的、未预料到的特征,这会促使医生重新考虑先前的诊断。福尔马林固定或延迟固定都可能引入人为干扰物,使得样品不适合进行完整彻底的超微结构检查,但仍可以检测某些特定的特征(例如,病毒颗粒、寄生虫、包囊体、结晶等)。甲醛缓冲液(pH 约为 7.4)可以减少细胞成分的损失和组织缩水带来的影响。

当电镜观察结果与光镜观察结果发生冲突时,必须重新进行评定。如果观察结果的差异仍然存在,则按规定以光镜观察结果为准,因为光镜可以观察到远超过电镜的受检组织样本量。然而,当今病理学的专业化发展促使医生在遇到复杂病例时可以使用多种辅助检测技术(EM,IHC,PCR)进行检查,所以在最终确诊前,应综合所有的检查结果进行仔细评估和判定。恶性肿瘤不能在超显微水平确诊。确诊恶性肿瘤的表型需要依靠光学显微镜检查和肿瘤的生物学特性,在某些特殊病例中还需要免疫组化和分子生物学检测的辅助。表 17-3 和表 17-4 为读者提供了一些常见肿瘤超显微界定特征的通用方法。

**表 17-3　诊断肿瘤的细胞器方法**

| 细胞器 | 特征 | 肿瘤 |
|---|---|---|
| 基底膜 | 50～100 nm 厚的中等密度层,紧挨细胞膜轮廓 | 上皮、间皮,脑膜上皮,颗粒细胞、胞睾丸支持细胞、肌肉、神经鞘、脂肪血管内皮肿瘤。(不会出现在:造血干细胞,成纤维细胞,神经元,软骨细胞,成骨细胞,肌成纤维细胞中) |
| 细胞外基质 | 胶原:横纹周期为 50 nm,50～100 nm 厚。<br>弹性蛋白:无定型的、中等密度物质,含有不同结构的 10～12 nm 管状细丝。<br>蛋白聚糖:染色浅,无定型,偶见颗粒状或丝状结构 | 大量的上皮和间质瘤<br>软骨肉瘤,间质瘤中可变 |
| 纤维融合膜 | 细胞-基质结构,由细胞外间隙的纤连蛋白丝和具有胞内平滑肌肌丝的亚细胞质膜斑块组成。在福尔马林固定的组织中难以观察到 | 肌纤维母细胞瘤。(不会出现在平滑肌细胞肿瘤及纤维肉瘤中) |
| 中间丝 | 约 10 nm 厚。位于细胞质基质中。<br>非细胞角蛋白:波形蛋白,结蛋白,神经丝蛋白,胶质丝。这些蛋白在电镜水平下难以分辨。数量可变,位于细胞器之间,形成球形块状带。<br>细胞角蛋白:张力原纤维(细胞角蛋白纤维束)。组织结构松散(非鳞片状上皮,例如:间皮)或具有高电子密度(鳞状和基底细胞上皮) | 癌、神经内分泌肿瘤、黑色素瘤、肉瘤<br>鳞状细胞和基底细胞肿瘤、间皮瘤、内分泌腺肿瘤、成釉细胞瘤、滑膜和上皮样肉瘤。<br>肌上皮瘤(伴有肌丝) |
| 平滑肌肌丝 | 5～7 nm(肌动蛋白)和 15 nm(肌球蛋白)厚,含有致密体和附着斑块。 | 平滑肌肉瘤,血管外皮细胞瘤,肌上皮瘤,肌成纤维细胞瘤 |
| 横纹肌肌丝 | 横纹肌肌原纤维(肌动蛋白,肌球蛋白)的不同(组织)分化程度 | 恶性横纹肌肉瘤,横纹肌瘤 |

续表 17-3

| 细胞器 | 特征 | 肿瘤 |
| --- | --- | --- |
| 糖原 | 浅色的致密小颗粒(30 nm)或环状物(100～200 nm)。由于提取过程而形成的细胞质空区 | 肌肉和肝脏肿瘤。在许多癌和肉瘤中数量各异 |
| 高尔基体 | 经包装和生化转变的蛋白,这些蛋白由粗面内质网生产。呈堆叠的膜 | 无特异性的肿瘤类型 |
| 胞间连接 | 细胞桥粒:宽度统一在 20～30 nm,具有中等的线密度、亚细胞质膜斑块和张力丝。<br>间隙连接:膜接合紧密(2 nm 的缝隙),无纤维丝或致密物质 | 很多上皮细胞和间质瘤 |
| 脂质 | 非膜结合型,具有无定型至层状的、密度可变的基质。在溶酶体中则为膜结合型 | 大量存在于类固醇激素合成类肿瘤,脂肪瘤,皮脂腺癌,肾细胞癌 |
| 黑素体 | 杆状或椭圆形,200～600 nm,单层膜颗粒 | 黑色素瘤,黑色素细胞神经鞘瘤 |
| 黑素体,复合物 | 次级溶酶体中黑素小体的聚合物。生成于消化的不同阶段 | 角质细胞,巨噬细胞,成纤维细胞肿瘤 |
| 微管 | 细胞质中直径 25 nm 的长管状结构 | 大量存在于神经和神经内分泌肿瘤中 |
| 线粒体 | 圆形、椭圆形、杆状、细长、有分枝或环形的细胞器(1 000 nm 宽)。双层膜结构,膜间隙清晰可见。内膜向内折叠形成嵴。细胞中出现管状或管泡状嵴,以及脂质和 SER,揭示其为类固醇生成表型(肝脏、肾上腺皮质、睾丸间质和卵巢细胞) | 大量存在于嗜酸细胞瘤,肝细胞肿瘤,肾细胞癌,类固醇和肌肉肿瘤中 |
| 黏蛋白颗粒 | 单层界膜颗粒,含有无光晕的絮状、丝状、网状或均匀基质 | 黏液腺癌 |
| 神经内分泌颗粒 | 位置:质膜下方,基底细胞胞浆和胞突内部。<br>大小:通常为 200～400 nm,范围为 60～1 000 nm。<br>中心:非常致密的基质(核),清晰的光晕将之与细胞膜分开。小颗粒为 80～150 nm。<br>大颗粒约为 1 000 nm。<br>去甲肾上腺素颗粒:具有偏心的核。<br>双相(圆形和杆状外形)颗粒。<br>结晶状颗粒且有时多核 | 副神经元性肿瘤、神经内分泌肿瘤、神经元肿瘤<br>视网膜母细胞瘤、神经母细胞瘤,默克尔细胞瘤<br>垂体腺瘤<br>嗜铬细胞瘤、副神经节瘤<br>腹部和泌尿生殖系统的神经内分泌肿瘤<br>胰岛瘤 |
| 细胞核 | 肿瘤细胞中常见不规则的细胞核。人工切片可能引入一些细胞质碎片(包涵体或细核袋)。<br>多裂片型:多细胞核的外侧通过窄桥相互连接<br>独立多核型:多细胞核外侧无连接。 | 多种类型的肿瘤。无特异性特征。<br>破骨细胞样巨细胞瘤<br>髓性白血病,大 B 细胞淋巴瘤 |
| 初级溶酶体 | 单层膜包被的圆形或椭圆形小颗粒(100～300 nm)。致密均一的颗粒状基质。嗜酸性粒细胞中出现晶核。 | 骨髓性肉瘤、组织细胞肉瘤、滤泡性甲状腺癌。类固醇激素合成和内分泌肿瘤、颗粒细胞瘤 |
| 粗面内质网(RER) | 常见;蛋白质合成活跃(免疫球蛋白,基质,神经内分泌物质,溶酶体) | 纤维肉瘤,浆细胞瘤,骨肉瘤 |

续表 17-3

| 细胞器 | 特征 | 肿瘤 |
|---|---|---|
| 光面内质网(SER) | 常见于脂质、糖原或类固醇代谢旺盛的细胞中 | 性索间质瘤,肝细胞肿瘤 |
| 次级溶酶体 | 大小可变的单层膜包被细胞器。内含有消化后的物质残渣 | 颗粒细胞瘤。髓性白血病、组织细胞肉瘤,前列腺和神经内分泌肿瘤 |
| 浆液性/酶原颗粒 | 较大(可达 1 000 nm),单层膜包被的细胞器。具有致密至浅色基质,没有光晕 | 浆液性癌(如唾液腺癌、胰腺癌) |
| 突触小泡 | 大小为 40～80 nm,内部清晰可见的膜包被结构 | 分化型神经元肿瘤 |

RER,rough endoplasmic reticulum;
SER,smooth endoplasmic reticulum.

**表 17-4　常见肿瘤的超微结构特点**

| 肿瘤类型 | 细胞特性 | 细胞外基质 |
|---|---|---|
| 腺癌 | 微绒毛。管腔。连接复合体。分泌颗粒。高尔基体。内质网。纤毛(+/-) | 基底层 |
| 类癌/胰岛细胞瘤 | 细胞孤立排布。胞间连接(例如,桥粒)。大量的核心致密颗粒(大小可变,形态视肿瘤类型而定)。可变的中间丝 | 基底层包裹细胞团块<br>胶原 |
| 甲状腺 C 细胞癌 | 核心致密的颗粒。有数量可变的细胞器(高尔基体,RER,线粒体) | 基底层包裹细胞团块<br>胶原 |
| 软骨肉瘤 | 扇形或绒毛样的细胞表面。大量膨大的 RER。膨大的高尔基体。大量糖原。多变的中间丝 | 多种。胶原,糖蛋白,蛋白多糖 |
| 纤维肉瘤 | 大量粗面内质网。胞质丝。高尔基体。丝状伪足(+/-) | 无基底膜。大量胶原 |
| 胃肠道间质瘤 | 缺少明显的细胞核或细胞质特征,形态学上与平滑肌细胞、成纤维细胞或神经细胞类似 | 基底膜(+/-)。胶原 |
| 血管球瘤 | 上皮细胞。大量线粒体。细肌丝。致密质体。胞饮小泡 | 基底膜。胶原 |
| 颗粒细胞瘤 | 紧密接合的细胞。大量细胞质,细胞膜结合,电子密度可变的颗粒(次级溶酶体) | 基底膜包裹细胞群 |
| 血管外皮细胞瘤 | 呈栅栏样排布于毛细血管周围。病灶附着与胞间连接。胞饮小泡。中间丝。线粒体和 RER 数量不定 | 大量基底膜和基质 |
| 血管肉瘤 | 突出的连接复合体。管腔面有绒毛状突起。胞饮小泡。中间胞质丝。游离的核糖体。一些线粒体和 RER | 基底膜 |
| 组织细胞恶性肿瘤 | 大小与形状可变的细胞核。大量胞质细胞器[溶酶体,线粒体,高尔基体,脂滴(+/-)]。被吞噬的红细胞或白细胞(+/-) | 无基底膜 |
| 朗格罕组织细胞增生症 | 形状不规则的大细胞核。大量细胞器(线粒体,游离核糖体,粗面内质网,初级溶酶体)。丝状伪足。无次级溶酶体 | 无基底膜 |

续表 17-4

| 肿瘤类型 | 细胞特性 | 细胞外基质 |
| --- | --- | --- |
| 平滑肌肉瘤 | 细的(6 nm)丝状物，细胞质内、质膜下的丝状物中含有致密质体。胞饮小泡。小的 RER。圆端形细胞核。细胞核有收缩凹痕 | 基底膜 |
| 睾丸间质细胞瘤 | 脂肪小滴。大量 SER。线粒体具有管状嵴。细胞表面有微绒毛。细胞间具有微管样间隙 | 部分基底膜 |
| 脂肪肉瘤 | 脂肪小滴。胞饮小泡。糖原(+/−)。中间丝。线粒体(+/−)，高尔基体(+/−)，SER 和 RER(+/−) | 基底膜 |
| 淋巴瘤 | 大量游离核糖体或多聚核糖体。无胞间连接。光滑的、锯齿状的或卷曲的细胞核膜 | 无基底膜 |
| 肥大细胞瘤 | 圆形、锯齿状的细胞核。大量由细胞膜包被的不同密度细胞质颗粒。丝状伪足 | 无基底膜。胶原 |
| 脑膜瘤 | 长的、互相交错的细胞结构。大量中间丝。大量细胞连接(例如：桥粒)。数量可变的细胞器。糖原(+/−) | 基底膜(− /+) |
| 间皮瘤 | 大量长的微绒毛。胞间连接。纤维。张力原纤维。糖原。胞质内腔。缺少黏液颗粒和多糖−蛋白质复合物 | 基底膜 |
| 肌纤维母细胞肉瘤 | 纺锤状。突起的 RER。有一些细的(6 nm)外周分布的丝状物，聚集在病灶处。纤维融合膜性连接(+/−) | 无基底膜。含有胶原、蛋白多糖和氨基葡聚糖的大量基质。纤连蛋白 |
| 骨肉瘤 | 扇形或绒毛样的细胞表面。大量膨大的 RER。膨大的高尔基体。大量糖原 | 羟磷灰石沉积于胶原纤维(骨)(+/−) |
| 副神经节瘤 | 细胞聚集成簇。圆形、核心致密的颗粒。突起的高尔基体。胞质突起相互交错。核旁丝团(+/−)。支持细胞(Schwann 样细胞)的细胞簇外围有丝状物 | 基底膜包裹细胞群 |
| 甲状旁腺癌 | 细胞呈岛样分布。胞间连接。细胞侧膜相互交错。核心致密的分泌性颗粒。多种糖原和细胞器(RER，SLE，线粒体，高尔基体)。偶见嗜酸性细胞聚集成簇 | 基底膜包裹细胞群 |
| 阴囊瘤 | 轮生的细长细胞，具有双极细胞突起。胞饮小泡。细胞器稀少 | 不连续的基底膜<br>胶原 |
| 嗜铬细胞瘤 | 多边形细胞聚集成簇。核心致密的多边形大颗粒(有时透明或部分填充)。突起的高尔基体。为数不多的支持细胞 | 基底膜包裹细胞群<br>许多小血管 |
| 浆细胞瘤 | 大量粗面内质网。膜结合致密体(+/−)。细胞间连接(+/−)。偏心核。核旁区有高尔基体、中心粒、线粒体 | 无基底膜。淀粉样蛋白(+/−) |
| 横纹肌肉瘤 | 粗的(15 nm)肌球蛋白丝。Z 形连接结构。肌小节。细的(6 nm)长丝。糖原。线粒体(+/−) | 不完全的基底膜。胶原 |

续表 17-4

| 肿瘤类型 | 细胞特性 | 细胞外基质 |
|---|---|---|
| 神经鞘瘤 | 长缠绕突起。数量可变的线粒体、粗面内质网、溶酶体。中间丝 | 基底层。胶原基质 |
| 精原细胞瘤 | 紧密的，并置的圆形至多边形细胞。胞间连接。大的常染色体核。<br>突出的核仁。丰富的糖原。数量可变的细胞器；为主的是游离核糖体 | 基底层(+/−) |
| 睾丸支持细胞瘤 | 多角形细胞。细胞间连接。缩进核。连接复合体。交错的侧细胞膜。丰富的SER。脂滴。具有管状嵴的线粒体。次级溶酶体 | 基底层。胶原基质 |
| 鳞状细胞癌 | 桥粒。透明角质颗粒。张力原纤维 | 基底层 |

(+/−)=非所有肿瘤或细胞中均呈现的特征；(−/+)=极少被观察到的特征。

超显微病理学精美图鉴(Dickersin，2000；Dvorak and Monahan-Earley，1992；Erlandson，1994；Eyden，1996；Ghadially，1998)。

> **关键点**　对于肿瘤的超显微研究应当依循如下顺序：细胞间形态学关联，外板，细胞轮廓，胞间连接；胞质颗粒，丝状物，空泡和囊泡；细胞器类型及其辨识；细胞核与核仁的形态学观察以及基质观察。

## 特殊组织化学染色

“特殊染色”这一术语包含了大部分在组织病理学中使用的组织化学染色方法，并将它们与标准的苏木精-伊红染色法区分开来。特殊染色曾经并且仍将是鉴别大量病灶和组织的重要技术手段。在IHC和分子生物学技术出现之前，特殊染色法是除了HE染色法之外，鉴别病灶的主要方法。绝大多数实验室都可以利用常规的组织病理学仪器进行特殊染色。

特殊染色法的优点

- 操作简单快捷。
- 大多数方法具有标准化的、重复性高的操作流程。
- 近年来，许多特殊染色试剂有市售试剂盒，并可使用自动染色仪进行操作。
- 这些方法已经被充分验证，且基于原始方法发展出了许多改进方案以优化染色质量。
- 这些方法成本较低。
- 可用于检测由于缺乏商业化抗体而无法用IHC检出的物质。

特殊染色法的缺点

- 一些染色方法由于未知原因难以预测结果。
- 基于组化反应的特性，会同时检测到大量的化学组分，而非少数包含一个抗原表位的氨基酸(IHC)或短的核苷酸序列(分子生物学技术)。换言之，组织化学染色法的特异性低于IHC和分子生物学技术。

### 染色原理

许多因素影响组织染色的亲和力：1)溶剂-溶剂相互作用(例如，酶及其底物之间的疏水性结合)；2)染料-染料相互作用(例如，用碱性染料进行异染性染色，银浸染法)；3)试剂与生物组织间的库仑引力(例如：酸性和碱性染料)，范德瓦耳斯力(例如，诸如弹性纤维类大分子的检测)，氢键(例如：利用非水溶剂中的胭脂红酸进行多糖染色)，或共价键(例如：用Feulgen反应检测细胞核，PAS染色)(Horobin，2013)。

特殊染色主要用来表征一些物质的特异性化学基团(例如：糖原，髓鞘)(图17-10和表17-5)，或者证明微生物的一般形态结构(例如，真菌，细菌)(McGavin，2014)(图17-11和表17-6)。这里推荐给读者一些介绍特殊染色法及组织学技术其他方面内容的参考书籍(Carson，1997；Prophet，1992；Suvarna et al.，2013)。

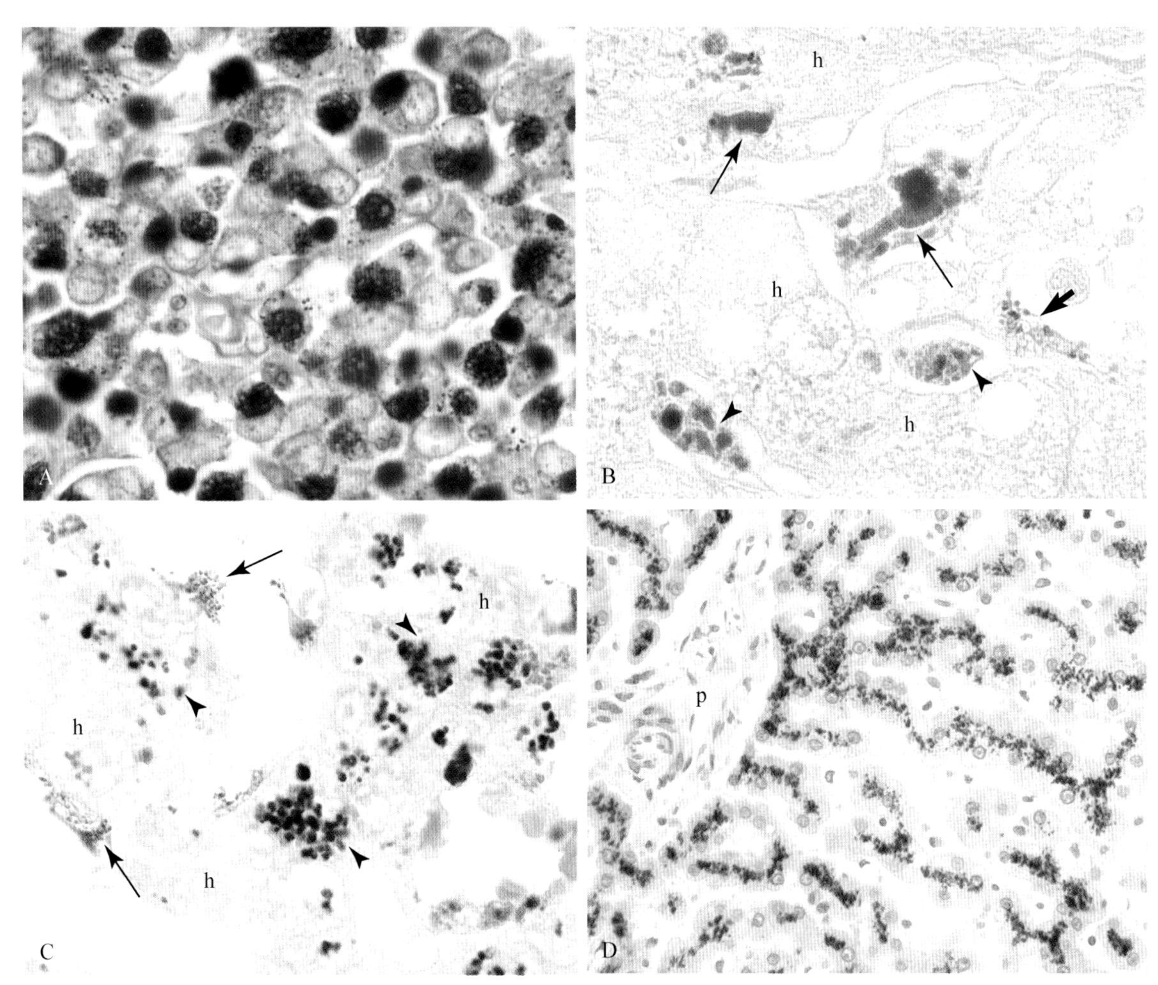


■ 图 17-10 **A-D,使用特殊组织化学染色法检测颗粒物和色素。A. 吉姆萨染色。肥大细胞瘤。皮肤。犬。**细胞被具有肥大细胞特征的大量致密异染颗粒(紫色)填充。**B. 霍尔染色。肝脏。犬。**出现于胆小管(短箭头示)和库弗氏细胞内(箭头尖示)的绿色色素是胆汁。含铁血黄素(长箭头示)不被染色,但由于其折光性而显现。肝实质细胞(h)可见。**C. 红氨酸染色。肝脏。犬。**该染色显示了肝实质细胞(h)内的铜颗粒(箭头尖示)。含有含铁血黄素颗粒(箭头示)的库弗氏细胞可见。**D. 普鲁士铁染色。肝脏。犬。**肝实质细胞内的铁显蓝色。肝门管区(p)可见。

**表 17-5 细胞内和细胞外物质的特殊组织化学染色**

| 染色剂 | 物质或结构 | 颜色 |
| --- | --- | --- |
| 酸性磷酸酶 | 前列腺 | 黑色 |
| 阿尔新蓝 | 唾液黏蛋白,透明质酸、硫酸黏多糖 | 蓝色 |
| 茜素红 S | 钙 | 橙红色 |
| 贝斯特洋红染液 | 糖原 | 深红色 |
| Bielschowsky 银染液 | 轴突 | 黑色 |
| 刚果红 | 淀粉样物 | 橙红色* |
| 甲酚紫 | Nissl 物质 | 蓝紫色 |
| Dunn-Thompson 染液 | 血红蛋白 | 翠绿色 |
| 福尔根氏染液 | DNA | 紫红色 |
| 韦[塔纳]-麦[森]二氏染剂 | 黑色素 | 黑色 |
| Gordon & Sweet 网硬蛋白纤维染液 | 网状纤维 | 黑色 |
| Grimelius 染液 | 嗜银性颗粒 | 黑色 |
| 霍尔染液 | 胆汁/胆绿素 | 绿色 |
| Jone 六亚甲基四胺 | 基膜 | 黑色 |
| 金杨氏(改良抗酸染色)染液 | 脂褐质 | 红色 |
| 勒克司坚牢蓝 | 髓磷脂 | 蓝色 |
| 苏木精 | 肌肉,(血)纤维蛋白,神经胶质过程 | 深蓝色 |

续表 17-5

| 染色剂 | 物质或结构 | 颜色 |
| --- | --- | --- |
| 马森三色染剂 | 肌肉,胶原蛋白 | 肌肉:红色<br>胶原蛋白:蓝色 |
| 迈尔黏蛋白胭脂红 | 黏蛋白,透明质酸,硫酸软骨素 | 玫红色 |
| 甲基绿派诺宁 | 核酸 | DNA:竹绿色<br>RNA:红色 |
| 油[溶]红 O | 脂肪 | 亮橙色 |
| 过碘酸-希夫氏染液(PAS) | 糖原,黏蛋白 | 红色 |
| 普鲁士蓝 | 铁 | 蓝色 |
| 硫氧酸 | 铜 | 红色 |
| 二硫代草酰胺 | 铜 | 墨绿色 |
| 施莫尔反应剂 | 黑色素、脂褐素 | 深蓝色 |
| 苏丹黑 B | 脂肪 | 黑色 |
| 甲苯胺蓝 | 肥大细胞 | 紫色 |
| 费尔赫夫染液 | 弹性纤维 | 黑色 |
| Von Kossa 染液 | 钙 | 黑色 |

* 偏振光下呈苹果绿色双折射。

**表 17-6 微生物的特殊组织化学染色**

| 染色剂 | 微生物 |
| --- | --- |
| 吉姆萨 | 异染颗粒;原生动物和某些细菌的良好染剂 |
| 革兰氏 | 细菌标准染色 |
| 格-高二氏乌洛托品硝酸银 | 真菌,卵菌,肺囊虫 |
| Jimenez | 衣原体 |
| 马基阿韦洛染剂 | 衣原体 |
| 黏蛋白卡红 | 隐球菌包囊 |
| 过碘酸-希夫(氏)染剂 | 真菌 |
| Steiner 和 Steiner 银染剂 | 多种细菌,包括幽门螺杆菌(细菌黑染与背景对比鲜明) |
| 甲苯胺蓝 | 异染颗粒 |
| Wade-Fite 染剂 | 抗酸菌,包括结核分枝杆菌,诺卡氏菌 |
| Warthin-Starry 染剂 | 用途与 Steiner 染色类似 |
| 石炭酸品红染剂 | 抗酸菌;诺卡氏菌难检测 |

## 流式细胞术

虽然通常仅依靠细胞形态学就足以完成细胞鉴别,但在许多实例中,为了提供诊断依据或预后信息,需要对细胞进行更客观和精细的鉴别。在这方面,流式细胞仪是一种可利用且易得的工具,它能够使细胞以单细胞悬液形式通过激光从而实现个体细胞的分析。细胞的光吸收和光散射属性能够分别提供关于细胞大小和细胞内部复杂性/粒度的相关信息。在使用特异性抗体时,还可以对细胞内部和细胞表面表达的物质进行量化研究。

流式细胞术在临床上应用最广泛的方面包括使用针对表面抗原的荧光标记抗体孵育细胞,以确定表达目标分子的细胞分布和单个细胞的表达情况。由于抗体能够被具有不同激发和发射波长的荧光染料标记,所以可以同时检测细胞多种表面分子的表达。流式细胞术的主要优点是能够快速客观地识别大量细胞。在临床上,流式细胞术最常用于造血细胞的分析,以表征淋巴瘤和各种白血病,并对疑似免疫疾病病例进行造血细胞的定量分析。

本章的主要内容集中于动物物种的细胞样品制备方法、抗体和数据分析。由 Howard Shapiro 撰写的《实用流式细胞术》非常详尽地向读者介绍了流式细胞术各方面细节问题,包括方法学、仪器使用及数据分析。该书可通过 Beckman Coulter 官网 www.beckman coulter.com 免费获得。

### 方法

#### 样品采集

使用流式细胞术分析样品时,样品细胞必须呈悬浮状态且无团块或碎片。抗凝全血或体腔积液一般可直接由流式细胞仪检测分析。从固体组织中抽吸的样品可使用血清介质进行重悬浮。在大学或实验室操作中,使用 HEPES 缓冲并添加 5%～10%胎牛血清的 RPMI 或 DMEM 等组织培养基是理想介质。而在临床操作中,可使用 0.9%的生理盐水,也可添加取自病人或相同种属其他动物的 10%血清。因为每个抗体结合至少需要 10 000 个细胞，所以一次完整的分析需要几个组织抽吸样品。为保证获取理想的细胞样品，可将细针抽吸物注入生理盐水/血清中进行悬浮并使用悬浮液反复冲洗针筒。最优的细胞样品其悬浮液应呈轻微悬浊而非透明。如需运输样品，样品必须冷藏。Cian 等（2014）研究表明，当实验室间远途运输用于免疫分型的全血样本时，使用 Cyto-Chex BCT 管（Streck，奥马哈，内布拉斯加州，美国）有助于提高细胞的稳定性。但正常犬血中 CD45 和 CD3 的表达水平在 3 天后会显著下降。

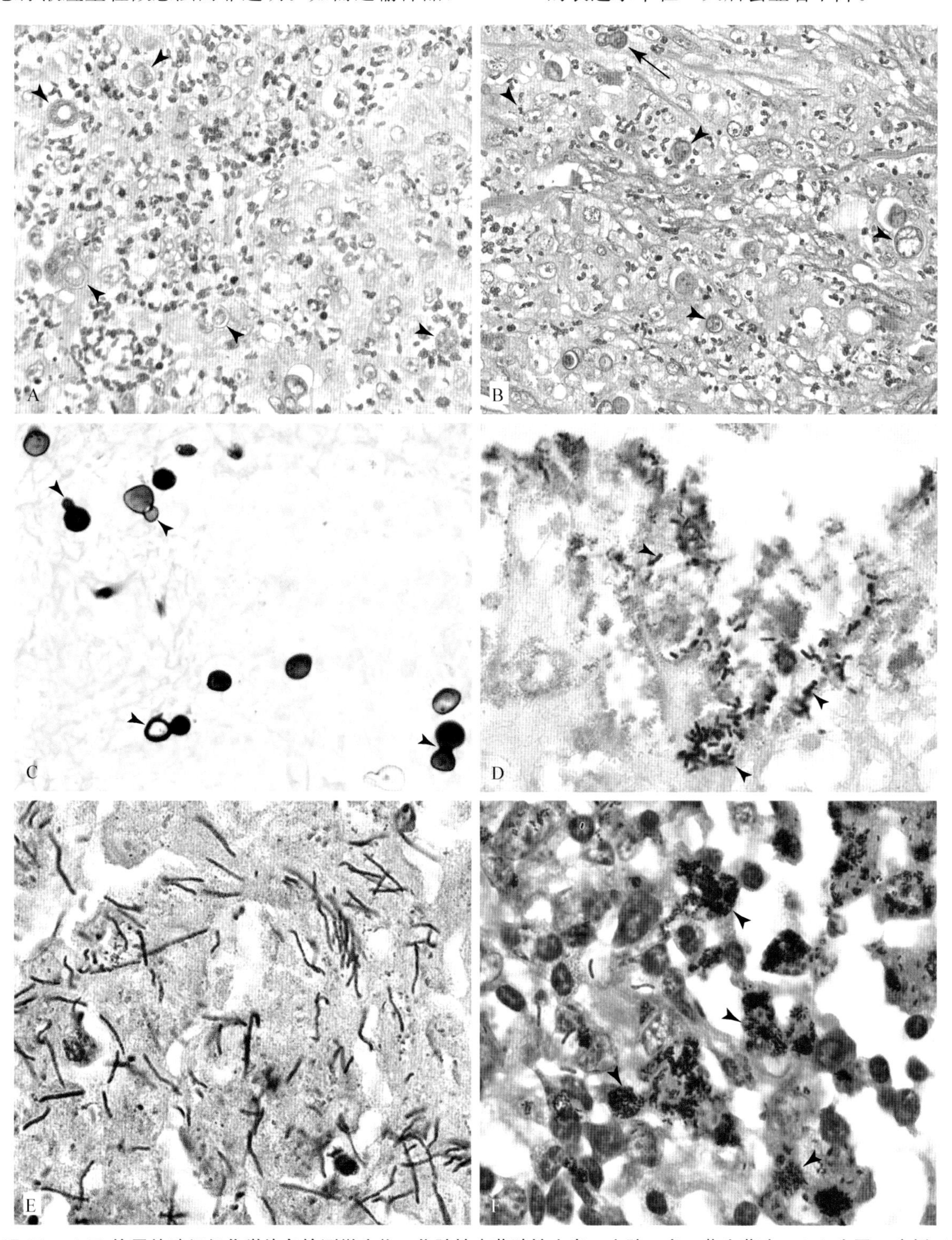


■ 图 17-11 **A-F，使用特殊组织化学染色检测微生物。化脓性肉芽肿性皮炎。皮肤。犬。芽生菌病。A-C 为同一病例. A.** 常规苏木精-伊红染色，细胞炎性反应非常明显，但酵母菌（箭头尖示）检测比较困难。**B.** 过碘酸希夫染色（PAS）通过将酵母菌细胞壁染成紫红色而提高了对酵母菌的检测（箭头尖示），注意广泛的出芽结构（箭头示）。**C.** 格-高二氏乌洛托品硝酸银染色较好地显示了酵母菌形态，但炎性过程的细节展示较差。广泛的芽殖酵母菌可见（箭头尖示）。**D.** 犬肠道革兰氏染色显示许多革兰氏阳性菌体（箭头尖示）。**E. Warthin-Starry 染色。肝脏。马。泰泽氏菌。**这种染色方法基于与背景的高对比度，非常适合检测微生物。**F. 齐-尼二氏染色（Ziehl-Neelsen stain）。皮肤。犬。分枝杆菌性皮炎。**抗酸菌（箭头尖示）被强染成亮红色。注意视野中未染菌的杆菌。

实验室样品的制备

流式细胞术中细胞样本的制备在不同实验室间有很大差别(Gelain et al.,2008;Lana et al.,2006a;Vernau and Moore,1999;Villiers et al.,2006),且目前未出现公认的最好方法。最常见的方法是在细胞样品制备的第一步中通过低渗溶液裂解移除红细胞。另一种方法是在诸如 Histopaque 等溶液中通过密度梯度离心样品。通过离心,中性粒细胞、红细胞和血小板沉于 Histopaque 液底层,而单核细胞将保留于液体上清中。虽然这项技术能相当程度地提取浓缩单核细胞,但目的细胞也可能通过密度梯度沉降而损失。因此不建议使用该方法进行诊断分析。

当进行 CD4、CD8 等细胞表面抗原表达分析时,细胞要在添加了蛋白质(牛血清白蛋白或胎牛血清)的磷酸盐缓冲液中与针对细胞表面标记物的抗体共同孵育。一抗未标记或已直接结合标记荧光分子。直接标记的抗体在染色后立即可见,这有助于实现多个标记物的同时使用。使用未标记抗体进行细胞染色时,必须用能够识别一抗所属物种免疫球蛋白的荧光标记抗体进行二次染色(如羊抗鼠免疫球蛋白)。通常,为避免个体细胞的多标记物同时定量检测,在一个染色反应中只使用一个单一的未结合抗体。每个样品设置对照反应组十分重要。对照组应由染色阴性细胞和由与待检细胞无特异性结合的同型抗体染色的细胞组成。阴性染色的细胞用于矫正自体荧光,无关抗体反应的荧光强度用于体现背景染色水平。

针对免疫表型分析,不同实验室在不同的方案中采用多种不同的抗体。表 17-7 给出了犬、猫疑似淋巴瘤和多种白血病分析的最小抗体组建议,但大部分实验室要另加一些基于实验员经验和培训而筛选的抗体(Burkhard and Bienzle,2013)。流式细胞术中常规动物用直接标记抗体的最大供应商是 AbD Serotec(www.ab-direct.com),表 17-7 中列出的大部分抗体在该公司均可购买。其他供应商,如 R&D Systems(www.rndsystems.com)、B-D Biosciences(www.bdbiosciences.com)和 Southern Biotech(www.southernbiotech.com,仅猫)所供应的抗体量较少。表 17-1 列出了 IHC 和 ICC 中所用特异性抗体的供应商。

**表 17-7　流式细胞术中用于犬、猫粒性白细胞表征的抗体组†**

| 细胞类型 | 抗原 | 克隆(S) | 抗体产生抗性的物种 |
|---|---|---|---|
| **犬** | | | |
| T 细胞 | CD3 | CA17.2A12 | 犬 |
| T 细胞亚群/中性粒细胞 | CD4 | YKIX302.9/CA13.1E4 | 犬 |
| T 细胞 | CD5 | YKIX322.3 | 犬 |
| T 细胞亚群 | CD8α | YCATE55.9/CA9.JD3 | 犬 |
| 单核细胞/中性粒细胞 | CD14 | TUK4/UCHM1 | 人 |
| B 细胞 | CD21 | CA2.1D6/LB21 | 犬/人 |
| 前体 | CD34 | 1H6 | 犬 |
| 所有的白细胞 | CD45 | YKIX716.13/CA12.10C12 | 犬 |
| **猫** | | | |
| T 细胞亚群 | CD4 | Vpg39 | 猫 |
| T 细胞 | CD5 | FE1.1B11 | 猫 |
| T 细胞亚群 | CD8α/β | Vpg9 | 猫 |
| 单核细胞 | CD14 | TUK4* | 猫 |
| B 细胞 | CD21 | CA2.1D6/LB21 | 犬/人 |

* TUK4 不染色中性粒细胞但 UCHM1 染色中性粒细胞。
† 抗体组应用于科罗拉多州立大学(Avery 实验室)。

最终的显色反应完成后需进行细胞清洗,然后细胞经多聚甲醛固定后检测或不经固定立即检测。后者细胞可使用多种不同染色剂进行补充染色,这有助于确定细胞活力。这项技术非常有用,因为死亡细胞与抗体间属于非特异性结合。另外,细胞死亡会引发自身大小和分散特性改变,至少两篇文献表明细胞大小在 B 细胞白血病(Williams et al.,2008)和 B 细胞淋巴瘤(Rao et al.,2011)中具有一定预测性。

除了细胞表面分子外,细胞质内也存在几种非常有用的抗原。例如,大部分的人 T 细胞急性淋巴细胞白血病(ALL)缺乏 CD3 的细胞表面表达,但具有 CD3 的胞质表达(Szczepanski et al.,2006)。犬免疫组化中常用的 CD3 试剂在流式细胞术中同样适用(Wilkerson et al.,2005),并能应用于表型急性白血病的抗体组。单核细胞/粒细胞系标记物髓过氧化物酶(MPO)和 MAC387(钙卫蛋白)也属于胞质表达并能用于分析急性髓细胞样白血病(AML)(Villiers et al.,2006)。类似的,当 B 细胞系抗原在细胞表面不表达时,Pax5 和 CD79a 作为 B 细胞系抗原,能够诱发 B 细胞源性肿瘤。为了充分暴露细胞质和细胞核分子,必须在染色前对细胞膜进行透化处理。有相应的商品化试剂盒(如 Life Technologies 生产的 Fix & Perm 试剂盒)来完成该操作。

### 流式细胞仪

生产流式细胞仪的最大、历史最悠久的两个厂商是 Beckman Coulter 和 BD Biosciences。这两个公司均能够规模化生产各种型号的流式细胞仪,小至个人实验室使用的小型简易流式细胞仪,大至大型自动化分析仪。近期,其他的生产商(Guava,Partec)也在加入这个市场。

流式细胞仪是能够记录细胞悬液样品中每一个细胞个体信息的高度复杂的仪器。为完成检测,细胞要集中在液流中通过一个或多个激光器。检测器记录细胞散射光的方式,也就是每个细胞所显示的荧光强度,该荧光强度反过来反映出被荧光标记抗体所检测到的抗原表达水平。建议读者参考 Howard Shapiro 的 *Practical Flow Cytometry* 一书以加深对流式细胞仪的理解(参照 www.beckmancoulter.com)。

### 数据分析

流式细胞术最重要的方面是基于细胞光散射属性检测的数据分析,数据分析始于具有光散射属性的细胞检测。当细胞通过激光器时对光进行散射,检测器记录这些前向和侧向的散射光量。检测到的前向散射光量取决于细胞表面积或大小,而侧向散射光量则体现细胞结构的复杂程度或粒度。图 17-12 展示了典型的犬外周血散布图,图中每个点均代表单个细胞在通过激光器时基于检测到的前向和侧向散射光量的位点。细胞的光散射属性有助于识别淋巴细胞、单核细胞和中性粒细胞群。

虽然目前兽医领域还未就分析方法达成共识,但数据分析的第一步是基于不同细胞群的散射特性进行"设门"。如图 17-12 所示,淋巴细胞有较低的前向和侧向散射值,而中性粒细胞有较高的前向和侧向散射值,单核细胞的散射值则在两者之间。

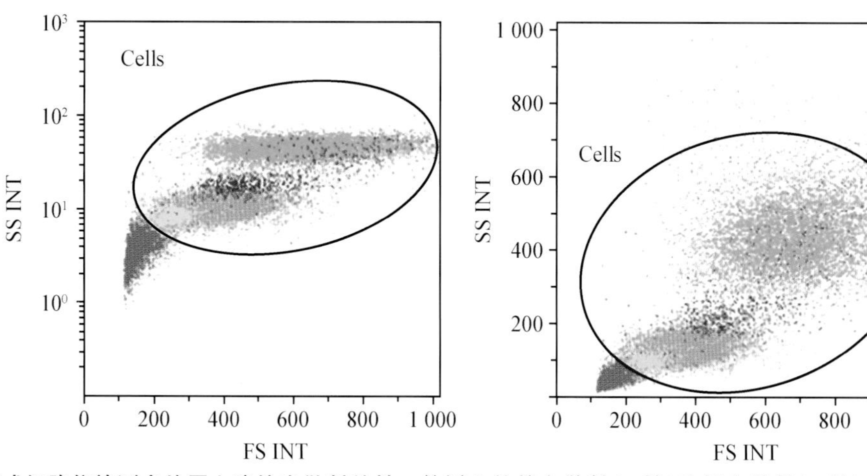


■ 图 17-12 **流式细胞仪检测犬外周血液的光散射特性。**外周血的前向散射($x$ 轴)和侧向散射($y$ 轴)显示出个体中性粒细胞(绿色)、单核细胞(蓝色)和淋巴细胞(黄色和驼色)。这两个图代表同一样品的侧向散射分别以对数值作图(左图)和线性值作图(右图)。这两种作图方式均可使用。正向散射大致反映表面积或尺寸,而侧向散射反映的是细胞质的复杂程度。

第二步是通过分析荧光谱来确定每个细胞群体中表达目标标记物的细胞百分比。用来标记抗体的荧光染料被激光器激活后,发射出一段可以被流式细胞仪检测到的狭窄波长范围的光。不同的荧光染料具有不同的发射波长峰,所以在一个染色反应中可同时使用多种连接不同荧光染料的抗体。检出的荧光信号强度与细胞上荧光染料分子的数量成正比。这些数据可以体现为单参数的柱状图或双参数的点状图(图 17-13)。双参数点状图能够展示单一目标物/细胞,所以能够同时检测两个标记物的相对荧光强度。

操作人员可以根据不同细胞群体的电子门控来确定每个细胞种群中对目标分子显阳性的细胞比率(图 17-13)。阳性细胞率通常取决于对同型对照组的分析和基于对照组进行的设门。阳性细胞百分比取决于落在门上的细胞数量,该门通过阴性对照来设置(图 17-13)。尽管有同型对照作为设门参考,但大家普遍认为为了包含符合逻辑的细胞数目,门的位置设定具有一定的灵活性。例如，在图 17-13 中，有两组离散的细胞，分别对应 B 细胞和 T 细胞，但是很明显有一部分 T 细胞共同表达 B 细胞的 CD21 抗原。鉴于此，进行重新设门以更精准地进行 T 细胞计数。操作人员通过设门也便于重点关注特定的细胞群。图 17-13 展示了患有 B 细胞淋巴瘤的犬的淋巴结。通过分析整个淋巴结发现 59%的细胞是 B 细胞，更重要的是 B 细胞专一地转变为一种离散的大型细胞群。对这些细胞进行专门检验发现几乎 90%都是 B 细胞。这种大型细胞的均匀扩增可以视为 B 细胞淋巴瘤的诊断方法。需要注意的是虽然该病例中的诊断结果已比较明确，但在文献中还未建立肿瘤确诊的统一准则。因此，该技术在数据解析中具有一定主观性。

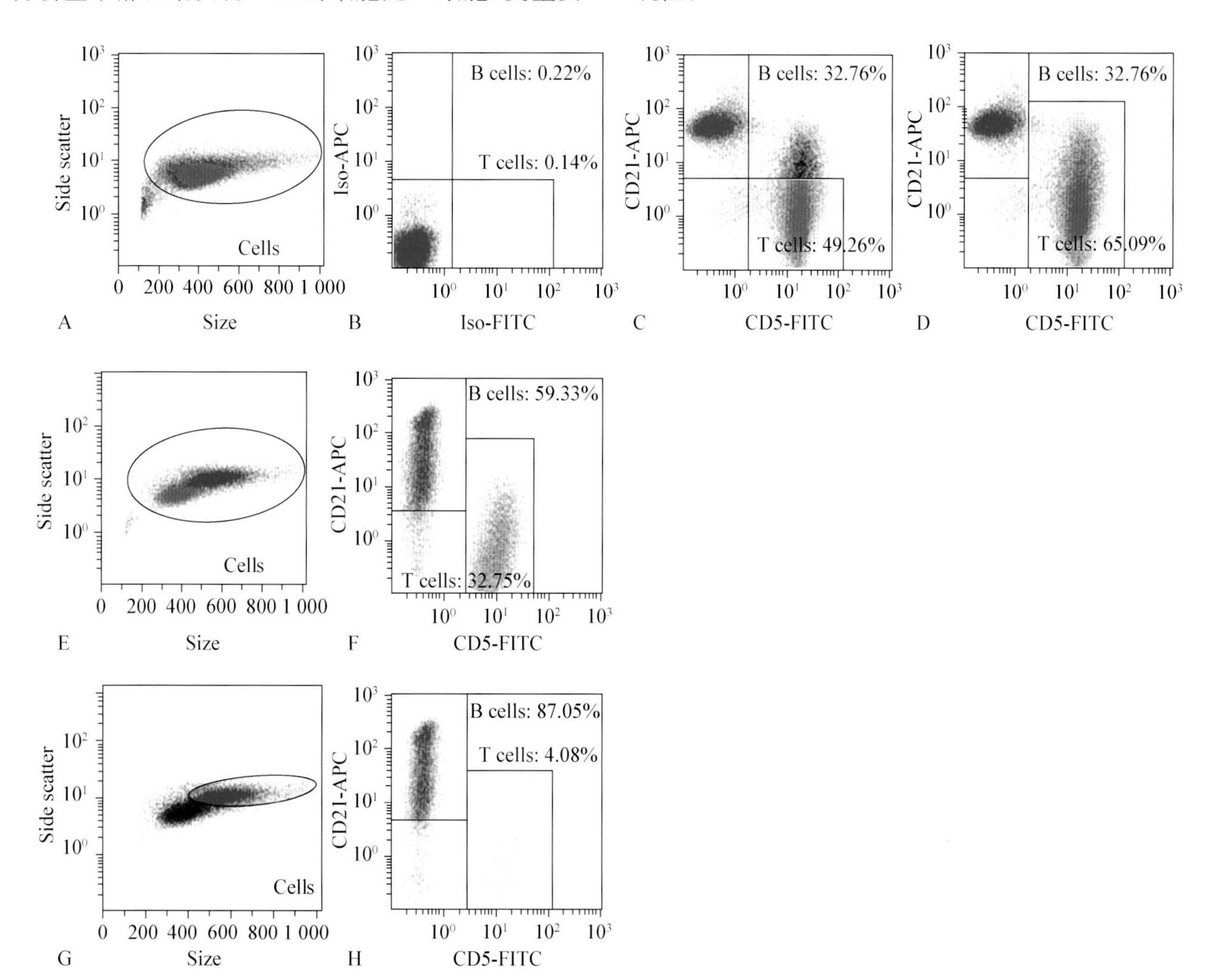


■ 图 17-13　**流式细胞术检测细胞表面蛋白。A.** 活性淋巴结细胞的前向和侧向散射直方图。**B.** 该图的双轴体现了同型对照抗体着色——同型对照抗体是与犬淋巴细胞无特异性结合，但能与用来进行特异性染色的荧光染料结合。"APC"是别藻蓝蛋白染料。"FITC"是异硫氰酸荧光素。该图中设置了两个矩形门，结果落入其中任意一门的细胞不足 1%（四象限可代替矩形门）。**C.** 该图展示了 CD5（T 细胞抗原）和 CD21（B 细胞抗原）的特殊染色，门的设定以同型对照为参考。然而图中可以很清晰地看到，一部分呈 CD5+的细胞可以共表达 CD21，所以对门进行了调整。**D.** 为了反映真实的 T 细胞数量，该样品通过使用抗 CD3 抗体进一步证实 T 细胞的百分含量为 65%。**E-G 对目标细胞群体设门。E.** 淋巴瘤患犬淋巴结的前向和侧向散射特性。与活性淋巴结不同，图中可见两个清晰的离散型细胞群。**F.** 对 B 细胞和 T 细胞群进行识别和电子着色可见表达 CD21 的细胞呈蓝色，表达 CD5 的细胞呈红色。通过设门可见大细胞几乎全部是 B 细胞，这也在单独检测大细胞时得到了验证。**G.** 大细胞群中几乎 90%的细胞是 B 细胞。**H.** 一个可以诊断 B 细胞淋巴瘤的发现。

### 流式细胞仪检测数据报告

所有实验室发表的流式细胞仪数据都不尽相同。在外周血分析中，最重要的信息是每微升外周血中淋巴细胞亚群的绝对数量。当只有百分比数据时，难以将一个细胞群体数量的丢失与另一个细胞群体的扩增区分开来。虽然已有文献报道正常值（Byrne et al.，2000），但由于不同实验室的样品处理方法差异较大，故每个实验室都应当规定其所用方法的正常值。

其他一些报道指出，样品中淋巴细胞亚群的百分含量通常在基于细胞大小对相关种群进行设门后得到。例如，在淋巴瘤患犬的淋巴结细针抽吸样品中，肿瘤性淋巴细胞通常较大（图 17-13）。因此，各淋巴细胞亚群百分比的确定要在对大细胞进行设门后得到。除了表达不同标记物的细胞百分比外，也应注意对缺少抗原或抗原异常表达等表型异常的细胞进行解析或量化。因此，大部分实验室的流式细胞数据报告都是客观数据（表达不同抗原细胞的总数或百分比）和主观评估相结合的产物。由于流式细胞数据分析和报告还未标准化，所以由同一个实验室针对来源于同一患者的样品进行连续分析十分重要。

## 流式细胞术的用途

### 淋巴细胞增多：反应性 vs 肿瘤性

在淋巴增生性障碍的诊断中，如果细胞明确呈现出恶性征兆，则通常依据细胞的外观形态即可判断。此外，在一些病例中淋巴细胞表型成熟，但淋巴细胞超过 30 000 个/μL，可以确诊为淋巴增生性障碍，因为该疾病生存期与淋巴细胞数量较低的病例显著不同（Williams et al.，2008）。

当一只淋巴细胞增多症患犬的淋巴细胞数量少于 30 000 个/μL，且由成熟的小型淋巴细胞组成，除此之外，无其他有助于诊断的临床症状时，可使用流式细胞术来区分慢性淋巴细胞白血病和非肿瘤原因的淋巴细胞增多症。经验认为单一淋巴细胞亚型（CD4 T 细胞，CD8 T 细胞或 B 细胞）的扩增与肿瘤最相符（除了下文提到的犬埃里希体感染）。然而，兽医病理学家和临床病理学家还未就这一诊断标准达成共识。例如，犬外周血中 B 细胞的正常数量为 300 个/μL。如果淋巴细胞数量为 6 000 个/μL，其中 B 细胞数量为 3 000 个/μL，我们就可以确诊为 B 细胞淋巴瘤/白血病吗？可能答案是肯定的，但是缺乏确证这一假设的临床随访和 PAPP 检测的相关研究。

除了单一淋巴细胞亚群的均匀扩增，一些抗原表达异常的细胞（即在正常淋巴细胞中应表达的抗原表达缺失，或在正常淋巴细胞无表达的抗原表达）也可用来诊断恶性肿瘤（Gelain et al.，2008）。例如，Martini et al(2013)和 Seelig et al(2014)研究发现 CD45 表达的缺失是小型透明细胞淋巴瘤或 T 淋巴瘤的一致特点。即使没有淋巴细胞群的显著扩增现象，少数畸变细胞的存也可以提示肿瘤病变。类似的，正常外周血液细胞几乎不表达干细胞抗原 CD34。在外周血中发现少量细胞呈 CD34 表达阳性即可提示急性白血病。

此外，犬阿狄森病、胸腺瘤、埃里希体感染会出现少见的成熟小型淋巴细胞增多。阿狄森病通常包括 B 细胞、CD4 T 细胞和 CD8 T 细胞（无相关文献发表）的扩增。当胸腺瘤病历存在淋巴细胞增多症时，通常以 CD4 T 细胞、CD8 T 细胞以及一些两种蛋白均不表达的 T 细胞扩增为特点（Batlivala et al.，2010）。而犬艾里希体病常特异性地表现为胞质中含有颗粒状物的 CD8 T 细胞的扩增（Heeb et al.，2003；McDonough and Moore，2000；Weiser et al.，1991）。这些 CD8 T 细胞不存在异常的抗原表达，这一现象可将其与肿瘤性 T 细胞区分开来，因为后者通常表现为多种 T 细胞相关抗原的表达缺失或异常表达。

### 免疫表型的预后意义

*淋巴瘤。*犬多发性淋巴瘤的相关研究表明免疫表型（B 与 T）与不同的临床阶段相结合能够提供有效的预后参考（Ruslander et al.，1997；Teske et al.，1994）。T 细胞淋巴瘤，尤其是病变部位位于皮肤或肝脏等淋巴结外位置时通常较 B 细胞淋巴瘤预后差。而需要注意的是，一些 T 细胞淋巴瘤的组织学亚型预后良好，一些 B 细胞淋巴瘤的组织学亚型预后却不良（Ponce et al.，2004；Valli et al.，2006）。在人类医学中，可以通过使用流式细胞术识别细胞表面标记物来区分淋巴瘤的一些组织学亚型。Avery 等（2014）研究表明 CD4 和 CD45 阳性并低水平表达Ⅱ级 MHC 的 T 细胞淋巴瘤均预后不良。另一种 T 细胞疾病，T 区淋巴瘤也可使用流式细胞术确诊（Seelig et al.，2014）。T 区淋巴瘤与淋巴母细胞性 T 细胞淋巴瘤不同，前者是一种有着较长中位生存期的慢性疾病（Flood-Knapik et al.，2013）。因此，简单地从 T 细胞淋巴瘤中辨别出 B 细胞仅仅为预后判断提供了部分不完整的参考。其他的检测手段，如流式细胞术或由经验丰富的血液病理学家进行组织病理学评估，对于提供精准的诊断信息也很重要。

*外周血淋巴细胞增多。*白血病的分型问题在兽医领域尚待解决。在人类医学中，以循环性的成熟小 B 淋巴细胞为特征的疾病叫作慢性淋巴细胞性白血病/小细胞淋巴瘤（CLL/SCL）——区分白血病和淋巴瘤不具有临床或预后意义。一个病理学团队在他们有关 B 细胞淋巴组织增生性疾病的研究中认同这一观点（Vezzali et al.，2010）。40%的伴有小型 B 细胞扩增的犬同时患有淋巴结疾病（Williama et al.，2008），这组病例的中位生存期超过 1 000 天，并且表现疑似 CLL，但由于淋巴结通常不做活检，故是否该组所有病例均归类为 CLL/SCI 尚不明确。

犬的慢性 T 细胞白血病特征包括成熟 T 细胞的扩增，这比犬慢性 B 细胞白血病更为常见（Workman and Vernau，2003）。这些病例中的一个亚型具有统一的独特表型，即上文提到的泛白细胞抗原 CD45 的表达缺失。亚型的表型不尽相同，还包括 CD4、CD8 亚型或是二者均不表达的 T 细胞，但是无论 T 细胞是何亚型，这种疾病均以慢性的临床发展进程为特征(Seelig et al.,2014)。如果这些患者存在淋巴结疾病，那么这些病例的组织学诊断为 T 区淋巴瘤，该疾病的中位生存期为 33 个月(Flood-Knapik et al.,2013)。

由成熟小 T 细胞组成的淋巴细胞增多症不仅限于 T 区表型。CD8 T 细胞型淋巴细胞增多症较常见，当淋巴细胞计数少于 30 000 个/μL，该疾病表现得类似慢性淋巴细胞性白血病(Williams et al.,2008)。包含 CD4 T 细胞的淋巴细胞增多症不常见，但在某些病例中，这类疾病病程也较长。

关于猫的白血病仍知之甚少，但一项研究表明最常见的猫慢性淋巴细胞性白血病类型是 CD4＋型，该类白血病的中位生存期是 15 个月(Campbell et al.,2012)。一种侵袭性更强的白血病是肠道淋巴瘤。这种疾病中 CD8＋最常见且细胞被描述为 LGL(大颗粒淋巴细胞)。这些病例的最长生存期是 84 天。

## 急性白血病的分型

依据细胞形态学进行诊断的急性白血病一直以预后不良著称。犬抗 CD34 抗体是一种在前体淋巴细胞上常见的标记物，该标记物有助于急性白血病的客观辨识。CD34 很可能在 ALL 和 AML 中均有表达(Workman and Vernau, 2003; Villiers et al.,2006)，但目前还没有关于不同白血病亚型中 CD34 分布情况的相关研究报道。此外，急性白血病的传统分型方法只以细胞形态学为唯一依据，而母细胞形态学和 CD34 表达之间的关联尚未建立。但近期研究表明在犬中随着循环性 CD34＋细胞的增多，犬的存活期显著缩短(Williams et al.,2008)。

通常当外周血或骨髓中检出母细胞时，对细胞谱系进行归类会非常困难，流式细胞术在这些病例中大有用武之地，尽管研究细胞形态学特性与免疫表型关联性的文献报道也非常少。急性白血病的细胞质着色比表面染色更有效，因为人类的 T 细胞 ALL 只在细胞质中表达 CD3(Szczepanski et al.,2006)。急性 B 细胞白血病可能也仅表达与其细胞谱系相关的胞质抗原，如 CD79a。表达 CD3、CD79a 二者中任一抗原的白血病可归类为淋巴性白血病。而表达 CD14 或 CD11b 等表面抗原的细胞可归类于骨髓性白血病。通过使用髓系过氧化物酶抗体或 MAC387 抗体进行胞内染色可为这些细胞的髓系来源提供进一步的确证。现已有通过使用一系列标记物建立 AML 分型(AML-M1,M4 和 M5)与免疫表型关联性的出色研究(Villiers et al.,2006)，但还未见 ALL 类似报道。

## 纵隔肿物的诊断

流式细胞术在富含淋巴细胞的纵隔肿物病例中区分胸腺瘤和淋巴瘤非常有用(Lana et al.,2006a)。胸腺瘤的肿瘤细胞类型是支持正常 T 细胞分化的胸腺上皮细胞。在胸腺分化过程中，T 细胞经历了一段共表达 CD4 和 CD8 的时期。胸腺是唯一存在这类共表达细胞的地方，所以成年犬纵隔肿物中存在这类细胞对胸腺瘤具有诊断指导意义(图 17-14)。在 CD4＋和 CD8＋阶段之后，但在离开胸腺之前，T 细胞下调其中的一种蛋白质。因此，在胸腺瘤病例中循环 T 细胞的数量有所增加，但是在血液中检测不到共表达的 CD4 和 CD8。相比之下，累及纵隔的淋巴瘤通常是仅表达两种亚型标记物 CD4 或 CD8 中的一种或二者均不表达的 T 细胞。纵隔淋巴瘤中的细胞往往较大，而胸腺淋巴瘤细胞较小。因此，流式细胞术通常能够区分这两种实体瘤。由于正确区分这两种实体瘤决定病患将采取化疗还是手术治疗方案，所以这项检测非常重要。

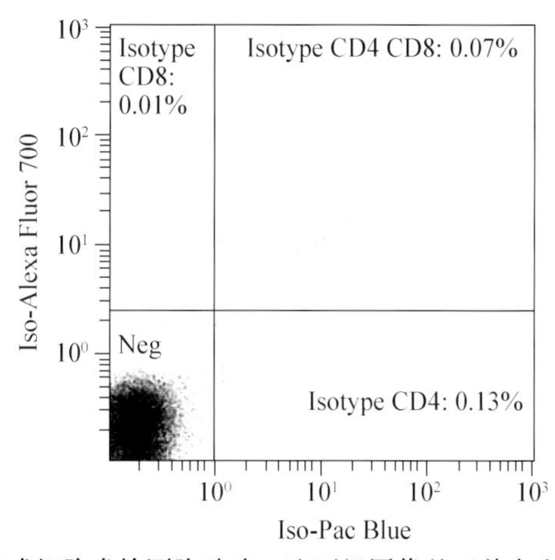


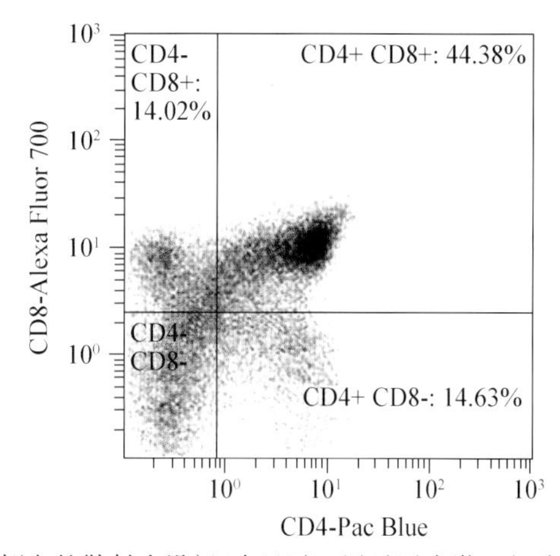


■ 图 17-14 **流式细胞术检测胸腺瘤。**这两组图像基于前向和侧向的散射光设门(未显示)，展示了小淋巴细胞的荧光标记。左图，同型对照显示了四个象限。右图，CD4 和 CD8 荧光显示 51%的细胞共表达 CD4 和 CD8(右上方象限)。注意仅表达 CD4 和 CD8 的细胞，这些细胞代表了双阳性(CD4＋CD8＋)阶段后的胸腺分化阶段，在这个阶段两种标记中的一种已被下调。这些单一阳性细胞从胸腺进入血液。双阳性 T 细胞不离开胸腺，因此在胸腺瘤病例中不存在循环性双阳性 T 细胞。

## PCR 抗原受体重排

在人类医学中，如果常规细胞学、组织学和免疫表型分析不足以确诊恶性淋巴肿瘤，还可以通过检测克隆性重排的抗原受体基因以确定其克隆性这一手段来确诊（Swerdlow，2003）。克隆性检测是以淋巴细胞针对不同抗原的反应不同这一发现为基础的，这些抗原可以源于环境（比如过敏原）、病原体或是机体本身（自体抗原）。相比之下，恶性淋巴瘤是同质性的，由一种单一的变异细胞形成。正常的淋巴细胞分化取决于抗原受体重排这一过程，因此，所有成熟淋巴细胞都要经过抗原受体基因的 VJ 或 VDJ 重排。其中 B 淋巴细胞中进行重排的是免疫球蛋白基因，T 淋巴细胞中重排的是受体基因 α/β 和/或 γ/δ 基因（Jung and Alt，2004）。在这个过程中（图 17-15），当核苷酸重组时基因之间的核苷酸被剪切或添加，这诱导了基因长度和序列的显著异质性，特别是在互补决定区 3（CDR3）中。B 细胞免疫球蛋白基因的进一步变化是由抗原驱动性 B 细胞活化过程中的体细胞突变造成的。这一分化的最终结果产生了具有超强抗体特异性和不同 CDR3 序列与长度的多样化淋巴细胞群。来自相同克隆的淋巴细胞会有相同长度和序列的 CDR3 区。术语 PARR（PCR 抗原受体重排）用来与其他类型的 PCR 检测和克隆方法相区分（注意该英文缩写是由 Burnett et al.，[2003]提出的，但人类诊断实验室中的同种检测分析并不使用该缩写）。人类医学中其他的克隆检测方法包括 *BCL1-IGH* 和 *BCL2-IGH* 基因扩增，因为人类 B 细胞淋巴瘤中携有 BCL 和 IGH 位点的染色体易位比较常见（van Dongen et al.，2003）。

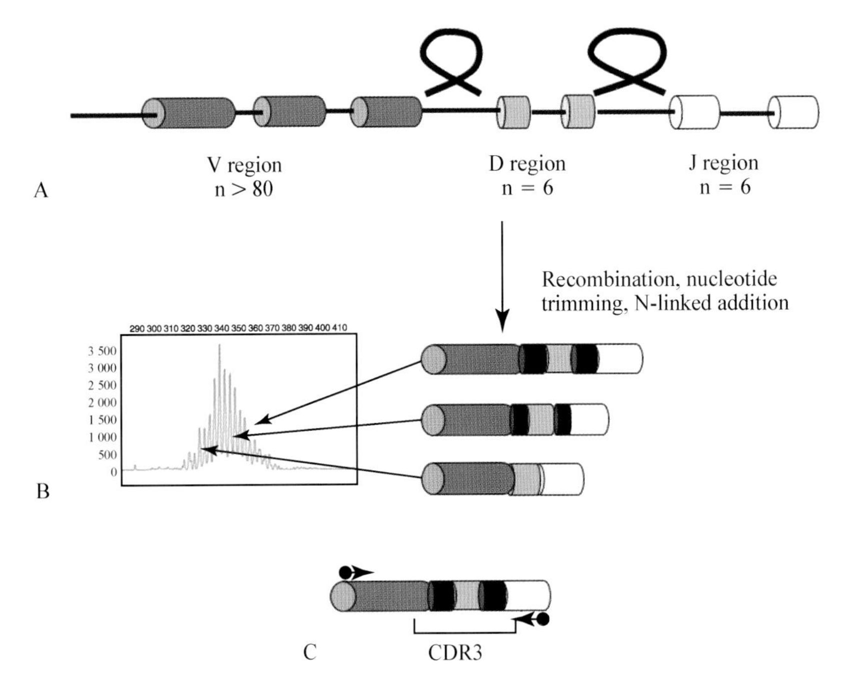


■ 图 17-15 **免疫球蛋白基因重排。A.** 1 个 V 区基因（在犬的基因组中大约有 80 个）与 1 个随机选择的 D 区基因（犬基因组中有 6 个）和 1 个 J 区基因（犬基因组中有 6 个）重组成干扰 DNA。**B.** 在此过程中，基因之间插入核苷酸（黑条示）。这使得互补决定区 3（CDR3）的基因长度和序列发生一系列变化。从而可使用毛细血管电泳梯度分离得到代表不同 B 细胞群的大小不一的 DNA（如图左侧所示）。**C.** 当 DNA 来源于不同的淋巴细胞时，对保守结构区 V 区和 J 区（箭头示）的同源性引物进行 PCR 扩增，可得到不同大小的产物。引物位于高变异区 CDR3 区外，以便于尽可能检测出不同的 V 区和 J 区基因。

### 方法

#### 样本采集

该试验的操作细节可参考文献（Avery and Avery，2004；Workman and Vernau，2003）。克隆检测的第一步是从组织中提取 DNA。几乎任何类型的组织都可以作为 DNA 来源，包括血液、体腔液、抽吸物、CSF、已染色或未染色的细胞学样品和石蜡块包埋组织。其中后者最不适于 DNA 提取，因为福尔马林固定会降解 DNA，引发较多的假阴性或假阳性结果。留存样品，包括旧的细胞玻片，可作为回顾性分析材料。

#### DNA 扩增

对杂交于免疫球蛋白和 T 细胞受体基因的 V 区和 J 区基因保守区域的引物进行 DNA 的 PCR 扩增。虽然 T 细胞受体可以是 α/β 或者 γ/δ，但是通常用 TCR γ 识别引物。因为 TCR γ 基因很少，所以即使检测大量恶性肿瘤所需引物也很少，并且 TCR γ 的重排早于 TCR β，所以即使恶性肿瘤最终表达 TCR α/β，TCRγ 也会发生克隆。在人类医学中，能够识别 TCR α、TCR β、TCR γ、VJ、DJ 和 BCL-IgH 重排反应的引物可用来进行克隆性检测（van Dongen et al.，2003）。

阳性对照基因的扩增是克隆性检测中很重要的一部分。几乎任何一个基因都可以用来扩增。扩增的目的是确保有质量合格的足量 DNA 来分析试验结果。在缺少阳性对照时，阴性结果可能无法反映缺少克隆扩增的淋巴细胞；它甚至表明样本中不含有优质扩增 DNA。

### 数据分析

进行 PCR 产物分析时可以用多种方法，这些方法可以用来估测产物的大小和序列的异质性。虽然在人医和兽医中，原始的克隆检测方法均包括使用聚丙烯酰胺凝胶，通过大小差异进行 PCR 产物的分离，但这些方法已被毛细管凝胶电泳大量取代，因为后者对衡量产物大小具有更高的分辨率并可以提供更多一致性的结果。琼脂糖凝胶电泳不适用于分析 PARR 实验，因为即便琼脂糖凝胶分辨率较高但对于 PARR 实验来说依然不足。

一个或多个单一大小的 PCR 产物代表淋巴细胞的克隆群。虽然假定恶性肿瘤中最多可见两个 PCR 产物（每个重排于一条染色体上），但实际上，尤其对于 T 细胞受体重排而言，可见多于 2 个重排（Kisseberth et al.，2007）。单一恶性肿瘤中可检测到的抗原受体克隆性重排的最大数量尚未见报道，所以克隆群和寡克隆群的分界目前仍不清楚。Keller 和 Moore（2012）的观点称，多重表现为寡克隆的单一尺寸 PCR 产物应被称为克隆。淋巴细胞的多克隆群体现为大小不一的克隆产物。图 17-16 列举了活性淋巴结中进行 PARR 检测的实例，其中一个病例是 B 细胞淋巴瘤，一个是 T 细胞白血病。

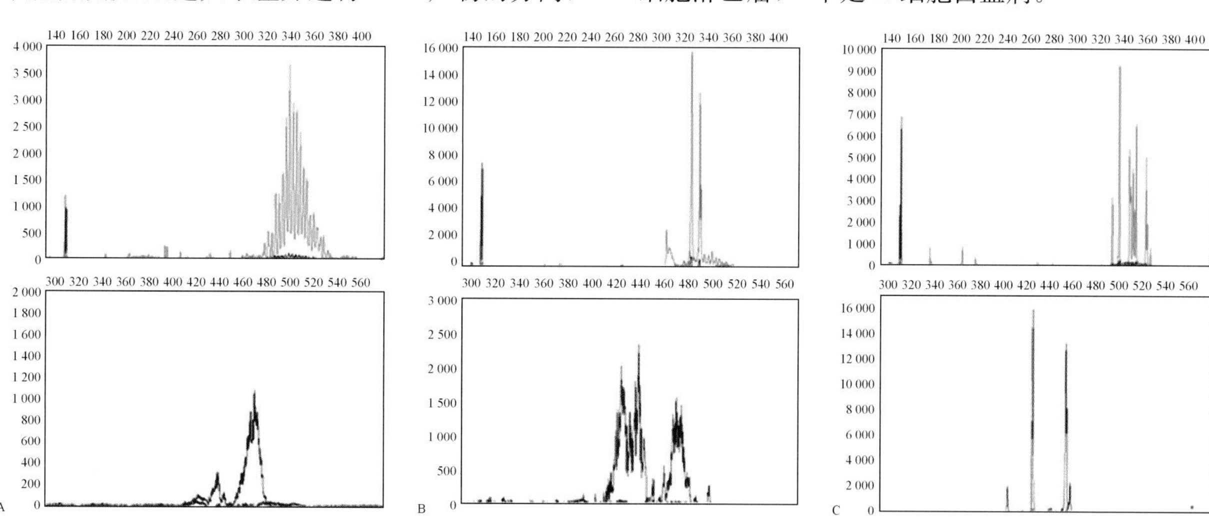

**图 17-16　PARR 检测结果。**所有 3 个病例上方图示为免疫球蛋白基因（绿色）和 1 个阳性对照基因（蓝色）的扩增。下方的图示为使用两对不同的引物（蓝色和黑色）对 T 细胞受体基因进行扩增，结果产生了大小略有不同的产物。产物的大小（基数）列于 $x$ 轴，荧光强度列于 $y$ 轴。**A.** 患有皮炎继发反应性淋巴增生的犬淋巴结。**B.** 患有 B 细胞淋巴瘤的犬淋巴结。**C.** 患有 T 细胞白血病的犬外周血液。注意 C 尽管有多种免疫球蛋白基因产物，但产物的数量远少于 A 组，这个结果反映了该病患的外周血液中 B 细胞较少。

兽医领域尚无界定阴性和阳性结果的相关指南。美国科罗拉多大学实验室规定，如果克隆峰值高于基线的三倍，则认定为阳性（克隆性），这与近期发表的人类研究一致（Miyata-Takata et al.，2014）。实验室无论选用何种检测方法进行检测，均应评价其灵敏性和特异性。实验室的检测分析结果应客观、凭据而立。检测方法的特异性评估较难建立：在缺乏组织学或细胞学结果确证的淋巴细胞增生症中，抗原受体基因的克隆重排并不一定是假阳性结果。基于检测的灵敏性，克隆性检测可以先于其他方法检测出肿瘤。一些关于淋巴瘤的表述，如 T 区淋巴瘤，在早期往往被诊断为淋巴组织增生。因此，唯一准确评价克隆性检测特异性的方法是通过为期 6 个月至 1 年的时间对患者进行临床追踪，结合患者体况评估来判定阳性结果对早期疾病的预示性。

在作者实验室中，经过病理学或细胞学确诊的犬淋巴瘤或白血病病例的 PRPP 检测灵敏度为 80%。在病理学或细胞学确诊的淋巴瘤病例中，以下原因可能导致 PARR 检测结果为阴性：1）使用了引物无法杂交的肿瘤 V 或 J 基因；2）恶性肿瘤已失去携带抗原受体基因的染色体；3）在 B 细胞淋巴瘤或白血病病例中体细胞变异改变了引物的杂交序列；4）恶性肿瘤起源于 NK 细胞，因此不包含重组的抗原受体基因；5）恶性肿瘤来源于早期尚未重组抗原受体基因的前体细胞；6）淋巴瘤误诊以及肿瘤来源于不同谱系（比如髓系）。

有时，在没有患淋巴细胞增生症的患者中也可检测到克隆群。不同实验室出现这种假阳性的概率不同，原因各异，且大多数原因不明。少数情况例外，如犬埃里希体属感染可以诱导 T 细胞克隆扩增（Burnett et al.，2003；Vernau and Moore，1999）。

## 应用

### 淋巴瘤和白血病的诊断

克隆性检测现也通用于犬猫。在早期证实了犬恶性肿瘤中 T 细胞受体基因具有克隆性重排的研究基础上（Dreitz et al.，1999；Fivenson et al.，1994；Vernau and Moore，1999），Burnett 等（2003）进行了大量后续研究。

在一些细胞学和组织学诊断不明确的病例中克隆性检测的应用最常见。该检测手段可以检测到仅占非淋巴器官组织 0.1%的恶性克隆，但在淋巴组织中至少需要 10%的 DNA 来检测单一克隆（Burnett et al.，2003）。因此该检测可应用于淋巴瘤或白血病早期，但取决于所选用的组织。理想样品是染色或未经染色的细胞抹片以及悬于含乙二胺四乙酸（EDTA）试剂中的新鲜细胞抽吸样品。各检验室的检测灵敏度和特异性决定了结果解析的准确性。

基因重组的特性有助于建立较为特异的表型。PARR 检测的最初研究（Burnett et al.，2003）表明恶性肿瘤谱系（B 细胞与 T 细胞）与检出的基因重组间有很强的关联。在 24/25 例 B 细胞恶性肿瘤中发现了免疫球蛋白基因重组，未发现 T 细胞受体重组。在 18 例 T 细胞恶性肿瘤病例的研究中，有 14 例仅出现 1 个 T 细胞受体重组，1 例既有免疫球蛋白基因重组又有 T 细胞受体重组。作者实验室的后续研究结果体现了与上文类似的谱系重组情况，但其他实验室（Valli et al.，2006）发现跨谱系重组的频率更高（例如，具有免疫球蛋白重组的边缘区淋巴瘤病例中，21%报道有 T 细胞受体重组）。造成这些差异的解释之一是后者的研究采用了 FFPE 组织。由于福尔马林能够使 DNA 碎片化，故样品也能表现克隆性，而这种克隆性并非由样品中少量完整细胞 PCR 扩增引发。对于没有使用福尔马林固定的组织，克隆性研究或并列分析有助于阐明谱系交叉重组的真实比率。

### 淋巴瘤分期和疾病监控

因为 PARR 检测比肉眼检验灵敏度更高，所以当使用细胞学方法无法检出外周血中的肿瘤细胞时，可以使用 PARR 方法来检测（Keller et al.，2004）。约 75%的肉眼观测循环性肿瘤细胞呈阴性的Ⅲ期淋巴瘤呈现外周血 PARR 阳性结果（Lana et al.，2006b）。检出这些肿瘤细胞并不意味着结果恶化，因此，临床分期仍然是最有效的预后评价参考。

### 肿瘤和微小残留病检测之间的克隆关系

CDR3 区序列的 PCR 扩增针对每个淋巴细胞克隆具有专一性。因此，这些序列可用来建立肿瘤细胞间的关联，这些肿瘤细胞产生于不同时间、原发于身体不同部位或有着截然不同的外观形态。例如，有幽门螺旋杆菌感染史的 B 细胞淋巴瘤患者表现出与几年前其胃炎活检标本一致的 CDR3 序列，这一发现可以建立幽门螺旋杆菌感染史与胃淋巴细胞瘤的关联（Zucca et al.，1998）。

特异性的 CDR3 序列可用于确定具有两种不同形态学表型的肿瘤是否有相关性。Bräuninger 等（1999）描述了两个同时发病但患有不同形式淋巴瘤的患者。两名患者都患有典型的霍奇金淋巴瘤，其中一个同时患有滤泡性淋巴瘤，另一个同时患有富含 T 细胞的 B 细胞淋巴瘤。在霍奇金淋巴瘤的里-斯二氏细胞中，免疫球蛋白基因的 CDR3 序列与两个患者体内其他形式的 B 细胞淋巴瘤 CDR3 序列均相同。这一发现表明，单一克隆可以发展成截然不同的形态学表型。Burnett 等（2004）在患有典型非霍奇金 B 细胞淋巴瘤而后发展为多发性骨髓瘤的犬身上展开了类似研究。通过对两个肿瘤的 CDR3 区测序发现来源于淋巴瘤的 B 细胞和来源于多发性骨髓瘤的浆细胞有同样的克隆起源。

由于 CDR3 能够特异性鉴别单一 B 细胞，所以结合到这一区域的引物可选择性地从单个肿瘤中扩增 DNA，这与从样品中所有 B 细胞扩增 DNA 有所不同。应用这种方法来检测肿瘤细胞具有更高的灵敏度，并且该检测方法已应用于患有各种恶性淋巴瘤患者的血液微小残留病（MRD）检测。这项技术在患犬中也有报道（Yamazaki et al.，2008），研究人员在 B 细胞淋巴瘤患犬临床复发前，发现犬血液中有克隆性 B 细胞再现。MRD 检测较复杂并且要求既要对恶性肿瘤中的免疫球蛋白基因进行测序，还要建立肿瘤特异性标准曲线用以定量研究。因此，MRD 检测的现有形式不适于常规临床监测，但可用于基础研究。在未来的几年里，几乎可以肯定 MRD 检测将会被下一代基因测序所替代。新方法会对特有样本中所有免疫球蛋白 T 细胞受体基因进行测序和计数。这种方法会向研究人员直接提供样品中肿瘤细胞的数目。

### 猫的克隆性检测

猫的 TCRγ 和免疫球蛋白基因序列已有报道，并已应用于内脏 B 细胞淋巴瘤和肠道 T 细胞淋巴瘤的克隆性检测（Mochizuki et al.，2012；Moore et al.，2005；Werner et al.，2005）。Moore 等（2012）发现 79%的肠道 T 细胞淋巴瘤和 50%的 B 细胞淋巴瘤可用克隆性检测来鉴别。有的研究团队证实通过 PARR 检测猫 B 细胞恶性肿瘤的灵敏度略高（Mochizuki et al.，2011）。

克隆性检测对猫最重要的潜在用途是，当临床医生试图区分肠道淋巴瘤和严重的炎症性肠道疾病（IBD）时，克隆性检测可通过区分肿瘤与非肿瘤性淋巴细胞浸润为医生提供参考。现有数据明确表明，目前为止全层肠道活检是区分肠道淋巴瘤和 IBD 最有效的诊断手段。只有通过全层活检，病理学家才能有效评估肿瘤细胞的浸润程度（黏膜和透壁）及大小。这两种指征外加免疫表型是猫肠道淋巴瘤的预后评估参考（Moore et al.，2012）。克隆检测也可用于组织学不明确的病例检测。目前，区分淋巴瘤和严重 IBD 的有效 PARR 检测方法的相关研究较少；在缺乏明确的组织学诊断依据的情况下，此类研究不得不以临床结果为“金标准”来诊断淋巴瘤和 IBD，并且此类分析尚未于临床施行。

## 突变、易位和拷贝数变异检测

### 染色体异常

淋巴瘤和白血病通常与易位有关，因为在抗原受体基因重组过程中，淋巴细胞易发生重组错误。人类白血病和淋巴瘤中发现的大多数易位都包含免疫球蛋白重链基因的丢失。例如，t(11;14)体现为 11 号染色体上的基因编码细胞周期蛋白 D1 与 14 号染色体上的免疫球蛋白增强子序列并置。几乎所有套细胞淋巴瘤中均发现这种引发细胞周期蛋白 D1 超强表达的易位（Campo，2003）。在组织学不明确的病例中，通过 PCR 检测易位或通过 IHC 检测过表达蛋白有助于确诊套细胞淋巴瘤。欧洲研究人员发现，基于抗原受体重排的克隆性检测与 PCR 易位检测联合使用，可在确诊淋巴恶性肿瘤的 95%患者病例中检测到克隆群体（van Krieken et al.，2003）。

两个易位可能成为未来犬淋巴瘤诊断的靶标，它们分别是 B 细胞淋巴瘤中的 IgH-myc 易位和慢性髓细胞性白血病中的 bcr-abl 易位（Breen 和 Modiano，2008）。IgH-myc 易位在人的侵袭性 B 细胞淋巴瘤中常见，而 bcr-abl 易位在约 95%的人 CML 中发现。在犬中使用各种方法进行上述易位的常规诊断会成为辨别 CML 和炎症的有效途径。不久，这种对重组进行检查的方法很有可能应用于兽医领域。

研究人员从多个不同的淋巴瘤组织学亚型中发现了以染色体拷贝数目的增加或者减少为表现的染色体畸变（Thomas et al.，2011）。这些研究人员使用了阵列比较基因组杂交（arrayCGH）技术，这是一种能够检测整个犬基因组全部或部分染色体拷贝数变化（缺失或复制）的技术。虽然目前这种技术还未实现临床应用，但几乎可以肯定，这类方法的相关研究会推进靶向 PCR、IHC 检测和流式细胞术检测的探索，这些靶向检测方法可用来检测待确诊病例中的恶性淋巴细胞并将恶性肿瘤划归为独立的预后和治疗组亚组。

人类恶性肿瘤的表征可用于诊断、预后以及治疗方案选择，原癌基因的突变检测是主要的肿瘤表征手段。例如 *FLT3* 基因（FMS 样酪氨酸激酶 3）突变会导致该酪氨酸激酶受体的激活。这一突变在人类 AML（yser 和 Levis，2014）中具有预后指导意义，并且可作为酪氨酸酶抑制剂的用药指导。犬急性淋巴细胞白血病中也发现了同样的 *FLT3* 突变（Suter et al.，2011）。虽然这一突变检测并非标准的诊断检测，但该方法较为简便，并且一旦有数据支持这一突变的预后和治疗意义，该方法将很快被采纳为常规应用。

目前，犬肥大细胞瘤中常检出类似的突变。编码干细胞因子受体的 *c-kit* 基因，是一个受体酪氨酸激酶。该基因紧连细胞膜的部分发生复制（称作内部串联重复）会导致受体的结构性激活。携有这种突变的肥大细胞瘤（占肿瘤的 15%～30%）对酪氨酸激酶抑制剂 toceranib 有较好的应答反应（London et al.，2009）且总体预后较差。继对该突变的初步研究之后，研究人员对肥大细胞瘤进行了综合分析，发现除了外显子 11 中发现的最常见突变，外显子 8 中能够发现内部串联重复，而外显子 9 和 17 中也能发现突变位点（Letard et al.，2008）。但目前只有外显子 11 中的突变可直接与酪氨酸酶抑制剂的应答相关联。

通过 PCR 扩增 *c-kit* 突变所在的基因区可以诊断 *c-kit* 突变（图 17-17）。11 外显子的内部串联重复产生大量大小不一的 PCR 产物（大多数通常在 3～45 附加碱基之间，[Letard et al.，2008]），而第 8 外显子的内部串联重复始终附加 12 个碱基。因此，这两种突变的检测很明确。该检测的内部对照是野生型 PCR 产物——几乎所有样品均包含非肿瘤衍生性 DNA，这种 DNA 包含野生型 *c-kit*。此外，肥大细胞自身也可能含有野生型 *c-kit* 基因。该检测适用于组织活检或穿刺活检，并且肥大细胞至少要占细胞总数的10%。肿瘤学家通过该突变的存在来指导建立化疗方案；如果存在 *c-kit* 突变可建议使用酪氨酸酶抑制剂，如 toceranib。*C-kit* 的突变状态也可用于佐证当患者出现肥大细胞瘤复发或不同位点的多个肥大细胞时，这些肥大细胞源于同一克隆，因为它们具有同类型的突变(Marconato et al.，2014；Zavodovskaya et al.，2004)。

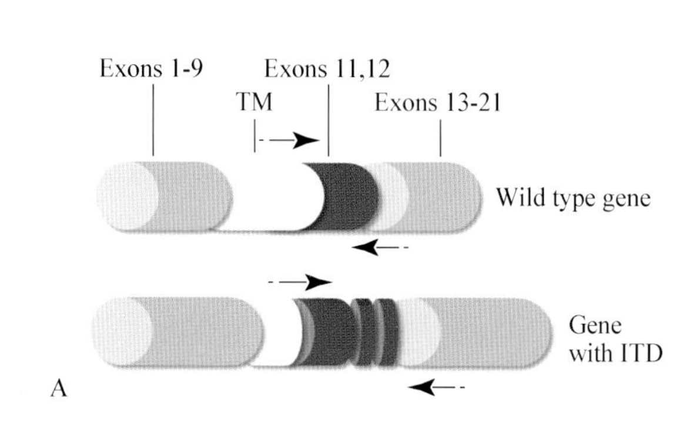


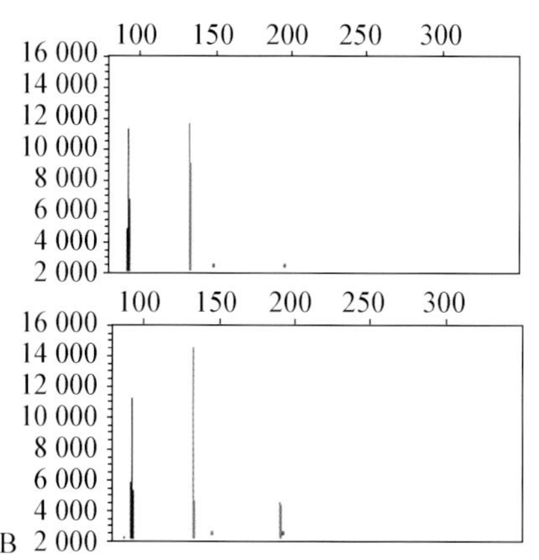


■ 图 17-17　**犬肥大细胞瘤的 *c-kit* 突变评估。A.** *c-kit* 基因图示展示了最常见的突变形式(第11外显子的内部连续重复)。TM=跨膜区。由外显子1～9编码的部分蛋白质出现于细胞表面，外显子11～21编码的部分蛋白质出现于细胞质中。第二常见的内部连续重复位置是外显子8(图中未显示)。**B.** 通过PCR扩增外显子8和11。在这一试验中，两个外显子均在同一个PCR反应中进行扩增，引物结合了不同的荧光染料。上图显示了野生型外显子8(蓝色)和外显子11(绿色)的扩增。下图显示了野生型外显子8和11，以及内部连续重复的外显子11(约190个碱基)扩增。

## 参考文献

Abendroth CS，Dabbs DJ：Immunocytochemical staining of unstained versus previously stained cytologic preparations，*Acta Cytol* 39：379－386，1995.

Afify AM，Al-Khafaji BM，Paulino AFG，et al：Diagnostic use of muscle markers in the cytologic evaluation of serous fluids，*Appl Immunohistochem Mol Morphol* 10：178－182，2002.

Argyle DJ，Nasir L：Telomerase：a potential diagnostic and therapeutic tool in canine oncology，*Vet Pathol* 40：1－7，2003.

Avery PR，Avery AC：Molecular methods to distinguish reactive and neoplastic lymphocyte expansions and their importance in transitional neoplastic states，*Vet Clin Pathol* 33：196－207，2004.

Avery PR，Burton J，Bromberek JL，et al：Flow cytometric characterization and clinical outcome of CD4+T-cell lymphoma in dogs：67 cases，*J Vet Intern Med* 28：538－546，2014.

Bardou VJ，Arpino G，Elledge RM，et al：Progesterone receptor status signifi-cantly improves outcome prediction over estrogen receptor status alone for adjuvant endocrine therapy in two large breast cancer databases，*J Clin Oncol* 21：1973－1979，2003.

Barr NJ，Wu NCY：Cytopathology/FNA. In Taylor CR，Cote RJ(eds)：*Immunomicroscopy：a diagnostic tool for the surgical pathologist*，ed 3，Philadelphia，2006，Saunders，pp. 397－416.

Batlivala TP，Bacon NJ，Avery AC，et al：Paraneoplastic T cell lymphocytosis associated with a thymoma in a dog，*J Small Anim Pract* 51：491－494，2010.

Baumgart E，Cohen MS，Neto BS，et al：Identification and prognostic signifi-cance of an epithelial-mesenchymal transition expression profile in human bladder tumors，*Clin Cancer Res* 13：1685－1694，2007.

Bhargava R，Dabbs DJ：Immunohistology of metastatic carcinomas of unknown primary. In Dabbs DJ(ed)：*Diagnostic immunohistochemistry. Theranostic and genomic applications*，ed 3，Philadelphia，2010，Saunders，pp206－255.

Boenisch T：Pretreatment for immunohistochemical staining simplified，*Appl Immunohistochem Mol Morphol* 15：208－212，2007.

Bratthauer GL：Processing of tissue culture cells. In Oliver C，Jamur MC(eds)：*Immunocytochemical methods and protocols*，New York，2010，Humana Press，pp85－92.

Bräuninger A，Hansmann ML，Strickler JG，et al：Identification of common germinal-center B-cell precursors in two patients with both Hodgkin's disease and non-Hodgkin's lymphoma，*N Engl J Med* 340：1239－1247，1999.

Breen M，Modiano JF：Evolutionarily conserved cytogenetic changes in hematological malignancies of dogs and humans-man and his best friend share more than companionship，*Chromosome Res* 16：145－154，2008.

Brown RW：Immunocytochemistry. In Ramzy I(ed)：*Clinical cytopathology and aspiration biopsy：fundamental principles and practice*，New York，2001，McGraw-Hill，pp. 535－548.

Burkhard MJ，Bienzle D：Making sense of lymphoma diagnostics in small animal patients，*Vet Clin Small Anim* 43：1331－

1347,2013.

Burnett RC,Blake MK,Thompson LJ,et al:Evolution of a B-cell lymphoma to multiple myeloma after chemotherapy, *J Vet Intern Med* 18:768-771,2004.

Burnett RC,Vernau W,Modiano JF,et al:Diagnosis of canine lymphoid neoplasia using clonal rearrangements of antigen receptor genes,*Vet Pathol* 40:32-41,2003.

Byrne KM,Kim HW,Chew BP,et al:A standardized gating technique for the generation of flow cytometry data for normal canine and normal feline blood lymphocytes,*Vet Immunol Immunopathol* 73:167-182,2000.

Cadile CD, Kitchell BE, Newman RG, et al: Telomere length in normal and neoplastic canine tissues,*Am J Vet Res* 68:1386-1391,2007.

Campbell MW,Hess PR,Williams LE:Chronic lymphocytic leukaemia in the cat: 18 cases(2000-2010),*Vet Comp Oncol* 11:256-264,2012.

Campo E:Genetic and molecular genetic studies in the diagnosis of B-cell lymphomas I:mantle cell lymphoma,follicular lymphoma,and Burkitt's lymphoma,*Human Pathol* 34:330-335,2003.

Capurro M,Wanless IR,Sherman M,et al:Glypican-3:a novel serum and histochemical marker for hepatocellular carcinoma,*Gastroenterology* 125:89-97,2003.

Carson FL:*Histotechnology:a self-instructional text*,ed 2,American Society for Clinical Pathology,1997.

Cheville NF,Stasko J:Techniques in electron microscopy of animal tissue,*Vet Pathol* 51:28-41,2014.

Chijiwa K,Uchida K,Tateyama S:Immunohistochemical evaluation of canine peripheral nerve sheath tumors and other soft tissue sarcomas,*Vet Pathol* 41:307-318,2004.

Chivukula M,Dabbs DJ:Immunocytology. In Dabbs DJ (ed):*Diagnostic immunocytochemistry*,ed 3,New York,2010,Churchill Livingstone,pp. 890-918.

Cian F,Guzera M,Frost S,et al:Stability of immunophenotypic lymphoid markers in fixed canine peripheral blood for flow cytometric analysis,*Vet Clin Pathol* 43:101-108,2014.

Colasacco C,Mount S,Leiman G:Documentation of immunocytochemistry controls in the cytopathologic literature:a meta-analysis of 100 journal articles,*Diagn Cytopathol* 39:245-250,2010.

Colledge SL,Raskin RE,Messick JB,et al:Multiple joint metastasis of a transi-tional cell carcinoma in a dog,*Vet Clin Pathol* 42:216-220,2013.

Dabbs DJ:Immunocytology. In Dabbs DJ(ed):*Diagnostic immunohistochemis-try*,New York,2002,Churchill Livingstone,pp. 625-639.

Dabbs DJ:Immunohistology of metastatic carcinoma of unknown primary. In Dabbs DJ(ed):*Diagnostic immunohistochemistry*,ed 2,New York,2006,Churchill Livingstone.

Dabbs DJ,Wang X:Immunocytochemistry on cytologic specimens of limited quantity,*Diagn Cytopathol* 18:166-169,1998.

Dardick I,Eyden B,Federman M,et al:*Handbook of diagnostic electron microscopy for pathologists-in-training*,New York,1996,Igaku-Shoin.

Dardick I,Herrera GA:Diagnostic electron microscopy of neoplasms,*Hum Pathol* 29:1335-1338,1998.

DeLellis RA,Hoda RS:Immunohistochemistry and molecular biology in cyto-logical diagnosis. In Koss LG,Melamed MR(eds):*Koss' diagnostic cytology and its histopathologic basis*,Philadelphia,2006,Lippincott Williams & Wilkins,pp1635-1680.

Denda T,Kamoshida S,Kawamura J,et al:Optimal antigen retrieval for etha-nol-fixed cytologic smears,*Cancer Cytopathol* 120:167-176,2012.

Dickersin GR(ed):*Diagnostic electron microscopy:a text/atlas*,ed 2,New York,2000,Springer.

Dreitz MJ,Ogilvie G,Sim GK:Rearranged T lymphocyte antigen recep-tor genes as markers of malignant T cells,*Vet Immunol Immuopathol* 69:113-119,1999.

Dupré MP,Courtade-Saidi M:Immunocytochemistry as an adjunct to diagnostic cytology,*Ann Pathol* 32:433-437,2012.

Dvorak AM,Monahan-Earley RA(eds):*Diagnostic ultrastructural pathology I*,Boca Raton,1992,CRC Press.

Erlandson RA(ed):*Diagnostic transmission electron microscopy of tumors*,New York,1994,Raven Press.

Espinosa de los,Monteros A,Fernández A,Millán MY,et al:Coordinate expression of cytokeratins 7 and 20 in feline and canine carcinomas,*Vet Pathol* 36:179-190,1999.

Espinosa de los,Monteros A,Millán MY,Ordás J,et al:Immunolocalization of the smooth muscle-specific protein calponin in complex and mixed tumors of the mammary gland of the dog:assessment of the morphogenetic role of the myoepithelium,*Vet Pathol* 39:247-256,2002.

Eyden B(ed):*Organelles in tumor diagnosis:an ultrastructural atlas*,New York,1996,Igaku-Shoin.

Fetsch PA,Abati A:Ancillary techniques in cytopathology. In Atkinson BF(ed):*Atlas of diagnostic cytopathology*,ed 2,Philadelphia,2004,Saunders,pp. 747-775.

Fisher C:The comparative roles of electron microscopy and immunohistochem-istry in the diagnosis of soft tissue tumors,*Histopathology* 48:32-41,2006.

Fivenson DP,Saed GM,Beck ER,et al:T-cell receptor gene rearrangement in canine mycosis fungoides:further support for a canine model of cutaneous T cell lymphoma,*J Invest Dermatol* 102:227-230,1994.

Flood-Knapik KE,Durham AC,Gregor TP,et al:Clinical,histopathological and immunohistochemical characterization of canine indolent lymphoma,*Vet Comp Oncol* 11:272-286,2013.

Fowler LJ, Lachar WA: Application of immunohistochemistry to cytology, *Arch Pathol Lab Med* 132:373–383, 2008.

Gelain ME, Mazzilli M, Riondato F, et al: Aberrant phenotypes and quantita-tive antigen expression in different subtypes of canine lymphoma by flow cytometry, *Vet Immunol Immunopathol* 121:179–188, 2008.

Geninet C, Bernex F, Rakotovao F, et al: Sclerosing peritoneal mesothelioma in a dog: a case report, *J Vet Med A* 50:402–405, 2003.

Ghadially FN(ed): *Diagnostic ultrastructural pathology: a self-evaluation and self-teaching manual*, ed 2, Boston, 1998, Butterworth-Heinemann.

Goldstein NS, Hewitt SM, Taylor CR, et al: Recommendations for improved standardization of immunohistochemistry, *Appl Immunohistochem Mol Morphol* 15:124–133, 2007.

Gong Y, Sun X, Michael CW, et al: Immunocytochemistry of serous effusion specimens: a comparison of ThinPrep vs. cell block, *Diagn Cytopathol* 28:1–5, 2003.

Hayat MA: Factors affecting antigen retrieval. In Hayat MA(ed): *Microscopy, immunohistochemistry, and antigen retrieval methods for light and electron microscopy*, New York, 2002, Kluwer Academic, pp. 53–69.

Heeb HL, Wilkerson MJ, Chun R, et al: Large granular lymphocytosis, lymphocyte subset inversion, thrombocytopenia, dysproteinemia, and positive Ehrlichia serology in a dog, *J Am Anim Hosp Assoc* 39:379–384, 2003.

Hönghaus R, Hewicker-Trautwei M, Mischke R: Immunocytochemical differ-entiation of canine mesenchymal tumors in cytologic imprint preparations, *Vet Clin Pathol* 37: 104–111, 2008.

Horobin RW: How histological stains work. In Suvarna KS, Layton C, Bancroft JD(eds): *Bancroft's theory and practice of histological techniques*, ed 7, Edin-burgh, 2013, Churchill Livingstone, pp. 157–172.

Ikeda K, Tate G, Suzuki T, et al: Comparison of immunocytochemical sensi-tivity between formalin-fixed and alcohol-fixed specimens reveals the di-agnostic value of alcohol-fixed cytocentrifuged preparations in malignant effusion cytology, *Am J Clin Pathol* 136:934–942, 2011.

Ishikawa K, Sakai H, Hosoi M, et al: Evaluation of cell proliferation in canine tumors by the bromodeoxyuridine labeling method, immunostaining of Ki-67 antigen and proliferating cell nuclear antigen, *J Toxicol Pathol* 19:123–127, 2006.

Jung D, Alt FW: Unraveling V(D)J recombination: insights into gene regula-tion, *Cell* 116:299–311, 2004.

Kayser S, Levis MJ: FLT3 tyrosine kinase inhibitors in acute myeloid leuke-mia: clinical implications and limitations, *Leuk Lymphoma* 55:243–255, 2014.

Keller RL, Avery AC, Burnett RC, et al: Detection of neoplastic lymphocytes in peripheral blood of dogs with lymphoma by polymerase chain reaction for antigen receptor gene rearrangement, *Vet Clin Pathol* 33:145–149, 2004.

Keller SM, Moore PF: A novel clonality assay for the assessment of canine T cell proliferations, *Vet Immunol Immunopathol* 145:410–419, 2012.

Kirbis IS, Maxwell P, Fležr MS, et al: External quality control for immunocy-tochemistry on cytology samples: a review of UK NEQAS ICC(cytology module) results, *Cytopathology* 22:230–237, 2011.

Kiupel M, Teske E, Bostock D: Prognostic factors for treated canine malignant lymphoma, *Vet Pathol* 36: 292–300, 1999.

Kiupel M, Webster JD, Kaneene JB, et al: The use of KIT and tryptase expres-sion patterns as prognostic tools for canine cutaneous mast cell tumors, *Vet Pathol* 41:371–377, 2004.

Kisseberth WC, Nadella WV, Breen M, et al: A novel canine lymphoma cell line: a translational and comparative model for lymphoma research, *Leuk Res* 31:1709–1720, 2007.

Kow K, Bailey SM, Williams ES, et al: Telomerase activity in canine osteosarco-ma, *Vet Comp Oncol* 4:184–187, 2006.

Lai C-L, van den Ham R, van Leenders G, et al: Histopathological and im-munohistochemical characterization of canine prostate cancer, *Prostate* 68:477–488, 2008.

Lana S, Plaza S, Hampe K, et al: Diagnosis of mediastinal masses in dogs by flow cytometry, *J Vet Intern Med* 20:1161–1165, 2006a.

Lana SE, Jackson TL, Burnett RC, et al: Utility of polymerase chain reaction for analysis of antigen receptor rearrangement in staging and predicting prognosis in dogs with lymphoma, *J Vet Intern Med* 20:329–334, 2006b.

Leong ASY, Suthipintawong C, Vinyuvat S: Immunostaining of cytologic preparations: a review of technical problems, *Appl Immunohistochem Mol Morphol* 7:214–220, 1999.

Letard S, Yang Y, Hanssens K, et al: Gain-of-function mutations in the extracellular domain of KIT are common in canine mast cell tumors, *Mol Cancer Res* 6:1137–1345, 2008.

Litlekalsoy J, Vatne V, Hostmark JG, et al: Immunohistochemical markers in urinary bladder carcinomas from paraffin-embedded archival tissue after storage for 5-70 years, *BJU Int* 99:1013–1019, 2007.

London CA, Malpas PB, Wood-Follis SL, et al: Multi-center, placebo-controlled, double-blind, randomized study of oral toceranib phosphate(SU11654), a receptor tyrosine kinase inhibitor, for the treatment of dogs with recurrent(either local or distant)mast cell tumor following surgical excision, *Clin Cancer Res* 15:3856–3865, 2009.

Long S, Argyle DJ, Nixon C, et al: Telomerase reverse transcriptase(TERT) expression and proliferation in canine brain tumors, *Neuropathol Appl Neurobiol* 32:662–673, 2006.

Mackay B: Electron microscopy in tumor diagnosis. In

Fletcher CDM(ed):*Diagnostic histopathology of tumors*, ed 3, New York, 2007, Churchill Livingstone, pp. 1831－1859.

Madewell BR: Cellular proliferation in tumors: a review of methods, interpre-tation, and clinical applications, *J Vet Intern Med* 15:334－340, 2001.

Maleszewski J, Lu J, Fox-Talbot K, et al: Robust immunohistochemical staining of several classes of proteins in tissues subjected to autolysis, *J Histochem Cytochem* 55: 597－606, 2007.

Marconato L, Zorzan E, Giantin M, et al: Concordance of c-kit mutational status in matched primary and metastatic cutaneous canine mast cell tumors at baseline, *J Vet Intern Med* 28:547－553, 2014.

Martini V, Poggi A, Riondato F, et al: Flow-cytometric detection of phenotypic aberrancies in canine small clear cell lymphoma, *Vet Comp Oncol Published on line* 5:31, 2013.

McDonough SP, Moore PF: Clinical, hematologic, and immunophenotyp-ic charcterization of canine large granular lymphocytosis, *Vet Pathol* 37:637－646, 2000.

McGavin MD: Factors affecting visibility of a target tissue in histologic sec-tions, *Vet Pathol* 51:9－27, 2014.

Mengel M, Wasielewski R, Wiese B, et al: Inter-laboratory and inter－observer reproducibility of immunohistochemical assessment of the Ki-67 labelling index in a large multi-centre trial, *J Pathol* 198:292－299, 2002.

Miller RT: What every pathologist needs to know about technical immuno-histochemistry (or how to avoid "immune confusion"). *Proceedings of the American Academy of Oral Maxillofacial Pathology Annual Meeting*, Puerto Rico, 2011, San Juan, April 30.

Miller RT, Kubier P: Immunohistochemistry on cytologic specimens and pre-viously stained slides (when no paraffin block is available), *J Histotechnol* 25:251－257, 2002.

Mimura T, Ito A, Sakuma T, et al: Novel marker D2-40, combined with calre-tinin, CEA, and TTF-1: an optimal set of immunodiagnostic markers for pleural mesothelioma, *Cancer* 109:933－938, 2007.

Mittelbronn M, Dietz K, Simon P, et al: Albumin in immunohistochemistry: foe and friend, *Appl Immunohistochem Mol Morphol* 14:441－444, 2006.

Miyata-Takata T, Takata K, Yamanouchi S, et al: Detection of T-cell receptor gamma gene rearrangement in paraffin-embedded T or natural killer/T-cell lymphoma samples using the BIOMED-2 protocol, *Leuk Lymphoma* 55:2161－2164, 2014.

Mochizuki H, Nakamura K, Sato H, et al: Multiplex PCR and Genescan analysis to detect immunoglobulin heavy chain gene rearrangement in feline B-cell neoplasms, *Vet Immunol Immunopathol* 143:38－45, 2011.

Mochizuki H, Nakamura K, Sato H, et al: GeneScan analysis to detect clonality of T-cell receptor gamma gene rearrangement in feline lymphoid neo-plasms, *Vet Immunol Immunopathol* 145:402－409, 2012.

Moore PF, Rodriguez-Bertos A, Kass PH: Feline gastrointestinal lymphoma: mucosal architecture, immunophenotype, and molecular clonality, *Vet Pathol* 49:658－668, 2012.

Moore PF, Woo JC, Vernau W, et al: Characterization of feline T cell receptor gamma (TCRG) variable region genes for the molecular diagnosis of feline intestinal T cell lymphoma, *Vet Immunol Immunopathol* 106:167－178, 2005.

Morini M, Bettini G, Morandi F, et al: Deciduoid peritoneal mesothelioma in a dog, *Vet Pathol* 43:198－201, 2006.

Murakami Y, Tateyawa S, Uchida K, et al: Immunohistochemical analysis of cyclins in canine normal testes and testicular tumors, *J Vet Med Sci* 63:909－912, 2001.

Pang LY, Argyle D: Cancer stem cells and telomerase as potential biomarkers in veterinary oncology, *Vet J* 185:15－22, 2010.

Polak JM, Van Noorden S: *Introduction to immunocytochemistry*, ed 3, Oxford, 2003, Garland Science/BIOS Scientific Publishers.

Ponce F, Magnol JP, Ledieu D, et al: Prognostic significance of morphological subtypes in canine malignant lymphomas during chemotherapy, *Vet J* 167:158－166, 2004.

Prophet EB(ed): *AFIP laboratory methods in histotechnology*, Washington DC, 1992, American Registry of Pathology.

Ramos-Vara JA: Immunohistochemical methods. In Howard GC, Kaser MR (eds): *Making and using antibodies: a practical handbook*, ed 2, Boca Raton, 2013, CRC Press, pp. 303－341.

Ramos-Vara JA: Technical aspects of immunohistochemistry, *Vet Pathol* 42:405－426, 2005.

Ramos-Vara JA, Beissenherz ME: Optimization of immunohistochemical methods using two different antigen retrieval methods on formalin-fixed, paraffin-embedded tissues: experience with 63 markers, *J Vet Diagn Invest* 12:307－311, 2000.

Ramos-Vara JA, Beissenherz ME, Miller MA, et al: Immunoreactivity of A103, an antibody to Melan-A, in canine steroid-producing tissues and their tumors, *J Vet Diagn Invest* 13: 328－332, 2001b.

Ramos-Vara JA, Beissenherz ME, Miller MA, et al: Retrospective study of 338 canine oral melanomas with clinical, histologic, and immunohistochemical review of 129 cases, *Vet Pathol* 37:597－608, 2000.

Ramos-Vara JA, Kiupel M, Baszler T, et al: Suggested guidelines for immuno-histochemical techniques in veterinary diagnostic laboratories, *J Vet Diagn Invest* 20:393－413, 2008.

Ramos-Vara JA, Miller MA: Immunohistochemical characterization of canine intestinal epithelial and mesenchymal tumors with a monoclonal antibody to hepatocyte paraffin 1 (Hep Par 1), *Histochem J* 34:397－401, 2002.

Ramos-Vara JA, Miller MA: Immunohistochemical detection of protein gene product 9.5(PGP 9.5) in canine epitheliotropic T-cell lymphoma(mycosis fungoides), *Vet Pathol* 44:74–79, 2007.

Ramos-Vara JA, Miller MA: When tissue antigens and antibodies get along: revisiting the technical aspects of immunohistochemistry, the red, brown, and blue technique, *Vet Pathol* 51:42–87, 2014.

Ramos-Vara JA, Miller MA, Boucher M, et al: Immunohistochemical detection of uroplakin Ⅲ, cytokeratin 7, and cytokeratin 20 in canine urothelial tumors, *Vet Pathol* 40:55–62, 2003.

Ramos-Vara JA, Miller MA, Johnson GC: Immunohistochemical characteri-zation of canine hyperplastic hepatic lesions and hepatocellular and biliary neoplasms with monoclonal antibody hepatocyte paraffin 1 and a mono-clonal antibody to cytokeratin 7, *Vet Pathol* 38:636–643, 2001a.

Ramos-Vara JA, Miller MA, Johnson GC, et al: Immunohistochemical detection of thyroid transcription factor-1, thyroglobulin, and calcitonin in canine normal, hyperplastic, and neoplastic thyroid gland, *Vet Pathol* 39:480–487, 2002a.

Ramos-Vara JA, Miller MA, Johnson GC, et al: Melan A and S100 protein immunohistochemistry in feline melanomas: 48 cases, *Vet Pathol* 39:127–132, 2002b.

Ramos-Vara JA, Miller MA, Johnson GC: Usefulness of thyroid transcription factor-1 immunohistochemical staining in the differential diagnosis of primary pulmonary tumors of dogs, *Vet Pathol* 42:315–320, 2005.

Ramos-Vara JA, Miller MA, Valli VEO: Immunohistochemical detection of multiple myeloma 1/interferon regulatory factor 4 (MUM1/IRF-4) in canine plasmacytoma: comparison with CD79a and CD20, *Vet Pathol* 44:875–884, 2007.

Rao S, Lana S, Eickhoff J, et al: Class Ⅱ major histocompatibility complex expression and cell size independently predict survival in canine B-cell lymphoma, *J Vet Intern Med* 25:1097–1105, 2011.

Reguera MJ, Rabanal RM, Puigdemont A, et al: Canine mast cell tumors ex-press stem cell factor receptor, *Am J Dermatopathol* 22:49–54, 2000.

Reid V, Doherty J, McIntosh G, et al: The first quantitative comparison of im-munohistochemical rabbit and mouse monoclonal antibody affinities using Biacore analysis, *J Histotechnol* 30:177–182, 2007.

Rhodes A: Quality assurance of immunocytochemistry and molecular morphology. In Hacker GW, Tubbs RR(eds): *Molecular morphology in human tissues: techniques and applications*, Boca Raton, 2005, CRC Press, pp. 275–293.

Roccabianca P, Vernau W, Caniatti M, et al: Feline large granular lymphocyte(LGL) lymphoma with secondary leukemia: primary intestinal origin with predominance of a CD3/CD8aa phenotype, *Vet Pathol* 43:15–28, 2006.

Roels S, Tilmant K, Ducatelle R: PCNA and Ki-67 proliferation markers as criteria for prediction of clinical behavior of melanocytic tumors in cats and dogs, *J Comp Pathol* 121:13–24, 1999.

Roh MH, Schmidt L, Placido J, et al: The application and diagnostic utility of immunocytochemistry on direct smears in the diagnosis of pulmo-nary adenocarcinoma and squamous cell carcinoma, *Diagn Cytopathol* 40:949–955, 2012.

Ruslander DA, Gebhard DH, Tompkins MB, et al: Immunophenotypic char-acterization of canine lymphoproliferative disorders, *In vivo* 11:169–172, 1997.

Sakai H, Noda A, Shirai N, et al: Proliferative activity of canine mast cell tumors evaluated by bromodeoxyuridine incorporation and Ki-67 expres-sion, *J Comp Pathol* 127:233–238, 2002.

Sato T, Miyoshi T, Shibuya H, et al: Peritoneal biphasic mesothelioma in a dog, *J Vet Med A* 52:22–25, 2005.

Scase TJ, Edwards D, Miller J, et al: Canine mast cell tumors: correlation of apoptosis and proliferation markers with prognosis, *J Vet Intern Med* 20:151–158, 2006.

Seelig DM, Avery P, Webb T, et al: Canine T-zone lymphoma: unique immunophenotypic features, outcome, and population characteristics, *J Vet Intern Med* 28:878–886, 2014.

Shi S-R, Shi Y, Taylor CR: Antigen retrieval immunohistochemistry: a review and future prospects in research and diagnosis over two decades, *J Histochem Cytochem* 59:13–32, 2011.

Shtilbans V, Szporn AH, Wu M, et al: p63 immunostaining in destained bron-choscopic cytological specimens, *Diagn Cytopathol* 32:198–203, 2005.

Skoog L, Tani E: Immunocytochemistry: an indispensable technique in routine cytology, *Cytopathology* 22:215–229, 2011.

Stoica G, Cohen N, Mendes O, et al: Use of immunohistochemical marker calretinin in the diagnosis of a diffuse malignant metastatic mesothelioma in an equine, *J Vet Diagn Invest* 16:240–243, 2004.

Stone BM, Gan D: Application of the tissue transfer technique in veterinary cytopathology, *Vet Clin Pathol* 43:295–302, 2014.

Sundram U, Kim Y, Mraz-Gernhard S, et al: Expression of the bcl-6 and MUM1/IRF4 proteins correlate with overall and disease-specific survival in patients with primary cutaneous large B-cell lymphoma: a tissue microar-ray study, *J Clin Pathol* 32:227–234, 2005.

Suthipintawong C, Leong ASY, Vinyuvat S: Immunostaining of cell preparations: a comparative evaluation of common fixatives and protocols, *Diagn Cytopathol* 15:167–174, 1996.

Suthipintawong C, Leong ASY, Chan K-W, et al: Immunostaining of estrogen receptor, progesterone receptor, MIb1 antigen, and c-erbB-2 oncoprotein in cytologic specimens: a simplified method with formalin fixation, *Diagn Cytopathol* 17:127-133,1997.

Suter SE, Small GW, Seiser EL, et al: FLT3 mutations in canine acute lympho-cytic leukemia, *BMC Cancer* 11:38-46,2011.

Suvarna SK, Layton C, Bancroft JD: *Bancroft's theory and practice of histological techniques*, ed 7, Edinburgh, 2013, Churchill Livingstone.

Swerdlow SH: Genetic and molecular genetic studies in the diagnosis of atypical lymphoid hyperplasias versus lymphoma, *Human Pathol* 34:346-351,2003.

Szczepanski T, van der Velden VHJ, Van Dongen JJ: Flow-cytometric im-munophenotyping of normal and malignant lymphocytes, *Clin Chem Lab Med* 44:775-796,2006.

Taylor BE, Leibman NF, Luong R, et al: Detection of carcinoma micrometastases in bone marrow of dogs and cats using conventional and cell block cytology, *Vet Clin Pathol* 42:85-91,2013.

Teske E, van heerde P, Rutteman GR, et al: Pronostic factors for treatment of malignant lymphoma in dogs, *J Am Vet Med Assoc* 205:1722-1728,1994.

Thomas R, Seiser EL, Motsinger-Reif A, et al: Refining tumor-associated aneuploidy through 'genomic recoding' of recurrent DNA copy number aberrations in 150 canine non-Hodgkin lymphomas, *Leuk Lymphoma* 52:1321-1335,2011.

Valli V, Peters E, Williams C, et al: Optimizing methods in immunocytochem-istry: one laboratory's experience, *Vet Clin Pathol* 38:261-269,2009.

Valli VE, Vernau W, de Lorimier L-P, et al: Canine indolent nodular lympho-ma, *Vet Pathol* 43:241-256,2006.

Van der Loos CM: A focus on fixation, *Biotech Histochem* 82:141-154,2007.

van Dongen JJ, Langerak AW, Bruggemann M, et al: Design and standardiza-tion of PCR primers and protocols for detection of clonal immunoglobulin and T-cell receptor gene recombinations in suspect lymphoproliferations: report of the BIOMED-2 Concerted Action BMH4-CT98-3936, *Leukemia* 17:2257-2317,2003.

van Krieken JH, Langerak AW, San Miguel JF, et al: Clonality analysis for antigen receptor genes: preliminary results from the Biomed-2 concerted action PL 96-3936, *Human Pathol* 34:359-361,2003.

Varma M, Linden MD, Amin MB: Effect of formalin fixation and epitope retrieval techniques on antibody 34βE12 immunostaining of prostatic tissues, *Mod Pathol* 12:472-478,1999.

Varsegi GM, Shidham V: Cell block preparation from cytology specimen with predominance of individually scattered cells, *J Visual Exper* 29:e1316,2009.

Vernau W, Moore PF: An immunophenotypic study of canine leukemias and preliminary assessment of clonality by polymerase chain reaction, *Vet Immunol Immunopathol* 69:145-164,1999.

Vezzali E, Parodi AL, Marcato PS, et al: Histopathologic classification of 171 cases of canine and feline non-Hodgkin lymphoma according to the WHO, *Vet Comp Oncol* 8:38-49,2010.

Vilches-Moure JG, Ramos-Vara JA: Comparison of rabbit monoclonal and mouse monoclonal antibodies in immunohistochemistry in canine tissues, *J Vet Diagn Invest* 17:346-350,2005.

Villiers E, Baines S, Law AM, et al: Identification of acute myeloid leukemia in dogs using flow cytometry with myeloperoxidase, MAC387, and a canine neutrophil-specific antibody, *Vet Clin Pathol* 35:55-71,2006.

Vosse BAH, Seelentag W, Bachmann A, et al: Background staining of visual-ization systems in immunohistochemistry. Comparison of the avidin-bio-tin complex system and the EnVision+ system, *Appl Immunohistochem Mol Morphol* 15:103-107,2007.

Vural SA, Ozyldilz Z, Ozsoy SY: Pleural mesothelioma in a nine-month-old dog, *Irish Vet J* 60:30-33,2007.

Webster JD, Miller MA, DuSold D, et al: Effects of prolonged formalin-fixation on diagnostic immunohistochemistry in domestic animals, *J Histochem Cytochem* 57:753-761,2009.

Webster JD, Miller MA, DuSold D, et al: Effects of prolonged formalin fixation on the immunohistochemical detection of infectious agents in formalin-fixed, paraffin-embedded tissues, *Vet Pathol* 47:529-535,2010.

Webster JD, Yuzbasiyan-Gurkan V, Miller RA, et al: Cellular proliferation in canine cutaneous mast cell tumors: associations with c-KIT and its role in prognostication, *Vet Pathol* 44:298-308,2007a.

Webster JD, Yuzbasiyan-Gurkan V, Trosko JE, et al: Expression of the embryonic transcription factor OCT4 in canine neoplasms: a potential marker for stem cell subpopulations in neoplasia, *Vet Pathol* 44:893-900,2007b.

Weiser MG, Thrall MA, Fulton R, et al: Granular lymphocytosis and hyper-proteinemia in dogs with chronic Ehrlichiosis, *J Am Anim Hosp Assoc* 27:84-88,1991.

Werner JA, Woo JC, Vernau W, et al: Characterization of feline immunoglob-ulin heavy chain variable region genes for the molecular diagnosis of B-cell neoplasia, *Vet Pathol* 42:596-607,2005.

Wilkerson MJ, Dolce K, Koopman T, et al: Lineage differentiation of canine lymphoma/leukemias and aberrant expressin of CD molecules, *Vet Immu-nol Immunopathol* 106:179-196,2005.

Williams MJ, Avery AC, Lana SE, et al: Canine lymphoproliferative disease characterized by lymphocytosis: immunophenotypic markers of prognosis, *J Vet Intern Med* 22:596-601,2008.

Woods AE, Stirling JW: Transmission electron microscopy. In Suvarna KS, Layton C, Bancroft JD(eds): *Bancroft's theory and practice of histological techniques*, ed 7, Edinburgh, 2013, Churchill Livingstone, pp. 493–538.

Workman HC, Vernau W: Chronic lymphocytic leukemia in dogs and cats: the veterinary perspective, *Vet Clin North Am Sm Anim Pract* 33:1379–1399, 2003.

Yamazaki J, Baba K, Goto-Koshino Y, et al: Quantitative assessment of minimal residual disease(MRD) in canine lymphoma by using real-time polymerase chain reaction, *Vet Immunol Immunopathol* 126:321–331, 2008.

Yaziji H, Barry T: Diagnostic immunohistochemistry: what can go wrong? *Adv Anat Pathol* 13:238–246, 2006.

Zavodovskaya R, Chien MB, London CA: Use of kit internal tandem dupli-cations to establish mast cell tumor clonality in 2 dogs, *J Vet Intern Med* 18:915–917, 2004.

Zhang PJ, Wang H, Wrona EL, et al: Effects of tissue fixatives on antigen preservation for immunohistochemistry: a comparative study of microwave antigen retrieval on Lillie fixative and neutral buffered formalin, *J Histotechnol* 21: 101–106, 1998.

Zhang Z, Zhao L, Guo H, et al: Diagnostic significance of immunocytochem-istry on fine needle aspiration biopsies processed by thin-layer cytology, *Diagn Cytopathol* 240: 1071–1076, 2012.

Zucca E, Bertoni F, Roggero E, et al: Molecular analysis of the progression from*Helicobacter pylori*-associated chronic gastritis to mucosa-associated lymphoid-tissue lymphoma of the stomach, *N Engl J Med* 338:804–810, 1998.

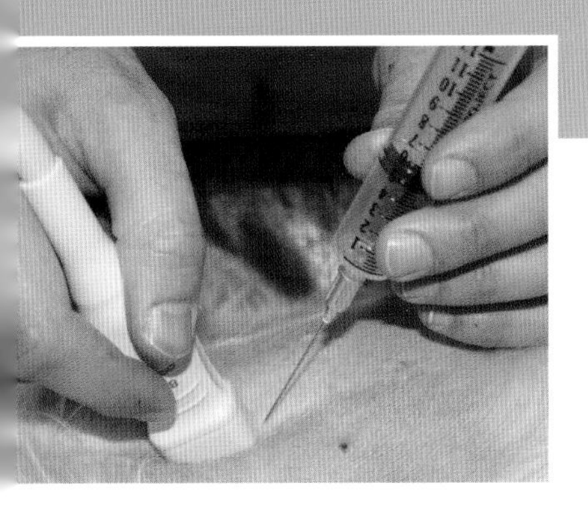

# 附录1

# 显微镜的基本原理和镜下细胞学

## 显微镜的基本原理

### 显微镜的组成部分

#### 显微镜组件概述

显微镜主要控制部件的位置除了附录图1-1中所示的，还包括附录图1-2中的镜台下聚光镜和光圈。本章节将强调关于显微镜的几个重要的注意事项和正确的使用方法。

#### 物镜

显微镜使用者应能通过优化正确的颜色和分辨率以获得最佳视野并记录图像。这涉及关于和球面像差(颜色和透镜曲率误差)附加场曲(视野的平整度)的理解。色差是由于镜头对每一个波长的光有不同的折射率而引起的，因此光线不能聚焦于一个位置，从而产生模糊的颜色。球面像差是由于透镜曲率产生的，导致边缘光线折射。为克服这些像差，需要在物镜上附加透镜。内部透镜数量的增加对显微镜的质量和成本有影响。透镜范围来自最便宜的消色差透镜，拥有最小限度的色差和球面像差的校正，最好用于黑白摄影。相对来说，校正更好的透镜是萤石透镜或半复消色差透镜，但成本较高。这些透镜可以调整几个颜色，适合彩色摄影。复消色差透镜是最好类型的透镜，也是最昂贵的，物镜可调整色彩，促使红色，蓝色和绿色进入一个焦点。每一个物镜都可以纠正镜下视野，以便从中心到边缘都能在焦点上。在使用廉价透镜时，这可避免在所观察视野外缘出现模糊的边缘。校正场曲率透镜被称作Plan，所以最佳组合是Plan复消色差透镜。关于像差和曲率的透镜校正见表1-1。

每个物镜的桶状外部标有它的规格(附录图1-3)。列出的有制造商、放大倍数(10×、20×等)、最佳管长度和工作距离(mm)、盖玻片厚度、建议的媒介、颜色编码、数值孔径以及专业的名称。

**表1-1 物镜透镜的类型与色像差和视野修正的平整度之间的相关性**

| | 透镜修正 | | |
|---|---|---|---|
| 物镜类型 | 球面像差 | 色差 | 场曲 |
| 消色差透镜 | 1种颜色 | 2种颜色 | 无 |
| 平面消色差透镜 | 1种颜色 | 2种颜色 | 有 |
| 荧光透镜 | 2～3种颜色 | 2～3种颜色 | 无 |
| 平面荧光透镜 | 3～4种颜色 | 2～4种颜色 | 有 |
| 平面复消色差透镜 | 3～4种颜色 | 4～5种颜色 | 有 |

物镜的管长度旨在产生最佳的图像(通常为160 mm或者∞)，而工作距离是物镜的前镜头和盖玻片表面或者样本之间的距离。齐焦距离是物镜安装位置和盖玻片表面之间的长度；若这对于所有物镜来说都是相等的，在切换物镜时不需要粗焦距调整。对于每一个物镜，建议保护样本的盖玻片的厚度来校正球面像差(通常使用0.17 mm或1.5#的盖玻片)。若计划油和物镜一起使用，OIL、OEL或者HI(均匀浸没)将被刻在物镜上，在物镜放大色带(例如：白色是100×，蓝色是50×)的下面伴随一条黑色带。若物镜未携带更高校正的指示，通常可以认为是消色差的。

更高度的校正都刻有如Apochromat或者Apo，Plan或者UPLAN(奥林帕斯)，FL或者Fluor，等等。除了前面提到的这些，一些通常专门刻在物镜上的指示包括Corr(校正环)，I或者Iris(带可变光圈的可调数值孔径)，DIC(鉴别干涉对比)，M(金相显微镜，无盖玻片)，D(暗视野)，H(用于加热阶段)，ICS(无限校正蔡司透镜系统)，和UIS(通用无限奥林帕斯系统)，N或者NPL(常规视野方案)，Ultrafluar(萤石物镜)和CF或者CFI(无铬；无铬尼康无限)。

## 优化显微镜的使用

### 科勒照明系统

推荐合适的科勒照明技术来获得最好的图像分辨率。聚光器需要视场光阑和可变光圈。目标是聚焦于镜台下聚光器的光圈开口。下面是需要遵循的步骤。

1. 打开显微镜,全面打开视场光阑和镜台下聚光器光圈如附录图 1-4A 所示。

2. 放置于 10× 物镜,聚焦于玻片的样本。关闭大部分的视场光阑。升高镜下聚光器,聚焦于视场光阑的图像,表现为带有蓝边的多边形(附录图 1-4B)。

3. 若图像未居中(附录图 1-4B),使用中心螺旋来调整图像(附录图 1-4C)。一旦居中后,打开视场光阑直到边缘从镜下视野(附录图 1-4D)中消失。

4. 移除一侧目镜,并且从显微镜筒中看到完整的圆圈(附录图 1-5A)。调整显微镜台下的聚光器光圈,使其打开到 2/3～1/4(附录图 1-5B)。这提供了分辨率和对比度的最佳折衷。

5. 若使用其他的物镜,每个都将要通过视野和台下的光圈进行调整。

6. 设置高倍镜的方式允许所有的物镜以常规的方式使用。

### 盖玻片的使用

并不是所有 1.5♯盖玻片都制成这个规格,一些样本在其与盖玻片之间含有可变折射率的介质。因此,可以通过机械调整显微镜的管长度或者通过使用盖玻片调节环的物镜镜头来改变内部镜头间的间距(附录图 1-6A)来完成异常距离的补偿。

图像在高倍镜放大倍数(40×,60×)时,若没有盖玻片聚焦可能会差些。在染色标本上松散应用盖玻片会提高图像的分辨率。除非高倍物镜设计目的使用塑料盖玻片,否则应避免使用。塑料盖玻片只建议应用于常规粪检或尿液检查。

■ 附录图 1-1 关于图像分辨率的主要控件。

■ 附录图 1-2 镜下聚光器。

■ 附录图 1-3　**物镜镜头部分。**

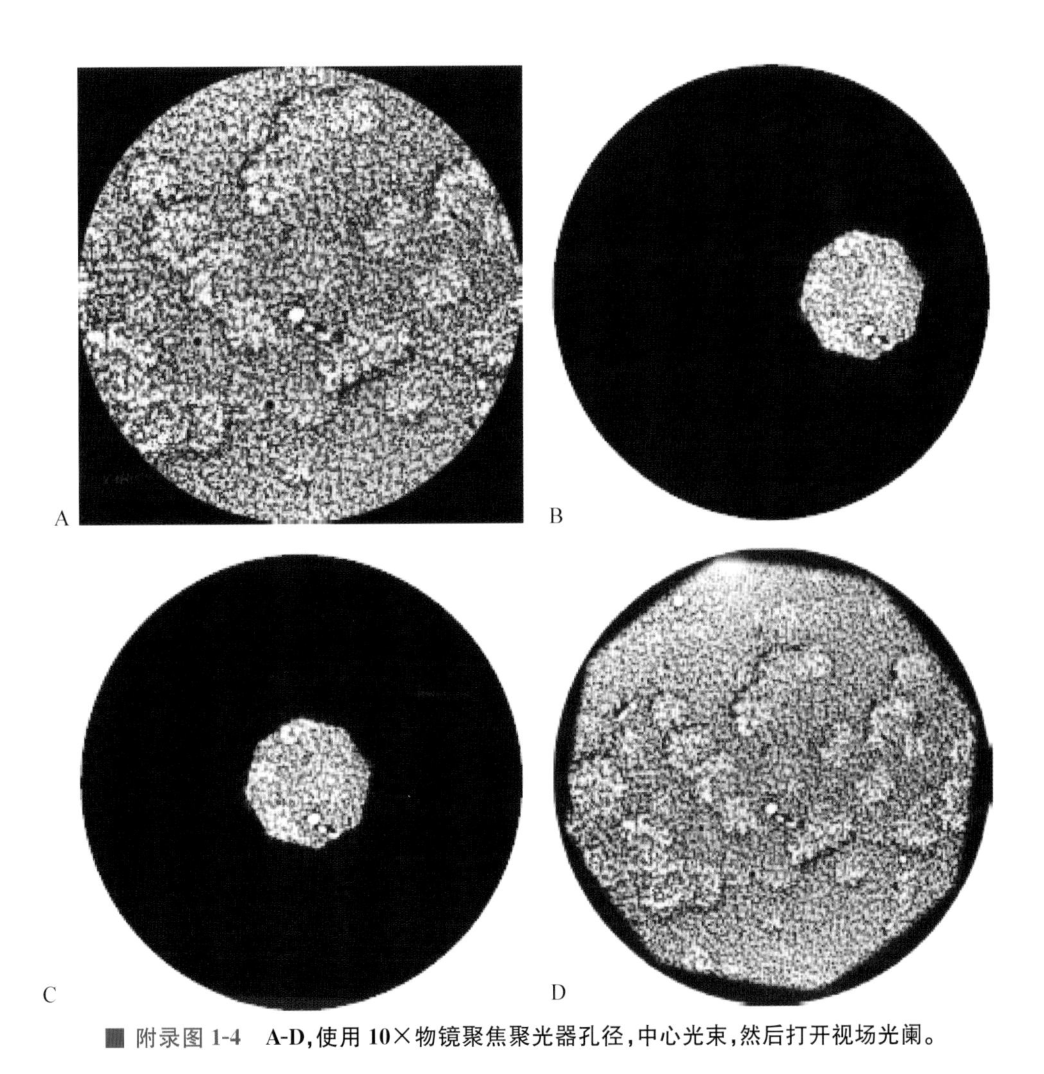


■ 附录图 1-4　**A-D，使用 10×物镜聚焦聚光器孔径，中心光束，然后打开视场光阑。**

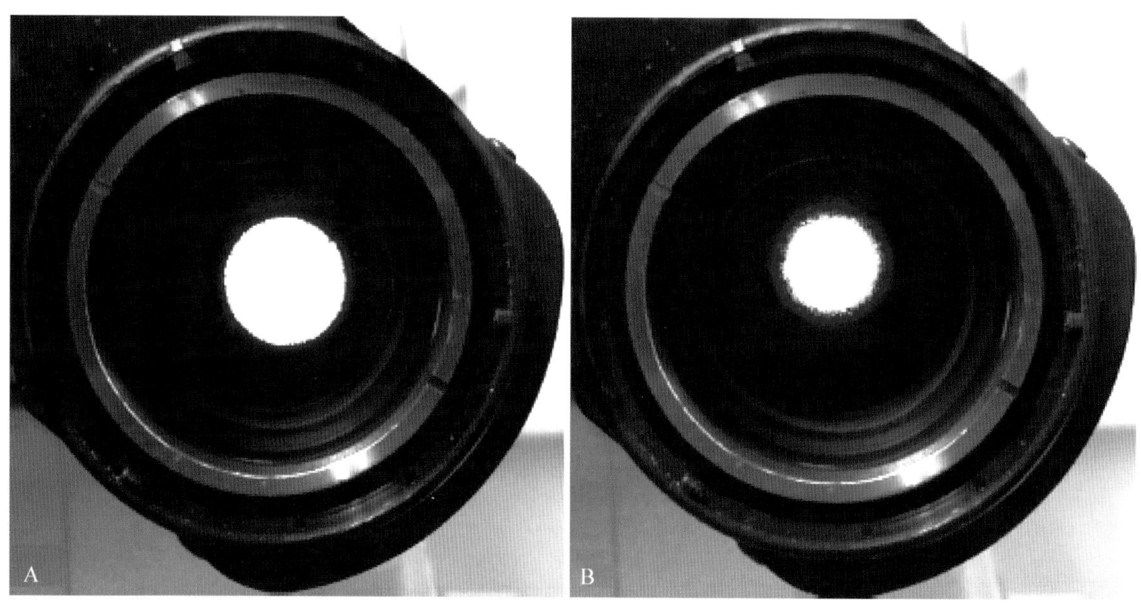

■ 附录图 1-5 通过移动目镜来调整对比度。**A.**(左)100%和 **B.**(右)75%。

■ 附录图 1-6 特殊物镜调节环。**A.**(左)盖玻片校正环(0.11～0.22 mm)或者 11～22 和 **B.** 数值孔径可变光阑(显示为 0.9> <0.5)。

### 数值孔径和分辨率

数值孔径(NA)是指光线通过样本在目镜中观察的区域。不但聚光器而且物镜的数值孔径必须优化至足够的视野和良好的分辨率。数值孔径典型地随着较高的放大倍数上升,可以在 0.04(相对于低倍物镜)～1.3 或 1.4(相对于高倍油浸复消色差物镜)之间变化。为聚集到更多的光线,物镜的数值孔径必须最好等于或者大于聚光镜的数值孔径。整个系统的数值孔径越高,分辨率就越高。高数值的数值孔径允许更多的倾斜光线进入前透镜,尤其是对于亮视野显微镜来说,帮助解决图像问题。在传统的亮视野照明下,使用全孔和分辨率的显微镜物镜和聚光镜系统,难以观察活的细胞和其他透明、未染色的样本。在这些情况下对于一些物镜通过使用光圈降低数值孔径是可能的(附录图 1-6B)。

分辨率被定义为标本上可以看作单独的两点之间的最小距离。收集光线的能力可以受物镜前镜头和标本盖玻片之间的介质(如空气、油)折射率影响,值的范围从空气的 1.00 到一些浸油的 1.51。

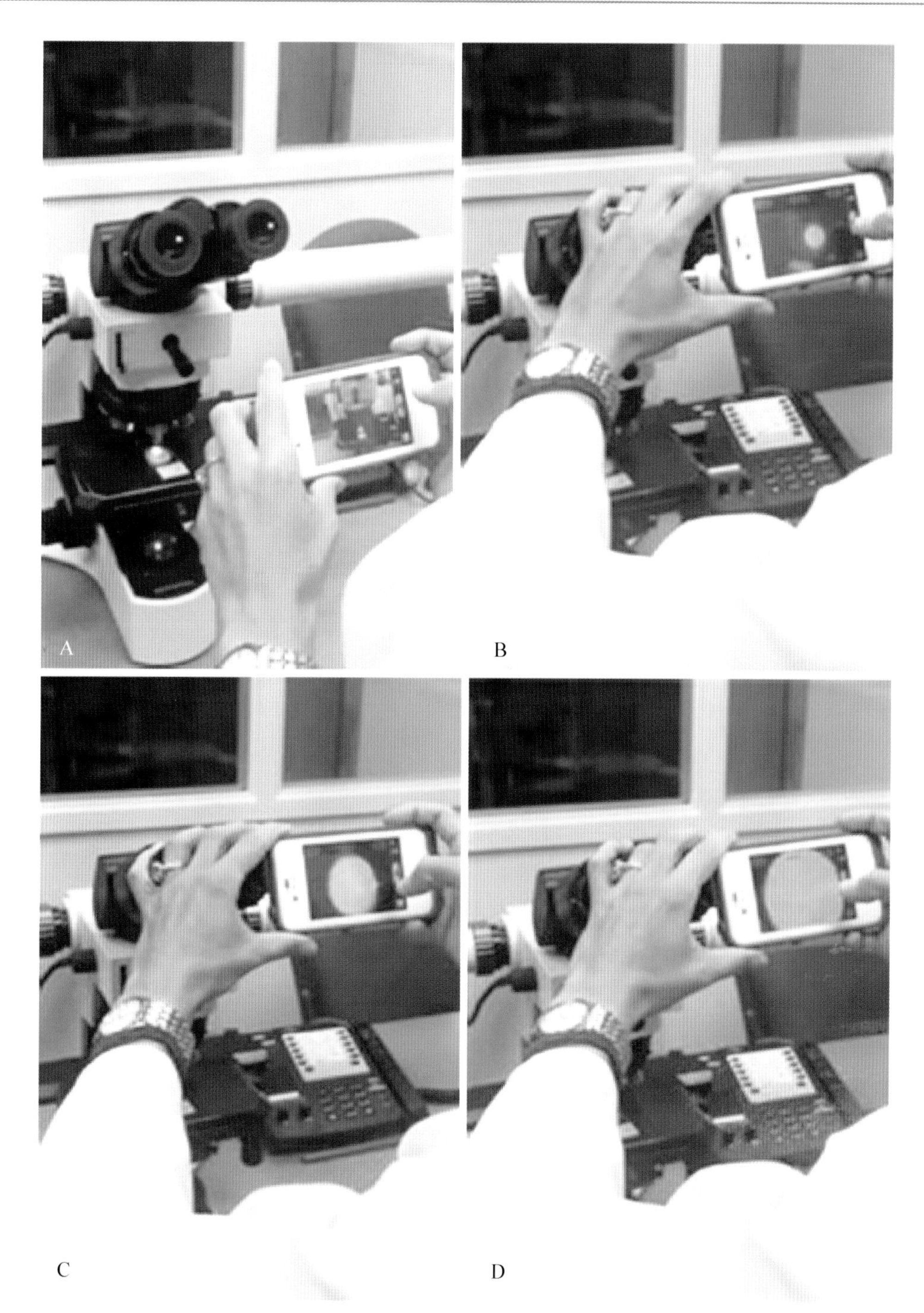

■ 附录图 1-7 使用智能手机手动采集显微镜图像。

## 智能手机远程细胞学

### 手动拍照技术

通过一些实践，使用智能手机作为唯一的方法，为进行远程细胞学转诊或者存档个人病例取得诊断图像。这种技术的示例可以在社会媒体上，如 http://youtube/cfd9ViHBlR4 上查看（于 2015. 1. 25 访问）。捕获图片的技术在附录图 1-7 中，供大家参考。简单来说，持手机边缘将其水平举起，使用一根手指（如拇指）来捕获图像。当照相机镜头覆盖在一只目镜上时，持手机的手扶持一只目镜来稳定支撑。图像是居中的，且填补目镜圆形视野的矩形区域是允许的。在捕获图像前可以通过触摸屏幕来聚焦。

### 目镜支架

市场上有若干廉价的显微镜照相手机支架。然而这里要介绍两个当前最受欢迎的型号。Magnifi™（附录图 1-8A）的直径为 1～1.5 in（25～38 mm），设计用于和目镜一起工作，能够使目镜在最佳校准时无阻碍地滑动至少1 in(25 mm),是为大多数iPhone设计的。SkyLight™(附录图1-8B)可以放置多种型号的智能手机,相当于 $6\frac{1}{4}$ in×$2\frac{7}{8}$ in(158 mm×73 mm),适用的目镜直径达1.7 in(4.45 cm)。支撑手机的夹子放置的高度为11/16 in(17 mm)。同录像样本一样,例如寄生虫运动或样本扫描,支架的使用可获得更清晰的图像。附录图1-9举例展示使用支架捕获图像。

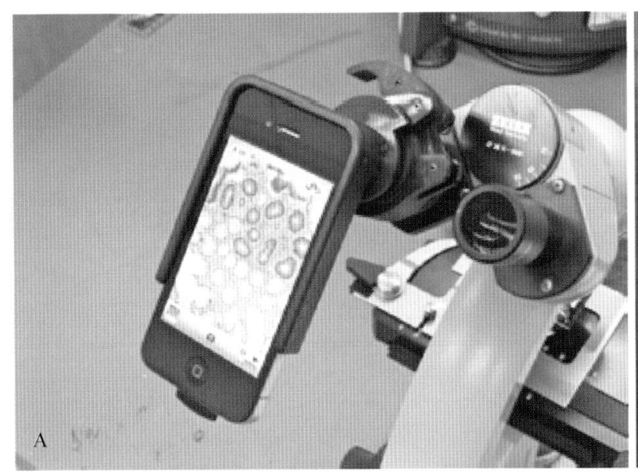

■ 附录图1-8 **显微镜目镜上智能手机支架的两个例子。A.**(左)Magnifi™和**B.**(右)Skylight™。

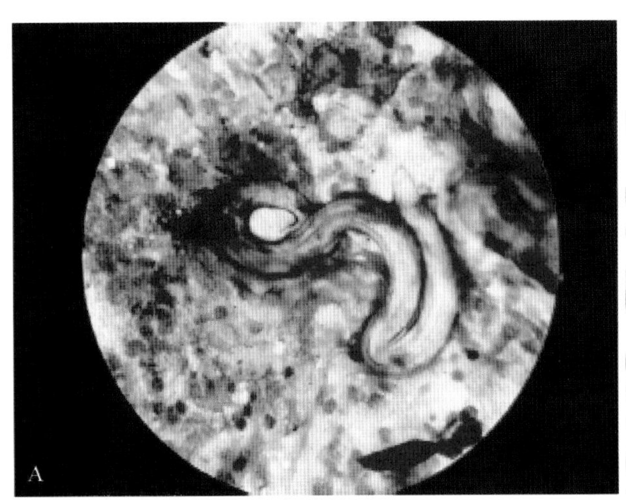
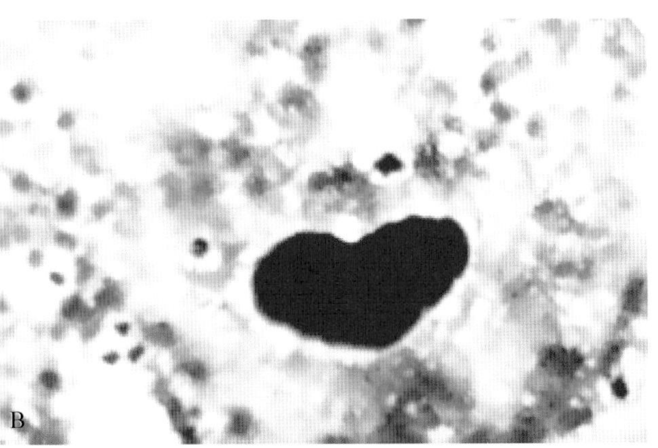

■ 附录图1-9 **论述两个使用iPhone5S做远程细胞学的案例。A.**(左)犬支气管肺泡灌洗的肺丝虫幼虫的图像。(罗氏染色,高倍油镜)和**B.**(右)视野中成簇的上皮细胞。(罗氏染色,高倍油镜)

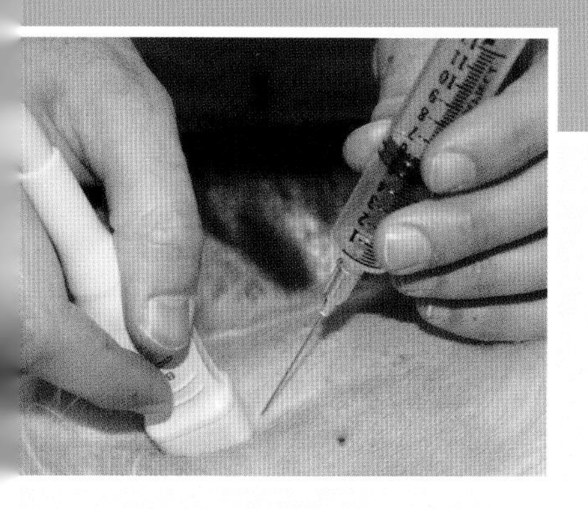

# 附录 2

# 选择细胞学染色和方法

## 碱化磷酸酶

### 材料与方法

#### 材料

BCIP/NBT 磷酸酶底物（猫。#：50-81-18，100 mL）是 5-溴-4 氯-3 吲哚基磷酸钠（BCIP），浓度为 0.21 g/L 的溶液，氮蓝四唑（NBT）的浓度为 0.42 g/L 的有机碱/三羟甲基氨基甲烷缓冲液。产品通过 KPL，Gaithersburg MD www.kpl.com 可获得（2015 年 1 月使用）。

反应产物沉积在（BCIP/NBT）通过碱性磷酸酶的水解发生的位置（见图 13-20B）。最好使用未固定、未染色的载玻片；然而，在某些情况下可以使用之前罗氏染色的片。将未染色玻片使用罗氏染色复染后会帮助检测阳性细胞（附录图 2-1）

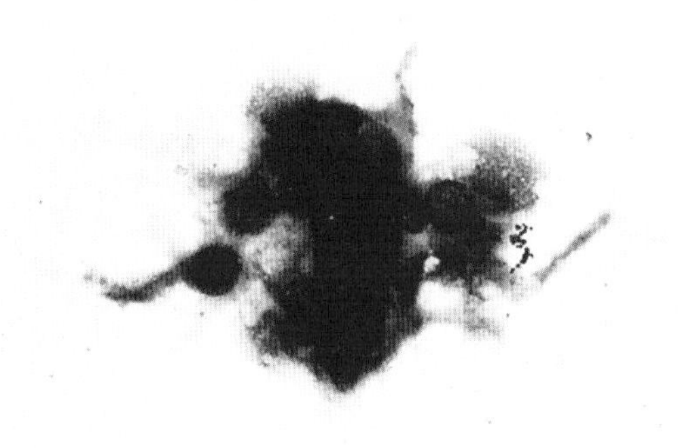

■ 附录图 2-1　甲醇罗氏复染后碱性磷酸酶反应显示肿瘤细胞的阳性聚集。（BCIP/NBT；高倍油镜）

#### 方法

使用前回温到室温。对之前使用过的玻片，用二甲苯去除油，并用生理盐水缓冲液简单冲洗。阳性对照包括肝组织或马血涂片。

1. 冲洗玻片或浸泡在溶液中。
2. 未染色的玻片温育 3～5 min，或已染色玻片温育约 1 h。
3. 通过蒸馏水冲洗停止反应。
4. 风干。

#### 反应

成骨细胞、成软骨细胞和罕见的其他细胞，但不包括巨噬细胞或破骨细胞的胞浆含有密集的紫色到黑色颗粒。反应不能区分恶性或反应性成骨细胞。

### 转移瘤细胞可视化

染色步骤的有效指示涉及怀疑转移性疾病的临床分级如骨肉瘤。该步骤完成后可以增强出现在组织内单个细胞或细胞团的表现，如淋巴结。

附录图 2-2 显示来自数量多的下颌淋巴结抽吸活检，分散的数量少的小的转移簇或单个细胞。碱性磷酸酶染色，然后水溶性罗氏染色套装里的噻嗪染料短暂浸入（附录图 2-2B）。主要的位点包括鼻肿胀，显示为肿瘤细胞肉瘤的强阳性（附录图 2-2C），并作为阳性对照。

## 酸-乙醇

对于未染色和罗氏染色的细胞学玻片可以使用附加的组织化学染色。在使用染色剂复染之前，除去以前的染色是有帮助或必要的，如过碘酸-希夫染色或 Grocott 六胺银染色。这两种染色用来显示真菌。长时间的甲醇浸泡可以达到目标；然而，另一种方法是与酸-乙醇的短暂接触。

### 材料与方法

70％乙醇…………99 mL

高浓度盐酸…………1 mL

玻片迅速浸入酸-乙醇混合液中 2～3 次，使罗氏染色脱色，后使用自来水冲洗来停止反应。

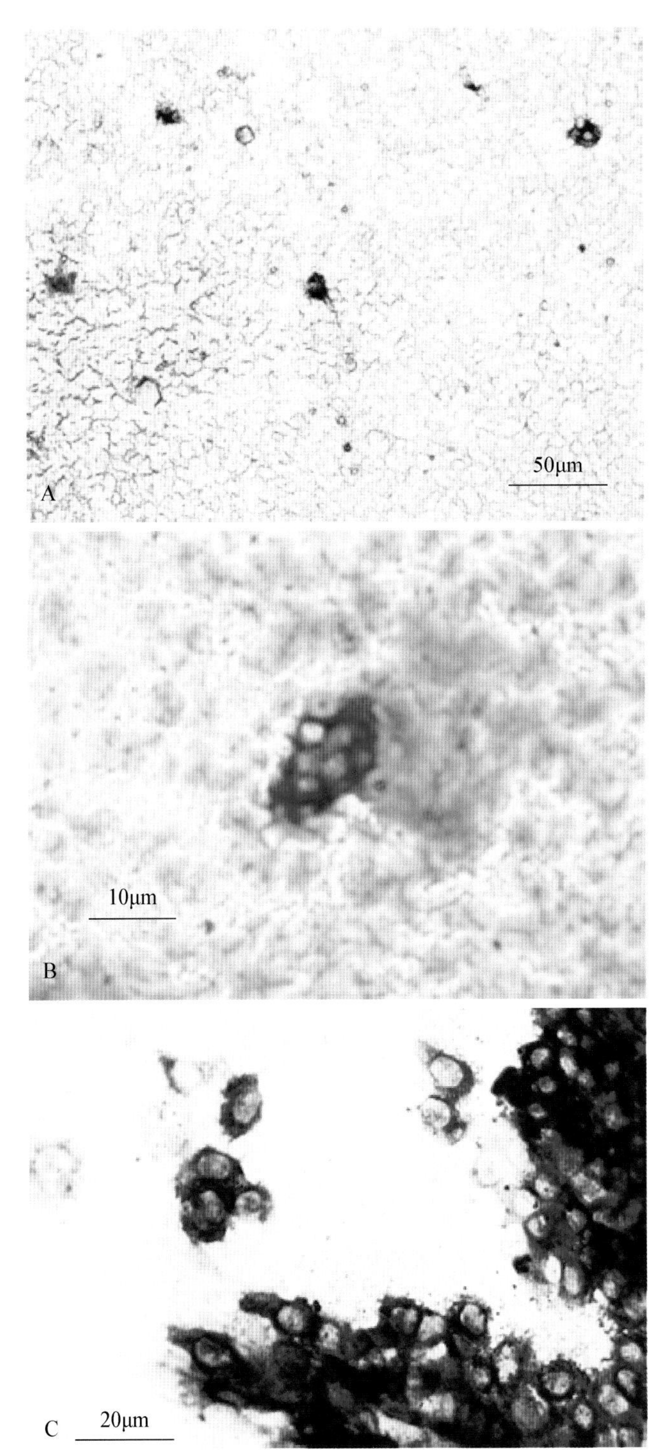


■ 附录图 2-2 **患有骨肉瘤的犬使用碱性磷酸酶使转移性肿瘤细胞可视化。A.** (左)下颌淋巴结抽吸活检使用碱性磷酸酶染色可见分散的成簇的肿瘤细胞，而使用罗氏单独染色则很难看到。(BCIP/NBT；IP) **B.** (中)同一个淋巴结抽吸活检，短暂浸入水溶性罗氏染色套装里的噻嗪染料，显示明显的核仁特征。(BCIP/NBT& 水溶性罗氏染色；高倍油镜)。**C.** (右)鼻骨肿胀处的抽吸活检显示碱性磷酸酶的强阳性反应，这在染色过程中作为阳性对照。(BCIP/NBT；高倍镜)

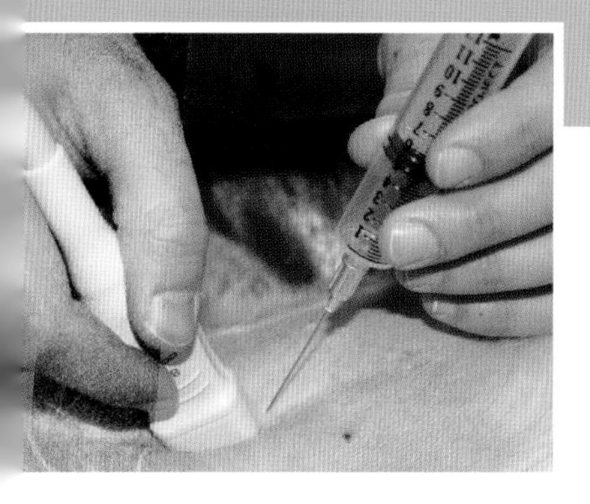

# 附录 3

# 干扰和偏振物质

## 细胞学干扰因素

更多图片请见第 2 章图 2-44，图 2-45，图 2-46 和图 2-47。

**表 3-1　以形状或颜色为基础的混淆或人工伪象**

| 细胞外微粒 | 线性成因 | 嗜酸性分泌物 | 嗜碱性/黑色结构 |
|---|---|---|---|
| 淋巴小体<br>(图 2-20) | 细胞核流动<br>(图 2-21) | 医用润滑油<br>(图 4-20) | 白色胆汁<br>(图 6-18) |
| 花粉<br>(图 11-25D 和附录图 3-1) | 胶原蛋白<br>(图 2-22 和 3-53H) | 滑膜/IVD MPS<br>(图 13-9 和附录图 3-4) | 坏死<br>(图 2-24) |
| 血红蛋白晶体，氧合血红蛋白<br>(附录图 3-2A-D) | 棉纤维<br>(图 11-25C) | 类骨质<br>(图 7-8 和图 13-18) | 含铁血黄素<br>(图 4-6L 和图 5-55A) |
| 滑石或淀粉晶体<br>(图 11-25B) | 毛发<br>(图 3-20A) | 淀粉<br>(图 2-22C 和图 9-21) | 黑色素<br>(图 3-48F 和图 15-25F-G) |
| 矿物质结晶<br>(图 3-59A 和图 13-7) | 毛细血管<br>(图 3-42C 和图 4-14D) | 甲状腺胶体<br>(图 16-3) | 络氨酸颗粒<br>(图 16-9B 和 C) |
| 肌纤维碎片<br>(图 2-1) | 库什曼螺旋体<br>(图 5-33) | 埃二氏小体<br>(图 12-71) | 乳腺分泌物<br>(图 12-4) |
| 寄生虫碎片<br>(附录图 3-3A-E) | 晶状体纤维<br>(图 15-30B-C) | 疫苗佐剂<br>(图 3-4C) | 酵母菌病时的酵母菌<br>(图 15-28C) |

MPS，黏多糖

## 偏振物质

**表 3-2　选择偏振的物质**

| 晶体 | 纤维 | 蛋白质 |
|---|---|---|
| 尿酸盐<br>(图 11-15) | 合成缝线<br>(附录图 3-5) | 胶原，肌肉<br>(附录图 3-6) |
| 草酸<br>(图 10-16&11-16) | 木(纤维素) | 淀粉<br>(图 9-21C) |
| 三聚氰胺/氰尿酸<br>(图 10-17) | 棉纤维(纱布瘤) | 毛干<br>(附录图 3-7) |
| 硫酸钡造影剂 |  | 血色素(福尔马林-亚铁血红素色素) |

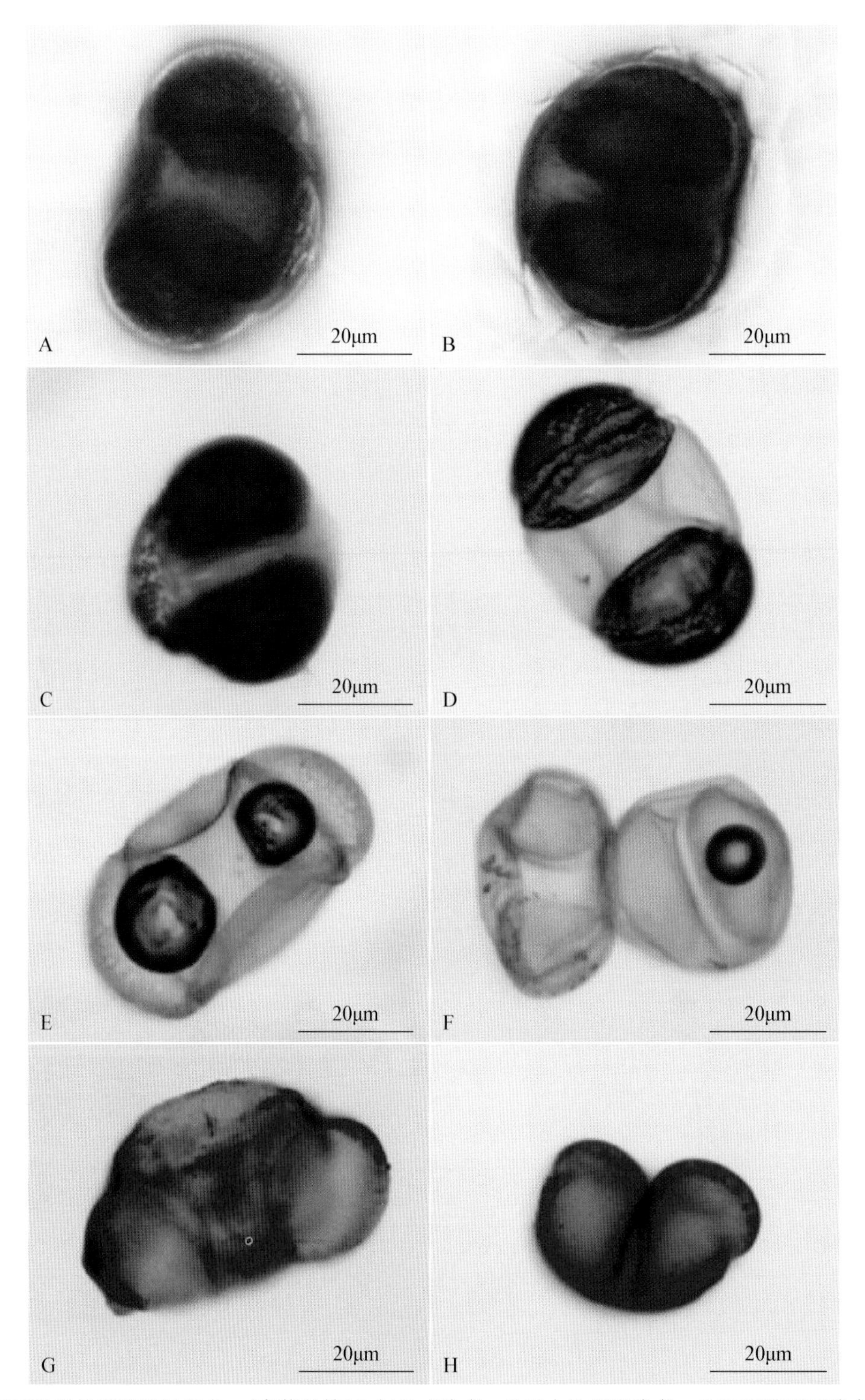


■ 附录图 3-1 **不同阶段的松花粉及染色。**(高倍油镜)**A** 与 **B** 未染色。**C-F** 水性罗氏染色。**G-H** 甲醇罗氏染色。

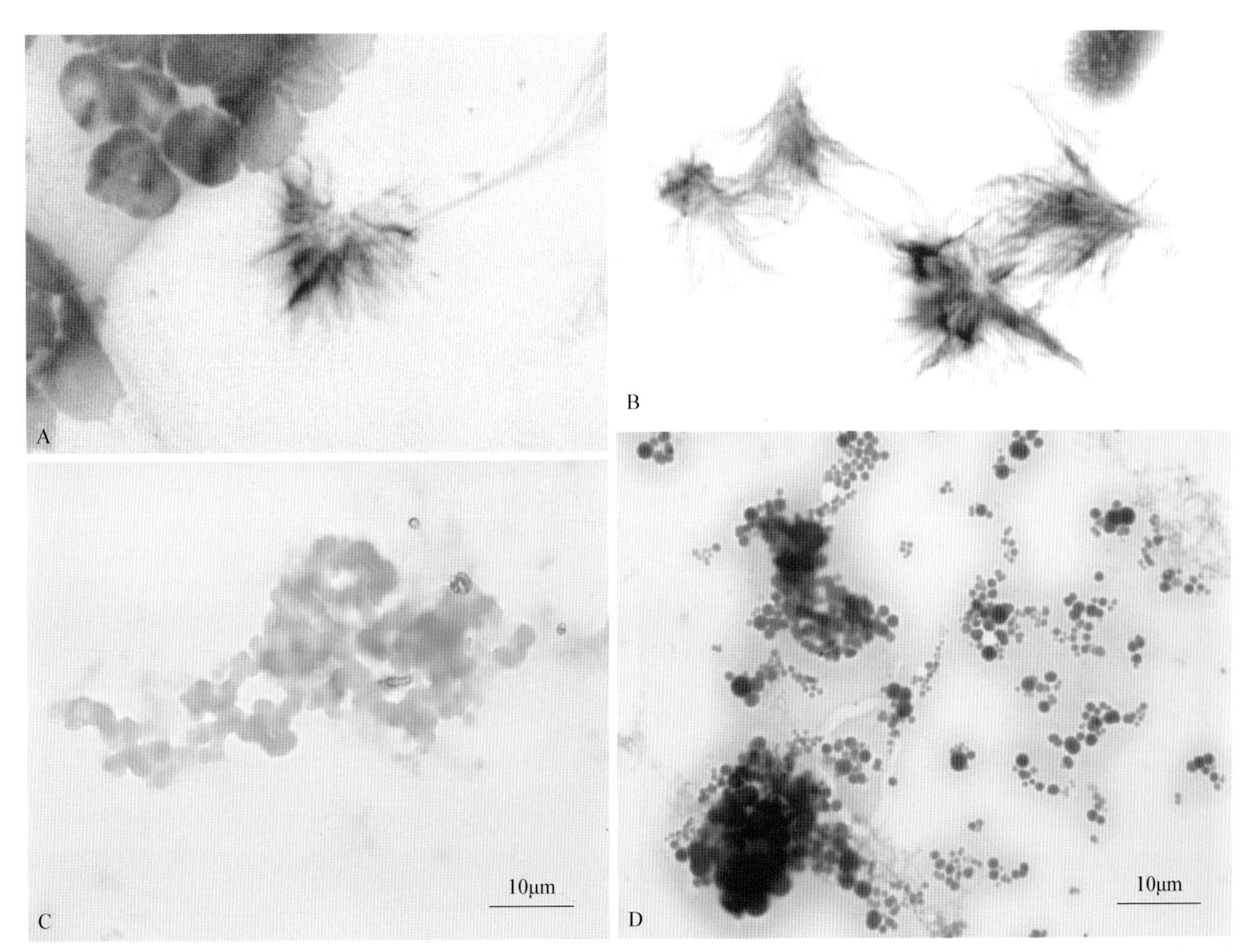


■ 附录图 3-2　**血色素。A** 与 **B.** 如图所示像毛发样扩张的犬脾脏的晶体的针状血红蛋白。（瑞-吉氏染色；高倍油镜）**C.** 犬尿液中未染色的氧合血红蛋白伴有金黄色的结晶体。（未染色；高倍油镜）**D.** 犬尿液中的球蛋白出现嗜碱性和非晶态。（瑞氏染色；高倍油镜）

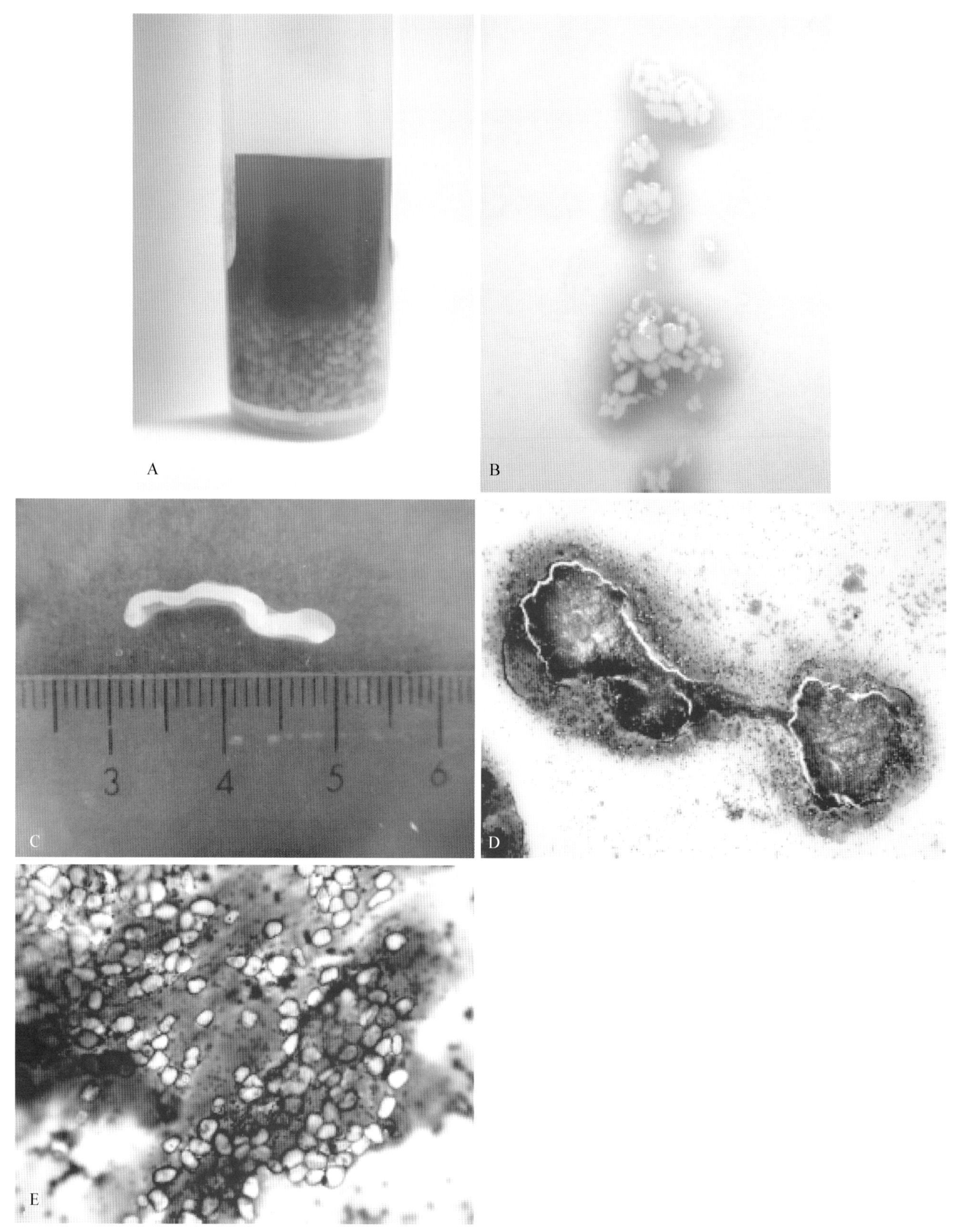


■ 附录图 3-3　**犬绦虫病。**测序为中殖孔属。**A. 腹腔积液。**眼观绦虫感染的犬腹腔液。注意粉色到红色的中等浑浊液体，以及无数的白色斑点沉积在试管底。**B. 绦虫节段。**眼观腹腔液中的白色扁平斑点。玻片上大量 1～4 mm 白色斑点。**C. 绦虫。**偶尔白色斑点可达到 1～2 cm 长，包括未分割的厚的头部及长尾巴。犬绦虫。分子测序为中殖孔属。**D.** 节段显示为黏液性背景及嗜碱性节段。(改良的瑞氏染色；高倍镜)**E.** 大量钙化细胞(矿物质折射结构是以同心圆为特征的)是绦虫的支持。(改良的瑞氏染色；高倍镜)(病例资料由 Piseddu，Padua，Italy 提供)

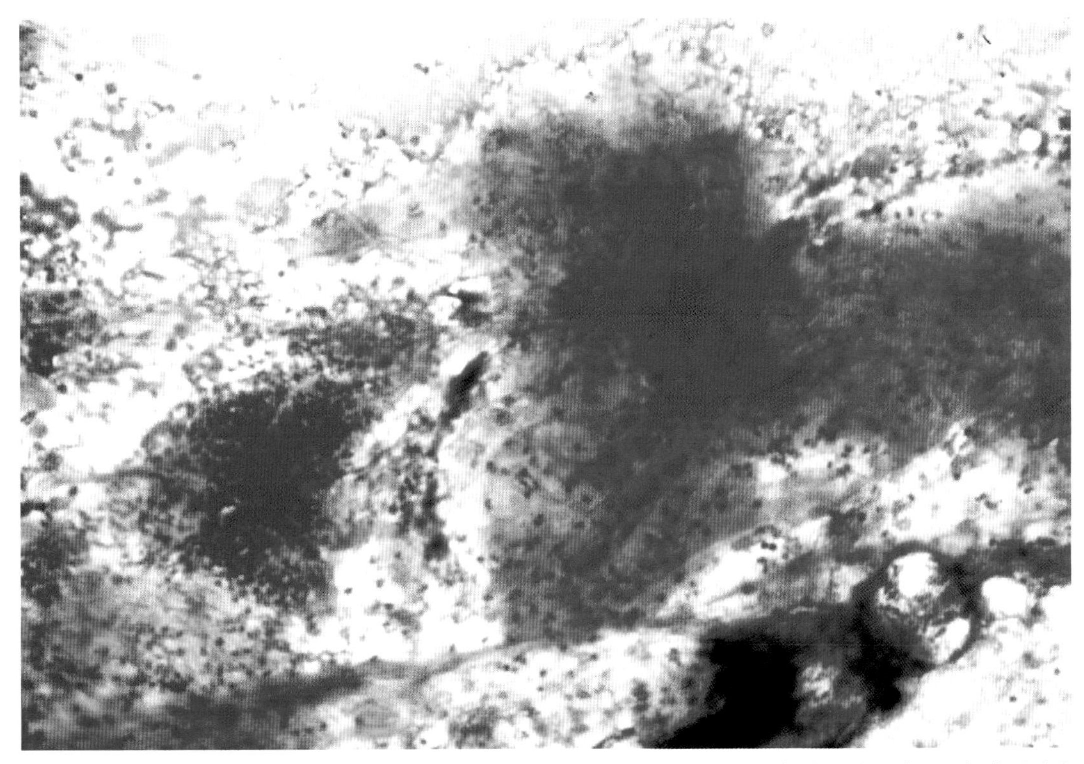

附录图 3-4　**椎间盘物质。**犬细胞抽吸样本显示为品红色无定形含有黏多糖的物质，伴有血液污染。（瑞-吉氏染色；低倍镜）

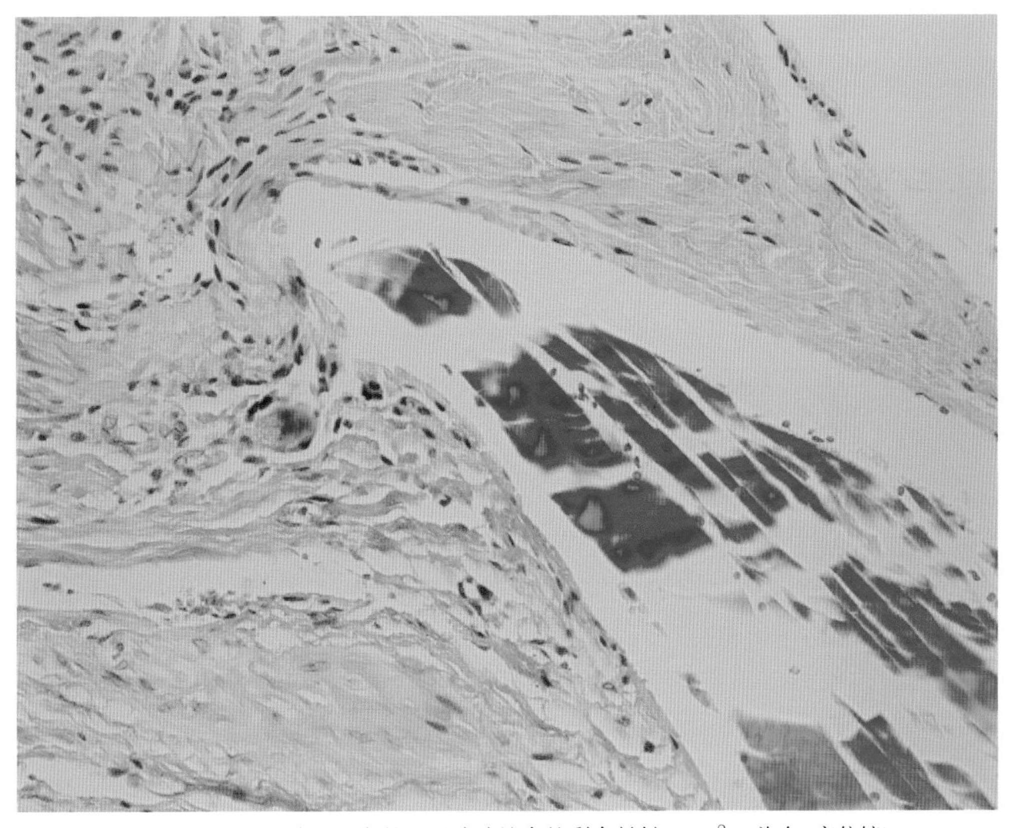

附录图 3-5　**缝合材料。偏振。**组织切片显示犬的泌尿膀胱缝合的剩余材料。（H&E 染色；高倍镜）

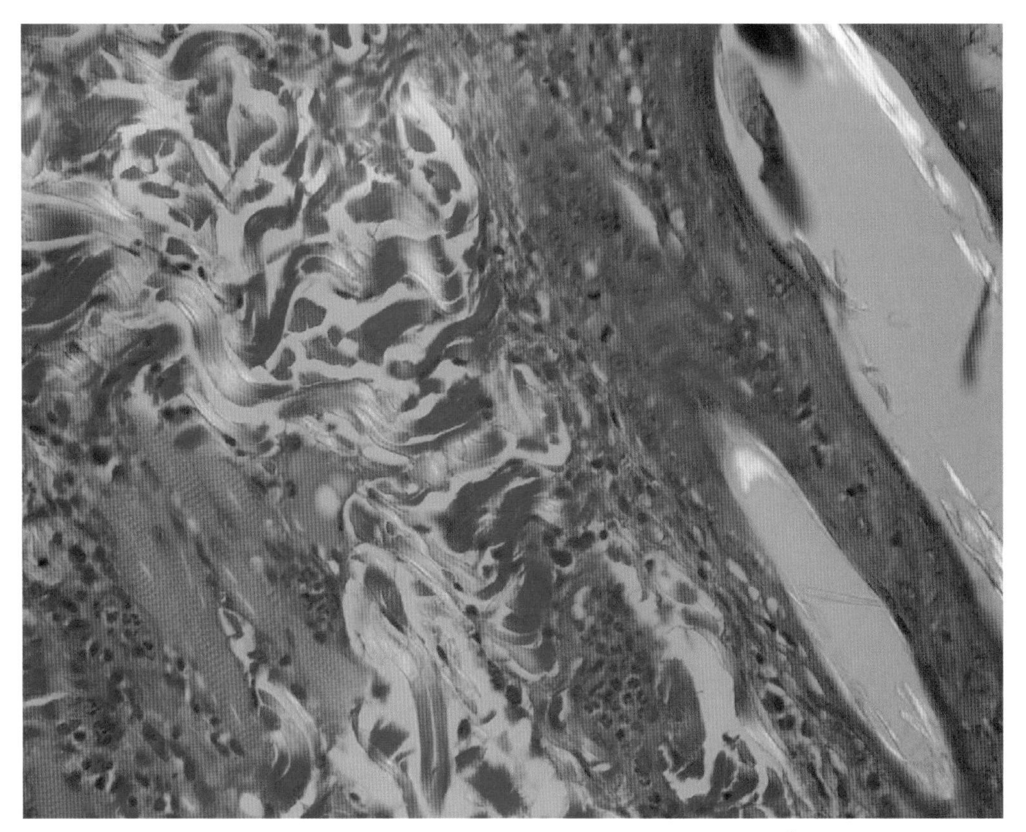

■ 附录图 3-6 **极化的胶原纤维。**注意骨骼肌(箭号)为非极化的。犬的皮肤组织切片。(H&E 染色;高倍镜)

■ 附录图 3-7 **毛干。极化。**组织切片显示彩色条折射的毛发,看作黄白条纹。(H&E 染色;高倍镜)

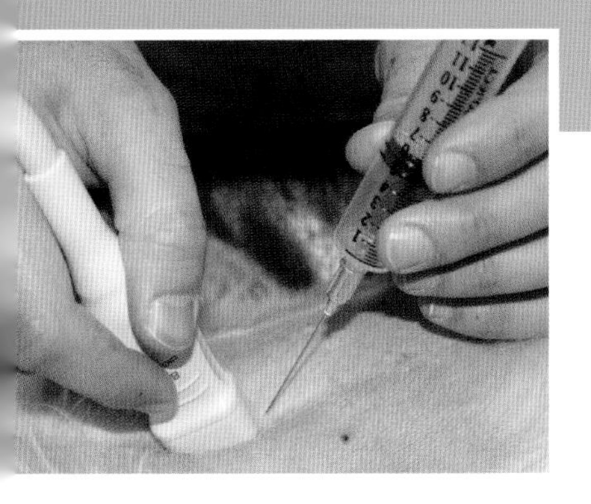

# 附录 4

# 染色质模型

在附录图 4-1 中显示描述的核染色质描述。

细胞核位于细胞质的正中间，近中心（中心附近，如 B），或如 E 一样偏中心位置。染色质核仁是致密的染色核体，其与染色质有关（F）。细胞核仁（B 和 C）形成于中央，与染色质有关，使用罗氏染色后，而细胞核的 DNA 为紫色，中央部位苍白到蓝色为 RNA。

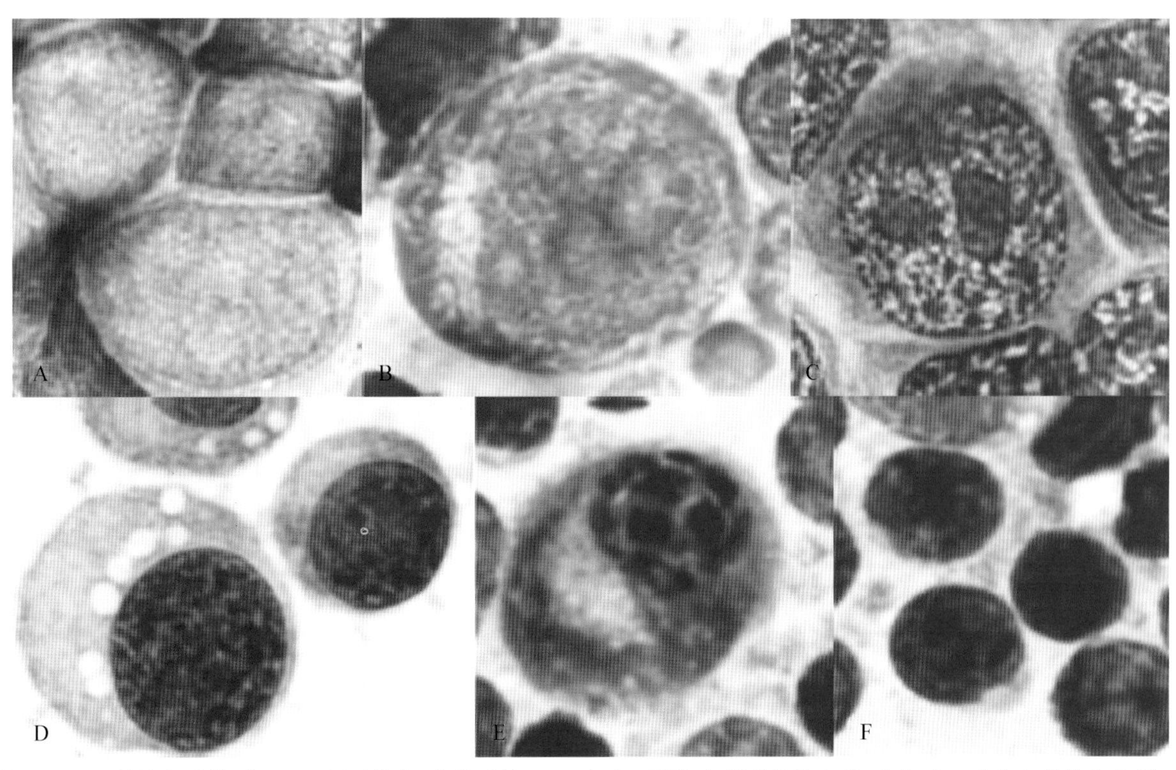


■ 附录图 4-1 **核染色质模型。A-F**（罗氏染色；高倍油镜）。**A.** 细点，平滑，细腻的核染色质，均匀或一致分布的核染色质。**B.** 花边，细网状，均匀细链染色质。**C.** 粗点，开放的（常染色质）及不均匀小簇（异染色质）。**D.** 黏稠或破旧的，粗点不均匀小聚集成簇。**E.** 粗糙成群及大而不均匀的密集成簇。**F.** 浓缩，致密的无光照空间，且非常密集（照片由 Khush Banajee，路易斯安那州立大学提供。）

# 附录 5

# 高级的收集和制备技术

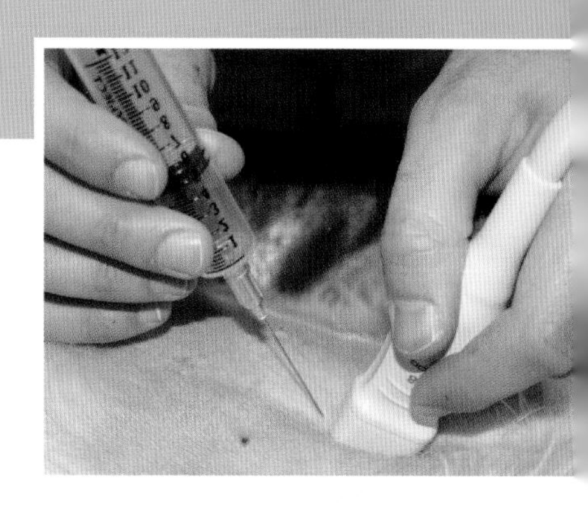

## 细胞块

细胞块的主要优势是保留结构完整，如腺泡、腺道、蜂窝、乳突状和血管周的相关组织。抽吸活检材料与 0. 6 mL 微量离心管中 70% 酒精混合，然后 2 800 *g* 离心 10 min。移除上层清液，添加 2% 液态琼脂糖。离心管再次 2 800 *g* 离心 10 min 后获得固体颗粒。最后，固体颗粒使用石蜡包埋，然后常规处理进行组织病理学评估。

该方法的进一步讨论可见 Zanoni 等，2012。一种替代方法是使用 HistoGel™ 镶嵌入样本，该方法最近刚被发现(Joiner and Spangler，2012)。此外，一种商业的嵌入系统也可使用，只是需要更长的时间孵化，使用非福尔马林固定，进行细胞离心机离心的所有物质。*

## 细胞转录

附录图 5-1 显示了由水溶性罗氏方法染色的细胞抹片的细胞转录。这个方法(Stone and Gan，2014)允许许多附加诊断检查，如特殊的组织化学染色，免疫细胞化学染色和感染源的分子检测。细胞的转录在有盖玻片覆盖的载玻片上是更容易的。中间覆盖的部分需要通过浸泡在二甲苯中 20～30 min 移除变硬的 Pertex(固定剂)。每个片子都放在 55℃ 的温箱中进行干燥，以确保细胞更好地黏附在载玻片上。在显微镜检查之前将盖玻片盖上。

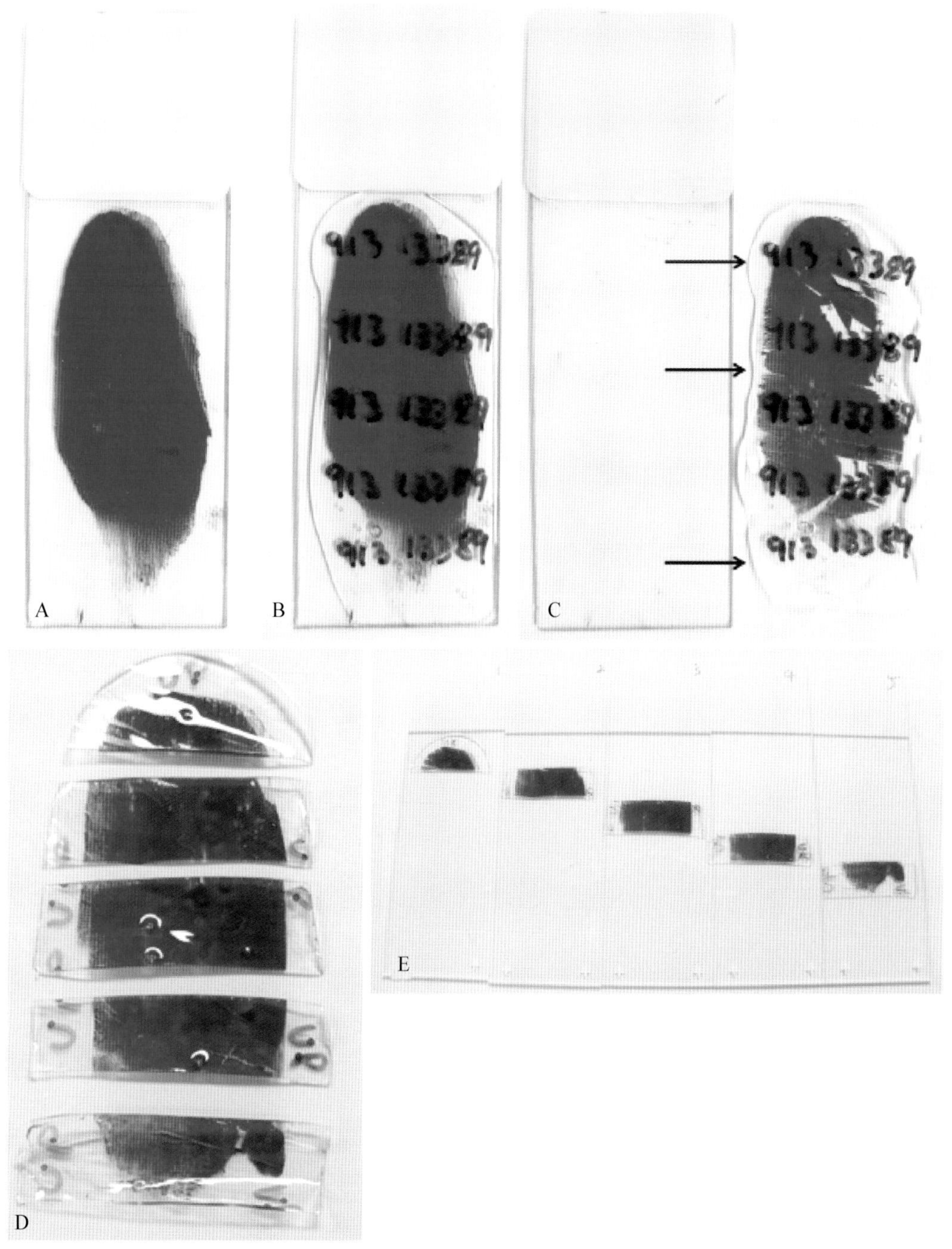


■ 附录图 5-1 **细胞转录方法。犬淋巴结抽吸。**(图片来自 Brett Stone，澳大利亚。)**A.** 已归档的水溶性罗氏染色覆盖的玻片。**B.** 使用二甲苯浸润移除玻片，然后使用伴有快速固定剂(如 Pertex)的细胞学材料包覆。将玻片放入 55℃温箱中烘烤 3 h 直到材料变硬。向上的方向按顺序贴好标签，然后将玻片与细胞分离。**C.** Pertex 和附着的细胞通过刮擦玻片表面分离，同时使用一次性超薄切片机刀片提起变硬的含有细胞的材料。**D.** 变硬的 Pertex 层被分成多段。**E.** 每一段被紧压在带正电的玻片上，然后在 55℃温箱中烘烤 1 h。玻片在常温下保存，直到进一步的处理。

# 附录 6

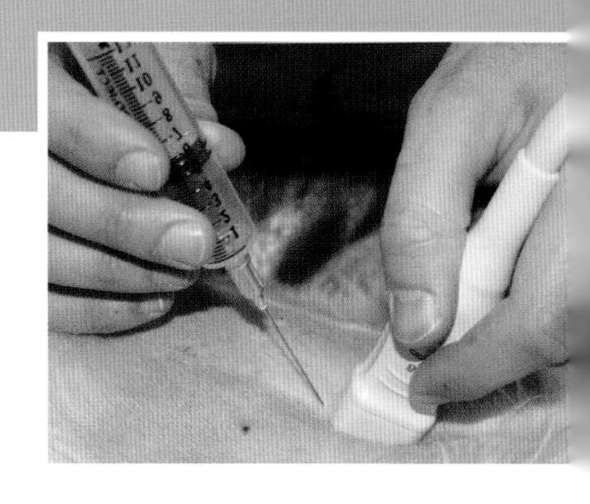

## 免疫细胞化学染色规程

1. 使用疏水的笔标记玻片上截面间的蜡屏障(附录图 6-1)。在进一步操作前使蜡完全干燥。根据其细胞性可以使用多种抗体在 1 个玻片上。阴性对照区域显示为患者样本。阳性对照使用目前已知的阳性病例,在 0℃干燥条件下可储存 1 个月。

2. 玻片上白细胞标记物使用丙酮固定 3 min。风干。

3. 淬火最少 **10 min** 内源性过氧化物酶,使用 1 mL **3%过氧化氢**放入 250 mL 磷酸盐缓冲生理盐水(PBS),然后使用 PBS 进行两次简短的漂洗,将玻片放在第二次漂洗的溶液中以防止干燥。

4. 使用 10%经过二抗血清进行阻断程序,并将玻片放入潮湿环境,如玻片盒,**20 min** 孵育(附录图 6-2A&B)。

5. 准备抗体溶液放入 10%血清,并放入离心微量管或一次性硼酸盐玻璃管,防止抗体吸收。

6. 留下阴性对照的血清,通过吸收剂吸干,移除其他检测部分的血清。

7. 在潮湿的环境下,提供抗体到检测位置,使用化验室确认过的稀释液孵育 **60 min**。样本稀释液会在后面表 6-1 中列出。

8. 抗体孵育后,将玻片上多余的液体吸干,并在 PBS 中涮洗两次。

9. 提供二抗(1∶400);在潮湿环境孵育 **20 min** 之后用新鲜的 PBS 冲洗。

10. 使用链霉辣根过氧化酶(HRP)共轭(1:400);在潮湿环境孵育 **20 min** 后 PBS 冲洗。直到使用色原体时再离开 PBS。

11. 从阳性对照开始,滴 2～3 滴 3-氨基-9 乙基咔唑(AEC)溶液作用 **40 s**,注意低温显微镜下颜色的变化。利用这段时间,使用色原体单独处理每个玻片。冲洗蒸馏水从而停止反应,直到复染再离开水中。

12. 使用哈里斯苏木素复染玻片 40 s。用自来水冲洗直到染色冲干净。1×PBS 简单冲洗。风干。规程通过简图表示(附录图 6-3A&B)。

13. 盖玻片覆盖 AEC 色原体染色的玻片,使用水溶封固剂固定。最终的结果可见附录图 6-4。

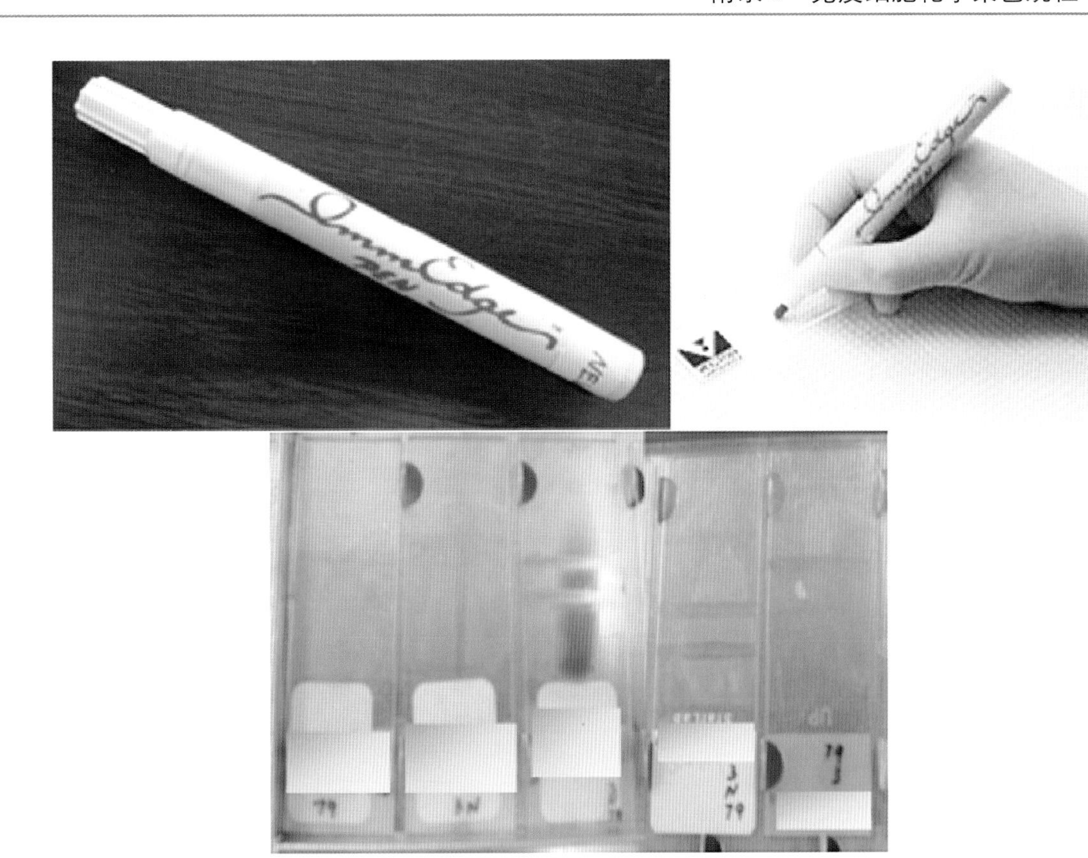


附录图 6-1　玻片通过疏水性笔被分割为多个染色区域，从而阻挡染色溶液。

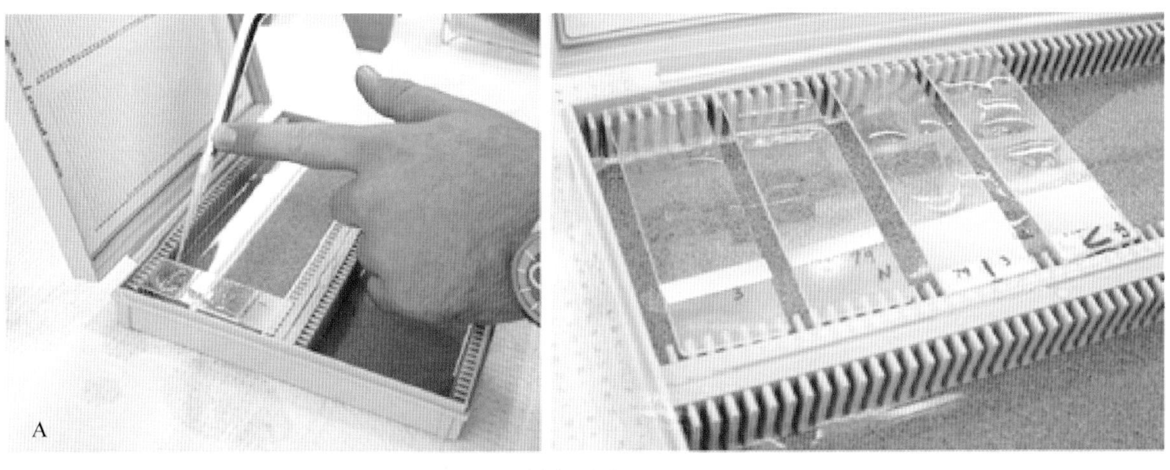

附录图 6-2　添加血清或抗体试剂，在潮湿环境内孵育。

表 6-1 犬猫免疫细胞化学的主要抗体*

| 抗体名称 | 种类 | 阻断血清 | 稀释浓度 | 克隆 |
|---|---|---|---|---|
| 鼠抗人 CD3ε | 猫,犬 | 兔 | 1:20 | CD3-12 |
| 鼠抗犬 CD5 | 犬 | 兔 | 1:50 | YKIX322.3 |
| 鼠抗人 Mac387 | 犬,猫 | 马 | 1:50 | Mac387 |
| 鼠抗人 CD79acy | 犬,猫 | 马 | 1:25 | HM57 |
| 鼠抗人 CD14 | 犬,猫 | 马 | 1:20 | TUK4 |
| 鼠抗人 MUM1 蛋白 | 犬 | 马 | 1:25 | MUM1p |
| 鼠抗人 BLA36 | 犬,猫 | 马 | 1:25-1:50 | A27-42 |
| 鼠抗犬 CD34 | 犬 | 马 | 1:100 | IH6 |
| 鼠抗犬 CD1a | 犬 | 马 | 1:10 | CA13.9H11 |
| 鼠抗犬 CD3 | 犬 | 马 | 1:10 | CA17.2A12 |
| 鼠抗犬 CD4 | 犬 | 马 | 1:10 | CA113.1E4 |
| 鼠抗犬 CD8α | 犬 | 马 | 1:10 | CA9.JD3 |
| 鼠抗犬 CD8β | 犬 | 马 | 1:10 | CA15.4G2 |
| 鼠抗犬 CD11b | 犬 | 马 | 1:10 | CA16.3E10 |
| 鼠抗犬 CD11c | 犬 | 马 | 1:10 | CA11.6A1 |
| 鼠抗犬 CD11d(αd) | 犬 | 马 | 1:10 | CA11.8H2 |
| 鼠抗犬 CD18 | 犬,猫 | 马 | 1:10 | CA1.4E9 |
| 鼠抗犬 CD21 | 犬,猫 | 马 | 1:10 | CA2.1D6 |
| 鼠抗犬 CD45 | 犬 | 马 | 1:10 | A12.10C12 |
| 鼠抗犬 CD45RA | 犬 | 马 | 1:10 | CA4.1D3 |
| 鼠抗犬 TCRαβ | 犬 | 马 | 1:10 | CA15.8G7 |
| 鼠抗犬 TCRγδ | 犬 | 马 | 1:10 | CA20.8H1 |
| 鼠抗犬 MHCII | 犬 | 马 | 1:10 | CA2.1C12 |
| 鼠抗猫 CD1a | 猫 | 马 | 1:10 | FE1.5F4 |
| 鼠抗猫 CD1c | 猫 | 马 | 1:10 | FE5.5C1 |
| 鼠抗猫 CD4 | 猫 | 马 | 1:10 | FE1.7B12 |
| 鼠抗猫 CD8α | 猫 | 马 | 1:10 | FE1.10E9 |
| 鼠抗猫 MHCII | 猫 | 马 | 1:10 | 42.3 |
| 鼠抗人细胞角蛋白 | 犬,猫 | 马 | 1:50 | AE1/AE3 |
| 鼠抗人黑色素 A | 犬,猫 | 马 | 1:25—1:50 | A 103 |
| 鼠 MPO | 犬 | 马 | 1:50 | 2C7 |
| 兔 CD20 多克隆 | 犬,猫 | 羊 | 1:100 | PA1-37312 |
| 鼠抗 Pax5 | 犬,猫 | 马 | 1:1 | 24 |
| 鼠抗 Ki-67 | 犬,猫 | 马 | 1:1 | MIB 1 |

*普渡大学 ICC 实验室使用

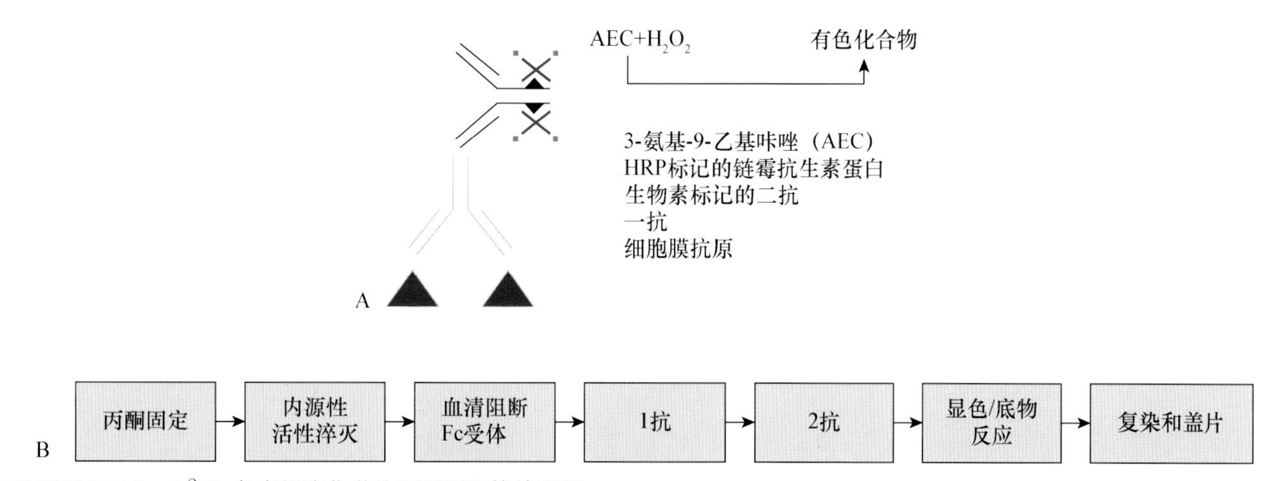


■ 附录图 6-3　A&B，免疫细胞化学的原理图和简单流程。

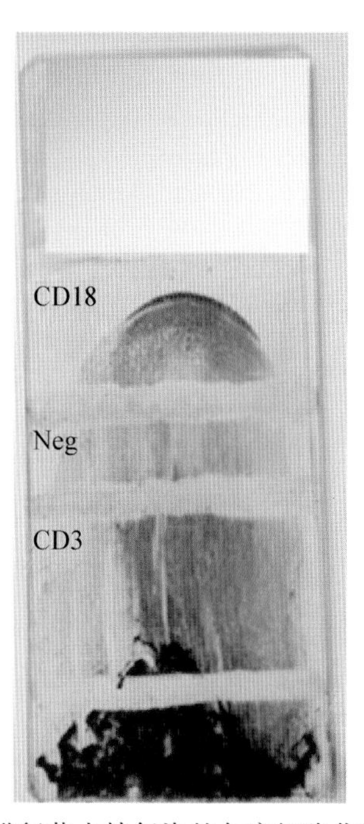


■ 附录图 6-4　CD3 和 CD18 抗体以及阴性对照进行苏木精复染的免疫细胞化学染色后盖上盖玻片的最终表现。

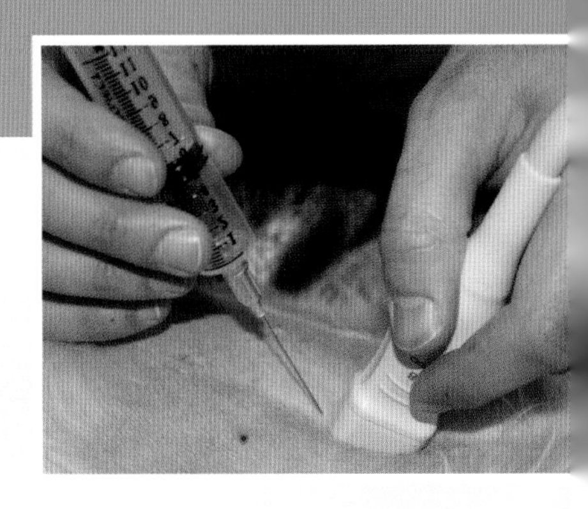

# 附录 7

# 特殊诊断检测网站列表

以下所列资源并非所有，但截至 2015 年 1 月都是正确的。请在递交任何测试有效性、花费、回复和相关请求时，提前联系实验室。

表 7-1 先进的诊断测试的可选择实验室

| 测试 | 检测材料 | 来源 |
|---|---|---|
| 结石分析 | 结石或沉淀的泥沙 | 明尼苏达尿石中心<br>小动物临床科学部门<br>兽医学院<br>明尼苏达大学<br>1352 Boyd Ave<br>St Paul，MN 55108612－625－4221<br>www. cvm. umn. edu/depts/minnesotaurolithcenter |
| 肥大细胞瘤的 C-Kit 突变分析 | 组织抽吸，压片（染色或未染色） | 科罗拉多州立大学<br>Dr. Anne Avery<br>兽医诊断实验室<br>300 West Drake<br>Fort Collins，CO 80523<br>970－491－6138<br>*csu-cvmbs. colostate. edu/academics/mip/ci-lab/* |
| | 组织抽吸，压片首选 | 北卡罗来纳州立大学<br>临床免疫实验室，B-324<br>1060 William Moore Drive<br>Raleigh，NC 27607<br>919－513－6363<br>*http://www. cvm. ncsu. edu/dphp/labs/clinicalimmunologylab. html* |
| 内分泌测试 | 血清 | 密歇根州立大学<br>DCPAH 实验室—内分泌部门<br>4125 Beaumont Rd<br>Lansing，MI 48910<br>517－353－1683<br>*http://www. dcpah. msu. edu/sections/endocrinology/* |

续表

| 测试 | 检测材料 | 来源 |
| --- | --- | --- |
| 流式细胞术 | EDTA 全血，EDTA 骨髓穿刺，组织抽吸，EDTA 渗出液，脑脊髓液 | 北卡罗来纳州立大学<br>Rm B-324<br>1060 William Moore Drive<br>Raleigh，NC 27606<br>970-513-6363<br>*http://www.cvm.ncsu.edu/dphp/labs/clinicalimmunologylab.html*<br>科罗拉多州立大学<br>临床免疫兽医诊断实验室<br>300 West Drake<br>Fort Collins，CO 80523<br>970-491-6138<br>*csu-cvmbs.colostate.edu/academics/mip/ci-lab/*<br>堪萨斯州立大学<br>兽医学院<br>临床免疫/流体细胞实验室<br>1800 Denison Ave<br>Manhattan，KS 66506<br>785-532-5650<br>*http://www.ksvdl.org/laboratories/clinical-immunology/* |
| 代谢性疾病基因检测 | 尿，血清，肝素处理血浆 | 宾夕法尼亚大学<br>Dr. Urs Giger<br>PennGen，兽医学院<br>3900 Delancey St<br>Philadelphia，PA 19104<br>215-573-2162<br>*research.vet.upenn.edu/penngen* |
| 免疫组织化学 | 组织或细胞 | 密西根州立大学<br>Dr. Matti Kiupel-免疫组织化学<br>DCPAH 实验室<br>4125 Beaumont Rd<br>Lansing，MI 48910<br>517-353-1683<br>*http://www.animalhealth.msu.edu/Sections/Immunohistochemistry/* |
|  | 组织 | 普渡大学<br>Dr. Jose Ramos-Vara-免疫组织化学<br>ADDL<br>406 S University St. West Lafayette，IN 47907<br>765-494-7440<br>*https://www.addl.purdue.edu/* |
|  | 组织或细胞 | 加利福尼亚大学<br>VMTH-组织实验室<br>1 Garrod Dr<br>Davis，CA 95616<br>530-752-3901<br>*http://www.vetmed.ucdavis.edu/vmth/lab_services/anatomic_pathology/* |

续表

| 测试 | 检测材料 | 来源 |
| --- | --- | --- |
| PARR(淋巴瘤的克隆检测) | EDTA全血,EDTA骨髓穿刺,组织抽吸,福尔马林固定组织块,EDTA渗出液,脑脊髓液,未使用盖玻片的玻璃玻片(染色或未染色) | 北卡罗来纳州立大学<br>兽医学院<br>临床免疫实验室,B-324<br>4700 Hillsborough St<br>Raleigh,NC 27606<br>970-513-6363<br>*http://www.cvm.ncsu.edu/dphp/labs/clinicalimmunology-lab.html*<br>科罗拉多州立大学<br>Dr. Anne Avery<br>临床免疫病理学兽医诊断实验室<br>300 West Drake<br>Fort Collins,CO 80523<br>970-491-6138<br>*csu-cvmbs.colostate.edu/academics/mip/ci-lab/* |
| PCR(感染源) | 联系各实验室 | 加利福尼亚大学<br>实时PCR实验室<br>3110 Tupper Hall<br>One Shields Ave<br>UC Davis,SVM<br>Davis,CA 95616<br>730-752-7991<br>*http://www.vetmed.ucdavis.edu/vme/taqmanservice/default.html*<br>北卡罗来纳大学<br>Vector Borne疾病诊断实验室,462A房间<br>1060 William Moore Drive<br>Raleigh,NC 27606<br>919-513-8279<br>*http://www.cvm.ncsu.edu/vhc/csds/ticklab.html*<br>TDDS-英国<br>The Innovation Centre University of Exeter<br>Rennes DriveExeter,United Kingdom<br>EX4 4RN<br>01392 247914<br>*http://www.tddslab.co.uk/* |
| 腐霉菌检测 | 血清学用血清,组织或培养,分子鉴定,免疫组化 | 路易斯安那州立大学<br>Dr. Amy Grooters<br>Skip Bertman Drive<br>Baton Rouge,LA 70803<br>225-578-9600<br>*http://www1.vetmed.lsu.edu/svm/* |

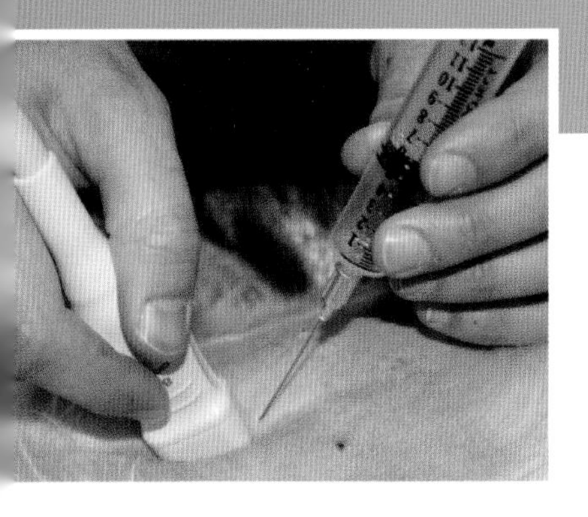

# 附录 8

# 质量保证和诊断试验报告

细胞学质量保证质量信息指南，包括分析前、分析和分析后的因素都对细胞学很重要，参考

Gunn-Christie RG，Flatland B，Friedrichs KR，et al：ASVCP quality assurance guidelines：control of preanalytical，analytical，and postanalytical factors for urinalysis，cytology，and clinical chemistry in veterinary laboratories. *Vet Clin Pathol* 41（1）：18-26，2012.

关于诊断精度测试和信息、标准指南，请参阅

Bossuyt PM，Reitsma JB，Bruns DE，et al：Towards complete and accurate reporting of studies of diagnostic accuracy：the STARD initiative. *Vet Clin Pathol* 36：8-12，2007.

# 索　引

（注：页码后带“b ”“f”和“t”，分别表示框、图和表）

**A**

Abdominal fluid. see also Body cavity fluids collection of 腹腔液(参见体腔液收集)，193

Abscess，bacterial 脓肿，细菌，39，41f

Acanthamoeba spp. infection 棘阿米巴属感染 177，177f

Acantholytic cells，in pemphigus foliaceus 皮肤棘层松懈细胞，见于落叶天胞疮，38，39f

Acanthoma，infundibular keratinizing 棘皮瘤，漏斗状角质化，55－56，55－56b，56－57f

Acetone，as fixative 丙酮，用作固定剂，462－463

Acral lick dermatitis 肢端舔舐性皮炎，33，35－36f

Actinomycosis 放线菌病，29，32f，41－43，42f，42b

- pleural 胸膜，203f

Addison's disease 阿迪森综合征，492

Adenocarcinoma 腺癌，7f

- adrenocortical 肾上腺皮质的，433
- anal sac 肛门囊，60－62
- ceruminous gland 耵聍腺，67－68，68f
- ciliary body 睫状体，420f
- endometrial 子宫内膜，329
- intestinal 肠道，244f
- mammary 乳腺
  - canine 犬，319
  - feline 猫，320－321
- nasal 鼻，149－150，
- pancreatic 胰腺，232，234f
- papillary，ovarian 乳头状，卵巢，324－325f，325
- pleural/peritoneal effusions from 来自胸腔/腹腔的积液，212－213
- prostatic 前列腺，338－340
- retrobulbar 眼球后，428f
- salivary gland 唾液腺，229，428f
- thyroid gland 甲状腺，431，431－432f，434－435f

Adenoma 腺瘤

- adrenocortical 肾上腺皮质，433
- apocrine duct 顶浆分泌导管，62，63f
- ceruminous gland 耵聍腺，67－68，，68f
- Hepatic 肝脏的，278－280
- mammary 乳腺，318f
- Parathyroid 甲状旁腺，438－439，438f
- perianal gland 肛周腺，58－59，59b，59－60f
- sebaceous 皮脂腺，55－56，56－57b，57－58f
- thyroid 甲状腺，431，437，437f
- of zona fasciculata 束状带的，450
- of zona reticularis 网状带的，450

Adipocytes 脂肪细胞

- in lipoma 脂肪瘤中，65
- mesenteric 肠系膜的，271

Adnexa 附属器，410－430

Adrenal cortex 肾上腺皮质，433

Adrenal gland 肾上腺，443－449

Adrenal medulla，tumors of 肾上腺髓质肿瘤，432，443－444

Adrenocortical adenomas 肾上腺皮质腺瘤，448－449

Adrenocortical disease 肾上腺皮质疾病，445－448

- nonneoplastic 非肿瘤的，445－448

Adrenocortical tumors 肾上腺皮质肿瘤，448－450

Advanced diagnostic techniques 先进的诊断技术，455－504

- for detection of mutations，translocations，and copy number variations 用于突变、易位和拷贝数变异的检测，497－498
- electron microscopy 电子显微镜，475－480
- flow cytometry 流式细胞术，486－493
- Immunodiagnosis 免疫学诊断方法，455－475
  - Immunocytochemistry 免疫细胞化学，462－463

immunohistochemistry 免疫组织化学,455-462
PCR for antigen receptor rearrangements 聚合酶链式反应对于抗原受体的重排,493-496,494-495
special histochemical stains 特殊的组织化学染色,485-486
Aelurostrongylus abstrusus infection 猫圆线虫感染,173,176f
AgNOR. *see* Argyrophilic nucleolar organizing regions (AgNOR) AgNOR。请参阅嗜银核仁组织区(AgNOR)
Air-drying 风干,462-463
Albumin 白蛋白
as blocking agent 作为阻滞剂,465
in cerebrospinal fluid 脑脊液中,373
Albuminocytologic dissociation 蛋白细胞分离,378
Algal infection,nasal 藻类感染,鼻腔,149
Alkaline phosphatase(ALP)碱性磷酸酶(ALP),456,460
in liver disease 肝脏疾病中,272-273
Allergic rhinitis 过敏性鼻炎,141-143
ALP. *see* Alkaline phosphatase (ALP) ALP。请参见碱性磷酸酶(ALP)
Alternaria spp. infection,nasal 链格孢菌属。感染,鼻腔,149
Amastigotes,in leishmaniasis 无鞭毛体,利什曼病中,51-52
Amebiasis,infectious causes of 阿米巴病,感染原因的,177
Amelanotic melanoma 无色素性黑色素瘤,26,27
3-Amino-9-ethyl carbazole (AEC) 3-氨基-9-乙基咔唑 (AEC),461
Ammonium biurate crystals 尿酸铵结晶,304-305,306
Amylase,in body cavity fluids 淀粉酶,体腔液中,218
Amyloid,in plasmacytoma 淀粉体,浆细胞中,80
Amyloidosis,hepatic 淀粉样变,肝脏,278,278
Anal sac adenocarcinoma 肛门囊腺癌,60-62
Anaplastic carcinoma 未分化癌
of lung 肺脏,181
of mammary gland 乳腺,319
nasal 鼻腔,149-150
Anaplastic sarcoma with giant cells 伴巨细胞的未分化肉瘤,66,68
Anaplastic tumor,immunochemical diagnosis of 未分化肿瘤,免疫诊断,468-473
cell line of differentiation,determination of 细胞系的变异,测定,470
and cell-specific products,expression of 和细胞特定产物,表达,471-472
neuroendocrine markers of 神经内分泌标记物,470-471
specific markers of 特殊标记物,471
cytokeratin type,determination of 细胞角蛋白类型,测定,470-471
and vimentin,co-expression of 和波形蛋白,共同表达,470-471
Anesthesia,in collection of cerebrospinal fluid 麻醉,用于脑脊液的收集,369
Anestrus,canine 乏情期,犬,329,330
Angiosarcoma 血管肉瘤,69-70
Angiostrongylus vasorum infection 血管圆线虫感染,176-177
Anisocytosis 红细胞大小不均,24
Anisokaryosis 细胞核大小不均,24
Antibodies 抗体
in immunodiagnostics 免疫,457-461
interpretation of 阐释,463
in immunohistochemistry 免疫组化,455
for immunophenotyping 免疫分型,487
as prognostic markers in veterinary oncology 作为兽医肿瘤学的预后标记物 471-472
epithelial-mesenchymal transition in 上皮-间质细胞的转换 475
KIT protein Kit 蛋白,471-472
proliferation/cell cycle markers in 增殖/细胞周期标记物 471
telomerase in 端粒酶,471
"redundant" "多余的",466-468
Antibody personality profile (APF) 抗体个性特征 (APF),468
Antigen(s) 抗原
detection of 检测,455
fixation of 固定,462-463
flow cytometry of 流式细胞术,486-493
in formalin-fixed,paraffin-embedded (FFPE) tissues 福尔马林固定,石蜡包埋(FFPE)组织,456
in immunohistochemistry 免疫组化,455
as markers,in immunodiagnostics 在免疫诊断学中作为标记物,457-461
Retrieval 检索
in immunocytochemistry 在免疫细胞化学,462-463

in immunohistochemistry 在免疫组化,456
Aortic body tumor 主动脉体肿瘤,468,468f
Apocrine cyst 顶浆分泌腺囊肿,33
Apocrine gland adenocarcinoma,of anal sac 肛门囊顶浆分泌腺腺癌,60-62
Aqueocentesis 前房穿刺术,422
Aqueous humor 房水,419-420,427
Argyrophilic nucleolar organizing regions (AgNOR),in lymphoma 淋巴瘤中的嗜银核仁组织区(AgNOR),108
Array comparative genomic hybridization 比较基因组杂交,497-498
Arthropathy,synovial fluid and 关节病,滑膜液和,354t
Arthropod bite reaction 节肢动物叮咬反应,34-35,34b,36f
Arthrospores,in dermatophytosis 皮肤癣菌病中的分节孢子,47-48,47-48
Artifacts 伪影
cytologic 细胞学,129,129-130
other questionable findings and 其他可疑的结果和,28-29
blue-green materials 蓝绿色物质,29,32f
crystalline structures 晶体结构,28,30f
linear shapes 线性塑型,28-29,31f
specimen acquisition and processing 标本的采集和处理,28,29f
Ascites 腹水
chylous 乳糜胸,207-209
parasitic 寄生虫性的,207,208f
Aspergillus sp. infection, nasal 鼻腔曲霉属感染 145,145t,146f
Aspiration gun 抽吸枪,3f
Astrocytes,tumors from 肿瘤来源的星形胶质细胞 398-401
Astrocytomas 星形细胞瘤,401,403f
Atelectasis,pulmonary 肺不张,肺部 177
Autolysis,in immunohistochemistry 自溶,免疫组化中 455-457
Avidin-biotin activity 亲和素-生物素活性,456-458

**B**

B-cell chronic lymphocytic leukemia/lymphoma B细胞慢性淋巴细胞性白血病/淋巴瘤,120,122-124
B-lymphoblastic leukemia/lymphoma B-淋巴细胞白血病/淋巴瘤,108-109
Bacterial flora,normal,in dry-mount fecal 干制粪便中的正常菌群
cytology 细胞学,251f
Bacterial infections. *see also* specific infections 细菌感染。参见特殊感染
of cerebrospinal fluid 脑脊髓液,374
in nasal cavity 鼻腔内,144-145,144f
Barium crystals 钡结晶,218f
Basal cells,of vagina 阴道基底细胞,329
Basilar cell tumor 基底细胞瘤,55,55-56
Basilar epithelial neoplasms,cutaneous 皮肤基底上皮性肿瘤 55-56,55-56,55-56
Basophilic inclusion,conjunctival 眼结膜的嗜碱性包涵体,412-413f
Benign prostatic hyperplasia (BPH)良性前列腺增生(BPH),337,338-339
Bile,in hepatocytes 肝细胞中的胆汁 271,271f,271t
Bile duct neoplasia 胆管肿瘤,280,280f
Biliary epithelium 胆道上皮细胞,263-264,264-265
Bilious effusion 胆汁性积液,204-206,204-205f
Bilirubin 胆红素
in body cavity fluids 体腔液中,218
in urinary sediment 尿沉渣中,304-305,309f
Biopsy. *see also* Fine-needle aspiration biopsy (FNAB) 活组织检查。参见细针穿刺活检(FNAB)
of lymph nodes 淋巴结
aspirate and impression 抽吸和压痕,90-116,90-91,91f
indications for 适应症,90,91t
salivary gland in 涎腺,116,117f
Splenic 脾
artifacts on 伪影,129,129-130
aspirate 抽吸,117-129,117b
indications for 适应症,116
thymic 胸腺,129-134
Bladder. *see also* Kidneys 膀胱。参见肾脏
anatomy and histology of,normal 正常的解剖学和组织学,287
neoplasia of 肿瘤,295-296,295-296f
non-neoplastic and benign lesions of 非肿瘤性和良性病变,287-290
specimen collection from 标本采集途径,287
Blastocystosis,dry-mount fecal cytology in 粪便细胞学中的芽囊原虫,259f
*Blastomyces dermatitidis* infection 皮炎芽生菌感染,247f

in lung 肺部,170,171f
in respiratory tract 呼吸道,145t
Blastomycosis 芽生菌病,171f
cutaneous lesions from 来自皮肤病灶,45,46
in joint 在接合处,358f
osteomyelitis from 来自骨髓炎,365f
Blepharitis 眼睑炎,410
Blue-dome cyst 蓝顶囊肿,314
Body cavity fluids,193-223. *see also* Cerebrospinal fluid (CSF); Synovial fluid 体腔液,193-223。参见脑脊液(CSF);滑液
abdominal,collection of 腹腔采样,193
ancillary tests in 辅助测试,218,218
bilious 胆汁质,204-206,204-205f
chylous 乳糜胸,207-209
eosinophilic 嗜酸性粒细胞,206
exudate as 渗出液,198-200,202f
in feline infectious peritonitis 猫传染性腹膜炎,202-203,202f
hemorrhagic 出血,210,210f
hyperplasia and 增生,196-197
laboratory evaluation of 实验室评价,194-196
lymphoid cells in 淋巴细胞,196,197f
macrophages in 巨噬细胞,197f
mesothelial cells in 间皮细胞,196,198f
mesothelioma in 间皮瘤,212-216
miscellaneous findings 多方面的发现,218
modified transudate as 改良漏出液,197-198,198f
neoplastic 肿瘤,195f,210-211
neutrophils in 嗜中性粒细胞,197,197f
nocardial/actinomycotic and 诺卡氏菌/放射菌病,202,204-205f
normal cytology in 常规细胞学,196-197
nucleated cell differential 有核细胞的鉴别,195-196
parasitic ascites 寄生虫性腹水,207,208f
pericardial 心包,215-218,217f
collection of 采样,193
pleural 胸腔
collection of 采样,193
mesothelioma 间皮瘤,213-214f
protein quantitation for 蛋白定量,194,194b
red blood cell in 红细胞,194-195,195b
sample,handling of 处理样本,193-194,194f
slide examination for 推片检查,5,7-8
total nucleated cell count and 总有核细胞计数,194-195,195b
transudate as 渗出液,197,197-198
uroperitoneum 尿腹膜炎,206-207,210f
Bone 骨骼,362-266
fine-needle aspiration of 细针穿刺,362-263
histology of 组织学,363-364
lytic,cytology of 细胞溶解,细胞学,363-365
squamous cell carcinoma of 鳞状细胞癌,365-366,367f
tumors of 肿瘤,365-366,365-367
Bone marrow,tumors of 骨髓,肿瘤,365-366
Bowel. *see* Colon 肠。见结肠
Brain. *see also* Central nervous system; Cerebrospinal fluid (CSF)脑。参见中枢神经系统;脑脊液(CSF)
herniation of,cerebrospinal fluid collection and 椎间盘突出症的脑脊液的收集,369
tumors, cytologic features of, 肿瘤的细胞学特征,395
Branchial cleft 鳃裂囊肿,134,135f
Bronchi 支气管,157-183
anatomy of 解剖学,157-159
collection techniques for 采样技术,159-161
cytology of 细胞学,159-162,159b,161-163,161t
Bronchial brushing 支气管冲洗,159-161
Bronchitis,chronic 慢性支气管炎,162
Bronchoalveolar lavage 支气管肺泡灌洗,13,159,159f
Bronchoscopy,for bronchoalveolar lavage 用于支气管肺泡灌洗的支气管窥镜检查,159
Buffy-coat concentration technique 白细胞淡黄层收集技术,5,7f
Butterfly needle 蝴蝶针,3f

**C**

Calcinosis circumscripta 局部钙质沉着,83,84f
Calcinosis cutis 皮肤钙化,83,84f
Calcium carbonate crystals 碳酸钙结晶,304-305,306
Calcium hydrogen phosphate dihydrate crystals 二水合磷酸氢钙结晶,304-305,309f
Calcium oxalate crystals,in renal tubules 肾小管中的草酸钙结晶,291,291f
Calcium oxalate dihydrate crystals 二水合草酸钙结晶,304-305,308f
Calcium oxalate monohydrate crystals 一水合草酸钙结晶,304-305,308f
Calcium phosphate crystals 磷酸钙结晶,304-305,306f
Calponin A,as marker 作为标记物的肌钙蛋白 A,471

Calretinin,as marker 作为标记物的钙网膜蛋白,471
Campylobacteriosis,dry-mount fecal cytology in 弯曲杆菌病,粪便细胞学检查中,257-258
*Candida* spp. infection,gastric 胃部念珠菌属感染,241-242
Candidiasis,dry-mount fecal cytology in 念珠菌病,粪便细胞学检查中,254f
Canine distemper infection 犬瘟热感染,385-386,385-386f
cerebrospinal fluid analysis for 脑脊液分析,373
*Capillaria aerophila infection. see Eucoleus aerophilus* infection 嗜气毛细线虫感染。参见嗜气杆菌感染
"Carcinoid syndrome""类癌瘤综合征",450
Carcinoids 良性肿瘤,450-451,451f,451t
hepatic 肝脏,280,281f
in lung 肺脏,182
nasal 鼻腔,150
Carcinoma(s). *see also* Adenocarcinoma;癌。参见腺癌;
Squamous cell carcinoma (SCC)鳞状细胞癌(SCC)
choroid plexus 脉络丛,401-405,404f
endocrine 内分泌腺,82-83,83f
hepatocellular 肝细胞癌,278-280,279f
laryngeal 喉,155
of lung 肺,178-181,178-182
squamous cell 鳞状上皮细胞,180,181
mammary 乳腺,320f
metastatic 转移性的
of bone 骨骼,367f
in cerebrospinal fluid 脑脊液中,390,391-392f
nasal 鼻
anaplastic 未分化的,149-150
squamous cell 鳞状上皮细胞,150-151,150f
transitional 过渡期的,150,150f
pleural/peritoneal effusions from 胸、腹腔积液,212-213
renal 肾脏,293,293f
sebaceous 皮脂腺,56-58,59f,59b
thyroid 甲状腺
follicular 滤泡,434f
medullary 髓质,436,436f
poorly-differentiated 低分化的,436f
uterine 子宫,329
Carcinosarcoma,of mammary gland 乳腺癌肉瘤,320
Carotid body tumors 颈动脉体瘤,442-443,468t,443f
Carpal joints,sample collection from 样本采自腕关节,354-355
Carprofen,liver injury from 卡洛芬造成的肝脏损伤,270f
Catheterization,urethral,traumatic,for bladder specimen 导尿、尿道、外伤性的膀胱样本,287
Cavitational lesion,large 空化损伤,巨大的,262
Cell blocks,for immunocytochemistry 免疫细胞化学的细胞块,462
Cell cycle markers,in veterinary oncology 兽医肿瘤学中细胞周期标记物,471
Cell line of differentiation 细胞系的分化,470
Cell smears,for immunocytochemistry 免疫细胞化学的细胞涂片,462
β-cell tumor,tentative diagnosis of 初步诊断为β-细胞瘤,440
Cellular cast,in urinary sediment 尿沉渣中的细胞管型,303f
Cellular infiltrate 细胞浸润,16-20,18-20f
Cellulitis 蜂窝织炎
clostridial 魏氏梭菌,41,41f
*Rhodococcus equi* 马红球菌,41
Central nervous system 中枢神经系统,369-469. *see also* Cerebrospinal fluid (CSF)参见脑脊液(CSF)
astrocytes in 星形胶质细胞,394,394f
cells of 细胞的,391-395
choroid plexus cells in 脉络丛细胞的,395,395f
cytology of,future of 细胞学的未来,405
ependymal cells in 室管膜细胞,395
extramedullary tumors of 髓外肿瘤,405
lymphoma in 淋巴瘤,389-490,389-390f
meningeal cells in 脑膜细胞,395,395f
microglia in 小胶质细胞,395,396f
neoplasia of 肿瘤样变,389
*neurons in* 神经元,391-394,393*f*
*neuropil in* 神经纤维网,391-392,393*f*
*oligodendrocytes in* 少突胶质细胞,395,395*f*
*tissues of* 组织
*collection and cytologic preparation of* 采样和细胞学准备,391
*cytology of* 细胞学,391-409
*normal cytology of* 常规细胞学,391-395,391-392*f*
*pathologic,cytology of* 病理,细胞学,395-405,396*f*

*tumors of* 肿瘤,396b
*Centrifugation, artifacts from* 离心作用,伪影,29f
*Cerebellar cortex, neurons in* 小脑皮层,神经元,391-394,393f
*Cerebellomedullary cistern, cerebrospinal fluid collection from* 小脑延髓池,脑脊液收集,370
*Cerebrospinal fluid (CSF)* 脑脊液(CSF)369-390
*albumin in* 白蛋白,373
*bacteria in* 细菌,374
*basophilic ribbon material in* 嗜碱性带状物质,386-388
*blood contamination of* 血液污染,369
*effect of* 影响,371
*cell counts in* 细胞计数,372
*collection of* 采样,369-371
*in cerebellomedullary cistern* 小脑延髓池中,370
*complications of* 并发症,369
*contraindications to* 禁忌症,369
*equipment for* 设备,369-370
*in lumbar cistern* 腰大池,370-371
*volume of* 容量,370
*cystic findings in, neural* 囊性,神经的,388-390,388f
*cytocentrifugation of* 离心法,374-375
*cytologic evaluation of* 细胞学检查,374-375
*preparation for* 准备,374-375
*cytologic features of* 细胞学特征,375-378,376t-377t
*discoloration of* 疹斑,371,372t
*electrolytes in* 电解质,374
*enzymes in* 酶,374
*eosinophils in* 嗜酸性粒细胞,379
*erythrophagocytosis in* 噬红细胞作用,21f
*in feline infectious peritonitis* 猫传染性腹膜炎,379,380f
*formalin for fixation of* 福尔马林用于固定,371
*formation of* 形成,369
*glucose in* 葡萄糖,374
*immunoglobulin G in* 免疫球蛋白G,373
*laboratory analysis of* 实验室分析,370-374,372t
*lesion findings in, neoplastic* 肿瘤性病变结果,388-390
*macrophages in* 巨噬细胞,375-378
*in differential diagnoses* 鉴别诊断,377-378t
*macroscopic evaluation of* 宏观评价,371,373f
*myelin in* 髓磷脂,386-388,387f-388f
*neural tissue injury findings in* 神经组织损伤调查结果,386-388,387f-388f
*neutrophils in* 嗜中性粒细胞,379
*normal* 正常,375-378,378f
*in presence of disease* 存在的疾病,378
*opening pressure* 开启压力,371
*pleocytosis of* 脑脊液细胞异常增多,379-385
*eosinophilic* 嗜酸性粒细胞,381,382f
*lymphocytic* 淋巴细胞,383f-384f
*mixed cell* 混合细胞,385-386,386f
*mononuclear* 单核细胞,381-386,382f-384f
*neutrophilic* 嗜中性粒细胞,379-381,379f-381f
*presentation and interpretation of* 介绍和阐释,378-390
*protein in* 蛋白质,372t,373
*abnormalities in* 异常,378-379
*puncture contaminants in* 穿刺污染物,378-379,378f
*quantitative analysis of* 量化分析,372
*refrigeration of* 冷冻,371
*sedimentation preparation of* 沉渣的制备,374-375,375f
*specific gravity of* 比重,372t
*specimen of* 样本
*handling of* 处理,371
*management of* 管理,5
*stains for* 染色,375
*turbidity of* 浊度,371,373f
*xanthochromia of* 皮肤黄染,371,373f
*Ceroid, in hepatocytes* 肝细胞中的蜡样质,271t,272-273
*Ceruminous gland adenoma/adenocarcinoma* 耵聍腺瘤/腺癌,67-68,,68f
*Cestodiasis, abdominal* 绦虫病,腹部,207,208f
*Chalazion* 睑板腺囊肿,410-411
*Chemodectomas* 化学感受器瘤,440-442,442f-443f,443b
*Chemoreceptor* 化学感受器,431-432t
*tumors* 肿瘤,440-444,468t
*Chlamydiosis, conjunctival* 衣原体病,眼结膜,412-413,412-414
*Cholangiocellular neoplasia* 胆管肿瘤样变,280
*Cholangiohepatitis, neutrophilic* 胆管炎,嗜中性粒细胞,274-275,274f
*Cholangitis, suppurative* 胆管炎,化脓性,273-274f
*Cholesterol, in body cavity fluids* 胆固醇,在体腔液中,218

*Cholesterol crystals* 胆固醇结晶,23,23*f*,30*f*,218*f*
*in epidermal cysts* 表皮囊肿,33,34-36*f*
*in mammary cyst* 乳腺囊肿,315,315*f*
*Chondrosarcoma* 软骨肉瘤
*of bone* 骨,365-366,366*f*
*nasal* 鼻,152,152*f*
*Choroid plexus cells* 脉络丛细胞,395,395*f*
*Choroid plexus tumors* 脉络丛肿瘤,396*b*,401-405,404*f*
*Chromatin,in neoplasia* 染色质,肿瘤中,24
*Chromogens,for immunohistochemistry* 色原体,免疫组化中,461
*Chromogranin A* 嗜铬粒蛋白A,470-471
*Chronic lymphocytic leukemia/small cell Lymphoma (CLL/SCL)*慢性淋巴细胞白血病/小细胞淋巴瘤(CLL/SCL),492
*Chronic sinusitis* 慢性鼻窦炎,143*f*,144
*Chylous effusion* 乳糜胸积液,19*f*-20*f*,207-209,208*f*
*Ciliary body* 睫状体,419-420
*adenocarcinoma of* 腺癌,420
C-kit *gene,mutation in C-kit* 基因,变异,497-498,497-498*f*
*Clonality assays,in cats* 克隆性分析,猫,496
*Clonality testing* 克隆性测试,493-494,495
Clostridium *infection,cutaneous* 皮肤梭状芽孢杆菌感染,41,41*f*
Clostridium perfringens *infection* 产气夹膜梭菌感染
*colitis as,dry-mount fecal cytology in*,结肠炎,干制粪便细胞学,256-257,257*f*
*colonic* 结肠,244,245-246*f*
Coccidioides immitis *infection* 粗球孢子菌感染
*in lung* 肺,170-171,171*f*
*in respiratory tract* 呼吸道,145*t*
*Coccidioidomycosis* 球孢子菌病,171*f*
*cutaneous lesions from* 皮肤病灶,45-46,46*f*
*osteomyelitis from* 骨髓炎,365-366*f*
*Colitis* 结肠炎
*clostridial* 魏氏梭菌,245-246*f*
*dry-mount fecal cytology in* 干制粪便细胞学,257*f*
*eosinophilic* 嗜酸性粒细胞,241*f*
*lymphocytic* 淋巴细胞,245*f*
*neutrophilic* 嗜中性粒细胞,244,245-246*f*
*ulcerative,histiocytic,microscopic findings in* 溃疡,组织细胞,微观发现,254-255
*Collagen* 胶原蛋白,21-23,22*f*
*Colon* 结肠,243-244. see also *Intestine* 参见肠道
Clostridium perfringens *infection of* 产气荚膜梭菌感染,244,245-246*f*
Cyniclomyces guttulatus *infection of* 点滴复膜酵母感染,244,247*f*
*epithelial cells of* 上皮细胞,244-245*f*
Histoplasma capsulatum *infection of* 荚膜组织胞浆菌病感染,244,247*f*
*hyperplasia of* 增生,244
*inflammation of* 炎症,244
*lymphoma of* 淋巴瘤,244,248*f*
*neoplasia of* 肿瘤样变,244
*normal cytology of* 常规细胞学,243-244
*plasmacytoma of* 浆细胞瘤,244,248*f*
Trichuris vulpis *infection of* 狐毛首线虫感染,244
*Compression (squash) preparation* 压缩(浓缩)准备,4-5,4*f*-5*f*,4*b*-5*b*
*Conjunctivae* 结膜,410*f*,411-415
*basophilic inclusion of* 嗜碱性包涵体,412-413*f*
*hyperplasia of* 增生,411,411*f*
*inflammation of* 炎症,411-414,412-413*f*
*miscellaneous findings of* 各种各样的发现,413-415
*neoplasia of* 肿瘤样变,414
*normal histology and cytology of* 常规组织学和细胞学,411
*Conjunctivitis* 结膜炎,411-412
*eosinophilic* 嗜酸性粒细胞,414-415*f*
*follicular* 卵泡,414-415,415-416*f*
*mixed cell* 混合细胞,412*f*
*with epithelial proliferation* 上皮细胞增殖,415-416-415*f*
*suppurative* 化脓性的,412*f*
*Copper,in hepatocytes* 肝细胞中的铜,271*t*,272-273,273*f*
*Cornea* 角膜,415-420
*inflammation of* 炎症,416-419,418-419*f*
*neoplasia of* 肿瘤样变,419-420
*normal histology and cytology of* 常规组织学和细胞学,416-417,417*f*
*response to tissue injury* 组织损伤的应答,419-420
*Cortical adrenal tumors* 肾上腺皮质肿瘤,443*t*
*Corticosteroids,hepatopathy with* 皮质类固醇,肝病,268-269,269*f*

*Cotton fibers, in urinary sediment* 尿沉渣中的棉纤维,311-312*f*
*Coxofemoral joint, sample collection from* 从髋股关节采样,354-355
*Creatinine, in body cavity fluids* 体腔液中的肌酐,218
Crenosoma vulpis *infection* 狐环体线虫感染,175-176
*Cryptococcosis* 隐球菌病,171
*cutaneous lesions from* 皮肤病灶,45-46,46*f*
*dry-mount fecal cytology in* 干制粪便细胞学,259*f*
*periorbital* 眶周,427
Cryptococcus *sp. infection, nasal* 鼻腔隐球菌属感染,145*t*,146-148,147*f*
*Crystals* 结晶
*ammonium biurate* 重尿酸铵,304-305,306
*barium* 钡,218*f*
*calcium carbonate* 碳酸钙,304-305,306
*calcium hydrogen phosphate dihydrate* 二水磷酸氢钙,304-305,309*f*
*calcium oxalate, in renal tubules* 肾小管中的草酸钙,291,291*f*
*calcium oxalate dihydrate* 二水草酸钙,304-305,308*f*
*calcium oxalate monohydrate* 一水草酸钙,304-305,308*f*
*calcium phosphate* 磷酸三钙,304-305,306*f*
*cholesterol* 胆固醇,23,23*f*,30*f*,218*f*
*in epidermal cysts* 表皮囊肿,33,34-36*f*
*in mammary cyst* 乳腺囊肿,315,315*f*
*cystine* 胱氨酸,304-305,309*f*
*hematoidin* 胆红素,20-21,21*f*,83-84,85*f*
*leucine* 亮氨酸,304-305
*magnesium ammonium phosphate* 磷酸铵镁,304-305,305*f*
*radiopaque contrast dye* 显影的造影剂,304-305,311-312*f*
*sodium urate* 尿酸钠,304-305,307*f*
*struvite* 鸟粪石,305*f*
*sulfonamide* 磺胺类,304-305,309*f*
*tyrosine* 酪氨酸,304-305,309*f*
*uric acid* 尿酸,304-305,307*f*
*CSF*. see *Cerebrospinal fluid* (*CSF*) *CSF*。请参阅脑脊液(CSF)
*Culture, of cerebrospinal fluid* 脑脊液的培养,374
*Curschmann's spirals* 库施曼氏螺旋物,28-29,31*f*,39,41*f*,162,164*f*
*Cyclins, in veterinary oncology* 兽医肿瘤中的细胞周期蛋白,471
Cyniclomyces guttulatus 点滴复膜酵母
*in dry-mount fecal cytology* 干制粪便细胞学,251-252,252-253
*infection, colonic* 感染,结肠,244,247*f*
*Cyst(s)* 囊肿
*Apocrine* 顶浆分泌腺,33
*dermoid* 皮样囊肿,33-34,34*b*
*epidermal* 表皮的,33,34-36*f*
*epidermoid* 表皮状的,388-389,388*f*
*eyelid* 眼睑,410-411
*follicular* 卵泡,33,34-36*f*
*laryngeal* 喉,156-157
*leptomeningeal* 软脑膜,388-389
*mammary* 乳腺,314-315,315*f*
*meningeal* 脑膜,388-389
*nailbed* 甲床,33,34-36*f*
*ovarian* 卵巢,314-315,
*prostatic* 前列腺,16-17*f*,337
*renal* 肾,290-291,291*f*
*spinal arachnoid* 脊髓蛛网膜,388-389
*Cystadenoma, hepatic* 肝脏囊腺瘤,280,280*f*
*Cystic endometrial hyperplasia-pyometra complex* 囊性子宫内膜增生-子宫积脓综合征,329
*Cystitis, polypoid* 膀胱炎,息肉状的,287-290
*Cytauxzoonosis, macrophagic splenitis in* 原虫,巨噬细胞性脾炎,118,120-121*f*
*Cytauxzoonosis schizont, hepatic* 原虫裂殖体,肝脏,274*f*
*Cytocentrifugation, of cerebrospinal fluid* 脑脊液离心,374-375
*Cytocentrifuge* 细胞离心,5
*Cytodiagnostic groups* 细胞学诊断组合,16,16*b*. see also *specific diagnoses* 参见具体诊断
*for lymphoid organ cytology* 用于淋巴器官细胞学,90
*Cytokeratin* 细胞角蛋白,470-471
*Cytologic artifacts* 细胞学伪像,129,129-130
*Cytologic interpretations, general categories of* 细胞学的解释,常规类别的,16-33,16*b*
*cellular infiltrate as* 细胞浸润,16-20,18-20*f*
*cystic mass as* 囊性肿块,16

*hyperplastic tissue as* 增生组织,16,16–17*f*
*inflammation as* 炎症,16–20,18–20*f*
*neoplasia as* 肿瘤样变,24–28,24–28*f*,25*t*,26
*normal tissue as* 常规组织,16,16–17*f*
*Cytology kit,contents of* 细胞学工具包的内容,1*b*
*Cytometry,flow.* see *Flow cytometry* 血细胞计数,流式。请参阅流式细胞术
*Cytopathology* 细胞病理学,455
*Cytospins,in immunocytochemistry* 免疫细胞化学中的细胞离心涂片器,462

**D**

Dacryocystitis 泪囊炎,429
Dacryops 泪管积液,429
Degenerative joint disease 退行性关节病,359,360–362f
Demodicosis 蠕形螨病,52,52f
Dendritic cell histiocytosis,progressive,feline 树突状细胞组织细胞增多症,渐进性,猫,75,75f,75b
Deparaffination 脱蜡,456
Dermatitis,acral lick 皮炎,指端舔舐,33,36f
Dermatophilosis 嗜皮菌病,43,43f
Dermatophytosis 皮肤癣菌病,47–48,47–48
Dermis 真皮,33,33f
Dermoid cyst 皮样囊肿,33–34,34b
Desmin,as marker 结蛋白,作为标记物,471
Desmosomes 桥粒,26
Diagnostic imaging,sample collection guided by 在影像学诊断的指导下采集样本,2–3
3,3′-Diaminobenzidine tetrahydrochloride hydrate (DAB) 3,3′-二氨基联苯四盐酸水合物(DAB),461
Diestrus,canine 发情间期,犬,329,330,333–334f
Diff-Quick stains Diff-Quick 染色,10–11,12f,12b
Diffuse large B-cell lymphoma (DLBCL)弥漫大 B 细胞淋巴瘤(DLBCL),112
anaplastic variant of 未分化变异,120,122–124
*Dirofilaria immitis* 犬恶丝虫
infection from,pulmonary eosinophilic 肺部嗜酸性粒细胞感染
granulomatosis and 肉芽肿,168
in urinary sediment 尿沉渣中,311–312f
*Dirofilaria repens* infection,mammary gland 匐行恶丝虫感染,乳腺,316
Dirofilariasis 恶丝虫病,52
Discrete cell neoplasia,nasal 离散细胞肿瘤,鼻,152–153
DLBCL. *see* Diffuse large B-cell lymphoma (DLBCL) DLBCL。参见弥漫大 B 细胞淋巴瘤(DLBCL)
DNA 脱氧核糖核酸(DNA)
amplification of 扩充,494
extraction of,for PARR 提取,用于抗原受体重排,493–494
Doxorubicin,for mammary gland neoplasia 阿霉素,用于乳腺肿瘤,321–322
Dracunculiasis 麦地那龙线虫,52,52f
Dry-mount fecal cytology 干制粪便细胞学,250–261
evaluation of,systematic method of,guidelines for 评价,系统方法,指导方针,250b
microbial pathogens in,potential 潜在的病原微生物,256–258,255–260f
microscopic findings in 微观发现
abnormal 异常,254,254–255f
normal or incidental 正常或者偶发的,250–253f,251–253
nucleated mammalian cells in 有核脯乳动物细胞,254–255,254–255f
sample in 样本
collection of 采样,251
processing of 预处理,251,251b
Duodenum 十二指肠,241–241f
Dysgerminoma,ovarian 无性细胞瘤,卵巢,325–326
Dysplasia 发育异常
of lung 肺,178
nasal 鼻,141,142f
Dysplastic squamous epithelium 鳞状上皮非典型性增生,53–55,54f

**E**

Effusions. see also Body cavity fluids 积液。参见体腔液
body cavity fluid,classification of 体腔液分类,195f,197–200
in feline infectious peritonitis 猫传染性腹膜炎,202–203,202f
Ehrlichia canis infection 犬埃利希体感染,492
Ehrlichiosis,granulocytic,in joint 埃利希体病,粒细胞,联合,358f
Electrolytes,in cerebrospinal fluid analysis 脑脊液的电解质分析,374
Electron microscopy 电子显微镜,475–480
advantages of 优势,475–476
of bacteria 细菌,477f
basics of 基础知识,478–480

fixation in 固定,477
and fixed samples, processing of 固定样本,步骤,480
fundamentals 基本原则,478
and diagnostic ultrastructural pathology, approach to 超微结构的病理诊断,讨论,480-485,481-485t,484-485b
of mesenchymal neoplasia 间质细胞肿瘤,477f
of microorganisms 微生物,475-476f
disadvantages of 不利条件,476-478
of normal kidney and glomerular disease 常规肾脏和肾小球疾病,480f
of viral infections 病毒性感染,478f
Electronic gating,490,491f 电子门
Emperipolesis 伸入运动,53-55,54f
Endocrine system 内分泌系统,431-454,431b,431-432t
tumors 肿瘤,431
Endophthalmitis, infectious 眼内炎,感染,426f
Endothelial venules, of lymph nodes 内皮微静脉,淋巴结,91,92f
Endotracheal tube, for bronchoalveolar lavage 气管导管,用于支气管肺泡灌洗,159
Enolase, neuron-specific 神经元特异性烯醇酶,470-471
Entamoebiasis, dry-mount fecal cytology in 内阿米巴病,干制粪便细胞学中,259f
Enteritis 肠炎
eosinophilic 嗜酸性粒细胞,242f
lymphocytic 淋巴细胞,241-241f
purulent 化脓,241-241f
Enzymes, in cerebrospinal fluid analysis 脑脊髓液中酶的分析,374
Eosinophilia, in lung 肺中的嗜酸性粒细胞,168
Eosinophilic effusion 嗜酸性积液,206
Eosinophilic index, of vagina 阴道的嗜酸性指数,330
Eosinophilic lesions 嗜酸性病灶,20,20f
Eosinophils 嗜酸性粒细胞
in cerebrospinal fluid 脑脊液中,375-378,376-377-377t
increased percentages of 提高的百分比,379
tracheal 气管,161-162,163f
Ependymal cells 室管膜细胞,395
Ependymoma 室管膜瘤,396b,401-405,403f
Epidermal cyst 表皮样囊肿,33,34-36f
Epidermal inclusion cysts 表皮囊肿,33
Epidermis 表皮,33,33f
Epidermoid cysts 表皮样囊肿,33,388-389,388f
Epithelial cells 上皮细胞
biliary 胆道,263-264,264-265
clusters 簇,235b
in dry mount fecal cytology 干制粪便细胞学中,252-256,252-253f,254-255f
Epithelial-mesenchymal transition, as marker, in veterinary oncology 上皮-间质细胞的过渡,作为兽医肿瘤学的标记物,475
Epithelial neoplasia/neoplasms 上皮性肿瘤,26
of nasal cavity 鼻腔,149-151,149t
odontogenic 牙源性,226,227f
Epithelial tumors, ovarian 卵巢上皮类肿瘤,324-325f,325
Epithelioid macrophages 上皮样巨噬细胞,19,20f
Epithelioma, sebaceous 皮脂腺上皮瘤,56-57,56-57b,57-58f
Epithelium 上皮细胞
dysplastic squamous 鳞状上皮非典型性增生,53-55,54f
normal-appearing 常规出现的,33-34,33b
Epulis 齿龈瘤,226,228f
Erosive arthritis 侵蚀性关节炎,359
Erythrocytes. see also Red blood cells 红细胞。参见 Red blood cells
body cavity fluids in 体腔液,194
in cerebrospinal fluid 脑脊液,370
effect of 影响,371
in neural tissue injury 神经组织损伤,386-387,387f
Erythroid precursors, splenic 红细胞前体,脾脏,128-129,128f
Erythrophagocytosis 噬红细胞作用,20-21,21f
Escherichia coli infection, of prostate gland 前列腺大肠埃希氏菌感染,337-338
Esophagitis 食管炎,234f
reflux 回流,232-234
Esophagus 食管,232-234
inflammation of 炎症,232-234
leiomyosarcoma of 平滑肌肉瘤,234,235f
neoplasia of 肿瘤样变,234
normal cytology of 常规细胞学,232
Estrous cycle 发情周期
canine 犬,329,330,332-333f
feline 猫,329

Estrus,canine 发情,犬,329,330,332f
Ethylene glycol toxicosis,renal tubules in 乙二醇中毒,肾小管,291,291f
Eucoleus aerophilus infection 嗜气杆菌感染
  in lung 肺部,175,175t
  nasal 鼻,149
Extramedullary hematopoiesis. see Hematopoiesis, extramedullary 髓外造血。请参阅造血,骨髓外
Extramedullary tumors,of central nervous system 髓外肿瘤,中枢神经系统,405
Exudates 分泌物,198-200,199f
  mixed cell fungal, pericardial 混合细胞真菌,心包,217f
  nonseptic 非脓毒血症,200f
  septic 败血症,200f,203f
Eyelids 眼睑,410-411
  cyst of 囊肿,410-411
  cytology of 细胞学,410
  inflammation of 炎症,410
  neoplasia of 肿瘤,410,411f
  normal histology of 常规组织学,410
Eyes 眼睛,410-430

**F**

Fasciitis,nodular,of sclera 巩膜结节状筋膜炎,415-416
Fatty liver 脂肪肝,265-268
Fecal cytology,dry-mount 粪便细胞学,干制,250-261. *see also* Dry-mount fecal cytology Feces 参见干制粪便细胞学,243-244
Feline herpesvirus infection,conjunctival 猫疱疹病毒感染,眼结膜,411-412
Feline immunodeficiency virus infection,lymphadenopathy in 猫免疫缺陷病毒感染,淋巴结肿病,95-96
Feline infectious peritonitis (FIP)猫传染性腹膜炎(FIP),274-275,379,380f
  cerebrospinal fluid analysis for 脑脊液分析,374
  effusions in 积液,202-203,202f
  hepatic inflammation in 肝炎,274-275,273-274f
Feline leukemia virus 猫白血病病毒,95-96
Feline mammary fibroepithelial hyperplasia 猫乳腺纤维上皮增生,315,315f
Fibrocystic disease, mammary 纤维囊性乳腺病,314,315f
Fibroma 纤维瘤,63-64,64f,64b
Fibrosarcoma 纤维肉瘤,64-65,65f,65b
  of bone 骨骼,365-366
  keloidal 瘢痕,64
  laryngeal 喉,156,157f
  oral cavity 口腔,226
Fibrosis 纤维化,23-24,23f
  in panniculitis 脂膜炎,36
*Filaroides hirthi* infection 肺丝虫感染,175,175t,176f
Fine-needle aspiration (FNA)细针抽吸活检(FNA)
  of bone 骨骼,362-263
  of kidney 肾,287
  of prostate gland 前列腺,337
  in prostatitis 前列腺炎,337
  of testes 睾丸,341-342
Fine-needle aspiration biopsy (FNAB)细针穿刺组织活检(FNAB)
  of liver 肝脏,12-13,13f,13b,262
  of lung 肺,13
  of lymph node 淋巴结,12
  of nasal cavity 鼻腔,140
  transthoracic 经胸廓的,159
  ultrasound-guided 超声引导下,2,3f
    biopsy guidance in 活检指导,2
    complications of 并发症,3
    equipment for 设备,2,3f
    technique for 技术,2,3f
Fine-needle capillary sampling 细针毛细管取样,1-2
FIP. *see* Feline infectious peritonitis (FIP)FIP。参见猫传染性腹膜炎(FIP)
Fixation 固定
  in electron microscopy 电镜下,477
  with formalin 使用福尔马林,455-457
  in immunocytochemistry 免疫细胞化学,462-463
  in immunohistochemistry 免疫组化,455-457
Flow cytometry 流式细胞术,486-493
  antibody panels for characterization of canine and feline leukocytes by 犬、猫白细胞表征的抗体面板,487t
  cytometers in 血细胞计数器,487
  examining cell surface proteins by 检测细胞表面蛋白,491f
  light scatter properties of canine peripheral blood by 犬外周血的光散射特性,490f
  methodology of 方法学,486-491
    data analysis of 数据分析,489-490
    laboratory preparation of sample in 样本的实验室制备,486-488

reporting data from 报告数据,490-491
uses for 用途,491-493
in classification of acute leukemia 急性白血病分型,492
in diagnosis of mediastinal masses 诊断纵膈肿物,493-494,493-494f
immunophenotype,prognostic significance of 免疫分型,预后的意义,492
reactive *versus* neoplastic lymphocytosis 反应性对比肿瘤性淋巴细胞增多,491-492
Fluids. *see also* Body cavity fluids; Cerebrospinal fluid (CSF); Synovial fluid management of 流体。请参阅体腔液;脑脊液(CSF);滑液的管理,5-8,5b,6-8f
Fluorochromes 荧光染料,490
FNAB. *see* Fine-needle aspiration biopsy (FNAB) FNAB。请参见细针穿刺组织活检(FNAB)
Foam cells 泡沫细胞
of mammary glands 乳腺,314,314f
of vagina 阴道,329
Follicular cyst 卵泡囊肿,33,34-36f
Foreign body(ies)异物
nasal 鼻,141
reaction 反应,33-34,34b,38f
in suppurative inflammation of lung 肺部化脓性炎症,165f
Formaldehyde,as fixative,in electron microscopy 甲醛,作为固定剂,在电镜下,477
Formalin 福尔马林
in cerebrospinal fluid handling 脑脊液的处理,371
as fixative,for immunohistochemistry 作为固定剂,用于免疫组化,455-457
Fungal infections 真菌感染
localized opportunistic 局部的条件致病性的,43,44-45f
nasal 鼻,145-149,145t
systemic,cutaneous lesions from 全身性的皮肤病灶,43-48

**G**

Gallbladder,normal 胆囊,正常,263-264,264-265
Gastrin-secreting pancreatic tumors 胃泌素分泌性胰腺肿瘤,441f
Gastritis 胃炎
candidiasis 念珠菌病,238f
lymphocytic 淋巴细胞性,237-238f
neutrophilic 中性粒细胞性,237f
Gastrointestinal cytology,criteria for 胃肠道细胞学检查标准,234-236
Gastrointestinal stromal tumor (GIST),metastatic 胃肠道间质肿瘤(GIST),转移性的 260f
Gastrointestinal tract. see also specific components 胃肠道。请参见特定器官
specimen from grade for 样本的等级,235b
Giant cell tumor,of bone,of sinonasal cavity 骨骼、鼻窦腔、骨巨细胞瘤,153,154f
Giant cells 巨细胞
anaplastic sarcoma with 间变性肉瘤伴发,66,,68
multinucleate 多核,19,20f
Giardiasis 鞭毛,241-242,242f
dry-mount fecal cytology in 干制粪便细胞学中,259f
Glial fibrillary acidic protein (GFAP)胶质纤维酸性蛋白(GFAP),401
Gliomas 神经胶质瘤,396b,398-401
Glomerulus 肾小球
cytology of,normal 常规细胞学,287,289f
normal 正常的,287,287f
Glucose 葡萄糖
in body cavity fluids 体腔液中,218
in cerebrospinal fluid analysis 脑脊液的分析中,374
serum-effusion,in body cavity fluids 血清渗出,体腔液中,218
Glutaraldehyde,as fixative,in electron microscopy 戊二醛,作为固定剂,在电镜下,477
Goblet cells,tracheal 杯状细胞,气管,161,162f
Granular cast,in urinary sediment 尿沉渣中的颗粒管型,302-303f
Granular cell lymphoma,cerebrospinal fluid in 颗粒细胞淋巴瘤,脑脊液中,390f
Granular cell tumor(s)颗粒细胞瘤
laryngeal 喉,156t
of meninges 脑膜,396b,397-398,400f
oral cavity 口腔,226,230f
Granulation tissue 肉芽组织,83,84f
Granuloma 肉芽肿
eosinophilic 嗜酸性粒细胞性,36-38,38b,39f
lick 舔舐,33,36f
Granulomatosis 肉芽肿
eosinophilic, pulmonary 肺部的嗜酸性粒细胞性,168

lymphomatoid,in lung 肺部淋巴瘤样的,182,184-185f
Granulomatous laryngitis 肉芽肿性喉炎,154
Granulomatous meningoencephalitis 肉芽肿性脑膜脑炎,373,383-385,384-385f
Granulosa cell tumor,ovarian 卵巢颗粒细胞瘤,325
Gun,aspiration 抽吸枪,3f

**H**

Hair follicle tumors 毛囊肿瘤,55-56,55-56b,56-57f
Hassall's corpuscles 哈塞尔氏小体,129-131,130-131f
HE staining HE 染色,468-469
Heat-induced epitope retrieval (HIER)热诱导抗原表位检索(HIER),455-457,463
Helminthic infestations,in respiratory tract 呼吸道蠕虫感染,173-177
Hemangioma 血管瘤,69,69f,69b
Hemangiopericytoma,canine 犬血管外皮细胞瘤,65-66,66b,67f
Hemangiosarcoma 血管肉瘤,26,27,69-70,
  of bone 骨骼,365-366
  of spleen 脾,120,125-127
Hemarthrosis 关节积血,359,361-362f
  synovial fluid 滑膜液,354t
Hematoidin crystals 胆红素结晶,20-21,21f,83-84,85f
Hematoma 血肿,83-84
Hematopoiesis,extramedullary 髓外造血,116,116f
  hepatic 肝,278
  splenic 脾,128-129,128f
Hemoglobin,crystals of,as artifact 血红蛋白,晶体,伪像,29f
Hemolymphatic neoplasia,of lung 肺部血液淋巴肿瘤样变,180-182,181-183f
Hemolymphatic system 血液淋巴系统,90-137
Hemorrhage 出血
  acute 急性,20-21
  chronic 慢性,20-21,21f
  erythrophagocytosis in 噬红细胞作用,20-21,21f
  hematoidin crystals in 胆红素结晶,20-21,21f
  pulmonary 肺,177,178f
Hemorrhagic effusion 出血性积液,210,210f
  pericardial 心包,217f
Hemosiderin 含铁血黄素,20-21
  in hepatocytes 肝细胞中,271,271t,272-273f
Hemosiderosis,hyperplastic spleen and 脾增生和含铁血黄素沉着,117-118,119-120f
Hemostasis,abnormal,as contraindication to 凝血异常,作为禁忌症的操作是
  fine-needle aspiration biopsy of liver 肝脏的细针穿刺活检,262
Hepatitis 肝炎,273-274f
Hepatocyte paraffin 1 (Hep Par 1),471 肝细胞
Hepatocytes. see also Liver 肝细胞。请参见肝脏
  apoptotic necrosis of 细胞凋亡坏死,270f
  cytoplasmic rarefaction of 胞质疏松,268-269,269-270f
  glycogen accumulation by 糖原累积,268-269,269f
  hydropic (ballooning) degeneration of 水肿(肿胀)变性,268-269,270f
  in lung aspirate 肺部抽吸,183,186f
  in normal liver 正常肝脏中,263-264,260-261f
  pigments in 色素,271,271t
  "signet ring" appearance of"戒指"样外观,267f
Herpesvirus infection,conjunctival 眼结膜疱疹病毒感染,412f
Histiocytic lesions 组织细胞病变,19,19f
Histiocytic sarcoma 组织细胞肉瘤,75-76,75-76f,75-76b
  of lung 肺,182,184-185f
  nasal 鼻,153
  of spleen 脾脏,125-127f,128
  in synovial fluid 滑膜液,359-360
Histiocytoma 组织细胞瘤
  canine 犬,73-75,74f,75b
  fibrous,malignant 纤维状,恶性,66,66b,68
Histiocytosis 组织细胞增生症
  dendritic cell,progressive,feline 树突状细胞,进行性的,猫,75,75f,75b
  malignant,hepatic 肝脏恶性肿瘤,282-283f
  reactive 反应性的,75-76,75-76b,76f
Histoplasma capsulatum infection 荚膜组织胞浆菌感染,145t,146-148
  in lung 肺,170,171f
Histoplasmosis 组织胞浆菌病,171f,204-205f
  cutaneous lesions from 皮肤病灶,45-49,47-48f
  macrophagic splenitis in 巨噬细胞性脾炎,118,120-121f
  systemic,peritoneal effusion in 全身性,腹腔积液中,202-205
Hodgkin's-like lymphoma 霍奇金氏淋巴瘤,108-112f,113
Hyaline cast,in urinary sediment 尿沉渣中的透明管型,302f

Hyalohyphomycosis 透明丝孢霉病,273-274f
Hydropic degeneration 水肿变性,16
Hygroma 水囊瘤,84,85f
Hyperadrenocorticism 肾上腺皮质功能亢进,447-448
Hyperplasia 增生,16,17f
conjunctival 结膜,411,411f
hepatic 肝,268-269,274-276,274f
intestinal 肠,238
of lung 肺,178
of lymph node 淋巴结,92-95,93-96,103
lymphoid 淋巴样的
of larynx,reactive 喉,反应性的,154
nasal 鼻,152-153
mammary 乳腺,315,315f
nasal 鼻,141,142f
of nictitating membrane 瞬膜,415-416f
of parathyroid gland 甲状旁腺,438
prostatic 前列腺,337,338-339
of salivary gland 涎腺,229
sebaceous,nodular 皮脂腺,结节,33
splenic 脾,117-118,119-120f
Hyphema 眼前房积血,422-423
**I**
Immune-mediated disease,joints affected by 免疫介导的疾病,影响关节的,359
Immunocytochemistry 免疫细胞化学,462-463
antigen retrieval in 抗原检索,462-463
cytologic samples in,processing of 细胞学样本的处理,462
fixation in 固定,462-463
interpretation of 解释,463-464
methods of 方法,463
positive and negative controls for 阳性和阴性的对照,465-466
Immunodiagnosis 免疫学诊断方法,455-475
of anaplastic or metastatic tumors 间变性或转移性肿瘤,468-473
and antibodies as prognostic markers 和抗体作为预后标记物,471-472
immunocytochemistry 免疫细胞化学,452-463
immunohistochemistry 免疫组化,455-462
troubleshooting in 故障排除,465-466,466-469
for background staining 背景染色,465
for false-negative staining 假阴性染色,465
for false-positive staining 假阳性染色,465
for lack of staining 染色不足,465
use of controls in 控制,465-466,470-471f
for weak staining 染色差,465
Immunoglobulins 免疫球蛋白
CDR3 sequence of CDR3 序列,496
in cerebrospinal fluid 脑脊液中,373
gene, rearrangement of 基因重排,493-494,494f,495
nonspecific binding of 非特异性结合,456
Immunohistochemistry 免疫组化,455-462
antibodies in 抗体,455
antigen retrieval in 抗原检索,456
fixation in 固定,455-457
interpretation of 解释,463-464
limitations of 限制,465
protocols for 协议,456-458,457-461
immunohistochemical reactions 免疫组化反应,456-458,486f,486t
pretreatment procedures 预处理程序,456
visualization of the immunologic reaction 可视化的免疫反应,461
sample processing in 样本加工,456
standardization and validation of 标准化和验证,461-462
test validation in 测试验证,461-462
troubleshooting in 故障排除,465-466,466-471f
of tumors,panel markers for,肿瘤的表面标记,466-468,471t,472f
Immunophenotype 免疫表型
antibodies for 抗体,487
prognostic significance of 预后的意义,492
in lymphoma 淋巴瘤,492
in peripheral lymphocytosis 外周血淋巴细胞增多,492
Incubation,in immunohistochemistry 潜伏期,免疫组化中,461
Infections. see also. specific infections 感染。请参阅特殊感染
bacterial 细菌
in cerebrospinal fluid 脑脊液中,374
in nasal cavity 鼻腔内,144-145,144f
canine distemper 犬瘟热,385-386,385-386f
cerebrospinal fluid analysis for 脑脊液的分析,374
feline herpesvirus,conjunctival 猫疱疹病毒,眼结膜,411-412

feline immunodeficiency virus, lymphadenopathy in 猫免疫缺陷病毒,淋巴结肿大,95-96
fungal. see Fungal infections 真菌。请参阅真菌感染
mycotic 霉菌,243-244f
rabies 狂犬病,385-386,386f
viral. see Viral infections 病毒。请参阅病毒感染
Infertility, male 雄性不育,345-346,346f
Inflammation 炎症,16-20,18-20f
colonic 结肠,244
conjunctival 结膜,411-414,412-413f
corneal 角膜,416-419,418-419f
eosinophilic 嗜酸性粒细胞,20f
in dry-mount fecal cytology 干制粪便细胞学中,254-255
eyelid 眼睑,410
nasal 鼻,141-143
of eyelid 眼睑,410
gastric 胃,237f,238
hepatic 肝,272-273,273-277f
intestine 小肠,241-242
of joint 关节,357-358
of lymph node 淋巴结,95-96
lymphocytic, microscopic findings in 淋巴细胞,显微镜观察发现,254-255
macrophagic, microscopic findings in 巨噬细胞,显微镜观察发现,254-255
mammary 乳腺,316
of nictitating membrane 瞬膜,414-415
of oral cavity 口腔,224,224-226f
ovarian 卵巢,324-325
prostatic 前列腺,337-338
fine-needle aspiration in 细针穿刺,337
pyogranulomatous 脓肉芽肿性,19,20f
renal 肾,291,291-292ff
of salivary gland 涎腺,229-231,229f
of skeletal muscle 骨骼肌,361-362
of skin 皮肤
infectious 传染性,38-52
noninfectious 非传染性,33-39
splenic 脾,118
testicular 睾丸,343
uterine 子宫,329
vaginal 阴道,332-334,333-335f
Inflammatory disease 炎性疾病
bowel 肠
clonality assay for 克隆形成能力分析 496
lymphoplasmacytic, microscopic findings in 淋巴浆细胞,显微镜观察发现,254-255
nasal 鼻
eosinophilic 嗜酸性粒细胞,141-143
noninfectious 非感染性,141-144
Insect bite reaction 昆虫叮咬反应,34,38f
Insulinoma 胰岛素瘤,439,439-440f
Intermediate cells, of vagina 阴道中间细胞,329
Interstitial cell tumors, of testes 睾丸间质细胞肿瘤,3344-345,345f
Intestine 小肠,240-244
adenocarcinoma of 腺癌,244f
epithelial cells of 上皮细胞,240-241f
hyperplasia of 增生,241-241
inflammation of 炎症,241-242
lymphoma 淋巴瘤,243-244f
mucosal cells of 黏膜上皮细胞,241f
neoplasia of 肿瘤样变,242-244,243-244f
normal cytology of 常规细胞学,240-242
Intracranial pressure, increased, as contraindication to CSF collection 颅内压增加,作为收集脑脊液的禁忌症,369
Iridocyclitis, pyogranulomatous 虹膜睫状体炎,脓肉芽肿性,419-420,419-420f
Iris 虹膜,419-420
inflammation of 炎症,419-420
lymphoma of 淋巴瘤,421f
neoplasia of 肿瘤样变,420
normal histology and cytology of 常规的组织学和细胞学,419-420,419-420f
uveal hematopoiesis 葡萄膜造血作用,420
Islet cell tumor, metastatic 胰岛细胞瘤,转移性 101-105f
J
Joints. see also Synovial fluid 关节。请参见滑液
classification of disease of 疾病的分类,357-360
degenerative disease of 退行性疾病,359,360-362f
hemarthrosis of 关节积血,359,361-362f
infectious arthritis of 感染性关节炎,357-358,358f
noninfectious arthritis of 非感染性关节炎,358-359,359-360
sample collection from 样本采集,354-355

**K**


Karyolysis 核溶解,16,18f
Karyorrhexis 碎裂,18-19f,19
Keratin bars 角化碎片,33
Keratin pearl,in squamous cell carcinoma 角化珠,鳞状细胞癌,53-55,54f
Keratinocytes 角化细胞,33
Keratitis 角膜炎
  eosinophilic 嗜酸性粒细胞,418-419,418-419f
  infectious 传染性,416-418
  mycotic 霉菌,416-418,418-419f
Kerion,in dermatophytosis 脓癣,皮肤癣菌病中,47-48,47-48
Ketamine,in collection of cerebrospinal fluid 氯胺酮,在脑脊液的收集中,369
Ki-67 Ki-67(反映肿瘤增殖的标记物)
  antigen,in lymphoma 抗原,淋巴瘤,108
  in veterinary oncology 兽医肿瘤学,471
Kidneys. see also Bladder 肾脏。请参见膀胱
  anatomy and histology of,normal 常规的解剖学和组织学,287
  crystals in 结晶,291,290-292f
  cysts of 囊肿,290-291,291f
  cytology of,normal 常规细胞学,287,289f
  inflammation of 炎症,291,291-292ff
  neoplasia of 肿瘤样变,292-296,293-295f
  non-neoplastic and benign lesions of 非肿瘤性和良性病变的,287-291
  specialized collection techniques for 专门的采样技术,287-288
  transitional cell carcinoma of 移行细胞癌,293-295,293-294f
Kiel classification,of lymphoma 淋巴瘤的基尔分类,108
KIT protein,as marker,in veterinary oncology KIT 蛋白,作为兽医肿瘤学的标记物,471-472


**L**


Lactate 乳酸
  in body cavity fluids 体腔液中,218
  serum-effusion,in body cavity fluids 血清积液,体腔液中,218
Laryngitis,granulomatous 喉炎,肉芽肿,154
Laryngoscopy 喉镜检查,154
Larynx 喉,153-157
  anatomic features of 解剖学特征,153-154
  carcinoma of 癌,155
  cysts of 囊肿,156-157
  cytologic features of 细胞学特征,154
  fibrosarcoma of 纤维肉瘤,156,157f
  granular cell tumor of 颗粒细胞瘤,156t
  histologic features of 组织学特征,153-154
  inflammation of 炎症,154
  lymphoma of 淋巴瘤,155,155f
  mucoceles of 黏液囊肿,156-157
  neoplasia of 肿瘤样变,154-157
    mesenchymal 间质细胞的,156,157f
  oncocytoma of 嗜酸性粒细胞腺瘤,155-156,156t
  plasmacytoma of 浆细胞瘤,155
  reactive lymphoid hyperplasia of 淋巴组织反应性增生,154
  rhabdomyoma of 横纹肌瘤,156,156t,157f
  sample collection from 样本采集,154
  squamous cell carcinoma of 鳞状细胞癌,155,155f
Leiomyoma 平滑肌瘤,329
  vaginal 阴道,333-335,334-335f
Leiomyosarcoma 平滑肌肉瘤
  esophageal 食管,234,235f
  hepatic 肝,283-284f
Leishmania infection,nasal 利士曼原虫感染,鼻,149
Leishmaniasis 利什曼病,51-52
  macrophagic splenitis in 巨噬细胞脾炎,118,120-121f
Lens fibers,in vitreous humor 晶状体纤维,玻璃体中,424
Leptomeningeal carcinomatosis,cerebrospinal fluid in 软脑膜癌病,脑脊髓液中,390
Leptomeningeal cells 软脑膜细胞,378
Leptomeningeal cysts 软脑膜囊肿,388-389
Leukemia 白血病
  acute,classification of,flow cytometry and 急性,分类,流式细胞仪和,492
  diagnosis of,PARR and 诊断,聚合酶链反应的抗原受体重排,495
  granular lymphocytic,of spleen 脾的颗粒状淋巴细胞,120,122-124
  granulocytic,metastasis to lymph nodes 粒细胞,转移到淋巴结,100-101
  lymphoblastic 成淋巴细胞的,106
  lymphocytic,chronic,of B-cell origin 淋巴细胞的,慢性,B细胞起源的,120,122-124
  myeloid,acute 骨髓的,急性,282,282-283f

translocations and 转移,496
Leukocytes 白细胞
fecal,in dry-mount fecal cytology 粪便,干制粪便细胞学中,254-255
globule,intestinal 球状,肠道,240-241
Lignin test,performing,for sulfonamides in urine 执行木质素的测试,对于尿液中的磺胺类药物,309b
Linguatula serrata infection,nasal 锯齿状蛇形虫感染,鼻,47-48
Lipase,in body cavity fluids 脂肪酶,体腔液中,218
Lipid 脂质
droplets of,in urinary sediment 液滴状,尿沉渣中,298-305,301-302f
in lipoma 脂肪瘤中,65
Lipid pneumonia 类脂性肺炎,165
Lipid storage diseases,hepatic changes in 脂质贮积病,肝脏的变化,265-268,268f
Lipidosis,hepatic 脂肪肝,肝脏,265-268,267f
Lipofuscin, in hepatocytes 脂褐质,肝细胞中,271,271t
Lipoma 脂肪瘤,66-68,68f,68b
Lipoprotein electrophoresis,in body cavity fluids 脂蛋白电泳,体腔液中,218
Liposarcoma 脂肪肉瘤,68-69,69f,69b
Liver 肝,262-286
accidental aspiration of 偶然的抽吸,186ff
in acute myeloid leukemia 急性髓细胞性白血病,282,282-283f
adenoma of 腺瘤,278-280
amyloidosis of 淀粉样变性,278,278
carcinoid of 类癌瘤,280,281f
carcinoma of 癌,278-280
carprofen and 卡洛芬和,270f
cell of 细胞,263-264
cytoplasmic changes in 细胞质的变化,265-269
cytoplasmic rarefaction of 胞质疏松,268-269,269-270f
extramedullary hematopoiesis of 髓外造血,278
fatty 脂肪肝,265-268
hydropic (ballooning) degeneration of 水肿(肿胀)变性,268-269,270f
inflammation of 炎症,272-273,273-277f
lymphocytic (nonsuppurative)淋巴细胞性(非化脓性),275-276f
mixed cell 混合细胞,274-275,273-274f,274f
neutrophilic or suppurative 中性粒细胞或化脓性,272-273,273-274f
leiomyosarcoma of 平滑肌肉瘤,283-284f
in lipid storage disease 脂质贮积病,265-268,268f
lymphoma of 淋巴瘤,281-282,281-282f
malignant histiocytosis of 恶性组织细胞增多病,282-283f
mast cell of 肥大细胞,263-264,260-261f
tumor of 肿瘤,282-283f
neoplasia of 肿瘤样变,278-280
nodular regenerative hyperplasia of 结节再生性增生,268-269,274-276,274f
nuclear inclusion of 核内包涵体,264f,263,266f
pigments in 色素,271-272,271t
sampling from 采样,262-283
contraindications to 禁忌症,262
indications for 适应症,262
technique of 技术,262-283
specimen of 标本,12-13,13f,13b
Lumbar cistern, cerebrospinal fluid collection from 腰大池,脑脊液集合,370-371
Lungs 肺,157-183
adenocarcinoma of 腺癌,26
anatomy of 解剖学,157-159
bronchoalveolar lavage of 支气管肺泡灌洗,159
carcinoma of 癌,178-181,178-183
collection techniques for 采样技术,159-161
cytology of 细胞学,162,164f
eosinophilic granulomatosis of 嗜酸性肉芽肿,168
fine-needle aspiration of 细针穿刺,159
hemorrhage in 出血,177,178f
hyperplasia and dysplasia of 增生和发育异常,178
infectious causes of disease of 感染原因疾病,168-177
Acanthamoeba spp. as 棘阿米巴属,177,177f
Aelurostrongylus abstrusus as 深奥毛圆线虫,173
amebiasis 阿米巴病,177
Angiostrongylus vasorum as 血管圆线虫,176-177
bacterial pneumonia 细菌性肺炎,168-169
Blastomyces dermatitidis as 皮炎芽生菌,170,171f
Coccidioides immitis as 粗球孢子菌,170-171,171f
Crenosoma vulpis as 狐环体线虫,175-176
Eucoleus aerophila as 嗜气线虫,175,175t
Filaroides hirthi as 肺丝虫,175,175t,176f
fungal pneumonia 真菌性肺炎,170-173,170f
helminthic infestations 蠕虫感染,173-177
Histoplasma capsulatum as 组织胞浆菌,170,171f

lycoperdonosis 马勃菌病,172－173,173f
Mycobacteria 分支杆菌,168－169
Neospora caninum as 犬新孢子虫,169－170,169－170f
Paragonimus kellicotti as 猫肺并殖吸虫,173－174,175f,175t
Pneumocystis carinii as 肺炎肺囊虫,171－172,172f
Sarcocystis neurona as 微孢子虫,169－170,170f
Sporothrix schenckii as 申氏孢子丝菌,172
Toxoplasma gondii as 弓形虫,169－170,169－170f
viral pneumonia 病毒性肺炎,168－169
Yersinia pestis as 鼠疫耶尔森菌,168－169
inflammation of 炎症,162－168
chronic 慢性,162,164f
eosinophilic 嗜酸性粒细胞,166－168,166－167ff
granulomatous 肉芽肿,165－167,166－167ff
macrophagic and mixed 巨噬细胞和混合,164－165,165f
suppurative 化脓性,162－164,164－165f
metaplasia of 化生,178,179f
necrosis of 坏死,178
neoplasia of 肿瘤样变,179－183
Non respiratory aspirate of 正压抽吸,183
oropharyngeal contamination of 口咽部受到污染,162
tissue injury in 组织损伤,177－178
Lungworm,canine 肺丝虫,犬,175,176f
Lupus erythematosus cells,in immune-mediated disease of joints 红斑狼疮细胞,关节的免疫介导疾病中,359,359f
Lycoperdonosis 马勃菌病,172－173,173f
Lymph nodes 淋巴结,90－116
biopsy of 活检
aspirate and impression 抽吸和印片,90－116,90－91,91f
indications for 适应症,90,91t
salivary gland in 涎腺,116,117f
endothelial venules of 内皮微静脉,91
hyperplastic 增生,92－95,93－96,103
inflammation of. see Lymphadenitis 炎症。请参阅淋巴结炎
macrophages of 巨噬细胞,91
medullary cords of 髓索,91
metastasis to 转移至,97－104,101－105f
Mott cells of Mott 细胞,93－96,93－96
normal histology and cytology of 常规组织学和细胞学,91,92f
plasma cells of 浆细胞,91
popliteal 膝后窝,90b,91t
prescapular 肩胛骨前,90b,91t
primary neoplasia of 原发性肿瘤,103. see also Lymphoma. 参见淋巴瘤。
Russell bodies of 鲁塞尔小体,93－96,93－96
size of 大小,90
specimen of 标本,12,12b
Lymphadenitis 淋巴结炎,95－97
eosinophilic 嗜酸性粒细胞,97,97f
histiocytic or pyogranulomatous 组织细胞或脓肉芽肿,97,98－100f
neutrophilic 中性粒细胞,95－96,95－96f
Lymphadenomegaly,lymph node biopsy for 淋巴结病,淋巴结活检,90
Lymphangiosarcoma 淋巴管肉瘤,70
Lymphoblast,definition of 淋巴细胞增多,定义,106
Lymphoblastic lymphoma 淋巴母细胞性淋巴瘤,106,108－112f
B-cell B 细胞,108－109
T-cell T 细胞,113－116f
Lymphocytes 淋巴细胞,8f
in body cavity fluid 体腔液中,196
in canine histiocytoma 犬组织细胞瘤,74f
in cerebrospinal fluid 脑脊液中,372t
in inflammation 炎症,254－255
in lymph nodes 淋巴结,91
in mycosis fungoides 蕈状真菌病,79－81,81f
in spleen 脾,117
Lymphocytic infiltration 淋巴细胞浸润,20,20f
Lymphocytic lymphoma/leukemia,chronic,of B-cell origin 淋巴细胞性淋巴瘤/白血病,慢性,B 细胞来源,120,122－124
Lymphocytic portal hepatitis,hepatic Inflammation in 淋巴门肝炎,肝炎,275－276f
Lymphocytosis 淋巴细胞增多
neoplastic 肿瘤,491－492
peripheral 外围的,492
reactive 反应性的,491－492
Lymphoglandular bodies 淋巴结,21－23,22f,105－106f,106
Lymphoid cells,in body cavity fluid 淋巴样细胞,体

腔液中,196,197f
Lymphoid neoplasia, of spleen 脾脏淋巴瘤, 118-121,122-124
Lymphoid organ, cytology of, cytodiagnostic groups for 淋巴器官,细胞学,细胞诊断组,90
Lymphoid precursors, splenic 淋巴前体,脾, 128-129,128f
Lymphoid tissue, nasal-associated 淋巴组织,鼻部相关,138,141f
Lymphoma(s)淋巴瘤,26-27,27,103-116,105-106f,116b
anaplastic 间变性,108-112f
B-cell B 细胞,104-106,108-113,108-112f
of bone marrow 骨髓,365-366
cell proliferation markers in 细胞增殖标记物,108
in central nervous system 中枢神经系统,389-497-498,389-390f
chemotherapy for, hyperplastic spleen and 化疗治疗脾增生,119-120f
classification of 分类,107t,107b,108
Lymphoma(s) (Continued)淋巴瘤(续)
colonic 结肠,244,248f
cutaneous 皮肤,79-81,81b
cytologic protocol for 细胞学方案,107b
diagnosis of, PARR and 诊断,聚合酶链反应的抗原受体重排,495
epitheliotropic 趋上皮的,79-81
granular, metastatic 颗粒状,转移,101-105f
hepatic 肝,281-282,281-282f
immunophenotyping for 免疫分型,107,492
immunostaining in 免疫组化,107
of intestine 肠,243-244f
laryngeal 喉,155,155f
of lung 肺,180-182,181-183f
lymphoblastic. see Lymphoblastic lymphoma 成淋巴细胞。请参见淋巴母细胞性淋巴瘤
lymphocytic, chronic, of B-cell origin 淋巴细胞,慢性,B 细胞起源的,120,122-124
lymphoglandular bodies in 淋巴结,105-106f,106
lymphoplasmacytic 淋巴浆细胞性,108-112f,113
marginal zone 边缘区,108-112f,112-113,120,122-124
monitoring and staging of, PARR and 监测和分期,聚合酶链反应的抗原受体重排,495-496
nasal 鼻,152-153,153f
pleural/peritoneal effusions from 胸腔/腹腔积液,211-212,211f
versus reactive lymph nodes 对比反应性淋巴结,95-96
T-cell T 细胞,113-116,113-116f
terms in evaluation of 评价术语,107b
thymic 胸腺,130-131,130-131f
translocations and 易位,496
Lymphosarcoma 淋巴肉瘤,104-106. see also Lymphoma. 请参见淋巴瘤。

**M**

Macronucleated medium-sized cell (MMC)有核中型细胞(MMC),108-112f,112
Macrophages 巨噬细胞
alveolar 肺泡,164-165
in body cavity fluids 体腔液中,196,197f
in cerebrospinal fluid 脑脊液中,375-378,377-378t
foamy, in xanthomatosis 泡沫,黄瘤病,38-39,40f
hemosiderin granules in 含铁血黄素颗粒,20-21,21f
of lymph nodes 淋巴结,91
in spleen 脾,117,119-120f
Macrophagic lesions 巨噬细胞性病变,19,19f
Macrophagic splenitis 巨噬细胞性脾炎,118,120-121f
Magnesium ammonium phosphate crystals 磷酸铵镁结晶,304-305,305f
Malassezia 马拉色菌,47,49-50f
Mammary glands 乳腺,313-322
adenocarcinomas of 腺癌
canine 犬,319
feline 猫,320-321
adenoma of 腺瘤,318f
anatomy of, normal 常规解剖学,313
carcinoma of 癌,320f
anaplastic 间变性,319
squamous cell 鳞状上皮细胞,319-320
carcinosarcoma of 癌肉瘤,320
cysts of 囊肿,314-315,315f
cytology of, normal 常规细胞学,314,314f
foam cells of 泡沫细胞,314,314f
histology of, normal 常规组织学观察,313,314f
hyperplasia of 增生,315-316,315f
infection of 感染,316
inflammation of 炎症,316
lobules of 小叶,314f
neoplasia of 肿瘤样变,316-322
canine 犬,316-320,318f-320f

cytologic examination of 细胞学检查 318,318f-320f
feline 猫,320-322,321f
mixed 混合的,318,318f
stromal invasion in 间质浸润,317
treatment of 治疗,321-322
sarcoma of 肉瘤,320
specimens from 标本,313
Marginal zone lymphoma 边缘区淋巴瘤,108-112f,112-113,120,122-124
Mast cell(s)肥大细胞
hepatic 肝,263-264,260-261f
in hyperplastic spleen 脾增生,117-118,119-120f
tumor of 肿瘤,75-79,77-79f,79b
eosinophilic lymphadenitis in 嗜酸性淋巴结炎,97,97f
of liver 肝,282-283f
Mastitis 乳腺炎,316
Mastocytoma 肥大细胞瘤,125-127f,128
Mastopathy,polycystic 乳腺疾病,多囊的,314
Matrix metalloproteinases (MMPs),in cerebrospinal fluid analysis 基质金属蛋白酶(MMPs),脑脊液分析中,374
May-Grunwald-Giemsa stain 迈格吉染色,10
Mediastinal B-cell lymphoma 纵膈 B 细胞淋巴瘤,108-112f,112
Medullary cords, of lymph nodes 髓索, 淋巴结, 91,92f
Medulloblastoma,cerebrospinal fluid in 髓母细胞瘤,脑脊液中,389-497-498
Megaesophagus,thymoma and 巨食道症,胸腺瘤和,131-134
Megakaryocytes,splenic 巨核细胞,脾,128-129
Meibomian adenoma 睑板腺腺瘤,56-57
Melan-A 黑色素-A,471
Melanocytes 黑色素细胞,33
Melanoma 黑色素瘤,70-73,72-73f,73b
amelanotic 无色素的,72-73f
benign 良性 72-73f
lymph node metastasis in 淋巴结转移,100-101,101-105f
oral 口腔,226
retrobulbar 球后,428f
uveal 葡萄膜,420
Melanosis,nasal 黑变病,鼻,141
Membrane filtration technique,for cytologic preparation of cerebrospinal fluid 为脑脊液细胞学制备的膜过滤技术,374-375
MEN. see Multiple endocrine neoplasia (MEN)
MEN。请参见多发性内分泌腺瘤综合征(MEN)
Meningeal cells 脑膜细胞,395,395f
Meningeal cysts 脊膜囊肿,388-389
Meninges,neoplasms of 脑膜肿瘤,395-398
Meningiomas 脑膜瘤,395-397,395-396b,397-400f
Meningitis,eosinophilic,steroid-responsive 脑膜炎,嗜酸性粒细胞,类固醇反应性,381
Meningoencephalitis 脑膜脑炎
bacterial 细菌,381,381f
cerebrospinal fluid analysis for 脑脊液分析,373
Merkel cell tumor 默克尔细胞肿瘤,82-83,83f
Mesenchymal neoplasia/neoplasms 间质细胞瘤,26,27,27-28b,282
of lung 肺,182
nasal 鼻,152,152f
Mesocestoides infection,ascites with 中带绦虫感染,腹水,207
Mesothelial cells 间皮细胞
in body cavity fluids 体腔液中,196,196f
lining body cavities 内衬体腔,193
in liver 肝,263-264,266f
in lung aspirate 肺冲洗,183,186ff
reactive 反应性的,196f
Mesothelioma,in pleural effusion 间皮瘤,胸腔积液,213-216f
Mesothelium,versus splenic imprint 间皮细胞,对比脾脏印片,129,130f
Metaplasia 化生
of lung 肺,178,179f
nasal 鼻,141
Metastasis,to lymph nodes 转移到淋巴结,97-104,101-105f
Metastatic neoplasia/neoplasms 转移性肿瘤
of bone 骨,365-366,367f
epithelial 上皮,282
Metastatic tumor,immunochemical diagnosis of 转移性肿瘤,免疫诊断,468-473
cell line of differentiation,determination of 测定细胞系的分化,470
and cell-specific products,expression of 细胞特异性产物的表达,471-472
neuroendocrine markers of 神经内分泌标记物,

470-471
specific markers of 特异性标记物,471
cytokeratin type,determination of 测定细胞角蛋白类型,470-471
and vimentin,co-expression of 和波形蛋白,共表达,470-471
Metritis 子宫炎,329
Microabscess,Pautrier 波特里埃氏微脓肿,79-81
Microbial flora 微生物群落
abnormal,in dry-mount fecal cytology 异常,干制粪便细胞学中,254-255f
in dry-mount fecal cytology 干制粪便细胞学中,251
Microglia 小胶质细胞,395,396f
Minimal residual disease,detection of 检测微小残留疾病,496
Mitosis 有丝分裂,24,24f
abnormal,in neoplasia 异常,肿瘤中,26f
Mitotic figures 有丝分裂的形状
in canine histiocytoma 犬组织细胞瘤中,73-75,74f
in mammary carcinoma 乳腺癌中,319,320f
Mitotic index,for lymphoma 淋巴瘤的有丝分裂指数,108
Mixed cell inflammatory lesions 混合细胞炎性病变,16-17f,19,20f
Monoclonal antibodies,in immunohistochemistry 单克隆抗体,免疫组化,455
Monocyte/granulocyte lineage markers myeloperoxidase (MPO)单核细胞/粒细胞直系标记物髓过氧化物酶(MPO),487
Monocytoid cells,in cerebrospinal fluid 脑脊液中的单核细胞,372t,375-378,376-377-377t
Mott cells Mott 细胞,93-96,93-96
Mouth. see Oral cavity 嘴。参见口腔
Mucin,in myxoma 黏液,黏液瘤,65
Mucin clot test 黏蛋白凝固试验,354,355f
Mucoceles 黏液囊肿,84-85
laryngeal 喉,156-157
salivary 涎腺,229-231,229f
Mucopurulent inflammation 黏脓性炎症,144f
Mucus 黏液,21f
of nasal cavity 鼻腔,141-142
Multinucleation,in neoplasia 多核,肿瘤中,26f
Multiple endocrine neoplasia (MEN)多发性内分泌腺瘤综合征(MEN),444
Multiple myeloma,bone lysis from 多发性骨髓瘤,骨溶解,365-366,367f
Muscle,skeletal 骨骼肌
inflammatory cells in 炎性细胞,361-362
normal 正常,16-17f
tumors of 肿瘤,361-363,363-364f
Musculoskeletal system 肌肉骨骼系统,354-369
disorders of 紊乱,361-365
synovial fluid in 滑膜液中,354
Myasthenia gravis,thymoma and 重症肌无力,胸腺瘤,131-134
Mycobacteriosis 分枝杆菌病,43,43b,44f
cutaneous 皮肤,43
lepromatous 麻风结节,43
in lung 肺,168-169
tuberculous 结核性,43
Mycoplasma infection,in lung 支原体感染,肺,168-169
Mycoplasmosis,conjunctival 支原体,眼结膜,414f
Mycosis,nasal 真菌病,鼻,149
Mycosis fungoides 蕈状真菌病,79-81,81f
Mycotic hepatitis 真菌性肝炎,273-274f
Mycotic infection 真菌感染,243-244f
Myelin,in cerebrospinal fluid 髓鞘,脑脊液中,386-388,387f-388f
Myelolipoma 髓样脂肪瘤,129,129f
Myelomalacia 软化,387f,388
Myopericytoma,canine 犬肌性血管周细胞瘤,65-66,66b,67f
Myositis 肌炎,361-362,362-263f
Myxoma 黏液瘤,65,65b,66f
Myxosarcoma 肉瘤,65,65b,66f
**N**
Nailbed cysts 甲床囊肿,33,34-36f
Naked nuclei 裸核
versus lysed cell nuclei 对比细胞核裂解,431-432f
neoplasms 肿瘤样变,27-28,28f,28b
NALT. see Nasal-associated lymphoid tissue (NALT) NALT。请参见鼻相关淋巴组织(NALT)
Nasal-associated lymphoid tissue (NALT)鼻相关淋巴组织(NALT),138,141f
Nasal cavity 鼻腔,138-153
adenocarcinoma of 腺癌,149-150,
anatomy of 解剖学,138
biopsy of 活检,13-15,14-15f
fine-needle aspiration 细针穿刺,140
brush cytology of 刷片细胞学,140

carcinoma of 癌,
anaplastic 间变性,149-150,
squamous cell 鳞状上皮细胞,150-151,150f
transitional 过渡期,150,150f
chondrosarcoma of 软骨肉瘤,152,152f
collection techniques for 采样技术,138-141
contamination of 污染
oropharyngeal 口咽部,141,142f
Simonsiella spp. 西蒙斯氏菌,141,142f
dysplasia of 发育不良,141,142f
flush of 刷片,139-141,139f
foreign bodies in 异物,141
histology of 组织学,138
hyperplasia of 增生,141,142f
imprint cytology of 印片细胞学,140
infection in 感染,144-149
algal 藻类,149
Alternaria spp. 链格孢霉,149
Aspergillus sp. 曲霉,145,145t,146f
bacterial 细菌,144-145,144f
Cryptococcus neoformans 新型隐球菌,145t
Cryptococcus sp. 隐球菌,146-148,147f
Eucoleus aerophilus 嗜气杆菌,149
fungal 真菌,145-149,145t
Histoplasma capsulatum 组织胞浆菌,145t,146-148
Linguatula serrata 锯齿状舌形虫,149
parasitic 寄生虫引起的,149
Penicillium sp. 霉菌,145,145t
Pneumonyssoides caninum 犬类肺刺螨,149
protozoal 原虫,145t,149
Rhinosporidium seeberi 西伯氏鼻孢子虫,145t,148-149,148f
viral 病毒,145
inflammatory disease of. see also Rhinitis. 炎性疾病。请参阅鼻炎。
eosinophilic 嗜酸性粒细胞,141-143
noninfectious 非感染性,141-144
lymphoid hyperplasia of 淋巴组织增生,152-153
lymphoma of 淋巴瘤,152-153,153f
metaplasia of 化生,141
mucus of 黏液,141-142
neoplasia of 肿瘤样变,149-153,149t
epithelial 上皮,149-151
mesenchymal 间质细胞的,152,152f
neuroendocrine tumors of 神经内分泌肿瘤的,151-152
neuroepithelial tumors of 神经上皮肿瘤的,151-152
normal cytology of 常规细胞学,141-142,141f
oncocytoma of 嗜酸性粒细胞腺瘤,153
polyps in 息肉,143,143f
sample preparation from 样本制备,138-141
swabs of 棉签,139,139b
transmissible venereal tumor in 传染性性病肿瘤,153,153f
Nasal flush 鼻腔冲洗,139-141,139f
Nasal swabs 鼻腔分泌物,139,139b
Nasolacrimal apparatus 装置鼻泪管,429
Necrosis 坏死,23-24,23f
of lungs 肺,178
Necrotizing encephalitis,in small breed dogs 坏死性脑炎,小型犬,383,383f-384f
Necrotizing vasculitis 坏死性血管炎,380
Needle,for specimen sampling 采样针,2,3f
Neoplasia/neoplasms 肿瘤,24-28,27-28b
anisokaryosis in 核大小不均,24
basilar epithelial 基底上皮,55-56,55-56,55-56
of bile duct 胆管,280
of bone 骨,365,367f
of central nervous system,中枢神经系统,389
coarse chromatin in 染色质粗糙,24
colonic 结肠,244
conjunctival 结膜,414
corneal 角膜,419-420
cytomorphologic categories of 细胞学分类,25-28,25-26t,26
epithelial. see Epithelial neoplasia/neoplasms 上皮的。参见上皮类肿瘤
esophageal 食管,234
exocrine pancreas 胰腺外分泌,232,234f
eyelid 眼睑,410,411f
gastric 胃,238,238f
general features of 一般特征,24-25
hepatocellular 肝癌,278-280,279f
intestinal 肠,242-244,243-244f
of iris 虹膜,420
laryngeal 喉,154-157
mesenchymal 间质细胞的,156,157f
of lung 肺,179-183
hemolymphatic 血淋巴,180-182,181-183f
mesenchymal 间质细胞的,182,186ff
of lymph node 淋巴结,103

mammary 乳腺,316-322,318f-320f
of meninges 脑膜,395-398
mesenchymal 间质细胞的,26,27,27-28b
mitotic figures in 核分裂,319,320f
multinucleation in 多核,26f
multiple endocrine 多发性内分泌,444
naked nuclei 裸核,27-28,28f,28b
of nasal cavity 鼻腔,149-153,149t
discrete cell 离散细胞,152-153
epithelial 上皮的,149-151
mesenchymal 间质细胞的,152,152f
of nerve sheaths 神经鞘,395-398
of neuroepithelial cells 神经上皮细胞,398-405
of nictitating membrane 瞬膜,414-415,416f
nuclear molding in 核塑形,26f
nuclear-to-cytoplasmic ratio in 核质比,24
nucleoli in,prominent 核仁清晰,24
oral 口,226,227f
of orbital cavity 眶腔,427
ovarian 卵巢癌,323-327,323-327f
epithelial 上皮,324-325f,325
germ cell 生殖细胞,325-327,326-327f
sex cord-stromal 性索间质,325,326f
of paranasal sinuses 鼻窦,149-153
pleomorphism in 多形性,24,25-26t
of prostate 前列腺,338-342,341-343
renal 肾,292-296,293-295f
round cell 圆形细胞,26-27,27-29
salivary 唾液,229,229f
of spleen 脾
lymphoid 淋巴样,118-121,122-124
nonlymphoid 非淋巴样,121-128,125-127f
synovial 滑膜,359-360,362-263f
testicular 睾丸,344-346
of thymus 胸腺,131-134,130-131f
uterine 子宫,329
vaginal 阴道,333-335,334-335f
vitreous body 玻璃体,425
Neoplastic effusion 肿瘤性积液,195f,210-211,211-215f
Neospora caninum infection 新孢子虫感染
in lungs 肺,169-170,169-170f
in respiratory tract 呼吸道,145t
Nephritis,mycobacterial 肾炎,结核分枝杆菌,291,291-292ff
Nephroblastomas 肾胚细胞瘤
canine 犬,396b
renal 肾,293-294,293-294f
Nephron 肾单位,287
Nerve sheaths 神经鞘
neoplasms of 肿瘤,395-398
tumors of 肿瘤
benign 良性,398,401f
malignant 恶性,401-402f
peripheral 外围的,396b,398,401f
Neuroblastoma 神经母细胞瘤
metastatic 转移性,101-105f
olfactory 嗅觉的,151-152
Neuroendocrine carcinoma 神经内分泌癌,82-83,83f
Neuroendocrine system 神经内分泌系统,431-454,431b,431-432t
Neuroendocrine tumor,nasal 神经内分泌肿瘤,鼻,151-152
Neuroepithelial cells,neoplasms of 上皮细胞肿瘤,398-405
Neuroepithelial tumor,nasal 神经上皮肿瘤,鼻,151-152
Neuron-specific enolase (NSE)神经元-特性烯醇化酶(NSE),470-471
Neurons 神经元,391-394,393f
Neuropil 神经纤维,391-392,393f
Neutrophil(s)嗜中性粒细胞,8f
in body cavity fluids 体腔液中,197,197f
in cerebrospinal fluid 脑脊液中,372t,375-378,376-377-377t
increased percentages of 增加的百分比,379
degenerate 退化,18f
fecal,in dry-mount fecal cytology 粪便,干制粪便细胞学,254-255,254-255f
karyolysis of 核溶解,16,18f
karyorrhexis of 核破裂,18-19f,19
nondegenerate 非退化的,16,18f
pyknosis of 固缩,19,19f
in suppurative inflammation of lungs 肺化脓性肺炎,162,164f
in uterine inflammation 子宫发炎,329
New methylene blue stain 新亚加蓝染色,10,10f,10b
Nictitating membrane 瞬膜,414-415
cytology of 细胞学,414-415
follicular conjunctivitis 滤泡性结膜炎,414-415,415-416f
neoplasia of 肿瘤样变,414-415,416f

normal histology of 正常组织学,414-415
Niemann-Pick disease 尼曼匹克病,268f
Nissl substance Nissl 物质,391-394
Nocardial/actinomycotic effusions 诺卡/放线菌病积液,202,204-205f
Nocardiosis 诺卡氏菌病,41-43,42f,42b
Nodular granulomatous episcleritis (NGE)结节性肉芽肿性巩膜外层炎(NGE),417f
Nodular panniculitis 结节性脂膜炎,36,36b
Nodular regenerative hyperplasia,of liver 结节性再生性增生,肝,274-276,274f
Nodules 结节
cutaneous,specimen of 皮肤,标本,12,12b
fibrohistiocytic 纤维组织细胞,118
hyperplastic 增生,447-448
Nonlymphoid neoplasia,of spleen 脾脏非淋巴肿瘤,121-128,125-127f
Nonsuppurative joint disease 非化脓性关节病,359
Normal tissue 正常组织,16,16-17f
Nose. see Nasal cavity 鼻。参见鼻腔
Nuclear molding, in neoplasia 核塑形,肿瘤样变中,26f
Nuclear organizing regions (AgNORs)核组织区(核仁形成区嗜银蛋白),471
Nuclear streaming 核流,21-23,22f
Nucleoli,in neoplasia,prominent 核仁,肿瘤中,清晰,24
Nurse cell 滋养细胞,128f
**O**
Oligodendrocytes 少突胶质细胞,395,395f
tumors from 肿瘤,398-401
Oligodendrogliomas 少突胶质细胞,398-401,401-402f
Oncocytoma 嗜酸性粒细胞腺瘤
laryngeal 喉部,155-156,156t
of nasal cavity 鼻腔,153
Oomycosis 卵菌,47-49,49-50b,49-50f
Oral cavity 口腔,224-226
epulis of 牙龈瘤,226,228f
granular cell tumors of 颗粒细胞瘤,226,230f
inflammation of 炎症,224,224-226f
melanoma of 黑色素瘤,226,229f
neoplasia and 肿瘤样变,226,227f
epithelial odontogenic 上皮源性,228f
normal cytology of 常规细胞学,224,224-225f
osteosarcoma of 骨肉瘤,229f
squamous cell carcinoma of 鳞状细胞癌,234
Orbital cavity 眶腔,425-427
inflammation of 炎症,425-427
neoplasia of 肿瘤,427
Orchitis 睾丸炎,343
Oslerus osleri infection 奥氏奥斯勒丝虫感染,175,175t,176f
Osteoarthritis 骨关节炎,359
Osteoarthropathy 骨关节病,359
Osteoblasts 成骨细胞,363-364,363-364f
Osteoclasts,in degenerative joint disease 破骨细胞,退行性骨关节病中,359,361-362f
Osteomyelitis 骨髓炎,363-365,365-366f
fungal 真菌,365,365-366f
Osteosarcoma 骨肉瘤,27
of bone 骨,365-366,366f
Otic cytology 耳细胞学,85-86
Ovary(ies)卵巢,322-327
anatomy of,normal 常规解剖学,322
cysts of 囊肿,324-325
cytology of,normal 常规细胞学,322-324f,323-324
histology of,normal 常规组织学,322,322f
inflammation of 炎症,324-325
neoplasia of 肿瘤,323-327,323-327f
epithelial 上皮,324-325f,325
germ cell 生殖细胞,325-327,326-327f
sex cord-stromal 性索间质,325,326f
special collection techniques for 特殊采集技术,322
**P**
Pancreas 胰腺,231-232,232-233f,439f
inflammation of 炎症,231-232
neoplasia-exocrine 肿瘤外分泌,232
nodular hyperplasia of 结节性增生,16-17f
normal cytology of 常规细胞学,229
tumors of endocrine 内分泌肿瘤,439-440
Pancreatic endocrine tumors (PET)胰腺内分泌肿瘤(PET),431-432t,439t
Pancreatic polypeptide-secreting tumor (PPoma)胰多肽瘤(PPoma),441f
Pancreatitis 胰腺炎,231-232
hepatic inflammation in 肝炎,274-275,273-274f
Panel markers, in diagnostic immunohistochemistry, of tumors 面板标记物,免疫组化诊断中,肿瘤,466-468,471t,472f
Panniculitis,nodular 脂膜炎,结节状,36,36b,38f

Pannus 血管翳,418-419
Papanicolaou stain 巴氏染色,8
Papilloma(s)乳头状瘤
  choroid plexus 脉络丛,401-405,404f
  squamous 鳞状上皮,53,53f,53b
  transitional cell,of bladder 移形细胞,膀胱,287-290,290f
Parabasal cells,of vagina 副基底细胞,阴道,329
Paraformaldehyde,as fixative,in electron microscopy 多聚甲醛,作为固定剂,在电镜下,477
Paraganglioma(s)副神经节瘤,27-28,28f,440
*Paragonimus kellicotti* infection 猫肺并殖吸虫感染,173-174,175f,175t
Paranasal sinuses,neoplasia of 鼻旁窦肿瘤,149-153
Parasites,in urinary sediment 寄生虫,尿沉渣中,309
Parasitic infection 寄生虫感染
  abdominal 腹部,207,208f
  nasal 鼻,149
Parathyroid gland 甲状旁腺,431-432t,436-439,438t
  in dog and cat 犬和猫,438t
  nonneoplastic 非肿瘤,438
  tumors of 肿瘤,438-439
Parathyroiditis,lymphocytic 淋巴细胞性甲状旁腺炎,438
Pautrier microabscess 波特里埃氏微脓肿,79-81,81f
PCNA. see Proliferation cell nuclear antigen (PCNA) PCNA。参见增殖细胞核抗原(PCNA)
pCO2,in body cavity fluids 二氧化碳分压,体腔液中,218
*Pearsonema plica*,in urinary sediment 狐膀胱毛尾线虫,尿沉渣中,309,310-311f
Pemphigus foliaceus 天疱疮,38,38b,39f
*Penicillium* sp. infection,nasal 鼻部青霉菌感染,145,145t
Perianal gland adenoma 肛周腺腺瘤,58-59,59b,59-60f
Pericardial effusions 心包积液,215-218,217f
  canine 犬,215-218
  feline 猫,218
Pericardial fluid 心包积液
  collection of 采样,193
  hematoidin crystals in 胆红素结晶,21f
Pericardiocentesis,slide examination in 心包穿刺,载玻片检查,7f
Perinuclear vacuolation 核周空泡化,53-55,54f
Peripheral T-cell lymphoma 外周 T 细胞淋巴瘤,113-116,113-116f
Peritonitis 腹膜炎
  bile 胆汁,206f
  feline infectious. see Feline infectious peritonitis (FIP)猫传染病。参见猫传染性腹膜炎(FIP)
Perivascular wall tumors 血管壁肿瘤,65-66,66b,67f
Peroxidase,for immunohistochemistry 过氧化物酶,免疫组化,456
PET. see Pancreatic endocrine tumors (PET) PET。参见胰腺内分泌肿瘤(PET)
Pet food toxicosis 宠物食品中毒,291,291-292ff
Peyer's patch 淋巴集结,241-242,241-241f
pH,of body cavity fluids 体腔液的 pH 值,218
Pheochromocytoma 嗜铬细胞瘤,443-444,445-446f
Phycomycosis,gastric 藻菌病,胃,238
*Physaloptera* sp. infection 泡翼线虫感染,238,238f
Pigments,hepatic 色素,肝,271-272,271t
Pilomatricoma 毛母质瘤,55-56
Plant material,in dry-mount fecal cytology 植物物质,干制粪便细胞学中,252-253f
Plaque,eosinophilic 斑块,嗜酸性粒细胞,36-38,38b,39f
Plasma cell(s)浆细胞
  in hyperplastic spleen 增生性脾脏中,117-118,119-120f
  of lymph nodes 淋巴结,91
  tumors of 肿瘤
    of bone marrow 骨髓,365-366
    cerebrospinal fluid in 脑脊液中,389-490,391f
Plasmacytic infiltration 浆细胞浸润,20,20f
Plasmacytoma 浆细胞瘤,79,79b,80
  colonic 结肠,244,248f
  laryngeal 喉,155
  of spleen 脾,120,122-124
Pleocytosis 脑脊液细胞异常增多,379-385
  eosinophilic 嗜酸性粒细胞,381,382f
  lymphocytic 淋巴细胞,383f-384f
  mixed cell 混合细胞,385-386,386f
  mononuclear 单核细胞,381-386,382f-384f
  neutrophilic 嗜中性粒细胞,379-381,379f-381f
Pleomorphic fecal bacteria,in dry-mount fecal cytology 多形性粪便细菌,干制粪便细胞学中,257-258
Pleomorphism,in neoplasia 多形性,肿瘤,24
Pleural effusion. see also Body cavity fluids 胸腔积

液。请参见体腔液
in lymphoma 淋巴瘤,211-212,211f
in mesothelioma 间皮瘤,213-214f
Pleural fluid 胸水
collection of 采样,193
erythrophagocytosis and 嗜红细胞作用,21f
*Pneumocystis* sp. infection 肺囊虫感染,145t
in lung 肺,171-172,172f
Pneumonia 肺炎
bacterial 细菌,168-169,
fungal 真菌,170-173,170f
inhalation 吸入性,164-165
lipid 脂质,165
protozoal 原虫,169-170
viral 病毒,168-169,168-169f
*Pneumonyssoides caninum* infection,nasal 犬类肺刺螨感染,鼻,149
Pollen grains,in urinary sediment 花粉粒,尿沉渣,311-312f
Polyclonal antibodies,in immunohistochemistry 多克隆抗体,免疫组化,455
Polymer methods 聚合体方法,456-458
Polymerase chain reaction (PCR),for antigen receptor rearrangements 聚合酶链反应(PCR),用于抗原受体的重排,493-496,494-495
clonality assays in cats and 猫的克隆性试验,496
methodology of 方法论 493-495
data analysis in 数据分析,494-495
DNA amplification in DNA 扩增,494
sample collection in 样本采集,493-494
sensitivity of 灵敏度,495
uses of 用途,495-496
for clonal relationships between tumors 肿瘤间的克隆关系,496
for detection of minimal residual disease 由于检测微小残留疾病,496
for diagnosis of lymphoma and leukemia 用于诊断淋巴瘤和白血病,495
for lymphoma,staging and monitoring of 淋巴瘤的分期和监测,495-496
Polypoid cystitis 息肉样膀胱炎,287-290
Polyps 息肉
nasal 鼻,143,143f
transitional cell 移形细胞,287-290,290f
Potassium,in body cavity fluids,钾,体腔液中,218
Proestrus,canine 发情前期,犬,329,330,332f
Proliferation cell nuclear antigen (PCNA),in lymphoma 增殖细胞核抗原(PCNA),淋巴瘤中,108
Proliferation markers,in veterinary oncology 增殖标记物,兽医肿瘤学中,471
Prostate gland 前列腺,334-342
anatomy of,normal 常规解剖学,337
cyst of 囊肿,16-17f,337
cytology of,normal 常规细胞学,337-338
epithelial cells of 上皮细胞,337-338,338f
fine-needle aspiration of 细针抽吸,337
histology of,normal 常规组织学,337,337f
hyperplasia of 增生,16-17f,337,338-339
inflammation of 炎症,337-338,340f
fine-needle aspiration in 细针抽吸,337
massage/wash of 按摩/冲洗,336-337
neoplasia of 肿瘤,338-342,341-343
special collection techniques for 特殊采集技术,336-337
squamous epithelial cells of 鳞状上皮细胞,337
squamous metaplasia of 鳞状上皮化生,337,339f
transitional cells of 移形细胞,337-338
carcinoma of 癌,340
tubuloalveolar glands of 管泡状腺,337,337f
Prostatitis 前列腺炎,338,340f
fine-needle aspiration in 细针抽吸,337
septic 败血的,340f
Protein 蛋白
in body cavity fluids,quantitation of 体腔液中,定量,194,194b
in cerebrospinal fluid 脑脊髓液中,372t,373
abnormalities in 异常,378-379
Protein-cytologic dissociation 蛋白-细胞学分离,378
Protein electrophoresis,in body cavity fluids 蛋白电泳,体腔液,218
Protein gene product (PGP) 9. 5 蛋白基因产物(PGP)9. 5,470-471
Proteinaceous debris 蛋白质碎片,21-23,21f
Proteinosis,pulmonary alveolar 蛋白沉积,肺泡,177
*Prototheca* sp. infection 原壁菌感染,244,247f
nasal 鼻,149
Protothecosis 原壁菌病,49-50,49-50f
dry-mount fecal cytology in 干制粪便细胞学中,260f
vitreocentesis 玻璃体穿刺,426f
Protozoal infection 原虫感染

nasal 鼻,149
in respiratory tract 呼吸道,145t
Pseudomycetoma, dermatophytic 假足分支菌病,表皮真菌,47-48,47
Purkinje cells 浦肯野细胞 391-394,393f
Purulent lesions 化脓性病灶,16
Pyelonephritis 肾盂肾炎,291,291-292ff
Pyknosis 固缩,19,19f
Pyoderma 脓皮病,39,41f
Pyogranulomatous inflammation 脓肉芽肿性炎症,19,20f
Pyometra 子宫蓄弄,329
Pythiosis 腐皮病,332,333-334f
gastric 胃,238f
**Q**
Quik-Dip stains 快速浸泡染色,10-11,12b
**R**
Rabies infection 狂犬病感染,385-386,386f
Ragocytes, in immune-mediated disease 吞噬细胞,免疫介导的疾病中,359,359-360f
Reactive lymphoid hyperplasia, of larynx 反应性淋巴样增生,喉,154
Rectum 直肠,243-244. see also Colon 参见结肠
Red blood cells. see also Erythrocytes 红细胞。请参见红细胞
in body cavity fluids 体腔液中,194-195,195b
Red cell cast, in urinary sediment 红细胞管型,尿沉渣中,304f
Reflux esophagitis 反流性食管炎,232-234
Refractometer-determined total solute (protein) concentration 折射仪确定的总溶质(蛋白)的浓度,5b
Renal tubules 肾小管
cytology of, normal 常规细胞学,287,289f
normal 正常的,287,287f
Reproductive system 生殖系统,313-353
female 雌,313-335. see also Mammary glands; Ovary(ies); Ut erus; Vagina. 请参见乳腺,子宫和阴道
male 雄,313-348. see also Prostate gland; Testes. 请参见前列腺,睾丸
Respiratory tract 呼吸道,138-192. see also Larynx; Lungs; Nasal cavity; Trachea 请参见喉,肺鼻腔,气管
nasal cavity in 鼻腔,138-153
Retina 视网膜,422-423
cytology of 细胞学,422-423
normal histology of 常规组织学,422-423,423-424f
Rhabdomyoma 横纹肌瘤,361-363
laryngeal 喉癌,156,156t,157f
Rhabdomyosarcoma 横纹肌肉瘤,361-363,363-364f
Rhinitis 鼻炎
allergic 过敏,141-143,143f
bacterial 细菌,144-145,144f
cryptococcal 隐球菌,146-148,147f
Rhinitis (Continued)鼻炎(续)
fungal 真菌,145,146f
lymphoplasmacytic 淋巴浆细胞性,143
parasitic 寄生虫性的,149
septic suppurative 化脓性败血症,144f
Rhinosporidium seeberi infection, nasal 西伯氏鼻孢子虫感染,鼻,145t,148-149,148f
Rhodococcus equi, cellulitis from 马红球菌,蜂窝组织炎,41
Romanowsky stains 罗氏染色,10-12,11f,12b
Round cell 圆细胞
neoplasms 肿瘤,26-27,27-29
tumors, nasal 肿瘤,鼻腔,152
Rubricytes 中幼红细胞,128-129,128f
Russell bodies 鲁塞尔小体,93-96,93-96
**S**
Salivary gland 唾液腺,226-231
cytology of, normal 常规细胞学,226-229,230f
hyperplasia of 增生,229
inflammation of 炎症,229-231,229f
in lymph node biopsy 淋巴结活检,116,117f
neoplasia of 肿瘤,229,229f,427
normal 正常,16-17f
Salmon fluke poisoning disease 鲑鱼意外中毒症,97,98-100f
*Sarcocystis neurona* infection, of lungs 肉孢子虫感染,169-170,170f
Sarcoma(s)肉瘤,7f
anaplastic, with giant cells 间变,巨细胞,66,66b,68
histiocytic 组织细胞,75-76,75-76f,75-76b
of liver 肝脏。282-284f
nasal 鼻,153
of spleen 脾,125-127f,128
of mammary gland 乳腺,320

of synovial cell 滑膜细胞,359-360,362-263f
Schizont, cytauxzoonosis, hepatic 焦虫裂殖体,肝脏,274f
Sclera 巩膜,415-416
Sebaceous adenoma 皮脂腺瘤,55-56,56-57b,57-58f
Sebaceous carcinoma 皮脂腺癌,56-58,59f,59b
Sebaceous tissues 皮脂腺组织,33-89
Sedi-Stain 沉淀染色,298-299,299f
Sedimentation techniques, for cytologic preparation of cerebrospinal fluid 沉淀技术,脑脊液细胞学只制备,374-375,375f
Semen 精液
abnormalities of 异常,345-347,346-347,346t
evaluation of 评价,335
Seminiferous tubules 曲细精管,343f
Seminoma 精原细胞瘤,344,344f
Sepsis, bacterial 败血症,细菌,18f,168f
Seroma 血清肿,16-17f,85,85f
*Serpulina* spp, dry-mount fecal cytology in 蛇形螺旋体,干制粪便细胞学中,257-258,258f
Sertoli cell tumor 支持细胞瘤,344,345f
Sex cord-stromal tumors, ovarian 性索间质肿瘤,卵巢,325,326f
Sézary syndrome Sézary 综合征,79-81
Sialocele 涎腺囊肿,84-85,85f,229-231,229f
*Simonsiella* spp., in oropharyngeal contamination 西蒙斯菌属,口咽污染,141,142f
Sinuses, paranasal, neoplasia of 鼻窦,鼻旁的肿瘤,149-153
Sinusitis, chronic 鼻窦炎,慢性,143f,144
Skin 皮肤,33-89
cyst of 囊肿
apocrine 大汗腺,33
dermoid 皮样,33-34,33b
epidermal 表皮,33
follicular 卵泡,33
inflammation of 炎症
infectious 感染,38-52. *see also* specific infections. 可参见具体的感染
noninfectious 肺感染性能,33-39
mycobacteriosis of 分枝杆菌,43,44f
neoplasia of 肿瘤,52. *see also* specific neoplasia. 参见特殊肿瘤
epithelial 上皮,53-62,53-63f,53b
mesenchymal 间质,63-73,63-73f,73b
naked nuclei 裸核,82-83,83f
round or discrete cell 圆形或离散细胞,73-85,74-85f,79b
nodule of, specimen of 结节,标本,12,12b
normal-appearing epithelium of 外观正常的,33-34,33b
normal histology and cytology of 常规的组织学和细胞学,33,33f
parasitic infestation of 寄生感染,52,52f
response of, to tissue injury 组织损伤的应答,83-86
xanthoma of 黄瘤,38-39,39b,40f
Sodium urate crystals 尿酸钠结晶,304-305,307f
Specific gravity, of cerebrospinal fluid 脑脊液的比重,372t
Specimen(s) 样本,2b
air-drying of 风干,462-463
buffy-coat concentration technique for 血沉棕黄层进行浓缩技术,5,7f
cerebrospinal fluid, handling of 脑脊髓液,处理,371
collection of 采样,1-15
diagnostic imaging-guided 诊断成像指导,2-3
equipment 设备,2,3f
techniques for 技术,1-2,2t,3f
compression (squash) preparation of 压片的制备,4-5,4f-5f,4b-5b
formalin effect on,14f,15,15b 甲醛效果
liver 肝,56-57
mammary 乳腺,313
management of 管理,1-15
fluids 流体,5-8,5b,6-8f
sampling guidelines for 抽样准则,1-2
serum-coated slides for 血清包被的载玻片,5b
site-specific considerations 具体地点的考虑,12-14
for cutaneous nodule 皮肤结节,12,12b
for joints 关节,14
for kidney 肾,12-13
for liver 肝,12-13,13f,13b
for lung 肺,13-15,13b
for lymph node 淋巴结,12,12b
for nose 鼻,13-15,14-15f
for spleen 脾,12-13,13b
for vertebral body lesions 椎体病变,14-15
staining of 染色,8-12,12b
abnormal, causes of 异常,原因,11b

with new methylene blue stain 使用新亚甲基蓝染色,10,10f,10b
with Papanicolaou stain 使用巴氏染色,8
with Romanowsky stains 使用罗氏染色,10-12,11f,12b
times of 倍数,11
submission of,to reference laboratory 提交,至参考实验室,14-15
touch imprint of 触印片,8,9f
Spider bite reaction 蜘蛛叮咬反应,34,38f
Spinal arachnoid cysts 脊髓蛛网膜囊肿,388-389
Spindle cells 梭形细胞
in hemangiopericytoma 血管外皮细胞瘤,65-66
in malignant fibrous histiocytoma 恶性纤维组织细胞瘤,66
Spiriliform bacteria,in dry-mount fecal cytology 螺旋菌,干制粪便细胞学,258f
*Spirocerca lupi* infection 旋尾线虫感染,234
Spleen,脾,116-129
biopsy of 活检,12-13,13b
artifacts on 伪影,129,129-130
aspirate 抽吸,117-129,117b
indications for,116 适应症,
ellipsoids of 椭圆的,117,118f
extramedullary hematopoiesis of 髓外造血,120,125-128,128-129
granular lymphocytic leukemia of 颗粒淋巴细胞白血病,120,122-124
hemangiosarcoma of 血管肉瘤,120,125-127f
histology and cytology of 组织学和细胞学,117,118f
hyperplastic 增生,117-118,119-120f
inflammation of 炎症,118
lymphocytes in 淋巴细胞,117
macrophages in 巨噬细胞,117,119-120f
mastocytoma of 肥大细胞瘤,125-127f,128
myelolipoma of 髓质脂肪瘤,129,129f
neoplasia of 肿瘤
lymphoid 淋巴,118-121,122-124
nonlymphoid 非淋巴,121-128,125-127f
plasmacytoma of 浆细胞瘤,120,122-124
punctate vacuoles of 点状空炮,120
reactive 反应性的,117-118,119-120f
sarcoma of,histiocytic 肉瘤,组织细胞,125-127f,128
Splenitis 脾炎,118,120-121f
neutrophilic 嗜中性粒细胞,120-121f
Splenomegaly,splenic biopsy for 脾肿大,脾活检,116
Sporangia 孢子囊,148-149,148f
*Sporothrix schenckii* infection 申克孢子丝菌感染
in lung 肺,172
in respiratory tract 呼吸道,145t
Sporotrichosis 孢子丝菌病,49-51,51f,51b
nasal 鼻,149
Squamous cell carcinoma (SCC)鳞状细胞癌(SCC),53-55,54f,55b
of bone 骨,365-366,367f
laryngeal 喉癌,155,155f
of lung 肺,180,181f
of mammary gland 乳腺,319-320
nasal 鼻,150-151,150f
of nictitating membrane 瞬膜,414-415,416f
oral 口,234
Squamous papilloma 鳞状上皮乳头状瘤,53
Staining 染色,8-12,12b
abnormal,causes of 异常原因,11b
in immunodiagnosis 免疫诊断,466-469
background 背景,465
false-negative 假阴性,465
false-positive 假阳性,465
lack of 缺乏,465
weak 虚弱,465
times for 倍数,11
Stains,histochemical 染色,组织化学,485-486,486f
advantages of 优势,485-486
detection of microorganisms with 微生物检测,488f
disadvantages of 缺点,486
for intracellular and extracellular substances 细胞内和细胞外的物质,486t
for microorganisms 微生物,487t
principles of 原则,486
Starch granules 淀粉粒
crystals of,as artifacts 晶体,伪像,29f
in urinary sediment 尿沉渣,311-312f
Steatitis,nodular 脂肪组织炎,结节,36,36b,38f
Steatosis 脂肪变性,265-268
Steroid-responsive suppurative meningitis-arteritis 激素敏感型化脓性脑炎,动脉炎,380,381f
Stomach 胃,236-238
fundic glands of 胃底线,236f
hyperplasia of 增生,238
infection of 感染

*Candida* spp. 念珠菌属,244-242
*Physaloptera* sp. 泡翼属,238,238f
inflammation of 炎症,237f,238
lymphocytic 淋巴细胞,237-238f
mucin granules of 黏蛋白颗粒,237f
neoplasia of 肿瘤样变,238,238f
neutrophilic gastritis 嗜酸性粒细胞性胃炎,237f
normal cytology of 常规只有细胞学,236-238,236f
spiral-shaped bacteria of 螺旋形细菌,237f
Stomatitis 口腔炎
eosinophilic 嗜酸性粒细胞,224-225f
neutrophilic 嗜中性粒细胞,224-225f
Subarachnoid space, cerebrospinal fluid collection from 蛛网膜下腔,脑脊液采集,370
Subcutis 皮下组织,33,33f
Sulfonamide crystals 磺胺结晶,304-305,309f
Superficial cells,of vagina 阴道表层细胞,329
Suppurative joint disease 化脓性关节病,357-359,357f
Suppurative lesions 化脓性病变,16
Surface epithelium,in cerebrospinal fluid 表面上皮,脑脊髓液中,378
Sweat gland,tumors 汗腺肿瘤,62,62b,63f
Sweet spot 甜蜜点,4,4f-5f,4b,8
Synaptophysin 突触体素,470-471
Synovial fluid 滑液
anatomy of 解剖,354,354f
appearance of 外观,354
cell and differential counts of 细胞和差别技术,357
characteristics of 特点,354b
classification of abnormal 分类异常,354t
Synovial fluid (Continued)滑液(续)
in degenerative joint disease 退行性骨关节病,359,360-361f
evaluation of 评价,353-359
handling of 处理,354-355
in hemarthrosis 关节积血,359,361-362f
hyaluronic acid in 透明质酸,354
in infectious arthritis 感染性关节炎,357-358,358f
mucin clot test of 黏蛋白凝固试验,354,355f
nondegenerate neutrophils in 非退化的嗜中性粒细胞,18f
in noninfectious arthritis 非感染性关节炎,358-359,358-359f
production of 生产,354
protein concentration in 蛋白质浓度,357
sample collection of 样品采集,354-355
in suppurative joint disease 化脓性关节病,357-359,357f
viscosity of 黏度,354,355f
Synovium,neoplasia of 滑膜,肿瘤,359-360,362-263f


**T**


T zone lymphoma T 区淋巴瘤,492
Talc powder,crystals of,as artifacts 滑石粉,结晶伪像,29f
Tamoxifen,for mammary gland neoplasia 三苯氧胺,乳腺肿瘤,321-322
Tarsocrural joint,sample collection from 从小腿附关节采集样本,354-355
Tears 眼泪,429
Telomerase,as marker,in veterinary oncology 端粒酶作为兽医肿瘤学的标记物,471
Tenosynovitis,bicipital 腱鞘炎,二头肌的,359
Teratomas,ovarian 畸胎瘤,卵巢,326,327f
Testes 睾丸,341-347
anatomy of,normal 常规解剖学,341-342
cytology of,normal 常规细胞学,342-343,343f
fine-needle aspiration of 细针抽吸,341-342
histology of,normal 常规组织学,341-342,342-343f
inflammation of 炎症,343
neoplasia of 肿瘤样变,344-346
seminoma of 精原细胞瘤,344,344f
special collection techniques for 特殊的采样技术,341-342
tumors of 肿瘤
interstitial cell 间质细胞,3344-345,345f
Sertoli cell 支持细胞,344,345f
ThinPreps,for immunocytochemistry 超薄液基,免疫细胞化学,462
Thixotropy 触变性,354-355
Thorax,removal of fluid from 胸部,抽取羊水,193
Thymic cyst 胸腺囊肿,134,135f
Thymoma 胸腺瘤,130-131,131-134f
detection of,by flow cytometry 通过流式细胞仪检测,493-494f
Thymus 胸腺,129-134
biopsy of 活检,129-134
Hassall's corpuscles of 胸腺小体,129-131,130-131f
histology and cytology of 组织学和细胞学,129-

131,130-131f
neoplasia of 肿瘤样变,131-134,130-131f
Thyroid gland 甲状腺,431-437,431-432t
naked nuclei neoplasm of 裸核肿瘤,82-83,83f
nonneoplastic diseases of 非肿瘤疾病,431-433
in cats 猫,433-437,433t
in dogs 犬,433-437,433t,434f
normal 正常,433f
tumors of 肿瘤,27-28,28f,435t
canine 犬,433-435
feline 猫,436-437,437b
Thyroid transcription factor-1 (TTF1)甲状腺转录因子-1(TTF1),471
Tick bite reaction 蜱虫叮咬反应,34,38f
Tissue injury,response to 组织损伤的应答,20-24,21-23f,83-86,84-85
Total nucleated cell count,in body cavity fluids 总有核细胞计数,体腔液中,194-195,195b
Touch imprint 触印片,8,9f
formalin effect on 福尔马林的影响,14-15f,15,15b
*Toxoplasma gondii* infection 弓形虫感染
in lungs 肺,169-170,169-170f
mammary gland 乳腺,316
in respiratory tract 呼吸道,145t
*Toxoplasma* sp.,in nervous system tissues 弓形虫,中枢神经系统组织,395,396f
Toxoplasmosis 弓形虫病,52
Trachea 气管,157-183. see also Larynx; Lungs 参见喉;肺
anatomy of 解剖学,157-159
collection techniques for 采样技术,159-161
cytology of 细胞学,159-162,159b,161-163,161t
Tracheobronchial tract 气管、支气管道
infectious causes of disease of 感染原因的疾病,168-177
inflammation of 炎症,162-168
Tracheobronchomalacia 气管,178
Transitional carcinoma,nasal 移行细胞癌,鼻,150,150f
Transitional cell carcinoma (TCC)移行细胞癌(TCC),26
of prostate gland 前列腺,340
renal 肾,293-295,293-294f
Transitional cell papillomas,of bladder 膀胱移行细胞乳头状瘤,287-290,290f
Transmissible venereal tumors (TVTs)传染性性病肿瘤(TVTs)
canine 犬,81-82,82f,82b,153,153f
vaginal 阴道,334-335,334-335f
Transthoracic fine-needle aspiration 经胸廓细针穿刺,159
Transtracheal wash 气管冲洗,13,158-159,158-159f,158-159b
Transudate 渗出,197,197-198
Traumatic urethral catheterization,for bladder specimen 外伤性尿道插管,膀胱标本,287
Treponeme-like bacteria,in dry-mount fecal cytology 密螺旋状细菌,干制粪便细胞学中,257-258,258f
Trichoblastoma 毛母细胞瘤,55,55-56
Trichoepithelioma 毛囊上皮瘤,55-56,56-57f
*Trichuris vulpis* infection 狐毛首线虫感染,244
Triglycerides,in body cavity fluids 体腔液中的甘油三酯,218
Tubules,renal. see Renal tubules 小管,肾。参阅肾小管
Tumors. see also Neoplasia/neoplasms; specific tumors 肿瘤。参见肿瘤;特殊肿瘤
common ultrastructural features of 常见超微结构特征,483-485
diagnosis of,organelle approach to 诊断细胞器的方法,481-483
diagnostic immunohistochemistry of,panel markers for 免疫组化诊断,面板标记物,466-468,471t,472f
Tyrosine crystals 络氨酸结晶,304-305,305,309f
**U**
Ulcerative colitis,histiocytic,microscopic findings in 溃疡性结肠炎,组织细胞,微观发现,254-255
Ultrasound,fine-needle aspiration biopsy guided by 超声引导下的细针穿刺活检,2,3f
of bladder 膀胱,287
of kidney 肾,287
Ultrasound gel,as artifact 超声凝胶,伪像,28,29f,129,129f
Ureters 输尿管
anatomy and histology of,normal 正常的解剖学和组织学,287
neoplasia of 肿瘤样变,294,294f
Urethra 尿道
anatomy and histology of,normal 正常的解剖学和

组织学,287
discharge from 排出物,335
neoplasia of 肿瘤样变,295-296
Urinary catheter, for retrograde flushing procedure 导尿,逆行冲洗的过程,13
Urinary sediment 尿沉渣
casts in 管型
granular 颗粒,302-303f
hyaline 透明,302f
red cell 红细胞,304f
waxy 蜡样的,303f
contaminated 污染,300-301f
cotton fibers in 棉纤维,311-312f
crystals in 晶体,304-305,305
ammonium biurate 重尿酸铵,304-305,306
amorphous urates 无定形尿酸盐,304-305,307f
bilirubin 胆红素,304-305,309f
calcium carbonate 碳酸钙,304-305,306
calcium hydrogen phosphate dihydrate 二水磷酸氢钙,304-305,309f
calcium oxalate dihydrate 二水草酸钙,304-305,308f
calcium oxalate monohydrate 一水草酸钙,304-305,308f
calcium phosphate 磷酸钙,304-305,306f
cholesterol 胆固醇,304-305
cystine 胱氨酸,304-305,309f
leucine 亮氨酸,304-305
magnesium ammonium phosphate 磷酸铵镁,304-305,305f
radiopaque contrast dye 造影剂,304-305,311-312f
sodium urate 尿酸钠,304-305,307f
struvite 鸟粪石,305f
sulfonamides 磺胺类药物,304-305,309f
tyrosine 络氨酸,304-305,309f
uric acid 尿酸,304-305,307f
epithelial cells in 上皮细胞,298-305,300-301f,301-302b
erythrocytes in 红细胞,298-305,301-302b
hyphal forms of fungi in 真菌的菌丝形状,309,310-311f
infectious agents in 传染性病原体,309
leukocytes in 白细胞,298-305,301-302b
lipid droplets in 脂质小滴,298-305,301-302f
microscopic examination of 显微镜检查,298-312,298b
recording of 记录,298-309
Sedi-Stain in Sedi-Stain 染色,298-299,299f
water-based stain in,298-299 水基质染色
parasites in 寄生虫,309
pollen grains in 花粉粒,311-312f
preparation of 制备,298-299
starch granules in 淀粉颗粒,311-312f
unstained 无污垢的,298-299,298b,299f
yeast in 酵母菌,309,310-311f
Urinary tract 尿路,285-294. see also Bladder; Kidneys 参见膀胱;肾
Urine. see Urinary sediment 尿。参见尿沉渣
Uroperitoneum effusion 尿腹膜炎积液,206-207,207f
Uroplakin III 膀胱癌 III,471
Uterus 子宫,327-329
anatomy of, normal 常规解剖学,328
cystic endometrial hyperplasia-pyometra complex of 囊性子宫内膜增生子宫积脓复合体,329
cytology of, normal 常规细胞学,328-329
histology of, normal 常规组织学,328,328f
inflammation of 炎症,329
neoplasia of 肿瘤样变,329
special collection techniques for 特殊采样技术,327-328
Uvea 葡萄膜
anterior 前面,419-420
posterior, retina 后面,视网膜,422-423
Uveitis 葡萄膜炎
anterior 前面,421,422
neutrophilic 嗜中性粒细胞,422
**V**
Vacuolation 空泡变性,268-269
Vagina 阴道,329-335
anatomy of, normal 常规解剖学,330-331
basal cells of 基底细胞,329
cytology of, normal 常规细胞学,330f,329
eosinophilic index of 嗜酸性粒细胞指数,330
in estrous cycle 发情周期
canine 犬,329,330,332-333f
feline 猫,329
inflammation of 炎症,332-334
histology of, normal 常规组织学,330-331
intermediate cells of 中间细胞,329
leiomyoma of 平滑肌瘤,333-335,334-335f
neoplasia of 肿瘤样变,333-335,334-335f

parabasal cells of 鞭毛细胞,329
special collection techniques for 特殊采样技术,329-330
superficial cells of 表层细胞,329
transmissible venereal tumor of 传染性性病瘤,334-335,334-335f
Vaginitis 阴道炎,332-334,333-335f
Venereal tumor 性病肿瘤,26-27,28
transmissible,canine 传染性,犬,81-82,82f,82b
Vertebral body lesions,specimen collection from 椎体病变,采集标本,14-15
Vestibular glands 前庭腺,330-331
Vimentin 波形蛋白,470-471
Viral infections. see also specific viral infections nasal 病毒感染。请参阅鼻部特定病毒感染,145
Virus 病毒
canine distemper 犬瘟热,385-386,385-386f
cerebrospinal fluid analysis for 脑脊液分析,374
feline leukemia 猫白血病,95-96
Vitreocentesis 玻璃体穿刺术,423-424,425f
Vitreous body 玻璃体,423-425
collection of 采样,423-424
neoplasia of 肿瘤样变,425
normal cytology of 常规细胞学,423-424
Vomeronasal organ 犁鼻器,138
**W**
Windrowing,in synovial fluid 条状排列,滑膜液中,354,355f
**X**
Xanthochromia,of cerebrospinal fluid 脑脊液黄染,371,373f
Xanthomatosis, cutaneous 皮肤黄瘤病, 38 - 39,39b,40f
**Y**
Yeast 酵母菌
incidental,in dry-mount fecal cytology 偶见,干制粪便细胞学中,249f
in urinary sediment 尿沉渣中,309,310-311f
Yersinia pestis infection,in respiratory tract 呼吸道鼠疫耶尔森菌感染,168-169